◎中国建设年鉴 2023

Yearbook of China Construction　　《中国建设年鉴》编委会　编

中国建筑工业出版社

图书在版编目（CIP）数据

中国建设年鉴 = Yearbook of China Construction. 2023 /《中国建设年鉴》编委会编. -- 北京：中国建筑工业出版社，2024. 6. -- ISBN 978-7-112-30001-3

Ⅰ. F299.2-54

中国国家版本馆 CIP 数据核字第 202434UH09 号

责任编辑：石枫华 杜 洁 张 健 胡明安 张文胜 李玲洁 武 洲

责任校对：李欣慰

中国建设年鉴 2023

Yearbook of China Construction

《中国建设年鉴》编委会 编

*

中国建筑工业出版社出版、发行（北京海淀三里河路 9 号）

各地新华书店、建筑书店经销

北京建筑工业印刷有限公司制版

北京中科印刷有限公司印刷

*

开本：880 毫米×1230 毫米 1/16 印张：48 插页：8 字数：1627 千字

2024 年 12 月第一版 2024 年 12 月第一次印刷

定价：**380. 00** 元

ISBN 978-7-112-30001-3

（42849）

电话：（010）58337283 QQ：2885381756

（地址：北京海淀三里河路9号中国建筑工业出版社604室 邮政编码：100037）

编辑说明

一、《中国建设年鉴》是由住房城乡建设部组织编纂的综合性大型资料工具书，中国建筑工业出版社具体负责编辑出版工作。每年一册，逐年编辑出版。

二、《中国建设年鉴》力求综合反映我国住房城乡建设事业发展与改革年度情况，内容丰富，资料来源准确可靠，具有很强的政策性、指导性、文献性。可为各级建设行政主管领导提供参考，为地区和行业建设发展规划和思路提供借鉴，为国内外各界人士了解中国建设情况提供信息。本书具有重要的史料价值、实用价值和收藏价值。

三、《中国建设年鉴》2023卷力求全面记述2022年我国房地产业、住房保障、城乡规划、城市建设、村镇建设、建筑业、建筑节能与科技和国家基础设施建设等方面的主要工作，突出新思路、新举措、新特点。

四、《中国建设年鉴》记述时限一般为上一年度1月1日至12月31日。为保证有些条目内容的完整性和时效性，个别记述在时限上有所上溯或下延。为方便读者阅读使用，选录的部分新闻媒体稿件，在时间的表述上，有所改动，如“今年”改为“2022年”。

五、《中国建设年鉴》采用分类编辑方法，按照篇目、栏目、分目、条目依次展开，条目为主要信息载体。全卷设7个篇目，篇目内包含文章、分目、条目和表格。标有【　】者为条目的题目。

六、《中国建设年鉴》文稿的内容、文字、数据、保密问题等均经撰稿人所在单位把关审定，由《中国建设年鉴》编辑部汇总编辑完成。

七、我国香港特别行政区、澳门特别行政区和台湾地区建设情况暂未列入本卷。

八、限于编辑水平和经验，本年鉴难免有错误和缺点，欢迎广大读者提出宝贵意见。

九、谨向关心支持《中国建设年鉴》的各级领导、撰稿人员和广大读者致以诚挚的感谢！

《中国建设年鉴 2023》编辑委员会

胡广杰　上海市住房和城乡建设管理委员会主任
史家明　上海市水务局（上海市海洋局）党组书记、局长
唐小平　重庆市住房和城乡建设委员会党组书记、主任
于文学　河北省住房和城乡建设厅党组书记、厅长
黄　巍　山西省住房和城乡建设厅党组书记、厅长
郭玉峰　内蒙古自治区住房和城乡建设厅党组书记、厅长
高起生　黑龙江省住房和城乡建设厅党组书记、厅长
魏举峰　辽宁省住房和城乡建设厅党组书记
徐　亮　吉林省住房和城乡建设厅党组书记、厅长
王学峰　江苏省住房和城乡建设厅厅长
应柏平　浙江省住房和城乡建设厅党组书记、厅长
查文彪　安徽省住房和城乡建设厅党组书记、厅长
朱子君　福建省住房和城乡建设厅党组书记、厅长
李绪先　江西省住房和城乡建设厅党组书记、厅长
王玉志　山东省住房和城乡建设厅厅长
高　义　河南省住房和城乡建设厅党组书记、厅长
刘丰雷　湖北省住房和城乡建设厅党组书记、厅长
唐道明　湖南省住房和城乡建设厅党组书记、厅长
张　勇　广东省住房和城乡建设厅党组书记、厅长
杨绿峰　广西壮族自治区住房和城乡建设厅党组书记、厅长
王　鹏　海南省住房和城乡建设厅党组书记、厅长
钟鸣明　海南省水务厅党组书记、副厅长
邓立军　四川省住房和城乡建设厅党组书记
王　春　贵州省住房和城乡建设厅党组书记
尹　勇　云南省住房和城乡建设厅党组书记、厅长
李修武　西藏自治区住房和城乡建设厅党组副书记、厅长
张晓峰　陕西省住房和城乡建设厅党组书记、厅长
苏海明　甘肃省住房和城乡建设厅党组书记、厅长
葛文平　青海省住房和城乡建设厅党组书记、副厅长
王天军　宁夏回族自治区住房和城乡建设厅党组书记
李宏斌　新疆维吾尔自治区住房和城乡建设厅党组书记、副厅长
王宝龙　新疆生产建设兵团住房和城乡建设局党组书记
梁春波　大连市住房和城乡建设局党组书记、局长
王保岚　青岛市住房和城乡建设局党组书记、局长
吴耀明　宁波市住房和城乡建设局党组书记、局长
李德才　厦门市住房和建设局党组书记、局长
朱恩平　深圳市住房和建设局党组书记、局长
徐松明　深圳市规划和自然资源局党组书记、局长
刘郁林　工业和信息化部信息通信发展司一级巡视员
时以群　农业农村部计划财务司副司长
邹首民　生态环境部科技与财务司司长
周荣峰　交通运输部公路局副局长

李天碧　交通运输部水运局局长

吴明友　中国国家铁路集团有限公司建设管理部专员兼副主任

王　凯　中国城市规划设计研究院院长

李存东　中国建筑学会秘书长

李如生　中国风景园林学会理事长

赵鑫明　中国房地产估价师与房地产经纪人学会副会长兼秘书长

齐　骥　中国建筑业协会会长

朱长喜　中国勘察设计协会理事长

刘春生　中国市政工程协会副会长兼秘书长

杨存成　中国安装协会常务副会长

宋为民　中国建筑金属结构协会副会长兼秘书长

王中奇　中国建筑装饰协会会长

李明安　中国建设监理协会副会长兼秘书长

吴景山　中国建筑节能协会秘书长

田国民　中国建设工程造价管理协会理事长

《中国建设年鉴2023》工作执行委员会

丁富军　住房城乡建设部办公厅综合处处长
梁　爽　住房城乡建设部办公厅秘书处处长
张万油　住房城乡建设部办公厅保密与督查处处长
陈　静　住房城乡建设部办公厅档案处处长
王志强　住房城乡建设部办公厅政务处处长
牛大刚　住房城乡建设部办公厅信访保卫处处长
张　永　住房城乡建设部办公厅工程审批改革处处长
尹飞龙　住房城乡建设部法规司综合处三级调研员
徐明星　住房城乡建设部住房改革与发展司（研究室）综合处处长
司　儆　住房城乡建设部住房保障司综合处处长
袁　雷　住房城乡建设部标准定额司综合处处长
王永慧　住房城乡建设部房地产市场监管司综合处处长
张　磊　住房城乡建设部建筑市场监管司综合处处长
邱绪建　住房城乡建设部城市建设司综合处处长
屈丹峰　住房城乡建设部村镇建设司综合处处长
宋梅红　住房城乡建设部工程质量安全监管司综合处处长
南　楠　住房城乡建设部建筑节能与科技司综合处处长
杨　林　住房城乡建设部住房公积金监管司综合处处长
李　冬　住房城乡建设部城市管理监督局综合处处长
江云辉　住房城乡建设部计划财务与外事司综合处处长
彭　赟　住房城乡建设部人事司综合与机构编制处处长
胡秀梅　住房城乡建设部直属机关党委办公室主任
刘美芝　住房城乡建设部政策研究中心综合处处长
张海荣　全国市长研修学院（住房城乡建设部干部学院）院务办公室主任
乔　斐　住房城乡建设部人力资源开发中心办公室主任
付春玲　住房城乡建设部执业资格注册中心办公室主任
史现利　中国建筑出版传媒有限公司（中国城市出版社有限公司）总经理办公室主任
刘忠昌　北京市住房和城乡建设发展研究中心主任
堵锡忠　北京市城市管理委员会研究室主任
马兴永　北京市规划和自然资源委员会研究室（宣传处）主任（处长）
吴富宁　北京市水务局研究室主任

郭　勇　北京市城市管理综合行政执法局办公室主任

王祥雨　天津市住房和城乡建设委员会办公室主任

孙君普　天津市规划和自然资源局办公室主任

刘　韧　天津市城市管理委员会政策法规处处长

徐存福　上海市住房和城乡建设管理委员会政策研究室主任

魏梓兴　上海市水务局（上海市海洋局）办公室主任

吴　鑫　重庆市住房和城乡建设委员会办公室主任

郭骁辉　河北省住房和城乡建设厅办公室主任

毕晋锋　山西省住房和城乡建设厅办公室主任

郭　辉　内蒙古自治区住房和城乡建设厅办公室主任

姜殿彬　黑龙江省住房和城乡建设厅办公室主任

刘绍伟　辽宁省住房和城乡建设厅办公室主任

刘　金　吉林省住房和城乡建设厅行业发展处处长

金　文　江苏省住房和城乡建设厅办公室主任

何青峰　浙江省住房和城乡建设厅办公室办公室主任

徐春雨　安徽省住房和城乡建设厅办公室主任

张志红　福建省住房和城乡建设厅办公室主任

江建国　江西省住房和城乡建设厅办公室主任

刘明伟　山东省住房和城乡建设厅办公室主任

董海立　河南省住房和城乡建设厅办公室主任

张明豪　湖北省住房和城乡建设厅办公室主任

张传领　湖南省住房和城乡建设厅办公室主任

杨震侃　广东省住房和城乡建设厅办公室主任

湛志宏　广西壮族自治区住房和城乡建设信息中心党组书记、主任

程叶华　海南省住房和城乡建设厅政策法规处处长

云大健　海南水务厅城乡水务处副处长

吴城林　四川省住房和城乡建设厅办公室主任、一级调研员

俞建英　贵州省住房和城乡建设厅法规处一级调研员

路尚文　云南省住房和城乡建设厅办公室主任

龚世军　西藏自治区住房和城乡建设厅办公室主任

杜晓东　陕西省住房和城乡建设厅政策法规处处长

梁小鹏　甘肃省住房和城乡建设厅办公室主任

李志国　青海省住房和城乡建设厅办公室主任

李有军　宁夏回族自治区住房和城乡建设厅办公室主任

王　言　新疆维吾尔自治区住房和城乡建设厅城建档案馆馆长

张美战　新疆生产建设兵团住房和城乡建设局办公室主任

何运荣　大连市住房和城乡建设局机关党委办公室主任

张明亮　青岛市住房和城乡建设局政策研究室主任

沈　波　宁波市住房和城乡建设局办公室主任

李小平　厦门市建设局办公室主任

卢成建　深圳市住房和建设局办公室副主任

孙　佾　深圳市规划和自然资源局办公室主任

张　寰　工业和信息化部信息通信发展司通信建设处处长

黄兵海　农业农村部计划财务司建设项目处处长

陈　胜　生态环境部科技与财务司投资处处长

宾　帆　交通运输部公路局工程管理处副处长

陈　盈　交通运输部水运局办公室主任

刘俊贤　中国国家铁路集团有限公司建设管理部综合处处长

彭小雷　中国城市规划设计研究院副总规划师

张松峰　中国建筑学会副秘书长

贾建中　中国风景园林学会副理事长

林云霞　中国房地产估价师与房地产经纪人学会办公室主任

赵　峰　中国建筑业协会副秘书长

王子牛　中国勘察设计协会副理事长

《中国建设年鉴》编辑部

特邀审稿：马　红

负 责 人：张　健

联 系 人：张　健　武　洲

电　　话：010–58337247　　010–58337472

地　　址：北京市海淀区三里河路9号中国建筑出版传媒有限公司

《中国建设年鉴 2023》主要撰稿人名单（以姓氏笔画为序）

于君涵　王　伟　王　玮　王　放　王　骁　王　森　王玉珠　王佳佳
王相鹏　王翔雨　王遂社　亢　博　尹飞龙　卢文辉　田　军　田　歌
史振伟　付彦荣　邢　政　曲怡然　吕志翠　朱　乐　朱海波　朱智勇
伍　燕　向贵和　刘　延　刘　金　刘　类　刘　巍　刘叶冲　刘尚超
刘泽群　刘俊贤　刘朝革　刘瑞平　刘瑞清　刘静雯　闫　军　关常来
米玉婷　江爱·海达尔　安　昭　许伟义　许明磊　许想想　许澜馨
孙　璐　孙桂珍　纪丰岩　严德华　苏　琦　杜莜靖　杜凌波　李　琳
李　童　李　慧　李　蕊　李志业　李芳馨　李根芽　李雪菊　杨　帆
杨铭洋　肖忠钰　吴汉卫　吴绵胜　何　洋　何声卫　何丽雯　冷　亮
汪成钢　宋雪文　宋维修　张　伟　张　爽　张　敏　张　睿　张艺扬
张亚衡　张利洁　张宏震　张俊勇　张勇智　张振洲　张爱华　张海荣
张盛莉　张野田　张婷婷　陆怀安　陈　锋　陈天平　陈文芳　范宏柱
林梓轩　林蓓蓓　季　帆　岳　乐　周　琦　周志红　周英豪　周静煊
屈允永　屈超然　赵　霆　赵金山　胡　亮　胡秀梅　胡建坤　侯丽娟
姜　洋　费忠军　姚春玲　贺铁聪　格根哈斯　贾立宏　夏　萍　顾永宁
钱　璟　倪广丽　高　俊　高　健　堵锡忠　曹　玮　盖成福　舒东昌
褚苗苗　潘　群　潘志成

目　录

专　题　报　道

建　设　综　述

各 地 建 设

政策法规文件

数据统计与分析

部属单位、团体

附　录

美丽中国建设迈出重大步伐

氢能源燃起的奥运火炬、张北草原风能点亮的奥运场馆、二氧化碳跨临界直接蒸发制冷形成的“最快的冰”……作为奥运历史上首个“碳中和”的冬奥会，刚刚落幕的北京冬奥会以无处不在的绿色，向世界彰显着中国全面绿色转型、建设美丽中国的坚定决心。

环境就是民生，青山就是美丽，蓝天也是幸福。

党的十八大以来，党中央以前所未有的力度抓生态文明建设，全党全国推动绿色发展的自觉性和主动性显著增强，美丽中国建设迈出重大步伐，我国生态环境保护发生历史性、转折性、全局性变化。

格局之变：

“五位一体”推进生态文明

这是一场关乎中华民族永续发展的根本变革。

党的十八大将生态文明建设纳入中国特色社会主义事业总体布局，提出“把生态文明建设放在突出地位，融入经济建设、政治建设、文化建设、社会建设各方面和全过程”。

“强调总布局，是因为中国特色社会主义是全面发展的社会主义。”习近平总书记一语中的。

党的十九大报告指出，必须树立和践行绿水青山就是金山银山的理念，坚持节约资源和保护环境的基本国策。党的十九大通过的《中国共产党章程（修正案）》，再次强调“增强绿水青山就是金山银山的意识”。

2018 年 3 月，第十三届全国人民代表大会第一次会议表决通过《中华人民共和国宪法修正案》，生态文明正式被写入国家根本法，实现了党的主张、国家意志、人民意愿的高度统一。

“坚持人与自然和谐共生”“绿水青山就是金山银山”“良好生态环境是最普惠的民生福祉”……一次次新理念新战略的提出，深刻回答了“为什么建设生态文明、建设什么样的生态文明、怎样建设生态文明”，达到了中国共产党对生态文明建设规律不断认识的新高度。

生态环境部部长黄润秋将这一切形容为“前所未有”：“党的十八大以来，以习近平同志为核心的党中央对生态环境保护工作高度重视，习近平生态文明思想深入人心，绿水青山就是金山银山已经成为全社会的普遍共识，人们贯彻绿色发展理念的自觉性、主动性显著增强。这样广泛的思想共识成为我们打好污染防治攻坚战根本的思想保证和基础。”

制度之变：

实行最严格制度最严密法治

76.6 万余只！2022 年刚开篇，鄱阳湖野外监测统计到的最新水鸟数量，创下有监测记录以来的新高。

鸟类是环境优劣的“生态试纸”。自 2020 年 1 月 1 日起，鄱阳湖全面实施 10 年禁渔，对滨湖农田开展生态补偿，人上岸，船收回，网销毁，换来一片盎然景象。

习近平总书记强调：“只有实行最严格的制度、最严密的法治，才能为生态文明建设提供可靠保障。”党的十八大以来，生态文明建设举一纲而万目张。

从建立中央生态环境保护督察制度，到监测监察执法“垂改”；从明确领导干部生态环境损害责任追究办法，到开展自然资源离任审计；从构建绿色技术创新体系，到推行绿色生活创建……生态文明体制改革深入推进，聚焦八大类体系建设，夯实绿水青山的制度根基。

从着力打赢污染防治攻坚战，到深入实施大气、水、土壤污染防治三大行动计划；从打好蓝天、碧水、净土保卫战，到全面禁止进口“洋垃圾”；从“史上最严”环保法实施，到绿色原则成为民法典的基本原则……生态环境保护举措全面发力，“长牙齿”的硬招成为遏制环境违法的有力武器。

2021 年 10 月，在《生物多样性公约》第十五次缔约方大会上，我国三江源、大熊猫、东北虎豹、海南热带雨林和武夷山等首批国家公园正式设立，向着建立系统的国家公园体系迈出坚实步伐。

如今，放眼神州，黄河三角洲自然保护区已经成为全球最大的东方白鹳繁育地，秦岭朱鹮的数量增加至 5000 余只，极为珍稀的海南长臂猿数量增加到了 5 群 35 只，极度濒危的野生植物华盖木从初发现时的 6 株增加到目前的 1.5 万株……

截至目前，我国形成了各级各类自然保护地近万处，约占陆域国土面积的 18%，90% 的陆地生态系统类型、65% 的高等植物群落、71% 的国家重点保护野生动植物物种得到有效保护。

理念之变：

绿色低碳融入生产生活

2021 年 7 月 16 日，全国碳排放权交易市场鸣锣开市。第一个履约周期纳入发电行业重点排放单位 2162 家，每年覆盖的碳排放量超过 45 亿吨，成为全球覆盖温室气体排放量规模最大的碳市场。

绿色，已然成为发展的底色。

调整能源结构，提升资源效率，至 2019 年年底，我国单位国内生产总值二氧化碳排放较 2005 年降低 48.1%，提前完成到 2020 年下降 40%～45% 的目标。2020 年，我国非化石能源占能源消费比重达 15.9%，比 2005 年提升了 8.5 个百分点，可再生能源发电装机实现快速增长，规模居全球第一。

倡导绿色消费，人人助力环保。在城市，“光盘行动”风行，二手商店受热捧，线上闲置交易平台生意火热，绿色低碳消费渐成气候；在农村，“垃圾靠风刮，污水靠蒸发”已成历史，卫生厕所普及率达到 68% 以上，农村生活垃圾进行收运处理的自然村比例稳定保持在 90% 以上。

端稳“生态碗”，吃上“小康饭”。仅“十三五”期间，我国累计选聘生态护林员 110.2 万人，实现在山上护林、家门口就业，带动了 300 多万人脱贫；推动国有林区林场改革，50 多万职工从“砍树人”变成了“看树人”，人不负青山，青山定不负人。

2020 年 9 月 30 日，我国在第七十五届联合国大会上宣布，“中国将提高国家自主贡献力度”，二氧化碳排放力争于 2030 年前达到峰值，努力争取 2060 年前实现碳中和。

这是推动高质量发展、实现绿色转型的自觉行动，也是深度参与全球环境治理的责任担当——中国已逐步成为全球生态文明建设的重要参与者、贡献者和引领者。

开启全面建设社会主义现代化国家新征程，人与自然和谐共生的美丽中国，正越来越近。（记者 杨舒）

（2022-02-28 来源：光明日报）

美丽乡村建设

广东省茂名市高州市根子镇桥头村　　（广东省住房和城乡建设厅　提供）

云南省临沧市临翔区博尚镇腾龙村改造后　　（云南省住房和城乡建设厅　提供）

美丽乡村建设

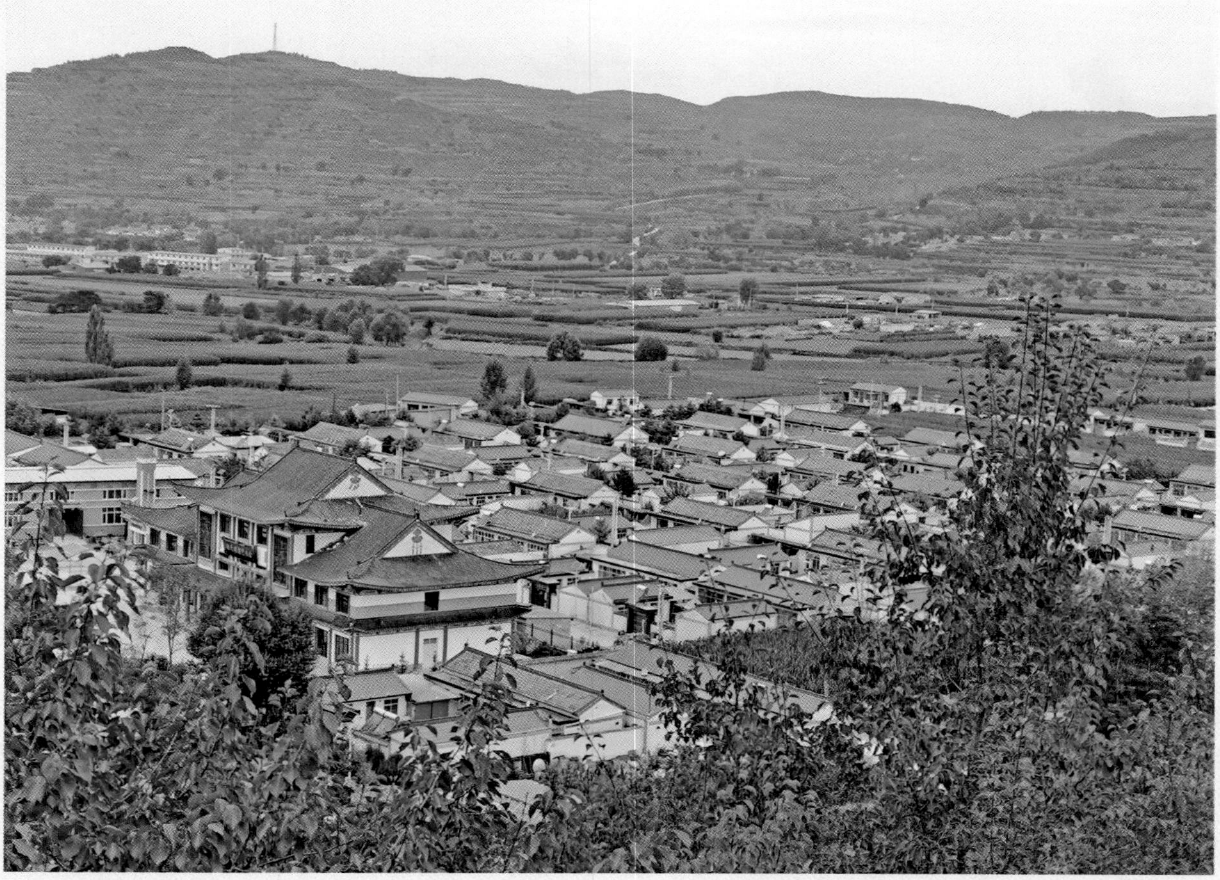

宁夏隆德县温堡乡杨坡村　　（宁夏回族自治区住房和城乡建设厅　提供）

四川省内江市威远县四方村　　（四川省住房和城乡建设厅　提供）

历史文化名村

云南省文山州广南县兔板江村　　（云南省住房和城乡建设厅　提供）

广东省佛山市三水区大旗头村　　（广东省住房和城乡建设厅　提供）

生态园林城市

福建省漳州市西湖生态园　　（福建省住房和城乡建设厅　提供）

广东省东莞市企石镇　　（广东省住房和城乡建设厅　提供）

生态园林城市

重庆市璧山区秀湖国家湿地公园　　（重庆市住房和城乡建设委员会　提供）

北京市永定河综合治理和生态修复景观　　（北京市住房和城乡建设委员会　提供）

装配式建筑

宁夏中盛建材墙体材料自动化生产线　　（宁夏回族自治区住房和城乡建设厅　提供）

福建省三明市建祥全装配式办公楼项目　　（福建省住房和城乡建设厅　提供）

海绵城市建设

广东省中山市儿童公园　　（广东省住房和城乡建设厅　提供）

四川省南充市海绵城市建设　　（四川省住房和城乡建设厅　提供）

城市地下综合管廊

福建省厦门翔安新机场管廊　（福建省住房和城乡建设厅　提供）

广东省珠海市城市地下管廊　（广东省住房和城乡建设厅　提供）

城市地下综合管廊

重庆市开州区地下综合管廊　　（重庆市住房和城乡建设委员会　提供）

海南省首个“BRE 净零碳”“零能耗”建筑认证项目：海南文昌淇水湾旅游度假综合体
（海南省住房和城乡建设厅　提供）

鲁班奖工程

深圳市光明区光明文化艺术中心　　（深圳市住房和城乡建设局　提供）

广东省汕尾市高级技工学校一期项目　　（广东省住房和城乡建设厅　提供）

鲁班奖工程

云南省昆明市轨道交通 4 号线工程　　　　（云南省住房和城乡建设厅　提供）

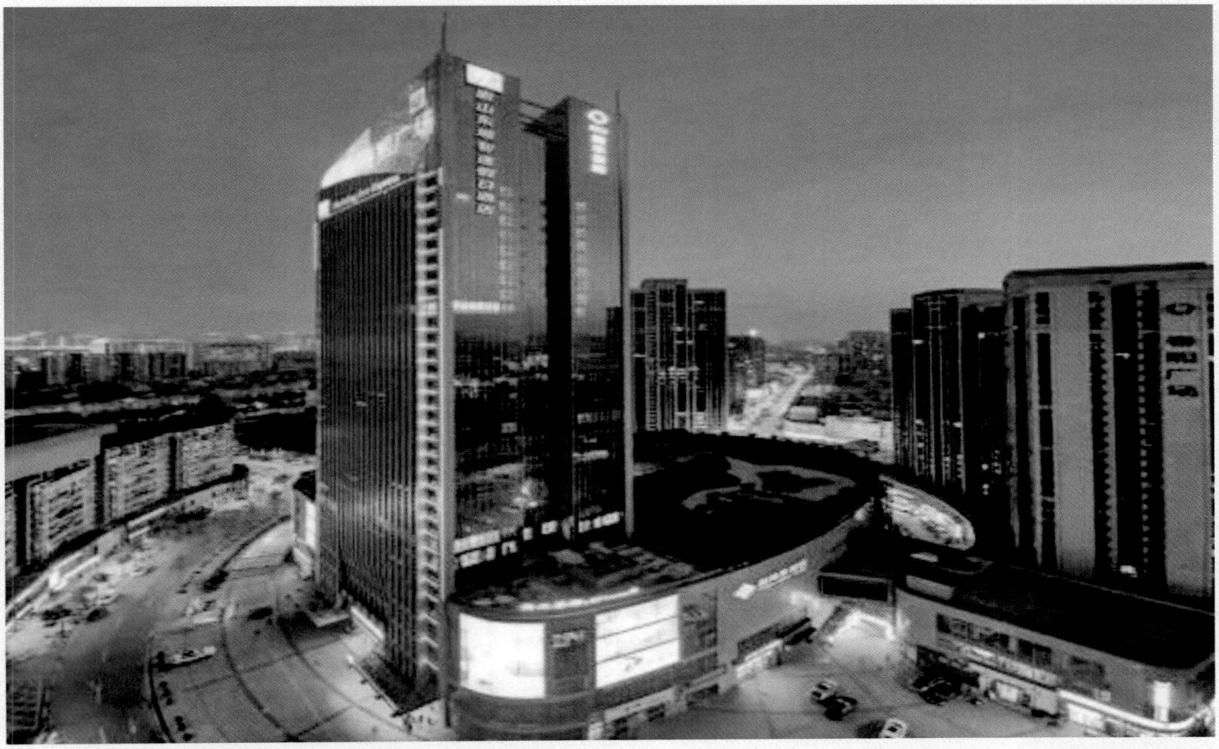

四川省眉山市春熙广场　　　　（四川省住房和城乡建设厅　提供）

建筑新风采

重庆市九龙坡区九龙滩　　（重庆市住房和城乡建设委员会　提供）

广东省广州无限极广场工程　　（广东省住房和城乡建设厅　提供）

建筑新风采

云南省昆明市云投商务大厦　　（云南省住房和城乡建设厅　提供）

宁夏回族自治区银川市中房玺悦府　　（宁夏回族自治区住房和城乡建设厅　提供）

建筑新风采

海南省东方市文化广场－歌舞剧院　　（海南省住房和城乡建设厅　提供）

四川省成都市世界大运会体育公园　　（四川省住房和城乡建设厅　提供）

专题报道

全面学习贯彻党的二十大精神
奋力开创住房和城乡建设事业高质量发展新局面
全国住房和城乡建设工作会议在京召开

1 月 17 日，全国住房和城乡建设工作会议在北京以视频形式召开。会议以习近平新时代中国特色社会主义思想为指导，全面学习贯彻党的二十大精神，认真落实中央经济工作会议精神，总结回顾 2022 年住房和城乡建设工作与新时代 10 年住房和城乡建设事业发展成就，分析新征程上面临的形势与任务，部署 2023 年重点工作。会议传达学习国务院领导同志重要批示。住房和城乡建设部党组书记、部长倪虹出席会议并讲话。

会议认为，2022 年是党和国家发展史上极为重要的一年。全国住房和城乡建设系统坚决贯彻党中央、国务院决策部署，认真落实疫情要防住、经济要稳住、发展要安全的要求，攻坚克难、真抓实干，全力做好住房和城乡建设领域稳增长、惠民生、防风险各项工作，住房和城乡建设事业发展取得了新进展、新成效，为保持经济社会大局稳定作出积极贡献。

一是有效应对疫情反复冲击，保障人民群众生产、生活。保运行，全国市政公用行业全力保障城市供排水、供气、供热正常运行，城管队员、物业服务人员积极参与社区联防联控，保障城市正常运行和群众正常生活。保主体，实化细化建筑工地防控管理和建筑工人健康防护措施，统一延续工程勘察、设计、施工、监理等许可管理有效期。保应急，按时保质完成方舱医院等疫情隔离观察场所建设，排查疫情隔离观察场所建筑。

二是认真落实稳经济一揽子政策措施，积极助力稳大盘、纾企困。深化工程建设项目审批制度改革，积极参加推进有效投资重要项目协调机制工作，推动阶段性减免市场主体房屋租金，实施住房公积金阶段性支持政策，落实用水用气“欠费不停供”费用缓缴政策。

三是扎实做好房地产和住房保障工作，改善人民群众居住条件。因城施策稳定房地产市场，稳妥实施房地产长效机制，合理调整限制措施、房贷首付比例、房贷利率等政策。用力推进“保交楼、稳民生”工作。增加保障性住房供给，克服困难完成了保障性租赁住房、公租房建设和棚户区改造年度计划任务，支持解决新市民、青年人住房问题。下调首套住房公积金贷款利率，出台支持多子女家庭租房、购买首套房的住房公积金政策。

四是系统推进城市建设，推动城市高质量发展。推进城市更新试点，实现新开工改造 5.1 万个城镇老旧小区的年度目标任务，城市燃气管道等老化更新改造项目开工 1.69 万个，新建改造城市污水管网 2.2 万公里，推进城市地下综合管廊和海绵城市建设，深入开展新型城市基础设施建设试点，加快建设城市运行管理服务平台，开展国家历史文化名城保护工作专项评估，推进生活垃圾分类工作。成功举办 2022 年世界城市日全球主场活动暨第二届城市可持续发展全球大会，推动联合国人居署设立全球可持续发展城市奖（上海奖）。

五是推进美丽乡村建设，提高乡村建设水平。持续推进农房危房改造和农房抗震改造，深化农村房屋安全隐患排查整治，推进农村人居环境整治，开展第六批中国传统村落调查认定，推进乡村建设评价工作，查找和解决乡村建设中的短板问题，持续开展定点和对口帮扶，巩固脱贫攻坚成果，推进乡村振兴。

六是稳妥推进城乡建设领域碳达峰碳中和，推动建筑产业转型升级。明确城乡建设领域 2030 年实现碳达峰目标和重点任务，推动新建居住建筑和公共建筑降低能耗、减少碳排放。实施绿色建筑创建行动，发展新型建造方式，加强建筑工人实名制管理。

七是集中力量进行住房和城乡建设领域安全专项整治，保障人民群众生命财产安全。扎实推进全国自建房安全专项整治，开展“百日行动”和“回头看”，全面推进城镇燃气安全专项整治。深入推进房屋市政工程安全生产治理行动，完成全国房屋建筑和市政设施调查，加强建设工程消防设计审查验收管理。

八是深入学习贯彻党的二十大精神，持之以恒推进全面从严治党。突出学习贯彻党的二十大精神主线，全面部署学习宣传贯彻措施，坚持以党的政治建设为统领，持续强化理论武装，学深悟透习近平新时代中国特色社会主义思想，深入推进党风廉政建设，宣传先进人物和事迹。

会议指出，新时代10年，习近平总书记就住房和城乡建设作出一系列重要论述和指示批示，为住房和城乡建设事业高质量发展提供了根本遵循。在以习近平同志为核心的党中央坚强领导下，住房和城乡建设事业取得了历史性新成就，居民住房条件明显改善，城市发展质量显著提升，乡村面貌发生巨大变化，建筑业加快转型升级，住建铁军更加坚强有力，为全面建成小康社会、实现第一个百年奋斗目标作出了积极贡献。

会议强调，全国住房和城乡建设系统要把全面学习、把握、落实党的二十大精神作为当前和今后一个时期的首要政治任务，把学习成果转化为推动住房和城乡建设事业高质量发展的实际举措和生动实践。深刻理解把握"两个确立"的决定性意义，深刻理解把握习近平新时代中国特色社会主义思想的世界观和方法论，深刻理解把握以人民为中心的发展思想，深刻理解把握以中国式现代化全面推进中华民族伟大复兴的使命任务，深刻理解把握以伟大自我革命引领伟大社会革命的重要要求。

当前和今后一个时期，做好住房和城乡建设工作的总体要求是，以习近平新时代中国特色社会主义思想为指导，全面贯彻落实党的二十大精神，坚决贯彻落实党中央、国务院决策部署，坚持稳中求进工作总基调，完整、准确、全面贯彻新发展理念，牢牢抓住让人民群众安居这个基点，以努力让人民群众住上更好的房子为目标，从好房子到好小区，从好小区到好社区，从好社区到好城区，进而把城市规划好、建设好、治理好，持续实施城市更新行动和乡村建设行动，打造宜居、韧性、智慧城市，建设宜居宜业和美乡村，促进房地产市场平稳健康发展，推动建筑业工业化、数字化、绿色化转型升级，着力在服务新发展格局、推动高质量发展上取得新突破，着力在增进民生福祉、创造高品质生活上展现新作为，着力在推动绿色发展、促进人与自然和谐共生上实现新进展，着力在保障质量安全、为社会提供高品质建筑产品上作出新贡献，奋力开创新征程住房和城乡建设事业高质量发展新局面，为以中国式现代化全面推进中华民族伟大复兴添砖加瓦、贡献力量。

会议指出，房地产工作要融入党和国家事业大棋局，锚定新时代新征程党的使命任务和当前的中心工作来展开。一是稳预期。要牢牢坚持房子是用来住的、不是用来炒的定位，增强政策的精准性协调性，以更大力度精准支持刚性和改善性住房需求，提升市场信心，努力保持供需基本平衡、结构基本合理、价格基本稳定，同经济社会发展相协调、同住宅产业发展相协调，严控投机炒房。二是防范风险。要"抓两头、带中间"，以"慢撒气"的方式，防范化解风险。"一头"抓出险房企，一方面帮助企业自救，另一方面依法依规处置，该破产的破产，该追责的追责，不让违法违规者"金蝉脱壳"，不让损害群众利益的行为蒙混过关。切实维护购房人合法权益，做好保交楼工作。"一头"抓优质房企，一视同仁支持优质国企、民企改善资产负债状况。三是促进转型。各项制度要从解决"有没有"转向解决"好不好"。有条件的可以进行现房销售，继续实行预售的，必须把资金监管责任落到位，防止资金抽逃，不能出现新的交楼风险。要大力提高住房品质，为人民群众建设好房子，大力提升物业服务水平，让人民群众生活更方便、更舒心。要形成房屋安全长效机制，研究建立房屋体检、养老、保险等制度，让房屋全生命周期安全管理有依据、有保障。

会议指出，今后一个时期，城市建设工作必须紧紧围绕打造宜居、韧性、智慧城市这个目标任务。在规划设计方面，落实好国土空间规划纲要，编制好城镇开发边界内的建设专项规划。尊重城市发展规律，研究建立城市设计管理制度，明确从房子到小区、到社区、到城市不同尺度的设计要求，提高城市的宜居性和韧性。研究建立建设工程许可制度，以工程质量安全为核心，构建从建设工程设计、到施工、到验收、再到运维的闭环管理制度。在城市体检方面，要坚持问题导向和结果导向、向群众身边延伸、在"实"上下功夫，从房子开始，到小区、到社区、到城区，找出群众反映强烈的难点、堵点、痛点问题，查找影响城市可持续发展的短板弱项。体检要有硬指标、硬要求、硬督查，成为解决问题的指挥棒。在城市更新方面，城市体检出来的问题，作为城市更新的重点；城市体检的结果，作为城市规划、设计、建设、管理的依据。坚持人民城市人民建，人民城市为人民，让人民群众生活得更方便、更舒心、更美好。

会议指出，建筑业是重要的实体经济，为经济社会发展提供重要支撑，要守住为社会提供高品质建筑产品的初心。一抓建筑市场，要从"严进、松管、轻罚"向"宽进、严管、重罚"转变。资质审批要提速，增加审批频次，提高审批效率。严格实施项目建设全过程动态监管，用好数字化手段，用好信用手段，构建诚信守法、公平竞争、追求品质的市场环境。对工程质量不合格、恶意拖欠工人工资、造成伤亡事故等严重后果的，依法依规处罚项目负责人和企业法人，并列入诚信黑名单，在一定时间内个人不能在这个领域从业、企业不准承接新业务。二抓施工现场，要向科技进步要质量、要安全、要效益，突出提品质、降成本两个主攻方向，集中攻关关键核心技术，大力推广应用新材料、新工法、新产品，加强建筑工人队伍培训教育，建设一个又一个好项目。要大力推进数字化建设，举全行业之力打造“数字住建”。三是落实新时期建筑方针，要将适用、经济、绿色、美观的新时期建筑方针贯穿到设计、施工、运维全过程。要下功夫抓住宅，开展设计竞赛，打造优质样板，引导激励设计、施工人员为人民群众建造越来越多的好房子。鲁班奖等都要向住宅项目倾斜，树立鲜明的为民导向。

会议指出，做好住房和城乡建设各项工作，要坚持人民至上，聚焦人民群众急难愁盼问题，一件事情接着一件事情办，一年接着一年干，尽力而为、量力而行，不断增强人民群众的获得感、幸福感、安全感。要做到稳中求进，找准问题、瞄准目标、用准政策，用力抓好稳增长、防风险、惠民生等各方面工作，把住房和城乡建设的基础和支撑作用发挥好。要加强科技引领，把科技创新摆在住房和城乡建设事业突出位置，持续巩固提升世界领先技术，集中攻关突破“卡脖子”技术，大力推广应用惠民实用技术，以科技赋能住房和城乡建设事业高质量发展。要深化改革创新，以高质量发展为目标，坚持试点先行，坚持先立后破，加快形成与高质量发展要求相适应的新的制度体系、新的发展模式。要注重强基固本，下大气力做好打基础、利长远的工作，健全住房和城乡建设领域法规体系、标准体系，加快住房和城乡建设领域数字化应用，建立新型智库。要坚持实事求是，谋划和推进住房和城乡建设工作要想明白、干实在，从大局和实际出发，谋定而后动，尊重科学、尊重规律，经得起历史和人民的检验。

会议强调，2023 年是全面贯彻落实党的二十大精神的开局之年。全系统要在稳中开好局、在进上下功夫，推动住房和城乡建设事业高质量发展迈出新步伐，重点抓好十二个方面工作。

一是以增信心、防风险、促转型为主线，促进房地产市场平稳健康发展。大力支持刚性和改善性住房需求，毫不动摇坚持房子是用来住的、不是用来炒的定位，因城施策、精准施策。推进保交楼保民生保稳定工作，化解企业资金链断裂风险，努力提升品质、建设好房子，整治房地产市场秩序，让人民群众放心购房、放心租房。

二是以发展保障性租赁住房为重点，加快解决新市民、青年人等群体住房困难问题。大力增加保障性租赁住房供给，扎实推进棚户区改造，新开工建设筹集保障性租赁住房、公租房和棚改安置住房 360 万套（间）。积极发挥住房公积金作用，推进住房公积金数字化发展。

三是以实施城市更新行动为抓手，着力打造宜居、韧性、智慧城市。在设区的城市全面开展城市体检，今年在城市开展完整社区建设试点，新开工改造城镇老旧小区 5.3 万个以上。加快城市基础设施更新改造，新开工城市燃气管道等老化更新改造 10 万公里以上，改造建设雨水管网 1.5 万公里以上，因地制宜推进地下综合管廊建设。

四是以深化城市管理改革为动力，提高城市科学化、精细化、智能化管理水平。加强城市管理统筹协调，发挥好综合执法的统筹协调、督导服务作用。强化住房和城乡建设领域综合执法，依法查处违法违规问题。

五是以提升现代生活条件为目标，建设宜居宜业的美丽村镇。实施农房质量安全提升工程，继续开展农村危房改造和农房抗震改造，打好农村房屋安全隐患排查整治专项行动收官战，推进现代宜居农房建设，深入开展乡村建设评价，因地制宜建设小城镇，提高基础设施、公共服务设施建设水平。

六是以建筑业工业化、数字化、绿色化为方向，不断提升建筑品质。资质审批要提速，部机关要带头、限时办理。提升住宅设计水平，健全工程质量保障体系，启动涵盖建筑全生命周期的质量保险试点，发展智能建造、装配式建筑等新型建造方式。

七是以彰显地域特征、民族特色和时代风貌为核心，加强城乡历史文化保护传承。推进历史文化名镇名村保护工作，构建保护传承体系，持续开展专项评估工作，推进历史文化街区修复和历史建筑修缮工作，加强传统村落保护利用。

八是以协同推进降碳、减污、扩绿为路径，切实推动城乡建设绿色低碳发展。加快建筑节能和绿色建筑发展，着力消除县级城市黑臭水体，扎实推进垃圾分类处理，加强城市园林绿化建设，大力推进公园绿地开放共享，再创建一批国家生态园林城市。

九是以健全风险防控机制为关键，坚决守住城乡建设领域安全底线。启动城市基础设施生命线安全工程建设，建立住房和城乡建设领域安全生产信息员制度，持续抓好自建房、燃气安全专项整治工作，继续深入开展房屋市政工程安全生产治理行动。

十是以制度创新和科技创新为引擎，激发住房和城乡建设事业高质量发展动力活力。推进住房和城乡建设领域立法工作，构建新型工程建设标准体系，推进工程建设项目审批制度改革，深化“数字住建”建设，支持国家建筑绿色低碳技术创新中心建设，加强住房和城乡建设领域智库建设，使智库成为政策研究和科技创新的支撑。

十一是以加强国际交流合作为载体，持续为世界人居领域发展作贡献。办好世界城市日活动，建立中国－东盟建设部长交流机制，稳步推进中俄建设和城市发展合作，推进工程建设领域职业资格国际互认、工程建设标准的国际化对接与融合。

十二是以自我革命精神为引领，全面加强党的建设。切实把党的政治建设摆在首位，持续深入学习习近平新时代中国特色社会主义思想，加快建设堪当民族复兴重任的高素质干部队伍，驰而不息加强作风和纪律建设。把从严管理监督和鼓励担当作为高度统一起来，坚持严管和厚爱结合、激励和约束并重，努力营造团结奋斗、担当作为、干事创绩的良好氛围，为担当者担当，为干事者撑腰。

会议还对岁末年初城市保供、农民工工资发放、安全生产等工作作出了部署。

会议号召，在新征程上，全国住房和城乡建设系统要更加紧密地团结在以习近平同志为核心的党中央周围，全面贯彻落实党的二十大精神，以新的精神状态和奋斗姿态，踔厉奋发、勇毅前行，以住房和城乡建设事业高质量发展新成效，为全面建设社会主义现代化国家作出新的更大贡献。

驻部纪检监察组组长宋寒松出席会议，副部长董建国主持会议，副部长秦海翔宣读全国住房和城乡建设系统先进集体、先进工作者和劳动模范表彰决定，总工程师李如生，总经济师杨保军参加会议。中央和国家机关有关同志，驻部纪检监察组负责同志，部机关各单位、直属各单位主要负责同志在主会场参加会议。各省区市和新疆生产建设兵团住房和城乡建设部门负责同志在各地分会场参加会议（记者 杨若男 孙宇枫）。

（2023-01-18 来源：中国建设报）

防风险、稳增长、促改革
——推动住房和城乡建设事业高质量发展

住房和城乡建设事业和人民群众的日常生活密切相关，同时也是建设强大国内市场的重要领域。2月24日，国新办举行新闻发布会，介绍住房和城乡建设事业高质量发展的有关情况。

今年力争建设筹集保障性租赁住房240万套（间），推进城镇老旧小区改造

40个重点城市筹集保障性租赁住房94.2万套、农村低收入群体危房改造和抗震改造开工49.2万户、排查整治城乡建设领域安全生产隐患77万个……发布会上，住房和城乡建设部部长王蒙徽列出了2021年住建领域的发展“成绩单”。

“我国仍然处于城市快速发展的阶段，城镇人口规模、家庭数量仍在持续增加，住房的刚性需求比较旺盛。同时，2000年以前建成的大量老旧小区，住房面积小、配套差，群众改善居住环境的要求也比较迫切。”王蒙徽介绍，我国城市发展已经进入了城市更新的重要时期，由大规模增量建设转为存量提质改造和增量结构调整并重，内需潜力巨大。

王蒙徽说，今年住房和城乡建设系统将着力在“增信心、防风险、稳增长、促改革、强队伍”上下功夫，重点抓好加强房地产市场调控、推进住房供给侧结构性改革、实施城市更新行动、实施乡村建设行动、落实碳达峰碳中和目标任务、推动建筑业转型升级等工作，推动住房和城乡建设事业高质量发展。例如，力争全年建设筹集保障性租赁住房240万套（间）；新筹集公租房10万套，棚户区改造120万套；力争开工改造存在安全隐患的燃气管道约2万公里。

保障性租赁住房坚持小户型、低租金，有利于促进解决新市民、青年人住房困难。“北京、上海、广州、深圳等重点城市，都提高了新增保障性租赁住房的占比，普遍占新增住房供应量的40%至45%以上。”住房和城乡建设部副部长倪虹介绍，今年将大力增加保障性租赁住房，抓好落实土地支持政策、落实审批流程再造和简化、落实中央补助、落实税费优惠政策、落实水电气价格政策、落实金融政策支持等方面工作。

城镇老旧小区改造既是实实在在的民生工程，又

是潜力巨大的发展工程。2019 年至 2021 年，全国累计开工改造了城镇老旧小区 11.5 万个，惠及居民超过 2000 万户。在各地改造过程中，共提升和规整水电气热信等各类管线 15 万公里，加装电梯 5.1 万部，增设养老等各类社区服务设施 3 万多个。

住房和城乡建设部副部长张小宏介绍，下一步将会同有关部门，强化协调配合，压实地方主体责任，继续深入扎实有序地推进城镇老旧小区改造工作。一是有序实施改造计划。充分尊重群众意愿，统筹抓好新开工项目和往年开工的续建项目建设，切实抓好工程质量；二是探索可持续推进模式。支持各地继续在吸引市场力量参与、多渠道筹措改造资金、完善配套政策制度等方面加快探索；三是加强督促指导。进一步完善巡回调研和帮扶指导机制，及时总结推广各地好经验、好做法和可复制的政策机制。

继续稳妥实施房地产长效机制，促进建筑业转型升级

房地产市场稳定发展和运行是社会普遍关心的话题。“2021 年围绕着稳地价、稳房价、稳预期，稳妥实施了房地产长效机制，市场情况总体是平稳的。”倪虹介绍，一是住房成交量保持正增长。去年全年商品住宅销售面积达到 15.65 亿平方米，为近几年来的新高，同比增长 1.1%；二是房价涨幅有所回落。去年 70 个大中城市，一手房和二手房销售价格分别上涨 2% 和 1%，涨幅比 2020 年回落 1.7 和 1.1 个百分点；三是房地产开发投资保持了正增长；四是去化周期仍处在合理区间。

“今年将毫不动摇坚持房子是用来住的、不是用来炒的定位，不把房地产作为短期刺激经济的工具和手段，保持调控政策连续性稳定性，增强调控政策协调性精准性，继续稳妥实施房地产长效机制，坚决有力处置个别头部房地产企业房地产项目逾期交付风险，持续整治规范房地产市场秩序。”倪虹说。

去年，我国建筑业总产值 29.3 万亿元、同比增长 11%，为社会提供了超过 5000 万个就业岗位。《“十四五”建筑业发展规划》提到，加快智能建造与新型建筑工业化协同发展，建筑业从追求高速增长转向追求高质量发展。

张小宏介绍，接下来将重点从实施智能建造试点示范创建行动、加快推广建筑信息模型技术、大力发展装配式建筑、打造建筑产业互联网平台、推进建筑机器人典型应用等方面入手，进一步促进建筑业转型升级，力争到 2025 年，装配式建筑占新建建筑的比例达到 30% 以上。

截至去年底，全国 411 个城市实施 2.3 万个城市更新项目，总投资达 5.3 万亿元

近年来，我国不断加强历史文化保护传承工作。截至去年底，全国历史文化街区总量达到 1200 余片，与 2016 年底相比数量翻番；历史建筑总量达到 5.75 万处，增长近 5 倍。

住房和城乡建设部办公厅主任李晓龙介绍，在城乡建设中加强历史文化保护传承，要做到空间全覆盖、要素全囊括，既要保护单体建筑，也要保护街巷街区、城镇格局，还要保护好历史地段、自然景观、人文环境和非物质文化遗产；不仅要保护好古代遗产，还要保护好近现代和当代重要建设成果，立体生动地讲好中国故事。

下一步，住房和城乡建设部将按照全覆盖的要求，组织开展专项评估，对各名城保护传承的工作情况、保护对象的保护状况进行评估，及时发现和解决历史文化遗产屡遭破坏、拆除等突出问题，推动问责问效、问题整改。

“城市更新”是近年来各地规划发展的高频词。据不完全统计，截至 2021 年底，全国 411 个城市共实施 2.3 万个城市更新项目，总投资达 5.3 万亿元。城市更新不仅解决了城市发展中的突出问题和短板，提升了群众获得感幸福感安全感，也成为新的经济增长点。

“城市是一个有机体，城市更新行动是个系统工程。接下来，将从健全体系、优化布局、完善功能、管控底线、提升品质等方面推动城市更新。加强城乡历史文化保护和城市风貌管理，加强城镇老旧小区改造和完整居住社区建设，推进城市适老化建设改造和既有建筑改造，满足人民高品质生活需要。”李晓龙说。（记者　丁怡婷）

（2022-02-25　来源：人民日报）

今年将建设筹集保障性租赁住房240万套（间）较去年增长超1.5倍

住房和城乡建设部部长王蒙徽在2月24日举行的国新办新闻发布会上介绍，今年将大力增加保障性租赁住房供给，预计全年能够建设筹集保障性租赁住房240万套（间）。去年，全国40个城市新筹集保障性租赁住房94.2万套（间）。今年保障性租赁住房的建设力度将比去年有大幅度增长，增长将超过1.5倍。

住房和城乡建设部副部长倪虹介绍，去年筹集的94.2万套保障性租赁住房预计可以解决近300万新市民、青年人的住房困难。今年，住房和城乡建设部在推进保障性租赁住房建设方面将进一步落实好土地支持政策，利用农村集体经营性建设用地、企事业单位自有闲置土地、产业园区配套用地、存量闲置房屋和新供应土地来建设和筹集保障性租赁住房。落实审批流程的再造和简化。落实中央补助，去年，中央为40个城市在预算内投资补助了28亿元，今年还将加大中央财政补助资金的支持力度。此外，还将落实税费优惠、水电气价格、金融支持等政策。“十四五”期间，北京、上海、广州、深圳等重点城市，都提高了新增保障性租赁住房的占比，普遍占新增住房供应量的40%至45%以上。

王蒙徽介绍，扎实推进保障性住房建设方面，2021年进一步规范发展公租房，推进城镇户籍低保低收入家庭基本实现应保尽保。各类棚户区改造开工165万套。引导灵活就业人员参加住房公积金制度，完成异地购房提取等5项高频服务事项“跨省通办”。2022年，将新筹集公租房10万套，棚户区改造120万套。

城镇老旧小区是重大的民生工程和发展工程。住房和城乡建设部副部长张小宏介绍，2021年，我国新开工改造城镇老旧小区5.56万个，惠及居民965万户。2019年至2021年，全国累计开工改造了城镇老旧小区11.5万个，惠及居民超过2000万户。在各地改造过程中，共提升和规整水电气热信等各类管线15万公里，加装电梯5.1万部，增设养老等各类社区服务设施3万多个。张小宏表示，在进一步推进城镇老旧小区改造时，将有序实施改造计划，充分尊重群众意愿，统筹抓好新开工项目和往年开工的续建项目建设，切实抓好工程质量，确保改造进度和效果。

王蒙徽介绍，2022年，住房和城乡建设部除了保持房地产市场平稳运行，推进住房供给侧结构性改革，推进城镇老旧小区改造之外，还将推进燃气等城市管道老化更新改造重大工程，大力推进“新城建”，也就是基于数字化、网络化、智能化的新型城市基础设施建设，推进适老化城市、社区、住房的建设和改造，实施农房质量安全提升工程，大力发展装配式建筑等，努力为稳定宏观经济大盘发挥积极作用。（记者 亢舒）

（2022-02-26 来源：经济日报）

我国加快推进城市燃气管道等老化更新改造

新华社北京6月30日电住房和城乡建设部、国家发展改革委30日召开视频会议，部署各地尽快启动实施并加快推进城市燃气管道等老化更新改造工作，明确责任分工、细化工作措施、狠抓项目落实，确保如期完成目标任务。

会议要求，省级政府要切实负起总责，建立更新改造项目库，加强对市县的督促指导，用足用好各项支持政策。市县政府要认真抓好落实，科学组织普查评估，做实更新改造方案，强化资金保障，狠抓施工安全与工程质量。

加快推进城市燃气管道等老化更新改造，是提升市政基础设施韧性安全水平、防止风险隐患演变为安全事故的重要措施。会议强调，要发挥专业力量的积极性、主动性，让专业的人干专业的事，善于利用高新科技力量，发扬精益求精的工匠精神，高质量完成好每一个环节工作。

同时，多措并举落实更新改造资金，用足用好已经明确的各项支持政策，专业经营单位依法履行对其服务范围内管道和设施的出资责任，省、市、县各级财政按照尽力而为原则加大投入，落实好税费减免政策，用好融资政策工具。

会议还要求，健全安全管理长效机制，压实专业经营单位运维养护主体责任和市县政府监管责任，坚持建管并重，建立健全长效机制。（记者　王优玲）

（2022-07-01　来源：新华社）

我国将大力发展装配式建筑 2025 年装配式建筑占新建建筑比例将超 30%

住房和城乡建设部日前印发《“十四五”建筑业发展规划》（以下简称《规划》），提出到 2025 年，装配式建筑占新建建筑的比例达 30% 以上；新建建筑施工现场建筑垃圾排放量控制在每万平方米 300 吨以下，建筑废弃物处理和再利用的市场机制初步形成，建设一批绿色建造示范工程。

近年来，建筑业作为国民经济支柱产业的作用不断增强。“十三五”期间，我国建筑业改革发展成效显著，全国建筑业增加值年均增长 5.1%，占国内生产总值比重保持在 6.9% 以上。2020 年，全国建筑业总产值达 26.39 万亿元，实现增加值 7.2 万亿元，占国内生产总值比重达到 7.1%，房屋施工面积 149.47 亿平方米，建筑业从业人数 5366 万人。但是，在取得成绩的同时，建筑业依然存在发展质量和效益不高的问题，集中表现为发展方式粗放、劳动生产率低、高耗能高排放、市场秩序不规范等。

为进一步推动建筑业转型发展，《规划》提出了加快智能建造与新型建筑工业化协同发展、健全建筑市场运行机制、完善工程建设组织模式、培育建筑产业工人队伍、完善工程质量安全保障体系、稳步提升工程抗震防灾能力、加快建筑业“走出去”步伐等主要任务。

其中提到，大力推广应用装配式建筑，积极推进高品质钢结构住宅建设，鼓励学校、医院等公共建筑优先采用钢结构。培育一批装配式建筑生产基地。鼓励建筑企业、互联网企业和科研院所等开展合作，加强物联网、大数据、云计算、人工智能、区块链等新一代信息技术在建筑领域中的融合应用等。

根据《规划》，到 2025 年，初步形成建筑业高质量发展体系框架。建筑工业化、数字化、智能化水平大幅提升，建造方式绿色转型成效显著，加速建筑业由大向强转变，为形成强大国内市场、构建新发展格局提供有力支撑。（记者　廖睿灵）

（2022-02-09　来源：人民日报海外版）

住房保障扎实推进　城市更新稳步开展 农村人居环境改善：安居优居　温暖民心

“公司为我提供的公寓太好了。30 平方米的单间，月租金 300 元，上班步行只需 10 分钟。”前不久入住安徽省合肥市维信诺公寓的王嘉培很满意这个温暖的“小家”。

“住得安心才能留得住人。”维信诺基建部经理张强介绍，公寓是企业利用自有闲置土地建设的保障性租赁住房，目前已经入住了 1800 多名员工。

坚持小户型、低租金，2021 年，全国 40 个重点城市筹集保障性租赁住房93.6万套（间），预计可帮助200多万像王嘉培这样的新市民、青年人缓解住房困难。

习近平总书记指出："人民群众对实现住有所居充满期待，我们必须下更大决心、花更大气力解决好住房发展中存在的各种问题。""十四五"规划和2035年远景目标纲要提出，"加快建立多主体供给、多渠道保障、租购并举的住房制度，让全体人民住有所居、职住平衡。"

2021年，在以习近平同志为核心的党中央坚强领导下，我国住房保障工作扎实推进、城市更新行动稳步开展、农村人居环境持续改善。

——坚持租购并举，变忧居为安居。

从合居到独住，来北京市5年的张彤搬了3次家。趁着工作变动，她选择在泊寓高立庄社区安家："一直想找一套可以长期租赁的住房。公寓配备了阅读区、影音区、环形跑道等设施，还有24小时保安值守，住着很安心。"

"高立庄项目是利用集体土地建设的保障性租赁住房，由村集体提供土地经营权，企业节省了拿地成本，降低租金也有了空间。"泊寓北京区域负责人朱祥介绍。

2021年，我国加大金融、土地、公共服务等政策支持力度，大力发展保障性租赁住房。"十四五"期间，40个重点城市初步计划新增保障性租赁住房650万套（间），预计可帮助1300万人缓解住房困难。

——推进老旧小区改造，让旧貌换新颜。

"年纪大了，爬楼越来越困难。装上电梯后方便多了！"从"道路破损、停车杂乱"到"立面翻新、干净整洁"，家住四川省成都市金牛区白马后巷的邓阿姨，对于小区改造赞不绝口。

在山东省胶州市，人脸识别进出小区、高空抛物实时监控、垃圾智能分类回收……2021年，当地有60多个小区实现了从老旧小区到智慧社区的跨越，惠及约1.5万户居民。

"面子""里子"一起改，幸福生活再升级。去年1至11月，全国新开工改造城镇老旧小区5.47万个，超额完成全年目标任务。许多地方不仅完善了小区水、电、路、通信等配套基础设施，还因地制宜增加了养老、托育、便利店等公共服务设施。

住房和城乡建设部有关负责人介绍，2020年以来，针对老年人需求，各地结合城镇老旧小区改造加装电梯两万多部，增设或改造提升养老、助餐等各类社区服务设施近3万个。

——改善农村人居环境，从有居到优居。

依河枕水、流檐翘角，在江苏省盐城市周伙新型农村社区，一幢幢二层农家小楼错落有致，彰显"小庭院""微菜地"的特色风貌。

"旧房子换了，好日子来了。如今村里农家乐、民宿都十分红火！"2021年搬进周伙新型农村社区的村民徐珍说。

通过原址重建或加固改造，全国790万户、2568万脱贫群众住上了安全住房；同步支持1075万户农村低保户、分散供养特困人员、贫困残疾人家庭等贫困群体改造危房。

不仅如此，农房和村庄建设现代化加快推进，农村人居环境持续改善。不少地方积极推进村内道路、绿化、安全供水、垃圾污水治理等设施建设，全国农村生活垃圾进行收运处理的行政村比例超过90%。

"'十四五'期间，将继续坚持房子是用来住的、不是用来炒的定位，着力解决住房结构性供给不足的矛盾，保障刚性住房需求，满足合理的改善性住房需求，努力实现全体人民住有所居。"住房和城乡建设部有关负责人说。（记者　丁怡婷）

（2022-01-08　来源：人民日报）

住房和城乡建设部：2022年全国建设不少于1000个城市"口袋公园"

新华社北京8月9日电住房和城乡建设部9日发布通知称，将推动全国于2022年建设不少于1000个城市"口袋公园"，为群众提供更多方便可达、管理规范的公园绿化活动场地。

根据《住房和城乡建设部办公厅关于推动“口袋公园”建设的通知》，“口袋公园”在选址上，要优先选择公园绿化活动场地服务半径覆盖不足的区域。在设计和建设上，要注重保护原有地形地貌和大树老树，优先选用乡土植物；充分考虑周边群众需求，增加活动场地，落实适老化和适儿化等要求。

“口袋公园”是面向公众开放，规模较小，形状多样，具有一定游憩功能的公园绿化活动场地，面积一般在400平方米至10000平方米之间，类型包括小游园、小微绿地等。因其小巧多样、环境友好、方便群众使用等特点，受到群众的普遍欢迎。

通知要求，各省级住房和城乡建设（园林绿化）主管部门要研究制定本地区《2022年“口袋公园”建设实施方案》，主要包括建设计划（含数量、位置、占地面积以及落实建设资金等情况）、推动工作的具体举措以及保障措施等，每个省（自治区、直辖市）力争2022年内建成不少于40个“口袋公园”，新疆、西藏等地可结合实际确定建设计划。（记者　王优玲）

（2022-08-09　来源：新华社）

住建部印发通知　推动城市运行管理“一网统管”

住房和城乡建设部日前印发《关于全面加快建设城市运行管理服务平台的通知》（以下简称《通知》），决定在开展城市综合管理服务平台建设和联网工作的基础上，全面加快建设城市运行管理服务平台，推动城市运行管理“一网统管”。

据介绍，城市运管服平台包括国家城市运管服平台、省级城市运管服平台和市级城市运管服平台，三级平台互联互通、数据同步、业务协同，是“一网统管”的基础平台。建设城市运管服平台对促进城市高质量发展、推进城市治理体系和治理能力现代化具有重要意义。

《通知》提出，要以物联网、大数据、人工智能、5G移动通信等前沿技术为支撑，整合城市运行管理服务相关信息系统，汇聚共享数据资源，加快现有信息化系统的迭代升级，全面建成城市运管服平台，加强对城市运行管理服务状况的实时监测、动态分析、统筹协调、指挥监督和综合评价。

根据部署，2022年底前，直辖市、省会城市、计划单列市及部分地级城市建成城市运管服平台，有条件的省、自治区建成省级城市运管服平台。2023年底前，所有省、自治区建成省级城市运管服平台，地级以上城市基本建成城市运管服平台。2025年底前，城市运行管理“一网统管”体制机制基本完善，城市运行效率和风险防控能力明显增强，城市科学化精细化智能化治理水平大幅提升。（记者　廖睿灵）

（2022-04-01　来源：人民日报海外版）

建设综述

法 规 建 设

2022年，住房和城乡建设部法规司坚持以习近平新时代中国特色社会主义思想为指导，全面学习贯彻党的二十大精神，认真贯彻落实习近平法治思想和习近平总书记对住房和城乡建设工作的重要指示批示精神，围绕中心、服务大局、突出重点，充分发挥住房和城乡建设部法治建设领导小组办公室职责，法治建设工作取得新进展新成效。

【概况】持续增强法治工作的系统性、整体性和协同性，全面落实法治建设“一规划两纲要”，印发2022年住房和城乡建设部法治建设工作要点，并于2022年3月组织召开住房和城乡建设部机关法治建设工作会议，部署推动相关任务。组织起草住房和城乡建设部2021年度法治政府建设工作情况报告，上报党中央、国务院，并向社会公开。配合中央全面依法治国委员会办公室开展市县法治建设督察、法治政府示范创建评估等工作，借力推动住房城乡建设法治工作。

【立法工作】认真落实全国住房城乡建设工作会议要求，不断加快相关重点立法项目进程，推动完善住房和城乡建设法律法规体系。

一是围绕安居这个人民幸福生活的基点，努力实现让人民住上好房子、住进好小区的目标，加快推进《住房租赁条例》《城镇住房保障条例》《城镇房屋安全管理条例》《农村房屋建设管理条例》和《中华人民共和国住房保障法》等住房方面的立法工作。

二是围绕实现生活在更加宜居、韧性、智慧的城市和更加宜居、宜业、和美的乡村的目标，研究推进《城市供水条例（修订）》有关工作，《城市供水条例（修订征求意见稿）》征求有关部门、地方主管部门和社会公众意见，从完善多部门协同的监督管理制度、强化饮用水水源风险应对和供水应急管理制度、细化城市供水监督管理制度等方面充实完善条例修订草案。研究推进《物业管理条例》修订工作，配合相关业务司局开展建筑法、历史文化保护传承法、历史文化名城名镇名村保护条例、城市更新条例等前期研究工作。

三是积极参与同住房和城乡建设部职能密切相关的，涉及环境保护、绿色发展、节约能源资源方面立法工作，如黄河保护法、无障碍环境建设法、自然保护地法、节约能源法（修订）、节约用水条例等。注重把住房城乡建设法律制度设计安排放在党和国家事业大局、国家整体法律体系中统筹谋划推进。

四是扎实推进部门规章立法。会同有关司局制定住房和城乡建设部2022年规章立法计划，着力提高立法质量和效率。完成《房地产开发企业资质管理规定》《住房和城乡建设行政处罚程序规定》《城镇污水排入排水管网许可管理办法》《建设工程质量检测管理办法》4件部门规章的制修订。同时，积极推进修改《建设工程消防设计审查验收管理暂行规定》等7个部门规章立法项目的立法进程。

【行政复议和行政应诉工作】立足办好每一件复议应诉案件，着力化解行政争议，避免发生系统性法律风险。

一是认真办理复议案件。办理复议案件314件，同比减少61.4%（受行政复议体制改革影响）；办结287件，办结率92%；加大调解、和解力度，推动21件案件当事人自愿撤回申请。已结案的复议案件中：维持156件，驳回65件，不予受理20件，终止21件，函告4件；撤销13件，确认违法5件，责令履行3件。

二是积极应对行政诉讼。办理应诉案件626件，同比增长28.3%。共派员出庭应诉80次，其中单独出庭应诉26次，和原行政行为作出机关做共同被告出庭应诉54次。已审结的437件案件胜诉率100%。

三是持续完善办案机制。加强会商研讨，先后19次与住房和城乡建设部内有关司局和地方主管部门会商，加强苗头性、规律性研判；向省级主管部门发出2份复议意见书，指出问题并提出改进意见；印发6期《行政复议和应诉工作情况通报》和《住房和城乡建设复议应诉典型案例选编—政府信息公开类》，通报办案情况；与北京市第一中级人民法院、北京市住房和城乡建设委员会开展2次“府院联动”，加强工作协调，推动依法行政；落实部公职律师管理暂行办法，协调公职律师出庭应诉13次。

【行政执法监督工作】按照中央有关法治政府建设部署，积极推动行业内依法行政工作。

一是贯彻实施新修订的《中华人民共和国行政处

罚法》，组织制定印发《住房和城乡建设行政处罚程序规定》，细化立案、调查、决定等工作规则和时限要求。

二是组织制定《住房和城乡建设部行政执法证件管理办法》，开展部机关行政执法人员培训考核工作，首批 98 名部机关执法人员取得执法证件。

三是严格依法开展重大执法决定法制审核，已审核近 300 件（次）；落实行政规范性文件合法性审核制度，审核 15 件（次）。

四是根据《法律、行政法规、国务院决定设定的行政许可事项清单（2022 年版）》，组织协调各司局确定行政许可子项，编制行政许可实施要素，制定实施规范和办事指南，指导各地归口认领事项。

五是配合全国人大常委会开展《中华人民共和国环境保护法》《中华人民共和国乡村振兴促进法》《中华人民共和国长江保护法》《中华人民共和国固体废物污染环境防治法》《中华人民共和国消防法》执法检查工作。

六是配合住房和城乡建设部办公厅组织开展住房和城乡建设部改革开放以来行政规范性文件清理工作。

【普法工作】认真落实"八五"普法规划要求，推动提升全行业法治观念。

一是落实"谁执法谁普法"普法责任制，会同有关司局组织制定《住房和城乡建设部普法责任清单（2022 年）》。

二是组织开展国家宪法日、宪法宣传周及《中华人民共和国噪声污染防治法》等专题法治宣传教育活动，配合有关司局开展全民国家安全教育日普法宣传活动。

三是组织开展以案释法工作。从行政复议和应诉案件中选取 12 件典型案例，在中国建设报"建设与法"栏目刊发；2022 年 8 月开始，与《建筑》杂志社合作，在《建筑》杂志开设"建设法苑"专栏，按月介绍典型案例、理论文章和工作经验；从中国庭审公开网选取 12 件案件，组织住房和城乡建设部机关工作人员线上旁听庭审。

（*住房和城乡建设部法规司*）

住 房 保 障

概况

【党中央、国务院高度重视住房保障工作】2022 年 10 月，习近平总书记在党的二十大报告中指出，要坚持房子是用来住的、不是用来炒的定位，加快建立多主体供给、多渠道保障、租购并举的住房制度。2022 年 12 月，中央经济工作会议指出，要因城施策，支持刚性和改善性住房需求，解决好新市民、青年人等住房问题，探索长租房市场建设。2022 年《政府工作报告》明确，继续保障好群众住房需求，要求坚持房子是用来住的、不是用来炒的定位，探索新的发展模式，坚持租购并举，加快发展长租房市场，推进保障性住房建设。

【住房保障工作取得巨大成就】党的十八大以来，我国住房保障体系逐步健全完善，各类保障性住房建设稳步推进，住房保障能力持续增强，住房保障工作取得了历史性成就。新时代十年，是我国历史上保障性安居工程建设规模最大、完成投资最多的十年。2012—2022 年，累计完成投资 15.4 万亿元，建设各类保障性住房和棚户区改造安置住房 6000 多万套，低保、低收入住房困难家庭基本实现应保尽保，1.5 亿多群众喜圆安居梦。

完善住房保障体系

2021 年 6 月，国务院办公厅正式印发《国务院办公厅关于加快发展保障性租赁住房的意见》（国办发〔2021〕22 号），第一次明确了国家层面住房保障体系顶层设计，即加快完善以公租房、保障性租赁住房和共有产权住房为主体的住房保障体系。住房和城乡建设部认真贯彻落实党中央、国务院决策部署，积极协调有关部门，进一步完善住房保障相关土地、财税、金融配套政策措施，完善保障性住房准入、使用、退出、运营管理机制，为住房保障工作提供有力支撑。

加快发展保障性租赁住房

【基础制度基本建立】住房和城乡建设部指导地方结合实际制定落实《国务院办公厅关于加快发展保

障性租赁住房的意见》（国办发〔2021〕22号）的实施办法及一系列配套措施，注重把握好保障性租赁住房工作的政策导向。截至2022年年底，31个省（自治区、直辖市）和新疆生产建设兵团以及40个重点城市均已印发实施意见。

【年度计划进展顺利】2022年，全国保障性租赁住房计划建设筹集236.5万套（间），全年共开工建设筹集265.5万套（间），完成投资2252亿元。2021年、2022年全国共建设筹集保障性租赁住房约360万套（间），可解决1000多万新市民、青年人住房困难问题。其中，40个重点城市已开工建设筹集280多万套（间），完成"十四五"发展目标的42%。

【支持政策加快落实】国家发展改革委、财政部安排补助资金。国家发展改革委将保障性租赁住房纳入基础设施领域不动产投资信托基金（REITs）试点。财政部、国家税务总局明确了保障性租赁住房税收优惠政策。中国人民银行、中国银行保险监督管理委员会明确保障性租赁住房有关贷款不纳入房地产贷款集中度管理。截至2022年年底，中国建设银行、国家开发银行、中国农业发展银行累计向800多个保障性租赁住房项目授信3000多亿元，发放贷款1400多亿元。各地基本落实了将产业园区配套用地面积占比上限由7%提高到15%等土地支持政策，基本建立了政府牵头、部门联合审批机制，落实税收优惠和民用水电气价格政策。

【多主体供给格局基本形成】住房和城乡建设部通过举办城市政府负责同志专题培训班、印发可复制可推广经验清单等方式，引导地方从"要我干"转为"我要干"；支持教育部、国务院国有资产监督管理委员会、国家国防科技工业局、中国融通集团等行业系统组织建设保障性租赁住房；指导湖南省常德市汉寿县、石门县两县探索建设乡村教师保障性租赁住房。各地加大政策宣传，形成了园区企业、企事业单位、农村集体经济组织、住房租赁企业等各类主体积极发展保障性租赁住房的良好态势。

【监督管理全面实施】住房和城乡建设部会同有关部门印发通知，指导各地做好发展保障性租赁住房情况年度监测评价工作，督促各地将保障性租赁住房作为"十四五"时期住房建设的重点，科学确定发展目标，按时完成年度计划，不断健全工作机制，落实各项支持政策，加快项目建设和交付使用，让新市民、青年人早日实现入住。同时，指导督促各地加强保障性租赁住房工程质量安全监管，对建设、出租和运营管理实施全过程监督。

进一步规范发展公租房

【公租房保障力度不断加大】2022年，全国计划新建设公租房9.9万套，实际开工建设10.4万套，完成投资253亿元。截至2022年年底，全国列入国家计划的公租房共1600多万套，3800多万困难群众住进公租房，累计2700多万困难群众领取租赁补贴到市场自主租房；通过实物保障和货币补贴，累计1706万城镇低保、2213万城镇低收入住房困难群众享受公租房保障，648万60岁以上老年人、341万进城务工人员、85万残疾人、54万青年教师、38万乡村教师、36万多子女家庭、34万优抚对象、26万青年医生、23万环卫工人、9万公交行业职工等困难群体改善了居住条件。

【公租房运营管理不断加强】住房和城乡建设部指导各地落实国家基本公共服务标准有关要求，通过实物保障和货币补贴并举，对城镇户籍低保、低收入住房困难家庭做到依申请应保尽保，对其他保障对象在合理轮候期内给予保障，鼓励有条件的地方逐步扩大到城镇非户籍常住人口住房、收入困难家庭。同时总结推广地方经验，指导各地将公租房小区纳入属地社区管理，积极实施政府购买公租房运营管理服务，提升管理服务专业化、规范化水平。

【公租房管理信息化水平不断提升】住房和城乡建设部指导地方扩大公租房信息系统联网范围和公租房APP覆盖面，截至2022年年底，全国地级以上城市初步实现数据联网，公租房APP覆盖面扩大至20多个省份、100多个城市，努力推动"让数据多跑路，让群众少跑腿"。

因地制宜发展共有产权住房

2022年，住房和城乡建设部指导深圳完善住房保障体系，将安居型商品房调整为共有产权住房规范发展；指导四川、兰州、厦门等地建立完善共有产权住房制度；梳理已发展共有产权住房的城市主要做法，指导地方学习上海等地经验，解决共有产权住房发展中的具体问题。截至2022年年底，全国共有18个城市发展共有产权住房，累计筹集约28万套，其中北京8.3万套、上海14.2万套。

稳步推进棚户区改造

2022年，全国棚改计划开工120万套，实际开工134.8万套，完成投资9227亿元。住房和城乡建设部指导各地坚持因地制宜、量力而行，严格把好棚户区改造范围和标准，将符合条件的城市危房改造纳入棚改政策范围，科学确定城镇棚户区改造计划任务，抓好项目工程质量和施工安全监管，加大配套基础设施建设力度，让困难群众早日搬进生活方便舒适的新居。

（住房和城乡建设部住房保障司）

标准定额、建筑节能与科技

概况

2022年，住房和城乡建设部标准定额司以习近平新时代中国特色社会主义思想为指引，进一步提高政治站位、强化政治机关意识，围绕党的二十大关于住房城乡建设领域的各项决策，认真贯彻住房和城乡建设部党组部署安排，扎实做好标准定额和科技创新各项工作，取得了新的进展。

科技创新工作

【编制行业科技发展规划】加强住房和城乡建设领域科技发展顶层设计，制定印发《“十四五”住房和城乡建设科技发展规划》，提出“十四五”期间重点科研方向和创新体系建设任务。积极参与编制国家中长期科技发展规划、“十四五”国家科技创新规划和相关领域科技专项规划的编制，将城乡建设科技需求融入国家相关科技规划中，争取国家层面政策支持。

【与科技部签订战略合作协议】2022年1月，与科技部签订战略合作协议，聚焦城市更新、乡村建设、碳达峰碳中和等重点工作，在科技研发、技术推广、人才培养、创新基地建设等方面加强合作。2022年两部门认真贯彻落实战略合作协议，针对推动城乡建设领域绿色低碳发展和建筑业转型等战略重点任务中的突出问题，共同组织开展调研，论证提出重大科技需求，部署科研项目。强化创新能力建设，共同积极培育和创建国家科技创新基地，支持住房和城乡建设行业优势企业申报国家技术创新中心和国家重点实验室。

【组织开展科技攻关】做好住房和城乡建设部科技计划项目组织实施，围绕住房和城乡建设部中心工作组织实施2022年度住房和城乡建设部科技计划，涵盖城市群和区域绿色发展、城市更新和品质提升、智能建造和新型建筑工业化等重点工作。积极参与“十四五”国家重点研发计划，推荐“城镇可持续发展关键技术与装备”“重大自然灾害防控与公共安全”“国家质量基础设施体系”等重点专项相关项目，并在城市更新、CIM、绿色建筑、历史文化保护等领域设立揭榜挂帅和定向择优项目，将行业关键技术攻关重点任务纳入国家科技项目中实施。

【组建重点科技创新平台】制定《国家城乡建设科技创新平台暂行管理办法》，结合住房和城乡建设发展需求，提出了国家城乡建设科技创新平台重点布局领域，拟在高品质住宅、绿色建筑、装配式建筑、智能建造、城市更新等技术领域组建创新平台。

【加大科技成果转化力度】加快推进城乡建设科技成果库建设，制定科技成果库建设方案，研究制定行业技术领域分类，编制科技成果登记表，组织开展科技成果库平台开发和框架搭建。目前，科技成果库开发工作已初步完成，具备成果查询、技术推广、案例展示等公共服务功能。

【组织开展科普工作】在全国科普工作联系会议机制下，积极开展住房和城乡建设领域科普工作动态的梳理总结和报送工作，宣传城乡建设科普工作的创新举措和典型经验。在全国科技活动周期间，指导住房和城乡建设部属单位开展城乡建设领域“走进科技你我同行”主题科普活动，通过科普小课堂、科普视频、云裳讲堂、公众开放日等活动，宣传科技知识。积极推荐全国优秀科普作品和微视频作品，组织有关单位参与全国科普讲解大赛，获优秀奖。

【推动数字家庭建设试点】2022年8月，联合工业和信息化部印发《关于开展数字家庭建设试点工作的通知》，选取北京市昌平区、上海市中国（上海）自由贸易试验区临港新片区等19个地区开展数字家庭建设试点工作。组织各试点地区编制实施方案，明确试点目标、试点内容、重点项目、工作进度、支持政策和保障措施，要求在试点过程中及时总结推广可复制的经验做法，系统推动数字家庭建设。

工程建设标准化工作

【工程建设标准管理】一是印发住房和城乡建设

领域贯彻落实《国家标准化发展纲要》工作方案，会同国家市场监督管理总局等联合印发贯彻实施《国家标准化发展纲要》行动计划，明确城镇建设、乡村建设、绿色低碳发展标准化任务，以标准化促进住房和城乡建设高质量绿色发展。**二是**抓好标准计划及报批。印发 2022 年工程建设规范标准编制及相关工作计划，统筹安排全年标准制修订工作。报送国家标准化管理委员会 22 项产品国家标准建议项目。全年共发布工程建设国家标准 23 项。批准发布工程建设行业标准 16 项、建设标准 1 项。**三是**做好标准日常管理。配合相关司局开展信用信息系统建设、垃圾处理、城乡建设专项规划等相关标准立项、制（修）订及协调工作。组织开展 2022 年度工程建设国家、行业标准复审和 2023 年工程建设国家、行业标准立项申报。**四是**持续推进工业领域工程建设标准化改革，指导煤炭、有色金属等行业开展强制性国家工程规范编制工作。全年完成 71 项标准公开征求意见、115 项行业标准备案。**五是**围绕住房和城乡建设部重点工作统筹安排全年标准制（修）订工作，完成住房和城乡建设领域国家标准、行业标准上网征求意见 45 项，审核报批 33 项。**六是**做好住房和城乡建设领域地方标准备案审查工作，共完成 597 项标准备案审查。

【重要标准保障】一是会同国家卫生健康委员会印发《方舱医院设计导则（试行）》和《集中隔离点设计导则（试行）》，进一步落实疫情常态化防控工作要求，指导各地做好方舱医院、集中隔离点相关设施建设。**二是**组织开展《绿色雪上运动场馆评价标准》立项工作，做好冬奥遗产总结提炼，指导和规范绿色冰雪场馆建设。

【中国标准创新贡献奖提名】指导相关全国标准化技术委员会换届工作，规范标准化技术支撑机构行为，提升机构技术水平。指导国家技术标准创新基地（建筑工程）中期评估及验收工作，促进建筑工程标准、科技和产业创新融合。

【全文强制性工程建设国家标准】一是落实《住房和城乡建设领域改革和完善工程建设标准体系工作方案》，住房和城乡建设领域全文强制性工程建设国家标准制定工作基本完成，2022 年发布了《建筑防火通用规范》等 14 项规范，总计已完成 38 项规范中的 36 项。**二是**做好已发布规范的监督实施与宣传贯彻工作，针对《建筑与市政工程无障碍通用规范》，指导督促各地开展相关地方标准梳理及制（修）订工作，加强对《建筑与市政工程无障碍通用规范》落实情况的监督检查，指导相关市场主体和机构提升《建筑与市政工程无障碍通用规范》执行能力，推动建立无障碍环境建设社会监督机制。会同中国残联举行新闻发布会，进一步解读《建筑与市政工程无障碍通用规范》有关内容，结合规范开展宣贯培训、地方标准备案管理等，指导督促地方积极开展相关工作。**三是**积极推进无障碍相关标准编制修订，制定《建筑门窗无障碍技术要求》，修订《无障碍设施施工验收及维护规范》。

国际科技与标准合作工作

【实施国际科技合作项目】有序推进全球环境基金（GEF）赠款项目，与世界银行共同实施的“可持续城市综合方式试点项目”已完成以公共交通为导向的开发模式（TOD）平台的开发建设，并对项目试点城市开放内部试用。2022 年，组织并参与能力建设活动 8 次，培训人员 2700 余人次。

【搭建国际科技交流平台】根据科技部发布的国家重点研发计划国际合作相关重点专项申报指南，认真做好“政府间国际科技创新合作”“战略性科技创新合作”重点专项项目推荐工作。

【标准国际化】一是参与国际标准制定。新申报国际标准立项 4 项，在编国际标准 16 项，发布国际标准 3 项。**二是**积极申请设立国际标准化组织。新申请的国际标准化组织供热管网技术委员会获批成立。**三是**依托“走出去”工程项目，开展标准版翻译工作，批准发布中译英标准 5 项。

建筑节能工作

【建筑节能】2022 年 3 月，印发了《“十四五”建筑节能与绿色建筑发展规划》，提出“十四五”目标指标要求，进一步提高建筑绿色低碳发展质量，降低建筑能源资源消耗，转变城乡发展方式。**一是**新建建筑全面执行节能强制性标准。2022 年 4 月，实施全文强制国家标准《建筑节能与可再生能源利用通用规范》，在新建建筑节能、既有建筑节能改造、可再生能源建筑应用等方面进一步提高了要求，并对新建建筑的能耗指标和减碳量做出明确规定。2022 年，全国城镇新建建筑设计与竣工验收阶段执行建筑节能标准比例达到 100%。**二是**既有建筑节能改造加快推进。2022 年，严寒及寒冷地区各省（区、市）完成既有居住建筑节能改造 10476 万平方米，辽宁、黑龙江、山东三省改造面积超过 6244 万平方米；夏热冬冷地区各省（区、市）完成既有居住建筑节能改造面积 4859 万平方米，湖北省完成既有居住建筑节能改造面积超过 924 万平方米；夏热冬暖地区和温和地区各省（区、市）完成既有居住建筑节能改造面积1567万平方米。截至2022年年底，累计建成节能建筑面积达到303.5亿平方米，占城镇既有建筑面积比例超过64%。其中2022年城镇新增节能建筑面积26.50亿平方米。

【建筑用能统计】积极推动国家机关办公建筑和大型公共建筑能源统计、审计和公示，探索采用市场化方式实施高耗能公共建筑节能改造。2022年全国各省（区、市）完成建筑能耗统计72117栋，完成公共建筑能源审计4513栋，能耗公示4352栋，能耗监测4185栋。

【城乡建设绿色发展】根据中共中央办公厅、国务院办公厅印发的《关于推动城乡建设绿色发展的意见》中要落实碳达峰、碳中和目标任务，推进城市更新行动、乡村建设行动，加快转变城乡建设方式，促进经济社会发展全面绿色转型等要求，截至2022年年底，29个省（区、市）印发了实施方案，明确了绿色发展、美丽城市建设、美丽乡村建设、绿色建筑、基础设施、历史文化保护、绿色建造、绿色生活方式等方面的具体要求。

【城乡建设领域碳达峰】2022年6月，按照碳达峰碳中和“1＋N”政策体系，会同国家发展改革委印发了《城乡建设领域碳达峰实施方案》，明确推动城乡建设领域碳达峰、碳中和的工作目标、重点任务和保障措施。提出2030年前，城乡建设领域碳排放达到峰值，力争到2060年前，城乡建设领域全面实现绿色低碳转型。在建设绿色低碳城市、打造绿色低碳县城和乡村等方面提出具体任务，明确城乡建设领域碳达峰实施路径。

【可再生能源建筑应用】可再生能源在建筑领域的应用规模不断扩大。2022年，全国新增太阳能光热建筑应用面积41688万平方米，浅层地热能建筑应用面积1026万平方米，中深层地热能应用面积530万平方米，新增空气热源建筑应用面积2448万平方米。

装配式建筑、绿色建筑与建材应用工作

【装配式建筑快速发展】一是加强行业调查研究，编制《2021年全国装配式建筑发展情况报告》，对装配式建筑的总体、区域、结构类型、产业链等发展情况及存在的问题进行分析梳理。2021年，全国新开工装配式建筑面积达7.4亿平方米，较2020年增长18%，占新建建筑面积的比例为24.5%，取得“十四五”开门红。二是发布实施《装配式住宅设计选型标准》，结合已发布的装配式混凝土结构住宅、钢结构住宅、住宅装配化装修主要构件和部品部件尺寸指南，形成“1＋3”标准化设计和生产体系，引领设计单位实施标准化正向设计，指导生产单位开展标准化批量生产，提升综合效率和效益优势。三是发布《装配式钢结构模块建筑技术指南》，引导模块建筑的标准化设计、生产和施工安装，推动模块建筑在防疫医院、隔离酒店、营房等领域的应用。四是组织开展第三批装配式建筑生产基地申报认定工作，发挥示范引领，促进全产业链协同发展。五是总结梳理各地在政策引导、技术支撑、产业发展、能力提升、监督管理、创新发展等方面经验做法，印发《装配式建筑发展可复制推广经验清单（第一批）》，筹备全国装配式建筑现场推进会。六是在央视、人民日报等主流媒体持续宣传装配式建筑的技术优势和发展情况，营造良好的发展氛围。

【绿色建材加快应用】一是会同财政部深入推进政府采购绿色建材促进建筑品质提升试点工作，并在第一批6个试点城市的基础上，会同财政部、工业和信息化部联合印发《关于扩大政府采购支持绿色建材促进建筑品质提升实施范围的通知》，将政策实施范围扩大至全国48个市（市辖区），运用政府采购政策积极推广应用绿色建材。二是会同国家市场监督管理总局、工业和信息化部加快推进绿色建材评价认证和推广应用，截至2022年年底，共有3000余个建材产品获得绿色建材认证标识。

【绿色建筑高质量发展】截至2022年年底，全国累计建成绿色建筑面积85.91亿平方米，获得绿色建筑标识项目约2.5万个，当年新建绿色建筑面积20亿平方米，占当年新建建筑面积的比例达到84.22%。一是启动《绿色建筑评价标准》修订，进一步优化评价指标体系。二是持续推动各地开展绿色建筑创建行动，组织开展三星级绿色建筑标识项目评审。

工程造价管理工作

【完善工程计价依据体系】一是改进工程计量和计价规则。明确计量和计价标准的修订原则，在条款修订中贯彻改革精神，再次完成《园林绿化工程工程量计算标准》《构筑物工程工程量计算标准》《矿山工程工程量计算标准》《仿古建筑工程工程量计算标准》《爆破工程工程量计算标准》《房屋建筑与装饰工程工程量计算标准》《市政工程工程量计算标准》7部标准的审查工作。组织开展《房屋修缮工程工程计算标准》的编制工作。二是优化估算指标编制发布。完成《市政工程投资估算编制办法》和《装配式建筑工程投资估算指标》的审查工作。统一工程费用组成。起草《建设项目总投资费用项目组成（征求意见稿）》，与

国家发展改革委协调一致，非正式征求财政部意见。

【推行施工过程价款结算】与财政部联合印发《关于完善建设工程价款结算有关办法的通知》，将建设工程进度款支付比例下限提高至 80%，上限由发承包双方自行确定；同时，经发承包双方确认的过程结算文件作为竣工结算文件的组成部分，竣工后原则上不再重复审核。

【开展工程造价改革调研】赴日照、青岛和上海开展工程造价改革调研，与当地各级住房和城乡建设主管部门，发展和改革部门、财政部门、审计部门等相关行业主管部门，建设单位以及设计、施工、监理、造价等相关企业座谈，听取意见建议。总结北京市、浙江省、湖北省、广东省、广西壮族自治区 5 个试点地区和江苏省、山东省等试点改革经验。7 个地区共选择试点项目 123 个，具体改革内容涉及最高投标限价编制、计量计价规则调整、施工过程结算、工程造价数据库建设、加强合同管理、推进全过程造价管理等方面。截至 2022 年年底，123 个试点项目中，未招标、未编制最高投标限价项目 21 个，占比 17.07%；已编制最高投标限价、但未招标项目 10 个，占比 8.13%；已招标，未开工项目 8 个，占比 6.5%；正在施工，未结算项目 52 个，占比 42.48%；已竣工，未结算项目 24 个，占比 19.51%；已竣工，已结算项目 1 个。通过试点，造价组成机制更加接近市场化、造价信息服务内容更加丰富、招标评标模式更加有利于竞争、价款结算形式更加多样快捷。

【优化营商环境】一是贯彻落实国务院《关于深化“证照分离”改革 进一步激发市场主体发展活力的通知》要求，合并修订《工程造价咨询企业管理办法》《注册造价工程师管理办法》，形成《工程造价咨询管理办法》送审稿。贯彻落实国务院“放管服”改革要求，修订《建筑工程发包与承包计价管理办法》，形成送审稿。二是印发全国一体化政务服务平台标准《全国一体化政务服务平台 电子证照 造价工程师注册证书（土木建筑工程、安装工程）》，推进造价工程师注册证书电子证照实施应用。三是组织开展“工程造价咨询信用评价综合体系研究”课题结题报告审查工作，配合住房和城乡建设部办公厅做好信用信息相关制度建设。

【工程造价行业概况】截至 2022 年年底，全国共有 14069 家开展工程造价咨询业务的企业。开展工程造价咨询业务的企业共有从业人员 1144875 人，其中注册造价工程师 147597 人，占全部从业人员的 12.9%；新吸纳就业人员 68981 人，占全部从业人员的 9.8%。开展工程造价咨询业务的企业营业收入合计 15298.17 亿元，其中工程造价咨询业务收入 1144.98 亿元，占比 7.5%。开展工程造价咨询业务的企业实现营业利润 2257.39 亿元，应交所得税合计 465.96 亿元。

（住房和城乡建设部标准定额司）

房地产市场监管

【房地产市场政策协调指导】党中央、国务院高度重视住房和房地产工作。习近平总书记在中央政治局会议上强调，要稳定房地产市场，坚持房子是用来住的、不是用来炒的定位，因城施策用足用好政策工具箱，支持刚性和改善性住房需求，压实地方政府责任，保交楼、稳民生。中央经济工作会议指出要有效防范化解重大经济金融风险。要确保房地产市场平稳发展，扎实做好保交楼、保民生、保稳定各项工作，满足行业合理融资需求，推动行业重组并购，有效防范化解优质头部房企风险，改善资产负债状况，同时要坚决依法打击违法犯罪行为。要因城施策，支持刚性和改善性住房需求，解决好新市民、青年人等住房问题，探索长租房市场建设。要坚持坚持房子是用来住的、不是用来炒的定位，推动房地产业向新发展模式平稳过渡。

住房和城乡建设部会同有关部门认真贯彻落实党中央、国务院部署，牢牢坚持房子是用来住的、不是用来炒的定位，继续稳妥实施房地产长效机制，支持刚性和改善性住房需求，保交楼、稳民生，促进房地产市场平稳健康发展。

一是稳妥实施房地产长效机制。毫不动摇坚持房子是用来住的、不是用来炒的定位，继续稳妥实施房地产长效机制，落实城市主体责任，强化省级政府监督指导责任，切实稳地价、稳房价、稳预期。

二是因城施策稳定房地产市场。指导各地用足用好政策工具箱，合理调整限制措施、房贷首付比例、房贷利率等政策，减免居民换购住房个人所得税，既在精准支持刚性和改善性住房需求上发力，又坚决防止政策调整出现偏差，不给投机炒房留空间。

三是用力推进“保交楼、稳民生”工作。会同8部门印发《关于通过专项借款支持已售逾期难交付住宅项目建设交付的工作方案》，组建工作专班，指导各地全面摸底、建立台账、制定“一楼一策”方案，加快保交楼项目建设交付。在做好“保交楼、稳民生”工作的同时，对逾期难交付背后存在的违法违规问题，依法严肃查处，对项目原有预售资金被挪用的，追究有关机构和人员责任。

四是加大房地产市场监管力度。抓好整治规范房地产市场秩序三年行动，规范房地产开发企业、住房租赁企业、物业服务企业和中介服务机构行为并将住宅项目逾期难交付作为重点整治内容纳入三年行动，营造守法诚信、风清气正的市场环境。

【房地产市场运行】2022年，在需求收缩、供给冲击、预期转弱三重压力下，特别是受疫情反复等超预期因素影响，房地产销售、投资均同比下降。住房和城乡建设部会同有关部门认真贯彻落实党中央、国务院决策部署，坚持房子是用来住的、不是用来炒的定位，稳妥实施房地产长效机制，指导各地落实城市主体责任，强化省级政府监督指导责任，因城施策用足用好政策工具箱，稳地价、稳房价、稳预期，房地产市场供需基本平衡、价格基本稳定。

一是商品房销售量同比下降。2022年全国商品房销售面积13.58亿平方米，同比下降24.3%，其中商品住宅销售面积11.46亿平方米，同比下降26.8%。商品房销售额13.33万亿元，同比下降26.7%，其中住宅销售额同比下降26.7%。

二是住宅销售价格保持在合理区间。2022年70个大中城市新建商品住宅价格同比下降1.0%，较2021年回落4.6个百分点；二手住宅价格同比下降2.4%，较2021年回落5个百分点。

三是房地产开发投资同比下降。2022年房地产开发投资13.29万亿，比上年下降10.0%，其中，住宅投资10.06万亿元，同比下降9.5%。房屋施工面积156.45亿平方米，同比减少0.7%。房屋新开工面积12.06亿平方米，同比下降39.4%。房屋竣工面积8.62亿平方米，同比下降15.0%。

【住房租赁市场发展】一是持续做好住房租赁试点工作。2022年，住房和城乡建设部会同财政部继续在北京、上海、深圳、广州、天津等24个城市开展中央财政支持住房租赁市场发展试点工作。开展第一批16个试点城市绩效评价考核，指导第二批8个试点城市有序推进试点工作。试点城市在构建有利的体制机制、多渠道增加租赁房源供给、大力培育专业化住房租赁企业、建设住房租赁管理服务平台等方面形成了一批可复制可推广的经验做法。

二是指导地方规范发展住房租赁市场。2022年，各地住房租赁法律法规不断完善。5月24日，北京市人大常委会通过《北京市住房租赁条例》，是住房租赁领域首个出台的地方性法规。11月23日，上海市人大常委会通过《上海市住房租赁条例》，其中明确禁止将住房用于群租，同时对客厅改造、宿舍式租赁住房提出了规范发展的要求。

各地出台政策盘活存量房屋用作租赁住房。2022年5月11日，湖南省长沙市出台《关于推进长沙市租赁住房多主体供给多渠道保障盘活存量房的试点实施方案》，支持盘活存量住房用作租赁住房，打通新房、二手房、租赁住房市场通道。下半年，海南、成都、西安等省市跟进，在借鉴长沙经验的基础上，结合各自实际，出台了盘活存量房屋用作租赁住房的政策。

三是推动阶段性减免市场主体房屋租金。2022年6月21日，住房和城乡建设部会同7部门印发《住房和城乡建设部等8部门关于推动阶段性减免市场主体房屋租金工作的通知》（建房〔2022〕50号），指导各地做好房屋租金减免工作。对部分单位拖延租金减免、借机涨租金等问题，持续做好督导工作，及时推动相关问题解决。截至2022年年底，减免服务业小微企业和个体工商户国有房屋租金849.16亿元，惠及承租人10.26万户，有效缓解市场主体房屋租金压力，优化营商环境，对恢复生产经营发挥了积极作用。

【整治规范房地产市场秩序】住房和城乡建设部会同国家发展改革委、公安部等部门持续整治规范房地产市场秩序，指导各地聚焦房地产开发、房屋买卖、住房租赁、物业服务等重点领域，全面排查问题线索，查处违法违规行为，发挥部门协同作用，曝光违法违规典型案例，建立制度化、常态化整治机制，切实维护人民群众合法权益。

【指导各地完善征收配套政策】督促指导各地全面贯彻落实《国有土地上房屋征收与补偿条例》，建立健全国有土地上房屋征收配套法规政策，将国有土地上房屋征收补偿信息列入当地政府政务公开工作的重点，大力推进阳光征收，促进提升房屋征收法治化、规范化水平，切实解决被征收人最关心的利益问题。

【物业服务与市场监督】一是探索建立房屋养老

金制度。为贯彻落实国务院办公厅《关于印发全国自建房安全专项整治工作方案的通知》提出的"研究建立房屋定期体检、房屋养老金和房屋质量保险等制度"的要求，以及住房和城乡建设部党组决策部署，住房和城乡建设部先后赴芜湖市、株洲市、徐州市、天津市滨海新区、宁波市等地开展房屋养老金调研。与天津市滨海新区、郑州市、徐州市有关人员在京召开座谈会，并在宁波召开了《住建部城镇房屋安全管理三项制度框架培训暨试点工作现场会》，指导相关城市研究制定房屋养老金制度试点方案。在制度法规建设方面，住房和城乡建设部在开展房屋养老金课题研究的基础上，研究起草了《关于建立房屋养老金制度的意见（初稿）》，并委托研究机构开展房屋养老金立法课题研究。

二是抓好物业行业安全管理。落实"安全生产月"要求，在中国建设报宣传杭州市物业安全管理经验做法；在部机关以展板、发放小册子形式宣传物业管理工作要点；赴上海、苏州开展小区物业管理区域安全生产及应急演练工作检查，指导中国物业管理协会对行业企业开展安全培训。印发《住房和城乡建设部办公厅关于做好物业管理区域防汛工作的通知》，指导各地扎实做好物业管理区域防汛工作，切实保障人民群众生命财产安全。

三是开展"共建美好家园"活动。会同机关党委文明办联合印发《开展"加强物业管理 共建美好家园"活动实施方案》，指导各地推进创建活动，总结提炼可复制可推广的经验，召开现场工作会，公布一批"美好家园"小区案例。组织开展典型案例宣传，以点带面，促进物业管理水平提升。

（住房和城乡建设部房地产市场监管司）

建筑市场监管

概况

2022 年，在住房和城乡建设部党组的正确领导下，住房和城乡建设部建筑市场监管司深入学习贯彻习近平总书记关于住房和城乡建设工作的重要指示批示精神和党中央决策部署，认真落实部重点工作任务，着力加强建筑市场监管，推进建筑业转型发展，较好完成了各项任务。

建筑业发展态势

2022 年，我国建筑业继续保持快速发展的良好态势，对经济社会发展作出了重要贡献，支柱产业地位更加稳固。一是产业规模持续扩大。2022 年全国建筑业总产值 31.2 万亿元、同比增长 6.5%，建筑业实现增加值 8.3 万亿元、占国内生产总值比重为 6.9%。二是吸纳就业能力保持稳定。2022 年全国建筑业从业人员数量超过 6000 万人、占全社会就业人员总数的 8% 以上，其中吸纳进城务工人员 5232 万人、占进城务工人员总人数的 17.7%。三是有力支撑了城市发展。2022 年全国房屋建筑施工面积 156 亿平方米。四是建筑市场主体持续壮大。2022 年全国建筑企业签订合同总额同比增长 8.95%。五是国际竞争力不断提升。我国内地共有 79 家建筑业企业入围 2022 年度"全球最大 250 家国际承包商"，其国际营业额占上榜企业国际营业总额的 28.4%。据统计，2022 年，我国建筑企业在"一带一路"沿线国家新签对外承包工程项目合同 5514 份、合同额 8718.4 亿元人民币，占同期我国对外承包工程新签合同额的 51.2%；完成营业额 5713.1 亿元人民币，占同期营业总额的 54.8%。

建筑业转型发展

【推进智能建造与建筑工业化协同发展】2022 年 10 月，住房和城乡建设部印发《关于公布智能建造试点城市的通知》，将北京、深圳、苏州等 24 个城市列为智能建造试点城市，试点为期 3 年。试点工作要求各试点城市有序推进智能建造试点任务，加快推动建筑业与先进制造技术、新一代信息技术的深度融合，拓展数字化应用场景，培育具有关键核心技术和系统解决方案能力的骨干建筑企业，发展智能建造新产业，形成可复制可推广的政策体系、发展路径和监管模式，为全面推进建筑业转型升级、推动高质量发展发挥示范引领作用。

【完善工程建设组织模式】落实国务院关于在北京、上海等 6 个城市营商环境创新试点中试行建筑师负责制工作部署，指导试点城市在 102 个项目中，发挥建筑师统筹协调作用。在政府和国有资金投资项目、装配式建筑项目中积极推行工程总承包模式，加强设计施工协同。加快全过程工程咨询项目落地，推进全过程工程咨询数字化发展，其在提高管理效能、提升项目整体性和系统性等方面的效用逐渐显现。

【推进建筑工人队伍产业化】一是会同人力资源和社会保障部修订《建筑工人实名制管理办法》、印发《建筑工人简易劳动合同（示范文本）》，要求建筑企业与建筑工人依法签订劳动合同或用工书面协议，明确建筑工人工资支付方式、权益保障等要求。二是印发《关于进一步做好建筑工人就业服务和权益保障工作的通知》，要求各地积极回应社会关切和建筑工人诉求，切实维护建筑工人权益。三是重视保障进城务工人员工资工作，紧盯元旦、春节等关键时间节点，加大欠薪案件查办力度，及时化解欠薪纠纷，未发生重大群体性和极端讨薪事件，总体形势平稳可控，有效保障了进城务工人员合法权益和社会和谐稳定。

【推进试点工作取得积极进展】坚持试点先行、典型引路，组织完成了招标“评定分离”、钢结构住宅建设和政府购买监理巡查服务试点，加强对试点地区和项目的指导和支持，探索可复制推广的经验和模式，以点带面推动工作开展。

建筑市场监督管理

【优化建筑市场政务服务】认真贯彻落实国务院关于深化“放管服”改革、优化营商环境的部署要求，印发《关于进一步简化一级注册建筑师、勘察设计注册工程师执业资格认定申报材料的通知》，简化注册申报材料，推进注册服务标准化、规范化、便利化。积极应对疫情影响，完善企业资质审批服务流程，采取专家线上和现场审查相结合的方式，提高企业资质审批效率。配合人力资源和社会保障部实施阶段性缓缴进城务工人员工资保证金政策，帮助建筑企业减轻经营负担。

【落实便民惠民改革举措】自2022年12月19日起，开通一级注册建筑师、一级建造师注册业务“掌上办”办理渠道，实现注册“掌上办”。用户可通过微信、支付宝搜索“住房和城乡建设部政务服务平台”小程序，办理一级注册建筑师、一级建造师注册申报、注册进度查询、个人信息修改等业务。发布“掌上办”操作手册，详细介绍具体操作步骤。通过政务数据共享和注册业务“掌上办”，进一步提高了一级注册建筑师、一级建造师申请注册服务标准化、规范化、便利化水平，提高群众获得感、幸福感。

【推行工程保函】会同国家发展改革委、工业和信息化部等13部门联合印发《国家发展改革委等部门关于完善招标投标交易担保制度进一步降低招标投标交易成本的通知》（发改法规〔2023〕27号），明确要求在招标投标领域全面推行保函（保险）替代现金缴纳招标、履约、工程质量等保证金，鼓励招标人对中小微企业投标人免除投标担保。针对当前招标投标交易担保领域的突出问题，围绕完善招标投标交易担保制度、降低招标投标交易成本、促进招标投标活动更加规范高效提出了一系列具体措施，有效降低了招标投标交易担保成本。

【严厉打击建筑市场违法违规行为】一是深入开展房屋市政工程安全生产治理行动，严肃查处违法发包、转包、违法分包等违法违规行为，压实主体责任，消除安全隐患，提升安全生产治理能力。同时，严格落实质量安全“一票否决”制，督促指导各地持续加强监督执法检查，进一步规范建筑市场秩序，全年共对安全生产事故中负有责任的10家企业、56名人员以及存在“挂证”行为的104名注册人员和存在资质申报弄虚作假行为的21家企业做出行政处罚，在行业内形成有效震慑。二是组织开展工程建设领域专项整治，指导各地集中排查整治恶意竞标、强揽工程等突出问题，全国共排查在建工程项目19.3万个，依法实施处罚的案件7581起，发现并移交相关部门处理的涉黑涉恶案件321起。三是推进政府购买监理巡查服务试点，试点地区累计巡查项目600余个，发现质量安全隐患5万多项，发出巡查服务建议书800余份，巡查服务期间均未发生质量安全责任事故。

【积极推行数字化监管】推进建筑市场监管相关信息系统建设，运用数字技术辅助监管和决策，提升行业治理能力。加大全国建筑市场监管公共服务平台信息公开力度，截至2022年年底，全国建筑市场监管公共服务平台共收录建设工程相关企业89.7万家，建设工程企业资质120.2万个，各类执业注册人员信息358.5万条，建设工程项目信息203.1万条，全国建筑市场监管公共服务平台网站总访问量达到15.0亿次，为主管部门加强行业监管、市场主体开展经营活动提供基础数据支撑。完善全国建筑市场监管公共服务平台功能，督促各地积极推进实名制管理，截至2022年年底，收录建筑工人信息5350万条，为规范劳务用工管理发挥了重要作用。持续推进施工许可电子证照应用，研究编制建设工程企业资质电子证书标准，为加强建筑业大数据归集和应用夯实基础。

建筑业管理制度

【研究完善法律法规制度】按照《中华人民共和国建筑法》修订任务分工方案，组织开展建筑法修订必要性、可行性等研究，开展现行制度相关情况调研，分析研究拟修订的重点内容，起草形成修订初稿。按照住房和城乡建设部立法工作计划，开展《建设工程勘察设计管理条例》《注册建筑师条例》修订前期研究。组织研究修订《注册建造师管理规定》，实施注册建筑师新版考试大纲，进一步明晰注册人员权利、义务、责任。开展工程勘察设计、工程监理统计调查，为加强相关企业、人员动态监管提供支撑。

【完善资质资格审批管理制度】深入研究完善建设工程企业资质管理制度，印发《关于建设工程企业资质有关事宜的通知》，统一延续部分企业资质证书有效期，企业可直接申请施工总承包、专业承包二级资质。按照国务院办公厅政府职能转变办公室要求，制定建筑业企业、工程勘察企业、工程设计企业、工程监理企业资质认定和勘察设计注册工程师、监理工程师、建造师、注册建筑师执业资格认定及建筑工程施工许可等 9 项行政许可事项清单及实施要素和实施规范。

（住房和城乡建设部建筑市场监管司）

城市建设

2022 年，住房和城乡建设部城市建设司以习近平新时代中国特色社会主义思想为指导，全面贯彻党的二十大和党的十九大以及十九届历次全会精神，坚持以人民为中心的发展思想，完整、准确、全面贯彻新发展理念，统筹发展和安全，按照住房和城乡建设部党组要求，全面贯彻全国住房城乡建设工作会议部署，聚焦落实有关重点任务，加强市政基础设施体系化建设，保障安全运行，提升城市安全韧性，促进城市高质量发展，让人民群众生活更安全、更舒心、更美好。

市政交通建设

【城镇燃气】实施城市燃气管道等老化更新改造。**一是** 2022 年 3 月 7 日，会同国家发展改革委印发《关于做好 2022 年城市燃气管道等老化更新改造工作的通知》（建城函〔2022〕15 号），部署各地摸清底数，研究提出 2022 年改造计划。**二是**会同国家发展改革委研究起草并报请国务院办公厅印发《国务院办公厅关于印发城市燃气管道等老化更新改造实施方案（2022—2025 年）的通知》（国办发〔2022〕22 号），要求 2025 年底前基本完成城市燃气管道等老化更新改造任务。**三是**会同国家发展改革委印发《住房和城乡建设部办公厅　国家发展改革委办公厅关于印发城市燃气管道老化评估工作指南的通知》（建办城函〔2022〕225 号），指导各地做好城市燃气管道老化评估工作。**四是** 6 月 30 日召开全国城市燃气管道等老化更新改造工作部署推进会议，倪虹部长对深入学习贯彻习近平总书记重要指示批示精神、落实国办发〔2022〕22 号文件要求、全面启动实施城市燃气管道等更新改造工作进行全面部署。**五是**印发《住房和城乡建设部关于做好城市燃气管道等老化更新改造计划进展月报工作的通知》（建司局函城〔2022〕22 号），部署各地做好年度更新改造项目进展信息报送工作。**六是**会同国家发展改革委印发《关于进一步明确城市燃气管道等老化更新改造工作要求的通知》（建办城函〔2022〕336 号），进一步细化明确了 10 个方面底线要求和 10 个方面支持措施，指导各地统筹发展和安全、安全稳妥推进更新改造工作。**七是**截至 2022 年 12 月底，全国城市燃气管道等老化更新改造项目开工 2.11 万个，完成投资 1378 亿元，完成老化更新改造各类管道 7.6 万公里。

开展专项整治，全力加强城镇燃气行业安全监管。**一是** 2022 年 6 月 25 日，联合国务院安全生产委员会办公室召开燃气安全工作调度视频会议，分析安全形势、明确整治重点。**二是** 2022 年 7 月，先后 2 次到重点省市实地调研指导餐饮等单位用户燃气使用安全和瓶装液化石油气安全管理。**三是**分别于 2022 年 7 月和 12 月举办 2 期全国城镇燃气安全管理培训班，线上线下累计培训人员约 16.5 万人。**四是**扎实推进开展城镇燃气安全排查整治和“百日行动”，压实各方责任，全力排危消隐，截至 2022 年 12 月底，各地共排查整治安全隐患 320.1 万个。**五是**指导各地做好事故应急处置，北京房山、河北三河、江苏常州、天津北辰、吉林长春等地事故发生后，赴现场协助地方开展处置工作，全年累计报送值班信息19期。**六是**根据国务院安全生产委员会统一部署要求，对贵州省开展燃气安全督导帮扶。**七是**开展岁末年初重大安全隐患抽查检查，针对城镇燃气安全问题，对青海、甘肃、海南、广西、上海、江苏6省市开展专题抽查检查。

截至2022年年底，全国城市天然气供气总量1755.32亿立方米，液化石油气供气总量815.53万吨，人工煤气供气总量15.38亿立方米，用气人口5.56亿人，燃气普及率98.08%。

【城镇供热】一是2022年5月，组织16个北方供暖地区总结2021—2022年供热期保障群众温暖过冬的经验做法，开展“冬病夏治”，2022年各地共投入250亿元、564万工日，整改用户端问题67.7万项。**二是**2022年9月22日，召开北方供暖地区今冬明春城镇供热供暖工作视频会议，总结2021—2022年供热期经验成效、分析面临形势，部署供热运行周报机制、做好供热开栓准备、落实供热用能需求、加强设施运行保障、制定完善应急预案、开展“访民问暖”等工作重点任务，指导各地保障全国供热系统安全稳定运行。**三是**开展北方供暖地区今冬明春城镇供热供暖运行周报，截至2022年12月底，共调度形成2022—2023年供热期周报11期，转各地核查解决供热舆情个案76件，各地主管部门和供热企业累计走访居民187万户，实地解决群众身边供热问题64.1万个，累计受理群众投诉72.4万件、办结率达98.1%。

截至2022年年底，全国城市集中供热能力：蒸汽达11.82万吨/小时，热水达60.68万兆瓦，集中供热面积达108.9亿平方米。

【城市道路交通】一是2022年5月，上线“住房和城乡建设部城市照明信息管理系统”，基本摸清城市照明设施底数。**二是**2022年6月以来，贯彻落实党的二十大报告“加强城市基础设施建设”要求和中财委十一次会议精神，指导各地建设城市快速干线交通、生活性集散交通和绿色慢行交通3个系统，加快补齐停车等配套设施短板。**三是**指导城市轨道交通规划建设，2022年配合国家发展改革委完成苏州、东莞、上海、武汉、石家庄、南宁、杭州、广州8个城市的建设规划审核，新增批复建设线路439公里、总投资约5000亿元。**四是**会同工业和信息化部推进智慧城市基础设施与智能网联汽车协同发展试点，指导两批16个试点城市按计划推进试点工作，组织开展试点阶段评估工作，总结试点成果和经验做法，梳理问题清单，挖掘并推广城市实践中的优秀案例。

截至2022年年底，全国城市道路长度54.85万公里，道路面积108.35亿平方米，人均道路面积19.10平方米，建成区路网密度7.75公里/平方公里，全国安装路灯城市道路长度40.13万公里，道路照明灯3235.91万盏。

城市环境卫生工作

【推进生活垃圾分类】2022年1月，联合中央文明办等10部门印发了《关于依法推动生活垃圾分类工作的通知》，落实《中华人民共和国固体废物污染环境防治法》有关规定要求，依法指导各地持续推进生活垃圾分类工作。对贵州、江苏、江西、湖南、云南、安徽6省18个地级城市进行生活垃圾分类督导。对全国27个省（自治区）、297个地级及以上城市按季度开展垃圾分类工作成效评估，压实城市主体责任。截至2022年年底，297个地级以上城市在29.3万个居民小区开展了生活垃圾分类工作，居民小区垃圾分类覆盖率达到82.5%。

指导各地广泛开展生活垃圾分类志愿服务和公益活动，以群众喜闻乐见的方式加强宣传引导。编印《垃圾分类引领时尚》，宣传推广先进城市经验做法。截至2022年年底，全国开展生活垃圾分类志愿服务行动和公益活动38.9万次，校园知识普及和互动实践活动25.6万次。

【加强建筑垃圾治理和资源化利用】依据新修订的《中华人民共和国固体废物污染环境防治法》，组织修订《城市建筑垃圾管理规定》。推进建筑垃圾分类处理、全过程管理，结合建筑垃圾资源化利用示范城市建设及阶段性成效评估课题研究，开展建筑垃圾专题调研，研究年产生量和资源化指标，建立建筑垃圾资源化利用计算方法。

【加快生活垃圾处理设施建设】根据《“十四五”全国城市基础设施建设规划》，加快推进生活垃圾焚烧、厨余垃圾和建筑垃圾处理设施建设。截至2022年年底，全国生活垃圾无害化处理能力达109.2万吨/日，无害化处理率达99.92%。

2022年11月、12月，会同国家发展改革委先后出台《关于加强县城生活垃圾焚烧处理设施建设的指导意见》《关于加快补齐县级地区生活垃圾焚烧处理设施短板弱项的实施方案的通知》，加强县级地区生活垃圾焚烧设施建设，加快补齐县级地区短板弱项。

2022年3月、8月，分别在北京和银川组织召开厨余处理技术路线研讨会和部分城市厨余垃圾处理技术总结推进会，分析不同处理技术工艺的优势与不足、适用范围等，着力解决厨余垃圾处理技术难题。

【提高道路扫保水平】指导各地因地制宜提升城市道路清扫保洁水平，截至2022年年底，全国城市道路清扫保洁面积103.4亿平方米，全国城市机械化清扫面积81.1亿平方米，机械化清扫率78%。

【提升城市公厕管理】开展《城市公厕管理办法》修订，组织课题组赴福建厦门、贵州遵义、湖南株洲等地开展调研。截至2022年年底，全国城市环卫系统建设管理的独立式公厕数量近18.4万座，行业公厕约7.1万座，社会开放公厕约8.1万座，基本满足群众需求。

【加强环卫工人权益保障】2022年4月—6月，举办“发现·最美环卫人”随手拍活动，通过镜头反映环卫工人在工作岗位上发挥的重要作用，号召全社会关心关爱环卫工人。2022年10月26日，联合中华全国总工会发布《致全国环卫工人的慰问信》，向全国环卫工人致以亲切慰问和节日祝贺。

【强化环卫领域安全管理】2022年6月，组织召开城市生活垃圾处理设施安全管理视频会，通报剖析典型事故案例，调安全管理要求，督促各地落实安全责任。2022年7月，印发《关于进一步加强城市生活垃圾处理、排水及污水处理设施维护作业安全管理工作的通知》，指导各地认真做好生活垃圾处理设施安全隐患排查。2022年9月，召开城市环境卫生行业工作部署视频会，重点强调环卫行业安全生产工作。

【抓好疫情防控任务落实】指导各地统筹做好疫情防控和城市环卫工作，做好疫情封控区域环境消杀、废弃口罩处理、公厕运行维护和粪便无害化处理等工作，有效应对疫情防控，全力保障城市安全稳定运行。在上海市疫情暴发期间，及时调度跟踪情况，紧急协调周边省份调度1000余个移动公厕支援上海。

推进城市水务工作

【稳步推进海绵城市建设】与水利部、财政部印发《关于开展海绵城市建设示范城市2021年度绩效评价工作的通知》，对第一批20个海绵城市建设示范城市开展绩效评价。与财政部、水利部通过竞争性评审，确定第二批25个示范城市。印发《关于进一步明确海绵城市建设工作有关要求的通知》，指导各地坚持问题导向，聚焦城市内涝治理。

【持续推进城市排水防涝】印发《关于进一步规范城市内涝防治信息发布等有关工作的通知》，向社会公布全国692个城市排水防涝安全的责任人名单，召开城市排水防涝工作培训会和部署会，部署2022年度排水防涝工作。与国家发展改革委、水利部印发《“十四五”城市排水防涝体系建设行动计划》，持续推进排水防涝设施建设。

城市黑臭水体治理与污水收集处理

【扎实推进城市黑臭水体治理】与生态环境部、国家发展改革委、水利部印发《深入打好城市黑臭水体治理攻坚战实施方案》，与生态环境部印发《“十四五”城市黑臭水体整治环境保护行动方案》，明确“十四五”时期城市黑臭水体治理的总体要求和工作目标。截至2022年年底，完成消除40%县级城市黑臭水体的年度目标任务。

【加快推进城市污水收集处理】印发《关于加快推进长江经济带城镇生活污水垃圾方面突出问题整治工作的通知》，持续跟踪指导长江经济带城镇生活污水突出问题专项整治。与国家发展改革委、生态环境部印发《污泥无害化处理和资源化利用实施方案》，推进污泥无害化处理和资源化利用水平。与国家发展改革委印发《关于进一步做好污水处理收费有关工作的通知》，指导各地合理调整污水处理收费价格，推进按效付费。

城镇供水与节水

【强化城镇供水安全保障】与国家发展改革委、国家疾病预防控制局印发《关于加强城市供水安全保障工作的通知》，督促各地加快设施改造提标，保障城市供水水质安全。印发《关于开展2022年度城市供水水质抽样检测工作的通知》，组织开展2022年度城市供水水质抽样检测工作。指导通化、宜春等地应对突发污染情况下应急供水工作。调派国家供水应急救援中心西南基地赴四川省泸定县，按照当地灾后救援部门统一指挥开展地震灾后应急供水救援。

【加强城镇节水工作】与国家发展改革委印发《关于加强公共供水管网漏损控制的通知》，指导城市节水降损，加强公共供水管网漏损控制。与国家发展改革委修订印发《关于印发国家节水型城市申报与评选管理办法的通知》，进一步规范国家节水型城市申报与评审管理。印发《关于做好2022年全国城市节约用水宣传周工作的通知》，组织指导地方开展主题为“建设节水型城市，推动绿色低碳发展”的全国城市节约用水宣传周活动。

园林绿化建设

【修订印发国家园林城市申报与评选管理办法】 2022年1月，修订印发《园林城市申报与评选管理办法》，重点从生态宜居、健康舒适、安全韧性、风貌特色4个方面对城市园林绿化进行评价，建立“有进有退”动态管理机制，引导各地巩固创建成果，更好发挥国家园林城市在建设宜居、绿色、韧性、人文城市中的作用。2022年，全国有100余个城市（含县城）开展创建工作。

【推动“口袋公园”建设】 2022年7月，印发《关于推动“口袋公园”建设的通知》，指导各地将“口袋公园”建设作为为群众办实事项目，推动建设群众身边的公园绿化活动场地，满足群众就近休闲游憩、运动健身等需求。2022年，全国建设“口袋公园”3520个，受到群众的普遍欢迎。

【组织开展城市绿地外来入侵物种普查】 2022年7月，印发《关于开展城市绿地外来入侵物种普查工作的通知》，组织各地利用1年左右时间，摸排城市绿地中外来入侵物种分布及危害情况，推动制定有针对性的防控措施，提升外来入侵物种防控管理水平。

【加强城市古树名木保护】 9月，联合公安部、国家林业和草原局印发《打击破坏古树名木违法犯罪活动专项整治行动方案》，共同召开视频会议进行专项部署，组织开展为期4个月的打击破坏古树名木违法犯罪活动专项整治行动。指导地方加强城市古树名木和古树后备资源补充调查，深入开展行业整治，提高城市古树名木及后备资源保护管理水平。全国城市古树名木已达到24.66万株。

【举办第十三届中国（徐州）国际园林博览会】 2022年11月6日，第十三届中国（徐州）国际园林博览会（以下简称：徐州园博会）在江苏省徐州园博园开幕，徐州园博会以“绿色城市·美好生活”为主题，突出“全城园博、百姓园博”理念，以各具特色的55个国内展园和10个国际展园为重点，充分展示城市绿色发展成果和中国园林文化魅力，展期1个月。秦海翔副部长出席会议并致辞，杨保军总经济师出席开幕式。当天，召开绿色城市·美好生活—城市绿色转型发展高层论坛，杨保军总经济师作主旨报告。徐州园博会期间，还组织了“园林园艺进万家”和城市主题周等活动。12月，印发《关于表扬第十三届中国（徐州）国际园林博览会表现突出城市、单位和个人的通报》，对在徐州园博会筹办和举办过程中表现突出的39个城市、222个相关单位和305名个人予以表扬。12月9日，第十三届中国（徐州）国际园林博览会总结会以视频会议形式召开，杨保军总经济师出席会议并讲话。

【推动第十四届中国（合肥）国际园林博览会筹办工作】 2022年8月，印发《关于成立第十四届中国（合肥）国际园林博览会指导委员会的通知》，成立由杨保军总经济师担任主任委员的指导委员会。9月9日，在合肥市召开指导委员会会议，对园博园内38个城市展园设计方案、城市更新区设计方案、开幕式方案、高层论坛方案、宣传标识及吉祥物方案、展后可持续发展方案6项方案进行审查，并提出修改意见，杨保军总经济师出席会议。9月23日，采取视频形式召开合肥园博会组委会第二次会议，审议通过园博会开闭幕式、高层论坛、城市展园、城市更新区等系列方案，要求合肥市根据会议要求，全面推进合肥园博会各项筹办工作。张小宏副部长、杨保军总经济师出席会议。

【推动城市园林绿化垃圾处理和资源化利用体系建设】 2022年11月，印发《关于开展城市园林绿化垃圾处理和资源化利用试点工作的通知》，组织各地确定试点城市，编制试点实施方案，推动建立城市园林绿化垃圾处理和资源化利用体系，提高园林绿化垃圾处理利用水平。全国24个省（自治区、直辖市）确定60个城市开展试点探索。

城镇老旧小区改造

【抓好年度计划制定实施】 2022年《政府工作报告》提出，再开工改造一批城镇老旧小区，住房和城乡建设部5等部门印发《住房和城乡建设部办公厅等关于申报2023年城镇老旧小区改造计划任务的通知》，部署各地按照“疫情要防住、经济要稳住、发展要安全”的要求，加快实施2022年改造计划，加强要素保障、优化审批程序，尽快形成实物工作量。在国家统计局支持下，住房和城乡建设部建立《全国城镇老旧小区改造统计调查制度》，按月调度城镇老旧小区改造开竣工进度、完成投资额，以及更新老化管线、加装电梯、增设养老托育等各类设施建设工作进展。2022年全国新开工5.25万个小区、876万户，共改造提升水电气热信等各类管线4.83万公里，加装电梯3万多部，增设停车位约71万个、电动汽车充电桩4.3万个，增设养老托育等各类社区服务设施1.3万个。

【总结推广可复制经验】 2022年9月23日，住房和城乡建设部印发《住房和城乡建设部办公厅关于印发城镇老旧小区改造可复制政策机制清单（第五批）

的通知》，总结推广各地在城镇老旧小区改造中优化项目组织实施促开工、着力服务“一老一小”惠民生、多渠道筹措改造资金稳投资、加大排查和监管力度保安全、完善长效管理促发展、加强宣传引导聚民心等方面可复制政策机制。2022 年 11 月 25 日，住房和城乡建设部印发《住房和城乡建设部办公厅关于印发城镇老旧小区改造可复制政策机制清单（第六批）的通知》，总结北京市老旧小区改造工作改革方案中在统筹协调、多元参与、存量资源整合利用、资金共担等方面提出的政策机制和改革举措。

绿色社区创建行动

【有序开展绿色社区创建行动】住房和城乡建设部指导各地结合城镇老旧小区改造同步开展绿色社区创建行动，截至 2022 年年底，全国 60% 以上的城市社区参与绿色社区创建行动并达到创建要求。

无障碍环境建设

【统筹推进无障碍环境建设】住房和城乡建设部指导各地结合城镇老旧小区改造、城市基础设施建设等工作，加快推进实施一批社区无障碍环境建设和适老化改造工程，推动提升社区无障碍建设水平。2022 年 7 月 22 日，住房和城乡建设部会同中国残疾人联合会印发《创建全国无障碍建设示范城市（县）管理办法》，指导各地积极参与创建活动，示范带动城市道路、公共交通、居住建筑、公共服务设施等的无障碍建设水平提升。

（住房和城乡建设部城市建设司）

村镇建设

2022 年，住房和城乡建设部村镇建设司深入贯彻落实习近平总书记重要讲话和重要指示批示精神，在住房和城乡建设部党组的坚强领导下，落实全国住房和城乡建设工作会议部署，巩固拓展脱贫攻坚成果同乡村振兴有效衔接，深入推进农村房屋安全隐患排查整治，开展现代宜居农房建设和乡村建设工匠培育管理，推进农村人居环境整治提升，加强传统村落保护发展和设计下乡，提高农房和村庄建设水平，指导小城镇建设，全面开展乡村建设评价，深入推进乡村建设共建共治共享，村镇建设取得新的进展和成效。

巩固拓展脱贫攻坚成果同乡村振兴有效衔接

【持续推进农村危房改造】会同财政部、民政部、国家乡村振兴局印发《关于做好农村低收入群体等重点对象住房安全保障工作的实施意见》，明确“十四五”期间在保持政策稳定性、延续性的基础上调整优化，继续实施农村低收入群体等重点对象农村危房改造和地震高烈度设防地区农房抗震改造。会同财政部下达 2022 年农村危房改造中央补助资金 62.8 亿元，支持指导各地开展农村危房改造和抗震改造，将符合条件的农村低收入群体等重点对象及时纳入危房改造保障范围。截至 2022 年 12 月底，农村危房改造竣工 20.7 万户，农房抗震改造竣工 19.5 万户。

【用心用情用力开展定点帮扶工作】深入学习贯彻习近平总书记关于定点帮扶工作的重要指示精神，按照党中央、国务院决策部署，加强帮扶政策、人才、资金支持，大力支持湖北红安、麻城和青海湟中、大通 4 个定点帮扶县巩固拓展脱贫攻坚成果，推进全面乡村振兴。住房和城乡建设部党组成员、副部长张小宏组织召开定点帮扶工作领导小组会议，研究制定 2022 年定点帮扶工作计划，从政策、资金、人才、技术等方面明确 23 项具体帮扶举措。坚持部县联席会议制度和组团帮扶机制，住房和城乡建设党组成员、副部长张小宏和秦海翔分别深入 4 县调研，召开定点帮扶部县联席会议，与 4 县主要负责同志共商帮扶发展举措，对做好定点帮扶工作进行再部署再推进。由住房和城乡建设部帮扶办公室牵头组织协调定点帮扶工作领导小组各成员单位以及青海省、湖北省住房和城乡建设厅向 4 个定点帮扶县倾斜安排政策资金，凝聚全系统、全行业力量，推动帮扶工作取得实效。截至 2022 年 12 月底，共向 4 县直接投入帮扶资金 1.65 亿元，帮助引进资金 3.94 亿元，引进企业和项目 7 个，招商引资 5 亿元，直接购买和帮助销售农产品 450 万元，帮助培训村党支部书记、专业技术人才、基层干部和技术人员 2900 余人次。以“共同缔造”理念推动共建共治共享美好家园，以支持建筑业产业和特色产业发展持续增强 4 县“造血”功能。积极协调爱心机构和企业投入1460余万元为帮扶县建设美丽宜居乡村篮球场，支持防疫、防汛工作，捐赠助听器、图书、体育大礼包等物品，脱贫攻坚成果得到进一步巩固，乡村振兴步伐不断加快。2022年，住房和城乡建设部定点帮扶工作在中央和国家机关各部门定点帮扶工作成效考核评价中被评为“好”。

【支持对口支援县振兴发展】认真落实党中央、国务院关于支持革命老区振兴发展的决策部署，大力支持福建连城革命老区高质量发展、振兴发展。坚持部县联席会议制度和组团帮扶机制，2022年6月，张小宏副部长带队前往连城县调研并召开对口支援部县联席会议，与连城县主要负责同志共同研究推动对口支援工作；组团帮扶工作组深入连城县调研，结合连城县实际，从产业发展、城镇建设、传统村落保护、党建交流4个方面明确12项具体帮扶事项。2022年，累计投入100万元帮扶资金，协调中央和省级资金1.27亿元，支持连城城乡建设和人员培训；协调爱心机构和企业为连城捐建球场、抗疫物资、文体用品、图书等总价值110余万元；将连城县列入中国传统村落集中连片保护利用示范县，给予3750万元资金支持，传统村落万里行活动和NBA中国“新春嘉年华”活动走进连城，央视和新华社同步现场直播，全网浏览量达2亿次；指导和支持连城实施15个城建重点项目、20个老旧小区改造，惠及连城老区群众8万余人；支持连城建筑业发展，建筑业企业从2020年的54家到2022年的86家，逐步发展成为全县经济发展重要支柱产业。

农村房屋安全隐患排查整治

【深入开展农村房屋安全隐患排查整治工作】会同部际协调机制成员单位深入推进农村房屋安全隐患排查整治工作，定期调度工作进展，及时通报部际协调机制各成员单位和各地工作进展情况和经验做法。2022年10月，结合全国自建房安全专项整治“百日行动”，开展860万户用作经营的农村房屋的“回头看”。经鉴定为C、D级危房的，分类细化整治措施，建立“一户一档”，逐一明确房屋安全责任人（产权人、使用人）和安全监管责任人，推动落实整治措施，确保底数清、台账准、责任明。严格实行销号管理，在采取工程措施消除安全隐患后方可销号。引导产权人（使用人）通过采用拆除、重建和维修加固等工程措施彻底消除安全隐患；暂不具备条件的采取停止使用、人员搬离和警示标识等管控措施，并保证管控措施持续有效，坚决做到“危房不住人”。截至2022年12月底，基本完成全国50万个行政村2.24亿户农村房屋的摸底排查，已基本完成阶段性整治。

现代宜居农房建设

【开展现代宜居新型农房建设试点】大力推进现代宜居农房建设，指导各地因地制宜编制农房设计标准图集，鼓励通过设计下乡和政府采购服务，为农民提供定制设计服务，满足农民个性化建房需求。因地制宜推广装配式农房等各类新型建造方式，完善农房建设技术标准，促进建筑科技成果转化应用，推动绿色低碳农房建设和既有农房节能改造。科学示范推广，有序引导农民和工匠学习借鉴，形成各具特色、和而不同的农房风貌。在质量安全上打基础，确保农房选址安全、合理避让危险地段，保障房屋主体结构安全，加强农房建造过程监管。

乡村建设工匠培育和管理

【开展乡村建设工匠培育】乡村建设工匠已作为“新职业”正式纳入《国家职业分类大典》。指导各地开展“乡村建设带头工匠”培训。将“加强乡村建设工匠培训　培养万名带头工匠”纳入为群众办实事项目清单，联合人力资源和社会保障部印发《关于开展万名“乡村建设带头工匠”培训活动的通知》，指导各地培养一批具有丰富实操经验、较高技术水平和管理能力的乡村建设业务骨干，带动乡村建设工匠技能和综合素质提升。截至2022年年底，已培训“乡村建设带头工匠”11331名。

农村人居环境整治提升

【加强农村生活垃圾收运处置体系建设】2022年5月，会同有关部门印发《关于进一步加强农村生活垃圾收运处置体系建设管理的通知》，明确“十四五”时期工作目标和重点任务，指导各地加快推进农村生活垃圾收运处置体系建设。截至2021年12月底，全国农村生活垃圾收运处置体系基本建立，村庄环境基本实现干净整洁。

【推进建制镇生活污水垃圾处理设施建设】2022年12月，联合国家发展改革委印发《关于推进建制镇生活污水垃圾处理设施建设和管理的实施方案》，明确各地“十四五”建设目标、重点任务、工作要求和保障措施，指导各省推进建制镇生活污水垃圾处理设施建设。

【推进开发性金融支持县域生活垃圾污水处理设施建设】2022年6月，会同国家开发银行印发《关于推进开发性金融支持县域生活垃圾污水处理设施建设的通知》，明确开发性金融政策，支持地方以县域为单元建设建制镇生活垃圾污水处理设施。截至2022年12月底，全国已有209个县（市、区）得到开发性金融支持，累计发放贷款490多亿元。

传统村落保护发展

【开展第六批中国传统村落调查认定】会同文化和旅游部、国家文物局、财政部、自然资源部、农业农村部印发《住房和城乡建设部办公厅等关于做好第六批中国传统村落调查推荐工作的通知》，组织各地开展中国传统村落调查。经专家评审、社会公示，将1336个有重要保护价值的村落纳入第六批中国传统村落名录。

【推进传统村落集中连片保护利用示范】联合财政部确定北京市门头沟区等40个县（市、区）为2022年传统村落集中连片保护利用示范县，中央财政给予21.225亿元资金支持。印发《住房和城乡建设部　财政部关于做好2022年传统村落集中连片保护利用示范工作的通知》，会同财政部经济建设司组织召开视频会，部署推动示范工作。继续推进2020年传统村落集中连片保护利用示范市州工作，会同财政部经济建设司召开5次视频调度会，组织专家现场调研，加大督促指导力度，总结推广示范工作经验和模式。

【加强优秀传统文化宣传推广】推进中国传统村落数字博物馆建设，2022年新增云南省大理州南涧县南涧镇向阳村等126个村落单馆。截至2022年年底，已有691个村落单馆上线。推动《中国传统建筑的智慧》纪录片在央视2套、9套播出3次，收视率为同档期同时段最高。在人民日报"走进传统村落"专栏推出22篇整版报道。聘请中央广播电视总台央视新闻主播海霞和新华社首位虚拟网红"热爱"担任传统村落保护推广大使。与中共中央宣传部、中共中央网络安全和信息化委员会办公室、新华社共同举办传统村落万里行、传统村落保护短视频征集等宣传活动启动仪式。其中短视频征集活动共收到505件短视频投稿，有54件优秀作品在新华社短视频征集活动专栏展出，41件被制作成独立视频推送到新华社客户端，浏览总量达千万次，网友点赞、留言评论达百万人次以上，全社会对传统村落保护工作的关注度明显提高。

设计下乡和乡村风貌保护提升

【总结推广设计下乡可复制经验】2022年10月，印发《住房和城乡建设部办公厅关于印发设计下乡可复制经验清单（第一批）的通知》，总结各地在完善设计下乡政策机制、强化设计下乡人才队伍建设、健全落实激励措施、保障工作经费、提升服务能力和水平等方面的经验做法，供各地学习借鉴。

【开展美丽宜居村庄创建示范】组织编制《乡村风貌保护提升指引》，加强对各地乡村风貌保护提升工作的指导。联合农业农村部印发《关于开展美丽宜居村庄创建示范工作的通知》，明确创建示范工作总体要求、标准、程序和保障措施，提出"十四五"期间新创建1500个左右美丽宜居示范村庄的目标，引领带动各地打造不同类型、不同特点的宜居宜业和美乡村示范样板，持续改善乡村风貌，完善公共基础设施，提升公共服务和乡村治理水平，推动乡村振兴。

提高农房和村庄建设水平

【指导地方细化实施方案】指导各地落实住房和城乡建设部、农业农村部、国家乡村振兴局联合印发的《关于加快农房和村庄建设现代化的指导意见》，制定完善实施方案，细化农房和村庄建设现代化的相关要求。江苏、四川等20个省份印发了省级实施方案，浙江、河北等11个省份在省级文件中落实相关要求。

【组织开展省级试点】分别在东中西部地区选择试点县，指导山西、湖北等6个省份以县为单元开展试点，共确定了72个试点县。通过座谈、现场调研、协调专家指导等方式，指导支持试点工作。北京、贵州等22个省份以村为单元开展试点，共确定了266个试点村。指导各地结合美丽宜居村庄、美丽乡村试点示范等工作，落实相关要求。

【总结推广经验做法】总结江苏、四川等地推进农房和村庄建设现代化的试点经验，印发建设工作简报3篇，通过中国建设报、微信公众号等方式进行宣传报道，供各地参考借鉴。

小城镇建设

【因地制宜建设小城镇】贯彻落实国家"十四五"规划纲要关于"因地制宜发展小城镇"的部署要求，组织召开县域统筹村镇建设视频会，交流浙江省等地区推进小城镇建设经验。举办全国小城镇人居环境整治线上培训班，总结典型案例和技术要点，为各地推进小城镇建设提供技术指导和支持，提升基层小城镇建设人员的专业能力，参训人数共计6800余人。总结提炼浙江省美丽城镇建设、广东韶关乡镇提升行动、湖北孝昌擦亮小城镇、四川泸州分水岭镇规范镇街风貌设计、浙江龙游小城镇环境综合整治、广东乳源整治空中“蜘蛛网”等可复制可推广的地方经验做法，供各地参考借鉴。

全面开展乡村建设评价

【优化指标体系】 2022年乡村建设评价工作聚焦与农民群众生产生活密切相关的内容，量化反映乡村建设情况和城乡差距，从发展水平、农房建设、村庄建设和县城建设等四个方面确定了73项指标。切实做到乡村建设进展可感知、可量化、可考核。安徽、云南、贵州、四川、宁夏、内蒙古、黑龙江、浙江、湖南、江西10个省份设置了省级特色指标。

【扩大评价范围】 考虑到全国各地乡村自然禀赋、经济条件、区位环境等方面的差异，评价工作以省为单元，选择主要位于农产品主产区，经济发展状况处于全省平均水平且具有典型性和代表性的县作为样本县，2022年乡村建设评价范围扩展至28省102县，基本实现省级全覆盖。

【广泛深入开展调研】 2022年，组织66家高校及科研院所深入一线，实地调研309个乡镇、950个村庄、访谈1013名村干部与2978名村民、采集14.2万张村庄照片、收集15.5万份有效村民问卷与8700份有效村干部问卷。综合运用手机信令大数据分析以及遥感、无人机拍照等新技术采集数据，全面掌握全国各地乡村建设情况。

【多维度综合分析】 从三个维度对收集的信息开展分析评价。一是进行农民群众满意度分析，梳理问卷调查结果，了解农民群众对乡村建设的满意度，查找农民群众普遍关心的突出问题和短板。二是进行城乡差距分析，将乡村建设指标与所在地级城市有关指标进行比较分析。三是进行年度纵向比较，将样本县2021年乡村建设情况与上一年度有关情况进行比较研究，通过全面分析，形成全国、分省、分县评价报告。

【推动解决发现的问题】 及时将乡村建设评价结果反馈给地方，推动26个省份制定工作方案，指导地方针对评价发现的问题，建立农房建设管理机制，开展农村危房改造和抗震改造，对现代宜居农房示范给予奖补；加强农村生活垃圾污水处理设施建设，完善处理设施运维管理机制；加大农村供电、道路、饮水、网络燃气等基础设施建设投资，提高农村教育、医疗、养老服务设施覆盖面和服务水平，推动乡村建设水平有效提升。

乡村建设共建共治共享

【推动开展共同缔造活动】 指导各地加强党建引领，动员群众共谋、共建、共管、共评、共享，积极参与乡村建设。各地通过开展共同缔造活动，组织农民群众投工投劳，开展庭院和房前屋后环境整治，拆除私搭乱建、残垣断壁，清运陈年垃圾，认领维护村内公共场所，村容村貌焕然一新，村民参与乡村建设积极性不断提高。

【推进试点工作】 通过现场调研、视频培训、网络指导等形式，督促指导试点县、试点村结合农房和村庄建设、人居环境整治等工作，因地制宜找准共同缔造活动载体，动员群众参与村庄环境整治、设施管护等村庄事务。推进与陕西省部省合作，指导陕西在全省城市更新和乡村建设工作中全面开展共同缔造活动，在美丽乡村建设、农村人居环境整治等方面打造一系列试点示范。

【加大培训宣传力度】 举办全国美好环境与幸福生活共同缔造活动培训班，共有省、市、县、乡、村五级6000余人参加线上培训，并通过培训基地面向基层干部开展培训。在中国建设报开设专栏，持续报道各地共同缔造活动典型经验做法。与中央广播电视总台农业农村频道合作通过短视频方式宣传开展共同缔造方法，报道各地共同缔造案例。

（住房和城乡建设部村镇建设司）

工程质量安全监管

概况

2022年，住房和城乡建设部工程质量安全监管司以习近平新时代中国特色社会主义思想为指导，全面贯彻党的二十大精神，认真落实党中央、国务院决策部署及部党组要求，持续深化党史学习教育，紧扣进入新发展阶段、贯彻新发展理念、构建新发展格局，在高质量发展、安全发展和创新发展上同步发力，始终坚持“人民至上，生命至上”，多措并举，持续抓好疫情防控常态化条件下工程质量安全监管工作，切实提升工程质量安全治理能力和水平。

工程质量监管

【加强工程质量管理制度建设】修订出台《建设工程质量检测管理办法》（住房和城乡建设部令第57号），研究制定资质标准及实施意见，做好部令实施和资质就位等配套工作。开展工程质量监管工作调研，研究关于进一步加强工程质量监管工作的措施，强化工程建设全过程质量监管。与国家市场监督管理总局等17部门联合印发《进一步提高产品、工程和服务质量行动方案（2022—2025）》，加快推进工程质量管理标准化建设。

【落实稳经济和疫情防控政策】会同交通运输部等4部门联合印发《关于阶段性缓缴工程质量保证金的通知》，督促指导地方贯彻落实工程质量保证金缓缴政策，截至2022年年底，共缓缴各类工程质量保证金646.23亿元。部署开展疫情隔离场所排查整治工作，对7.5万栋疫情隔离观察场所建筑、75.9万栋工地集中居住建筑和43万个工程项目进行排查，全面排查整治各类风险隐患。

【创新工程质量发展机制】持续开展建筑工程质量评价试点工作，委托专业机构对安徽、宁夏、贵州3个试点地区进行第三方质量评价。总结地方工程质量保险试点经验，开展工程质量保险制度课题研究，推动建立符合我国国情的工程质量保险制度。

【夯实工程质量管理基础】部署开展全国住房和城乡建设系统“质量月”活动，展示工程质量创新成果，培育质量文化，推广智能建造、绿色建造先进技术。举办全国工程质量培训班，加强质量管理人员能力提升。部署开展预拌混凝土质量及海砂使用监督抽查工作，对浙江、安徽等22个地方部分在建工程及预拌混凝土生产企业进行抽查。扎实开展信访积案化解专项工作，全年共办理工程质量投诉77件，妥善化解群众信访诉求。

建筑施工安全监管

坚持“人民至上，生命至上”理念，坚持依法治理，按照“疫情要防住、经济要稳住、发展要安全”要求，抓紧抓实安全生产工作。2022年，全国发生房屋市政工程生产安全事故559起、死亡635人，同比下降24.05%、22.84%，其中较大及以上事故12起，创历史新低。

【扎实开展房屋市政工程安全生产治理行动】印发《住房和城乡建设部关于开展房屋市政工程安全生产治理行动的通知》（建质电〔2022〕19号），要求各地自2022年4月起，围绕“严格管控危险性较大的分部分项工程、全面落实工程质量安全手册制度、提升施工现场人防物防技防水平、严厉打击各类违法违规行为、充分发挥政府投资工程示范带动作用”五大重点任务开展治理行动，切实消除各类施工安全隐患，稳控安全生产形势。2022年，各地共派出检查组16.3万个（次），检查企业59.6万家，检查工地项目74.7万个（次），排查整改隐患156.2万项，实现全覆盖检查并组织开展“回头看”。

【完善安全生产管理制度】以建立健全双重预防机制为核心，印发《房屋市政工程生产安全重大事故隐患判定标准（2022版）》，明确11类重大事故隐患判定情形，为各地开展重大事故隐患排查、整改、挂牌督办，提供重要政策依据。指导各地推广应用《危险性较大的分部分项工程专项施工方案编制指南》《房屋建筑和市政基础设施工程危及生产安全施工工艺、设备和材料淘汰目录（第一批）》，强化高风险环节安全管控措施，推动安全监管关口前移。

【推进安全生产监管信息化数字化转型】按照国务院“放管服”改革要求，制定电子证照标准，组织编制出台建筑施工企业安全生产许可证、特种作业操作资格证书、安全生产管理人员考核合格证书3本电子证照标准，在15个省份部署相关证照试运行工作。组织开发并上线全国工程质量安全监管信息平台微信小程序，解决跨省互认、现场验真、借证挂证问题，提升行政处罚和信用信息归集共享时效，推进“互联网＋政务服务”便民惠民。

【创新开展安全生产教育培训】以一线化基层化为目标，组织开展全国建筑施工安全监管人员和建筑企业安全生产管理人员培训，首次发布《生命至上　警钟长鸣》警示教育片，采用“线上＋线下”“政企同训”的方式，共计培训63万人。组织全国住房和城乡建设系统安全生产月现场咨询日活动，采用“项目云观摩＋经验交流”的方式，20万人在线观看；首次发布《房屋市政工程现场施工安全画册》，在工地现场组织宣传活动，指导施工现场一线作业人员提升安全意识和安全技能。

城市轨道交通工程质量安全监管

【加强调查研究和政策起草】组织城市轨道交通工程多环节验收课题研究，开展《城市轨道交通建设工程验收管理暂行办法》执行评估。《城市轨道交通建设工程验收管理暂行办法》发布以来，指导各地建成了150余条（段）线路、5500余公里，运行状况安全平稳。在全面分析评估的基础上，开展城市轨道交通建设工程验收管理实施情况调研。加强城市轨道交通建设工程质量验收管理，统一规范各环节验收和竣工验收程序、内容，确保建设全过程质量管控到位，研究起草《城市轨道交通建设工程验收管理实施导则（征求意见稿）》，征求地方住房和城乡建设主管部门、相关部门和建设单位意见。

【强化风险隐患排查整治】指导各地推广应用《城市轨道交通工程建设安全生产标准化管理技术指南》《城市轨道交通工程地质风险控制技术指南》《城市轨道交通工程基坑、隧道施工坍塌防范导则》等文件，提升风险防控能力和标准化管理水平。按照房屋市政工程安全生产治理行动统一部署，组织专家对8个省共10个城市轨道交通工程建设质量安全管理情况开展督导检查，涉及工程项目31个、区间长度40千米、车站面积53.5万平方米。督促地方主管部门和企业压实责任，切实采取有效措施整治问题隐患，坚决防范和遏制重特大事故发生。指导城市轨道交通工程突发事故应对，天津地铁11号线“6·25”较大事故、南京地铁7号线“10·16”突发渗漏险情等发生后，及时了解事故情况，指导地方做好应急处置、专家调配和事故调查相关工作。

【加大技术支撑力度】开展城市轨道交通工程质量安全管理培训，约10万人次通过视频参加培训。通过培训强化了监管人员和参建企业、人员安全意识，层层压实安全责任。充分发挥专家智库作用，用好用活专家人才。组织召开部科技委城市轨道交通建设专业委员会会议，全面总结专委会2022年工作，研究2023年重点任务。根据地方监管部门要求，委派多名专家赴北京、天津等13个省市开展培训、咨询、检查等技术支持，指导隐患排查治理及质量验收工作。

勘察设计质量监管与行业技术进步

【印发“十四五”工程勘察设计行业发展规划】印发《“十四五”工程勘察设计行业发展规划》，总结“十三五”时期行业发展成就，分析现阶段建筑行业面临的新机遇、新挑战，明确“十四五”时期的重点工作任务与发展目标，编制“十四五”工程勘察设计行业发展规划解读。

【完善施工图审查制度】开展施工图审查制度改革专项研究，对全国施工图审查制度展开书面调研，收集整理全国各地施工图审查制度历史、现状、问题、重要作用以及施工图审查改革制度、联合审图、数字化审图相关文件要求，梳理各地经验做法，组织修改完善施工图审查制度改革研究报告。

【推动行业技术进步】运用2020年人工智能审图试点工作成果，采用“人机结合、智能辅助”的方式，组织开展2022勘察设计质量线上抽查。开展建筑业科技创新环境与应用研究，编制《建筑业科技创新发展白皮书（2022版）》。开展双碳目标下绿色建造关键问题研究，重点研究绿色建造碳减排能力测算与潜力分析、实施路径、实施重点、经济性分析、政策建议等。组织召开国产BIM软件推广专题研讨会，研究在住建、交通、能源、军工等领域推广国产BIM软件的难点堵点和下一步工作思路。

城乡建设抗震防灾

【完善法规制度体系】贯彻落实《建设工程抗震管理条例》，细化完善城乡建设抗震防灾制度体系。组织开展国家标准《建筑工程抗震设防分类标准》和《建筑抗震设计规范》局部修订工作。组织编制《基于保持建筑正常使用功能的抗震技术导则》。推进超限高层建筑工程抗震设防管理规定和相关技术要点修订工作。

【推动实施自然灾害防治重点工程】落实中央财经委员会第三次会议关于提升自然灾害防治能力的工作部署，积极配合推进地震易发区房屋设施加固工程，紧密结合农村危房改造、农房抗震改造试点和城市棚户区改造工作，有序推动地震易发区城镇住宅和农村民居抗震加固工程实施。

【推进全国房屋建筑和市政设施调查】按照国务院关于第一次全国自然灾害综合风险普查总体部署，全力推进全国房屋建筑和市政设施调查工作。基本完成全国房屋建筑和市政设施调查数据部省市县四级质检核查，以正式汇交或“预汇交”形式提交国务院普查办。摸清了全国房屋建筑和市政设施“家底”，形成了反映房屋建筑空间位置和物理属性的海量数据，城乡房屋建筑第一次有了“数字身份证”。

【持续强化风险防范和应急响应能力】落实《住房城乡建设系统地震应急预案》，执行24小时应急值班制度，密切跟踪关注各地震情，对107次4级以上地震进行了跟踪，及时沟通联系当地住建部门，督促做好相关信息报送，指导震后抢险救灾。指导各地积极开展防灾减灾日宣传活动，排查整治风险隐患，做好施工现场灾害应对，提升基层防灾应急能力。部署开展建设工程震害调查工作规则研究，指导建设工程震害调查实践工作。

做好部安委办协调工作

【研究部署住建领域安全生产工作】组织召开4次住房和城乡建设部安委会全体会议，深入学习贯彻习近平总书记关于安全生产重要指示精神，传达学习李克强总理关于安全生产的批示以及国务院安委会全体会议和全国安全生产电视电话会议精神，研究部署住房和城乡建设系统安全生产重点工作。印发《住房和城乡建设部2022年安全生产工作要点》，着力防控市政公用设施、建筑施工、房屋建筑、城市管理等重点领域安全风险，确保将住房和城乡建设系统安全生产工作落到实处。

【深入推进安全生产专项整治三年行动】推进三年行动巩固提升阶段各项任务落实落地。充分发挥工作专班统筹作用，做好协调、调度、督办等工作，共编发13期工作简报，交流工作信息和典型做法。围绕贯彻落实国务院安委会安全生产十五条措施，印发《关于认真贯彻落实安全生产十五条措施进一步做好住房和城乡建设领域安全生产工作的通知》，要求各地坚决扛起安全监管责任，切实将安全生产十五条措施落实落细。印发《2022年度住房和城乡建设部安全生产专项整治“两个清单”》，动态更新问题隐患和制度措施“两个清单”。制定住房和城乡建设部“安全生产月”活动方案，协调部领导参加宣传咨询日活动，在行业主流媒体开设宣传专栏，报道各级住房和城乡建设部门安全生产工作的典型经验做法。

【统筹协调监督检查工作】按照国务院安委会统一安排部署，带领国务院安全生产和消防工作考核巡查第四组对新疆维吾尔自治区、新疆生产建设兵团2021年安全生产和消防工作情况进行了考核巡查，并组织开展安全生产大检查“回头看”督导检查。制定部安全生产大检查方案，围绕治理行动、城镇燃气、物业管理、农村房屋、市政设施、消防审验、城市管理等领域，部署开展安全生产监督检查，全面排查整治重大风险隐患。推动开展岁末年初重大隐患专项整治和督导检查，研究制定《住房和城乡建设部安全生产重大隐患专项整治督导检查方案》，紧盯自建房、城镇燃气、建筑施工等重点领域进行督促检查，督促地方及时消除各类风险隐患。做好国务院安委会考核我部安全生产相关工作，制定分工方案，完成自评报告等，协调做好考核各项保障工作，并针对考核通报的问题，牵头制定整改方案。

【做好安全生产预警提醒和突发事件（故）应急处置】印发《关于做好2022年中秋国庆期间安全防范工作的通知》《关于认真贯彻落实习近平总书记重要指示精神进一步做好住房和城乡建设领域安全生产工作的通知》等，及时督促提醒地方，要求主管部门和有关企业，在极端天气、重要节假日以及北京冬奥会、党的二十大等特殊时段，提高防范化解安全风险的政治站位，做好安全风险防范工作和应急值班值守。接到生产安全事故信息后，快速反应，按照“管行业必须管安全”的原则，及时协调有关司局了解事故情况，掌握第一手信息，按照应急预案和住房和城乡建设部领导要求迅速采取应急措施，按要求报送事故信息，指导地方做好应急处置工作。湖南长沙“4·29”自建房倒塌事故发生后，按照住房和城乡建设部的统一安排，派员赴事故现场参加应急处置，并报送值班信息。参与筹备房屋市政工程安全生产工作再督促再落实视频会议，加快部署全国自建房安全专项整治。

【完善安全生产工作机制】根据住房和城乡建设部机构、职责和人员变动情况，对住房和城乡建设部安全生产管理委员会组成人员进行调整，印发《住房和城乡建设部关于调整部安全生产管理委员会组成人员的通知》，部主要负责同志担任主任、分管负责同志、总师担任副主任，提升安全生产统筹协调工作力度。会同各成员单位对易造成群死群伤、易发生重特大事故、易带来重大社会影响的安全风险点进行全面梳理，制定《住房和城乡建设领域安全生产主要风险点》，持续抓好相关工作落实。每季度督促地方提供住房和城乡建设系统安全监管执法典型案例，按要求上报国务院安委办，并在行业主流媒体曝光。了解住房和城乡建设领域各行业安全生产事故信息报送情况和需求，牵头研究建立住房和城乡建设领域安全生产信息员制度。落实国办《全国自建房安全专项整治工作方案》，牵头推进城镇房屋安全管理条例起草工作。

（住房和城乡建设部工程质量安全监管司）

城市人居环境建设

概况

2022年，在住房和城乡建设部党组的坚强领导下，住房和城乡建设部建筑节能与科技司坚持以习近平新时代中国特色社会主义思想为指导，认真学习贯彻落实党的二十大精神，认真落实习近平总书记关于城市人居环境建设工作等方面的重要指示批示精神和党中央、国务院决策部署，立足新发展阶段，贯彻新发展理念，构建新发展格局，坚持问题导向、坚持系统观念、坚持守正创新，努力推进城市人居环境建设工作取得新进展新成效。

城市体检评估

【开展城市体检】2022年7月4日，印发《关于开展2022年城市体检工作的通知》，组织直辖市、计划单列市、省会城市和部分设区城市在内的59个样本城市，围绕生态宜居、健康舒适、安全韧性、交通便捷、风貌特色、整洁有序、多元包容、创新活力8个方面，采用城市自体检、第三方体检和社会满意度调查相结合的方式，开展2022年城市体检工作。组织召开华北—东北、西南、西北、华中—华东、华南5个片区督导培训会、视频培训会，对各样本城市体检工作进行培训指导，推动各地按时保质完成体检任务。汇总城市自体检、第三方体检和社会满意度调查结果，形成2022年城市体检工作报告。

【开展宣传报道】及时总结各地经验做法，组织人民日报、中国建设报等媒体开展宣传报道。组织各地采用线下宣讲、群众访谈、公益广告宣传等形式，营造人民群众参与城市体检的良好氛围。

城市更新

【各地稳步实施城市更新行动】据不完全统计，2022年实施项目6.5万个、总投资5.8万亿元，涉及既有建筑改造、老旧小区改造、老旧街区改造、基础设施建设、公共服务设施补短板、城市生态修复、特色风貌塑造和新城建等多种类型，对于完善城市功能、增进民生福祉、促进经济发展发挥了积极作用。

【开展城市更新试点】指导北京等21个试点城市因地制宜探索城市更新的工作机制、实施模式和制度政策。各试点城市开展大量有效实践，均成立城市更新工作领导小组，制定试点实施方案，加强统筹谋划，陆续出台城市更新条例1部、管理办法11个、指导性文件11个、支持政策151个，制定城市更新专项规划15个、实施计划12个，创新城市更新实施模式，推进实施城市更新项目5305个、总投资达6543亿元，试点工作取得阶段性成效。

【推进完整社区建设】2022年2月，会同国家发展改革委、民政部印发《关于新建居住区配套建设养老服务设施情况的通报》，督促指导各地按标准同步配建养老服务设施。9月，与国家发展改革委、国务院妇女儿童工作委员会办公室联合印发《关于科学有序推进城市儿童友好空间建设的通知》，印发《城市儿童友好空间建设导则（试行）》，指导各地从城市、街区、社区三个层级统筹推动城市儿童友好空间建设和适儿化改造。10月，会同民政部印发《关于开展完整社区建设试点工作的通知》并进行解读，指导各地聚焦群众关切的“一老一幼”设施建设，发挥好试点先行、示范带动的作用，尽快补齐社区服务设施短板。10月，会同国家发展改革委、民政部印发《关于推动城市居住区养老服务设施建设的通知》，指导各地开展城市居住区配套养老服务设施专项治理，提升新建社区养老服务设施达标配建率。截至2022年年底，全国设市城市新建居住区配建养老服务设施达标率约为84.9%，比2021年提高了23.4个百分点。

【加强建筑和城市风貌管理】指导各地贯彻落实新时期建筑方针，进一步加强城市与建筑风貌管理。9月，组织召开“适用、经济、绿色、美观”新时期建筑方针研讨会。组织开展国家建筑奖评选机制研究，起草国家建筑奖评选办法。

城乡历史文化保护传承

【推进城乡历史文化资源普查认定】持续推进历史文化街区划定和历史建筑确定工作，截至2022年年底，全国共划定约1200余片历史文化街区，确定5.95万处历史建筑。持续推进国家历史文化名城申报工作，报请国务院将抚州市、九江市列为国家历史文化名城，截至2022年年底，国家历史文化名城达140座。

【开展历史文化名城保护工作调研评估和监督检查】开展专项评估工作，指导各省（自治区）开展省级评估，140座国家历史文化名城开展年度自评估。组织对21座国家历史文化名城开展重点评估，同时以委托第三方机构的方式对20座国家历史文化名城开展评估。组织对10座城市（县）开展城乡历史文化保护重点督查检查。持续推进5座被通报国家历史文化名城的问题整改。

【开展历史文化保护传承工作会议与培训会议】2022年1月12日，组织召开城乡历史文化保护传承工作推进会暨划定确定工作总结会（视频会），总结全国历史文化街区划定和历史建筑确定工作的情况，并指导地方进一步推进“划定确定”工作。11月、12月举办城乡历史文化保护传承网络培训班2期培训，共计10967人参加培训。

建设工程消防设计审查验收

【加强行业指导】定期调度全国各省（区、市）和新疆生产建设兵团工作进展，2022年，全国各级住房和城乡建设主管部门共受理26.3万件建设工程消防设计审查验收申请，办结25.5万余件，按时办结率为97%，办结率逐年提高。指导各省级住房和城乡建设部门出台建设工程消防设计审查验收工程相关法规政策文件110件，集中在消防审验管理、特殊消防设计、消防审验技术要点、部门联动机制、专家库管理办法、消防施工质量监督管理、既有建筑改造、监督执法以及过程管理等方面。

【强化能力建设】在济南、厦门、兰州、重庆开展4期建设工程消防设计审查验收政策宣传贯彻及能力建设培训，培训各级住房和城乡建设部门约500人。督促指导各省级住房和城乡建设部门加强业务培训，2022年，全国各省级住房和城乡建设部门共开展建设工程消防设计审查验收专业培训101次，培训相关工作人员1.2万余人次。积极推广四川、甘肃、山东、河北、陕西等地消防审验工作成效，印发各地参考借鉴。

【做好实施监督】2022年4月、5月，派员赴北京、河北、湖南、甘肃、黑龙江、贵州等地参与国务院安全生产考核，并于9月、11月参加国务院安全生产考核“回头看”工作，督促有关地区落实消防审验工作责任。落实城乡建设安全专项整治三年行动计划和加强建筑安全生产管理相关工作，结合住房和城乡建设部重点工作督查检查总体部署，11月至12月，赴湖北、辽宁、浙江等16省（自治区）开展建设工程消防设计审查验收工作检查，督促各地做好《建设工程消防设计审查验收管理暂行规定》及配套文件的实施工作，规范建设工程消防设计审查验收行为。

【总结推广试点经验】2022年，持续指导北京、南京、广州等31个试点市县积极探索既有建筑改造利用消防设计审查验收优化、简化路径，并及时总结北京、南京、广州、烟台、南充、福州等地方经验，印发各地参考借鉴。截至2022年6月试点期限结束，各试点地区共完成300余试点项目，有效提升既有建筑消防安全水平，取得良好成效和社会反响。

【加强支撑力量建设】2022年9月，配合住房和城乡建设部标准定额司设立住房和城乡建设部建设工程消防标准化技术委员会，开展建设工程消防标准体系研究等工作。11月，设立住房和城乡建设部科学技术委员会建设工程消防技术专业委员会，充分发挥专家智库作用，为建设工程消防技术、消防设计审查验收等工作提供专业咨询和技术支撑。发布《建筑防火通用规范》GB 55037和《消防设施通用规范》GB 55036，规范建设工程消防设计、施工行为。

城市信息模型（CIM）基础平台建设

【推进城市信息模型（CIM）基础平台建设】2022年1月，发布行业标准《城市信息模型基础平台技术标准》CJJ/T 315—2022，规范城市信息模型基础平台建设、管理和运行维护等内容。4月，发布行业标准《房屋建筑统一编码与基本属性数据标准》JGJ/T 496—2022，明确房屋建筑编码、基本属性采集、数据处理和信息共享应用的要求。10月，举办城市信息模型（CIM）基础平台建设与应用培训。

推进合作示范

【指导中新天津生态城建设】会同外交部筹备组织召开中新天津生态城联合协调理事会第十四次会议，协调相关部门出台支持政策。

【推进部省共建高原美丽城镇示范省建设】指导青海省落实《高原美丽城镇示范省建设2022年工作要点》，继续在“5＋1”地区开展省级城镇体检评估试点工作。指导青海省系统搭建高原美丽城市、城镇、乡村建设标准体系，研究起草《高原美丽城镇建设标准》《高原美丽乡村建设标准》《高原美丽城市建设标准》，并编制《青海省城镇生态修复和功能修补标准》《青海省城镇风貌标准》等8项具有青海地方特色的技术、管理和工作标准。支持青海省加强城乡人居环境建设，指导实施老旧小区改造，遴选格尔木市作为第二批海绵城市建设示范城市，协助玉树市申报中国人居环境范例奖，指导青海省、西宁市城市运行管理服务平台建设。支持开展乡村建设，指导农村生活垃圾收运处置体系建设，推进小城镇人居环境整治。开展乡村建设评价工作，将青海省大通回族土族自治县等4个县纳入2022年全国乡村建设评价样本县。支持推进传统村落保护利用，将青海省海东市循化撒拉族自治县纳入2022年传统村落集中连片保护利用示范县（市、区）。指导青海省推进农房建设。支持青海省持续实施农村危房改造和地震高烈度设防地区农房抗震改造，保障农村低收入群体住房安全。督促指导青海省做好农村房屋安全隐患排查整治工作，保障农村群众生命财产安全。指导青海省加强现代宜居农房建设，推广装配式钢结构等新型建造方式，提升农房建设品质。

【推进部省共建江西城市高质量发展示范省建设】指导江西省建立完善城市体检评估机制，研究制定《2022年建立城市体检评估机制推进城市高质量发展示范省建设工作要点》，融合开展城市体检、城市更新、城市功能与品质提升工作，明确54项具体工作任务，大力推进城市高质量发展示范省建设。组织专家团队赴江西省开展实地调研，了解江西省开展城市体检工作中遇到的问题和困难，指导江西省开展城市体检工作。加强宣传，指导江西省住房和城乡建设厅总结部省共建工作优秀经验做法，形成经验交流材料，在2022年全国住房和城乡建设工作会议上做经验交流。中国建设报整版报道《作示范　勇争先　打造城市高质量发展“江西样板”》。

【与上海市共建超大城市精细化建设和治理中国典范】在持续深化部市共建工作的基础上，与上海市进一步探索超大城市精细化建设和治理的新路子，指导奉贤新城开展绿色低碳试点工作，探索城市全生命周期碳排放监测和约束机制。

【与广西共建新时代中国特色社会主义壮美广西】2022年12月24日，与广西壮族自治区人民政府签署《共建新时代中国特色社会主义壮美广西　推动边疆民族地区住房城乡建设事业　高质量发展合作框架协议》，推动边疆民族地区住房和城乡建设事业高质量发展。

（住房和城乡建设部建筑节能与科技司）

住房公积金监管

概况

根据《住房公积金管理条例》规定，住房和城乡建设部会同财政部、中国人民银行负责拟定住房公积金政策，并监督执行。住房和城乡建设部设立住房公积金监管司，各省、自治区住房和城乡建设厅设立住房公积金监管处（办），分别负责全国、省（自治区）住房公积金日常监管工作。

直辖市和省、自治区人民政府所在地的市，其他设区的市（地、州、盟）以及新疆生产建设兵团设立住房公积金管理委员会，作为住房公积金管理决策机构，负责在《住房公积金管理条例》框架内审议住房公积金决策事项，制定和调整住房公积金具体管理措施并监督实施。截至2022年末，全国共设有住房公积金管理委员会341个。

直辖市和省、自治区人民政府所在地的市，其他设区的市（地、州、盟）以及新疆生产建设兵团设立住房公积金管理中心，负责住房公积金的管理运作。截至2022年末，全国共设有住房公积金管理中心341个；未纳入设区城市统一管理的分支机构109个。全国住房公积金服务网点3628个。截至2022年末，全国住房公积金从业人员4.48万人，其中，在编2.69万人，非在编1.79万人。

全国住房公积金政策制定

【实施住房公积金阶段性支持政策】贯彻落实党中央、国务院关于高效统筹疫情防控和经济社会发展的决策部署，2022年5月20日，会同财政部、人民银行印发《关于实施住房公积金阶段性支持政策的通知》，支持受疫情影响的企业缓缴住房公积金，对受疫情影响不能正常偿还的住房公积金个人住房贷款不作逾期处理，指导各地提高租房提取额度、更好满足缴存人租赁住房的实际需要。政策实施至2022年12月底。

【租购并举支持缴存人解决基本住房问题】加强住房公积金与住房保障、住房租赁等政策协调联动，持续推动各地加大租房提取支持力度，支持新市民、青年人租房安居。2022 年 7 月 25 日，配合国家卫建委等部门出台《关于进一步完善和落实积极生育支持措施的指导意见》，明确在缴存城市无自有住房且租赁住房的多子女家庭，可按照实际房租支出提取；对购买首套自住住房的，有条件的城市可给予适当提高贷款额度等相关支持政策。2022 年 10 月 1 日，下调住房公积金首套个人住房贷款利率 0.15 个百分点，进一步减轻缴存人购房支出压力。

【稳步推进灵活就业人员参加住房公积金制度试点】指导重庆、成都、广州、深圳、常州、苏州 6 个城市稳步推进试点工作，多措并举帮助灵活就业人员解决基本住房问题。指导武汉、济南、青岛等观察员城市参与学习交流、制定试点方案。总结试点城市经验做法，制定灵活就业人员参加住房公积金制度试点政策措施。截至 2022 年末，6 个试点城市共有 22.03 万名灵活就业人员缴存住房公积金，其中新市民、青年人占比超过 70%。

住房公积金督察管理

【公布住房公积金年度报告】2022 年 5 月，住房和城乡建设部会同财政部、人民银行向社会公开披露了《全国住房公积金 2021 年年度报告》。报告全面披露了住房公积金机构概况、业务运行情况、业务收支和增值收益情况、资产风险状况、社会经济效益，以及其他重要事项，保障了缴存单位和缴存职工的知情权和监督权。从披露的数据看，2021 年，住房公积金制度覆盖面进一步扩大，灵活就业人员参加住房公积金制度试点工作稳步推进，缴存单位和缴存职工规模持续增长。加大租赁住房支持力度，助力改善居住环境，租购并举支持缴存人解决基本住房需求。住房公积金管理和服务能力持续提升，制度运行安全平稳。

【进一步织密住房公积金风险防控监管网络】依托全国住房公积金监管服务平台，推动建立内部风险防控和外部监管相结合、线上发现问题和线下核查处置相衔接的“互联网＋监管”模式。发布实施《住房公积金业务档案管理标准》JGJ/T 495—2022，推进完善住房公积金业务标准体系。推动部分管理分支机构纳入设区城市住房公积金管理中心统一管理，进一步规范机构设置。组织 7 个省（直辖市）的 26 个城市开展住房公积金体检评估试评价工作，促进提升管理服务水平。加强个人住房贷款逾期风险和银行资金存储风险管控，推动提高风险防控水平。

住房公积金信息化建设

【引领和推进住房公积金数字化发展进程】2022 年 12 月 7 日，印发《住房和城乡建设部关于加快住房公积金数字化发展指导意见》（建金〔2022〕82 号），提出健全数据资源体系和平台支撑体系，建立数字化管理新机制、服务新模式、监管新局面、安全新防线的数字化发展总体思路，明确实现全系统业务协同、全方位数据赋能、全业务线上服务、全链条智能监管的数字化发展主要目标。

【全面启动征信信息共享接入】2022 年 6 月 27 日印发通知，全面启动征信信息共享接入工作，明确征信信息共享机制、接入流程、数据采集规范、测试验收标准等内容。

住房公积金服务工作

【持续推动高频服务事项“跨省通办”】落实党中央、国务院关于加快建设全国统一大市场的决策部署，持续优化营商环境，聚焦人民群众业务办理中的急难愁盼问题，更好满足单位和群众异地办事需求，新增实现了“住房公积金汇缴、住房公积金补缴、提前部分偿还住房公积金贷款”等 3 项高频服务事项“跨省通办”“跨省通办”服务事项增加至 11 项。各地共设立 3423 个“跨省通办”线下专窗和 1043 个线上专区，全年线上办理上述 3 项业务分别达 8414 万笔、463 万笔、252 万笔。

【不断提高住房公积金服务效能】指导各地住房公积金管理中心积极配合当地有关部门，优化业务流程，做好系统对接，推动实现“企业开办”“职工退休”等“一件事一次办”。

持续完善全国住房公积金小程序功能，为缴存人提供全国统一的线上服务渠道，全年共向 7666.96 万人提供个人住房公积金信息查询服务，帮助 258.51 万人线上转移接续个人住房公积金 252.86 亿元。全年，12329 热线为 3414.18 万人次提供业务咨询等服务、发送服务短消息 11.21 亿条。

深化行业精神文明创建，开展“惠民公积金、服务暖人心”全国住房公积金系统服务提升三年行动，进一步强化为民服务意识。

全国住房公积金年度主要统计数据及分析

【缴存】2022 年，住房公积金实缴单位 452.72 万个，实缴职工 16979.57 万人，分别比上年增长 8.80% 和 3.31%。新开户单位 75.22 万个，新开户职工 1985.44 万人。2022 年，住房公积金缴存额 31935.05

亿元，比上年增长 9.53%。

截至 2022 年末，住房公积金累计缴存总额 256927.26 亿元，缴存余额 92454.82 亿元，分别比上年末增长 14.19%、12.91%。

【提取】2022 年，住房公积金提取人数 6782.63 万人，占实缴职工人数的 39.95%；提取额 21363.27 亿元，比上年增长 5.15%；提取率 66.90%，比上年降低 2.78 个百分点。

截至 2022 年末，住房公积金累计提取总额 164472.44 亿元，占累计缴存总额的 64.02%。

【贷款】2022 年，发放住房公积金个人住房贷款 247.75 万笔，比上年减少 20.17%；发放金额 11841.85 亿元，比上年减少 15.20%。

截至 2022 年末，累计发放住房公积金个人住房贷款 4482.46 万笔、137144.66 亿元，分别比上年末增长 5.85% 和 9.45%；个人住房贷款余额 72984.33 亿元，比上年末增长 5.88%；个人住房贷款率 78.94%，比上年末减少 5.24 个百分点。

【业务收支及增值收益情况】业务收入：2022 年，住房公积金业务收入 2868.42 亿元，比上年增长 10.82%。其中，存款利息 535.46 亿元，委托贷款利息 2321.34 亿元，国债利息 0.10 亿元，其他 11.52 亿元。

业务支出：2022 年，住房公积金业务支出 1460.10 亿元，比上年增长 10.09%。其中，支付缴存职工利息 1325.97 亿元，支付受委托银行归集手续费 28.36 亿元、委托贷款手续费 72.66 亿元，其他 33.11 亿元。

增值收益：2022 年，住房公积金增值收益 1408.32 亿元，比上年增长 11.59%；增值收益率 1.61%。

增值收益分配：2022 年，提取住房公积金贷款风险准备金 298.43 亿元，提取管理费用 127.24 亿元，提取公租房（廉租房）建设补充资金 982.96 亿元。

截至 2022 年末，累计提取住房公积金贷款风险准备金 3086.40 亿元，累计提取公租房（廉租房）建设补充资金 6518.01 亿元。

管理费用支出。2022 年，实际支出管理费用 114.83 亿元，比上年增加 0.63%。其中，人员经费 64.59 亿元，公用经费 9.72 亿元，专项经费 40.52 亿元。

【社会经济效益】缴存群体进一步扩大：2022 年，全国净增住房公积金实缴单位 36.63 万个，净增住房公积金实缴职工 543.48 万人，住房公积金缴存规模持续增长。

缴存职工中，城镇私营企业及其他城镇企业、外商投资企业、民办非企业单位和其他类型单位占 52.93%，比上年增加 0.79 个百分点，占比进一步增加。

新开户职工中，城镇私营企业及其他城镇企业、外商投资企业、民办非企业单位和其他类型单位的职工占比达 76.02%。

支持缴存职工住房消费：有效支持租赁住房消费。2022 年，租赁住房提取金额 1521.37 亿元，比上年增长 20.87%；租赁住房提取人数 1537.87 万人，比上年增长 13.59%。

大力支持城镇老旧小区改造：2022 年，支持 1.07 万人提取住房公积金 5.01 亿元用于加装电梯等自住住房改造，改善职工居住环境。

个人住房贷款重点支持首套普通住房：2022 年发放的个人住房贷款笔数中，首套住房贷款占 81.90%，144 平方米（含）以下住房贷款占 91.04%，40 岁（含）以下职工贷款占 79.81%。2022 年末，住房公积金个人住房贷款市场占有率 15.83%。

持续支持保障性住房建设：2022 年，提取公租房（廉租房）建设补充资金占当年分配增值收益的 69.78%。2022 年末，累计为公租房（廉租房）建设提供补充资金 6518.01 亿元。

节约职工住房贷款利息支出：住房公积金个人住房贷款利率比同期贷款市场报价利率（LPR）低 0.9—1.35 个百分点，2022 年发放的住房公积金个人住房贷款，偿还期内可为贷款职工节约利息支出约 2089.02 亿元。

城市管理监督

【概况】2022年，城市管理监督工作以习近平新时代中国特色社会主义思想为指导，贯彻落实党的十九届六中全会和党的二十大精神，深刻领悟“两个确立”的决定性意义，增强“四个意识”、坚定“四个自信”、坚决做到“两个维护”，完整、准确、落实新发展理念，加快建设城市运行管理服务平台，推进城市智慧化管理；持续推进城市治理风险防控，完善城市安全发展体系；加强市容环境综合治理，提升人居环境品质；加强城管执法队伍建设，提升城管执法规范化、法治化水平。

【城市运行管理服务平台建设】印发《关于贯彻落实城市运行管理服务平台系列文件标准实施方案的通知》，推动国家、省、市三级平台建设联网，指导地方整合共享城市运行管理数据资源，为构建互联互通、数据同步、业务协同的平台体系夯实基础。

多渠道宣贯平台建设政策标准，开展线上线下专题培训。成立城市运行管理服务平台专家工作组，指导14个省市修改完善平台建设技术方案。总结城市平台建设经验，编发简报、专刊、交流信息，组织“一网统管”探索与实践系列报道，提升各地平台建设水平。对有关省市开展城市运行管理服务平台建设工作调研督导。

截至2022年年底，有15个省（自治区、直辖市）编制完成省级平台建设技术方案，20个省会城市、计划单列市编制完成市级平台建设技术方案，杭州、青岛等一批城市平台建设取得明显成效。

【城市治理风险防控】开展城市治理风险清单试点。指导重庆市梳理形成覆盖7大领域4300余处点位的风险清单，依托城市运行管理服务平台，开发城市治理风险清单管理子系统，形成“一张图表呈现，一个平台通览，一套机制保障”的治理路径，完善综合性、全方位、系统化的城市安全发展体系。

开展城市基础设施安全运行监测。印发《住房和城乡建设部办公厅关于确定城市基础设施安全运行监测试点城市的通知》，在安徽、浙江2个省和成都、沈阳等22个城市（区）开展城市基础设施安全运行监测试点。印发《关于加强城市管理风险防范的紧急通知》，指导各地进一步加强城市管理风险排查，有效防范安全事故发生，切实保障城市安全有序运行。

【市容环境面貌整治提升】指导各地巩固深化背街小巷环境整治成果，解决好人民群众身边急难愁盼的市容环境问题。修订出台《城市户外广告和招牌设施技术标准》CJJ/T 149—2021，聚焦人民群众“头顶上的安全”，明确城市户外广告和招牌设施的基本设置要求和安全运行管理相关要求。印发《住房和城乡建设部办公厅关于开展城市户外广告和招牌设施设置安全隐患集中排查整治工作的通知》，组织各地排查户外广告和店招标牌设施共计650.04万处，整治排除安全风险33.39万处。印发《关于加强窨井盖安全管理工作的紧急通知》，督促各地采取有力措施保障人民群众“脚下安全”。

【城市管理执法队伍建设】巩固深化全国城市管理执法队伍“强基础、转作风、树形象”专项行动，印发《住房和城乡建设部关于对2021年度巩固深化“强基础、转作风、树形象”专项行动表现突出单位和个人给予表扬的通报》，促进执法队伍政治素质、执法能力、服务质量全面提升；推动将巩固深化“强转树”行动列入中央精神文明建设指导委员会2022年重点工作项目台账清单。召开严格规范城管执法行为视频会，督促各地城市管理执法部门进一步规范执法行为，强化服务管理，营造和谐社会氛围。组织修订《城市管理行政执法文书示范文本（试行）》，制定《城市管理行政执法文明行业标准》，推进执法规范化、标准化建设。

（住房和城乡建设部城市管理监管局）

人事 教育

干部教育培训工作

【配合做好市地党政主要负责同志培训班论坛】围绕“城市治理实践经验”主题，配合中组部做好3期市地党政主要负责同志培训班论坛，共有623名市地党政主要负责同志参加。

【举办地方党政领导专题研究班】积极协调中组部，将城市更新专题研究班等4个班次列入中组部地方党政领导干部专题研究班计划，在全部培训计划中占比为16%。指导市长学院结合疫情防控形势做好相关班次的组织筹办工作。

【组织举办学习贯彻党的十九届六中全会精神集中轮训】举办4期学习贯彻党的十九届六中全会精神机关干部专题轮训班，指导直属单位组织开展专题学习活动，共有2192名直属机关干部参加了相关学习。

【做好新录用公务员初任培训】组织住房和城乡建设部2022年新录用公务员参加中组部11月14日至18日举办的全国新录用公务员初任培训班，着力提升年轻干部的政治素养、理论水平、专业能力和实践本领。

【编制年度培训计划】按照住房和城乡建设部党组的决策部署，围绕住房和城乡建设部年度中心工作，编制印发2022年度培训计划，68期培训计划覆盖了2022年全国住房和城乡建设工作会议部署的重点工作。

职业资格工作

【住房和城乡建设领域职业资格考试注册情况】2022年，全国共有27万人次通过考试并取得住房和城乡建设领域职业资格证书。截至2022年年底，累计注册人数194.9万人。

【研究推动建设领域职业资格国际化工作】贯彻落实党中央进一步深化职业资格制度改革的有关要求，开展“我国建设工程领域境外专业技术人员的职业资格水平认定和管理”课题研究，对建设领域有关国际职业资格进行研究，为探索建立国际职业资格证书认可清单制度提供政策制定依据。

人才工作

【优化职业分类】配合人力资源社会保障部修订国家职业分类大典，结合行业需求，推动“建设工程质量检测员”“混凝土工程技术人员”“乡村建设工匠”作为新职业纳入大典，完善相关职业（工种）描述，使职业分类更加符合行业实际、贴近行业需求。

【编制职业技能标准】印发城镇排水、智能楼宇管理员2部行业职业技能标准，与人力资源和社会保障部共同颁布园林绿化工国家职业技能标准，为从业人员职业培训和等级认定提供支撑。

【推动施工现场专业人员培训】2019年以来，累计培训施工现场专业人员162.5万余人次，生成电子培训合格证136万余份。其中，2022年各地共培训施工现场专业人员62万余人次，生成电子培训合格证79万余份。

【开展职业技能竞赛】会同中国就业培训技术指导中心、中国海员建设工会全国委员会联合主办2022年全国行业职业竞赛——全国建筑行业职业技能竞赛，指导支持相关学协会开展职业技能竞赛。经推荐，苏中帅、林晓滨、高鹏3名技能人才获评“全国技术能手”荣誉称号。

（住房和城乡建设部人事司）

城乡建设档案

2022 年，坚持以习近平新时代中国特色社会主义思想为指导，深入学习党的二十大精神，认真贯彻落实习近平总书记对档案工作重要批示精神。准确把握新时期城建档案工作面临的新任务、新要求，精心谋划，扎实推进，开拓创新，狠抓各项工作落实，不断推进城建档案工作新发展。

【城建档案法制建设】各地深入开展城建档案法制建设，提高依法治档水平。天津市完善《城建档案接收规定》《地铁工程档案归档内容》《天津市城市建设档案利用办法》《城建档案法律法规文件参考目录》等。上海市制定《上海市城市建设档案馆馆藏档案开放审核暂行规定（试行）》《上海市城市建设档案管理办法（草案）》报市司法局审查。河北省石家庄市完成《石家庄市城建档案管理办法》修订草案。内蒙古呼和浩特市出台《城市建设档案管理办法》和《轨道交通工程资料管理规程》。吉林省制定实施《建设工程文件归档与移交标准》。辽宁省沈阳市正式施行《沈阳市城市建设档案管理条例》，大连市研究起草《大连市地下管线管理办法》《城建档案工作指导方案》。山东省济南市印发《济南市人民政府办公厅关于进一步加强市政基础设施工程档案管理的实施意见》，日照市在全省率先出台《日照市全面开展建设工程档案电子化工作实施细则》。江苏省开展《城建档案管理办法》《江苏省房屋建筑和市政基础设施工程档案资料管理规程》修订和《建设工程声像档案管理标准》编制工作。安徽省编制《建设工程档案收集与归档标准》，出台《关于推行建设工程城建档案验收告知承诺制有关事项的通知》；合肥市编制《合肥市加装电梯工程档案移交方案》；六安市编制《六安市城市地下管线工程档案管理办法》。浙江省宁波、湖州、嘉兴等市相继出台《市本级城建项目“一键归档”数字化改革集成场景应用试点实施方案》《关于进一步加强年中项目验收移交的通知》《湖州市城市建设档案业务审核指南（试行）》《平湖市城建档案归档技术标准》《建设工程声像档案移交的简要说明》。江西省南昌市组织修订《建设工程声像文件归档整理实施办法》；上饶市印发《关于进一步加强城建档案验收和移交的通知》；九江、吉安市编制《城建档案馆灾害应急预案》《城市建设档案管理系统服务平台网络安全应急处置预案》。河南省开展《河南省城建档案管理办法》立法调研工作。湖北省发布《建设工程档案整理与移交规范》。湖南省常德市印发《常德市城建档案管理办法》，编制《建设工程档案验收标准》；益阳市制定《益阳市电子档案试点项目工作方案》《益阳市城建档案馆行政管理制度汇编》。海南省印发《海南省电子文件归档一体化管理技术规范（试行）》，编制《海南省建设工程项目电子文件与电子档案管理规范》（征求意见稿）；海口市开展《海口市城市建设档案管理办法》修正立法。陕西省出台《关于加强全省城乡建设档案工作的实施意见》《关于进一步加强全省城建档案安全工作的意见》《关于启用陕西省城建档案信息管理系统的通知》。宁夏回族自治区编制《宁夏回族自治区重大建设项目档案管理办法》。青海省玉树州编制《玉树州城建档案馆基本管理制度》《玉树州城建档案借阅流程》。新疆维吾尔自治区编制《建设工程电子文件与电子档案管理标准》。

【建设工程竣工档案归集管理】各地认真做好档案归集管理，创新归集方式，拓宽接收渠道，依法规范归集管理程序，提高档案归集率。北京馆加强对重点地区、重大项目的工程档案指导工作，主动服务各建设单位，完成对五棵松冰上运动中心、国家体育馆 2022 冬奥改建项目、中央宣传部版本馆（二二工程）等重点工程档案验收工作。天津馆保障 651 个建设项目工程档案验收工作，接收档案 27040 卷；寄发《建设工程档案报送通知书》415 封，核发《建设工程档案移交清单》393 份。上海馆共接收竣工档案 195 项，以安远路桥项目为试点，努力推进全过程电子档案单套制归集，新建工程竣工档案电子档案单套制接收率基本达到 70%。河北省全年共办理档案专项验收项目 1539 个。山西省接收工程档案 1592 项。内蒙古阿拉善盟累计实行联合验收 249 项，联合验收占比达 86.7%。黑龙江全省共接收工程竣工档案 964 项、城建档案 29651 卷、电子档案 1413GB、重点工程 914 项。吉林全省现有馆藏3307400卷。山东济南、青岛、潍坊、济宁、泰安、日照、临沂和菏泽 8 市全年接收档案均在万卷以上；济南市将“一书一证”贯穿工程档案归集全过程；青岛馆积极探索“单套制”归档，自主创新复合电子图章技术。安徽省接收工程项目档案约189967卷。浙江省接收工程竣工项目7400余个，归档率达100%。江西全省归集竣工项目共4138个，其中重点工程58项。湖北省80个城建档案管理机构馆藏档案约515万卷，同比上年增长8.42%。湖南省长沙市接收增设电梯项目档案463台次；常德市在线接收案卷9289卷，同比增长16%。广东全年办理建设工程城建档案验收599宗，出具《建设工程档案接收证明》869宗。海南省新增人防工程验收文件、消防工程验收文件、工程准备阶段文件、监理文件、全装修验收文件归集；海口市接收217个工程项目的竣工档案10356卷，接收建设系统各行业管理业务档案857个项目。甘肃省兰州市接收纸质档案2.7万卷，审核各类目录35万条，分类鉴定2.6万卷。青海省接收城建档案约17.6万卷。新疆积极推行“三指导”工作模式。

【城建档案信息化建设】各地加强城建档案信息化建设，提高馆藏档案数字化率，建立升级档案管理系统，实现智能化管理，提升城建档案利用价值。北京馆推进建设工程电子文件接收，研究与市住房城乡建设委“北京市建设工程施工资料管理平台”对接的可能性，开展数字档案室建设情况自评和调研。上海馆基本完成馆藏纸质档案数字化全覆盖，为单套制接收的数字化图纸开展“四性”检测，开展智慧化应用场景建设。重庆馆建立全市城建档案信息数据中心，完成一体化管理平台系统全方位升级改造。河北全省累计完成档案数字化加工800459卷，占馆藏总量的57.44%。石家庄馆升级信息管理系统。承德市对档案数据库机房软硬件进行更新改造。邢台市推出“邢台市建设工程档案在线报建系统”。内蒙古呼伦贝尔馆增建掌上档案馆、自助查询、电子档案审核等功能；乌海馆依托蒙速办APP实现城建档案目录共享。吉林省26个市县建立了城建档案管理信息系统，27个市县开展了电子档案接收。辽宁省沈阳市实施《地下管线普查成果抽查质检及数据入库工程》《城建档案管理系统升级改造项目》并完成“综合管线一张图”场景建设；大连市《基于城建档案大数据的城市建设决策支持系统1.0》通过了住房和城乡建设部建设行业科技成果专家评估委员会的评审，获得建设行业科技成果评估证书。山东省济南市、青岛市开发“可视化查档”和地图查档服务；威海市顺利完成“建设工程电子文件在线归档研究”档案科技项目，临沂市、菏泽市主动对接市国土空间规划一张蓝图平台，德州市启动城建档案信息资源一体化建设。江苏省开展《“数字政府”背景下建设工程电子档案规范化管理研究》，编制《建设工程电子档案接收标准》，完成省“村镇建设档案管理系统”升级改造任务。安徽省新进馆档案全部实现同步数字化。建设电子文件在线归档平台实现互联互通，信息共享。推行电子证照。浙江依托“1369”全省工程建设数字化管理综合应用系统，建立全省统一的建设工程档案归集业务系统，完善项目全过程各阶段归档“一件事”，实现建设工程档案联合验收一次归档，逐步实现建设工程项目全生命周期档案无纸化归档。福建省福州市在建设工程领域全面推广竣工图电子化；厦门市试点“市档案馆及城建档案馆技术业务用房建设项目”；南平市自主设计研发城建档案管理系统。江西省各级城建档案管理部门已全部采购安装并使用城建档案管理信息系统软件，全省存量档案数字化率达80%。河南全省80%地市基本具备了电子档案接收能力。湖北省建设省市县三级城建档案综合管理平台，建立从项目立项、施工、竣工验收等全过程形成的建设工程电子文件“横向”归集网络，同时“纵向”覆盖省市县三级的城建档案信息资源数据库。湖南省开展城建档案电子化试点工作，启动开展评估验收工作。广东省东莞馆正式推出“东莞市城建档案馆建设工程电子档案在线审查验收平台”。贵州省六盘水馆实现电子档案同步接收。四川省成都市编制《机关业务系统电子文件归档与电子档案管理规定（试行）》；遂宁市先后升级《智能城建档案管理系统》等6个城建档案管理系统，“数字城建档案馆智慧一体化管理平台”获得中华人民共和国国家版权局颁发的《计算机软件著作权登记证书》；眉山市城建档案管理信息系统投入使用。甘肃省完成2.8万卷35万条电子目录导入、备份与维护工作；嘉峪关市共扫描单位文件5259张，录入率为100%。宁夏石嘴山市制定《城建档案馆信息化建设方案》，建设完成了《石嘴山市建设工程电子档案收集管理服务平台》系统。青海省海西蒙古族藏族自治州建立了馆藏项目档案目录数据库，实现了馆藏档案检索电子信息化。新疆乌鲁木齐馆完成了城建档案信息系统升级改造的验收工作。

【声像档案管理】声像档案是城建档案的重要组成部分，记载城市历史变迁，承载城市历史文化记忆。各地持续加强建设工程声像档案的收集、整理和归档管理工作，做好城建档案文化宣传，发挥城建档案历史文化价值。北京馆全年共接收照片档案83项，6206张，视频文件2.43G，光盘174张，开展“平安大街街片”拍摄工作。天津馆制作录像资料片及宣传片53部。上海馆加强城建档案文化传播力度，举办“品读建筑百年　发现上海之美”城市寻访征集活动，获社会广泛好评。重庆制作《喜迎二十大　档案颂辉煌》特刊，依托市馆以及各区县城建档案部门丰富馆藏资源，以城建档案独特视角，集中了全市43个区县近年来取得的建设发展成就。河北省保定市建立城建声像档案信息库；邢台市选取代表性的地标性工程跟踪记录，立体记录城市建设发展；承德市举办城市记忆图片展，全方位展现承德的风貌和发展变迁；雄安新区紧扣“交通市政拉框架，蓝绿空间打底色，项目建设显形象”主题，建立声像档案基础库、优选库、精品库，做好城市记忆工作。山西太原市声像档案照片共1550张，照片总量65.42GB，视频共192个，213分钟，67.528GB。吉林全省合计库藏照片819912张、录像带4935盘、录音带39盘、微缩胶片3470张；长春馆开展了2000—2011年老照片征集活动，全年共征集历史照片200张。辽宁营口市现存城市建设方面照片共计600余册，照片1.6万余张，录像带52盘。山东省济南市电视专题片《卷帙中的丰碑》成功入选全国档案系统庆祝建党百年故事类作品名单；济宁市提供“济宁非凡十年”太白东路新旧对比照片登上央广网。浙江城建档案以服务“城市记忆”建设为方向，全面构建集记史、存史、展史一体的档案文化建设体系。福建省厦门市编研录制完成《地下管线宣传片》《保密故事大家讲》等党建宣传视频，《厦门建筑中的党史故事》获中宣部主平台采用；泉州市全年拍摄城市风貌15次，合计照片档案1200张。湖北省武汉馆对新河大桥等18座桥梁进行了重新补拍完成《桥都武汉》的编撰工作；十堰馆制作《城建记忆·秀美十堰　档存变迁》画册，并制作四部专题片。湖南省全年拍摄照片12706张，视频1749个，制作专题宣传片1部，接收声像档案U盘918个。广东惠州馆完成《惠州·城建印迹》画册编印工作。广西南宁馆实现声像档案数字化、安全存储管理系统和城建大数据平台数据互通共享；梧州馆翻拍整理1924年至1970年有价值底图和图纸，制作照片972张，丰富了声像档案馆藏。贵州共收集涉及重点工程、定点拍摄及其他工程、活动声像图片档案2172张；六盘水馆利用无人机拍摄六盘水市内环快线项目完成视频；毕节市威宁县系统拍摄了重点建设工程及与城市建设有关的重大活动，全年共拍摄数码照片1862张，录像96分钟。四川德阳市征集到了1500余张城市建设成果摄影作品。甘肃兰州市接收进馆建设工程声像档案60项，接收光盘351张，建设工程照片约22380张，工程视频短片约980分钟；嘉峪关市已拍摄城市道路、棚户区改造、老旧小区改造、地下管网改造及老旧小区安装电梯工程等内容的照片718张。宁夏银川市完成电子数据质检入库8462卷，电子数据存储量达到12T；石嘴山市共收集110张声像档案光盘、4164张工程照片档案。

【城市地下管线工程档案管理】各地完善地下管线档案管理机制，积极做好地下管线工程档案接受、保管、利用工作，落实管线工程档案管理要求，推进地下管线信息化建设。上海馆持续推动《管线工程竣工档案编制技术规范》的制定工作。河北保定市依托“地下管线综合应用系统”平台，接收地下管线数据更新项目74项，更新管线3516.7公里，管点114555个，受理地下管线工程项目查询90项；沧州市采取“以用代更，以局部普查代替大面积普查”，逐步积累完善地下管线数据。黑龙江全省接收城市地下管线工程数量51项、档案853卷、电子档案11.23GB。吉林全省累计接收审核地下管线工程项目419个，整理归档城市地下管线类档案2098卷。山东济南、淄博、东营、聊城等市加强地下管线数据收集；青岛、济宁、日照等市加大城市地下管线信息数据共享利用。江苏省将地下管线档案验收合并纳入建设工程档案验收。安徽合肥、芜湖等市成立了专门的地下管网管理机构负责地下管线工程档案。福建省创新建立“信息采集 - 全过程监管 - 部门联动 - 成果惠民”的地下管线信息动态更新机制，目前已完成确认项目280个、管线成果434公里；厦门市全年共接收地下管线工程档案电子数据4007项，纸质档案113卷，约2045公里，地下管线修补测和数据建库项目共探测地下管线651.5公里，共向590个单位提供地下管线工程档案利用服务，管线图及相关数据资料7847幅。湖北省已有武汉等51个城市已完成地下管线普查工作，建立了地下管线综合管理信息系统，普查总面积约3395平方公里，探测长度约10.83万公里；10个城市开展了后续补测补绘更新工作，更新长度共计约1.11公里。湖南省株洲市投入资金200余万元完成地下管线修补测约452.97公里，共探测入库管线长度11715.42公里；衡阳市共补测地下管线615公里。海南省海口市接收归集地下管线工程档案验收接收18个项目54条道路排水，电力排管及电力沟各1条563卷，燃气管道工程106个项目128卷；三亚市实施雨污水整治项目10个项目，共计建成雨水管道2.435公里，污水管道约12.16公里。贵州省贵阳市完成收集全市既有污水、雨水等地下管网信息6102公里，污水处理厂48座，初步形成全市排水管网一张图，全年共办理114个建设工程地下管线档案的归档入库，管线长度1208.56公里。四川省广元市接收进馆的31个建设工程项目档案，均同步接收了地下管线测绘成果档案；乐山市目前已搭建地下综合管线信息系统和数字乐山地理信息公共平台；巴中市主动上门服务，收集广电、电力、水务、环保、通信等部门管线档案。甘肃省全面常态化开展城市地下市政基础设施普查监测工作，同步完善地下市政基础设施信息系统；审核整理城市地下工程档案资料共计566卷；兰州馆现有地下管线档案合计1210项、17150卷，全年共接收地下管线档案17项、371卷，数据库汇集901项城市地下管线工程基础信息、专业信息和案卷信息；定西市收集城市供水、供热和污水共7个项目，管线长为138.25公里；金昌市归集历年供热管网工程档案266卷，竣工图纸1500多张。新疆乌鲁木齐市、克拉玛依市、奎屯市等开展了地下管线动态管理信息平台的建设工作，并与供排水、燃气、热力、电力、通信和广电等管线产权单位基本完成了信息共享；乌鲁木齐馆接收市政项目（道路、桥梁、综合管线）19项，燃气庭院管线及单一管线178项；克拉玛依馆收集归档各类地下管线工程竣工测量档案26项，探测管线长度约140951米，管线点8497个。

【联合验收】各地建立健全建设工程档案验收纳入工程竣工联合验收工作机制，实施告知承诺制，强化验收全过程服务，推进联合验收系统升级，提高验收效率。上海市建设工程档案验收纳入竣工规划资源验收，向规划资源部门申请竣工规划验收、土地核验、档案验收合并办理，在档案验收中实施“限时承诺、容缺受理”，并加强事中事后监管，通过诚信手段，确保建设工程档案按时保质保量接收。重庆馆将建设工程档案专项验收由行政许可变更为行政确认，全市档案验收办理时限进一步压减为4个工作日以内，江北区、忠县缩短为1个工作日，在全市范围内统一承诺书、验收意见等相关文书格式。河北省将城建档案专项验收纳入竣工联合验收，实行网上统一受理，并联审批；廊坊市按照“一家牵头、一窗受理、限时办结、集中反馈”的方式，联合完成相关专业竣工验收工作；沧州市档案验收完全执行建设项目审批管理系统网上办理流程，实现工程档案验收“最多跑一次”，档案验收在时限内100%完成。山西省晋中市、临汾市、晋城市将建设工程档案验收纳入联合验收程序。黑龙江完成工程竣工联合验收324项，制定并下发《关于进一步优化竣工验收工作的通知》。吉林省50个城建档案馆（室）共36个在2022年底前参与联合验收，占比72%。辽宁省沈阳市工程建设单位在“沈阳市一体化在线政务服务平台”提出联合验收申请，城建档案馆积极推进一次性告知制度；辽阳市实行办理建设工程档案验收承诺时限5个工作日，办理建设工程档案利用即时办理。山东省将建设工程档案验收合并入房屋市政工程竣工验收备案一个办理事项。江苏省深化城建档案报建登记、验收线上受理，解决业务系统与主管局系统、政务服务平台、工改平台等审批系统的互联互通，实现联合验收一体化，并做好建设工程档案验收“事前、事中、事后”监管工作。安徽省各地市均已将工程竣工档案验收纳入联合验收程序。福建省漳州市在老旧小区加装电梯档案验收中，推行三级审批制度，针对《既有住宅增设电梯建设工程申请表》归档不及时的情况，增设“归档承诺函”。江西省完成联合验收项目3799个，实行告知承诺项目1628个。湖北省参与制定《湖北省房屋建筑和市政基础设施工程联合验收管理办法》，并将“建设工程竣工档案验收”纳入联合验收事项；印发《关于做好建设工程竣工档案验收工作的通知》，对事前指导、事中核验、事后移交等环节做出了明确规定。同时，2022年联合验收已在省内部分城市进行试点，覆盖省市县三级的联合验收系统已于2022年12月下旬全面上线运行，2023年将全面推行联合验收。湖南省长沙市全年验收项目151个，发放建设工程档案验收意见书234张；湘江新区全年通过联合验收窗口办结档案验收意见书377件，实现档案验收100%经联合验收窗口办结；岳阳市对接工改平台，共完成线上联合验收项目109个，进行业务指导200余次。广东广州馆全年协助市规划和自然资源局出具守法证明会办意见518宗，向通过建设工程城建档案验收但未移交工程档案的单位发送催交短信555条，向“信用广州”“信用中国（广东广州）信用信息公示平台”推送建设单位履约践诺合计499项。广西全区共计参与工程项目联合验收1202次。海南省印发《海南省住房和城乡建设厅关于进一步优化全省房屋建筑和市政基础设施项目竣工联合验收工作的改革实施意见》，结合工改工作，综合运用“双随机、一公开”监管和重点监管，推行“告知承诺+事中事后监管”制度。云南全省16个州（市）县均已在“云南省工程建设项目审批管理系统”中办理竣工档案联合验收工作，相继出具了《云南省建设工程档案验收告知承诺书》《建设工程档案验收意见书》共计600余份。贵州省在全省范围内试行建设工程档案验收承诺制，8个城建档案馆共办理建设工程档案先行认可308个。四川省内江市对提出申请的企业在三个工作日内档案科协同人防、消防、自然资源和规划局、城建科等部门进行联合验收，并出具通知单；乐山市、南充市、巴中市制定城建档案建设工程预审告知单，对归档的资料不符合归档要求的，一次性告知办事人员，进一步缩短建设单位办理竣工档案验收时间。陕西省按照《陕西省开展建筑和市政基础设施工程建设项目竣工联合验收的实施方案（试行）》要求，采取上门服务，开展业务培训等措施确保城建档案应收尽收，及时完整入馆。甘肃省各市纳入联合验收各事项申报资料执行“一份办事指南，一张申请表单，一套申报材料，完成多项审批”的运作模式，整合归并重复资料，精简非必要资料。宁夏持续优化验收归档流程，工程档案归档由之前的3～6个月压缩至最短3个工作日，工程联合验收合格后，宁夏工程建设项目审批管理系统自动生成联合验收电子档案，直接推送至城建档案部门，实现了数据资源共享；推行“一次性告知承诺”，将档案收集平台与自治区工改平台连通，利用平台及时了解掌握申报工程项目情况，实时跟踪、查看、反馈档案收集整理相关信息，由过去线下被动验收变为线上主动验收。新疆开展工程竣工档案网上联合验收工作，逐步形成自治区统一的建设工程档案竣工验收信息化管理模式和管理体系；推行建设工程档案移交“验收＋承诺”的方式，按照“谁移交、谁负责，谁形成、谁负责”的原则，在工程项目审批阶段，各地城建档案馆管理机构与建设单位签订《档案报送责任书》，明确双方的责任与义务。在工程施工阶段，认真履行《关于进一步优化营商环境档案专项验收工作五项举措》，并向建设单位发放《工程竣工档案专项验收告知书》《工程竣工档案专项验收工作办事指南》，通过对建设项目档案全周期的指导，缩短了验收时间，提高了移交入馆档案的质量。新疆生产建设兵团把建设工程档案验收纳入工程竣工联合验收工作机制，制定相关的管理办法和工作流程，明确了告知承诺制的实施范围、办理条件、办理程序等内容。

【城建档案馆舍、机构、人员培训情况】各地不断加大城建档案基础设施投入，加强机构建设，不断提高管理水平和服务水平，提供人才支撑，为推动城建档案工作高质量发展提供坚强保障。重庆新馆库项目2022年完成了塔楼主体钢结构、裙房主体结构，区县馆室馆库建设也积极推进，南川区争取到区政府统建的4000平方米面积用作新馆库，忠县争取到区政府统建的市民服务中心2300平方米面积用作新馆库。渝北区争取到区政府统建的市民服务新中心1374.68平方米面积用作档案库房，并投入约500万元采购了设备，对库房实现智能化、数字化管理，极大提高了库房安全性和管理规范性。河北全省馆舍面积新增3563平方米。其中秦皇岛市利用土地出让机会进行迁址，馆舍面积由1000平方米增至1300平方米；承德市积极争取资金进行修缮改造和扩容升级，档案库房面积由381平方米增至1179平方米，基础设施保障水平得到改善；邢台市争取到龙岗片区规划展馆作为新的建设档案馆馆址，馆舍面积由1400平方米增至3874平方米，新馆改造装修基本完工；石家庄、保定、雄安新区等地市开展城建档案业务交流活动53次，参与人数2657人；全省城建档案系统2人获“全国档案系统工匠型人才”称号。内蒙古呼伦贝尔市新建城建档案馆已投入使用，业务指导培训服务359人次；赤峰市组织城建档案业务培训班，各旗县区城建档案管理部门共133人参加培训。吉林省通化新增馆舍面积1565平方米；白山市计划投入资金328万元对城建档案馆库及办公场所进行改造，改造后馆库及功能性用房将达到1287平方米；全省各城建档案馆（室）共组织培训26次，累计培训1808人次；长春市城建档案馆持续开展继续教育工作，全馆28人全部参加继续教育培训。辽宁省抚顺新建城建档案馆总建设面积为2500平方米。山东省菏泽馆5800平方米新馆投入使用；山东省组织城建档案管理业务培训，近600人参加。江苏省组织开展人才选树行动，结合年度城建档案馆（室）业务工作检查、目标管理评估、“双随机、一公开”检查等工作，从人才库中抽业务骨干交叉组队互评，深化工作实践操练。安徽省滁州馆（市住房和城乡建设信息中心）加挂滁州市城市生命线工程安全运行监测中心，承担市级城市生命线工程安全监测预警处置协调工作。浙江省嘉兴、丽水等地新增库房面积约2267平方米；全省各地组织开展专业培训8次。江西全省馆库总面积42768.69平方米，新增5952.2平方米；各地城建档案部门推行线上线下一体化业务指导服务，2022年，举办技术交底会38次，培训人员1663人次。湖北省武汉江夏区、洪湖市、当阳市、孝感市孝南区、应城市、黄冈市黄州区等6个馆共新增馆舍面积约1820平方米；印发《关于湖北省城建档案专业人才库入选人员的公告》，并为入选的2名顾问和49名专业人员颁发聘书。全省城建档案管理机构共组织相关城建档案馆业务培训80多次，培训了900多人。广西柳州市城建档案馆新增两层办公区域面积约0.11万平方米，新增三层库房面积约0.33万平方米；南宁馆以线上直播的形式开展了城建档案业务培训，参训单位达460个，参训人数约3400人；柳州馆共举办2期城建档案业务培训班，培训人数达100余人。云南省以会代训、对点辅导、视频会议、上门服务等方式共培训人员1200余人。贵州省贵阳馆约4000平方米馆房维修加固改造工作有序推进；设立安顺市海绵城市建设中心，与安顺市智慧城市管理指挥中心合署办公，名称为安顺市海绵城市建设中心（安顺市智慧城市管理指挥中心、安顺市城建档案馆）；兴义市城市建设档案馆更名为兴义市住房和城乡建设档案管理中心；举办建设工程档案工作培训，共计157人参加培训。四川省眉山市新建城建档案馆，拟于2023年年底前搬迁入驻新馆。陕西省西安市新馆已竣工，库房面积约10000平方米，办公区域面积约4000平方米，预计2023年正式启用；咸阳新馆拥有档案库房面积约3000平方米；渭南市城建档案馆计划搬迁至市政府中心西片区多功能场馆，馆库面积增至约7000平方米，新馆具备展示城市规划建设成就及保管建设、规划类档案资料等功能，是展现城市形象的重要窗口；商洛市城建档案新馆（展示馆）总面积5400平方米，布展面积4600平方米，档案管理及业务用房面积800平方米用于打造档案查阅室、档案检索室、档案库房、工程档案培训业务室、对外服务等用房。甘肃省金昌市档案馆整体搬迁至金川区综合档案馆，库房面积188平方米；兰州市完成内业指导1100人次，举办档案业务培训班3期122人次；天水馆开展两次城建档案工作交流会。宁夏石嘴山市全年共举办了4场次档案业务培训班，线上线下指导1000余人次。新疆累计500余人参加培训学习。新疆生产建设兵团组建成立第七师住房和城乡建设发展服务中心，其工作范围涵盖城建档案建设管理。

工程建设项目审批制度改革

2023年，住房城乡建设部深入贯彻落实国务院优化营商环境决策部署，持续深化工程建设项目审批制度改革，加快推进工程建设项目审批标准化规范化便利化，助力经济回升持续向好。

【推进审批标准化规范化便利化】印发《住房城乡建设部关于推进工程建设项目审批标准化规范化便利化的通知》（建办〔2023〕48号），指导各地大力推进审批标准化规范化，优化区域评估、阶段并联审批协同、市政公用服务等改革举措，进一步优化网上审批服务能力，推动更多关联性强、办事需求量大的审批事项集成化办理，更好满足企业和群众办事需求。每月调度地方改革工作，编制工程建设项目审批制度改革工作简报，通报典型问题，推广经验做法。2023年，督促地方整改问题57个，推广经验举措15个，全国工程建设项目并联审批率51.59%、联合验收率54.96%，同比分别增长4.88、6.21个百分点。

【推进“两个全覆盖”工作】按照全国住房城乡建设工作会议部署，扎实推进工程建设项目审批管理系统（以下简称工程审批系统）县级全覆盖、消防审验全纳入工作。印发《住房城乡建设部关于推进建设工程消防设计审查验收纳入工程建设项目审批管理系统有关工作的通知》（建科〔2023〕25号），发布《消防审验纳入工程建设项目审批管理系统数据共享交换标准1.0》，通过强化责任分工，加强工作调度，组织召开专题培训会、推进会等措施，督促指导各地强化工程审批系统覆盖层级，加快实现各类建设工程消防审验网上办理。截至2023年底，各地均已实现工程审批系统县级全覆盖、各类建设工程消防审验全纳入。

【深化工程审批系统应用】印发《工程建设项目审批管理系统数据共享交换标准3.0》，推动各地进一步加强工程审批系统建设运行管理，提升工程建设项目审批全程网办便利度。组织举办工程建设项目审批制度改革工作视频培训会，解读相关改革政策和数据标准，交流经验做法，全国省、市、县三级共9860余人参加培训，有效提升基层的改革能力和业务水平。2023年，各地通过工程审批系统审批工程建设项目69.77万个、办件量229.93万件，同比分别提升5.26、11.68个百分点。

【开展年度第三方评估】完成2022年度第三方评估工作，召开企业座谈会108场，线上发放调查问卷2619份，线下访谈企业代表535名，形成2022年度全国工程建设项目审批制度改革评估报告并呈报国务院。组织地方和有关方面专家，分析研究世界银行新营商环境评估体系（B–Ready）“获取经营场所”指标调整对我国影响和对策，邀请专家对“获得经营场所指标”相关内容进行解读和培训，完善工程建设项目审批制度改革评估指标体系，委托第三方评估团队开展2023年度评估工作。

【开展全生命周期数字化管理改革试点】印发《住

房城乡建设部办公厅关于开展工程建设项目全生命周期数字化管理改革试点工作的通知》(建办厅函〔2023〕291号),部署在天津等27个地区开展工程建设项目全生命周期数字化管理改革试点工作,加快推进全流程数字化报建审批,建立建筑单体赋码和落图工作机制,建立全生命周期数据归集共享机制,完善层级数据共享机制,推进工程建设项目图纸全过程数字化管理,推进BIM推进报建和智能化辅助审查,推动数字化管理模式创新,为全面推进工程建设项目全生命周期数字化管理发挥示范引领作用。

2022 住房城乡建设大事记

1月

5日,住房和城乡建设部召开党史学习教育总结会议,深入学习贯彻习近平总书记关于党史学习教育的重要指示和中央党史学习教育总结会议精神,总结党史学习教育情况,巩固拓展党史学习教育成果。部党组书记、部长,部党史学习教育领导小组组长王蒙徽出席会议并讲话。党史学习教育中央第二十二指导组组长贾高建到会指导。

8日1时45分,青海省海北州门源县发生6.9级地震。接到震情后,住房和城乡建设部部长王蒙徽立即作出指示,要求及时了解灾情,指导和支持地方做好抗震救灾工作。

住房和城乡建设部第一时间与青海省住房和城乡建设厅联系,了解震情、灾情,按照国家有关要求启动地震Ⅲ级应急响应。加强值守,指导地方开展震后建筑安全应急评估、抢险抢修、供水保障等抗震救灾工作,并做好专家支持准备。

同日,工业和信息化部、住房和城乡建设部等五部门日前联合发布《智能光伏产业创新发展行动计划(2021—2025年)》,要求提高建筑智能光伏应用水平。

计划提出,到2025年,光伏行业智能化水平显著提升,产业技术创新取得突破。新型高效太阳能电池量产化转换效率显著提升,形成完善的硅料、硅片、装备、材料、器件等配套能力。智能光伏产业生态体系建设基本完成,与新一代信息技术融合水平逐步深化。智能制造、绿色制造取得明显进展,智能光伏产品供应能力增强。在绿色工业、绿色建筑、绿色交通、绿色农业、乡村振兴及其他新型领域应用规模逐步扩大,形成稳定的商业运营模式,有效满足多场景大规模应用需求。

同日上午,住房和城乡建设部印发紧急通知,部署各地切实加强燃气行业安全监管。

通知要求,各地要进一步树牢底线思维,坚持人民至上、生命至上,深刻吸取事故教训,清醒认识当前燃气安全面临的严峻形势,进一步增强责任意识,扎实推进燃气安全专项整治工作,全面贯彻全国燃气安全专项整治电视电话会议精神,严格落实《全国城镇燃气安全专项整治工作方案》要求,加快完善细化本地区专项整治工作实施方案、落实措施,确保燃气安全专项整治工作取得实效。

10日,为深入学习贯彻习近平法治思想,根据《中共中央国务院转发〈中央宣传部、司法部关于开展法治宣传教育的第八个五年规划(2021—2025年)〉的通知》,结合住房和城乡建设工作实际,住房和城乡建设部制定了《关于在住房和城乡建设系统开展法治宣传教育的第八个五年规划(2021—2025年)》并于近日发布。

11日,日前,国家发展改革委、住房和城乡建设部等21部门联合发布《"十四五"公共服务规划》提出,人口净流入的大城市要大力发展保障性租赁住房,主要解决符合条件的新市民、青年人等群体的住房困难问题。

规划主要涵盖幼有所育、学有所教、劳有所得、病有所医、老有所养、住有所居、弱有所扶、优军服务保障和文体服务保障等领域的公共服务。

据介绍,规划是"十四五"时期乃至更长一段时期促进公共服务发展的综合性、基础性、指导性文件。规划期为2021—2025年。

12日,近日,《"十四五"公共服务规划》已经国务院审议批复正式印发。围绕《"十四五"公共服务规划》,1月11日,在国新办举行的新闻发布会上,住房和城乡建设部住房保障司相关负责人指出,《"十四五"公共服务规划》明确了住有所居领域的公共服务项目,其中基本公共服务包括公租房、棚户区改造、农村危房改造，普惠性非基本公共服务包括保障性租赁住房、共有产权住房、城镇老旧小区改造和住房公积金。近年来，住房和城乡建设部会同相关部门认真落实党中央、国务院决策部署，不断提升住有所居领域公共服务供给保障能力，切实增强困难群众的获得感、幸福感、安全感。

同日。为贯彻落实党中央、国务院决策部署，满足新时代人民群众对美好生活的需求，指导各地统筹推进完整居住社区建设工作，住房和城乡建设部在总结厦门、沈阳等地创新实践基础上，制定了《完整居住社区建设指南》，于近日印发，要求各地充分认识完整居住社区的深刻内涵和重要意义，以习近平新时代中国特色社会主义思想为指导，全面贯彻落实党的十九大和十九届历次全会精神，坚持以人民为中心的发展思想，完整、准确、全面贯彻新发展理念，以建设安全健康、设施完善、管理有序的完整居住社区为目标，以完善居住社区配套设施为着力点，大力开展居住社区建设补短板行动，提升居住社区建设质量、服务水平和管理能力，增强人民群众获得感、幸福感、安全感。

同日，伴随着区域协调发展的不断加速，城乡、地区之间的人口流动成为常态，跨城办理住房公积金业务成为许多缴存者的现实需求。

如今，住房公积金高频服务事项"跨省通办"又有了新进展。住房和城乡建设部 11 日透露，聚焦人民群众在异地办事过程中的急难愁盼，住房和城乡建设部扎实推进住房公积金高频服务事项"跨省通办"，在 2020 年完成 3 个事项"跨省通办"工作任务的基础上，于 2021 年实现"住房公积金单位登记开户"等 5 个服务事项"跨省通办"。据估算，住房公积金的"跨省通办"已为群众节约异地办事成本 2894 万元。

同日，住房和城乡建设部召开视频会议，部署做好住房和城乡建设重点领域安全生产工作。部党组成员、副部长张小宏出席会议并讲话。

会议要求，各级住房和城乡建设部门及有关单位要认真学习贯彻习近平总书记关于安全生产重要论述和指示批示精神，落实李克强总理等中央领导同志批示要求，充分认识当前和今后一个时期做好安全生产工作的重要意义，深刻汲取事故教训，自觉提高政治站位，切实扛起保安全护稳定的政治责任，不断提高统筹发展和安全的能力，把安全生产工作具体化、精细化，坚决稳控住房和城乡建设领域安全形势，切实维护人民群众生命财产安全，为人民群众欢度春节、北京召开冬奥会和党的二十大胜利召开营造安全稳定的环境。

13 日，国务院日前印发《"十四五"数字经济发展规划》，明确了"十四五"时期推动数字经济健康发展的指导思想、基本原则、发展目标、重点任务和保障措施。《"十四五"数字经济发展规划》提出，要加快既有住宅和社区设施数字化改造，鼓励新建小区同步规划建设智能系统，打造智能楼宇、智能停车场、智能充电桩、智能垃圾箱等公共设施。

《"十四五"数字经济发展规划》明确坚持"创新引领、融合发展，应用牵引、数据赋能，公平竞争、安全有序，系统推进、协同高效"的原则。到 2025 年，数字经济核心产业增加值占国内生产总值比重达到 10%，数据要素市场体系初步建立，产业数字化转型迈上新台阶，数字产业化水平显著提升，数字化公共服务更加普惠均等，数字经济治理体系更加完善。展望 2035 年，力争形成统一公平、竞争有序、成熟完备的数字经济现代市场体系，数字经济发展水平位居世界前列。

14 日，建筑领域是实施节能降碳的重点行业领域之一。截至 2020 年底，全国累计建成绿色建筑面积超 66 亿平方米，对减少碳排放贡献突出。提升建筑能效水平，要加快更新建筑节能、市政基础设施等标准，提高节能降碳要求，释放建筑领域节能降碳潜力。

同日，为了让群众能明明白白消费，住房和城乡建设部房地产市场监管司相关负责人近日表示，各地要进一步加大物业收费信息公开力度，查处曝光违法行为。

住房和城乡建设部去年 7 月曾专门下发文件，要求各地开展加大物业服务收费信息公开力度工作。半年多来，已在全国 217 个城市、近 9000 个小区开展了此项活动。

同日，住房和城乡建设部最新数据显示，截至目前，全国已有近 30 个省区市出台了加快发展保障性租赁住房的实施意见，40 个重点城市提出了"十四五"保障性租赁住房的发展目标。今年，这 40 个城市计划筹集建设保障性租赁住房 190 万套（间），相比去年的 93.6 万套（间），任务量翻了一番。

据了解，在江苏无锡，首批保障性租赁住房刚刚交付，相比周边近 2000 元的市场租金，租住在这里一个月的租金是 1300 元。

在北京，今年将筹集建设保障性租赁住房 15 万套。目前，49 个利用集体土地兴建的项目正在紧张施工，最快的几个月后即可竣工交付。

在上海，今年计划的任务量已经达到了 17.3 万套（间），且申请门槛很低，既不限户籍也不设收入线。

16 日，为贯彻落实新发展理念，推动城市高质量发展，发挥国家园林城市在建设宜居、绿色、韧性、人文城市中的作用，规范国家园林城市的申报与评选管理工作，住房和城乡建设部近日发布《国家园林城市申报与评选管理办法》。

《国家园林城市申报与评选管理办法》适用于国家园林城市（含国家生态园林城市）的申报、评选、动态管理及复查等工作。国家园林城市的申报评选管理遵循自愿申报、分类考查、动态管理和复查的原则，申报主体为城市（县、直辖市辖区）人民政府，评选区域范围包括城市（县城、直辖市辖区）的建成区。

17 日，全国住房和城乡建设工作会议在北京以视频形式召开。会议深入学习贯彻习近平新时代中国特色社会主义思想，全面贯彻落实党的十九大和十九届历次全会精神、中央经济工作会议精神，总结 2021 年工作，分析形势和问题，研究部署 2022 年工作。住房和城乡建设部党组书记、部长王蒙徽作工作报告。

会议认为，2021 年，全国住房和城乡建设系统认真贯彻落实习近平总书记重要指示批示精神和党中央、国务院决策部署，深入开展党史学习教育，扎实推进“我为群众办实事”实践活动，有力推动了学党史、悟思想、办实事、开新局；坚持问题导向、目标导向、结果导向，定标准、建平台、强考评，形成了上下联动、齐抓共管的工作新格局；紧扣进入新发展阶段、贯彻新发展理念、构建新发展格局，充分发挥住房和城乡建设在扩内需转方式调结构中的重要支点作用，推动住房和城乡建设事业发展取得了新进展新成效，实现了“十四五”良好开局。

18 日上午，住房和城乡建设部召开外事工作会议。会议深入学习习近平新时代中国特色社会主义思想和习近平外交思想以及党的十九届六中全会精神，总结 2021 年部外事工作，提出 2022 年工作要求。计划财务与外事司主要负责同志作工作报告。

会议指出，2021 年，在部党组的坚强领导下，在各单位的共同努力下，部外事工作克服疫情带来的不利影响，紧紧围绕服务国家外交政治大局，服务部重点工作，在主动参与全球人居环境治理、积极推动“一带一路”交流合作、持续推进行业对外开放等方面取得积极进展。会议要求，2022 年，要以高标准政治站位和严要求责任担当做好外事工作，积极配合国家总体外交、助力构建新发展格局，以优异成绩迎接党的二十大胜利召开。一是要加强党对外事工作集中统一领导，紧紧围绕党中央对外工作重大决策部署开展工作。二是要主动服务部中心工作，积极拓展住房和城乡建设领域对外交往格局。三是要做好疫情防控常态化对外交往，巩固国际交流合作良好势头。四是要加强涉外安全工作和风险管控，树牢底线思维。五是要持续提升外事管理工作能力，加强外事队伍能力建设。六是要加强对外宣传工作，向国际社会展示我国住房和城乡建设领域理念和经验。

18 日下午，为深入贯彻落实习近平总书记关于住房和城乡建设、科技创新等重要论述，推动形成住房和城乡建设领域科技创新新格局，住房和城乡建设部、科学技术部在北京签署战略合作协议。住房和城乡建设部部长王蒙徽、科学技术部部长王志刚出席签约仪式并讲话。住房和城乡建设部副部长张小宏介绍双方开展战略合作的背景和协议主要内容等相关情况，科学技术部副部长张雨东主持签约仪式。

同日，住房和城乡建设部网站发布消息称，住房和城乡建设部批准《石油化工钢制设备抗震设计标准》GB/T 50761—2018、《石油化工钢制设备抗震鉴定标准》GB/T 51273—2018、《石油化工工程数字化交付标准》GB/T 51296—2018 等 4 项工程建设标准英文版。

住房和城乡建设部明确，工程建设标准英文版与中文版出现异议时，以中文版为准。该 4 项工程建设标准英文版由住房和城乡建设部组织中国计划出版社有限公司出版发行。

19 日，国务院近日发布《关于同意将江西省抚州市列为国家历史文化名城的批复》，同意将抚州市列为国家历史文化名城。抚州市历史悠久、文化厚重，地域文化特色鲜明，传统格局、历史风貌和文化遗存丰富，文物古迹众多，具有重要的历史文化价值。

批复指出，江西省及抚州市人民政府要以习近平新时代中国特色社会主义思想为指导，全面贯彻党的十九大和十九届历次全会精神，按照党中央、国务院决策部署，牢固树立保护历史文化遗产责任重大的观念，落实《中华人民共和国文物保护法》《历史文化名城名镇名村保护条例》要求，深入研究发掘历史文化资源的内涵与价值，明确保护的原则和重点，强化历史文化资源的保护利用，传承弘扬中华优秀传统文化，讲好中国故事。编制好历史文化名城保护规划和各级文物保护单位保护规划，制定并严格实施保护管理规定，明确各类保护对象的清单以及保护内容、要求和责任。

24 日，近日，住房和城乡建设部工程质量安全监管司组织开展的全国房屋建筑和市政设施调查北京市海淀区三里河路 9 号院数据采集“部、市、区、街道、社区”多级联合行动圆满完成。

目前，第一次全国自然灾害综合风险普查正在全国全面开展，住房和城乡建设系统承担了其中房屋建筑和市政设施调查的重要任务。北京市海淀区三里河路9号院是住房和城乡建设部机关大院，海淀区房管局委托北京北建大建筑设计研究院有限公司作为第三方机构承担了大院区域的房屋建筑调查业务。

同日，近日，国家发展改革委、住房和城乡建设部等七部门联合印发《关于加快废旧物资循环利用体系建设的指导意见》提出，到2025年，废旧物资回收网络体系基本建立，建成绿色分拣中心1000个以上。再生资源加工利用行业“散乱污”状况明显改观，集聚化、规模化、规范化、信息化水平大幅提升。废钢铁、废铜、废铝、废铅、废锌、废纸、废塑料、废橡胶、废玻璃等9种主要再生资源循环利用量达到4.5亿吨。二手商品流通秩序和交易行为更加规范，交易规模明显提升。60个左右大中城市率先建成基本完善的废旧物资循环利用体系。

25日，日前，住房和城乡建设部发布《“十四五”建筑业发展规划》明确，到2035年，建筑业发展质量和效益大幅提升，建筑工业化全面实现，建筑品质显著提升，企业创新能力大幅提高，高素质人才队伍全面建立，产业整体优势明显增强，“中国建造”核心竞争力世界领先，迈入智能建造世界强国行列，全面服务社会主义现代化强国建设。

26日，近日，国务院印发《“十四五”节能减排综合工作方案》提出，到2025年，城镇新建建筑全面执行绿色建筑标准。

《“十四五”节能减排综合工作方案》明确，到2025年，全国单位国内生产总值能源消耗比2020年下降13.5%，能源消费总量得到合理控制，化学需氧量、氨氮、氮氧化物、挥发性有机物排放总量比2020年分别下降8%、8%、10%以上、10%以上。节能减排政策机制更加健全，重点行业能源利用效率和主要污染物排放控制水平基本达到国际先进水平，经济社会发展绿色转型取得显著成效。

2月

5日，为进一步加强公共供水管网漏损控制、提高水资源利用效率，住房和城乡建设部办公厅、国家发展改革委办公厅日前印发《关于加强公共供水管网漏损控制的通知》明确：到2025年，城市和县城供水管网设施进一步完善，管网压力调控水平进一步提高，激励机制和建设改造、运行维护管理机制进一步健全，供水管网漏损控制水平进一步提升，长效机制基本形成。城市公共供水管网漏损率达到漏损控制及评定标准确定的一级评定标准的地区，进一步降低漏损率；未达到一级评定标准的地区，控制到一级评定标准以内；全国城市公共供水管网漏损率力争控制在9%以内。

10日，日前，国务院批复同意成都建设践行新发展理念的公园城市示范区。批复指出，具体建设方案由国家发展改革委、自然资源部、住房和城乡建设部会同四川省人民政府等有关方面制定印发并认真组织实施。

批复明确，成都建设践行新发展理念的公园城市示范区建设要以习近平新时代中国特色社会主义思想为指导，全面贯彻党的十九大和十九届历次全会精神，完整、准确、全面贯彻新发展理念，加快构建新发展格局，坚持以人民为中心，统筹发展和安全，将绿水青山就是金山银山理念贯穿城市发展全过程，充分彰显生态价值，推动生态文明建设与经济社会发展相得益彰，促进城市风貌与公园形态交织相融，着力厚植绿色生态本底、塑造公园城市优美形态，着力创造宜居美好生活、增进公园城市民生福祉，着力营造宜业优良环境、激发公园城市经济活力，着力健全现代治理体系、增强公园城市治理效能，实现高质量发展、高品质生活、高效能治理相结合，打造山水人城和谐相融的公园城市。

同日，国务院办公厅转发国家发展改革委、住房和城乡建设部等部门《关于加快推进城镇环境基础设施建设的指导意见》部署加快推进城镇环境基础设施建设，助力稳投资和深入打好污染防治攻坚战。

《关于加快推进城镇环境基础设施建设的指导意见》明确了总体目标为：到2025年，城镇环境基础设施供给能力和水平显著提升，加快补齐重点地区、重点领域短板弱项，构建集污水、垃圾、固体废物、危险废物、医疗废物处理处置设施和监测监管能力于一体的环境基础设施体系。到2030年，基本建立系统完备、高效实用、智能绿色、安全可靠的现代化环境基础设施体系。

13日，“三农”工作是全面建设社会主义现代化国家的重中之重。日前，国务院印发《“十四五”推进农业农村现代化规划》对“十四五”时期推进农业农村现代化的战略导向、主要目标、重点任务和政策措施等作出全面安排，增强农业农村对经济社会发展的支撑保障能力和“压舱石”的稳定作用，持续提高农民生活水平。

《“十四五”推进农业农村现代化规划》指出，推进中国特色农业农村现代化必须坚持十个战略导向，要立足国内基本解决我国人民吃饭问题，巩固和完善农村基本经营制度，引导小农户进入现代农业发展轨道，强化农业科技和装备支撑，推进农业全产业链开发，有序推进乡村建设，加强和创新乡村治理，推动城乡融合发展，促进农业农村可持续发展，促进农民农村共同富裕。

15 日，为落实国家节水行动要求，推动城市高质量和可持续发展，坚持“以水定城、以水定地、以水定人、以水定产”，把节水放在优先位置，规范国家节水型城市申报与评选管理，日前，住房和城乡建设部、国家发展改革委印发《国家节水型城市申报与评选管理办法》。

《国家节水型城市申报与评选管理办法》提出，国家节水型城市申报与评选管理遵循自愿申报、动态管理和复查的原则。申报主体为设市城市（含直辖市的区）人民政府，评选区域范围为设市城市（含直辖市的区）本级行政区域。《国家节水型城市申报与评选管理办法》明确了申报城市应具备的条件，并修订了国家节水型城市评选标准，新标准涉及 20 项指标。《国家节水型城市申报与评选管理办法》要求申报城市近 3 年内（申报当年及前两年自然年内）未发生城市节水、重大安全、污染、破坏生态环境、破坏历史文化资源等事件，未发生违背城市发展规律的破坏性“建设”等行为，未被省级以上人民政府或住房和城乡建设主管部门通报批评。

17 日为深入推进工程质量保险工作，完善和创新工程质量监督管理体制，提升工程质量水平，住房和城乡建设部工程质量安全监管司召开推进工程质量保险工作视频座谈会，全面总结工程质量保险试点成效，深入分析工程质量保险现状及问题，交流各地工作经验和做法，研讨推进工程质量保险工作的基本思路和政策措施。

会上，住房和城乡建设部工程质量安全监管司对工程质量保险试点工作进行了总结，对深入推进工程质量保险工作作出了部署。北京、上海、江苏、四川 4 个省（市）住房和城乡建设主管部门以及部分建设单位、保险和风险管理机构交流了开展工程质量保险的经验做法、存在问题及工作建议。

20 日，国家发展改革委、住房和城乡建设部等 14 部门近日印发《关于促进服务业领域困难行业恢复发展的若干政策》，出台普惠性扶持纾困措施、针对性扶持纾困措施、精准实施疫情防控措施三大方面共 43 项纾困措施。

在普惠性扶持纾困措施方面，《关于促进服务业领域困难行业恢复发展的若干政策》提出了包括延续服务业增值税加计抵减等财税政策、提高失业保险稳岗返还比例等就业扶持政策、分类实施房租减免政策、金融支持政策、制止乱收费乱摊派乱罚款等 10 项内容。

23 日，为贯彻落实积极应对人口老龄化国家战略，国务院日前印发《“十四五”国家老龄事业发展和养老服务体系规划》围绕推动老龄事业和产业协同发展、推动养老服务体系高质量发展，明确了“十四五”时期的总体要求、主要目标和工作任务。《“十四五”国家老龄事业发展和养老服务体系规划》提出，“十四五”时期，新建城区、新建居住区配套建设养老服务设施达标率要达到 100%。

同日，为深入贯彻落实习近平总书记关于江苏安全生产专项整治重要指示批示精神，住房和城乡建设部安委会办公室召开江苏省城市轨道交通工程建设安全生产专项整治指导工作视频座谈会，总结江苏城市轨道交通工程安全生产专项整治工作成效，深入分析轨道交通工程建设质量安全现状及问题，推进 2022 年专项整治巩固提升阶段工作。

会上，部安委会办公室对江苏城市轨道交通工程建设安全生产专项整治指导工作进行了总结，对深入推进专项整治巩固提升工作作出了部署。江苏省住房和城乡建设厅以及南京、无锡、徐州、苏州、南通等城市住房和城乡建设主管部门进行了工作情况汇报，部科技委城市轨道交通建设专业委员会专家组开展交流指导服务。

同日，推进保障性住房建设是住房供给侧结构性改革的重要举措，对实现全体人民住有所居、促进社会和谐稳定意义重大。工程质量是保障性住房建设管理的核心，关系到住房保障政策有效落实，是新发展阶段实现居住条件从“有没有”转向“好不好”的重要体现。

日前，住房和城乡建设部办公厅印发通知，要求各级住房和城乡建设主管部门坚持以人民为中心的发展思想，站在讲政治的高度，深刻认识提升保障性住房工程质量的重要意义，切实解决质量常见问题，让住房困难群众“住得进”“住得好”。

24 日，为深入贯彻党中央、国务院关于发展保障性租赁住房的决策部署，落实好《国务院办公厅关于加快发展保障性租赁住房的意见》（国办发〔2021〕22 号）要求，进一步加强对保障性租赁住房建设运营的金融支持，中国银保监会、住房和城乡建设部联合印发了《关于银行保险机构支持保障性租赁住房发展的指导意见》。

3月

1日，为落实建设工程企业资质管理制度改革要求，住房和城乡建设部会同国务院有关部门起草了《建筑业企业资质标准（征求意见稿）》《工程勘察资质标准（征求意见稿）》《工程设计资质标准（征求意见稿）》《工程监理企业资质标准（征求意见稿）》，日前向社会公开征求意见，意见反馈截止时间为2022年3月10日。

同日，健康是保障老年人独立自主和参与社会的基础，推进健康老龄化是积极应对人口老龄化的长久之计。国家卫生健康委、住房和城乡建设部等15个部门近日联合印发《“十四五”健康老龄化规划》，明确到2025年，老年健康服务资源配置更加合理，综合连续、覆盖城乡的老年健康服务体系基本建立，老年健康保障制度更加健全，老年人健康生活的社会环境更加友善，老年人健康需求得到更好满足，老年人健康水平不断提升，健康预期寿命不断延长。

3日，日前，住房和城乡建设部印发通知，要求各地加强第一次全国自然灾害综合风险普查房屋建筑和市政设施调查数据质量管控。

通知指出，第一次全国自然灾害综合风险普查房屋建筑和市政设施调查正在全面展开。为确保调查数据质量，住房和城乡建设部建立了在线巡检制度，根据专家审定的巡检结果及时下发数据质量提示单和警示单。截至2月15日，累计巡检任务数为1555个，共下发提示单和警示单718个，应反馈568个，目前已反馈284个，整改反馈率为50%。

7日，近日，财政部办公厅、住房和城乡建设部办公厅印发通知明确，今年将在全国范围选择40个左右传统村落集中的县（区、县级市、旗及直辖市下辖区县，以下统称“县”）开展传统村落集中连片保护利用示范，示范期2年。2022年3月20日前，需将推荐文件及工作方案（仅电子版）报财政部、住房和城乡建设部。

通知指出，示范县应拥有5个及以上列入国家保护名录的中国传统村落。其中，示范县数量在5个及以下、6～19个、20个及以上的省份分别可以推荐1个、2个、3个县参加示范县评审。2020年中央财政已支持的传统村落集中连片保护利用示范市（州）所辖县本次不再参与申报。

12日，近日，住房和城乡建设部印发《关于全面加快建设城市运行管理服务平台的通知》，部署各地在开展城市综合管理服务平台建设和联网工作的基础上，全面加快建设城市运行管理服务平台（以下简称“城市运管服平台”），推动城市运行管理“一网统管”。

通知指出，建设城市运管服平台，是贯彻落实习近平总书记重要指示批示精神和党中央、国务院决策部署的重要举措，是系统提升城市风险防控能力和精细化管理水平的重要途径，是运用数字技术推动城市管理手段、管理模式、管理理念创新的重要载体，对促进城市高质量发展、推进城市治理体系和治理能力现代化具有重要意义。

14日，为推进实施乡村建设行动、掌握全国村庄建设情况，住房和城乡建设部制定了全国村庄建设统计调查制度，并经国家统计局批准执行。日前，住房和城乡建设部办公厅印发通知，要求各地于2022年4月20日前完成统计调查工作。

通知明确，全国村庄建设统计调查范围为全国所有的行政村，具有行政村村委会职能的连队等特殊区域参照行政村执行。统计内容包括村庄概况、人口经济、房屋建筑、基础设施、公共环境、建设管理等情况以及反映村庄风貌的照片。

同日，近日，住房和城乡建设部印发《“十四五”住房和城乡建设科技发展规划》明确，到2025年，住房和城乡建设领域科技创新能力大幅提升，科技创新体系进一步完善，科技对推动城乡建设绿色发展、实现碳达峰目标任务、建筑业转型升级的支撑带动作用显著增强。

规划提出，要突破一批绿色低碳、人居环境品质提升、防灾减灾、城市信息模型（CIM）平台等关键核心技术及装备，形成一批先进适用的工程技术体系，建成一批科技示范工程；布局一批工程技术创新中心和重点实验室，支持组建高水平创新联合体，培育一批高水平创新团队和科技领军人才，建设一批科普基地；住房和城乡建设重点领域技术体系、装备体系和标准体系进一步完善，部省联动、智库助力的科技协同创新机制更加健全，科技成果转化取得实效，国际科技合作迈上新台阶，科技创新生态明显优化。

同日，近日，住房和城乡建设部印发《“十四五”建筑节能与绿色建筑发展规划》明确，到2025年，城镇新建建筑全面建成绿色建筑，建筑能源利用效率稳步提升，建筑用能结构逐步优化，建筑能耗和碳排放增长趋势得到有效控制，基本形成绿色、低碳、循环的建设发展方式，为城乡建设领域2030年前碳达峰奠定坚实基础。

规划提出，到2025年，完成既有建筑节能改造面积 3.5 亿平方米以上，建设超低能耗、近零能耗建筑 0.5 亿平方米以上，装配式建筑占当年城镇新建建筑的比例达到 30%，全国新增建筑太阳能光伏装机容量 0.5 亿千瓦以上，地热能建筑应用面积 1 亿平方米以上，城镇建筑可再生能源替代率达到 8%，建筑能耗中电力消费比例超过 55%。

16 日，日前，住房和城乡建设部下发通知明确，根据住房和城乡建设部印发的《世界城市日中国主场活动承办城市遴选办法（试行）》，决定开展 2023 年和 2024 年世界城市日中国主场活动承办城市申办工作。各地要按照《世界城市日中国主场活动承办城市遴选办法（试行）》要求，组织本地区城市自愿申办。

20 日，经城镇化工作暨城乡融合发展工作部际联席会议第四次会议审议通过，国家发展改革委近日公布《2022 年新型城镇化和城乡融合发展重点任务》，从提高农业转移人口市民化质量、持续优化城镇化空间布局和形态、加快推进新型城市建设、提升城市治理水平、促进城乡融合发展等方面部署了多项任务。其中，住房和城乡建设部按职责分工重点负责加快推进新型城市建设等多项任务。

28 日，针对近期房屋市政工程领域暴露出的突出问题，住房和城乡建设部日前印发通知，决定开展房屋市政工程安全生产治理行动，集中用两年左右时间，聚焦重点排查整治隐患，严厉打击违法违规行为，夯实基础提升安全治理能力，坚决遏制房屋市政工程生产安全重特大事故，有效控制事故总量。

通知明确了严格管控危险性较大的分部分项工程、全面落实工程质量安全手册制度、提升施工现场人防物防技防水平、严厉打击各类违法违规行为、充分发挥政府投资工程示范带头作用 5 大重点任务。

30 日，联合国人居署在肯尼亚内罗毕召开的 2022 年执行局第一次会议上，宣布在中国政府支持下设立“上海全球可持续发展城市奖”，并将在今年 10 月 31 日世界城市日全球主场活动中颁发首届奖项。

31 日，针对近期房屋市政工程领域暴露出的突出问题，住房和城乡建设部决定开展房屋市政工程安全生产治理行动，集中用两年左右时间，聚焦重点排查整治隐患，严厉打击违法违规行为，夯实基础提升安全治理能力，坚决遏制房屋市政工程生产安全重特大事故。

住房和城乡建设部要求，要严格管控危险性较大的分部分项工程。严格按照重大事故隐患判定标准，突出建筑起重机械、基坑工程、模板工程及支撑体系、脚手架工程、拆除工程、暗挖工程、钢结构工程等危大工程，以及高处作业、有限空间作业等高风险作业环节，“逐企业、逐项目、逐设备”精准排查各类重大隐患。

4 月

4 日，为深入贯彻落实党中央、国务院出台的《中长期青年发展规划（2016—2025 年）》，中央宣传部、中央网信办、中央文明办、国家发展改革委、教育部、国家民委、民政部、财政部、人力资源和社会保障部、住房和城乡建设部、文化和旅游部、国家卫生健康委、国家体育总局、国家统计局、国家乡村振兴局、中国社科院、共青团中央 17 部门联合印发《关于开展青年发展型城市建设试点的意见》。

同日，近日，国务院批复同意将江西省九江市列为国家历史文化名城。

批复指出，九江市历史悠久、文化厚重，传统格局、历史风貌和地域文化特色鲜明，文化底蕴和历史遗存丰富，具有重要的历史文化价值。

6 日，近日，国家卫生健康委、住房和城乡建设部等九部门联合印发《关于开展社区医养结合能力提升行动的通知》，要求依托符合条件的医疗卫生、养老等乡镇社区服务机构，有效利用现有资源，提升居家社区医养结合服务能力，推动基层医疗卫生和养老服务有机衔接，切实满足辖区内老年人健康和养老服务需求。

同日，住房和城乡建设部办公厅、国家发展改革委办公厅日前印发通知，要求做好 2022 年城市排水防涝工作。各地有关主管部门要进一步提高政治站位，统筹发展和安全，坚持人民至上、生命至上，“宁可十防九空，不可失防万一”，做好迎战汛期各项准备工作，尽全力避免人员伤亡事故。

通知明确，要深刻汲取郑州“7·20”特大暴雨灾害教训，坚决克服麻痹思想和经验主义，始终对城市内涝灾害保持高度警惕，主动适应和把握排水防涝的新特点、新规律，立足防大汛、抢大险、救大灾，确保城市安全度汛。

10 日，为全面掌握工程勘察设计、建设工程监理行业情况，住房和城乡建设部制定了工程勘察设计、建设工程监理统计调查制度。日前，住房和城乡建设部办公厅下发通知，要求开展 2021 年工程勘察设计、建设工程监理统计调查。

通知明确，统计调查范围为 2021 年 1 月 1 日至 2021 年 12 月 31 日期间持有住房和城乡建设主管部门颁发的工程勘察资质、工程设计资质、工程监理资质证书的企业。各省级住房和城乡建设主管部门要按照工程勘察设计、建设工程监理统计调查制度要求，组织推进本地区统计调查工作。

12日，近日，住房和城乡建设部下发通知强调，各地要深入贯彻习近平总书记关于安全生产重要指示精神和党中央、国务院决策部署，落实国务院安全生产委员会《关于进一步强化安全生产责任落实坚决防范遏制重特大事故的若干措施》，进一步做好住房和城乡建设领域安全生产工作，为党的二十大胜利召开创造良好安全环境。

15日，根据党中央、国务院决策部署和全国安全生产大检查工作安排，自4月中旬至6月底，国务院安委会组织16个综合检查组，对31个省（自治区、直辖市）和新疆生产建设兵团安全生产大检查情况进行综合督导，并同步开展国务院2021年度省级政府安全生产和消防工作考核巡查及国务院安委会成员单位安全生产工作考核。

18日，住房和城乡建设部、财政部日前印发通知，要求做好2022年传统村落集中连片保护利用示范工作。

通知指出，根据《财政部办公厅住房和城乡建设部办公厅关于组织申报2022年传统村落集中连片保护利用示范的通知》，经住房和城乡建设部、财政部组织专家评审并向社会公示，确定北京市门头沟区等40个县（市、区）为2022年传统村落集中连片保护利用示范县。

24日，商务部办公厅、住房和城乡建设部办公厅等10部门日前发布通知，第二批城市一刻钟便民生活圈建设试点开始申报。本次申报原则和条件、流程、内容等仍按照2021年印发的《城市一刻钟便民生活圈建设试点方案》有关要求执行，各有关部门应于5月30日前报送试点申报地区的方案、附表、地方政策文件等汇编材料，10部门组织专家联合评审后将择优确定试点地区名单。

26日，住房和城乡建设部村镇建设司召开传统村落集中连片保护利用示范工作视频会议，学习习近平总书记关于传统村落保护发展的重要指示精神，研究部署2022年传统村落集中连片保护利用示范工作。财政部经济建设司有关负责同志，有关专家，26个省份、相关市州住房和城乡建设和财政部门负责同志，40个传统村落集中连片保护利用示范县（市、区）政府负责同志参加会议。陕西、江西、云南省住房和城乡建设厅和北京市门头沟区、浙江省松阳县、山东省荣成市3个示范县（市、区）作了交流发言。

27日，为指导各地科学、扎实、有序推进海绵城市建设，住房和城乡建设部日前印发《关于进一步明确海绵城市建设工作有关要求的通知》，提出20条海绵城市建设具体要求。

《关于进一步明确海绵城市建设工作有关要求的通知》要求，按照习近平总书记关于海绵城市建设的重要指示精神，进一步明确海绵城市建设的内涵和主要目标，强调问题导向，当前以缓解极端强降雨引发的城市内涝为重点，使城市在适应气候变化、抵御暴雨灾害等方面具有良好的“弹性”和“韧性”。

27至28日，2022年我国担任金砖国家主席国，住房和城乡建设部以线上方式举办金砖国家城镇化论坛，同金砖各国就应对城镇化挑战，推动城市高质量发展方面的政策和经验进行交流。住房和城乡建设部总经济师杨保军出席论坛全体会议并发言，俄罗斯、印度、南非、巴西等金砖国家主管部门负责人与会。

5月

10日，为深入贯彻中央经济工作会议精神、落实好《政府工作报告》提出的各项降成本重点任务，国家发展改革委等四部门近日发布《关于做好2022年降成本重点工作的通知》明确，继续加大助企纾困力度，2022年降低实体经济企业成本工作部际联席会议将重点组织落实好8个方面26项任务，包括降低企业用地成本、房屋租金成本与加强重要原材料和初级产品保供稳价等。

18日上午，住房和城乡建设部召开全系统打击整治养老诈骗专项行动推进（视频）会，传达学习5月7日全国打击整治养老诈骗专项行动第一次推进会议精神，通报全系统专项行动的启动情况，对开展专项行动进行再部署、再动员、再推进。部党组成员、副部长姜万荣出席会议并讲话。

会议指出，开展专项行动是落实中央领导同志重要指示批示精神的实际行动，是广大人民群众特别是老年群体的迫切愿望，是净化行业环境的实际举措。住房和城乡建设系统要聚焦“整治商品住房销售中以养老名义进行虚假宣传等涉诈问题隐患，以及违规在城市街面张贴养老产品宣传广告的行为”两项整治任务，排查发现一批涉养老诈骗的问题线索，集中解决一批群众反映强烈的涉诈问题，整治打击一批存在诈骗苗头隐患的机构、企业；要坚持宣传教育、依法打击、整治规范“三箭齐发”，确保专项行动蹄疾步稳、有序推进；要结合督导内容，全面对标对表，狠抓各项任务的落实；各省级主管部门要充分发挥承上启下的作用，有力推动各项整治任务落到实处。

15—21 日，是第 31 个全国城市节约用水宣传周，今年的主题是“建设节水型城市，推动绿色低碳发展”。日前，长沙、西安、济南、连云港等城市纷纷开展形式多样的活动，让节约用水的理念深入人心，有力推动城市节水工作的开展。

22 日，近日，民政部、住房和城乡建设部等 9 部门印发《关于深入推进智慧社区建设的意见》明确了智慧社区建设的总体要求、重点任务和保障措施等。

《关于深入推进智慧社区建设的意见》以习近平新时代中国特色社会主义思想为指导，深入贯彻习近平总书记关于网络强国的重要思想和基层治理的重要论述精神，坚持党的全面领导，坚持以人民为中心，坚持统筹规划、需求导向、安全发展，集约建设便民惠民智慧服务圈，让社区更加和谐有序、服务更有温度，不断增强居民获得感、幸福感、安全感。

23 日，乡村建设是实施乡村振兴战略的重要任务，也是国家现代化建设的重要内容。党的十八大以来，各地区各部门认真贯彻党中央、国务院决策部署，把公共基础设施建设重点放在农村，持续改善农村生产生活条件，乡村面貌发生巨大变化。同时，我国农村基础设施和公共服务体系还不健全，部分领域还存在一些突出短板和薄弱环节，与农民群众日益增长的美好生活需要还有差距。为扎实推进乡村建设行动，进一步提升乡村宜居宜业水平，近日，中共中央办公厅、国务院办公厅印发了《乡村建设行动实施方案》，并发出通知，要求各地区各部门结合实际认真贯彻落实。

24 日，国务院办公厅日前印发《新污染物治理行动方案》，对新污染物治理工作进行全面部署。

有毒有害化学物质的生产和使用是新污染物的主要来源。目前，国内外广泛关注的新污染物主要包括国际公约管控的持久性有机污染物、内分泌干扰物、抗生素等。《新污染物治理行动方案》以习近平新时代中国特色社会主义思想为指导，全面贯彻党的十九大和十九届历次全会精神，深入贯彻习近平生态文明思想，立足新发展阶段，完整、准确、全面贯彻新发展理念，构建新发展格局，推动高质量发展，以有效防范新污染物环境与健康风险为核心，以精准治污、科学治污、依法治污为工作方针，遵循全生命周期环境风险管理理念，统筹推进新污染物环境风险管理，实施调查评估、分类治理、全过程环境风险管控，提升美丽中国、健康中国建设水平。

6 月

1 日，日前，国务院印发《扎实稳住经济的一揽子政策措施》，包括财政政策、货币金融政策、稳投资促消费等政策、保粮食能源安全政策、保产业链供应链稳定政策、保基本民生政策 6 个方面共 33 项措施。

8 日，国务院近日发布批复，原则同意《“十四五”新型城镇化实施方案》。

批复指出，《“十四五”新型城镇化实施方案》实施要以习近平新时代中国特色社会主义思想为指导，全面贯彻党的十九大和十九届历次全会精神，坚持稳中求进工作总基调，完整、准确、全面贯彻新发展理念，加快构建新发展格局，以推动城镇化高质量发展为主题，以转变城市发展方式为主线，以体制机制改革创新为根本动力，以满足人民日益增长的美好生活需要为根本目的，统筹发展和安全，深入推进以人为核心的新型城镇化战略，持续促进农业转移人口市民化，完善以城市群为主体形态、大中小城市和小城镇协调发展的城镇化格局，推动城市健康宜居安全发展，推进城市治理体系和治理能力现代化，促进城乡融合发展，为全面建设社会主义现代化国家提供强劲动力和坚实支撑。

12 日，国务院办公厅近日印发《城市燃气管道等老化更新改造实施方案（2022—2025 年）》。

《城市燃气管道等老化更新改造实施方案（2022—2025 年）》提出，城市燃气管道等老化更新改造是重要民生工程和发展工程，有利于维护人民群众生命财产安全，有利于维护城市安全运行，有利于促进有效投资、扩大国内需求，对推动城市更新、满足人民群众美好生活需要具有十分重要的意义。要以习近平新时代中国特色社会主义思想为指导，全面贯彻党的十九大和十九届历次全会精神，按照党中央、国务院决策部署，坚持以人民为中心的发展思想，完整、准确、全面贯彻新发展理念，统筹发展和安全，坚持适度超前进行基础设施建设和老化更新改造，加快推进城市燃气管道等老化更新改造，加强市政基础设施体系化建设，保障安全运行，提升城市安全韧性，促进城市高质量发展，让人民群众生活更安全、更舒心、更美好。

同日，住房和城乡建设部日前印发通知，决定选取河北省平山县等 102 个县开展 2022 年乡村建设评价工作。

通知明确，要从发展水平、农房建设、村庄建设、县城建设4方面对乡村建设进行分析评价。各地可结合实际适当增加评价内容。选取部分指标设置预期值，确定各地每年乡村建设进展目标，逐年提高乡村建设水平。以2021年河北省平山县等102个县乡村建设评价指标平均值为基数，对照国家和省级"十四五"相关规划以及有关政策文件要求，参考全国和区域发展水平，合理预期2022年和2025年指标值。省级住房和城乡建设部门于2022年6月30日前将指标预期值报送住房和城乡建设部。

13日，2022年全国节能宣传周正式启动。这是我国连续举办的第32个全国节能宣传周，今年的主题为"绿色低碳，节能先行"，举办时间为6月13日至19日。

今年全国节能宣传周主要开展7项宣传活动：一是系统展示党的十八大以来我国节能工作取得的显著成效。二是重点行业企业节能降碳实践活动。三是绿色生活创建行动成果展示活动。四是最佳节能技术和最佳节能实践展示活动。五是节能标准和能效标识宣传活动。六是"防治塑料污染，共建美好家园"宣传活动。七是北京市节能宣传活动。

14日，近日，由住房和城乡建设部帮扶办公室指导、中国建筑文化中心承办、中国青少年基金会NBA关怀行动公益基金支持的"美丽宜居乡村篮球场"创意设计方案征集活动正式启动，面向全社会广泛征集乡村篮球场创意设计方案。

22日，日前，住房和城乡建设部等8部门联合印发《关于推动阶段性减免市场主体房屋租金工作的通知》，要求高度重视租金减免工作，加快落实租金减免政策措施，按月报送租金减免情况。

通知指出，阶段性减免市场主体房屋租金，是国务院的一项重大决策部署，是稳住经济大盘的重要工作举措，对保市场主体、保就业、保民生意义重大。各地住房和城乡建设、发展改革等部门要从大局出发，加强沟通协调，各司其责，增强工作合力。各地要按照既定的租金减免工作机制，结合自身实际，统筹各类资金，拿出务实管用措施推动减免市场主体房屋租金，确保各项政策措施落地生效。

26日，为贯彻落实《国务院办公厅关于印发城市燃气管道等老化更新改造实施方案（2022—2025年）的通知》要求、加快推进城市燃气管道等老化更新改造，住房和城乡建设部办公厅、国家发展和改革委员会办公厅日前印发《城市燃气管道老化评估工作指南》，要求各地立即改造存在严重安全隐患的管道和设施。

29日，住房和城乡建设部计划财务与外事司与俄罗斯联邦建设、住房和公用事业部产业和民用建筑司合作举办中俄建设和城市发展分委会智慧城市视频研讨会。两国代表就智慧城市政策和实践经验进行交流。住房和城乡建设部建筑节能与科技司、中国城市规划设计研究院和北京数字政通科技股份有限公司代表参加会议。

30日，住房和城乡建设部召开媒体通气会，相关司局负责人介绍了住房和城乡建设部开展"安全生产月"活动以及各地开展房屋市政工程安全生产治理行动情况。

"安全生产月"期间，各地以房屋市政工程安全生产治理行动为抓手，开展了多层面、多渠道、多角度、全方位的宣传活动、专题培训等，强化警示教育，促进治理行动落实落地。聚焦危险性较大的分部分项工程，深入排查整治安全隐患；聚焦打击各类违法违规行为，强化市场现场两场联动；全面落实工程质量安全手册制度，提升施工现场人防物防技防水平，充分发挥政府投资工程示范带头作用，防范各类生产安全事故，切实保障人民生命财产安全，坚决稳控安全生产形势。

7月

3日，县域统筹推进生活垃圾污水处理设施建设，是提升城乡基础设施建设水平、拉动有效投资的重要举措，是改善城乡人居环境、推动县城绿色低碳建设的重要工作。住房和城乡建设部、国家开发银行日前印发通知，推进开发性金融支持县域生活垃圾污水处理设施建设。

通知明确，将重点支持县域生活垃圾收运处理设施建设和运行、县域生活污水收集处理设施建设和运行、行业或区域统筹整合工程建设项目。

5日，日前，住房和城乡建设部印发通知，公布2022年政务公开工作要点。通知指出，做好2022年住房和城乡建设部政务公开工作，要坚持以习近平新时代中国特色社会主义思想为指导，全面贯彻党的十九大和十九届历次全会精神，坚持稳中求进工作总基调，加快转变政务公开职能，服务住房和城乡建设领域中心工作，重点围绕助力经济平稳健康发展和保持社会和谐稳定、提高政策公开质量、夯实公开工作基础等方面深化政务公开，更好发挥以公开促落实、强监管功能，以实际行动迎接党的二十大胜利召开。

6日，日前，商务部、住房和城乡建设部等17部门印发《关于搞活汽车流通扩大汽车消费若干措施的通知》明确，加快推进居住社区等充电设施建设。

通知要求，积极支持充电设施建设，加快推进居住社区、停车场、加油站、高速公路服务区、客货运枢纽等充电设施建设，引导充电桩运营企业适当下调充电服务费。

8日，全国自建房安全专项整治工作推进现场会在浙江省杭州市召开。会议深入学习贯彻习近平总书记重要指示精神，落实党中央、国务院关于自建房安全专项整治的决策部署，调度各地排查整治工作进展，交流各地经验做法，分析存在的问题，部署下一阶段重点工作。部际协调机制办公室通报了“百日行动”进展情况，浙江省、江西省、湖北省、陕西省和杭州市人民政府作了交流发言，部际协调机制召集人、住房和城乡建设部部长倪虹出席会议并讲话。

10日，为落实中共中央办公厅、国务院办公厅印发的《关于推动城乡建设绿色发展的意见》部署要求，在历年城市体检工作基础上，住房和城乡建设部办公厅近日印发通知，决定继续选取北京等59个城市（包括直辖市、计划单列市、省会城市和部分设区城市），开展2022年城市体检工作。

通知指出，城市体检是通过综合评价城市发展建设状况、有针对性制定对策措施，优化城市发展目标、补齐城市建设短板、解决“城市病”问题的一项基础性工作，是实施城市更新行动、统筹城市规划建设管理、推动城市人居环境高质量发展的重要抓手。各地要深刻认识城市体检工作的重要意义，坚持以人民为中心，统筹发展和安全，统筹城市建设发展的经济需要、生活需要、生态需要、安全需要，坚持问题导向、目标导向、结果导向，聚焦城市更新主要目标和重点任务，通过开展城市体检工作，建立与实施城市更新行动相适应的城市规划建设管理体制机制和政策体系，促进城市高质量发展。

14日，为贯彻落实全国安全生产大检查要求，扎实推进房屋市政工程安全生产治理行动取得实效，7月中旬至11月底，住房和城乡建设部工程质量安全监管司、建筑市场监管司分三批组织检查组，对各省（自治区、直辖市）开展房屋市政工程安全生产治理行动全覆盖督导检查。第一批将对黑龙江、吉林等12个省（市）开展检查。

20日，住房和城乡建设部办公厅日前印发《住房公积金统计调查制度》，为各级住房公积金监管部门制定政策和进行监管提供依据。

《住房公积金统计调查制度》明确了调查对象和统计范围为各省、自治区住房和城乡建设主管部门，各设区城市、新疆生产建设兵团所辖区域内住房公积金管理机构。其中，设区城市指直辖市和省、自治区人民政府所在地的市以及其他设区的市（地、州、盟）。

25日，传统村落承载着人们绵长的情思乡愁，蕴藏着丰富的历史信息和文化景观。近年来，我国大力实施传统村落保护工程，使广大农村地区众多历史建筑、传统民居和非物质文化遗产得以保护传承。同时，各地在积极保护的基础上，不断推进活化利用、以用促保，进一步增强了传统村落保护发展的内生动力，使传统村落焕发出新的生机和活力，为巩固脱贫攻坚成果、推进乡村全面振兴发挥了积极作用。

26日，住房和城乡建设部机关服务中心召开党委理论学习中心组学习（扩大）会，深入学习习近平总书记对机关事务工作重要指示精神及全国机关事务工作先进集体和先进个人表彰大会会议精神，并结合工作实际，研究提出贯彻落实方案，推动新时代机关事务工作高质量发展。

今年6月，全国机关事务工作先进集体和先进个人表彰大会在人民大会堂举行，全国机关事务工作120个先进集体、120名先进个人受到表彰。部机关服务中心李恩纯同志荣获全国机关事务工作先进个人称号。

28日，住房和城乡建设部新闻发言人王胜军28日说，今年5月实施住房公积金阶段性支持政策以来，截至7月20日，全国共支持2.3万家企业、139.6万名职工缓缴住房公积金71.1亿元。

住房和城乡建设部28日召开新闻发布会，介绍住房和城乡建设部落实国务院33项稳经济一揽子政策措施的相关情况。

同日，住房和城乡建设部召开新闻发布会，城市建设司、住房公积金监管司、房地产市场监管司相关负责人介绍落实国务院扎实稳住经济一揽子政策措施情况。

30日，经国务院同意，住房和城乡建设部联合国家发展改革委印发实施《“十四五”全国城市基础设施建设规划》，对“十四五”期间统筹推进城市基础设施建设作出全面系统安排。《“十四五”全国城市基础设施建设规划》是深入贯彻党中央、国务院决策部署的重要举措，坚持以人民为中心的发展思想，坚持问题导向、目标导向相结合，统筹发展和安全，提出了“十四五”时期城市基础设施建设的主要目标、重点任务、重大行动和保障措施，以指导各地城市基础设施健康有序发展。

8月

1日，国家发展改革委、住房和城乡建设部等七部门近日联合印发通知，确定北京市等60个城市为废旧物资循环利用体系建设重点城市。

通知要求，各城市要健全废旧物资回收网络体系，因地制宜提升再生资源分拣加工利用水平，推动二手商品交易和再制造产业发展。重点建设规模化网络化智能化的规范回收站点和符合国家及地方相关标准要求的绿色分拣中心、交易中心，并将塑料废弃物、废旧纺织品规范收集设施作为回收体系建设的重要内容统筹推进，有条件的城市还应建设一批可循环快递包装投放和回收设施。加强对再生资源回收加工利用行业的提质改造和环境监管，推动行业集聚化发展，做好废弃电器电子产品等拆解产物流向监管，改善行业“散乱污”状况。

7日，日前，商务部、国家发展改革委、住房和城乡建设部等13部门发布《关于促进绿色智能家电消费若干措施的通知》，明确提出开展全国家电“以旧换新”活动、推进绿色智能家电下乡、鼓励基本装修交房和家电租赁、实施家电售后服务提升行动、加强废旧家电回收利用等9条具体措施。

通知明确，各地要引导保障性租赁住房实行简约、环保的基本装修，鼓励配置基本家电产品。积极开展家电租赁业务，满足新市民、青年人等群体消费需求。开展智慧商圈、智慧商店、绿色商场示范创建，扩大城市一刻钟便民生活圈试点，提升绿色智能家电消费体验。

14日，住房和城乡建设部办公厅近日印发通知，自2022年10月1日起，开展建筑施工企业安全生产许可证和建筑施工特种作业操作资格证书电子证照试运行。通知明确，在天津、山西、黑龙江、江西、广西、海南、四川、重庆、西藏9个省（区、市）和新疆生产建设兵团开展建筑施工企业安全生产许可证电子证照试运行，在河北、吉林、黑龙江、浙江、江西、湖南、广东、重庆8个省（市）和新疆生产建设兵团开展建筑施工特种作业操作资格证书电子证照试运行。

17日，近日，经国务院同意，国家卫生健康委、国家发展改革委、住房和城乡建设部等17部门印发《关于进一步完善和落实积极生育支持措施的指导意见》。意见提出，要综合施策、精准发力，完善和落实财政、税收、保险、教育、住房、就业等积极生育支持措施，落实政府、用人单位、个人等多方责任，持续优化服务供给，不断提升服务水平，积极营造婚育友好社会氛围，加快建立积极生育支持政策体系，健全服务管理制度，为推动实现适度生育水平、促进人口长期均衡发展提供有力支撑。

20日，科技部、住房和城乡建设部等九部门印发《科技支撑碳达峰碳中和实施方案（2022—2030年）》，统筹提出支撑2030年前实现碳达峰目标的科技创新行动和保障举措，并为2060年前实现碳中和目标做好技术研发储备，对全国科技界以及相关行业、领域、地方和企业碳达峰碳中和科技创新工作的开展起到指导作用。

22日，近日，全国绿化先进集体、劳动模范和先进工作者表彰名单公布。其中，住房和城乡建设部城市建设司园林绿化处、内蒙古自治区科尔沁左翼中旗住房和城乡建设局等荣获全国绿化先进集体称号；重庆市南山植物园管理处兰园班组组长谭崇平、江苏省连云港市海州区住房和城乡建设局工人马玉军等荣获全国绿化劳动模范称号；住房和城乡建设部机关服务中心机关服务处处长赵金学等荣获全国绿化先进工作者称号。

30日，日前，工业和信息化部、国家发展改革委、住房和城乡建设部等七部门联合发布《信息通信行业绿色低碳发展行动计划（2022—2025年）》提出，到2025年，信息通信行业绿色低碳发展管理机制基本完善，节能减排取得重点突破，行业整体资源利用效率明显提升，单位信息流量综合能耗比“十三五”期末下降20%，单位电信业务总量综合能耗比“十三五”期末下降15%。

31日，住房和城乡建设部日前发布公告，批准《住房公积金业务档案管理标准》为行业标准，自2022年12月1日起实施。

《住房公积金业务档案管理标准》主要包括总则、术语、基本规定、形成与收集、整理与归档、保管与保护、鉴定与销毁、利用与开发、统计与移交、电子档案管理信息系统、纸质档案数字化11项内容，适用于住房公积金管理中心、受委托银行的住房公积金业务档案管理工作。

9月

7日，住房和城乡建设部发布通知，要求引导建筑企业逐步建立建筑工人用工分类管理制度，并将技能水平与薪酬挂钩，实现技高者多得、多劳者多得。

通知要求，各地住房和城乡建设主管部门要统筹房屋市政工程建设领域行业特点和农民工个体差异等因素，针对建筑施工多为重体力劳动、对人员健康条件和身体状况要求较高等特点，强化岗位指引，引导建筑企业逐步建立建筑工人用工分类管理制度。

10日，建筑业是国民经济支柱产业，在吸纳农村转移劳动力就业、推进新型城镇化建设和促进农民增收等方面发挥了重要作用。日前，住房和城乡建设部办公厅印发通知，要求进一步做好建筑工人就业服务和权益保障工作。

通知明确，加强职业培训，提升建筑工人技能水平。各地住房和城乡建设主管部门要积极推进建筑工人职业技能培训，引导龙头建筑企业积极探索与高职院校合作办学、建设建筑产业工人培育基地等模式，将技能培训、实操训练、考核评价与现场施工有机结合。鼓励建筑企业和建筑工人采用师傅带徒弟、个人自学与集中辅导相结合等多种方式，突出培训的针对性和实用性，提高一线操作人员的技能水平。引导建筑企业将技能水平与薪酬挂钩，实现技高者多得、多劳者多得。同时，要全面实施施工现场技能工人配备标准，将施工现场技能工人配备标准达标情况作为在建项目建筑市场及工程质量安全检查的重要内容，推动施工现场配足配齐技能工人，保障工程质量安全。

12日，国务院办公厅近日印发《关于进一步加强商品过度包装治理的通知》提出，到2025年，基本形成商品过度包装全链条治理体系，相关法律法规更加健全，标准体系更加完善，行业管理水平明显提升，线上线下一体化执法监督机制有效运行，商品过度包装治理能力显著增强。月饼、粽子、茶叶等重点商品过度包装行为得到有效遏制，人民群众获得感和满意度显著提升。

19日，生态环境部、住房和城乡建设部等17个部门近日联合印发《深入打好长江保护修复攻坚战行动方案》，要求到2025年年底，长江流域总体水质保持优良，干流水质保持Ⅱ类，饮用水安全保障水平持续提升，重要河湖生态用水得到有效保障，水生态质量明显提升。

24日，公安部、住房和城乡建设部、国家林业和草原局近日召开视频会议，联合部署开展打击破坏古树名木违法犯罪活动专项整治行动。

会议明确，要采取坚决有力措施，迅速形成对破坏古树名木违法犯罪的高压震慑态势，切实维护古树名木资源和生态环境安全。

会议要求，各级公安机关要按照统一部署，采取有力行动，依法严厉打击破坏古树名木违法犯罪。要加强与有关部门的信息共享，深入分析古树名木遭受破坏、盗伐等风险隐患，主动摸排、深度研判挖掘线索，增强打击整治的精准性、实效性。

27日，近日，国家发展改革委、住房和城乡建设部、生态环境部联合印发《污泥无害化处理和资源化利用实施方案》提出，到2025年，全国新增污泥（含水率80%的湿污泥）无害化处置设施规模不少于2万吨/日，城市污泥无害化处置率达到90%以上，地级及以上城市达到95%以上，基本形成设施完备、运行安全、绿色低碳、监管有效的污泥无害化资源化处理体系。污泥土地利用方式得到有效推广。京津冀、长江经济带、东部地区城市和县城，黄河干流沿线城市污泥填埋比例明显降低。

29日上午，住房和城乡建设部隆重举行升国旗仪式，热烈庆祝中华人民共和国成立73周年。在激昂的国歌声中，鲜艳的五星红旗冉冉升起。参加仪式的全体人员列队整齐、庄严肃立，向五星红旗行注目礼，展现了深切浓厚的爱国热忱和昂扬向上的精神风貌。部党组书记、部长倪虹，部党组成员和总师出席仪式。

10月

9日，住房和城乡建设部帮扶办公室召开定点帮扶和对口支援挂职干部座谈会，交流定点帮扶和对口支援工作进展情况，研究推进下一步工作。部定点帮扶和对口支援挂职干部、帮扶工作组成员单位和相关司局同志参加会议，驻部纪检监察组有关同志到会指导。

会上，部派湖北红安和麻城、青海湟中和大通、福建连城5县（市、区）挂职干部交流了挂职工作情况和体会，5个“一对一”帮扶工作组对照部2022年定点帮扶和对口支援工作计划，梳理了前三季度工作进展和第四季度工作安排。对于挂职干部提出的支持5县建筑业产业发展、传统村落保护、设计下乡、园林城市创建等新增需求事项，帮扶工作组和相关司局同志逐一进行了研究，提出支持意见建议。

10日，近日，为贯彻落实党中央、国务院关于稳定经济增长、稳定市场主体的决策部署，住房和城乡建设部办公厅、交通运输部办公厅、水利部办公厅、国家铁路局综合司、中国民用航空局综合司联合印发《关于阶段性缓缴工程质量保证金的通知》。

《关于阶段性缓缴工程质量保证金的通知》明确，在2022年10月1日至12月31日期间应缴纳的各类工程质量保证金，自应缴之日起缓缴一个季度，建设单位不得以扣留工程款等方式收取工程质量保证金。

对于缓缴的工程质量保证金，施工单位应在缓缴期满后及时补缴。补缴时可采用金融机构、担保机构保函（保险）的方式缴纳，任何单位不得排斥、限制或拒绝。

11日上午，为充分发挥离退休部领导政治优势、经验优势和威望优势，引导广大干部职工特别是年轻干部坚定信念、积极进取、干事创业，推动新时代住房和城乡建设事业高质量发展，日前，住房和城乡建设部开设“老部长讲堂”，邀请离退休部领导为部机关干部进行专题授课。

讲堂首场报告在部机关举行。原建设部副部长谭庆琏围绕1990年全国住宅小区管理试点和1991年安徽省特大洪涝灾害灾后重建工作，讲述难忘历史，畅谈工作体会，分享经验启示，并结合当前实际，就大力提升住宅品质，推进社区建设和乡村振兴等工作提出了自己的思考和建议。授课既有深刻的理论阐述，又有生动的案例分析。授课结束后，谭庆琏同志还与参加的同志进行互动，回答大家提出的问题，现场气氛热烈。

17日，住房和城乡建设部办公厅近日印发通知明确，经国务院同意，住房和城乡建设部、上海市人民政府与联合国人居署将于10月30日至11月1日在上海共同主办2022年世界城市日全球主场活动，并合并举办第二届城市可持续发展全球大会。

通知指出，每年10月31日为世界城市日，这是首个由我国发起设立的国际日，其总主题为“城市，让生活更美好”，2022年世界城市日活动主题为“行动，从地方走向全球”。各单位要组织本地区城市结合贯彻落实党的二十大精神，按照疫情防控要求，开展有声有色、形式多样的世界城市日主题宣传活动，通过各类媒体积极宣传各地在推进城市绿色低碳发展、改善人居环境方面取得的成绩，鼓励社会各界及城市居民参与城市建设和城市治理，推动住房和城乡建设事业高质量发展。

22日，近日，农业农村部办公厅、住房和城乡建设部办公厅联合发布《关于开展美丽宜居村庄创建示范工作的通知》，提出“十四五”期间争取创建示范美丽宜居村庄1500个左右，引领带动各地因地制宜推进省级创建示范活动，打造不同类型、不同特点的宜居宜业和美丽乡村示范样板，推动乡村振兴。

26日，住房和城乡建设部办公厅、人力资源和社会保障部办公厅近日联合印发《关于开展万名“乡村建设带头工匠”培训活动的通知》，决定在培育乡村建设工匠的基础上，重点开展万名“乡村建设带头工匠”培训活动，带动乡村建设工匠职业技能和综合素质提升。

31日，住房和城乡建设部办公厅、民政部办公厅日前印发通知，开展完整社区建设试点工作，进一步健全完善城市社区服务功能。

通知要求，试点工作要聚焦群众关切的“一老一幼”设施建设，聚焦为民、便民、安民服务，切实发挥好试点先行、示范带动的作用，打造一批安全健康、设施完善、管理有序的完整社区样板，尽快补齐社区服务设施短板，全力改善人居环境，努力做到居民有需求、社区有服务。

通知明确，试点工作自2022年10月开始，为期2年，重点围绕四方面内容探索可复制、可推广经验。

11月

2日，为落实党中央、国务院关于加快推进乡村人才振兴的决策部署，根据《关于开展引导和支持设计下乡工作的通知》要求，住房和城乡建设部总结各地在完善设计下乡政策机制、强化设计下乡人才队伍建设、健全落实激励措施、保障工作经费、提升服务能力和水平、加强宣传推广等方面的经验做法，形成《设计下乡可复制经验清单（第一批）》，于近日印发。

5日，科技部、生态环境部、住房和城乡建设部、气象局、林草局五部门针对我国主要生态环境问题与重大科技需求，编制了《“十四五”生态环境领域科技创新专项规划》，于近日印发，将构建面向现实与未来、适应不同区域特点、满足多主体需求的生态环境科技创新体系。

6日，国家发展改革委近日公布《关于进一步完善政策环境加大力度支持民间投资发展的意见》，从发挥重大项目牵引和政府投资撬动作用、推动民间投资项目加快实施、引导民间投资高质量发展、鼓励民间投资以多种方式盘活存量资产、加强民间投资融资支持、促进民间投资健康发展6个方面提出了21条具体措施。

7日，为深入学习贯彻党的二十大精神，落实党中央、国务院关于加快构建废弃物循环利用体系的决策部署，住房和城乡建设部办公厅日前印发通知，开展城市园林绿化垃圾处理和资源化利用试点，力争用2年左右时间，深入探索提高城市园林绿化垃圾处理和资源化利用水平的方法和举措，在部分城市建立园林绿化垃圾处理和资源化利用体系，形成一批可复制可推广的经验，推进城市园林绿化高质量发展。

8日，为深入贯彻党的二十大精神，着力推动建筑业高质量发展，积极融入和服务新发展格局，按照《国民经济和社会发展第十四个五年规划和2035年远景目标纲要》关于发展智能建造的部署要求，住房和城乡建设部近日印发通知，选取北京市等24个城市开展智能建造试点，积极探索建筑业转型发展的新路径。试点自公布之日开始，为期3年。

14日，住房和城乡建设部近日印发通知，选取北京、天津、重庆等24个城市开展智能建造试点，积极探索建筑业转型发展的新路径，试点时间为期3年。

近年来，我国建筑业生产规模不断扩大，国民经济支柱产业的地位持续稳固。但建筑业主要依赖资源要素投入、大规模投资拉动发展，工业化、信息化水平较低，生产方式粗放、劳动效率不高、能源资源消耗较大等问题较为突出。

同日，近日，经国务院同意，市场监管总局、国家发展改革委、住房和城乡建设部等18部门联合印发《进一步提高产品、工程和服务质量行动方案（2022—2025年）》。

《进一步提高产品、工程和服务质量行动方案（2022—2025年）》从推动民生消费质量升级、增强产业基础质量竞争力、引导新技术新产品新业态优质发展、促进服务品质大幅提升、以质量变革创新推动质量持续提升、强化实施保障6个方面部署了22项重点任务，并明确提出：到2025年，质量供给与需求更加适配，农产品食品合格率进一步提高，消费品优质供给能力明显增强，工业品质量稳步向中高端迈进，建筑品质和使用功能不断提高；生产性服务加快向专业化和价值链高端延伸，生活性服务可及性、便利性和公共服务质量满意度全面提升。

19日，为贯彻落实《国务院办公厅关于加快发展保障性租赁住房的意见》，住房和城乡建设部办公厅、国家发展改革委办公厅、财政部办公厅近日印发通知，要求做好发展保障性租赁住房情况年度监测评价工作。

通知提出，年度监测评价要结合工作实际，突出各项支持政策落地见效，切实在解决新市民、青年人住房困难方面取得实实在在进展等，重点围绕“确定发展目标，推进计划完成”“建立工作机制，落实支持政策”“严格监督管理”“取得工作成效”四个方面开展。

20日，国家乡村振兴局、教育部、住房和城乡建设部等八部门近日联合印发《关于推进乡村工匠培育工作的指导意见》提出，“十四五”期间，乡村工匠培育、支持、评价、管理体系基本形成，乡村振兴部门统筹、多部门协同推进的乡村工匠培育工作机制有效运行。挖掘一批传统工艺和乡村手工业者，认定若干技艺精湛的乡村工匠，遴选千名乡村工匠名师、百名乡村工匠大师，培育一支服务乡村振兴的乡村工匠队伍。设立一批乡村工匠工作站、名师工作室、大师传习所，扶持乡村工匠领办创办特色企业，打造乡村工匠品牌。

28日，近日，国家发展改革委、住房和城乡建设部等五部门印发《关于加强县级地区生活垃圾焚烧处理设施建设的指导意见》提出：到2025年，全国县级地区基本形成与经济社会发展相适应的生活垃圾分类和处理体系，京津冀及周边、长三角、粤港澳大湾区、国家生态文明试验区具备条件的县级地区基本实现生活垃圾焚烧处理能力全覆盖。长江经济带、黄河流域、生活垃圾分类重点城市、“无废城市”建设地区以及其他地区具备条件的县级地区，应建尽建生活垃圾焚烧处理设施。不具备建设焚烧处理设施条件的县级地区，通过填埋等手段实现生活垃圾无害化处理。到2030年，全国县级地区生活垃圾分类和处理设施供给能力和水平进一步提高，小型生活垃圾焚烧处理设施技术、商业模式进一步成熟，除少数不具备条件的特殊区域外，全国县级地区生活垃圾焚烧处理能力基本满足处理需求。

30日为深入推进全国城乡建设绿色低碳发展，全国绿色城市建设发展试点工作会以视频的形式召开，系统总结绿色城市建设发展试点成效经验。

会议介绍了青岛绿色城市建设发展主要做法和成效、通报了其绿色城市建设发展试点中期评估情况，特别是中国城市规划设计研究院从绿色金融、绿色生态、绿色建造、绿色生活四个维度，对试点工作的路径做法以及成效经验进行了专业权威的解读。与会人员一致认为，青岛探索出了许多可复制可推广的试点经验，形成了绿色城市建设发展指标体系，总体成效符合试点预期目标和要求，为推进全国城乡建设绿色低碳发展作出了贡献。住房和城乡建设部标准定额司相关负责人表示，下一步将以清单的方式在全国推广青岛经验，并以青岛绿色城市建设发展指标体系为蓝本，制定全国城乡建设绿色低碳发展指标体系，加快推进全国城乡建设绿色低碳发展。

12月

6日，近日，北京市人民政府办公厅印发《老旧小区改造工作改革方案》，围绕城镇老旧小区改造工作统筹协调、项目生成、资金共担、多元参与、存量资源整合利用、改造项目推进、适老化改造、市政专业管线改造、小区长效管理等方面，提出一揽子改革举措，对破解城镇老旧小区改造难点堵点问题、探索存量住房更新改造可持续模式具有重要借鉴意义。住房和城乡建设部对北京市老旧小区改造工作改革方案中有关政策机制、具体做法进行了梳理分析，形成《城镇老旧小区改造可复制政策机制清单（第六批）》，于日前印发，供各地结合实际学习借鉴。

7日，住房和城乡建设部召开县域统筹推进村镇建设工作视频会议，深入学习贯彻习近平总书记关于乡村建设的重要论述和党的二十大精神，落实党中央、国务院决策部署，围绕县域统筹村镇建设工作，交流地方典型经验做法，部署下一阶段工作。住房和城乡建设部副部长秦海翔出席会议并讲话。

会上，陕西、甘肃、浙江、山西省住房和城乡建设厅以及四川省丹棱县、江苏省沛县、浙江省龙游县分别就加快农房和村庄建设现代化、加强农村生活垃圾收运处置体系建设管理、推进小城镇建设、加强县城绿色低碳建设进行交流，介绍工作经验做法，并通过视频宣传片展示建设成效。

12日，科技部、住房和城乡建设部近日印发《“十四五”城镇化与城市发展科技创新专项规划》，提出将着力提升城镇化与城市发展领域的科技支撑能力，破解城镇化发展难题，构建中国特色新型城镇化范式，开创城镇化与城市发展领域科技创新工作新局面。

党的十八大以来，我国在城镇区域规划、绿色建筑、城市基础设施和生命线工程、城市功能提升、生态居住环境改善、城市信息化管理、城市文化遗产保护与价值挖掘等方面的科技创新取得了长足进展。超高层建筑、大跨度空间结构、跨江跨海超长桥隧等特种结构工程建造技术居于世界领先水平，建筑节能技术达到世界先进水平，新型建筑结构突破技术瓶颈，工程设计实现自主研发。但是与世界领先水平相比，我国城镇化领域大部分技术仍处在跟跑或并跑阶段，城镇基础设施建设相关材料、装备及工程专业软件等领域的应用基础研究仍然不足。同时，城市信息化水平尚不能满足现代化治理的需求，实现城乡建设领域碳减排目标还需要更多绿色低碳技术支撑。从我国城镇化与城市发展科技创新战略需求上看，“十四五”期间，我国城市发展将从经济主导更多转向生产生活生态多元导向，城市建设方式将由增量扩张转向存量挖潜，城市生产生活方式将加快绿色低碳转型。

14日，近日，住房和城乡建设部就认真贯彻落实习近平总书记重要指示精神、进一步做好住房和城乡建设领域安全生产工作印发通知，要求各地深入贯彻习近平总书记重要指示精神，认真落实党中央、国务院决策部署，坚持人民至上、生命至上，统筹发展和安全，以“时时放心不下”的责任感抓好安全生产工作，坚决遏制重特大事故发生。

25日，文化和旅游部、自然资源部、住房和城乡建设部近日联合印发通知，决定开展国家文化产业和旅游产业融合发展示范区建设工作。

通知明确，国家文化产业和旅游产业融合发展示范区建设原则上以区县为单位，采取自愿申报、统筹确定方式。

根据通知，文化和旅游部会同自然资源部、住房和城乡建设部等部门，加强对国家文化产业和旅游产业融合发展示范区建设的指导支持和动态管理。对已命名的融合发展示范区、列入建设名单且处在建设期内的国家文化产业和旅游产业融合发展示范区建设单位，鼓励用好用足现有政策，先行先试，并给予以下政策扶持。

信息通信业建设

2022年，新冠肺炎疫情和外部环境变化带来的挑战依旧严峻，信息通信业坚持以习近平新时代中国特色社会主义思想为指导，深入贯彻落实党中央、国务院决策部署，扎实推进制造强国、网络强国、数字中国建设，按适度超前原则，加快建设5G和千兆光网等新型信息基础设施建设，推动相关应用普及，为打造数字经济新优势、增强经济发展新动能提供有力支撑。行业持续向高质量方向迈进，确保高质量完成“十四五”任务目标。

2022年，三家基础电信企业和中国铁塔股份有限公司共完成电信固定资产投资4193亿元，比上年增长3.3%。其中，5G投资额达1803亿元，受上年同期基数较高等因素影响，同比下降2.5%，占全部投资的43%。

全行业加快推进“双千兆”建设，网络基础设施优化升级，赋能社会数字化转型的供给能力不断提升。新建光缆线路长度477.2万公里，全国光缆线路总长度达5958万公里。截至2022年年底，互联网宽带接入端口数达到10.71亿个，比上年末净增5320万个。其中，光纤接入（FTTH/O）端口达到10.25亿个，比上年末净增6534万个，占比由上年末的94.3%提升至95.7%。具备千兆网络服务能力的10GPON端口数达1523万个，比上年末净增737.1万个。三家基础电信企业的固定互联网宽带接入用户总数达5.9亿户，全年净增5386万户，1000Mbps及以上接入速率的用户为9175万户，比上年末净增5716万户。全国移动通信基站总数达1083万个，全年净增87万个。其中5G基站为231.2万个，全年新建5G基站88.7万个，占移动基站总数的21.3%，占比较上年末提升7个百分点，在持续深化地级市城区覆盖的同时，逐步按需向乡镇和农村地区延伸；每万人拥有5G基站数达到16.4个，比上年末提高6.3个。

【推动5G网络加快建设，优化建设政策环境】按照适度超前原则，组织电信企业稳步推进5G网络建设，加强工作统筹，强化城市地区5G网络深度覆盖，推进5G网络覆盖向县城和乡镇延伸。持续深化电信基础设施共建共享，推动基础电信企业按照“集约利用存量资源，能共享不新建”的原则开展建设，2022年共建共享的5G基站达148万个，在5G基站中超过60%。加大5G建设经验总结和交流，多措并举指导各地为5G发展营造良好政策环境，推动有关部门和地方政府持续加大对5G用电、站址资源等支持力度。

【强化公共基础设施属性，推进通信基础设施建设】持续深化将通信设施纳入工程建设项目审批制度，推进将通信设施建设嵌入工程建设项目审批流程，在市政等建设中统筹考虑通信需求并预留资源，超300个地市实现了主体工程与通信配套工程的联合图审和联合验收。组织全行业积极落实国务院办公厅文件中关于老旧小区改造要求，将光纤到户和移动通信设施纳入老旧小区改造的基础类内容，与水电气同等对待予以优先改造。全年累计开展老旧小区通信设施改造项目超10万个，加装移动基站约3万个，光纤改造惠及家庭超2300万户。

积极推动重点项目通信网络同步建设。推进高铁沿线通信网络建设，及时跟进高铁项目可研批复进程和先期工程建设安排，指导电信运营商和中国铁塔股份有限公司，加强与当地铁路部门对接，推动在铁路规划建设中，统筹考虑通信网络建设需求，高效集约利用铁路沿线资源。协调推动冬奥会通信基础设施规划建设，指导北京、河北两地通信行业推进冬奥赛区移动网络建设，与场馆主体工程建设同步开展5G网络等信息通信基础设施建设和改造，实现冬奥赛区场馆等重点场所的深度覆盖，以及京张高铁等重点交通线路的广度覆盖。

【推进电信普遍服务，实现村村通宽带】持续推进电信普遍服务，全国所有行政村实现“村村通宽带”。宽带网络逐步向农村人口聚居区、生产作业区、交通要道沿线等重点区域延伸，农村偏远地区网络覆盖水平不断提升，农村宽带用户规模持续扩大。截至2022年年底，农村宽带接入用户总数达1.76亿户，比上年末净增1861万户，农村光纤平均下载速率超过100Mbps，实现与城市“同网同速”。加快农村网络覆盖村委会、学校和卫生室，推进“互联网+”教育和医疗应用发展。全国中小学（含教学点）互联网接入率达到100%，99.9%的学校出口带宽达到100M以上，超过3/4的学校实现无线网络覆盖。全国建成互联网医院超过1700家，面向边远脱贫地区的远程医疗协作网4075个，实现832个脱贫县的远程医疗全覆盖。优质的宽带网络覆盖，促进农村生产生活面貌发生巨大变化，网络流量为农村群众带来了产品销量、增加了收入数量、提高了生活质量。全国农村网络零售额从2015年的3530亿元增长到2022年的2.17万亿元。

【强化建设市场监管，持续优化营商环境】以“通信工程建设项目招标投标管理信息平台”为依托，不断加强对通信工程招投标项目的信息化监管。部署开展2022年招标投标检查工作，按照网上检查与现场检查相结合方式，组织对部分省份进行检查，督促企业对检查中出现的问题举一反三开展整改。鼓励企业创新招标投标方式，探索采取在线开标、异地远程评标等方式，在做好防疫的同时，提高招标投标效率。

部署2022年信息通信业安全生产工作，要求电信企业按照《中华人民共和国安全生产法》等法律法规要求，切实落实安全生产主体责任，做好重点工作，防范化解风险隐患等。做好通信施工企业安全管理人员安全生产考核作为新增行政许可事项的管理工作，指导各通信管理局完善内控流程，公布安全管理人员安全生产考核实施规范和办事指南。组织开展通信建设工程质量监督检查和安全生产专项检查，按“双随机一公开”方式对部分省份电信企业开展部省联合检查并通报检查情况，督促企业对发现问题进行整改，及时消除安全隐患。

（工业和信息化部信息通信发展司）

农业基本建设

2022 年，中央安排建设资金 1229.82 亿元（其中，中央预算内农业建设项目投资为 360.12 亿元，中央财政专项转移支付 869.7 亿元），用于农业农村基础设施建设，重点支持农业稳产保供、耕地保护建设、种业振兴和科技创新、农业绿色发展、农业防灾减灾救灾、农村人居环境整治等方面，为夺取全年粮食丰收、全面推进乡村振兴、加快农业农村现代化提供了坚实保障。

藏粮于地藏粮于技

【高标准农田建设】按照全国高标准农田建设规划、《农田建设项目管理办法》《高标准农田建设质量管理办法（试行）》和《国家黑土地保护工程实施方案（2021—2025 年）》等文件要求，安排中央财政专项转移支付和中央预算内投资共 1095.7 亿元，重点在永久基本农田、粮食生产功能区、重要农产品生产保护区建设高标准农田 1 亿亩，主要建设内容包括土地平整、土壤改良、农田水利、机耕道路、农田输配电设备、防护林网等建设。

【现代种业提升】依据《“十四五”现代种业提升工程建设规划》等文件要求，安排中央预算内投资 15 亿元，重点支持种质资源保护利用、测试评价、种业创新能力提升项目和制（繁）种基地建设。

【动植物保护能力提升】依据《全国动植物保护能力提升工程建设规划（2017—2025 年）》等文件要求，安排中央预算内投资 8 亿元，支持建设项目 220 个，重点支持动物防疫所需要的各类实验室建设、实验仪器设施设备购置，植物保护所需要的信息采集传输和监测预警、相关实验和质量检验仪器设备购置等，着力提升动植物疫病虫害监测预警、预防控制等能力，主要建设内容包括必要的业务用房建设和仪器设备购置。

【农业科技创新能力条件建设】依据《“十四五”全国农业科技创新能力条件建设规划》，安排中央预算内投资 5.79 亿元，支持建设项目 40 个，主要支持地方农业科研院所和涉农高等学校建设国际农业联合研究中心、重点实验室、区域共性技术公共研发平台、农业科研试验基地、国家农业科学观测实验站等，购置与业务发展密切相关的仪器设备，购建必要的动力、通风、噪声处理、废弃物处理等配套设施设备。

【数字农业建设】依据《“十四五”数字农业建设规划》《“十四五”农业农村部直属单位条件能力建设规划》，安排中央预算内投资 9.93 亿元，支持建设项目 54 个，主要建设内容包括精准导航、物联网测控、环境监测、智能控制等系统建设及相关仪器设备、农机具购置等。

【天然橡胶生产基地建设】按照《“十四五”天然橡胶生产能力建设规划》要求，安排中央预算内投资 5.07 亿元，支持建设项目 31 个，在 1800 万亩天然橡胶生产保护区内，以提升国内天然橡胶供给保障能力为目标，聚焦高质量发展着力兴产业提效益，聚焦关键领域核心环节着力补短板强弱项。

【农垦公用基础设施建设】按照《中央直属垦区农垦公用基础设施建设实施方案（2021—2025 年）》，安排中央预算内投资 4.21 亿元，支持建设项目 31 个，重点建设分公司（分局）和农场场部区域的主次道路、供排水设施和供热设施、垃圾处理设施等，进一步推动垦区科技创新、医疗卫生和职业教育设施条件改善。

农业绿色发展

【畜禽粪污资源化利用】依据《“十四五”全国畜禽粪肥利用种养结合建设规划》，安排中央预算内投资 20 亿元，支持 96 个项目县根据现有基础条件，重点支持密闭贮存发酵设施、堆肥设施等建设，建设厌氧消化、沼气利用、沼液密闭贮存、沼渣堆肥、臭气控制等设施；支持购置运输罐车、撒肥机，配套建设粪污输送管网、密闭田间贮存设施等，购置粪肥计量、养分测定等分析检测仪器；建设长期定位监测点。

【长江经济带和黄河流域农业面源污染治理】贯彻落实习近平总书记重要指示批示精神和党中央、国务院决策部署，依据《“十四五”重点流域农业面源污染综合治理建设规划》，安排中央预算内投资 15 亿元，支持长江经济带和黄河流域 66 个项目县，立足县域农业面源污染特征，因地制宜菜单式遴选农田面源污染、畜禽养殖污染、水产养殖污染、秸秆农膜污染等治理技术，集成配套治理工程。

【长江生物多样性保护】依据《长江生物多样性保护工程建设方案（2021—2025 年）》《“十四五”农业农村部直属单位条件能力建设规划》，安排中央预算内投资 3 亿元，共安排项目 55 个，重点支持渔政执法急需的渔政基地建设、渔政船艇建造及执法监控设施设备购置等，保障禁捕管理区执法监管需要，提升水生生物保护和渔政执法监管工作的智能化水平。

【草原畜牧业转型升级】按照《草原畜牧业转型升级试点工作方案》要求，促进草原畜牧业持续健康发展，安排中央预算内投资 6 亿元，支持内蒙古、四川、西藏、甘肃、青海、宁夏、新疆及新疆生产建设兵团的 15 个牧区县（旗、师）开展草原畜牧业转型升级试点，支持开展天然草原保护与修复，建设高产稳产优质饲草基地、现代化草原生态牧场或标准化规模养殖场、优质种畜和饲草种子扩繁基地、防灾减灾饲草贮运体系等，促进草原畜牧业基本转为暖季适度放牧、冷季舍饲半舍饲。

农村人居环境整治

贯彻落实习近平总书记关于改善农村人居环境重要指示精神，根据《农村人居环境整治中央预算内投资安排工作方案》，安排中央预算内投资 30 亿元，支持中西部省份 155 个项目县以县为单位开展农村人居环境整治提升行动，主要支持农村生活垃圾、生活污水、厕所粪污治理和村容村貌提升等重点任务。

此外，根据有关规划要求，安排预算内投资 12.12 亿元用于部门自身条件建设等。

（农业农村部计划财务司）

生态环境保护

【概况】2022 年，生态环境部持续开展大气、水、土壤污染防治行动，加强农村环境整治，提高环境监管能力，推进一系列重大环保工程实施，为深入打好污染防治攻坚战、推进生态文明建设发挥了重要支撑作用。

【生态环境保护工程建设投资、资金利用】2022 年，生态环境部共参与分配资金 626.724 亿元，其中中央生态环境资金 621 亿元，支持相关省份开展水污染防治、大气污染防治、土壤污染防治和农村环境整治；中央基建类资金 5.724 亿元，支持部属单位基建和能力建设项目等工作。

【重点工程建设】**水污染防治**。支持 31 个省（区、市）及新疆生产建设兵团开展流域水污染治理、流域水生态保护修复、集中式水源地保护、地下水环境保护修复、水污染防治监管能力建设以及长江、黄河全流域横向生态保护补偿激励等；对 2021 年落实有关重大政策措施真抓实干成效明显的省份进行奖励。共安排水污染防治资金 237 亿元。

大气污染防治。支持开展北方地区冬季清洁取暖及清洁取暖运行费用补贴工作；支持 31 个省（区、市）及新疆生产建设兵团开展重点区域挥发性有机物综合治理、钢铁行业超低排放改造、移动源污染治理和监管体系建设、细颗粒物（PM2.5）与臭氧（O_3）协同控制相关工作；对 2021 年落实有关重大政策措施真抓实干成效明显的省份进行奖励。共安排大气污染防治资金 300 亿元。

土壤污染防治。支持 31 个省（区、市）及新疆生产建设兵团开展土壤污染源头防控、土壤污染风险管控、土壤污染修复治理、土壤污染状况监测 / 评估 / 调查，以及土壤污染管理改革创新等工作。共安排土壤污染防治资金 44 亿元。

农村环境整治。支持开展农村生活污水治理、农村黑臭水体整治等工作。共安排农村环境整治资金 40 亿元。

部属单位基建项目。支持 1 个续建项目下达中央财政资金 3720 万元、1 个新建项目下达中央预算内资金 50000 万元、3 个军民融合项目下达资金 3520 万元。共安排资金 5.724 亿元。

【生态环境保护工作相关法规、政策】法律、行政法规制修订。《中华人民共和国黑土地保护法》由全国人大常委会于2022年6月24日通过，自2022年8月1日起施行。《中华人民共和国黑土地保护法》坚持长远保障国家粮食安全的战略定位，明确特殊的保护和治理修复制度措施，为保护好、利用好黑土地这一宝贵的土地资源提供有力法治保障。

《中华人民共和国黄河保护法》由全国人大常务委员会于2022年10月30日通过。制定《中华人民共和国黄河保护法》，是以法律形式全面贯彻落实习近平总书记关于黄河流域生态保护和高质量发展的重要讲话、指示批示精神和党中央决策部署的重要举措，是强化黄河流域生态保护和高质量发展重大国家战略法治保障的迫切需要，是解决黄河流域特殊问题的现实需求，是健全满足黄河流域人民群众日益增长的美好生活需要必备法律制度的具体实践，是完善中国特色社会主义生态环境保护法律体系的客观要求。

部门规章制修订。2022年4月，公布《尾矿污染环境防治管理办法》，以环境风险防控为核心，突出精准治污、科学治污、依法治污，细化尾矿产生、贮存、运输和综合利用各个环节的环境管理要求，明确相关企业污染防治主体责任和生态环境部门的监管职责。

2022年11月，公布《环境监管重点单位名录管理办法》，明确了环境监管重点单位的范围和筛选条件、名录的管理程序与调整要求。

2022年12月，公布《重点管控新污染物清单（2023年版）》，以有效防范新污染物环境与健康风险为核心，提出首批14种类重点管控新污染物，规定了禁止生产、加工使用，禁止新建，进出口管控等措施。

环境标准制修订。2022年，发布生态环境标准80项，其中污染物排放标准5项，生态环境基础标准4项，生态环境监测标准54项，生态环境管理技术规范17项。

政策制定。2022年6月，生态环境部等7部门联合印发《减污降碳协同增效实施方案》，作为碳达峰碳中和“1＋N”政策体系的重要组成部分，为改善生态环境质量和实现碳达峰碳中和战略任务的深度协同作出顶层设计，着力推动探索实现减污降碳协同增效的技术方法和工作路径。

区域重大战略生态环境保护。生态环境部认真贯彻落实区域重大战略生态环境保护部署，印发实施国家重大战略和区域战略生态环境保护2022年工作要点，牵头编制印发成渝地区双城经济圈、黄河流域、粤港澳大湾区等区域性生态环境保护规划，坚持生态优先，绿色发展，系统推进区域生态环境保护。

（生态环境部科技与财务司）

公路建设

概况

【公路建设基本情况】截至2022年年底，全国公路总里程达535.48万公里，比上年末增加7.41万公里。国道里程37.95万公里，省道里程39.36万公里。农村公路里程453.14万公里，其中县道里程69.96万公里，乡道里程124.32万公里，村道里程258.86万公里。公路密度为55.78公里/百平方公里，增加0.77公里/百平方公里。全国等级公路里程516.25万公里，比上年末增加10.06万公里，占公路总里程96.4%，提高0.6个百分点。其中，二级及以上等级公路里程74.36万公里，增加2.00万公里，占公路总里程比重为13.9%，提高0.2个百分点。全国高速公路里程17.73万公里，比上年末增加0.82万公里。其中，国家高速公路11.99万公里，增加0.29万公里。

【国家高速公路网不断完善】2022年，国家高速公路待贯通路段建设和交通繁忙路段扩容改造加快实施，G69银百高速重庆城口县城至开州谭家段、G55二广高速内蒙古二连浩特至赛汉塔拉段、G15沈海高速海南海口段等项目建成通车，推动G15沈阳至海口、G55二连浩特至广州两条国家高速公路主线建成。此外，G0211天津至石家庄、G1523宁波至东莞、G1517莆田至炎陵、G3011柳园至格尔木、G4012溧阳至宁德、G4215成都至遵义等多条国家高速公路联络线实现贯通。

【交通强国重大工程建设取得关键进展】北京东

六环改造工程隧道盾构机成功穿越多个特级风险源，并完成中间井检修顺利启动二次始发掘进；深中通道沉管隧道年度完成11节管节（累计完成31节）沉放对接，为2023年顺利完成最后1节浮运安装奠定坚实基础；乌尉高速天山胜利隧道中导洞累计掘进超15公里，顺利完成年度目标；京哈高速辽宁绥中至盘锦段改扩建工程、江苏张靖皋长江大桥、广东狮子洋通道等一批重大工程实现开工建设，交通强国重大工程建设有序实施，进一步服务支撑国家战略和区域经济社会发展。

【持续推动公路建设高质量发展】2022年6月1日，印发《交通运输部关于进一步加强普通公路勘察设计和建设管理工作的指导意见》，针对普通公路建设特点，从前期工作、建设程序、技术政策、市场准入、设计和施工管理等方面提出要求，确保工程质量、安全、进度和投资效益，不断提升普通公路设计和建设管理水平，持续推动公路高质量发展，打造一流公路基础设施。

公路工程建设投资情况

2022年，全年完成公路固定资产投资28527亿元，比上年增长9.7%。其中，高速公路完成16262亿元、增长7.3%，普通国省道完成5973亿元、增长6.5%，农村公路完成4733亿元、增长15.6%。全年全国832个脱贫县完成公路固定资产投资8273亿元。

公路重点工程建设总体情况

2022年，交通运输行业坚决贯彻落实“疫情要防住、经济要稳住、发展要安全”总要求，坚持服务国家重大战略原则，切实发挥公路建设对促投资、稳增长作用，加快推进重点公路项目建设，不断完善公路基础设施网络，为加快建设交通强国作出积极贡献。

【“一带一路”交通互联互通】中俄黑河－布拉戈维申斯克公路桥正式通车，打通一条两国互联互通的新通道；精河至阿拉山口高速、二广高速内蒙古二连浩特至赛汉塔拉段、天猴高速云南麻栗坡至文山段、柳格高速甘肃敦煌至当金山口段等境内连接口岸项目建成通车。

【京津冀交通一体化建设】津石高速全线贯通，京雄高速北京六环至市界段建成通车，雄安新区“四纵三横”对外公路骨干网络进一步完善；青兰高速河北涉县至冀晋界段完成改扩建，京秦高速遵化至秦皇岛段基本建成，克承高速蒙冀界至围场段等项目开工，加快推进京津冀交通一体化发展。

【长江经济带综合立体走廊建设】德上高速安徽合肥至枞阳段、大广高速江西南康至龙南段扩容等项目建成通车，安来高速渝鄂界至建始段、沪昆高速梨园（浙赣界）至东乡段改扩建工程等项目开工建设。长江干线过江通道项目持续推进，江苏常泰过江通道、湖北燕矶长江大桥取得重大进展，张靖皋长江大桥、海太过江隧道等重大工程全面开工。

【粤港澳大湾区交通建设】大湾区重大联通工程深中通道、黄茅海跨海通道、狮子洋通道等项目进展顺利；沈海高速广东火村至龙山段、广澳高速南沙至珠海段等国家高速公路繁忙路段改扩建工程开工。

【长三角交通运输高质量一体化发展】浙江温州瓯江北口大桥、溧宁高速江苏段和浙江段、安徽黄山至千岛湖段等省际联通项目建成通车，沪昆高速浙江金华互通至浙赣界段等路段完成扩容改造；德上高速安徽祁门至皖赣界段、沈海高速浙江临海青岭至温岭大溪岭段改扩建等项目开工建设，安徽铜陵公铁大桥等长江干线通道建设有序实施，进一步提升长三角地区高速公路网络。

【黄河流域交通运输生态保护和高质量发展】深入贯彻落实黄河流域生态保护和高质量发展，推动乌玛高速宁夏惠农至石嘴山段、山东东营至青州高速改扩建、包茂高速陕西曲江至太乙宫段改扩建工程等项目开工建设，山西临猗黄河公路大桥等跨黄河通道建设顺利进展，山东济南至高青高速公路、京台高速济南至泰安段改扩建工程等项目建成通车。

【成渝地区双城经济圈交通建设】聚焦助力成渝双城经济圈发展，实现银百高速重庆城口县城至开州谭家段、恩广高速重庆新田至高峰段等项目建成通车；推动四川成乐高速、沪蓉高速成都至南充段、京昆高速绵阳至成都段等扩容工程顺利实施，都香高速西昌至香格里拉（四川境）段等重点项目开工建设。

【海南自由贸易港】沈海高速海口段、国道G360文昌至临高公路等项目建成通车，进一步畅通了连接港口快速通道，海南地区“田字型”公路网络向“丰字型”路网提质升级取得积极进展，加快促进海南自贸港建设。

【出疆入藏通道及西部陆海新通道】新疆依吞布拉克至若羌高速公路建成通车，成为进出新疆第三条高速公路大通道；兰海高速广西钦州至北海段改扩建工程、蓉遵高速贵州仁怀至遵义段等项目建成，有效服务西部陆海新通道建设。

公路重大工程建设项目介绍

【浙江温州瓯江北口大桥】温州瓯江北口大桥是国家高速公路网 G1523 宁波至东莞高速和国道 G228 共线跨越瓯江的控制性工程。大桥建成通车，标志着连接浙闽粤三省的甬莞高速全线贯通，对于加快构建国家综合立体交通网主骨架、提升东部沿海运输大通道服务保障能力、加强长三角和粤港澳大湾区之间联系等均具有重要意义。

瓯江北口大桥全长约7.9公里，采用“两桥合建”形式有效节约廊道和岸线资源，大桥上层高速公路和下层普通国道分别采用双向六车道高速公路和双向六车道一级公路标准，概算总投资约 88.4 亿元。大桥于 2017 年 1 月开工建设，2022 年 5 月建成通车。

项目位于瓯江入海口处，临近温州龙湾机场，地质条件复杂、建设高度受限。作为交通运输部首批“绿色公路”和浙江省品质工程示范项目，大桥创新采用三塔四跨双层钢桁梁悬索桥结构形式，桥跨布置为 230 ＋ 800 ＋ 800 ＋ 348 米，首次在多塔悬索桥中采用刚性混凝土中塔、在强潮河口深厚软土层中采用大型沉井，并采用新型主缆标尺索股架设法实现了全天候调索作业，取得了一系列技术成果，为中国桥梁贡献了全新的多塔悬索桥解决方案。

【柳园至格尔木高速公路甘肃敦煌至当金山口段】柳格高速敦煌至当金山口段是国家高速公路网 G3011 柳园至格尔木高速的重要组成部分，该项目的建成通车标志着甘青重要通道—柳格高速全线贯通，实现了 G30 连霍高速、G6 京藏高速以及兰新高速铁路、敦煌铁路的互联互通。

项目位于酒泉市境内，起于敦煌市吕家堡杨家梁村，与瓜州至敦煌段顺接，止于当金山南，与青海省当金山至大柴旦段顺接，全长约 196 公里，采用双向四车道高速公路标准建设，设计速度 100 公里 / 小时和 80 公里 / 小时，概算总投资约 121.8 亿元。项目于 2016 年开工建设，2022 年 4 月实现全线通车。

项目位于高寒、高海拔地区，气候条件恶劣，地质条件复杂。阿尔金山特长隧道作为项目关键控制性工程，穿越 3 条区域断裂破碎带，是甘肃省海拔最高、里程最长的公路隧道。项目建设过程中克服荒漠高寒地区公路施工质量控制难题，推行机械化、自动化、智能化施工，提高施工效率，保障工程质量。

【溧阳至宁德高速公路黄山至千岛湖安徽段】黄千高速安徽段是国家高速公路网 G4012 溧阳至宁德高速公路的重要路段。项目起点与徽杭高速公路相接，止于皖、浙两省交界处，与浙江淳安段相接，全长约 25.5 公里，采用双向四车道高速公路标准建设，设计速度 80 公里 / 小时，概算总投资约 47.8 亿元。项目于 2020 年 8 月开工建设，2022 年 12 月建成通车，至此，黄千高速全线贯通。

黄千高速全线通车后，由安徽黄山至浙江千岛湖的车程由原来 3 小时缩短为 1.5 小时，对促进黄山至千岛湖黄金旅游热线开发开放，充分发挥旅游景点对经济社会发展的带动作用、加快长三角一体化发展具体重要意义。

项目所在区域地形地质复杂，沿途山脉河流众多，桥隧占比达 82.5%，路线途径多处生态风景区和水源保护地，施工组织要求严、建设难度大、环境保护水资源保护要求高。项目在实施过程中，严格按照交通运输部“绿色公路”和“百年平安品质工程”建设等要求，秉承“山水黄山、交旅融合”的建设目标，积极探索创新，采用装配式悬挑结构的高低分离式叠合路基、连续刚构悬索组合桥等方案，最大限度地减小对生态和水环境的破坏；基于地域传统文化元素，开展隧道洞门造型及装饰专项设计，打造特色化、主题化的深度交旅融合服务区。

【大广高速公路江西南康至龙南段扩容工程】大广高速南康至龙南段扩容工程起自赣州市南康区十八塘，途经赣州市信丰县、全南县，止于龙南市杉树下，全长约 133 公里，采用双向六车道高速公路标准建设，概算总投资约 199.6 亿元。项目于 2019 年 12 月开工建设，2022 年 9 月建成通车。

项目建成通车后，进一步畅通了江西南北大通道，对于开发赣南旅游资源、促进赣南苏区振兴发展、推动江西深入融入“一带一路”、粤港澳大湾区、长江经济带等国家战略具有重要意义。

项目坚持目标导向，以“工序品质、细节品质”为品质工程建设要点，以标准化施工为切入点，在实施过程中积极推行“首件 N ＋制”“合格标准制”，推进“建养一体化”全寿命周期品质提升，品质工程创建效果显著。同时，项目积极推进精细管理、精益建造，深入贯彻新时代生态文明建设目标，将“绿色、低碳、环保”理念贯穿项目建设全过程；设计上进行生态选线，推行生态环保设计和生态防护技术，合理融入特色元素；施工中践行绿色发展，统筹资源利用和集约节约，隧道贯彻“零开挖”进洞理念，桥梁按照“一桥一方案”进行桥下整治提升，营造了自然和谐的路域景观。

【恩施至广元高速公路重庆新田至高峰段】G5012 恩广高速重庆新田至高峰段是连接 G69 银百高速和 G42 沪蓉高速的快速通道。项目建成通车后，万州城市环线高速整体贯通，对于深入融入成渝地区经济圈和长江经济带等国家战略，优化长江过江通道布局，改善长江港口集疏运条件，促进沿线经济社会发展等均具有重要意义。

项目起于万州新田银百高速新田互通，在新田港上游跨越长江，止于高峰沪蓉高速鹿山互通，全长23.4公里，采用双向四车道高速公路标准建设，设计速度80公里/小时，概算总投资约50.1亿元。项目于2019年3月开工，2022年9月建成通车。

项目全线桥隧比近50%，关键控制性工程—新田长江大桥采用主跨1020米的钢箱梁悬索桥，一跨过江，为三峡库区的第二座千米级桥梁工程。大桥桥址区域地形复杂，安全环保要求高，索塔基础处于陡崖地带，为大桥建设带来了巨大的挑战。项目建设过程中，始终坚持“全生命周期”和“品质工程”理念，积极推动新技术应用及自主技术研发，有效地提高了施工效率及质量，保障了工程实施安全。项目为交通运输部首批“平安百年品质工程”示范项目。

【京台高速公路济南至泰安段改扩建工程】京台高速济南至泰安段改扩建工程起自济南市京台高速与济广高速交叉的殷家林枢纽互通，途经济南市市中区、长清区、泰安市岱岳区，止于京台高速与青兰高速相接的泰山枢纽互通，全长约53公里。项目采用双向八车道高速公路标准改扩建，设计速度120公里/小时，批复总投资约65.7亿元。该项目的建成通车进一步提升京台高速公路通行能力和服务保障水平，对于强化山东省会经济圈协同联动，助推黄河流域生态保护和高质量发展具有重要意义。

项目途径多处地下水源准保护区和工业园区，建设用地极为受限，生态保护要求高；路基改桥、旧桥拆除、高边坡爆破作业等施工段落较多，交通保障压力大。项目结合建设条件和工程特点，在山东省内首次使用了桩板结构、泡沫土窄拼、多方式桥梁整体顶升等技术，推广应用了钢渣沥青混合料、沥青路面冷再生、侧向僚机喂料等施工工艺，有效提升了改扩建施工的质量与工效，为类似工程积累了经验。

（交通运输部公路局）

水路工程建设

概况

2022年是党和国家历史上极为重要的一年，也是“十四五”规划全面实施的关键之年。水运基础设施建设坚持稳中求进工作总基调，完整、准确、全面贯彻新发展理念，加快推进水运基础设施高质量发展。

截至2022年年末，全国内河航道通航里程12.80万公里，比上年末增加326公里。等级航道里程6.75万公里，占总里程比重52.7%。其中三级及以上航道1.48万公里，占总里程比重11.6%。各等级内河航道通航里程分别为：一级航道2196公里，二级航道4046公里，三级航道8543公里，四级航道11423公里，五级航道7764公里，六级航道16602公里，七级航道16900公里。等外航道里程6.05万公里。

截至2022年年末，全国港口生产用码头泊位21323个，比上年末增加456个。其中，沿海港口生产用码头泊位5441个，增加22个；内河港口生产用码头泊位15882个，增加434个。全国港口万吨级及以上泊位2751个，比上年末增加92个。其中，沿海港口万吨级及以上泊位2300个，增加93个；内河港口万吨级及以上泊位451个，减少1个。

水路工程建设情况

2022年全年完成水路固定资产投资1679亿元，比上年增长10.9%。其中，内河建设完成投资867亿元，增长16.7%；沿海建设完成投资794亿元，增长9.9%。

【港口建设】一是沿海港口基础设施建设稳步推进。大力推进沿海港口公共基础设施和专业化、智能化码头建设，提升港口基础设施服务能级。开工建设天津港北航道及相关水域疏浚提升工程、惠州液化天然气接收站项目配套码头工程、小洋山北侧集装箱码头工程（陆域部分）、宁波舟山大型港航基础设施工程等重大项目，完成连云港30万吨级航道二期工程、南通港三夹沙南航道工程、北京燃气天津南港LNG项目配套码头工程交工验收；建成江苏滨海LNG码头工程、南通港通州湾港区吕四作业区8–9号泊位等重大项目，建成苏州港太仓四期工程、钦州港大榄坪南作业区7-8号泊位等自动化码头。

二是内河港口基础设施建设不断加强。加快建设规模化、集约化公用港区建设，内河港口枢纽作用显著提升。开工建设重庆港主城港区黄磏作业区一期工程、马鞍山港9号码头改扩建工程、宜昌港宜都港区枝城作业区铁水联运码头一期工程、九江港彭泽港区矶山作业区泽诚公用码头、云浮港六都港区黄湾作业区行达通用码头一期工程等。完成合肥港巢城港区二期工程首期项目、都昌宏升货运码头工程、韶关港乌石综合交通枢纽一期工程8-12号泊位、武汉阳逻国际港集装箱铁水联运二期集装箱码头工程、重庆主城港区果园作业区大件码头等交工验收。完成合肥派河国际综合物流园港区项目一期工程、南通港吕四作业区西港池8#—11#码头工程、荆州煤炭铁水联运储配基地一期工程等竣工验收。持续推进重庆寸滩旅游客运码头工程、阜阳港颍上港区南照作业区综合码头（一期）工程、黄石港棋盘洲港区棋盘洲作业区三期工程、南昌港龙头岗码头二期工程等建设。

【内河航道建设】（1）长江干线水运主通道能力更加强化。持续推动长江黄金水道建设，开工建设长江上游涪陵至丰都河段航道建设工程，加快推进长江上游朝天门至涪陵河段航道整治工程、下游江心洲至乌江二期航道整治工程等建设，完成中游蕲春水道航道整治工程、长江口南槽航道治理一期工程等竣工验收并投入运行。

（2）西江航运干线扩能升级取得重要进展。加快建设西江黄金水道提档升级，持续完善珠三角高等级航道网。完成西江航运干线贵港至梧州3000吨级航道工程等交工验收并投入试运行，柳江红花水利枢纽二线船闸建成通航，持续推进来宾至桂平2000吨级航道工程、崖门出海航道二期工程等建设。加快推进大藤峡枢纽二线三线船闸工程、桂江航道工程等重点项目前期工作。

（3）干支连通衔接畅通进一步加强。内河航道及通航设施硬联通建设步伐持续加快。持续打造长三角高等级航道网，大力推进引江济淮航运工程、京杭运河浙江段、长三角集装箱快速通道等工程建设。持续推进支流高等级航道提等升级，加快推进岷江龙溪口、嘉陵江利泽、乌江白马、汉江孤山、清水江平寨等航电枢纽工程实施，持续推进赣江万安枢纽二线船闸、西津水利枢纽二线船闸工程、百色水利枢纽通航设施工程、裕溪一线船闸扩容改造工程、沙颍河周口至省界航道升级工程等建设。加快推动龙滩水电站通航建筑物工程前期研究工作。

（4）交通强国水运篇重大工程项目建设。西部陆海新通道平陆运河工程北起广西南宁平塘江口，南至钦州沙井出海，全长134.2公里，按内河I级航道标准建设，可通航5000吨级船舶。建设内容包括航道工程、航运枢纽工程、沿线跨河设施工程以及配套工程。项目开发任务以发展航运为主，结合供水、灌溉、防洪、改善水生态环境等。先导工程于2022年8月28日开工建设。

水运工程建设相关法规政策

提高水运行业治理能力，加强水运建设领域信用建设，不断强化水运建设市场管理。修订并公布实施了《港口基础设施维护管理规定》；出台了《公路水运工程监理企业资质管理规定》及其配套的实施通知；开展了全国水运建设市场年度信用评价，对水运行业设计、施工和监理企业以及相关水运工程监理工程师进行信用评价，并公布相关信用评价结果；开展了2022年度水运工程建设领域守信典型企业核查工作，印发了《交通运输部关于公布2022年公路水运工程建设领域守信企业目录的公告》。

（交通运输部水运局）

铁 路 建 设

综述

截至2022年年底，全国铁路营业里程15.5万公里，其中高铁4.2万公里。

【概述】2022年，铁路建设系统坚持以习近平新时代中国特色社会主义思想为指导，深入贯彻习近平总书记对铁路工作的重要指示批示精神和“疫情要防住、经济要稳住、发展要安全”的重要要求，认真落实国铁集团党组部署，以确保党的二十大安全稳定为主线，以贯彻国家稳经济一揽子政策措施为重点，战疫情、防风险、保目标，有序推进项目投产、新线开工、投资完成、安全稳定、巡视审计问题整改、建设系统改革、党风廉政建设等重点工作，经受了严峻挑战和考验，圆满完成了年度建设任务。全年完成基建投资 4610 亿元，投产新线 4100 公里。

【26 个新项目快速开工建设】认真落实中央稳经济大盘政策措施，自我加压、主动作为，将年初确定的 21 个新开工项目调增到 26 个。采取并联审批、资格后审等 7 项关键举措，通过联合工作、平行作业等方式，依法合规、快速推进项目开工。编制宣传和检查督导手册，深入现场宣讲形势任务 36 场次，统一思想认识，形成推进合力。

积极争取相关部委开放绿色通道、压缩审批时限等重大政策支持，协调出台《关于积极做好用地用海要素保障的通知》等办法；与相关省市建立 51 个路地联合协调机制，快速完成 34 处临时用地性质变更和 1.3 万亩大临用地提供；协调地方交易中心优化进场招标程序，为新项目顺利开工创造条件。

组织成立新项目推进工作专班，建立落实日碰头、周集中、月协商制度，用好地方政府环保、用地批复承诺政策，压茬推进设计审查审批、征地拆迁、招标准备等工作，协调解决人员、设备、资金等问题 132 个。沪杭铁路公司、雄安高铁公司、西成客专陕西公司、成兰铁路公司、渝黔铁路公司、广州局集团公司等单位，迅速行动、主动出击、协调各方，确保了雄商、成渝中线、上海至南京至合肥、西渝高铁康渝段等 26 个项目快速开工建设，新项目投资规模 12191 亿元，完成投资 492 亿元。

【29 个开通项目高质量建成】动态调整开通目标任务，将年初 3300 公里投产计划，调整为确保 3800 公里、力争 4000 公里，逐一明确郑万高速铁路、湖杭高速铁路、京唐城际铁路、和若铁路、大瑞铁路等 29 个项目验收开通时间和节点安排。召开 15 次专题会议、23 次对接会议，每周梳理 10 项开通条件落实情况，为高质量完成投产任务打下坚实基础。

开展黄黄高速铁路、郑济高速铁路、弥蒙高速铁路等开通项目质量安全专项排查和部门集中检查，整治路基沉降上拱、隧道危岩落石等 9 类突出问题，组织对郑万高速铁路、常益长高速铁路、湖杭高速铁路等 10 个高铁项目，进行实体质量抽检和重点部位破检，累计消除隐患 568 个。严格验收程序和标准，扎实做好提前介入、工程收尾、联调联试、验收评定等工作，特别是乌鲁木齐、成都、兰州、上海局集团公司，武九客专湖北公司、京津冀城际铁路公司、黔张常铁路公司等单位，统筹谋划、精心组织、强力推进，确保了项目依法安全高质量开通。

全力克服疫情影响，在国家防控政策优化调整、疫情最严重的时刻，很多同志讲政治、顾大局，带病完成初步验收和安全评估。派出工作组到境外项目驻点督导，匈塞铁路塞尔维亚贝诺段顺利开通运营，并获得欧盟 TSI 符合性认证证书，雅万高铁成果在 G20 峰会期间成功展示。全年投产项目 29 个，建成湖杭铁路、和若铁路及北京丰台站、杭州西站等一批示范性工程。

【年度投资任务超额完成】落实施组定期审查制度，强化施组动态管理，统筹津兴、昌景黄铁路等分段建设项目，以及汕汕高速铁路、广汕高速铁路等关联紧密项目，优化郑济长清黄河特大桥、福厦高铁无砟轨道等关键线路的施工组织和技术方案，在建项目施组兑现率连续 3 年超过 90%。

完善国铁集团定期督办、机关部门主动协调、建设单位全面落实的工作机制，对接协调国家部委、地方政府和军队有关部门，以及国家电网、铁塔公司等企业，合力破解资金到位、征地拆迁、电力迁改等难题，打通断点堵点，为加快项目建设创造条件。

聚焦年度投资目标任务，充分挖掘重点项目潜力，做到多开工作面、多完成实物工作量；狠抓连镇、广州货外绕等项目征拆清理，为完成年度投资任务提供重要补充。2022 年完成投资超出年初计划 210 亿元，尤其是一季度投资完成增量超过 2021 年。上海、广州、成都、南昌局集团公司，沪杭铁路公司、京昆高铁西昆公司、皖赣铁路安徽公司等建设单位，克服不利因素影响，主动担当作为，为圆满完成年度建设任务作出了突出贡献。

【参建各方行为进一步规范】积极做好巡视审计配合工作，制定 16 个建设项目审计问题整改工作实施意见，明确组织机构、任务分工、重点内容及整改时限，利用 2 个月时间全力整治 563 个问题，目前已完成 479 个。针对巡视审计反馈的问题，全面查缺补漏，建立了 5 项长效机制，出台了 21 项川藏铁路专项标准，着力约束和规范参建各方行为。

狠抓巡视审计反馈问题的责任追究，会同五大施工企业成立问题整改和责任追究领导小组，明确工作原则和处理标准，组织对 26 家存在转包、违法分包行为的施工企业进行停标处罚，有效遏制转包、违法分包屡禁不止的问题。

【党风廉政建设纵深推进】深刻吸取刘志军、盛光祖案件教训，开展党纪法规专题教育，组织学习《忏悔录》，剖析反面典型案例，用身边人身边事进行警示教育。成立 3 个调研检查组，分片区宣讲中央规定和国铁集团党组要求，检查建设单位党风廉政建设工作，引导建设系统党员干部知敬畏、存戒惧、守底线。

认真落实驻国铁集团纪检监察组与国铁集团党组专题会商会议精神，全力抓好38项细化措施落实。深化“靠路吃路”问题整治，扎实开展招标投标、验工计价、变更设计、资金拨付四个专项整治，以及转包、违法分包和“黑中介”专项治理，积极营造规范廉洁、风清气正的建设环境。

制定落实廉洁从业的有关规定，修订廉洁协议书范本，将共建廉洁市场等事项纳入合同管理。结合四季度新开工项目集中招标的实际，会同驻国铁集团纪检监察组，印发强化招标投标廉洁风险防控措施的通知，“靶向式”防范廉洁风险。

建设管理

2022年完成基建大中型项目施工招标147批次。

【重要管理办法】按照铁路建设管理制度制修订计划和铁路建设改革发展需要，印发了6个铁路建设管理办法，对部分建设管理事项进行了明确、调整或补充。

1. 印发《中国国家铁路集团有限公司铁路建设项目质量安全内部监督管理办法》（铁建设〔2022〕66号），进一步规范了国铁集团铁路建设项目质量安全内部监督管理工作。

2. 印发《国铁集团关于印发〈铁路建设项目验工计价管理办法〉的通知》（铁建设〔2022〕86号），规范了铁路建设项目验工计价工作。

3. 印发《国铁集团关于印发〈铁路建设项目施工图审核管理办法〉的通知》（铁建设〔2022〕159号），规范了铁路建设项目施工图审核工作。

4. 印发《国铁集团关于在铁路建设项目合同管理工作中强化落实廉洁从业有关规定的通知》（铁建设函〔2022〕194号），修订了《铁路建设项目廉洁协议书（参考文本）》，并就在铁路建设项目合同管理工作中强化落实廉洁从业有关规定提出了有关要求。

5. 印发《国铁集团关于进一步明确铁路建设项目“四电”工程施工招标有关事项的通知》（铁建设函〔2022〕532号），将原高速铁路“四电”集成招标模式调整为强弱电分开招标模式，并就强弱电分开招标后加强铁路“四电”工程建设管理提出要求。

6. 印发《国铁集团关于严厉打击隐瞒不报铁路工程建设生产安全事故行为的通知》（铁建设函〔2022〕361号），界定了隐瞒不报生产安全事故行为，明确了隐瞒不报生产安全事故行为处理规定，以及暂停接受投标计算方式等。

【建设单位考核】完成了2022年度建设单位考核工作。依据《国铁集团关于加强铁路建设单位管理工作的指导意见》（铁建设〔2020〕80号），国铁集团建设管理部、发展和改革部、工管管理中心、工程质量监督管理局、鉴定中心等单位，对国铁集团重点监管的19个铁路公司（建设）开展了集中评价检查，结合日常检查、专项检查、质量安全红线管理督查等情况，形成了2022年度建设单位考核评价结果，经国铁集团研究同意后纳入到铁路公司负责人建设业绩考核。

【信用评价】根据《铁路建设项目施工企业信用评价办法》《铁路建设项目监理企业信用评价办法》《铁路建设项目勘察设计单位施工图评价办法》，继续做好信用评价工作，2022年共公布铁路施工企业信用评价结果2期、铁路建设工程监理企业信用评价结果2期、勘察设计单位施工图评价结果2期。各评选出20家（次）A级施工企业和A级监理企业，40名A级总监理工程师，评价结果与工程招投标挂钩。

【招标投标内部监督】按照党中央、国务院关于加快铁路建设的总体部署，各单位认真贯彻落实《中华人民共和国招标投标法》和《中华人民共和国招标投标法实施条例》，国铁集团有关部门和单位严格审查把关，加强驻场监督，积极防范围标、串标等违法违规行为，铁路建设招标活动依法有序展开。2022年完成基建大中型项目施工招标147批次，合同额合计7736亿元。按计划完成淄博至博山铁路改造工程、新建淮北至宿州至蚌埠城际铁路、新建上海至南通铁路太仓至四团段、新建巢湖至马鞍山城际铁路江北段、新建上海至南京至合肥高速铁路（安徽段）、新建上海至南京至合肥高速铁路沪宁段、合肥派河港物流基地、宁芜铁路扩能改造工程、新建南通至宁波高速铁路先开段、池州长江公铁大桥工程、新建瑞金至梅州铁路、新建京港高速铁路九江至南昌段、新建深圳至江门铁路、新建深圳至深汕合作区铁路、新建包头至银川高铁银川至巴彦浩特支线内蒙古段工程、新建西宁至成都铁路（甘青段）、青藏铁路西宁至格尔木段提质工程、兰新客专兰州至西宁段（青海境内）达速提质工程、新建包头至银川高铁临河至省界段、新建西安至十堰高速铁路（陕西段）、新建哈尔滨至铁力铁路、川藏铁路引入成都枢纽天府至朝阳湖段、新建成渝中线铁路、新建西安至重庆高速铁路安康至重庆段、新建雄安新区至忻州高速铁路、新建北京至雄安新区至商丘高速铁路雄安新区至商丘段、兰新铁路精河至阿拉山口段增建二线、新建成都至达州至万州铁路、新建重庆至万州高速铁路、新建天津至潍坊高速铁路先开段、新建西宁至成都铁路西宁至黄胜关段（四川省境内，不含利仁隧道）等32个新开工项目招标工作。国铁集团建设管理部、工程管理中心等部门组成检查组，开展招标投标工作抽查4次，主要抽查成都局、济南局2个铁路局，京哈高铁公司、西成客专陕西公司、武九客专湖北公司等6个铁路公司，抽查招标项目合计中标金额1700亿元，要求各被检查单位制定切实可行的防范措施，认真抓好招标投标业务学习，领导干部带头学习和遵守国家及国铁集团有关规定，不断规范招标投标行为。

建设标准

【川藏铁路标准编制】贯彻落实国铁集团党组工作部署，主动服务川藏铁路建设，编制、发布多项川藏铁路建设标准，为川藏铁路建设提供重要技术支撑。一是开展川藏铁路建设标准应用情况现场调研和座谈，对相关标准与设计施工指南开展标准意见征集，就标准执行情况、存在问题进行研讨，并对川藏铁路色季拉山隧道、易贡藏布大桥等工点进行实地调研和现场座谈，全面掌握标准实施过程中存在的问题，提出标准优化建议；二是完成24项川藏铁路工程建设标准制（修）订工作，聚焦川藏铁路勘察设计施工面临的技术难题和环境特点，着力川藏铁路标准应用实际及现场急需，主要修订川藏铁路勘察设计暂行规定、施工质量验收补充标准、施工道路和施工供电工程勘察设计暂行规定，为川藏铁路建设提供标准支撑；三是研究构建川藏铁路标准体系框架，围绕川藏铁路面临的质量、安全、工期、投资、环保等建设运营需求和复杂环境特点，聚焦各类典型工程勘察、设计、施工面临的重难点问题，吸纳川藏铁路建设以来好的经验做法，分析总结、梳理提炼，系统构建川藏铁路建设标准体系，发挥标准体系的规划指导作用；四是编制《川藏铁路工程绿色设计应用指南》，贯彻绿色低碳发展理念，以设计为引领，建立贯穿勘察、选线、设计、施工、运营、养护全生命周期的绿色设计指南，为推进川藏铁路规划建设，将川藏铁路建成绿色工程提供技术支撑。五是组织编写艰难复杂山区铁路建造技术系列培训教材，全面总结多年来类似工程建设经验，计划用于川藏及西南西北地区铁路建设人员培训，系统提升从管理到操作层人员的职业素质和能力。

【铁路建设标准体系不断完善】对照高质量发展目标和工程建设需求，加大基础研究力度，加快制定智能高铁等新技术应用标准，编制铁路隧道、房建、四电工程等配套标准，进一步完善铁路建设标准体系，稳步提升工程建造水平。一是加快构建智能建造标准体系，编制《铁路路基智能填筑技术规程》《铁路工程北斗卫星导航测量技术规程》《铁路隧道智能化超前地质预报规程》等8项标准，提出智能化超前地质预报体系的概念，将人工智能方法用于不良地质识别，提出以网络、大数据、物联网和人工智能等技术支撑的智能化物探方法；二是持续完善隧道专业标准，编制《铁路隧道监控量测技术规程》，推进监控量测自动化、信息化、智能化，引入三维激光扫描、机器视觉设备等成熟可靠的监测设施，明确隧道结束变形监测的具体规定，提出基于位移总量、位移速率以及初支表观特征的初支监测管理分级，提升可操作性；三是发布《铁路房屋建筑设计标准》局部修订条文，完善铁路区间四电房屋及调度中心房屋防洪标准，提升相关房屋的防洪能力；四是编制《铁路区间线路视频监控设置标准》《铁路客运综合指挥中心及综合监控室设计规范》《铁路牵引变电所接入外部电源技术规程》等标准及文件；五是编制《铁路工程建设项目临时用地复垦规范》，贯彻落实十分珍惜、合理利用土地和切实保护耕地的基本国策，进一步规范铁路建设项目临时用地复垦工作。

【质量安全标准编制】坚持以安全、质量为核心，夯实质量安全基础，突出质量安全管控，强化建设标准支撑。一是编制质量安全监管重点清单、质量安全管理指南、质量安全监督工作指南、生产安全事故典型案例及预防指南、监理工作管理指南等多项标准，为实现铁路建设安全生产目标，指导参建各方安全生产，进一步提高安全生产管理水平提供支撑；二是总结管理类技术标准编制和应用经验，拓宽思路，修订完善《铁路建设项目施工安全管理细则》，加强易发多发群死群伤事故隐患管控，强化施工监理单位资源配置，从强化隧道防火要求等方面进行完善。

【铁路建设标准复审】针对国铁集团现行建设标准进行全面复审，广泛征求建设、运维等使用单位意见，对标准技术内容满足当前及今后一段时间铁路建设需要的确定为继续有效，对标准技术内容不适应铁路高质量发展、制约科技创新的或与运营标准不协调的确定为局部或全面修订。经分析研究，提出全面的铁路建设标准复审建议。

【提速提质类标准编制】以适应既有客专提速、满足提质需要为目标，在吸取成渝提速技术要求编制和应用经验的基础上，编制《贵广铁路提质改造工程静动态验收技术标准》，规范和统一贵广铁路提质改造工程静动态验收技术要求和质量标准，充分体现贵广铁路提质改造工程特点和要求，为类似提速提质工程开展基础性工作。

【西部边疆铁路标准编制】总结和若铁路等风沙防治工程实践经验，编制《铁路风沙防治技术指南》，规定设计理念和控制目标，坚持植物防治和工程防治相结合，覆盖勘察设计、施工、管理、维护及监测全过程。

【标准基础性工作】一是全面梳理铁路线路、路基、桥梁、隧道等各专业标准情况，聚焦主要技术指标，编制《铁路工程建设主要技术标准速查手册》《高铁动态验收速查手册》《客货共线动态验收速查手册》3项标准速查手册；二是优化牵引变电所房屋及辅助监控系统摄像机配置的要求，开展常益长铁路相关牵引变电所生产生活面积和监控室摄像机设置有关研究工作，形成《关于常益长铁路益阳南牵引变电所优化研究的报告》；三是总结雄安站、北京朝阳站、北京丰台站等客站装饰装修及文化艺术表达设计经验，编制完成《铁路旅客车站文化和艺术应用》。

【标准设计】开展铁路桥梁等专业通用图编制，进一步提高标准设计经济性。一是全面总结郑焦等铁路40m简支梁和盐通铁路低高度简支梁工程经验，修订《高速铁路预制后张法预应力混凝土简支箱梁通用参考图》，采用大吨位锚具和高强钢绞线，优化预应力布置和腹板等构造，适用范围涵盖3米梁高32米简支箱梁、2.8米梁高32米简支箱梁以及40米跨度简支箱梁；二是全面总结高铁连续梁工程实践经验和科研成果，修订《时速250公里高速铁路有砟轨道预应力混凝土双线连续梁》，采用高强钢筋、大吨位锚具及高强钢绞线，优化预应力布置和腹板等构造，增加128米跨度方案；三是全面总结铁路桥梁建设运营实践经验，修订《高速铁路常用跨度桥梁附属设施》《客货共线铁路常用跨度梁桥面附属设施》，优化完善桥面布置、钢筋和预埋件布置等构造细节，高速铁路桥梁附属设施扩大适用跨度至40米并增加预制装配式附属设施分册，客货共线铁路桥面附属设施增加T梁和预制装配式附属设施分册。

【标准翻译】助力“一带一路”建设及铁路标准“走出去”，稳步推进铁路建设标准外文版翻译，开展《铁路隧道机械化全断面设计施工指南》《铁路隧道湿喷混凝土施工规程》《铁路隧道锚杆支护技术规程》3项标准英文版编制工作。

【造价标准】服务川藏铁路高质量建设，开展川藏铁路隧道超前地质预报新方法费用标准研究、川藏铁路调价机制研究，发布实施《川藏铁路雅安至林芝段工程设计概（预）算编制补充规定（一）》和《关于调增铁路工程造价标准采用调查价格材料品类的通知》两项标准；服务经济社会发展与铁路建设，对定额人工费单价和综合费率进行结构性调整，完成新一轮行业预算定额送审稿编制；结合“四新技术”应用，发布涵盖新型路基防风沙结构、接触网智能建造、节段箱梁胶接拼装等内容的《铁路工程补充预算定额（第三册）》，开展地基处理新型桩、装配式桥面系、隧道泄水洞等补充定额编制；聚焦解决铁路建设实际问题，开展双块式无砟轨道智能铺设、超大跨度斜拉悬索桥、钢索塔、隧道重力锚、隧道竖井井底施工及转绞换装等定额测定与研究，营业线施工相关费用研究，铁路隧道污水处理费用标准研究。

项目验收

2022年，铁路建设系统组织完成29个项目初步验收。

【验收组织】坚持动态科学调整新线开通目标任务，将年初3300公里新线开通计划，调整为确保3800公里、力争4000公里，并最终取得新线开通4100公里的优异成绩。其中，在高速铁路竣工验收严格落实依法开通必备条件的基础上，试点实行加强竣工验收管理的若干规定，尤其是在竣工验收阶段增加工程监督局牵头组织第三方开展工程实体质量抽检，进一步增加了对工程实体质量的验收把关力度。同时国铁集团、铁路局集团公司、铁路公司按照分层沟通国家有关部委和相关地方政府部门的工作协调机制，分工配合推进项目建设用地组卷报批、环水保自主验收、地方资金到位、市政配套建设、外部环境整治等工作，进一步严格落实竣工验收程序和高铁项目依法开通必备10项条件，竣工验收管理水平进一步提高。

【初步验收工作】2022年，国铁集团提早谋划研究年度计划开通项目竣工验收工作安排，各铁路建设单位认真按照提前制定的项目依法开通工作实施方案，对标对表相关程序、标准要求，统筹剩余工程建设、质量安全专项排查、重难点问题协调、静动态验收组织、验收问题克缺整改，以及初步验收、安全评估等准备工作，针对逐项任务明确责任人员和完成时限，确保各阶段、各环节重点工作及时落实落地落细。国铁集团相关部门和单位认真组织开展高铁项目开通前部门集中检查工作，积极指导建设单位及时协调解决项目建设推进、竣工验收中存在的重难点问题，为项目顺利通过初步验收奠定了良好基础。

国铁集团和各有关铁路局集团公司全面加强建设

项目初步验收管理，年内铁路建设系统组织克服疫情影响，共完成29个项目的初步验收，其中：国铁集团组织完成了黄冈至黄梅铁路、郑州至万州铁路、郑州至济南铁路郑州至濮阳段、常德至益阳至长沙铁路、湖州至杭州西至杭黄高铁连接线、南宁至崇左铁路、弥勒至蒙自铁路、建中卫至兰州铁路、北京至唐山铁路、北京至天津滨海新区铁路宝坻至北辰段等10个高铁项目的初步验收工作；相关铁路局集团公司组织完成了太子城至锡林浩特铁路太子城至崇礼段、阿克苏至阿拉尔铁路、贵阳枢纽西南环线小碧经清镇东至白云联络线、和田至若羌铁路、北京铁路枢纽丰台站改建工程、大理至瑞丽铁路大理至保山段、咸铜铁路梅七铁路电气化改造工程、济南枢纽胶济铁路至济青高铁联络线、同江中俄铁路大桥工程、沈大铁路凤凰城至金山湾段扩能改造及相关工程、佳木斯至鹤岗铁路改造工程、成昆铁路峨眉至米易段扩能工程、兴国至泉州铁路清流至泉州段、重庆铁路枢纽东环线、宜万铁路万州新田港铁路集疏运中心工程、茂名东站至博贺港区铁路、渝利铁路沙子站增设客运设施工程等17个项目的普速铁路项目的初步验收。另外，上海、成都局集团公司分别受复星国际有限公司、济南交通发展投资有限公司等单位委托，分别组织开展了杭州经绍兴至台州铁路、济南至莱芜铁路2个高铁项目的竣工验收咨询工作。

【境外项目验收】面对工期紧张、欧洲标准严苛等挑战，国际公司牵头，加强与塞尔维亚方业主、监理单位沟通，认真做好了匈塞铁路塞尔维亚贝诺段的工程验收和动态检测工作。2022年3月19日，在塞尔维亚总统、匈牙利总理的亲自见证下，匈塞铁路塞尔维亚贝诺段顺利开通运营，并获得欧盟TSI符合性认证证书。

质量安全

2022年，组织开展安全专项整治，排查在建项目148个。

【红线管理专项督查】以年内开通项目、高铁项目和隧道工程为重点，常态化开展红线问题自查自纠，联合中国中铁、中国铁建、中国建筑、中国交建、中国电建五大施工企业集中开展2次红线管理专项督查，累计检查项目60个、施工标段242个、工点605个，整治质量安全问题2854个，认定不良行为80件，促使参建单位落实主体责任，强化质量安全管控，红线问题呈逐年下降趋势。

【质量专项整治】按照国铁集团“守补除防”安全专项整治行动要求，研究制定了隧道重大病害整治相关工程实施方案，按期完成了兰新高铁地震灾害复旧、长珲城际隧道病害整治等4项整治工程，有序推进贵广高铁达标提速改造工程、沪昆高铁贵阳北以南段隧道病害整治等8项整治工程，组织实施京张高铁、太崇铁路建设提升工作，从源头上解决了历史遗留问题。以年内开通项目为重点，组织对隧道洞口高陡边（仰）坡和危岩落石防治、隧道洞口防排水等情况开展检查核实，确保项目高质量开通运营。开展年内开通项目突出九类质量安全问题专项排查整治，深化“三查”“五防”，全力排查并整治不按标准设计、不按设计施工、不按标准验收、不按岗位履责的突出问题隐患。配合运营单位整治线路病害，开展2021年开通项目质量回访。

【生产安全专项行动】认真贯彻习近平总书记关于安全生产的重要指示批示精神，严格落实国务院安委会安全生产工作部署，在铁路建设系统开展燃气安全隐患排查整治、铁路建设房屋安全专项整治、坚决遏制重特大事故、国务院安委会安全生产十五条措施落实等专项排查整治活动，集中整治了一批安全隐患和问题，为铁路建设安全奠定了坚实基础。开展以“遵守安全生产法当好第一责任人”为主题的安全生产月活动，组织开展全面自查和分片督导，深入实施安全专项整治行动，加强关键安全风险防控，确保安全万无一失。开展防洪防汛专项排查整治，排查整治防洪隐患8197处，确保安全平稳度汛。

【建设环境安全稳定】开展两会、春运等特殊时段铁路建设安全稳定专项检查，全力抓好工程质量、施工安全、验收开通、投资任务、进城务工人员欠薪整治、疫情防控等重点工作，加大自查自纠力度，着力解决存在的问题，营造良好的建设环境。围绕确保国庆和党的二十大期间安全稳定，接续组织开展了铁路建设防风险保安全督导检查、铁路建设保安全保投资完成督导检查、与六大施工企业集团公司联合安全督导检查，共计对16个铁路局集团公司、18个铁路公司管理的重点建设项目开展现场督导88项次，检查施工标段262个次、工点387个次，发现问题2077个，认定不良行为27件，防范和化解了一批安全风险隐患，为党的二十大胜利召开营造了良好氛围。

（中国国家铁路集团有限公司建设管理部）

各地建设

北 京 市

住房和城乡建设

住房和城乡建设工作概况

2022年，北京市住建系统坚持以习近平新时代中国特色社会主义思想为指导，认真学习宣传贯彻党的二十大精神，全面贯彻市第十三次党代会精神，稳中求进、主动作为，圆满完成冬奥、党的二十大等重大活动服务保障任务，为推动首都新发展作出了贡献。

房地产市场保持平稳运行。坚持“房住不炒”定位，聚焦“三稳”目标，加强房地产市场调控，保持调控政策连续性、稳定性，促进市场平稳健康发展。坚持“房地联动、一地一策”供应机制，优化布局和结构。实施一系列“微改革”支持住房消费，升级购房资格审核系统并上线“绿码”服务，试行存量房交易“连环单”业务并行办理。《北京市住房租赁条例》发布实施，从法治层面保障住房租赁市场规范健康发展。

住房保障性体系不断完善。完善住房保障体系，扩大保障性住房供给，大力发展保租房，着力解决困难群众和新市民、青年人等群体住房困难。发布《北京市“十四五”时期住房保障规划》。出台“1＋N”保租房系列配套政策，印发《北京市关于加快发展保障性租赁住房的实施方案》，住建部门单独或会同相关部门印发保租房建设导则、项目认定、税收优惠、水电气热执行居民价格等配套支持政策。建设筹集保租房15.15万套（间），其他保障房6.3万套（间），竣工各类保障房9.28万套（间），分别完成全年任务101%、157%和116%。提供公租房1.6万套。发放租房补贴6.32万户。全市公租房备案家庭保障率较2020年底累计提高21.48个百分点。新增共有产权房房源9434套。

城市更新行动稳妥有序实施。颁布《北京市城市更新条例》，为首都城市更新提供坚实法律基础和制度保障。2022年城市更新工作要点明确27项政策机制创新任务、738项拟实施项目、102项示范项目，发挥专班工作机制效能，协调各区政府、相关部门推进各类项目实施。发布老旧小区改造改革方案，住建部对北京市32项改革措施梳理形成可复制政策机制清单（第六批）印发各地借鉴。制定实施《老楼加装电梯问题解决方案》，提出16条措施推进老楼加装电梯工作。探索设立城市更新基金。核心区平房申请式退租、修缮分别完成2209户、1301户；危旧楼改建、简易楼腾退启动20.86万平方米；市属老旧小区改造新确认592个、新开工330个、完工205个小区，老旧小区改造引入社会资本试点项目达到41个，中央和国家机关老旧小区改造共完工110个、在施98个，老楼加装电梯新开工1326部、完工467部；棚户区改造完成2657户，16个棚改“拔钉子”项目全部完成；老旧楼宇、老旧厂房及低效产业园区改造项目顺利推进。

物业管理条例深入实施。业委会（物管会）组建率、物业服务覆盖率、党的组织覆盖率分别达到97%、97%、99%，提前超额完成三年行动计划任务目标。全市业委会数量稳步增加，已成立业委会2453个，占业委会和物管会总量的30.8%，其中物管会转化为业委会638个。针对群众反映的物业管理类高频诉求和“深层次”难题，建立“治理类小区”治理机制，完成第一批63个“治理类小区”的治理工作，第二批65个小区的治理工作正在稳步推进中。深化专维资金改革工作，完善《北京市深化住宅专项维修资金管理改革的若干措施》，探索专维资金引入保险机制。持续推广“北京业主”APP，组织8000余个物业区域全部“落点落图”。

工程安全质量监管不断加强。建立住宅工程质量信息公示制度并开展试点工作，加强老旧小区改造工程建设组织管理，加强临时性集中隔离应急工程质量管理；“未诉先办”组织开展住宅工程质量保修责任落实情况检查。推动主体责任落实，开展安全质量状况测评，测评结果转化为日常责任落实表现信用和招投标挂钩。突出建设单位首要责任落实，持续加大对建设单位违法违规行为的查处力度。

建筑业发展质效持续提升。印发实施《北京市“十四五”时期建筑业发展规划》《北京市“十四五”时期住房和城乡建设科技发展规划》。高水平筹办服贸会工程咨询与建筑服务专题展。深化消防验收改革，推动消防验收从事前审批向事中事后监管转变。印发《北京市建设工程扬尘治理综合监管实施方案》，实施“6＋4”施工扬尘一体化改革。建设工程（含搅拌站）视频监控系统总体安装率100%。181项工程被评为“绿牌”工地。持续推进竣工联合验收改革，构建“制度＋平台＋风险分级治理＋企业评估＋菜单服务＋承诺担责＋信用管理＋工作公示”的联合验收体系，实现高效管理目标。

建筑绿色低碳发展迈出新步伐。落实“双碳”目标任务，持续加大建筑绿色低碳发展力度。出台《北京市民用建筑节能降碳工作方案暨“十四五”时期民用建筑绿色发展规划》《关于进一步发展装配式建筑的实施意见》《北京市绿色建筑标识管理办法》《北京市建筑绿色发展奖励资金管理办法》等文件，《北京市建筑绿色发展条例》通过立项论证，建筑绿色发展政策体系不断完善。新建成绿色建筑面积约3000万平方米。新开工装配式建筑面积2264万平方米。推进公共建筑节能绿色化改造，公共建筑电耗限额管理约2亿平方米。持续推广超低能耗建筑。约64.3%的绿色社区创建达标。加强绿色建材推广应用，混凝土原材料绿色运输量、建筑垃圾再生品生产使用量、新型墙材应用量同比均明显增长。

法规建设

【推进地方性法规和政府规章立法】2022年，公布实施《北京市住房租赁条例》；公布《北京市城市更新条例》，于2023年3月1日起施行；《北京市建筑绿色发展条例》通过立项论证；《北京市房屋建筑安全使用管理条例》相关调研工作有序开展；《北京市建设工程施工许可办法》完成第三次修订；《北京市民用建筑节能管理办法》立法后评估工作完成。

【深化规范性文件管理】2022年，印发规范性文件11件，100%进行合法性审查、公平竞争审查以及社会稳定风险评估，按时完成备案及门户网站公开。为各处室审核各类文件，完成住房城乡建设部、市人大、市政府法制办及其他委办局的法律法规草案征求意见稿。向司法局报审拟报市政府的文件，年内已通过审查并报市政府审议。完成市住房城乡建设委规范性文件发文原件文本扫描入库，规范性文件库建设基本完成。

【规范推进行政执法各项工作】2022年，市住建系统总计实施行政处罚4201起，实施行政检查67878次。组织开展市住建系统行政处罚案卷评查工作，对随机抽取的105卷行政处罚案件进行了案卷评查。对重大行政处罚决定进行了法制审核，出具书面法制审核意见。对撤销、撤回、注销企业资质决定进行了法制审核。组织召开行政处罚听证会。制定并发布住建系统新版行政处罚案卷文书模板，印发轻微违法不予处罚事项清单，完成新版行政执法证件换发。经过市区共同努力，行政执法各项年度工作全部完成。

【加大执法监督指导力度】2022年，会同执法总队赴房山、门头沟等区开展基层执法工作指导，定期分析通报全系统执法情况，推动全系统执法难点问题解决，督促各执法机构依法履职。上线应用移动执法终端，实现行政检查数据实时上传，与市行政执法信息服务平台实时联通。

【组织开展培训学习】2022年，组织全系统执法培训会，对新案卷评查标准、新文书模板以及违法行为分类目录进行培训。组织开展“法治大讲堂”专题培训，以信息公开工作的重点、难点为突破口，系统梳理住建领域应知应会法律法规清单，综合运用实际案例和互动交流方法开展内容解析，全面构建住建领域法律知识体系。

【调整行政处罚裁量基准】2022年，及时调整涉及住建系统的行政处罚职权，10月20日，市住房城乡建设委制定发布《北京市住房租赁条例》行政处罚职权裁量基准。落实“三单合一”改革任务，对权力清单中的行政检查事项进行整合，合并后市住房城乡建设行政检查事项共29项。

【加强事中事后监管工作】2022年，牵头推动市住房城乡建设委施工现场扬尘、物业服务企业、互联网平台经济三个监管场景试行“6＋4”一体化综合监管模式建立，督促推进房产服务领域“一业一策”规范发展，工程建设等重点行业人群诚信记录目录清单建立，物业管理和房地产中介等行业协会行业经营自律规范建立健全，按时完成各项工作总结报告工作。发布《2021年度北京市住房和城乡建设委执法年报》《2022年度北京市住房和城乡建设委“双随机、一公开”抽查事项清单及执法检查计划》，明确44项双随机抽查事项和48项执法检查计划。

【推进法治政府建设年度工作】2022年，2021年申报的《实行“四书”工作制度推进行政复议行政应诉规范化建设》被评为市政府年度法治政府建设示范项目。完成2022年法治政府建设年度报告。年内向市政府报送5个法治政府建设示范项目。

【加强法律顾问和公职律师管理】2022年，严格落实政府采购要求，规范遴选法律顾问单位。发挥法律顾问专业性作用，全面参与市住房城乡建设委立法、文件审查、合同审查等工作。组织开展委内公职律师年检申报工作，全委26名公职律师通过年检。

【加强合同审核管理】2022年，严格依法依规开展合同审核工作，共审查合同及招投标文件176项。

【稳妥做好各类复议诉讼案件办理工作】6月14日，市住房城乡建设委发布《关于贯彻落实〈北京市人民政府关于由区级以上人民政府统一行使行政复议职责的通告〉的通知》，指导各区规范履责。修订《行政复议及行政诉讼办理工作指导手册》，完善复议接待流程，保障复议体制改革有序衔接。严格落实行政机关负责人出庭应诉制度，全年委领导出庭应诉5次，委内处级干部出庭应诉103次。市住房城乡建设委作为复议机关收到复议申请96件；作为复议被申请人案件72件，新发行政诉讼70件，复议诉讼工作有序推进。

【推行多元调解化解矛盾纠纷】2022年，依法开展行政调解，市住建系统开展各类行政调解11720件，其中调解成功9264件。发挥行政复议审前调解作用，通过在复议接待时对当事人进行法律宣传贯彻和说服劝解，从源头化解行政矛盾。

【推进年度法治宣传工作】2022年，制定印发《北京市住房城乡建设系统2022年度法治宣传工作要点》《北京市住房城乡建设系统关于开展"迎接二十大送法进万家"主题宣传活动的通知》，落实"八五"普法规划，部署法治宣传工作任务。组织开展会前学法5次，在国家安全日、12.4宪法宣传日等重要时间节点张贴宣传海报，通过安居北京微博、微信平台，进行民法典、反有组织犯罪法等法律法规的普法宣传。开展法制宣传进社区、进企业、进机关相关工作，向社会公众广泛开展普法宣传。

【推进住房城乡建设领域各项行政执法工作】2022年，市区两级住房城乡建设执法部门紧紧围绕各项中心工作，统筹推进疫情防控、重大活动保障和各领域执法工作，圆满完成各项执法任务。根据市住房城乡建设系统执法工作平台数据，2022年度全市住建系统共开展行政检查72033件，实施行政处罚4652起，其中，房地产市场处罚275起，房屋管理处罚431起，建筑市场处罚630起，质量安全处罚3316起。

【抓好全市房屋中介行业疫情防控常态化检查工作】自6月房屋中介机构、从业人员纳入重点场所、重点人群后，牵头负责全市房屋中介机构门店疫情防控检查，印发《关于开展房地产经纪机构、住房租赁企业经营场所疫情防控检查的通知》（京建发〔2022〕273号），结合京办"核酸比对登记簿"工具，对房屋中介机构测温、验码、通风、消杀、健康监测等常态化防疫措施进行检查，市区两级累计检查中介门店9508家次，发现问题4410个，给予提示提醒企业2373家，约谈告诫147家，责令整改228家。

【推进房地产市场互联网执法监管工作】指导各区开展互联网执法专项工作，建立健全执法监督指导机制，通过现场培训、以案释法，提高各区网络执法工作能力。年内，市区两级共开展网络房源检查4266余项次，约谈企业75家，下线并处罚违规企业51家。开展"真房源"治理，指导互联网平台排查房源信息20余万条，拦截"不限购""破限购""送小院"等违规房源信息3万余条。

【推动《北京市住房租赁条例》出台与实施】2022年，结合执法实践经验和调研成果，在《北京市住房租赁条例》草案修改阶段，研提立法建议，以执法促立法。针对《条例》中涉及市住房城乡建设委的行政处罚职权，深入研究细化裁量基准，编制《房屋中介执法手册》，做好实施准备工作。深入开展《条例》宣贯培训，结合基层需求，对丰台、通州、房山、东城等区住建房管部门、街道乡镇、房地产经纪机构及住房租赁企业开展系列宣贯培训。

【做好建筑市场常态化执法监管工作】开展建筑市场双随机执法检查，年内，市级累计抽查建筑市场项目144项次。统筹指导各区开展建筑市场行为专项执法，4月25日，市住房城乡建设委印发《关于开展2022年度建筑市场行为专项执法检查的通知》，对全市范围内已取得建筑工程施工许可证和施工登记意见函的房屋建筑和市政基础设施工程开展检查，重点检查老旧小区改造、保障性住房项目。

【推动建设单位落实质量安全生产首要责任】2022年，持续加大建设单位违法发包特别是肢解发包行为的打击力度，重点关注防水、幕墙、外墙保温、精装修工程建筑市场行为，加强宣传引导，通过强化典型案例宣传加大执法震慑，推动建设单位落实首要责任。

【深入贯彻执行《保障农民工工资支付条例》】2022年，开展建设领域落实《保障农民工工资支付条例》执法检查，对多家施工总承包单位和专业分包单位涉嫌存在未实行劳动用工实名制管理的行为进行查处，对建设单位涉嫌存在未依法提供工程款支付担保的行为进行查处，通过专项检查和法律宣贯，提高用工单位合法合规意识。

【做好质量安全领域移转案件行政处罚工作】依法办理市建设工程安全质量监督总站移转案件，严肃查处安全质量领域各类违法违规问题。年内，累计作出行政处罚741起，其中，涉及深基坑、高支模等危大工程安全隐患类案件164件。

【统筹指导区级执法队伍建设】通过网格室日常对接指导、联合执法、大案要案会商、专项执法调研等工作，有针对性地对各区提供指导帮促，推动区级执法队伍建设。开展执法手册、执法指引、典型案例编制工作，加强执法培训，7月份通过线上形式组织召开全市住建系统行政执法业务培训会，提升一线执法人员实操能力和执法规范化水平。

房地产业

【开展房地产市场形势调控】2022年，起草并向市委市政府报送了《加强房地产市场调控促进房地产业良性循环和健康发展的意见》，继续坚持调控工作"房住不炒"定位，稳字当头、稳中求进，深化因区施策、精准调控、分类指导、有保有压，做好政策储备，适时出台实施，避免市场大起大落，确保实现"三稳"目标，促进房地产业良性循环和平稳健康发展。同时，研究提出了进一步强化房地产调控专班机制、完善"房地联动"供地机制、支持合理住房需求措施、加强管理服务和风险化解等政策建议。

【2022年度批次集中供地】坚决落实国家各项房地产调控要求，继续以"房地联动、一地一策"为核心综合施策，通过房屋销售价格引导机制有效稳定市场预期；通过严格控制土地溢价率，为企业合理利润实现和房屋品质提升预留空间；通过选取适宜地块配建保障性租赁住房，着力解决大城市住房困难问题；通过竞政府持有产权份额、竞现房销售面积、在承诺住宅建设品质前提下摇号、高标准建设方案评选等竞争方式，促进土地供应由"价高者得"向完善市场机制、提升居住品质、保障民生等多目标协同转变；落实租购并举、保障民生，增强人民群众幸福感、获得感。2022年前四批集中供应住宅用地共成交55宗、244万平方米（规划建筑面积485万平方米），较2021减少16.1%；海淀永丰、朝阳太阳宫、奶西村、丰台花乡、小瓦窑以及昌平南部等13宗地块因具有配套、产业等区域优势，后期住房销售预期较好，而另有大兴黄村、西红门、房山拱辰街道、顺义新城、门头沟永定镇以及生态涵养区等27宗地块（约一半），在各区尽量推出优质地块、优化出让条件的情况下仍底价成交，主要是前期供应扎堆或配套不足，销售回款压力较大，另有石景山首钢、朝阳前苇沟、丰台北宫镇和青龙湖4宗地块因土地成本过高或配套不足流拍。需要说明的是，在第二批次集中供地工作中，创新提出了建设"全龄友好社区"要求，选取昌平区平西府、顺义区福环和薛大人庄3宗用地进行试点，同时除试点项目外对于其他项目鼓励建设全龄友好社区。为进一步优化住房供应结构，在2022年集中供地中，市住房城乡建设委会同市规划自然资源委合理调整"70/90"政策的执行口径为按套内建筑面积执行，不再按建筑面积执行。调整后，单套住房面积有所增加，提高了居住舒适度。同时，对部分低容积率地块不再设定户型限制。

【全面处置房地产开发项目经营风险】2022年，房地产开发项目经营风险加大，经多方努力，恒大4个在建项目基本完成"信托＋托管"协议签订工作，项目建设过程中出现的各类问题不断得到解决，风险化解工作平稳推进；泰禾院子二期项目达成复工方案，更换新总包单位，实现全面复工，项目后续建设有序推进。深入排查并开展初步处置花样年、当代、融创、阳光城、国瑞置业、泛海、鸿坤、绿地等企业在京项目，为后续风险项目处置工作移交奠定了基础。

【优化商品房销售管理规定】为进一步优化北京市营商环境，做好商品住房预售现售衔接，8月12日，市住房城乡建设委印发《关于进一步优化商品住房销售管理的通知》：支持按栋申请办理预售许可，将预售许可最低申报规模调整为栋，有助于进一步优化区域住房供应节奏；实现商品住房预售现售无缝衔接，减少企业因销售手续导致无法售房出现的"空窗期"；明确因司法查封或行政限制解除、预售合同解除等符合现售条件但未纳入备案范围的房屋，可再次申请办理现房销售备案手续。

【优化购房资格核验规则】9月，市住房城乡建设委会同市规划自然资源委起草发布了《关于试行存量房交易"连环单"业务并行办理的通知》，优化购房资格核验规则（完成卖出合同网上签约的房屋不计卖出房屋家庭房产套数），将原需按顺序先后办理的房屋卖出、买入业务调整为并行办理，以提高房屋交易效率、降低购房成本。同时，对二手房带押过户开展研究，拟适时出台政策进一步提高交易效率。

【调整"台马"限购政策】11月，市住房城乡建设委会同城研中心起草发布《关于加强亦庄新城台马地区商品住房管理的通知》，明确划归北京经济技术开发区管理的通州区台湖、马驹桥地区（约78平方公里）商品住房（包括新建商品住房和二手住房）执行北京经济技术开发区商品住房政策有关规定，不再要求满足通州三年纳税或社保，仅符合在京五年纳税社保即可，有力促进了该地区商品房市场交易的回暖。

【重拳打击房屋市场违法违规行为】2022年，制定2022年房屋市场交易管理事中事后监管工作安排，将重点查处“无证售房”“不实宣传”“合同欺诈和不平等条款”“违反预售资金监管”“捆绑销售和违规分销”“信贷资金违规使用”“样板间三个不一致”等方面问题，依据住房和城乡建设部等8部门印发的《关于持续整治规范房地产市场秩序的通知》要求，市住房城乡建设委联合市市场监督管理局、市规划自然资源委等10部门制定《关于持续整治规范本市房地产市场秩序工作方案》；坚持售前约谈培训机制前置，到新批准的商品房预售项目售楼现场详细讲解北京市房地产调控及监管政策，逐条讲明价格管控、销售现场公示、销售机构和人员管理、销控表制作管理、预售资金监管、宣传广告、合同及补充协议等十多个环节的具体要求，截至9月底，共现场指导38个新批预售项目，进一步规范开发企业销售行为；开展联合执法检查，对北科建怀柔三个项目、和裕尚峰壹号、路劲御合院、密云水库周边别墅、房山区万科七橡墅、房山区绿地诺亚方舟、石景山区远洋五里春秋、北京国际公馆、K2十里春风等项目违规行为进行了依法查处；组织开展“双随机”检查抽查，深化落实行政检查“三单合一”制度，进一步明确行政检查标准，推动行政执法事项、内容、方式、标准全公开，开展“双随机”抽查房地产预售项目37家；抽查估价机构28家；组织开展拉网式排查和帮扶式检查，组织各区住建（房管）部门对全市在售项目售楼现场，采取“暗访＋排查＋指导”模式对疫情防控情况、售楼现场公示情况、样板间设置情况及安全工作情况进行了检查，针对检查发现的问题已责令企业及时整改，并要求企业严格落实疫情防控政策，依法依规开展经营活动。

【出台《北京市住房租赁条例》】5月25日，《北京市住房租赁条例》由市人大常委会审议通过并发布。条例共六章75条，从建立完善监管体制机制、保护租赁当事人权益、稳定租赁关系、规范租赁市场主体行为、培育发展住房租赁市场、加大违法违规行为处罚力度等方面进一步促进北京市住房租赁市场健康发展，推动实现住有所居。条例自9月1日起施行。

【制订条例相关配套文件】落实《北京市住房租赁条例》相关规定，8月31日，市住房城乡建设委印发《房屋状况说明书示范文本》《住房租赁企业和房地产经纪机构从业人员从业信息卡模版》。同时，按照《条例》要求，市住房城乡建设委会同市市场监督管理局对2019年发布的《北京市住房租赁合同》《北京市房屋出租经纪服务合同》《北京市房屋承租经纪服务合同》示范文本进行了修订，并于2022年11月7日至11月14日对社会公开征求意见。

【出台合同示范文本】6月14日，市住房城乡建设委会同市市场监督管理局共同出台《北京市商业办公房屋租赁合同示范文本》，精准适用于商业和办公用途的房屋租赁；8月2日，市住房城乡建设委印发《关于商业办公房屋租赁网上登记备案的通知》，开发商办租赁网上登记备案系统，实现商办租赁登记备案全程网办，优化营商环境，提升服务水平。

住房保障

【编制发布“十四五”住房保障规划】9月5日，北京市住房城乡建设委正式发布《北京市“十四五”时期住房保障规划》，这是在超大城市中首先出台的专门住房保障“十四五”规划，明确了“十四五”时期六个方面主要任务，力争建设筹集保障性租赁住房40万套（间），公租房、共有产权住房各6万套，公租房备案家庭保障率提高到85%，完成平房区申请式退租、申请式换租1万户、修缮6000户，推进100万平方米危楼简易楼改造腾退。

【完善住房保障体系】1月，市住房城乡建设委发布《关于加强本市共有产权住房政府产权份额代持机构管理的通知》创新采取“顺销”模式，当月申购、当月选房，减少摇号环节，提高配售工作效率，优化共有产权住房配售政策，细化配售规则，实现精准对接，该通知自1月15日起实施。3月，市住房城乡建设委出台《北京市关于加快发展保障性租赁住房的实施方案》，建立以公租房、保障性租赁住房和共有产权住房为主体的住房保障体系，进一步提高住房保障水平；充分发挥市场机制作用，培育市场主体，推动形成规范稳定的住房租赁市场；有效缓解新市民、青年人等群体住房困难问题，促进实现全市人民住有所居。

【印发2022年住房保障工作要点】3月8日，经市政府批准，市住房城乡建设委印发《北京市2022年住房保障工作要点》，确定住房保障工作3项总体目标和35项主要工作措施，确保做好住房保障、棚改征收拆迁、城市更新等各项工作，作为市政府对各区及相关单位落实住房保障工作任务考核的依据。全年计划建设筹集保障性租赁住房15万套（间），其他保障性住房4万套；竣工各类保障性住房8万套（间）；公租房备案家庭保障率不足85%的区，在2020年底基础上提升20个百分点；核心区历史文化街区平房区申请式退租、申请式换租完成2200户，修缮1000户；危旧楼房改建腾退启动实施20万平方米；棚户区改造完成签约不低于2124户。

【印发规范共有产权住房出租管理工作的通知】 3月1日，市住房城乡建设委、市发展改革委、市财政局、市规划自然资源委四部门联合印发《关于规范共有产权住房出租管理工作的通知（试行）》，3月20日起正式实施。明确共有产权住房出租规则条件、办理平台和相关监督管理措施，要求就低确定政府份额租金收益，北京市共有产权住房租赁服务平台同步上线，实现全程网办。年内，市级网络服务平台共注册用户4128户，发起出租申请297条，全市共收取租金定额收益501笔、45万余元。

【推进共有产权住房代持机构管理政策实施】 2022年，积极开展政策培训，明确住房保障领域特殊功能类国有企业具体工作职责。发布共有产权住房代持机构名录公告，指导区住建房管部门出具授权委托书，督促代持机构建立政府份额台账。

【开展规范保障性租赁住房租金备案管理研究】 2022年，对租金备案程序、租金确定原则开展研究，在征求各相关处室、各区意见的基础上，进一步修改完善。同步启动保障性租赁住房市场租金评估技术指引研究工作，积极对接保障性租赁住房租金备案信息系统需求。

【落实保障性租赁住房供地计划】 2022年，充分发挥“一地一策”会商机制作用，在适宜地块配建一定比例保租房，加强对建设单位和回购单位的政策指导，截至12月底，全年共成交配建地块3宗，配建面积1.77万平方米，房源约300套。及时跟踪各区拟供地落实情况，督促加快地块供应，确保完成全年供地任务。

【开展新毕业大学生保租房青年公寓试点】 2022年，优选院校集中、产业聚集的8个项目、2170套（间）房源，重点在毕业季期间，面向在京就业创业且无房的新毕业大学生开展专项配租，累计4252人在线登记配租，陆续选房入住，帮助新毕业大学生安居，迈好走出校门的第一步。

【成功申报发行全国首批公租房公募REITs】 2022年，在全国范围内率先以公租房作为标的资产申报租赁住房REITs，试点项目为北京保障房中心持有的海淀文龙家园、朝阳熙悦尚郡2个公租房项目，项目8月5日获证监会注册批复、8月31日正式在上交所上市，北华夏北京保障房REITs开盘仅8分钟成交额即破5000万元，并率先涨停。

【率先与建设银行合作推出住房租赁基金】 11月8日，建设银行住房租赁基金成立发布暨合作签约仪式举行，其中签订的子基金合作协议，首期拟设立规模50亿元，主要用于低效闲置商办等项目转化为保障性租赁住房。

【搭建保障性租赁住房供需对接平台】 2022年，积极回应企业人才住房支持诉求，面向重点企业组织两次专项对接活动，组织中国电信、京东集团等20余家重点企业实地参观华润有巢丰台葆台、大兴润棠瀛海保障性租赁住房项目，为供需双方搭建对接平台。同时，会同市台办共同推出面向在京台胞的保障性租赁住房配租计划，与首开集团共同举办“保障性租赁住房台胞看房专场”活动，84名在京台胞实地考察了“保利首开乐尚N＋公寓”租赁住房项目，15位台胞选房入住。

【做好保障房税费减免工作】 1—12月，共为36个项目、92652套保障房出具税费减免意见，其中免收行政事业性收费和政府性基金项目30个、87670套；共有产权住房暂不预征土地增值税项目6个、4982套。

【住房保障资格审核情况】 2022年，全市各街道、乡镇住房保障部门共收到各类保障房资格申请24810户。保障房（公租房实物住房）资格申请12804户，其中新申请12688户、“三房”轮候家庭116户，约占各类资格类型的51.6%，与去年同期相比下降31.7%；1—12月备案12847，含“三房”轮候家庭101户。公租房租金补贴资格申请4082户，备案3932户，约占16.5%，与去年同期相比增长3.95%。新增市场租房补贴资格申请7924户，约占各类资格类型的31.9%，比去年相比下降了43.21%，备案4965户。

【公租房分配情况】 2022年，全市启动公租房配租31个批次，共提供房源1.6万套，全市公租房备案家庭保障率达到64.00%，比2020年和2021年底分别累计提升21.48和9.09个百分点。圆满完成累计提升20个百分点任务目标。

【持续抓好保障房使用监管工作】 2022年，开展公租房专项检查工作，突出公租房合同录入安居北京系统检查，市级组织实地检查80个公租房项目。持续开展公租房项目双随机检查，2022年双随机检查项目24个。抽取1000户领取市场租房补贴家庭对是否实际居住等情况开展检查。开展公租房入住项目居民满意度调查。

【北京市首例申请式换租项目启动】 2021年12月29日，市住房城乡建设委会同东、西城区政府联合印发实施《关于核心区历史文化街区平房直管公房开展申请式换租有关工作的通知》，为更好的改善居民居住条件，增加居民的选择，在“申请式退租”的基础上增加“申请式换租”模式作为补充，旨在为居民改善生活条件提供更多选择，两种方式并举，租售联动。居民选择完全自愿，既可以选择通过申请式退租购房，也可选择申请式换租模式改善居住条件。2022年8月22日，西城区白塔寺宫门口东西岔片区申请式换租试点工作正式启动，这是北京市首例申请式换租试点项目，域内有187户居民，其中直管公房住户98户，截至12月底共换租签约16户。

【棚户区改造超额完成年度任务】截至2022年12月31日，全市计划完成棚户区改造2124户，实际完成2657户，完成全年任务的125%。全市共有16个项目完成征拆收尾，完成率100%。资金平衡地块入市交易18宗（约51.05公顷），成交金额约521.29亿元。

公积金管理

【住房公积金年度归集管理情况】截至12月31日，北京地区建立住房公积金单位57.02万个，建立住房公积金职工1301.72万人，全年新增住房公积金缴存职工73.68万人。北京地区全年归集住房公积金2924.31亿元，提取2113.59亿元，净增810.71亿元。累计归集23454.91亿元，累计提取16462.71亿元，余额6992.21亿元。

【住房公积金年度贷款发放情况】2022年，北京地区全年发放住房公积金个人贷款8.18万笔、金额631.27亿元，回收金额444.38亿元，净增186.89亿元。支持职工购房面积714.02万平方米。截至12月31日，累计发放住房公积金个人贷款143.88万笔，发放贷款金额8899.29亿元，回收金额3815.13亿元，余额5084.15亿元。年末个人住房贷款余额占缴存余额的72.7%，住房公积金个人住房贷款市场占有率（指2022年末住房公积金个人住房贷款余额占当地商业性和住房公积金个人住房贷款余额总和的比率）为29.9%。截至12月31日，累计发放项目贷款37个，贷款额度236.09亿元，建筑面积约943万平方米，可解决约9万户中低收入职工家庭的住房问题。36个项目贷款资金已发放并还清贷款本息，无逾期项目贷款。

【扎实做好接诉即办工作】2022年，坚持“1小时接单、1天内联系、7天内回复、节假日无休”，全年受理12345工单4601件，接诉即办排名连续11个月全市第一，位居全市前三分之一。固化“一周一碰头、一月一研究、一季一通报、一年一奖惩”工作机制，坚持“发一个温馨的信息、打一个温馨的电话、提供一个温馨的场所”办理模式，做到“见面是常态，不见面是例外”。增强未诉先办，加大出租车、人力资源等领域执法宣传，开展溯源治理。

【持续优化服务环境】2022年，多举措完成全市“1＋1”5.0版改革任务。全面完成3项创新试点改革任务、10项5.0版改革任务、3项重点改革任务，取消委托收款“三方协议”在首都公积金领域率先试点。《优化服务环境措施（2.0版）》67项任务全部完成，“全程网办”事项增至40项，“跨省通办”事项增至13项，95%事项可“不见面”办结，办事材料从33份减至27份，办理时限从23天减至16天，跑动次数从0.19次减至0.05次。贷款申请审核时限由9个工作日缩至3个，启用电子印章、电子签字，减少二手房借款人签字20个。通过取消证明、跨省通办、证明告知承诺制等方式减证明。深化改革创新，取消所有业务证明，个人不再承担担保费、评估费，提取、贷款业务可由个人自行办理，基本实现“无需证明、无需费用、无需代理”目标。多措并举提升服务效能，6个业务大厅、2个银行代办网点试点自助服务，安装调试72套自助设备，综合窗口数量再精简20%。贷款业务进驻市级政务服务中心，归集、提取、贷款业务在城区管理部及贷款中心均可受理。

【深入推进住房公积金制度改革】积极支持老旧小区综合整治，父母、子女之间可互助提取公积金，危旧楼房改建项目可申请个人贷款。推动京津冀公积金协同发展，与天津中心、河北省厅监管处及河北省内14个城市中心会签《京津冀住房公积金区域协同发展合作备忘录》；三地共享5类公积金信息，通办9项业务。探索提高居民住房消费能力，研究制定《灵活就业人员参加住房公积金制度试点方案》《北京市灵活就业人员参加住房公积金制度试点管理办法》。研究加大共有产权房个人贷款政策支持力度，加强政策储备。8月26日，印发《关于逐月领取退役金退役军人办理住房公积金有关问题的通知》，完善退役军人开立账户、补缴转存及申请贷款等业务流程。

【不断加强行政执法体系建设】2022年，加快建成“四个一”执法体系。制定完善行政执法“三项制度”，修订农业户籍职工案件办理指引、处罚案件办理指引，建立全流程规范化标准。3月17日，与市高法联合印发《关于建立协作联动机制的工作办法》，提升执行联动能力。坚持人岗相宜，138名执法人员全员“双证”上岗。做好“双随机、一公开”，首次对18个管理部、118份案卷开展评查。坚决维护职工合法权益，为1.3万名职工追缴公积金2.6亿元。

【加快“智慧公积金”建设】2022年，助力“京通”体系建设，对接微信、支付宝、百度的“京通”小程序，发布15个事项、21个功能；加大业务协同，全市统一申办受理平台上线4个事项、开发11个事项，市政务服务自助平台上线12个事项，电子档案“应归尽归”；拓展“掌上办”服务事项，15个事项可在北京公积金APP、北京通APP及其微信、支付宝、百度小程序办理。加快建设智能客服，政务网站上线智能机器人。执法业务信息系统上线12个功能，实现个人投诉案件全流程办理、微信公众号查询案件进度功能。持续推进档案信息化建设。

城市更新

【《北京市城市更新条例》正式颁布】推进城市更新立法，是贯彻中央和国家战略部署，落实总书记对北京工作指示的重要举措，也是解决城市更新有关问题的现实需要。2021年11月，市人大常委会主任会议决定同意立法立项。2022年2月，市人大常委会、市政府成立立法工作专班，由主管领导任专班双组长，专班成员单位全程参与起草工作。7月，《北京市城市更新条例》草案经市政府常务会议研究讨论，提请市人大常委会审议。8月，通过万名代表下基层机制征集到7.6万余群众的10272条意见建议；通过市人大常委会组成人员联系市人大代表机制和基层立法联系点制度，再次广泛征求各方面意见建议；专门向全国人大常委会法工委、住房和城乡建设部、自然资源部沟通请示，争取政策支持。9月，市人大常委会进行了第二次审议。11月中旬，市委常委会听取了《北京市城市更新条例》立法工作汇报。11月25日，北京市第十五届人民代表大会常务委员会第四十五次会议第三次审议决定通过并正式面向社会发布，自2023年3月1日起施行。

【推动城市更新项目实施】2022年，组织各区全面梳理2022年拟实施项目和示范项目，5月20日印发了《2022年城市更新工作要点》（简称《要点》）《北京市第二批城市更新示范项目清单》和《2022年城市更新拟实施项目清单》。《要点》明确了各类项目年度工作目标，共梳理27项政策机制创新任务，根据各部门、各区职责，将任务分解到20个市级部门及各区政府。2022年度拟实施项目738项，结转332项，新增406项。老旧小区、棚户区改造和老旧厂房项目较多，分别为431个、117个和55个，占比八成，其余项目135个占比两成，其中区域综合性项目26个，隆福寺、大红门、回天地区等重点项目均已纳入。2022年度示范项目102项，其中核心区20个项目，中心城区及副中心43个项目，其他区39个项目。加强项目调研、调度，推动项目落地实施，委领导带队赴首农、金隅、排水集团等市属国企调研，走访怀柔区金隅兴发水泥厂升级改造项目、河防口粮库升级改造项目，平谷区中关村农业科技园创新工厂、南小区老旧小区升级改造项目和府前街棚改等项目，介绍立法工作进展，指导项目实施。

【居住类城市更新项目平稳推进】2022年，核心区平房（院落）申请式退租2209户，完成年度任务的100.4%，平房修缮1301户，完成年度任务的108%；启动危旧楼房改造（含简易楼腾退）约20.86万平方米，占年度任务的103%，“7＋4”危旧楼改建试点项目正加快推进；2022年共新确认592个小区纳入老旧小区改造计划，新开工330个，新完工205个；老楼加装电梯新开工1326部，完成加装467部；完成棚户区改造2657户，完成全年任务的125%，“拔钉子”项目完成16个，完成率100%。

【举办城市更新论坛及项目推介会】首届“北京城市更新论坛”于7月12日在石景山首钢园区成功举办。住房和城乡建设部总工程师李如生、北京市副市长隋振江出席并致辞。城市更新论坛是吸引社会资本参与城市更新重要途径，展示北京城市更新主要成就的平台。央视频全程直播，人民日报、经济日报、人民网等20余家新闻媒体特别关注，各种自媒体公众号都及时跟进报道。市委、市政府、市规划自然资源委、中建集团、建行、首开集团、万科集团等百余家政府、企事业单位参加了论坛开幕式。会上表彰了首钢老工业区（北区）更新项目、南锣鼓巷四条胡同（雨儿、福祥、蓑衣、帽儿）修缮整治项目等城市更新“最佳实践”16个项目和北人厂（南区）老旧厂房改造提升项目、杨梅竹斜街环境更新及公共空间营造项目等“优秀案例”18个项目。为推动城市更新项目和信息共享，推动不同企业间的优势互补和强强联合，探索多元化城市更新模式，成立了北京城市更新联盟。现场签约了东城区皇城景山街区城市更新等城市更新重点项目。同时，还安排了政策解读、学术演讲、项目推介、案例分享等多种形式的活动，围绕城市更新相关的文化传承、商业焕新、科技赋能等主题以及对城市更新实践中发现的问题进行了深入探讨和广泛交流。

【探索实施城市更新行动创新路径】2022年，在完善政策的同时，大力推进城市更新项目实施，积极探索实施城市更新行动的创新路径，实施菜西、观音寺等核心区平房院落整治修缮，探索实践“共生院”模式；启动光华里、光明楼等危旧楼改建试点项目，探索成本共担、利益共享、“多个一点”的资金筹集模式；基本完成王府井、西单等22个传统商圈改造升级，引入首店、旗舰店，焕发城市商业活力；推动老旧厂房、低效产业园区改造，新首钢地区已成为新时代首都城市复兴新地标；打造望京小街、福隆寺“有里有面”的精品街区，实施石景山模式口老街、通州张家湾设计小镇等片区化更新，有效推动了区域环境和功能业态的整体提升。

【全市老旧小区综合整治和老楼加装电梯进展】 2022年初，“老旧小区改造新开工300个、完工100个；坚持以产权单位为主体，按照成熟一个推一个的原则，支持配合200个以上央属产权单位老旧小区改造；稳步推进老楼加装电梯工作，开工400部以上、竣工200部以上”被列为2022年度市政府重点任务和重要民生实事。同时，老楼加装电梯被列为“接诉即办”“每月一题”开年第一题重点推进，明确提出至少开工1000部，力争开工1500部”的目标任务。市住房城乡建设委将任务分解至各区，压实各区责任；各区紧盯任务指标，在做好疫情防控基础上，合理安排工作节奏，抓紧开展老旧小区改造各项工作。截至12月31日，全市市属老旧小区实现新开工330个小区，新完工205个小区，超额完成任务目标；新纳入市属改造计划592个小区，为2023年改造工作做好项目储备；老楼加装电梯完成年度至少开工1000部工作目标，实现新开工1326部，完工467部，安装爬楼代步器3个单元，新开工数量是2021年的近3倍。坚持老旧小区改造和治理并重推进，列入改造计划的小区95%以上成立业委会或物管会，90%以上的小区引入规范化物业管理。市统计局2022年开展的老旧小区改造工作抽样调查中，居民对改造效果满意度为95%。

【持续扩大引入社会资本参与试点】 2022年，积极探索改造资金多元共担新模式，推进引入社会资本参与改造意见落地见效。在统筹授权使用、规划实施细则、财税金融支持等方面积极开展尝试创新，进一步推广“劲松模式”“首开经验”等引入社会资本试点成功案例，鼓励市区属国企作为平台，与专业企业合作推进，深化培育市场化改造机制。截至12月底，全市引入社会资本参与实施的老旧小区改造试点项目，由2020年的6个增加到41个，涉及12个区、12个市区属国企和民营企业，其中15个项目已完成改造，18个已进场施工，8个前期准备。从已完成改造的试点项目运营情况看，整体效果良好，受到居民广泛好评。

【统筹推进市政管线更新改造】 2022年，在2021年试点基础上，7月7日、12月28日先后发布了两批市属老旧小区管线改造计划，涉及13个区、244个小区。整合专业管线现行资金支持政策，进一步加大市政府固定资产投资支持力度，明确对于小区红线内的排水管线改造，按工程投资30%比例给予市政府固定资产投资补助。进一步落实“七个一”要求（即一个各类管线改造实施方案、一次资金批复、一次施工改造、一个勘察单位、一个设计单位、一个施工总承包单位、一个监理单位），加强小区内专业管线改造统筹工作力度。同时，在资金立项申请、优化手续办理、强化施工管理等方面，明确了具体要求，进一步推动建立管线改造新模式，避免小区内道路反复“开拉链”，同时积极推动专业管理服务入楼入户。

【持续推进危旧楼、简易楼改造试点】 2022年，市住房城乡建设委认真贯彻落实市委市政府的工作部署，坚持以自下而上的居民需求为导向，按照清单化管理、项目化推进要求，通过拆除重建和腾退相结合的方式，积极指导各区加快推进危旧楼房改造项目实施，重点着力解决群众急难愁盼问题，改善民生环境、保障居住安全、推动城市更新。同时，积极支持配合中央和国家机关，统筹推进中央单位危旧楼房改造工作。按照“十四五”改造计划安排，2月18日，市住房城乡建设委下发了《关于下达2022年度危旧楼房改造计划的通知》（京老旧办发〔2022〕5号），提出各区应完成不少于20万平方米的危旧楼房改造目标任务。截至12月31日，全市已启动危旧房改造（含简易楼腾退）约20.86万平方米，全年任务目标占比104%，圆满完成年度工作任务。

【积极推动在京央产、军产老旧小区改造】 2022年，按照“双纳入”工作机制，统筹推进中央单位在京老旧小区改造工作；健全央地对接联络机制，完善诉求，集中央产老旧小区清单制度；推动央企改造政策出台，央企改造政策起草修改完善历时2年，期间市住房城乡建设委会同市有关部门与国务院国资委、财政部等国家部委积极沟通协商；城六区、通州区和大兴区的11个混合产楼栋或小区试点顺利推进，其中8个已启动实施，1个已完工；积极推进解决西长安街街道群众急难愁盼问题，协调推进钟声胡同1、2号楼等7个央产改造项目和2个加装电梯项目顺利实施；2022年，中央和国家机关老旧小区改造项目共完工110个，在施98个。推进北京地区军队老旧住房小区改造工作；会同市级相关部门和军队单位共同研究制定北京地区军队老旧住房小区改造实施方案，成立工作领导小组，设立工作专班，明确任务分工，组织开展9个试点项目的踏勘和概算编制，就由我市负责实施的3个项目编制了实施方案，明确启动条件。

【聚焦难点问题推进政策措施改革创新】2022年，为落实国务院办公厅、市委市政府和住建部新的工作要求，总结推广北京市实践经验并学习借鉴外省市好的做法，扎实推动已有政策细化落地，破解当前难点堵点问题，一方面，市住房城乡建设委牵头起草了《北京市老旧小区改造工作改革方案》(简称《方案》)，围绕健全工作机制、完善工作措施、加快改造推进等内容提出了8个方面32项改革措施，期间广泛征求各区、各部门意见。《方案》于11月9日以市政府办公厅京政办发〔2022〕28号正式印发实施。方案印发后，被住房和城乡建设部列为2022年第六批可复制可推广经验（北京专篇）在全国推广。另一方面，市住房城乡建设委不断完善配套政策，在加强工程建设组织管理、做好楼内上下水改造、指导老楼加装电梯业主协商和规范业主出资比例、加装电梯前期调查与可行性评估、引入社会资本贷款贴息，以及住房公积金和住宅专项维修资金支持老旧小区改造和加装电梯等方面，陆续出台意见办法，不断细化完善措施办法。

城市建设

【全市新开工情况】2022年，全市办理房屋建筑工程施工许可共702项，总规模4946.20万平方米、同比下降4.12%。上述办理施工许可的房屋建筑工程中，住宅项目283项，建筑面积2748.88万平方米，同比下降1.53%，其中商品住宅128项，1122.73万平方米，同比下降1.50%；其他类住宅155项（含政策性住房、职工自建房等），1626.15万平方米，同比下降1.56%。

【重大项目完工53项】2022年，北京市共确定300项重点建设项目，其中计划新建项目120项，续建项目180项，力争当年竣工69项，总投资约1.3万亿元，2022年计划投资2801亿元。2022新开工93项、完工53项，完成投资2971亿元，投资进度为106%。重点建设项目超额完成投资任务，基础设施保持高强度建设，城市发展框架进一步拉开，京津冀协同发展重点项目建设取得新突破，城市空间结构进一步优化。

村镇规划建设

【农村危房改造】2022年，北京市将农村低收入群体危房改造纳入全市困难人员救助"一件事"集成服务平台，设置政策引导链接，从源头加强政策宣传，进一步保障农村低收入群体住房安全。全市2021年度农村危房改造任务210余户全部竣工验收；2022年度农村低收入群体危房改造任务370余户全部开工或通过其他方式解决安全住所，且竣工率达到90%以上。2022年度中央农村低收入群体危房改造补助资金294万全部支出完成，是全国第一个完成的地区；2023年度提前下达的年中央财政农村低收入群体危房改造补助资金147万元全部下达区财政部门。

【农村房屋安全隐患排查整治】根据住房城乡建设部农村房屋安全隐患排查整治信息平台统计显示，全市累计排查各类农村房屋125万余户，包括用作经营的农村自建房8万余户和其他农村房屋（未用作经营的农村自建房和农村非自建房）116万余户。年内，其他农村房屋中，初判存在安全隐患的3万户已全部完成评估或鉴定，经评估或鉴定为危房的1.7万余户，整治完成81%以上，尚未完成整治已全部制定整治计划。完成8万余户用作经营的农村自建房"回头看"工作。配合完成国务院安委会对全市2021年度安全生产相关考核工作。

【农宅建设专项检查】2022年，对通州、顺义、昌平、怀柔、密云、平谷、大兴、门头沟、房山和延庆区开展抗震节能农宅建设专项检查，累计入户检查80户。邀请相关领域专家，对房山、延庆、门头沟、密云、顺义、通州和大兴区农村房屋安全隐患排查整治及农村低收入群体危房改造工作情况进行现场督导，累计实地调研50余户。委托第三方机构对各相关区农村低收入群体危房改造、抗震节能农宅建设完成情况和农村房屋安全隐患排查整治推进情况进行抽查，全年累计抽查2100余户。

【完善农村建筑改造系统建设】2022年，优化升级北京市农村建筑改造监管系统，搭建完成2021—2025抗震节能子系统功能模块。向各区印发《关于启用北京市农村建筑改造监管系统中2021—2025年抗震节能子系统的通知》，并针对系统操作使用提供业务指导。研究与市民政局、市公安局、市残联等部门业务系统数据交换功能，建立信息共享机制。

【加强农房建设政策宣传】2022年，制作《北京农村危房改造和抗震节能农宅建设指南》动画短视频，并在"首都之窗"网站、市住房城乡建设委门户网站、"安居北京"微信公众号向社会公开发布，加强北京市农村低收入群体危房改造、抗震节能农宅建设相关政策宣传力度，进一步提高农村群众房屋安全意识。

【深入推进抗震节能农宅建设工作】2022年，共完成抗震节能农宅建设6000余户验收和资金兑付工作。为加强年抗震节能农宅建设管理，对抗震节能信息系统进行了更新升级。

【开展村镇建筑工匠培训工作】2022年，为全面贯彻落实"十四五"时期乡村人才队伍建设要求，为农民工创造就业岗位，促进农户就业增收，积极组织村镇建筑工匠培训工作，全市参与报名人员643人，由于受疫情影响，实际参加培训人员89人，考核合格81人，通过率91%。

【村镇建设其他服务工作】3月10日，为规范和指导农宅建设工作，市住房城乡建设委与市农业农村局印发了《关于进一步加强2022年宅基地及建房规范管理工作的通知》，进一步明确了农宅建设的审批、验收和管理职责。以"新材料、新技术、新工艺"为主题，累计开展了2期科技下乡推广活动，村民参加人数达到1000余人。开展抗震节能农宅入户检查800余户。

标准定额

【大力推进标准编制工作】2022年，组织标准审查会60多次，发布了40部北京市地方标准，其中含《住宅厨卫排气道系统应用技术标准》《装配式建筑施工安全技术规范》《预应力混凝土结构技术规程》3部京津冀区域协同地方标准，有力地促进了三地在工程建设领域的深度合作，开创了区域协同编制地方标准的先河，也使市住房城乡建设委的标准体系更加完善。

【继续开展地方标准宣贯培训工作】2022年10月，联合天津市住房城乡建设委、河北省住房和城乡建设厅，对涉及范围广、社会关注度高的《预应力混凝土结构技术规程》等3部京津冀标准和《薄抹灰外墙外保温工程技术规程》《居住建筑节能工程施工质量验收规程》等10部北京市地方标准进行集中宣贯，6000余人次参加线上学习。不断拓展标准培训新途径，通过"处长政策解读日"对地方标准现状、编制流程、地方标准管理办法、标准体系等内容进行解读，130余人次参与学习与交流。积极参与住房和城乡建设部全文强制性标准宣贯培训，相关业务处室、主编单位共计200余人次参与学习。

【加快标准管理信息系统建设】2022年，为提升标准编制质量，把控标准编制进度，市住房城乡建设委开发了"工程建设地方标准管理信息系统"，实现标准编制及管理全过程信息化。编制单位可通过系统提交标准编制材料，实现参编人员管理、征求意见、标准查询和接收通知公告；管理单位可通过系统实现标准全过程材料审核、地方标准信息更新、日常管理、通知公告发布、统计分析和综合查询，提升标准管理效率。

【加大标准信息公开力度】2022年，为加大地方标准宣传力度，在市住房城乡建设委官网开设了"标准管理"专栏，包含通知公告、标准查询、征求意见和标准宣贯四个模块，扩大了标准的推广使用效率和公众参与度，方便了公众查询下载地方标准文本，实现了与市市场监督管理局同步挂网征求意见和宣贯视频随时观看等。

【蒸压加气混凝土墙板系统应用技术规程发布】2022年8月，《蒸压加气混凝土墙板系统应用技术规程》发布，并于10月正式实施。该标准提出3种外墙板围护系统和隔墙板系统，满足各类型建筑的需求，并规定蒸压加气混凝土墙板组合单元体的设计、构造及安装要求，进一步规范了蒸压加气混凝土墙板系统在建筑工程中的设计、施工、质量验收等技术要求，为北京市解决外墙保温脱落及防火问题提供了有力的技术支撑，同时也为超低能耗建筑提供了一种有效的围护结构解决方案。

【全力推进《建筑工程消防施工质量验收规范》标准编制实施】6月21日，《建筑工程消防施工质量验收规范》DB11/T 2000—2022获市场监管局批准，并于10月1日起实施。该规范着力加强消防施工质量过程管理，细化完善消防查验工作流程，为参建单位明确工程施工过程中可实操的工作依从，推动参建单位明确消防施工质量控制点、细化消防工程质量管理办法、完善消防查验工作流程，有效推动参建各方依法履行主体责任，稳步提升建筑工程消防施工质量水平。

【不断完善保障性住房建设标准】4月14日，市住房城乡建设委会同市规划自然资源委发布《北京市保障性租赁住房建设导则（试行）》，对保障性租赁住房的整体规划、配套设施、单体设计等提出了基本建设要求，并创新性地提出公寓型租赁住房类型，具有鲜明北京特色。继续推进公租房地方标准制修订工作，对社会关注的家庭代际及多孩等新需求予以回应。

【进一步规范提升老旧小区改造工程标准化管理】规范老旧小区改造工程安全施工、绿色施工，5月26日，市住房城乡建设委于印发《北京市老旧小区改造工程施工现场安全生产标准化管理图集（2022版）》，保障施工人员和广大人民群众的安全，推动老旧小区综合整治工作持续健康发展，避免和减少施工影响居民正常生活，防止生产安全事故。

工程质量安全监督

【组织开展监理业务培训工作】 3月17日、4月8日，市住房城乡建设委召开两次全市工程监理企业培训视频会，全市230余家监理单位共计5500人次参加了会议。会议对做好“风险分级管控平台”“建筑工程资料电子化”，提升监理人员履职能力和管理水平，以及对2023年监理的重点工作提出了要求和布置。

【进一步规范建设单位委托质量检测工作】 3月28日，市住房城乡建设委印发《关于进一步加强房屋建筑和市政基础设施工程建设单位委托质量检测管理的通知》，进一步规范建设单位对见证取样的建筑材料、建筑构配件和设备、预拌混凝土、混凝土预制构件和工程实体质量、使用功能检测的管理。

【住宅工程质量保修责任落实情况检查】 5月17日，市住房城乡建设委印发《北京市住房和城乡建设委员会关于组织开展2022年住宅工程质量保修责任落实情况检查的通知》，要求相关单位在汛期、极端天气等质量问题易发、多发的时间节点前，针对2020年以来已竣工交付的住宅工程及已经完成改造的老旧小区综合整治工程，建立自查、复查和巡查机制，督促建设单位主动完成质量隐患排查，自查率和质量保修维修率均达到100%。

【持续规范检测市场秩序】 7月7日，市住房城乡建设委印发《关于进一步加强工程质量检测质量管控工作的通知》，督促工程质量检测机构深刻汲取检测弄虚作假等违法事件教训，举一反三，加强质量管控，抓好工程质量检测工作。同时召开全市建设工程质量检测管理视频工作会议，进一步部署落实各项管理措施，切实把检测各环节工作抓实、抓细、抓严、抓到位，确保检测数据的准确性、真实性，确保检测工作质量。

建筑市场

【工程招标投标监管情况】 2022年，北京市级总包市场入场招标625项，其中施工总承包项目430项，监理项目195项。市级专业市场入场招标1312项，其中专业承包项目139项，专业分包项目654项，货物采购项目519项。开展“双随机一公开”事中事后监管，抽查施工总承包工程环节9816个，提出强制性整改意见2951条；抽查监理工程环节4520个，提出强制性整改意见587条；抽查专业工程项目1073个，抽查环节3364个，提出强制性整改意见1076条，市场主体均按照整改意见完成整改。

【持续深化工程造价管理市场化改革】 2022年，为推动工程造价管理市场化改革成果落地，助力企业尽快适应工程造价市场化形成机制，指导市场主体正确理解和准确适用《2021年北京市建设工程计价依据——预算消耗量标准》，在发布配套政策解读和宣贯视频的基础上，编制发布了案例指引和应用指南等培训指导材料。

【健全完善建筑市场信用平台建设】 3月10日，市住房城乡建设委印发《关于进一步加强北京市房屋建筑和市政基础设施建设工程企业和注册人员市场行为信用评价工作的通知》（京建发〔2022〕69号），对施工总承包企业、工程监理企业和注册建造师、注册监理工程师的市场行为信用评价标准进行调整，制定房建市政工程项目动态评价办法，将工程建设项目施工现场质量安全与创新驱动情况纳入信用评价指标体系，并与招投标挂钩，实现施工现场与交易市场的“两场联动”。全面开展信用信息归集、公示和共享工作。落实市住房城乡建设委2022年“小切口”“微改革”政策措施，调整信用体系建设、信用评价标准，扩大企业（个人）信用信息归集范围，完成冬奥会项目社会责任加分方案起草工作，启动为北京冬奥会参建企业社会责任等企业荣誉加分工作。2022年已完成“双公示＋信用数据”公共信用信息归集的报送工作、信用服务监管平台的信用评价、双控平台合同复核工作、工程招标代理机构信息报送工作等，对5类企业、2类人员开展了信用评价工作，评价结果在建筑市场信用平台向社会公开，同步共享至市信用平台。完善北京市建筑市场信用信息监管服务平台，针对“信息孤岛”问题，整合归集建筑市场各类业务数据，向社会公开发布，提供建筑市场企业、人员、项目、信用等信息的查询服务，为业务部门在招投标、企业资质申请、监督检查等方面提供了便利。推进信用承诺及履约践诺归集工作，按照《北京市政务服务事项告知承诺审批管理办法》（京审改办发〔2020〕1号），开展施工许可告知承诺方式办理、建设工程企业资质许可告知承诺制办理，与市经济信息化局开展两次工作对接，已归集了部分承诺信息和违诺信息至市信用平台。配合相关部门落实优化营商环境措施，推进重点领域重点人群信用体系建设，参加各类优化营商环境会议近20次，按月向审批处、法制处、市发改委等部门提供推进情况报告。组织开展了1次线下培训，近100人参加培训，组织1次线上视频培训，近2万余人参加了培训。持续推进新标准的系统开放工作，每周召开例会，确认相关需求，推进系统开放工作，通过视频会议方式召开6次会议，并形成相关会议纪要和工程需求，召开相关职能部门会商确认最终功能需求。完成《关于做好2022年北京市“双随机、一公开”监管工作》《关于征求〈2022年北京市加强和规范事中事后监管重点工作任务〉意见的通知》等委内外通知、来函和征求意见等33份。

【加强建筑工程安全质量监管】4月，市住房城乡建设委、市应急管理局等11部门共同研究制定了《限额以下工程施工安全管理办法（试行）》，全面加强限额以下工程施工安全管理。根据工程项目综合风险分级政策实施以来的成效反馈，经过充分调查研究，7月，市住房城乡建设委印发《北京市住房和城乡建设委员会关于进一步强化北京市房屋建筑和市政基础设施工程综合风险分级管控有关工作的通知》（京建发〔2022〕252号），整合了2019—2021年市住房城乡建设委印发的相关文件，简化分级标准、优化定级流程，在工程办理施工许可手续时，采集“工程规模”“周边环境情况”“超规模危大数量”“预期用途及人员密集情况”等因素信息，确定项目综合风险等级，减少工程参建单位工作环节，基于综合风险等级实施联合验收，并实施更加精细的差别化检查。

建筑节能与科技

【开展公共建筑能耗限额管理工作】2022年，按照《北京市民用建筑节能管理办法》（市政府令第256号）规定，开展了公共建筑能耗限额管理工作。截至12月31日，共有14499栋公共建筑纳入电耗限额管理范围，涉及建筑面积1.96亿平方米；完成公共建筑信息核查采集共1883栋。

【北京市节能建筑占比进一步提升】2022年，北京市新增城镇节能民用建筑3426.44万平方米，其中居住建筑2150.75万平方米、公共建筑1275.69万平方米，全部按照现行建筑节能设计标准设计施工；完成既有居住建筑节能改造551.26万平方米。北京市累计建成城镇节能住宅57874.52万平方米，节能住宅占全部既有住宅的96.1%；累计建成城镇节能民用建筑84646.37万平方米，节能民用建筑占全部既有民用建筑总量的82.11%。

【开展民用建筑能源资源消耗统计工作】2022年，按照住房和城乡建设部《民用建筑能源资源消耗统计报表制度》要求，开展了民用建筑能源资源消耗统计工作，完成了6680栋城镇民用建筑的能源资源消耗统计，覆盖面积1.77亿平方米；完成了农村清洁供暖数据调研统计共671户。

【开展预拌混凝土绿色生产专项检查】截至12月31日，全市有资质的混凝土搅拌站点共计113个，较2021年底减少10个。本次正常生产受检站点96个，检查结果全部在良好以上水平，其中优秀站点53个，占比55.21%，良好站点43个，占比44.79%。总体来看，全市预拌混凝土行业高质量发展态势稳定，企业数量和产能稳步下降，综合管理水平持续提升，绿色生产管理、清洁化生产和智能化制造水平整体持续提升。全市具备封闭条件的92家站点全部完成密闭化改造，生产区域扬尘和噪声问题得到有效治理。2022年全行业原材料绿色运输353.3万吨，其中通过铁路运输砂石骨料244.6万吨、水泥96.7万吨，新能源（纯电动、氢燃料电池车运输）运输砂石骨料8.0万吨、水泥4.0万吨。

【装配式建筑规模逐年增长】2022年，北京市新开工装配式建筑面积2264万平方米，占全市新开工建筑面积为45.5%，超额完成既定工作目标，全市累计装配式建筑规模超过9600万平方米。2022年实现52宗集中供地，约473万平方米实施基本品质建设，8宗地约51万平方米实施高品质建设。

人事教育

【干部人事管理概况】2022年，北京市住房城乡建设委共有工作人员1162人，局级领导共11人，其中局级正职1人、局级副职6人（兼一级巡视员1人）、二级巡视员3人、城研中心（副局级）主任1人；处级干部共382人，其中，委管二级巡视员7人（均兼任处级正职），处级正职52人（含兼任）、处级副职91人、职级调研员201人、一般事业单位五级管理岗位和六级管理岗位（原规范单位职级调研员）37人。2022年，在委党组的正确领导下，人事工作紧密围绕委中心工作，深入贯彻落实习近平新时代中国特色社会主义思想和全市组织工作会议精神，突出“好干部”标准和政治标准，引进培养优秀人才，持续改善干部队伍结构，推进机关机构职能编制调整，加强干部监督管理，扎实做好各项干部人事工作，为首都住建事业发展选拔培养高素质专业化干部队伍。

【加大干部教育培训和实践锻炼力度】2022年，组织开展第74期处级正职公务员任职培训班等33个培训班次的参训工作，组织做好全委干部在线学习。积极选派干部参与急难险重工作，先后选派了1名干部援藏、4名干部到市属国企和区属单位挂职锻炼，1名干部到市委组织部社区防控组、3名干部到市纪委帮助工作，接收来自中建集团、沈阳市、海淀区等中央、地方单位的4名干部来委挂职。

【圆满完成首次国家级考试组织工作】2022年度

北京地区房地产估价师职业资格考试是市住房城乡建设委注册中心第一次承担国家级考试的考务组织工作，在时间紧、任务重、人员少的情况下，全体党员迎难而上，圆满完成了考务组织工作。此次考试出勤率达到报名人数79%，超过建造师、监理工程师、造价工程师等其他职业资格考试，为近几年之最。

【开展建筑施工企业安管人员安全生产考核】为满足企业安全生产需要，市住房城乡建设委注册中心提前谋划，多措并举，率先于2022年7月组织开展建筑施工企业安管人员安全生产考核。

【扎实推进北京市二级造价工程师职业资格考试命题及证书注册工作】2022年，顺利完成年度北京市二级造价工程师职业资格考试相关科目命题工作，并协助市人事考评办公室做好部分考生科目免试审核工作1608人次。8月底发布《关于开展北京市二级造价工程师执业资格注册工作的通知》，全面启动注册工作。注册申请采用全程网办，个人注册成功后即可下载打印电子证书，将便民服务落到实处，进一步充实了北京市造价工程师专业人才队伍。

【持续开展职业培训试点工作】1月20日，市住房城乡建设委印发《关于遴选第二批住房和城乡建设领域施工现场专业人员职业培训试点工作的通知》，按照单位申报、评审专家集中评审、实地考察、现场打分、择优遴选的方式，确定第二批试点单位，并报住房城乡建设部批准。北京市共有7家试点单位组织试点工作，2022年开展施工现场专业人员培训1040人次。

【公益培训资源平台持续上新】为满足新时期北京市建设行业广大从业人员知识更新和职业技能提升需求，加快推进建设行业人才培养模式创新，2022年，市住房城乡建设委注册中心继续开展《工匠讲堂》和《首都建设云课堂》公益培训视频录制工作。《工匠讲堂》围绕装配式钢结构建筑、盾构法施工工艺制作完成“钢结构吊装作业”“盾构操作与维保”两个视频片制作；《首都建设云课堂》通过行业征集、专家推荐等，围绕城市更新、装配式建筑和工程造价等主题，完成录制19个选题、累计41个学时的在线公益培训课程资源。

【“互联网＋监管”显效能】2022年，运用“互联网＋监管”模式提高监管效能，建立打击“挂证”常态化机制。持续深入贯彻落实住房和城乡建设部有关通知精神，通过“人员资格管理信息系统”全面监控分析二级建造师的注册经历、执业轨迹，对部分注册人员存在短时间内在多家新办资质的企业或在企业安全生产许可证临近失效前频繁办理注册业务的情况，监管系统自动临时锁定，并提示其按照《注册建造师管理规定》，主动向注册机关进行解释说明。2022年累计锁定3856人，其中419人提交了解释说明，经查实已对68人作出行政处罚（理）。通过持续不懈的打击“挂证”工作，有效遏制了工程建设领域专业技术人员职业资格违规现象。

【开展执业资格行政受理工作】年内，依据住房和城乡建设部有关执业人员的注册管理规定，扎实做好北京市建设行业执业人员注册审核工作。受理审批各类执业资格注册业务共计31777件，满足了企业和人员对人员资格的要求。

大事记

1月

12日　发布《关于住房公积金支持北京老旧小区综合整治的通知》，明确增设电梯、楼体抗震加固增加阳台、上下水改造等都可纳入提取住房公积金范围。

17日　印发《关于进一步做好既有多层住宅加装电梯业主协商工作指引》，指导各区建立完善协商工作机制，组织引导居民协商，促进居民达成一致意见。

2月

17日　北京2022年度第一批次商品住宅用地集中出让完成。18宗住宅用地中成交17宗，流拍1宗，土地成交总价480亿元，整体溢价率4.5%。成交项目共配建保障性租赁住房规模1.77万平方米，通过竞现房销售面积共实现现房销售规模4.1万平方米。

21日　印发《关于房屋征收评估鉴定“一网通办”的通知》。通过网上提交鉴定申请、查询鉴定进度、选定鉴定专家和下载鉴定意见书，实现申请人线下多次跑路到线上一次办理的重要转变。

24日　会同市规划自然资源委就《北京市关于深化城市更新中既有建筑改造消防设计审查验收改革的实施方案》再次进行宣传贯彻，并对加强部门联动、落实照图验收、简化小微工程消防验收、推行注册建筑师签章负责、明确使用功能变更确认路径等相关配套文件开展在线交流。

25日　住房和城乡建设部通报全国房屋调查数据质量在线巡检情况，北京市房屋调查数据质量全国排名第一；北京“每月一题”老楼加装电梯工作全市推进会召开。

3月

1日　印发《关于规范共有产权住房出租管理工作的通知（试行）》，为全国首个共有产权住房出租配套政策，3月20日起正式实施。

10日　会同市商务局与市公安局、市城市管理委、市规划自然资源委等十部门制定实施《促进首店首发经济高质量发展若干措施》，大力发展首店首发经济，加快推进北京国际消费中心城市建设。

20日　《关于规范共有产权住房出租管理工作的通知（试行）》正式实施。按照规定，共有产权房出租需通过市级代持机构建立的网络服务平台——北京市共有产权住房租赁服务平台办理。截至3月22日12时30分，该服务平台有7套出租房源信息上线。

25日　通过市应急项目专班联合竣工验收，北京经济技术开发区“建设者之家”成为北京市首个竣工验收的新建公共服务租赁型配套用房应急项目。

27日　北京市施工现场人员管理服务信息平台上线人员信息和考勤预警提示功能，由系统自动判断录入信息是否规范并进行相应的预警提示，进一步提高登记信息的准确性和及时性。

28日　海淀区面向多子女家庭开展公租房专项配租，发布多子女轮候家庭公租房配租公告，并在户型选择上予以适当倾斜。

30日起　北京市为购房家庭提供“购房资格绿码”服务，购房申请人登陆不动产登记领域网上办事服务平台，实名注册后提交购房资格核验申请，核验申请提交完成后半小时内（原为1个工作日）出具核验结果，并通过手机短信提示申请人。

4月

1日　北京市《限额以下工程施工安全管理办法（试行）》施行，建立联席会议制度，明确了限额以下工程施工安全管理坚持市级指导、区级统筹、属地负责、社会监督的工作原则。

12日　北京市人民政府印发《北京市“十四五”时期城市管理发展规划》，要求以推动首都高质量发展为统领，落实精治共治法治要求，推进城市管理法治化、标准化、智能化、专业化、社会化，努力构建现代化的城市治理体系，让环境更有品位、供给更有保障、服务更有温度、运行更加有序、城市更有韧性，为大力加强“四个中心”功能建设、提高“四个服务”水平，加快建设国际一流的和谐宜居之都提供坚强保障。要求坚持“服务为先、系统观念、安全发展、精细治理、绿色低碳”5项基本原则。

24日　市住房城乡建设委发布《关于确认2022年第一批老旧小区综合整治项目的通知》，366个老旧小区纳入本年首批改造名单，涉及改造楼栋数2021栋，改造建筑面积约1068万平方米。

5月

7日　国务院安委会召开全国自建房安全专项整治电视电话会议。会后，北京市政府立即召开会议，落实全国自建房安全专项整治电视电话会议要求，部署北京市自建房安全专项整治工作。

25日　《北京市住房租赁条例》经市十五届人大常委会召开的第三十九次会议表决通过。

6月

20日　为做好自建房结构安全隐患排查，保证排查质量，市住房城乡建设委发布了《北京市自建房结构安全隐患排查技术导则（暂行）》，指导专业技术人员对房屋安全隐患进行核查。

23日　北京首个线上选房的共有产权房项目北京昌平六亭饭店共有产权房项目——彩璟玉宸开盘，这一项目用地是北京首宗试点以“现场摇号方式确定竞得人”的地块。

28日起　面向留京就业创业且在京无房的2022年应届大学毕业生，北京市首批4个新毕业大学生保租房青年公寓试点启动登记。

30日　大兴临空区重大活动应急场所项目永久建筑开工建设。项目按“平疫结合、便于转换”的理念设计，交通组织与空间布局严格执行“三区两通道”等防疫标准，通风条件、管线敷设、智能化与设备设施等规划设计均严格贯彻落实防疫要求。同时结合临空经济区未来发展定位与产业人口使用需求，规划人才公寓、青年公寓与酒店三种功能业态，充分满足不同人群的使用需求。

7月

11日　市住房城乡建设委与市市场监管局联合印发《北京市共有产权住房预售合同》《北京市共有产权住房现房买卖合同》示范文本，切实规范共有产权住房销售行为，保护购房家庭及各方合法权益。

12日　首届北京城市更新论坛在石景山区首钢园区举办，论坛以“共拓更新、共圆复兴”为主题，通过宣传解读政策、专家学术交流、分享实践经验等方式，进一步激发创新活力和市场动能，探索政府引导、市场运作、公众参与的城市更新长效机制。

27日　朝阳区酒仙桥棚改项目启动，开展面对住宅房屋产权人、公房承租人、权利人及相关权利人的信息核对及住宅房屋征收补偿方案宣传。

29日　北京市在全国范围内首次以公租房作为标的资产，成功申报首批租赁住房基础设施领域不动产投资信托基金REITs试点，并完成证监会及上海证券交易所受理。

8月

3日　市住房城乡建设委组织贝壳找房、58同城、美团、携程等17家主要长租、短租互联网平台，开展《北京市住房租赁条例》专场培训，详细解读“互联网信息服务”“规范短租住房管理”等相关内容。

4日　昌平区平西府、顺义区福环、顺义区薛大人庄等三宗地被列为全龄友好住宅项目试点，支持中心城区60岁及以上老年家庭购房，对于将户口迁至试点项目所在地，且名下无住房、无在途贷款的老年家庭，首付比例最低可到35%。

9日　为加快推进优抚对象及退役军人家庭基本住房保障，切实增强两类家庭荣誉感、获得感，市住房城乡建设委发布《关于面向中心城区符合条件的优抚对象及退役军人家庭开展公共租赁住房专项配租的通知》。本次专项配租房源共413套，面向符合条件的优抚对象及退役军人家庭。

19日　市住房城乡建设委发布《关于进一步优化商品住房销售管理的通知》，提出商品房项目可按栋申请办理预售许可，但同一施工证范围内楼栋后期申报预售价格不得超过前期同品质产品申报预售价格。

22日　全市首例直管公房申请式换租项目在西城区宫门口东西岔片区启动，申请式换租是继申请式退租后的又一创新举措，以居民自愿参与为原则，通过市场化租赁方式获取直管公房房屋使用权，从而实施房屋恢复性修建和经营利用。

23日　为了规范住房租赁活动，保护租赁当事人合法权益，稳定住房租赁关系，促进市场健康发展，推动实现“住有所居”，《北京市租房租赁条例》发布。

24日　市住房城乡建设委发布《北京市住宅区业主管理规约（示范文本）》和《北京市住宅区临时管理规约（示范文本）》，住宅区业主任意弃置垃圾、排放污染物或者噪声、违反规定饲养动物、违章搭建、侵占通道、拒付物业费等行为将受到明文规约。

9月

1日　北京市自建房结构安全隐患排查质量核查系统上线，该系统通过与第一次全国自然灾害综合风险普查房屋建筑调查系统数据的融合，实现数据实时对比，助力现场质量核查；通过对质量核查工作记录留痕，实现责任可追溯，助力行业部门协同监管。

5日　市住房城乡建设委印发《北京市“十四五”时期住房保障规划》的通知，提出“十四五”时期主要发展目标是，锚定2035年远景目标，严格落实北京城市总体规划，紧紧围绕住有所居目标，以破解首都超大城市住房困难问题为中心，健全住房保障和供应体系，更加公平地惠及广大人民。

28日　全市首个危旧楼房改建试点项目——朝阳区建外街道光华里5、6号楼回迁入住，光华里5、6号楼是新中国成立初期京城第一批现代化住宅。

10月

10日　《喜迎二十大档案颂辉煌——首都城市建设十年映像》在市档案馆正式开展，本次展览分蓝图擘画、城市更新、传承发展、“双奥之城”4部分。

12日　新国展二期项目首根主体结构钢梁在指挥声中精准吊装就位，标志着工程全面进入主体钢结构施工新阶段，项目建成后，将成为北京市建筑规模最大、功能最完善、技术最先进的综合性会展场馆。

18日　丽泽城市航站楼综合交通枢纽一体化项目启动建设，该项目建成后将为北京大兴国际机场在北京市中心城区新增一处接驳便捷、功能完善、服务多元的高品质城市航站楼，优化北京大兴国际机场对外出行结构。

11月

8日起　划归经济技术开发区管理的通州区台湖、马驹桥地区商品住房（包括新建商品住房和二手住房）执行经济技术开发区住房政策有关规定，即购买该区域的商品住房不再执行通州区限购政策，不需在通州落户满3年或近3年在通州缴纳社保或个税。

16日　东城区国子监街区平房直管公房申请式退租和恢复性修建一期项目完成签约，国子监街区一期项目西至安定门内大街，北至北二环路，东至雍和宫大街，南侧至国子监街路南门牌号院落。

25日　北京市安置房管理系统正式运行，该系统主要由房源管理、补偿安置项目管理、购房协议备案等5个功能板块组成，区分房源、人员、人房对应3类要素，涵盖了安置房管理全流程。

12月

1日　核心区首个危旧楼房改建试点项目完成房屋交付，该项目为东城区光明楼17号楼，房屋交付同时发放不动产权证书，使居民体验到了“左手钥匙、右手房本”的交房新模式。

7日　雁栖国际人才社区项目首批房源正式签约配租，该项目可满足怀柔科学城科研人员、高校教职工、科技型企业常住人口、短期到访科学家等群体的居住需求，为怀柔科学城吸引高端人才，实现“职住平衡”提供有力支撑。

12日　北京市重点工程城市副中心华夏银行总行办公楼项目开工，该项目开工建设对更好落实《北京城市总体规划》，进一步加快推进市属企业疏解搬迁，推动年度固定投资任务完成，有效带动实体经济增长意义重大。

15 日　北京市重点工程海淀温泉水厂开工建设，该水厂建成后可有效缓解海淀山后地区大面积供水压力不足的问题，提升供水质量，保障供水安全。

16 日　北京市城六区首个面向新毕业大学生的商办改建保租房青年公寓启动配租，该项目为保障性租赁住房龙湖冠寓试点项目，登记对象为近三年取得全日制本科及以上学历，在丰台区就业且在京无房的毕业生。

28 日　南苑机场方舱医院项目建设顺利完工，该项目位于丰台区南苑机场内，利用原客机坪区域采用混凝土基础架空建设单层箱式房结构形式，总建筑面积 8.8 万平方米，为平急结合战略储备应急项目。

（北京市住房和城乡建设委员会）

城乡规划

【王府井外文书店升级改造项目设计方案获批】 4 月 18 日，王府井外文书店升级改造项目设计方案获北京市人民政府批复。该项目位于王府井步行街北口、新东安市场对面，建成于 20 世纪 80 年代，原有结构已不能满足安全使用要求，存在功能模式单一、业态落后等问题，与王府井大街转型升级总体定位不相匹配。该设计方案地上 6 层，包括图书销售、展览、文化交流、办公等功能；沿王府井大街的东立面延续原现代主义风格，保留城市记忆，应用高透光率的超白玻璃改善空间通透性；建筑内部通过“种子”形状的中庭引入自然光，营造明亮、节能的室内环境。

【城市更新专项规划印发】 5 月 11 日，《北京市城市更新专项规划（北京市“十四五”时期城市更新规划）》由北京市人民政府印发。该规划是全国首个减量发展背景下的城市更新专项规划，以“规划引领、街区统筹，总量管控、建筑为主，功能完善、提质增效，民生改善、品质提升，政府引导、多元参与”为原则，结合北京减量背景和存量特点，确立以街区为单元、以存量建筑为主体、以功能环境提升为导向的更新思路，推进小规模、渐进式、可持续更新。规划远景展望到 2035 年。

【首届“北京城市更新最佳实践”评选结果揭晓】 7 月 12 日，首届“北京城市更新最佳实践”评选结果揭晓。首钢老工业区（北区）更新、劲松（一二区）老旧小区有机更新、西单文化广场升级改造（西单更新场）等 16 个项目获城市更新最佳实践项目。杨梅竹斜街环境更新及公共空间营造、冬奥社区城市更新、王府井城市更新整体升级改造（一期）等 18 个项目获优秀案例。该评选活动在北京城市更新专项小组指导下，由北京城市规划学会主办。

【历史建筑保护利用管理办法合法性审查完成】 8 月 5 日至 20 日，《北京市历史建筑保护利用管理办法（试行）》（征求意见稿）在网上公示。12 月，完成合法性审查。该办法由北京市规划和自然资源委员会、北京市住房和城乡建设委员会共同制定，界定各类保护行为边界，为保护责任人日常维护和修缮提供指引。

【白塔寺街区腾退空间再利用方案审议通过】 8 月 11 日，《白塔寺街区腾退空间再利用方案》经北京市西城区疏解腾退资源再利用联席会议审议通过。该方案提出“合规、合理、共促、有序”腾退空间再利用原则，以及“资源统筹、需求统筹、时序统筹”总体工作思路，推进腾退空间在“老城保护、政务保障、民生改善、活力提升”4 个方面协调共促。把握“街区－腾退空间”2 个工作层次，建立“街区主导功能－土地使用功能－业态准入要求”逐级传导规划管控体系。在街区层面，明确街区主导功能、空间结构、用地规划、配套保障等要点，推动腾退空间承接街区新增功能需求与各类设施缺口。在腾退空间层面，制定功能与业态引导方案，提出规划条件及管理机制建议。10 月 16 日，在该方案确定的业态框架下，白塔寺街区首份工商营业执照、餐饮经营许可证被颁发。

【《北京市城市更新条例》公布】 11 月 25 日，《北京市城市更新条例》由北京市第十五届人大常委会第四十五次会议表决通过，予以公布，自 2023 年 3 月 1 日起施行。该条例适用于北京市域内的城市更新活动及其监督管理，明确城市更新的总则、城市更新规划、城市更新主体、城市更新实施要求和实施程序、城市更新保障、监督管理等内容。

【《消防安全疏散标志设置标准》发布】 12 月 29 日，北京市规划和自然资源委员会、北京市市场监督管理局联合发布《消防安全疏散标志设置标准》。该标准在《消防安全疏散标志设置标准》基础上修订，适用于北京地区消防安全疏散标志的设计、施工、验收、维护与管理，规范消防安全疏散标志的设置范围和选型要求，填补文物建筑、历史建筑和历史文化街区消防安全疏散标志设置标准的空白，针对北京建筑体量大、布局复杂、功能交织等特点，推动多信息显示、辅助定位、语音诱导等疏散新技术在北京市的应用。自2023年7月1日起实施。

【旧商业区更新改造政策路径研究】12月，北京市城市规划设计研究院、中国城市规划设计研究院共同完成“旧商业区更新改造政策路径研究”。该研究从问题出发，总结归纳旧商业区特征，从表象到内里发掘旧商业区更新瓶颈问题。从国内外约50个商业更新案例中提取成功经验，聚焦主体、资金、空间、运营维护4个通道，从政策机制、规划策略、设计导则、技术规范等方面提出政策建议。

【历史建筑保护研究与实践】北京市城市规划设计研究院开展北京市历史建筑保护研究与实践，探索建立覆盖“普查、认定、挂牌、建档、日常保养、维护修缮、迁移、拆除、原址复建、应急抢险、装修改造、功能活化、监督检查、公众科普”的历史建筑全生命周期保护利用体系，完成系列研究成果，并推动成果落地。1月，规范历史建筑挂牌工作规程。3月，编制《北京市历史建筑保护利用工作指引》，提出日常维护修缮引导策略。

【第二批城市更新示范项目库建立】北京市委城市工作委员会办公室牵头建立全市第二批城市更新示范项目库，并持续跟踪102个示范项目进展。截至年底，力学胡同周边申请式退租、隆福文化街区修缮更新、朝外大街沿线更新提升、模式口历史文化街区、中关村论坛永久会址、理想新能源汽车项目、海尔智造·未来创新中心、怀柔科学城产业转化示范区等一批示范项目取得更新成效。

【12个城市公共空间改造提升试点项目开展】北京市规划和自然资源委员会、北京市发展和改革委员会、北京市城市管理委员会共同推进城市公共空间改造提升示范工程，对实施方案开展技术审查，选取12个项目作为年度第一批公共空间试点项目并纳入试点项目库，给予重点支持，跟踪实施进展，推广试点经验。

【城市副中心存量工业用地实施路径探索】北京城市副中心管委会规划自然资源局进一步探索城市副中心存量工业用地实施路径，在严格产业准入、合理确定土地使用成本、建立监管考核体系等方面开展重点研究，在建立补缴地价规则基础上，梳理研究城市副中心工业用地利用分类，并按类研究实施政策。推动张家湾设计小镇创新中心品牌酒店等项目实施落地，推动北京日用化学二厂有限公司、北京京城重工机械有限责任公司、北京探矿机械厂、北京金鹰铜业有限责任公司等地块存量改造。

【低效空间复合利用城市设计导则编制完成】北京市规划和自然资源委员会编制完成《北京市低效空间复合利用城市设计导则》。该导则针对城市进入高质量发展阶段后如何提升空间使用效率和效益问题，以老城公共空间典型场景和典型问题为切入点，对不同类别的低效空间，从功能复合、空间布局、交通组织、风貌塑造等要素一体化城市设计入手，提出低效空间综合整治与品质提升精细化设计目标与导引，提出低效空间规范化复合利用新范式。

【六环高线公园详细设计国际方案征集】北京城市副中心党工委管委会、北京市规划和自然资源委员会、北京市园林绿化局、通州区人民政府、北京城市副中心投资建设集团有限公司共同完成北京城市副中心创新发展轴核心地带暨六环高线公园详细设计国际方案征集。高线公园以“一轴六区段”（一轴指创新发展轴；六区段自北向南为“创意生活、故城记忆、时代枢纽、运河乐章、生态客厅、古今画卷”6个主题区段）为总体空间结构。此次征集，在开展总体设计同时，同步对6个主题区段进行详细设计。来自7个国家和地区的14家设计团队参加征集。经专家组评选，选出1个总体设计优胜方案和6个主题区段详细设计优胜方案。北京城市副中心管委会规划自然资源局成立专班工作营，吸纳各方案精华，对征集成果进行方案整合。

村镇规划建设

【120个乡镇国土空间规划编制报审】年内，北京市规划和自然资源委员会坚持全要素全过程规划管控和实施引导，完善“1＋5＋N”（一个工作方案＋一个编制导则、一个指导意见、一个编审流程、一个审查要点、一个数据平台＋生态指引、土地综合整治规划指引等）工作体系，修订工作技术规范，明确乡镇国土空间规划报审要求，推进全市乡镇国土空间规划编制与报审。截至年底，全市需编制乡镇国土空间规划的120个乡镇（含通州区9个），全部完成编制。其中，平谷区马坊镇、峪口镇和昌平区小汤山镇国土空间规划及集中建设区控规获批复，正在履行市级审查的64个、区级审查的53个。

标准定额

【城镇一般道路工程规划设计技术文件办理指南发布实施】1月20日，北京市规划和自然资源委员会发布《北京地区城镇一般道路工程规划设计技术文件办理指南》。该指南以提高报件质量、压缩审批时间为目标，以遵循设计规范、明确审批要点为原则，对全市范围内建设的城镇一般道路（城市主干路、次干路及支路）工程项目方案设计、初步设计 2 个设计阶段（对应办理“多规合一”协同意见函、办理建设工程规划许可证）的报审文件，进行编制规范化及审查要点提炼。自发布之日起实施。

【《地热动态监测规范》发布实施】3 月 24 日，北京市市场监督管理局发布《地热动态监测规范》。该规范由北京市规划和自然资源委员会提出并归口组织实施，适用于水热型地热资源和浅层地热能资源动态监测，明确地热资源勘查和开发利用阶段监测站点建设、监测数据平台建设、监测系统运行维护与管理等工作的内容、方法和要求，以及监测资料整理和成果报告编制的要求。自 10 月 1 日起实施。

【《地理国情监测技术规程》发布实施】3 月 24 日，北京市市场监督管理局发布《地理国情监测技术规程》。该规程由北京市规划和自然资源委员会提出并归口组织实施，适用于全市地理国情监测工作，明确地理国情监测总体要求、数据属性、本底数据采集、变化信息数据采集、质量控制和成果汇交等内容。自 10 月 1 日起实施。

【《市域（郊）轨道交通设计规范》发布实施】3 月 31 日，北京市规划和自然资源委员会、北京市市场监督管理局联合发布《市域（郊）轨道交通设计规范》。该规范适用于北京市行政区域及跨界地区，最高运行速度 120—200 千米 / 小时、电力牵引的钢轮钢轨市域（郊）轨道交通工程的设计，包括利用既有铁路、改建既有铁路和新建线路 3 种实现形式。自 10 月 1 日起实施。

【《线性区域通信基站基础设施设计规范》发布实施】3 月 31 日，北京市规划和自然资源委员会、北京市市场监督管理局联合发布《线性区域通信基站基础设施设计规范》。该规范适用于在北京市行政区域内新建线性区域通信基站基础设施的设计，对机站基础设施设计提出要求，对线性区域基站预留间距和占地面积进行规范，为今后技术发展、新设备引入等预留空间。自 10 月 1 日起实施。

【《岩土工程信息模型设计标准》发布实施】3 月 31 日，北京市规划和自然资源委员会、北京市市场监督管理局联合发布《岩土工程信息模型设计标准》，该标准适用于北京市工业与民用建筑和市政基础设施工程岩土工程信息模型的创建、应用和管理，提出信息模型标准及创建要求，将信息模型交付、验收、集成与应用进行标准化规范化。自 10 月 1 日起实施。

【《下凹桥区雨水调蓄排放设计标准》发布】6 月 24 日，北京市规划和自然资源委员会、北京市市场监督管理局联合发布《下凹桥区雨水调蓄排放设计标准》。该标准为京津冀区域协同地方标准，在原北京市地方标准《下凹桥区雨水调蓄排放设计规范》基础上修订，完善暴雨强度公式及对应的重现期、雨型，调整调蓄池附属设施相关要求，规范京津冀地区下凹桥区雨水调蓄排放规划设计方法与标准。自 2023 年 1 月 1 日起实施。

【《既有建筑加固改造工程勘察技术标准》发布】6 月 24 日，北京市规划和自然资源委员会、北京市市场监督管理局联合发布《既有建筑加固改造工程勘察技术标准》。该标准适用于北京市行政区域内既有建筑加固改造工程的岩土工程勘察，提出针对既有建筑加固改造工程勘察的技术要求，涵盖全市既有建筑加固改造工况；根据勘察工作特点，创新性提出 A、B、C、D 四种细分工程类型，明确井探、槽探、钻探等工作的量化要求；提出地基基础专项评估工作要求，提倡勘察资料分析后合理利用和复杂结构工况下三维激光扫描等新技术应用的具体要求。自 2023 年 1 月 1 日起实施。

【《工程建设项目多测合一技术规程》发布】10 月 14 日，北京市市场监督管理局发布《工程建设项目多测合一技术规程》。该规程由北京市规划和自然资源委员会提出并归口管理，由北京市规划和自然资源委员会、北京市住房和城乡建设委员会、北京市人民防空办公室共同组织实施。适用于房建类和市政交通场站类工程（不含线性类工程）建设项目从立项用地规划许可到竣工验收与不动产登记全过程中支撑行政审批、确认、监督的测绘工作。对全市多测合一工作做出技术规定，设定测量成果共享表，提供每个测绘事项可以共享的测绘数据，实现一个实体要素只测一次目标。将全市竣工验收阶段的规划核实及绿化、人防、消防、不动产等多种专业测量合并为一道工序完成。强化人防工程建筑面积计算规则，丰富人防工程竣工测量成果。自 2023 年 1 月 1 日起实施。

【《突发性地质灾害监测站点运行规程》发布】12 月 27 日，北京市市场监督管理局发布《突发性地质灾害监测站点运行规程》。该规程由北京市规划和自然资源委员会提出并归口组织实施，适用于崩塌、滑坡、泥石流、地面塌陷突发地质灾害监测站点运行；对北京地区及业内常见的用于崩塌、滑坡、泥石流、地面塌陷等突发地质灾害的 22 类专业监测设备，分别制定运行要求；提出突发地质灾害监测站点的规划选址要求及功能用房组成。自 2023 年 7 月 1 日起实施。

【《突发性地质灾害排查规范》发布】12 月 27 日，北京市市场监督管理局发布《突发性地质灾害排查规范》。该规范由北京市规划和自然资源委员会提出并归口组织实施，适用于北京地区突发地质灾害排查工作，规定了崩塌、滑坡、泥石流、地面塌陷、不稳定斜坡等突发性地质灾害隐患排查的工作内容、工作方法、技术要求、成果编制等。自 2023 年 7 月 1 日起实施。

【《自动驾驶地图数据规范》发布】12 月 27 日，北京市市场监督管理局发布《自动驾驶地图数据规范》。该规范由北京市规划和自然资源委员会提出并归口组织实施，适用于自动驾驶地图数据的生产、管理及应用，规定了自动驾驶地图数据的基本规定、数据组织、数据内容及表达、数据质量控制，并基于自动驾驶地图的应用特点和现有政策法规标准，研究并定义道路交通网络、交通设施及交通标志标线数据的数据结构、几何表达和关联关系等技术要求。自 2023 年 7 月 1 日起实施。

【《自然资源航空航天遥感数据、成果和应用规范》发布】12 月 27 日，北京市市场监督管理局发布《自然资源航空航天遥感数据、成果和应用规范》。该规范由北京市规划和自然资源委员会提出并归口组织实施，适用于国土空间规划和自然资源领域的航空航天遥感数据及成果采集、处理、组织管理建库、质检、归档、系统开发、文档编写等工作的标准化，规定了国土空间规划和自然资源领域应用的航空航天遥感数据及成果的分类分级、数据存储、数据内容和元数据等要求，对航空航天遥感数据及成果在国土空间规划、自然资源调查监测、地质调查监测、生态环境监测和生态修复监测等方面的应用成果提出要求。自 2023 年 7 月 1 日起实施。

【《北京市建设工程规划设计技术文件办理指南——房屋建筑工程》发布实施】12 月 29 日，北京市规划和自然资源委员会发布《北京市建设工程规划设计技术文件办理指南——房屋建筑工程》。该指南在归纳相关标准、规范基础上，在“多规合一”协同平台初审、会商、建设工程规划许可证阶段，分别提出相应的建设项目申报技术文件及图纸编制标准，统一报审要求。自发布之日起实施。

【《绿色建筑设计标准》发布】12 月 29 日，北京市规划和自然资源委员会、北京市市场监督管理局联合发布《绿色建筑设计标准》。该标准为京津冀区域协同地方标准，在原北京市地方标准《绿色建筑设计规范》基础上修订，倡导以绿色理念为导向的建筑设计，提出绿色建筑设计的具体方法、技术措施和要求。自 2023 年 7 月 1 日起实施。

【《装配式剪力墙结构设计规程》发布】12 月 29 日，北京市规划和自然资源委员会、北京市市场监督管理局联合发布《装配式剪力墙结构设计规程》。该规程为京津冀区域协同地方标准，在原北京市地方标准《装配式剪力墙结构设计规程》基础上修订，提出剪力墙结构技术指标和设计要求，指导新建装配式居住类建筑结构设计。自 2023 年 7 月 1 日起实施。

【《城市综合管廊工程设计规范》发布】12 月 29 日，北京市规划和自然资源委员会、北京市市场监督管理局联合发布《城市综合管廊工程设计规范》。该规范为京津冀区域协同地方标准，在原北京市地方标准《城市综合管廊工程设计规范》基础上修订，细化综合管廊分类，优化综合管廊设计，提出适宜京津冀地区的综合管廊工程技术指标和设计要求。自 2023 年 7 月 1 日起实施。

【《民用建筑节水设计标准》发布】12 月 29 日，北京市规划和自然资源委员会、北京市市场监督管理局联合发布《民用建筑节水设计标准》。该标准提出节水用水量、供水系统及用水设备等的参数和设计要求，明确全市使用再生水（中水）、雨水等非传统水源的要求和技术措施，指导新建、改建、扩建的民用建筑节水设计。自 2023 年 7 月 1 日起实施。

【《建筑工程减隔震技术规程》发布】12 月 29 日，北京市规划和自然资源委员会、北京市市场监督管理局联合发布《建筑工程减隔震技术规程》。该规程适用于北京地区采用减隔震技术的建筑工程，包括新建、改建及扩建建筑工程的设计、施工、验收和维护，规定减隔震建筑工程设计、装置检测和质量控制，构建实操性强的工程关键技术指标体系，保障减隔震建筑的高效、高质量设计和建造，满足北京重要建筑在地震作用下使用功能不中断或快速恢复的需求，提高北京市建设工程抗震防灾能力。自 2023 年 7 月 1 日起实施。

【《城镇排水防涝系统数学模型构建与应用技术规程》发布】12 月 29 日，北京市规划和自然资源委员会、北京市市场监督管理局联合发布《城镇排水防涝系统数学模型构建与应用技术规程》。该规程适用于北京市新建、改建、扩建城镇排水防涝系统的规划、设计和评估工作，根据北京本地水文、地质、降雨和排水规律，从模型构建与测试、参数率定与模型验证、模型应用、模型成果编制等方面，提出针对城镇排水防涝系统数学模型构建与应用的技术要求和实现路径，并结合全市规划设计行业模型实践经验，提出 3 种类型的模型，适宜不同层级城市规划和不同类型项目的使用需求。自 2023 年 7 月 1 日起实施。

【《消防安全疏散标志设置标准》发布】12月29日，北京市规划和自然资源委员会、北京市市场监督管理局联合发布《消防安全疏散标志设置标准》。该标准在《消防安全疏散标志设置标准》基础上修订，适用于北京地区消防安全疏散标志的设计、施工、验收、维护与管理，规范消防安全疏散标志的设置范围和选型要求，填补文物建筑、历史建筑和历史文化街区消防安全疏散标志设置标准的空白，针对北京建筑体量大、布局复杂、功能交织等特点，推动多信息显示、辅助定位、语音诱导等疏散新技术在北京市的应用。自2023年7月1日起实施。

年度其他重要工作

【服贸会工程咨询与建筑服务专题展举办】9月1日至5日，中国国际服务贸易交易会工程咨询与建筑服务专题展围绕“智建城市——工程咨询与建筑服务高质量发展”主题，以线上线下方式在首钢园区举办。其中，北京市规划和自然资源委员会以“智建城市、碳惠民生”为主题，按照建筑师负责制、绿色低碳、数智科技、冬奥会、城市更新、微空间改造、优秀企业7个板块，布设勘察设计专题展，将北京市建筑设计研究院有限公司等24家单位、中国建筑学会等3家机构提供的131项内容入展。

【持续推进建筑师负责制试点】北京市规划和自然资源委员会印发《北京市建筑师负责制项目应用指南》，拓展建筑师负责制试点范围，指导建筑师负责制项目试点。持续推进建筑师负责制试点，优先在国家服务业扩大开放综合示范区、中国（北京）自由贸易试验区的项目试行，重点在中小规模的商业文化服务、教育、医疗、康养设施、低风险工业建筑等项目中试点。新增备案试点项目17个。截至年底，累计备案试点项目62个，包括企业自申报项目、政府主导城市副中心项目、集中供地高标准商品住宅项目，涉及政府办公、文化教育、医疗康养、居住区、城市更新、老旧小区改造、酒店、休闲商业等类别。其中16个承诺实施建筑师负责制的集中供地高标准商品住宅项目，以设计总包为手段，以精细化设计为基础，以科技创新类设计为拓展，应用绿色建筑、装配式建筑、超低能耗、健康住宅、三维建筑信息模型（BIM）等技术标准，可为居民建设“好住宅”“好房子”。

【深化建设工程施工图审查制度改革】北京市规划和自然资源委员会依托“两区改革”[国家服务业扩大开放综合示范区、中国（北京）自由贸易试验区]国家授权，联合北京市住房和城乡建设委员会、北京市人民防空办公室、北京市通信管理局、北京市地震局印发《北京市关于深化建设工程施工图审查制度改革实施方案》及《北京市建设工程勘察设计质量告知承诺制实施办法（试行）》《北京市建设工程勘察设计质量联合抽查实施办法（试行）》《北京市建设工程勘察设计质量信用管理办法（试行）》3个配套文件，提出全市行政区域范围内新建、扩建、改建房屋建筑不再开展施工图事前审查，各项行政许可和政务服务事项不再将施工图审查结果作为前置条件和申报要件，市政基础设施工程、机要工程、政府投资的重大工程和重要民生项目按原审查程序和审查要求开展，同时配套实行施工图告知承诺制、跨部门联合抽查、构建信用管理体系等措施。

【工程建设项目审批制度改革】北京市深化工程建设项目审批制度改革领导小组各成员单位采取线上线下并举、市区两级联动方式，召开10场企业座谈会，了解市场主体感受，根据企业群众意见建议建立企业需求问题台账和各单位任务台账，促进政策优化提升。北京市规划和自然资源委员会会同北京市住房和城乡建设委员会，整合《北京市培育和激发市场主体活力持续优化营商环境实施方案》《北京市营商环境创新试点工作实施方案》中工程建设领域任务，形成《北京市进一步深化工程建设项目审批领域改革创新 更好激发市场主体活力工作方案》，按月明确目标任务，稳步推进任务完成。

（北京市规划和自然资源委员会）

城 市 管 理

公用事业

【概况】2022年，开展城市运行安全“百日行动”，围绕燃气、地下管线等8个领域，集中消除了6万余项风险隐患，城市运行安全事故频发态势得到遏制。城市运行保障领域固定资产投资累计完成247.9亿元，超额完成年度目标任务（210亿元）。印发《北京市地下综合管廊运行安全风险辨识评估规范》，启动综合管廊设施基础数据普查工作。统筹推进老旧小区管线改造，实施244个市属老旧小区管线改造计划，牵头推进765部加装电梯管线拆改移，启动12项中央单位在京老旧小区红线外管线改造。地下管线老化更新改造938.8公里，投资15.9亿元。市政公共区域范围内地下管线老化更新改造消隐项目1143项，101.5公里。截至年底，全市共有石油、天然气管道27条，总长度1141.68公里。推进14座生化设施和4座焚烧设施建设。全年天然气供气总量199.11亿立方米，建成天津南港液化天然气应急储备项目一期工程。全市城镇地区供热面积约9.33亿平方米，居民供热面积约6.57亿平方米。全市累计建成换电站248座，充电桩28.1万个。

【超额完成管廊领域固定资产投资】发挥管廊建设“周沟通、月分析”协调推动机制作用，每周与建设单位细致沟通，每月分析研究固投进展情况，不定期召开协调推进会，加大对困难项目建设综合协调力度，推动前期手续办理，督促尽早开工。全年完成固投纳统13.2亿元，超额完成管廊领域固定资产投资项目7.59亿元的年度投资任务，占全年投资任务的174%。

【健全管廊建管机制】3月11日，发布《北京市城市地下综合管廊有偿使用协商参考标准》，形成管廊有偿使用收费参考标准和空间占比划分标准，供管廊管线单位协商定费参考。指导帮助属地、企业落实有偿使用制度，协调推动温榆河公园朝阳区一期、怀柔科学城管廊、万盛南街等电力入廊收缴费案例。研究管廊共有产权协议样式，起草管廊工程共建投资划分协议，为开展产权交接确认提供基础。开展管廊项目储备，组建了管廊项目谋划专班，开展谋划调研联络，致函65份，协调联络市级部门9个、区政府16个、管廊管线企业23个；协助召开管廊谋划调研会17场次，收集管廊建设规划、管线建设计划、架空线入地计划、道路大修计划、城市更新计划等政策文件40余份，整理国家、本市和外埠相关政策文件清单100余条。

【提升综合管廊安全运营管理水平】着力标准规范完善和落实，保障综合管廊及其附属设备设施安全、平稳运行，管廊设施全年未发生安全生产事故。印发《北京市地下综合管廊运行安全风险辨识评估规范》，规范管廊的风险识别、风险分析、风险评价、风险控制、风险监测、风险预警、风险更新等，扎实管廊风险评估工作基础。开展管廊企业安全生产标准化工作，以企业自评或第三方评价方式，提升安全生产标准化水平。持续开展安全生产检查工作，制定检查计划，明确检查标准，采取“四不两直”形式对管廊运营企业开展抽查，发现问题及时整改，严格落实安全生产监督管理责任。

【统筹推进老旧小区管线改造】系统谋划老旧小区综合整治、老旧小区管线改造、老楼加装电梯管线拆改移、中央单位在京老旧小区红线外管线改造等工作，推动审批程序简化、主体施工协同，提升改造速度和质量效益，努力实现各类管线“最多改一次”、各类改造“一次改到位”。会同市发改委等6部门印发《关于进一步加强北京市老旧小区市政管线改造的工作意见》，明确资金政策、审批手续等内容；会同市住建委、市财政局制发《老楼加装电梯管线拆改移工作方案》，将单部电梯管线拆改移平均成本控制在24万元以内。分两批下达2022年市属老旧小区管线改造计划，共244个，牵头推进765部加装电梯管线拆改移，启动12项中央单位在京老旧小区红线外管线改造。

【地下管线更新改造消隐1143项】制发《北京市2022年度消除城市地下管线自身结构性隐患工程计划项目汇编》，按照边查边改、边查边治，普查和治理两条线同步推进的原则，加紧推进实施地下管线老化更新改造消隐工作，对已排查出的老旧管网和管线隐患实施同步治理。年内，地下管线日常巡检排查各类隐患3332起，治理3114起，管控218起。地下管线老化更新改造938.8公里，投资15.9亿元。市政公共区域范围内地下管线老化更新改造消隐项目1143项，101.5公里。

【升级地下管线防护系统】为破解工程与管线之间的信息壁垒，将“工程知管线，管线知工程”确定为系统将要实现的主要功能，围绕主要功能设计系统流程，紧贴工作实际设计组织架构，以便捷的“线上互动”促成紧密的“线下对接”，升级改造地下管线防护系统，新系统9月1日正式上线运行。地下管线防护系统共有1134家建设单位发布了4780项工程信息，相比去年同期，发布信息的建设单位数增加了4.4倍、发布信息数增加了1.7倍，发布的4780项工程，建设施工单位和管线单位均建立了对接配合，没有发生一起挖断管线事故，地下管线防护系统已经成为防范施工破坏地下管线的“保险箱”。

【西长安街街道地下管线隐患治理】按照市委市政府工作部署，市城市管理委、西城区政府、西长安街街道办事处共同组建专班开展西长安街街道地下管线普查和隐患排查治理工作。经普查排查，西长安街街道市政公共区域范围内现有各类地下管线381.96公里，各类地下管线隐患117项、59.91公里，各项隐患9月30日前已全部治理完成。

【12次卫星遥感监测管道隐患动态】开展卫星遥感监测工作12次，累计监测发现管道占压或与管道安全距离不足疑似隐患129处，核查确认的2处隐患，均已完成治理，同步完善了全市管道基础数据台账和管道外部隐患项目库。

【环卫基础设施建设】重点推进14座生化设施和

4 座焚烧设施建设，密云区、通州区、门头沟区和顺义区 4 个生化处理设施顺利建成投产，新增生化处理能力 615 吨 / 日。安定循环经济园区项目焚烧厂、医废处理厂、综合楼、渗沥液处理站等主体结构已完工。全市生活垃圾处理设施共有 32 座，其中填埋设施 5 座、生化设施 15 座、焚烧设施 12 座，生活垃圾总处理能力达到 2.51 万吨 / 日。

【城市运行安全“百日行动”开展】 7 月中旬至 10 月底，组织开展城市运行安全“百日行动”，围绕燃气、地下管线和长输管道、电动自行车充电设施、环卫设施、电力设施、有限空间作业、建筑垃圾、环境建设小微工程等 8 个领域进行专项治理。建立专班联络、调度通报、任务清单、动态销账、信息报送、督导检查等“五项制度、一项机制”，制定 8 个领域 46 项任务清单，印发《城市运行安全“百日行动”计划考核实施细则》，坚持高位统筹、密集调度，包区督导、综合执法，紧盯问题、动态销账，系统联动、合力推进，共排查消除各类安全隐患 6 万余项，立案查处燃气、地下管线、电力等违法行为 4.79 万余起，建立起了垃圾违法倾倒、燃气事故问责、打击液化石油气违法行为等联合惩戒机制，城市运行安全事故频发态势得到遏制。

【天然气供应保障安全稳定】 全市天然气供气总量 199.11 亿立方米。落实上游资源，保障首都燃气安全稳定供应。采暖季期间，依托热电气联调联供工作机制，加强需求侧管理和精准调度，督促北京燃气集团落实保障主体责任并与中国石油、国家管网集团建立了三方保供机制，及时应对极端天气等突发情况，确保了天然气安全稳定供应。

【天津南港天然气储备项目一期工程建成】 建成北京燃气天津南港液化天然气应急储备项目一期工程。该工程位于天津滨海新区南港工业区，于 2020 年 3 月正式开工建设，包括：1 座码头、4 座 LNG 储罐及配套设施和 215 公里的天然气外输管线。项目计划 2023 年投产，形成约 4.8 亿立方米储气能力。

【实现核心区燃油锅炉房“清零”目标】 牵头推进首都功能核心区 72 座燃油锅炉（东城区 56 座、西城区 16 座）清洁改造工作，2021 年完成了 14 座清洁改造，2022—2023 年采暖季前按期完成剩余 58 座燃油锅炉房清洁改造，实现了首都功能核心区燃油锅炉房的“清零”目标。

【电动汽车充换电设施建设】 全市累计建成充电桩 28.1 万个，其中社会公用桩 3.7 万个，单位内部桩 2.8 万个，私人自用桩 20.9 万个，专用充电桩 0.7 万个；全市累计建成换电站 248 座，其中服务出租车的奥动换电站 165 座、蓝谷换电站 10 座，服务私家车的蔚来换电站 73 座。2022 全年实现新增建设充电桩 2.52 万个，其中私人领域新增 1.39 万个、社会公用新增 0.48 万个、单位内部新增 0.65 万个；全年实现新增换电站 36 座。全市高速服务区实现 24 个服务区充电设施全覆盖，建成 148 根快速充电桩，日均服务能力约 1100 辆次，平日平均时长利用率 14%，节假日平均时长利用率 18%，基本实现供需匹配。

【实现电动自行车居住区充电设施“全覆盖”】 累计建设电动自行车充电设施接口 36.67 万个，超额既定目标 47%，居住区充电设施基本实现“全覆盖”。其中，核心区建设的充（换）电柜与充电桩接口比例基本达到 1∶1，城乡接合部重点村区域内协同开展车辆停放场所建设、充电设施安装，农村地区因地制宜实施集中充电设施建设、智能充电插口安装，共计 10.85 万个。全年全市电动自行车室内火灾同比下降 58.3%。

市容环境

【概况】 高标准打造首都市容景观环境。推进首都环境建设市级重点项目实施，共确立市级重点项目 16 项。持续开展农村人居环境和城乡接合部环境整治，组织实施市域内 2500 公里、59 条铁路线路沿线环境常态化治理。组织完成 119 条无灯路段的路灯补建、122 公里架空线入地、66 公里通信架空线规范梳理，拔杆 4700 余根。发布实施《北京市“十四五”时期环境卫生事业发展规划》，扎实推进生活垃圾分类治理，促进居民分类习惯养成，在全国生活垃圾分类考核中成绩名列前茅。

【环境建设市级重点项目实施】 经市政府批准，共确立首都环境建设市级重点项目 16 项，包括首都功能核心区 3 个，城市副中心 2 个，中心城区 4 个，平原新城 4 个，生态涵养区 3 个；涉及东城、西城、通州、朝阳、海淀、丰台、房山、大兴、昌平、门头沟、密云、延庆共 12 个区。组织项目全过程监督管理，协调解决重点难点问题，确保项目施工进度和完成效果。项目实施周期为 2022—2023 两年。

【59 条铁路沿线环境治理】 推进铁路沿线环境建设和管理，做好市域内 2500 公里、59 条铁路线路沿线环境常态化治理。加强铁路沿线环境精细化管理，坚持和完善“双段长”工作机制，强化属地管理责任和企业主体责任协调统一。年初，主要就京张高铁和大秦线进行沿线环境整治及站区规范治理，开展清脏治乱和美化提升，为冬奥会召开提供坚实的环境基础；暑期集中开展京哈通道环境整治，整治残墙断

壁、白色污染、乱倒垃圾、枯死树木、破损防尘网、违规圈种菜地、临时建房、塔吊、彩钢房等8类、42项环境问题；路、地“双段长”加强巡查频次，发现环境问题，及时整改。

【农村地区人居环境整治】 围绕农村地区生活垃圾治理、公厕管护等相关工作，督促各区加强巡查力度，强化日常管护。生活垃圾治理方面，修订《农村生活垃圾治理检查标准（试行）》，增设新指标检查项目；开展生活垃圾治理“月检查”工作考核，13个涉农区每月每区抽查12个村，累计抽查1716村次、督促整改问题8139处。公厕管护方面，制定印发《2022年环境卫生重点工作任务》，对农村公厕建设及管护进行部署；建立健全市区两级农村公厕检查机制，每月对农村公厕开展检查，市级累计抽查3304座次、督促整改问题2659处，各区累计检查农村公厕1.02万座次。

【优化环境建设考核评价体系】 进一步聚焦群众身边环境问题，丰富考评方式，增加网格治理和重点任务考评，引导各区开展主动治理。将原209项考评内容整合为163项，提高工作精准度和效率，2月27日印发《2022年首都城市环境建设管理考核评价实施细则》，每月考核16个区，每季度对2个地区管委会、9家首环委成员单位、19家涉及环境建设管理工作的市政公用服务企业开展评价。首都城市环境建设管理社会公众满意度86.87分，同比上升2.27%。

【网格化城市管理】 提升网格化问题发现处置水平，全市网格系统共发现城市管理相关问题924.7万件，同比下降8.97%，办结率97.6%，同比提高8.14个百分点。持续开展城市部件普查，完成重点区域城市部件普查工作，完成更新5大类137小类814万个部件。完成网格划分，按照全市统一底图、统一坐标系，全市域覆盖、无缝隙、无重叠划出一级网格17个、二级网格343个、三级网格7275个、四级网格60512个。

【核心区环境整治提升】 组织开展“点亮中轴线”景观照明建设、钟鼓楼周边、万宁桥水系环境整治提升等32个环境整治提升项目（含10个跨年的续建项目），同时完成40个“美丽院落”治理任务。累计完成拆除私搭乱建13312平方米，清洗粉饰和改造建筑立面38492平方米，提升第五立面9807平方米，整修道路110409平方米，绿化22460平方米，完善城市公共服务设施127处，完善照明设施22200套，清运垃圾渣土21382立方米，梳理架空线13935米。

【119条无灯路段的路灯补建】 深入开展全市无灯路段排查，制定完善无灯路段治理新三年（2022—2024年）行动计划，明确任务清单，建立工作台账，采取会议部署、专项督导、现场调研等方式统筹推进工作落实。各区、各部门克服疫情影响、经费紧张等各种实际困难，多方筹措资金，落实主体责任，将路灯建设有机融入环境整治、背街小巷整治等专项工作中，有效提升无灯路段治理效率。截至年底，全市共计完成119条无灯路段的路灯补建，超额完成民生实事任务指标，新三年行动计划完成率超过50%，为市民提供了明亮安全的夜晚出行环境。

【生活垃圾分类效果显现】 以“绣花”功夫狠抓新修订《北京市生活垃圾管理条例》，全市1.6万个小区（村）、11.7万个垃圾分类管理责任人实现垃圾分类全覆盖，居民垃圾分类习惯逐步养成，家庭厨余垃圾分出率稳定在18%以上，可回收物回收量比《条例》实施前增长近1倍，生活垃圾回收利用率达38%以上，分类效果突出显现。据市统计局数据显示，全市垃圾分类知晓率和参与率均达到98%以上，92.2%的被访者对垃圾分类工作表示满意，与《条例》实施前相比，提高34.8个百分点。

【城市道路机械化作业能力提升】 落实道路清扫保洁作业要求，实施全市约1.8万条、2.73亿平方米城市道路的分级管理，提升城市道路机械化作业能力，深化“冲扫洗收”组合工艺作业，开展冬季午间洗地，并推动机械化作业向背街小巷延伸，城市道路机械化作业率达95%，2412条背街小巷实现机械化作业。

【新投141部新能源建筑垃圾运输车辆】 全面推行纯电动或氢燃料电池等新能源车辆，10月1日起，全市新增车辆全部为新能源、新标准、新涂装；在用传统能源车辆实施“退一补一”政策，陆续淘汰更新。截至年底，全市共新增投运新能源建筑垃圾运输车辆141部，新能源推广实现“破冰”。

大事记

1月

6日　北京市牵头，会同天津、河北两地启动了京津冀建筑垃圾专项治理“零点行动”，共同打击违规运输行为。

12日　市城管执法局印发《2022年北京市城市管理综合执法工作意见》。

20日　市城管执法局印发《2022年北京市城市管理综合执法工作方案》，制定城市运行、环境污染治理、市容环境、园林绿化、重点区域治理及其他等6方面12项专项执法工作方案。

2月

27日　印发《2022年首都城市环境建设管理考核评价实施细则》，将原209项考评内容整合为163项考评内容，每月考核16个区，每季度对2个地区管委会、9家首环委成员单位、19家涉及环境建设管理工作的市政公用服务企业开展评价。

3月

11日，发布《北京市城市地下综合管廊有偿使用协商参考标准》，形成管廊有偿使用收费参考标准和空间占比划分标准，供管廊管线单位协商定费参考。

4月

1日　《电力储能系统建设运行规范》地方标准正式实施。

9日　编制印发《关于进一步深化门前三包责任区管理的工作方案》。

12日《北京市"十四五"时期城市管理发展规划》对外正式发布。

13日　市城市管理委与北京市科学技术研究院战略合作签约暨首都城市管理研究中心揭牌仪式在北科大厦举行。

5月

26日　市城市管理委、市市场监督管理局联合印发了《关于印发北京市再生资源回收经营者备案事项的通知》，自6月20日起，对符合要求的北京市再生资源回收经营者实施备案管理。

5月　全面启动《北京市"门前三包"责任制管理办法》立法修订，规范提升"门前三包"工作的合法性、合理性、可操作性和实效性。

6月

27日《北京市"十四五"时期城乡环境建设管理规划》发布。

30日　印发《"十四五"时期北京市新能源汽车充换电设施发展规划》并组织实施。

6月　"门前责任区多元共管共治"荣获首都精神文明建设委员会办公室2021年聚力首善共建文明主题活动十佳案例。

6月　市城市管理委协调山西省电力主管部门落实绿电资源，并依据绿电交易有关规则，组织开展了今年首次大用户跨省跨区月度绿电直接交易，合同成交电量2100万千瓦时，涉及8家售电公司（代理23家零售用户）。

7月

7日　经北京市第十五届人民代表大会常务委员会第四十次会议决定，免去邹劲松的北京市城市管理委员会主任职务，任命陈清为北京市城市管理委员会主任。

8日　中共北京市城市管理委员会机关委员会召开党员代表大会，选举产生了第二届机关委员会和机关纪律检查委员会。

14日　印发实施《建筑垃圾专项治理三年（2022年—2024年）行动计划》，年内实现资源化利用8231.7万吨。

8月

4日　北京地区电力负荷达到2564.3万千瓦，刷新历史负荷记录，较夏季历史极值增长8.8%，同比增长26.1%。

9月

12日　通州北500千伏输变电工程送电投产。该工程2019年开工建设，为城市副中心北部重要的电源支撑，是"3个100"市级重点工程，也是北京城市副中心第2座500千伏变电站。

29日　全市范围内立柱式户外广告设施1133处全部拆除完成。

11月

1日　市城市管理委等10部门联合印发《关于进一步加强建筑垃圾分类处置和资源化综合利用的意见》，按照资源类和处置类对工程渣土、工程泥浆、施工垃圾、拆除垃圾和装修垃圾等建筑垃圾实施分类处置。

7日　印发《北京市"十四五"时期燃气发展建设规划》印发。

16日　印发《北京市氢燃料电池汽车车用加氢站发展规划（2021—2025年）》。

24日　印发《北京市"十四五"时期环境卫生事业发展规划》。

30日　市城市管理委召开全委"以案为鉴、以案促改"警示教育大会，全面学习贯彻党的二十大精神，深入落实全市警示教育大会要求。

12月

超额完成民生实事任务，新建电动自行车充电设施接口36.37万个，安装更换燃气安全型配件180万户，补建119条无灯路段，新增厨余垃圾处理能力600吨以上。

第二轮次背街小巷环境精细化整治提升三年行动计划收官，全年共完成354条背街小巷环境精细化整治提升年度任务和15个片区环境综合治理，同时对已完成整治提升的2932条背街小巷深入实施精细化长效管理，对1037条维护类背街小巷落实日常管理维护。

（北京市城市管理委员会）

水务建设与管理

【概况】2022年，北京市水务系统按照市委市政府统一部署，主动服务和积极融入首都发展，高标准完成党的二十大、冬奥会冬残奥会等重大活动水务服务保障。精准实施水源、供水、排水设施闭环运行管理，确保水务"生命线"运行安全。充分发挥重大项目投资拉动作用，完成水务固定资产投资超150亿元。积极落实安全生产整治"百日行动"，实施供水"安饮行动"、密云水库流域"蓝盾行动"、妨碍行洪及河湖垃圾清理和暑期防溺水等专项行动，确保了水务行业安全稳定。

2022年全市平均降水量482毫米，比2021年减少48%，比多年平均减少18%。全市形成地表水资源量9.00亿立方米，地下水资源量16.67亿立方米，水资源总量25.67亿立方米，比多年平均37.39亿立方米减少31%。全市入境水量为9.19亿立方米，比多年平均21.08亿立方米减少56%；出境水量为27.83亿立方米，比多年平均19.54亿立方米增加42%。全市18座大、中型水库年末蓄水总量为38.15亿立方米，其中密云水库年末蓄水量29.95亿立方米，官厅水库年末蓄水量为5.57亿立方米。全市平原区年末地下水平均埋深为15.64米，与上年同期相比，地下水水位平均回升0.75米，地下水储量增加3.8亿立方米。

【水务规划】

协调市规划和自然资源委员会完成潮白河、北运河水生态空间管控规划审查和会签，其中潮白河规划已正式报市政府审批。督促各区加快区管河道水生态空间管控规划编制，并组织技术审查。修改完善《北京市加强水生态空间管控工作的意见》（京生态文明委〔2022〕4号），经市委生态文明委和市政府审议通过后，正式印发实施。

组织南水北调专班技术工作组，完成南水北调东线进京工程必要性研究；积极争取南水北调中线新增调水量，开展不同调水方案的可行性与经济性比较。按照推进南水北调后续工程高质量发展方案确定的南水北调中线、东线战略定位，组织制定北京市南水北调后续工程规划建设方案，推进市内南水北调中线后续扩能工程建设。

完成《北京市水资源保障规划（2020—2035年）》（京水务规〔2022〕38号）修改、报批工作，作为2035年全市各区水资源管控和保障工程建设的基本依据。开展防洪排涝规划修编，制定《北京市防洪排涝规划修编工作大纲》（京水务规〔2022〕43号），开展现场调研、水文成果复核和相关专题研究工作。落实国家水网建设规划纲要，完成《首都水网建设规划》初稿，从水系连通、水源储备、防洪保安需求出发，构建覆盖全市、布局合理、调度灵活的水网系统。

【城乡供水】开工建设温泉水厂，推进昌平新城地表水厂、门城水厂、丰台河西第三水厂等南水北调配套水厂建设，核心区管线消隐一期工程等市级重点项目顺利开工。通过"城带村""镇带村"方式，推进20个村接入城乡公共供水，新增受益人口约7万人。完成35个住宅小区（社会单位）自建供水设施置换，受益人口约5万人。完成18个"水黄"老旧小区供水管线改造，改善8170户居民入户水质。农村集中供水行政村实现消毒设施100%配备、计量设施100%安装，农村地区自来水普及率稳定在99%以上。新建改造供水管线超120千米，完成70万支居民智能水表更换，新建150处独立计量区（DMA），非居民智能水表基本实现全覆盖，城镇供水管网漏损率降至9.5%以内。对全市68座城市公共供水厂进行水质专项督查，共抽测进厂原水、出厂水、管网水样品442个，达标率100%。组织开展供水保障"安饮行动"，首次对供水行业进行系统性、集中性的专项执法类行政检查，突出"日常检查与行政执法相结合"的监管模式，出动检查人员2300余人次，发现各类问题500余处。印发《关于严格落实疫情期间"欠费不停水"政策的通知》（便函〔2022〕979号），全力助企解忧纾困，全年1.5万户小微企业和个体工商户缓缴水费，金额总计超4000万元。

【节约用水】制定《关于加强"十四五"时期全市生产生活用水总量管控的实施意见》（京节水办〔2022〕7号）。按照市政府批复的年度生产生活用水计划及水资源配置方案，下达生产生活用水计划指标27.2亿立方米，指导各区逐级将用水指标下达到乡镇、村庄和用水户，严格执行超计划累进加价制度，全市非居民用水户计划用水覆盖率达到95%以上。全年实际用水量22.32亿立方米，收取超计划累进加价费2526.33万元，全市万元地区生产总值用水量下降到9.61立方米，万元工业增加值用水量下降到4.82立方米，农田灌溉水有效利用系数保持在0.751。节水行动深入实施，编制《北京市"十四五"节水型社会建设规划》（京节水办〔2022〕16号），实施全市生产生活用水总量管控制度。在全市16个区已经全部建成节水型区的基础上，将节水型区评价标准上升为地方标准，组织开展节水型区年度评估。北京市全部市级机关、60%市属事业单位、85%区级机关建成节水型单位，70%高等学校建成节水型高校。继续实施北京市百项节水标准规范提升工程，全年编制修订用水定额13项，其中，农业用水定额3项，工业用水定额5项，服务业用水定额4项，建筑业用水定额1项，累计发布实施节水地方标准81项。全市换装高效节水器具10万套左右。

【水环境治理】常态化开展“清河行动”“清四乱”专项行动，完成剩余8条劣Ⅴ类水体治理，连续第四年实施“清管行动”，范围扩大到城乡接合部和村镇，清掏总量同比增长38%，有效防止初期降雨污染河湖水体。全年共完成18条生态清洁小流域建设，治理面积155平方公里，密云水库上游境内179条生态清洁小流域全部建成。京冀协同编制密云水库上游黑河流域水生态保护修复与水土保持总体实施方案，研究形成流域总氮防控初步方案。持续强化水生态健康状况监测评价，全年共布设166个水生态监测站点，涵盖148个水体，其中处于健康等级的水体129个，占比87.2%。全市重要河流湖泊水功能区水质达标率达88.9%，“水中大熊猫”桃花水母现身多个水域，河湖生态健康状况持续向好。

【南水北调建设】继续实施南水北调市内配套工程建设。截至2022年12月底，南水北调大兴支线工程完成总体形象进度的50%。2022年4月，南水北调河西支线工程中堤至园博段输水管道完成水压试验；2022年12月底，输水管线全线贯通，完成中堤泵站、园博泵站建设，中门泵站完成形象进度的50%。2022年12月，南水北调团城湖至第九水厂输水工程（二期）输水管线全线贯通，年底完成通水验收。年内，完成南水北调中线（北京段）工程竣工决算。

【污水处理】完成第三个城乡水环境治理行动方案，新建污水管线779千米，超额完成全年任务，持续推进通州区河东资源循环利用中心一期工程等3座再生水厂建设，完成300多个村庄生活污水收集处理，全市污水处理率达97%。全年处理处置污泥191万吨，其中中心城区121万吨、郊区70万吨。新建再生水管线196千米，再生水利用量达12亿立方米，园林绿化用水完成再生水替代1500万立方米。

【污水处理厂运行监管】加强污水和再生水设施日常监管，年内巡查城镇污水处理设施669座次，抽查农村污水处理设施833座次，核查中心城区排水和再生水管网763千米，检查再生水供水泵房、泵站38座次，再生水加水站点67座次，确保污水处理和再生水利用设施稳定运行。

【海绵城市建设】编制完成《北京市“十四五”时期海绵城市建设规划》，计划“十四五”末期全市建成区海绵城市达标面积比例超过40%。组织各区提出年度“海绵城市”建设项目计划400余项，包括海绵型建筑与小区198项、海绵型道路与广场112项、海绵型公园与绿地45项、雨水管网与泵站97项、海绵型河湖水系11项。组织编制《海绵城市雨水控制与利用工程施工及验收标准》配套图集，修订完善规划、设计、施工、验收、监测评价类海绵城市建设标准，累计达20余项。全市海绵城市管理平台纳入“取供用排”协同监管应用（一期）平台，初步实现“规划—建设—监测—模拟—评估”全过程管理。全年完成海绵城市建设多规合一审批179项、水评审批256项；对已取得行政许可的项目单位开展抽查，完成水评项目巡查核查49个，发现问题30个，全部要求整改。指导海淀区建成全市第一家海绵城市展览馆，并对外正式开馆。截至2022年底，全市海绵城市达标面积比例已超过28%。

【防汛安全保障】2022年汛期全市平均降雨量392.5毫米，较上年同期偏少45%，较常年偏少16%。降雨量东多西少，“7.3”“7.27”“8.21”等6场次强降雨合计超过汛期降雨量5成。大中型水库共来水2.08亿立方米，较上年减少7.3亿立方米。其中，密云水库来水0.6亿立方米，较上年减少96%；官厅水库来水0.62亿立方米，较上年减少6%。持续强化预报、预警、预演、预案“四预”能力提升，强化责任制、预案、物资、队伍、隐患排查工作“五落实”，发挥“北京模型”支撑作用，精细实施雨水“厂网河”一体化联合调度，保障全市防洪排涝安全。首次对公众发布城市积水内涝风险地图，宣传引导市民规避积水内涝风险。补齐水文监测感知技术手段短板，全市81座水库、108条流域面积50平方公里以上河道具备水情监测手段，洪水预报预警断面达164个，监测覆盖率提升35%。全市未发生超警戒洪水过程，仅北运河流域凉水河、通惠河等河道出现涨水过程。完成34处积水点治理和中心城区第一批雨箅子平立结合改造，城区道路共发现并处置积水88处，较上年147处减少4成，未出现其他险情灾情。

【优化营商环境改革】出台《优化调整北京市建设项目水影响评价文件审批管理规定》（京水务批〔2022〕6号）等规范性文件，结合“用地清单制”改革，将涉水审批端口前移。全面推行告知承诺制、备案制、直接准入制等模式，全年受益企业133家。取消全部简易低风险项目涉水审批事项，取消约30%风险较小的建设项目水影响评价水土保持章节审批内容，扩大水影响评价报告表和登记表的适用范围。全市全年共完成水影响评价审批1213个，其中规划水影响评价113个，项目水影响评价1100个，全部按期办结。累计批复年总用水量5075.62万立方米、透水铺装面积314.81万平方米、下凹式绿地面积364.34万平方米、雨水调蓄池容积331192.35万立方米、土方综合利用量15072.95万立方米、表土剥离量290.07万立方米。

【法治建设】推动《北京市节水条例》立法和《北京市实施〈水法〉办法》修订，经市第十五届人大常委会第四十三次会议表决通过，于2023年3月1日实施。开展《北京市城市公共供水管理办法》立项论证和《北京市河湖保护管理条例》立法前期调研，组织对2部涉水地方性法规、7部政府规章进行后评估。组织制定《北京市水务法治建设工作方案》（京水务法〔2022〕11号），推动水务系统依法行政工作有序开展。

【河湖长制工作】在南水北调工程全面推行河湖长制，建立市、区、乡镇（街道）、村四级南水北调工程河长体系，共设立市级河长1名、区级河长3名、乡镇（街道）级河长34名、村级河长56名。市总河长签发2022年第1号市总河长令，印发2022年度河长制治水责任制任务清单，强化流域系统治理管理，进一步压实各级河长、相关部门责任。开展永定河平原段管理保护范围内违法违规问题清理整治，印发《永定河平原段生态空间优化调整实施方案》（京河长办〔2022〕35号），基本完成永定河平原南段综合治理一期工程范围内林木清理工作。全市各级河长5322名，开展巡河398323人次，发现并协调解决各类河湖环境问题2735件。市级河长作出批示109件次。推进河湖“清四乱”常态化规范化，以永定河、潮白河、大清河等为重点，遏增量、清存量，实地督办水利部暗访检查疑似“四乱”和潮白河滩地内垃圾堆体问题，共清理河湖乱堆垃圾渣土25.3万立方米、违法建设1.84万平方米。

（北京市水务局）

北京市园林绿化局

【概况】2022年，北京市园林绿化系统紧紧围绕落实首都城市战略定位，圆满完成了北京市委、市政府部署的各项任务。全年新增造林绿化10200公顷、城市绿地240公顷，全市森林覆盖率达到44.8%，森林蓄积量达到3164万立方米；城市绿化覆盖率达到49.3%，人均公园绿地面积达到16.89平方米。

圆满完成以“喜迎二十大，奋进新征程”为主题的景观环境服务保障任务、冬奥会和冬残奥会环境服务保障工作。

完成新一轮百万亩造林任务10200公顷，栽植各类苗木485万株，城市总规确定的生态格局基本形成。完成“战略留白”临时绿化3461.8公顷，“留白增绿”5344.3公顷，“揭网见绿”7480公顷。京津风沙源治理工程林业任务全部完成，二十年累计营造林61.47万公顷，首都山区森林覆盖率达到67%。支持河北张家口和承德坝上地区完成造林6.67万公顷，森林质量精准提升7.27万公顷。

建设城市绿道47千米、森林步道100千米、林荫路20条，打造近自然森林；注重生物多样性保护，建设生态保育小区479处。

持续推进温榆河、南苑森林湿地、奥北森林公园等重点项目建设，提升改造全龄友好公园30处，完成围栏优化7.9万延长米，建成城市休闲公园180处、口袋公园和小微绿地323处，持续开展文明游园专项行动，发布“文明游园”形象标识，市民游园环境明显改善。

全市林业产业年产值达到126.3亿元，带动近25万从业人员就业增收。全年新发展果树623.13公顷，建成“京字号”果品示范基地15个。积极推进乡土树种草种培育，审定林草品种14个，新优花卉品种展示会推介品种1400余个；启动实施蜂产业绿色高质量提升行动。发展林下经济1.33万公顷。创新“五节一展”花卉文化活动，年接待游客超2000万人次。

【举办2022年北京迎春年宵花展】1月15日至31日，北京市2022年迎春年宵花展以“百花绽放 迎春纳福”为主题，在各大花卉市场举办。北京地区产年宵花卉以蝴蝶兰、长寿花、红掌、蟹爪兰、仙客来等盆栽花卉种类为主，约500万余盆，百合、菊花等切花100余万支。通过组合盆栽评比、特色文化活动、市场联动线上直播等方式，向广大市民展示节庆花卉文化和应用形式，带动花卉消费，繁荣市场。北京年宵花市场以家庭园艺产品为主，呈现小型化、精品化特点。

【举办2022北京郁金香文化节】4月3日至5月中旬，2022年北京郁金香文化节在北京植物园、中山公园、北京世园公园、北京世界花卉大观园、北京国际鲜花港五大展区联合启动。文化节首次推出主题花——“国泰”郁金香，设置郁金香展区，共计15万平方米。文化节举办以“郁见花开”为主题的首届郁金香插花花艺大赛。

【举办2022年北京牡丹文化节】4月16日至5月31日，北京牡丹文化节在北京西山国家森林公园、景山公园、北京世界花卉大观园、北京世园公园、世界葡萄博览园、旧县镇妫州牡丹园、大榆树镇国色牡丹园七大展区共同举办。本次牡丹文化节共设有展出观赏面积80公顷，达历届之最。共有中国牡丹四大种群、九大色系、十大花型的800余个品种。本届文化节的主题花为“姚黄”牡丹。线上线下文化活动异彩纷呈。

【举办2022北京（首届）荷花文化节】6月28日至8月底，北京市园林绿化局组织举办2022北京（首届）荷花文化节，此次活动共设国家植物园（南园）、玉渊潭公园、紫竹院公园、圆明园遗址公园、莲花池公园和奥林匹克森林公园6大展区荷花观赏面积达到86.67公顷，共展出古莲、中国传统荷花及北京自育荷花品种200余个，及睡莲、王莲、香蒲等100多种水生植物。

【举办2022年北京菊花文化节】9月24日至11月底，北京市园林绿化局主办，以“群芳竞秀迎盛会·菊韵飘香绽金秋”为主题，国家植物园（北园）、天坛公园、北海公园、北京国际鲜花港共打造菊花观赏面积15万平方米，布置精品菊花3万余盆；展出独本菊、花园小菊、切花菊、食用菊等千余个品种，以及精品造型菊、盆景菊等各类型艺菊。

【圆满完成新一轮百万亩工程年度任务】年内，北京市完成新一轮百万亩造林绿化任务10013.33公顷，栽植各类苗木485万株。新一轮百万亩造林工程自2018年至2022年，全市累计完成新一轮百万亩造林6.8万公顷。北京市森林覆盖率提升7个百分点，北京平原地区由14.85%提高到31.4%，实现了总量翻一番。建成了大尺度近自然森林为主和生态廊道连通的森林生态网络，平原区万亩以上的绿色空间斑块达40处，千亩以上绿色空间斑块达498处，建成生态廊道30余条。实施“留白增绿”、“战略留白”绿化7634公顷，受损弃置地生态修复4653.33公顷，沙坑、砂石坑生态修复治理1973.33公顷。累计发展林下经济3.33万公顷，增加碳汇268.16万吨。促进了农民绿岗就业增收和生态旅游新场景新业态的发展，创造绿色就业岗位16.54万个，建成新型集体林场100余个。

【持续推动绿隔地区公园建设】北京市园林绿化局全面推进第一道绿化隔离地区城市公园环、第二道绿化隔离地区郊野公园环建设，持续推进奥北森林公园二期、南苑森林湿地公园、温榆河二期等重点公园建设，在顺义建设“千亩银杏园”、在昌平区建设未来科学城生态休闲公园沙河片区；制定郊野公园分级分类管理办法，按照重点养护区、一般养护区、生态保育区和10%自然带等不同功能定位；加强绿隔地区公园基础设施建设，对道路、老旧设施等进行维修和更换，结合全市体育公园发展规划，增加适合健身、休闲、娱乐等大众体育运动的设施设备，因地制宜布置排球、羽毛球等非标场地，提升市民的体验感和公园综合功能。

【温榆河公园建设】温榆河公园位于北京市中心城区东北边缘，朝阳、顺义、昌平三区交界地区，规划范围约30平方千米。

【提前完成永定河生态修复园林绿化】北京市园林绿化局会同市水务局完成新机场、首钢遗址、冬奥会等永定河沿线重要区域累计完成新增造林1.28万公顷、森林质量精准提升2.78万公顷，提前超额完成规划确定的“到2022年完成1.27万公顷造林、2.53万公顷森林质量精准提升任务”。

【“留白增绿”工程建设】北京市在中心城区，重点打造朝阳十八里店代征绿地、海淀园外园地区东西红门景观提升、丰台郭庄子绿地、石景山首钢南区绿地等；在平原地区新城区，结合新一轮百万亩造林，聚焦重点区域重点项目，因地制宜实施大尺度绿化，重点建设昌平沙河绿地等；在北京城市副中心，大力推进城市副中心城市绿心建设，建设高标准、大尺度城市森林，重点建设张家湾绿化工程等；在生态涵养区，结合原有林地绿地，按照集中连片、填平补齐、连接碎片化资源的要求，实施造林绿化，重点建设密云白河公园等。任务完成情况。2022年计划实施373.3公顷，截止到2022年底，实施387.55公顷，占比103.8%。

【创建国家森林城市】北京市园林绿化系统落实市委、市政府总体部署和《北京森林城市发展规划（2018年—2035年）》计划安排，2025年前除东城区和西城区外其他14个有条件的区都要达到国家森林城市标准。2022年，国家林业和草原局印发《关于授予北京市石景山区等26个城市“国家森林城市”称号的决定》，北京市石景山、通州、怀柔、密云、门头沟五个区成功获得“国家森林城市”称号。

【“揭网见绿”工程】北京市园林绿化局建立市、区两级“揭网见绿”工作统筹协调机制，明确职责分工，建立构建数据共享和技术对接平台，实现地块点位落点落图及核验互动；组织各区根据规划及用地性质和地上条件，并结合土壤现状、气候时节等特点，实施分类多样多元的见绿工作；综合运用卫星遥感监测、航拍、手机信令大数据监测等多种信息技术手段，对各类盖网地块实施情况进行动态监测核查，为专项任务进度把控、年度计划制定提供支撑全年全市共完成揭网见绿7480公顷。共计4685个地块，提前两个月完成年度任务，长安街沿线、首都机场周边等大会涉及的重点联络线区域已全部实现“揭网见绿”。

【京津冀协同发展】北京市园林绿化局完成城市副中心绿化建设155内外绿化建设，以公园绿地、城市森林等方式精细织绿1246.67公顷。以拓宽加厚东西部生态带、完善林网连通为主，新增大尺度绿化6586.67公顷，为潮白河森林公园建设打好基础。

【完成2022年北京冬奥会和冬残奥会绿化景观布置】年内，北京市园林绿化局完成冬奥会园林绿化环境景观布置在主要道路、重点街区、联络线共布置了10组重点花坛、125处景观节点、增种11.1万余株常绿乔木、补植356万余株彩色叶植物，新增绿地29万余平方米、整治绿地1900余万平方米，为北京历史上首次冬季大规模室外花坛景观应用。

【新型集体林场建设】北京市新建新型集体31个。全市累计建成新型集体林场的108个，经营管护1770个村的集体生态林15.33余万公顷，其中包括平原集体生态林建设6.67余万公顷，山区集体生态林8.67余万公顷。为当地创造了1.8万个就业岗位，解决当地农民就业的1.5万人，占林场总就业人数的82%。制订印发《北京市市级示范性集体林场建设项目管理办法》《北京市新型集体林场建设和管理实施细则》《北京市园林绿化局关于进一步加强新型集体林场建设工作的通知》《北京市新型集体林场市级年度绩效考评办法》等一系列规章制度，细化和规范了北京市新型集体林场建设、管理、评比、考核的相关措施。

【公园绿地建设】北京市全年新增城市绿地240公顷，完成海淀京张铁路遗址公园、石景山敬德寺公园等26处休闲公园、城市森林建设，有效提升公园绿地500米服务半径覆盖率；“见缝插绿”新建东城香饵胡同、海淀北京印象北等口袋公园及小微绿地50处；完成丰台玉泉营地块、石景山首钢东南区地块等9个单独立项“留白增绿”项目8.5公顷；城市副中心行政办公区实施3块公共绿地共3.5公顷绿地建设。

（北京市园林绿化局）

天 津 市

住房和城乡建设

住房和城乡建设工作概况

2022年，天津市重大项目建设全面提速。国家批复的轨道交通线路全部开工，天津市累计通车里程达到286公里。国家会展中心综合配套区建成投入使用，二期展馆区58万平方米完成全部主体结构。机场三期改扩建工程，综合交通枢纽“一体化”设计方案不断深化。京滨城际铁路北辰站周边4条市政道路和站前广场，以及37条市政及配套道路全部完工。

房地产市场平稳健康发展。全年实现商品房新开工667万平方米、竣工1503万平方米，在建项目规模达到1.1亿平方米。出台天津市促进房地产业良性循环和健康发展一揽子政策措施，更好满足新市民、青年人、多子女和赡养老人家庭刚性及改善性住房需求。举办线上房交会，全方位、多角度宣传天津市调控政策，培育住房消费新模式。全年新建商品房实现销售973万平方米。

不断完善住房保障体系。出台加快发展保障性租赁住房实施方案，多渠道筹集保障性租赁住房，共筹集6.1万套（间）。向7.87万户中低收入住房困难家庭发放住房租赁补贴。建成棚改安置房3100套。

持续提升居住社区品质。推进城镇老旧小区改造。开工177个小区、779万平方米，惠及居民10万户。推动完整居住社区建设补短板行动，天津市达标小区比2021年提高了15个百分点。多措并举推进加装电梯，开通、在建117部。全力保障农村房屋安全，编制农村住宅建设技术标准和设计图集，广泛宣传农房建设安全技术，引导农民科学合理建房，完成农村困难群众危房改造731户。大力保护传统村落，列入中国传统村落名录的蓟州区西井峪村、黄崖关村、西青区六街村、宝坻区陈塘庄4个村开展挂牌保护，蓟州区小穿芳峪村等4个村成功入选第六批中国传统村落。努力提升物业管理服务水平，配合市人大开展物业条例执法检查，对 119 个物业管理项目开展依约服务督查检查。

深入贯彻绿色发展理念，大力推动城乡建设绿色发展。制定出台天津市推动城乡建设绿色发展的实施方案，实施城乡建设八大任务和 45 项具体举措。稳步推进城乡建设领域碳达峰行动，编制完成城乡建设领域碳达峰实施方案。开展绿色建筑创建行动，新建民用建筑全部执行绿色建筑设计标准，城镇新建绿色建筑占比达到 80% 以上。推动装配式建筑高质量发展，新开工装配式建筑 488 万平方米。推动科技创新发展，发布 103 项工法和 23 项新技术应用示范工程。

有序推进城市更新行动。研究编制城市更新行动计划，提出现代服务业集聚等 16 项更新行动，探索开展市、区、街（镇）三级城市体检。不断提升小洋楼保护利用成效，加大历史风貌建筑遗产保护和活化利用，积极拓展小洋楼房源，加大招商引企力度，92 家企业签署落户协议。

持续优化住建营商环境。深入推进工程建设项目审批制度改革。区域评估改革拓展到环评、节能等 8 个领域，76 个项目直接运用评估成果，大幅缩短前期时间。针对工程项目制定 10 项便利措施，完善“一张表单”和联合验收机制，在全国工程建设项目审批制度改革评估中位列第二。推行建筑、监理、勘察设计等资质证书电子化。不断提升行业监管水平，开展房建和市政基础设施招投标专项整治，梳理项目 1.3 万项，清理了一批违规专家。加大执法力度，市区两级共组织行政检查执法约 2.8 万次，实施处罚 727 件。提升住建行业信用监管水平，出台建筑施工、勘察设计、物业、房地产开发及中介五大行业信用评价管理办法，分级分类监管信用平台全部开展试运行。天津市成功入选住房城乡建设部首批智能建造试点城市，启动智慧住建平台建设。

提升建筑工程质量安全管理水平。强化主体责任，推进法定代表人授权书、工程质量终身责任承诺书、永久性标志牌制度落实，新建工程“两书一牌”覆盖率达到 100%。推动工程质量创优。2022 年，天津市 4 个项目获得鲁班奖。严守建筑施工安全底线。完成城市建设安全专项整治三年行动，建立制度成果 35 项。加强质量安全制度建设，采取遏制重特大事故的 55 项具体措施。严格落实地下管线保护“八个一律”工作要求，施工安全总体受控。加强既有房屋安全管理。组织开展既有建筑违法建设和违法违规审批排查，累计排查 29.8 万幢。扎实推进自建房安全专项整治，共排查经营性自建房 6.8 万余栋，对危房已全部落实管控或整治措施。

法规建设

2022 年，完成重大行政决策、行政规范性文件、政策措施文件和合同等法律审核 122 件。对 168 件行政规范性文件进行全面清理，废止 20 件行政规范性文件，并向社会公布。全年开展行政执法人员专题培训 18 次，共计培训 6084 人次。随机抽取行政处罚案卷开展案卷评查工作，及时发现和纠正行政执法活动中存在的问题。组织修订了行政处罚规程，完善了行政处罚立案审批表、执法建议书等 44 种执法文书，积极提升行政执法的规范化和标准化水平。制定实施《关于进一步加强国家工作人员学法用法考法工作的实施意见》，组织编制住建系统“个性学法清单”和“个性题库”，先后组织机关和直属单位主要内设机构和重要岗位共 142 名处科级干部分类考核，2000 余名住建系统国家工作人员完成了网上学法用法考试，切实增强国家工作人员学法的自觉性。严格落实机关负责人出庭应诉工作措施，2022 年协调行政机关负责人出庭应诉 12 次。2022 年，办理行政复议案件共计 30 件，办理行政应诉案件共计 106 件。

房地产业

【概况】2022 年，天津市房地产开发投资保持在合理区间。对天津市房地产项目进行摸底调查分析，全面掌握房地产开发企业投资动态进展情况和项目储备情况。建立市区两级住建部门工程施工协调推动机制，围绕“促开工、督进度、促投资”等重点工作环节，从建立工作台账、优化施工手续办理、深入项目现场服务解决问题、跟踪督办抓落实等方面入手，促进项目早开工、早竣工，推动房地产开发企业抢抓有利工期，加快项目施工进度。全年房地产投资完成 2127.94 亿元，实现商品房新开工 667.2 万平方米、竣工 1503.65 万平方米，在建项目规模达到 1.1 亿平方米。认真落实党中央、国务院关于“保交楼、稳民生”的决策部署和市委、市政府工作要求，通过使用政策性银行专项借款支持已售逾期难交付住宅项目建设交付。积极推动“一老一小”配套建设，对养老、未成年人保护工作、体育设施、托育、一刻钟生活圈、市老龄工作“十四五”规划等配套设施建设有关工作进行研究。推动新建住宅小区配套幼儿园、养老设施、中小学等各类配套设施，全年移交幼儿园 19 个，中小学 4 个，托老所、老年人活动中心等养老服务设施 27 个。健全土地出让内部联合论证机制，促进城市土地开发良性发展。主动对接服务各区政府，超前制定土地整理和出让计划，帮助区政府提前策划完善周边市政基础设施建设方案，协调各配套服务单位统筹推进工程进度，完善周边配套公建设施，落实海绵城市、绿色建筑、装配式建筑等新技术、新理念应用要求。

【房地产开发企业管理】2022 年，出台《天津市住房和城乡建设委员会关于明确房地产开发企业资质管理有关工作的通知》，进一步明确房地产开发企业资质等级核定、审批、监督管理等工作要求。组织各区住房建设委以及滨海新区多功能区审批局 60 余名工作人员和 200 余个房地产开发企业进行网上培训，进一步规范了审批流程、强调了工作重点、强化了服务意识。

经房地产开发企业申请，并依据相关行政主管部门日常监管考核，于 2 月 23 日对房地产开发企业信用进行动态评价，并通过天津市住房和城乡建设委员会官网对信用评价结果进行了公示。积极与市发展改革委信用信息中心沟通对接，提出房地产开发企业信用评价模型、系统功能、平台需求，积极推动系统平台建设。修订完善《天津市房地产开发企业信用管理办法》，引导房地产开发企业做优做强做大，进一步促进房地产开发企业增强信用意识，促进房地产开发行业健康发展。

【房地产市场管理】9 月 16 日，天津市住房和城乡建设委员会等 6 部门印发《关于进一步完善房地产调控政策促进房地产业健康发展有关政策》，完善房地产调控政策。市发展改革委、市人力资源社会保障局印发《关于调整〈天津市居住证积分指标及分值表〉相关指标分值的通知》，对现行居住证积分指标中住房积分政策进行补充完善。市住房公积金管委会印发《关于住房公积金支持多子女家庭安居政策的通知》，进一步降低多子女家庭安居成本，促进人口长期均衡发展。发布《关于试行开展个人存量房屋交易线上"带押过户"有关工作的通知》，降低个人存量房屋交易的资金和时间成本，保证交易双方和抵押权人的合法权益。指导房地产企业协会举办线上房交会，共 200 余家开发企业参展，260 余个项目、约 7.5 万套房源同步展示，总访问量突破 6000 万人次，探索培育了住房消费新模式。

【商品房屋销售】2022 年，天津市新建商品房销售 973.77 万平方米，同比下降 32.2%。降幅较上半年收窄 5.1 个百分点。新建商品住房平均销售价格 17410 元 / 平方米，同比上涨 1.2%。截至 2022 年底，天津市新建商品住房待售 1487 万平方米、同比减少 10.5%，去化周期为 21.7 个月。

【二手房交易】2022 年，天津市二手房累计成交 1084.8 万平方米，同比下降 17.7%。津南区和宁河区交易量分别增长 1.1%、6.1%，其他区交易量下降。市内六区各区降幅均在 20% 左右。

全年二手住房平均交易价格 12923 元 / 平方米、同比下降 5.6%。和平区因教育等配套资源优势明显，价格同比呈上涨趋势；宁河区二手住房交易以本地需求为主，价格有所上涨，其他区域价格均下降。

【房地产中介管理】2022 年，天津市推进房地产经纪行业信用管理。建设房地产经纪行业信用管理平台，做好数据对接测试，完成 2022 年房地产经纪行业信用评价，其中 A 级占 1%、B 级占 54%、C 级占 9%、D 级占 36%，及时将评价信息通过信用管理平台试运行。发布《天津市住房和城乡建设委员会关于做好 2022 年度房地产市场"双随机、一公开"检查有关工作的通知》，公布 2022 年"双随机、一公开"检查计划，确定联合检查方案，组织各区住房建设委联合开展 2022 年房地产中介企业"双随机、一公开"检查，累计检查 30 个房地产经纪机构门店。通过"企查查""天眼查""天津市市场主体信用信息公示系统"等查询平台，对已办理注销登记的机构信息进行清理，对分支机构信息进行补充，目前存续经营的房地产经纪机构 3044 家。

【房屋管理】2022 年，天津市立足房屋管理实际，在建章立制、方便群众、服务企业等方面取得突破。做好历史风貌建筑确定、整修、保护、利用管理和小洋楼招商引企工作，强化直管公产房屋（党政机关办公用房除外）监督管理。截至 2022 年末，天津市市内六区有直管公房 725.59 万平方米、16.66 万户。强化经营管理，累计收缴租金 1.71 亿元。落实助企纾困要求，累计为 1082 户减免租金 1822.36 万元。支持多家市属企业单位混改，免收非住宅使用权转让费 600 万元。累计维修房屋 98.66 万平方米，2.2 万户居民受益。强化房屋安全管理，加强对严损房屋、低洼片、地下室等重点部位实时监控，完成雨季防汛和冬季房屋查勘，累计抢修漏房和排查隐患 1641 处。截至 2022 年底，市级公用公房（党政机关办公用房除外）共计 556 处、740.11 万平方米，其中市级经租公用公房 21 处、9.11 万平方米，市级保管自修公用公房 535 处、731 万平方米。市级经租公用公房全年共计收缴租金 318.5 万元，收缴率 105.45%。持续开展房屋维修，重点解决外檐、屋面等部位隐患问题。多措并举推动使用单位做好市级保管自修公用公房管养和维修。

【物业管理】2022 年，天津市物业管理项目共计3714个、面积40618.25万建筑平方米，其中住宅2756个、面积33977.25万建筑平方米，非住宅958个、面积6641万建筑平方米。完成《天津市物业管理条例》执法检查。开展人大执法检查问题整改工作，形成《天津市住房和城乡建设委员会关于报送研究处理〈天津市物业管理条例〉执法检查报告及审议意见情况的请示》，经市十七届人大常委会第三十八次会议审议通过。2022年，天津市完成首单使用应急维修资金购买电梯维修商业保险试点项目，逐步推广“保险＋服务”管理模式。全年天津市归集维修资金38.72亿元，维修资金使用总量6.79亿元。

住房保障

【住房保障管理】2022年，天津市住房和城乡建设委员会牵头成立闲置保障性住房盘活领导小组和专项工作组，深入研究推动资产盘活与完善本市住房保障制度相结合的方案。将预留位于大寺新家园的约4500套零散房源面向天津市双困家庭配租，其余约9000套闲置房源在保持公租房性质不变的基础上用作保障性租赁住房。停止执行摇号选房及“购房人在购买5年后上市转让的，应转让给符合限价商品住房购买条件的家庭”有关规定，保留“由政府指定的公司回购”规定，剩余2276套闲置限价房保留不超过10%房源、约200套满足群众购买限价房需求，其他约2000套房源由企业依法依规转为商品住房进入市场销售。印发《天津市住房和城乡建设委员会关于调整限价商品住房有关政策的通知》。盘活闲置0.46万套定向安置经济适用住房，面向本市困难家庭和新市民出售。共有产权住房参照周边新建商品住房或二手住房确定销售价格，个人、政府分别持有房屋产权的70%、30%，5年后个人将政府产权按照市场评估价格购买后可上市转让。全年共筹集建设160个保障性租赁住房项目、6.1万套（间）。成立市发展保障性租赁住房工作领导小组。5月，印发《天津市加快发展保障性租赁住房实施方案》。委托中国城市规划设计研究院编制《天津市十四五保障性租赁住房发展规划》，提出“十四五”期间10万套（间）的规划最大保障目标，制定保障性租赁住房年度建设计划。制定《天津市非居住存量房屋改建为保障性租赁住房的指导意见（试行）》，印发《天津市进一步盘活存量资产扩大有效投资若干措施》，挖掘国有企业资源建设保障性租赁住房，精选土地房产集中改建或新建保障性租赁住房，将部分闲置公租房用作保障性租赁住房。确定中央财政奖补资金对保障性租赁住房项目补贴标准，落实国家对保障性租赁住房项目相关主体税收优惠政策。实施配套收费优惠政策，对在商业、工业等用地上新建、改建的保障性租赁住房项目水、电、燃气、供热等收费执行民用价格。出台《天津市住房和城乡建设委员会市财政局关于印发天津市保障性住房物业管理服务市级财政补贴资金管理办法的通知》《天津市住房和城乡建设委员会市财政局关于印发天津市公租房项目运营管理以奖代补资金管理办法的通知》《天津市住房和城乡建设委员会关于大寺新家园公租房项目配租流程有关事项的通知》《天津市住房和城乡建设委员会关于公共租赁住房承租家庭调房有关事项的通知》《天津市住房和城乡建设委员会关于进一步做好住房租赁补贴年度申报审核工作的通知》等文件，全年向7.87万户低收入家庭发放租房补贴4.64亿元。制定印发《天津市住房和城乡建设委员会市财政局市委组织部关于调整2022年补充住房公积金缴存额的通知》和《天津市住房和城乡建设委员会市财政局关于老职工按月住房补贴及公务员补充住房公积金缴存有关事项的通知》。

【房屋征收安置】2022年，天津市开工改造老旧小区177个、778.56万平方米，涉及10.12万户；累计竣工123个小区、546.23万平方米，7.53万户居民受益。推进适老化改造、无障碍设施等完善类、提升类改造项目，支持有条件的小区加装电梯。推进棚改安置房建设。筛选部分已启动前期手续、具备改造条件的项目，纳入工作计划。按照工作计划时间节点，定期巡查安置房建设项目。全年共完成基本建成安置房3200套，提前超额完成年度任务目标。

公积金管理

组织天津市住房公积金管理委员会委员审议并发布实施5项住房公积金规范性文件。发布《关于购买首套住房和保障性住房提取住房公积金有关问题的通知》，规定职工购买首套住房、保障性住房，职工及配偶、双方父母可提取住房公积金。发布《关于调整住房公积金有关政策的通知》，放宽租住保障性租赁住房提取住房公积金条件，将首套房住房公积金贷款最高限额从60万元提高至80万元。发布《关于提高租房提取住房公积金最高限额的通知》，将租房提取住房公积金的最高限额由2400元提高至3000元，建立公共租赁住房、保障性租赁住房、市场租房在内的全覆盖的租房提取住房公积金政策体系。发布《关于调整租房提取住房公积金和个人住房公积金贷款有关政策的通知》，将租房提取频次从按季提取调整为按月提取，提高多女子家庭租房提取限额，提高多子女家庭购买首套住房最高贷款限额，降低第二套住房首付款。

城市体检评估

进行市、区、街（镇）三级城市体检，范围覆盖天津市域建成区。构建三级联动的特色指标体系，结合天津市不同区域定位和发展方向，形成由“基础指标＋特色指标＋自选指标”组成的指标体系。制定技术标准体系，明确体检空间范围、工作流程、调研方法、成果要求等内容。开展居民问卷、社区问卷、开放性提案和12345政务服务热线“四位一体”的社会满意度调查。通过城市体检，全面查找城市规划建设管理中存在的短板和群众反映强烈的问题，将城市体检诊断结果作为城市更新治理行动的重要依据，提出有针对性的对策建议和整改措施，结合实际推进城市更新项目实施。

城市更新

制定《天津市城市更新行动计划（2023—2027年）》，系统提出中心城区城市功能、人居环境、生态建设、城市品质、安全韧性5个方面提升计划，涉及科创学圈培育、完整社区建设、建筑领域双碳、风貌保护提升、基础设施改善等16项更新工程及一批重点任务，并履行了相关程序。发挥市老旧房屋老旧小区改造提升和城市更新工作领导小组办公室作用，加强体检评估、计划策划等工作，建立城市更新项目计划论证审定等流程，发挥市领导小组成员单位、专家协同作用；建立月调度、周例会等工作机制，加大协调推动力度。组建城市更新专家委员会，涵盖规划设计、历史文化、风貌保护等专业，为城市更新项目决策提供专业支撑。出台关于鼓励和支持社会资本参与市政基础设施、城市更新等领域投资建设相关政策，进一步鼓励和支持社会资本参与城市更新领域投资建设运营。组织召开社会资本合作项目推介会，推动滨海新区重大项目对外推介发布。充分挖掘各类闲置资源，补齐基础设施和公共服务设施短板，审定设计之都核心区柳林街区、先达地块、北运河及周边等项目。金钟河大街南侧片区城市更新项目、红旗新里等项目有序实施，靖江东里等试点改造项目全面完工。

城乡历史文化保护传承

2022年，天津市强化市、区两级联动机制，加大历史风貌建筑巡查、检查力度，形成上下联动的工作局面。梳理职责边界，强化执法震慑，依法依规开展执法工作。开展2022年度2.2万平方米安全查勘工作。积极推动建筑保护修缮，制定《2022年度天津市历史风貌建筑保护维修项目申报指南》，指导相关区开展保护项目申报工作。开展历史风貌建筑安全查勘数字化研究工作，为安全查勘数字化提供技术支持。研究历史风貌建筑代为抢救修缮相关政策，为后续历史风貌建筑保护修缮工作提供政策支持。

积极落实天津市盘活利用小洋楼资源聚集高质高新企业工作方案和天津市小洋楼招商引企实施方案工作要求，统筹协调市小洋楼领导小组成员单位，按照四大功能区域定位进行精准招商，严格名录管理，加强房源筹集，推动制定房源腾退方案等。与市合作交流办、市商务局等招商部门深入对接，2022年累计对接洽谈央企和在津重点产业链企业200余家，新增入驻、签约企业共21家，高质高新产业不断聚集，小洋楼利用效率有效提升，“金字招牌”效应显著。加大房源巡查力度，对年久失修、结构损坏的小洋楼，督促房屋权利人落实保护责任，完善服务配套，保障房屋安全使用，提升招商房源质量。

城市建设

【建筑设计管理】2022年，进一步优化建筑市场营商环境，统一延续工程勘察、工程设计企业资质有效期。抽取天津市部分勘察设计企业开展资质动态核查。针对群众来信来访反映问题的企业和信用等级较低的企业开展重点检查，充分运用大数据、互联网等信息化手段进行数据信息比对，对企业符合资质标准情况进行判定，提高监管效能。配合市人力资源社会保障局开展注册建筑师、勘察设计注册工程师考试。

【建设工程消防设计审查验收】2022年，组织开展特殊建设工程消防设计审查人员培训12讲，2000余人次参加，同时组织专家为天津市解答疑难问题200余条。灵活开展天津市特殊建设工程消防设计审查检查工作，指导各区不断完善审查工作。完成“特殊建设工程消防设计审查系统”与联审系统融合升级，确保数据的有效性和准确性，让“百姓少跑腿、数据多跑路”。广泛收集各类问题，组织编制《天津市特殊建设工程消防设计审查常见问题疑难解析》。对国家会展中心工程综合配套区、京滨铁路、京唐铁路、天津地铁10号线等项目进行消防验收并下发了消防验收合格意见书。2022年天津市受理建设工程消防验收和备案项目1938个，均按时限办理。通过实地实操、专家讲解等方式，分三次组织开展了高层公共建筑、住宅、厂房仓库等专项消防验收业务培训，累计参训人数近500人次。完善联合验收消防验收表单内容及流程，优化申报项目抽查功能，提高了消防验收网上办理效率。发布《天津市住房和城乡建设委员会关于开展2022年度建设工程消防验收检查工作的通知》，分两阶段对天津市16个区开展了消防验收质量检查，并进行了情况反馈。

【海绵城市建设】发布《天津市住房和城乡建设委员会关于进一步明确海绵城市建设管理有关工作的通知》，修订《天津市住房和城乡建设委员会关于进一步明确建设项目年径流总量控制率等有关内容的通知》《关于部分建设项目海绵城市管控指标不做强制要求的通知》，明确海绵城市项目建设的原则与要求。明确2022年海绵城市建设实施内容，明确各区年度工作目标，推动各区统筹谋划、加强管控，引导天津市海绵城市建设工作有序开展。新建项目严格执行海绵城市建设管控要求，加强对地块出让中海绵城市建设理念落实的审查。组织各区开展2022年海绵城市自评估工作。从工作体制机制、实施进展、建设效果、达标面积等方面对海绵城市建设工作进行综合评估。配合市河（湖）长办完成2021年海绵城市建设工作考核。通过人民政府官网、北方网、民生关注电视栏目、微信公众号等多家媒体平台宣传海绵城市建设，对海绵城市理念、意义、具体举措等作出详细宣传和讲解。

【城市道路交通建设】2022年，天津市地铁建设在施9条线212公里。其中，中心城区在施6条线98公里；滨海新区在施3条线约114公里。天津市地铁运营里程达到286公里。2022年，如期实现民心工程建设目标，建成天山北路等8条市政道路，极大方便四季花城等小区周边居民出行。稳步推进重点市政基础设施工程建设，京滨城际铁路北辰站周边迎辰路、迎礼道、迎智道、迎悦路四条市政道路按期完工；津静立交工程实现阶段性通车，方便市区快速与津沧高速公路直通，极大缓解了出市方向的交通压力。建设新望道、养鱼池路、万川路等城市道路工程及其管线工程，完成西华府、宁欣花园、万辛庄、津雅苑、地铁咸阳路地块等项目配套任务。

村镇建设

【农村困难群众危房改造】持续解决农村困难群体住房安全问题，及时将新增低收入群体危房纳入改造范围，实现农村低收入群体住房安全有保障。全年完成731户农村困难群众危房改造，确保农村困难群众危房应改尽改。

【自建房安全专项整治】2022年，排查自建房183万栋，经营性自建房6.9万栋，初判存在安全隐患的经营性自建房366栋，经鉴定评估为C、D级的经营性自建房156栋，已全部落实管控或工程整治措施，工程整治率高于全国平均水平，受到部际协调机制督导组的高度认可。同步依法依规有序开展农村房屋安全隐患排查整治，对初判存在安全隐患的34795栋农房完成安全鉴定，确定存在结构性安全隐患C、D级农房27616栋，完成整治22317栋，整治率81%，按期完成年度工作目标。

【传统村落保护与发展】坚持保护优先、民生为本，开展第六批中国传统村落调查推荐，积极挖掘具有保护价值的传统村落，组织专家评审，推荐蓟州区穿芳峪镇小穿芳峪村、孙各庄满族乡隆福寺村、渔阳镇桃花寺村和小龙扒村4个村成功入选第六批中国传统村落名录。

【农房建设标准体系】组织编制新建农房标准及标准图集，引导农民科学合理建房。印发《农村自建房安全常识》口袋书和宣传画，推广《天津市农村危房加固维修技术导则》《高延性混凝土加固农村住房应用技术导则》，宣传农房建设安全技术，提升群众住房安全责任意识。

标准定额

【概况】2022年，共发布21项标准，其中会同北京市规划和住建部门、河北省住建部门共同编制完成5项京津冀协同标准，发布2项协同标准；发布19项地方标准。截至年底，天津市现行工程建设地方标准（含导则）总计201项、标准设计图集总计28册（套）。

【京津冀工程建设标准编制】持续开展京津冀区域标准合作，在工程设计、施工、验收、管理、运行等方面统一技术要求，为保障京津冀区域工程建设高质量发展提供技术支撑。发布实施《超低能耗建筑节能工程施工技术规程》《住宅厨卫排气道系统应用技术标准》2项京津冀协同标准。

【天津市工程建设地方标准编制】发布实施《天津市钢桥面浇注式沥青混凝土铺装施工技术规程》等19项地方标准，涉及房屋建筑安全、轨道交通建设、绿色建筑、建设工程管理、新技术应用、民生福祉等领域。开展天津市工程建设标准征集活动，通过专家立项论证，发布14项工程建设地方标准和5项京津冀区域协同标准编制计划。对2017年发布实施的14项工程建设地方标准复审，其中继续有效7项，废止2项，需修订5项。组织完成对2016年及以前发布的21项工程建设标准设计图集的复审工作，其中继续有效图集4项，需修订图集1项，予以废止图集16项。

组织各单位参加住房城乡建设部共14本全文强制性工程建设规范宣贯培训。组织主编单位录制17项新发布标准宣贯视频，在住房城乡建设委网站线上公开开展培训工作。围绕第53届世界标准日，组织30余家企业在官网、公众号、微博号等媒体宣传，助力标准化工作高质量可持续发展。

工程质量安全监督

【概况】2022年，天津市住建领域事故起数和死亡人数实现“双下降”，同比分别下降27.66%和27.45%。

【完善建筑工程质量保障体系】压实建设单位工程质量首要责任和其他参建单位质量主体责任，以法定代表人授权书、工程质量终身责任承诺书、永久性标志牌制度为抓手，进一步强化建筑工程责任单位和项目负责人质量责任落实。2022年，天津市新建工程“两书一牌”覆盖率达到了100%，工程质量水平稳步提升。

【建筑材料使用监管】印发《关于委托第三方服务机构开展重要建材质量抽查和使用信息公示检查的通知》，委托第三方服务机构对天津市46个在建项目的85个批次建材产品以及6家混凝土企业进行现场抽样封样、质量抽查抽测，未发现不合格产品用于建设工程和违规使用海砂情况。

【工程质量检测机构综合治理】对76家检测机构的687名技术负责人、质量负责人、检测人员进行工程质量检测专题培训考核。对69家检测机构的水泥物理力学性能、86家检测机构的主体结构混凝土强度、钢筋间距现场检测能力进行比对，暂停10家比对试验结果不合格检测机构的检测业务。推动检测机构、工程项目、检测报告等信息数据的互联互通。开展工程质量检测机构专项检查、动态核查，对检查52家检测机构，下达整改通知单51份，提出整改意见213条，对3家不符合资质标准的检测机构依法撤回资质。

【安全生产管理机制】制定《天津市房屋建筑和市政基础设施工程施工安全风险分级管控和隐患排查治理双重预防管理办法》，完善建筑施工双重预防机制。将地下管线施工保护“八个一律”工作措施作为施工许可行政要件的重要内容，全面压实地下管网保护六方主体责任。推进建筑施工领域安全生产责任保险，1920个项目已投保，安责险事故预防作用凸显。全面实施建筑企业相关人员岗位安全职责指引，推进项目责任企业“明责知责履责”。建立对各区住建委安全生产工作实绩评估工作机制，进一步压实属地监管责任。

【安全隐患排查整治】2022年，先后组织开展了防风险除隐患保安全、房屋市政工程、地下管线燃气安全、牌楼安全、重点时期安全生产专项治理工作，坚决消除各类安全隐患。加强日常执法检查，市、区两级住建执法机构共出动63017人次，检查28402项次，发现并整改隐患35080条，查处各类违法违规案件727件，处罚总金额5388.69万元，震慑各类违法违规行为。

【安管人员考核培训】2022年，组织开展四次建筑施工企业“安管人员”考核，共计考核33860人。继续教育培训总人数81280人，培训企业13235家。

【文明施工管理】印发《天津市住房和城乡建设委员会关于进一步加强房屋市政工程临时设施管控的通知》，加强施工工地围挡管理。加大文明施工管理力度，全年出动执法人员58186人次，检查项目33404项次，排查问题6866个，处罚项目59个，处罚金额230.3万元。

【应急管理】牵头组织修订了《天津市建设工程安全事故应急预案》，以市政府文件下发执行。配套编制了《〈天津市建设工程安全事故应急预案〉操作手册》，以建立完备完整的应急预案体系。牵头建立了5支市级建筑工程抢险应急救援队伍，共386人，专业覆盖了房建、市政、轨道交通等基本建设领域，配备有各类工程车辆、应急发电设备等大型装备，可承担天津市房屋建筑和市政基础设施工程安全生产事故和突发事件的应急抢险救援任务。

【防汛工作】制定《天津市住房和城乡建设委员会防汛抗旱总体工作预案》，配套制定地铁工程、房屋建筑和市政基础设施工地、城镇危陋房屋、农村危房4项应对极端强降雨应急机制。组织召开住房和城乡建设领域应对极端强降雨防汛应急处置桌面推演，对各部门和直属单位防汛预案制定、指挥体系响应、突发情形应对、应急队伍调集等方面进行检验，全面提升应对极端强降雨防汛应急和抢险救援能力。在强降雨天气期间，通过现场实地、视频会议等多种方式加强防汛检查，确保安全稳定。

【应急队伍建设】牵头建立5支市级建筑施工安全生产事故应急救援队伍，共386人，专业覆盖了房建、市政、轨道交通等基本建设领域，可承担天津市房屋建筑和市政基础设施工程安全生产事故和突发事件的应急抢险救援任务，配备有各类工程车辆、应急发电设备等大型装备，具备事故抢险救援、涌水涌沙堵漏、防汛等应急处置能力。同步指导各区组建了区级应急救援队伍，做好区级层面应急救援并配合市级部门做好相关工作。

建筑市场

【概况】2022 年，天津市实现建筑业总产值 4751.30 亿元，增长 2.1%；建筑业企业签订合同额 16550.48 亿元，增长 17.2%。天津市施工企业产值达 100 亿元以上的施工企业共 8 家。截至年底，天津市具有建筑业企业资质的企业 16491 家。其中，特级资质施工总承包企业 19 家，一级资质施工总承包企业 149 家，二级资质施工总承包企业 336 家，三级资质施工总承包企业 3638 家；一级资质专业承包企业 318 家，二级及以下资质专业承包企业 6080 家；劳务分包企业 5951 家。从业人员中，一级注册建造师 7767 人，二级注册建造师 26853 人，注册监理工程师 5322 人，注册造价工程师 4512 人。

【工程造价咨询服务】深化京津冀工程计价一体化区域合作，以互联网平台为依托，统一发布京津冀工程要素价格、指标指数信息，月信息推送量超过 4000 条。完善工程价款结算办法，推动工程价款结算相关举措落地落实，与市财政出台工程价款结算有关意见。加大重点企业新政宣贯力度，鼓励推行施工过程结算和支付，引导建设市场主体客观、公平、公正开展工程价款结算。加强企业信息收集，开展 2021 年度工程造价咨询统计调查，天津市共有 114 家工程造价咨询企业参加统计，为行业动态监管提供数据支撑。

【建筑市场与招标投标管理】开展建筑市场行为专项检查，按照属地原则，对在施的房屋建筑和市政基础设施工程围绕施工发包与承包、招投标等方面开展违法违规行为专项检查和整治工作。规范工程建设项目招标投标活动投诉及异议处理，建立公平、高效的投诉处理机制，与市政务服务办等部门共同出台《天津市工程建设项目招标投标活动投诉处理工作指引》《天津市工程建设项目招标投标活动异议处理工作指引》等文件。

【建筑市场信用体系建设】2022 年，归集施工总承包企业信息 4384 条；归集监理企业信息 1470 条；归集造价企业信息 799 条。实现归集信用信息互联共享。按照《天津市公共信用信息目录（2022 版）》数据项规范要求，向市发展改革委公共信用信息部门推送天津市房屋建筑和市政基础设施建设工程企业信用评价结果 7061 条、施工总承包合同 5108 条、其他信息 1776 条。

【建筑劳务用工管理】2022 年，进一步强化落实建筑工人实名制制度，细化推动检查，优化平台管控，强化制度建设，全面提升建筑工人实名制管理规范化水平。全年共开展实名制专项检查 14 次，抽查天津市在建项目共计 269 个，提出整改意见 37 条，在国务院 2021 年度保障农民工工资支付工作考核中，天津市政府考核等级被评定为 A 级，住建系统排名全国第四。以施工企业和建筑工人的诉求为导向，持续推进天津市建筑工人管理服务信息平台（以下简称“平台”）建设。依托平台数据每周向各区发布平台运行统计考核评分表，全年共发布评分表 41 次。12 月 30 日，《天津市房屋建筑和市政基础设施工程施工现场人员实名制管理办法》正式颁布，对参建各方职责、管理登记范围、信息系统应用、具体操作规范、监管惩戒机制等方面作出了明确规定。

建筑节能与科技

【概况】组织开展天津市工程建设工法征集工作，共有超大截面剪力墙结构施工工法等 103 项工法通过专家评审纳入 2022 年天津市工程建设工法名单。组织开展天津市建筑业新技术应用示范工程征集工作，津侨国际小镇二期香坻沁园等 23 项建筑业新技术应用示范工程通过立项评审。组织完成渤龙湖体育健身中心等 6 项建筑业新技术示范工程验收。组织开展天津市 2022 年住房城乡建设部科技计划项目申报工作，共推荐科技计划项目 10 项，完成住房城乡建设部委托验收科技计划项目验收 4 项。

【建筑节能】2022 年，天津市新建民用建筑 100% 执行建筑节能强制性标准。完善公共建筑用能信息服务平台，加强市级建筑能耗监测平台建设与利用，为公共建筑用能运行服务提供支撑，鼓励公共建筑用能单位数据上传共享，加强用能监测工作，扩大用能监测范围，实现动态监测，为公共建筑用能运行管理提供数据支撑。深入推动天津市公共建筑能效提升工作，加大宣传力度，面向节能改造服务机构、公共建筑业主单位进行宣传。

【装配式建筑】2022 年，天津市新开工装配式建筑项目 103 项，建筑项目面积共 488 万平方米，新开工装配式建筑占新建建筑面积比例达到 34.9%。向住房城乡建设部择优推荐 5 家企业申报第三批装配式建筑产业基地，完成天津市现代建筑产业园等“1 园区 7 基地”的评估工作。组织召开了“2022 年天津市智能建造和新型建筑工业化技术交流会”，展示了“天津市现代建筑产业园”的产业集聚效应，对天津市智能建造与新型建筑工业化发展起到积极示范和有力推动作用。

【绿色建筑】2022 年，天津市新建民用建筑全部执行绿色建筑标准，全年通过施工图审查的新建项目累计 237 项，建筑面积 1178.63 万平方米。绿色建筑标识项目 3 项，建筑面积共计 24.68 万平方米，其中：二星级绿色建筑标识项目 2 个，建筑面积为 17.51 万平方米；三星级绿色建筑标识项目 1 个，建筑面积为 7.17 万平方米。发布《天津市绿色建筑检测技术标准》DB/T 29–304–2022，自 2022 年 10 月 1 日起实施。

年度其他重要工作

【住房和城乡行政审批制度改革】对照国务院公布的许可事项清单，将依法设定的行政许可事项全部纳入清单管理。深入推动“简政放权”。将建筑业企业资质和工程监理企业资质市级审批权限中的高等级资质许可下放给滨海新区及 5 个功能区，所有许可事项全面实现“滨海事滨海办”。开发了建筑业企业资质等 4 个事项的电子证照并全力推动应用。按照最新国家标准对已经实施的建筑施工安全生产许可证、建筑施工特种作业人员电子证照进行升级改造，形成全国统一的电子证照版式。将“公租房申请”事项推行“一件事”场景应用，通过信息共享实现了“一次告知、一表申请、一套材料、一窗（端）受理、一网办理”，9 月 30 日，“津心办”App 正式运行，同步完善了公租房余房登记、公租房互换等相关功能。

【城建信息化建设】2022 年，启动智慧住建平台建设。组织推进城市信息模型（CIM）基础平台建设，完成项目招标采购，开展平台建设。加强网络意识形态工作，做好网络舆情监测，落实“发现、研判、处置”工作机制，开展网络意识形态风险排查，开通“天津住建”微信公众号，营造健康清朗网络环境。加强住建领域网络安全建设，组织网络安全教育培训，强化各机房系统安全运行监测，开展网络安全检查，强化网络安全应急处置，切实筑牢网络安全屏障。深化“互联网＋政务服务”数字化服务体系建设，持续提升网上政务服务能力水平。强化政务数据共享应用建设，调整完善住建政务信息资源共享目录 121 个，推送挂接共享数据约 2900 万条，向市统一开放平台提供开放目录 49 个，开放数据约 73 万条。

【建设项目投融资管理】2022 年，天津市继续深入推动落地基础设施 PPP 项目全面提质增效，进一步深化 PPP 项目在公共服务和城市基础设施等行业和领域取得的显著成效，充分发挥民间资本投资“稳增长、调结构、促改革、惠民生、防风险”的积极作用，推动经济发展、民生改善、环境治理协同并进。全年推动实施的轨道交通 PPP 项目、海河柳林“设计之都”核心区综合开发 PPP 项目和张贵庄污水处理厂二期 PPP 项目共完成投资 160 亿元。

【住建行政综合执法】2022 年，天津市充分结合“双随机、一公开”检查执法，同步开展全国安全生产专项整治三年行动、住房和城乡建设领域防风险除隐患保安全排查整治综合行动、重点时期建筑工地安全生产排查整治、房屋市政工程安全生产治理行动、燃气安全“百日行动”和“卫城 –2022”战役总攻专项检查执法行动，全时全程履行行政执法职责。市、区两级住建执法队伍共检查执法 28402 项次，出动执法人员 63017 人次，下达责令改正通知书 7215 份，下达责令停工改正通知书 726 份，提出改正意见 35080 条。天津市实施行政处罚 727 件，共处罚金 5388.69 万元。地铁 10 号线工程验收将全线 22 个标准单位工程验收拆解化分为 48 次分段验收，平行开展提高效率，为企业缩短三个月的验收时间，确保 10 号线如期开通运营。

大事记

1 月

30 日　召开 2021 年度领导班子民主生活会。

2 月

21 日　组织召开全市住建工作会议，总结 2021 年工作成绩，部署 2022 年重点工作。

3 月

8 日　天津市住房和城乡建设委员会党委主要负责同志参加与国务院安委会第二督导检查组座谈会。

23 日　天津市住房和城乡建设委员会党委主要负责同志专题研究向国务院金融办报告相关事宜，听取了有关情况汇报。同日，召开专题会议研究落实市领导关于融创集团债务化解相关批示。

5 月

13 日　召开住建系统警示教育会，要求针对反面典型案例，深刻汲取教训，举一反三，严格落实“以案三促”。

30 日　天津市住房和城乡建设委员会党委主要负责同志带队赴滨海新区现场服务，围绕住房和城乡建设，研究有关工作。同日，组织召开“未批先建”“边建边批”等问题专项排查整治领导小组会。

31 日　天津市住房和城乡建设委员会党委主要负责同志参加与国务院安委会第二督导检查组座谈会。

6月

6日　组织召开市极端强降雨防汛应急处置推演会，模拟极端情况应急处置措施。

7日　参加全国自建房安全专项整治工作视频会议。同日，天津市住房和城乡建设委员会书记、主任专题听取行政许可事项实施分类管理有关情况汇报，提出工作要求。

24日　针对宝坻区“6.21”燃气爆炸事故，天津市住房和城乡建设委员会党委主要负责同志带队赴宝坻区，研究部署安全生产工作。

7月

5日　天津市住房和城乡建设委员会党委主要负责同志专题研究研究房地产市场调控工作，部署下一阶段工作。同日，召开系统廉政工作会议。召开委深改领导小组会，围绕保持房地产市场平稳运行，研究改革措施。

8月

4—18日　天津市人大常委会主任一行赴天津市住房和城乡建设委员会调研自建房排查和保障房租赁住房建设工作。

9月

7日　天津市住房和城乡建设委员会党委主要负责同志主持召开市委巡视反馈问题整改领导小组会议及巡察工作领导小组会议。

23日　天津市住房和城乡建设委员会党委主要负责同志主持会议研究机场三期改扩建工程规划建设有关工作。

10月

25日　天津市住房和城乡建设委员会党委主要负责同志主持召开“未批先建”“边建边批”等问题专项排查整治领导小组会议。

11月

1日　召开贯彻落实党的二十大精神推进住建领域高质量发展座谈会议。

8日　天津市政府副市长在市住房城乡建设委宣讲党的二十大精神。

29日　召开全市住房和城乡建设领域重点工作会议，天津市政府副市长主持会议。

12月

7日　天津市政府副市长主持召开城市更新领导小组会议，天津市住房和城乡建设委员会党委主要负责同志出席并汇报有关工作。

（天津市住房和城乡建设委员会）

城乡规划

国土空间规划

【概况】按照《中共中央、国务院关于建立国土空间规划体系并监督实施的若干意见》要求，天津市建立了“三级三类”国土空间规划体系，即市级、区级和乡镇三级，国土空间总体规划、专项规划和详细规划三类。

2022年，天津市规划和自然资源局（以下简称“市规划资源局”）编制完成《天津市国土空间总体规划（2021—2035年）》（以下简称《市总规》），12月市呈报国务院。各区国土空间总体规划按照要求同步编制，并同步推动全市40余项专项规划编制。以西青区张家窝镇、大寺镇、河东区二号桥街道为试点，开展人口、规划传导体系、绿地等专题研究，总结和提炼街区控规主要内容，形成指南，指导和规范各区街区控规编制工作。自上而下实现国土空间总体规划与详细规划的有效衔接，从规划层面提出相应策略。同时，87个乡村振兴示范村全部完成村庄规划编制任务，全面支撑了乡村振兴示范村创建工作。

【国土空间总体规划】2022年，市规划资源局持续推动《天津市国土空间总体规划（2021—2035年）》（以下简称《市总规》）编制工作。10月21日，天津市“三区三线”划定成果通过自然资源部审核并启用，作为报批建设项目用地用海依据，同步纳入了《市总规》。10月，市规划资源局就《市总规》征求了市国土空间规划领导小组成员单位意见并达成一致，11至12月，《市总规》先后通过了市政府常务会议、市人大常委会会议、市委常委会会议审议，并由市政府呈报国务院。

【“三区三线”划定】按照中央决策部署和市委市政府工作安排，市规划资源局牵头开展“三区三线”划定工作，于9月28日形成了划定成果，经市委市政府审定同意后上报自然资源部。天津市“三区三线”划定成果落实了国家下达的耕地和永久基本农田保护目标，划定耕地和永久基本农田、生态保护红线、城镇开发边界，三条控制线不交叉、不重叠、不矛盾，基本保障了京津冀协同发展平台、“双城”及各区城区主要发展空间、“十四五”重大项目、重点产业空间、资金化债地块等区域。10月21日，天津市“三区三线”划定方案通过了自然资源部审核并启用，作为报批建设项目用地用海依据，同步纳入《市总规》。

规划管理

【详细规划管理】市规划资源局会同市发展改革委、市工业和信息化局、市司法局，赴上海、重庆、杭州、深圳等多个产业用地规划实施先进城市开展专题调研，草拟并报市政府印发《天津市推进产业用地规划利用管理规定》，配套出台《市规划资源局关于印发贯彻落实助企纾困和支持市场主体发展若干措施实施细则的通知》，提出园区产业用地相互转换，规划指标按需配置等规划执行政策，明确新型产业用地政策，结合产业用地基准地价制定提出产业用地地价优惠等相关支持政策，从控规、土地政策等方面为天津市实体经济发展及重大项目落地出实招、出好招。全市已有武清区、红桥区等十余个项目应用产业用地政策，极大提高了项目落地时效。

市规划资源局配合市商务局编制并印发实施的《"津城"菜市场布局规划（2022—2030年）》，作为菜市场配置的行业参考。为进一步落实公益性服务设施公平性和兜底性，兼顾共享性和包容性，开展《天津市公益性服务设施补短板政策举措研究》课题研究，与市教委、市民政局等部门开展座谈调研，取得阶段性成果。2022年，共研究涉及医院、学校等公共服务设施控规修改16项，占全部控规修改项目近三分之一。

为进一步提高天津市控规管理的科学性和规范性，在管理层面修订《天津市控制性详细规划管理规定（试行）》，厘清控规编制体系及管理政策创新；技术层面，以地方标准形式出台《天津市控制性详细规划技术规程》等系列管理和技术文件，规范了编制流程和技术要求。落实市委市政府《关于进一步加强规划和土地管理的若干意见》要求，为进一步提高审批效率，服务重大项目落地，并行开展控规调整法定程序中的征求意见、公示及专家评审等流程，将控规方案公示时间由30个工作日压缩至30个自然日，多措并举，提高效率。

市规划资源局统筹经济社会发展和城市安全底线，将安全发展理念融入现场调研、方案编制、技术审查等控规全流程，先后印发《市规划资源局关于进一步做好控制性详细规划城市安全有关内容编制和审查的通知》，在控规编制环节坚守安全环保底线。

【建筑规划管理】2022年，市规划资源局进一步完善天津市建筑工程规划许可标准化管理体系。印发执行《建筑工程规划验收管理技术规范（试行）》；全面试行无纸化办理建设工程规划许可证。12月起全市启动试行无纸化办理建设工程规划许可证，取消纸图和电子进件并行办理，实行无纸化电子进件、电子智能化审图、电子签章、电子存档，全流程闭环管理。鼓励建设工程规划许可证承诺审批，切实提高审批效能。市规划资源局通过业务指导、专项督查、日常监管等工作，逐步规范市规划资源局各区分局的审批行为，提升审批质效。2022年，全市审批承诺制实施率70%，建设工程规划放线测量技术报告和立面方案承诺开工前提交，建设单位持总平面图核发建设工程规划许可证，极大提高了审批效率。开展建设工程（建筑工程）智能审批研究。拟通过搭建适合天津市小地块多主体的建设工程智能审批平台，对现有工程审批平台进行优化，从而构建更加科学、便捷、高效的工程建设项目审批和管理体系。

加强建筑设计管理。结合市规划资源局开展的"我为群众办实事"实践活动，通过对住宅挑空空间、住宅坡屋顶空间、住宅地下室空间及住宅室外专有庭院等四类多样性空间的增值利用，适应住宅市场设计精细化、多样化需求，制定印发《住宅多样性空间增值利用规划管理指导意见（试行）》。该政策目前在水西公园周边地区十余个试点项目已实施在建，在住宅多样性、空间品质、建筑文化、社区场所营造等方面践行"新型居住社区"理念。

研究编制《天津市规划设计导则（2022年版）》。该导则在《天津市规划设计导则（2018版）》基础上进行提升和动态维护，以经营城市的思路，优化生产、生活、生态等各组团，体现城市特色，提升城市价值，加强城市与建筑风貌管理。

市规划资源局牵头编制印发了《天津市城市重点区域天际线规划导则》（以下简称《导则》），立足于国土空间各层级规划体系，《导则》形成从总体到单体建筑对城市重点地区天际线管控要求，进一步优化城市空间品质，提升天津市城市形象。

2022年共召开17次建设项目业务案件会审会及重点项目推动会，积极解决在项目规划审批中遇到的堵点难点路径，推动项目落地。积极推动西青区侯台公园片区项目建设，为东丽区天津市第三中心医院（东丽院区）、河西区环湖医院、医科大学第二附属医院等医疗卫生项目做好规划服务。

积极推进天津国家会展经济片区规划、海河南道国家会议会展中心段景观规划设计、天津滨海国际机场三期改扩建工程及综合交通枢纽"一体化"设计方案深化，积极推动天津滨海国际机场三期改扩建工程成为高水平的民心工程、引领天津发展的新引擎；推动市体育局重大赛事承办场馆项目建设；服务静海协和医院二期设计方案研究；推动天津市"设计之都"

核心区海河柳林地区产业配套设施和海河柳林地区设计公园一、二级驿站两个项目建筑设计方案深化。按照《大运河天津段核心监控区国土空间管控细则（试行）》（以下简称《管控细则》）要求落实大运河项目审批，按照市大运河领导小组会对“一事一议”项目要求，组织推动因《管控细则》空间形态要求需调整方案的建设项目。同时，根据市级重点项目需求，主动服务各区政府，精准施策，加快推动建设工程规划许可手续办理。

【交通与市政规划管理】2022 年，开展《天津津城轨道交通综合开发近期建设规划》的编制工作以及佟楼、八里台、马场道等地铁上盖方案的具体编制工作。组织开展津静线机场段、津滨线双城段规划策划工作。积极落实京津冀协同发展要求，推动区域重大基础设施项目规划建设，组织协调、研究推动了京滨铁路、津潍铁路等交通项目规划手续办理工作。积极推进天然气重点项目建设，协调推进北京燃气南港 LNG 项目外输管道、唐山 LNG 外输管线、京津第二输油管道工程规划手续办理及建设协调事宜。按照相关工作要求，积极推动天津市市政交通基础设施和重点工程建设，通过“以函代证”“承诺制”等方式全力保障地铁 4、7、8、10、11 号线工程建设，为 10 号线 2022 年顺利通车试运营奠定了基础。

加大规范化、标准化工作力度，编制完成《天津市道路交通与市政基础设施建设项目规划管理技术规程》，并适时报批地方标准。开展《天津市道路交通和市政基础设施建设项目规划核实管理技术规程》的编制工作，并已取得阶段性成果。联合国网天津市电力公司印发《电力线路建设工程设计方案标准样图》；配合市政务服务办等单位共同出台《深化电力领域审批制度改革优化电力工程建设审批流程工作方案》，持续简化优化电力项目行政审批手续；配合市住建委制定《天津市房屋建筑和市政基础设施工程建设项目竣工联合验收办理指南》，细化联合验收办事指南和办理流程。

【村镇规划管理】2022 年，编制完成天津市村庄布局专项规划，基本完成全市乡村振兴示范创建村村庄规划编制工作，进一步完善乡村建设规划许可制度。2021 年度乡村振兴战略实绩全市考核，市规划资源局被评为优秀等次。编制完成《天津市村庄布局规划（2021—2035 年）》方案，提出了未来 15 年农村发展的基本格局，形成“城郊融合类、特色保护类、引导整合类、中心带动类、改善提升类”五类天津市特色村庄分类，针对不同村庄类型提出了差异化管控指引。

持续加强镇区控制性详细规划管理工作，全面梳理各区城区及新城以外地区控规编制、修改（编）和审批情况，有序推动各区镇区控规报审工作。加快推动各涉农区村庄规划编制审批工作，聚焦服务保障乡村振兴示范村创建工作，经组织推动、各区政府上报，确定 87 个乡村振兴示范村规划编制任务纳入全市乡村振兴“挂图作战”考核任务；截至 12 月底，87 个乡村振兴示范村已全部完成规划编制任务，全面支撑了乡村振兴示范村创建工作。印发《落实 2022 年全面推进乡村振兴重点工作的方案》，全面梳理 24 项涉及规划资源领域乡村振兴重点任务，明确责任分工安排，并统筹推动落实。印发了《天津市乡村建设项目规划许可管理办法》，系统规范了乡村建设规划许可适用范围、申请材料、程序、时限等内容，建立用地批准手续和乡村建设规划许可合并审批制度，实行项目分类管理，完善开工放线、规划核实等全链条闭环管理机制。

7 月 15 日，在武清区河北屯镇李大人庄村召开村庄规划现场推动会暨乡村规划师聘任仪式，统筹部署全市村庄规划编制和审批工作，聘任了首批 6 位乡村规划师，迈出了天津市探索建立乡村规划师制度的第一步。开展村庄规划编制培训，全市约 95 个乡镇 180 名同志参加培训，提升了各涉农区村庄规划编制管理水平。

【名城保护、城市设计与城市更新】2022 年，市规划资源局组织编制《天津市历史文化名城保护规划（2021—2035）》，形成初步成果，并向社会公示征求意见。组织完成《历史文化街区保护规划规程》编制，推荐申报该规程为天津市地方标准。组织完成海河历史文化街区文兴里地块、一宫花园历史文化街区建国道地铁站地块保护规划修改，有序推进一宫、鞍山道等 14 个历史文化街区保护规划修编工作。配合推进杨柳青大运河国家文化公园建设工作，完成一期项目规划审批。市政府批复划定蓟州区独乐寺历史文化街区和渔阳鼓楼历史文化街区。市规划资源局会同市文化和旅游局组织对全市历史文化名城保护工作进行评估自查，对天津市各类历史文化资源认定保护情况进行调查和专项评估，完成专项评估报告呈报住房和城乡建设部、国家文物局。

按照天津市城市设计试点和城市更新工作要求，积极开展城市设计和城市更新规划管理工作。组织编制了《津城总体城市设计（2021—2035 年）》，面向社会公开征求意见。相关区政府会同市规划资源局组织编制南运河西营门片区城市设计、中心商业区劝业场地区城市设计，均已获市政府批复。组织编制南淀公园周边地区城市设计和津城核心区（不含北部新区）慢行系统规划研究。同时，积极开展新型居住社区试点工作。组织编制《天津津城城市更新规划指引（2021—2035年）》，组织完成专家论、征求相关部门意见工作，并组织公示征求社会公众意见。

大事记

1月

30日　启动天津市国土空间基础信息平台二期工程建设。

同日　启动天津市国土空间规划“一张图”实施监督信息系统二期工程建设。

2月

18日　印发《天津市全民所有自然资源资产平衡表编制试点工作实施方案》，天津市启动全民所有自然资源资产平衡表编制试点工作。

22日　天津市组织建设的天津市地理信息公共服务平台天津节点（天地图·天津）在自然资源部组织的地理信息公共服务平台省级节点2021年综合评估中获评最高等级“五星级”评价。

3月

25日　《关于助企纾困和支持市场主体发展的若干措施》经市政府办公厅印发。

4月

1日　《天津市控制性详细规划管理规定（试行）》颁布执行。

6日　市规划资源局印发《营商环境建设2022年工作要点》。

16日　市规划资源局党委会审议通过《市规划资源局法治政府建设2022年工作要点》。

22日　市规划资源局印发《市规划资源局关于印发2022年重大行政决策事项目录的通知》《落实2022年全面推进乡村振兴重点工作的方案》。

5月

5日　市规划资源局总规划师师武军主持听取天津市国土空间总体规划及重点专项规划有关工作，重点研究部署“三区三线”划定工作。

同日　市规划资源局党委书记、局长陈勇主持听取天津市国土空间总体规划及重点专项规划有关工作。

同日　向各涉农区分局下发《市规划资源局关于在全市开展“三区三线”划定工作的紧急通知》。

6日　副市长刘桂平主持研究天津市国土空间总体规划及重点专项规划有关工作。

6月

8日　召开“迎盛会、铸忠诚、强担当、创业绩”主题研讨会暨青年干部座谈会。

17日　印发《市规划资源局进一步优化营商环境若干措施》。

28日　印发《市规划资源局关于贯彻落实助企纾困和支持市场主体发展若干措施的实施细则》。

7月

7日　市规划资源局党委印发《市规划资源局党委关于认真学习宣传贯彻市第十二次党代会精神的工作方案》。

15日　在武清区河北屯镇李大人庄村召开村庄规划现场推动会暨乡村规划师聘任仪式。

30日　印发《天津市城市重点区域天际线规划导则》。

8月

8日　印发《市规划资源局关于成立重点项目服务工作专班的通知》。

16日　印发《天津市乡村建设项目规划许可管理办法》，进一步规范乡村建设规划许可管理工作。

24日　印发《住宅多样性空间增值利用规划管理指导意见（试行）》，适应住宅市场设计精细化、多样化需求。

29日　印发《市规划资源局关于在控制性详细规划管理中落实天津市土壤污染防治要求的通知》。

9月

23日　常务副市长刘桂平、副市长杨兵召开天津机场三期改扩建工程专题会，听取市规划资源局关于《天津机场三期改扩建综合交通枢纽“一体化”设计方案》汇报。

30日　印发《关于规范建设项目用地组卷报批材料及相关文本格式的通知》。

10月

21日　天津市“三区三线”划定成果获自然资源部审核通过。天津市“耕地永久基本农田、生态保护红线、城镇开发边界”正式启用。

11月

2日　发布《天津津城城市更新规划指引（2021—2035年）（征求意见稿）》《天津市历史文化名城保护规划（2021—2035年）（公示稿）》。

13日　印发《建筑工程规划验收管理技术规范（试行）》。

22日　天津市首个城市更新涉及控规修改地块《金钟河大街南侧片区部分地块控制性详细规划修改方案》获市政府批复。

12月

1日　市规划资源局以天津市规划委员会办公室、天津市国土空间规划领导小组办公室名义向市规划委员会委员及小组成员单位致以《关于请对〈天津市国土空间总体规划（2021—2035年）〉进行书面审议的函》，采取书面审议方式请市规划委员会委员、市国土空间规划编制工作领导小组成员单位对《天津市国土空间总体规划（2021—2035年）》进行审议。

同日　市规划资源局向市政府办公厅报送《市规划资源局关于〈天津市国土空间总体规划（2021—2035年）〉的有关情况说明》，提请以市政府党组名义报送市委常委会审定。

同日　市规划资源局报请天津市市委委员审议《天津市国土空间总体规划（2021—2035年）》。

9日　印发《市规划资源局关于试行无纸化办理建筑工程建设工程规划许可证的通知》，在全市范围内实现进件、承办、办结全流程“零跑动”办理规划许可。

13日　市委常委会审议《天津市国土空间总体规划（2021—2035年）》。

14日　市规划资源局向市人民政府报送《市规划资源局关于〈天津市国土空间总体规划（2021—2035年）〉的情况说明》，提请市人民政府办公厅呈报国务院审批。

31日　完成天津市测绘作业证跨省通办事项办理全覆盖（约3700件），成为全国率先完成该项工作的省份。

12月　纳入全市乡村振兴“挂图作战”考核任务的87个乡村振兴示范村全部完成规划编制任务，发挥了村庄规划在推动乡村振兴战略实施中的引领保障作用。

（天津市规划和自然资源局）

城 市 管 理

城市管理概况

2022年，天津市城市管理工作秉承“民生办、民心办”功能定位，围绕解决群众“急难愁盼”问题，深入开展“我为群众办实事”系列活动，破解城市管理难题，城市治理更有力度、城市管理更有温度，群众获得感、幸福感、安全感不断增强。加大园林绿化建设和养管力度，群众享受到更多绿色服务。新建提升改造口袋公园。开展精品绿化养护路、精品花坛、优美公园创建活动。出台《天津市城市树木迁移管理办法》，开展古树名木普查，建立城市古树名木生境档案和古树后备资源库。开展砍伐树木审批“回头看”。开展执法监督检查，打击毁坏城市树木、绿地等违法行为。加强公园管理服务，提升绿化景观。抓季节性养护管理，生态防治技术在园林绿化中得到有效推广。做好公园、精品花坛、精品养护路以及园林病虫害防治和行道树修剪，提升绿化养护水平。结合创文创卫开展环境清整，打造干净、整洁、靓丽、大气的城市环境。持续开展环境卫生清整，城市道路清扫作业、可机扫水洗道路机械化作业基本全覆盖。次支道路保洁、背街小巷、薄弱区域环卫扫保水平明显提升。环卫公厕日消杀、重点部位随时消杀通风常态化。新建提升改造一批公厕，天津进入十大厕所数字化城市榜单。完成友谊路、马场道等25公里景观道路，以及意风区、奥体中心等重点地区和海河沿线夜景灯光提升改造。开展照明设施提升改造，加强路灯设施日常维护，加大日常户外广告、牌匾管理。完成黑牛城道等530条道路安全隐患排查和整修维修，排除安全隐患。推进生活垃圾分类，分类投放、收集、运输、处理体系进一步完善，公共机构垃圾分类实现全覆盖。加大垃圾处理设施建设力度，补齐全市垃圾处理短板。关停生活垃圾填埋场。持续增强公共服务功能和安全保障功能，守牢守好城市安全运行底线、红线，提升群众生活品质，保障群众生产生活安全。开展“天津市城镇燃气安全隐患排查整治”“防风险除隐患保安全燃气排查整治”“天津市城镇燃气整治百日行动”等专项整治行动。实施燃气户内设施提升改造“6个100%”一体化工作机制，落实市区专班两级调度机制，排查整治燃气安全隐患。开展入户安检和设施提升，筑牢户内燃气安全防线。持续落实弹性供热机制，本年度供暖期比法定时间多供热24天，持续实施“冬病夏治”。开展访民问暖，建设“天津暖心平台”，强化供热服务质量。利用桥下空间、闲置空地等资源，建设停车场，增加停车泊位，补齐停车服务供给短板，缓解群众“停车难”问题。开展城市道路桥梁功能修复工程。完成道路维修、桥面维修、地袱栏杆维修油饰和道路检测、桥梁检测。加强窨井盖治理，解决城市道路管线井病害问题，确保群众脚下安全。坚持把供热、燃气管道老化更新改造作为重要民生工程，推进供热旧管网改造。补齐老旧设施“欠账”，加大燃气旧管网改造，保障安全运行。启动燃气管道城市生命线工程建设，实现燃气管线安全隐患及时感知、早期预警和高效应对。统筹做好供热燃气保障、垃圾收运、环境清整、公园管理，突出特殊时段环卫垃圾作业，重点做好生活街区、居民小区等区域扫保及垃圾清运。全市垃圾焚烧厂焚烧不停炉，设施运行安全。开展沿街底商治理，实施市容景观设施大检查，加强非法小广告清理和违法行为查处。开展占路经营治理，突出治理主干道路、重点地区各类非法占路经营问题。加强执法服务保障和常态化执法，为全市夜间经济繁荣发展保驾护航。开展停车秩序治理，全力提升违法停车整治效果。开展施工工地治理，对全市施工工地进行全面检查。完成安全生产专项整治三年行动收官。开展安全生产大排查大整治和专题培训，落实燃气、供热、城市道桥、市容市貌、环境卫生、园林绿化、垃圾处置、公园等行业安全生产责任。修订出台一批应急预案，建立完善一批制度，安全生产工作制度化、规范化。开展"我为群众办实事"活动，全系统投入近1000万元，为群众办理各类实事275件。

行业发展规划

2022年，天津市落实"十四五"城市管理精细化规划，组织开展年度规划实施情况评估，形成评估报告。重点对规划涉及的26项规划目标、136项工作任务梳理落实情况，协调解决难点堵点。推动园林绿化、市容环卫、公用事业、一网统管、队伍建设等工作落实，助力天津市打造优美、整洁、有序、和谐、宜居的城市环境。编制《天津市环卫设施布局规划（2022—2035年）》（以下简称《规划》），已印发执行。《规划》提出规划期限为2022—2035年，规划范围为天津市全市域。《规划》明确到2025年，城市生活垃圾分类覆盖率100%；生活垃圾无害化处理率100%；原生生活垃圾"零填埋"；建筑垃圾综合利用率不低于60%。到2035年，全市生活垃圾回收利用率达到40%以上；健全农村生活垃圾收运处置体系；建筑垃圾综合利用率不低于65%。

市容环卫管理

【市容景观管理】2022年，天津市开展违法设置户外广告整改。全年治理各类违法户外广告设施4814处。开展整治楼顶户外广告设施专项行动，出台《市城市管理委关于加强城市重点区域天际线管控工作方案》。严格管控楼顶户外广告牌匾，给予未经行政许可、擅自设置楼顶户外广告牌匾行为行政处罚。规范设置楼体户外广告牌匾，提升标志性建筑的辨识度，成为天际线的靓丽点缀。

【城市环境综合治理】2022年，完成红旗南路、外环线、天津大道等道路维修。施划交通标线113.4万平方米，清洗交通隔离护栏4448公里；完成交通安全设施维护1846处，维修更换标志2382套。排查修缮配电站房1833处，更新标志标识1.18万个，清理"三线搭接"隐患2374处，治理电力线路与燃气管线距离不足问题1.47万个。清洗各类果皮箱、垃圾桶205.2万余次，清洁维护公交站杆站牌260余处、站箱310处、候车亭214座；更新清洗邮政信筒1053处，检查邮政报刊亭436次，整治书报刊亭98个。实施市容景观设施大检查，规范商户牌匾907处，治理各类非法小广告2.5万余处，行政处罚2.64万余元，查处乱摆乱卖6.7万余处，处罚56.1万余元。设置"固定+游动"的治理勤务，提升违法停车整治效果。发送机动车违法停车提示信息102万条，治理机动车乱停乱放1.25万辆，处罚29.6万起；规范互联网租赁车停放64.28万辆。开展海河医院周边环境整治，抢修围墙2100延米，安装灯具700余盏、铁丝网近10000米、监控摄像头260个，拆除违建1200余平方米，平整土地2000余平方米，运输渣土杂物1000余方，拆除违规牌匾34处，封堵沿街商户130户。调集20余名环卫人员、调配2部扫路车、配置10辆垃圾收运车，对海河医院周边环境保洁、垃圾运输实施常态化保障服务。完成天津市"两会"、亚布力中国企业家论坛第十七届高峰会等20余次重大活动、重要会议、重要公务市容环境服务保障任务。开展铁路沿线安全环境隐患治理和铁路沿线环境卫生大清整活动，解决铁路部门转办涉及市城市管理委问题16个，治理隐患224处。开展全市窨井盖安全隐患排查治理专项行动，重点督办天津大道、海河通道等多处窨井盖隐患治理，全年完成窨井盖建档139.68万座，排查430.2万个次，治理填埋"无主井"357座，发现安全隐患9247处，整改率达100%。

【环境卫生管理】2022年，天津市开展环境卫生脏乱点位大排查和大清整，清除各类脏乱点位1.65万处，清理垃圾杂物、装修渣土10.04万吨。重点对区结合部、建筑工地周边、集贸市场周边、居民社区、背街小巷、隔离点和医院周边等薄弱区域清理整治。全年对全市16234条（次）道路进行检测，检测点位4.5万余个，达标道路平均达标率85%。全年组织191次环卫专项检查，查出问题17666处，通报12次，全部整改。对全部机械作业车辆实施GPS监控考核，利用环卫机扫水洗监控网对3167道路机扫水洗情况和2972部环卫作业车辆进行监控。实现道路清扫保洁作业覆盖率和可机扫水洗道路机械化作业实现全覆盖。截至12月底，全市城市道路4412条，扫保面积14648万平方米，机械化作业率达到93%。全市现有公厕4500座，其中，环卫公厕1585座、社会公厕2915座，公厕云平台动态更新公厕数量3636座。公厕管理服务实行“厕长制”模式，公厕全天有人管、定时有人查、每座有管家。天津市公厕云平台3月在“津心办”成功上线“找公厕”功能，科技赋能“厕所革命”全面升级。修订《天津市冬季除雪工作预案》，制定天津市除雪工作预案配套保障材料，建立健全除雪工作体系和机制。印发《市城市管理委深入打好污染防治攻坚战工作实施方案》《市城市管理委深入打好污染防治攻坚战2022年工作实施方案》和《市城市管理委关于补充深入打好污染防治攻坚战责任分工的通知》，按时限完成污染防治攻坚战各项任务。

【生活废弃物管理】开发生活垃圾处理设施“安全生产千分制”量化检查评估系统，安全生产重点节点实现全过程、全链条、全体系细化。开展系统应用培训，督促设施运营单位、监管部门履行主体责任和监管责任，13座生活垃圾焚烧发电处理设施稳定运行，全年清运生活垃圾432万吨，全部实现焚烧、无害化处理。全链条推进生活垃圾投放、收集、运输、处置，全市垃圾分类呈现厨余垃圾、有害垃圾、可回收垃圾分出量增加，人均日产生量减少趋势。全市资源化利用率达82%，无害化处理率达100%。住房和城乡建设部第三季度评估考核，天津市位列超特大城市第6名，处于“成效较好”档次。全链条提升分类能力，推进分类投放系统建设，规范设置分类桶箱73万余个，改造提升投放收集点位12280处，居民小区生活垃圾分类投放设施100%全覆盖。提升分类收集设施能力，改造提升生活垃圾转运站215座、有害垃圾暂存点42个、可回收物交投点395个，实现与分类投放环节无缝衔接。完善分类运输系统，全市现有运输车辆4047辆，其中厨余垃圾车589辆，有害垃圾车86辆，可回收物750辆，其他垃圾运输车2622辆。推进生活垃圾分类处理设施建设，全市投运13座生活垃圾综合处理厂，原生生活垃圾填埋场全部关停，生活垃圾实现“零填埋”。厨余垃圾处理能力达2000吨/日，有害垃圾处理能力达100吨/日，其他垃圾焚烧处理能力达17450吨/日，可回收物纳入再生资源利用体系。制定实施《天津市生活垃圾分类工作量化考核办法》，依托生活垃圾分类“津彩分呈”信息管理系统，实行量化多层次复合考核。发挥月度评估考核作用，开展月度评估12期。开展垃圾分类宣传，在天津日报等主流媒体开设垃圾分类专栏，创设微信公众号，拓宽群众查询渠道。开展“垃圾分类、津彩分呈”网络直播17期，在线互动人数超过1000万人。组建志愿服务队伍2918支，募选2091名讲师组建“津彩分呈讲师团”，定期开展垃圾分类系列大型宣传活动。全年发布志愿服务项目6225个，参与志愿者达7.96万人次，服务时长127.5万小时，受众达510余万人，垃圾分类宣传得到住房和城乡建设部肯定。

城市园林绿化

【概况】2022年，天津市完善《天津市“植物园链”专项规划》，编制《天津市大运河滨河绿道和沿线绿化建设实施指导意见》，印发《天津市小型绿色开敞空间规划设计导则》《天津市城市绿地碳汇设计导则（试行）》。编制《天津市园林城市申报与评选管理办法》。柳林公园一期开工建设，新梅江公园南段基本建成。利用原有绿地、边角地、闲置地建设提升50个口袋公园。复兴河公园（二期）落实“海绵城市”设计，助力海绵城市建设，已建成并向社会开放。开展绿色生态屏障区道路配套绿化工程，实施绿化17.54万平方米。

【园林养护管理】2022年，天津市加强园林绿化日常养管，开展园林绿化春夏秋季养管会战和冬季园林植物防寒管理，强化中耕除草和水肥管理、园林植物修剪和补植补种，发挥园林绿地生态效益。开展园林精品创建，形成激励机制。全年创建100条精品道路、100个精品花坛、50个精品公园活动，园林绿化养管水平有效提升。对130株城市古树巡查体检，建立古树制定复壮方案。开展城市古树后备资源普查和建库工作，14581株树龄大于50年或者胸径40厘米以上的城市慢生树、长寿树纳入古树后备资源库，以古树标准挂牌保护。推行以生物防治为主的无公害综合防治技术，保护园林植物。全年发布《天津市园林病虫信息》28期。园林病虫害防治专项培训800余人。加强美国白蛾等易爆发成灾病虫害专项指导，防范化解园林生态系统生物灾害风险，保护绿化成果。

【城市公园管理】2022年，天津市对全市公园进行现场调查走访，全市168座各类城市公园全部纳入《天津市公园名录（2022年）》，并在委网站公布。开展科普教育、游园赏花会、运河桃花文化商贸旅游节、水上菊花展、南翠屏重阳节登高祈福等特色文化活动。天津市动物园建立动物优势种群，加强繁殖和动物引入，提升动物观赏效果。全年引进白臀长尾猴、阿拉伯狒狒2种3只，成功动物21种88只，合作繁殖金丝猴、马来熊等珍稀动物3种6只。截至12月底，现有哺乳类、鸟类、爬行类动物171种1487只，其中，国家一、二级保护动物96种686只。

公用事业保障

【路灯照明管理】编制完成《路灯智能单灯控制器应用及运行规范》《路灯智能控制终端应用及运行管理规范》。厘清管辖范围，严格实施设施管理考核，强化设施管理单位主体责任，实施设施管理单位领导干部包片负责制。改进优化巡查巡检周期，突出重要节日和疫情期间的设施运维保障，加强运维管理。全年路灯亮灯率达到98.6%，设施完好率达到96.7%。编制完成《天津市道路照明设施建设移交接管实施细则》，全年完成40条道路3600余盏路灯设施接收，提升改造梅江西路等53条道路1432基太阳能路灯、12处电源点位、54000余米线缆，提升夜间照明效果，方便百姓出行。

【夜景灯光设施】2022年，天津市加强夜景灯光运维管理，城市夜景更加亮丽。严格落实考核、巡查、反馈等管理制度，定期对设施运行状况全面摸排，维护、监理单位现场交底，列出设施故障清单，建立台账，并明确整改时限。全年出动排查人员3026余人次，车辆967台/次。完成海河、友谊路、马场道、意风区、奥体中心、古文化街、五大道等全市重点道路、重点地区夜景灯光设施整治改造。全年排查点位3659处，更换灯具10367套，更换线缆17843米，维修电源421个，更换灯带6852米，设施安全稳定运行。

城市管理综合执法

【概况】2022年，天津市重点开展夏季城市环境治理，突出治理主干道路、重点地区各类非法占路经营摊点，全年治理非法占路经营问题7.7万余处次，行政处罚65.8万余元。依法依规有效处置在账违法建设，新增违法建设“零容忍”，全年拆除违法建设5.6万余平方米。全市城市管理系统排查经营性自建房安全隐患201处、二层以上经营性自建房安全隐患61处；完成整治经营性自建房安全隐患159处、二层以上自建房安全隐患31处。全年检查燃气企业2650家次，实施立案处罚480起，处罚金额796.414万元；排查经营性自建房燃气隐患2106处，全部整治完成。加大占压绿地、毁绿圈占、违法伐树、毁绿种菜等违法行为治理，全年治理4300余起，行政处罚15.7万余元。全年治理各类非法小广告2.9万余处，行政处罚2.6万余元。全年治理犬只便溺4900余起，行政处罚1万余元。全年治理涉及食品非法占路经营问题3万余处次，行政处罚18万余元。全年治理运输撒漏、露天烧烤、露天焚烧枯草落叶秸秆等大气污染违法行为1万余处次，行政处罚79万余元。推行行政裁量基准制度，规范行政处罚裁量权，258项行政处罚裁量基准细化裁量标准、幅度、阶次，确保过罚相当，防止畸轻畸重。开展《行政处罚法》、“三项制度”专项培训三期，培训执法人员4000余人次。组织全系统63名新申领行政执法证人员专业法律知识培训考试，135名持证人员参加公共法律知识培训考试。对城市管理系统执法部门开展监督检查和现场督导，防止和纠正违法、不当行政执法行为，规范公正文明执法。加强行政执法典型案例收集、评查，强化行政执法案例指导，印发两期典型案例。开展“双随机、一公开”监管和部门联合抽查，动态调整随机抽查事项清单和年度抽查计划，建立完善行政执法检查人员名录库和检查对象名录库。

【城市管理信息化建设】2022年，天津市城市综合管理服务平台一期10月正式投入使用。平台纵向实现与住房城乡建设部国家城市综合管理服务平台和各区城管委平台互联互通，横向实现与委内各系统互联互通。委属16个信息化系统运维方案落实运维资金1101.14万元。夜景灯光启闭监控系统等7个信息系统网络安全等级评测完成备案。市数字化城市管理平台全年受理城市管理问题735477件，事件类593904件，部件类141573件；立案724341件，立案率98.49%，办结率81.19%。全年利用视频会议及城市管理指挥调度系统召开各类视频会议120次。建立市城市管理委政务数据共享目录22项，其中，自建信息系统相关数据目录13项、责任清单相关数据目录9项，更新信息1912392条。

【城市管理法治建设】修订《天津市绿化条例》，增加保护城市树木和古树名木等内容。完成《天津市建筑垃圾管理规定》立法项目调研。起草《天津市建筑垃圾管理规定立法调研工作方案》，研究起草全市建筑垃圾管理规定草案。开展《天津市机动车停车管理办法》立法调研，于12月9日通过审议。研讨城市管理系统7部地方性法规和12部政府规章，形成《天津市燃气管理条例》等10部立法规划项目建议。制定出台中央法治督察反馈意见整改方案，并督促整改落实。向社会公开2021年委法治政府建设年度报告。制定出台委法治建设实施意见（2021—2025年）。党政主要负责人履行法治建设第一责任人职责，推动法治政府建设6项重点任务和执法协调小组重点任务落实。制定委“八五”普法规划实施意见，全面推动法制宣传进机关、进学校、进社区。出台普法依法治理工作方案，并推动落实。《天津市城市道路养护工程管理办法》等5个行政规范性文件向市政府报备。《天津市城市树木迁移管理办法》等7个行政规范性文件通过合法性审核。《慰问环卫工人产品采购合同》等16份合同通过法律审核。全年行政诉讼案件3件，2件法院裁定驳回起诉，1件法院审理中。行政复议案件答复1件。以政府采购方式选聘华盛理律师事务所为委法律顾问。委19名拟任处级领导干部全部通过任前考法。

【城市管理科技发展】2022年，天津市坚持科技引领，推动城市管理领域科技和全域科普创新发展。天津市动物园成功入选首批全国科普教育基地，天津市垃圾分类处理培训展示中心评为天津市环境教育示范基地。天津水上公园传承“津派文人养菊传统栽培技艺”列入南开区第九批区非物质文化遗产代表性项目名录，成功举办“天津市第56届菊展”。

【城市管理巡查】全年完成12345政务服务便民专线、公仆接待日、政风热线、政民零距离等多渠道群众反映城市管理问题转办、督办130959件。全年巡查检查道路4875条次、公厕848个次、学校320个次、菜市场（集贸市场）986个次、公园483个次、发热门诊500个次、隔离点755个次，发现问题834个，全部整改。聚焦群众操心事、烦心事、揪心事，采取日常、重点、专项巡查相结合方式，加强对市容市貌、环境卫生、城市绿化等领域开展巡查，加强问题线索督办，解决一批群众关注的重点难点问题。

城市管理治理

【市容建设管理】2022年，滨海新区厨余垃圾处理设施建成投入运行，新增厨余垃圾设计处理能力400吨/日。蓟州区垃圾焚烧炉渣资源化利用设施建成投入运行，设计炉渣再生利用处理能力1000吨/日。津南区葛沽镇垃圾转运站、津南区八里台垃圾转运站建成，新增转运能力295吨/日。全年新建提升改造环卫公厕107座，新建（含接收）34座，提升改造73座，进一步满足群众如厕需求。排查沿街建筑立面道路530条次，对黑牛城道等40条道路1045栋建筑立面安全隐患进行排险整修，整修牌匾8079.4平方米、修复檐口线7514延米、空调罩2741处，整修屋面及阳台防水4017.3平方米、粉刷20540平方米，排除了安全隐患。

【园林展会】2022年，天津市借参加园博会之机，进一步展示天津园林发展历程和城市建设成就。第十三届中国（徐州）园博会，天津展园以五大道为代表的“洋楼文化”为设计主题，通过“津楼—津园—津城”景观系列，展现天津中西合璧的城市风貌，荣获“优秀展园”“优秀室内布展展园”两个奖项。第十四届中国（合肥）园博会，天津展园以“生生画卷、幸福津华”为主题的设计方案通过住建部专家评审，已编制施工图，确定项目预算。

【燃气管理】2022年，全市现有燃气经营企业168家，其中主营管道气企业48家，主营加气站企业50家，主营区域管道供气企业12家，主营液化石油气企业58家。现有天然气用户626.86万户，其中工业用户0.37万户，商业用户35.50万户，居民用户590.99万户。全市天然气供气总量68.14亿立方米，液化石油气供气总量10.25万吨。燃气管线总长度52608公里，其中高压，次高压燃气管线3884公里，中压燃气管线11842公里，低压燃气管线36882公里。调压站1204座，其中高调站275座。汽车加气站73座。印发《关于印发进一步优化营商环境深化用气报装改革实施方案的通知》《关于做好供气服务投诉处置工作的通知》《关于推广使用天津用气报装微信公众号开展用气报装工作的通知》《天津市用水用气报装导则》等10余份制度文件。各项指标在国内横向比较均处于靠前水平。提升报装信息化程度，开展用气报装系统建设，该系统1.0版已投入使用。目前该系统启动升级改造，改造后全面实现报装、管理信息化。提升服务效能，开展“请进来、走出去”用户座谈活动，实行“周走访”制度，倾听企业家心声，现场协调解决用户需求，监督燃气企业提供优质服务。

【供热管理】2022—2023供暖期，全市集中供热面积5.67亿平方米，集中供热普及率达到99.9%。其中，燃气2.67亿平方米，占比47.15%；热电联产2.3亿平方米，占比40.57%；地热及其他0.33亿平方米，占比5.85%；燃煤0.36万平方米，占比6.43%。热电联产、燃气和可再生能源供热比重达到93.57%，以清洁能源为主的集中供热体系形成。继续落实弹性供热机制，全市11月1日正式供热，供热时间比法定时间延长24天。供热期间，全市供热企业落实燃料购消日报和预警制度，加强动态督导，分级启动响应措施。加强供热安全生产、维修服务检查，全市供热运行安全稳定。持续开展供热“冬病夏治”，采取入户更换散热器、管道、阀门、过滤网及冲洗户内管道等措施，提升改造8992户终端用户室内供热设施，解决群众户内设施老化、故障等影响用热质量问题。

【道桥养护】2022年，全市城市道路（快速路、主干路、次干路、支路、境内公路、街坊路）总长度9669公里，面积18686万平方米；桥梁1312座（含境内公路桥梁）。其中，本市城市建成区道路总长度8319公里，面积15662万平方米，建成区路网密度6.58公里/平方公里。完成子牙河桥抢修工程、普济河道立交桥（老桥非跨铁部分）跨年维修加固工程，及时消除安全隐患；实施第二批144座市管桥梁栏杆提升改造；围绕春融病害抢修、城市环境综合整治，完成道路维修127.17万平方米，桥面维修1.46万平方米。开展道路桥梁设施检测，实现检测全覆盖。针对城市隧道防汛重点点位，增设海河东路隧道、西站隧道、津湾隧道、越秀路隧道、万柳村隧道和五经路隧道等6座市管隧道逃生梯15部。完成自然灾害综合风险普查市政道路桥梁设施调查，全市调查市政道路3622条、4318公里，调查市政桥梁892座、217公里。市政道桥设施调查完成率100%，软件质检通过率100%，抽检核查样本合格率均在90%以上。完成部级内业核查、外业抽检等质检核查，通过部级质检核查。

【城市管理考核】2022年，天津市认真落实《天津市城市管理考核办法》，采取日巡查、周抽查、月联查、季度民意调查和社会监督等方式，发现问题613611件，立案613341件，立案率99.96%，应结案606423件，办结597875件，总结案率98.59%；采取"四不两直"形式，对全市16个区和10个市级城市管理相关职能部门实施每月联查考核，全年检查道路1831条、社区448个、公厕192个，发现问题及时整改；采取入户发放问卷的形式，每季度对全市16个区和市级相关职能部门的城市管理工作实施民意调查考核，调查样本总量13640个，其中社区居民样本13120个，企业员工样本400个，市民投诉样本120个，群众意见和建议及时办理。城市管理考核成绩每月在《天津日报》刊登，接受社会监督，持续提高城市管理考核质效，推动城市管理精细化水平全面提升。

大事记

1月

27日　印发《天津市城市道路养护工程管理办法》。

3月

2日　天津市城市管理委、天津市发展改革委、天津市规划资源局、天津市商务局联合印发《天津市生活垃圾治理规划》。

4月

12日　印发《天津市城市道路管线井管理办法》。

14日　印发《天津市临时占用城市道路管理办法》。

6月

20日　印发《重大行政执法决定法制审核制度》《行刑衔接案件工作规程》《天津市城市管理综合行政执法规范行政处罚裁量权规定》《天津市城市管理系统行政执法证件管理规定》等20个执法领域规定文件。

7月

7日　印发《天津市城市树木迁移管理办法》。

21日　印发《天津市燃气经营许可管理办法》。

8月

8日　天津市城市管理委、天津市公安局联合出台《天津市推进涉路施工"一件事"改革实施方案》。

9月

26日　天津市城市管理委、天津市市场监管委联合印发《天津市燃气供用合同示范文本》。

29日　印发《关于加强城市管理与执法工作联动的实施意见（试行）》。

10月

10日　印发《燃气经营企业开展燃气用户安全检查工作暂行规定》。

12月

9日　印发《天津市城市管理考核实施细则》。

（天津市城市管理委员会）

水务建设与管理

2022年，天津市水务局注重质量与安全监督的全过程控制，全市水务工程建设质量与安全处于受控状态，全年未发生质量与安全事故。工程一次性验收合格率100%。圆满完成水利部2021—2022年度水利建设质量工作考核，考核等级为A级，位居全国第4名，在水利部水利建设质量工作考核中连续六年获得A级。

2022年，新办理质量监督手续水务工程4项，各项目开工前，均按要求明确了监督人员，制定印发了监督计划和年度监督计划，对参建单位开展了监督交底，审核并确认了工程项目划分，组织对参建单位开展了质量管理体系、质量管理行为监督检查，并对工程实体质量开展监督检查和质量检测。

组织编制并印发《天津市水利工程质量检测管理办法》。牵头组织了京津冀三地水务部门召开多次视频会议，研究三地地方质量检测标准。9月30日，《水利工程建设质量检测管理规范》作为京津冀区域协同地方标准正式发布。

9月，邀请水利部监督司和国内知名稽查专家授课，市、区水务局有关部门、质量监督机构、主要参建单位有关负责同志、重点工程项目管理人员参加了质量监督和稽查业务培训，先后培训600余人次。

2022年，在天津市南水北调中线宝坻引江工程现场，开展了天津市水务工程建设生产安全事故综合应急演练暨质量安全标准化工地观摩活动。活动以演练模拟宝坻引江工程现场模板发生坍塌事故，实战化开展事故上报、应急预案启动、现场救援处置等多个科目的演练，宝坻区应急救援支队、宝坻区急救中心也进行协同联动演练。

以"推动质量变革创新，促进质量强国建设"为主题，采取"线上＋线下"的形式，市、区两级水行政主管部门、工程建设市场主体和工程建设项目开展质量月系列活动。活动涉及10个行政区、30余家建设市场主体、6个市管工程建设项目，参加人数600余人。

按照"四不两直"专项检查方案的部署，分批次对9个涉农区的9项区管在建项目进行检查。对各在建工程项目法人、设计、监理、施工单位进行检查，真实了解和掌握工程实际情况。针对检查发现的问题，主动对接区级水行政主管部门，提出具体的整改建议，督促责任单位开展整改工作，助推质量管理水平整体提升。

（天津市水务局）

河北省

住房和城乡建设工作概况

2022年，河北省住房城乡建设系统锚定工作目标，保持工作韧劲，抢抓机遇、砥砺奋进，抓投资、上项目，为稳住全省经济大盘多做贡献，求实效、办实事，下大力气解决群众急难愁盼问题，保安全、保稳定，守牢安全发展的硬约束，全省住房城乡建设事业迈出坚实步伐。

【因城施策促进房地产市场平稳健康发展】2022年，河北省房地产开发完成投资4983亿元、同比下降0.8%。先后4次出台15条稳定房地产市场的措施，支持刚性和改善性合理住房需求。各地因城施策，合理降低住房公积金和商业贷款首付比例，提高住房公积金最高贷款额度，开展"线上＋线下"房博会活动，激活潜在购房需求。出台绿色金融支持绿色建筑举措，24个项目获绿色金融支持182亿元。筹集保租房5.4万套，发放公租房租赁补贴1.7万户，发放个人住房公积金贷款7万笔、345亿元。在全国率先实现公租房"一证办理"，申请人凭身份证即可在网上申请公租房。

【抢抓机遇加快市政基础设施建设】全省市政基础设施投资同比增长21.1%。抢抓国家全面加强基础设施建设的重大机遇，河北省住房城乡建设厅会同中国人民银行石家庄中心支行、省银保监局出台加快市政基础设施建设的4条政策和绿色金融支持绿色市政设施建设举措，组织政银企对接，44个项目获得103亿元绿色金融支持。各地加快市政基础设施补短板行动，完成水、气、热管网改造2628公里。秦皇岛市入选全国第二批系统化全域推进海绵城市建设示范城市。

【精准发力支持建筑业高质量发展】出台支持建筑业高质量发展政策举措，中建八局等21家央企的子公司落户河北。进一步优化工程建设组织模式，大力推动全过程工程咨询。新开工被动式超低能耗建筑193万平方米。自4月1日起，新建公共建筑全面执行72%节能标准，公共建筑能效进一步提升。初步建成河北省建设工程指挥调度系统，实现省、市、县三级施工现场指挥调度。雄安新区、保定市被列为全国智能建造试点城市。

【有力有序推进民生工程】住建领域6项民生工程全部按时保质完成。年内，棚户区改造开工11.8万套、建成10.7万套。老旧小区改造完成3698个。148个城中村改造安置房建成并交付。新增城市公共停车位23.1万个。建成生活垃圾焚烧处理设施17座，126座填埋场全部关停并完成治理。实施"绿化、美化、亮化、净化"城市改造提升，建成口袋公园1049个，打造“四化”样板示范街道501条。

【建管并重提升城市治理水平】开展供热设施“冬病夏治”，提前消除上一个供暖季发现的隐患，供热保障工作有力有序。系统推进城市内涝治理，强化汛前检查和汛期值班值守，实现平稳度汛。大力推行生活垃圾分类，强制分类区域内具备分类条件的城市居民小区达到75%。新建改造城市公厕2042座。栾城等62个县（市、区）达到洁净城市创建标准。新增南和等11个省级节水型城市，创建“美丽街区”9个、“精品街道”43条，新增“河北省历史文化街区”5片，65%的城市社区达到绿色社区创建要求。

【多措并举助力乡村振兴】健全农村低收入群体等重点对象住房安全保障长效机制，排查并解决新增农村住房安全问题6104户，实现动态清零。开展装配式农村住房建设试点，500户示范农房主体全部竣工。井陉县被列入全国2022年传统村落集中连片保护利用示范县。省政府公布第五批142个河北省历史文化名镇名村，累计达到232个。

【扎实有效防范化解风险隐患】织密织牢燃气“安全网”，开展燃气安全大排查、大整治和燃气安全整治“百日行动”，推进关键共性问题攻坚，用好暗访检查“利剑”，推动末端落实。各类用气场所安全装置基本实现应装尽装，使用非专用连接软管、在用餐场所使用液化气罐的问题基本解决，安全装置“装而不用”和燃气使用环境不合格问题得到有效治理，使用销售“黑钢瓶”和不合格燃气具的情况明显改善，燃气用户不良用气习惯逐步得到纠正。盯紧抓牢建筑施工安全，深入推进房屋市政工程安全生产治理行动，完成城市建设安全专项整治三年行动任务。聚焦危大工程管理和多发易发事故防范，开展多轮次、全覆盖抽查检查，全省建筑施工安全形势持续稳定向好，事故起数、死亡人数同比分别下降75%、78.6%。抓好自建房安全专项整治，在前期农村房屋安全隐患排查整治的基础上，开展城镇自建房全覆盖、拉网式大排查，压茬推进“百日攻坚”行动，共排查城乡自建房1637.7万栋，鉴定确认危房718栋，通过拆除或加固全部完成整治。组织开展两轮农村牌坊牌楼排查整治，采取拆除或加固措施整治52处安全隐患。

【放管服结合打造一流营商环境】坚持放出活力，取消行政许可事项1项、备案事项2项，向石家庄、北戴河新区和自贸试验区下放行政许可11项，告知承诺事项由2项增至9项。坚持管出公平，实施“双随机、一公开”监管，抽查企业3698家、执业资格注册人员2693名。制定“轻微不罚”“首违免罚”清单，实行“慎罚款”“慎停工”执法，1万余个市场主体在完成整改基础上免于处罚。同时，加大违法行为震慑力度，曝光典型违法案件119起。坚持服出效率，优化工程项目审批服务，增加施工图审查机构，施工图审查用时压缩20%，联合审批率、联合验收率分别达到98.3%、97.3%。住建领域电子证照种类达到24项、28个，居全国首位。

法规建设

【稳步推进立法】2022年，完成《河北省供热用热管理规定》立法，创新性将特许经营从供热许可前置条件中剥离；提请省政府修改规章4部；协调部门立法93件。加强法治审核，对10件规范性文件、22件行政处罚决定、78件政府信息公开答复、108件行政合同进行合法性审核。结合法律法规立改废情况对住建领域政务服务事项、行使层级和名称等核心要素进行动态调整。

【加强行业普法】对全系统“八五”普法进行动员部署，编印环境治理、市场准入清单、“双随机、一公开”等专题普法材料，组织普法短视频和普法口号征集活动。组织新法培训、以案释法和专题法治讲座2次，培训2000余人次。坚持会前学法，制定领导干部学法计划，厅务会集中学法2次。省住房和城乡建设厅法规与改革处被评为“七五”普法全国先进单位。

【科学规范执法】全省住建系统普通程序行政处罚7768件，罚款2.84亿元。省住房城乡建设厅印发《河北省住房城乡建设行政处罚信息记录目录》，规范行政处罚信息记录工作。6–7月，组织开展全系统行政执法三项制度落实及行政执法监督检查活动，对各市及部分县三项制度落实、行政检查与行政处罚职责履行、举报办理、行政处罚信息记录、“八五”普法、行政复议决定履行、扫黑除恶等工作进行督导检查，进一步规范行政执法行为，强化行政执法监督，推动各项制度落实。组织开展行政处罚案卷年度评查，强化对行政处罚的指导规范，提高行政处罚工作质量和水平。

房地产业

【房地产市场平稳健康发展】2022年，河北省不断优化完善政策措施，促进房地产市场平稳健康发展。省政府制定扎实稳定全省经济运行的一揽子措施及配套政策，其中《关于支持房地产业良性循环和健康发展的五条政策措施》为20个配套政策之一。坚持因城施策满足合理购房需求，合理确定商贷首付比例和利率水平，将符合条件的石家庄、秦皇岛市首套商贷利率水平下限下调至 3.8%，不断优化住房公积金服务，加大对刚性和改善性合理购房需求支持力度。各地陆续举办“线上+线下”房博会活动，鼓励企业让利促销，为购房者提供优质房源和服务，满足不同人群的购房需求，有效释放住房消费潜力，稳定房地产市场预期。2022 年，河北省商品房销售面积 4615.7 万平方米、同比下降 24.7%，房地产开发完成投资 4983.0 亿元、同比下降 0.8%。

【强化物业服务企业监管】坚持行政监管和信用监管相结合，行业自律为补充的监管模式，强化物业服务企业监管。省住房城乡建设厅会同省发展改革委开展物业管理和物业服务收费问题排查整治行动，进一步规范物业企业服务活动和收费行为。推行“双随机、一公开”监管与企业信用风险分级分类相结合的抽查模式，指导各地将新开展业务但未及时纳入河北省物业服务行业管理信息系统监管、存在隐性失信风险的企业作为重点监管对象，增加抽查的针对性和频次，促使企业主动接受信用监管，实现行政监管促进信用监管的目的。2022 年，全省抽查有服务项目的物业服务企业 510 家，占全省有项目企业的 12.5%。指导行业协会制作住宅物业服务履约质量评价团体标准，引导业主、业主委员会等主体通过市场化的方式，对物业服务履约质量进行监测评价，充分发挥行业自律作用，规范提升物业服务质量。

住房保障

【保障性租赁住房良好开局】2022 年，河北省坚持因城施策，指导重点发展城市加快发展保租房，其他城市因地制宜发展。印发《2022 年加快发展保障性租赁住房工作方案》《关于加强保障性租赁住房项目认定管理的通知》等政策文件，开发省级保租房建设运营管理服务平台，新筹集保租房 5.4 万套（间），促进解决新市民、青年人住房困难问题。保定市 2022 年城镇老旧小区改造、棚户区改造、发展保障性租赁住房工作积极主动、成效明显，获国务院办公厅激励通报。

【公租房管理高质量发展】城镇低保、低收入住房困难家庭实现应保尽保，发放租赁补贴 1.67 万户。在做好公租房建设、分配的同时，推动公租房服务管理信息化、智能化、专业化，提升全省公租房管理水平。新建成 44 个公租房智能化管理小区，完善省级联审联查平台，优化公租房准入审核事项，公租房申请全面实行“一证办理”，申请人实现凭身份证即可在网上办理公租房业务。

【棚户区改造稳步推进】全年棚改新开工 11.77 万套、建成 10.72 万套，完成投资 476 亿元，争取中央财政补助资金 10.4 亿元、中央预算内投资 6.7 亿元，安排省级财政补助资金 3 亿元，发行棚改专项债券 268 亿元，有效改善棚户区居民居住条件，促进经济社会发展。

公积金管理

【住房公积金缴存额稳步增长】2022 年，河北省实缴单位 84697 家，实缴职工 561.55 万人，全年缴存额 839.22 亿元，同比增长 11.61%。2022 年末，缴存总额 7399.67 亿元，比上年末增加 12.79%；缴存余额 3139.33 亿元，同比增长 13.24%。

【住房公积金提取支持职工购房作用明显】支持住房消费类提取 324.53 亿元，占当年提取总额的 68.73%，其中购房提取 82.94 亿元，占比 17.57%，偿还购房贷款本息提取 219.84 亿元，占比 46.56%，有力缓解职工购房压力，改善职工居住环境；租赁住房提取 21.41 亿元，占比 4.53%，较上年度增长 7.58%，有效支持住房租赁市场的发展。

【住房公积金宜居保障能力持续增强】全省发放个人住房贷款 7.3 万笔、345.23 亿元，累计发放个人住房贷款 3835.32 亿元，贷款余额 2190.45 亿元，个贷率 69.77%。住房公积金贷款主要支持职工家庭首套住房购买需求，首套住房申请贷款占比 81.63%，二套住房申请贷款占比 18.37%。住房公积金贷款支持中低收入家庭解决住房问题成效明显，贷款职工中，中、低收入占比 98.2%，高收入占比 1.8%。保障缴存职工购房刚性需求，充分体现“房住不炒”保刚需的定位。

【住房公积金助企惠民政策扎实推进】出台住房公积金阶段性政策，有效期至 12 月底，期间累计为全省 714 家受疫情影响的企业办理缓缴住房公积金 3.9 亿元，涉及缴存职工 8.9 万人；对 6000 多笔职工无法正常偿还的个人住房公积金贷款不作逾期处理，涉及贷款余额 13.6 亿元；通过提高住房公积金租房提取额度，支持 5.7 万名职工提取住房公积金 5.4 亿元；新购首套和改善型住房的缴存人可以提取本人及其配偶账户存储余额，该政策惠及 2.8 万人，提取金额 24 亿元。通过提高住房公积金最高贷款额度，支持“二孩”“三孩”家庭合理住房需求，惠及 4000 多人，贷款金额 12.27 亿元；支持高端人才使用住房公积金贷款，惠及 508 人，贷款金额 3.77 亿元。

【住房公积金服务水平持续提升】加大力度推进住房公积金高频服务事项“跨省通办”，实现住房公积金汇缴、住房公积金补缴、提前部分偿还住房公积金贷款3项业务“跨省通办”,“跨省通办”业务累计达到11项，更好满足企业和群众异地办事需求。

城市建设

【市政交通建设】2022年，河北省政府办公厅印发《河北省城市老旧管网更新改造工作方案》，全省上下统筹推进改造工作，强化督导检查，建立项目台账，顺利完成改造任务。2022年共完成老旧管网更新改造2628.1公里，有效提高管网安全运行水平。新增城市公共停车位23.1万个，存量停车位达到114.1万个，基本满足城市公共停车需求。全省城市（含县城）道路总长3.1万公里，城市、县城建成区路网密度分别为8.39公里/平方公里、8.99公里/平方公里。

【城市内涝治理】印发2022年城市排水防涝安全责任人名单，建立城市排水防涝行政首长负责制。持续开展隐患排查整治，汛前清疏排水管网9514公里，清淤城市河道796公里，检修排涝泵站571座，整改各类隐患17900余处，专项整治38处城市积水点；汛期对下凹式立交桥、地铁、地下空间等低洼地带开展重点排查，新发现168处隐患并全部整改，完成地下电源迁移改造88处。修订《河北省城市排水防涝应急预案》，进一步强化应对极端暴雨的应急措施。对应气象预警信息，启动8次排涝Ⅳ级应急响应，督导各地及时排涝除险。推进城市排涝体系建设，全省新建雨水管网562公里、新增泵站规模66立方米/秒。27个排涝项目通过国家发展改革委审核，获得中央预算内资金2.57亿元。安排省城镇化专项资金5000万元，组织2个城市开展重点区域内涝治理。

【城市污水处理】组织开展2022年城市污水处理厂考核评价工作，委托专业机构对城市污水处理厂现场考评，进一步规范污水处理设施管理，提升设施运行水平。完善城市污水收集处理设施建设，组织各地谋划“十四五”期间重点项目，重点组织污水处理厂运行负荷高于90%的市县积极谋划启动新建扩建计划。会同省生态环境厅开展城市黑臭水体排查整治专项行动，在全省开展城市黑臭水体排查整治工作。组织开展城市黑臭水体暗访专项行动，对全省城市（含雄安新区）、县城进行随机抽查，发现的疑似黑臭水体及时督导整改。与省生态环境厅等部门联合印发《河北省“十四五”城市黑臭水体整治环境保护行动方案》《河北省城市黑臭水体治理攻坚行动方案》等文件，进一步健全防止返黑返臭长效机制，巩固城市建成区黑臭水体治理成效。

【节水型城市创建】加强城市节水宣传，在全国城市节水宣传周，围绕“建设节水型城市，推动绿色低碳发展”主题，推进节水宣传进家庭、进社区、进企业、进学校、进公共建筑，普及节水常识，营造节水气氛。推进节水型城市创建向县城延伸，命名石家庄市鹿泉区、藁城区、栾城区，秦皇岛市抚宁区，沧州市盐山县，邢台市南和区、广宗县、临西县、南宫市，邯郸市邱县、武安市共11个县（市、区）为“河北省节水型城市”。

【强化燃气安全管理】全面推进技防装置安装工作，完成989.4万户城镇既有管道燃气用户和雄安新区3.6万户“气代煤”用户安全装置安装工作，餐饮企业、机关企事业单位、社会机构等用气场所安全装置基本实现应装尽装。全力开展隐患排查整治，组织各地深入开展燃气安全大排查大整治专项行动、“百日行动”和关键共性问题攻坚行动，聚焦餐饮企业等用气场所和液化石油气企业、燃气具销售企业，开展暗访检查，召开全省视频调度会，督促安全生产责任末端落实。规范入户安检标准，9月底前全面完成城乡燃气用户入户安检工作。开展全省农村燃气管网标识标志专项整治工作，整改补装标识标志9.9万个；组织各地建立完善农村涉气第三方施工联席会议制度，健全涉气施工安全保护措施，农村燃气管网安全管理得到明显加强。

【做好城镇供热保障】省人大出台《河北省供热用热管理规定》，配套制定《河北省居民供热用热合同示范文本》等系列标准，进一步规范供热用热行为，保障供热用热双方的合法权益。开展供热工程建设和供热设施“冬病夏治”工作，供热设施运行质量得到有效提升。做好供暖季能源保供工作，启动冬季供暖应急处置工作机制，督促各地加强与能源保供部门、能源供应企业以及交通运输部门的沟通协调，确保供暖季供热能源供应充足稳定，2022—2023年供暖季全省供热形势稳定有序。持续推进供热信息化建设，全省95%以上的换热站实现无人值守远程管控，98%的居民小区安装室温监测装置，省、市和新区全部建成视频指挥调度系统。

【城镇老旧小区改造】2022年全省改造老旧小区3698个，帮助52万户居民改善人居环境。始终把人民是否满意作为衡量工作的标准，坚持老旧小区“改不改、怎么改、改得好不好”由居民说了算，按照“80%以上小区居民同意方可纳入改造计划、征求80%以上居民意愿制定改造方案、80%以上居民满意方可组织竣工验收”推进改造实施，充分发动居民参与改造。根据房屋和基础设施老化及缺失现状、居民自筹资金比例、长效管理机制建立情况等对拟改小区进行量化评分，通过竞争性评审确定年度改造项目，激发居民参与改造主动性，变“要我改”为“我要改”。在施工现场公开县（市、区）老旧小区改造部门和街道、社区责任人的姓名及电话，主动接受群众监督。住房和城乡建设部三次印发工作简报向全国推广河北省老旧小区改造经验做法，将河北省6条具体举措收录在《城镇老旧小区改造可复制政策机制清单（第五批）》供各省学习借鉴。中央电视台新闻联播对河北省老旧小区改造工作进行宣传报道。

【社区建设】结合城镇老旧小区改造推进社区建设工作，积极推进社区建设补短板工作，其中，基础设施方面：改造供水管线92公里、排水管线202公里、供热管线24公里、供气管线55公里、供电管线260公里、道路848公里；配套设施方面：改造电动汽车充电桩1644个、非机动车充电桩12001个、停车位59283个、智能快件箱463个；公共服务设施方面：改造社区卫生服务设施144个、幼儿园125个、养老服务设施156个、托育点364个、助餐服务设施147个、便民市场269个。

【口袋公园建设】将口袋公园建设作为城市改造提升工程重要内容，列入省委、省政府重点实施的20项民生工程任务。制定《河北省2022年“口袋公园”建设实施方案》，结合城市更新和老旧小区改造、棚户区改造、城中村改造及拆违拆迁等工作，因地制宜、科学规划，高标准推进口袋公园选址、设计和建设工作。全年共新建口袋公园1049个，城市公园布局更加均衡，公园绿地服务半径服务覆盖率稳步提升，有效拓展城市绿色活动空间。各项目建成后，组织开展口袋公园范例推荐活动，经专家评审，选定10个口袋公园作为范例，制发图册供各地学习参考，巩固提升各地口袋公园建设工作成效。

【园博会筹办】组织召开省园博会组委会第七次会议，审议通过省第六届（沧州）园博会展会活动方案和省第七届（定州）园博会总体规划设计方案。至2022年底，沧州园博园基本完成建设，为2023年如期开幕做好充分准备。省园博会组委会办公室落实省政府要求，完成《河北省园林博览会申办办法》修订工作以及历届省园博会会后运营情况调研评估工作，分别形成正式文件和相关政策建议，用于指导园博会申办和后续运营工作，进一步提高省园博会运营管理水平。

【园林城市创建】召开全省园林城市创建工作会议，印发《关于做好2022年全省园林城创建工作的通知》，组织对计划申报国家园林城市的市、县进行调研指导，邀请行业知名专家开展专题培训，召开全省园林城市创建工作交流会，完成青县等15个县（市）国家园林城市和邢台、迁安市国家生态园林城市初验工作。继续推进省级生态园林城试点创建工作，确定滦平县等7个县（市、区）为第二批试点。完成对23个县（市、区、镇）省级园林城市复查（复核）工作，复查结果报经省政府同意后印发相关市政府。

【大力实施城市改造提升工程】2022年，河北省委、省政府将城市改造提升工程纳入全省20项民生工程大力推进。在全省城市和县城深入实施绿化、亮化、净化、美化工程，新建成口袋公园1049个；建设改造亮化节点501个，城区道路装灯覆盖率达到100%，城区主要道路水洗机扫能力实现全覆盖，建成“四化”样板示范街道501条。

【开展建筑垃圾清理整治行动】在省内和省际层面开展专项行动，加大对建筑垃圾偷运乱倒行为打击力度。省内联合省公安厅、省交通运输厅、省生态环境厅印发《河北省建筑垃圾清理整治工作方案》，指导各地组织开展排查行整治，及时清运积存建筑垃圾，6月底如期完成积存建筑垃圾清理整治任务，排查出的1233处临时建筑垃圾堆砌全部清运完毕。省际联合北京市城市管理委员会、天津市城市管理委员会开展为期6个月的打击建筑垃圾偷运乱倒行为“零点行动”，形成向建筑垃圾偷运乱倒“亮剑”的高压态势。

【持续推进生活垃圾分类】进一步扩大垃圾分类覆盖范围，聚焦居民社区等重点区域，科学确定垃圾投放的具体类别，合理布局生活垃圾分类收集容器、箱房、桶站等设施设备，配备分类收运车辆。截至2022年底，强制分类区域内13220个城市居民小区已具备生活垃圾分类条件，占比约75%。提升依法管理水平，明确居民社区等重点区域生活垃圾投放管理责任人，开展常态化培训，敦促责任人自觉履行法律责任；严格分类收运监管，持续开展生活垃圾收运执法，重点针对“先分后混”等行为对违反规定的企业、投放管理责任人实施处罚。

【生活垃圾填埋场治理】全面开展生活垃圾填埋场治理，将渗滤液、覆膜覆盖等治理工作作为重点，督促126座填埋场全部完成“一场一策”治理方案，明确时间节点、治理技术。召开两次全省调度会，明确任务、细化要求、传导压力。组织现场评估，逐个项目提出整改意见，全部完成年度任务。

村镇规划建设

【概况】2022年，河北省新发现的4952户新增农村危房全部落实帮扶措施，实现动态清零。2021—2022年度农房抗震改造2.66万户全部竣工。改造、新建农村住房7089户。全省有农村生活垃圾治理任务的47530个村庄全部纳入“村收集、乡镇转运、县集中处理”体系。

【加强农村住房安全保障】印发完善低收入群体等重点对象住房安全动态监测机制、优化住房安全监测程序等文件，加强部门联动、坚持定期报告、突出重点人群及自然灾害排查和分类管理，及时将符合条件的动态新增危房户纳入改造范围。在保障住房安全基础上，统筹推进唐山市等地震高烈度地区开展农房抗震改造。印发《进一步做好2022年农村住房安全保障危房改造》等工作文件，指导各地落实工作要求，加快推进改造进度。组织各地开展“回头看”，省级开展现场督导指导，确保各项责任、政策、工作落实到位。全省2022年农村危房改造竣工4952户，抗震改造竣工3968户。

【深入开展农房安全隐患排查整治】全省共排查农村房屋1564.9万栋，鉴定为C级、D级危房的2.4万栋（含经营性230栋），4月底前按国家标准整治到位。在此基础上，结合城乡自建房“百日攻坚”行动，组织开展“回头看”，新发现农村经营性自建房危房47栋，全部工程措施完成整治。

【组织全省牌坊牌楼等村庄标识物排查整治行动】全省共排查48556个村庄，有牌坊牌楼等村庄标识物20479个。对存在安全隐患的全部整改到位，彻底消除存量安全隐患。

【指导平山县震后农房鉴定和修缮重建】派调研组赴平山县就灾后受损住房鉴定和修缮重建进行现场指导。将符合农村危房改造条件的30户（修缮加固23户，重建7户）全部纳入危房改造补助范围，并适当提高补助标准。

【提升农村住房建设品质】实施农村住房质量提升工程，继续在全省161个县（市、区）1001个村庄开展农村住房建设试点，改造、新建农村住房7089户，培训农村建筑工匠6371人次。经省政府同意，组织开展装配式农村住房建设试点，公布第一批企业名单和产品目录，指导各试点县（市、区）制定实施方案，500户示范农房主体全部竣工。

【开展农村生活治理】印发《2022年推进农村生活垃圾处理体系全覆盖及建筑垃圾整治工作实施方案》，对农村生活垃圾治理工作进行安排部署。指导各地根据生活垃圾焚烧处理设施运行情况，健全城乡一体化生活垃圾收转运处理体系，优化收集转运设施布局。印发《关于进一步加强城乡生活垃圾管理的若干措施》，探索推动县域城乡环卫保洁一体化作业模式，提升整体作业质量。引导垃圾焚烧企业参与前端收运，推动“厂网结合”，提升垃圾收集能力，拓宽企业收益渠道，实现可持续发展。印发《全省农村地区非正规垃圾堆放点整治“回头看”工作方案》，组织各地开展“回头看”，排查并整改新增非正规垃圾堆放点，全面治理农村积存垃圾，巩固治理成效。截至2022年底，全省有农村生活垃圾治理任务的47530个村庄全部纳入“村收集、乡镇转运、县集中处理”体系。

【推进建制镇建设】研究制定重点培育建制镇建设评价标准，因地制宜推进市政公用设施、基础设施建设。推进建制镇污水处理设施建设，确保稳定运行。先后6次对建制镇污水处理设施建设运营情况进行调度，对191个全国重点镇污水处理设施建设及运营情况进行考核。截至年底，全省322个建制镇建成集中式污水处理设施，48个接入市、县（区）污水处理厂进行处理，其他建制镇采取多种处理方式对生活污水进行有效管控。加强村镇基础设施项目管理，2022年各地实施村镇污水垃圾项目8个，投资30062.16万元。

【历史文化名镇名村和传统村落保护】深入挖掘河北省乡村优秀历史文化资源，传承和弘扬燕赵传统文化，省政府公布第五批河北省历史文化名镇名村，将142个镇村纳入保护范围。各地积极申报第六批中国传统村落，全省70个村庄入选。井陉县成功申报中国传统村落集中连片保护利用示范县。

标准定额

【加强工程建设标准编制】2022年，省住房城乡建设厅共组织完成60项工程建设标准、11项标准设计的编制，其中，公益类标准37项，京津冀协同标准5项（《海绵城市雨水控制与利用工程设计规范》《装配式剪力墙结构设计规程》《城市综合管廊工程设计规范》《下凹桥区雨水调蓄排放设计规范》《轨道交通工程信息模型设计交付标准》），专项技术类标准14项，进一步完善河北省工程建设标准体系，补充绿色建筑、超低能耗建筑、装配式建筑、市政基础设施工程、民生工程等标准的短板和缺项，为河北省城乡建设高质量发展提供技术支撑。新编《绿色建筑星级设计标准》，策划并梳理出一、二、三星绿色建筑等级标准的实现路径，为推动绿色建筑向高星级发展提供指引。

【强化工程造价管理】组织召开《河北省建筑工程量计算规则（试行）》编制研讨视频会，安排部署计算规则和消耗量标准的编制工作，协调各编制组按照计划进度稳步推进编制工作。召开人工消耗量测算研讨视频会，分析研究人工单价取定方案，研究确定人工消耗量测算形式。征求建筑施工企业、造价咨询企业等相关单位的意见建议，组织相关施工企业填写相关调查表。完成建筑工程、安装工程、市政工程和装饰装修4个专业的建设工程消耗量标准计算规则编制初稿。

工程质量安全监督

【工程质量监督概况】截至年底，河北省共监督房屋建筑单位工程66983个、建筑面积5.43亿平方米，监督市政项目1748项。2022年日常监督抽查单位工程44361个，下发监督整改通知书6793份，暂停施工通知书131份，实体抽测44575次、材料抽测25354组，竣工验收合格率100%。全省工程质量水平稳中有升，未发生等级以上工程质量事故。

【雄安新区工程质量监管】深入贯彻习近平总书记"保持历史耐力和战略定力，高质量、高标准推动雄安新区规划建设"重要指示和党的二十大报告提出的"高标准、高质量建设雄安新区"精神，全力以赴推动"雄安质量"落实落地。集全省质量监督系统力量，扎实开展雄安新区房屋建筑和市政基础设施工程质量抽查检查，以工程实体施工和建材质量、各方主体质量责任落实情况、施工现场质量保证体系运行情况为重点，全年组织9轮次抽查检查，用时93天，累计检查843个单位工程。通过多轮次、覆盖式检查，逐步压实参建各方主体的质量责任，"雄安质量"工程标准体系逐步形成，质量管控措施进一步加强，工程质量水平明显提升。省住房城乡建设厅、雄安新区管委会联合印发《关于严格履行监理职责保障工程质量的六条措施》，针对性提出监管措施，压实监理质量责任，强化工程监理质量保障作用。

【工程质量执法检查】全年组织两次省级质量巡查，共抽查124个单位工程，对74个存在质量问题的工程下发《建设工程质量整改通知书》，并对其中12个存在违法违规行为的工程下发《行政处罚建议书》，始终保持执法高压态势，为全省工程质量提升提供服务保障。

【质量监督信息化建设】推广"应用质量标准手册"APP，收录的房屋建筑和市政基础设施工程建设管理政策文件、标准规范等达到446项，充分发挥实时查询、便捷精准、更新及时、免费使用等特点，在现场监督检查、业务学习、咨询服务等方面，为质量责任主体、监管人员、社会公众提供专业化服务198万次。持续推进质量监督信息化建设，完成河北省房屋建筑和市政基础设施工程质量监督系统开发，并不断优化系统功能，深化系统应用，5月5日，省、市、县三级正式启用系统实施工程质量监督信息化管理。

【省结构优质工程创建】印发《河北省结构优质工程创建管理办法（试行）》（冀建法改〔2022〕10号），严格按照省结构优质工程创建标准开展省级结构优质工程专项检查，全年共抽查214个单位工程，否决73个。2022年经企业创建、市级核查、省级抽查及资料审核、社会公示，共创建省结构优质工程515项。

【防范化解建筑施工安全生产风险】统筹推进建筑施工安全生产大检查、房屋市政工程安全生产治理行动、城市建设安全专项整治三年行动和建筑施工大排查大整治专项行动，先后制定《河北省建筑施工脚手架和操作平台减员控员技术措施》《关于抓好当前建筑施工安全生产末端落实的四条措施》等系列制度文件，聚焦脚手架、起重机械、深基坑、高支模等危大工程，逐企业、逐项目、逐设备对所有在建工程开展多轮次全覆盖排查，4次召开全省视频会议，2次开展全省督导检查，确保住建领域安全生产各项措施落地见效，安全生产形势持续稳定向好，事故起数、死亡人数同比分别下降75%、78.6%。

【勘察设计行业人才队伍建设】发挥行业顶尖人才的示范引领作用，组织开展"2022年河北省工程勘察设计行业领军人才"评选工作，共认定20名同志获得此项称号，进一步激发广大工程勘察设计人员的责任感和荣誉感。

【提升施工图审查服务效能】8月，制定出台《关于规范施工图审查行为提升审查服务效能加快推进项目开工建设的九项措施》，提升全省施工图审查服务效能。推行二次审查终结制度，要求每个项目施工图最多两次审查必须合格，8月—12月，全省两次以内审查合格项目达1.7万个，占项目总数95%，较制度实施前提升26%。增加审图资源供给，2022年新增施工图审查机构6家，通过优化数量布局，充分调动市场调节机制，切实推动审图业务健康发展。全面压减审图时限，全省大型项目调整为12个工作日，中型及以下项目调整为8个工作日，比压减前规定时限分别减少3个、2个工作日。8月—12月，全省审查施工图项目1.8万个，全部在新规定的时限内完成审查，较压减前缩短审查时间20%以上。

建筑市场

【概况】2022年，河北省建筑业增加值2413.6亿元、同比增长6.2%，全省建筑业企业完成产值6951.3亿元、同比增长7.2%，其中省外完成产值2401.8亿元、同比增长4%。资质等级以上建筑业企业房屋施工面积35918.42万平方米、同比增长1.04%，房屋竣工面积7099万平方米、同比减少13.5%。

【培育发展优势骨干企业】积极扶持优质企业资质升级，对申报建筑、公路、通信等施工总承包一级资质的企业，做好政策指导和跟踪服务。全省特级、一级总承包企业达到450家，从业人员近110万人。重点骨干企业逐步延伸产业链，向投资、建材生产、装配式建筑领域延伸，进一步扩大业务范围，大元建业、二十二冶集团等12家建筑企业成为国家装配式建筑产业基地。做好建筑业企业政策服务和指导工作，指导服务企业资质升级，推进企业做大做强，新增3家特级施工总承包资质企业，施工总承包特级企业增至23家，特级资质增至25项，进一步增强企业参与建筑市场竞争的信心，释放市场活力，在行业内起到示范效应。

【深化建筑业“放管服”改革】落实住房城乡建设部“证照分离”改革要求，取消工程造价咨询企业资质审批，完善建筑施工企业劳务资质备案制度，进一步提升服务效能。推进电子证照应用，编制竣工验收备案电子证书地方标准，施工许可、竣工验收备案全部实现电子证照。全省建筑企业资质、人员资格和施工许可等19个证书全部实现电子化，群众办事从“最多跑一次”变“一次不用跑”，部分简易变更事项实现“网上受理当日办”。

【推行工程总承包】省住房城乡建设厅、省发展改革委联合印发《河北省房屋建筑和市政基础设施项目工程总承包管理办法》，推进工程总承包模式的应用和发展，促进房屋建筑和市政基础设施项目设计、施工等各阶段的深度融合，提高工程建设质量和效益，规范房屋建筑和市政基础设施项目工程总承包活动，支持建筑企业加快向工程总承包企业转型发展。

【推进工程担保制度】加强工程施工合同履约和价款支付监管，引导发承包双方严格按照合同约定开展工程款支付和结算，起草推行过程结算有关文件，明确要求在工程建设领域全面推行施工过程价款结算和支付。探索工程造价纠纷的多元化解决途径和方法，进一步规范建筑市场秩序，防止工程建设领域腐败和农民工工资拖欠。

【申报智能建造试点城市】住房和城乡建设部10月25日印发《关于公布智能建造试点城市的通知》，保定市、雄安新区入选智能建造试点城市。

【加强建筑工人实名制管理】公布14个市（含辛集、定州）实名制数据接口标准、政策咨询电话、技术服务电话及监督举报电话，全省实名制软硬件系统实现“一地接入、全省通用”。截至年底，省实名制管理数据平台中有实名制项目5764个，参加单位8808个、在册建筑工人174万人，平台实现与农民工工资支付监控预警系统数据对接。

【强化事中事后监管】按“双随机、一公开”方式开展2022年建筑业及工程造价咨询企业核查，随机抽查613家企业资质，对317家企业的510项不合格资质进行通报，对整改不合格的64家企业90项资质予以撤销。开展建筑市场专项整治，组织开展工程建设行业专项整治、建筑市场秩序专项整治和招标代理机构检查，查处一批建筑市场违法违规行为。

【开展建筑市场秩序专项整治】聚焦建筑市场违法发包、转包、违法分包等问题，印发《河北省建筑市场秩序专项整治行动实施方案》，自8月9日起，在全省范围内开展建筑市场秩序专项整治行动，对各地扫黑除恶、行业治乱、建筑市场监管等工作进行检查。全省共检查项目数15012个，检查企业10675家，发现查处问题863个，罚款7181.2万元。通过多举措、高强度、全方位综合整治，有力打击违法发包、转包、违法分包等违法违规行为，对违法违规企业和人员形成有力震慑，建筑市场主体的责任意识日益增强，违法发包及转包等问题得到有效遏制，建筑市场秩序得到明显规范。

【开展导致农民工工资拖欠违法行为集中整治】落实《关于进一步加强建筑市场规范管理的若干措施》（冀建建市〔2022〕1号）要求，印发《河北省房屋建筑和市政基础设施领域导致农民工工资拖欠违法行为集中整治工作方案》，在全省范围内开展房屋建筑和市政基础设施工程导致农民工工资拖欠违法行为的专项整治行动。

建筑节能与科技

【概况】2022年，河北省城镇竣工绿色建筑面积7503.59万平方米，竣工绿色建筑占竣工建筑面积的99.7%，累计竣工绿色建筑3.48亿平方米。城镇竣工节能建筑面积7529万平方米，累计建成节能建筑8.99亿平方米。新开工被动式超低能耗建筑（近零能耗建筑）193万平方米，累计建设799万平方米。全省城镇新开工装配式建筑面积 2584 万平方米，新开工装配式建筑占新开工建筑面积的 31.54%，培育 12 家省装配式建筑产业基地，推荐 6 家企业申报国家第三批装配式建筑生产基地，发布 41 项装配式农村住房建设技术产品目录（第一批）。4 个项目获河北省科技进步奖。

【建设科技创新能力不断提高】重点围绕城市更新和品质提升、城市安全与防灾减灾、智能建造和新型建筑工业化、城乡建设领域绿色低碳发展、新型城市基础设施建设、美丽宜居乡村领域，面向全省公开征集并组织实施建设科技计划项目，2022 年指导完成高水平科研成果 35 项；在国家科技成果在线登记系统登记成果 11 项；通过住房和城乡建设部立项项目 10 个，完成验收项目 4 个；4 个项目获河北省科技进步奖，其中二等奖 2 个、三等奖 2 个；通过省科技厅立项项目 3 个，通过验收项目 4 个。充分发挥示范引领作用，开展绿色低碳科技示范、品质提升科技示范和智能化技术应用科技示范项目，2022 年完成建设科技示范工程 6 项。通过“技术+工程”的组织实施模式，持续推进建筑业 10 项新技术工程应用，完成新技术应用示范工程 30 项。

【建筑节能水平不断提升】城镇新建居住建筑严格执行 75% 节能标准，公共建筑节能标准由 65% 提升至 72%。持续对具有改造价值的民用建筑进行节能改造，2022 年河北省共实施既有建筑节能改造面积 106 万平方米。因地制宜推进土壤源热泵、空气源热泵、太阳能光电等技术的建筑应用，大力实施太阳能热水系统与建筑一体化设计和施工，2022 年全省新增可再生能源建筑应用面积 3713.61 万平方米，占新增建筑面积的 49.32%。印发《河北省推进被动式超低能耗建筑产业发展工作方案》，推动被动式超低能耗建筑产业又快又好发展。发布《河北省被动式超低能耗办公建筑降碳产品方法学》，推动河北省建筑科学研究院有限公司“中德被动式低能耗示范房”降碳项目与河北太行钢铁集团成功交易，涉及二氧化碳减排量 2972 吨，金额 17.5 万元，实现河北省住建领域降碳产品价值实现“零”突破。

【持续推动绿色建筑高质量发展】率先出台省级层面绿色金融支持绿色建筑发展政策措施《关于有序做好绿色金融支持绿色建筑发展工作的通知》，召开银企对接会，开展绿色建筑项目预评价，签约项目 24 个，贷款投放 182.5 亿元。强化绿色建筑标识管理，规范绿色建筑标识申报和推荐，2022 年共认定二星级标识项目 2 个，向住房和城乡建设部推荐三星级标识项目 1 个。推动绿色建筑标准京津冀协同，共同编制《绿色建筑设计标准》《绿色建筑评价标准》。

【推动装配式建筑工作稳步发展】大力培育装配式建筑产业基地，全省共有国家和省级装配式建筑生产基地分别达到 21 家和 36 家。统筹科学谋划新型建筑工业化产业布局，截至年底，全省装配式混凝土预制构件、钢结构构件、木结构构件生产企业数量分别达 64 家、60 家和 5 家，已建成投产生产线分别达 230 条、184 条和 7 条，设计产能分别达 1069 万立方米、352 万吨和 65 万立方米。完善装配式建筑标准体系，修订《装配式建筑评价标准》，引导装配式住宅项目贯彻标准化、模数化设计理念，提高标准化设计水平；编制实施《装配式钢节点钢混组合结构技术标准》，推广适宜装配式钢混组合结构的新型预制楼板、墙板体系和可靠的连接技术，推动可靠便捷连接和高性能的钢混组合结构体系在工程中运用。推广新型建造方式，2022 年全省城镇新建钢结构建筑项目面积达 1323.5 万平方米，新建装配式混凝土建筑 1260.6 万平方米，其中钢结构住宅建筑面积达到 35.3 万平方米。

人事教育

【抓实干部人事管理】2022 年，结合《事业单位领导人员管理规定》，修订《厅领导干部选拔任用细则》，完善提任条件和程序，着力选拔敢于负责、勇于担当、善于作为、实绩突出的干部。2022 年共提拔和进一步使用正处实职干部 6 名、副处实职 2 名，晋升职级 43 人，办理人员调配 23 人次。

【提升干部能力素质】结合国家和省重大战略部署，将政治立场坚定、综合素质较高、技术水平过硬的优秀干部安排到吃劲岗位进行锻炼，先后安排 20 余名干部专职参与乡村振兴、信访维稳、雄安新区筹建、重点工作大督查及巡视等工作。紧跟新时代住建事业高质量发展需求，全方位、多层次开展“靶向”培训，围绕学习贯彻“党的十九届六中全会精神”“习近平生态文明思想”等主题，依托干部网络学院，组织开展专题培训 2 期，培训干部 880 余人次；全力抓好系统管理人员和专业技术人员培训，举办“市政设施有限空间作业安全”“全省住房城乡建设系统《信访工作条例》宣贯暨信访工作培训”等，共计 1300 余人次参训，提升行业干部知识层次和业务水平。

【强化干部监督管理】抓严领导干部个人有关事项报告制度，坚决维护报告制度的严肃性和权威性，分两批组织 131 名报告对象专题学习和答疑，按要求做到培训全覆盖，切实提高填报一致率，随机抽查 14

人，重点查核13人，查核验证1人，均依照“两项法规”开展核实认定。抓实干部请销假管理。坚持事前请假、事后销假、分级负责、逐级批准、从严管理的原则，印发《厅干部职工请销假暂行规定》，推行网上审批、留痕管理，规范干部职工请销假和考勤管理，切实改进工作作风。抓牢因私出国（境）管理，组织修订《厅工作人员因私出国（境）管理实施办法》，全面核查和清理登记备案人员因私出国（境）登记备案、证件集中保管以及因私出国（境）情况，做到人员登记“应备尽备”、证件保管“应交尽交”，因私出国（境）情况“应查尽查”。抓好社团监督管理，组织修订《厅社团监督管理暂行规定》，进一步理顺社团设立及人事安排、业务活动和财务收支以及党的建设等业务工作。

其他重要工作

【城市体检】在2021年9个试点城市的基础上，2022年城市体检扩大到11个设区市、2个省直管县、19个县级市和7个县城，新增30个市县，实现设市城市全覆盖。在全国率先起草编制《河北省城市体检评估标准》《河北省城市体检工作导则（试行）》《2022年河北省城市体检满意度调查指导手册（试行）》等12个标准政策文件，不断完善政策标准体系。

【城市更新】重点在设区市（含定州、辛集市）和迁安、黄骅、高阳、宁晋、鸡泽、正定、馆陶等7个县级城市启动城市更新工作，指导有关城市谋划实施石家庄石煤机、唐山弯道山、沧州永济路提升改造等一批城市更新项目。开展城市更新标准体系和政策体系研究，编制河北省城市更新工作衡量标准、工作指南及城市更新规划编制导则，明确城市更新的底线要求、导向要求，对城市更新工作机制、实施模式、支持政策、技术方法及规划编制等进行规范。

【城市设计】落实河北省工程建设地方标准《城市与建筑风貌管控设计标准》DB13（J）/T 8454—2021要求，规范城市建筑风貌设计编制内容与深度。结合国土空间总体规划编制，指导各市、县全面开展总体城市设计，有序开展重点地区城市设计，持续做好城市建筑风貌设计编制工作。开展实地调研，推进沧州、泊头、东光、青县、吴桥、馆陶、故城、香河8个大运河沿线市县的城市建筑风貌设计和实施工作，强化建筑风貌引导和管控，探索建立管控体系。

【城乡历史文化保护传承】组织12类历史文化遗产涉及的省级主管部门及各市县开展历史文化资源普查，摸清底数现状，全省累计划定公布历史文化街区37片，确定公布历史建筑1541处。会同省文化和旅游厅建立省级城乡建设历史文化保护联席会议制度。省级历史文化保护传承体系规划完成初步成果。推进历史文化名城保护规划编制、修编。编制《历史建筑修缮利用技术标准》，为历史建筑保护修缮做好制度建设。会同省文物局制定名城专项评估技术标准，组织开展全省历史文化名城体检评估。6座国家名城均形成自评估报告，省级评估报告全面涵盖12座名城，科学准确掌握名城现状，为下步保护利用奠定基础。

【建设工程消防设计审查验收】制定《建设工程消防设计审查要点》《建设工程消防设计文件编制技术指南》《建设工程竣工验收消防查验技术指南》《建设工程消防验收现场评定技术指南》《既有建筑改造利用消防设计审查疑难问题解答》等系列文件，统一河北省建设工程消防设计审查验收工作标准和流程，解决各地在执行国家消防技术标准时遇到的疑难问题，提高建设工程消防设计、施工图审查、竣工验收消防查验、消防验收现场评定的科学性和规范性。联合省消防救援总队，在建设工程消防设计审查、消防验收、消防安全检查、日常监管、火灾事故调查、信息共享、技术培训等方面建立建设工程消防安全监督管理工作协作机制，加强建设工程领域消防安全源头管控及“事中、事后”监管，实现优势互补、资源共享、协同高效。

大事记

1月

12日　召开党史学习教育总结会议。

13日　召开全省城镇老旧小区改造和城中村改造动员部署视频会议。

21日　召开全省洁净城市创建和城市公共厕所改造提升工作部署会。

21日　召开全省住房城乡建设领域安全生产视频会议。

24日　召开《关于在城乡建设中加强历史文化保护传承的实施意见》宣贯暨历史文化保护传承工作推进会。

25日　省住房城乡建设厅党组书记、厅长于文学到石家庄新奥燃气生产研发中心、石家庄新奥燃气东南LNG应急储备站和乐仁堂地下机械智能停车库，实地调研燃气行业管理和城市公共停车设施建设情况。

27日　召开全省住房和城乡建设工作会议。

2月

14日　召开全省保障性安居工程工作动员部署会。

15日　召开全省城市公共停车设施建设、老旧管网更新改造工作部署会议。

23日　召开省第六届园林博览会暨第五届河北国际城市规划设计大赛视频调度会。

3月

8日　召开京津冀建筑垃圾违规跨省（市）运输专项治理联席会第一次会议。

14日　召开城市黑臭水体治理暨污水处理工作视频推进会议。

18日　召开2022年全省城市体检工作总结部署会议。

24日　召开全省生活垃圾分类管理工作部署视频会议。

4月

28日　召开全省城市供热工作视频调度会议。

29日　召开全省建筑领域安全生产工作视频调度会。

5月

7日　召开全省2022年城市排水防涝暨海绵城市建设工作视频会议。

17日　省住房和城乡建设厅党组书记、厅长于文学在石家庄市调研检查，现场督导自建房安全隐患排查整治工作。

20日　省人大常委会副主任周仲明到省住房城乡建设厅调研，了解城市生活垃圾分类管理联动监督和清理规范违规违建项目联动监督"回头看"工作进展情况，调研2022年民生工程进展和自建房安全整治等工作。

6月

2日　与中国农业银行河北省分行召开座谈会，就加大绿色金融支持绿色市政设施建设、绿色建筑发展力度，推进绿色金融与绿色市政、绿色建筑融合协同发展进行交流研究，提出下一步合作举措。

6日　与中国人民银行石家庄中心支行、河北银保监局、省地方金融监管局联合举办绿色金融支持绿色建筑发展政策宣贯暨银企对接活动，为绿色建筑企业和金融机构搭建沟通对接平台。

15日　召开保障性安居工程项目融资政银企对接会。

17日　召开全省城市改造提升和建筑垃圾清理整治工作调度会。

20—21日　省住房和城乡建设厅党组书记、厅长于文学带队到衡水、辛集市调研，强调要积极落实好住建领域稳住经济大盘的四方面16条政策，扎实推进住建领域民生工程，统筹做好安全生产和信访稳定工作。

27日　召开全省住建系统依法行政工作暨"八五"普法动员电视电话会议。

28日　召开建筑施工安全生产、文明施工和扬尘污染防治视频观摩会。

29日　召开"河北省住建领域积极推动政策落实助力稳定经济运行"新闻发布会。

7月

18日　河北省省长王正谱到省住房和城乡建设厅调研。

18日　召开全省燃气安全工作调度会。

25—27日　省住房城乡建设厅党组书记、厅长于文学在承德、保定市调研房地产和市政基础设施投资、县城建设以及住建领域民生工程等工作。

27日　召开河北省住建系统2022年上半年民生工程推进情况新闻发布会。

8月

10—11日　省住房城乡建设厅党组书记、厅长于文学在邯郸市调研房地产和市政基础设施投资、县城建设、燃气安全、农村装配式建筑推广等重点工作。

16日　省住房城乡建设厅党组书记、厅长于文学在廊坊市调研县城建设、住建领域民生工程、房地产和市政基础设施投资等重点工作。

23日　河北省建筑科学研究院"中德被动式低能耗示范房"降碳项目成功交易，实现河北省住建领域降碳产品价值实现"零"的突破。

25日　印发《河北省推进被动式超低能耗建筑产业发展工作方案》。

9月

19日　召开安全生产管理委员会会议。

19日　召开2022—2023年供暖季全省城市供热暨农村清洁取暖工作视频会议。

23日　召开全省装配式农村住房建设试点工作视频调度会议。

10月

11日　召开省第六届园林博览会调度会暨第七届园林博览会参展部署会。

13日　召开全省县城建设样板培育工作动员部署会。

11月

2日　召开2022—2023年供暖季全省城市供热暨农村清洁取暖保障工作视频调度会。

3日　召开全厅干部大会，对学习宣传贯彻党的二十大精神进行动员部署。

12月

6日　召开全省生活垃圾分类管理工作经验交流会。

16日　召开党的二十大精神宣讲报告会。

（河北省住房和城乡建设厅）

山西省

法规建设

【全省住建系统法律法规】《山西省传统村落保护条例》自3月1日起施行，为山西省传统村落资源的保护和合理利用提供法治保障。修改后的《山西省城市绿化实施办法》，自3月13日起实施。修订后的《山西省燃气管理条例》7月1日施行。《山西省绿色建筑发展条例》自2022年12月1日起施行。

【规范性文件制定】2022年，山西省住房和城乡建设厅共制定发布规范性文件16件。

10月，山西省人力资源和社会保障厅、山西省司法厅授予山西省住房和城乡建设厅法规处“山西省法治政府建设先进集体”称号。

房地产业

【促进房地产业良性循环和健康发展】2022年，印发《因城施策做好房地产调控工作推进机制》，制定省级政策工具箱5方面18条措施。指导11市出台调控政策活跃房地产市场。印发《关于加强住房金融服务促进房地产业平稳健康发展的通知》，首套房贷款实行“认贷不认房”，引导首套、二套房按揭贷款加权平均利率分别降至4.26%、4.93%。2022年，完成房地产开发投资1764.2亿元，同比下降9.3%；商品房销售2256.7万平方米，同比下降29.6%。实现房地产业增加值1165.5亿元，同比下降4.5%。

【培育规范住房租赁市场】印发《关于明确专业化规模化住房租赁企业相关标准的公告》《关于配合做好专业化规模化住房租赁企业减税相关工作的通知》，将全省专业化规模化认定标准在国家基础上最大幅度下调，共减免企业税费4.21万元。印发《关于对中央财政支持住房租赁市场发展试点工作进展进行督办的通知》，督促指导太原市加快推进中央财政支持住房租赁市场发展试点工作。截至2022年底，太原市累计筹集租赁房源123395套（间），培育专业化规模化租赁企业24家，基本完成试点期间目标任务。

【提升物业管理服务水平】印发《住宅物业服务质量星级评价管理办法》《住宅物业服务合同和项目负责人报备登记制度》《物业管理委员会组建运行办法》。深入开展社区物业管理能力提升专项行动、物业服务企业侵占小区公共收益问题专项整治。全省无物业管理住宅小区基本消除，组建物业管理委员会（业主委员会）小区覆盖率由6%提升至91%，省、市、县三级物业行业党组织全部成立，物业企业党组织由91个增加至2.18万个。

【积极推进城市房屋安全隐患排查工作】截至2022年底，全省城市房屋安全隐患累计排查86.49万幢，已排查房屋中存在安全隐患1.07万幢，已鉴定0.51万幢，已整治1.03万幢，整治率为96.62%，全省城市房屋安全隐患排查整治工作基本完成。

【防范化解房地产领域风险】牵头组建工作专班，统筹推进房地产领域风险化解工作。指导各市建立工作台账，分类处置风险。强化工作调度，压实城市人民政府属地责任，推动工作落地落实。用足用好专项借款政策工具，争取保交楼专项借款，指导金融机构积极跟踪配套融资，支持已售逾期难交付住宅项目建设交付。

【加强房地产市场监管】修订印发《房地产企业信用评价管理办法》，优化房地产企业信用评分标准，强化守信激励和失信惩戒措施。修订印发《商品房预售资金监管办法》，规范商品房预售资金收存、支取和使用。组织开展在建在售房地产开发项目商品房预售资金监管专项检查，共检查项目1553个，发现问题项目1016个，将检查发现问题反馈各地监管部门，向各市人民政府提示预售资金监管风险，并将涉及监管银行的885个项目、1091条问题移送人行、银保监部门，不断堵塞监管漏洞，保障项目建设交付。开展整治规范房地产市场秩序三年行动和2022年度房地产市场“双随机、一公开”联合执法检查。加快推动“山西数字房产”平台建设，在城市房屋安全管理、房地产企业信用评价、新建商品房网签备案等方面，基本实现了全省房地产市场数字化监管全覆盖。

【不断提升住宅品质】制定《完整居住社区标准》《宜居住宅建设标准》。开展“建得好、管得好”宜居住宅示范小区评选活动，共评选出33个示范小区项目。重点发展改善性住房，引导房地产企业开发建设质量更优、性能更高、环境更美、能耗更低的宜居住宅小区，满足人民群众美好居住生活需求。

住房保障

【保障性安居工程建设】2022年，山西省保障性租赁住房筹集1.81万套（间），公共租赁住房筹集1373套，棚户区住房改造开工1.23万套，城镇住房保障家庭租赁补贴发放5.3万户，有效增加保障性住房供给、提升住房保障能力，以住房保障工作新成效，更好地满足人民群众的基本住房需求。

【城镇保障性安居工程续建项目攻坚行动】为进一步加快推进城镇保障性安居工程在建项目工程建设，帮助更多城镇中低收入住房困难家庭和棚户区居民等群体解决住房问题，组织开展了城镇保障性安居工程续建项目攻坚行动。通过市县自查、省级核查和适时巡查，指导各市对全省城镇保障性安居工程在建项目进行全方位调查摸底，分组派员深入具体项目现场，全面、准确掌握项目进展情况，逐个项目采取针对性措施，加快工程建设与配套基础设施完善，推进项目早建成、早竣工、早交付，切实解决保障对象住房困难问题。2022年，全省推动城镇保障性安居工程续建项目基本建成3.37万套。

【保障性租赁住房发展】4月20日，山西省人民政府办公厅印发《关于加快发展保障性租赁住房的实施意见》，提出全省发展保障性租赁住房的重点任务、支持政策和保障措施，明确“十四五”全省保障性租赁住房发展目标和重点发展城市，进一步健全城镇住房保障体系。2022年，全省计划筹集保障性租赁住房1.57万套，全年筹集保障性租赁住房1.81万套，切实增加保障性租赁住房供给，解决新市民、青年人等群体阶段性住房困难。

公积金管理

【公积金主要业务指标】截至12月，山西全省新增住房公积金缴存额559.23亿元，同比增长11.66%；提取322.10亿元，同比增加6.91%；发放个人住房贷款259.71亿元，同比减少25.11%。截至12月底，全省住房公积金缴存总额4666.56亿元，提取总额2767.21亿元，发放个人住房贷款总额2362.13亿元，缴存余额1899.36亿元，个贷余额1451.44亿元，个贷率76.42%。

【住房公积金政策指导】会同省财政厅、中国人民银行太原中心支行发布《关于落实住房公积金阶段性支持政策的通知》，明确企业申请降低缴存比例或缓缴住房公积金、借款人不能正常偿还公积金贷款不作逾期处理、提高住房公积金提取额度和频次等规定。指导各住房公积金管理机构及时调整业务办理系统，执行首套住房公积金贷款利率3.1%。指导忻州、晋中公积金中心出台了《住房公积金归集实施细则》《住房公积金提取实施细则》《住房公积金贷款实施细则》等政策，为规范住房公积金业务办理提供了政策依据。稳步扩大灵活就业人员参加住房公积金制度试点，推选晋城市作为全国灵活就业人员参加住房公积金制度试点。

【住房公积金省级督导】会同省财政厅、人行太原中心支行、省银保监局联合印发《住房公积金行政监管实施细则》，对监管职责、监管内容、监管制度、监管方式、罚则等方面进行了明确，为全省住房公积金监管工作提供了重要依据。做好对各市公积金中心的差异化指导工作。针对逾期问题，先后对相关地市进行了实地督导，下达督办函；围绕巡视整改清单，召开会议专题研究，建立工作台账，明确各个阶段工作任务；开展清退公积金贷款保证金工作，督促各市公积金中心限期向房地产企业清退保证金共计24.74亿元。

【住房公积金信息化建设】印发“惠民公积金、服务暖人心”省级三年行动计划，明确工作目标和具体任务。指导各市进一步优化跨省域公积金业务办理，11个设区市住房公积金管理中心实现了住房公积金汇缴、补缴、提前部分偿还公积金贷款全程网办。组织太原、忻州两市住房公积金中心积极研究业务合作方案，升级改造核心系统，推动两市跨市域“购房提取住房公积金”率先实现全程网办。省级公积金数据共享平台新接入了全省房产交易信息、社保信息、居民电子居住证和户籍信息，进一步提升了公积金业务办理的精准度。

城乡历史文化保护传承

【历史文化保护】召开全省城乡历史文化保护传承工作会，部署全省保护传承工作。制定印发《历史文化名城名镇名村和传统村落保护发展“十四五”规划》，指导各名城、街区全面推开保护规划编制工作。

印发工作通报、提出建议名单、选编优秀档案、建立季报制度，持续做好遗产申报认定、测绘建档和挂牌工作，历史文化街区和历史建筑挂牌率分别达100%和87.08%，基本完成1161处历史建筑测绘建档。建立健全保护评估制度，将评估范围拓展至省级名城和独立历史文化街区，全面完成各名城、街区保护自评估和省级评估。印发《关于在城镇建设中加强历史文化保护传承相关建设工程管理的通知》，督促落实3项新增历史文化保护行政审批事项，稳妥实施各类保护工程，避免建设性破坏。争取平遥古城历史文化街区入选中央广播电视台综合频道播出的《泱泱中华历史文化街区》，加大全省历史文化名城保护传承工作宣传力度。

建设工程消防监管

【加强消防审验监管】2022年，全省办理各类工程消防设计审查项目1773个，消防验收项目1272个，备案项目1289个。印发《2022年度全省建设工程消防设计审查验收监督检查工作方案》，共抽查已审验合格项目51个。印发《关于公布建设工程消防设计文件技术审查质量抽查情况的通知》，逐项指出了检查项目存在问题，并对相关单位和人员进行了处罚。

【加强政策引导】印发《关于报送建设工程消防设计审查验收监管职责的通知》《关于加强建设工程消防设计审查验收工作协同的函》，全面梳理各市住建、审批、城管部门工作职责，积极对接各类建设工程行业，管理部门，推动建立协调联动的监管机制。印发《山西省建筑装饰装修工程消防设计审查验收规程（试行））》《山西省建筑装饰装修工程消防设计指南（试行）》，解决建筑装饰装修工程消防设计执行标准不到位、文件深度不够以及审查验收内容、评判尺度不统一等问题。印发《山西省民用建筑工程消防设计审查难点解析》，解决消防审验过程中遇到的疑点难点问题。

城市建设

【城镇老旧小区改造】2022年，城镇老旧小区改造被列为山西省政府为群众办实事工作，按照省委省政府安排要求，全省积极采取针对性措施，狠抓工作落实。2022年，山西省计划开工改造1779个城镇老旧小区，涉及21.9万户，涉及建筑面积1946.49万平方米。截至12月底，全省已开工改造1894个小区，涉及23.5万户，涉及建筑面积2098万平方米。

【海绵城市建设】积极组织全省城市申报国家级示范城市，2022年4月指导晋城市入选全国第二批系统化全域推进海绵城市建设示范城市。2022年3月上旬，联合省财政厅、省水利厅下发《关于开展省级系统化全域推进海绵城市建设示范工作的通知》，在全省开展省级系统化全域推进海绵城市建设示范城市评选工作，确定了太原市、晋中市、晋城市、运城市等4个城市为省级系统化全域推进海绵城市建设示范城市。

【城市生活垃圾分类】在全省范围大力推广垃圾分类工作。太原市积极探索，创新特色分类办法，建立万柏林区可回收物分拣中心，引进上海爱分类爱回收公司，对可回收物进行收集运输分拣，初步形成了太原市万柏林区可回收物回收利用模式。2022年，太原市利用媒体资源，开展“如果垃圾会说话”网络直播，全方位引导居民习惯养成，从“要我分”向“我要分”稳步过渡；吕梁市举行生活垃圾分类全民动员启动仪式，号召全市人民以实际行动参与到生活垃圾分类；长治市和忻州市建成了生活垃圾分类科普体验馆，印发垃圾分类教材和宣传手册，开展垃圾分类进校园、进社区入户宣传活动。

【污水处理】印发《山西省“十四五”城镇生活污水处理及资源化利用发展规划》，科学指导各市城镇生活污水处理相关工作开展。积极推进开发性金融支持县域生活污水处理设施建设工作对接机制，探索以特许经营模式支持项目建设。着力推进城镇污水处理设施新建扩容工作，全省完成10座城镇生活污水处理厂新建扩容工程，新增污水处理能力26.2万立方米/日，超额完成新增21.5万立方米/日的年度目标任务。高质量完成再生水利用专项规划编制工作，深入挖掘各地再生水利用潜力，基本实现规划编制全评审全覆盖。不断提高污水处理厂规范化管理水平，组织开展“一厂一策”集中进驻督导检查，联合省生态环境厅开展2022年保汛期水质稳定专项行动，基本实现了稳定运行达标排放。

【供水规范化管理】发布《关于开展2022年度城市供水水质抽样检测工作的通知》，组织全省开展城市供水水质抽样检测工作。针对全省二次供水管理中存在的薄弱环节，组织编制山西省《城镇居民二次供水建设技术标准》。同时，为进一步提升城市供水安全保障水平，联合省发改委、省卫健委印发《关于加强城市供水安全保障工作的通知》。

【燃气制度建设】修订《山西省燃气管理条例》，出台《山西省城乡燃气使用安全管理规定》，在全国范围内率先立法明确“燃气用户应当使用合格的用气设备，安装灶前燃气自闭阀门、符合安全规定的灶具连接管和带有熄火保护装置的燃气灶具等‘三项强制措施’”。印发《城镇燃气安全检查管理办法》《城镇燃气管网管理办法》《城镇燃气经营许可管理办法》等，明确城镇燃气安全检查标准、方法及流程，强化燃气管网保护管理和日常巡检机制，加强批管联动和批后监管，为行业监管提供了制度保障。

【燃气安全检查】截至2022年，全省30年以上及20～30年经评估存在安全隐患的市政及庭院燃气老旧管网合计1794.5公里，已全部改造完成。违章压占城镇燃气管网共1780处，全部完成整治。管道燃气居民用户“三项强制措施”累计改造638.1万户。古交、清徐、襄垣、古县、襄汾5个县（市）已实现人工煤气“清零”，按时完成居民用天然气置换人工煤气工作。开展了瓶装液化石油气安全专项治理工作，严厉查处瓶装液化石油气经营、储存、充装、运输、使用等环节中各类违法违规行为。起草《山西省城镇燃气安全整治“百日行动”实施方案》，深入开展专项整治工作。

【集中供热】2022年，山西省新增供热能力4294兆瓦，新建供热管道710公里，新增集中供热面积3120万平方米，热电联产集中供热普及率已经达到73%。指导各市供热部门积极与能源部门的协调与联系，及时解决供热能源储备出现的矛盾，督促企业做好供热用煤、用气的储备工作。要求各市按照冬病夏治原则，对供热设施、设备及管道开展全面的检修排查，全省共检修养护管道1.9万公里，检测养护设施61.7万个，解决用户端问题4.1万个。建立了供热周报制度，截至目前，累计走访户数128630户，实地解决供热问题82892个，受理群众投诉28717件，问题解决率为100%。

村镇建设

【农房安全隐患排查整治】2022年，山西省严格落实《农村房屋安全隐患排查整治工作推进机制》。对23.5万户农村经营性自建房逐户开展“回头看”，房屋安全现状全部录入国家信息平台。持续推动农村房屋安全隐患整治，共排查农村房屋585万户，农村房屋安全隐患排查整治任务顺利完成。

【农房建设管理】贯彻落实“一办法一标准”，全面推动农村房屋建设管理与服务。落实农房建设管理月报制度，每月统计各市落实“一办法一标准”情况，针对各市落实情况提出具体要求。指导全省117个县（市、区）设立农房建设监理管理服务机构，977个乡镇全部设立规划建设办公室。加强乡村建设工匠培训管理，引导培训合格的乡村建设工匠成立农村建房合作社、合伙企业，推动农房依法依规建设。

【农村危房改造】印发《关于进一步强化农村危房改造动态保障工作机制的通知》，加强“常规排查＋应急排查”，发现一户、建档一户、改造一户、销号一户，健全农村住房安全“动态清零”长效机制。2022年全省下达农村危房改造动态保障任务4993户，下达农房抗震改造试点任务1425户，任务已全部竣工。

【农村生活垃圾治理】健全完善农村生活垃圾收运处置体系，覆盖的自然村比例达到93.4%，年度目标顺利完成。持续推广农村生活垃圾分类“四分法”，开展垃圾分类试点的村庄达到4490个。鼓励具备条件的村庄生活垃圾焚烧处理，4925个村庄生活垃圾纳入城市生活垃圾焚烧厂处理。

【建制镇生活污水处理】印发2022年度工作方案，细化分解任务。落实《加快全省建制镇生活污水处理设施提标改造工作实施方案》《推进全省建制镇生活污水处理设施规范运营管理实施方案》，推进市场化运营模式，提升设施运营管理水平。2022年全省下达建制镇生活处理设施建设和提标改造任务193个。

【传统村落保护力度】持续推动传统村落集中连片保护，认定公布5个第二批省级试点县名单，着力打造具有山西特色的“1＋2＋10”保护利用示范模式。积极推动传统村落数字化保护，550个现有中国传统村落基本建成数字博物馆。选择10个镇村开展测绘试点。积极申报国家名录，择优遴选100个村申报第六批中国传统村落，70个村落列入住建部公示名单。

建设科技与标准定额

【建筑科技创新】2022年，山西省发挥企业创新主体作用，深入开展研发全覆盖活动，推动高质量创新成果的研发和推广应用。组织实施30个厅科技计划项目，潇河国际会展中心等3个项目列入住房和城乡建设部科技计划项目。围绕节能降碳、绿色发展等内容，组织11期建设大讲堂，加大技术宣传和成果转化推广。

【绿色建筑】印发《山西省建筑节能、绿色建筑与科技标准“十四五”规划》，明确“十四五”时期重点工作任务时间表和路线图，夯实绿色建筑发展的规划基础。制订《山西省绿色建筑发展条例》，构建绿色建筑全寿命期管理和长效推动机制，夯实绿色建筑发展的法治基础。全面推广绿色建筑，城镇新建建筑全部执行绿色建筑基本级标准，公共建筑全面执行一星级及以上标准，超限高层建筑执行三星级标准。

建设绿色建筑1355.74万平方米，占城镇新建建筑面积比例为92.83%。

【建筑节能】2022年，山西全省新开工节能建筑2198.96万平方米。提升新建建筑节能标准，新建居住建筑全部执行节能75%标准。2022年4月1日起，新建公共建筑全面执行节能72%标准，公共建筑能效提升20%。推进既有建筑节能改造，结合清洁取暖和老旧小区改造，实施既有居住建筑节能改造1023.87万平方米，实施公共建筑节能改造61.47万平方米。会同省发改等部门印发《关于全面推广地热能在公共建筑应用的通知》，持续推进太阳能光热、光伏、地热能等可再生能源建筑应用。新建建筑可再生能源应用比例达72.6%。

【装配式建筑发展】组织开展住房城乡建设部第三批装配式建筑生产基地暨第四批省级装配式建筑产业基地和示范项目评选，推荐4个国家级产业基地，新认定7个省级产业基地、4个示范项目。装配式建筑发展纳入立法保障、强化政策激励、严格把控设计质量等3项做法列入住房和城乡建设部装配式建筑发展可复制推广经验清单（第一批）。2022年，全省新开工装配式建筑590.16万平方米，占新开工建筑面积比例26.84%，超过目标任务5.84个百分点。

【建筑信息模型技术应用】印发《关于提升建筑信息模型（BIM）技术应用水平的通知》，积极指导和推动BIM技术推广工作。发布8部BIM系列地方标准和1项取费定额，标准体系逐步完善，进一步夯实BIM发展基础。技术应用持续深化，组织实施BIM应用项目593项，发布可推广可复制优秀案例48项。其中，28项获得国家级BIM大奖，立项BIM相关科技计划项目3项，培育重大建设科技成果1项。

【工程建设标准】制定《工程建设地方标准管理办法》《工程建设地方标准专项资金管理办法》，明确标准编制、实施监督、示范建设和专项资金使用等程序和要求，推动标准化工作制度化、规范化。开展标准清理、立项和复审工作，对100项在编标准进行清理，延期47项，中止53项；发布2022年度制修订计划70项，其中制定28项，修订42项；对实施5年以上的90项标准进行复审，废止39项；发布《城镇居民二次供水建设技术标准》《宜居住宅建设标准》等14项地方标准。

【工程造价咨询】全省纳入统计的工程造价咨询企业403个，从业人员14793人；完成工程咨询项目造价总额8792.72亿元，同比增长49.08%；造价咨询业务营业收入15.86亿元，同比增长6.94%。开展“双随机一公开”检查和信用评价，规范企业市场行为，根据信用评级实行差异化监管，营造诚信激励、失信惩戒的市场环境。完善计价机制，定期发布全省工程造价指标指数和材料价格信息，印发《关于再次调整2018〈山西省建设工程计价依据〉人工单价的通知》，在工程造价费用构成中增列创优创新费，推行建设工程“优质优价”。加强施工过程结算管理，明确项目预付款、过程支付节点等要求，保障项目实施。

工程质量安全监管

【施工安全监管】2022年，印发《关于加强建筑起重机械安全管理的通知》，有效管控建筑起重机械安全风险。制定《建筑施工企业主要负责人安全生产考核记分办法》，从严考核记分，督促企业主要负责人履职尽责，提升企业本质安全水平。开展房屋市政工程安全生产治理行动督查检查、建筑工程安全生产交叉执法检查、国庆假期及党的二十大期间安全生产督查检查、岁末年初建筑工程安全生产重大隐患专项整治督导检查等4次监督检查，共检查在建项目132个，对23个安全生产责任落实较差的项目及其69名责任人员予以通报，切实压实主体责任。对2021年发生生产安全事故的责任单位和人员严肃处理，暂扣负有事故责任的7家省内施工单位安全生产许可证30日，向5家省外企业注册地主管部门发送建议处罚函。2022年，全省共发生生产安全事故8起、死亡9人，连续两年未发生较大以上生产安全事故。

【安全专项整治】开展城市建设安全生产专项整治三年行动（2020—2022年），持续抓好专项整治的巩固提升工作，2022年涉及省住建厅任务21条34项已全部完成。开展安全生产大检查大整治大提升专项行动（2022年），涉及省住建厅任务38条已全部完成。开展房屋市政工程安全生产治理行动（2022—2023年），组织各级住建部门累计出动2232个检查组，抽查在建工地10817个次，发现隐患26476条，全部整改完成；对存在严重安全隐患的95个项目责令停工整改，停业整顿企业3家，罚款129.29万元。开展全省住房和城乡建设领域安全生产隐患排查整治专项行动，成立了由分管副省长任组长的省级专项行动领导组，以建筑施工、城镇燃气、经营性自建房等行业为重点，全面排查整治住建领域安全隐患。

【工程质量管控】制定印发《关于加强建筑工程勘察设计质量管理的规定》，编制质量管控实施导则，完善勘察设计专家库。组织开展了5次勘察设计质量检查，抽查房建和市政项目49个，对10家设计单位和相关责任人员42人进行了通报和限期整改等处理，倒逼企业提升勘察设计质量。认真落实工程质量终身负责制、住宅工程分户验收、检测机构年度动态考核等一系列工程质量管理制度，强化工程质量管控。全省房建和市政工程质量监督覆盖率、竣工验收合格率、超限高层建筑工程抗震设防审查率均达到 100%。在全省范围内首次组织开展山西省优质工程评选，共有 50 个项目获得优质工程表彰，涉及获奖参建五方主体 240 家、参建人员 1801 人，激发了建筑业企业提高建筑工程质量的内生动力，有效推动全省建筑工程品质不断提高。

【**工程质量检测监管**】发布《关于进一步规范建设工程质量检测管理的通知》，强调了建设单位质量检测首要责任，明确了施工现场检测活动管理要求，对检测机构的检测行为实施检测全过程监管，压实了工程质量检测监管责任，对保证检测报告的客观性和真实性，发挥质量检测在工程实体质量控制中的重要作用具有重大意义。评选了 10 家省示范建设工程质量检测机构，是全省在工程质量检测管理方面提出的“两手抓”（一手抓整治，一手抓引领）的一项重要举措。举行了第一届“山西省示范检测机构”授牌仪式，增加示范检测机构的行业影响力，促进工程质量检测行业持续健康发展。

建筑市场

【**概况**】2022 年，山西省完成建筑业产值 6145.5 亿元，同比增长 8.2%，较全国增速（6.5%）高 1.7 个百分点。其中，省内完成产值 3941.7 亿元，同比增长 4.7%；省外完成产值 2203.8 亿元，同比增长 15.2%。实现建筑业增加值 1093.3 亿元，同比增长 4%，较全国增速（5.5%）低 1.5 个百分点。

【**建筑业企业发展**】出台关于实施建筑业提质行动的若干措施，从加快企业提档升级、引入外埠优质企业、打造行业领军企业等方面推动行业高质量发展。2022 年，全省新增住建部核准资质 36 项，较 2021 年提高 64%。3 家企业取得特级建筑业企业资质，增至 23 家，数量居全国第 14 位，填补了近 4 年来特级企业零增长的空白。联合发改、人社等部门印发《关于稳定建筑业运行保障行业提质发展的通知》，从减轻企业经营负担、保障企业合法权益等方面帮扶建筑业企业脱困，确保行业平稳运行。预计全年建筑业产值同比增长 8.2%，总量首次突破 6000 亿元。在原有三类骨干建筑业企业基础上，增设中小型骨干企业类别，重点遴选纳税贡献大的中小型优秀建筑业企业，在投标加分、资质升级增项、评优评先等方面，与其他骨干企业享受同等扶持政策。全省共有 100 家企业评为全省骨干建筑业企业，产值覆盖率达 68% 以上。

【**规范招标投标运行**】向省委巡视组提交《关于规范山西省工程建设领域招投标运行的工作建议》，以问题为导向提出破题建议，并作为专题报告呈报省委。结合专题报告建议，指导各市住建部门比照省厅制定本地招投标权责清单，进一步厘清各部门工作职责，消除监管盲区。推广招投标“五方主体”承诺制，以承诺书形式明确各方权利义务，压实工作责任。鼓励省综改区先行先试，进一步落实招标人主体责任，开展评定分离改革，已印发工作导则，并建立“评定分离”电子交易程序，试点任务取得示范性进展。首次在房建市政领域开展招投标营商环境考核评估，全省抽取 120 个项目，从项目招标资料、各方主体“承诺”履约情况和监管部门履职情况等方面查出 10 市共 6 类 66 项问题，推动各市逐项完成整改。

【**建筑市场监管**】扎实开展 2022 年建筑市场“双随机、一公开”执法检查，将主管部门监管落实情况列为检查重点，与项目检查双管齐下，打通监管落实的“最后一公里”。省级共检查 251 个项目，发现 1500 余个问题，基本整改到位，处罚金 287 万元。并将存在转包、违法分包、违法建设等典型问题涉及的 7 个项目、4 名人员处置情况向社会公开。建立资质审批和行业监管部门协同联动机制，强化审批事中事后监管。组织各市对 800 余家资质不符合标准要求的企业进行整改，撤回、注销 320 家企业相关资质，严厉打击了扰乱建筑市场的“空壳”企业。以“智慧建筑”平台为载体，实现对企业、人员、项目的信息化管理，推动监管服务工作向信息化、智能化发展。全国建筑市场信息化监管量化考评中全省居全国第 3 名。

行政审批管理

【**行政审批办理**】认真梳理网上业务咨询问题 928 条，编制《住房城乡建设行政审批服务常批处见问题标准答复（2022 版）》。在全国一体化政务平台（山西政务服务平台）办事指南专栏分项增设了“常见问题咨询”飘窗，在厅门户网站设置“审批服务之窗”。2022 年全年办理企业资质类审批 6833 件，共办理个人注册类 136519 件。2022 年全省通过工程审批管理系统审批项目 9290 个，办理各类审批事项 21929 件，分别同比增长 37.55%、45.60%。另一方面，协调督促省审批局牵头推进相关系统整合，完成了一体化投资项目审批管理系统建设的可研编制、技术评审、财政预算评审等项目立项相关工作。

【注册类职业资格考试】2022年调研全国住建类职业资格考试组织情况，对设立依据、历史变革、工作要求、全省现状及其他省情况进行全面摸底。配合省人社厅做好一二级建筑师、一二级建造师、一级造价工程师、勘察设计工程师、监理工程师职业资格考试组织工作，完成资格审核15945人次，组织一二级建筑师阅卷728份，资格证书发放7302人次。协调人社厅、自然资源厅，积极推进房地产估价师职业资格考试山西考区考务工作。对接研究筹备二级造价工程师职业资格考试有关工作。

【审批服务机制改革】对厅权责清单进行动态调整，取消行政许可1项、行政处罚3项，并对83项处罚事项的相关要素进行调整更新。印发《关于二级建造师注册事项实行全程网办开展延续注册工作的通知》，取消市级初审环节，实现全程网办、电子证书、实名认证等功能。印发《关于进一步做好建筑施工企业“安管人员”、特种作业人员及安全生产许可证核发有关工作的通知》。政策实施期间，共有14606人以告知承诺制审批的方式取得了安全生产考核证书。发布《关于进一步规范房地产开发企业资质管理的通知》，将二级资质审批权限下放至设区市审批部门，实行全程网办、告知承诺制办理、电子证书。发布《山西省住房和城乡建设厅关于全省建设工程企业资质有关事宜的通知》，委托各市住建部门承担属地内建筑业企业施工总承包和专业承包二级资质的审查工作。报请省政府召开全省工程建设项目审批制度改革工作推进会，印发《山西省深化工程建设项目审批制度改革2022年工作要点》。持续督导措施落地，组成调研督导组，对各市工作推进和政策落地情况进行实地调研督导。强化工作通报制度，每月向各市印发工作情况通报，横向对比、纵向分析成果转化情况。

【审批服务流程改革】先后印发房建、市政、交通、水利、能源等指导性流程图，总体审批时限由100个工作日压减至80个工作日左右。印发《关于优化社会投资简易低风险工程建设项目审批服务的指导意见》，将简易低风险项目审批压减为2个阶段、24个工作日以内。组织召开全省“拿地即开工”工作交流推进会，总结推广改革经验。出台《关于进一步加强房屋建筑和市政基础设施工程竣工联合验收的指导意见》，简化办理环节，提升服务和监管。同省自然资源厅等4部门印发《关于推进工程建设项目“多测合一”改革的指导意见》，对测绘事项分阶段进行整合，实现一次委托、一次测绘、一次提交、成果共享，减轻企业负担，提升审批效率。与省审批局等部门联合印发《全面优化用水、用电、用气、用热报装服务工作方案》《关于实行供水、供气、供暖等小型市政接入工程“三零”服务的通知》等，推动报装服务进驻大厅，实行“一表申请”，整合优化报装流程，实行小型接入工程“零上门、零审批、零投资”服务。

大事记

1月

12日　召开山西省城乡历史文化保护传承工作会。

26日　召开全省城市地下管线综合治理推进工作联席会议。

27日　召开全省住房和城乡建设工作视频会议。

2月

23日　召开安委会2022年第一次全体（扩大）会议暨全省住建系统“百日攻坚”、燃气行业安全专项整治推进视频会。

23日　召开全面从严治党暨党风廉政建设工作会议。

3月

4日　召开平遥城乡历史文化保护传承工作座谈会。

25日　召开2022年全省建制镇生活污水治理工作推进会。

28日　召开创建清廉机关动员会议。

4月

22日　召开省委第一巡视组巡视省住房城乡建设厅党组动员会。省委常委、省委巡视工作领导小组组长王拥军传达部署要求，通报有关工作安排。

5月

5日　会同省财政厅、省水利厅召开山西省申报“十四五”第二批系统化全域推进海绵城市建设示范工作竞争性选拔评审会议。

13日　召开全省2022年度建设科技与标准定额工作会。

18日　召开全省打击整治住建领域养老诈骗专项行动推进会。

30日　召开全省城市地下管线综合治理工作联席会议。

7月

1日　召开全省自建房安全专项整治工作推进会议。

8月

4日　厅党组书记、厅长王立业带队赴太忻一体化经济区开展调研。

9月

15日　召开中共山西省委宣传部举行“山西这十年”系列主题新闻发布会的第十四场发布会（省住建厅专场新闻发布会）。

10月

16日　集中组织收看收听中国共产党第二十次全国代表大会开幕会。

11月

10日　召开山西省建筑业提质行动奖励资金发放仪式暨建筑业企业转型升级培训会。

（山西省住房和城乡建设厅）

内蒙古自治区

法规建设

【行业立法】2022年,《内蒙古自治区燃气管理条例》《内蒙古自治区城镇供热条例》《内蒙古自治区城市房地产开发经营管理条例》3部地方性法规完成修改并发布实施。加快推进《内蒙古自治区城镇绿化条例》《内蒙古自治区农村牧区住房建设管理条例》《内蒙古自治区城市供水条例》的立法进程。

【行政执法】出台《内蒙古自治区城市管理集中行政处罚权实施意见》，指导各盟市厘清职责边界，制定权责清单，建立案件移送和协调协作机制。门户网站累计公布行政许可、行政确认、行政处罚等信息5万余条。印发《学习宣传贯彻行政处罚法工作方案》，开展《内蒙古自治区住房和城乡建设系统行政处罚自由裁量基准》修订工作，举办全区住建系统行政处罚法、行政执法自由裁量线上培训2期，全区住建、城管系统7000余位执法人员参加培训。

【普法工作】制定年度普法责任制清单，将“谁执法谁普法”职责明确到具体责任部门和责任人。制作宪法宣传微动漫、线上答题、图文海报、宪法诵读等活动，指导盟市开展多种形式的宪法学习宣传活动。采用视频、图片、知识问答等多种形式在厅网站、微信公众号宣传住建行业法律法规，发布普法信息70余期。短视频《小住说法民法典篇》获自治区司法厅“喜迎党的二十大弘扬法治续新篇”优秀法治文艺作品二等奖。

房地产业

【房地产市场调控】督促各地认真落实“一城一策”工作方案，持续做好全区21个城市月监测、季评价、年考核工作。全区房地产开发投资978.3亿元，商品房屋销售面积1380.5万平方米。修订《内蒙古自治区城市房地产开发经营管理条例》，推动自治区政府办公厅印发《关于加强房地产市场监管规范房地产开发与经营活动的通知》。优化商品房预售资金监管模式，合理确定留存比例和拨付节点，盘活沉淀的预售资金，缓解房企资金压力。持续开展房地产遗留问题专项整治，全区累计解决房地产历史遗留问题项目共2970个、140.06万套，占比分别为99.3%、99.7%，其中已办理分户登记102.66万套，完成率为84.6%。开展“交房即交证”试点工作，逐步实现住权和产权同步。

【物业管理】全域推进红色物业建设，自治区和12个盟市均成立了物业行业党委，全区357家物业服务企业成立了党支部，通过“红色物业”将基层党建工作、物业工作和群众呼声有机融合，打通服务群众的“最后一公里”。

住房保障

着力完善住房保障体系，超额完成保障住房年度建设任务，保障性租赁住房新开工1.34万套（间），开工率100.5%；公租房新开工1069套，开工率100.6%；棚户区改造新开工1.02万套，开工率100.3%。发放租赁补贴2.94万户。符合内蒙古自治区实际的住房保障体系不断完善、保障力度不断加大、保障覆盖面不断扩大。

公积金管理

充分发挥住房公积金在支持居民改善住房中的作用，惠及群体逐步扩大，制度红利持续释放，保障基本住房功能日益凸显。修订印发自治区住房公积金缴存、提取、贷款三个管理办法，实现便民服务和行业监管有机推进。全区住房公积金缴存520.1亿元，发放贷款174.7亿元，提取309.9亿元，帮助4.5万户家庭圆了住房梦。

城市建设管理

【城市体检】2022年，内蒙古全面启动城市体检评估工作，进一步完善城市体检评估机制、指标体系。9个地级市和2个县级市已完成城市体检工作。

【城市更新】采取整体统筹与示范片区相结合梯次推进城市更新，全区各地出台配套政策17项，实施各类更新项目2598项，完成投资230.8亿元。呼和浩特市实施城市更新示范重点项目52项，试点示范建设初见成效。全面摸清城市燃气、供水、排水、供热管网底数，有序推进以燃气管网为重点的老化管网更新改造，印发《内蒙古自治区城市燃气管道等老化更新改造方案（2022—2025年）》，实施改造老旧管道2170公里。实施城镇老旧小区改造项目1571个，建设16个以完整社区为目标的完善类、提升类示范项目，惠及居民22.4万户。结合城市更新和老旧小区改造等任务，统筹推进养老、托幼、无障碍服务设施建设，配建养老服务设施的新建居住区总数89个，达标率100%。新增既有居住区养老设施181个、39.9万平方米。

【历史文化保护传承】指导呼和浩特市完成历史文化名城保护专项评估，对巴彦淖尔市杭锦后旗太阳庙农场历史文化街区进行现场认定，新公布测绘历史建筑26处。

【垃圾分类】持续推进垃圾分类和减量化、资源化、无害化，建立健全生活垃圾分类投放、分类收集、分类转运、分类处理系统。新建生活垃圾焚烧处理设施5座，餐厨垃圾处理设施4座。各盟市（行署）政府所在地建成区基本实现生活垃圾分类全覆盖。

建筑市场

2022年，内蒙古建筑业增加值1538亿元，同比增长6%，占全区国内生产总值（GDP）的6.6%。新增建筑施工一级企业29家，建筑业支柱产业地位持续稳固。全面落实根治拖欠农牧民工工资制度，推进房屋市政工程实名制平台全覆盖，全区实名制平台累计覆盖工程项目2655个。开展集中整治拖欠农牧民工工资问题专项行动，切实维护农牧民工的合法权益。加强工程质量过程监管，进一步规范勘察设计、施工图审查、工程检测、预拌混凝土等工程建设活动。

建筑节能与科技

全区城镇总体规划区内新建建筑全面执行绿色建筑标准，竣工面积达1579.1万平方米，占全部建筑竣工面积的81.3%，同比提高16.8个百分点。新增绿色建材推广应用面积537.5万平方米。呼和浩特市、鄂尔多斯市被列为国家政府采购支持绿色建材促进建筑高品质提升试点城市。新增可再生能源建筑应用面积466.7万平方米。结合城镇老旧小区改造同步实施既有建筑节能改造面积458万平方米。加快推进建筑信息模型（BIM）技术在新型建筑全生命周期一体化集成应用。认定BIM示范单位6个、示范项目12个。全区自上而下建立新型建筑工业化绿色发展专班推进机制，大力推动装配式建筑，全区新开工装配式建筑占新开工建筑总面积的17.9%，同比增长12.5个百分点。培育5个自治区级装配式建筑产业基地和3个装配式建筑示范项目。

建设工程消防设计审查

开展全区建设工程消防设计审查验收遗留项目问题集中整治专项行动，深入开展消防审验遗留项目集中整治，已解决办理清查清单内消防设计审查验收遗留项目2928件，累计解决办理3192件。

村镇建设

【乡村建设】深入开展乡村建设行动，推进22个嘎查村开展自治区农房和村庄建设现代化试点，出台新型农村牧区住宅庭院设计图集，开展乡村建设工匠培训和设计下乡。呼伦贝尔市阿荣旗、通辽市开鲁县被列为全国乡村建设评价样本县。额尔古纳市入选2022年全国传统村落集中连片保护利用示范县。

【农村牧区人居环境整治】深入实施农村牧区人居环境整治，积极推动污水、生活垃圾处理设施和服务向村镇延伸，全区具备生活污水处理设施的建制镇占30.5%，其中黄河流域占58.0%。全区农村牧区生活垃圾收运处置体系覆盖行政村64.1%，其中黄河流域达到91.5%。

【农村牧区危房改造】实施农村牧区危房改造5554户，开工率100.9%，农村牧区低收入群体等重点对象住房安全保障成果持续巩固拓展。

标准定额

【工程建设标准化】征集自治区工程建设标准制

修订项目，将建筑节能、BIM 应用、海绵城市、城市生活垃圾分类、建筑消防等 41 项标准列为全年制修订计划。推进地方标准编制进度，组织召开标准专家评审会 13 次，组织 19 项地方标准向社会公开征求意见，共发布 8 项地方标准。

【工程造价管理】进一步推进工程造价市场化改革，满足工程计价需求，维护发承包双方的合法权益，组织编制发布《内蒙古自治区房屋修缮工程预算定额》《内蒙古自治区房屋建筑加固工程预算定额》《内蒙古自治区市政维修养护工程预算定额》。组织完成自治区 2021 年度工程造价咨询统计调查。

工程质量安全监督

【工程质量】加强新技术、新工艺、新材料、新设备推广应用，健全工程质量保障体系，持续推进建筑工程质量评价工作，进一步落实工程质量安全手册制度，压实建设单位工程质量首要责任，进一步规范工程参建各方责任主体的质量行为，促进建筑工程品质提升。深入开展建筑市场专项整治行动，严厉打击房屋市政工程违法发包、转包、违法分包及挂靠行为，持续净化市场秩序。

【安全生产】深入开展城镇燃气安全排查整治专项行动，全区共排查发现燃气安全隐患问题 9.05 万处，已整改 8.94 万处，整改率 98.85%。深入开展房屋市政工程安全生产执法检查，落实安全生产“十五条硬措施”及自治区 53 条具体措施，严厉打击违反工程建设强制性标准等违法违规行为，狠抓危大工程管控，持续推进安全生产标准化建设，坚决遏制重特大事故发生。深入开展自建房安全专项整治，全区共排查城镇和农村牧区自建房 333.34 万栋，有序推进集中整治，确保专项整治取得实实在在的成效。

人事教育

【队伍建设】编制印发《内蒙古自治区“十四五”住房和城乡建设事业人才发展专项规划》。及时印发《关于开展 2022 年建筑工程系列职称评审工作的通知》，顺利完成年度建设工程系列初、中、高级 3616 人职称评审工作。修订印发《内蒙古自治区建设工程系列专业技术资格评审条件》，进一步突出对行业专业技术人员工作业绩和技术水平的考量。组织推荐全区高技能人才培训基地建设项目和技能大师工作室建设项目各 1 个，向自治区党委组织部推荐行业享受国务院特殊津贴的高层次人才 3 名，推荐入选自治区“草原英才”工程青年创新人才（一层次）1 名。

【教育培训】印发《关于推进全区住房和城乡建设领域施工现场专业人员职业培训工作的通知》等文件，全区施工现场人员职业培训试点机构由 5 家扩展到 34 家，实现培训机构各盟市全覆盖。换发职业培训合格证 3.6 万余人次，开展培训 2.7 万余人次，不断满足企业和从业人员职业培训需求。稳步推进燃气经营企业从业人员培训考核工作，累计开展培训 0.35 万人次，有效提高了燃气从业人员专业能力和水平，进一步保障了燃气安全。

大事记

1 月

1 日《内蒙古自治区城市公共停车场管理办法》施行。

25 日　召开内蒙古自治区住房和城乡建设工作电视电话会议。同日，内蒙古自治区建筑业协会等 22 家协会（学会）发出绿色低碳行动联合倡议，引导住建系统深入践行绿色低碳发展理念，合力推进城乡建设领域实现“双碳”目标，打造高质量发展的绿色低碳城市，提升人民群众的获得感、幸福感、安全感。

4 月

20 日　内蒙古自治区政协党组成员、副主席其其格一行到自治区住房和城乡建设厅围绕水资源节约集约利用协商议题进行专题调研，并召开座谈会。

5 月

2 日　内蒙古自治区住房和城乡建设厅召开视频会议，深入学习贯彻习近平总书记对湖南长沙居民自建房倒塌事故作出的重要指示精神，贯彻落实李克强总理的批示要求，落实住房城乡建设部安全生产工作视频会议精神和自治区领导批示要求，对房屋市政工程安全生产工作进行再部署、再督促、再落实，部署全区自建房安全专项整治工作。

6 月

1 日　内蒙古自治区住房和城乡建设厅、呼和浩特市人民政府、呼和浩特市住房和城乡建设局在呼和浩特市中海臻如府项目共同举行住建筑施工领域“安全生产月”启动仪式。

27 日　内蒙古自治区住房和城乡建设厅等 10 部门印发《关于加快发展保障性租赁住房的实施细则》。

7 月

1 日《内蒙古自治区燃气管理条例》正式实施。

22 日　内蒙古自治区中海河山大观项目成功立项 2022 年度住房和城乡建设部科学技术计划项目，作为唯一的住宅类零碳建筑，成功入选零碳建筑科技示范工程。

28日　内蒙古自治区住房资金中心与呼和浩特市不动产登记中心举行“互联网＋不动产抵押登记＋住房公积金服务”合作签约仪式，实现了贷款抵押信息数据自动抓取、调用和电子证照的推送，全流程、全数据、全场景交互。

8月

17日　内蒙古自治区住房和城乡建设厅与内蒙古金融资产管理有限公司签署合作框架协议。

24日　确定新开发银行贷款呼和浩特新机场航站区第一标段施工总承包项目等153个工地为2022年度内蒙古自治区建筑施工安全标准化示范工地。

12月

16日　内蒙古自治区工程建设项目审批制度改革门户网站和网上办事大厅正式上线。

（内蒙古自治区住房和城乡建设厅）

辽宁省

工程建设项目审批改革

【编制工程审批改革“四清单”】按照“更大力度精简规范审批事项”的工作目标，编制工程审批“四清单”，即《主要审批事项清单》《中介服务事项清单》《特殊环节事项清单》和《市政公用服务事项清单》。

【推动项目土地组卷标准化】印发《关于深化“放管服”改革建立建设用地直报制度的通知》，制定建设用地审核标准和报国务院批准单独选址项目建设用地“模块化”工作流程，建立建设用地直报制度和建设用地“模块化”审核方式。丹东市印发《丹东市自然资源局关于印发建设用地“模块化”报批实施意见的通知》，优化建设用地报批工作流程，提高建设用地审批质量和效率。

【推进工程审批改革“多测合一”】印发《辽宁省工程建设项目审批制度改革“多测合一”工作指导意见》《辽宁省工程建设项目“多测合一”技术指南（试行）》，加快推动“多测合一”工作。沈阳市建立“多测合一”测量技术标准，完成“多测合一”信用体系建设，实施差异化监督管理。

【优化规划设计方案联合审查】印发《关于优化规划设计方案审查有关事项的通知》。全省14个市和沈抚示范区均制定了建设工程设计方案审查模块化工作细则，建立部门衔接、协调联动的联合审查工作机制。

【开展水电气暖联合报装】全省各市政务服务大厅均设立供水供气等报装综合服务窗口，初步完成一站式报装申请和一体化平台建设。大连市率先出台《大连市优化工程建设项目水电气热网视一站式服务工作方案》，推行“一张蓝图、一网办理、一次踏勘、一次接入”，创新工作举措，取消报装环节。锦州市印发《锦州市市政工程公用服务联合报装实施方案（试行）》，推进水电气暖讯联合报装。

【推行施工图电子化审图】组织开发施工图电子审查系统。经大连市和铁岭市试点上线运行后，在全省范围内铺开使用。

【优化再造工程建设项目审批流程图】印发《关于加强我省工程建设项目审批全流程管理的指导意见》，梳理编制《辽宁省工程建设项目审批全流程管理通用流程图（2022版）》，将审批部门在实施审批服务过程中组织、委托或购买服务的专家评审、会议审查、征求意见、现场核验等环节纳入审批全流程用时管理，进一步规范优化审批流程。

【开展2022年度工程审批改革专项督查】将工程审批改革专项督查纳入全省2022年度营商环境专项督查。会同省发展改革委、省自然资源厅、省营商环境建设局，研究确定督查方式和督查内容，筛选业务骨干，组成5个督察组，赴各市开展专项督查。

【推行不动产登记与联合验收一站式办理】鞍山市将工程建设项目联合验收、不动产登记两个阶段多个环节进行融合，将办理不动产权登记所需的部分申报材料直接通过系统推送，建设单位无需再次单独提交，保障企业业务“加速办理”“限时办结”。锦州市、朝阳市通过不动产登记系统与工程审批系统的数据对接传送，实现了不动产登记与联合验收竣工即办证的高效登记新模式。

工程质量安全监督

【概况】2022 年全省共发生房屋市政工程生产安全事故 14 起，造成 15 人死亡，与上年同期相比，事故起数减少 3 起，死亡人数减少 3 人（2021 年同期 17 起，死亡 18 人），分别下降了 17.6% 和 16.7%。

【安全生产制度建设】制定《辽宁省住房和城乡建设厅领导班子成员 2022 年度安全生产重点任务清单》《贯彻落实全国安全生产电视电话会议精神任务分解表》，分解任务，明确职责，责任到事、责任到人。制定《2022 年安全生产工作要点》《关于在房屋市政工程中开展严厉打击违法发包、转包、违法分包信挂靠专项行动的通知》《全省自建房安全专项整治“百日攻坚行动”工作方案》和《关于开展房屋市政工程安全生产专项治理行动的通知》，部署开展专项治理行动。

【工程质量安全监管】持续开展房屋市政工程安全生产治理行动。制定行动方案，为全省市、县（区）重新分配了平台账户，建立信息报送联络员和信息月报制度。各级主管部门认真开展全覆盖式督查检查和隐患整改“回头看”。责令限期整改项目 1854 个，停工整改项目 217 个，实施行政处罚企业 14 家，个人 16 人次，处罚金 56.5 万元。

【危大工程安全管理】发布《关于贯彻执行房屋市政工程生产安全重大事故隐患判定标准（2022 版）的通知》，要求各级住房城乡建设主管部门督促企业开展安全生产风险隐患辨识、评价、管控和隐患治理，建立风险分级管控和隐患排查治理双重预防机制。组织全省住建领域安全管理部门、施工单位、监理单位安全管理人员参加住房城乡建设部组织线上建筑施工安全监管人员培训班和城市轨道交通工程质量安全管理培训班，共设 600 多点位，4800 余人参加培训。制定《辽宁省危大工程安全管理实施细则》，对专项施工方案的编制及论证环节提出了具体要求，对全省建筑行业安全生产专家库进行了更新。开展监督检查时，将危大工程专项施工方案编制、论证及按方案施工情况作为重要内容，并列入《辽宁省“十四五”安全生产规划目标、主要任务和重点工程分工方案》内容。

【工程质量安全提升】出台《关于落实建设单位工程质量首要责任的实施意见》，基础上，细化了建设单位现场监督职责、工期和造价合理调整方式、落实国家和我省工程质量安全手册制度、开展住宅工程质量潜在缺陷保险试点、政府购买服务保障质量监督力度等方面内容，进一步提高辽宁省工程质量管理水平，推进建筑业高质量发展。2022 年，辽宁省各地均已实现大中型工程项目一次验收合格率达到 100%，其他工程项目一次验收合格率达到 98% 以上，工程实体监督抽查合格率达到 95%，结构性建材合格率达到 90% 以上的目标。同时，全省有 2 个项目成功获评鲁班奖。

【工程质量安全手册制度】对住房和城乡建设部《工程质量安全手册》做了进一步细化、补充和完善，出台《辽宁省房屋建筑和市政基础设施工程质量安全手册（实行）》。要求各地以全面推广工程质量安全手册为切入点，研究制定工程质量安全手册实施细则，保证手册既简明扼要又系统全面。编制相关配套图册和视频，组织宣传培训，在进行质量安全监督检查时，要将企业落实质量安全手册的情况作为必检内容，督促工程建设各方主体认真落实工程质量安全手册要求，并将工程质量安全手册贯彻落实情况列入标准化考核内容。

建筑市场

【概况】2022 年，辽宁省全年完成建筑业总产值 3936.9 亿元，同比下降 2.7%。全省新开工装配式建筑面积 945.76 万平方米，占新建建筑比例 28%。沈阳市被住房和城乡建设部评选为全国智能建造试点城市，截至 2022 年末，全省建筑业企业总数 21000 余家，其中特级企业 14 家、一级企业 1700 余家，全省建筑业从业人员 66.7 万人。辽宁省具有省级装配式示范基地 47 家。

【农民工治欠保支】全省各级住建部门自行及协助人社部门查处拖欠农民工工资案件 40 件，涉及农民工 821 人，清欠金额 1121 万元。与财政厅联合印发《关于完善建设工程价款结算有关办法的通知》，对提高建设工程进度款支付比例、当年开工和当年不能竣工的新开工项目可以推行过程计算等方面提出明确要求。印发《辽宁省房屋建筑和市政基础设施工程项目现场管理人员和技术工人配备标准（试行）》，加强对建筑业企业从业人员的教育培训，提高人员素质，提升企业综合施工能力和工程项目质量安全管理水平。

【勘察设计】2022 年，辽宁省勘察企业 212 家，设计企业 1136 家，工程设计综合资质 1 家，工程设计建筑行业甲级 3 家，行业资质 915 家，专项资质 221 家；行业甲级及以上资质 47 家，占 5.14%；工程勘察综合资质 12 家，甲级及以上资质 59 家，占 27.83%。

推荐辽宁省优秀人才积极申报国家第十批勘察设

计大师；组织梳理修编了2部有关标准设计图集。组织编制《辽宁省建筑信息模型施工应用技术标准》和《辽宁省建筑信息模型运维系统交付标准》；充分发挥建筑师主导作用，明晰建筑师在建筑从项目论证、规划设计、施工建设、维护修补、更新改造、辅助拆除全寿命周期内权责，赋予建筑新“生命”。原则上选择工业、仓储、小型民用建筑作为试点，积累经验，渐进推行。

【消防管理】全力做好消防设计审查工作，制定印发《辽宁省建设工程消防设计审查验收工作暂行实施细则》，加强全省建设工程消防设计审查和消防验收、备案和抽查管理，规范工作流程，完善管理制度，保证建设工程消防设计和施工质量。组织选拔第二批省消防设计审查专家共161名并组建辽宁省建设工程消防验收专家库，入库专家208名。

【建筑市场管理】从4月起在辽宁省住建系统开展严厉打击房屋和市政工程转包挂靠违法违规行为专项行动。截至年末，辽宁省共检查项目2875个，处罚违法违规项目519个，共处罚款6863.62万元，上传信用中国联合惩戒108家企业，网站和媒体曝光125家企业。对建筑市场未批先建、三包一靠、招投标违法违规行为的打击力度不断加大。围绕辽宁省委巡视组发现的招投标问题，辽宁省住建系统从8月到11月开展了招投标市场整顿“集中整改百日攻坚”专项行动。各市制定工作方案、组织专业队伍、全面排查项目、对违法违规行为给予相应行政处罚。截至11月30日，辽宁省共检查项目标段8452个（其中老旧小区类项目2933个），发现问题并完成整改982个，其中实施行政处罚项目216个，共处罚金2909.12万元；处罚企业258家、涉及人员249人；处罚招标代理机构7家；处罚评标专家33人；登录信用中国联合惩戒41项、涉及企业81家；网站和媒体曝光60项、涉及企业99家；移交违法犯罪线索19条。

【工程监理行业发展】2022年，辽宁省共有监理企业332家，比上年同期增加14家，同比增长4.4%。其中综合资质5家，甲级资质139家，乙级资质145家，丙级资质43家，甲级资质以上监理企业占43%。2022年全省工程监理企业从业人员23778人，同比下降1%，其中：注册执业人员8514人，同比增长8%；注册监理工程师5366人，同比增长9%；注册造价工程师721人，同比增长6.6%；有职称专业技术人员20578人，同比增长1.8%。

【工程造价咨询行业发展】2022年，辽宁省共有工程造价咨询企业497家，比上一年增长32%。其中，国有独资公司及国有控股公司23家，比上一年增长35%。2022年全省工程造价咨询企业从业人员16212人，比上一年增长17%。工程造价咨询企业共有一级注册造价工程师2744人，增长11%，注册造价工程师占全省工程造价咨询企业从业人员22%。2022年工程造价咨询业务收入为15.45亿元，比上一年减少9%。企业完成的工程造价咨询项目所涉及的工程造价总额为6442.81亿元，增长10%。

【招标投标市场】发布《关于开展全省房屋建筑和市政工程招标违法违规行为专项整治行动的通知》，开展和推进辽宁省住建系统招投标市场整顿“集中治理百日攻坚”行动。全面推进辽宁省房屋建筑和市政工程电子招标投标交易平台市场化工作，最终有7家交易平台正式上线。同时，制定了交易平台市场化考评制度和综合考核办法。探索建立建设工程便企金融服务平台，首创“1＋N＋X”电子保函平台体系，得到了相关部门认可。通过构建“监督与服务分离”的市场规则体系，促进了电子保函市场规范有序发展。

房地产业

【概况】2022年，辽宁省房地产开发投资总计2362亿元，同比下降18.6%；商品房销售额总计1814.7亿元，同比下降40.8%；商品房销售面积总计2182.5万平方米，同比下降36.4%；全省商品住房库存平均去化周期17.6个月，继续保持在合理区间。

【房地产行业监管】起草《辽宁省房地产市场健康发展分析报告》，系统分析了近5年辽宁省房地产市场发展状况，查找影响房地产市场健康发展的主要矛盾和矛盾的主要方面。省住房和城乡建设厅等8部门联合印发《辽宁省持续整治规范房地产市场秩序三年行动方案》，由省保持房地产市场平稳健康发展工作领导小组指导监督各市落实整治工作。全年省本级共收到投诉1475件，涉及242个项目，向各市下达转办函以及问题线索汇总表共124份；对重点投诉案件，转发至市政府督办；对捆绑销售车位、擅自收取定金等10余个典型违法违规案件，约谈有关企业负责人，并责成属地进行相应处理。布置各市政府、沈抚示范区管委会进一步摸清停缓建项目底数，根据项目难易程度和轻重缓急，制定本地区《房地产停缓建项目处置工作方案》。指导各市在统筹城市有机更新、房地产市场健康发展中进一步完善政策措施，充分发挥“项目超市”作用，为原开发企业和有意向的接盘企业搭建对接平台，支持各地加快盘活房地产停缓建项目。

【房地产开发】全年全省房地产开发投资总计2362亿元，同比下降18.6%，比全国平均降幅（−10%）低8.6个百分点，房地产开发投资占固投比重32.2%。全年全省商品房新开工面积总计2378.6万平方米，同比下降48.3%，比全国平均增幅（−39.4 %）低8.9个百分点。

【房地产交易】继续更新完善新建商品房交易合同网签备案系统，在基本实现新建商品房交易合同网签备案数据“国家、省、市”联网互通的基础上，各地区新建商品房交易合同网签备案系统已关联至7914个房地产开发企业，可实现房地产开发企业售房合同实时在市、县级系统备案，市、县级系统以日为报送周期按约定时间段向省级新建商品房交易合同网签备案系统自动推送数据。省级新建商品房交易合同网签备案系统将全部备案信息存储至省信息中心数据库，并按照“一网通办”要求完成与省政务平台对接，所有数据均可通过省政务平台实现与各部门的信息共享。各市新建商品房交易合同网签备案系统也已通过政务平台或延伸系统端口的方式，基本实现与公积金部门、税务部门、银行等部门的信息共享。全年全省商品房销售额总计1814.7亿元，同比下降40.8%；商品房销售面积总计2182.5万平方米，同比下降36.4%。

【物业管理】2022年，辽宁省共有住宅小区19997个，已有19594个实现了物业管理，住宅小区多种模式的物业管理覆盖率达到98%。会同省委组织部联合印发《关于以党建引领全面提升物业管理服务质量的指导意见》。指导辽阳、盘锦等市在“理顺管理体系、严格资金管理、规范资金使用、推进信息化建设”等方面开展试点。

【房地产中介管理】省住房和城乡建设厅与省房地产协会组织发起成立辽宁省住房租赁中介机构诚信联盟。加强对中介市场的规范和整顿，及时调解住房租赁矛盾纠纷，引导中介市场健康发展。开展经济机构备案工作，定期将省市场监督管理局多证合一系统中有房地产经济业务，但未进行机构备案的企业信息，及时导出转各市主管部门进行核查，再将各市反馈的企业撤销和新增信息及时录入至系统。

【房地产租赁经营】积极建立租购并举新制度，探索形成一批可复制、可推广的经验和做法。积极组织沈阳、大连两市开展第二批发展住房租赁市场试点城市申报工作。建立住房租赁项目库，编制项目台账，实行跟踪管理，确保项目落实。沈阳市先后印发《沈阳市人民政府办公室关于加快发展保障性租赁住房的实施意见》《中央财政支持住房租赁市场发展专项资金2022年度支持标准》《关于进一步优化支持住房租赁市场发展中央财政专项资金使用的通知》，通过新建、配建、改建、托管改造等方式筹集新增租赁住房2.73万套（间），其中，落实改建改造项目49个，8000余套（间）。

城市建设

【城市更新】印发《关于推动城乡建设绿色发展的实施意见》，推动城市结构优化、功能完善、品质提升。基本完成老旧街区（厂区）、县城基础设施项目策划路径课题研究。辽宁省城市更新先导区建设成效被国务院办公厅内参采纳；有关经验做法获住房和城乡建设部肯定并在全国推广。挖掘总结沈阳时代之城、大连湾海底隧道、鞍山运粮河生态治理、抚顺东洲湿地公园、锦州垃圾填埋场修复利用、朝阳人民公园等100个在实施模式、方法路径方面具有示范作用的项目。召开项目谋划培训会，制定项目谋划指引，指导各市谋划储备“十四五”期间城市更新项目3103个，总投资约1.1万亿元。建立城市更新项目服务信息平台，对重大工程项目实施项目化管理、清单化调度、信息化统计，全力推动城市更新重大工程项目和重点项目建设实施。与国开行辽宁分行联合印发《开发性金融支持辽宁城市更新先导区建设专项工作实施方案》，为城市更新项目提供融资主体搭建、融资模式设计、融资风险防控等“融资融智”服务。沈阳太原街等7个城市更新片区共获国开行、农发行、工行等贷款授信114.7亿元。大连市南部城区更新、光中街道片区更新、旅顺口区医养产业提升等项目获国开行贷款授信248亿元。

【历史文化保护传承】印发加强历史文化保护传承重点任务清单，划定路线图、明确时间表。启动省级历史文化保护传承体系规划编制，梳理历史文化脉络，挖掘阐释辽宁历史文化价值。开展国家历史文化名城省级专项评估，提升历史文化名城保护能力和水平。开展大连胜利桥北申报省级历史文化街区评审，对营口辽河老街街区保护规划进行审查，推动东关街加快实施保护修缮工作，有力保护、有效利用历史文化资源。2022年，辽宁省新增公布历史建筑146处（162栋），批准公布4条省级历史文化街区。

【城市体检评估】开展省级第三方城市体检评估，围绕构建“一圈一带两区”区域协同发展格局建立“1＋X＋Y”特色指标体系。通过省级评估科学指导评价各城市在优化布局、完善功能、提升品质、底线管控、提高效能、转变方式等方面存在的问题短板，为省级层面提出推动城市协同高质量发展的对策和建议提供支撑。

【完整社区建设】会同省民政厅印发开展完整社区试点方案，部署开展完整社区建设有关工作，明确工作目标、建设标准、重点项目和实施时序，指导各市从摸清工作底数、加强部门协同、分类有序实施、吸引社会资本、践行共同缔造等方面全力推进工作。到2025年，辽宁省建设85个完整社区试点，探索形成可复制可推广的建设模式和经验做法。

【城市管理】推进城市信息模型CIM基础平台和城市运行管理服务平台建设，推动城市运行“一网统管”，加快形成部、省、市三级互联互通互享的平台体系。沈阳市城市运行管理服务平台建设应用工作在全国推广。整改户外广告隐患1882处，整改招牌设施隐患3205处，没有发生安全事故。开展窨井盖专项整治工作。对全省城市公共区域各类共175.7万个窨井盖建立台账，共整治问题窨井盖12.6万个，纳入信息化平台管理63.6万个。加强城市管理执法队伍建设，严格落实三项制度，组织全省城管部门开展教育培训，提升执法人员素质能力，全面推进规范文明执法。

【公共交通】截至年底，沈阳市和大连市轨道交通设施建设稳步推进，全省已建成运营地铁项目10个，总建设长度329.9公里；在建城市轨道交通项目7个，总里程187.4公里，2022年完成投资155亿元。

【城市供水】落实供水企业缓交费不停供等助企纾困措施，缓解小微企业和个体工商户生产经营困难。小微企业和个体工商户已缓缴水费54127万元，减免欠费违约金117.45万元。对特困家庭及低保对象减免水费金额14.7万元。下达各市2022年水厂、供水管网、二次泵站、DMA分区等的新建改造任务。完成水厂建设10座，新建改造供水管网1800公里，新建改造二次泵站274座，建设DMA分区107个。会同省发改部门组织各地申报公共供水管网漏损治理试点建设工作，确定大连、阜新两市上报。印发《辽宁省城市二次供水工程技术导则》，召开全省城镇供水行业科技发展论坛，对导则进行宣贯。开展2022年辽宁省城市水质抽样检测，完成沈阳、大连、锦州、阜新、抚顺等13个市、县的出厂水、管网水、二次供水等水质抽样检测工作，抽样检测结果合格率较高。制定年度节水工作计划，指导沈阳市国家节水型城市复查工作。会同省发展改革委、省水利厅、省工业信息化厅开展2021年省级节水型企业（单位）、小区（社区）考评工作，7个城市、65家企业（单位），35个小区（社区）通过考评。开展第31个全国城市节水宣传周宣传活动，召开全省城市节水工作线上培训会。会同省发改委组织对沈阳市进行了国家节水型城市复查。组织开展2022年省级节水型企业（单位）、小区（社区）申报考评工作。

【城市供气】2022年，辽宁省亡人燃气生产安全责任事故及伤亡人数同比上年大幅降低（死亡人数降低16人，同比降低94%）。会同省安委会印发《辽宁省城镇燃气安全排查整治工作方案》《辽宁省燃气安全整治“百日行动”实施方案》，全力推进城镇燃气安全排查整治工作。积极沟通协调省通信管理局，安排中国联通（辽宁）、中国移动（辽宁）、中国电信（辽宁）等3家通信运营商，向全省手机用户发送燃气“关阀行动”及安全使用的公益短信。邀请省内燃气专家针对瓶装液化石油气安全、燃气企业安全责任、燃气施工保护等方面进行6期培训，培训近7000人次；省内各地结合实际开展燃气培训教育工作，培训近5.5万人次，提升行业监管水平。辽宁省划定“四位一体”燃气排查网格区域2.6万个、网格员7.4万人；餐饮企业等3类商业用户安装燃气报警器21万户，安装率95%以上，投资1660万元；有序推进居民用户燃气安全“四件套”，安装报警器692.5万个、自闭阀654.7万个、更换长寿命连接管618.5万条、安装自动切断智能燃气表90.2万块，总投资9.43亿元（其中政府投资4.88亿元、企业投资4.55亿元）；开展执法2180余次，处罚燃气企业281家，罚款400余万元，对存在较大隐患的11.24万居民用户进行强制性整改；对61家管道燃气经营企业燃气加臭情况开展排查，排查率100%；瓶装液化石油气经营站点已整合减少215家，此项工作还将全力推进；推进燃气老旧管网更新改造2205公里，77个改造项目开工率100%，完成投资17.6亿元；试点推进辽阳市、阜新市等5个城市（县城）智慧管网建设；区级燃气经营许可已全部收回市级审批，22个县（市）级燃气经营许可收回市级审批；燃气违章占压持续保持动态清零。

【城镇污水处理】辽宁省共156座县以上城镇污水处理厂，设计处理能力约1079万吨/日，同比提升污水处理能力88.7万吨/日，全部执行一级A排放标准。全省市、县污水处理率及污泥无害化处置率均达到95%以上。对城镇污水处理厂出水水质超标问题进行督办，下发水质超标问题督办函7份，组织专家现场指导，切实帮助解决问题。组织专家起草《辽宁省城镇污水处理厂管理办法》；配合省发改委编制《辽宁省城镇污水处理及再生利用设施建设“十四五”

规划》，目前规划已经通过专家评审。

【城市黑臭水体治理】全年辽宁省 70 条地级城市建成区黑臭水体无返黑返臭现象。排查出 2 条县级城市建成区黑臭水体并已开展整治工作。发布《关于深入开展城市黑臭水体治理工作的通知》，提前要求各市进一步巩固提升地级城市建成区黑臭水体治理成效；全面开展县级城市黑臭水体排查摸底。会同省生态厅、省发改委、省水利厅等联合印发《辽宁省深入打好城市黑臭水体治理攻坚战实施方案》，提出八方面要求，22 项具体工作内容。召开全省城市黑臭水体治理和巩固工作经验推广会，邀请沈阳、营口、葫芦岛 3 个国家黑臭水体治理示范城市介绍城市黑臭水体治理和巩固相关示范经验。经辽宁省 16 个县级城市排查，2 个县级城市建成区内排查出 2 条黑臭水体，分别为营口盖州市 1 条，丹东东港市 1 条。

【海绵城市建设】2022 年，全省积极开展国家海绵城市示范城市申报工作，做好全省城市防汛工作，确保汛期“不死人、少伤人”。沈阳市入选国家系统化全域海绵城市建设示范城市，获中央补助资金 9 亿元。新建改造城市排水管网 1300 公里，全省城市安全平稳度汛。组织全省各地确认城市重要易涝点及整治责任人名单，发布《关于全力做好防汛备汛各项工作的通知》。组织各级排水设施管理部门对所属排水设施进行全面摸排，建立隐患排查整改清单，制定一点一策整治方案。组织各市修订完善城市排水防涝及防台风应急预案，细化应急响应程序和处置措施，组建应急队伍，开展应急演练，建立值班值守制度。组织各级排水管理部门统筹推进老旧排水管网改造、历史上严重影响生产生活的易涝点整治和汛前检查排查等工作，及时清淤疏通排水管网，开展泵站、闸门等设施的汛前维修养护，做好汛期值班值守，确保汛期安全运行。印发《关于开展系统化全域推进海绵城市建设省级示范申报工作的通知》，组织各市申报系统化全域推进海绵城市建设省级示范市。同时，积极组织各市申报国家系统化全域推进海绵城市建设示范城市，沈阳市入选“十四五”第二批国家系统化全域推进海绵城市建设示范城市，获中央预算内资金支持 9 亿元。

【新型智慧城市建设】城市信息模型（CIM）基础平台建设列入《数字辽宁发展规划》和重点建设项目。出台 CIM 基础平台建设、运维、数据交互等 5 项地方标准，启动省级平台建设并争取财政资金 1200 余万元，积极指导沈阳市、大连市、沈抚改革示范区等开展 CIM 平台建设。

【小城镇建设】2022 年，辽宁开展全省特色乡镇发展建设调研，摸清特色乡镇发展现状和需求，完成 104 个特色乡镇问卷调查，形成调研报告，并组织专家进行现场指导，共谋建设规划。印发《关于推进小城镇建设创新发展的若干措施》，分类引导小城镇发展，提升小城镇基础设施和公共服务设施承载力。开展重点镇申报评选，加强重点镇建设发展培育和扶持。

【历史文化名城名镇名村】2022 年，辽宁省新增中国传统村落 15 个，省级历史文化名镇 7 个，省级历史文化名村 19 个。朝阳市朝阳县成功获评 2022 年中国传统村落集中连片保护利用示范县。

【人居环境改善】2022 年，全省城市公共机构、公共场所实现垃圾分类全覆盖，居民小区覆盖率达 87%。建成并运行焚烧发电项目 21 座，日处理 2.645 万吨；在建项目 8 座，日处理 0.47 万吨；沈阳等 11 个市城区原生生活垃圾实现“零填埋”。辽宁省城市公厕计划新建改造 214 座、新增内侧开放 377 座，实际完成新建改造 216 座，新增内侧开放 480 座，实现建成区每平方公里 4.57 座公厕，达到规定的每平方公里 3～5 座的工作目标。全省建设口袋公园 1500 个。

【城市供热】指导各地做好煤炭储备工作，建立“日调度、日报告”的储煤调度机制，加强企业储煤监测，防止发生断供、弃供问题。会同省发改委指导各地建立驻企督导组，逐企督导，及时解决企业储煤面临的困难问题。改造供热老旧管网 1500 公里，指导沈阳、大连、锦州、朝阳建立智慧供热监管平台。推进企业整合，在上一供热期整合 80 家企业的基础上，今年又整合供热企业 29 家，应急接管 15 家。开展《辽宁省城市供热条例》修订工作，修订后的《辽宁省城市供热条例》于 11 月 1 日施行。制定《辽宁省供热企业评估管理办法（试行）》。会同省财政厅、省发改委开展供热企业 2021—2022 年供热期贷款贴息审核工作，完成 555 笔贷款贴息审核、贴息资金 1.97 亿元发放工作。会同省 12345 平台印发供热首周、首月通报；部署各地关注天气变化和疫情防控等实际需求，及时调整供热参数、做好应急抢修等工作。组织供热企业申报用煤需求，参加国家组织的视频培训，完成全部供热企业用户注册和基础信息录入工作。确定供热企业煤炭代购企业，选派人员与省发改委共同带领企业赴晋陕蒙等地寻找煤源。转发国家发改委《关于进一步严格做好 2023 年电煤中长期合同签订工作的通知》，要求各地认真做好 2023 年电煤中长期合同签订工作。组织供热企业参加供需衔接会议，全省用煤需求20吨以上供热企业和3家煤炭代购定点企业参加了会议。

【建筑节能】开展城乡建设领域用能排放分析和实施路径研究，开展建筑领域电气化实施路径研究，编制《辽宁省城乡建设碳达峰实施方案》。下发文件，明确建筑能耗"双控"任务措施，开展工作督导。新建建筑全面执行节能强制性标准，完成既有建筑节能改造2284万平方米，可再生能源建筑应用364万平方米，太阳能光伏应用95兆瓦。沈阳市对超低能耗建筑按500元/平方米给予补贴，单个项目最高补贴5000万元，2个项目6万平方米获得补贴。大连市力争2025年全面执行超低能耗建筑标准，大连市结核病医院作为国内首座医疗新基建近零能耗建筑主体封顶。

建筑节能与科技

【绿色建筑】全省绿色建筑占新建建筑比例达到89%，新增绿色建筑星级标识的建筑项目5项。加强过程管控保障绿色建筑高质量发展，严格执行《辽宁省绿色建筑施工图审查和竣工验收管理暂行办法》，执行绿色建筑设计、审图、验收等系列地方标准，严把审图关、验收关。

【建筑科技】完成省级建设科技项目立项28项，择优入选住房和城乡建设部建设科技项目3项，完成科技项目验收9项。推荐3项科技项目参选省科技进步奖。组织召开住建与通信领域技术交流，推动组建产业融合创新联合体。开展科技创新平台建设。中国建筑东北设计研究院获批辽宁省第一批数字化转型促进中心；辽宁省建筑科学研究院获批辽宁省城市更新与功能提升专业技术创新中心。大连市获批国家"政府采购支持绿色建材促进建筑品质提升"试点城市。

住房保障

【农村危房改造】2022年，辽宁省农村危房改造任务8143户。截至年末，已开工8169户，开工率100.3%；已竣工8153户，竣工率100.1%。

【住房保障】2022年，辽宁省租赁补贴计划发放75473户，截至年末，实际发放89978户。各地对符合条件的住房困难家庭通过实物分配、租赁补贴等方式实施住房保障，实现了低保、低收入家庭应保尽保。合理确定被救助对象，随时跟踪住房、收入和财产的变化状况，按照"六公开、一监督"的分配原则，接受社会各界监督，确保公租房申请、审核、分配工作公平、公开、公正。启用公租房信息系统，实现公租房信息的及时、准确、全覆盖；加强与民政、公安、不动产等部门信息共享。升级改造信息系统，实现公租房申请"掌上办""指尖办"。深化"放管服"改革，简化程序、减少材料、缩短时限，梳理申请、轮候、分配、退出等标准流程，提高工作效率。根据公租房房源供给和需求情况，在每年新增或腾退的公租房中，优先或确定一定数量的公租房，面向符合条件的环卫工人、公交司机或其他住房困难职工较多行业的用人单位集中定向配租。沈阳、大连作为全国试点，以盘活存量为主，适度新建、改造为辅，扩大保障性租赁住房供给。鼓励引导国有企业改造闲置房屋，开展保障性租赁住房运营，有效增加市场供给，支持需求量大的产业园区自建或为其配建自持住房；做好职工宿舍、人才公寓等符合条件社会化房源的转化。2022年，全省计划建设32000套，其中沈阳20000套、大连12000套，全年共归集保障性租赁住房房源34196套。

大事记

1月

25日　召开全省住房城乡建设工作电视电话会议，总结2021年全省住房城乡建设工作，部署2022年重点工作任务。

2月

17日　印发《2022年全省建筑市场秩序专项整治工作方案》，进一步打击建筑市场违法违规行为，促进全省建筑业高质量发展。

21日　印发《关于进一步做好建筑业企业资质审批有关工作的通知》，进一步深化建筑业"放管服"改革，规范全省建筑业企业资质审批工作。

3月

15日　召开全省住房城乡建设重点工作推进会议，对年度重点工作任务进行再部署、再强调。

4月

8日　印发《关于在房屋市政工程中开展严厉打击违法发包、转包、违法分包及挂靠专项行动的通知》，制定《辽宁省供热企业评估管理办法（试行）》。

5月

10日　辽宁省建设工程质量安全监督总站揭牌。

30日　制定《辽宁省城市二次供水工程技术导则》。

6月

2日　印发《辽宁省深入打好城市黑臭水体治理攻坚战实施方案》，加快改善城市水环境质量。

6日　发布《辽宁省住房城乡建设行业从业人员职业培训管理办法（试行）的通知》。

14 日　制定《辽宁省健康驿站建筑设计导则（试行）》。

7 月

5 日　在沈阳组织召开全省口袋公园建设现场会，总结 2021 年全省口袋公园建设成效，交流经验做法，部署下一阶段重点任务。

22 日　印发《辽宁省住房和城乡建设厅等 9 部门关于推动阶段性减免市场主体房屋租金工作的通知》，帮助服务业小微企业和个体工商户缓解房屋租金压力。

8 月

1 日　印发《2017 辽宁省建设工程计价依据补充定额（二）》，对 2017 年计价依据《通用安装工程定额》与《市政工程定额》中缺项部分进行补充。

3 日　印发《关于开展全省房屋建筑和市政工程招标投标违法违规行为专项整治行动的通知》，在全省开展房屋建筑和市政工程招标投标违法违规行为专项整治行动。

16 日　印发《全省加强房地产领域全环节监管防范养老诈骗六条工作措施》，构建全省房地产领域防范养老诈骗长效机制。

9 月

2 日　印发《全省住建系统招投标市场整顿“集中整改百日攻坚”行动方案》，进一步规范建设工程招标投标市场环境。

14 日　全省城市更新及运行安全推进会议在丹东举行。统筹推进城市更新行动，抓好老旧小区改造，保障城市安全运行，部署下一阶段住建领域重点任务。

28 日　印发《关于推进全省小城镇建设创新发展的若干措施》。

11 月

14 日　印发《关于进一步做好阶段性减免市场主体房屋租金工作的通知》（辽住建〔2022〕61 号），进一步帮助服务业小微企业和个体工商户纾困解难。

15 日　印发《关于调整我省专业化规模化住房租赁企业认定标准的通知》，决定将全省专业化规模化住房租赁企业认定标准调整为企业在开业报告或者备案城市内持有或者经营租赁住房 500 套（间）及以上或者建筑面积 1.5 万平方米及以上。

16 日　印发《关于印发辽宁省开展完整社区建设试点工作实施方案的通知》。

12 月

12 日　印发《关于党建引领物业管理服务与城市社区治理深度融合的指导意见》。

（辽宁省住房和城乡建设厅）

吉林省

住房和城乡建设工作概况

2022 年，吉林省完成房地产开发投资 1014.8 亿元，降幅比上半年收窄 5.4 个百分点；商品房销售 1001.1 万平方米。指导长春市在全国 31 个省会城市中，率先将住房公积金贷款首付比例由 30% 降至 20%、贷款额度由 70 万元提高至 90 万元。组织召开 4 次全省房企融资会，累计授信近 30 亿元。棚改和住房保障任务圆满完成。棚户区改造开工 2.15 万套，开工率 105.4%，2022 年筹措资金 48.69 亿元。1.26 万套保租房和 0.05 万套公租房全部开工，发放住房租赁补贴 8.02 万户，完成 106.8%。完成房屋征收 7890 户、69.15 万平方米，确保了棚户区改造等重大民生工程顺利实施。吉林省 1159 个老旧小区改造项目共争取中央补助资金 18.06 亿元，10 月底全部开工，开工项目 694 个，完成投资 161.55 亿元，使用专项债 46.47 亿元。建成“口袋公园”“小微绿地”379 处，完成年度任务的 252%。国家园林城市达到 15 个，新增扶余市、靖宇县和伊通县 3 个省级园林城市。以吉林省政府办公厅名义印发《关于加强生活垃圾处理指导意见》，全年清运处置城市生活垃圾 463.9 万吨，焚烧处理占比 78%，较上年提高 13.6 个百分点。新增生活垃圾分类小区 301 个、公共机构 748 个。全省新环境设施项目投资 555 亿元。新建改造供热管网 1220 公里、供水管网 461 公里、燃气管网 1435 公里、污水管网 498.2 公里。农村危房改造 4248 户，争取中央补助资金 7479 万元。全面启动示范镇建设，在建和拟建项目 702 项，总投资 1272.2 亿元。临江市入围

2022年全国40个国家级传统村落集中连片保护利用示范县。

吉林省房屋市政工程共发生安全生产责任事故4起、死亡4人，同比分别下降69.2%和73.3%，事故起数和死亡人数实现“双下降”。在全国率先印发自建房专项整治工作方案，成立省委书记、省长为双组长的领导小组，共排查既有房屋455.1万栋，其中14.8万栋经营性自建房中，存在安全隐患的1374栋，鉴定为C、D级危房的570栋，已全部整治到位。共排查城镇燃气安全隐患3.82万处，整改完成3.58万处，整改率93.83%。累计出动城市防汛人员12.8万次，抽排积水165.4万立方米，全省各城市均未出现严重内涝问题。

编制建设领域碳达峰工作方案和碳达峰碳中和技术导则；印发“十四五”规划及落实方案，发布工程验收标准，吉林省新建绿色建筑占新建建筑比重达到92%。长春市、吉林市、白山市入选国家第五批北方地区清洁取暖试点城市。出台盾构砂浆应用技术标准，全国首创优化盾构施工环节。

2022年，完成建筑业产值2100.7亿元，同比下降6.5%。勘察设计行业实现营收216亿元，同比增长20%，高出全国平均水平4.2个百分点。以省政府办公厅名义印发《关于支持建筑业企业发展若干措施》，建立省、市、县三级600家重点扶持企业名录。强化建筑市场监督，全省共检查项目921个，处理涉嫌违法发包项目16个，违法分包项目33个。对全省5131户建筑业企业进行信用综合评价，其中优良662户、合格3800户、不合格669户。装配式建筑占新开工建筑面积的16.5%，同比年提高1.5个百分点。消防设计审查验收备案3245件。吉林省有1个建设项目获得鲁班奖，48个建设项目获省优质工程奖。

集中清理10部省级地方性法规、54件省政府规范性文件和79件厅发规范性文件。吉林省完成“双随机、一公开”抽查任务894项，培训执法人员3000余人次，审核重大行政执法决定118件。建立全省住建系统行政许可事项清单，省级各类行政审批事项基本实现“网上办”“零跑动”。

全省共排查供热领域问题10162件，整改完成10156件，完成率99.9%。排查发现停车场问题763个，整改750个，完成率98.7%。取缔、暂停收费停车场200个，为群众提供1.2万余个免费停车泊位。出台无物业小区管理指导意见等13个配套文件，抽查暗访275个住宅小区，配合省委组织部推动900余家物业公司建立党组织，1800多个居民小区实行“红心物业”治理模式。

法规建设

【修订法规规章】2022年，按照年度立法计划，配合吉林省人大、省司法厅完成《吉林省城市供热条例（修订）》和《吉林省建设工程质量管理办法（修订）》调研。向省人大、省司法厅报送2023年度立法计划和五年立法规划。

【清理地方性法规】按照省人大统一部署，对住建领域的10部地方性法规进行集中清理，逐条进行合法性审核，提出154条修改建议、2条废止建议。对200余条法律责任条款，制作《法律责任对照表》。

【审核规范性文件】进一步明确规范性文件范围和制发程序，推动管理规范化、制度化。对22件厅发规范性文件进行合法性审核，对3件以省政府（含省政府办公厅）名义制发的规范性文件和3项省级资金分配方案进行合法性初审。

【清理规范性文件】制定工作方案，对54件省政府（包括省政府办公厅）规范性文件和79件厅发规范性文件提出清理建议，制作文件汇编，并通过政府信息公开专栏向社会公开。

【规范行政执法权力】组织吉林省住建系统召开19场案卷评查会，对33件涉及公民、法人权利义务的行政处罚案件进行合法性审查。推行“双随机、一公开”监管，完善全省住建系统“双随机、一公开”检查事项37项，组织制定2022年检查计划，5项检查任务全部完成。推进行政执法清单化，组织编制行政执法事项清单，对厅本级依法实施的行政许可、行政处罚、行政检查等62项执法事项实行清单化管理，并向社会公开。开展行政执法合规改革试点，建立工作专班，印发工作方案，指导白城城管局落实改革要求，为深化执法体制改革奠定良好基础。

【行政复议】落实法律顾问制度，组织与厅法律顾问签订服务协议，总结法律顾问工作开展情况，向省司法厅报送经验做法。全年办理4件行政复议案件，全部结案。制定《关于接待司法调查工作程序的有关规定》，规范接待司法调查程序，努力做到与司法机关衔接更顺畅、配合更紧密、工作更高效。

【普法宣教】制定“八五”普法规划。在总结“七五”普法经验基础上，印发全省住建系统“八五”普法规划，对普法内容、重点任务和要求等方面进行部署。开展年度普法培训，邀请省内行政执法专家，围绕规范执法程序、提高执法能力，通过云视频方式，对吉林省住建系统3000余名执法人员和执法监督人员进行培训。

房地产业

【房地产开发】2022年，吉林省房地产开发投资1014.8亿元，比2021年下降34.1%。长春市完成开发投资662.0亿元，比2021年下降37.1%。吉林省共有房地产开发企业登记在册5388户，其中一级10户、二级5378户，房地产开发企业从业人员27290人。吉林省房屋施工面积11579.5万平方米，本年新开工面积869.5万平方米，竣工面积724.1万平方米。全省商品房销售面积1001.1万平方米，其中住宅905.4万平方米。2022年度，商品房销售价格为6954.8元/平方米，比2021年下降1.1%。其中商品住房价格为6970.1元/平方米，同比下降1.1%。

【房地产销售】2022年，吉林省商品房销售面积1001.1万平方米，同比下降45.5%。长春市商品房销售面积540.8万平方米，比2021年下降47.4%。成交金额462.6亿元，比2021年下降46.6%。省级财政下拨5000万元农村转移人口市民化奖补资金，统筹用于各地农民进城购房补贴和贷款贴息工作。全省21个市、县制订出台工作方案，发放购房补贴2.6亿元，累计成交商品房20930套、面积174.2万平方米，消费券杠杆率44倍，住房消费的拉动作用明显。

【住房租赁】2019年，长春市被列入中央财政支持住房租赁试点城市，三年间累计指导长春市筹集新建、改建（改造）租赁房源5.61万套（间），盘活房源5.69万套，培育专业化、规模化住房租赁企业15家，顺利完成中央试点考核工作。2022年，以长春市作为住房租赁专业化发展重点城市，指导长春市充分发挥国企在提供基本房源保障和稳控市场租金方面的带头作用，引导国有企业利用自有房屋拓展住房租赁业务，鼓励房地产开发企业、专业机构利用自有闲置房屋拓展住房租赁业务、与国有企业合作开发住房租赁项目，促进企业朝专业化、机构化方向发展。同时，引进了万科泊寓等成熟长租公寓品牌，帮助其他企业学习复制其运营经验。累计培育住房租赁企业57家，其中，培育国有住房租赁企业10家、专业化规模化市场主体15家。

【房地产市场监管】2022年，全面开展大调研、大会诊工作，采取直达基层、深入项目现场方式，与重点城市政府及房地产管理部门、房地产开发企业代表座谈调研，开展市场抽样调查，听计问策、汇聚各方智慧和力量。按月向吉林省政府报送房地产市场运行分析报告，及时汇报省政府常务会和省领导批件的落实情况。持续开展房地产市场秩序三年整治行动。重点整治房地产开发、房屋买卖、住房租赁、物业服务等领域人民群众反映强烈、社会关注度高的突出问题。对违法违规行为“发现一起、查处一起”，群众信访投诉量显著下降。全省共排查房地产领域各类企业6737家，整治房地产领域各类问题363个，责令整改169次，警示约谈138次，计入不良信用19次，作出行政处罚决定26次。围绕建立政策工具箱、助力企业复工复产、稳定经济发展等方面先后制定出台了“18＋10＋7”共35条措施，供各地相机选用。会同吉林省自然资源厅等出台存量房“带押过户”文件，优化不动产交易和登记流程，提高二手房交易效率。会同吉林省财政厅、吉林省审计厅出台设立城市房地产纾困基金的政策文件，引导社会资本共同出资，盘活受困资产。积极向国家争取将长春市住房商业贷款首付比例由30%降至20%，为全国22个长效机制试点城市唯一获批下调的城市。指导长春市在全国31个省会城市中，率先将公积金贷款首付比例由30%降至20%、贷款额度由70万元提高至90万元。

【物业管理】2022年，吉林省物业服务企业3086家，物业从业人员119147人，物业服务项目16882个，物业服务面积6.01亿平方米。颁布实施《吉林省前期物业管理办法》等14个《吉林省物业管理条例》配套文件。组织各地物业行业主管部门290余人开展培训和解读，印发手册1300余份，扩大政策知晓度。配合省委组织部大力推进“红心物业”示范项目创建，推动全省1092家物业服务企业建立党组织，实行“红心物业”治理模式的居民小区2069个，建立“红心物业”示范项目424个。成立省级物业行业党委，负责指导全省物业行业党建工作。各地均依托住建部门或物业行业协会建立本级物业行业党组织，初步形成省、市、县三级物业行业党委架构，为规范基层党建工作提供坚强政治保证和组织保障。出台《关于加强无物业小区管理的指导意见》，提出7种物业服务模式、8种资金筹措方式，推动社区代管小区向居民自我管理或专业化管理过渡。截至年底，设区城市（含延吉市）专业化物业服务住宅小区面积占比达到60%以上。指导各地制定城管执法、自然资源、消防救援、公安、市场监管等部门执法进小区整治工作方案，重点查处群众反映强烈的违法违规行为。截至年底，全省累计开展执法进小区检查2050次、查处各类违法违规行为5532起、实施行政处罚147次。举办“吉林省第四届物业管理行业职业技能竞赛”，全省共有29支代表队、近百名选手参加，评选团体金奖1名、银奖2名、铜奖3名、优秀组织奖27名，有效提高物业行业从业人员素质能力水平。

住房保障

【年度计划任务】2022年，吉林省计划改造城镇棚户区2.04万套，发展保租房1.26万套，筹集公租房0.05万套，发放住房租赁补贴7.51万套，基本建成1.87万套，计划投资50亿元。

【完成情况】棚户区改造开工2.15万套，开工率105.4%；1.26万套保租房和0.05套公租房已全部开工，开率100%；发放补贴7.76万户，发放率103.4%；完成投资94.7亿元，完成率189.5%。其中，棚户区改造9月底提前完成开工任务。

【推进项目建设】提前组织各地申报2022年计划，并下达第一批资金。指导各地做好项目手续、资金筹措、施工方案制定等工作。建立赛马机制，倒排工期、挂图作战，推进项目早建成、早见效。督导各地做好勘察、设计、施工、验收等环节工作，保证保障房品质。全年没有发生安全生产事故。

【筹措资金】2022年共筹措资金48.69亿元用于保障性安居工程。其中，会同吉林省财政厅分解下达中央财政资金6.83亿元；会同吉林省发改委下达中央预算内资金2.18亿元；发行棚改专项债券28个项目、31.76亿元；发放棚改专项贷款7.92亿元，缓解了各地资金棚改资金短缺压力。省财政安排0.1亿元对棚户区改造开工进度快、改造任务量大、排名靠前的5个市县予以奖补。

【推进整改】在吉林省开展棚改在建问题项目整改三年整治行动，制定工作方案、建立项目台账、明确64个项目1.43万套整改目标，落实工作责任，扎实推进整改工作。截至11月底，全省已整改完成0.77万套，完成率53.8%，超额完成今年50%的整改工作目标。

公积金管理

【概况】2022年，吉林省缴存住房公积金412.13亿元，同比增长4.27%；提取住房公积金272.54亿元，同比增长0.05%；发放个人住房贷款33984笔、135.64亿元，同比下降17.17、15.35%。吉林省住房公积金累计缴存总额4032.69亿元、缴存余额1594.85亿元；累计提取总额2437.83亿元；累计发放个人住房贷款872778笔、总额2227.14亿元、个贷余额1142.61亿元，个贷率71.64%。572户企业办理缓缴业务、缓缴金额5.50亿元；不做逾期处理贷款21264笔；办理支付房租提取业务63312笔、提取金额6.97亿元。

【缴存发放】吉林省发放住房公积金贷款135.64亿元，同比下降15.35%。长春、吉林、四平、辽源市中心和省直分中心结合实际开展“商贷＋住房公积金贷款”组合贷款业务，办理业务5735笔、金额26.55亿元。各中心均按照要求开展了省内异地贷款业务，办理业务1724笔、金额7.04亿元。长春、吉林、辽源、松原市和延边州中心以及省直分中心结合实际开展商业贷款转住房公积金贷款业务，办理业务1492笔、金额5.86亿元。

【公积金管理】2022年，吉林省住房公积金缴存412.13亿元，同比增长4.27%；提取272.54亿元，同比增长0.05%。会同省高院建立住房公积金执行联动机制。以省高院名义印发《关于建立住房公积金执行联动机制的实施办法（试行）》，对建立执行联动机制和查询、冻结、划拨住房公积金以及涉及住房公积金管理相关案件的执行、失信联合惩戒等事项予以规范明确。会同省市场监管厅印发《关于住房公积金贷款保证有关工作的通知》，要求做好个人住房贷款管理，不再收取并返还住房公积金贷款保证金。已返还保证金168,729.34万元，返还率84.82%。

城市历史文化保护传承

【历史文化保护】2022年，吉林省印发加强历史文化保护传承具体措施，细化分解46项具体任务和118项落实举措、明确23个部门任务。启动省级历史文化保护传承体系规划编制。指导长春市、吉林市、集安市编制历史文化名城保护规划。向住房和城乡建设部推荐历史文化街区工作经验，长春市第一汽车制造厂宣传片被央视一套《泱泱中华 历史文化街区》栏目收录播出。指导国家样本城市长春市、四平市完成城市体检自体检和第三方评估等工作。指导29个城市90个社区启动完整居住社区试点。印发《关于在城市建设中加强树木和历史文化保护工作的通知》，会同省公安厅开展打击破坏古树名木违法犯罪活动专项整治行动。

【传统村落保护】指导临江市成功入围2022年全国40个国家级传统村落集中连片保护利用示范县。开展省级传统村落评定，长春市德惠市松花江镇松花江村等8个村落列入省级传统村落名录。组织第六批中国传统村落调查推荐工作，推荐长春市德惠市松花江镇松花江村等16个村申报国家级传统村落，其中12个村落列入第六批中国传统村落名录。

建设工程消防设计审查验收

【消防审验】按照审验相关法规，积极主动服务报审单位，落实“只跑一次”，提高服务效率。2022年吉林省建设工程消防设计审查共办结1014件，消防验收办结650件，消防验收备案办结1544件。

【政策制度】修订出台《吉林省建设工程消防设计审查验收管理办法》，统一了竣工验收报告格式、明确了备案抽查范围、调整了表格文书样式。同时，借助《吉林省建筑市场管理条例》修订，增加消防审验相应条款，完善了全省建筑业市场的法律法规完整。

【火灾防控】发布《关于印发吉林省住房城乡建设行业冬春火灾防控工作方案的通知》。全省各地共配合消防救援机构等部门开展消防联合检查304次，整治消防隐患785项，有针对性地指导相关单位开展内部消防培训和演练活动85次，开展火灾案例警示教育73次。

【消防安全】制定《吉林省住房和城乡建设行业消防安全专项整治三年行动“巩固提升”阶段暨消防安全大检查专项行动实施方案》，巩固深化消防安全专项整治三年行动，精准发现和严厉查处各类消防安全违法行为，严防重大火灾事故发生。

【业务培训】为进一步提高全省消防审验队伍能力建设，促进扎实有效开展建设工程消防设计审查验收工作，围绕建设工程消防设计审查验收标准规范、检测设备操作、分系统消防验收方法等紧贴工作实际、便于日常操作的三个方面进行了业务培训。

【专项调研】鉴于2022年城市轨道交通工程建设任务重、施工项目多等实际，为防范和有效遏制火灾事故发生，对长春市10个轨道交通施工现场进行调研指导。共计发现消防安全隐患84项，形成5期工作简报。

建筑设计管理

【概况】2022年，吉林省勘察设计行业主营业务收入216亿元，比上年增长20%；净利润10.97亿元，比上年增长17.9%。印发《吉林省住房和城乡建设厅关于推进勘察设计行业高质量发展的指导意见》，提出科技创新、绿色低碳、数字化转型、人才兴业等具体措施，推动勘察设计行业高质量发展。

【动态监管】利用施工图联审系统自动评价打分功能，对全省勘察设计质量实施动态监管，对2021年7月1日至2022年6月30日在吉林省施工图数字化联合审查系统审查结束的115个房建项目进行质量检查。涉及审图机构15家，勘察设计单位134家，其中省内勘察设计单位79家，省外勘察设计单位55家。检查发现存在不同程度质量问题的项目33个，其中存在严重安全隐患的项目1个。下发整改通知单39份，下发执法建议书1份。

【规范市场】对2021年度吉林省649家勘察设计企业进行了信用等级评定，下发《关于2021年度全省勘察设计单位信用评级结果的通告》，其中信用等级优秀单位38家，良好单位19家，合格单位460家，不合格单位132家。对信用等级不合格的132家企业进行资质动态核查。发布《吉林省住房和城乡建设厅关于资质动态核查结果的通告》，其中合格87家，不合格7家，未申报35家，申请注销3家。对于不合格和未申报的勘察设计单位，给予两个月整改期，仍不合格的予以撤回资质。

【信息化建设】在勘察设计企业资质全面实施电子证照后，推进审查机构电子证照。发布《关于开展2022年注册建筑师继续教育网络培训的通知》，培训考试采取线上报名学习、在线考试、在线打印《合格证书》。

【养老扶幼】联合省发改委、省民政厅印发《关于推动城市居住区养老服务设施建设的通知》，指导调度31个设市城市（含地级市和县级市）填写配建数据并上报住房和城乡建设部，各地新建城区、新建居住区配套建设养老服务设施达标率达到100%。配合省教育厅印发了《关于开展城镇小区幼儿园治理“回头看”的通知》，要求各地住建部门巩固配套幼儿园治理成果，新建小区应按照规划条件和标准规范做好配建工作。

城市建设

【概况】2022年，吉林省城建项目开工694个，完成投资161.55亿元，发行专项债46.47亿元；建成“口袋公园”“小微绿地”379处，完成年度任务的252%；获评国家园林城市15个，居东北三省首位；清运处置城市生活垃圾470.8万吨，2021年焚烧处理占比居东北三省首位，2022年达到78%，又提高13.6个百分点；新增生活垃圾分类小区301个、公共机构748个；新增历史建筑15处，省政府批准长春电影制片厂为历史文化街区。

【园林绿化】制定“口袋公园”“小微绿地”建设工作方案，定期调度进展情况，推选十佳“最美口袋公园”，在吉林新闻联播、守望都市播出，编制“最美口袋公园”图册推广经验。命名扶余市、靖宇县、伊通县为省级园林城市，推荐辉南县、东丰县、桦甸市和辽源市申报国家园林城市。推荐长春市、梅河口市申报全国城市园林绿化垃圾处理和资源化利用试点。推荐长春市兰棱湖公园等5个项目申报全国人居环境范例奖。会同省财政厅颁布城市绿化补偿费标准，组织专家研究制定吉林省城市绿地外来入侵物种普查清单。

【垃圾分类】报请吉林省政府成立吉林省生活垃圾分类工作领导小组，制定领导小组工作规则。印发生活垃圾分类片区建设标准，向松原市、通化市、白山市下发提示函，督促加快推进垃圾分类工作。

【环卫管理】以吉林省政府办公厅文件印发进一步加强生活垃圾处理工作的指导意见，制定生活垃圾分类和处理设施发展“十四五”规划实施方案，召开生活垃圾焚烧处理设施建设会商会，向6个城市下发提示函，督促加快建设。组织专家完成37座生活垃圾填埋场和焚烧厂无害化评价，生活垃圾实现无害化处理。督办10个城市及时处理渗滤液。

【城市道路】建设快速路、主次干路和支路级配合理的道路网络，推进公共停车场充电桩建设，新建改建维修城市道路1293公里，建设充电桩128个。长春市轨道交通项目顺利推进，南湖中街等20条断头路开工建设，60处交通运行不畅点位整治和165项学校周边交通治理措施全部完成。加强城市景观照明节约用电管理，排查景观照明项目、“灯光秀”项目230个，发现问题8个，全部完成整改。

【停车治理】审核301个停车场备案资料，累计派出70人次赴22个市县明察暗访停车场129个，核查驻厅纪检组明察暗访问题线索110个。排查发现问题763个，整改完成739个，完成率96.8%。取缔、暂停收费停车场200个，督促长春市、吉林市、四平市问责处理27人，移送纪检等部门问题线索161个。通过治理为群众提供了1.2万余个免费停车泊位。

【城市供水】2022年，吉林省在用水厂85座，设计供水能力524.79万立方米/日，日均供水能力273万立方米/日，全省年供水总量约为9.8亿立方米。全省48个城市制定城市供水漏损管控实施方案，其中13个城市、6个县城实施供水管网分区计量管理。扶余市等14个城市供水管网漏损率降至10%以内。指导各地全面排查使用年限超过30年、老旧劣质供水管线，结合老旧小区改造、海绵城市建设等工程同步设计、同步实施、同步建设。2022年，更新改造城市供水管网461千米，其中新建235千米，改造226千米。

【城镇燃气】2022年，全省新建燃气管网1154公里，新增管道燃气用户24.6万户，增加天然气储气能力6400万立方米，改造老旧燃气管网281公里，居民用户“阀、管、灶”120万户。编印《吉林省城市燃气管道等老化更新改造方案（2022—2025年）》，指导各地开展燃气管道设施摸底排查，申报改造项目20个，总投资42.7亿元，争取中央预算资金11.21亿元。全省67家管道燃气企业全部建立电子地图，建成地下管网智能监测系统41家，占比62%。印发《吉林省城镇燃气安全治理模板集》《城镇燃气排查整治技术手册》《燃气行业企业安全生产风险分级管控体系细则》《吉林省防范第三方施工破坏燃气管线安全模板集》等工作模板、管理制度，不断推进全省燃气行业规范化管理水平。

【城市污水处理】全省共建成69座城市生活污水处理厂，日处理能力485.2万吨，实际日均处理量398.2万吨，平均运行负荷率82.07%，全部达到一级A及以上排放标准。全省城市、县城污水处理率分别达到95%、85%以上，污泥无害化处置率达到90%以上，达到国家要求标准。

【城市黑臭水体治理】持续巩固地级城市黑臭水体治理成效，启动县域城市黑臭水体排查治理，全省40个县市共计排查118处水体，确认3处县域城市黑臭水体，均已序时开展整治。

【城市排水防涝】2022年，获得1.3亿元中央预算内补助资金，用于支持18个排水防涝项目，有效提升系统排水防涝能力。全省累计发布城市内涝预警82次，出动城市防汛人员12.8万人次、车辆1.3万台次，启用排水泵1826台次，抽排积水165.4万立方米，12轮强降雨后，全省均未出现严重城市内涝问题。全省新建改造雨水管网156.5公里，维护泵站163座，污水处理厂应急调蓄设施15座，雨水篦6.3万个，雨水井和污水井7.2万个，检查起重机械4162台，累计巡查雨水、污水管线7.1万公里，明渠、暗渠9923.6公里，开展清淤作业787.5公里。

【海绵城市建设】印发《关于2022年度海绵城市建设评估工作的通知》，启动全省海绵城市建设自评估工作。指导各地认真贯彻落实住房和城乡建设部《关于进一步明确海绵城市建设工作有关要求的通知》的20条措施，切实解决对海绵城市建设认识不到位、理解有偏差、实施不系统等问题，推动全省城市系统化全域推进海绵城市建设，增强城市防洪排涝能力，提高雨水收集和利用水平。推荐松原市成功获得国家系统化全域推进海绵城市建设示范城市，获得10亿元中央财政补助资金。

【城市供热】开展专项整治“回头看”，重新调度梳理整改未完成问题情况印发《深化拓展全省供热领域突出问题专项整治工作方案》。印发《关于加强全省乡镇经营性供热管理工作的意见》，对乡镇供热管理进行了进一步明确细化。2022 年，吉林省完成新建热源 1318 兆瓦，新建管网 206 公里，结合 1142 个城镇老旧小区改造共完成供热老旧管网改造 1014 公里。6 月开始，陆续印发相关通知 5 个，召开全省部署调度会议 4 次，确保供热顺利开栓、平稳运行。建立运行事故"零报告"制度和热煤日调度制度，及时掌握全省热煤存储情况和运行情况。组成 2 个调研指导组，8 位专家根据各地提报的风险情况对 8 个市州 19 个县市供热准备情况开展核查、指导。12 月，供热专班成员单位组成 5 个专项检查组，赴全省各市州开展监督指导，对典型案例回访复核，推动各地实现 325 户供热企业走访、包保全覆盖。加大质量投诉调度。供暖期以来收到"互联网＋督查"、省长公开电话等各渠道供热投诉问题 796 个，按照问题类型、属地，专人跟踪负责。召开专题会议，对供热舆情处理和严寒降温天气供热保障进行专门部署。对问题突出城市政府予以通报，视频会约谈分管领导。启动《吉林省城市供热条例》修订，与省人大和省司法厅共同完成《吉林省城市供热条例》立法调研工作，协调组建由专业法律团队主编，组织开展修改论证会 3 次，目前已形成修订初稿。积极与省政数局沟通推动平台建设，2022 年初已正式申报供热大数据平台建设项目。开展吉林省供热行业相关人员远程教育培训，共计 350 多个基层部门和供热企业参加。建立完善省级供热专家库，印发 102 名省级供热专家手册，组织专家下沉地方，为基层解决技术难题。

【**城建档案**】部署各地市开展"6·9 国际档案日"宣传活动。按照住房和城乡建设部要求开展全省城建档案安全管理隐患排查和整治活动，并对部分城市进行抽查，促进档案工作高质量发展。组织全省城建档案馆从业人员培训和标准的宣贯工作。配合建设工程联合验收，做好相关工程档案的归档指导。

城市管理

【**精细化管理**】2022 年，吉林省对 2020 年 5 月编制的《吉林省城市精细化管理标准（试行）》进行评估修订，形成《吉林省城市精细化管理标准》。持续深化巩固"城市管理效能提升三年行动"成果，组织开展精品街路、背街小巷、露天市场、城市出入口治理示范项目创建，下发示范项目评价办法和评价标准。落实大气污染防治工作部署，印发《餐饮油烟污染专项整治行动方案》。联合自然资源等部门印发《城市违法建设专项治理行动方案》，全省共查处违法建设 2.52 万处、183.7 万平方米，通过改变规划、补办手续、消除影响整改 19 处，已拆除 9011 处，48.2 万平方米。按照住房和城乡建设部要求，制定城市管理风险排查整治方案，组织全省开展城市户外广告和招牌设施设置安全隐患集中排查整治工作。全年累计排查户外广告和招牌设施 19.94 万个，发现并整改隐患 10547 个。印发《吉林省窨井盖安全治理指导手册》，制定《登记表》和《档案样式模板》，落实每月调度。截至年底，吉林省累计排查窨井盖 101.5 万个，发现问题隐患 2.76 万个，完成整治 2.75 万个，建档 42.7 万个。

【**执法队伍和执法能力建设**】印发《2022 年巩固深化城市管理执法队伍"强基础、转作风、树形象"专项行动实施意见》，制定《城市管理行政执法评价负面清单（第一版）》，在执法主体、执法行为、执法程序等 9 个方面明确 45 项负面清单。发布《严格规范城市管理执法行为的通知》，加强日常监督，通过群众举报、舆情监测、日常检查等，做到问题发现及时、提示督办到位。在执法力量下沉街道的基础上，开展"城市管理进小区"试点，重点围绕小区环境卫生、墙体线缆、墙体广告、私搭乱建、占道经营、毁绿种菜等群众关心的小区执法难题，建立执法机制，62 个市、县、区在 138 个小区开展试点，加快形成工作机制。建立"执法培训月"制度，通过线上方式于 7 月份组织开展全员培训，设置"城市管理执法""一网统管"两个专题共 12 个课题，全省共有 7652 人次参加。组建城市管理专家委员会，选聘 29 名专家组建吉林省城市管理（执法）首届专家委员会。印发《关于有序发展便利经济的通知》，有序放开店外经营、开办便民市场、合理设置摊点摊区、深入推进"首违不罚"，减轻企业经营负担，激发市场活力。积极践行服务理念，落实"721"工作法，其中洮南市"城管买葱"事件体现执法人文关怀，人民日报、人民网、新华社等 120 余家媒体纷纷报道，点击量达 5431.7 万次，评论近 532 万次，引得了网友齐声称赞，树立吉林城管队伍良好形象。

【**推进智能管理**】省级综管服平台项目完成软件开发部署，实现与国家平台互联互通，投入试运行。省级运管服平台列入省"四新建设"实施方案，由省政数局牵头，计划于 2023 年底前初步建成，完成省级运管服平台技术方案的编制，报住房和城乡建设部审核。向各地政府下发《关于全面加快建设城市运行管理服务平台的通知》，每季度调度各地平台建设进展情况，对工作推进缓慢的城市下发工作督导函。对各地平台建设开展评估，对各地的技术方案开展专家审核。

村镇建设

【危房改造】2022年，吉林省列入改造计划4248户，截至10月12日，已全部提前改造完成。组织各地将动态新增低收入群体全部纳入改造计划。争取国家资金支持。将4248户全部纳入改造计划，中央财政共下达补助资金7479万元。印发《关于做好2022年农村危房改造工作的通知》，及时将指标下达各地。召开农村危房改造培训部署工作会议，共培训1367人。印发《关于开展基层农房建设管理人员、乡村建筑工匠培训的通知》，指导各地继续开展农村建筑工匠培训，共培训农村建筑工匠1825人。

【农村房屋安全隐患排查整治】截至年底，全省共排查农村房屋375.99万户。结合自建房专项整治，进一步查缺补漏。印发《关于进一步加强全省农村房屋安全隐患排查整治工作的通知》，定期或不定期巡查巡检，发现安全隐患，逐房建立台账，及时整治，整治一户，销号一户。印发《关于开展农村房屋安全隐患排查整治工作“回头看”的通知》，在全省范围内再次开展农村房屋安全隐患排查整治“回头看”。深入白城、白山、松原等地区开展调研指导，实地查看经营性自建房隐患整治，督促地方完善自建房信息归集平台相关信息。印发《吉林省农村住房建设管理办法》《吉林省自然灾害农村住房安全应急指南》等文件，加强农房建设管理，补齐政策短板。

【省级示范镇建设】1月30日，吉林省委办公厅、省政府办公厅印发《关于开展示范镇建设助推乡村振兴的实施方案的通知》。49个省级示范镇积极制定实施方案和工作计划，谋划振兴建设项目。据各地上报数据，“十四五”期间，在建和拟建项目共702个，计划总投资1272.18亿元。2022年在建项目293个，总投资255.93亿元，使用政府债券11亿元，其中基础设施项目147个，总投资28.42亿元，占在建项目总数的50.17%；产业发展项目103个，总投资219.56亿元，占在建项目总数35.15%；2023—2025年拟建项目409项，计划投资1016.25亿元。成立由分管副省长为总召集人，分管副秘书长、省住房和城乡建设厅厅长为召集人，20个省直部门分管负责同志为成员的议事协调机制，明确联络员和工作制度。印发《关于2022年示范镇建设重点工作安排的通知》，明确2022年示范镇建设6项重点工作。确定省级示范镇名单，根据市州推荐，经专家评审，领导小组同意，正式公布49个省级乡村振兴示范镇。印发《吉林省省级示范镇建设标准及评价指南（试行）》，明确建设基本内容和考核方式。印发《调度省级示范镇建设工作进展及项目储备情况的通知》《关于对省级示范镇建设进行工作调度的通知》《关于报送省级示范镇相关资料的通知》，全力推进省级示范镇建设。

【建制镇生活污水处理设施建设】2022年，全省426个建制镇有219个生活污水处理设施建设完成，实现重点镇及重点流域周边常住人口1万人以上和辽河流域全部建制镇生活污水得到有效治理，日设计处理生活污水约121.4万吨，建设完成管网2112.4公里。其中，2022年完成的13座建制镇污水处理设施，项目总投资2.4亿元（含新建配套污水管网投资），已完成投资1.74亿元（含新建污水管网54.5公里完成投资）。新建建制镇污水管网54.5公里。

【农村生活垃圾收运处置体系建设】按照有设备、有技术、有队伍、有考核、有保障的“五有”工作要求，形成了“村组收集、乡镇转运、县市处理”的治理格局，为美丽乡村建设和人居环境整治提升夯实了良好的环境基础。全省行政村生活垃圾收运处置体系覆盖范围已达到94%以上，建成转运站559座，设置垃圾桶136万个，运输车辆2.86万辆。2022年，农村生活垃圾收运处置体系建设累计投入资金1.42亿元，行政村覆盖率较2021年提高2个百分点，新建农村生活垃圾转运站24座，增设垃圾桶14万个，新增垃圾运输车106辆。

标准定额

【地方标准编制】在全省范围内广泛征集地方标准制定（修订）项目，共组织申报49份立项申请，其中46份新编，3份修订。聘请专家和行业部门代表立项论证，结合我省实际，科学制定年度标准编制计划，2022年发布两批地方标准编制计划共18项。

【标准管理】召开复审会议，对符合条件的5项现行地方标准进行复审清理，形成复审结论，并在厅网站发布通告。其中废止1项，继续有效4项。

【标准审查】组织审查会30余次，形成会议纪要30余篇。批准发布地方标准21项，标准设计5项。截至年底，吉林省现行工程建设地方标准134项，标准设计85项。

【宣贯培训】9月末，组织开展强制性工程建设规范的宣贯培训。通过视频培训形式，两天时间宣贯培训了8项强制性工程建设规范，全省各县（市）行业主管部门相关人员、各地区一线技术人员200余人次参加培训。

【课题研究】开展“吉林省城乡建设领域标准化体系研究”，通过对吉林省工程建设地方标准体系进行梳理分类，对照国家、行业标准体系，结合吉林省实际查找短板和不足，指导未来 3~5 年吉林省工程建设标准化工作发展方向和工作重点。编制《吉林省城乡建设领域碳达峰碳中和技术导则》，探索引导吉林省城乡建设方式绿色低碳转型，明确城乡建设领域碳达峰碳中和工作中各项任务开展的主要目标和技术措施，为吉林省城乡建设领域碳达峰碳中和工作提供具有科学性、规范性和可操作性的技术手段支持。

【计价定额】组织完成《吉林省城市轨道交通计价定额》《吉林省绿色建筑工程计价定额》《吉林省装配式工程计价定额》的子目编制工作，发布《吉林省市政工程补充计价定额－排水管道非开挖修复子目》《关于盾构砂浆定额调整及补充的通知》，为轨道交通工程推广预拌砂浆提供计价依据。

【价格信息】组织发布 2022 年吉林省建筑工程质量安全成本指标及全年四个季度的全省建筑材料信息价格；为加强工程造价信息的动态管理，加大信息发布频次。

【咨询服务】全面推广"吉林省建设工程造价咨询服务平台"上线运行，组织解答咨询问题 1200 余条，处理工程计价的来函咨询并答复 61 份；组织专家在造价纠纷中调节中发挥权威和专业优势，维护发承包双方的合法权益，化解矛盾纠纷。

工程质量监督

【工程质量】2022 年，吉林省各级质监站共监督房屋建筑工程 2599 项，面积 8036.5 万平方米，市政工程 719 项，造价 635.5 亿元。1 个项目获得鲁班奖，48 个项目获省优质工程奖，215 个项目获省级施工标准化管理示范工地证书、奖牌。全省未发生较大及以上质量事故，工程质量总体处于受控状态。

【管理制度】出台《吉林省房屋建筑和市政基础设施工程质量监督管理规定》《吉林省建设工程监理企业质量检测机构信用评价管理规定》《吉林省住房和城乡建设厅关于落实建设单位工程质量首要责任的实施意见》3 份规范性文件。修订发布《建筑工程资料管理标准》和《住宅工程质量常见问题防控技术标准》，并组织宣贯。

【标准化管理】印发《关于开展工程质量标准化管理活动的通知》，在全省范围内开展主管部门监管标准化和施工质量标准化管理活动。对 231 个项目开展省级施工标准化管理示范工地考评，对考评合格的 215 个项目颁发示范工地证书或奖牌。

【现场监管】组织开展工程质量监督执法检查，综合开展预拌混凝土质量治理、住宅工程质量常见问题治理、监理单位履职尽责治理。共检查项目 35 个，发现住宅工程质量常见问题 196 项、监理人员不履职尽责行为 117 项、预拌混凝土质量问题 100 项，下发执法建议书 5 份，责成属地主管部门对 4 户未履职尽责的监理企业和 1 户施工企业进行处罚；下发问题整改通知书 33 份，已全部完成整改。加强装配式建筑工程质量监管，对长春市轨道交通 6 号线工程 04 标段等 6 个项目开展质量抽查。加大执法力度，责成长春市建委、长春新区城建委、吉林市住建局、白山市住建局、延边州住建局对安全事故中负有责任的 8 户监理企业及有关人员，依法进行行政处罚。

【信用监管】对吉林省 241 户工程监理企业、160 户质量检测机构开展了信用评价工作，59 户监理企业信用评价为 A 等级，168 户监理企业信用评价为 B 等级，8 户监理企业信用评价为 C 等级，6 户监理企业信用评价为 D 等级；37 户检测机构信用评价为 A 等级，115 户检测机构信用评价为 B 等级，8 户检测机构信用评价为 C 等级。将信用评价结果作为实施差异化监管的依据。

【检测市场】在全省范围内开展工程质量检测市场专项整治工作。此项工作列入 2022 年度全省"双随机、一公开"抽查计划，共抽取 33 户工程质量检测机构开展随机抽查，对发现的 60 项问题责成属地主管部门监督整改，印发《关于工程质量检测市场专项整治情况的通报》。

【质量投诉】吉林省各级质监站全年受理质量投诉 1232 件，比上年增加 8%。省住房城乡建设厅全年共受理质量投诉 47 件，已全部处理，按时回复。向吉林市住建局、长春新区城建委下发了督办函各 1 件。

建筑市场

【建筑业规模】2022 年，吉林省建筑业完成总产值 2100.7 亿元，在全国居第 25 位，与上年持平；同比下降 6.5%，增速低于全国平均水平 12.9 个百分点。增速在全国排第 30 位。全省实现建筑业增加值 927.2 亿元，同比下降 2.3%，低于全省国内生产总值（GDP）增速 0.4 个百分点；占 GDP 比重 7.1%，比上年减少 0.2 个百分点。全省房屋施工面积 7047.1 万平方米，竣工面积 1882.6 万平方米。

【建筑企业】截至年底，全省共有建筑业企业 5766 户，其中，特级企业 8 户、一级企业 133 户，占本省企业总数的 2.4%。年实现建筑业产值超 10 亿元的建筑企业 37 家。重点骨干企业到省外境外发展，完成产值 395.7 亿元，同比增长 3.9%。

【建筑业"放管服"改革】以省政府办公厅文件印发《关于支持建筑业企业发展若干措施》，包括12个方面、34条具体政策措施。及时组织召开宣贯会，让政策直达基层、直达企业、直达个人，充分发挥政策的支撑作用。积极开展服务企业大调研活动，摸清企业现状、了解企业困难、倾听企业诉求，形成存在问题、政府为企业办实事、企业发展潜力"三个清单"，解决企业在生产经营过程中遇到的困难和问题。通过召开座谈、交流、推介、培训等多种形式开展走访活动为企业纾困。科学细化《建筑业发展"十四五"规划》，印发了《建筑业发展"十四五"规划实施方案》，按时序组织推进建筑业发展"十四五"规划实施。坚持动态推进和综合平衡原则，分解到各个年度，做好年度工作计划，制定年度工作推进方案，提出任务计划、工作重点、工作措施，每年进行归纳总结。梯度培育建筑领域"专精特新"企业，印发《吉林省推进建筑领域"专精特新"中小企业高质量发展梯度培育工作方案》，成立省级服务专班，建立市（州）级建筑领域"专精特新"中小企业培育库。推动吉林建筑大学与长春建业集团股份有限公司、长春昆仑建设股份有限公司和吉林省宝鑫建筑装饰工程有限责任公司等省级建筑领域"专精特新"中小企业建立合作关系，共同申报国家工业和信息化部"专精特新产业学院"。截至年底，吉林省有13家建筑企业获评首批省级建筑领域"专精特新"企业。

建筑施工

【装配式建筑】2022年，吉林省新开工建筑面积2490万平方米，其中装配式建筑面积410万平方米，占比16.5%，较上年提高了1.5个百分点。全省现有国家级装配式建筑产业基地3个，省级装配式建筑产业基地12个，装配式混凝土预制构件生产企业13家，实际产能45万立方米/年。钢结构构件生产企业12家，实际产能44万吨/年。开展了《装配式建筑评价标准》《预制火山渣混凝土复合保温外墙板应用技术规程》等装配式建筑相关标准宣贯培训，省内共345家建筑企业参加了培训。

【建设技能培训】将吉林省技能工人证书信息上传至"住房和城乡建设行业从业人员培训管理信息系统"，换发电子证书19.1万余本。印发《关于开展住房和城乡建设领域施工现场专业人员及技能人员职业培训试点工作的通知》，筹备技能人员试点培训工作。印发《吉林省房屋市政工程施工现场技能工人配备标准（试用）》，强化吉林省房屋市政工程施工现场技能人才配备，提升技能工人素质。

【省级工法评选】根据《吉林省工程建设工法管理办法》和《关于开展2022年吉林省工程建设工法申报工作的通知》要求，受理企业自愿申报的工法190余项，有142项进入答辩环节。吉林省建筑业协会组织专家严格按照评审程序和标准审议，评审出中庆建设有限责任公司的"一种带悬挑结构的大跨度连廊式操作平台施工工法"等83项，其中一级工法19项、二级工法64项。

【"省优质工程奖"评选】根据《吉林省建设工程省优质工程"长白山杯"奖评选办法》和吉林省建筑业协会《关于开展2022年吉林省建设工程省优质工程"长白山杯"奖评选工作的通知》，组织专家，严格按照评审程序和标准，对企业自愿申报的58项工程，进行现场复查和会议评审。评选出"延边工人文化艺术中心（延边工人文化宫）"等48项吉林省优质工程。

建筑市场监管

【实名制管理】通过实名制管理系统对全省在建项目实名制工作进行核查督导，对在建项目实名制考勤率不合格的，督促各地住建部门监督项目及时进行整改。调整完善"吉林省建筑工人员实名制管理系统"，简化了系统操作界面，方便管理部门、施工企业使用实名制系统开展项目的考勤工作。组织专人对全省部分市（州）在建项目实名制录入情况进行暗访，通过实名制系统的比对，查证正在施工的项目是否录入实名制平台，对项目已开工、但未录入实名制平台的项目逐个跟踪排查督导，并下达整改通知书，要求限期整改，进一步督导在建项目全面开展实名制工作。

招标投标管理

【依法查处违法违规行为】制定发布《吉林省住房和城乡建设厅关于做好2021年第四季度和2022年第一季度招标投标项目排查的通知》，分阶段开展招标项目排查工作。严肃查处违法违规行为，对7名评标专家处以禁止其在6个月内参加依法必须进行招标的项目评标的行政处罚。

【动态监管】为完善吉林省招标代理机构行业信用体系，增强招标代理机构诚信意识，促进招标代理行业健康发展，对全省361家参评招标代理机构进行了2021年度信用等级评价并予以公告，并对318家未参评招标代理机构，281家新办招标代理机构名单进行了信息公开。

【信息化建设】制定省公共资源交易一体化平台

交易系统——房建市政版块正式进入试运行阶段。积极与省政数局等部门沟通协调，研讨电子保函费用比例和评标专家评审劳务报酬第三方支付等招标投标行业改革举措，全力做到招标投标行业规范有序发展。

【修订评标专家管理办法】为推进吉林省评标专家制度改革，规范评标专家和评标专家库管理，保障招标投标活动规范有序开展，制定《吉林省房屋建筑和市政基础设施工程评标专家管理办法》。

建筑节能与科技

【绿色发展】印发《〈关于推动城乡建设绿色发展的意见〉重点任务分工方案》，向省双碳工作领导小组报送《吉林省城乡建设领域碳达峰工作方案（送审稿）》，率先完成专业领域碳达峰工作方案。

【绿色建筑】2022 年吉林省新建绿色建筑占新建建筑比重达到 92%。完成《吉林省绿色建筑发展条例（征求意见稿）》，并向省直相关部门、各市州征求意见。启动绿色建筑立法调研工作，组织长春市等部分城市填写调研报告，提出立法建议。发布《关于建筑节能与绿色建筑发展“十四五”规划实施方案》，细化分解“十四五”工作目标。发布《绿色建筑工程验收标准》，确保绿色建筑标准落实到位。以“落实‘双碳’行动，共建美丽家园”为主题，组织各地住房城乡建设主管部门开展 2022 年节能宣传周和低碳日活动，印刷张贴海报 300 余张，制作分发宣传手册 3000 余本。召开《绿色建筑工程验收标准》宣贯会，全省各市州、县市建设行政主管部门、施工、监理、建设单位共计余 500 人参加。

【建筑节能】发布吉林省工程建设地方标准《建筑外墙外保温系统修缮技术标准》《超低能耗居住建筑设计标准》《超低能耗公共建筑设计标准》。组织召开《建筑节能与可再生能源建筑利用通用规范》《热泵系统工程技术标准》《绿色建筑工程验收标准》宣贯会、清洁取暖技术培训会、建筑节能与绿色建筑专题培训会，全省主管部门负责同志、从业单位技术人员累计万余人次参加学习。联合省财政厅组织专家组评审 2021 年度省级可再生能源建筑应用示范项目和 2022 年省级可再生能源建筑应用示范市、县。2021 年度共入选 8 个示范项目，示范面积 12.75 万平方米。组织各地积极申报 2022 年度超低能耗建筑示范项目。联合省财政厅、生态环境厅、能源局组织推荐长春市、吉林市、白山市入选国家第五批北方地区清洁取暖试点。连续三年共可获得奖补资金 39 亿元。联合相关部门组织各地区积极申报 2023 年国家试点。修订《吉林省民用建筑节能与发展新型墙体材料条例》，条例修订后将进一步明确各方责任，提升建筑能效水平和建筑工程品质。

【推广应用】编制《吉林省绿色建材认证推广应用方案（草稿）》。发布《吉林省建筑节能技术及产品推广、限制、禁止使用目录（2022 年调整版）》，推广建筑节能与绿色建筑技术（产品）154 项，限制应用技术 2 类 4 项产品，禁止应用技术 4 类 15 项产品，绿色砂浆 11 项。发布绿色建材征集通知，组织各地各部门积极组织申报。

【科技支撑】组织各地各部门重新申报推荐吉林省建设科技专家委员会，共受理 20 个专业、640 名专业技术人员的申报材料。经专家组评审、相关处室审议，共评选出 15 个专业 269 名专家。起草《吉林省住房城乡建设科学技术计划项目管理办法（草稿）》，进一步加强科技计划项目管理。推荐 2022 年度住房和城乡建设部科技计划项目 10 项，其中 1 项列入部计划；发布 2022 年度省级科学技术项目计划 30 项。积极推荐吉林建筑大学等 7 个科研院所联合申请成立“国家城乡建设科技创新平台”——国家北方村镇人居环境工程技术创新中心。

人事教育

【教育培训】选派学员参加省委组织部举办的各类培训班 15 期，参训 264 人次；吉林省干部网络培训任务完成率达到 100%。自主培训 30 余期，参训 3000 余人次。开展全省 2022 年度建设工程系列职称评审工作，5288 人参评，3049 人取得中、高级职称，全省专业技术人才队伍进一步壮大。

（吉林省住房和城乡建设厅）

黑 龙 江 省

概况

2022年，黑龙江省住建系统坚持以习近平新时代中国特色社会主义思想为指导，认真贯彻落实党的二十大和省第十三次党代会精神，积极应对和克服经济下行、预期转弱诸多困难，统筹发展与安全，着力稳经济保增长、改住房、惠民生、建设施补短板，各项工作取得显著成效。

房地产业

【房地产开发】2022年，黑龙江省完成房地产开发投资628.6亿元，同比下降32.8%，增速比全国平均水平低22.8个百分点。房屋新开工面积991.1万平方米，同比下降43%。房屋竣工面积731.7万平方米，同比下降24.4%。商品房销售面积925.5万平方米，同比下降31.3%，增速比全国平均水平低7个百分点。商品房销售额569.4亿元，同比下降33.6%。商品房销售平均价格6152元/平方米，同比下降3.3%，其中，商品住宅销售平均价格6035元/平方米，同比下降3.3%。待售商品房面积1585.7万平方米，同比下降0.6%，其中待售1～3年面积597.2万平方米，同比增长4.8%，待售3年以上面积594平方米，同比下降6.1%。待开发土地面积245.3万平方米，同比下降17.6%。本年购置土地面积107.7万平方米，同比下降46.6%。本年土地成交价款15.5亿元，同比下降82.8%。房地产开发企业到位资金618.7亿元，同比下降37.7%，其中，国内贷款32.1亿元，同比下降59.2%；利用外资0.8亿元；自筹资金372亿元，下降32.6%；定金及预收款118亿元，下降41.5%；个人按揭贷款60.2亿元，下降48.2%。

【房地产市场管理】黑龙江省政府住房建设工作领导小组印发《促进房地产业良性循环健康发展若干措施》，围绕激活居民购房需求、加大金融信贷支持、优化项目开发供给、协调联动消化库存、疏解企业资金压力、营造良好市场环境等方面提出20项政策措施。各城市结合本地实际，因城施策、一城一策，制定《“一城一策”工作方案》《城镇住房“十四五”发展规划》，促进房地产市场健康发展。聚焦保障人才和新市民安居需求，各地深入落实人才和农民进城购房优惠政策，全省累计发放购房补贴近8千户、1.3亿元，有效缓解引进人才和进城务工人员购房压力。聚焦满足多样化供需对接需求，省住建厅印发《关于组织开展商品房销售推介活动的通知》，省房协成功举办春季云端房交会，各城市举办大型现场和网上房展会20余场次，叠加购房补贴、抽奖活动等多项惠民政策，展会期间成交商品房213万平方米，实现销售额196.2亿元，有效提升市场热度，释放购房需求。省政府召开全省建筑业房地产经济运行调度会，省住房和城乡建设厅先后召开6次调度会议，并通过印发调度函、情况通报、召开约谈会等方式，对经济指标降幅较大的城市进行督促。省住建厅会同省法院、人民银行哈尔滨中心支行、银保监会黑龙江监管局印发《关于进一步规范商品房预售资金监管工作的指导意见》，指导各地完善资金监管制度，确保房地产项目竣工交付，切实维护购房人合法权益。省住建厅组织开展房地产发展省情分析，形成《黑龙江省房地产市场发展研究报告》《关于探索新发展模式促进我省房地产市场良性健康发展的报告》《房地产预售与现售制度相关问题研究报告》。开展住建系统打击整治养老诈骗专项行动。持续开展房地产市场秩序整治，全省共排查各类企业7559家，对存在违法违规行为进行公开曝光22次，责令整改349次，警示约谈44次，记入不良信用69次，行政处罚7次。加强房地产开发资质管理，省住建厅印发《黑龙江省房地产开发企业资质管理实施细则》，明确了资质级别、各等级企业条件、资质申报要件、审批权限等内容，全年房地产开发二级资质审批总办结619件。加强估价机构管理，印发《关于加强房地产估价行业监管工作的通知》，估价机构备案总办结118件。持续开展房地产经纪机构（住房租赁企业）专项整治。开展房地产经纪人员诚信教育。

【物业管理】组织编制地方标准《黑龙江省住宅（学校、工业园区）物业服务规范》，制定并印发《关于加强住宅物业装饰装修管理工作的通知》和《住宅装修须知》《装饰装修管理协议》等示范文本，明确装修管理责任和管理内容，进一步规范住宅装饰装修管理活动。

【住房保障】2022年，全省城镇棚户区改造开工

1.3 万套，年度完成投资 102.7 亿元，其中，新开工项目完成投资 27.07 亿元（年度投资完成率 142%）、结转续建项目完成投资 75.63 亿元。发放公租房租赁补贴 17.92 万户、4.78 亿元。黑龙江省住房建设工作领导小组印发《关于加快发展保障性租赁住房的实施意见》，确定哈尔滨、齐齐哈尔、牡丹江、佳木斯、大庆为发展保障性租赁住房城市，明确土地、财税、金融等相关配套支持政策。哈尔滨、齐齐哈尔、佳木斯、大庆相继出台实施方案和相关配套政策，全省保障性租赁住房制度框架基本建立。“十四五”期间，聚焦新市民、青年人等群体的租赁需求堵点、痛点和难点，黑龙江省计划筹集保障性租赁住房 3 万套，2022 年通过新建、转化、政企合作等模式筹集房源 1.17 万套。

公积金管理

【公积金管理】2022 年，黑龙江全省住房公积金缴存额 537.81 亿元、提取 342.13 亿元，同比增长 8.98%、−0.91%，发放住房公积金个人贷款 3.36 万笔、118.48 亿元，同比下降 26.64%、27.88%。截至 2022 年底，全省住房公积金缴存总额 5186.69 亿元、提取总额 3183.11 亿元、缴存余额 2003.58 亿元，同比增长 11.57%、12.04%、10.82%，累计发放住房公积金个人贷款 105.9 万笔、2539.74 亿元，同比增长 3.28%、4.89%，贷款余额 1106.95 亿元，同比下降 1.88%。与黑龙江省财政厅、中国人民银行哈尔滨中心支行联合印发《关于组织实施住房公积金阶段性支持政策的通知》，提出 7 条贯彻落实意见，有效地落实了住房公积金阶段性支持政策和实施成效；为化解住房公积金贷款逾期风险，先后印发《黑龙江省住房和城乡建设厅关于进一步加强住房公积金逾期贷款管理工作的通知》《黑龙江省住房和城乡建设厅关于建立健全住房公积金逾期贷款异地划扣协同机制的通知》等文件，压实各中心职责，责成逾期率较高的城市查找制度漏洞，分析研判风险点，健全政策制度，确保公积金安全运行、规范管理；将哈尔滨、伊春两个公积金中心作为试点完成了体检评估自评，并对上述两个中心体检评估工作完成了复评。通过开展体检评估不仅丰富了监管手段，进一步规范了管理行为，也为促进住房公积金事业健康运行、高质量发展夯实了基础。

城市管理

【城镇房屋安全管理】2022 年，省政府印发《黑龙江省城乡房屋建筑安全专项整治行动工作方案》，全省各地深入开展城镇房屋安全隐患排查整治工作，完成 183.1371 万栋城镇房屋排查，鉴定为危险房屋 13930 栋，解危 2571 栋。建立完善城镇危险房屋信息管理系统，根据房屋图斑定位，利用微信视频连线地市排查员抽查房屋安全管理情况，持续提升管理效能。强化解危除隐患，对现存的 11359 栋危险房屋，实施危房建账管理，督促各地制定“一楼一策”整治方案，明确解危措施和时间节点，持续推进危房解危工作。推进法制建设，以省政府名义出台《黑龙江省城乡房屋安全管理规定》，从房屋使用安全管理、房屋安全鉴定、危险房屋治理与应急处置、等方面规范房屋安全使用行为。

【城市市容环境】聚焦保障好党的二十大、省十三届党代会等重大会议胜利召开，着眼应对好“冬季雪、春季风、夏季雨、秋季尘”不同气候特点，围绕营造好元旦、春节、五一、端午、国庆等重要节日良好氛围，部署开展“春风春绿”“夏净秋扫”“冬清”等专项行动。各地累计清理冬季污冰残雪 5.8 万吨、生活垃圾 149 万吨；新植、补植绿化乔灌木 140 余万株（丛）；清理乱张贴、乱刻画、乱喷涂 98 余万处。11月以来，各地按照“以雪为令、随下随清”的原则，积极采取“机械为主、人工为辅”等措施，有效应对 5 次大雪及以上雪量降雪天气，累计动员清冰雪人员约 3.05 万人次、出动清冰雪机械设备装备约 7728 台次，未发生安全生产事故。

【城市垃圾分类】成立了由黑龙江省政府主要领导任组长、分管领导任副组长，22 家省直单位和 13 个市（地）政府（行署）负责人为成员的黑龙江省城市生活垃圾分类工作领导小组。地级以上城市公共机构分类覆盖率自 2021 年一直保持在 100%。在 2022 年国家已开展的 3 次评估中，排名保持在中部 8 省份第 4 位。资源化水平不断提升。地级城市生活垃圾焚烧处理能力不断提升，占无害化处理能力的 76%，哈尔滨、齐齐哈尔、佳木斯、鸡西、双鸭山、伊春、七台河、鹤岗、绥化 9 个设区城市主城区基本实现原生生活垃圾“零填埋”。12 个地级城市全部建成餐厨垃圾处理设施。哈尔滨、齐齐哈尔、佳木斯、大庆 4 个城市生活垃圾回收利用率达到 35% 以上，提前完成国家明确的“十四五”指标。省机关事务管理局、省住建厅等省直 4 单位，在哈尔滨市遴选 3 家公共机构作为垃圾分类示范单位，以点带面，夯实公共机构分类质效。省商务厅、住建厅等联合印发《黑龙江省促进绿色智能家电消费实施方案》，对生活垃圾分类收运体系与废旧家电回收体系衔接提出要求。

【城市设计管理】持续推进城市建筑风貌管理，落实《黑龙江省城市设计及建筑风貌管理导则（试行）》和《黑龙江省城市建筑风貌管理实施规定》，指导全省各层级城市设计编制及建筑方案设计管控工作。2022年，省住房和城乡建设厅联合文旅厅等18个部门印发《黑龙江省边境城镇特色风貌建设规划》，从风景空间与特色岛链、特色镇与文化村、界江客厅与塔台眺望系统、地理标志与红色地标、历史文化保护利用等方面进行系统规划，提出边境城镇特色风貌建设的总体策略和范式，并对18个边境城镇特色风貌建设予以具体指引。

【建设工程消防设计审查验收】2022年，印发《黑龙江省建设工程消防设计审查验收管理能力作风建设专项行动任务清单的通知》，对市县消防审验部门部署了4方面11大项36小项具体工作任务。印发《关于进一步完善建设工程消防设计审查验收工作措施的通知》，进一步优化消防审验流程，精简消防设计审查验收要件、简化消防设计审查验收程序、优化消防设计审查验收标准，全省完成消防设计审查申请860项、验收706项、消防备案（含抽查）工程1890项。加大消防历史遗留问题的解决力度，全年排查摸底统计登记9657项，经属地住建部门确认入统8610项，已办结632项。编制完成《黑龙江省既有建筑消防设计指南》，黑龙江省成为全国对既有建筑消防改造规范化管理的少数省份之一。组织全省消防审验工作人员实操培训，近400人参加培训，并组织参加培训人员进行考试，进一步提升住建部门消防设计审验管理人员业务技能水平。组织推荐补充建设工程消防设计审查验收专家库人选。持续推进“放管服”改革，提升全省建设工程消防设计审查验收工作水平，针对既有建筑消防设计审验情况复杂、不易监管等“难点”问题，选取哈尔滨新区、佳木斯市进行试点，并在试点工作基础上，推出一系列消防审验优化措施。

【历史文化保护传承】2月23日，省政府组织召开全省城乡历史文化保护传承工作会议，省委宣传部等26个省直相关单位在主会场参加会议，各市县政府及相关部门共1600余人在线上参加会议，深入学习贯彻中共中央办公厅、国务院办公厅印发的《关于在城乡建设中加强历史文化保护传承的意见》精神，通报全省历史文化保护传承工作情况，宣传典型经验做法，引导各地下大力气做好新时代城乡历史文化保护传承工作。深入推进历史文化街区、历史建筑普查认定、公布挂牌和测绘建档工作，全省累计划定历史文化街区34片、确定历史建筑534处。启动《黑龙江省城乡历史文化保护传承体系规划》编制工作，形成了初步规划成果，组织编制《历史建筑保护利用工作指引》和《历史建筑安全排查及评估标准》。启动全省历史建筑和建筑类不可移动文物安全隐患专项排查整治工作，指导各地制定具体整改修缮方案。指导齐齐哈尔市制作历史文化街区宣传片，昂昂溪区罗西亚大街历史文化街区宣传视频入选“泱泱中华 历史文化街区”宣传短片并在央视一套播出。

城市建设

【城镇老旧小区改造】2022年，黑龙江省城镇老旧小区开工改造项目981个，涉及1705个小区、6420栋楼，惠及居民41万户，改造面积3181万平方米。解决了一大批小区设施设备陈旧、功能配套不全、物业管理缺失、小区环境脏乱差等群众反映强烈的突出问题，水热气路、电力、通信等基础设施不断完善，视频监控、人脸识别、车闸、门卫室等安防设施设备不断健全，极大改善了老旧小区居住环境，人民群众幸福感、获得感、安全感明显提升。

【城镇供热管网改造】截至2022年底，全省县级以上城市集中供热面积10.84亿平方米，集中供热普及率达到89.5%，共有集中供热管网3.25万公里，其中一级网8307公里，二级网24188公里。2020—2022年，全省加大财政投人力度，开展供热老旧管网改造三年行动，2022年全省改造供热老旧管网1173公里，提升了供热管网运行效率，供热管网安全可靠性大幅提升。

【城镇供水管网改造】截至年底，全省共建成公共供水厂155座，总供水能力达到622.98万立方米/日，供水管网30825.72公里。城市、县城供水管网普及率分别达到99.1%、94.79%。开展二次供水设施改造三年行动，2022年全省改造二次供水泵站1125座、庭院供水管网1556公里。

【城镇排水设施新建改造】省住建厅组织全省80个市县开展城市建成区内排水管网排查工作，绘制全省排水管网“一张图”，建立“黑龙江省排水一张图信息管理平台”。全省市政排水管网17294公里。污水管网5104公里、占比29.51%；雨水管网6984公里、占比40.38%；雨污合流管网5206公里、占比30.10%。持续开展城镇生活污水管网补短板三年攻坚行动，2022年全省新建改造污水管网1241公里。

【城镇老化燃气管网改造】截至年底，全省县级以上城市市政燃气管道长度15139.76公里。城市、县城燃气普及率分别达到93.22%、60.41%。为提升全省城镇燃气管网安全水平，黑龙江省自2022年启动燃气老化管网更新改造行动，明确到2025年底，基本完成城市燃气管道老化更新改造任务。2022改造城镇老化燃气管网1495公里，超额完成年度改造任务。

【城市道路与桥梁建设】 截至年底，全省县级以上城市建成区道路长度17447.81公里、建成区道路面积27051.37万平方米、桥梁1518座。指导各地按照城市路网规划，继续进行优化城市路网完整度，打通城市道路“微循环”，进一步提高城市道路通行能力。组织各地落实城市道路、桥梁养护和管理主体责任，开展道桥设施安全隐患排查治理工作，建立台账、明确管控措施、整改措施、限期销号，消除城市道桥安全隐患，严格落实日常维护责任，制定巡查检查计划，确保风险隐患及时发现，落实管护措施，妥善处理。

【城市轨道交通建设】 哈尔滨地铁1号线，2号线一期，3号线一期、二期东南环、二期西北环3座车站建成并投入使用，运营里程81.38公里，城市轨道交通“十字＋环线”网络骨架初步形成，有效缓解中心城区交通压力。

【城市园林绿化建设】 结合开展大规模国土绿化行动和城市更新，推进科学绿化，加大城市中的各种小型绿地、城市边角地、裸露地、弃置地绿化力度。2022年全省新增绿地508.63公顷，新植树木53.08万株，新建城市公园37个、口袋公园71个，绿道191.98公里，市民享绿服务半径进一步缩短，城市公共空间景观魅力进一步提升，市民群众的幸福感、获得感进一步增强。

村镇规划建设

【农村危房改造】 2022年，黑龙江省持续巩固住房安全保障成果，完善农村低收入人口住房安全保障长效机制，会同乡村振兴、民政部门完善防止因房返贫动态监测帮扶机制，推进农危房改造和农房抗震改造。强化动态监测。紧盯18.4万户已脱贫户住房安全保障，指导各市（地）设立专项维修管护资金0.93亿元、组建维修队伍1054支，定期开展隐患巡查，组织及时修缮已脱贫户住房711户。会同乡村振兴部门开展11轮次脱贫人口、监测对象住房安全信息比对，核实住房安全问题户137户，落实帮扶责任人，确保脱贫户和监测对象住房安全。加快扩面改造。2022年计划改造农村低收入群体等重点对象危房17267户，中央和省级下拨改造补助资金4.62亿元，其中中央补助资金2.7亿元。10月底已全部竣工，比国家要求时限提前8个月，竣工率位居全国前列。提升农房建设品质。将农村危房改造与抗震改造、节能改造相结合，推广应用《龙江民居示范图集》，提升改造效果。全省组织38支队伍、111人开展设计师下乡活动，免费培训乡村建筑工匠4500余名。

【农村房屋安全管理】 高质量完成年度整治任务。按照党中央、国务院关于开展农村房屋安全隐患排查整治工作部署，截至2021年底，全省排查发现农村危房9.6万户，2022年计划完成5万户农村危房整治任务，实际整治完成6.2万户。加强农村房屋安全管理。累计下发《安全工作提示函》3次、转发预警信息30余次。7月，五大连池市30户农房因山洪受灾，住建部门立即启动应急响应，通过新建、维修加固、货币补偿方式完成灾后重建任务。

【农村生活垃圾治理】 优化治理模式。全面推行“户分类、村收集、镇转运、县处理”农村生活垃圾基本治理模式，收运体系覆盖全省8967个行政村并延伸至3.5万余个自然屯，提前完成国家“十四五”规划任务。推进规范治理。运用“四个体系”机制压实属地责任，建立收转运体系运行月调度制度，开展生活垃圾收集、转运、处置操作实务培训，定期评价考核，督导各地落实技术标准和长效机制，推进农村生活垃圾治理规范化、标准化、常态化。实施专项整治。2022年，实施“春风行动”“大排查大整治”“秋冬季农村生活垃圾散乱堆放整治”等多轮农村生活垃圾散乱堆放点专项整治行动，强化暗访、约谈等措施，建立问题台账，实行销号管理。

【乡村建设评价】 对林甸县、依安县、庆安县、汤原县4个样本县开展乡村建设评价工作，印发《2021年乡村建设评价成果应用工作方案》，指导样本县制定《乡村建设评价成果应用工作方案》，形成省级、县级乡村建设评价报告上报住建部，为样本县及全省实施乡村振兴战略，开展乡村建设工作提供决策建议。

标准定额

【工程造价管理】 推动二级造价工程师职业资格制度落地，省住建厅会同省交通运输厅、省水利厅、省人力资源和社会保障厅联合制定《黑龙江省二级造价工程师职业资格考试暂行规定》，明确二级造价工程师职业资格考试工作职责分工、专业类别、考试科目、报考条件等内容，为下步开展职业资格考试，推动造价员向二级造价工程师过渡奠定了基础。推动加强工程造价管理，印发《关于进一步加强工程造价管理工作的通知》，按照先立后破、不立不破原则，逐步推进工程造价管理改革，通过完善工程造价计价依据体系、加强价格信息发布管理、加强造价数据积累和应用、加强工程造价咨询行业监管、加强工程造价行业队伍建设、加强施工合同履约监管等措施，进一步提升全省工程造价管理工作水平。规范和指导市场主体工程计价活动，发布《建设工程施工合同（黑龙江省填写范例2022版）》，以现行国家施工合同示范文本为基础，对专用条款中易产生工程结算争议纠纷的内容，编写相对公平合理的填写范例，供发承包双方签订施工合同时参考，进一步规范施工合同签约行为，维护合同当事人合法权益；印发《黑龙江省2022年度建筑安装等工程结算参考意见》，对人工费、材料费、安全文明施工费、规费、税金以及新冠肺炎疫情防控专项费的计取提出参考性意见，指导各地、各单位做好年度工程结算工作。

【工程建设标准编制】完善工程建设技术标准，落实《国家标准化发展纲要》，围绕建设行业重点工作，积极开展促进绿色低碳建筑发展，推进人居环境质量提升，增强城市安全韧性水平领域的标准编制。开展2022年度黑龙江省标准复审，共废止标准2项，修订标准4项，继续有效标准21项。当年发布地方标准13项。

工程质量安全监督

【工程质量制度建设】印发《黑龙江省住房和城乡建设厅关于推动建设工程质量检测行业健康规范发展的通知》，明确质量检测资质条件、质量检测机构从业行为、检测报告管理、检测从业人员管理以及检测信息化管理等内容，进一步促进我省质量检测行业健康有序发展。印发《关于加强超低能耗建筑工程质量管理的通知》，明确建设单位、施工单位、涉及单位、监理单位、施工图查审机构严格落实主体责任，要求各级住建主管部门落实监管责任、依法依规加大处罚力度，进一步加强全省超低能耗建筑工程质量管理。

【工程质量监管】规范质量行业行为，强化预拌混凝土生产企业原材料进场、生产、运输和使用等环节全过程监管，开展2022年预拌混凝土质量专项整治，有效压实预拌混凝土企业生产行为和施工现场参见各方主体责任；加强质量标准化建设。开展质量月活动，采取线上线下相结合的方式，召开全省工程质量安全标准化暨数字工地线上观摩会，展示运用“数字工地”开展质量监管工作和通过VR技术演示工程质量安全标准化创建，提升工程质量监管能力，促进工程质量全面提高。

【建筑施工安全监管】出台领导干部安全生产“两个清单”。印发《省住建厅领导班子成员安全生产职责清单》和《省住建厅领导班子成员2022年度安全生产重点工作任务清单》，进一步加强全省住建领域安全生产工作，健全落实安全生产责任制。扎实开展“安全生产月”活动。通过开展安全宣誓、评选安全行为之星和平安班组、观看“安全生产月”主题宣传片、安康杯知识竞赛等活动，广泛传播安全知识，推动树牢安全发展理念。全面推行建筑施工领域安全生产责任保险制度。制定《黑龙江省建筑施工安全生产责任保险实施细则（试行）》，构建黑龙江省建筑施工安责险信息管理系统，发挥保险机构参与风险评估和事故预防功能，促进企业本质安全水平提升。加强房屋市政工程安全监管。推动城市安全整治三年行动、安全生产大检查、“迎二十大百日攻坚战”，开展全省房屋安全治理行动、施工现场污染防治攻坚战，抽查30%全省在建项目，在重要节点、重点时期开展多轮全覆盖检查，整治各类隐患问题1.4万个，确保党的二十大期间房屋市政工程安全生产形势稳定。

建筑市场

【建筑市场管理】全面修订《黑龙江省建筑市场管理条例》，并于11月3日经黑龙江省第十三届人民代表大会常务委员会第三十六次会议通过，2023年1月1日起正式施行。加快信用体系建设，按照动态信用评价标准实施全省统一的建筑市场主体动态信用评价。起草《黑龙江省建筑市场责任主体信用分级分类管理办法》和评价标准，为构建分级分类信用评价体系做好充足准备。起草《黑龙江省房屋建筑和市政基础设施工程评标行为考评办法》《黑龙江省建设工程招标代理机构综合评价办法》，进一步规范评标行为和招标代理行为，保证招标投标活动公平、公正进行。制定《2022年建筑市场检查工作要点》和《黑龙江省建筑工程施工发包与承包违法行为行政检查的工作指引》，推进全省建筑市场监管标准化规范化建设。加强资质动态管理。发布《黑龙江省住房和城乡建设厅关于建设工程企业资质有关事宜的通知》《关于责令哈尔滨市南方建筑装饰工程有限责任公司等179家企业限期整改的通知》，对企业资质延期、新办、升级给出明确指引，责令179家不满足资质标准要求的建筑业企业和工程监理企业限期3个月进行整改。落实根治欠薪各项制度，制定《黑龙江省房屋建筑和市政基础设施工程施工现场人员实名制管理办法（试行）》，维护施工现场人员合法权益，对市（地）房屋市政工程实名制管理等工作存在问题进行督办，限期整改，有效维护农民工权益。

【整治市场秩序】形成整治高压态势，深入开展扫黑除恶常态化行动和公共资源交易领域突出问题专项整治，聚焦房屋和市政工程建设领域恶意竞标、强揽工程等突出问题，加大整治力度，公布住建领域串通投标典型案例6起。深化改革实现数据共享，实现工程承发包系统与省工程建设项目审批管理系统、施工现场实名制系统的对接，全面提升承发包电子监管能力。与省公共资源交易平台进行数据共享，为推动建筑业经济平稳运行提供基础数据和依据。创新试点提高评标质量，会同省发改委制定《关于规范招标计划提前发布工作的通知》《黑龙江省远程异地评标管理暂行办法》，便于市场主体提前获取招标信息，投标准备工作更充分，打破地域评标专家圈子壁垒，实现跨地区评标专家资源共享，提高评标质量。

建筑节能与科技

【发展超低能耗建筑】2022年，相继出台超低能耗建筑产业发展专项规划和支持政策、超低能耗建筑示范项目奖补资金管理暂行办法、推广超低能耗建筑的工作实施方案和宣传方案，相继召开全省超低能耗建筑发展视频推进会、现场观摩会、对接会并成立黑龙江省超低能耗建筑协会推动行业发展。发布《黑龙江省超低能耗居住建筑节能设计标准》《黑龙江省超低能耗公共建筑节能设计标准》。组织第一批黑龙江省超低能耗建筑示范项目申报8个、建筑面积24.77万平方米。

【推广绿色建筑】协助省教育厅确定26所绿色学校。完善标准体系，组织编制完成《黑龙江省绿色建筑设计标准》。强化监管，推进落实，通过季报制、日常电话微信跟踪督导进度，引导鼓励新建建筑全面执行绿色建筑标准，加大绿色建筑推广力度，2022年黑龙江省共推广绿色建筑共计1420万平方米。

【发展装配式建筑】截至2022年底，黑龙江省已建成国家级装配式建筑产业基地6个，省级装配式建筑产业基地9个，按住房和城乡建设部要求对全省6个国家级装配式建筑产业基地进行复核，新申请一个国家级研发基地。支持哈尔滨工业大学研发装配式配筋砌体结构，成为国内第四个基本结构装配化技术，突破了行业发展的关键难题，并发布行业团体标准。2022年共完成推广装配式建筑131万平方米。

【促进建筑能效提升】组织编制《黑龙江省“十四五”建筑节能与绿色建筑发展规划》，明确“十四五”时期全省建筑节能与绿色建筑目标任务。印发年度工作要点，督促各地全面执行新实施的全文强制性标准《建筑节能与可再生能源利用通用规范》并开展400余人参加的《建筑节能与可再生能源通用规范》标准宣贯线上讲座。召开专家会专题研究太阳能光伏和太阳能光热系统建筑应用，引导通过市场化模式，推进多能互补分布式供暖发展。召开门窗及保温材料厂家座谈会，宣贯超低能耗建筑发展相关政策，推介佳星Low-E和碲化镉玻璃，扩大应用范围。

人事教育

【干部教育培训】省住房和城乡建设厅领导干部先后参加贯彻学习党的十九届六中全会精神学习班、2022年龙江发展讲坛第二期。开展处级干部集中学习二十大精神培训班，制定《省住房和城乡建设厅处级干部学习贯彻党的二十大精神集中轮训工作方案》，明确学习目的、培训内容和培训方式，结合疫情形势，培训采取线上培训为主、个人自学为辅的学习方式，处级上干部全部参加学习。部分处级干部参加省直部门正处级干部学习贯彻习近平新时代中国特色社会主义思想进修班。

【专业教育】开展施工现场专业人员、建设行业技能人员职业培训、安管人员和特种作业人员培训机构和所属学（协会）开展“山寨证书”专项治理自查工作。经机构自查上报未发现有违规使用有关字样和标识、违规发放证书、虚假或夸大宣传、无违规培训和违规收费情况。聚焦城市供水开展培训，提升了供水行业服务能力。组织黑龙江省城镇供水排水协会举办6期供水行业相关技能人才培训，全省3000余名城镇供水行业企业负责人、安全员和供水水质检测化验员参学习，有效提升供水行业从业人员技能水平；聚焦城市管理开展培训，提升服务能力。举办城市垃圾处理设施运行管理及安全生产、园林绿化、城市绿道建设及外来入侵普通等工作培训，1000余技能人才加培训，提升城市管工作人员技能水平；聚焦物业管理开展培训，提升物业管理人员服务能力。组织黑龙江省物业管理协会联合中物教育开展“物业管理招投标全流程管理与风险管控”为主题的线上专题培训班，全省各物业服务企业106名学员参加培训。鸡西市贯彻《黑龙江省住宅物业管理条例》，举办物业管理培训班，对条例、物业行政管理、物业企业管理等方面进行讲解，全市200余名物业管理工作人员参加培训。聚焦施工现场管理，开展施工现在专业人员岗位培训，全年培训施工现场人员21232名，进一步提升施工现场专业人员管理水平。

大事记

1月

7日　省房协组织举办"聚力发展　探索破局"房地产形势分析探讨会暨2021匠心康居项目评选颁奖仪式。

11日　住房和城乡建设部授予黑龙江省房屋市政运行中心主任刘文凯"全国住房和城乡建设系统先进工作者"、省寒地建筑科学研究院陈建华"全国住房和城乡建设系统劳动模范"荣誉称号。

13日　《黑龙江省物业服务综合管理平台》上线运行，开始基础数据填报。

15日　印发并落实《关于深化细化实化全省城镇燃气安全排查整治工作的意见》，组织各地开展城镇燃气安全"百日行动""百日攻坚战"及"回头看"，省燃气专班成员单位对13个市（地）共开展三轮驻点督导，共排查燃气经营、充装、输送配送、使用和燃气具生产销售环节隐患7.78万个，已全部整改完毕。

19日　组织召开黑龙江省消防系统升级与工改系统对接介绍会。推进深化"放管服"改革，实现"一网通办、一事联办"数据共享。

27日　印发《黑龙江省住房和城乡建设厅关于印发〈机关重要工作四个体系〉的通知》，进一步提升各处室（单位）组织谋划和推进落实能力，规范有序高效推进重点任务，确保各项重点工作落地见效，特制定本体系。

30日　印发《省住建厅领导班子成员安全生产职责清单》《省住建厅领导班子成员2022年度安全生产重点任务清单》，推动"党政同责、一岗双责、齐抓共管、失职追责"要求落地落实。

30日　印发《黑龙江省住建部门信访工作评价办法》，提升住建系统信访工作整体水平，推进信访工作科学化、规范化、法治化。

2月

10日　组织编制地方标准《黑龙江省住宅物业服务规范》DB23/T 3085—2022，自3月10日起实施。

17日　组织编制地方标准《黑龙江省工业园区物业服务规范》DB23/T 3083—2022、《黑龙江省学校物业服务规范》DB23/T 3084—2022，自4月1日起实施。

28日　成立厅网络安全和信息化工作领导小组，进一步明确网络安全工作责任制并对2022年度网络安全工作任务进行了分解形成《省住建厅党组网络安全工作责任制年度任务清单》。厅网络安全和信息化工作领导小组办公室建立网络安全态势动态监测机制，发布《厅网络安全和信息化工作领导小组办公室工作月报》。

3月

2日　完成住建统一身份认证平台试运行，整合全厅各业务系统登录方式，强化统一身份认证应用，持续扩大统一身份认证体系覆盖面，实现用户单点登录与身份信息传递，实现"一次认证，全网通办"。

11日　印发《黑龙江省住房和城乡建设厅收文管理办法》，推进全厅公文收文管理工作科学化、制度化、规范化。

13日　省委推进风清气正政治生态建设领导小组开展2022年度政治生态建设考核，省住房和城乡建设厅综合评价获得"优秀"等次。

28日　以工改办名义印发《关于优化社会投资简易低风险工程建设项目审批服务的实施意见》。

4月

12日　会同省纪委监委驻厅纪检监察组，召开全省住建系统党风廉政建设工作会议。

13日　印发《黑龙江省房屋市政工程安全生产综合治理行动实施方案》，深入落实住建部安排部署，细化工作方案，明确24项主要任务，划分动员部署、集中整治、巩固提升3个阶段组织实施，全年排查整治安全生产隐患1.46万个。

20日　联合省发改委、财政厅印发《关于进一步加强全省老旧小区改造工作的函》，细化城镇老旧小区改造工作全流程指导。

25日　会同省工信厅印发《黑龙江省超低能耗建筑产业发展专项规划（2022—2025年）》，明确全省到2025年底新建和改建超低能耗建筑1000万平方米，超低能耗产业产值达到1000亿元的总体目标。

27日　经省、市两级共同努力，哈尔滨、齐齐哈尔市顺利通过财政部、住房城乡建设部、生态环境部和国家能源局组织的清洁取暖项目竞争性评审，确定为2022年大气污染防治资金支持的北方地区冬季清洁取暖项目。

29日　实现安全生产许可证电子证照改革。

5月

14日　以省政府名义印发《黑龙江省城乡房屋建筑安全专项整治行动工作方案》，部署开展以自建房为重点的房屋安全风险隐患排查整治工作。

18日、26日　相继印发《关于推进超低能耗建筑发展的实施方案》《黑龙江省推广超低能耗建筑宣传工作实施方案》，明确超低能耗建筑发展的整体思路，分解各市地任务目标及主要工作，统筹推进全省超低能耗建筑的宣传及发展。

26 日　经省、市两级共同努力，大庆市顺利通过国家 2022 年系统化全域推进海绵城市建设示范评审。

30 日　印发《2022 年全省建筑施工“安全生产月”活动方案》，以“遵守安全生产法当好第一责任人”为主题，召开现场观摩会。

6 月

6 月　黑龙江省将供热老旧管网改造项目纳入全省“百大项目”专项推进。

15 日　会同省财政厅印发《黑龙江省超低能耗建筑示范项目奖补资金管理暂行办法》，以对示范项目真金白银的补贴调动各方发展超低能耗建筑的积极性。

15 日　印发《关于做好我省住建系统包容审慎监管执法“四张清单”有关工作的通知》，将“不按规定提供信用档案信息”等 5 项列入不予行政处罚事项清单；将“擅自占道摆摊设点堆放物料”等 5 项列入从轻处罚清单；将“施工现场车辆污染道路”1 项列入不予实施行政强制措施清单，初步构建住建系统包容审慎监管机制。

15 日　印发《黑龙江省住房和城乡建设厅落实〈贯彻落实国务院扎实稳住经济一揽子政策措施实施方案〉工作方案》的通知，切实增强稳住全省经济大盘的责任感使命感紧迫感，大力推动全省住建领域稳经济政策措施落地见效。

24 日　印发《深入打好建筑施工污染防治攻坚战工作方案》，围绕房屋市政工程施工现场扬尘、噪声、非道路移动机械污染，组织开展专项整治。

30 日　印发《关于印发黑龙江省城镇污水管网补短板三年攻坚行动实施方案（2022—2024 年）的函》。

30 日　召开党建工作会议，表彰于迎选等 33 名优秀共产党员，王芳等 3 名优秀党务工作者，办公室党支部等 7 个先进基层党组织。

7 月

1 日　印发《关于开展全省建筑市场和工程质量安全综合执法检查的通知》，7 月 4—15 日期间在全省范围内开展建筑市场和工程质量安全综合执法检查，规范建筑市场秩序，加强施工现场质量安全管理，严肃查处违法违规行为。

14 日　省政府住房建设工作领导小组印发《促进房地产业良性循环健康发展若干措施》，围绕激活居民购房需求、加大金融信贷支持、优化项目开发供给、协调联动消化库存、疏解企业资金压力、营造良好市场环境等方面提出 20 项政策措施。

20 日　印发《关于开展黑龙江省城镇老旧小区改造优秀项目评选的通知》，在全省城镇老旧改造项目中评选出 35 个优秀项目并制作图集。

21 日　制定印发《黑龙江省住房和城乡建设厅等部门关于进一步规范商品房预售资金监管工作的指导意见》，确保商品房项目竣工交付，切实维护购房人合法权益，有效防范房地产市场风险。

26 日　印发《全省住建领域“迎二十大”安全生产百日攻坚战》，聚焦建筑施工、城镇燃气、房屋建筑、市政运行、城市管理“五大安全生产重点领域”，着力查风险、除隐患、保安全，有效维护党的二十大期间安全稳定大局。

8 月

8 日　第一次自然灾害综合风险普查房屋建筑和市政设施承灾体调查工作顺利通过住建部部级质检核查，调查工作排名全国第四位。

15 日　印发《黑龙江省建筑施工特种作业人员管理规定》，自 9 月 10 日起施行，进一步加强和规范特种作业人员管理。

24 日　印发《关于迅速开展专项借款支持已售逾期难交付住宅相关工作的通知》。

25 日　联合省工信厅于省建投集团召开黑龙江省超低能耗建筑产业发展对接会，并组织 30 余家超低能耗建筑产业相关企业和科研院所参会，为全省超低能耗建筑产业发展和科技创新献言献策。

26 日　印发《全省城镇老旧小区改造项目现场管理情况“回头看”的通知》，针对国务院发现问题开展全省旧改项目现场问题排查，发现问题发现问题 828 个并全部整改完成。

31 日　制定印发《黑龙江省房地产开发企业资质管理实施细则》。

9 月

9 日　印发《黑龙江省超低能耗公共建筑节能设计标准》DB23/T 3335—2022《黑龙江省超低能耗居住建筑节能设计标准》DB23/T 3337—2022，自 2022 年 9 月 29 日起实施。

15 日　以工改办名义印发《黑龙江省工程建设项目审批涉及技术性评估评价事项清单（试行）》。

22 日　印发《黑龙江省住房和城乡建设厅网络安全事件应急预案（第二版）》。

25 日　在黑龙江建筑职业技术学院智能建造产教融合实训基地项目施工现场，召开全省工程质量安全标准化暨数字工地观摩会。

27日　组织全省住建系统行政执法人员191人开展《行政处罚法》和《行政诉讼法》培训，强化全省城镇执法队伍行政执法综合能力。

28日　印发《关于加强住宅物业装饰装修管理工作的通知》和《住宅装修须知》《装饰装修管理协议》等示范文本。

29日　联合省交通运输厅、黑龙江省水利厅、黑龙江省人力资源和社会保障厅印发《黑龙江省二级造价工程师职业资格考试暂行规定》，自11月1日起施行。

30日　全省80个市县"百大项目"管网改造工程已全部开工，开工量946公里，完成投资14.5亿元。

30日　全省城镇供二次供水设施改造项目（非老旧小区），涉及除大兴安岭外的12个地区、51个市县，子项目51个，计划改造城镇二次供水泵站830座、庭院内供水老旧管网1645.7公里，总投资5.58亿元，年度计划投资5.58亿元。

30日　以省政府办公厅名义印发《黑龙江省推进供热领域突出问题整治确保群众温暖过冬专项行动方案》，以解决供热行业领域突出问题为重点，以让群众住上暖屋子为目标，统筹推进供热领域突出问题专项整治。

10月

11日　印发《关于促进建设领域创意设计产业发展的实施意见》，按照省委省政府关于发展创意设计产业的部署要求，深度赋能建设领域传统产业升级，跨界融合新兴业态，促进建设领域创意设计产业发展。

12日　申请黑龙江省住建数据资源中心项目立项并成功。

14日　印发《黑龙江省城乡建设领域碳达峰实施方案》，按照国家、省委、省政府对碳达峰的工作部署，扎实推进黑龙江省城乡建设领域碳达峰行动。

20日　全省计划改造的农村低收入群体等重点对象危房17267户全部竣工，共争取改造补助资金4.62亿元，其中争取中央资金2.7亿元、省级1.92亿元。

21日　印发《黑龙江省住房和城乡建设厅关于开展2022年全省建设工程质量检测机构和预拌混凝土生产企业检查的通知》(〔2022〕2338号)，持续加强工程质量检测和预拌混凝土质量管理。

25日　哈尔滨市入选国家24个智能建造试点城市，大力发展智能建造，以科技创新带动建筑业转型发展。

11月

2日　印发《关于印发〈关于加强被动式超低能耗建筑工程质量管理的若干措施〉的通知》，进一步加强黑龙江省超低能耗建筑工程质量管理。

3日　黑龙江省第十三届人民代表大会常务委员会第三十六次会议通过《黑龙江省建筑市场管理条例》，自2023年1月1日起施行。2003年10月17日黑龙江省第十届人民代表大会常务委员会第五次会议通过的《黑龙江省建筑市场管理条例》同时废止。

14日　印发《关于发布黑龙江省2022年度建筑安装等工程结算参考意见的通知》。

17日　发布《建设工程施工合同（黑龙江省填写范例2022版）》，指导建设工程施工合同当事人的签约行为，维护合同当事人的合法权益。

17日　印发《关于进一步加强工程造价管理工作的通知》，进一步深化工程造价管理改革，提升全省工程造价管理工作水平。

17日　对现有安管人员证书按国家标准进行改造，并与住房城乡建设部完成数据对接，以全国试点省身份实现安管人员证书全国统一标准。

18日，以工改办名义印发《关于进一步优化竣工验收工作的通知》。

23日　联合黑龙江省发展和改革委员会、黑龙江省交通运输厅、黑龙江省农业农村厅、黑龙江省水利厅、黑龙江省公共资源交易中心（黑龙江省政府采购中心）印发《黑龙江省远程异地评标管理暂行办法》，自2023年1月1日起施行。

23日　联合黑龙江省发展和改革委员会、黑龙江省交通运输厅、黑龙江省农业农村厅、黑龙江省水利厅、黑龙江省公共资源交易中心（黑龙江省政府采购中心）印发《关于规范招标计划提前发布工作的通知》，自12月1日起试行，2023年1月1日起施行。

12月

4日　印发《黑龙江省住房和城乡建设厅督办工作制度》，推动全省住建领域重点任务和重要工作质效提升，切实发挥督办工作"利剑"作用。

7日　2022年度全省981个城镇老旧小区改造项目全部开工。

9日　完成全省绿色社区创建工作，全省达标率为62.2%。

12日　对施工图审查机构认定功能模板进行升级改造，实现施工图审查机构认定工作与其他类别资质的同平台申报、审批，进一步推进住建行业资质业务"一网通办"。

15日　全省有20个主城区棚改新建项目打捆纳

入到全省百大项目建设任务。截至目前，20 个项目已全部开工，开工率 100%，完成投资 14.22 亿元，年度投资完成率 102.9%，项目建成后将改善 10726 户棚户区居民住房条件。

16 日　印发《黑龙江省住房和城乡建设厅关于工程总承包和全过程工程咨询工作情况的通报》（黑建函〔2022〕332 号），全面我省掌握工程总承包项目、全过程工程咨询项目开展情况，及时总结经验，加快推进工程建设组织方式改革，促进建筑业持续健康发展。

16 日　印发《全省住建系统岁末年初安全生产重大风险隐患排查整治专项行动实施方案》，指导各地开展隐患排查整治专项行动，全省累计排查整治隐患 1919 个，确保全省住建系统岁末年初安全生产形势稳定。

19 日　印发《黑龙江省住房和城乡建设厅关于推动建设工程质量检测行业健康规范发展的通知》，进一步加强建设工程质量检测管理。

21 日　对省管二级建筑师、二级结构师业务进行升级，实现与住建部数据对接互认，推动全省二级建筑师结构师信息从数据层面实现全国统一。

25 日　完成政务系统上云迁移工作，在省级政务云监管平台完成相关上云迁移流程。

27 日　印发《关于全省建筑施工安全生产责任保险制度的通知》，发挥保险机构参与风险评估和事故预防功能，助力企业加强和改善安全生产。

30 日　印发《黑龙江省房屋建筑和市政基础设施工程施工现场人员实名制管理办法（试行）》。

30 日　印发《黑龙江省房屋建筑和市政基础设施工程建筑信息模型技术推广应用三年行动计划（2023—2025）》。

30 日　全省一般社会投资项目全流程最长审批时限均已压减至 75 个工作日以内，社会投资低风险项目压减至 15 个工作日以内（重大工程建设项目除外）。

30 日　经省、市两级共同努力，富锦市顺利通过国家 2022 年公共供水管网漏损治理重点城市评审。

30 日　城镇二次供水设施和供热老旧管网改造三年行动圆满收官。

31 日　印发《黑龙江省建筑施工安全生产责任保险实施细则（试行）》，在全省建筑施工行业全面推行安全生产责任保险制度。

2022 年，印发《关于加快发展保障性租赁住房的实施意见》。

（黑龙江省住房和城乡建设厅）

上　海　市

住房和城乡建设

住房和城乡建设工作概况

【城乡建设】2022 年，上海市重大工程新开工 33 项、建成 16 项，完成投资 2099 亿元，同比增长 7.2%，再创历史新高。提前完成 29 项为民办实事项目，其中 19 个项目超额完成全年计划。扩大“一江一河”贯通红利。“两旧一村”改造全面启动。

全年保障性租赁住房建设筹措约 18 万套（间），近两年累计约 25 万套（间），超过“十四五”目标的一半。全年房地产业增加值 3619.21 亿元，增长 0.9%。完成中心城区成片二级旧里以下改造约 20.3 万平方米、1.1 万户，历经 30 年持续推进，困扰上海多年的民生难题得到历史性解决。规模化推进既有多层住宅加装电梯，全年完工 2303 台。

【城市管理】城市日全球主场活动成功举办，为实现全球可持续发展目标贡献上海样本和中国方案。出台新一轮城市管理精细化提升行动计划，修订网格化综合管理评价方案和管理标准，编制城市管理精细化示范区建设导则，研究城市管理精细化工作短板弱项发现及处置机制。完成《上海市无障碍环境建设条例》立法，开展杨浦滨江公共空间无障碍示范区创建。开展生态环境、小区环境、街面环境、营商环境“四个环境”专项执法行动。加快“智慧城管”信息系统建设应用。完成房屋买卖、水电气网联合报装、既有多层住宅加装电梯、保障性租赁住房申请等“一件事”服务上线。

【行业转型】出台工程建设审批制度改革 5.0 版。

制定《关于加快本市建筑业恢复和重振的实施意见》。全年建筑业产值达到9273.9亿元，同比增长0.4%。发布城乡建设领域碳达峰实施方案。绿色建筑累计达到3.27亿平方米，创建绿色生态城区21个、占地58.6平方公里。累计审核通过的超低能耗建筑面积达到1030万平方米。推进建筑碳排放智慧监管平台建设，年度实施公共建筑节能改造440万平方米。发布《保障性租赁住房设计标准（新建、改建分册）》等工程建设地方标准和图集55项。深化BIM技术在保障房和重点区域项目中的试点应用。推进装配式建筑产业基地建设。举办上海市住建行业科技大会和行业职业技能大赛。

【城市安全】压实工地各方责任，全面构建以建设单位为首要责任的质量安全主体责任体系。全面推行建设工程安全生产责任保险制度，推进房屋安全隐患排查整治，推进农村房屋安全隐患排查整治。完成380公里隐患管线整治。加强燃气用户端安全管理。

【党的建设】把落实管党治党作为最根本的政治责任和担当，抓严抓实各项主体责任，为确保中央和市委重大决策部署落地落实提供坚强有力的政治保障。深化探索党建引领基层治理。深入实施“先锋行动”“联建行动”“强基行动”。梳理市委党建引领基层治理“六大工程”20项任务，全面完成市委党建办确定的系统24项年度举措。着力锻造符合超大城市发展和治理需要的高素质专业化干部人才队伍。

城乡建设

【重大工程建设】2022年，上海市城市基础设施建设投资比上年下降7.9%。其中，电力建设投资下降9.7%；交通运输投资持平；邮电通信投资增长4.2%；公用事业投资下降3.0%；市政建设投资下降17.3%。市重大工程共完成投资2099亿元，超同比增长7.2%，投资总额创历史新高。做深做实市重大工程项目储备库、实施库，不断优化升级投资结构，充分发挥重大工程项目“稳增长、调结构、促转型、惠民生”的作用。从五大板块来看：科技产业类项目完成投资806.1亿元；社会民生类项目完成投资72.4亿元；生态文明类项目完成投资162.8亿元；城市基础设施类项目完成投资905.5亿元；城乡融合与乡村振兴类项目完成投资152.2亿元。

【推进新项目集中开工】2022年，市重大项目建设加强条块联动、打通堵点难点，协调物资供应、跨省运输、渣土处置、质量安全等方面难题瓶颈，积极调度全市重大工程全面复工。出台《市级政府投资重大工程建设涉及资源性指标统筹使用实施办法》，建立土地、林地、房屋、绿化、水面、渣土等指标“六票统筹”及跨年度平衡机制。推进涵盖市域铁路、市政道路、产业、水务、教育和租赁住房等多个板块市区两级重大工程开工，纳入“潮涌浦江”系列活动。全年市重大工程新开工33项，其中14个正式项目开工建设，14个预备项目提前开工，5个计划外项目开工。全年共建成16项重大工程项目，超年初计划6项。

城市管理

【城市日全球主场活动成功举办】2022年，“世界城市日”全场主场活动在上海成功举办。习近平总书记向活动致贺信，市委主要领导宣读贺信并作重要讲话，此次活动为实现全球可持续发展目标贡献了上海样本和中国方案。活动以“行动，从地方走向全球”为主题，形成“上海奖”“上海指数”、2022版《上海手册》、2022版《上海报告》《新时代上海“人民城市”建设的探索与实践》丛书旧区改造卷和绿色发展卷等一系列成果，举办了“旧区改造三十年主题展”“城市优秀案例展”。

【城市治理数字化转型】2022年，初步建成上海城市信息模型（CIM）住建行业市级平台，组建“上海市CIM底座建设与应用联盟”，实现与嘉定汽车城园区级CIM平台对接，完成城市维护设施评估系统、地下市政基础设施管理平台等“CIM＋”示范应用建设。编制《上海市城市运行管理服务平台建设方案（第一版）》，组织混凝土搅拌站管理、马路拉链、数字化小区、智慧楼宇等重点场景开发应用，推进防汛防台、房屋安全、雨雪冰冻等应急管理领域数字化转型工作。推动城市体检工作，形成“69（部指标）＋N（市指标）＋X（区指标）”指标体系和市、区、街镇三级工作体系。

【推进城市管理精细化工作】2022年，出台新一轮城市管理精细化提升行动计划，修订网格化综合管理评价方案和管理标准，编制城市管理精细化示范区创建导则，研究城市管理精细化工作短板弱项发现及处置机制。配合完成《上海市无障碍环境建设条例》立法，开展杨浦滨江公共空间无障碍示范区创建。全市拆除违法建筑12757处、247.26万平方米；实施河湖沿岸违法建筑专项整治，开展第二批无违建示范街镇创建。完成102个“美丽街区”创建、101处社区点位微更新和30个桥下空间品质提升项目，架空线入地和杆箱整治工程竣工233公里，南京东路、新昌路路口等“遮阳设施”建设落地，全市累计创建完成4033个绿色社区，“家门口的蝶变”效果初现。“马路拉链”治理、“群租”治理、二次供水设施改造、“内部道路”治理等专项工作有序推进。

【城市管理综合执法】2022年，上海城管执法管理系统贯彻执行“一清单、两意见”要求，统筹协调街镇综合行政执法工作。开展生态环境、小区环境、街面环境、营商环境等“四个环境”专项执法行动，依法查处城市管理领域违法违规案件10.83万起。深化长三角一体化城管执法协作，发布长三角生态绿色一体化发展示范区跨省毗邻区域城管执法协作指导意见和若干规定。加快“智慧城管”信息系统建设应用，推行非现场执法、分级分类监管、“双随机、一公开”等执法模式。坚持城管队伍革命化、正规化、专业化、职业化发展方向，统筹推进教育培训、执法监督等基础建设，高素质综合执法队伍建设展现新气象。

【提升行政管理服务效能】2022年，上海市完成房屋买卖、水电气通联合报装、既有多层住宅加装电梯、保障性租赁住房申请等“一件事”服务上线，“一网通办”工作年度考核评估位居市级工作部门前列。深化城维工作改革，制订《关于推动本市城市维护管理工作高质量发展的实施方案》和市级项目、平台管理、绩效管理、应急抢修等配套实施细则。完善热线制度建设，强化岗位培训和日常监督，住建领域热线服务水平有效提升。加强立法工作，推进严格、规范、公正、文明执法，提升法治政府建设水平。

市政公用事业

【海绵城市建设】2022年，上海市城市建成区新增55.44平方公里，完成100个海绵示范项目，累计已有358.9平方公里达到海绵城市建设要求。五个新城示范区均编制完成示范区海绵系统方案，积极推进建筑、道路、绿化和水务系统海绵示范工程建设。

【地下综合管廊建设】2022年，按照“沿重大管线通道推进干线型管廊建设，结合旧城改造、新城建设等成片区域开发，推进支线型管廊建设；结合架空线入地推进缆线型管廊建设”的总体思路，着力推进形成干、支、缆相结合的综合管廊系统，建设地下综合管廊约155公里，125公里管廊已投入运行。

【架空线入地和杆箱整治】2022年，根据市委、市政府关于“民心工程”的有关部署，在前四年完成568公里的基础上，2022年累计完成架空线入地和杆箱整治任务233公里。内环内架空线入地率提高到53%，内环内主干道入地率达80%，次干道达74%，“申字型”高架沿线、苏州河沿线道架空线基本入地。

【推进无架空线示范片区建设】2022年，推进无架空线示范片区建设竣工233公里，其中，长宁区竣工25.56公里，率先打造北新泾无架空线全要素整治示范街道；黄浦区竣工19.26公里，率先打造环人民广场—新天地全要素整治示范区；徐汇区竣工25.3公里，衡复风貌区、徐家汇商圈等核心区域市容市貌焕然一新；普陀区竣工20.86公里，结合架空线入地推动曹阳新村城市更新，打造了“曹杨样板”。

【道路照明节能改造】2022年，推进道路照明设施改造，共完成各类LED灯盏改造近4万盏，开展同济路、逸仙路LED灯具试挂，在保障道路照明设施提质增效的同时进一步降低能耗。

【燃气旧管网改造工作】2022年，积极、稳妥、快速推进燃气老旧立管改造进度，共完成改造9.4万户，年内目标全面完成。完成53公里的隐患管道改造和190.7公里的老化管道更新，全年工作目标完成。

【推进汽车加氢站建设管理】会同多部门联合印发《上海市燃料电池汽车加氢站建设运营管理办法》。上海市首批7座加氢站正式获得燃气经营许可证，加氢站正式参照燃气供气站点纳入日常监管。加氢站建站补贴和加氢站运营补贴审核事项相关规定已纳入《上海市燃料电池汽车示范应用专项资金管理办法》。

房地产业

【房地产开发建设稳步恢复】2022年，上海市房地产开发投资下半年从低位回升，降幅持续收窄。全年完成投资4979.54亿元，比上年下降1.1%。从房屋类型看，住宅投资2771.80亿元，增长3.7%；办公楼投资695.81亿元，下降9.4%；商业营业用房投资416.17亿元，下降18.6%。

【房屋在建规模总体平稳】2022年，开发建设进度有所放缓，新开工和竣工规模整体减少，但全市房屋在建规模总体平稳。全市房屋施工面积16678.19万平方米，比上年微增0.3%。其中，房屋新开工面积2939.74万平方米，下降23.6%；房屋竣工面积1676.40万平方米，下降38.8%。

【新建商品房销售面积同比微降】2022年，上海保持调控政策的连续性和稳定性，加大供应力度，加快供应节奏，推进复工复市。全市新建房屋销售面积1852.88万平方米，比上年下降1.5%。其中，住宅销售面积1561.51万平方米，增长4.8%；商办销售面积119.50万平方米，下降30.0%。

【新建住宅销售】2022年，新建住宅销售均价44430元/平方米。从区域均价看：内环线以内119244元/平方米，内、外环线之间69537元/平方米，外环线以外33533元/平方米。剔除征收安置住房和共有产权保障住房等保障性住房后的市场化新建住宅的区域均价分别为：内环线以内119244元/平方米，内、外环线之间93773元/平方米，外环线以外48461元/平方米。

【成片二级旧里改造】2022年，完成中心城区成片旧区改造约20.3万平方米、1.1万户。7月下旬，上海最后一个成片二级旧里以下房屋改造征收项目——建国东路68街坊及67街坊东块征收方案生效，标志着通过三十年的不懈努力，被称为"天下第一难"的中心城区成片二级旧里改造全面完成，困扰上海多年的民生难题得到历史性解决。

【两旧一村改造】2022年，上海市完成中心城区零星旧改约5万平方米、0.2万户，不成套住宅改造约24.5万平方米、0.6万户，新启动8个"城中村"改造项目，进一步完善了城市功能，改善了城市面貌。

【优秀历史建筑保护】2022年，围绕"以修促保、以用促保、以管促保"，印发《关于在城乡建设中加强历史建筑保留保护管理的通知》，发布《优秀历史建筑外墙修缮技术标准》《优秀历史建筑抗震鉴定与加固标准》，建立优秀历史建筑调查评估制度，加强历史建筑保留保护管理，开展第六批优秀历史建筑遴选标准及类型范围的研究。

【优秀历史建筑保护修缮】2022年，上海市开展58个优秀历史建筑保护修缮项目。在优秀历史建筑保护修缮的同时，重视红色资源的保护传承，2022年涉及红色资源的项目有：杨树浦路670号优秀历史建筑修缮工程、贵州路160号铁道宾馆优秀历史建筑装修工程、四川北路193弄优秀历史建筑修缮工程、山阴路133弄优秀历史建筑修缮工程。

【持续推进居住类民生实事项目】2022年，推进住宅小区"美丽家园"建设三年行动计划，完成726个小区新增电动自行车充电设施，实施1948个小区雨污混接改造，完成35个易积水小区改造。实施老旧高层住宅电梯安全评估2675台，对接安全评估结论，完成老旧住宅电梯修理712台、改造424台、更新226台。开展5773个小区高层住宅建筑消防设施排查整治。

【推进既有多层住宅加装电梯】2022年，聚焦数字化赋能、管线配套优化、规模化推进等方面，进一步为基层赋能赋力，完成加装电梯2303台，实施规模化加梯小区23个。

住房保障

【保障性租赁住房】2022年，上海市完成保障性租赁住房新增建设筹措18万套（间），比原计划超额4%。截至年底，全市保障性租赁住房已累计建设筹措38.5万套（间），达到"十四五"期末规划量的64%；累计供应22万套（间），达到"十四五"期末规划量的55%。

【廉租住房】2022年，全面实施廉租住房新准入标准和补贴标准，新增配租家庭4913户，历年累计受益家庭14.2万户。

【共有产权保障房】2022年，分批启动共有产权保障住房本市户籍家庭第十批次及非沪籍第四批次申请受理工作，完成签约约8400户、61万平方米，签约面积较2021年增长19%；历年批次累计签约14.3万户。

【征收安置住房】2022年，修订《上海市征收安置住房管理办法》和《加强区属征收安置住房建设和管理工作若干意见》，进一步加强对征收安置住房的全过程统筹和监管。

【大型居住社区保障房及配套建设】2022年，加快市属保障性住房开工建设，新开工市属保障房项目4个；实施大居配套三年行动计划，完成115项大居配套年度建设任务，不断提升大居公共服务水平。

公积金管理

2022年，上海住房公积金缴存额2227.22亿元，比上年增长14.62%；受委托办理住房公积金缴存业务的银行1家。个人住房公积金贷款余额5872.25亿元，比上年增长5.22%；受委托办理住房公积金个人住房贷款业务的银行19家。

建筑业管理

【建筑业产值实现增长】2022年，上海市建筑业全年实现总产值9273.9亿元，比上年增长0.4%，建筑业实现增加值743.57亿元，比上年下降4.7%。建筑业增加值占上海市国内生产总值比重为1.67%。按建筑业总产值计算，上海市建筑业劳动生产率达

72.29 万元／人，比上年下降 4.78%。同时，上海市建筑业外向度达 62.3%，连续八年提高。上海市勘察设计行业实现营业收入同比下降 10.8%。建设工程咨询行业营业收入有所下降，其中，工程监理和工程造价业务营收分别同比下降 6.1% 和 5.5%，工程招标代理业务基本持平。

【出台工程建设审批制度改革 5.0 版】制定发布《关于深入开展营商环境创新试点持续推进工程建设项目审批制度改革的实施方案》，将优化营商环境范围拓展至项目、市场、企业和人员等工程建设全领域，构建形成政策体系矩阵的系统集成，全年市区两级累计出台实施各类改革政策文件 105 项，不断优化完善顶层设计，破除体制机制壁垒，加速释放建筑市场主体活力。推动工程建设审批审查中心实体化运作，审批管理系统增加“加装电梯一件事”“中介服务超市”等功能，“一站式”审批服务体系不断完善。

【BIM 应用】2022 年，加快推行绿色施工，完善建筑信息模型（BIM）应用规则体系，建设基于 BIM 的智能审查和监管系统，深化 BIM 技术在保障房和重点区域项目中的试点应用。

【装配式建筑】2022 年，大力推进装配式建筑和智能建造融合发展，推进装配式建筑产业基地建设，加强构件质量监管和示范项目培育，新开工项目中装配式建筑占比超过 90%，减少建设过程能源资源消耗。

【绿色建材】2022 年，大力推进建筑废弃物循环再生利用，废弃混凝土固化集中处置能力超过 600 万吨／年。

【提升建筑能效】2022 年，开展超低能耗建筑项目示范及光伏建筑一体化等技术研究，累计审核通过的超低能耗建筑面积达到 1030 万平方米。

【既有建筑节能降碳】2022 年，完成国家公共建筑能效水平提升重点城市建设任务，推进建筑碳排放智慧监管平台建设，发布《关于规模化推进本市既有公共建筑节能改造的实施意见》，全年实施公共建筑节能改造 440 万平方米。

【绿色建筑】2022 年，建立绿色建筑管理办法配套机制，累计绿色建筑达到 3.27 亿平方米。修订《上海绿色生态城区评价标准》，创建绿色生态城区 21 个，占地 58.6 平方公里。

【长三角区域工程造价管理一体化】2022 年，会同江苏省住房和城乡建设厅、浙江省住房和城乡建设厅和安徽省住房和城乡建设厅联合印发《长三角区域工程造价管理一体化发展工作方案》，召开长三角区域工程造价管理一体化第六次联席会议，协同推进长三角一体化各项工作。

【工程建设标准管理】2022 年，发布工程建设标准和图集共 55 项，其中包括《保障性住房设计标准 保障性租赁住房新建、改建分册》《既有居住建统节能改造技术标准》和《既有公共建筑节能政造技术标准》等一批与人民群众民生福社关系密切的工程建设标准。

【工程建设标准国际化】2022 年，住房和城乡建设部工程建设标准国际化工作座谈会召开，上海做主旨发言。发布外文版标准《自动化集装箱码头设计标准》和《水下挤密砂桩设计与施工规程》。

【建设工程定额编制和评估工作】根据《2022 年度上海市工程建设及城市基础设施养护维修定额编制计划》，积极推进《上海市燃气管道养护维修工程估算指标》等各相关定额的编制，全年发布《上海市轨道交通工程概算定额》《上海市市政工程预算定额第三册综合杆工程》等 9 本定额。

（上海市住房和城乡建设管理委员会）

城 市 管 理

绿化林业

【概况】2022 年，上海市加大绿化造林，全年新增森林面积 5.1 万亩，森林覆盖率达到 18.51%。生态廊道建设全面完成，“绿道”网络基本成型，街心公园多点开花，绿化“四化”（绿化、彩化、珍贵化、效益化）水平稳步提高。完成绿地建设 1055.3 公顷，绿道建设 232 公里，立体绿化建设 44.6 万平方米。

【绿地建设】扎实推进绿地建设，全年共新建绿地 1055.3 公顷，其中公园绿地 512.8 公顷。

【绿道建设】超额完成“建成绿道 200 公里”任务目标，广中路、苏州河绿道普陀段（局部）、真北路、汶水东路、滨江森林公园（二期）、蕰藻浜、崇明生态大道等一批有特色的绿道建成开放，全年共完成 232 公里建设任务。

【口袋公园建设】“新建改建 60 座口袋公园”首次被列入市委市政府为民办实事项目，超额完成既定目标，全年共建成了 80 座绿化景观面貌良好、基础配套设施完善、主题特色突出、服务功能多样的口袋公园。

【环城生态公园带建设】制定《环城生态公园带

环上功能提升总体规划和设计导则》，丰翔智秀公园、春光公园等7座环上公园建成开放，春申公园、锦梅公园等10座环上公园开工建设。

【绿化“四化”建设】在口袋公园、绿道等绿化特色道路创建项目中推广应用“四化”新优植物，包括石蒜系列、萱草系列、鸢尾系列等宿根地被，北美海棠、月季“韧月”、红枫“珊瑚阁”、穗花牡荆等花灌木。

【郊野公园建设】完成合庆郊野公园开园指导工作，制定下发了《上海市郊野公园运营管理指导意见》。

【绿化特色道路】打造“两季有花、一季有色”的道路绿化特色景观，每年在全市创建一批绿化特色道路，2022年，共创建绿化特色道路16条。

【申城落叶景观道路】2022年，“落叶不扫”景观道路由2014年的6条增至为45条，自2013年起，申城道路保洁和垃圾清运行业开始打造落叶景观道路。

【花卉景观布置】2022年，上海市做好迎国庆和党的二十大全市绿化景观保障工作，重点区域绿化主题景点和花坛花箱布置亮点纷呈，花卉布置量1000万盆以上。

【城乡公园体系】上海市城乡公园数量达到670座，其中新建城市公园39座、口袋公园69座、乡村公园30座。

【公园免费开放】上海植物园、上海曲水园实施免费开放，不断完善基础设施，加强游园安全的管控，为市民游客创造了安全有序的游园环境。全市收费城市公园减少至12座。

【公园主题活动】全市7个区和3家直属公园与8所院校有序推进落实公园主题功能拓展项目，40项已相继实施完成。开展园艺大讲堂、绿化大篷车、流动花市等系列活动1563场，直接参与人数达30余万人次。全市共有社区园艺师327人，覆盖全部221个街道（镇），建成市民园艺中心72座，着力打造构建“市民园艺服务”网络。

【国庆期间公园游客量】2022年国庆期间，上海市公园共接待游客410.19万人次（其中城市公园356.85万人次、郊野公园53.34万人次）。城市公园游客量较上年减少了28.40%，其中，12座收费公园共接待游客58.75万人次，较上年同期减少21.64%；6座市属公园共接待游客64.9万人次，较上年同期减少13.65%；区属公园共接待游客291.96万人次，较上年同期减少31.02%。

【古树名木管理】组织重大林业有害生物监测防控，布设3626只美国白蛾诱捕器，比上年增加52%，共完成防治作业面积67.9万亩次。全年共完成16项144株古树名木复壮、设施维护与生境改善、45个古树名木生长势与环境监测点维护、388株古树名木病虫害治理、120株古树名木健康评估等实施内容。建成松江“六号千年古银杏园”、浦东泾南公园“千年古银杏园”、嘉定紫气东来绿地古银杏“双树园”等古树园。

【树木工程中心建设】联合同济大学完成“应对台风侵袭的上海市行道树应用评价与优化策略研究”“行道树风险机制研究”等专题研究，联合复旦大学、华东师范大学开展了“公园城市背景下城市树木生态应用路径研究”“上海城市树木树种结构优化研究”“i-Tree模型的本地化及应用实践研究”等前瞻性研究。联合上海自然博物馆开展策划行道树相关课程，形成《认识行道树》等科普课程。全年共举办线下科普活动22场，线上科普活动9场，服务市民4万余人。

【立体绿化建设】新增立体绿化44.6万平方米，全力推进“百里花带”建设，巩固发展“申字形”高架沿口摆花工作。

【市民绿化节】全年共开展园艺大讲堂、绿化大篷车、流动花市等各类活动1563场，直接参与人数达30余万人次，取得了良好的社会效应。

【单位附属绿地开放】21家单位完成实施附属空间和绿地开放，5家单位完成开放方案编制。中山公园、鲁迅公园、复兴公园、和平公园、静安雕塑公园等一批公园拆除围墙。

【林长制全面推行】印发《上海市林长制2022年度考核办法》《上海市林长制指导督查工作方案（试行）》等文件。指导重固、合庆、石门二路街道等39个街镇创建林长制工作示范街镇，浦东新区、青浦区重固镇入选2022年度长三角一体化林长制改革示范区十大案例。

【林业建设】2022年新增森林面积5.1万亩，上海市森林面积达189.77万亩，森林覆盖率达18.51%。建成30个开放休闲林地，完成8个千亩开放林地项目与2.1万亩生态廊道项目验收工作，完成公益林抚育3万亩。强化造林项目管理，对65个造林项目、659个地块开展营造林实绩核查。

【森林资源管理】印发《上海市生态公益林抚育管理意见（试行》。完成5个林下种植复合经营项目的验收。推进崇明区和奉贤区正式申报创建国家森林城市，辰山植物园和东方绿舟被认定为国家青少年自然教育绿色营地。推进辰山植物园、上海植物园、中国科学院分子植物科学卓越创新中心联合申报国家植物园。

【有害生物监控】抓好以美国白蛾为重点的有害生物防控工作，全年共完成防治作业面积67.9万亩次。

【“安全优质信得过果园”创建】2022年，全市“安全优质信得过果园”达93家，分布在全市9个郊区，统一使用专用“安全护盾”标识（logo）和果品安全追溯系统。

【湿地保护修复】完成湿地生态综合监测，全市国土“三调”口径湿地总面积为7.27万公顷。全力推进崇明东滩申遗和崇明区正式申报创建国际湿地城市。推动崇明北湖生态修复项目列入崇明世界级生态岛建设三年行动计划。

【常规专项监测】崇明北湖生态修复项目正式列入崇明生态岛三年行动计划。开展水鸟同步调查、绿（林）地鸟类调查、两栖类和兽类监测等陆生野生动物常规监测项目。

【野生动植物进出口许可】全市办理各类野生动植物资源人工繁育、经营利用、进出口许可5780件。

【野生动植物执法监督】全市各级执法部门共查办野生动物案件176起，处以罚款和罚金5.64万元，配合公安部门办理野生动植物刑事案件73起。

生活垃圾

【概况】2022年，上海市生活垃圾回收利用率达到42%，末端设施处置能力全面提升，垃圾综合治理取得新成效。

【垃圾分类实效】全年可回收物回收量6011吨/日，有害垃圾分出量1.54吨/日，湿垃圾分出量7988吨/日，干垃圾处置量16399吨/日，湿垃圾分出量约占干湿垃圾总量的35%左右。不断优化可回收物服务体系，在233个公共场所试行可回收物精细化分类，全市生活垃圾回收利用率达到42%，各区、各街镇生活垃圾分类实效综合考评均取得“优秀”，全面达到示范区、示范街镇水平，居民和单位垃圾分类达标率均保持在95%以上。

【垃圾源头减量】持续深化包装物减量治理，上海市寄递企业网点规范新增800个包装废弃物回收装置网点，上海市主要品牌寄递企业电商件不再二次包装率达到95%。源头减量率达到3%。

【分类体系建设】全市共配置522辆可回收物回收车、129辆有害垃圾车、1790辆湿垃圾车以及3468辆干垃圾车，巩固1.5万个可回收物回收服务点、198个中转站、15个集散场的可回收物“点、站、场”体系。

【末端处置设施】宝山再生能源利用中心建成投产，浦东海滨再生能源利用中心项目基本建成，全市生活垃圾焚烧能力达到28000吨/日，湿垃圾集中处置能力达到7000吨/日以上。松江湿垃圾项目、老港三期项目及闵行湿垃圾项目开工建设，超额完成年度目标任务。启动建设7座湿垃圾资源化利用设施。全面推进横沙新洲整体抬升方案落实，确保渣土消纳卸点按时启用。

【社会宣传动员】开展“垃圾分类新时尚、绿色低碳新生活”主题活动与“垃圾分类七进”活动，营造人人知晓、广泛参与垃圾分类的良好氛围。

【建筑垃圾、工程渣土管理】推进装修（大件）垃圾预约收运新模式，街镇覆盖率达61%，居住区覆盖率达57%。持续打击建筑垃圾违法违规行为，会同城管、交警等部门开展联合监管执法行动11次，办结吊销建筑垃圾运输许可证行政处罚案件7件。全面完成15处非正规垃圾堆放点整改任务，完成第二轮环保督查整改项目销项工作。对全市垃圾堆放的非正规点位开展三轮集中排查，对2021年全国人大《固废法》执法检查发现的问题整改情况开展回头看。

【船舶废弃物管理】利用北斗导航的航迹追踪、船载视频监控等方式对作业单位的作业现场进行远程管理；采取流动收集为主、固定点收集为辅方式，调整流动作业路线，优化船舶废弃物接收作业能力；会同上海市交通委、上海海事局研究《〈上海港内河船舶污染物免费接收项目〉联合监管考核办法》，积极推进船舶生活垃圾收集、运输行政许可的承诺告知。

市容景观

【概况】2022年，上海市重大活动市容环境保障圆满完成，市容环境面貌持续提升，景观照明建设亮点纷呈，城市保洁水平稳步提高，户外广告招牌提质治违。

【重大活动市容保障】做好国庆、党的二十大、第五届进博会等重要时段和重大活动期间市容环境保障，利用黄浦江两岸景观照明开展主题宣传，全面完成市容环境保障提升任务2844项。继续做好“百个景点”“百条花道”的保障，重点做好国家会展中心南广场及周边绿化景观提升工作。

【景观照明建设】扎实推进黄浦江景观照明提升，完成东方明珠塔、小陆家嘴地区景观照明提升任务。加快推动“一河两高架”景观照明建设，提升楼宇、桥梁共125座，打造了苏州河华政段、四行仓库等“网红”节点。组织编制嘉定新城、南汇新城景观照明规划实施方案。发布上海城市夜景宣传片《光与城》，开展苏州河景观照明系列宣传，浏览量、转发量超过百万次。

【市容专项工作】积极推进第二轮“美丽街区”建设，建成102个“美丽街区”，总数累计达552个，覆盖率约32%。设置优化5400处公共空间休憩座椅，推动座椅认捐认养和市民创意大赛等社会共治。

【户外广告招牌设置管理】完成《上海市户外广告设施设置规划（2023—2027年）》《上海市户外招牌设置技术规范》修编工作。印发《关于进一步加强本市户外招牌规范管理的指导意见》，编制完成《黄浦江滨水公共空间户外招牌设置导则》，将户外招牌日常巡查纳入网格化管理。整治市级督办的违法户外广告设施、电子走字屏、招牌4030块，向城管执法、交通部门移送车辆、游艇违规设置流动户外广告的案件线索508条。评选命名40条市级户外招牌特色道路（街区）。

【水域环境整治】持续开展水生植物整治工作；以“净滩头”“清弯头”为基础，进一步健全水域保洁监管机制，提升精细化保洁水平。保持黄浦江、苏州河景观水域环境“水面垃圾零漂浮、水生植物零污染”。

【市容环境治理】针对114处市容薄弱区域及17个撤制镇开展市容环境综合治理。强化市容环境卫生责任区管理，设立72处市容环境观察点。每月15日环境清洁日行动成常态；556条市容环境卫生责任区管理示范道路基本根除“脏乱差”。

【道路保洁】开展道路保洁“大冲洗”及城市深度清洁专项行动，完成58块（条）区域（道路）建设工作。大力推进环卫作业机械化，环卫保洁道路机扫率达97%、冲洗率达96%。根据台风应急保障预案，做好台风“轩兰诺”“梅花”的道路清扫应急保障。

【车洗管理】2022年，上海市清洗场（站）总数3377家，其中备案清洗场（站）3104家，同比增长8.2%，备案率达到91.9%；提炼三星级清洗场站119家，创建完成30家“优＋”示范级场站；组织开展节水洗车系列宣传活动16场，完成本市节水洗车服务点220个；检查环卫单位车容管理“三落实”195处，监测全市环卫车辆21338辆次，车容车貌整洁率为92.97%。

【环卫公厕】全年新建12座、改建91座环卫公厕，提升苏州河两岸公共空间等重点区域公厕保洁服务质量。积极推进第三卫生间、无障碍厕间、无障碍设施、母婴设施等配置，全年增设第三卫生间公厕18座，目前配建有第三卫生间的环卫公厕达700余座，环卫公厕第三卫生间的配置比例已超过20%。

【最美公厕评选】在“2022寻找上海‘最美厕所’”活动中，14号线陆家嘴地铁站公厕、上海古猗园兰花主题厕所、上海玻璃博物馆玻玻璃璃童趣厕所等20座厕所当选2022年上海“最美厕所”；环湖景观带7号公厕、高家庄生态园沙船厕所、八村公厕等5座厕所当选2022年上海“特色厕所”。

行业发展

【概况】2022年，法治体系建设不断完善，大调研工作深入推进，行业营商环境持续优化，科技创新持续强化，社会宣传有声有色，行业安全稳定保持常态，诉求处置满意度显著提升。

【行业法治保障配套制度】完成《上海市市容环境卫生管理条例》修订工作以及《上海市浦东新区固体废物资源化再利用若干规定》制定工作。起草完成《上海市森林管理规定（修订草案）》。完成《上海市公园管理条例》调研评估工作和《上海市崇明东滩鸟类国家级自然保护区管理办法》《上海市环城绿带管理办法》立法后评估工作。

【优化营商环境】深入推进“一网通办”工作，完成行业11项营商环境创新试点改革和10项公共服务标杆场景应用，优化9项高频许可事项全流程一体化“好办”和“快办”体验，率先实现全行业网办率100%的目标，实现行业政务服务办理类事项100%电子证照发证。制定《本市绿化市容（林业）领域轻微违法行为不予处罚清单》《绿化市容行业信用管理办法》《关于进一步优化营商环境完善本市户外广告设施设置阵地实施方案编制工作的意见》。

【大调研常态化制度化】共开展调研1681次，其中局主要领导带队调研57次，局分管领导带队调研340次；共发现问题721个，收到工作建议570条，行业相关文章被“上海大调研”公众微信号录用24篇。

【社会宣传】全年行业相关报道超17万篇次，“绿色上海”政务新媒体发布微信1435篇，微博2518条，抖音短视频149个。累计制作舆情日报290期。全年无涉政类负面舆情发生，无涉行业重大负面舆情发生。举办首届行业科普讲解员大赛，取得良好效果。

【文明行业创建】完成（2021—2022年度）新一

轮全国文明单位、上海市文明单位和上海市绿化和市容管理局文明单位预申报工作，其中预申报全国文明单位 5 个，上海市文明单位 38 个，上海市绿化和市容管理局文明单位 35 个。

【科技赋能】完成科技成果转化落地项目 16 个。搭建上海市绿化市容“1＋4”监管总屏，完成市容景观、绿化管理、环卫监管、森林防火 4 个分屏的初步构建。持续推进标准化项目管理，发布 9 项地方标准。全年更新新能源环卫车 258 辆。

【保障职工合法权益】帮助 4 家基层单位建成“爱心妈咪小屋”、1 家基层单位新建“劳模书架”，不断满足职工需求。选树 2021 年行业劳动立功竞赛、劳模工匠创新工作室，增强行业职工的获得感、幸福感、安全感和责任意识、使命担当。

【安全维稳】开展领导干部“防疫情、稳经济、保安全”大走访、大排查工作，全面抓好春节、“两会”、国庆节、党的二十大、第五届进博会等重要时段和重大活动期间行业安全维稳工作。热线处置对标“接得更快、分得更准、办得更实”要求，开展环卫作业扰民专项治理，举办绿化市容热线诉求处置技能竞赛，共受理市民投诉咨询 2.9 万余件，12345 测评先行联系率 95.52%，满意度得分 85.59。

大事记

1 月

12 日　上海市副市长彭沉雷一行赴上海市绿化市容局调研。

2 月

14 日　会同市规划资源局召开环城生态公园带环上慢行空间贯通工作专题研讨会。

17 日　市绿化市容局总工程师朱心军和市文明办副主任郑英豪赴闵行区体育公园、航华公园开展创建“新时代文明实践公园”调研工作。

24 日　在浦东新区世纪公园召开 2022 年度上海市古树名木保护管理工作会议。

3 月

1 日　“人民城市、美丽长宁”市容环境观察点制度发布仪式在华东政法大学滨河步道举行。

4 日　市政府召开市生活垃圾分类减量推进工作联席会议（扩大）会议。

6 月

17 日　市政府通过视频会议形式召开迎接“党的二十大”“第五届进口博览会”市容环境优化提升工作部署会。

23 日　上海市政府以视频会议形式召开市生活垃圾分类减量推进工作联席会议办公室季度工作会议。

30 日　会同市规划资源局共同组织召开 2022 年森林、湿地调查监测工作推进视频会议。

7 月

6 日　市政府以视频会议形式召开市河湖长制林长制大会。

7 日　市人大常委会副主任高小玫，市绿化市容局党组书记、局长邓建平，副局长顾晓君，市规划资源局副局长王训国，市财政局副局长王蔚静赴崇明区开展该区代表团在市人代会上提出的《关于规范有序推进湿地生态修复建议》督办调研工作。

8 月

19 日　市政府以视频会议形式召开市林长办成员单位会议暨市绿化委员会全体会议。

24 日　市政协总工会界别首家委员工作室在上海市园林科学规划研究院职工之家揭牌成立。

9 月

20 日　以“市容赋新貌、喜迎二十大”为主题的《上海市市容环境卫生责任区管理办法》七周年主题宣传活动在徐汇区衡复艺术中心举办。

22 日　上海市十五届人大常委会第四十四次会议表决通过新修订的《上海市市容环境卫生管理条例》，于 2022 年 12 月 1 日起施行。

10 月

9 日　与上海铁路运输检察院、上海铁路运输法院共同签署《关于加强绿色生态公益诉讼协作工作备忘录》。

26 日　“关爱环卫工人·共建洁净家园”专项行动颁奖仪式通过现场展示和网络直播方式举行，选树表扬“十佳城市美容师”和“十佳社会共建案例”。

11 月

1 日　“长三角植物园科普联盟”揭牌活动暨市科协和市绿化市容局合作签约仪式在辰山植物园举行。第八届上海国际自然保护周市绿化市容局分会场启动仪式暨“生态践行活动”在中山公园举行。

3 日　市政府副秘书长王为人赴黄浦区、静安区、虹口区现场调研公园主题功能拓展工作开展情况。

11 日　2022 年度沪苏浙皖林业部门扎实推进长三角一体化高质量发展联席会议在苏州市召开，共同签署《沪苏浙皖林业主管部门森林防火联防联控协议》。上海市嘉定区、金山区、青浦区和江苏省苏州市、浙江省嘉兴市、安徽省宣城市六地林业主管部门共同签署《长三角生态绿色一体化发展示范区重大林业有害生物联防联控框架协议》。

12日　与上海市人民对外友好协会、陕西省人民对外友好协会、陕西省林业局共同主办的“鹮美天下——共建人与自然生命共同体和中日韩合作”研讨会。

15日　国家林业和草原局驻上海专员办专员苏宗海赴崇明区调研森林督查工作。

22日　召开上海市“网盾行动”工作部署会。

12月

2日　与市文明办联合命名第一批“上海市新时代文明实践公园”上海辰山植物园、上海古猗园、大宁公园、世纪公园、航华公园和上海之鱼城市公园群获此殊荣。

9日　市绿化市容局代表上海市参展的上海展园（室外），荣获第十三届中国（徐州）国际园林博览会室外展园综合竞赛最佳展园等6个奖项，其中最佳展园奖项排名第一。

（上海市绿化和市容管理局）

水务建设与管理

2022年，上海市各级水务部门有效应对各种考验，完成年度总投资284亿元，其中重大工程投资137.6亿元。全市水厂深度处理率提升至77%。落实最严格水资源管理制度，大力实施国家和全市节水行动，持续推进节水型社会建设，建成各类载体428家，9个郊区全部完成县域节水型社会达标建设。强化大用水户和低效益用水户管理，全市157家大用水户节水率达9.96%。开展各类督查检查8500人次，通报河长233人次，约谈7人，各级河长累计巡河21.8万人次，整改问题3.3万个。完成28个骨干河段断点打通、140公里河道整治、2万户农村生活污水处理设施和15个生态清洁小流域示范点建设。贯通开放“一区一河”滨水空间20.6公里，河湖水域岸线品质持续提升。镇管以上河湖断面均值Ⅲ类以上达到84.1%，比2021年提升13.4个百分点，污水溢流减量成效显现，全年日均溢流量比2021年下降56%。滚动开展7轮各区防汛安全隐患自查和4轮第三方巡查，消除隐患1.6万处。不断完善“四道防线”。聚焦基础设施短板弱项，完成82公里主海塘达标建设，完成15座外围泵闸建设和7座病险水闸除险加固。排查整治隐患排水管道132公里，推进雨水系统提标和各类应急调蓄设施建设。完成11条道路积水改善工程和42个易积水居民小区改造。完成“十四五”规划年度计划编制和实施情况评估，推动规划落实落地。组织编制上海市水网建设、重要河湖岸线保护与利用等重要规划，制定浦东新区社会主义现代化建设引领区水务实施方案。推进《上海市合流污水治理设施管理办法》《上海市海塘管理办法》等立改废工作。进一步严格规范行政处罚裁量基准，研究制定新一批水务领域轻微违法行为依法不予处罚清单，全面推进落实全市统一综合执法系统应用。深入开展防汛安全、无证排水等专项执法行动，全市查处违法案件619件，罚款4707万元。加强排水户监管，出台超标排水加价收费征收实施细则。围绕泵站放江治理、河湖健康长效治理、极端天气防汛安全等，持续推进3项市级重大科研项目研究，开展36项局级科研项目研究。加强标准体系建设，完成4项地方标准编制并获准颁布，制定发布标准化指导性技术文件9项。

城市供水

【概况】2022年，上海市建立“原水保障指挥部及市水务局工作专班”，采取水源切换、应急取水、优化工艺、兜底保供等措施，沉着应对网络舆情，保障全市供水安全平稳有序。全市自来水供水总量29.23亿立方米，全市日均供水量802.10万立方米，供水服务压力合格率99.32%，供水水质综合合格率99.89%。全市最高日供水量900.16万立方米（8月19日，当日最高气温40.6摄氏度）。持续推进长桥、杨树浦、凌桥、航头、星火、安亭6座水厂深度处理改造项目，凌桥和星火水厂实现并网通水，全市水厂深度处理率达到77%。完成老旧供水管网更新改造591千米，其中重点完成69千米隐患供水管线排查整治工作。稳步推进二次供水设施接管5000万立方米，实现中心城区非居民用户智能水表全覆盖。深入开展“一网通办”、高品质饮用水示范区建设、原水管渠保护智能监管和节水型社会建设等工作，对全市开展一网调度运行监管和“从源头到龙头”水质监管。9月1日至12月31日，发生15次咸潮入侵事件，未对全市供水造成影响。3—11月，成功举办2022年“世界水日”“全国城市节约用水宣传周”“全国科普日”“清瓶行动”等一系列节水科普宣传活动。4月，发布新时代“上海供水行业精神”。6—12月，做好防咸潮保供水、第五届进博会、夏季高峰、冬季寒潮和重大考试供水保障工作，继续提升“夏令热线”供水服务水平。

【节水型社会（城市）建设】截至12月底，上海市建成3326个节水型居民小区、465家节水型工业企业、1807个节水型生活服务业单位（包括715个行政机关、418个事业单位、598个学校、25个医院及51

个其他单位）、30 个节水型工业园区、7 个节水型农业灌区［以上数据含示范（标杆）］。

【水厂深度处理改造工程】8 月 2 日，杨树浦水厂一阶段 24 万立方米 / 日并网通水；8 月 15 日，安亭水厂 17 万立方米 / 日开工建设；12 月 20 日，凌桥水厂 40 万立方米 / 日并网通水；12 月 28 日，航头水厂 24 万立方米 / 日开工建设；12 月 29 日，星火水厂 4 万立方米 / 日并网通水。全市深度处理率达到 77%。

【供水管网改造】2022 年，滚动实施老旧供水管网改造及优化工作，降低管网漏损率。完成 591 千米老旧供水管网改造，提前超额完成 400 千米改造任务。

【供水服务供应】2022 年，全市自来水供水总量 29.23 亿立方米，比 2021 年下降 2.8%；售水总量 23.89 亿立方米，比 2021 年下降 3.6%。

【高峰供水保障】2022 年夏季高峰期间，上海市供水总体平稳有序，未发生重大安全生产事件。全市日均供水量 865.50 万立方米，比 2021 年（861.01 万立方米）上升 0.52%。其中，中心城区日均供水量 551.03 万立方米，比 2021 年（561.21 万立方米）下降 1.81%，郊区日均供水量 314.47 万立方米，比 2021 年（299.79 万立方米）上升 4.90%。6 月 15 日至 9 月 15 日，高温天（日最高气温≥ 35 摄氏度）49 天，酷热天（日最高气温≥ 37 摄氏度）31 天，最高气温 41 摄氏度（7 月 14 日）。全市最高日供水量 900.16 万立方米（8 月 19 日，当日最高气温 40.6 摄氏度），其中中心城区 570.65 万立方米，郊区 330.66 万立方米。全市供水平均服务压力 228 千帕，服务压力合格率 99.33%。4—6 月，通过调研走访、在线调度例会、水质例会、水量预测、预案制定、设备检修实施、管网优化调度等方式推进高峰供水保障工作。6 月，开展夏季高峰供水动员工作，部署推进工程措施、完善调度方案、增强应急处置能力、加密监测水质指标等各项高峰供水保障措施。6 月 6 日，印发《2022 年高峰供水青草沙、金泽水库藻类监测及应对方案》（沪供水监〔2022〕17 号）。6 月 7 日至 9 月 30 日，开展藻类专项监测工作，编制《高峰供水青草沙、金泽水库藻类监测周报》15 期。

城市排水

【概况】2022 年，上海有城镇污水处理厂 42 座，总处理能力 896.75 万立方米 / 日，日均处理 823.44 万立方米，全年处理污水 30.05 亿立方米。11 项市委、市政府为民办实事项目道路积水改善工程如期完成。开展新一轮雨污混接综合整治攻坚战并持续推进。养护排水管道 40476.57 千米，养护检查井与进水口 396.66 万座（次），清捞污泥 15.74 万吨，拦截垃圾 2.58 万立方米。完成 4709 千米排水管道主管结构性检测，修复排水主管 617.57 千米，整治 132 千米隐患。更新改造雨水口 5.12 万座，安装截污挂篮 36.06 万座。抵御 2 次台风影响和 23 轮暴雨的侵袭，启动防汛防台应急响应 25 次。完成 2 座排水管道污泥处理设施建设。

【道路积水改善工程】2022 年，完成管弄路、永福路等 11 条市政府为民办实事项目道路积水改善工程，涉及普陀、徐汇、黄浦、静安、宝山、闵行等 6 个区，累计新敷设排水主管约 4.9 千米，总投资 1.7 亿元。

【化学需氧量、氨氮、总磷减排工作情况】2022 年，全市城镇污水处理厂化学需氧量削减量 78.55 万吨（2021 年同期为 92.20 万吨），氨氮削减量 7.36 万吨（2021 年同期为 7.23 万吨），总磷削减量 1.22 万吨（2021 年同期为 1.31 万吨）。

【农村生活污水设施建设】完成 2 万户农村生活污水治理建设任务，涉及嘉定 800 户、奉贤 10500 户、金山 8800 户。推进老旧低标设施提标增效，各区完成农村生活污水治理提标增效行动方案编制。宝山、奉贤、金山开展项目前期工作，其他区除崇明区外，将提标增效纳入“十四五”实施计划。以“月检查、季通报”模式开展 3 次市级运维管理督查和水质监测，以“一区一单”形式对各区通报问题，督促抓好问题整改。1 月 21 日，与上海市生态环境局、上海市农业农村委员会联合印发《上海市农村生活污水治理提质增效行动方案（2021—2025）》。6—7 月，根据中央环保督察整改方案要求，编制整改销项工作方案和现场复核检查方案，收集各区整改报告和佐证材料，组织市级相关部门开展整改销项现场复核工作，形成销项报告，上报市督查办。

（上海市水务局）

江苏省

住房和城乡建设工作概况

2022年，江苏省住房城乡建设系统紧紧围绕疫情要防住、经济要稳住、发展要安全重大要求，按照省委省政府部署，突出防风险、保民生、促发展，各项重点任务均按时全面高质量完成。

【认真落实中央和省委省政府重要决策部署】提请省委省政府印发《关于在城乡建设中加强历史文化保护传承的实施意见》，成立领导小组，推动建立省、市、县三级城乡历史文化遗产保护传承工作联动机制。高质量举办第九届“紫金奖·建筑及环境设计大赛”和两期“江苏·建筑文化讲堂”，推动建筑文化普及。指导地方建立管理委员会，组织编制导则，印发三年行动计划，持续推进沿海地区特色风貌塑造。提请省委省政府印发《关于推动城乡建设绿色发展的实施意见》，研究制定城乡建设领域碳达峰实施方案，累计建成绿色建筑面积11.7亿平方米。成功举办第十五届“江苏省绿色建筑发展大会”“2022国际城市与城镇绿色创新发展大会·共建绿色健康人文的生态园林城市”论坛，发布《共建绿色健康人文的城市家园·江苏共识（2022）》。提请省委省政府印发《关于实施城市更新行动的指导意见》，成立领导小组，组建专家团队，编制技术指引和实践案例集，确定首批48个省级试点项目，积极探索城市更新有效路径。提请省委省政府印发《农村住房条件改善专项行动方案》，首次会同有关部门举办新时代农村党群服务中心设计竞赛。扎实推进特色田园乡村建设，举办第二届“丹青妙笔绘田园乡村”活动。串联形成30条美丽田园乡村游赏线路，助力乡村旅游。全省改善农房超过10万户，命名公布“江苏省特色田园乡村”147个，江苏省传统村落首次实现涉农县（市、区）全覆盖。支持11个重点中心镇和特色小城镇开展试点示范建设，督促各地完成393个被撤并乡镇集镇区环境整治工作。

【积极服务经济社会发展大局】坚持“房住不炒”定位，围绕“三稳”目标，因城施策优化完善房地产调控政策措施。稳妥做好房地产领域风险隐患防范化解，全省“问题楼盘”风险总体可控，首批保交楼专项借款全部落实到项目建设，第二批正陆续到位。加大对受风险房地产企业影响的建筑业企业纾困解难力度，支持南通成立专项纾困基金。开辟绿色通道落实建筑业纾困措施，积极落实阶段性工程质量保证金缓缴政策。全省建筑业实现总产值4.38万亿元，同比增长5.3%。扎实推进住宅工程质量信息公示和工程质量安全手册制度，进一步完善工程质量缺陷投诉处理机制，持续完善工程质量保障体系，着力提升建筑工程品质。深入开展建筑工程发包与承包等违法行为专项整治行动，稳步推动造价市场化改革，推进建筑产业工人队伍培育，夯实建筑业发展基础。锚定“双碳”目标，开展省级重大科技项目“低碳未来建筑关键技术研究与工程示范”。聚焦行业发展热点问题和社会关注民生问题，立项厅级以上科技计划116项，评选省建设科技创新成果28项。江苏获华夏建设科学技术奖27项，数量位居全国前列。推进简化厂房仓储类项目审批、水电气业务联合办理等，推动近600个产业类项目实现“拿地即开工”，超2000户企业采用“水电气”联办。

【切实保障和改善民生福祉】2022年，江苏省房地产市场逐步止跌企稳；城镇棚户区改造新开工22.95万套、基本建成17.79万套，新开工（筹集）保障性租赁住房16.2万套（间）、基本建成10.17万套（间），新开工公共租赁住房433套，发放公共租赁住房租赁补贴10.53万户，发放保障性租赁住房补贴4.23万人，均超额完成年度目标任务；新开工改造城镇老旧小区1578个，惠及居民160万人；归集住房公积金2850.6亿元、同比增长9.5%。积极开展党建引领物业管理工作，240个物业管理服务项目被命名为省级党建示范点。加强适老化建设，统筹推进“一老一小”项目建设实施。深入开展城镇污水处理提质增效精准攻坚“333”行动，江苏省新增污水处理能力66.75万吨/日、新改建污水管网1910公里。有序推进“城镇污水处理提质增效达标区”建设，覆盖城市建成区面积约60%。开展新一轮县以上城市建成区黑臭水体排查整治，推动建设了一批城市滨水空间环境综合提升项目。组织开展生活垃圾填埋场规范封场和生态修复工程，江苏省10座填埋场成为生态绿地。成功举办第十三届中国（徐州）国际园林博览会，首次实现各省（区、市）参展全覆盖。江苏省新增省生态园林城市 3 个，高质量建成“乐享园林”小型绿地活力空间 146 处，新改建口袋公园超 500 个。创新评选公布首批 70 项“江苏省公众喜爱的高品质绿色空间实践项目”，社会关注参与投票量近千万。提请江苏省人大常委会审议修订《江苏省城市市容和环境卫生管理条例》。深入推进生活垃圾分类和治理，江苏省新增垃圾分类“四分类”小区 3877 个、达标小区 3059 个，新增垃圾焚烧处理能力 7350 吨 / 日、厨余垃圾处理能力 1060 吨 / 日、建筑（装修）垃圾资源化处理能力 360 万吨 / 年。加强城市市容管理，建成户外广告和店招标牌“规范片区”25 个、“特色街区”20 个。深入实施“停车便利化工程”，全省新增公共停车泊位超 17.4 万个。

【坚持统筹发展和安全】推进自建房安全专项整治。在江苏省开展经营性自建房安全隐患排查“百日行动”，排查自建房 2105.26 万栋，对“全国城乡自建房信息归集平台”中江苏 87.68 万栋经营性自建房全部进行“回头看”。有序开展行政村集体土地上的农村房屋安全隐患排查整治，初判存在安全隐患的农村房屋全部完成安全鉴定，鉴定为 C、D 级的 3.9 万户中完成整治 1.7 万户、完成阶段性整治 1.9 万户，D 级危房全部实现住人清零。持续开展城镇燃气安全排查整治、专项检查和安全整治“百日行动”，江苏城镇燃气安全监管工作意见被住房和城乡建设部转发至各省学习借鉴，全省累计排查整治各类隐患 22.7 万余处，发现整改重大隐患 201 处，全面完成 15 年以上城镇燃气老旧灰口铸铁管道改造。部署开展城市生命线安全工程建设，扎实推进首批 7 个试点城市建设。统筹海绵城市建设和内涝治理，整治完成易淹易涝点 200 多个、疏通排水干管 2.4 万公里。开展水源地达标建设，改造老旧供水管网 1100 公里，全力保障城镇饮用水安全，太湖流域实现连续 15 年安全供水。全面完成全省自然灾害综合风险普查房屋建筑和市政设施调查。持续推进智慧工地建设，进一步提升智慧化、信息化监管水平。江苏省房屋市政工程监管范围内发生事故起数、死亡人数，同比连续六年实现“双下降”。同时，积极推进全省政府投资工程实施集中建设，省级集中建设项目当年竣工 11 个、累计竣工 21 个，泰州、镇江等 9 个设区市已发布市级政府投资工程集中建设管理办法；抓好建设工程消防设计审查验收，探索开展既有建筑改造利用、消防验收备案告知承诺等试点，提请省人大常委会审议修订《江苏省消防条例》，办结建设工程消防设计审查 5448 件、消防验收 4576 件、办结验收备案 13901 件；抓好行政审批服务工作，办理各类企业资质审批（备案）66848 件。

【扎实推进党的建设】牢牢抓住党的政治建设这个根本，深入学习贯彻习近平新时代中国特色社会主义思想，持续强化理论武装。严格落实“第一议题”制度，坚决维护党中央集中统一领导，以迎接、学习、宣传、贯彻党的二十大为主线，组织开展对党忠诚系列教育，不断用党的二十大精神统一思想、统一意志、统一行动，有力推动了捍卫“两个确立”、做到“两个维护”具体化常态化。印发行业党建工作指导意见，全面推进机关党组织与基层单位结对共建、党建联建，巩固征收行业“两个覆盖”、公积金行业文明创建、城管行业“三务”融合等行业党建引领成果，深化红色物业实践，拓展“双务”融合新领域，园林绿化行业“党建红引领园林绿”、集中建设行业“创新项目党组织建设”取得初步成效。全省住房公积金系统连续三届获得省级文明行业称号，扬州、连云港住房公积金中心获评全国文明单位。贯彻落实省委新时代基层党建“五聚焦五落实”深化提升行动计划要求，不断推进基层党组织标准化规范化建设，推动基层党组织开展“一支部一品牌”建设，党的建设各项工作与服务高质量发展较好地实现了同频共振、同向发力。召开工作会议，印发责任清单，层层压实管党治党责任。持续改进文风会风、规范督查考核，切实为基层减负。建立健全廉政风险防控措施，积极打造廉洁文化教育基地，廉洁文化活动各具特色、亮点纷呈，全省住房城乡建设行业风清气正的政治生态得到巩固拓展。

【全面推进依法行政】巩固深化城市管理执法队伍“强基础、转作风、树形象”专项行动，强化执法队伍制度化规范化建设，住房城乡建设四级行政执法监督机制被评定为全省法治政府建设示范项目，统筹推进政务公开、督查督办、综合统计、老干部、信息化、城建档案等工作，为高质量发展奠定了坚实基础。2022 年，厅村镇建设处获得党中央、国务院首次授予的全国“人民满意的公务员集体”称号，受到习近平总书记亲切接见。江苏省 12 个单位、54 名个人被评为全国住房城乡建设系统先进单位、先进工作者和劳动模范。第二轮中央生态环保督察组进驻江苏时，充分肯定江苏环境基础设施建设工作成效，江苏生活垃圾处理方面问题“零通报”。江苏实施城市更新行动 5 项工作入选全国首批可复制经验做法清单，城镇老旧小区改造经验做法 5 次被列入全国可复制政策机制清单，宿迁“信用承诺＋契约管理”模式入选国家法制创新案例库，淮安“数字化联合审图便利项目快速审批”入选国家优化营商环境百问百答。南京、苏州入选全国首批智能建造试点城市，苏州吴中区入选全国首批传统村落集中连片保护利用示范县，昆山入选第二批国家级海绵城市建设示范城市。

法规建设

【深化“放管服”改革】根据法律法规调整情况动态调整权力清单，形成372项权力事项清单动态调整的初稿，共计审核36项市设权力事项清单，重新梳理了46项住房城乡建设领域行政许可事项，由省政府办公厅在《江苏省行政许可事项清单》中统一公布。持续做好办事指南的编制和调整，多次通过厅依法行政工作例会明确审批工作流程、审批系统建设。推动省级赋权落地落细、深化自贸试验区“证照分离”改革，完成自由贸易试验区设立三周年总结自评报告。做好基层综合执法赋权事项专项评估工作。牵头深化工程建设项目审批制度改革，印发《关于做好工程建设项目审批制度改革深化工作的通知》，重点推进16项重点任务，目前已全部完成重点任务机制研究的中期评审。提请省政府办公厅转发省住房城乡建设厅等部门《关于简化厂房仓储类项目审批优化营商环境的若干措施》。积极落实省政府纾困解难要求，与国网江苏电力公司、省政务办联合印发了《关于电水气业务联合办理的实施意见》。

【提升监管效能】全面梳理监管事项清单和随机抽查事项清单。共计梳理住房城乡建设条线随机抽查事项28项。做好跨部门综合监管事项清单编制和联合监管工作开展。将“对城镇污水处理设施运营情况的行政检查”“对建筑市场行为以及保障农民工工资支付工作的行政检查”两个配合事项纳入省政府推进政府职能转变和“放管服”改革协调小组办公室印发的《江苏省跨部门综合监管事项清单（第一批）》中，先后会同省公安厅、省生态厅、省卫健委、省通信管理局等部门开展“全省自行招用保安员单位联合检查”“全省乡镇污水处理厂联合检查”“全省旅馆业联合检查”“2022年省政府民生实事‘新增4000个公共地下空间4G/5G信号覆盖’任务联合检查”等跨部门联合监管。制定厅2022年双随机抽查计划，共列入“工程勘察设计质量及市场行为的抽查”等行政检查事项6项。

【科学谋划立法规划计划】《关于在城乡建设中加强历史文化保护传承的决定》和《江苏省物业管理条例》拟列入省人大2023年正式立法项目，《江苏省历史文化名城名镇保护条例（修订）》和《江苏省城镇房屋使用安全管理条例》拟列入2023—2027年立法规划中的立法调研项目；《江苏省政府投资工程集中建设管理办法》拟列入省政府规章正式项目，《江苏省档案管理办法》《江苏省应急避难场所管理办法》拟列入2023年预备项目，《江苏省房屋建筑和市政基础设施质量监督管理办法》拟列入2023年政府规章立法调研项目。

【深入开展立法工作】扎实完成了四部地方性法规、省政府规章的调研、起草、修改、征求意见、专家论证、集体审议、报送审议等各项立法修法工作。被省人大确定为2022年《江苏省消防条例》的两个共同起草部门之一。配合省司法厅开展了《江苏省建设工程勘察设计管理办法》和《江苏省建设工程造价管理办法》两部省政府规章的修改工作，同时完成了废止《江苏省农村抗震防灾工作暂行规定》的相关工作。修改完善《江苏省建设工程勘察设计管理办法》《江苏省建设工程造价管理办法》。高质量办理各类法规规章和政策措施类文件的协调反馈工作，2022年，共办理法规协调案155件，其他改革措施类文件97件。

完成《关于实施城市更新行动的指导意见》等4件省政府规范性文件进行合法性审查，逐一出具合法性审查意见书；制定印发《江苏省城市古树名木保护管理规定的通知》和《江苏省房屋建筑和市政基础设施工程质量缺陷投诉处理管理办法》2个规范性文件，文件印发后及时进行备案，备案率、合格率、及时率均达100%。对厅起草的28件省政府规范性文件开展了统一清理，提出保留15个规范性文件，废止7个规范性文件，修改6个规范性文件。完成厅起草的12件省政府规章的集中清理和新文本核对、280件厅依申请公开政府信息的合法性审查、65件行政处罚案件的法治审核工作。

【加强公平竞争审查】开展了2022年度重大行政决策项目征集工作。制定印发《江苏省住房和城乡建设厅公平竞争审查制度实施细则》。对涉及调整市场主体经济活动的地方性法规、省政府规章、厅规范性文件以及其他政策措施和各类重要合同，在起草制定过程中严格贯彻落实公平竞争审查制度。落实法律顾问制度，将法律顾问参与决策过程、提出法律意见作为依法决策的重要程序，切实加强合法合规性审查，安排法律顾问参与，听取法律顾问的法律意见，法律顾问全年共向我厅出具合法性审查意见书5件。

【推进综合执法改革工作】深入调研各地城管综合行政执法改革推进情况，组织召开全省工作座谈会，南通等城市先行先试取得一定成效。二是指导各地推动城市管理综合行政执法机构的设立和赋权，明确重心向基层延伸和下沉，对下放乡镇（街道）综合执法局行使的赋权事项，按照“人随事走”的原则，稳步推动执法力量下沉，并依据法定职责加强业务指导、专业培训和执法监督等工作。

【跨领域跨部门联合执法和协作】印发《江苏省住房城乡建设系统行政执法与行业监管联动工作若干规定》，指导各地建立健全行政执法协作机制，加强与执法机构、相关业务主管机构的衔接配合，完善信息共享、联合会商、案件移送抄告等制度，形成协调联动、相互制约的运行机制。探索与审判机关、检察机关以及公安等行政执法部门的信息共享、案情通报、线索和案件移送、联合调查等机制。

【规范公正文明执法】构建住房城乡建设四级行政执法监督机制，印发《省住房城乡建设厅关于开展全省住房城乡建设系统行政执法监督检查工作的通知》，创新以执法平台为载体的监督方式，基本建立覆盖省市县乡四级的执法监督体系。组织开展全省建设工程消防设计审查验收工作质量专项检查，对全省756个设计审查、消防验收（备案抽查）项目开展程序合规性网上巡查工作，对全省建设工程消防设计质量开展网上巡查，梳理问题清单，限期整改到位。印发《2022年省住房和城乡建设厅行政执法工作要点》《江苏省住房城乡建设系统行政执法与行业监管联动工作若干规定》《江苏省住房城乡建设行政执法人员尽职免责若干规定》等文件。组织开展案卷评查工作，统一全省住房城乡建设系统行政执法文书编号规则，对行政处罚和行政强制案件案号和文书编号进行统一管理。深化省住房城乡建设行政执法平台和江苏省建设工程消防设计审查验收管理系统应用工作，开展省平台应用考核和信息化调研，开发“江苏住建执法”APP，印发省平台二期执法信息化装备配备指导标准，优化平台功能模块。妥善化解矛盾，积极应对复议和应诉，2022年被提起行政复议4件，被提起行政应诉21件。

【普法宣传教育】印发《省住房和城乡建设厅关于组织开展2022年住房城乡建设行政执法普法月活动的通知》，覆盖全省住房和城乡建设、城市管理、住房公积金管理、部分园林（市政）和水务等321个主管部门。联合江苏法治报开展“以案释法”活动，在网络媒体开设“普法专题”、在纸质媒体开设“普法专栏”，在省住房城乡建设行政执法平台开设“普法月宣传专栏”，集中展示各地执法成果、典型事例和普法工作经验。联合南京大学政府管理学院开展执法培训；采取线上和线下相结合，对全省住建主管部门消防审验人员开展全覆盖业务培训；组织培育优秀典型，在泰州市住房城乡建设局和太仓市城市管理局组织开展省级行政执法示范单位“云观摩”活动。会同江苏法治报办好“城市管理”专版周刊，在学习强国平台和厅微信公众号等新媒体上开展宣贯执法文书等普法活动。

【信用建设】推动重点行业领域信用管理工作，研究起草《信用分级分类管理办法》，规范统一失信行为的认定标准、认定程序，明确分级分类管理措施、修复救济途径。做好“双公示”、五类行政信息的归集、报送和共享工作，编制完成“十三五”社会信用体系建设工作总结，巩固提升“双公示”成果，探索依法合规的信用分级分类管理和联合惩戒新路径。参与全省信用领域突出问题专项治理、省内异地处罚信用修复等重点工作。在《江苏省消防条例》《江苏省勘察设计管理办法》《江苏省建设工程造价管理办法》等法规规章以及规范性文件的制定中增加信用管理措施。

房地产业

【概况】2022年，江苏省房地产市场销售规模保持全国领先。据住房和城乡建设部数据，2022年江苏新建商品住宅、二手住宅成交总面积达到12872.8万平方米。

【房地产开发企业】截至年末，江苏省共有房地产开发企业7917家，其中一级58家、二级7841家、三级18家。12月，印发《关于做好房地产开发企业资质审批下放承接及相关管理工作的通知》，明确自2022年12月15日起，将房地产开发企业二级资质审批权限下放至13个设区市、中国（江苏）自由贸易试验区和54个自由贸易试验区联动创新发展区，进一步优化营商环境，服务地方经济、服务企业发展。

【房地产开发投资】据江苏省统计局数据，全年全省完成房地产开发投资12406.9亿元，较2021年同期相比减少1070.57亿元，同比下降7.9%，低于固定资产投资增幅11.7个百分点。其中，商品住宅投资9923.8亿元，较2021年同期相比减少862.4亿元，同比下降8%，低于固定资产投资增幅11.8个百分点。

【商品房建设】据江苏省统计局数据，2022年全省商品房施工面积62511.6万平方米、新开工面积9907.3万平方米、竣工面积7892.2万平方米，同比分别下降8.7%、41.3%、13.7%。其中，商品住宅施工面积46155万平方米、新开工面积7298万平方米、竣工面积 5901.6 万平方米，同比分别下降 9.6%、43%、11.8%。

【**商品房销售**】据住房城乡建设部房地产市场交易信息日报系统数据，2022 年全省商品房和商品住宅销售面积分别为 9607.4 万平方米、7807.8 万平方米，同比分别下降 30.5%、34.6%。江苏省商品房和商品住宅成交均价分别为 13244 元 / 平方米、14206 元 / 平方米，同比分别下降 4%、3.1%。

【**房地产中介服务**】截至 2022 年末，在全省各级住房城乡建设（房产）部门备案的房地产经纪机构以及门店累计 20900 家。推进从业人员实名管理。南京市、苏州市、连云港市等地已经实行从业人员实名服务制度，实现“一人一卡一码”管理的从业人员有 2 万人。加大对房地产经纪从业人员执业行为的规范管理，促进全省房地产经纪行业从业人员专业化、职业化。组织开展全省房地产经纪人职业技能大赛，提升房地产经纪行业从业人员专业技能和服务品质。

【**房地产租赁经营**】7 月，会同省有关部门转发国家 8 部委《关于推动阶段性减免市场主体房屋租金工作的通知》，积极推动住房租金减免政策落地见效。据统计，全年全省为 17.3 万受疫情影响的居民（企业）减免租金超 90.5 亿元。

【**房地产市场秩序整顿**】2022 年，江苏省检查房地产各类企业超 3 万家，公开曝光各类违法违规行为 122 次，责令整改 1127 次，警示约谈 702 次，记入不良信用 99 次。通过专项整治行动，切实净化房地产市场环境，促进市场平稳健康发展。

【**涉房领域养老诈骗专项整治行动**】5 月起，江苏省开展为期半年的涉房领域养老诈骗专项整治行动，重点打击整治在商品房销售过程中以“养老”名义涉嫌虚假宣传，侵害老年人合法权益的违法违规行为。整治期间，各地住房城乡建设部门检查房地产开发项目和房地产中介门店 6685 家，累计张贴宣传海报 2 万余份，发放印制宣传标语环保袋 5000 余只。同时，各地注重长效机制建立，13 个设区市均印发文件，明确房地产开发企业书面承诺，不得以“养老”名义销售商品房。

【**物业管理**】2022 年，江苏省物业服务企业较上年度减少 673 家，从业人员增加 2.67 万人，物业服务项目数增加 1994 个，物业服务面积增加 2.9 亿平方米，年度企业主营业务收入达 542.5 亿元。截至年末，全省物业服务企业 9347 家，企业从业人员 75.5 万人，物业服务项目数 2.88 万个，物业服务面积 31.8 亿平方米。

【**物业管理党建引领**】截至年末，江苏省成立设区市级物业行业党委 13 个，县区级物业行业党委 100 个，物业企业党组织 1586 个。全省 130 个项目被命名为省级党建示范点。截至年末，江苏省累计创建省级示范点 240 个、市级示范点 845 个，新建、升级“红色物业”党群服务阵地 2505 个，培养以党员为骨干的“红色物业”团队 2580 个。同时，将党建引领物业管理服务工作作为基层党建“书记项目”推进，努力打造红色物业治理共同体。开展非住宅项目党建引领物业管理服务工作省级示范点评价标准研究，形成评价标准，推动物业管理全业态党建工作。组织编印“红色物业惠万家”优秀案例集，为各地党建工作提供可复制、可推广、宜操作的参考案例。

【**物业管理行业监管**】组织开展 2021 年度省级示范物业管理项目评价，各地落实《江苏省住宅物业消防安全管理规定》，将加强住宅物业消防有关工作纳入省级示范点和党建示范点评价标准。争取物业企业参与疫情防控补助资金，累计争取省级财政补助资金 2500 万元，是全国首个省级财政为物业企业下达防疫补助资金的省份。

【**物业管理条例执法检查**】江苏省人大常委会召开《江苏省物业管理条例》执法检查动员会，明确执法检查工作时间表、任务图。执法检查组赴南京、徐州两市进行现场检查。两地强化属地政府对物业管理的指导监督职责，推进“红色物业”建设；试点推动建立住宅小区综合管理和服务责任清单，界定城管、消防、工商、公安、规划、环卫等相关职能部门在住宅小区综合管理中的监管职责；发挥街道、社区居委会属地管理作用，在物业项目变更交接、物业管理承接查验等方面加大监管力度，着力打通物业管理的“最后一米线”。

【**老旧小区改造**】全年新开工改造城镇老旧小区 1578 个，惠及居民约 56.2 万户，分别完成年度目标任务的 112% 和 120%。编制城镇老旧小区改造技术导则、建设指南、适宜推广技术等清单，为各地完善群众身边体育场地设施提供技术支撑。印发《关于加快推进老旧小区加装电梯有关工作的通知》。南京、无锡、常州、徐州等市 8 个项目入选全国城镇老旧小区改造联系示范点，南京、苏州、常州等市做法累计 5 次被列入可复制政策机制清单在全国推广。

住房保障

【**概况**】2022 年，江苏省认真贯彻党中央、国务院“推进保障性住房建设”的要求，在省委、省政府的领导下，围绕国家下达的保障性安居工程年度目标任务，加大城镇住房困难群众住房保障力度，各项工作成效明显。全省城镇棚户区改造新开工数量连续3年居全国第一，新开工（筹集）保障性租赁住房数量居全国前列。

【全面超额完成年度目标任务】2022年度江苏省保障性住房建设共完成投资1327亿元，占全省重点项目完成投资总量的1/5以上。年内，全省城镇棚户区改造新开工22.95万套、基本建成17.79万套，分别完成年度目标任务的127.49%、136.86%；新开工（筹集）保障性租赁住房16.2万套（间）、基本建成10.17万套（间），分别完成年度目标任务的109.53%、139.3；新开工公共租赁住房433套，完成年度目标任务的108.25%；发放公共租赁住房租赁补贴10.53万户、保障性租赁住房补贴4.24万人，分别完成年度目标任务的119.65%、128.06%。截至年末，江苏省共建设公共租赁住房56.98万套，发放公共租赁住房租赁补贴20.65万户（人），通过公共租赁住房实物配租累计保障101.53万户人，其中以青年人为主的新就业无房职工、稳定就业外来务工人员累计保障88.87万人。

【加快发展保障性租赁住房】将保障性租赁住房监测评价结果纳入省政府对设区市人民政府的高质量发展评价考核，促进市县人民政府落实落细主体责任。指导各地建立发展保障性租赁住房工作机制，尽快成立保障性租赁住房工作领导小组，抓紧出台发展保障性租赁住房具体操作办法，建立保障性租赁住房项目建设方案联审机制，授权有关部门出具保障性租赁住房项目认定书，落实按照认定书享受土地、税费和金融等支持政策。督促各地将纳入年度计划的保障性租赁住房项目、楼栋和房源信息全部填入保租房运营管理系统，对项目立项、开工、竣工和运营全周期实行动态监测。做好保租房运管管理系统二期试点工作，强化服务功能，推动保租房更好更直接服务新市民、青年人群体。

【积极争取国家政策性资金】指导各地做好中央财政保障性安居工程专项财政资金项目和基础设施配套项目申报工作，配合省相关部门开展核查和审核。2022年度，全省共争取中央财政城镇保障性安居工程补助资金28.82亿元（棚改11.79亿元、保租房17.03亿元），争取国家发改委基础设施配套补助资金15.56亿元（棚改13.73亿元、保租房1.83亿元），落实省级财政城镇保障性安居工程补助资金2.5亿元（棚改1.45亿元、保租房0.94亿元、督查激励0.11亿元），并及时分解下达。指导各地积极申报棚改、保租房专项债券，2022年共发行345.39亿元专项债（棚改335.49亿元、保租房9.9亿元），占全省地方政府专项债总额1/5以上。

【共有产权住房】持续完善住房保障体系，各地因地制宜发展共有产权住房，探索将政府政策性支持量化为住房份额，与保障家庭出资购买住房份额共同拥有房屋产权。南京、无锡和淮安等地开展共有产权住房保障试点，并对共有产权住房房源来源、保障对象、保障标准、产权配置、使用管理和退出机制等作出具体规定。全年全省分配共有产权住房2659套。截至年末，江苏省已分配共有产权住房1.28万套。

公积金管理

【概况】江苏省共设13个设区市住房公积金管理中心，9个独立的分中心，从业人员2029人。江苏省住房和城乡建设厅、财政厅和人民银行南京分行负责对本省住房公积金管理运行情况进行监督。江苏省住房和城乡建设厅设立住房公积金监管处，负责本省住房公积金监管工作。

【业务运行情况】2022年，江苏省新开户单位105738家，净增单位56730家；新开户职工215.59万人，净增职工58.82万人；实缴单位510826家，实缴职工1610.46万人，缴存额2850.60亿元，分别同比增长9.65%、4.41%、9.50%。2022年末，缴存总额21567.74亿元，比上年末增加15.23%；缴存余额7166.18亿元，同比增长15.14%。2022年，738.16万名缴存职工提取住房公积金；提取额1908.54亿元，同比增长2.71%；提取额占当年缴存额的66.95%，比上年减少4.43个百分点。2022年末，提取总额14401.56亿元，比上年末增加15.28%。发放个人住房贷款21.00万笔1032.75亿元，同比下降21.55%、12.80%。回收个人住房贷款714.36亿元。2022年末，累计发放个人住房贷款407.38万笔12549.66亿元，贷款余额6133.88亿元，分别比上年末增加5.43%、8.97%、5.47%。个人住房贷款余额占缴存余额的85.59%，比上年末减少7.84个百分点。2022年，支持职工购建房2273.68万平方米。年末个人住房贷款市场占有率（含公转商贴息贷款）为12.95%，比上年末增加0.57个百分点。通过申请住房公积金个人住房贷款，可节约职工购房利息支出893629.89万元。2022年，发放异地贷款11081笔524931.66万元。2022年末，发放异地贷款总额1878817.90万元，异地贷款余额1527461.93万元。2022年，发放公转商贴息贷款6263笔216785.62万元，支持职工购建房面积678594.25万平方米。当年贴息额24685.97万元。2022年末，累计发放公转商贴息贷款187033笔6551799.27万元，累计贴息254038.92万元。2022年末，国债余额0.58亿元。2022年，融资1.1亿元，归还84.48亿元。2022年末，融资总额864.61亿元，融资余额0亿元。2022年末，住房公积金存款1168.39亿元。其中，活期9.63亿元，1年（含）以下定期352.22亿元，1年以上定期137.38亿元，其他（协定、通知存款等）669.16亿元。2022年末，住房公积金个人住房贷款余额、项目贷款余额和购买国债余额的总和占缴存余额的85.60%，比上年末减少7.84个百分点。

【住房公积金制度建设】在巩固苏州、常州灵活就业人员参加全国住房公积金制度试点成果基础上向全省推广，目前全省各设区市均建立了相关制度，做到了全覆盖，全省有161786名灵活就业人员自愿缴存住房公积金。持续通过降低门槛、财政补贴、扩面激励等方式，推动政府推动、宣传发动、信息互动、执法带动“四位一体”扩面管理模式，不断增加住房公积金制度吸引力。苏州市住房公积金管理中心推进数字人民币在公积金领域的试点，持续丰富数字人民币应用场景，成功办理全省首笔企业使用数字人民币缴存公积金业务，支持包括单位职工、个体工商户和自由职业者在内全部人员类型的缴存。截至2022年底全市运用数字人民币缴存公积金已破亿元。发放了全省首笔数字人民币公积金贷款。与苏州工业园区中心双向试点成功采用数字人民币完成职工跨区转移接续。

【住房公积金“跨省通办”工作】全面完成2022年住房公积金“跨省通办”事项，住房公积金汇缴、住房公积金补缴和提前部分偿还住房公积金贷款业务全部实现全程网办。提前完成2023年住房公积金“跨省通办”事项，全省住房公积金完成退休“一件事”，退休提取住房公积金上线长三角“一网通办”平台，提前退休提取住房公积金实现全程网办。全省对1530人次进行了跨省通办工作培训，设立线下业务专窗98个，线上业务专区30个。全省线上办理住房公积金汇缴业务500.72万笔，线上办理住房公积金补缴业务100.91万笔，线上办理提前部分偿还住房公积金贷款业务16.90万笔。

【长三角住房公积金一体化建设】一市三省住房公积金监管部门签订《长三角住房公积金一体化党建联建协议》，探索新形势下党建引领长三角住房公积金一体化发展新路径。制定《江苏省依托长三角“一网通办”开展退休提取住房公积金工作对接指南》，推进退休提取住房公积金业务成功上线长三角“一网平台”，拓宽长三角区域内住房公积金服务渠道。梳理长三角住房公积金联合执法过程中亟需互联互通的跨区域、跨部门的清单目录，一市三省共同制定《长三角住房公积金联合行政执法指导手册》。规范长三角一体化示范区公积金服务，建立常态化沟通联系机制，浙江、上海、江苏共同制定《长三角示范区住房公积金服务规范手册（试行）》。针对长三角“一网通办”平台的购房提取住房公积金业务，完善长三角数据共享交换平台“房屋提取记录数据池”，维护资金安全。

【淮海经济区住房公积金一体化发展】徐州市住房公积金管理中心将公积金区域一体化作为年度重点工作任务，推动召开第四届淮海经济区主任联席会，建立淮海经济区住房公积金事业一体化发展联席会议制度，共同签署《淮海经济区住房公积金业务异地办理合作协议》，逐步打破城市间政策壁垒，打造协调发展新格局。成立公积金区域一体化办公室，负责推进长三角和淮海经济区区域协同发展具体工作。建立淮海经济区十城“公积金党建联盟”，合力奏响党建引领区域一体化发展“最强音”。

【“放管服”改革】制定《江苏省住房公积金推进就业登记“一件事”、退休“一件事”技术对接指引》《江苏省住房公积金推进企业开办“一件事”技术对接指引》，全省住房公积金完成就业登记“一件事”、退休“一件事”和企业开办“一件事”改革，实现含住房公积金业务的多个事项“一次告知、一表申请、一套材料、一窗（端）受理、一网办理”，企业和群众办事的体验感和获得感进一步提高。

【信息化建设】扬州市住房公积金管理中心在全国率先按照《住房公积金业务档案管理标准》建成了“贯标”的电子档案系统，获得扬州市档案信息化建设优秀案例一等奖和扬州市放管服改革十佳案例；完成江苏省美丽宜居城市试点项目——深化“智慧公积金”建设任务。南京住房公积金管理中心利用大数据和区块链技术，建设数据共享管理平台、授权管理系统、区块链平台等，建设住房公积金链上可信数据平台，实现对重要数据上链存证、强化个人授权管理、共享数据统一管控、个人隐私信息脱敏，切实增强系统数据安全的技术保障，实现对住房公积金缴存职工个人信息全渠道、全业务、全生命周期的安全保护。无锡市住房公积金管理中心核心系统运维授权方式由“角色授权”改为“事项授权”，运维管理更加精准、规范。徐州市住房公积金管理中心加强公积金数字化建设，打造“公积金智能化5G无人营业厅”，实现公积金业务自助办理。常州市住房公积金管理中心筑牢信息安全屏障，“数字赋能公积金信用体系”被评为2022年常州市数字化转型网络安全创新应用十大案例之一，中心参加“网安2022”常州行动防护获得满分。苏州市住房公积金管理中心试点推出“公积金（组合）贷款还清抵押注销一件事”主题服务，实现公积金（组合）贷款从申贷、放款、还款全生命周期的闭环服务。南通市住房公积金管理中心继续加大“智慧公积金”建设力度，着重拓展线上业务功能，实现了对全市23家公积金业务承办银行“委托逐月提取公积金还商贷”业务全覆盖。连云港市住房公积金管理中心拓宽“好差评”系统“线上”评价渠道，随时随地接受办事群众监督和评价。淮安市住房公积金管理中心强化信息共享，在全市230多个网点、400多台STM机器实现了住房公积金部分业务“就近办”。盐城市住房公积金管理中心坚持把安全作为数字公积金稳中求进的重要基石，推进系统迁移“上云”工作。镇江市住房公积金管理中心推进住房公积金信息系统3.0建设，实现住房公积金主要业务“全程网办”“跨省通办”“全天候办”。泰州市住房公积金管理中心在互联网区域部署动态防护反爬虫设备，保障缴存职工个人信息安全。宿迁市住房公积金管理中心深化数据共享应用，推动实现“亮码办理”“零材料办理”。江苏省省级机关住房资金管理中心建设“住房公积金贷款智能化审批平台”，相关工作被评为“江苏省2022数字江苏建设优秀实践成果十佳案例”和“2022年江苏省个人信息保护优秀实践案例”。

【住房公积金机构及从业人员所获荣誉情况】 2022年，全省住房公积金系统获得：12个省部级、5个地市级文明单位（行业、窗口）；1个国家级、31个省部级、33个地市级先进集体和个人；8个省部级、3个地市级工人先锋号；1个省部级、3个地市级五一劳动奖章（劳动模范）；2个省部级、1个地市级三八红旗手；2个国家级、19个省部级、56个地市级其他荣誉。

城市更新

【工作组织】 组织开展省城市更新试点项目竞争性遴选，确定了第一批省级城市更新试点项目48个，超75%的项目包含2项以上重点工程。3月，省委、省政府印发《关于实施城市更新行动的指导意见》，省政府成立省级城市更新工作领导小组，召开省级工作部署会和省级工作推进会，加强对重点试点项目的跟踪指导，及时总结试点工作经验，发挥好试点示范引领作用。截至年末，超50%的项目实施落地。

【技术支撑】 围绕城市更新8项重点工程，组织编制《江苏省城市更新技术指引（2023版）》等相关技术导则与指引，组建省城市更新专业委员会，研究提出《省城市更新试点项目设计师负责制实施工作方案》。在省城乡建设系统优秀勘察设计奖评选中增加城市更新类别，引导和推动城市更新试点项目树立精品意识。编印《江苏省城市更新实践案例集》《江苏省实施城市更新行动工作简报》。筹备组建多专业、复合型的省级城市更新专家团队，在省级试点项目中推进“设计师负责制”，充分发挥专业技术人员指导作用。

【试点落实】 指导城市更新国家试点城市南京、苏州两地结合实际探索城市更新的工作机制、实施模式、支持政策、技术方法和管理制度，督促指导两地城市更新实施方案落实。江苏省5项工作经验做法入选住房和城乡建设部《实施城市更新行动可复制经验做法清单（第一批）》，住房和城乡建设部《城市更新情况交流》（第6期）、《建设工作简报》（第118期）刊发我省城市更新实践做法和典型案例。指导和组织无锡、徐州、扬州编制城市更新实施方案，积极向住房和城乡建设部争取列入第二批城市更新试点城市，并在专项资金项目申报中加强对试点城市工作的支持力度。

城乡历史文化保护传承

【物质文化遗产保护】 提请省委办公厅、省政府办公厅印发了《关于在城乡建设中加强历史文化保护传承的实施意见》。开展《关于在城乡建设中加强历史文化保护传承的决定》立法工作。组织编制《江苏省历史文化名城保护传承工作评价标准》。提请省政府批准成立了省城乡历史文化遗产保护传承工作领导小组，指导17个国家和省级历史文化名城建立保护工作领导小组或保护委员会，建立健全城乡历史文化遗产保护传承工作机制。推动成立了省城乡历史文化遗产保护传承专家指导委员会。组织编制省级城乡历史文化保护传承体系规划。推进2035版历史文化名城名镇名村保护规划编制，组织开展连云港、扬州、高邮等历史文化名城保护规划省级审查及常熟、栟茶、余东、余西等历史文化名城名镇名村保护规划专家咨询。组织全省国家历史文化名城开展历史文化名城保护工作专项评估，切实强化历史文化名城保护各项工作。建立工作简报制度，编制印发2期省城乡历史文化遗产保护传承工作简报，加强经验总结与宣传推广。2022年全省新增公布历史建筑100处。截至2022年底，全省共拥有国家历史文化名城13座、省级历史文化名城4座，中国历史文化名镇31个、省级历史文化名镇8个，中国历史文化名村12个、省级历史文化名村6个，中国历史文化街区5个、省级历史文化街区56个，历史建筑2194处。全省保有的国家历史文化名城、中国历史文化名镇、中国历史文化街区数量保持全国第一。组织开展2022年度省级历史文化保护传承重点项目和省城乡建设发展专项科技支撑项目（历史文化保护）申报和评选，安排下达省级专项资金1.69亿元，用于支持22个历史文化保护利用实践项目和6个历史文化保护传承科研项目。开展2021年度省级历史文化保护利用项目调研，指导推进各项目有序实施。

【大运河沿线历史文化保护】加强沿线历史文化名城名镇名村保护，持续推进大运河沿线历史文化名城名镇名村申报。连云港市、如皋市、兴化市申报国家历史文化名城，盐城市、溧阳市申报省级历史文化名城，苏州市平望镇、镇江市宝堰镇、东台市时堰镇等申报中国历史文化名镇，靖江市季市镇申报省级历史文化名镇，将大运河沿线符合条件的历史文化资源纳入保护范围。推进2035版历史文化名城名镇名村保护规划编制，高邮市、界首镇、临泽镇等地将运河文化保护作为重要内容纳入历史文化名城名镇保护规划，推动大运河沿线历史文化遗产保护传承。举办第九届“紫金奖·建筑及环境设计大赛”，拓展社会影响。共征集到1451项作品，425家机构（院校）、6353人次参与赛事。大赛成效入选《住房和城乡建设部设计下乡可复制经验清单（第一批）》。

数字城乡建设

【概况】成立数字经济工作领导小组，召开全省住房城乡建设数字化工作推进会，印发《江苏省住房和城乡建设领域数字化转型推进工作方案》《江苏省住房和城乡建设厅数字政府实施方案》，部署推进全省工作。2022年，省住房城乡建设厅积极推进省本级“智慧住房城乡建设”各个板块建设，同步扎实开展“数据汇聚治理攻坚行动”，加强政府网站和业务系统建设管理。

【“智慧住房城乡建设”平台（一期）】将省住房城乡建设厅信息化基础支撑平台、工程建设数字化监管平台、既有建筑安全隐患排查整治系统、省级城市运行管理服务平台等相关内容作为“智慧住房和城乡建设”（一期）项目申报立项，并成功纳入2022年省级政务信息化项目建设清单。编制项目建设方案并形成《关于建设江苏省“智慧住房城乡建设”平台（一期）的请示》提请省政府审批。

【省城市生命线安全工程监管系统】省政府成立省城市生命线安全工程建设推进工作领导小组，并召开省领导小组第一次会议。召开全省推进工作调度会，印发5期工作简报，交流进展。省级监管系统项目获批建设，7个城市开展试点。印发数据标准，制定省市复用功能清单，编制安全风险评估指南，启动省重大科技示范项目“城市生命线工程安全监测与预警关键技术与应用科技示范”研究。

【房屋安全数字化监管工程】在全国率先启动建设“房屋安全数字化监管工程”，构建覆盖房屋全生命周期动态监管机制。计划通过工程建设完成自然灾害风险普查房屋数据、既有建筑安全隐患排查整治专项行动数据等现有数据的治理融合，形成全省房屋建筑基础数据库、建设“全省房屋建筑一张图”，支撑房屋安全数字化监管，并为城市更新、历史文化保护、绿色建筑评价等提供服务；建设房屋安全数字化监管平台，试点推动房屋建筑安全状态动态监管、安全隐患智慧预警、房屋建筑使用过程监管等工作，促进房屋安全监管“线上＋线下”融合，实现房屋建筑全生命周期数字化闭环管理。

【省农房建设管理信息系统】完成省农房建设服务管理信息系统建设，构建了以户为单位的农房改善全过程信息归集平台。建成农房改善大数据呈现平台，实现多层次、多角度的农房改善成效分析和展示。推进省级特色田园乡村从项目申报、建设过程到动态管理的全过程管理功能开发，强化传统村落和传统建筑组群数字化管理。系统已正式上线运行。

【省住房城乡建设厅综合服务平台】基本完成厅综合服务平台建设。其中，保障人员资格板块业务安全稳定运行，办件数位居省级部门前列；稳步推进企业资质板块的业务功能建设，积极协调省相关部门，实现企业工商注册、纳税、社保、人员学历及身份证等7类关键数据的联通共享和快速获取比对，为降低行政审批自由裁量权、提高工作效能、强化廉政风险防控提供了有力技术支撑。同时，创新应用“人脸识别”技术，有效减少了账号冒用现象，打击了挂证行为，净化了市场环境。平台紧紧围绕企业群众的需求，持续提升政务服务质效，成功入选“2022年智慧江苏标志性工程项目”。

【智能建造应用体系】出台《关于推进江苏省智能建造发展的实施方案（试行）》，率先在全国发布智能建造专项实施指南以及智能建造试点项目、试点企业和技术服务试点单位评价指标，着力打造智能建造新技术新产品新服务创新发展和应用体系。

【智慧工地监管平台】在前期试点示范创建基础上，实现政府投资规模以上工程智慧工地建设全覆盖目标，近三年全省已累计建成各类智慧工地 3095 个。指导各设区市、县（市、区）开展智慧工地监管平台建设，至 2022 年底全面实现智慧监管平台建设全覆盖。出台《省住房和城乡建设厅关于进一步推进全省智慧工地建设的通知》，实现智慧工地项目全面纳入政府数字化监管。

城市管理

【城市管理法规制度建设】1月 12 日，江苏省第十三届人民代表大会常务委员会第三十四次会议通过修订的《江苏省城市市容和环境卫生管理条例》。省住房城乡建设厅研究编制“江苏省城市管理示范市（县）”创建管理办法和标准。推动城市运行管理服务平台建设，研究编制省级平台建设工作方案、技术方案和可行性研究报告，省级平台建设工作方案通过住房城乡建设部审核；13 个设区市均完成平台建设工作方案编制，徐州、常州、宿迁 3 市成为国家基础设施安全运行监测示范城市试点。

【城市管理安全隐患排查】2022 年，各地做好安全风险防范和隐患大排查大整治，全省排查户外广告和店招标牌设施近 120 万个，排查消除安全隐患 1.3 万余个。开展城市道路“窨井盖”专项检查和整治行动，普查建档窨井盖 472.52 万余个，处置破损、缺失、废弃等各类存在安全隐患的窨井盖 9.77 万余个。印发《关于建立健全环卫行业安全风险点防控机制和安全警示标识制度的通知》，各地加强安全生产长效管理制度建设，切实提升环卫行业本质安全水平，全省排查设施场所 1 万余处，梳理风险点 5100 余处，张贴警示标识和防控措施 2 万余条。应对扫雪除冰、防洪排涝、强气流台风等，全省城管系统出动 14.6 万余人次、车辆 2.5 余台次，巡查排查各类设施 72.36 万个，消除安全隐患 1765 个。

【生活和建筑垃圾治理】全面启动生活垃圾填埋场规范封场和生态修复工程，印发《生活垃圾填埋场规范封场和生态修复工程实施方案》，推动垃圾填埋场治理由治标向治本转变，12 座垃圾填埋场封场和修复工程开工建设；18 座垃圾填埋场正在开展封场和修复工程前期工程。印发《江苏省建筑垃圾治理规划（2022—2025）》。加强对环太湖城市有机废弃物处理利用试点示范项目建设跟踪指导，组织开展厨余垃圾处理新技术、新工艺专题调研，共推动完成建设示范项目 9 个。

【户外广告设置管理】修编《江苏省城镇户外广告和店招标牌设施设置技术规范》，组织开展户外广告和店招标牌规范片区和特色街区选树培育工作，建成规范片区 25 个、特色街区 20 个。做好药店、便利店、餐饮店、旅店、网吧等“一件事”户外广告设施设置一站式审批，截至年末，办理相关审批事项 1251 项。做好打击整治违法违规广告和校外培训广告管控工作，全年全省出动 3.7 万余人次，排查清除各类在城市街面违规张贴、散发小广告数量近 6 万处，及时清理涉及养老诈骗类小广告数量 370 余处，移交公安部门相关隐患苗头线索 12 条。排查发现各类校外培训广告 3215 处，移交相关部门处置 65 处。排查涉及“金融”“理财”“贷款”“融资”等涉嫌非法集资风险金融活动字样的小广告、门头招牌 368 个，均联合相关部门实施查处。

【专项整治行动】持续推进违法建设和治理专项行动，累计查处违法建设约 2217 万平方米。开展铁路沿线环境整治三年行动，建立健全高速铁路沿线环境整治长效管控机制，路地双方建立三级“双段长”工作责任制，全省查处铁路安全保护区内突出环境安全隐患问题 21 处，年内全部完成整改销号。重点聚焦恶意竞标、强揽工程等工程建设领域乱象，持续推进工程建设领域专项整治。2021 年 10 月至 2022 年 5 月整治期间，全省住房城乡建设领域累计排查工程建设项目（标段）26448 个，发现恶意竞标相关案件 285 起，依法处罚 195 起，发现并移交涉黑涉恶案件 10 起，处理“三书一函”14 份。

城市建设

【新型城市建设】以“新城建”对接“新基建”，推进城市道路、桥梁、供水、排水、燃气、照明等市政公用设施信息化、数字化、智能化升级。南京、苏州市推进“新城建”国家试点城市建设，南京、无锡市推进智慧城市基础设施与智能网联汽车协同发展国家试点城市建设，南京、无锡、苏州市组织开展智慧市政基础设施、智慧物业、智能建造等专项试点。印发《江苏省实施“新城建”典型案例汇编》，助力“新城建”在全省推广实施。

【道路桥梁】新增城市道路 1049 千米、2367 万平方米，新增桥梁 231 座，新增路灯 13.47 万盏。截至年末，全省城市道路总长 59961 千米、106966 万平方米，建成区路网密度 8.98 千米 / 平方千米，人均城市道路面积达 25.31 平方米；拥有城市桥梁 15312 座、路灯 437.52 万盏，安装路灯道路长度 4.78 万千米。完成第 1 次全国自然灾害综合风险普查市政设施调查工作，全省完成市政道路 12539 条、约 23144 千米，市政桥梁 15928 座、约 1498 千米，供水管网 39912 条、约 23414 千米，市政供水厂站 469 座的调查任务。印发《关于全省城市桥梁和地下道路养护管理情况的通报》《关于进一步做好城市道路桥梁基础设施安全运行工作的通知》。印发《江苏省城市道路塌陷监测预警指南》，推进城市生命线安全工程道路塌陷风险场景建设。编制《2022 年江苏省城市照明发展报告》，印发《关于全省城市绿色照明评价工作情况的通报》，推广智慧灯杆建设，全省建成智慧灯杆约 1.69 万根。各地完成住房城乡建设部城市照明信息管理系统数据填报。

【公共停车场建设】联合省发展改革委等部门印发《关于推进有条件单位内部停车场实行开放共享的指导意见》。全年全省新增公共停车泊位约 17.4 万个，完成投资约 29.4 亿元；引导有条件的单位向社会开放车位，累计 1930 个机关企事业单位实行共享停车，共享停车泊位超 21.5 万个。全省 13 个设区市全部建成市级智慧停车平台，2818 个路外公共停车场、2450 余条道路停车场接入智慧停车系统。联合省发展改革委等部门印发《关于推动城市停车设施发展的实施意见》。

【城市地下综合管廊】2022 年，全省新开工建设地下综合管廊约 30 千米，截至年末，全省累计建设地下综合管廊约 360 千米，投入运行约 220 千米。印发《江苏省城市地下市政基础设施数据指南》《江苏省城市地下市政基础设施综合管理信息平台建设指南》，为各地开展设施普查和平台建设提供技术依据。南京、苏州市总结地下综合管廊建设管理经验并形成典型案例。

【城市供水】截至年末，全省集中式饮用水源地年取水总量 89.72 亿立方米，全省 155 座城市公共供水厂建成投运。全省总供水能力达 3360.5 万立方米 / 日，较上年增长 2.2%，年供水总量达 86.00 亿立方米，较上年增长 1.0%；153 座公共供水厂实施深度处理工艺建设（改造），深度处理总能力达 3348 万立方米 / 日，较上年增长 3.1%；全省城乡统筹区域供水实现乡镇全覆盖，位居全国各省（区）第一；管径 75mm 以上城乡供水管网总长度 104413.7 千米，较上年增长 0.9%；城乡供水总服务人口约 8400 万人，较上年增长 3.7%。对全省各地原水、出厂水、管网水、二次供水进行抽样检测，共抽测 124 个原水水样、170 个出厂水水样、588 个管网水水样、352 个二次供水水样，全部合格。针对高温干旱、低温冰冻等极端气候，强化事前准备，加强应急保障措施，确保全省城乡供水安全稳定。全力做好太湖安全度夏应急防控工作，太湖连续 15 年实现安全度夏。联合国网江苏电力公司等部门印发《关于电水气业务联合办理的实施意见》，实现多项业务“一表申请、统一受理、联动办理”。开展水电气暖领域涉企违规收费自查自纠。降低托育机构运营成本，用水用气价格政策按照居民生活类价格执行。

【城市燃气】2022 年，全省城市（县城）新建燃气管道 14005 千米、改建 272 千米，天然气供应总量 182.5 亿立方米，液化石油气供应总量约 64.9 万吨，用气人口达 4221.5 万人，燃气普及率 99.90%。截至年末，全省天然气门站 149 座，供应能力 578 亿立方米 / 年，天然气管道总长度 124832 千米。全省 LNG（液化天然气）加气站 74 座，供应能力 199 万立方米 / 日；CNG（压缩天然气）加气站 137 座，供应能力 323 万立方米 / 日；CNG/LNG 合建站 63 座，供应能力 191 万立方米 / 日。液化石油气储配站 514 座，总储存容积 11 万立方米；液化石油气供应站 852 座，其中Ⅰ级站 31 座，Ⅱ级站 265 座，Ⅲ级站 556 座。

【城镇燃气安全管理】《江苏省城镇燃气安全排查整治工作实施方案》获得住房和城乡建设部肯定。全省累计排查整治燃气设施隐患 3.6 万余处，其中重大隐患 201 处；列入省政府“民生实事”督办的老旧灰口铸铁管 40.2 公里全部整改完成，其余燃气市政管道完成改造 231.4 公里；整治管道占压 127 处、场站安全间距不足 12 处；联合铁路上海局集团开展穿跨越铁路燃气管道排查整治，各地完成了对 683 处穿跨越铁路的燃气管道排查；共开展燃气安全执法检查次数 15814 次，处罚 741 次，处罚金额 1094 万元。9 月，联合省公安厅、省交通运输厅、省市场监管局同步开展为期 1 个月的全省联合打击“黑气”市场专项行动，累计出动执法人数达 5405 人次，执法次数 835 次，打击黑气点 287 个，收缴钢瓶 6813 个；立案处罚 105 起，罚款金额 25.91 万元，治安拘留 70 人，刑事拘留 18 人，暂扣车辆 157 辆。推进瓶装液化气市场整合，全省瓶装液化气企业从 560 家降至 378 家。深化瓶装液化气安全监管信息系统应用，实现全流程信息监管的气瓶数占比上升至 74%，基本实现了“来源可溯、去向可追、责任可究”的新型瓶装液化气监管模式。

【城镇污水处理】2022 年，全省新增污水处理设施规模 89 万立方米 / 日，新增城镇污水收集主干管网 2684 千米。截至年末，全省建成城镇污水处理厂 898 座，城镇污水处理能力达 2165 万立方米 / 日；累计建成城镇污水收集主干管网约 66935km。全省城市和县城均建有城镇污水处理厂，实现建制镇污水处理设施全覆盖。据初步统计，城市（县城）污水处理率达 97%，全省城市（县城）生活污水集中收集率约 72.4%、较上年提高 2.8 个百分点。印发《江苏省太湖流域城镇生活污水治理专项规划》，推进新一轮太湖水环境治理。继续开展以“三消除、三整治、三提升”为主要内容的城镇污水处理提质增效精准攻坚“333”行动。推进“污水处理提质增效达标区”建设，截至年末，全省累计建成污水处理提质增效达标区 3300 平方千米，约占全省城市建成区总面积 60%，基本消除建成区污水直排口和管网空白区，整治餐饮、洗车等“小散乱”排水 22134 个、整治单位和居民小区排水 5182 个、整治工业企业排水 1394 个。省政府办公厅印发《关于加快推进城市污水处理能力建设全面提升污水集中收集处理率的实施意见》。2022 年全国城镇污水处理提质增效三年行动评估中，江苏位列全国第 1 方阵前 3 名。加快乡镇污水收集管网建设，全运行比例从 2020 年的 60.5% 提高到 91.7%。

【城市黑臭水体治理】印发《江苏省持续打好城市黑臭水体治理攻坚战行动方案》，全年全省排查新增和返黑返臭水体 15 条，10 条已完成整治，5 条在 2023 年 3 月完成整治工作。各地结合整治水体治理效果评估、城镇污水处理提质增效达标区建设、群众举报问题线索核实等工作，对城市建成区水体开展全面排查，推进城市黑臭水体动态消除。对完成整治的 591 条水体按季度开展水质监督检测，94% 的水体稳定达标。全年建成 35 条示范水体。

【城镇生活垃圾处理】全面启动生活垃圾填埋场规范封场和生态修复工程，印发《生活垃圾填埋场规范封场和生态修复工程实施方案》，推动垃圾填埋场治理由治标向治本转变，南京、镇江、句容等封场工程已经建成。2022 年，全省清运生活垃圾 2780 万吨，连续 6 年实现 100% 无害化处理。全省新（改、扩）建生活垃圾焚烧处理设施 4 座，新增生活垃圾焚烧处理能力 7350 吨 / 日；新（改、扩）建 8 座餐厨废弃物处理设施，新增处理能力 1060 吨 / 日；新增建筑垃圾资源化利用能力 470 万吨 / 年。到 2022 年末，全省投运的生活垃圾处理设施 106 座（卫生填埋场 40 座，焚烧厂 64 座，水泥窑协同处置项目 2 座），生活垃圾处理总能力达到 10.38 万吨 / 日，其中生活垃圾焚烧处理能力 8.62 万吨 / 日。

【城市排水防涝】2022 年，全省新建成海绵城市面积达 230 平方千米，完成建设投资约 170 亿元。昆山市入选国家第 2 批系统化全域推进海绵城市建设示范城市，年度获中央资金补助 10 亿元。无锡、宿迁市加强系统化全域推进海绵城市建设，对 2021 年度示范城市建设情况开展绩效评估，无锡市被国家评定为 A 等。对常州、武进区 2 个省级试点城市进行现场验收；印发《关于进一步加强海绵城市建设工作的通知》，开展海绵城市建设中的 20 条政策与措施培训。印发《关于切实做好 2022 年城市排水防涝工作的通知》，组织各地全面开展汛前自查整改。2022 年，全省城市年度整治完成 487 个易淹易涝点，疏通排水干管 2.4 万千米；排查整治 400 余处险工隐患。做好全省城乡建设领域台风及其引发强降雨的防范应对工作，有效防御第 12 号台风“梅花”，保障全省城市基础设施运行安全。

【太湖流域城乡供水安全】太湖 8 个水源地原水水质总体稳定。以太湖为水源的 13 个自来水厂出厂水水质优良，主要水质指标均明显优于国家标准；开展城镇供水水质监督检测，督查各地水源水、出厂水、管网水及二次供水水质情况，城镇供水安全得到有效保障。印发《关于全力做好 2022 年度太湖饮用水安全度夏工作的通知》，3 月份启动应急防控工作机制，定期调度并按时报送城市供水水质日报和月报。专人进驻太湖应急防控前线指挥部，检查指导沿湖城市供水安全保障工作。

【太湖流域城镇污水处理】制定《江苏省太湖流域城镇生活污水治理专项规划》，全面推动新一轮太湖水环境治理工作。截至 2022 年底，太湖流域建成城镇污水处理厂 177 座，处理能力达 910 万立方米 / 日。加快推进“污水处理提质增效达标区”建设，太湖流域完成达标区建设共 1475 平方公里，建成比例达 82.22%。

【太湖流域生活垃圾分类和资源化利用】2022 年，太湖地区新增垃圾分类达标小区 1500 个，新增垃圾焚烧处理能力 6750 吨 / 日、厨余垃圾处理能力 900 吨 / 日。委托第三方对太湖地区相关城市实施评估并进行点评通报。开展环太湖城市厨余垃圾处理新技术、新工艺专题调研，共完成环太湖城市有机废弃物处理利用试点建设示范项目 9 个。印发《生活垃圾填埋场规范封场和生态修复工程实施方案》，垃圾填埋场治理由治标向治本转变。

【市政公用设施运行安全管理】持续开展城市地下管网安全生产专项整治，全省累计排查发现并整改城市地下管网一般隐患约 11 万项、重大隐患 312 项，累计罚没金额 213.25 万元。印发江苏省城市道路塌陷监测预警指南，指导各地开展城市道路塌陷防治工作。印发《关于进一步推进城市生命线安全工程建设试点工作的通知》，确定南京、无锡、徐州、苏州、南通、宿迁、昆山为试点城市；印发《江苏省城市生命线安全建设一期工程技术指导书（试行）》，组建省级专家指导团队开展技术指导工作。8月起，在全省开展城市安全领域智能传感监测设备梳理摸排，梳理出30多家省内优势企业的20余类150余种传感监测产品。

【城市园林绿化】截至年末，江苏省建成区绿地面积达2293.31平方千米，建成区绿化覆盖面积2482.24平方千米，建成区绿地率、绿化覆盖率分别达40.56%、43.91%；全省公园绿地面积673.65平方千米，人均公园绿地面积达15.94平方米，城市公园共有1711个。2022年，江苏新增3个省生态园林城市，9个市县通过国家生态园林城市（国家园林城市）省级初审。目前，全省拥有国家生态园林城市9个，数量全国第1；拥有国家园林城市（县城）38个，省生态园林城市16个。全省新增公园绿地超1500公顷，建成“乐享园林”项目146个，新改建口袋公园505个，累计建成口袋公园2000余个，城市绿道超5000公里，林荫路近2万公里。联合发布《共建绿色健康人文的城市家园·江苏共识（2022）》，提出以生态智慧守护绿色家园等行业主张，加强园林绿化社会推广。在全国省级层面第一个组织编制完成《江苏省口袋公园建设指南·2022（试行）》，推动小微绿地均衡布局、高品质建设。制定印发《江苏省城市古树名木保护管理规定》，建立完善古树名木保护管理机制，全面夯实保护管理要求，公布江苏省公众喜爱的高品质绿色空间实践项目名单（第一批）70项。在城市综合公园、社区公园全面免费开放后，试点开展古典园林免费开放，省财政每年安排2800万元予以补助，6个古典园林于1月1日起免费开放。

【江苏人居环境奖】组织开展《江苏人居环境奖申报和评选管理办法》修订工作。推荐无锡市申报2022年联合国人居奖，推荐南京市申报2023年和2024年世界城市日中国主场活动，指导盐城市申报江苏人居环境奖。组织各地积极申报中国人居环境范例奖，共推荐报送10个申报项目。转发住房城乡建设部《中国人居环境奖申报与评选管理办法》，组织各地开展中国人居环境奖自查。

村镇规划建设

【概况】截至2022年末，江苏全省累计有656个建制镇（不包含县城关镇和划入城市统计范围的建制镇，下同）、15个乡、13565个行政村、122457个自然村。村镇户籍人口4626.93万人，常住人口4644.62万人。建制镇建成区面积2719.24平方千米，平均每个建制镇4.14平方千米；乡建成区面积23.46平方千米，平均每个乡建成区面积1.56平方千米。

【村镇建设投资】2022年全省村镇建设投资总额为1778.13亿元，其中住宅建设投资743.62亿元，占投资总额的41.83%；公共建筑投资101.39亿元，占投资总额5.70%；生产性建筑投资577.77亿元，占投资总额32.49%；市政公用设施投资355.35亿元，占投资总额19.98%。

【村镇道路建设】全年全省建设村镇道路2595.73千米、面积1922.58万平方米。截至年末，全省村镇实有道路3.99万千米、面积2.88亿平方米，村镇镇区主街道基本达到硬化；村庄内实有道路14.34万千米，其中硬化道路10.91万千米。

【村镇供排水】2022年全省新增村镇供水管道2963.63千米、排水管道3141.78千米。截至年末，全省村镇供水管道总长5.00万千米、排水管道总长2.17万千米，村镇年供水总量12.75亿立方米，用水人口1380.73万人；村庄供水普及率达98.36%；建制镇污水处理率88.20%，污水处理厂集中处理率82.90%。

【村镇园林绿化】全年全省建制镇新增绿地面积1172.16万公顷。截至年末，全省建制镇绿地面积累计6.70万公顷，其中公园绿地面积9768.87公顷，人均公园绿地面积6.98平方米（常住人口，下同），建成区绿化覆盖率30.25%；乡绿地面积570.69公顷，其中公园绿地面积79.15公顷，人均公园绿地面积6.03平方米，建成区绿化覆盖率31.02%。

【村镇房屋建设】2022年全省村镇新建住宅竣工面积3697.86万平方米，实有住宅总建筑面积20.67亿平方米，村镇人均住宅建筑面积44.68平方米。全省村镇新建公共建筑竣工面积539.36万平方米；村镇新建生产性建筑竣工面积达到2626.24万平方米。

【农村住房条件改善】截至年末，全省行政村集体土地上建于1980年及以前的农房有54.5万户。省委办公厅、省政府办公厅印发《农村住房条件改善专项行动方案》，明确农房改善目标和“六着力、两同步”8项重点工作，提出用5年时间完成全省50万户以上农村住房条件改善，基本完成1980年及以前建的且农户有意愿的农房改造改善。省政府建立农村住房条件改善和特色田园乡村建设工作联席会议，将年度指导性计划分解至13个设区市，各设区市细化分解至县（市、区），落实到农户。省联席会议办公室开展高品质示范项目遴选，各地在农房改善过程中探索新时代民居范式。省财政厅、省住房城乡建设厅下达35亿元农房改善专项奖补资金。省住房城乡建设厅、省人力资源社会保障厅开展“乡村建设带头工匠”培训。省住房城乡建设厅开展苏南、苏中地区农民意愿和乡村调查，聚焦苏南苏中地区C、D级农村危房进行抽样调查，编制《农村住房条件改善一本通（村民版）》，持续推进全省农房建设管理信息系统建设。省委组织部、省委农办、省住房城乡建设厅共同主办新时代农村党群服务中心建筑设计竞赛，50个作品获奖。年内，省定改善101810户的指导性计划超额完成。

【农村危房改造】各地逐级开展2021年度补助资金执行情况绩效自评，对全省农村危房改造总体绩效目标完成情况、各项绩效指标完成情况进行系统分析，为进一步完善农村低收入群体危房改造工作推进计划提供参考依据。开展全省2022年农村低收入群体危房改造任务需求摸底，全省4665户农村低收入群体危房列入年度改造计划。印发《江苏省2022年农村危房改造工作实施方案》《关于下达2022年农村危房改造中央补助资金的通知》，分配下达中央财政农村危房改造补助资金7224万元，年末全面完成农房改造任务。

【特色田园乡村建设】省联席会议办公室将创建120个省级特色田园乡村的年度目标任务分解至13个设区市，各地分别制定工作计划。印发《关于扎实做好2022年度特色田园乡村建设有关工作的通知》，各地有力有序推动特色田园乡村创建。完成2批省级特色田园乡村综合评价，公布命名147个“江苏省特色田园乡村”，年度目标任务完成率达123%。截至年末，全省累计命名593个“江苏省特色田园乡村”。举办江苏省第2届“丹青妙笔绘田园乡村”活动，产生近百幅（组）获奖作品。推介30条美丽田园乡村游赏线路并上线“江苏省美丽田园乡村游赏指南”微信小程序，有效助力乡村旅游。制订地方标准《特色田园乡村建设标准》，编制《江苏省特色田园乡村示范区建设指南（2022年版）》，引导特色田园乡村高质量发展。省财政下达2022年度特色田园乡村建设奖补资金3.95亿元，对161个命名省级特色田园乡村进行奖补。

【农村生活垃圾治理】制定《江苏省农村生活垃圾治理2022年工作要点》，全省生活垃圾收运处置体系基本实现自然村组全覆盖并稳定运行。印发《江苏省农村生活垃圾分类工作评估办法（2022年版）》，开展2019年度50个农村生活垃圾分类省级试点乡镇（街道）的现场评估并通报结果。全省开展农村生活垃圾分类和资源化利用的乡镇（街道）达350个以上。沛县农村生活垃圾无害化处理率和资源化利用率均达100%。

【传统村落保护】全省46个村落入选第6批中国传统村落保护名录公示名单，入选率居全国前列。苏州市吴中区被确定为全国首批传统村落集中连片保护利用示范县。开展全省传统村落保护发展规划编制及挂牌保护情况摸底调查。公布第2批11组江苏省传统建筑组群。截至年末，全省已命名439个江苏省传统村落和376组江苏省传统建筑组群，实现设区市传统村落全覆盖。组织开展第六批江苏省传统村落调查申报，形成建议名单63个，待报省政府认定后公布。开展江苏省传统村落徽志征集活动，评选出入选奖1名、优秀奖3名。

【小城镇建设】省住房城乡建设厅持续支持重点中心镇和特色小城镇开展试点示范建设，在体制机制、技术支撑、示范管理等方面进行深入探索。实行全过程项目化管理，定期组织现场指导、进度督查，及时开展中期评估，严格项目竣工验收，推动小城镇建设在人居环境改善、城镇功能提升、特色风貌塑造等方面形成整体示范效果。2022年，在推进11个示范项目建设的基础上，再优选5个小城镇开展示范建设。

建筑业

【主要经济指标】2022年，江苏省全年实现建筑业总产值4.38万亿元，比上年增长5.2%，增幅较上年下降2.3个百分点。据国家统计局2022年国民经济统计报告数据显示，江苏省建筑业总产值占全国比重13.0%，产值规模继续保持全国第一。根据国家统计局与省统计局初步统一核算，2022年全年实现建筑业增加值7377.8亿元，按不变价计算，同比增长4.9%，占全省地区生产总值的6.0%，连续16年保持在全省国内生产总值（GDP）的6%左右。全年实现建筑业企业营业收入44227.8亿元，同比增长2.7%，增幅较上年下降1.7个百分点。全年建筑业企业工程结算收入39060.1亿元，同比增长4.7%，增幅较上年提升0.5个百分点。2022年，建筑业签订合同额69178.3亿元，同比下降4.0%，其中，上年结转合同额36543.9亿元，同比增长1.3%，本年新签合同额32634.4亿元，同比下降9.3%。2022年，应收工程款8739.9亿元，同比增长13.8%。全年建筑业利润总额1837.8亿元，同比增长9.2%，增幅较上年提高6.4个百分点，产值利润率达4.2%。建筑业上缴税金1133.4亿元，同比下降3.7%。实现利税总额2971.3亿元，同比增长3.9%，产值利税率6.8%。2022年，建筑业从业人员人均劳动报酬达71941.0元，同比增长3.8%。2022年，建筑业劳动生产率达401332.7元/人，同比增长3.8%，其中，省内劳动生产率 332118.5 元 / 人，同比增长 1.2%；省外劳动生产率为 534562.7 元 / 人，同比增长 9.7%。

【企业情况】以一级以上企业完成产值占建筑业总产值比重的方法测算，全省一级资质以上企业产值达到 33747.4 亿元，产业集中度为 77.0%，同比下降 0.7 个百分点。以产值总量由高到低排序占全部企业总数前 10% 的方法测算，产业集中度为 88.4%，同比增长了 1.8 个百分点。全省建筑业产值超亿元的企业达到 4403 家，比去年减少 167 家。其中，产值 1 亿～10 亿元企业 3755 家，10 亿～50 亿元企业 509 家，50 亿～100 亿元企业 76 家，100 亿元以上企业 63 家。全省 63 家产值百亿元企业中，超 200 亿元的有 26 家，超 300 亿元的有 15 家，超 400 亿元的有 8 家，超 500 亿元的有 6 家，超过 700 亿元的有 2 家。截至 2022 年底，全省获得建筑业资质的企业总数 76206 家，同比增加 12252 家，增幅 19.2%，资质 163845 项，增加 23210 项，增幅 16.5%。从总承包资质等级数量来看，特级资质共 90 项，占全省施工总资质总数的 0.6‰，2022 年增加 5 项，增幅 5.9%；一级资质 1515 项，占全省施工总资质总数的 0.9%，2022 年增加 35 项，增幅 2.4%；二级资质 5162 项，占全省施工总资质总数的 3.2%，2022 年度减少 77 项，降幅 1.5%；三级资质 34734 项，占全省施工总资质总数的 21.2%，2022 年增加 119 项，增幅 0.3%。

【市场开拓】2022 年，全年固定资产投资比上年增长 3.8%。分产业看，第一产业投资下降 19.6%；第二产业投资增长 9.0%，其中工业投资增长 9.0%；第三产业投资与上年持平。分领域看，基础设施投资增长 8.2%；制造业投资增长 8.8%；民间投资增长 2.9%；房地产开发投资下降 7.9%。2022 年，全省 10 亿元以上在建项目 3052 个，较上年同期增加 409 个，同比增长 15.5%；10 亿元以上项目完成投资额同比增长 20.2%，保持较高增长速度，拉动全部投资增长 4.8 个百分点，对全省投资增长贡献率达到 125.2%，显示出大项目仍然是全省投资增长的重要支撑。2022 年，江苏建筑业企业出省施工产值达到 19957.9 亿元，同比增长 3.1%，占全省建筑业总产值的 45.5%。2022 年，江苏省对外承包工程新签合同额 42.9 亿美元，同比下降 23.3%，占全国的 1.7%；完成营业额为 56.0 亿美元，同比下降 5.9%，占全国的 3.6%，位居全国第七位。大项目支撑作用明显，全省对外承包工程新签合同额超过 5000 万美元的大项目有 18 个，累计 20.9 亿美元，占全省总量的 48.7%。房屋建筑项目在全省对外承包工程项目中占比较大，新签合同额占比为 36%。2022 年，全省在“一带一路”沿线国家新签对外承包工程合同额 30.8 亿美元，完成营业额 36.3 亿美元，占全省的比重为分别为 71.8% 和 64.8%。至 12 月底，全省对外承包工程覆盖了沿线 50 个国家（2014 年为 42 个）。

【质量安全】2022 年，江苏企业主申报获“中国建设工程鲁班奖”8 项，“国家优质工程奖”19 项（境内 18 项＋境外 1 项），获奖总数位于全国前列。共 486 个项目获得 2022 年度江苏省优质工程奖“扬子杯”。修编发布《江苏省工程质量安全手册实施细则房屋建筑工程篇（2022 版）》，编印《江苏省工程质量安全手册实施细则市政工程之道路桥梁隧道综合管廊篇（2022 版）》，组织专家授课讲解，要求各地督促建设各方主体编制企业版手册，加快完善国家、省级、企业三级手册体系。将住宅工程质量信息公示试点开展情况纳入省政府对各设区市政府质量考核指标中，进一步强化工作落实。2022 年，每个设区市均有 3 个以上县（市、区）开展试点工作，其中 6 个设区市全面推行住宅工程质量信息公示制度，全省共有 545 个商品住宅、117 个保障性安居工程及时公示质量信息。扎实开展 2022 年区域建筑工程质量评价工作，以政府购买服务的方式委托第三方对无锡、南通、扬州、泰州等市开展建筑工程质量量化评价工作。制定江苏省房屋市政工程安全生产治理行动实施方案，明确六个方面 20 项重点任务，召开全省动员部署视频会议。在全省范围开展为期一个月的建筑施工现场消防安全隐患专项整治行动，确保施工现场消防安全形势稳定可控。印发《关于进一步推进全省智慧工地建设的通知》，实现政府投资规模以上工程智慧工地全覆盖。公布第二批征集录用的施工安全教育作品，发布 64 个“云观摩”项目名单。全面规范落实建筑工地班前“晨会”制度。发布《危险性较大的分部分项工程专项施工方案案例汇编》，印发《江苏省住房和城乡建设厅建设工程质量安全事故应急预案（2022 年修订）》，进一步加强全省建设工程质量安全事故应急处置工作。开展房屋市政工程安全生产治理行动督查，累计抽查房屋市政工程项目 41 个，对其中 8 个存在严重安全隐患的项目进行全省通报。深入开展问题隐患排查整治，各地共派出检查组 6689 个，共检查项目 55673 个，排查整治一般问题隐患 15.1 万条，完整整改重大问题隐患 650 条，整改率 99.4%。印发《2022 年江苏省建筑工地扬尘专项治理工作方案》，实施分级分类管控，落实重污染天气应急管控豁免政策，提高全省建筑工地文明施工管理精细化水平。加强对部分地区的督促指导，切实做好建筑工地扬尘污染防治工作。加强建筑工地扬尘治理检查执法，2022 年全省各级住建部门共检查在建工地 65036 个（次），责令停工整改 1615 个，共实施行政处罚 1594 起，罚款金额 4299 万元。

【建筑业从业人员】全省建筑业年末从业人数 895.5 万人，较上年同比增长 1.0%，其中，省内从业人员数 572.1 万人，同比增长 5.3%；出省从业人员数 323.4 万人，同比下降 5.8%。2022 年，与省有关部门共同组织了 9 项国家级建设类执业资格考试，报考总人数达 71.1 万余人，较 2021 年增加 1.2 万余人，增长率 2.0%。截至 12 月 31 日，江苏省建筑行业职业资格注册人员共计 441307 人，较 2021 年增加 24802 人，同比增长 6.0%。2022 年，全省共组织安管人员无纸化考核 3597 批次。全省 30 家建筑施工特种作业人员考核基地开展建筑施工特种作业人员考核工作。全年建筑施工特种作业人员考核总计 23.8 万人次。全省建筑技经人员（技术人员和经营管理人员）总人数达到 184.5 万人，较去年同期增加 15.4 万人，技经人员（技术人员和经营管理人员）占从业人员比例为 20.6%。

【建筑业管理】加强信息化能力建设，提升一体化平台的工作效能，保障全省建筑工程施工许可发放、合同归集、竣工验收备案等工作有序开展；印发《省住房和城乡建设厅关于开展严厉打击建筑工程发包与承包等违法行为专项整治行动的通知》，督促指导地方建设行政主管部门对全省所有在建的建筑工程项目进行全覆盖检查，查处并曝光一批违法典型案例。对全省在建的房建市政项目进行双随机抽查，提升建筑市场监管效能。研究出台《省住房城乡建设厅关于建立建设工程企业资质申报业绩指标库有关工作的通知》，压实地方主管部门责任。印发《江苏省住房和城乡建设厅关于建设工程企业资质有关事宜的通知》，为企业资质管理改革措施落地、确保资质改革平稳过渡打下了良好基础。2022 年，全省发包登记 10292 个项目，投资总额 32237.2 亿元，省属项目 23 个，投资总额 105.8 亿元。开展全省工程建设领域整治，累计排查工程建设项目（标段）26448 个，发现恶意竞标相关案件 285 起，依法处罚 195 起，约谈相关部门和建筑企业 254 次、通报 158 家（次）建筑企业、现场督导 390 次。持续拓展电子招投标覆盖面，优化省招投标行政监督平台功能，提升监管平台与交易平台的信息数据共享质量。强化工程招标代理双随机抽查，共检查 42 个工程招标代理机构、11 个分支机构、106 个建设工程标段。组织实施由省住建厅、省总工会、省教育厅共同主办的全省首届招标代理行业职工职业技能竞赛，促进招标代理行业健康发展。编制《江苏省房屋与市政基础设施工程造价指标指数分析标准》，开发江苏造价指标指数系统平台。起草江苏计价依据动态管理工作规则，搭建计价依据动态管理平台。组织编制新版建筑、装饰、安装专业定额，发布管廊工程估算指标。开展基于工程造价协同的建筑碳预算机制研究，推动实现碳排放管控与建设成本管控协同。发布江苏省人工工资指导价格，上半年、下半年两期全省人工工资涨幅分别为 2.4% 和 1.0%。2022 年，全省各级造价管理机构发布人工、材料、机械台班等信息共 39913 条，发布典型工程造价指标 23 例，城市住宅造价信息 32 例，工程造价实例分析案例 12 例。修订《江苏省建设工程造价管理办法》，对计价依据编制、造价数据积累、监督管理机制、事中事后监管、规范从业行为等条款进行完善。研究制定了良好行为和不良行为信用信息的归集细则，实行常态化管理。截至 2022 年末，全省共有造价咨询企业 1216 家，比 2021 年末增加 167 家；全省工程造价咨询企业从业人员 106241 人。开展全省监理企业参与全过程工程咨询情况调研。指导苏州工业园区顺利完成住房和城乡建设部政府购买监理巡查服务试点工作。参与组织开展全省首届工程监理职业技能竞赛，促进工程监理行业持续健康发展。与工商银行、江苏银行联合推进“江苏建工卡”，实行全省“一卡通”，保障农民工工资精准、及时发放到位，全省通过工资专用账户发放工资超 1100 亿元。印发《关于公布 2022 年元旦春节期间拖欠农民工工资引发群体性事件被限制市场准入及通报批评企业和人员名单的通知》，对 45 家企业全省限制市场准入，给予 28 家企业全省通报批评；持续开展全省房屋建筑和市政基础设施领域拖欠农民工工资预警项目的通报，对 25 家实名制管理落实整改不到位的施工企业全省限制市场准入，完成了国务院根治拖欠农民工工资工作的考核工作。截至 2023 年 2 月底，全省实施实名制管理在建项目 7933 个，其中，开通专用账户 7912 个，实名制登记总人数 3413137 人，日均在线约 95 万人，农民工权益得到有效保障。2022 年，全省受理拖欠农民工工资投诉 7272 件，涉及金额 20.6 亿元；结案 7239 件，解决拖欠工资 20.5 亿元。88 家建筑施工企业被限制全省市场准入、44 家建筑施工企业被全省通报批评、45 名施工项目负责人被限制全省建筑市场准入、83 名建筑劳务人员被全省通报批评。

建筑节能与科技

【城乡建设绿色发展意见规划】1 月 30 日，江苏省委办公厅、省政府办公厅印发《关于推动城乡建设绿色发展的实施意见》，从7个方面提出具体举措，明确到2035年，全省城乡建设全面实现绿色发展，城镇和乡村品质全面提升，美丽江苏建设目标基本实现。

【节能建筑规模】全年江苏全省新增节能建筑18433万平方米，其中节能居住建筑14165万平方米、节能公共建筑4268万平方米；累计节能建筑27亿平方米。新增既有建筑节能改造面积1172万平方米，既有建筑改造规模总量达1亿平方米。新增可再生能源建筑应用面积7360万平方米，其中太阳能光热建筑应用面积7169万平方米、浅层地热能建筑应用面积191万平方米，累计可再生能源建筑应用规模总量超8.8亿平方米。推动城镇新建居住建筑执行75%节能标准，鼓励新建民用建筑按照超低能耗建筑、近零能耗建筑标准设计建造。强化新建建筑能效测评监管力度，全年新增建筑能效测评项目112项。2023年1月，印发《江苏省太阳能建筑一体化应用技术导则（试行）》。

【绿色建筑】全年全省新增绿色建筑面积1.84亿平方米，城镇绿色建筑占新建建筑比例超99%，累计建成绿色建筑面积超11.7亿平方米。举办“第十五届江苏省绿色建筑发展大会”“名家话绿建”“绿建访谈”等活动。

【装配式建筑】全省新开工装配式建筑项目4362万平方米，占新建建筑面积比达39.4%，累计新开工装配式建筑面积超2.1亿平方米。继续推动建筑产业现代化示范创建，确定128个年度省级示范，包括40个装配式建筑示范工程，5个装配化装修示范工程，51个BIM技术应用示范工程，6个市政、村镇、园林等建设领域示范工程，17个示范基地，9个新型建筑工业化创新基地。累计创建国家级装配式建筑示范城市5个、产业基地（园区）27个，占全国总数的10%；培育装配式构件生产企业250余家，占全国总数的10%以上；装配式建筑产业链相关企业达3000余家，约占全国总数的25%。开展《装配化装修评定标准》编制工作和“装配式部品部件标准化研究与示范”课题研究。组织开展省级专项能力实训基地实施情况评估工作，推动建立从业人员培训考核体系。发挥竞赛培育人才功能，举办全省百万城乡建设职工职业技能竞赛“中南杯”装配式建筑决赛等活动。省建筑产业现代化促进会成立，加强产学研合作。

【建设科技项目】2022年，105个省建设系统科技项目立项。11个住房城乡建设部科学技术计划项目获批立项。完成90余项省级和10余项住房城乡建设部建设科学技术计划项目的验收工作。开展2022年度省优秀科技创新成果评选，“绿色城区规划建设技术体系”等28项成果获奖。全年共有25项建设科技成果获华夏建设科学技术奖，其中一等奖5项，二等奖8项，三等奖12项。继续推进省碳达峰碳中和科技创新资金（重大科技示范）行业应用示范项目的研究工作，组织实施“低碳未来建筑关键技术研究与工程示范”项目建设，遴选首批10个示范项目，力争实现碳排放强度在现有标准基础上再降低20%的目标。

【工程建设标准化建设】新立项工程建设地方标准32项，发布46项。组织开展2022年江苏省质量强省奖补专项资金推荐工作，《绿色城区规划建设标准》等5项工程建设地方标准获批标准化奖励。《江苏省装配式建筑综合评定标准》获中国工程建设标准化协会2022年度标准科技创新奖标准项目奖，2人获标准人才奖，省工程建设标准站获卓越贡献奖。

【新技术新工法应用】全年共评选通过省级工法1223项，新认定省级建筑业企业技术中心14家，审核通过新技术应用示范工程目标项目801项。

人事教育

【教育培训】2022年共组织厅领导9人次、处级干部8人次、科级干部3人次参加江苏省委党校、住房城乡建设部市长研修学院组织的培训，组织9人次参加公务员大讲堂活动；组织厅10名省管干部、119名处级干部参加“学习贯彻党的十九届六中全会精神网上专题班”培训和年度江苏省干部在线学习培训；组织厅机关40名年轻干部参加厅系统优秀年轻干部政治能力提升培训班。举办7期市县党委管理干部专题培训班（局长班），1期全省住房城乡建设系统行政执法培训班，线上、线下累计参训人员15420人。

【执业资格考试】全年组织实施8场次、13.92万科次、6.25万人次的国家级建设类执业资格考试；全省各无纸化考点、各建筑施工特种作业人员考核基地共组织建筑施工企业“安管人员”无纸化考核（包括省内、驻外办事处）3078场次、14.03万人次；燃气经营企业从业人员无纸化考核231场次、0.85万人次；特种作业人员考核人数23.15万人次。落实“放管服”改革要求，实行资格审核告知承诺制，同步实行考前抽查、考后审查相结合，依托大数据做到考前100%抽查。全年共完成全省建设类执业资格审核约70万人次，受到省人社厅充分肯定。完成建筑施工特种作业人员25个工种的实操考核标准修编并做好落地宣贯。组织修编了“安管人员”教材和建筑施工特种作业人员继续教育大纲与教材，首次对“安管人员”在线继续教育课件开展质量评估。完成对28个考核基地199个考核项目的常态化年度巡查工作，对存在安全风险隐患的2个考核基地3个考核项目责令暂停考核限时整改。

【执（职）业资格注册】2022年，“厅综合服务平台”共计办理职业资格注册类事项33.40万件，其中智慧审批事项16.99万件，占比50.87%，极大缩减了办件时限。全力打击安管类虚假申请、违规挂证、盗用证书等违法违规行为。平台上线运行后，通过分析信访件、举报件及12345工单，“挂证”“盗证”类情况反应大幅减少，2022年共收到关于省管职业资格证书被盗用、投诉挂证的举报102件，较上年减少56.8%。出台《关于建筑施工特种作业操作资格证书有效期顺延事项的公告》，帮助考生和企业渡过特殊时期，助力企业纾困。全年办结各类执（职）业资格注册申请共34.9万件，办结安管人员申请47.1万件。

城建档案管理

【建设档案管理法规建设】《江苏省城建档案管理办法》修改由调研项目调整为预备项目，该办法修改立法准备工作已基本完成。2022年，徐州、连云港、泰州、宿迁等地亦结合本地实际组织开展了相关规范性文件的配套修订工作，保障城建档案管理工作依法规范开展。

【建设工程档案“双随机、一公开”检查制度】建立完善省级随机抽查检查对象名录库和执法检查人员名录库，并组织对全省政府投资集中建设部分在建项目和已竣工项目的档案资料管理情况、档案移交情况，进行随机现场检查。检查结果在省“互联网+监管”平台公布。常州、南通、盐城、宿迁等地亦持续推进对在建工程档案的事中监督指导或执法检查。“双随机一公开”执法检查制度的全面建立，有力加强了工程档案资料在施工现场的源头管理，保证了档案的真实性、准确性和完整性。

【建设档案管理标准化工作】《房屋建筑和市政基础设施工程档案资料管理规程》修编完成报批工作，《建设工程电子档案接收标准》研究顺利启动，《建设工程声像档案管理标准》宣贯培训有序开展。南京馆起草完成《南京市规划业务文件归档管理规范》，为规划档案无纸化移交做好准备；苏州馆配合完成《建设工程建筑信息模型（BIM）档案归档导则（试行）》、起草完成《建设电子档案元数据规范》等一批市级标准，为城建档案信息化建设提供了遵循；盐城市颁布实施了地方标准《建设工程档案管理标准》，纸质档案资料报送量精减至半，切实减轻了管理相对人的负担。

【建设档案管理信息化建设】组织开展“‘数字政府’背景下建设工程电子档案规范化管理研究”，该课题入列省档案局2022年度江苏省档案科技重点课题。完成了省“村镇建设档案管理系统”数据迁移和平台升级改造，对全省村镇建设档案工作人员进行专题培训。积极督促各地开展建设工程档案资料在线接收区域性试点工作，确保工程建设项目全流程在线审批总目标的实现。南京馆对网络基础平台进行了升级改造，工作效率有了质的提升；无锡馆完成自有系统与市工改系统的数据对接，工程竣工档案验收意见书数据实现实时上传；苏州馆结合数字孪生城市建设，通过OCR识别同步开展BIM建模；镇江馆与市政务办合建“线上城建档案馆”，为重大产业项目建设单位提供服务；连云港馆加快信息系统升级以及存量历史数据的整理，构建市县统筹、高效便捷的管理服务体系。

【建设档案基本业务建设】2022年全省新增3个省示范馆、1个省特级馆、6个省特级村镇建设档案室；另有4个省示范馆、79个省特级村镇建设档案室通过复查评估。编制了《农村住房条件改善“一户一档”资料归档清单》《农村住房条件改善项目资料归档清单》，录制了《建设工程档案管理基础知识培训》教程。截至2022年底，全省馆藏档案近1300万卷，长效管理机制、安全管理机制更加健全。

（江苏省住房和城乡建设厅）

浙 江 省

住房和城乡建设工作概况

2022年，浙江省住房城乡建设系统认真落实习近平总书记的重要指示，按照中共浙江省委、省政府决策部署，忠实践行“八八战略”，奋力推进“两个先行”，共同富裕示范区建设扎实推进，住房供应和保障体系加快完善，城乡人居环境品质全面提升，建筑业转型步伐加快，安全形势总体平稳，数字化改革深入推进，住房和城乡建设事业发展取得了新进展新成效，为全省经济社会发展大局作出了积极贡献。全年开展502个社区建设提升项目创建，验收命名108个，完成4574余个社区公共服务设施专项调查；推进212个城乡风貌样板区试点建设，经省政府同意公布111个城乡风貌样板区，经省委省政府同意择优选树45个“新时代富春山居图样板区”；创建美丽城镇省级样板143个、美丽宜居示范村170个；在72个社区推进“强社惠民”集成改革试点。1737个无物业小区全面清零，提前完成物业服务全覆盖任务；建设筹集保障性租赁住房36.3万套（间），开工建设公租房4228套、共有产权住房3802套，开工改造棚户区8.2万套，宁波市获国务院2022年城镇老旧小区改造、棚户区改造、发展保障性租赁住房督查激励；试点灵活就业人员缴存公积金，公积金支持住房消费2697亿元；开展农村困难家庭住房救助2804户。新通车城市快速路159公里，整治起伏道路500公里、“桥头跳车”桥梁316座；开工改造城镇老旧小区616个，新增设区市主城区停车位12.3万个，新建城市地下综合管廊23.8公里；创建中国人居环境范例奖11个、国家（生态）园林城市4个，新增国家级传统村落65个；建成各类绿道2050公里，省级绿道主线基本贯通；新增省级高标准垃圾分类示范小区1234个；新增污水处理能力100万吨/日，建设生活小区“污水零直排区”1039个，新建改造公共供水管网1271公里，新增改造供水能力88.5万吨/日，完成二次供水设施改造885个；建设改造农村生活污水处理设施3601个，农污标准化运维设施累计达到4.74万个，行政村覆盖率、出水达标率分别达到84.46%、82.84%；深入开展迎亚运环境整治行动，完成3300个城市广场、18870条主要街路的净化美化提升，新建成省级高品质示范街区110个、街容示范街78条。创建鲁班奖和国优工程奖26项；新开工装配式建筑1.12亿平方米、钢结构装配式住宅160万平方米。全年完成建筑业总产值2.4万亿元，同比增长3.7%，产值继续保持全国第二。“浙里未来社区在线”获全省数字化改革“最佳应用”，“农房浙建事”获数字社会系统“最佳应用”，“浙里建”获中国信息协会“全国2022数字政府卓越贡献类创新成果与实践案例”。

法规建设

【规范性文件】2022年，制发《关于进一步优化商品房预售管理服务的通知》等18件规范性文件。对规范性文件进行全面清理，废止10件、宣布失效14件，暂保9件文件。

【行政复议应诉】办理行政应诉（含行政复议答复）案件37件，认真做好答辩、举证等工作，全力支持和配合复议机关和人民法院受理、审理行政案件，努力做好协调化解行政争议相关工作。

【执法指导】组织开展全省住房城乡建设系统行政执法案卷评查，评选出十佳行政许可案卷、行政处罚案卷。组织全省住房城乡建设系统法治能力提升培训，有125人参加了培训。

住房保障

【概况】聚焦加快发展保障性租赁住房，构建完善以公租房、保障性租赁住房和共有产权住房为主体的住房保障体系。截至2022年底，全省城镇住房保障受益覆盖率达到23%，住房保障受益覆盖面进一步扩大。

【公共租赁住房】持续以实物保障和租赁补贴并举方式抓好公租房保障，建设筹集公租房4228套，全年在保家庭达48.5万户，其中，实物保障家庭18.1万户，租赁补贴家庭30.4万户，持续实现城镇低保、低收入住房困难家庭依申请应保尽保。修订《公共租赁住房保障基本公共服务导则（试行）》，持续推进公租房保障基本公共服务标准化规范化。

【保障性租赁住房】全年建设筹集保障性租赁住房36.3万套（间），累计建设筹集53.7万套（间），数量位居全国第二。制定印发《关于加快推进保障性租赁住房项目认定的通知》《关于进一步加强保障性租赁住房建设管理有关工作的通知》《保障性住房建设标准》等文件，夯实保障性住房高质量发展制度基础。在"浙里办"上线"以图找房""我要租房"应用，方便新市民找房、租房。

【共有产权住房】杭州市、宁波市出台发布共有产权住房管理办法。2022 年，共建设筹集共有产权住房 3802 套。

【棚户区改造】全省开工棚户区改造 8.2 万套，基本建成 14.1 万套。坚持"重开工"与"重竣工"和"重交付"并重，实现 2018 年底前开工的棚改项目竣工率达到 100%、交付率达到 85%。

房地产业

【概况】浙江省始终坚持房子是用来住的、不是用来炒的定位，稳妥实施房地产长效机制，基本实现"稳地价、稳房价、稳预期"目标；扎实防范化解房地产风险，做好"保交楼、保民生、保稳定"工作；持续提升物业服务水平，加强房屋使用安全管理。

【房地产市场运行】2022 年，新建商品房成交量销售面积 6815 万平方米，比上年下降 31.8%，其中商品住宅销售面积 5467 万平方米，下降 35.1%。新建商品住宅价格基本保持平稳，全年各市商品住宅价格每月环比涨跌幅在 1% 以内。新建商品住宅在售库存大幅增长，至年末，全省商品住宅可售面积 7112 万平方米，去化周期 14.6 个月，比上年增长 5.9 个月。房地产开发投资保持平稳增长，全年全省房地产开发投资额 12940 亿元，增长 4.4%。房地产业贡献保持稳定，房地产业实现增加值 5020 亿元，下降 6.5%，占全省地区生产总值的 6.5%。房地产业税收收入 1873 亿元，下降 32.3%，占全省税收总量的 14.1%。

【防范化解房地产风险】指导各城市制定"一楼一策"方案，压实企业主体责任和属地监管责任。持续开展非正常交付项目专项整治行动，动态管控非正常交付项目，并指导属地制定企业债务风险化解处置总体方案和应急应对预案。积极用好专项借款政策，指导各地积极争取保交楼专项借款，加快推进专项借款项目建设交付。建立长效机制，利用房地产风险智防应用持续开展专项整治行动，强化全省商品房预售资金监管，完成全省商品房预售资金监管应用贯通，运用房地产任务工作台，持续排摸梳理全省潜在风险项目，监督指导各地做好风险项目销号。

【房地产行业管理】出台完善商品房预售资金监管、优化预售许可、鼓励二手房交易"带押过户"等政策，进一步强化行业监管、提升服务水平、防范市场风险。持续开展房地产市场秩序规范整治专项行动（2021—2024 年）、商品房销售中养老诈骗专项整治行动、二手房诈骗专项整治行动等。至 2022 年底，全省各地共开展房地产行业检查 2.8 万次，检查行业各类主体 3.4 万家（次），发现违法违规行为线索 445 个，查处企业 226 家，罚没款 1683 万元，移送公安司法机关案件 6 件。深入推进房地产"数字智治"，贯通使用浙江省商品房预售资金监管系统、住宅区楼宇命名审批系统等，提升数字化管理和服务水平。

【住房租赁市场发展】至 2022 年底，全省累计新增筹集住房租赁房源超过 76 万套（间），共有 1466 家租赁企业、2429 家经纪机构在租赁平台开业备案，培育专业化规模化租赁企业 73 家，租赁合同网签备案量近 170 万份，住房租金价格总体稳定。落实税收优惠，2022 年全省减征增值税 5261.26 万元。2022 年，杭州市顺利完成中央财政支持住房租赁市场发展试点，筹集市场租赁房源 3.27 万套（间），租金涨幅控制在合理区间，向 50 家住房租赁从业企业拨付中央财政资金。

【物业服务】全面推进无物业小区清零攻坚行动，提前 3 个月完成 1767 个住宅小区清零任务。全省 2.1 万个住宅小区物业服务全面覆盖，专业物业服务覆盖率达到 75% 以上。创建省级"红色物业"项目 246 个，出台《浙江省社区托管物业服务标准指引》。全省 14 个县（市、区）、72 个社区开展了"强社惠民"集成改革试点工作，通过整合社区各类资源，推进社区集成服务，摸排资源 600 余处，约 37.7 万平方米，成立惠民公司 19 家，实现社区集体经济增收 2299 万元。

【住房民生工程推进】推动住宅加装电梯工作，至年末全省住宅加装电梯累计竣工 7048 台，另有在建 638 台，通过联审 284 台。3 月，经省政府同意，省建设厅等 8 部门联合开展第三次全省城镇房屋调查登记工作，截至年底全省已排查城镇房屋 175.6 万幢。城镇危房解危三年行动累计完成解危 3248 幢，累计完成率 85.65%。

【国有土地上房屋"阳光征收"】印发《国有土地上房屋征收与补偿领域涉法事务清单》，开发建设"浙里房屋征迁监管"在线应用，并在全省贯通使用，共计 900 个征收项目已纳入应用。全省共作出征收决定项目 135 个，同比下降 17.7%，总建筑面积约 631 万平方米，同比增长 11.8%。完成征收项目 105 个，总建筑面积400万平方米，分别下降22.2%、16.4%。遗留拆迁项目1个，与2021年持平，总建筑面积21万平方米，均已签订协议，拆迁项目遗留问题进一步解决。

公积金管理

【概况】2022年，浙江省净增缴存职工68.01万人，归集2274.02亿元，同比增长10.01%，支持住房消费2697亿元，同比增长9.46%，年末个人住房贷款市场占有率（含公转商贴息贷款）为10.91%，个人住房贷款率92.65%，比上年末减少1.94个百分点，资金运用率92.65%，个贷逾期率为万分零点三八。至年末，全省住房公积金实缴职工1091.35万人，缴存总额17135.12亿元，累计向249.84万户家庭发放了9093.88亿元住房公积金贷款，有力支持了职工住房消费。

【住房公积金政策完善】推动《住房和城乡建设部 浙江省人民政府 推动共同富裕示范区建设 合作框架协议》落实，深化杭州、温州、嘉兴、金华、衢州等公积金中心开展住房公积金助力共同富裕示范区建设试点，在杭州中心等地探索开展住房公积金贷款资产证券化，在温州积极推进“住房公积金助力共同富裕部省合作联系点”建设，在嘉兴、金华、衢州等市中心试点推进灵活就业人员等群体缴存扩面。湖州中心深化灵活就业人员缴存观察员城市相关工作。积极落实“保交楼”风险应对措施，有序推进住房公积金支持多孩家庭、共有产权住房、危旧房改造、绿色建筑、装配式建筑、住宅全装修、旧住宅加装电梯等扶持政策。截至2022年底，全省落实阶段性支持政策，支持缓缴住房公积金单位共384家，涉及缴存职工1.98万人，缓缴公积金7724万元；累计享受提高租房提取额度64.1万人，累计提取48亿元；累计享受提高贷款额度5.9万人，发放贷款310亿元。全省累计灵活就业人员实缴人数16.6万人，2022年支持住房等消费22.8亿元。

【住房公积金督查管理】开展住房公积金专项监督检查，联合省财政厅对湖州、绍兴、衢州、台州、丽水、省直等中心开展年度专项行政监督检查，并对2021年国家专项审计问题“回头看”。开展住房公积金管理中心体检评估试点，对试点中心工作开展全面评估分析，落实整改措施，及时改进工作。加强电子监管应用，利用全国电子化稽查手段和全国监督平台，实施住房公积金业务实时动态监管，及时排查系统筛选的风险隐患，指导中心落实整改任务。

【住房公积金信息化建设】落实数字化场景建设。统筹推进“浙里安居·浙惠住房公积金”的“惠你购房”“无忧租赁”“金心惠企”“应急帮扶”等数字化场景建设试点上线并进行全省推广。与省银保监联合印发《关于推动住房公积金与银行数据共享应用的通知》，加强银行数据共享，迭代升级“偿还贷款本息提取住房公积金”事项，推进民生“关键小事”事项建设。印发《关于进一步治理违规购房提取住房公积金有关事项的通知》，杜绝异常交易提取等违规行为。

【住房公积金服务提升】协同优化政务服务。聚焦服务群众，简化办事流程，提高办事效率：完成“关键小事”智能速办还贷“一件事”优化，协同推进灵活就业人员缴存“一件事”、离退休提取“一件事”、抵押注销“一件事”、公积金业务社保卡“一卡通办”等事项；在企业开办“一件事”中增加在线签订银行代缴代扣公积金协议功能，助力优化营商环境；杭州、宁波、湖州等中心探索二手房“带押过户”，降低二手房交易成本和风险。以数字技术优化业务流程，衢州迭代升级“贷款不见面”应用，温州推动应用电子身份证等电子证照，宁波、义乌探索数字人民币在住房公积金业务的应用取得成效。推进长三角住房公积金一体化建设。实现离退休提取公积金事项接入长三角“一网通办”平台；在长三角示范区率先试点异地租赁提取服务；牵头制定了《长三角示范区住房公积金服务规范手册》，持续提升长三角区域住房公积金服务便利共享水平。推进“跨省通办”任务落实。拓展全国政务服务“跨省通办”范围，完成住房公积金汇缴、住房公积金补缴、提前部分偿还住房公积金贷款3项任务，全部实现全程网办。

城市建设

【城镇老旧小区改造】2022年，完成《浙江省城镇老旧小区改造技术导则（2022年版）》修订，积极探索城镇老旧小区改造和未来社区建设联动推进机制，确定城镇老旧小区改造联系点。全省共开工改造城镇老旧小区616个，超额完成年度目标任务，同时累计创建绿色社区3183个，提前完成住建部确定的阶段性目标。

【海绵城市建设】指导金华市成功申报海绵城市国家示范城市试点建设，指导杭州市完成国家三部委系统化全域推进海绵城市示范试点2021年度绩效评价工作。支持桐庐县等17个县（市、区）重点推进海绵城市建设。发布《浙江省海绵城市建设区域评估标准》。牵头印发《浙江省海绵城市示范性工程建设三年行动方案（2023—2025）》和《浙江省海绵城市示范性工程评价导则（试行）》。

【谋划实施“迎亚运”城镇环境整治行动】2022年，印发浙江省城市环境整治提升和城市安全运行等3个工作方案、3个技术指南、1个整治标准、1个评价细则，梳理形成了四个“干净”、四个“一新”、四个“规范”的整治标准。全省累计完成市政道路及两侧绿化整治1213公里，整治道路井盖3万余个，56个亚运场馆周边环境均已完成提升。此外，净化美化提升3300个城市广场、18870条主要街路，新建省级高品质示范街区110个、街容示范街78条，“口袋公园”40个。

【生活垃圾分类收集处置】2022年，全省新增省级高标准示范小区1234个、示范片区78个，80%以上的商业街、居民小区实施定时定点投放清运，城乡垃圾分类基本实现全覆盖。全年全省生活垃圾产生量约为2480万吨，同比增长-2.23%，回收利用率达到61%以上，新（改、扩）建餐厨垃圾处理设施6座，改造提升中转站300座以上，巩固了“零增长、零填埋”成果，“五年决胜”目标圆满收官。自2021年第四季度住房城乡建设部开展全国垃圾分类考核评估以来，浙江省持续位列东部地区第1名，各项工作走在全国前列。

【保供水抓节水】2022年，新增改造供水能力88.5万吨/日，完成不规范二次供水设施改造小区963个，完成金华市等3个国家节水型城市复查、温州市等3个城市申报和丽水市等2个城市预评选，系统推进省级节水型城市创建复查工作。

【城镇燃气安全生产】开展城镇燃气安全“百日攻坚”，全省累计排查出隐患问题113606个，均已落实整改或管控，餐饮行业燃气报警器实现100%全覆盖，全年未发生较大以上燃气安全生产责任事故。推进城市燃气管道等老化更新改造，经省政府同意，制定印发了《浙江省城镇燃气管道等更新改造实施方案》。

【城市园林绿化建设管理】印发《浙江省住房和城乡建设厅 浙江省城乡风貌整治提升工作专班办公室关于进一步加强城市园林绿化工作 助力城乡风貌整治提升和未来社区建设行动的通知》。开展《浙江园林志》编纂和“浙派园林”课题研究。联合亚组委印发《“迎亚运”园林绿化品质提升工作指南》《关于开展“迎亚运”园林绿化建设整治工作的通知》。制定《浙江省2022年“口袋公园”建设实施方案》，组织全省开展绿地建设和示范类项目交叉检查。印发《关于公布第一批城市公园绿地名录的通知》《关于进一步加强城市湿地保护管理工作的通知》，强化城市湿地资源保护和5个国家城市湿地公园管理。联合下发《全省打击破坏古树名木违法犯罪活动专项整治行动方案》，组织全省开展城市公园等临时动物展区排查整治。印发《关于开展园林绿化行业集中整治专项行动的通知》，建立健全监督管理体系。下发《关于进一步完善“数字城建系统”园林绿化模块数据的通知》，组织全省开展园林绿化和绿道基础数据录入，召开园林数字化管理试点项目推进会和多次调度会。审核推荐中国人居环境范例奖11个、国家（生态）园林城市4个，建成省级园林式居住区（单位）121个、优质综合公园50个、绿化美化路66条；指导海宁、浦江等创建国家（生态）园林城市，实地指导温州申办国际园林博览会。

【城市绿地外来入侵物种普查】印发《关于组织开展城市绿地外来入侵物种普查工作的通知》，建立浙江省城市绿地外来入侵物种普查工作领导小组和全省联络员管理制度，制定《全省城市绿地外来入侵物种普查工作实施方案》和《浙江省城市绿地外来入侵物种普查名单》，建立城市绿地外来入侵物种普查专家库。多次实地调研红火蚁等外来入侵物种情况，争取省级专项资金开展普查防控，通过公开招投标程序完成第三方选定，并督促第三方严格制定实施方案，按时有序推进相关工作。

【“万里绿道网”建设】大力推进省级绿道主线贯通工作，开展调查研究，并组织专家组赴全省督促指导推进省级绿道主线贯通工程。建成绿道2050公里，省级绿道主线基本贯通；选择温州市作为第十次全省绿道建设现场会地点。印发《浙江省绿道建设综合评价技术导则》和相关操作指南，推动城市绿地斑块有效串联，做好绿道建设科学指引。强化示范引领，开展第六届“浙江最美绿道”评选，已累计选出70条最美绿道。组织第四届“绿道健走大赛”，全省共有145万人参与。

【城市基础设施建设】印发《关于进一步加快推进城市市政基础设施建设的指导意见》。2022年全省累计新开工城市快速路12公里，续建150公里，建成通车120公里；新建改造供水管网1271公里、雨水管网1486公里、市政污水管网1165公里、燃气管网2497公里；新开工城市地下综合管廊23.8公里，累计形成廊体31.7公里。城市基础设施建设全年累计完成投资1204.84亿元，超额完成900亿元投资目标。印发《浙江省城市道路整治专项行动方案》以及配套技术导则3部，明确城市道路病害分类、分级整治方法及评价标准，积极应用新技术、新材料、新工艺，重点解决整治中的难点问题，并委托专业第三方检测单位开展全覆盖检测定级，多方面保障整治成效。全年完成城市道路起伏不平等病害 500 公里，“桥头跳车”整治 316 座，均超额完成年度目标任务。印发《城市地下市政基础设施综合规划技术导则（试行）》。

【城市公共交通建设】修编《城市建筑工程停车场（库）设置规则和配建标准》，坚持需求导向，因地制宜实施停车位建设。全省设区市城市主城区建成项目 139 个，新增停车位 12.3 万个，超额完成年度目标任务。

村镇建设

【现代宜居农房建设】2022 年，浙江省构建农房设计风貌管控体系，制定全省农房通用图集设计标准，自建农房设计导则，实现农房通用图集设计深度、要件标准化管理，并按照“一村一风貌”原则完善农房设计通用图集库，加快建立农房风貌管控机制。出台《关于全面推进浙派民居建设的指导意见》及有关技术规范，新启动 170 个省级美丽宜居示范村创建，累计完成投资 6.1 亿元。

【巩固拓展脱贫攻坚成果同乡村振兴有效衔接】积极落实帮扶任务，按照五年帮扶行动方案要求积极推动青田县建设发展。2022 年累计为青田县筹集资金 4900 万元，帮助招引项目 4 个，为结对村落实帮扶项目 26 个、争取项目资金 2900 多万元，为结对村低收入农户筹措资金 32 多万元。推进农村困难家庭危房改造即时救助工作，补助资金 4206 万，补助 2084 户。

【农村房屋安全隐患排查整治】印发《浙江省农村房屋安全隐患排查整治成果巩固提升行动实施方案》，完成全省 12787 户农村危房复核。组织开展全省农村自建房安全专项整治行动，全省共出动排查人员 5.18 万人，排查自建房 1527 万栋，发现疑似危房 9.1 万栋（鉴定确认 C、D 级危房 32994 栋），对 35935 栋采取工程措施或管控措施；其中，排查经营性自建房 152.7 万栋，发现和处置疑似危房 3950 栋（鉴定确认 C、D 级危房 1920 栋），对 2208 栋采取工程措施或者管控措施，其他均已经鉴定排除危房。建立健全“发现一户、改造一户、动态清零”的安全隐患排查整治常态化长效治理机制。

【农房建设管理】开发完善农房“浙建事”系统，已贯通 11 个设区市、72 个县（市、区）。构建乡村建设工匠职业体系，争取住房城乡建设部同意先行先试，会同省人力社保厅探索制定乡村建设工匠职业标准。

【传统村落保护发展】将传统村落保护利用纳入县域风貌样板区考评体系，完成全国第六批传统村落申报，指导兰溪、松阳申报并获评全国传统村落集中连片保护利用示范县，争取到 9000 万元中央奖补资金。探索创建省级传统村落集中连片保护利用示范区，出版《留住乡愁（中国传统村落浙江图经）》（第四卷）。

【美好环境与幸福生活共同缔造】瓯海区丽岙街道五社梓上村入选全国开展美好环境与幸福生活共同缔造活动第一批 42 个精选试点村。试点主要内容是探索决策共谋、发展共建、建设共管、效果共评、成果共享的方法和机制，形成可复制可推广的经验，不断取得实效。

【浙江省农村生活污水治理】全面实施《浙江省农村生活污水治理“强基增效双提标”行动方案（2021—2025 年）》，加快推进农污处理设施建设改造和标准化运维。全省农村生活污水治理行政村覆盖率和出水达标率分别为 84.46% 和 82.84%。全省农村生活污水治理“4 ＋ 1”重大项目累计完成投资 66.88 亿元，完成率 111.47%；2021 年度的建设改造项目应竣工 3246 个，已全部竣工；全省 2022 年度的处理设施建设改造项目已开工 3826 个，完成处理设施标准化运维 47511 个，均超额完成年度任务；完成农村生活污水治理管理服务系统开发项目验收，并实现全省贯通运行；完成中央巡视反馈的 565 个闲置农污处理设施整改。

【乡村建设评价】反馈了 2021 年度乡村建设评价成果，新启动泰顺、安吉、开化、遂昌 4 个全国样本县和淳安等 9 个省级样本县的乡村建设评价工作，实现 11 个设区市乡村建设评价试点全覆盖。通过全面调查分析乡村建设状况和水平，深入查找乡村建设中存在的问题和短板，并提出有针对性的建议，形成乡村建设评价报告，推进全省乡村建设工作实现高质量发展。

【设计下乡】建立“双师”制度，入选住房和城乡建设部首批设计下乡可复制经验清单。以县（市、区）为单位设立首席设计师，以乡镇（街道）为单位设立驻镇规划师，构建首席设计师负责重大技术决策、驻镇规划师负责全程指导实施、镇街城建办负责统筹协调推进的美丽城镇建设技术支撑机制。全省共聘请首席设计师 109 个、驻镇规划师 1099 个，全省已实现首席设计师和驻镇规划师全覆盖，实现镇镇有规划师、村村有设计图。

【小城镇建设】2022 年，全省美丽城镇建设实施项目7988个，拉动有效投资2750亿元，创成美丽城镇省级样板143个、山区县县城城镇省级样板17个，圆满完成美丽城镇建设首轮三年目标。住房城乡建设部高度肯定浙江省美丽城镇建设经验并发文在全国推广。

工程造价

【政策规章】《浙江省房屋建筑和市政基础设施项目工程总承包计价规则（2018版）》于2022年1月1日正式实施。编制完成《浙江省建设工程造价参考指标》，为政府宏观决策、业主控制投资、企业快速报价提供数据支撑。编制《浙江省房屋建筑和市政基础设施施工招标文件示范文本》和《浙江省房屋建筑和市政基础设施工程总承包招标文件示范文本（2022版）》，规范招标投标行为。

【计价依据】组织编制《浙江省建设工程造价咨询成果质量评价导则》，重点解决工程造价咨询低价竞争、出具咨询成果不及时、询价机制不健全以及出具成果依据充分性、内容完整性和结果准确性专业性评判等问题。通过对现行计价依据跟踪问效和动态管理机制，收集整理各地市在现行计价依据执行过程中遇到的问题，共收集问题反馈535条，经组织相关专家讨论，完成《浙江省建设工程计价依据（2018版）综合解释及动态调整补充（三）》。累计发布综合解释30条，补充计价依据25个子目，动态调整5项。全年共组织召开由建设各方参与的计价咨询协调会30余次，共受理网上提交的计价依据解释申请635件，出具书面咨询意见5项。

【造价信息】编制发布《浙江省建设工程人工材料机械信息价发布编码规则》，进一步推进全省价格信息数据的共享。每月定期采集测算发布安装材料、火工、保温、绝热、防腐材料，市政、园林绿化及仿古建筑工程专用材料信息和相应的指数，全年向建设市场提供人工、材料、机械台班等各类计价要素信息17万余条。主编完成省级工程建设标准《建设工程造价指标采集分析标准》《建设工程计价成果文件数据标准》实现工程造价数据互联互通。推进造价数据积累与应用，拓展成果转化应用场景，编制完成《浙江省建设工程造价参考指标》，为政府宏观决策、业主控制投资、企业快速报价提供数据支撑。

【造价企业管理】截至年底，浙江省共有工程造价咨询企业843家，规模企业数量218家，总共完成工程项目投资造价总额10.71万亿元，企业的营业收入超1042亿元，全省共有101992人从事工程造价咨询业务。有653家企业自愿参加全省统一的信用评价活动。举办浙江省第四届工程造价技能竞赛，30人荣获金牌造价工程师称号，30人荣获优秀造价从业者称号。建立“浙江省造价从业人员数字化学习/服务平台”，提供行业动态服务、造价工程师考试/注册服务、造价工程师继续教育服务、注册造价工程师查询服务、造价咨询企业查询服务、造价咨询行业文件查询服务和荣誉展示服务等功能。

【造价争议调解】全省建立41个红色调解驿站。全年全省累计受理建设工程结算价款争议调解项目251个，涉及项目金额788.59亿元（其中国有投资项目668亿元），调解项目金额14.0亿元，调解成功率96%。开展建筑市场监督执法检查，共抽查建设工程项目40个，其中政府投资项目32个，社会投资项目8个；涉及2810项检查内容，符合项为2587项，符合率为92.1%。

【技术标准】组织完成《保障性住房建设标准》《建筑工程配建智能信包末端设施技术标准》《民用建筑可再生能源应用核算标准》《城市居住区无障碍设施设计标准》《城市轨道交通工程施工质量验收统一标准》等27项浙江省工程建设标准的出版发行。组织完成《壁挂式轻便消防水龙及室内消火栓安装》《民用建筑常用水泵和风机控制电路图》《建筑电气设施抗震设计与安装》等6项浙江省标准设计图集的编制、发行。

工程质量安全监督

【工程质量】深化工程质量安全标准化行动，实施工程质量安全手册制度，完善工程质量安全管理体系。大力推进技术工艺升级，新技术、新工艺应用覆盖率超过60%。实施精品带动，考核认定2022年度“钱江杯”工程196项，同比增长36%。承担工程质量保险、政府购买监理巡查服务和建筑工程质量评价等3项全国试点。发布《预拌混凝土质量管理标准》《住宅工程质量常见问题控制标准》等地方标准。印发《关于工程监理单位企业信用评价的实施意见》，在工程监理领域建立健全以信用为基础的新型工程质量监管机制。积极开展数字化应用场景试点，主导开展“安心收房”“浙砼管”应用场景建设。“安心收房”应用场景已有3687个住宅项目纳入应用监管，共有11.8万名群众通过“浙里办”客户端参与工程质量监管，线上处置质量问题471起，化解率82.0%；“浙砼管”应用场景已有685家混凝土企业和14019个项目纳入监管平台，累计对混凝土生产企业发出预警信息101493条。

【施工安全】与各设区市建设主管部门签订《2022

年建设系统安全生产和消防安全工作目标管理责任书》。组织召开全省建设和交通领域“保冬奥保两会保春节”安全生产工作电视电话会议。组织召开全省建设施工和城市运行安全工作电视电话会议、省建设施工专委办月度例会暨厅安委会全体成员会议，部署做好党的二十大、省第十五次党代会等重要时间节点的安全防范工作。制定《浙江省房屋市政工程安全生产治理行动实施方案》，对全省18960个在建项目进行了全面排查，对“4＋1”重大项目、亚运工程实施重点监管，整改各类安全隐患4.3万处。开展地方督导帮扶工作，组织帮扶组赴金华开展为期一月的建筑施工安全督导帮扶工作，梳理问题清单，指导完善整改措施。

建筑市场

【概况】2022年，省政府制定出台《关于进一步支持建筑业做优做强的若干意见》，提出了“17条政策措施”。全省建筑业企业共完成总产值2.4万亿元，同比增长3.7%，位列全国第二；实现建筑业增加值4388亿元，占全省国内生产总值（GDP）5.6%；全省建筑业入库税收730亿元，占全省入库税收的5.5%；签订合同金额4.8万亿元，其中新签合同金额2.3万亿元；房屋建筑施工面积17亿平方米，占全国房屋建筑施工总面积的11%，其中新开工面积4.5亿平方米；建筑业从业人员556万人。

【培育企业做优做强】2022年，制定出台《浙江省建筑产业现代化示范企业培育实施方案》，着力培育优势产业集群。全年新晋升施工总承包特级资质企业4家，全省建筑业共有特级企业86家，其中基础设施领域特级企业17家（市政7家、公路7家、水利2家、化工石油1家），一级企业3382家，新增省级企业技术中心17家。全省建筑业产值超百亿元的企业26家，50亿元以上企业84家，4企业上榜ENR“全球最大250家国际承包商”名单，14家企业上榜全国民营企业500强。

【加快“走出去”发展】制定出台《浙江省建筑业走出去发展三年行动方案（2022—2025年）》。全省对外承包工程新签合同额45.7亿美元，同比增长2.47%；完成营业额64亿美元，同比下降19.24%，在全国占比6.74%。浙江建筑业企业施工足迹遍及全国31个省（市、区）、覆盖全球120多个国家和地区。

【推进工程造价市场化改革】指导嘉兴、金华、舟山3个城市扎实推进“取消最高投标限价按定额计价的造价改革”试点，9个试点项目中已完成竣工验收3个，金华市以工程项目全过程建设周期造价数据链为主线，开发运行“工程造价管控”应用场景；舟山市结合试点项目开展建设工程造价数据库系统建设。完成“基于深度学习理论的工程造价指标数字化管理研究与应用”课题研究，编印《房屋建筑和市政项目工程总承包计价规则》等三部标准规范，开发工程造价管控、计价依据动态管理系统等五大系统。

【推进新型建筑工业化】制定下发《2022年全省建筑工业化技术创新工作要点》，修订出台《浙江省建筑领域碳达峰碳中和考核奖补办法》，完成“全省装配式建筑现状分析及对策研究”调研课题。全省新开工装配式建筑项目2043个，实施建筑面积1.34亿平方米，三个试点城市完成钢结构装配式住宅199.98万平方米。积极推动智能建造，温州、嘉兴、台州3个城市入围全国首批24个智能建造试点城市名单。

【稳步推进工程总承包和全过程咨询】2022年积极推进工程总承包和全过程咨询发展，完成工程总承包专项审计调查问题整改，制定出台《房屋建筑和市政基础设施项目工程总承包施工招标示范文本》，进一步健全工程总承包制度体系。全省新增工程总承包项目740个，合同额1613亿元；新增全过程咨询项目846个，合同额38.42亿元。

【推进建筑产业工人队伍培育】2022年，新成立5家建筑业现代化产业分院（累计7家），命名2个“省级建筑产业工人培育基地”和30家“建筑产业工人队伍培育先行企业”，新增中级工技能水平以上建筑工人6.03万人。开展“红色工地”建设质量提升行动，认定省级“优秀红色工地”56项，全省共有“红色工地”4705个，参与党员21254人，覆盖率达到74%。

【推进建筑企业资质改革】2022年，持续推进建筑业企业资质改革，强化省级公共服务系统工程项目信息入库，完成做好“资质清爽办”场景应用开发和落地。2022年，共下放试点建筑业共下放试点建筑业企业资质升级受理225家，已核准185家，重组合并分立受理157家，已核准126家。省级核准建筑业企业资质告知承诺制13件，核查建筑业企业资质办件13件。

【推进建筑领域数字化改革】2022年，积极推动“建筑工人保障在线”应用试点，召开全省“建筑工人保障在线”应用现场推进会。全省共有19647个项目、26569家企业、468万人员使用该应用，试点地区已累计签订电子劳动合同2.3万余份，确认工资2.4余亿元。推进“安心收房”应用建设，全省共有3687

个住宅项目纳入监管，11.8 万名群众通过“浙里办”客户端参与，线上处置质量问题 471 起。推进“浙砼管”应用建设，已有 685 家混凝土企业和 14019 个项目纳入监管，累计发出预警信息 10.1 万多条。完成建筑工业化监管服务应用场景（“浙里建造”）1.0 版本建设，并在杭州开展试点。

【强化建筑市场监管】2022 年，浙江建筑业着力推进监管模式转变，实现行业监管向信用管理转变，向事中事后监管转变，向数字化监管转变，修订印发《关于浙江省建筑施工企业信用评价的实施意见》。开展全省重大工程项目建设领域突出问题专项整治和建筑施工领域拖欠工程款和农民工工资专项治理行动，对全省招投标领域、“三包一挂”和人员履职情况等突出问题开展整治督查，共下发整改督办单 34 份，执法建议书 11 份，反馈检查整改意见 175 条。

【推动惠企政策落地落实】组织开展“政策直通车”服务活动，及时解读政策要点，打通政策入企“最后一公里”。持续开展工程建设领域保证金制度改革，全省累计释放企业资金 4873.4 亿元，为企业减负 30.3 亿元，保函保险替代率达到 92.8%。加强农民工权益保障，全省各级建设主管部门处理和协助处理欠薪案件 1734 件，涉及人员 14449 人，解决农民工工资 3.16 亿元。

建筑节能与科技

【技术标准】2022 年，编制完成《公共建筑节能设计标准》《绿色建筑设计标准》《居住建筑节能设计标准》《保障性住房建设标准》《海绵城市建设区域评估标准》《民用建筑项目节能评估技术规程》《建筑工程配建智能信包末端设施技术标准》《既有建筑无障碍改造设计标准》等 27 项浙江省工程建设标准。组织完成《壁挂式轻便消防水龙及室内消火栓安装》《民用建筑常用水泵和风机控制电路图》《建筑电气设施抗震设计与安装》等 5 项浙江省标准设计图集的编制发行。

【绿色低碳建筑发展】自 2022 年起，全省新出让（划拨）的国有建设用地上新建民用建筑项目，全面执行 75% 的低能耗建筑设计标准。完成《浙江省绿色建筑专项规划编制导则（2022 版）》，分步骤推进 11 个设区市、52 个县（市）范围内新一轮绿色建筑专项规划修编工作。全省新建民用建筑全面按照一星级以上绿色建筑强制性标准进行建设，其中国家机关办公建筑和政府投资或者以政府投资为主的其他公共建筑，按照二星级以上绿色建筑强制性标准进行建设，全面推进绿色低碳建筑发展，城镇绿色建筑占新建建筑比重为 98%，积极开展超低能耗、近零（零）能耗建筑试点示范建设。

【可再生源建筑应用】全省以实施民用建筑节能评估和审查制度为主要抓手，大力推进可再生能源建筑应用。公共建筑优先应用太阳能光伏发电建筑一体化技术；住宅建筑大力推广太阳能光伏发电建筑一体化技术、太阳能光热技术与空气源热泵热水技术。同时，明确要求可再生能源设施设备应用与建筑一体化设计、施工和安装，确保建筑与环境的美观协调。鼓励既有建筑加设太阳能光伏系统。2022 年完成太阳能等可再生能源建筑应用面积 2333 万平方米。

【既有建筑节能改造】结合城市更新、城镇老旧小区改造等推进既有建筑绿色化低碳化改造，鼓励政府投资及政府投资为主的公共机构绿色化改造同步开展建筑能效提升，利用外墙外保温、活动外遮阳、隔热屋面、太阳能、地源热泵等节能技术，开展既有建筑节能改造，推广应用节能新技术与新产品，提升建筑用能系统能效。2022 年全省完成既有公共建筑节能改造面积 138 万平方米。

人事教育

【建设类人员培训教育】积极推进现场专业人员职业培训工作，共培训 58987 人次，取证 32453 人次，继续教育 343975 人次。推动省建设行业专技人员继续教育和学时登记，规范省属单位专业技术人员学时认定登记信息化管理，完成省属单位专业技术人员学时登记认定 3987 人、77843 学时，完成专业科目和公需科目网络学习视频课件录制及试题库建设，新录制视频课件 115 学时，其中建设行业公需科目 39 学时，专业科目 165 学时，视频课件总数累计达 426 学时。

【干部教育培训】编制年度建设教育培训计划，共 19 项。重点组织实施了全省美丽城镇建设专题培训班和全省新型城市化局长培训班等两个市县委管理领导干部培训班。组织公务员参加学法用法培训测试和年度网络学院学习，协调选派 10 名领导干部参加国家行政学院、住房城乡建设部、省委组织部、省委党校各类班次学习。

【人才队伍建设】分别完成建设工程专业正高工、高工评审专家库（2022—2024 年）成员调整工作。组织开展 2022 年度全省建设工程专业正高级工程师、高级工程师资格评审和直属单位中初级专业技术资格评审初定工作，全省分别有 338 人、3041 人取得建设工程专业正高级工程师、高级工程师资格和省属单位

113人取得中级任职资格。完成25名省外调入人员正高级、高级工程师证书确认。

城市管理

【城管数字智治】2022年，浙江省加快推进城市运行管理"一网统管"，完成省级以及11个设区市城市运行管理服务平台建设方案编制上报工作，并迭代升级原有城市综合管理服务平台为城市运行管理服务平台，以"浙里城事共治"重大应用为依托，建成集监管指导、综合评价和公共服务等多位一体的省级平台，系统归集城市管理事件、部件数据，实现了"摊有序""户外广告一件事"等子场景全省贯通，涌现了诸如嘉兴"综合查一次"、绍兴"搬家一件事"、衢州"综合飞一次"、台州"摊省心"等一批在全省具有一定影响力的数字化创新应用。加快推进建筑垃圾全程"闭环监管"，注重吸纳宁波市、绍兴市、嘉兴市秀洲区、湖州市德清县等数字化成果，及时总结金华市、丽水市庆元县上线试点成效，对接共享"无废城市在线""浙里净""浙里建"等系统，打造省市县一体化的建筑垃圾综合监管服务系统，并推进杭州市建德市"17清废"装修垃圾智治应用的迭代创新，积极打造"装修固废在线"子场景，推动形成装修垃圾全过程智慧监管体系。

【市容环境整治】发布实施地方标准《城市街容标准》，印发《关于建设高品质示范街区提升城市治理能力的实施意见》《浙江省"高品质示范街区"考评验收办法（试行）》等文件，新建成省级"高品质示范街区"110个、省级"街容示范街"78条，相关做法在全国城市管理华东片区座谈会上作专题介绍。积极开展迎亚运市容环境品质提升行动，完成3300处城市公共广场、18870条主要街路、41010块招牌广告等的净化序化提升。成功举办浙江省第26个环卫工人节庆祝活动，全面完成全省城市公厕服务提升改造任务。

【深化垃圾治理】全面完成第二轮中央生态环保督察指出的非正规垃圾堆放问题整改，如期实现省级1个问题和市级6个问题的全部销号，完成1458个非正规垃圾堆放点整治。积极对接省司法厅、省生态环境厅等省级部门，配合省人大法工委完成了《浙江省固体废物污染环境防治条例》建筑垃圾专章的起草修订，为全省规范治理建筑垃圾工作提供了强力支撑。落地落实《关于进一步规范建筑垃圾治理工作的实施意见》要求，大力推动建筑垃圾处理能力进一步提升，2022年各县（市、区）建筑垃圾综合利用率均达到70%以上，全省实现建筑垃圾综合利用率达92.36%。深入开展建筑垃圾领域专项整治，严厉打击违法违规行为，并集中公布5起因偷倒乱倒、非法处置建筑垃圾被追究刑事责任或者予以行政拘留的典型案例。

共同富裕现代化基本单元建设

【概况】经省委全面深化改革委员会第十九次会议审议通过，经省政府同意，由省城乡风貌整治提升工作专班印发《共同富裕现代化基本单元规划建设集成改革方案》，构建共同富裕现代化基本单元规划建设"1352＋N"系统架构。共同富裕现代化基本单元建设确定为2022年全省牵一发动全身重大改革，列为浙江省高质量发展建设共同富裕示范区十项标志性成果之一。省城乡风貌整治提升工作专班办公室（以下简称："省风貌办"）举办共同富裕现代化基本单元"一月一课"，召开两次新闻通气会，组织一次媒体集中采风，在各大媒体开设专栏，在国家级、省级媒体报道180余篇。

【社区建设提升】2022年共开展502个社区建设提升创建工作，验收命名两批共108个。联合12部门开展城镇社区公共服务设施调查，完成全省4574个社区，约5.5万个社区公共服务设施摸排。联合7部门出台《浙江省共同富裕现代化基本单元"一老一小"场景实施方案（试行）》及验收办法，推出城镇社区"一老一小"服务场景508个。推进"普惠型＋引领型"社区相关技术体系研究，迭代创建指标体系、验收办法等技术标准，制定11项标准规范。举办社区邻里中心创新设计大赛，共15组作品获奖。

【城乡风貌整治提升】2022年开展共212个城乡风貌样板区试点建设，建成111个城乡风貌样板区，其中城市风貌样板区57个，县域风貌样板区54个，择优选树45个"新时代富春山居图样板区"。发布《浙江省城乡风貌样板区建设评价办法（试行）》及操作手册，并指导各地开展拟建样板区建设方案编制。联合省农业农村厅、自然资源厅出台《关于全面推进浙派民居建设的指导意见》，加强农房建设管理，健全乡村风貌管控机制，彰显浙派乡村特色。发布《关于进一步加强城市园林绿化工作 助力城乡风貌整治提升和未来社区建设行动的通知》，配合省财政厅制定出台《浙江省城乡风貌整治提升资金管理办法》。在全省开展城乡风貌整治提升优秀案例征集，发布《浙江省县域风貌整治提升技术指引—乡村风貌典型问题篇（一）》。

大事记

1月

11日　联合省农业农村厅、省自然资源厅印发《农房“浙建事”全生命周期综合服务管理系统落地应用实施方案》。

24日　召开2022年度美丽城镇媒体座谈会，探讨研究2022年美丽城镇宣传思路和活动载体。

25日　召开全省住房和城乡建设工作会议。

2月

11日　召开全省城市与村镇建设年度工作会议。

15日　省住房城乡建设厅高质量发展建设共同富裕示范区领导小组召开全体会议。

同日　召开全省建筑业发展暨质量安全工作年度会议。

16日　召开全省城市住房工作会议。

17日　在金华召开全省历史文化保护传承工作座谈会。

18日　召开全省城市管理和执法工作视频会议。

21日　召开全省住房公积金年度工作会议。

22日　全省农房“浙建事”全生命周期综合管理服务系统落地应用现场推进会在临安召开。

3月

1日　发布2022年度全省美丽城镇建设省级样板创建名单，将236个乡镇（街道）列入2022年全省美丽城镇建设样板创建名单，23个镇（街道）列入2022年山区县城城镇样板创建名单。

8日　召开住房公积金助力“共同富裕”示范区建设座谈会。

24日　“村镇微课堂”专题学习活动首课线上开讲。

4月

7日　联合省发展改革委出台《关于支持天台县打造山区26县建筑业高质量发展样板若干举措》。

15日　《浙江省美丽城镇建设评价办法（试行）》发布。

5月

6日　发布《浙江省工程建设工法管理办法》，自2022年6月10日起施行。

12日　发布《浙江省房屋建筑市政工程施工现场技能工人配备导则》。

18日　2022年度全省美丽城镇建设第一期培训班举行开班仪式。

27日　联合省财政厅、中国人民银行杭州中心支行在全省组织实施住房公积金阶段性支持政策。

同日　召开全省共同富裕现代化基本单元建设工作推进会，省委书记袁家军出席并讲话。

6月

1日　召开全省住房城乡建设系统“安全生产月”活动启动视频会议。

6日　省住房城乡建设厅结对帮扶青田县送培送教到县暨青田县2023年度第一期乡村建设工匠培训班在青田县正式开班。

8—9日　召开全省住房城乡建设系统“安全生产月”活动启动视频会议。

16日　召开全省自建房安全专项整治工作再部署再推进视频会议，副省长高兴夫出席。

18日　“离退休提取住房公积金”事项在长三角“一网通办”平台上线运行。

同日　召开“浙里未来·与邻有约”社区邻里中心创新设计大赛成果发布会。

30日　全省数字化改革重大应用场景“工程造价管控”在金华正式上线。

7月

5日　组织召开地市建设主管部门半年度工作座谈会。

7日　会同省农业农村厅、省自然资源厅共同印发《关于全面推进浙派民居建设的指导意见》。

13日　召开华东片区城市管理工作研讨会。

29日　省美丽城镇办召开全省美丽城镇建设工作务虚会，总结梳理美丽城镇建设经验，深入探讨新一轮美丽城镇建设工作方向和思路。

29日　省建筑业高质量发展工作专班办公室制定出台《浙江省建筑业企业走出去发展三年行动方案（2022—2025年）》。

8月

5日　召开浙江省美丽城镇建设工作综合评价启动会。

23日　全省共同富裕现代化基本单元建设工作现场会在杭州召开。

9月

6日　省美丽城镇办在温州举办第四十期“美丽讲堂”。

28日　省风貌办组织召开城镇社区建设专项规划工作督导会。

29日　召开全省城市运行和建设施工安全视频部署会，副省长高兴夫出席。

10月

10日　省风貌办组织召开浙江省共同富裕现代化基本单元建设媒体通气会。

12日　公布全省2021年度全省美丽宜居示范村创建、传统村落风貌保护提升、村庄设计与农房设计落地试点验收结果，59个村庄入选优秀美丽宜居示范村，34个村庄入选优秀传统村落风貌保护提升示范村，8个村庄入选优秀村庄设计与农房设计。

26日　举行浙江省第26个环卫工人节庆祝大会在湖州市举行，副省长高兴夫出席会议并讲话。

29日　“浙里未来社区在线”应用获评全省数字化改革最佳应用。

11月

4日　省风貌办组织召开城镇社区公共服务设施调查评估工作座谈会。

9日　组织召开浙江省城乡历史文化保护传承体系规划编制讨论会。

11日　举行长三角住房公积金一体化党建联建签约仪式暨第一次联建活动。

17日　联合省总工会在衢州江山举办组织主题为“培育工匠人才，助力共同富裕”的2022届浙江省农村建筑工匠技能竞赛。

23—24日　组织召开全省农村房屋建设管理培训。

12月

1日　省政府召开全省农村生活污水治理和城乡垃圾分类处理工作电视电话会议，高兴夫副省长出席会议并讲话。

5日　联合中国银保监会浙江监管局、中国银保监会宁波监管局深化推进全省各市住房公积金中心与银行业金融机构数据共享应用工作。

14日　省美丽城镇办在线上举办2022年度全省美丽城镇建设第二期培训班。

16日　召开省级结对帮扶青田团组工作会议。

21日　公布全省美丽城镇建设2022年度评价结果，143个城镇创成美丽城镇省级样板，17个城镇创成山区县县城城镇省级样板。

（浙江省住房和城乡建设厅）

安 徽 省

住房城乡建设工作概况

【**健全住房保障体系**】2022年，安徽省稳步推进城镇棚户区改造，扎实开展“难安置”治理，新开工棚户区改造10.1万套、基本建成18.04万套，竣工交付17.9万套。多方式支持保障性租赁住房建设，新增保障性租赁住房10.98万套（间）。强化公租房“兜底”保障，新筹集公租房1434套，发放租赁补贴3.02万户。推动城镇老旧小区连片改造，改造老旧小区1431个，惠及居民26.7万户，滁州市城镇老旧小区、棚户区改造和发展保障性租赁住房工作获国务院表扬激励。

【**提升城市功能品质**】统筹城市体检与城市更新，修订城市体检技术导则，实现设区市、县城城市体检全覆盖。创新搭建“政银企”平台，整市、整县推进开发性金融支持城市基础设施建设试点，完成市政基础设施建设投资1355亿元。新建改造排水管网1500公里，新增供水能力48.5万吨/日。实施便民停车行动，新增城市公共停车泊位7.92万个，安装城市交通路口遮阳（雨）棚1113个。加强城乡历史文化保护传承，省委办公厅、省政府办公厅印发《关于在城乡建设中加强历史文化保护传承的实施方案》。启动安徽省城乡历史文化保护传承体系规划编制，推进历史建筑全域普查认定，历史建筑总数达5965处，居全国第3。

【**增强城市治理效能**】持续开展市容环境专项整治，严格规范共享单车、户外广告和招牌设施、窨井盖安全管理，治理背街小巷2.1万条、垃圾场（站）1605个，安装修复窨井盖4.2万个。会同安徽省文明办、安徽省文旅厅开展“席地而坐”城市客厅示范区域创建。深化“强转树”专项行动，推动执法力量下沉乡镇街道、城管执法进小区。扎实开展打击整治养老诈骗专项行动。

【**打造安徽建造品牌**】推动建筑产业转型升级，完善产业政策体系，培育高等级资质企业，优化招标投标方式，补齐县域发展短板，全年实现建筑业总产值1.17万亿元、同比增长10.6%。大力发展装配式建筑，新建装配式建筑面积5924.2万平方米，占比36.6%，居全国、长三角前列，培育认定14个国家和省级装配式建筑产业基地。推进智能家电与住宅产业融合发展，启动15个智慧住宅建设试点示范项目建设，促进住宅开发建设升级迭代。开展安徽省优秀建筑业企业认定，共认定462家省优秀建筑业企业。评选“黄山杯”奖项目184个、安徽省工程勘察设计大师20名。

【推进美丽村镇建设】有效衔接脱贫攻坚与乡村振兴，加强农村住房安全动态监测，深化农村房屋安全隐患排查整治，改造农村危房7300户。加大农村生活垃圾处理设施建设，实现村庄清扫保洁和生活垃圾收运处置体系全覆盖，生活垃圾无害化处理率达到78%。推动传统村落保护利用，绩溪县入选国家传统村落集中连片保护利用示范县。

【筑牢质量安全防线】深入推进自建房安全专项整治，开展“百日攻坚行动”和“回头看”，排查自建房、经营性自建房1986.6万栋、53.34万栋。扎实开展城镇燃气安全隐患整治，排查治理风险隐患15.2万个。完成城市生命线安全一期工程建设，实现对2.9万公里燃气、供水、排水等管网和325座桥梁的实时监测，累计预警处置三级以上险情735起。

法规建设

【概况】2022年，省住建系统持续推进法治政府建设，着力提升依法行政水平，不断规范行政执法行为。自建房立法获评安徽省2022年度“十大法治事件”，“住宅工程业主开放日”制度列入2022年度全省十大“法治为民办实事”项目，厅党内法规学习宣传工作被省法宣办通报推广。

【加快立法供给】出台《安徽省绿色建筑发展条例》《安徽省城市生活垃圾分类管理条例》《安徽省自建房安全管理条例》等地方性法规，重新修订了《安徽省建设工程勘察设计管理办法》《安徽省建设工程造价管理条例》等地方法规规章。2022年在全国率先开展自建房立法，代拟了《关于加强全省自建房屋安全管理工作的决定》《安徽省自建房屋安全管理办法》《安徽省自建房安全管理条例》，《安徽省自建房屋安全管理条例》为全国省级层面首部自建房安全管理地方性法规，自建房安全管理立法工作获评安徽省2022年度“十大法治事件”。

【加强法制宣传】编制《关于在全省住房和城乡建设系统开展法治宣传教育的第八个五年规划（2021—2025年）》，印发《安徽省住房城乡建设系统2022年普法依法治理工作要点》。举办“安徽省住房和城乡建设法律法规主题展”，开展“全民国家安全教育日普法宣传系列活动”和“住建法律法规知识网上竞答”，开展“12.4”国家宪法日、“宪法宣传周”等主题普法宣传。严格落实党组理论学习中心组学法制度，组织4次集体学习。

【强化执法监督】为有效解决“看得见的管不着，管得着的看不见”，印发《关于进一步加强全省住房城乡建设领域行政执法工作衔接优化完善协作机制的通知》，明晰全系统各部门执法主体和责任，提升执法工作效能。印发《安徽省住房和城乡建设厅开展依法推进公共政策兑现和政府履约践诺专项行动的实施方案》，制定并上报厅公共政策目录，督促各市住房城乡建设部门做好政策兑现工作。组织对厅起草的1件地方性法规、1件地方政府规章，10件规范性文件、所有省委省政府代拟稿和重大政策性文件出具合法性审查和公平竞争审查意见。对厅办理的所有撤销行政许可案件以及所有厅办信访和信息公开答复等进行了合法性审查。对76件厅办行政处罚案件进行了法制审核，无一起被诉被复议。

【优化法治服务】2022年办理行政复议案件18件、行政应诉案件1件，厅机关负责人100%出庭应诉。对厅信访答复、复查、复核和政府信息公开答复提出办理意见。在安徽省建立推行了“住宅工程业主开放日”制度，提前化解矛盾纠纷，保障业主依法维权。“住宅工程业主开放日”制度列入2022年度全省十大“法治为民办实事”项目。印发《行政复议应诉工作分析报告》，促进提升依法行政能力和行政执法水平。赴合肥、阜阳、淮南、宣城等市和有关企业开展业务指导和辅导授课，帮助基层和企业解决实际问题。举办安徽省住房城乡建设企业法治培训班。开展全省住建行业企业法治培训，提升企业法治意识和依法维护合法权益能力。

房地产业

【概况】2022年，安徽省坚持“房子是用来住的，不是用来炒的”的定位，落实“稳地价、稳房价、稳预期”目标要求，在结合经济、人口、城镇化等因素，对安徽省房地产市场进行调研的基础上，指导督促城市落实主体责任，保持政策连续性稳定性。结合城市功能品质提升和新型城镇化建设，因城施策，用足用好政策工具箱，优化住房供给，与引进人才、支持就业创业、“难安置”专项治理、鼓励生育等政策有效叠加，发挥政策综合效应，支持刚性和改善性住房需求。2022年，安徽省房地产开发投资6811.7亿元，销售商品房面积7471.3万平方米，安徽省商品住宅价格总体平稳。

【房地产市场监管】安徽省住房城乡建设厅等6部门印发《关于加强监管规范商品房销售交付等行为

的通知》，加大对房地产开发、房屋买卖、规划管理、虚假宣传等方面违法违规行为的打击力度。联合人民银行合肥中心支行、安徽银保监局出台《安徽省商品房预售资金监管办法》《关于贯彻落实规范商品房预售资金监管意见的通知》，确保资金专户专存、专款专用、全程监管。扎实开展保交楼工作，坚决有力处置房地产开发项目逾期交房风险，切实维护了购房群众的合法权益。

【物业管理】印发《“皖美红色物业”建设三年行动方案》，制定《物业服务通用要求》地方标准、《住宅小区物业管理常见违法违规行为执法指导手册》等。组织行业信用体系建设研究，制定物业服务项目招标投标制度，规范市场竞争机制。制定《住宅小区人防工事平时使用管理办法》，明确住宅小区人防设施平时使用、管理和维护责任，切实缓解小区停车矛盾。开展第一批“皖美红色物业”示范小区评选活动，同时依法加大对行政处罚失信行为的曝光力度。全年实现了物业服务覆盖率、业主委员会覆盖率、党的工作覆盖率的提升和信访总量的下降。截至年底，安徽省登记注册物业服务企业5064家，从业人员32.7万人。在管的各类物业面积约14.3亿平方米，其中住宅项目约1.3万个，面积约12.5亿平方米。

【城镇老旧小区改造】2022年，安徽省统筹开展连片改造，将地缘相近若干个小区连片谋划，生成一个或若干个项目，整体纳入城市更新单元，统一规划设计、统一进行改造。引导各地通过公开推介、定向邀约等方式，吸引社会资本参与改造，稳步探索市场化运作。建立金融信贷长效工作协调机制，积极推动改造资金筹集多元化，探索形成小区业主、原产权单位、社会投资方、金融机构等共同参与出资的改造方式。2022年，社会资本参与老旧小区改造出资达6.16亿元。推行老旧小区改造提升与“物业覆盖”双同步，鼓励老旧小区“打捆”引入专业物业服务企业管理，推动改造后的小区逐步过渡到专业化的物业管理。2022年，安徽省累计改造完成老旧小区1431个，完成率101.4%，改造建筑面积2503万平方米，惠及居民26.7万户居民。

住房保障

【概况】2022年，安徽省积极争取中央财政各类补助资金34.05亿元，省级以奖代补资金3.1亿元，成功发行四批地方政府棚改专项债券330.56亿元。全面超额完成年度各项目标任务，安徽省发展保障性租赁住房10.98万套（间），达计划任务的111.5%；棚户区改造新开工10.1万套，基本建成18.04万套，分别达计划任务的104.4%和113.4%，新增竣工交付17.93万套，约48万棚户区居民实现“出棚进楼”；新筹集公租房1434套，开工率100%；发放租赁补贴3.02万户，达计划任务的121.4%。滁州市棚户区改造和发展保障性租赁住房工作获得国务院表扬激励。

【保障性租赁住房】引导多主体投资、实行多渠道供给，加快发展保障性租赁住房。截至2022年底，安徽省已累计发展保障性租房住房19.65万套（间），占“十四五”建设目标数的比例达65.5%，可帮助约40万户新市民、青年人解决住房问题。成立安徽省发展保障性租赁住房工作领导小组，确定发展保障性租赁住房第一批城市（含县级市、县城）52个，将保障性租赁住房工作纳入省政府对各市政府的目标管理考核和省政府督查激励事项。经省政府同意，印发实施《安徽省发展保障性租赁住房情况年度监测评价实施方案》，完成2022年度52个城市实施情况监测评价，将监测评价结果应用到年度目标管理绩效考核，并作为省政府督查激励的重要依据。指导各地建立联合审查和工作联动机制，明确项目认定程序，以保障性租赁住房项目认定书为抓手，落实各项优惠政策，加快项目落地，全年发放保障性租赁住房项目认定书235份，占年度计划项目的100%。会同中国保监会安徽监管局转发《关于银行保险机构支持保障性租赁住房发展指导意见的通知》，加大对保障性租赁住房建设运营的信贷支持力度，2022年，已为28个保障性租赁住房项目授信49.5亿元，投放专项贷款42.2亿元。

【公共租赁住房】聚焦兜底保障，实施公租房分级保障。坚持实物配租和租赁补贴并举，合理确定补贴范围和标准，对符合条件的轮候家庭予以租赁补贴，简化申请程序，推进常态化受理和及时足额发放，全年发放租赁补贴3.02万户。按“保基本、可持续”的原则，扎实做好城镇低收入住房困难家庭住房保障工作，科学确定和动态调整保障标准。印发《关于进一步做好城镇低收入住房困难家庭住房保障工作的通知》，对低收入住房困难家庭做到精准识别、精准保障、应保尽保，充分发挥公租房的“兜底性”“基础性”保障作用。通过实物配租和租赁补贴并举，安徽省累计实施公租房保障173.73万户，累计有60.36万户城镇低保低收入家庭通过公租房保障解决住房困难。持续深入推进7个城市38个项目2.23万套开展政府购买公租房运营管理试点，提升公租房运营管理服务水平。至2022年底，安徽省政府购买公租房运营管理服务的公租房数由2020年的10.25万套增加到

16.95 万套，占比由 14.15% 提升到 23.42%，同比增长 14.29%。

【棚户区改造】严把棚改范围和标准，重点改造老城区内脏乱差的住房和城中村，对符合条件的城市危房优先纳入计划，做到应改尽改。根据各地财政可承受能力，科学确定棚改年度计划。抓好“难安置”问题的源头治理，推行先建后拆模式，指导各地对计划实施的棚改项目进行分类梳理，对采取异地重建安置且安置房尚未建成的，暂停启动棚户区房屋拆迁，待安置房基本建成后，再启动拆迁。对采取货币化安置的棚改项目，要求力争做到拆迁完成，安置同期完成，确保在协议约定的安置期限内完成安置。会同省地方金融监管局、国家开发银行安徽省分行进行专题会商，制定具体举措，建立长效联动机制。会同国开行、农发行召开专题会议，明确重点支持范围、研究信贷支持措施、建立保障协调机制，指导市县开展融资对接，更多争取政策性开发性金融支持，解决棚改融资难题，保障项目顺利实施。加快竣工交付。按合理工期三年进行调度，继续将棚改续建项目竣工率纳入住房保障目标管理绩效考核指标，建立应竣工项目台账，实行销号管理，坚决防止工程烂尾和工期严重滞后的情况发生。安徽省棚改新增竣工交付 17.93 万套，连续四年实现年度新增竣工 15 万套以上，竣工套数创近年来新高。加强保障性住房质量管理，促进“住有所居”向“住有宜居”转变，将保障性安居工程质量管理纳入年度目标管理绩效考核，开展保障性住房质量常见问题专项治理，强化质量安全监督，推行工程质量保险试点、劳动竞赛和工程创优活动，着力提升工程质量安全水平。推进绿色建筑和绿色建材应用，完善公共服务和配套基础设施建设，营造良好居住条件。

公积金管理

【概况】2022 年，安徽省住房公积金缴存新增开户 96.92 万户，其中灵活就业人员缴存近 2 万户。全年缴存住房公积金 935.15 亿元，同比增长 9.95%；提取住房公积金 638.91 亿元，同比增长 1.28%；发放住房公积金个人住房贷款 333.41 亿元，同比下降 23.68%。截至年底，安徽省累计缴存住房公积金 8026.18 亿元，累计提取 5518.27 亿元，住房公积金缴存余额 2507.91 亿元。累计发放住房公积金个人住房贷款 4336.06 亿元，贷款余额 2135.32 亿元。

【实施阶段性支持政策】落实住房城乡建设部、财政部、人民银行《关于实施住房公积金阶段性支持政策的通知》要求，为 322 个受新冠肺炎疫情影响的企业办理了缓交，涉及缓交职工 43477 人，累计缓交资金 9579.34 万元。

【推进信息化转型升级】利用全国住房公积金监管服务平台，建立省级住房公积金数据共享平台，实现全国住房公积金缴存、贷款信息共享；打破信息壁垒，开展数据共享和多部门之间数据支持，避免一人多户、一人多贷等违规问题发生。2022 年，安徽省通过公积金小程序发起的异地转移接续业务转入办结 58764 万笔，涉及金额 7.69 亿元。转出办结 41933 万笔，涉及金额 6.74 亿元。扎实推进人民银行征信信息共享工作，拟用 2 年时间完成增量和存量数据的数据录入，为实现网上办、掌上办打下坚实基础。

【提升公积金服务效能】实现住房公积金离退休提取长三角“一网通办”和公积金汇缴、补缴、提前部分结清公积金贷款“跨省通办”。编制《长三角住房公积金联合行政执法指导手册》，为长三角区域协同打击、整治住房公积金违法行为提供可操作性指导。推动企业职工退休一件事、公民身后一件事一次办。开展“惠民公积金、服务暖人心”全国住房公积金系统服务提升三年行动，推进各地特色服务、绿色通道等，打造各具特色的星级服务岗、基层联系点。

【住房公积金监管】推动国家专项审计整改，完成淮南矿业、淮北矿业、皖北煤电、宝武马钢 4 个企业住房公积金分支机构并入属地城市公积金管理中心，实现住房公积金制度、决策、管理和核算“四统一”。运用电子稽查工具和全国住房公积金监管服务平台风险指标排查等监督手段，及时开展风险线索筛查及整改。

城市体检评估、城市更新、城乡历史文化保护传承、城市建筑设计管理、建设工程消防设计审查验收

【城市体检评估】2022 年，安徽省实现城市体检城市县城全覆盖。坚持“一年一体检、五年一评估”常态化体检评估机制，深入查找城市建设发展的短板弱项和“城市病”问题，找准“病灶”，对“症”施策，综合“诊治”。制定出台《安徽省城市体检技术导则》，确定安徽省城市体检指标 80 项。在全省地级市实现城市体检全覆盖基础上，根据县城发展实际，研究制定县城城市体检评估指标体系，推动实现全省城市体检城市县城全覆盖，组织开展城市体检工作调研和城市体检视频交流会，帮助支持各市县推进城市体检工作。指导各市建立城市体检与城市更新联动机制，充分运用城市体检报告成果，在城市更新中对症施治补短板、强功能、提品质。

【城市更新】根据安徽省政府办公厅《关于实施城市更新行动推动城市高质量发展的实施方案》要求，统筹实施城市体检与城市更新行动。指导各地市制定城市更新工作方案或意见，坚持顺应城市发展规律，尊重人民群众意愿，以内涵集约、绿色低碳发展为路径，坚持“留改拆”并举。突出功能性改造，采用微改造的“绣花”“织补”方式，整体性、系统化实施有机更新，防止碎片化改造。组织相关专家审查指导滁州、铜陵试点城市实施方案编制、单元片区划定工作，结合各地市城市更新单元（片区）试点，积极推进全省“2＋16”城市更新试点建设。统筹推进城市更新项目建设，组织各地依据城市更新总体实施方案，落实年度行动计划，确定年度更新任务，谋划编排基础设施补短板、公共服务提升、生态环境改善、绿色低碳发展、特色风貌塑造和城市安全韧性等重点项目建设，全省共计谋划城市更新重点项目共493个，总投资约2558.36亿元。

【历史文化名城名镇名村保护】2022年4月，省委办公厅、省政府办公厅印发了《关于在城乡建设中加强历史文化保护传承的实施方案》，积极构建分类科学、保护有力、管理有效的城乡历史文化保护传承体系。在亳州市召开了全省城乡历史文化保护传承工作会，启动推进《安徽省城乡历史文化保护传承规划》编制。加强历史文化名城名镇名村保护，全省历史文化名城名镇名村总数81个，其中历史文化名城15个（国家级7个，省级8个），历史文化名镇21个（中国历史文化名镇11个，省级10个），历史文化名村45个（中国历史文化名村24个，省级21个）。深入推进历史文化街区划定、历史建筑确定，全省历史文化街区35片，历史建筑5965处，历史建筑总数居全国第3。

【城市建筑设计管理】举办实施城市更新行动推进以人为核心的新型城镇化专题培训班，提升推进城市更新行动的能力。省政府办公厅印发《关于实施城市更新行动推动城市高质量发展实施方案》。印发《全省城市更新单元（片区）计划》，全省共谋划16个城市更新单元，覆盖面积99.08平方公里，总投资约710亿元。滁州市、铜陵市成功入选第一批城市更新试点工作。向住房和城乡建设部推荐亳州市陵西湖水环境综合治理和生态修复项目、宁国市河沥溪历史文化街区保护更新项目作为城市更新示范候选项目。

【建设工程消防设计审查验收】开展《安徽省建设工程消防设计审查验收工作疑难问题解答》《安徽省建设工程消防设计技术审查要点》《既有建筑改造设计指南》《建筑消防设施检测技术规程》等编制工作。开展2022年度消防审验“双随机、一公开”监督检查。会同消防救援等部门开展消防产品专项整治，累计检查在建工程396个，检查产品1539件。持续开展全省建设工程消防审验业务培训。组织对合肥新桥国际机场航站楼等项目特殊消防设计专家评审，服务省重点工程项目建设。2022年全省办理消防审验备案办件14835件。

城市建设

【概况】2022年，安徽省新增城市生活污水日处理能力46.5万吨，全年处理城市生活污水30.95亿吨，新增城市绿道680公里，新增城市公共停车泊位7.92万个。

【城市黑臭水体治理】安徽省设区市建成区231条黑臭水体进入常态化管护阶段，治理成效不断巩固；县城建成区164条黑臭水体已有118条达到“初见成效”整治效果、消除黑臭比例达72%（目标40%）。印发《安徽省深入打好城市黑臭水体治理攻坚战行动方案》和《安徽省城市黑臭水体整治工作复核办法》，深入推进城市黑臭水体治理。扎实推进县（市）建成区黑臭水体核查评估和规范整治，完善城市黑臭水体治理调度推进工作机制，定期组织第三方专业机构开展水质检测和治理情况巡查，建立健全长效管护机制。

【城市生命线安全工程】推广城市生命线安全工程“合肥模式”。按照省委办公厅、省政府办公厅《关于推广城市生命线安全工程“合肥模式”意见》要求，安徽省16市已基本完成覆盖燃气、供水、桥梁、排水防涝等重点领域的一期工程建设，在全国率先实现省域地级城市全覆盖，省级监管平台与各市监测中心实现互联互通、数据实时共享，初步建立风险识别、预警研判、分级处置、闭环管理的制度体系，初步构建城市生命线安全工程“1＋16”运行体系。合肥率先实现市县全域覆盖，启动拓展到消防、电梯、水环境等应用场景三期工程建设。截至目前，全省各地级城市建成覆盖燃气、供水、排水、桥梁等四个城市基础设施重点领域的安全监测系统，安装各类传感设备16.3万套，实现对燃气13857公里、供水6341公里、排水8754公里、桥梁325座的风险可见、可知、可控。推动组建由80余家优质企业组成的建设联合体，积极争取国开行100亿元金融信贷资金，与人保公司协同创设“科技＋服务＋保险”风险闭环管理机制，助力组建城市生命线产业集团公司，带动城市生命线安徽技术、产品和服务走向全国。

【燃气安全】聚焦燃气经营、餐饮等公共场所、老旧小区、燃气工程、燃气管道设施、燃气器具等六个方面的安全风险和重大隐患，围绕15个方面的典型问题开展“清单式”排查整治。全省共排查出一般隐患数量150502个、重大隐患数量244个，已全部整改完毕。安全执法检查12090次，发现问题并处罚297次，其中取缔非法燃气企业217家、吊销燃气经营许可证企业6个、罚款689.4万元。联合省直相关部门组成8个督导检查组，对各市开展城镇燃气安全排查整治实地督导检查。联合中铁上海局制定《穿跨越铁路城镇燃气管道安全排查整治实施方案》，全面排查整治安徽区域范围内穿跨越铁路城镇燃气管道安全风险隐患。联合省发展改革委制定安徽省“十四五”城市燃气管道等老化更新改造行动计划，印发《安徽省城市燃气管道等老化更新改造行动方案（2022—2025年）》，组织实施城市燃气、供水、排水、热力管道老化更新改造，2022年共完成更新改造3325公里。争取管道老化更新改造专项补助资金约6.5亿元。开展城镇燃气生产质量安全部门“双随机—公开”联合抽查，下达2份执法建议书。

【城市桥梁】开展城市桥梁安全运行调研评估，加强城市桥梁安全运行监管，印发《关于开展城市桥梁基本数据及运行管理现状调查工作的通知》。各市完成桥梁基本数据及相关档案资料填报工作，第三方机构完成了对各市汇总的城市桥梁基本数据完整性、准确性及运行管理体系执行情况现场调研并提出养护维修建议，编制完成《安徽省城市桥梁基本数据及运行管理现状调查报告》，完善了安徽省城市桥梁基本信息数据库。以“桥梁牢固、设施完善、排水畅通”为目标，建立桥梁定期巡查、定期检测制度，安装了桥梁健康监测系统，全省共有317座桥梁接入城市生命线系统，累计发布突发性事件共计44起，均得到及时有效的处置。

【城市排水防涝】根据城市体检结果，组织各城市修订完善城市排水防涝专项规划和应急预案，强化极端暴雨红色预警条件下“关、停、转、控、守、联”等措施。组织汛前排查检查，开展雨水口、检查井、排水管网、排水河道的垃圾、泥沙和枯枝落叶的清掏、疏浚工作，开展缺陷性管网的改造、修复，清疏排水管渠8760公里、检修排涝泵站337座，修复井盖1.2万座，清掏雨水井39.6万座，储备防汛砂石2.2万吨。制定《安徽省城市内涝治理工作指南》，指导各城市开展城市内涝治理工作，会同省发改委、省水利厅等部门印发“十四五”城市排水防涝体系建设行动计划，谋划实施排水管网、泵站、行泄调蓄、源头减排等工程项目。排查整治90个易涝点，建设排水管网（雨水）915公里、行泄通道131公里，新增泵站强排能力360.45立方米/秒、调蓄能力262万立方米。指导各市开展海绵城市建设，并完成海绵城市建设自评估，以评促建，推动海绵城市建设理念落地落实。会同省财政厅、省水利厅开展组织海绵城市建设示范城市申报，芜湖市成功入选全国第二批海绵示范城市，获中央财政专项补助资金10亿元。

【污水处理】加快推进城市污水处理设施建设，新增城市生活污水日处理能力46.5万吨，完成市政污水管网修复改造671公里。加强城市生活污水处理厂运营监管，截至年底，全省在线运营生活污水处理厂171座、污水日处理能力1024.7万吨/日。2022年，全省在线运营污水处理厂处理生活污水30.95亿吨、平均进水BOD_5浓度80.94mg/L，分别较上年度增长1.94%、2.88%，污水收集处理效能逐年提升。

【城市停车场建设】指导各市制定本地区《便民停车行动方案》实施方案，统筹推进停车设施建设。6月上旬，会同省政府新闻办、省公安厅交警总队召开便民停车行动新闻发布会，宣贯便民停车行动方案。联合省直相关部门成立“便民停车行动”工作专班，细化分解2022年年度目标任务，定期通报各市进展，对进展较慢的城市加强工作调度，协调解决存在的困难问题，统筹推进全省便民停车。2022年全省计划新增城市停车泊位40万个，其中公共停车泊位5万个以上，实际新增城市停车泊位40.01万个，其中公共停车泊位7.92万个。

【城市园林绿化】全省新增、改造提升城镇园林绿地面积3217万平方米，新增街头绿地（游园）277个，优化城市绿道网络，新增城市绿道680公里。会同省财政厅及时下达了2022年绿道建设奖补资金1900万，完成各市2021年度绿道建设奖补资金绩效评价工作。加快推进第十四届中国国际园林博览会筹办工作。坚持以创促建指导合肥申报国家生态园林城市，指导阜阳、亳州、天长、枞阳县、含山县、泗县、凤阳县、临泉县、阜南县9个市、县申报国家园林城市工作，开展国家园林城市命名已满5年的16个城市和13个县城的复查工作，召开全省园林城市创建工作培训班，积极指导各地开展相关工作，推进园林创建项目实施。

【城市供水节水】持续推进城市供水材质落后、老旧破损管网更新改造，加快推动城市地表水厂建设，新增城市供水能力48.5万吨/日，新建改造城市供水管网约2000公里。强化备用水源管理，完成全省各市县应急备用水源运行管理核查工作，并编制了安徽省应急备用水源建设管理核查评估报告和整改问题清单。印发《关于当前高温干旱形势下厉行节约反对浪费强化城市节水工作的通知》，严明用途管控、严管用水大户、严控管网漏损，厉行节约反对浪费，积极应对高温干旱天气影响，保障城市安全运行。印发《关于组织全省城市供水规范化管理评估工作的通知》，明确供水规范化管理评估细则，推动供水规范化。积极推进城市节水，广泛开展城市节水宣传，指导安庆、马鞍山、芜湖3市对标提标，积极争创国家节水型城市，完成合肥、六安、池州、黄山4市国家节水型城市复查工作。会同省直相关部门，支持宿州市成功申报国家区域再生水循环利用试点，芜湖市和铜陵市成功申报国家公共供水管网漏损治理重点城市，合肥市、淮北市和临泉县成功申报国家典型地区再生水利用配置试点城市。

【城建档案管理】9月，在滁州市召开2022年度全省城建档案工作推进会，各市城建档案馆馆长参会，研究并部署下一阶段全省城建档案工作。印发《关于进一步强化全省城建档案安全管理工作的通知》，对全省城建档案安全管理工作进行安排。印发《关于推行建设工程城建档案验收告知承诺制有关事项的通知》，加快推行全省建设工程城建档案验收告知承诺制。编制的《安徽省建设工程文件编制与归档标准》列入省市场监管局2022年第二批标准制修订计划名录。

【行业政策标准规划体系】联合安徽省市政协会开展《安徽省市政设施管理条例》修订工作。组织起草了《安徽省市政设施管理条例修订草案（初稿）》，同时征求省直有关单位和各地市、省直管县（市）主管部门意见建议，最终形成了《安徽省市政设施管理条例修订草案（送审稿）》，经省政府审查后，已列入省人大常委会审议计划。

村镇规划建设

【概况】2022年，安徽省开展农村房屋安全隐患排查整治，排查农村自建房1854.6万余栋。扎实推进农村危房改造，竣工7305户，竣工率126.2%。农村生活垃圾无害化处理率达到78.5%。加强传统村落保护发展工作，黄山市传统村落集中连片保护有效推进，绩溪县列入国家集中连片示范县。

【农村房屋安全隐患排查整治】排查农村自建房1854.6万余栋，排查出有安全隐患的8.55万栋，完成整改7.76万栋。印发《关于全省自建房安全专项整治工作开展情况的通报》，要求各地建立台账，实施差异化管理。实行排查鉴定全覆盖，根据鉴定等级提出分类处理措施，针对C级危房进行维修加固，针对D级危房要求产权人（使用人）停止使用，督办其限期拆除，消除安全隐患。印发《关于进一步做好经营性自建房安全专项整治“回头看”工作的通知》，发现前期工作有遗漏的2487栋，初判结果不准的1390栋，管理措施不到位的50栋，工程措施不到位的50栋，针对发现的问题，已督促整治到位。

【农村危房改造】印发《关于做好2022年农村低收入群体等重点对象住房安全保障、农房安全隐患排查整治及农房抗震改造工作的通知》，细化了农村危房改造各项政策。多渠道保障农村低收入群体住房安全，根据房屋危险程度和农户改造意愿，农房可以选择加固改造、拆除重建或选址新建等方式解决住房安全问题。对自筹资金和投工投劳能力弱的特殊困难农户，鼓励各地采取统建农村集体公租房、修缮加固现有闲置公房等方式，解决其住房安全问题。2022年全省农村危房改造5786户任务，竣工7305户，竣工率126.2%。建立农村低收入群体等重点对象住房安全动态监测机制，对于监测发现的住房安全问题建立工作台账，实行销号制度。建立农村房屋全生命周期管理和农房定期体检制度，加强安全巡查和农村危房改造过程中技术指导与监督。加强对乡村建设工匠的培训和管理，组织技术力量开展技术帮扶。加强农房建设质量管理，提高农房设计水平，做好新建农房选址管理和引导。

【农村生活垃圾治理】“户集中投放、服务企业收运、市县统一处理”的农村生活垃圾收运处置体系得到进一步完善，实现村庄全覆盖。开展既有农村生活垃圾收运处置服务能力评估，中转站服务能力不足的极少数乡镇进行提标改造，或新建中转站、增配压缩式收运车辆；极少数村庄增配垃圾桶等收集设施。投入运行中转站735座，合计中转能力达25310吨/日（本年度完成维修、提标改造中转站126座，合计中转能力3493.60吨/日；新建成中转站27座，合计中转能力1208.60吨/日）。投入运行压缩式垃圾收运车3195辆，合计收运能力28247.1吨/日（本年度新增压缩式垃圾收运车235辆，合力收运能力1808.20吨/日）。针对偏远村庄、交通不便村庄存在的保洁不到位或无清扫保洁服务问题，2022年增加了3479人清扫保洁和生活垃圾收运作业服务人员，全省作业服务队伍达14.2万人。清扫保洁和生活垃圾收运市场化作业服务已实现1.51万个行政村全覆盖。巩固非正规生活垃圾堆放点整治成效，编印《安徽省非正规生活垃圾堆放点原地整治工程后期维护指南》，有效指导38个非正规生活垃圾堆放点原地整治工程后期维护工作。建立月报制度，要求各地于每月5日上报截止到上月底的农村生活垃圾清运量与无害化处理量、不同处理方式处理量，全省全年收运处理农村生活垃圾725万吨，焚烧处理占比达96%，农村生活垃圾无害化处理率达78.5%。

【传统村落保护发展】70个村落列入第六批中国传统村落，安徽省传统村落共807个，其中国家传统村落469个、省级传统村落338个。黄山市传统村落集中连片保护利用示范市建设取得成效，完成245个项目建设，共投入21.22亿元，其中，拉动社会资本14.07亿元。绩溪县成功申报传统村落集中连片保护利用示范县。推动路、水、电、讯等基础设施向传统村落延伸，着力解决传统村落发展的“最后一公里”问题。改造提升村落内道路、供水、垃圾和污水治理等基础设施，整治村落周边、公共场地、河塘沟渠等公共环境，适合现代生活需求。

【乡村建设工匠培训和管理】印发了《关于组织做好乡村建设工匠培养和管理工作的通知》《关于做好乡村建设工匠培训暨农村危房改造信息录入工作的通知》《关于做好“乡村建设带头工匠”培训工作的通知》等，提升农村工匠技能水平，提高农房质量水平。分片区开展农村建筑工匠技能培训，培训覆盖全省1200多个乡镇，累计培训工匠9861名。建立工匠队伍信息资源库，要求各地在工匠培训合格后，将工匠培训相关信息录入信息系统。逐步建立守信激励，失信惩戒制度，开展或委托开展对乡村建设工匠不良行为的监督检查、受理举报投诉等工作，逐步建立乡村建设工匠责任主体信用档案。

【乡村建设评价】组织开展乡村建设评价，明确评价指标体系，组织开展技术培训。2021年的评价成果得到积极应用，乡村建设取得积极进展。庐江县、黟县、霍邱县、五河县4个县列为安徽省2022年乡村建设评价样本县，针对评价发现的问题，采取有针对性的措施，补齐乡村建设短板，运用评价结果统筹谋划乡村建设工作，持续提高乡村建设水平。

【小城镇建设】持续推进小城镇新型城镇化试点，补齐小城镇发展短板，不断完善小城镇功能。加强小城镇建设指导，坚持分类推进，补齐基础设施和公共服务的短板，突出文化与内涵，注重挖掘地域传统文化，提升小城镇承载能力。会同省财政厅安排小城镇建设专项资金2850万元，支持40个小城镇道路、绿化、路灯、污水垃圾治理等基础设施和公共服务设施建设。

标准定额

【工程建设标准化工作】制定《安徽省工程建设地方标准编制工作流程（试行）》，进一步规范标准编制工作程序和内容。完成新一届标准化技术委员会换届，加强标准编制和实施监督的专业技术保障。2022年发布《民用建筑绿色设计标准》等21项工程建设地方标准。组织编制《安徽省城乡房屋结构安全隐患排查技术导则（试行）》，印发《城市居住区配套建设养老服务设施实施细则》《城市居住区配套建设托育服务设施实施细则》。开展《完整社区及绿色低碳社区建设研究》，重点筛选88个社区分步推进完整社区试点。

【工程造价信用监管】修订《安徽省建设工程造价管理条例》，加强工程造价咨询市场监管，印发《安徽省工程造价咨询业信用信息管理办法》，采集行业管理基本信息，推行信用电子化证书，实施差异化监管。制定《安徽省建设工程造价咨询招标文件示范文本》，将信用评价结果作为工程造价咨询招标投标的参考依据。变事前审批为动态监管，变部门监管为社会监督。实现从资质证书管理到信用等级评价动态管理的转变，从落实企业主体责任向追溯企业主体责任和个人执业责任并重的转变。

工程质量安全监管

【概况】2022年，安徽省扎实开展全省住房城乡建设领域质量安全“两扫、两铁”治理行动，压实企业主体责任和行业监管责任，实现了房屋市政工程安全生产事故和死亡人数“双下降”、自建房安全专项整治有力有效、工程质量信访投诉平稳可控、建筑施工扬尘污染防治到位，以高水平安全保障高质量发展，全力防范质量安全风险，全省工程质量安全形势总体稳定。安徽省住房城乡建设厅被省政府安全生产考核评为“先进”。

【工程质量监管】安徽省监督工程37517项，其中房屋建筑工程35582项，面积45870万平方米，市政工程1935项，工程造价1889.87亿元；新增监督工程15957项，其中房屋建筑工程14567项，建筑面积18033万平方米，市政工程1390项，工程造价727.20亿元；办理竣工验收20125项，其中房屋建筑工程19481项，建筑面积18524万平方米，市政工程644项，工程造价298.02亿元；全省监督人员总数为1561人，其中在编在岗监督人员1177人；全省各地受理工程质量投诉12688件，办结12604件，办结率99.34%。

【业主开放日】印发《关于推行住宅工程业主开放日制度的通知》，在全省范围内推行业主开放日制度，省委依法治省办将推行住宅工程业主开放日制度列入全省十项“法治为民办实事项目”。2022年，组织开展业主开放日活动的小区472个（单体3666个），建筑面积4205.97万平方米，62674户业主参加活动，有20072户提出问题，截至12月底，96.1%的质量问题、86.0%的非质量问题已得到解决。

【住宅工程质量】研究制定《进一步加强住宅工程质量管理若干措施》，全面加强住宅工程质量管理。编制《住宅工程质量常见问题防治技术规程》和《住宅工程质量分户验收规程》，从技术和管理方面提升住宅工程质量品质。开展住宅工程“质量江淮行”活动，派出10辆统一标识的工程质量诊断车，每车配备2～3名专家、2名检测人员，赴合肥、芜湖、六安等8个市，对领导批示项目、业主开放日项目、检查发现问题项目、黄山杯创建项目共11个住宅工程开展诊断，形成诊断意见书11份，检测报告10份，提出各类意见建议45条。活动社会影响较大、反响较好，安徽广播电视台、中国建设报、人民日报客户端、安徽之声、合肥晚报等十多家媒体报道。

【质量专项检查】与安徽省市场监督管理局联合开展预拌混凝土质量专项检查，各地住建部门共检查在建工程1877项，下发问题整改通知单597份；省级抽查部分城市在建工程28项，下发执法建议书5份，问题移交清单17份。对21家检测机构进行飞行检查，发现其他各类问题56条，移交当地建设主管部门整改落实；组织开展检测机构“双随机、一公开”检查，累计抽查12个市共32家检测机构，抽查内容826项，发现各类问题155条，下发《执法建议书》8份，《问题移交清单》30份。共抽查53项在建省级工程，下发执法建议书7份，问题移交清单53份。按照一市一清单原则，紧盯问题，督促整改。

【施工安全监管】开展房屋市政工程安全生产治理行动，印发《关于开展全省住房城乡建设领域质量安全“两扫、两铁”治理行动的通知》，明确近两年安全生产重点任务，检查在建项目3.14万个。持续开展违法建设和违法违规审批专项清查，安徽省共排查城镇既有房屋建筑162.3万余栋；在建房屋建筑4.6万余栋；违法建设行为7737起，处罚企业859家。开展施工现场火灾隐患自查自改，防范消除火灾隐患。聚焦基坑、模板、脚手架、起重机械等危大工程，扫除安全隐患9.38万个。全面完成第一次自然灾害综合风险普查，安徽省共调查房屋建筑2780.8万栋，面积55.59亿平方米；市政道路8705条，长度1.672万公里；市政桥梁共4393座，长度48.15公里；供水厂站共424座，供水管线共21026条，长度23.37万公里。印发《安徽省住房城乡建设系统突发事件总体应急预案》等5项应急预案，切实提高应对突发事件的能力；建立省市县三级信息员制度，形成事故快报信息、调查信息、移交信息闭环管理、全流程追溯；印发《关于实施建筑施工安全生产责任保险有关事项的通知》，发挥保险机构参与风险评估管控和事故预防功能。

【自建房安全专项整治】2022年，安徽省共排查自建房屋1986.60万栋，排查出有安全隐患的11.45万栋，已整改10.29万栋。排查经营性自建房53.34万栋，查出存在安全隐患的0.84万栋，目前已全部采取管理或工程措施整治措施。在全国率先印发《城乡自建房屋安全专项整治工作方案》《自建房安全隐患排查整治“百日攻坚行动”实施方案》。积极参与自建房安全管理立法工作，9月30日省政府以第312号令发布《安徽省自建房屋安全管理办法》，11月18日省人大常委会通过《安徽省自建房屋安全管理条例》。发布“一图一则一标准”，快速识别、初判、鉴定技术标准，做到有据可依；明确属地政府、产权人、行业管理“三条”责任线，做到责任压实；把握排查、鉴定、处置三个步骤，做到梯度推进。建立产权人自查、属地基层政府排查、县级核查、市级抽查、省级督查的“五查”机制，建立周调度、月通报、专报工作机制。实施“皖燕护巢”大学生暑期社会实践活动，组织皖籍建筑类专业大学生335名参与自建房安全隐患排查、信息录入和台账建立等工作；委托第三方赴16地市对240栋自建房开展现场核查，检验和提升各地整治成果。

【创优示范】组织修订《安徽省建设工程“黄山杯”奖评选办法》，184项工程获评2022年度安徽省建设工程“黄山杯”奖。申报省级工法共1125项，经评审，确定343项工法经评审确定为2022年度安徽省省级工法。发布两批“四个工地”试点项目688个，其中“红色工地”试点194个，“绿色工地”试点208个，“智慧工地”试点135个，“安心工地”试点151个。

建筑市场

【主要经济指标】2022年，安徽省建筑业总产值达1.17万亿，位居全国第11位；同比增长10.6%。在外省完成建筑业产值3041亿元，占全省建筑业总产值的 25.99%，同比增长 10.8%。建筑业企业签订合同额 24119.09 亿元，同比增长 6.5%。全年实现建筑业增加值 4819.4 亿元，占全省 GDP 的 10.7%。完成建筑业税收 388.7 亿元，占全省税收总额的 8.8%。

【资质提升行动】2022 年，安徽省新增施工总承包一级及以上资质企业 146 家。截至年底，具有一级及以上资质的建筑施工总承包企业共 785 家，其中，具有特级资质的企业 35 家（44 项）。

【“走出去”战略】2022 年，安徽省在境外承揽业务的建筑业企业共 61 家，境外工程新签合同额 54.56 亿美元，同比增长 23.0%；对外承包工程完成营业额 23.92 亿美元，同比增长 0.3%。全省建筑业企业参与“一带一路”建设涉及国家 25 个，新签“一带一路”建设工程合同额 41.89 亿美元，同比增长 130.3%，占境外新签合同额的 76.8%。“一带一路”沿线国家承包工程完成营业额 14.54 亿美元，占全省对外承包工程完成营业额的 60.8%。

【助力企业减负】全面推进工程保函替代现金保证金、降低保证金缴存额度、建立信用与工程保函挂钩机制等保障措施。全面实施建设工程质量保证金缓缴政策，在 2022 年 10 月 1 日至 12 月 30 日期间应缴纳的工程质量保证金，自应缴之日起缓缴一个季度。从第三季度开始，将工程保函替代率、工程质量保证金缓缴情况纳入省营商环境评议评分三级指标，有力推动了减负工作的开展。2022 年，全省建筑业企业应缴纳工程建设领域四项保证金 795.71 亿元，保函替代率 68.38%，为企业节约现金流 544.12 亿元。

【赋能企业发展】公布安徽省建筑业 10 强县（市）、10 强区、50 强企业名单；开展安徽省优秀建筑业企业认定，修订《安徽省优秀建筑业企业认定暂行办法》和《安徽省优秀建筑业企业认定标准》，共认定 462 家企业为安徽省优秀建筑业企业。

【建筑市场监管】开展全省房屋建筑和市政基础设施工程发包与承包违法违规行为专项治理行动，共检查建设项目 13341 个、建设单位 11696 家、施工企业 12232 家，对企业行政罚款 606.13 万元，停业整顿 6 家，限制投标资格 90 家，给予其他处理 40 家。

【规范招标投标活动】印发《关于切实加强全省房屋建筑和市政基础设施工程招标投标活动管理的通知》，巩固异常低价治理成果，开展“评定分离”试点，创优招标投标市场环境。印发《关于加强全省装配式建筑项目招标投标活动管理有关工作的通知》，规范装配式建筑项目招标投标活动。

【报建提升行动】制定《办理建筑许可营商环境指标季度评议细则》，明确责任分工，细化评议内容，量化考核指标。数字化在线审图实现全覆盖，验收事项登记确认制度有效推行。区域评估取得重大进展，纳入调度的 9 个省级以下开发区的区域评估完成率达 100%。针对社会投资简易低风险项目，企业从拿地到办理不动产权登记证缩减至 4 个环节，时限压缩至 11 个工作日，达到全国标杆水平。

【建筑劳务用工】健全建筑工人技能培训、技能鉴定体系，依法有序培育建筑工人队伍，打造适应现代建筑业发展的“徽匠”队伍。印发《安徽省房屋建筑和市政基础设施工程项目现场管理人员和技术工人配备标准（试行）的通知》等系列文件，立足安徽建筑农民工创业孵化园（瑶海），打造面向全国的建筑劳务用工市场试点。开展 2022 年全省镶贴工、混凝土制作工、防水工、抹灰工等工种“徽匠”技能大赛。印发《关于建立长效机制切实保障建筑行业农民工工资支付工作的通知》《关于加强房屋建筑和市政基础设施工程建设领域工程款支付担保管理工作的通知》，源头整治欠款欠薪。2022 年，全省住建部门共查处拖欠农民工工资案件 1536 件，涉及项目 534 个，涉及企业 563 家，涉及农民工 9.4 万人，解决金额 22.87 亿元。

建筑节能与科技

【城乡绿色发展】建立城乡建设绿色低碳发展体制机制，成立以分管副省长为组长的推动城乡建设绿色发展工作领导小组，统筹推动城乡建设绿色发展各项工作。在全国率先开展省级城乡建设绿色发展试点城市（低碳片区）建设，支持合肥、六安、淮南、阜阳、黄山等市开展试点建设。

【绿色建筑】全面宣贯《安徽省绿色建筑发展条例》，新建建筑全面按照绿色建筑标准设计建造。强化绿色建筑标识管理，“二星级绿色建筑标识认定”进入权力清单，印发《关于加强绿色建筑标识管理工作的通知》，完成第一批二星级绿色建筑标识项目认定。截至 2022 年底，全省新增绿色建筑面积 9477.57 万平方米（占民用建筑比例 96.59%，超额完成 70% 的年度目标任务）。支持合肥市入选政府采购支持绿色建材促进建筑品质提升试点城市。

【装配式建筑】指导各地落实《安徽省人民政府关于促进装配式建筑产业发展的意见》要求，在全国率先立项《装配式混凝土建筑深化设计技术规程》《装配式钢结构低多层集成房屋技术标准》。打造装配式建筑“专家行”品牌服务活动，送政策送技术到企业到项目，全年累计派出专家 62 人次，前往 30 余家企业，实现地市全覆盖。合肥市入选全国首批智能建造试点城市，培育认定国家和省级装配式建筑产业基地 14 个。截至 2022 年底，全省新建装配式建筑面积 5924.15 万平方米，占比 36.59%（超过 25% 的年度目标任务）。

【建筑节能】印发实施《安徽省城乡建设领域碳达峰实施方案》，在全国率先以省政府办公厅名义出台《安徽省建筑节能降碳行动计划》。结合城乡建设领域碳达峰目标，加快推动建筑领域节能降碳标准升级，开展 65% 节能标准实施情况评估，修编安徽省居住建筑、公共建筑节能设计标准，将节能率从 65% 提升至 75%。新增节能建筑 9812 万平方米，全省新建建筑节能标准设计、施工执行率均达 100%。指导蚌埠市建成全国首个市级智慧光伏建筑监测平台。推动可再生能源建筑应用，新增分布式光伏装机容量 3300 兆瓦（超过“十三五”期间总和），加快光伏建筑储能一体化产业培育。

【科技创新】支持 292 个项目开展省级建设科技计划项目研究，30 个项目获得安徽省科学技术奖。在全国率先设立省级城乡建设绿色发展技术体系及关键技术研究专项。组织编制并发布了《安徽省城乡建设领域推广应用新技术目录（第一批）》，将建筑节能、绿色建筑、装配式建筑等领域的 22 项技术列入。会同省统计局印发了《关于进一步做好建筑业企业研发统计工作的通知》，引导企业加大科技研发投入，完善企业创新体系。指导各地申报智慧住宅示范项目建设面积超过 20 万平方米，超额完成 15 万平方米的 2022 年度目标任务。

城市管理监督

【城市生活垃圾分类】指导各地认真贯彻落实《安徽省生活垃圾分类管理条例》，因地制宜有序推动生活垃圾分类工作。制定下发 2022 年度安徽省生活垃圾分类工作计划，统筹指导各地加快推进分类体系建设；强化省级协作，按季度召开垃圾分类工作领导小组联络员会议。联合省委宣传部开展《安徽省生活垃圾分类管理条例》宣贯工作，组织省级新闻媒体及各地级市开展条例宣贯和面对面宣传。推进生活垃圾“全焚烧”处理，2022 年新增生活垃圾焚烧处理能力 1850 吨 / 日。将城市生活垃圾分类工作纳入省政府目标绩效考核和省政府督查激励事项，经评审推荐铜陵市、芜湖市、蚌埠市为全省 2021 年度城市生活垃圾分类成效明显的市。

【城市市容环境整治】印发《关于全面开展市容环境治理专项行动实施方案》，组织编制《安徽省城市市容环境综合治理导则（试行）》。持续抓好《城市市容市貌干净整洁有序安全标准（试行）》贯彻落实，指导各市结合实际，选择了 110 条城市道路、48 个街区、39 个小区，开展以市容环境卫生整治为主要内容的“示范道路”“示范街区”“示范小区”试点工作。

【执法规范化建设】印发《2022 年全省城市管理监督执法工作要点》，部署年度重点工作，加强城市精细化管理，强化城管执法队伍建设；印发《关于进一步严格规范城市管理执法行为的通知》，严格城管执法队伍和执法行为管理。研究制定住房城乡建设领域行政执法工作衔接优化完善协作机制，加强行业源头监管，持续完善长治长效，确保违法行为既“看得见”也“管得着”。开展长三角城管执法协作事项研究。

【城市治理效能提升】推进城市运行管理服务平台建设，落实城市运行管理服务平台系列文件标准，编制平台建设工作方案，召开线上推进会，指导各地深化学习、强化沟通，科学编制项目方案，组织信息化建设项目申报，推动平台项目落地实施。组织评价评估，制发 2022 年城市管理效能及城市生活垃圾分类工作第三方评价标准，组织开展实地测评，梳理汇总第三方发现问题，分地市下达问题清单，推动问题整改落实。做好城管执法领域信访事项化解工作。

人事教育

【干部教育培训】按要求积极选调 25 名干部参加省委党校、省直党校等学习，加强对干部网络在线教育督导。与省委组织部共同举办全省住房城乡建设行业各级主管部门主要负责同志参加的“推动城乡绿色发展和历史文化传承保护，提升新型城镇化建设质量”专题研讨班，成功举办“绿色建筑新技术助力碳达峰、碳中和”和“绿色建造助力乡村振兴”高级研修班，开展常规继续教育培训七期约 2000 人次、建筑工人终身职业技能培训 30000 余人，新增住房和城乡建设领域施工现场专业人员职业培训机构 3 家。

【专业技术人才培养】召开职称评审工作意见建议专家座谈会，印发《关于进一步明确建设工程职称申报有关事项的通知》，全面完成全省 3345 名建设工程专业技术人员职称评审，同比增长 26.7%。

【巡视整改】持续扎实做好巡视整改后半篇文章，十届省委巡视反馈的 7 个方面、34 个具体问题，33 个整改完成、1 个基本完成，巡视整改成效显著。

【厅管社团管理】指导厅管社团严格按章程自我约束、自我管理、独立自主开展活动。组织完成年度厅管 5 家社团年检材料初审工作，指导监督厅管社团做好人员招聘、主要负责人换届人选报批、社会评估等工作。

【人事档案专项审核】持续巩固拓展干部人事档案专项审核工作成果，累计收集补充应归档材料共计 2000 余份，完成 187 卷在职厅机关公务员和厅直单位工作人员档案材料整理归档工作。完成 77 名厅机关、厅直单位干部职工“三龄两历”认定工作，实现全覆盖审核工作目标。

【行业精神文明建设】安徽省住房城乡建设系统开展系列先进典型评选活动，推选一大批先进典型行业标兵，营造争先创优氛围，助力行业高质量发展。组织开展全省住房城乡建设系统先进集体和先进工作者评选表彰，共表彰先进集体 49 个、先进工作者 147 名。

综合协调

【信访矛盾纠纷化解】聚焦省信联办挂牌督办、省纪委监委跟踪督办的房地产开发管理、物业服务等重点领域和省信联办集中攻坚的城市建设和管理等重点领域信访问题，开展大排查大起底大化解，房地产开发管理、物业服务两个领域均已实现“摘牌”，重点领域信访问题得到有效整治。会同省信联办印发《城乡建设领域易混淆的信访事项责任部门清单》，明晰部分重点信访事项省直各相关单位责任，受到住房和城乡建设部办公厅通报表扬。制定《厅信访事项交办办理闭环跟踪落实机制》《住建重点领域信访问题集中攻坚工作方案》等制度，推深做实“四加”工作机制，着力补短板、堵漏洞、强弱项。2022 年，安徽省住建领域信访总量呈明显下降趋势，其中四季度同比、环比分别下降 22.5%、24.3%。

【政务服务效能提升】组织开展“转作风、优服务、促发展”警示教育，推动全省住建系统用心用情用力，为民办实事、为企业优环境。推进工程建设项目报建和获得用水用气提升行动工作，推深做实创优营商环境提升行动。加强“双招双引”工作推进力度，完善“双招双引平台”投资意向录入工作。持续做好创优营商环境为企服务平台留言办件的分办、跟踪办理等工作，累计办理 368 件，全年未出现超时或退回重办现象。持续做好 15 家重点企业和 5 个重点项目包保服务工作，对企业反映的问题及时跟进并督促解决到位。认真梳理并做好厅发行政规范性文件对外发布和解读工作，对社会关注度高的政策文件，帮助规范解读内容、丰富解读方式，提高政策知晓度。“一眼识别危险自建房”等政策图解，关注度位于安徽政务微信影响力排行榜前十。全年配合做好申请人依申请公开信息 78 件。及时调整更新厅对外服务咨询电话，提升接听效果。组织做好 12345 热线知识库更新和工单办理工作，全年共办理给省委书记留言 19 件、省长信箱 56 件、12345 热线 127 件，办结率、满意率基本为 100%。针对群众反映的高频问题，组织相关处室主动发布政策问答，优化政务服务。

【新闻宣传】全年共协调召开八场新闻发布会，配合省主流媒体采访 30 余次，在安徽日报、安徽电视台等新闻媒体播（刊发）稿件 300 余篇。组织开展住房和城乡建设领域集中舆论监督报道，收集、梳理和汇总提供的舆论监督线索并每周定期报送，促进各地下大力气解决工作中存在的短板、差距和隐患。2022 年，厅微信微博平台被评为安徽新媒体集团评为省政务微信影响“创新力十佳”单位。

【安全稳定】印发《安徽省住房和城乡建设厅网络安全和信息化领导小组工作规则》，进一步加强厅网络安全、数字化信息化工作组织领导，明确责任分工。持续做好全省住建领域舆情监测预警工作，强化舆情分析研判，做到积极主动应对。做好平安安徽建设相关工作，聚焦房地产、信访维稳等重点领域，把维护安全稳定与业务工作同部署、同落实，持续开展专项整治，努力做到“五个严防”。

大事记

1 月

22 日　安徽省政府发布《安徽省建设工程勘察设计管理办法》，自 3 月 1 日起施行。

26 日　印发《关于进一步加强住房城乡建设系统信访工作的通知》。

2 月

8 日　印发《关于进一步完善房地产市场监管制度的通知》。

18 日　全省住房城乡建设工作会议在合肥召开。

23 日　印发《关于成立省住房和城乡建设领域信访矛盾纠纷化解专项行动工作专班的通知》。

28 日　印发《安徽省住房城乡建设厅办理省委、省政府领导同志批示工作规程（试行）》。

同日　厅法规处获评“2016—2020 年全国普法工作先进单位”。

3 月

24 日　印发《安徽省住房和城乡建设厅信访事项交办办理闭环跟踪落实机制》。

25 日　印发《关于开展省级权限内建筑业企业资质委托部分县级住房城乡建设主管部门审批试点有关

工作的通知》《关于加快化解全省住房和城乡建设领域信访事项的通知》。

30 日　会同省发展改革委、省生态环境厅联合印发《安徽省“十四五”城镇污水处理及资源化利用发展规划》。

4 月

11 日　印发《关于开展全省住房城乡建设领域质量安全“两扫、两铁”治理行动的通知》。

12 日　印发《关于进一步做好住房城乡建设部建设工程企业资质审批权限下放试点有关工作的通知》。

13 日　会同省发改委、省水利厅、省经济和信息化厅印发《关于加强城市节水工作的指导意见》。

17 日　省委办公厅、省政府办公厅印发《关于在城乡建设中加强历史文化保护传承的实施方案》。

20 日　印发《关于开展住宅工程质量安全集中整顿“利剑”行动的通知》。

22 日　发布《安徽省住房和城乡建设厅随机抽查工作指引（2022 年版）》的公告。

26 日　印发《安徽省建设工程“黄山杯”奖评选办法》。

5 月

6 日　印发《安徽省智慧住宅示范项目建设导则》。

同日　省政府新闻办举行《关于在城乡建设中加强历史文化保护传承的实施方案》新闻发布会。

11 日　印发《全省自建房安全隐患排查整治“百日攻坚行动”实施方案》《安徽省城乡房屋结构安全隐患排查技术导则（试行）》和“一眼识别危险自建房”科普图册。

17 日　印发《关于进一步做好 2022 年全省建筑业“双招双引”有关工作的通知》。

18 日　印发《关于推进智慧住宅示范项目建设的通知》。

同日　省政府办公厅授予省住房和城乡建设厅“2021 年度政务公开工作先进单位”“2021 年度全省政务信息舆情工作先进单位”“2021 年度全省政府网站暨政务微博微信工作先进单位”。

19 日　印发《关于推行建设工程城建档案验收告知承诺制有关事项的通知》。

23 日　省委办公厅、省政府办公厅授予省住房和城乡建设厅“2021 年度全省平安建设优秀单位”称号。

同日　印发《关于加强房屋建筑和市政工程勘察设计质量安全管理的通知》《关于组织开展全省城市供水规范化管理评估工作的通知》

6 月

1 日　印发《关于进一步加强全省住房城乡建设领域行政执法工作衔接优化完善协作机制的通知》。

2 日　印发《关于切实加强全省房屋建筑和市政基础设施工程招标投标活动管理的通知》。

6 日　芜湖市入选国家第二批海绵示范城市（全国共 25 名）。

8 日　联合省公安厅交警总队发布《便民停车行动方案》，并举行新闻发布会，宣传解读。

15 日　印发《关于加强物业管理区域内窨井设施安全管理的通知》。

20 日　会同省发展改革委、省民政厅、省自然资源厅、省卫生健康委印发《城市居住区配套建设养老服务设施实施细则》和《城市居住区配套建设托育服务设施实施细则》。

30 日　印发《安徽省房建和市政工程建设领域农民工工作绩效评价指标细则（2022 版）》。

7 月

3 日　印发《安徽省城市体检技术导则》和《关于开展城市体检工作的通知》。

7 日　印发《安徽省房屋建筑和市政基础设施工程项目施工现场技能工人配备标准（试行）》。

12 日　印发《关于加强绿色建筑标识管理工作的通知》。

15 日　召开全省首届智慧住宅建设创新大赛启动会。

26 日　省住房城乡建设厅等 10 部门印发《关于加快推进县域建筑业高质量发展的意见》。

同日　印发《加快推进全省住房城乡建设系统政务服务标准化规范化便利化工作方案的通知》。

27 日　印发《关于优化进皖建设工程企业信息登记服务和管理有关工作的通知》。

28 日　会同省发改委、市场监管局、省信访局、人民银行合肥中心支行、安徽银保监局印发《关于加强监管规范商品房销售交付等行为的通知》。

8 月

8—11 日　全国自建房安全专项整治“百日行动”第八督导评估组来安徽省督导自建房安全专项整治“百日行动”工作。

10 日　经省委、省政府批准，省第二生态环境保护督察组进驻省住房城乡建设厅开展生态环境保护督察，并召开进驻督察动员会。

22 日　会同省发展改革委、省水利厅印发《“十四五”安徽省城市排水防涝体系建设行动计划》。

27 日　印发《关于推行住宅工程业主开放日制度的通知》。

9月

6日　印发《安徽省园林绿化施工企业效能管理及信用评价办法（试行）的通知》。

8日　会同省生态环境厅印发《安徽省城市黑臭水体整治工作复核办法》。

7日　与国网安徽省电力有限公司签署战略合作协议。

16日　印发《安徽省城市市容环境综合治理导则（试行）》。

21日　省政府办公厅印发《安徽省建筑节能降碳行动计划》。

19—21日　全省住房和城乡建设系统热力运行工、热力设备检修工"徽匠"职业技能竞赛暨第一届全国城市供热行业技能竞赛安徽省选拔赛在合肥举行。

30日　发布《安徽省自建房屋安全管理办法》，自2022年12月1日起施行。

10月

14日　省住房城乡建设厅、国家开发银行安徽分行、旌德县人民政府举行"整县推进"基础设施专项试点合作备忘录签约仪式。

17日　省住房城乡建设厅与中国平安财产保险股份有限公司安徽分公司签署战略合作框架协议。

17—21日　省委组织部、省住房城乡建设厅联合举办"推动城乡绿色发展和历史文化传承保护 提升新型城镇化建设质量"专题研讨班。

25日　印发《关于进一步做好房建市政工程建设领域"评定分离"试点工作的通知》。

28日　经省碳达峰碳中和工作领导小组审议，省住房城乡建设厅、省发展改革委印发《安徽省城乡建设领域碳达峰实施方案》。

11月

11日　省住房城乡建设厅、中国人民银行合肥中心支行、中国银保监会安徽监管局联合印发《安徽省商品房预售资金监管办法》。

18日　省十三届人大（常委会）第三十八次会议审议通过《安徽省自建房屋安全管理条例》，自2023年1月1日施行。

23日　省住房和城乡建设厅、省交通运输厅、省水利厅、安徽省通信管理局联合印发《安徽省优秀建筑业企业认定暂行办法》。

30日　"安徽省全国率先夯实自建房屋安全管理法律'基底'"获评安徽省2022年度"十大法治事件"。

12月

27日　会同省司法厅联合印发《关于在全省住房城乡建设领域推行轻微违法行为免予行政处罚清单和告知承诺制的通知》。

28日　印发《安徽省住房城乡建设系统突发事件总体应急预案》等5项应急预案，切实提高应对突发事件的能力。

（安徽省住房和城乡建设厅）

福 建 省

住房和城乡建设工作概况

2022年，福建省住建厅贯彻落实省委、省政府关于城市建设品质提升工作部署，确保《全方位推动住房和城乡建设高质量发展超越行动计划》和《福建省"十四五"城乡基础设施建设专项规划》有效实施，加快推进城市更新和城市建设高质量发展，省城市、农村建设品质提升工作组联合印发《2022年全省城乡建设品质提升实施方案》，城市建设品质提升重点推进城市更新、新区拓展、生态连绵、交通通达、安全韧性等"五大工程"、12类96项省级样板工程。全省共实施各类项目7239项，累计完成投资5129亿元，比2021年增长25.4%。同时制定2022年城乡建设品质提升考核验收和正向激励奖励标准，编制2021年优秀样板工程案例分析、2022年样板工程设计与建设指引、2023年样板工程申报工作指南等技术规范。在上杭县召开全省城市建设品质提升工作暨县城品质提升现场会。优化省级专家库，对设区市项目策划生成、建设实施开展多次现场指导服务。

法规建设

【行业立法】加快推动《福建省房屋使用安全管理条例》《福建省物业管理条例（修订）》《福建省燃气管理条例（修订）》等地方性法规立法进程。

【行政执法】印发法治建设工作要点，组织7地市行政执法资格专业考试和法规知识培训；制定《福建省住房和城乡建设厅行政执法管理规定》《福建省住房和城乡建设系统动态调整行政处罚裁量权基准管理办法》《福建省住房和城乡建设系统行政处罚裁量权基准（2022年版）》，统一全省住建系统执法尺度。

【规范性文件管理】规范厅制度管理，拟定“管理制度的制度”。认真落实《福建省行政规范性文件备案审查办法》，完善厅政策文件评估机制。

【信用体系建设】印发《关于加强我省住房和城乡建设领域信用体系建设工作的通知》，建立健全行业信用体系文件，及时调整完善评价要素和指标。

【建立健全多元化解机制】与省高院共同推进住建领域矛盾纠纷诉调对接机制试点工作，并将其作为促进行业健康发展的有力举措之一。2022年度，共受理住建领域各类案件480件（其中房地产类80件，物业类389件，工程造价类9件，建筑业类2件），调解成功率（含调撤率）31.25%。

【法制宣传教育】举办全省住建系统依法行政培训班，省市县三级共设61个培训会场，1300余名执法人员参加培训。组织召开“纪念现行宪法公布实施四十周年”座谈会。印发城管系统典型案例，提高用法水平。

住房保障

【棚户区改造】2022年，福建省住房城乡建设厅结合城市更新和品质提升，稳步推进保障性安居工程建设。组织各地开展“十四五”存量棚户区改造情况摸底，建立滚动接续的项目储备机制。全年新开工棚改项目5.06万套、基本建成4.61万套，继续纳入年度省委和省政府为民办实事项目之一。会同省财政厅出台《福建省城镇老旧小区改造、棚户区改造和发展保障性租赁住房工作激励方案（试行）》，从2022年起省级保障性安居工程专项补助资金中安排20%用于激励先进市县，首次评选确定受正向激励地级市4名、县（市）10名，有力推动各地对标先进比学赶超。福州市入选年度全国城镇老旧小区改造、棚户区改造和发展保障性租赁住房正向激励城市。

【保租房和公租房】2022年，为完善住房保障体系，推动建立多主体供给、多渠道保障、租购并举的住房制度，有效缓解新市民、青年人阶段性住房困难，印发了《关于加快发展保障性租赁住房的实施意见》，确定“十四五”建设保租房36.5万套目标和福州、厦门、泉州三城市为发展保租房重点城市，并支持晋江、石狮、南安、惠安、德化5个民营经济发达、新市民聚集的县市，列入省级发展保租房重点城市。全省开工筹集保障性租赁住房12.9万套，累计开工筹集保租房14.7万套。省住房城乡建设厅等15部门联合印发了《福建省公共租赁住房分配工作实施细则》，统一全省运行使用系统、网上办理流程、权力监督规则、信息公开目录，明确推动数据共享的要求，进一步加强对公租房保障资格申请、受理、审核、配租全过程权力运行的全周期监督，全年新增公租房保障对象1.5万户，正在实施保障家庭28万户。

公积金管理

【概况】缴存住房公积金908亿元，同比增长9.86%；提取住房公积金664亿元，同比增长8.26%；发放公积金个人贷款7.53万笔382亿元，同比增长10.12%。截至12月底，全省住房公积金实缴人数408万人、实缴单位14.22万个；缴存总额7265亿元，提取总额4895亿元，缴存余额2369亿元；个贷总额4009亿元，个贷余额2084亿元，个贷使用率87.94%，逾期率0.203‰。

【助企纾困】积极出台住房公积金助企纾困政策，截至12月底，福建省共390家企业申请缓缴公积金，涉及职工1.95万人、缓缴金额1.17亿元；1501名受疫情影响无法正常还款的公积金贷款人申请不作逾期处理，不做逾期处理的应还未还贷款本金341.2万元。

【助力合理消费】优化购房提取流程，推出购房提取住房公积金支付首付款政策，有效缓解购房首付款筹款压力。2022年4月1日至12月31日期间，全省累计办理提取公积金支付首付款2.4万笔、27.9亿元，支持购房1.73万套、购房金额295.6亿元，共1086个开发企业、1196个楼盘参加首付款新政实施。支持租房提取，10个地市均提高了职工租赁住房提取公积金额度，29.4万租房职工受益。

【服务创新提升】稳妥推进灵活就业人员参加公积金制度，除福州、泉州、平潭外，均出台灵活就业人员缴存使用住房公积金政策。截至12月底，福建省共有3.16万灵活就业人员缴存住房公积金。推出“省内跨中心冲还贷”业务，该业务于9月26日在福州、省直、莆田三个公积金中心同时开通受理，截至12月底，已有400多名职工申请了该项业务。新增3个住房公积金“跨省通办”服务事项（提前部分还贷、汇缴、补缴），并均实现全程网办，5个公积金中心“跨省通办”窗口获得住建部“表现突出窗口”表扬。福州、省直、漳州推出二手房公积金贷款“带押过户”。厦门发放全国首笔住房公积金数字人民币贷款。莆田全省首家完成人民银行征信信息互联共享。

【强化监管】组织6个地市针对审计整改、纾困政策落实等问题开展交叉调研，并对风险楼盘进行实地调研、研究对策，共梳理排查9个问题楼盘。重视资金流动性风险，指导各地加强资金运行情况分析，继续做好个贷使用率稳控工作，全省个贷使用率平稳下降，从年初的90.47%下降至87.94%。重视贷款逾期风险，指导各中心加强贷前、贷中和贷后管理，防范个贷违约风险，保持个贷逾期率基本稳定，低于全国平均水平。全力推进征信共享对接，福建省已全部上线征信信息查询，上线完成率100%；9个中心已申请贷款征信数据报送测试，接入率82%；1个中心实现贷款征信数据报送上线，上线率9%。指导福州公积金中心推进分支机构调整，福州市人民政府分别与中国铁路南昌局集团有限公司、福建能源石化集团有限责任公司签订公积金管理及机构移交协议；福州公积金中心发布《福州住房公积金中心关于将福州住房公积金中心铁路、能源分中心合整归并的公告》，2023年1月1日起，福州住房公积金中心将对福州住房公积金中心福州铁路分中心、福州住房公积金中心福建能源集团分中心进行整合。

城市体检评估

2022年，在九市一区全面开展城市体检工作基础上，选取南平市作为省级样本城市，开展第三方体检工作；同时，南平市下辖县市全面推进城市体检工作，推动县域城市体检工作全覆盖。

城乡历史文化保护传承

与省文旅厅、省文物局联合印发《关于在城乡建设中加强历史文化保护传承七条措施的通知》。启动编制全省历史文化保护传承体系规划。进一步夯实文化遗产底数，三明泰宁县被列入省级历史文化名城，全年新增历史建筑708栋、传统风貌建筑833栋，开展第六批中国传统村落申报工作，58个入选国家公示名单。省级开展为民办实事专项保护行动，年度完成投资12.9亿元，推进10条街区60个名镇名村传统村落改善提升。在漳州南靖、龙岩长汀、南平建瓯、宁德福安、三明泰宁、泉州永春6个县市开展城乡历史文化保护传承试点。连城、永泰入选全国传统村落集中连片保护利用示范县市，获中央奖补资金8250万元。推进传统村落建筑海峡租养平台建设，已上线182个传统村落和453栋传统建筑。出版福清、尤溪、南靖三本传统建筑系列丛书。漳州新华东路历史文化街区、永春岵山历史文化名镇、南平光泽县崇仁乡崇仁村历史文化名村、诏安县县前街—东门中街—中山东路历史文化街区、漳州城内社历史文化名村5个保护规划获省政府批准实施。

建设工程消防设计审查验收

2022年，福建省不断健全完善消防审验工作方法，加强消防审验执法监督，加大队伍建设和人才培养力度，主动服务重点工程项目，推进消防技术标准研究，切实履行消防审验职责。全省各级消防审验部门共办结消防设计审查验收项目8328个，主动服务福州机场、兴泉铁路、地铁、石化等省重点项目，全年开展消防审验业务培训22次，培训人数978人次，推动机构队伍覆盖率达80%。联合省消防救援总队印发《关于建立建设工程消防审查验收与监督管理工作协调联动机制的通知》，建立会商、共享等协作机制。会同国网省电力公司印发《关于加强变配电工程消防设计审查验收管理工作暂行通知》，明确变配电工程审批类型，规范审验办理。积极对接交通、民政、文旅等厅局，探索研究港口码头、养老服务、民宿农家乐、密室逃脱、私人影院等专业工程和新兴业态的安全监管办法，切实降低火灾风险隐患。出台《福建省房屋建筑和市政基础设施工程消防设计技术审查导则》，进一步规范房建市政工程消防设计技术审查业务，开通厅官网审验答疑平台，发布公众号查验流程视频，加强业务指导。印发《福建省建设工程消防设计审查验收档案归档指南》，进一步规范全省消防审验档案管理工作。编制福建省变配电工程消防设计、审查、验收三份技术要点，强化变配电工程消防设计、施工质量的源头把控。持续推进消防审验管理工作，全年再总结形成15个消防审验工作典型案例，向全省推广借鉴学习。

城市建设

【城市道路建设】2022年，福建省新改扩建城市道路870公里，新增公共停车泊位3.01万个，完成LED路灯改造3.6万盏。推动福州、厦门地铁建设，全省轨道交通运营里程213公里，加快推进福州和厦门地铁建设，福州地铁5号线首通段和6号线开通试运营，福州2号线东延伸线一期、6号线东调段、厦门6号线同安集美段已开工建设。优化城市道路功能和路网结构，打通“断头路”，畅通微循环；强化提升重要节点、走廊夜景照明品位，实施城区道路路灯节能化改造工程，提升照明品位，更新主干道路灯杆1万根。

【老旧小区改造】推进实施城镇老旧小区尤其是基础类改造，突出补齐功能性设施短板，有条件的地方推进完善类改造和提升类改造。全年开工改造1623个老旧小区改造项目，惠及20.11万户。累计争取中央补助资金6.75亿元。联合省发改委、省财政厅印发《关于明确进一步明确城镇老旧小区改造工作要求的通知》。印发《关于进一步加强全省老旧小区改造工作的通知》《福建省老旧小区改造工作指南》，进一步强化全省老旧小区改造相关要求。组织专家赴各设区市进行3轮调研督导，指导各地优化老旧小区改造方案，年底赴各设区市开展包含老旧小区改造在内的年度综合考核。指导各地建立健全老旧小区改造机制，其中福州被住建部列为2022年度全国城镇老旧小区改造、棚户区改造和发展保障性租赁住房工作拟激励支持对象评选。

【城市园林绿化】编印《福建省2022年推动“口袋公园”建设实施方案》以及《福建省郊野公园建设指引》《福建省城市精品公园建设指引》等技术指引，新建和改造提升福道列入省委省政府为民办实事项目，全省全年新建和改造提升公园绿地面积1136公顷，福道1114公里，建设郊野公园26.5平方公里，完成口袋公园577处，立体绿化535处，打造精品公园29个。加大城市古树名木保护力度，对城市古树名木资源进行摸底核实，全省共有城市古树名木7694株。印发《福建省城市绿地外来入侵物种普查实施方案》，组织九市一区启动城市绿地内外来入侵物种普查工作。福建省住房和城乡建设厅城建处被福建省委省政府授予全省造林绿化工作先进集体，漳州市园林绿化中心高宝生被表彰为全国绿化劳动模范。

村镇规划建设

【概况】2022年，福建省推动100个乡建乡创合作项目。继续推进一批省级村镇住宅小区建设试点，全年公布省级村镇住宅小区建设试点52个。加强新建农房建筑风貌管控和质量安全技术指导，提升乡村建筑风貌，全年完成既有裸房整治15万栋。加快推进污水配套管网新建改造，提升污水收集处理水平，全省新建乡镇污水管网1287公里。此外，全省新增10个县（市、区）以县域为单位，将村庄保洁、垃圾转运、农村公厕管护等捆绑打包实施市场化运营管理，提高规范化、专业化水平。

【农房安全管理】督促各县（市、区）完善了农村建房安全管理配套制度，健全省市县三级制度体系。出台《关于强化农村自建房（三层及以下）施工关键节点和竣工验收到场巡查指导的通知》，完善巡查指导标准，推动各县（市、区）均已通过购买服务企业或技术人员服务、干部调配、劳务派遣、与企业结对等方式，强化了乡镇工程施工专业管理力量配备。会同省农业农村厅、省自然资源厅印发《福建省农村自建房质量安全和建筑风貌管理规定》。全覆盖轮训农村工匠和镇、村干部10.2万人次，创建完成7个样板县创建和1个数字化管理试点、1个“房长制”试点。下达中央财政补助资金750万元，为436户农村低收入群体等六类重点对象解决危房问题。

【农房风貌管控】修订并公布2022年“崇尚集约建房”建设及集镇环境整治成效要素，组织专家组深入现场调研指导，指导各地开展创建工作；委托第三方开展数据采集。全省2022年计划完成10万栋裸房整治，实际完工15.33万栋，超出年度任务52%，完成投资50.42亿元，超出年度计划投资48.9%；县县建成1栋示范房，全省县级共84栋年度建设任务，全年完工103栋，占年度任务122.6%。全省2022年完成10个“崇尚集约建房”建设样板创建，完成投资5.25亿元，占年度计划投资的121.3%；28个集镇环境整治样板全部开工，完成投资6.04亿元，占年度计划投资的141.9%。

【乡村环境治理】2022年，出台《关于扎实推进“十四五”乡镇生活污水治理工作的通知》，督导县（市、区）编制“十四五”乡镇生活污水处理设施建设运维实施方案和污水负荷率低于50%的乡镇开展整改。印发《关于加快推进以县域为单位乡镇生活污水农村生活垃圾治理市场化等工作的通知》，指导推动市场化工作。全年新建乡镇生活污水管网长1287公里，完成率151.4%，以县域为单位乡镇生活污水处理打捆打包市场化的县（市、区）年度任务数21个，全年新增21个，完成率100%；以县域为单位农村垃圾打捆打包市场化的县（市、区）年度任务数9个，全年新增10个，完成率111%；73个乡镇完成全镇域落实垃圾分类机制。

【闽台乡建合作】2022年，出台《关于深化闽台乡建乡创融合发展若干措施的补充通知》，整合制定《闽台乡建乡创管理规定》，深化闽台乡建乡创合作。新引进28支台湾团队，收集对接345个闽台乡建乡创合作项目需求，促成了221个项目签约落地。安排5000万元补助资金支持100个闽台乡建乡创项目。常态化组织分享交流和宣传推介活动，营造良好氛围。全省累计引进了100多支台湾团队、340多名台湾专业人才入闽驻村陪护式服务，覆盖全省80%以上县（市、区），培育出一批促进乡村振兴的合作样板项目。相关做法由住房和城乡建设部向全国宣传推广，获选第三届“全球减贫案例征集活动”最佳案例。

工程质量安全监督

2022 年，福建省房屋建筑和市政基础设施工程质量安全生产形势总体稳定，6 个项目获得鲁班奖、8 个项目获得国家优质工程奖，84 个项目获闽江杯优质工程奖，未发生较大以上安全生产责任事故。部署开展房屋市政工程安全生产治理专项行动，列出 6 个方面、126 项具体任务清单，开展全覆盖检查，累计查处违法违规行为 190 起，停工整改 214 个项目，处罚 2348 万元。出台《福建省房屋市政小散工程安全生产管理暂行办法》，明确市县主管部门、乡镇街道的职责边界，消除监管盲区，弥补管理漏洞。印发《福建省房屋市政工程智慧工地建设导则（试行）》，开展智慧工地建设试点，全省确定试点项目 177 个，省级安排1750万元对其中35个重点项目实施补助。制定《福建省建筑施工安全生产标准化评价实施细则（2022 年版）》，通过信息系统自动评价项目和企业安全生产标准化水平，实现标准化评价工作规范化、信息化、公开化。修订《建机一体化企业信用评价办法》，将建机一体化企业的维保基地建设、企业管理、人员配备、使用设备、企业资质等 5 个方面纳入企业信用评价，促进企业做优做强，提升建筑起重机械安全管理水平。

建筑市场

【概况】2022 年，福建省完成建筑行业年产值 1.71 万亿元，排名保持全国第七位，产值增幅同比增长 8.3%，比全国高 1.8 个百分点；全省特一级企业完成建筑业产值 10669 亿元，占比超 62%；完成省外产值 8299 亿元，增幅 11.0%，占福建省建筑业产值的 48.4%；建筑业增加值 5519 亿元，增幅 7.3%，占全省国内生产总值（GDP）的 10.4%，支柱产业地位进一步巩固。福建省新签施工合同额合计 16681 亿元，同比增长 6.2%。

【推进建筑业高质量发展】实施龙头企业发展策略，印发龙头企业实施方案，公布 50 家建筑业龙头企业，支持企业参与基础设施投资建设。出台《关于支持建筑业中小企业发展的通知》，引导中小企业做专做精；繁荣专业承包市场，指导行业协会公布装修专业龙头企业。开展建筑业招商，全年全省共落户优势央国企 12 家。拓展省外市场，服务企业“走出去”发展，在江苏、广东等重点区域设立服务网点，加强与闽商合作，进一步提升省外市场份额。

【强化工程招投标监管】印发《关于加强房屋建筑和市政基础设施工程招标投标活动管理的通知》，全面推行招投标主体签署承诺函制度。完善串通投标查处机制，完善投标文件软硬件信息雷同认定程序。严格投标报价管理，禁止向投标人提供包含组价信息的清单，强化对计价软件公司的管理。印发标准施工招标文件（2022 年版），进一步规范招投标监管力度。

【完善信用评价体系】组织编制合同履约行为评价细则，将实名制管理指标纳入信用评价。调整招标代理机构事中事后监管文件和造价咨询企业信用评价办法部分条款。修订建筑施工企业信用通常行为评价标准，起草造价咨询企业信用评价办法。

【规范建筑市场秩序】持续开展扫黑除恶常态化工作，严厉打击恶意竞标、强揽工程等违法违规行为，组织开展招投标“双随机、一公开”检查，查处 38 件串通投标案件，向公安机关移送涉嫌串通投标罪线索 3 条，将 286 家串通投标企业列为招投标重点监管对象，对 161 家违法企业实施信用扣分，公布 6 家“黑名单”企业。加强建筑市场监管，开展全省建筑市场交叉检查。严厉建筑市场违法行为，查处转包、违法分包、挂靠等违法行为案件 312 起。

【保障农民工权益】会同人社部门深化推进欠薪欠款“点题整治”工作，推进问题线索化解。全省共收集欠款线索 278 个，为施工企业追讨工程款 21.36 亿元，为 1.3 万名农民工追发工资 1.41 亿元。开展施工过程结算试点，全省共安排公布试点项目 126 个；起草工程款支付担保管理办法，建立防欠长效机制；组织开发工程款监控预警系统，推动工程款支付全过程信息化监管。开展根治欠薪雷霆行动，协调地产企业项目拖欠农民工工资问题，组织开展拖欠工程款和农民工工资进行排查清理，取得积极成效。

建筑节能与科技

【概况】2022 年，福建省进一步加强施工图设计管理与勘察设计监管，完善全省统一的全流程数字化审查，持续做好新建工程抗震设防管理。完善绿色建筑政策体系，推进建筑节能与绿色建筑各项任务落实。落实省委、省政府为民办实事要求，依托城乡建设品质提升项目推进机制，全力打造无障碍设施示范样板。

【推进新型建造方式和组织方式】全年新开工装配式建筑 1833 万平方米，占新建建筑比例约为 26.7%，确定 6 个竖向构件预制化试点项目。组织装配式装修观摩会，公布5个装配式建筑典型案例。制定出台装配式建筑生产基地评价标准，将智能化生产要求纳入评价。组织修订装配式建筑评价标准，将涉及智能建造的BIM等相关指标纳入评价。在工程总承包项目引导使用全过程BIM技术。支持申报国家级智能建造试点城市，厦门市入选全国首批智能建造试点城市。组织开展智能建造课题研究，赴广东等地观摩建筑机器人应用。在政府投资项目推行集设计、施工为一体的工程总承包模式，全年共有110个房建市政工程项目实施工程总承包模式；推行全过程咨询，99个房建市政项目实施全过程工程咨询模式。

【勘察设计】2022年，全省有44个项目、18家勘察设计单位获得2021年度行业优秀勘察设计奖，其中民用获奖项目一等奖3项，二等奖12项，三等奖17项。印发《关于进一步明确房屋建筑和市政基础设施工程施工图设计文件执行工程建设规范标准有关要求的通知》。全省共有勘察设计企业2380家，其中工程勘察企业306家（其中综合甲级14家、甲级49家、乙级112家）、工程设计企业2226家（其中工程设计743家，甲级169家；专项设计1483家，甲级176家）。全省共有施工图审查机构28家，其中房建类25家、市政类3家。施工图审查人员675人，其中建筑专业99人、结构专业196人、勘察专业61人、其他专业319人。全面实施施工图数字化审查，全省完成建筑工程审查7146项、房屋建筑面积25174万平方米，市政工程审查1541项，工程投资额3323亿元。按季度公布勘察设计企业信用排名，2022年共有321家勘察设计企业参与信用评价；每年开展勘察设计和绿色建筑“双随机”检查，依托数字化审查系统抽查项目73个，绿色建筑专项48个，提出检查意见1392条。新认定省级勘察设计大师8名，省级勘察设计大师增加至42名。依托三坊七巷全国优秀建筑设计展示馆加大建筑设计行业交流，在建筑艺术馆举办福“建”之美大讲堂系列活动12场。做好建筑工程抗震设防管理，完成超限高层建筑抗震设防专项审查16项，印制防震减灾知识小册子1000册。发布《加强超高层建筑规划建设管理的通知》。

【绿色建筑与建筑节能】2022年，福建省严格执行节能强制性标准。印发《关于深入推动城乡建设绿色发展的实施方案》《福建省绿色建筑专项规划编制导则》《福建省绿色建筑标识管理实施细则》，城镇新建建筑执行节能强制性标准达到100%，竣工节能建筑面积8348万平方米。竣工绿色建筑面积8065万平方米，新建绿色建筑占新建建筑比例达到96%以上。2022年度全省完成公共建筑节能改造120万平方米，结合城镇老旧小区改造开展绿色节能改造涉及小区21个。年度推广可再生能源利用建筑应用面积143万平方米。各地加快推进绿色建材认证及推广应用工作，年度新建建筑绿色建材应用比例达到50%以上。落实民用建筑能源资源消耗统计报表制度，全省完成统计建筑能耗统计4686栋、建筑面积8245万平方米。开展绿色低碳试点，推动湄洲岛、长汀县等62个项目开展绿色低碳试点。积极创建国家级试点，福建省列入国家绿色建材下乡试点地区，福州、龙岩入选国家政府采购支持绿色建材促进建筑品质提升试点城市，福州鼓楼区、厦门海沧区列入住房和城乡建设部、工业和信息化部数字家庭试点。

【无障碍设施品质提升】2022年，福建省编制无障碍设施改造提升技术导则，将无障碍系统化知识纳入注册执业人员培训教育内容，线上举办专题培训班，共计培训700余人。制定《福建省无障碍设施样板项目和样板区建设指引》，统一示范样板项目和样板区建设标准。无障碍设施改造提升工程列入省委、省政府为民办实事项目，全年累计打造10个无障碍设施样板区和264个无障碍设施样板项目，包括城市主干道50条、城市公园广场50个、公共交通场站50个、重要公共建筑114个。

【科技创新】2022年，重点抓好工程建设标准制定、建设科技创新引导等工作，着力提升企业技术水平。加强地方标准编制管理，细化标准申报、评审、验收等流程，发布、修订地方标准20部（其中图集8部），梳理近三年地方标准139项，在建设科技管理系统集中公布，逐步构建建设行业科技成果库。加大科技创新引导，全省省级企业技术中心（建筑施工）新增31家，全省总数增至145家，对其中132家开展跟踪和复查。完成省级建设科技研究项目验收24项，其中省建设科技研发项目16项、省建设科技示范工程8项。

（福建省住房和城乡建设厅）

江西省

住房和城乡建设工作概况

2022年，江西省住房城乡建设事业迈出高质量发展坚实步伐。抚州、九江获批国家历史文化名城，是全国年度新增仅有的2座城市；赣州市城镇老旧小区改造、棚户区改造、发展保障性租赁住房工作获国务院督查激励；建筑业总产值首破万亿元大关，是实施链长制的14个重点产业中首个过万亿的产业；城市功能品质提升、“保交楼”等工作获住房和城乡建设部肯定；装配式建筑发展、建立城市更新规划编制体系、发展保障性租赁住房工作上榜全国可复制推广经验清单；江西省第一次全国自然灾害综合风险普查房屋建筑和市政设施调查工作一次性通过部级核查，调查进度全国第七。

【城市高质量发展成效显著】推进萍乡等15个市、县开展城市更新省级试点。编制《南昌城市高质量发展建设方案》。推进城市功能与品质再提升十大行动，谋划实施城市功能品质提升项目6054个，完成投资超7000亿元，新建升级一大批教育医疗、文化体育、社区配套等公共服务设施，以及地下管网、污水垃圾、园林绿化、交通路网和停车位等市政基础设施。新增城市公共停车位14.98万个，基本完成全省灰口铸铁管道和存在安全隐患的球墨铸铁管道的更新改造。

新增建成海绵城市项目705个，南昌入选全国第二批海绵城市建设示范城市。12个高品质智慧社区（项目）建设试点完成投资11.77亿元，绿色社区创建达标率为62.84%。抓好中央环保督察反馈问题和长江经济带警示片披露问题的整改销号，城市污水集中收集率较上年提高5.92个百分点。完成整治的设区市建成区黑臭水体保持“长制久清”，县级城市建成区黑臭水体消除比例达50%。推进实施《江西省生活垃圾管理条例》。新增建成生活垃圾焚烧发电厂1座，扩建1座，新增日处理能力2200吨；新增建成厨余垃圾集中式处理设施7座，新增日处理能力530吨。

出台关于推进全省城市园林绿化高质量发展的意见。20个市县、31个建制镇达到省生态园林城市（镇）建设标准，建设城市“口袋公园”184个、面积84万平方米，新增城市绿道约470公里。印发《关于推进城乡建设绿色发展的实施方案》《江西省城乡建设领域碳达峰实施方案》及《江西省住房城乡建设领域“十四五”建筑节能与绿色建筑发展规划》。推广节能新技术新产品应用，做好超限高层建筑工程抗震设防审批。新增国家历史文化名城2座、省级历史文化名城1座、省级历史文化街区7片。基本建成省级城市运行管理服务平台，制定城市市容环卫首违不罚指导清单，推进“城管进社区、服务面对面”行动。出台物业服务企业信用信息管理办法、业主大会和业主委员会指导规则。开展管线管廊、城市燃气、排水防涝等安全整治，做好城市供水安全保障。

【村镇建设取得进展】实施美丽乡镇建设五年行动。2022年，推进美丽乡镇建设九大专项攻坚行动，谋划项目7000余个，完成投资260亿元，百余个乡镇初步达到美丽乡镇示范类建设标准。90个县（市、区）及功能区实现农村生活垃圾第三方治理全域覆盖。共有615个建制镇具备生活污水处理能力，占全省建制镇总数的85%。选取10个县（市、区）开展农房风貌管控试点，23个行政村开展农房和村庄建设现代化试点。完成农村危房改造和农房抗震改造任务，动态监测全省135万余户农村低收入群体等重点对象住房安全情况。新增70个村落列入第六批中国传统村落，入选数量全国第一。抚州完成全国传统村落集中连片保护利用示范任务，吉水、瑞金列入全国2022年传统村落集中连片保护利用示范县（市）。

【居民住房条件持续改善】2022年，江西省新建（筹集）保障性租赁住房6.31万套（间）。全年开工改造棚户区7.97万套，开工率100.8%。抓好城镇老旧小区改造。2021年城镇老旧小区改造计划任务全部完工，2022年计划任务的34.34万户全部开工，当年完工40.91万户。既有住宅加装电梯新增审批通过1064台，完成加装909台。建设公租房2623套，发放租赁补贴8.39万户。开展公租房转租转借等违规行为整治。开展自建房安全隐患排查整治，累计排查自建房1192.67万栋，其中经营性自建房54.87万栋，管控存在安全隐患的6481栋。制定加快推进城中村和老旧房屋改造的指导意见。完成第一次全国自然灾害综合风险普查房屋建筑和市政设施调查工作。住房公积金全年归集额突破600亿元，发放贷款290亿元，支持职工购房面积约770万平方米。

【房地产市场调控扎实有效】房地产市场供需两端部分指标好于全国平均水平。完善联席会议机制，制定完善“一城一策”长效机制工作方案，加强市场形势分析、预警提示、调研督导，切实稳地价、稳房价、稳预期。出台促进房地产业良性循环和健康发展的指导意见，各地因城施策完善调控政策“工具箱”，开展房地产消费季活动，支持刚性和改善性住房需求。优化预售资金监管制度，制定个别头部房企逾期交付风险化解处置“三保”工作方案，申报国家专项借款支持已售逾期难交付住宅项目建设，推进整治规范房地产市场秩序三年行动。

【建筑业支柱地位更加稳固】2022年，江西省建筑业总产值达1.06万亿元，首次突破万亿元大关，同比增长9.5%。建筑业入库税收占全省入库税收比重为7.2%，增加值占全省国内生产总值比重为8.1%。新竣工绿色建筑面积达4000万平方米。开工装配式建筑面积约3700万平方米，占总建筑面积比例达31%。新增省级装配式建筑产业基地28家，6家企业申报第三批国家级装配式建筑产业基地。推进房屋市政工程绿色施工和智慧工地建设，评选17个BIM技术应用示范项目、11个智能建造绿色建造案例。扩大在建工程实施质量管理标准化、执行质量首要责任制度和混凝土举牌验证制度的覆盖率。新增中国建设工程鲁班奖4项，国家优质工程奖7项。房屋市政工程领域生产安全事故实现“双下降”，降幅均达50%以上。

法规建设

【法规制度建设】2022年，江西省开展2022年度涉及计划生育内容等地方性法规和省政府规章清理工作。向省政府申报2023年立法计划建议项目1项。印发《关于进一步贯彻落实行政规范性文件合法性审核机制和公平竞争审查制度的通知》，推动行政规范性文件合法性审核机制和公平竞争审查制度有效实施。督促有关职能处室、单位落实征求意见、合法性审核、公平竞争审查、厅务会审议、公布、解读、备案等行政规范性文件制发程序。全面推行行政规范性文件合法性审核制度，全年对11件政策文件开展合法性审核。

【依法行政建设】制定出台省住房城乡建设厅2022年法治建设工作要点、法治政府工作要点。印发《关于贯彻落实〈江西省法治政府建设实施纲要（2021—2025年）〉及其重要举措分工方案的实施方案》《关于贯彻落实〈江西省法治社会建设实施方案〉的工作方案》《“对标提升法治力 奋进喜迎二十大”主题实践活动重点举措任务分工方案》。发挥法律顾问和公职律师作用，全年提供法律服务26次，审查合同24份，参与行政规范性文件合法性审查、行政应诉、普法宣传。

【规范行政执法】全面推行“双随机、一公开”监管。向省司法厅、省市场监管局报备2022年度“双随机、一公开”检查计划。推动完成江西省市场监管领域2022年部门联合随机抽查计划。厅机关承担的部分行政执法职能委托给部分厅直单位代为行使。组织厅直系统119名行政执法人员和3名行政执法监督人员换发行政执法证和行政执法监督证。向住房和城乡建设部调度上报2021年度全省住建系统行政执法数据。印发《关于2021年度省厅下放的行政许可等权力事项承接工作成效评价工作情况的通报》。

【普法依法治理】印发2022年度江西省住建系统普法依法治理工作要点。向省普法办报备2022年度普法责任清单，推动普法责任落地落实。印发《2022年江西省住房和城乡建设厅“宪法宣传周”工作实施方案》。组织厅直系统党员干部职工参加“百万网民学法律”系列专场知识竞赛活动。举办“住建大讲堂”，邀请全省“习近平法治思想大学堂”师资库讲师作专题讲座。组织参加省委依法治省办举办的深入学习贯彻习近平法治思想专题培训班。全年向省委依法治省办报送法治建设信息34篇，采用8篇。通过法治江西网刊登住建厅法治建设信息报道19篇。

【行政复议和行政应诉】全年收到5份行政复议申请，均告知向属地政府提出复议申请。对省政府受理的省住房城乡建设厅作为被申请人的复议案件，依法依规提出答复意见。全年省政府受理的省住房城乡建设厅作为被申请人的复议案件1件，作出驳回申请人的行政复议申请决定。落实行政诉讼案件应诉答辩、行政负责人出庭等有关规定，遵守执行法院生效裁判。全年作为被告的行政诉讼二审案件2件，二审法院均作出驳回上诉，维持原判的判决。

【打造营商环境】每月调度报送优化营商环境工作情况。6月16日，《中国建设报》以《江西：全面深化住房和城乡建设领域改革持续打造一流营商环境》为题，专题报道工程建设审批制度改革、获得用水用气和招投标系统整治情况。协助解决南昌、九江、赣江新区国评自查中发现的问题。

【深化改革】省委改革办下达 9 项改革任务，其中牵头任务 3 项，配合任务 6 项，十大改革攻坚行动涉及省住房城乡建设厅任务 89 项。印发《江西省住房和城乡建设厅全面深化改革领导小组 2022 年工作要点台账》《江西省健全完善民生保障制度改革攻坚行动实施方案（2022—2024 年）》工作台账，将任务分解到有关处室、单位。所有任务全部完成销号。

【放管服改革】编制全省行政许可事项清单 39 项。编制全省住房城乡建设系统行政备案事项清单 24 项。对赣江新区和南昌市开展赋权工作。深化“证照分离”改革，对涉及省住房城乡建设厅的 21 项许可事项按照直接取消审批、审批改为备案、实行告知承诺、优化审批服务的方式进行改革。全面推行“互联网＋监管”。推动“跨省通办”“省内通办”。加快推进政务数据共享。

房地产业

【概况】2022 年，江西省房地产开发投资 2210.2 亿元，同比下降 12.6%，增速列全国第 16 位。全省商品房用地供应面积 64104 亩，同比下降 14%；全省商品房用地成交价款 1686.1 亿元，同比下降 12.2%。全省新建商品房销售面积 6702.6 万平方米，同比下降 12.7%，全省房地产业入库各类税收 352.3 亿元，同比下降 38.8%，如剔除留抵退税因素，则实际同比下降 21.1%；房地产税收占入库各类税收总额比重为 9.2%。截至年底，房地产开发贷款余额 3215.7 亿元，同比增长 1.2%；购房贷款余额 10874.1 亿元，同比下降 0.4%；房地产贷款余额占各类贷款余额比重为 26.7%，同比下降 3.2 个百分点。

【强化省级监督指导】召开 2022 年江西省房地产市场会商协调暨涉稳风险防范处置联席视频会议、全省房地产工作视频会等会议，传达中央相关会议精神，部署重点工作。印发《关于及进一步完善联席会议机制强化房地产市场调控工作协调联动的通知》，强化调控工作合力。督促各城市制定完善房地产市场平稳健康发展“一城一策”长效机制工作方案，对市场波动较大城市进行预警提示，“一对一”窗口指导并赴实地调研督导，督促城市因城施策优化完善调控政策。

【引导市场预期】在全省范围内部署开展第二届“红五月”百城千企万店房地产消费季活动和国庆期间“金九银十”主题宣传营销活动，引导房地产企业集中推出市场适配度高的房源，实施灵活可控的营销策略，支持刚性和改善性住房需求。

【物业管理服务】配合省人大开展“物业社区行”活动。印发《关于深化城市基层党建引领基层治理的实施方案》《关于党建引领社区物业治理的指导意见》，推动物业覆盖率、业主自治组织组建率和行业党建工作。印发《江西省业主大会和业主委员会指导规则（试行）》《江西省物业服务企业信用信息管理暂行办法》《江西省物业服务企业信用信息评价标准》。指导推动省物业管理协会成立物业管理行业人民调解委员会，建立专兼结合、优势互补、结构合理的专业化人民调解队伍。2022 年底，全省已实施专业化物业管理的小区 8129 个，占比 49.6%，提供基本物业服务的小区 6124 个，占比 37.4%，建立县（区、市）级行业党组织 69 个。

【既有住宅加装电梯工作】印发《关于进一步加大力度推进既有住宅加装电梯工作的通知》，制定优化动议表决比例、建立健全异议调解机制、加强与老旧小区改造工作的统筹等 9 条措施，指导城市优化报建、审批、奖补，解决群众“上下楼难”问题。全省既有住宅加装电梯累计完成审批 3920 台，完成加装 1954 台，其中年内加装电梯完成审批 1064 台，完成加装 909 台，全省实现完成加装县级全覆盖。

【强化行业监督管理】印发《关于持续深入推进整治房地产市场秩序三年行动工作的通知》，严肃查处一批违法违规行为，并向社会公开通报典型案例。会同有关部门转发《关于规范商品房预售资金监管的意见》，结合实际提出细化措施，补齐预售资金监管制度短板。督促全省房地产估价机构开展全面自查自纠，部署开展“双随机一公开”执法检查，依法处理部分违法违规企业。

住房保障

【概况】2022 年，江西省保障性租赁住房、公租房、棚户区改造任务分别是 62766 套（间）、2623 套、79083 套，截至 12 月，分别完成 63058 套（间）、2623 套、79732 套。赣州市老旧小区改造、棚户区改造、发展保障性租赁住房工作获国务院督查激励，省住房城乡建设厅获省政府通报表扬。

【保障性租赁住房】1 月 5 日，召开江西省保障性租赁住房工作视频会。提请省政府与设区市政府签订《全省 2022 年住房保障工作目标责任书》。推进项目建设，督促指导各地推进保障性租赁住房项目建设进度，建立月调度、季通报、年度监测评价制度，先后 3 次向 9 个保障性租赁住房建设进度低于全省平均水平的设区市下发工作提示函，多次对南昌、赣州等地进行实地调研督导。181 个项目全部发放项目认定书，房源100%录入全国保租房信息系统，位居全国前列。加强资金保障，争取中央补助资金13.49亿元，省级补助资金0.8亿元。住房和城乡建设部第51期工作简报对江西加大财政支持保障性租赁住房力度的做法作为可复制可推广经验向全国推广。全省发行专项债28.51亿元，通过金融机构贷款融资70.05亿元发展保障性租赁住房。

【公租房保障工作】5月，印发《关于进一步做好城镇困难群众住房保障工作的通知》，对低保低收入家庭实行兜底保障依申请"应保尽保"。6月，印发《关于开展全省公租房违规转租转借等问题专项整治的通知》，着力整治住房保障主管部门、运营服务单位或物业管理企业、中介机构（含网站）、承租户等主体存在的违规转租转借等侵害群众利益的问题。10月，印发《关于全省公租房违规转租转借等问题专项整治情况的通报》，督促指导各地加强公租房分配管理工作。截至2022年底，排查出违规转租转借等问题1713户，整改1713户，整改率100%。印发《关于明确军队人员申请保障性住房有关事项的通知》，明确军队人员申请保障性住房有关事项，建立工作台账，解决军队人员住房困难。

【棚改逾期整治】完善棚改项目台账管理，对在建棚改安置房项目实施季调度，对逾期项目实施月调度，对逾期在建棚改安置房项目整改进度慢的市县下发工作提示函，督促各地加快安置房建设进度。全年排查出未按照安置补偿协议约定时间交付使用的棚户区改造项目79个、39691户。下发《关于做好棚改安置房逾期未交付使用项目整改工作的通知》。对全省逾期在建棚户区改造项目建立问题台账，实行销号管理。每月开展调度，每季度通报各设区市政府，对整改进度缓慢的设区市政府下发工作提示函。对整改工作任务重、进展慢的城市进行现场督导，督促加快整改进度。

【棚改攻坚行动】开展"十四五"期间棚户区改造情况调研，形成调研报告。征求设区市意见，确定城市棚户区改造攻坚行动目标任务。江西省政府印发城市棚户区改造攻坚行动方案在内的"四大攻坚行动方案"。召开新闻发布会，介绍城市棚户区改造攻坚行动。召开全省抓项目扩投资暨"四大攻坚行动"推进会。建立城市棚户区改造周调度制度。

【表彰激励】会同江西省发改委、省财政厅下发《关于对我省2021年度棚户区改造工作积极作为成效明显的地方予以激励支持的通报》，对3个设区市、9个县（市、区）给予通报表彰，省财政厅给予每个设区市200万元、每个县（市、区）100万元的奖励。

【幸福江西建设】根据《关于落实2022年全面建设幸福江西涉住建领域目标任务的通知》，建立住建领域全面建设幸福江西2022年工作台账。加强工作调度，每月调度汇总，分别向省财政厅、省人社厅（就业保障小组）、省发改委（共同富裕小组）、卫健委（健康江西小组）报送工作进展情况。截至10月底，"幸福江西"省住房城乡建设厅作为责任单位的8项任务全部完成销号。

住房公积金管理

【概况】2022年，江西省住房公积金新开户单位10095家，实缴单位60355家，比上年净增单位4552家；新开户职工41.13万人，实缴职工325.20万人，比上年净增职工14.39万人；当年缴存额612.99亿元，同比增长10.08%，年末缴存总额4475.74亿元，缴存余额1949.05亿元；当年共112.58万名缴存职工提取住房公积金386.89亿元，提取额同比增长10.86%，截至2022年末提取总额2526.70亿元，比上年末增加18.08%；提取额中，住房消费提取占73.39%，非住房消费提取占26.61%；提取职工中，中低收入职工占96.55%，高收入职工占3.45%。截至2022年末，发放个人住房贷款6.36万笔、290.90亿元，同比下降11.50%、0.40%。发放异地贷款2360笔、9.60亿元，回收个人住房贷款172.36亿元，支持职工购建房769.84万平方米。截至2022年末，住房公积金个贷率78.66%，逾期率0.22‰，住房贡献率93.87%。

【政策监管】印发《关于实施住房公积金阶段性缓缴进一步帮助中小企业纾困解难的通知》，实施住房公积金阶段性缓缴工作。6月，印发《关于落实住房公积金阶段性支持政策的通知》，明确支持事项程序、审批时限、提升服务。定期调度和督促指导各中心落实阶段性支持政策工作。至2022年底，江西省共有406个企业、4万名职工缓缴住房公积金2.66亿元，支持6672名不能正常还款的职工贷款不作逾期处理，4.71万名职工享受到提高租房提取额度的政策，累计租房提取公积金5.36亿元。

【信息化建设】江西省住房公积金监管服务平台（共享平台）投入试运行，实现省级公安、民政和市场监管跨部门数据共享和各中心数据联通，对运行数据进行分析、预警。推行业务线上办、掌上办、"全程网办"，提高业务办理的离柜率，保障全国住房公积金小程序线上稳定运行。

【提升服务】江西省5个窗口荣获全国住房公积金"跨省通办"表现突出服务窗口。完成住房公积金汇缴、住房公积金补缴和提前部分偿还住房公积金贷款 3 项“跨省通办”服务事项。推动数字赋能。依托“手机公积金”APP、住房公积金管理中心微信公众号及缴存单位网上营业大厅等线上渠道推进业务一次办、线上办、掌上办和全程网办。梳理全省住房公积金“跨省通办”“省内通办”服务事项标准化表，完成“跨省通办”“一件事一次办”办事指南，推进业务流程改革、精简办件材料、缩短办理时限。开展服务提升三年行动。印发《江西省住房公积金系统“惠民公积金、服务暖人心”服务提升三年行动工作方案》，推动各地开展基层联系点遴选活动。

【防范风险】实地调研和督导新余、宜春、萍乡三地住房公积金服务提升三年行动、骗提骗贷治理和异地通办等工作。开展全省住房公积金骗提骗贷治理工作，集中治理 2018 年以来的案件。执行政策备案制度，对各中心出台的政策进行窗口指导，保障政策合规。

建设工程消防监管

【概况】2022 年，江西省 10 个设区市经编办批准成立消防科（室），3 个设区市成立消防技术服务中心，57 个县（市、区）设立消防科（室）。全省各级住建部门从事消防设计审查验收工作人员 600 余人，其中行政编 27 个，事业编 106 个。2022 年，全省开展建设工程消防设计审查项目 2783 个，建设工程消防验收项目 2813 个，建设工程消防验收备案项目 3680 个。

【健全工作机制】印发《关于切实解决养老机构消防安全有关历史遗留问题的通知》《关于建立彩钢板房消防安全联合监管工作机制的通知》《关于做好民用建筑消防车道建设与标识工作的通知》。指导各地出台《南昌市建设工程消防验收工作指南》《关于实行建设工程消防技术服务市场化改革的通知》《萍乡市公众聚集场所消防行政许可业务协同工作机制》《关于加强全市住建领域消防安全工作的通知》等规范性文件。

【提升履职能力】督促各地贯彻落实《建设工程消防设计审查验收管理暂行规定》。指导景德镇市陶阳里历史文化街区消防审批工作，编制消防设计方案，优化消防审批流程。指导南昌市、贵溪市既有建筑改造利用消防设计审查验收试点工作。承担住房和城乡建设部相关课题研究，与中国建筑科学研究院合作科学计划技术项目“历史建筑消防安全保护技术研究”。

【强化审批监管】加强对建设、设计、施工、监理、技术服务机构等单位的监管，开展全省建设工程消防设计审查验收工作质量检查，通报检查结果，点对点下发督办单，严肃查处违法违规行为，对违反或降低消防设计、施工质量的问题依法处罚。

城市建设

【概况】2022 年，江西省城镇老旧小区改造计划任务 1062 个小区、34.34 万户全部开工，完工小区 970 个、30.23 万户，完工率和户数完工率分别为 91.34%、88.03%。赣州市城镇老旧小区改造工作显著成效获国务院督查激励，上饶市、安义县经验做法被住房和城乡建设部纳入城镇老旧小区改造第五批可复制政策机制清单在全国推广。生活污水处理提质增效三年行动圆满收官，全国污水处理提质增效三年行动（2019—2021 年）的考核评估排名位列中游，实现大幅进位；全省新建改造城镇生活污水管网 1500 余公里，城市生活污水集中收集率达 49.9%，较上年提高 8.42 个百分点；7 个省级污水处理提质增效建设示范城市污水集中收集率达 58.72%，较 2021 年示范前提升 22.4 个百分点。县级城市黑臭水体消除比例达 50%，超额完成国家要求的县级城市黑臭水体消除比例达 40% 的年度目标任务。园林绿化主要指标持续保持“全国第二、中部第一”。南昌市成功列入 2022 年度国家系统化全域推进海绵城市建设示范城市，鹰潭市示范工作入围中国“全域海绵”典范项目案例。吉安市、鹰潭市成功入选全国第一批城市供水漏损率治理重点城市，景德镇市入围国家节水型城市复核。

【城镇老旧小区改造】城镇老旧小区改造工作列入中共江西省委“我为群众办实事”实践活动 25 件重点民生项目。编制全省“十四五”城镇老旧小区改造专项规划。符合改造对象范围的老旧小区“应入尽入”，开展“处长走流程——蹲点改出新生活”活动。建立政府、专营单位、产权单位、居民出资共担机制，累计争取中央资金 54 亿，省级财政资金 2 亿，地方配套 49.96 亿，产权单位出资 3.45 亿，专营单位投资 6.51 亿，并争取国开行江西省分行战略性资金 300 亿元用于老旧小区改造。印发《关于进一步加强城镇老旧小区改造工程质量安全监管的通知》。江西卫视“美丽江西在行动”栏目，对城镇老旧改造经验做法进行正面宣传报道，对群众满意度低和工程质量不高的项目进行曝光并督促整改。出台江西省高品质智慧社区建设试点工作方案和工作指南。对全省申报的 24 个社区（项目）进行审查，确定第一批 12 个试点社区（项目）。印发《关于做好江西省绿色社区创建有关工作的通知》，公布全省首批绿色创建达标小区 444 个，全省 25% 以上的城市社区参与并达到绿色社区创建要求。

【城市水环境治理】开展污水处理提质增效。出台《江西省城镇生活污水处理提质增效攻坚行动方案（2022—2025 年）》，明确治理目标和重点任务。印发《进一步加强城镇排水管网规划设计施工验收等全过程管理工作的通知》。对上一轮城镇生活污水处理提质增效工作进展滞后的 12 个县区实施挂牌督办，对 6 个县城的政府主要领导实施约谈，对各项指标在全省均处于落后的个别县，向所辖市委市政府发启动追责问责建议函。推进生活污水处理提质增效示范工作，定期调度工作进展，开展示范工作年度评估。转发九江市“厂网一体”建设有关经验做法，在全省推广“厂网一体化”运行模式。开展县级城市黑臭水体治理。制定出台《江西省城市黑臭水体治理攻坚战实施方案》，并组织各地实施。全面排查全省城市建成区内的 629 个水系、水体，发现县级城市黑臭水体 4 个，完成整治措施 2 个。会同省生态环境部门开展黑臭水体治理保护行动并印发通报，在地方自查的基础上，对全省城市和县城建成区黑臭水体进行清单核查、组织排查、成效判定、跟踪督办。

【城市排水防涝】江西省共建成排水管网总长度约 3.84 万公里，雨水管网约 1.47 万公里，海绵项目 2510 个，面积 554.71 平方公里，占城市建成面积的 32.1%。印发《关于规范城市内涝防治信息发布等有关工作的通知》《江西省住房和城乡建设厅城市排水防涝和抗旱工作应急预案》《关于加强城市内涝应急联动工作的通知》。开展全省内涝积水点排查整治，排查发现易涝点 233 处，完成整治 201 处，其余 32 处全部制定“一点一策”整治方案。印发《江西省海绵城市建设“十四五”专项规划》。开展国家、省系统化全域推进海绵城市建设示范选拔推荐和申报，南昌市被列入 2022 年度国家系统化全域推进海绵城市建设示范城市，赣州市、新余市、宜春市、共青城市、井冈山市列入 2022 年省系统化全域推进海绵城市建设示范城市。举办系统化全域推进海绵城市建设“住建大讲堂”专题讲座。

【市政公用和园林绿化】完成市政道路调查 1.04 万公里，供水厂站 198 座，城市供水管网 9350 公里。印发《关于建立市政基础设施项目动态储备库和相关工作机制的通知》。10 个设区市的 25 个项目录入市政基础设施项目动态储备库，总投资 479 亿元，授信额度 339.1 亿元，其中 23 个项目资金已落实。出台《全省新一轮城市公共停车设施提质增量补短板专项行动方案（2022—2025 年）》。11 个设区市建成区内停车设施共 1.4 万个，停车位 227.49 万个，新增车位 14.98 万个。全面深化城镇燃气安全隐患排查整治，排查安全隐患问题 12502 处，完成整改 12460 处，整改率 99.66%，开展应急演练 495（批）次。出台《关于进一步加强全省城镇燃气安全监管工作的意见》《江西省城市燃气管道等老化更新改造实施方案（2022—2025 年）》。印发《关于开展 2022 年度全省城市供水水质检测工作的通知》。指导景德镇市申报 2022 年国家节水型城市，向国家推荐新余、景德镇、吉安、鹰潭开展公共管网漏损治理试点建设工作。印发《推进全省城市园林绿化高质量发展意见的通知》《江西省 2022 年“口袋公园”建设实施方案的通知》。江西省建成“口袋公园”184 个，面积 84 公顷，完成投资达 3.32 亿元。推荐景德镇市申报国家人居环境奖（综合），推荐赣州市、龙南市、彭泽县、石城县、寻乌县、金溪县分别申报国家生态园林城市、国家园林城市；推荐赣州市、抚州市申报国家城市园林绿化垃圾处理和资源化利用建设试点，全省有 20 个城市（县城）经考评达到省生态园林城市建设标准。

城市管理

【概况】2022 年，江西省开展乡镇驻地“补短板”、城市“攻难点”、城乡“回头看”三大行动，开展重点区域整治、专项环境整治、精细化提升整治和长效机制建设四大行动，开展“净水、净土、净空”“百日攻坚”“治脏治乱治堵，净化美化序化”“环卫设施清洁”等行动。坚持高质量立法和立高质量的法，开展生活垃圾立法调研工作，推进全省生活垃圾分类体系建设和生活垃圾分类工作。提升城市管理效能，推进城市管理执法监督工作，推进“城管进社区 服务面对面”工作，提升城市管理执法能力和水平。

【城乡环境综合整治】开展美丽城市、美丽乡镇、美丽农村、美丽通道四大行动。清理卫生死角 115 万处，规范机动车停放 200 万辆次，整治出店经营行为 120 万余次。

【生活垃圾分类】召开全省生活垃圾分类工作推进视频会。召开新闻发布会，通过省级巡回宣讲、网络知识竞赛、样板单位和小区遴选等活动宣传《江西省生活垃圾管理条例》。印发《江西省“十四五”生活垃圾分类和处理设施发展规划》，截至 2022 年底，全省建成生活垃圾焚烧设施 38 座，设计日处理能力 3.365 万吨，11 个设区市城区生活垃圾基本实现“零填埋”；投入运营集中式厨余垃圾处理设施 38 座，日处理能力 2303 吨。

【城市管理执法】开展 2022 年江西省城市管理执

法规范化监督调研指导专项行动，印发深化巩固“城管进社区、服务面对面”工作方案、城市管理执法行为规范、城市管理行政执法监督暂行办法、市容环卫首违不罚指导清单等文件，有力提升城市管理工作效能。积极探索与有关单位和部门共同建立城市管理执法协作机制，推动形成“议事协商、信息共享、执法联动、齐抓共管”的工作新格局。加快城市管理信息化进程，江西省级平台基本建设完成。

【市容环境卫生】7月28日，出台《江西省生活垃圾管理条例》并由江西省第十三届人民代表大会常务委员会第三十一次会议通过。印发《江西省生活垃圾管理条例》宣贯工作方案。编制《江西省“十四五”生活垃圾分类和处理设施发展规划》。至2022年底，江西省建成生活垃圾焚烧设施38座，设计日处理能力3.245万吨，设计日发电量1100万度，11个设区市城区生活垃圾基本实现“零填埋”，投入运营集中式厨余垃圾处理设施30座，日处理能力1683吨。

村镇建设

【概况】2022年，江西省完成农村危房改造3385户。全面推进美丽乡镇建设五年行动，百余乡镇达到美丽乡镇示范类建设标准。全省农村生活垃圾收运处置体系实现自然村全覆盖。全省615个建制镇具备生活污水处理能力，覆盖率达85%。70个村落入选第六批中国传统村落公示名录。吉水县、瑞金市列入全国2022年传统村落集中连片保护利用示范县（市）。12月，江西省住建厅村镇建设处被人力资源和社会保障部与住房和城乡建设部联合表彰为全国住房和城乡建设系统先进集体。

【农村危房改造】印发《江西省2022年农村危房改造实施方案》。江西省3385户农村危房改造全部竣工。完善住房安全动态监测机制，落实“月巡季报”制，全省共监测农村低收入群体等重点对象135万余户，监测确认的危房全部纳入改造。

【农房安全隐患排查整治】采取“乡镇村自查、县级核查鉴定、省市暗访督导”方式开展“回头看”行动。江西省1.7万余户农村危房整治完成1.6万余户，剩余危房均采取管理措施。

【美丽乡镇建设】深化乡镇镇区环境综合整治，完成整治300多个乡镇。开发建设美丽乡镇建设进度管理系统，定期调度乡镇建设项目进展情况。江西省共谋划项目7000余个，完成投资260亿元。

【农村生活垃圾治理】制定《关于进一步加强农村生活垃圾收运处置体系建设管理的实施意见》。江西省农村生活垃圾收运处置体系实现自然村全覆盖，农村生活垃圾治理市场化率保持80%以上，投入运行涉农生活垃圾中转设施1200座，配套转运车辆5000余辆；镇村两级保洁员13.8万人。推进生活垃圾减量和资源化利用，江西省累计建成或共享服务农村的易腐垃圾处理设施88座，处理能力达280吨/天。

【建制镇生活污水处理】新增68个建制镇建成生活污水处理设施，全省累计615个建制镇建有生活污水处理设施，占建制镇总数的85%（共724个建制镇，不含城关镇）。“五河一湖一江”沿岸169个建制镇，142镇完成设施建设。

【农房和村庄建设现代化】印发《关于开展农房风貌管控、农房和村庄建设现代化试点工作的通知》，在江西省10个县（市、区）开展农房风貌管控试点，23个行政村开展农房和村庄建设现代化试点。开展新时代美丽乡村优秀农房设计方案征集活动。组织培训1.3万余名乡村建设工匠。印发《关于开展“乡村建设带头工匠”培训活动的通知》，组织培训“乡村建设带头工匠”。

【乡村建设评价】江西省选取浮梁县、寻乌县、泰和县、靖安县4个样本县开展乡村建设评价，从农房建设、村庄建设、县镇辐射、发展水平等方面对乡村建设情况开展调研分析。采取第三方评价方式，委托省级专家团队调研收集数据、研究分析并形成4个样本县和省级评价报告。

【传统村落保护】吉水县、瑞金市列入2022年传统村落集中连片保护利用示范县（市），获得中央财政补助资金5000万元、4000万元。开展第六批中国传统村落推荐申报工作，全省70个村落成功入选公示名录，居全国第一。抚州市完成全国传统村落集中连片保护利用示范任务。推进传统村落数字化管理，开展历史文化名镇名村、传统村落、传统建筑数据录入。印发《江西省第三次开展传统建筑调查、认定、建档、挂牌工作方案》。

【对口帮扶工作】深入调研驻村帮扶点、对口帮扶村、对口支援少数民族乡，采取查看现场、多方座谈等方式研究帮扶措施、协调帮扶资金。以驻村工作队为主抓手，做好定点帮扶村各项帮扶工作。省委组织部和省乡村振兴局对厅驻旸田村工作队2022年度考核等次为“好”。

标准定额

【概况】2022年，江西省共有工程造价咨询企业955家，一级注册造价工程师3782人，二级注册造价工程师1005人。

【工程造价师管理】完成2022年一级造价工程

师、二级造价工程师职业资格考试报考。协调省人事考试中心将省直考生并入南昌市考区和南昌市报考初审及复审单位合署办公。首次明确凡外省驻赣分公司符合报考条件的考生可参加二级造价工程师职业资格考试。开展全省二级注册造价师的执业资格核查，完成331名二级造价工程师职业资格社保异常情况的整改。

【双随机抽查】完成江西省工程造价咨询企业及造价工程师执业行为情况双随机抽查工作，督促整改9家企业20名注册造价工程师无聘用合同、社保缴纳不规范的问题。

【工程计价依据编制】江西省古建筑修缮工程消耗量定额、仿古建筑工程消耗量定额、园林绿化工程消耗量定额编制工作分别完成85%、85%、90%，开展市政设施养护维修费用指标编制工作。

【建章立制】出台《关于防范和化解建筑材料价格波动风险的指导意见》，引导市场各方主体合理分担建筑材料价格异常波动带来的经济风险，保障发承包双方合法权益，掌握并预警砂、水泥、钢材等主要材料市场价格波动。

【工程造价信息】每月在江西省住房和城乡建设厅官网——工程造价专栏发布次月的电子版造价信息，供市场各方主体免费查询、下载。全年共发布造价指标指数典型案例分析60个，发布《江西省造价信息》《省内装配式建筑材料信息参考价专刊》《江西省海绵城市建筑材料信息价专刊》各12期。发布四个季度各地市建筑工程实物量人工成本信息、各地市建筑工种人工成本信息（日工资）及主要建筑材料价格指数走势图。完善建材价格信息目录，按建设市场需求扩大发布信息种类和数量目录。

工程质量安全监督

【概况】2022年，江西省共有建设工程质量监督机构127家、建设工程施工安全监督机构128家，其中同时开展建设工程质量监督、施工安全监督工作的机构119家。省市县（区）三级工程质量安全生产监管机构设置齐全，其中：设区市级质量安全监督机构12个，县（市区）级质量监督机构115个，县（市区）级施工安全监督机构116个。全省监督机构共有人员2647人，从事监督工作人员1723人。

2022年，全省新办理质量监督手续的工程共4510项，其中已签署法定代表人授权书、工程质量终身责任承诺书的工程有4510项，覆盖率为100%。全省新办理竣工验收备案工程4967项，均设立永久性标牌，建立质量信用档案，覆盖率为100%。

2022年，全省有4项工程荣获中国建筑工程鲁班奖、7项工程荣获国家优质工程奖；127项工程荣获江西省优质建设工程奖，其中：杜鹃花奖39项、省优良工程奖88项。

【生产安全事故情况】江西省建筑施工领域（含住建、交通、水利、能源、工矿等）共发生生产安全事故55起、死亡62人，同比分别减少65起、66人，降幅分别为54.2%、51.6%；其中房屋市政事故19起、死亡21人，同比分别减少30起、28人，降幅分别为61.2%、57.1%。

【质量安全标准化建设】开展工程质量安全标准化示范工地建设，公布2022年度217个省建筑工程质量管理标准化示范工程，161个省建筑安全生产标准化示范工地。

【“安全生产月”活动】召开2022年江西省住建领域“安全生产月”活动推进会，推出25个省级安全生产标准化示范观摩项目。以“遵守安全生产法，当好第一责任人”为主题，在赣州市奥林匹克广场举办全省住建领域“安全宣传咨询日”活动。

【房屋市政治理行动】印发《关于印发江西省房屋市政工程安全生产治理和“打非治违”专项行动实施方案的通知》，开展为期两年的房屋市政工程安全生产治理行动。8月，开展江西省房屋市政工程施工安全生产治理行动督导检查，全省11个设区市及赣江新区共抽取33个在建项目，总体符合率75%以上。8月，住房和城乡建设部第十督查组对全省房屋市政工程安全生产治理行动开展督导检查，总体符合率81%。

【强化安全督导】逢法定节假日和重要时间节点，督导检查各地建设行政主管部门工作落实情况。省级层面共成立检查组22个，抽检施工项目116个，发现安全隐患1038处，下发整改通知单80份，执法建议书12份。

【“百差工地”认定】印发建筑施工安全生产“百差工地”季度通报，认定“百差工地”347个，非法建设项目41个，约谈累计2个以上项目的施工、监理企业法人。对项目建设、施工、监理单位进行全省通报批评，并要求整改，验收合格后方可复工。

【“质量月”活动】召开全省住房和城乡建设系统“质量月”活动暨促进工程质量提升交流观摩视频会。确定全省工程质量管理标准化观摩工程21个，智慧工地示范观摩工程3个。全省实地参加人数超过5000人，线上浏览关注超过10万人次。

【质量安全培训教育】举办4期全省建筑工程质量管理视频宣贯会，参会人数超7000人。组织检测从业人员培训，130家检测机构、5400人参加；开展各类安全培训教育20次，向全省住建部门安全监督机构、建筑施工企业管理人员讲授安全知识。

建筑市场

【概况】2022年，江西省完成建筑业总产值10694.84亿元。建筑业总产值增速9.55%，比全国平均增速高5.16个百分点，列全国第5位。完成税收入库收入268.67亿元，同比下降9.2%，占税收收入比重7.2个百分点。江西国际等6家对外承包工程企业入选ENR全球最大国际承包商250强榜单，其中江西国际、江西中煤连续5年跻身百强，全球最大国际承包商250强榜单入选企业数量江西保持“中西部第一”，列全国第四位。全省共有建筑施工企业26121家，其中特级企业24家；施工总承包一级企业526家，新增53家。全省建筑业企业完成产值超过百亿元的企业共8家；完成产值在50亿元以上的企业有300家，比上年增加11家。江西民营企业100强中建筑企业为26家，总营业收入1654.5亿元，占100强企业总营业收入的比重近20%。全省共有监理企业632家，综合甲级资质6家，甲级资质企业88家，乙级资质企业470家。监理从业人员15000余人，注册监理工程师6812人，较上年增加1482人。中国建筑装饰协会公布行业综合数据统计装饰装修类100强，江西3家公司上榜。18个公共建筑装饰类项目、2个幕墙类项目、1个设计类项目荣获中国建筑工程装饰工程奖。

【建筑企业发展】开展绿色建材推广应用，支持建筑业走出去发展，推动境外工程纳入省优奖评审。开发适合建筑业特点的金融产品，为优质建筑业企业提供融资服务。成立省房地产建筑产业链创新联合体全力支持建筑业发展。装配式建筑发展目标纳入“六个江西”建设目标任务。在抚州市召开装配式建筑现场推进会。建立“按月调度、季度通报、年终考核”的工作机制。28家企业和高校获评级装配式建筑产业基地，向住房和城乡建设部推荐6家企业申报第三批国家级装配式建筑产业基地。评定11个智能建造绿色建造案例。全省开工装配式建筑面积3700万平方米，新开工装配式建筑面积占总建筑面积的比例31%。

【建筑市场整治】3月，开展转包挂靠出借资质等违法违规行为专项整治行动，共查处转包挂靠出借资质案例827个，罚没金额2.85亿元。出台《关于加强建筑工程施工许可事前事中事后管理有关工作的通知》《关于规范房屋建筑和市政基础设施工程施工发包承包行为加强标后管理的通知》《关于规范江西省建筑工程施工许可证信息变更等有关事项的通知》。江西省共公布违法违规典型案例共23批166起。全省工程审批系统导入省实名制监管平台，研判建筑企业是否存在出借资质（转包挂靠）等问题。开展建造师起底整治工作，累计撤销二级建造师证书1132人，对公职人员“挂证”行为从严处理。启动信用评价标准修订工作，清理不符合公平竞争和统一大市场建设的条款，向社会公开征求意见建议92条。

【优化发展环境】6月24日，印发实施《江西省住房城乡建设领域惠企稳岗保障经济稳定运行若干措施》。10月底全面清退省属工程项目历史留存的农民工工资保证金，共计退付120家单位农民工工资保证金2078.5万元。推进工程担保，加大保函形式缴纳投标保证金、履约保证金、工程质量保证金、农民工工资保证金力度。加强建筑工程施工许可核发管理，任何部门、单位不得违规设置“搭车”事项，不得违规收费。实行施工许可电子证照，提高审批效能。为100余家企业开展十项新技术立项达145项，配合参与30家十项新技术评审。制定《关于做好建筑企业农民工服务保障的通知》《关于促进农民工就业创业10条措施》《关于加强零工市场建设完善求职招聘服务的意见》，保障农民工就业。出台《江西省工程建设领域农民工工资保证金实施办法》《江西省工程建设领域农民工工资专用账户管理暂行办法》等，依法保护施工企业合法权益。

建筑节能与科技

【概况】2022年，江西省共有勘察设计企业731家，其中建设工程设计甲级及以上133家，乙级156家，丙级及以下267家；建设工程勘察甲级及以上46家，乙级58家，丙级71家；注册建筑师777人（一级489人，二级288人），各类勘察设计注册工程师2699人，其中注册结构工程师1081人（一级708人，二级373人），注册公用设备工程师617人，注册化工工程师51人，注册土木（岩土）工程师496人，注册电气工程师454人。组织1629人参加2022年度全国一、二级注册建筑师考试，3946人参加2022年度全国勘察设计注册工程师考试。

【推动“双碳”工作】发布《关于推进城乡建设绿色发展的实施方案》。印发《江西省城乡建设领域碳达峰实施方案》《江西省住房城乡建设领域“十四五”建筑节能与绿色建筑发展规划》。规范全省住房城乡建设领域材料（产品）推广和限制（禁止）应用工作。编制《江西省居住建筑节能工作设计指南》。开展全省民用建筑节能强制性标准执行情况行政检查。

【工程建设标准管理】11月，印发《关于明确我省工程建设地方标准管理有关事项的通知》。推荐10项课题申报2022年住房和城乡建设部科学技术计划项目，其中1项课题获住房和城乡建设部立项；推荐28项课题申报2022年度江西省科学技术计划项目；印发《江西省数字家庭实施导则》。组织红谷滩区完成数字家庭建设试点申报工作。印发《江西省住房城乡建设领域推进数字经济“一号发展工程”实施意见》，开展江西省2022年度BIM技术应用示范项目评选，授予“南昌市第一医院九龙湖分院建设工程”等17个项目“江西省2022年度BIM技术应用示范项目”。批准发布3项工程建设地方标准、1本图集。开展新时代优秀农房设计方案评选工作，面向全国范围内从事建筑设计工作的单位（团队）或个人，广泛征集设计方案，并方案评选工作。

【规范勘察设计市场】印发《关于对在赣勘察设计企业及从业人员开展信用评价的通知》《关于规范在赣勘察设计单位从业行为的通知》。开展全省勘察设计市场和质量监管专项整治，完成勘察设计企业资质动态核查工作，对注册人员情况不达标的勘察设计企业下达整改通知；对3名注册执业人员的人证分离（挂证）违规行为，下发撤销行政许可意见告知书。

【施工图审查机构管理】对“江西住建云——项目图审监管一体化”平台进行优化。完成全省施工图审查机构动态核查。完成江西省房屋建筑和市政基础设施工程施工图设计文件审查机构确定书更换工作。确定江西省赣建施工图设计审查中心等18家审查机构更换确定书，认定南昌市昌城施工图设计审查中心的房屋建筑工程二类和江西江勘工程咨询有限公司的房屋建筑工程一类审查资格。

【养老服务设施体系建设】印发《关于加强无障碍和养老服务设施建设管理的通知》，将无障碍设施建设纳入城镇老旧小区改造内容。向住房和城乡建设部推荐九江市浔阳区湖滨小区改造等八个案例为城乡适老化建设和改造典型案例。

人事教育

2022年，江西省住房城乡建设领域施工现场专业人员培训机构有116家。全年取得电子培训合格证约76623人次。2022年开展建筑技能人员培训机构有16家，建筑企业按照自主培训、自主测试、自主发证原则开展建筑工人职业培训考核工作，全年取得培训合格证约12万人次。

印发《关于做好全省住房城乡建设领域施工现场专业人员职业培训有关工作的通知》，继续深化放管服改革，进一步规范培训工作，不断提升施工现场专业人员技术水平和综合素质。

大事记

1月

11日　国务院批复同意抚州市为国家历史文化名城。

2月

16日　召开江西省住房和城乡建设工作会议。

28日　举行《江西省生活垃圾管理条例》贯彻实施新闻发布会。江西省住房和城乡建设厅厅长卢天锡介绍《条例》有关情况，并回答记者提问。

2月《江西省城市管理执法监督暂行办法》正式发布实施。

3月

7日　召开全面从严治党工作会议，总结2021年全面从严治党工作，部署2022年工作任务。

14日　召开全省房屋建筑和市政基础设施工程建设领域转包挂靠出借资质等违法违规行为整治电视电话会议。

17日　印发《江西省城镇住房发展“十四五”规划》。

23日　赣州市作为国家2021年度城镇老旧小区改造、棚户区改造和发展保障性租赁住房工作拟激励对象被住房和城乡建设部公示。

29日　财政部江西监管局审核江西省2021年度保障性安居工程绩效评价结果为“优秀”。

4月

8日　举行九江市荣膺“国家历史文化名城”新闻发布会。

5月

6日　在全省开展住建领域安全生产大检查。

13日　召开深入实施强省会战略推动南昌高质量跨越式发展大会，会议专题解读了由省住房城乡建设厅牵头编制的《南昌城市高质量发展建设方案》。

27日　召开江西省自建房安全隐患排查整治工作电视电话会议。

31日　江西省委、省政府批复省住房城乡建设厅牵头编制的《南昌城市高质量发展建设方案》。

6月

13日　召开江西省住建领域“安全生产月”和“安全生产万里行”活动推进会暨建筑施工安全生产标准化示范工地观摩视频会。

13日　开展“绿色回收进机关”暨“行为节能做

表率，绿色办公我先行”倡议签名活动。

17日　开展第一轮城镇生活污水处理提质增效进展滞后约谈会，对峡江县、吉水县、南城县、崇仁县、弋阳县、莲花县等6个县政府主要领导实施约谈。

7月

4日　同省生态环境厅开展2022年城市黑臭水体整治环境保护专项行动。

11日　江西省长叶建春听取全国自建房安全专项整治工作推进现场会有关情况。

27日　省委八巡视组向省住房城乡建设厅党组（含省城镇发展服务中心）反馈巡视情况。

8月

1日　江西省建筑工人实名制管理服务信息平台升级改造正式上线运行。

8—12日　住房和城乡建设部对九江、宜春、鹰潭、南昌、赣州等城市开展城镇生活污水处理提质增效及城市黑臭水体治理工作调研。

23日　江西省委宣传部、省住房城乡建设厅联合召开“江西这十年”系列主题新闻发布会（住房城乡建设专题）。

9月

6日　召开2022年全省房地产市场会商协调暨涉稳风险防范处置联席视频会议。

16日　召开《江西省生活垃圾管理条例》省级巡回宣贯会。

23日　召开全省住建系统开展“喜迎二十大 住建在行动”主题活动动员部署会议暨全国“人民满意的公务员”先进事迹视频报告会。

27日　召开江西省建筑业高质量发展冲刺总产值过万亿元百日行动动员大会。

10月

24日　授予“南昌市第一医院九龙湖分院建设工程”等17个项目为“江西省2022年度BIM技术应用示范项目”。

27日　召开江西省生活垃圾分类工作推进视频会。

10月　分十个组赴各地开展住建领域安全和房地产“保交楼”调研。

11月

23日　江西省政府新闻办、省发改委、省工信厅、省住房城乡建设厅、省农业农村厅、省商务厅联合召开“学习贯彻党的二十大精神”系列新闻发布会（推进高质量跨越式发展专题）。

29日　完成江西省11个设区市和省直公积金中心的接口调试和数据对接，推动住房公积金涉企数据有序有效接入省普惠金融综合服务平台。

12月

15日　召开2022年度平安建设考评会议。

19日　举行2022年度宪法宣誓仪式。

同日　印发《撤回行政许可决定书》，决定撤回江西赣南建研工程勘察有限公司、吉安园林绿化工程有限公司、吉安市城市规划设计院有限公司、江西省林业调查规划研究院、国一路建设股份有限公司、江西省冶金设计院有限责任公司6家勘察设计单位的资质。

27日　公布江西省住房城乡建设领域第一批材料（产品）推广项目。

（江西省住房和城乡建设厅）

山东省

住房和城乡建设工作概况

【概况】2022年，山东省房地产开发和城市建设完成投资1.09万亿元，房地产业和建筑业实现增加值10831.2亿元，占地区生产总值的12.4%，缴纳税收1804.4亿元。

【市政公用设施建设】2022年，山东省设市城市和县城市政公用设施建设完成固定资产投资1695.0亿元，与2021年基本持平。按行业分，供水完成投资46.4亿元，燃气完成投资30.9亿元，集中供热完成投资83.3亿元，轨道交通完成投资284.6亿元，道路桥梁完成投资691.0亿元，地下综合管廊完成投资24.9亿元，排水完成投资229.4亿元，园林绿化完成投资128.9亿元，市容环境卫生完成投资28.1亿元，其他投资完成147.4亿元。2022年，山东省设市城市和县城市政公用设施建设本年实际到位资金1615.5亿元，其中上年末结余资金 85.5 亿元，本年资金 1530.0 亿元。本年资金来源中，国家预算资金 383.3 亿元，国内贷款 235.2 亿元，债券 213.3 亿元，利用外资 2.0 亿元，自筹资金 457.8 亿元，其他资金 238.3 亿元。

【城乡建设绿色发展】2022 年，山东省政府办公厅印发推动城乡建设绿色发展若干措施，城镇新建民用建筑全面执行绿色建筑标准，在各省份中率先发布节能率 83% 设计标准。全省建成绿色建筑 1.79 亿平方米，超额完成年度任务。

【工程建设项目审批制度改革】2022 年，山东省住房城乡建设系统"揭榜挂帅"攻克 59 项重点任务、发布 23 项创新成果。德州推进"中介超市""一码共享"；临沂实现无纸化审批。

【自建房专项整治】2022 年，山东省深入开展全省经营性自建房安全专项整治"百日行动"，如期完成经营性自建房排查整治"回头看"，山东省 2 次在全国自建房整治会议上作典型发言。山东省共排查自建房 4046.6 万栋，初判存在安全隐患的房屋全部完成鉴定评估，鉴定为 C、D 级的 1.03 万户全部落实安全措施。青岛、济宁、威海试点开展房屋定期体检、质量保险和养老金制度。

【房屋建筑和市政设施调查】2022 年 7 月，山东在全国第一个完成自然灾害综合风险普查房屋建筑和市政设施调查和数据汇交工作，并率先通过住房和城乡建设部质检核查。全省 16 市共完成 145 个调查单元数据调查和质检核查任务，累计调查房屋建筑 8283 余万栋，市政道路 2.2 万条、2.9 万公里，市政桥梁 8663 座，供水厂站 637 座，供水管线 2.1 万公里。

【政务服务】2022 年，山东省住房城乡建设厅共受理 17107 项行政许可事项，全部按照规定时限和程序办理，实施行政许可"五化五心"试点，开展 12 项高频服务事项标准化提升。全面推行电子证照和全过程数字化图纸管理，建设水电气暖信共享营业厅 350 余处，群众办事更加便利快捷。

【党风政风行风】2022 年，山东省住房城乡建设系统深入开展作风能力提升专项行动、"我为党旗添光彩"巡回宣讲，大力倡树"严真细实快"作风，坚决抵制形式主义、官僚主义，严格落实党风廉政建设责任制，干部队伍和作风建设进一步加强。省住房城乡建设厅公开承诺的 10 件事项如期兑现，14 件民生实事全面完成。常态化开展扫黑除恶专项斗争，积极开展信访积案化解攻坚，全力保障建筑农民工工资支付。召开"我们支部圆桌会"100 余场，面对面帮助企业和群众解决实际问题，新华社等多家媒体广泛报道，省委、省政府给予高度评价。

法规建设

2022 年，严格落实党政主要负责人履行推进法治建设第一责任人职责，制定 2022 年法治政府建设工作要点，完成 2022 年度法治政府建设报告、述法工作情况报告、行政执法统计年报工作，扎实推进各项法治政府建设工作。正式建立厅公职律师制度，山东省住房城乡建设厅作为被告的行政应诉案件 3 件、行政复议案件 17 件，涉企案件行政负责人出庭率 100%。3 月 30 日，山东省第十三届人民代表大会常务委员会第三十四次会议通过《山东省人民代表大会常务委员会关于修改〈山东省燃气管理条例〉的决定》。4 月 26 日，废止《山东省房屋建筑和市政工程招标投标办法》。

房地产业

【概况】2022 年，山东省新建商品房网签面积达 1.28 亿平方米，占全国的比重从近年平均占比 9.2% 提高到了 11.4%；比上年（下同）下降 17.8%。新建商品房价格相对平稳，全年网签均价 8440 元 / 平方米，下降 0.5%。

【调控指导】2022 年，山东省住房和城乡建设厅会同人民银行济南分行、省银保监局等部门及时转发和解读国家系列金融支持政策，引导金融机构及时落实国家支持政策，满足房企合理的融资需求。指导各市从供需两端发力，支持刚性和改善性住房需求。需求侧取消限购、限转要求，下调商贷首付比和利率，提高公积金贷款额度、放宽异地贷款要求，发放购房补贴、契税优惠、消费券，开展棚改货币化安置等措施。供给侧优化土地供应、缓交出让金和配套费、降低土拍保证金、优化预售资金监管政策等针对性举措，降低房企资金压力，提升房企拿地投资积极性等。指导各地利用各种节日、假期，组织开展形式多样的线上线下住博会、房展会、人才安居节、青年购房优惠等活动，出台系列优惠措施，引导房企优惠促销，有效降低了购房门槛，减轻了群众购房压力，激活了住房消费市场。

【项目风险化解】2022 年，山东省住房城乡建设厅成立房地产市场调控与风险处置（专项借款）工作专班，下设综合协调、政策研究、市场分析、风险化解四个工作组。及时督促各市落实主体责任，推动各风险项目复工建设，尽快完成"保交楼"任务。对全省在建在售房地产开发项目进行全面摸排，重点梳理重点房企、停工、逾期交付等项目，指导各市根据风险等级划分"红、黄、绿"三档，分类处置。会同山东省人民银行济南分行、银保监山东监管局等有关部门、单位制定措施，完善风险防范化解长效机制，有效防范房地产市场风险。积极争取国家专项借款资金，按照“算好账、管好钱、把好关、能交楼、多跑腿、强力量”工作要求，指导各市扎实开展项目评估，积极申报国家专项借款资金。2022 年度完成交楼任务 15115 套，数量居全国首位。

【督导落实】2022 年，山东省住房城乡建设厅开展住房城乡建设领域“3 + N”包市督导，将房地产稳市场、防风险作为一项重要内容，督促各市落实主体责任。持续开展整治规范房地产市场秩序行动。配合开展打击整治养老诈骗专项行动，组织各地开展“双随机、一公开”检查。2022 年度，山东省累计检查排查房地产各类企业 59450 次，其中排查房地产开发企业 22166 次，房地产中介机构 13106 次，住房租赁企业 1156 次，物业服务企业 23022 次。全省公开曝光违法违规违纪共计 166 次，责令整改 3082 次，警示约谈 1924 次，警告、通报批评 71 次，行政处罚 149 次，办结案件 644 件。

【租赁市场培育】完成《山东省住房租赁管理条例》立法前的调研工作，拟定《关于山东省住房租赁情况的调研报告》。加强政策指导，鼓励各市将建成未售商品房用作长租房等，提高闲置房屋利用率，优化住房供应结构。支持各市加大公积金对租房的支持力度，根据当地房租价格，合理确定租房提取公积金额度。鼓励住房租赁企业机构化、规模化、专业化发展。截至 2022 年底，全省共有住房租赁企业 383 家，其中专业化规模化租赁企业 51 家。指导济南、青岛两个中央财政支持住房租赁市场发展试点城市规范发展住房租赁市场，两市共筹集各类租赁住房 60 万套。2022 年济南市圆满完成三年试点工作任务，绩效总考核成绩在全国 16 个试点城市中位列第 3 名。

【规范中介行为】2022 年，山东省住房城乡建设厅细化制定房地产中介行业文明创建工作方案，通过组织开展行业文明创建，激发广大从业人员的工作热情，提高行业的管理水平、综合实力和社会声誉。配合省市场监管局制定房地产经纪机构放心消费示范单位创建指南，开展行业文明创建。做好一级房地产估价机构备案工作，2022 年共办理备案 14 家，延续备案 17 家，变更备案 28 家，分支机构备案 4 家。完成审核 171 家房地产估价机构进驻中介超市。

【城镇老旧小区改造】2022 年，山东将老旧小区改造摆在突出位置，列入省委常委会工作要点和《政府工作报告》，省政府常务会议和省委财经委会议多次专题研究。省住房城乡建设厅牵头编制印发系列政策文件、地方标准，为全省城镇老旧小区改造提供制度支撑和政策支持。山东省全年开工改造 3892 个小区、68.02 万户，居全国首位。推广物业先行、“完整社区”带动、设计引导、区域化推进等老旧小区改造模式。结合完整社区建设、一刻钟便民生活圈，实施片区化改造，丰富完善类、提升类改造内容。山东省共改造提升和规整水电气暖信等各类管线 3059 公里，新增地上地下停车库（位）7341 个，新增地面普通停车位 8.7 万个，新增电动汽车充电桩 2784 个，加装电梯 1153 部，增设养老托育等各类服务设施 1039 个。2022 年，山东省老旧小区改造完成投资 151.75 亿元。全年争取中央资金 38.45 亿元，省财政补助资金 5.3 亿元，发行地方政府专项债券 40.9 亿元，社会资本和居民出资 8.2 亿元，专营单位共出资 8.97 亿元。

【“齐鲁红色物业”建设】2022 年，山东省住房城乡建设厅围绕“塑优势、创品牌”，持续加强“齐鲁红色物业”建设，三年行动计划圆满收官，“齐鲁红色物业”成为群众满意的民心工程和在全国有影响力的党建品牌。指导全省 8573 家物业企业成立党组织，成立率提高至 95%。5961 家物业企业将党建写入公司章程；暂不具备条件的全部选派党建指导员，实现党的工作全覆盖。截至 2022 年底，山东省 3.03 万个小区通过市场化手段选聘物业服务，专业化物业服务覆盖率达到 90%。2.6 万个住宅小区成立业主大会、选举业主委员会，成立率增长至 75%，6.8 万名党员担任业委会成员，暂不具备条件的全部成立小区物业管理委员会或由社区环境和物业管理委员会代行职责。各级物业企业党组织认领年度社区党建服务项目 1.86 万个，5183 个社区党群服务中心为物业企业、业委会设立办事窗口，2.42 万名物业职工担任兼职网格员。7 月，山东省住房城乡建设厅会同省委组织部认定公布“齐鲁红色物业”星级服务企业 30 家、星级服务项目 50 个。

【物业行业高质量发展】指导济南市历下区建立全国首个物业创新产业园区，吸引 18 个大类、104 个小类物业产业链龙头企业、高成长性企业入驻，推动物业行业上下游企业集聚集群发展。4 月，会同省民政厅推广 15 家物业服务企业“物业＋养老”复合型人才培养、特色化服务、专业化机构组建、多元化力量凝聚等方面创新经验，组织 15 家物业企业开展第二批“物业＋养老”试点。5 月，分别公布两批改革创新“揭榜挂帅”试点任务，以医院物业、超高层公共建筑物业为试点，指导成立发展创新联合体，将上下游和左右侧企业单位纳入创新联合体，加快推进物业服务产业科技创新、产业协同，积极打造“雁阵形”物业服务产业集群。6月，医院物业服务产业发展创新联合体召开成立大会，山东润华物业管理有限公司等23家单位组建医院物业服务产业发展创新联合体。7月，超高层公共建筑物业服务产业发展创新联合体成立大会暨超高层公共建筑物业服务产业发展论坛在青岛召开。鲁商物业在香港主板成功上市，是山东省上市的首家物业服务企业。

住房保障

【概况】2022年，山东省城镇保障性安居工程建设计划为：保障性租赁住房筹集任务8.9万套（间），新开工棚户区住房改造7.6万套，基本建成棚户区安置住房9.1万套，公租房筹集1000套，发放城镇住房保障家庭住房租赁补贴45855户。到12月底，全省全年保障性租赁住房筹集90176套（间），新开工棚户区住房改造7.75万套，基本建成棚户区安置住房26.2万套，公租房筹集1005套，发放城镇住房保障家庭住房租赁补贴61405户，分别完成年度任务的101.2%，101.5%、286.4%、100.5%和133.9%。

【保障性租赁住房配套政策】3月27日，印发《关于加快保障性租赁住房项目认定工作的通知》。4月7日，联合省发展改革委等5部门公布全省第一批保障性租赁住房项目认定清单，推动土地、税费、金融、价格等优惠政策落地落实。10月26日，联合省财政厅印发《山东省住房城乡建设领域督查激励措施实施办法（通报表扬类）》，将发展保障性租赁住房纳入省委省政府督查激励事项，对工作成效明显地方予以通报表扬。11月7日，联合省市场监督管理局发布《山东省保障性租赁住房租赁合同（示范文本）》，规范保障性租赁住房租赁行为，保障当事人合法权益。

【公租房保障效能提升】组织开发“安居齐鲁”微信公众号，6月开通，实现住房保障资格线上申请和审核，完成全省16市与政务服务“一网通办”、爱山东APP数据对接，实现住房保障资格线上申请和审核，拓宽住房保障申请渠道。组织开展住房保障“双随机、一公开”检查，确保公租房资源公平善用。

【人才住房建设】2020年以来，山东省开工（含已建成，下同）人才住房28.7万套（间），总建筑面积2174.4万平方米；已建成人才住房12.7万套（间），总建筑面积924.2万平方米。

【棚户区改造】2022年，国家下达山东棚户区改造开工任务7.6万套，基本建成任务9.1万套。截至年底，全省棚户区改造实际开工7.75万套，开工率101.5%；基本建26.2万套，基本建成率286.4%，均超额完成任务。2022年度，山东省积极争取棚户区改造中央财政补助资金5.72亿元和中央预算内投资资金9.81亿元。省住房城乡建设厅争取省级财政安排棚户区改造奖补资金2.3亿元，山东省发行地方专项债券496.4亿元，支持棚户区改造建设。扎实开展棚改安置房建成交付专项整治行动，严格实施月调度、月通报机制，完善“提示函、督办函、问责建议函”三函推进机制，督促各地加快新开工项目、棚改安置住房建成交付专项整治行动台账项目进展，积极创新工作方法视频连线开展项目专题审核，确保做到压力传导到位、政策执行到位。2022年度，山东省共有458个棚改安置住房项目、272881套棚改安置住房竣工交付，并予以销号。截至年底，全省棚户区改造安置住房建成交付专项整治行动项目台账竣工建成1352个，竣工建成率80.6%，完成棚户区改造安置住房建成交付专项整治行动年度目标任务。

住房公积金监管

【概况】2022年，山东省新增缴存人数119.52万人，新增缴存额1824.52亿元，比上年（下同）增长14.69%，提取1150.73亿元，增长3.03%，发放住房公积金个人住房贷款726.07亿元，下降21.09%。截至年底，全省住房公积金缴存总额14215.22亿元，累计提取8816.85亿元，缴存余额5398.37亿元，住房公积金个贷余额4333.59亿元，个贷率80.28%。

【公积金归集扩面】积极扩大公积金受益范围，引导非公企业依法缴存、鼓励灵活就业人员等新市民群体自愿缴存住房公积金，让更多群众享受到制度红利，山东省累计6.5万名灵活就业人员参加住房公积金制度，缴存额3.3亿元，累计发放贷款1.2万笔、24.4亿元。支持职工基本住房消费，坚持“房住不炒”定位，重点支持职工刚性住房需求，严格落实差别化住房信贷政策，坚决抑制投资性投机性购房，加大租房提取支持力度，67.1万人次提取住房公积金47.2亿元用于支付房租，分别增长22.5%、23.6%；发放首套房贷款604.5亿元，占贷款发放额的83.26%，比去年提高0.82个百分点。

【公积金贷款】2022年，共发放个人住房贷款18.75万笔、726.07亿元，截至年底，累计发放个人住房贷款286.53万笔、8009.74亿元，贷款余额4333.59亿元，分别比上年末增加7.01%、9.97%和5.84%；个人住房贷款率80.28%，比上年末减少6.39个百分点。贷款期内职工可累计节约购房利息支出133.29亿元，平均每笔贷款可节约利息7.11万元，同比增长4.87个百分点。从贷款结构来看，14.68万笔是购买首套住房申请公积金贷款，占比为 78.3%；14.81 万笔是 20 至 40 岁职工贷款，占比为 78.99%；15.43 万笔是购房建筑面积在 144 平方米以下，占比为 82.3%；18.43 万笔是中低收入职工贷款，占比为 98.3%。发放异地贷款 1.7 万笔、66.19 亿元，保障了缴存职工异地购房权益。

【公积金提取】2022 年，山东省全年 395.5 万名缴存职工提取住房公积金，共提取 1150.73 亿元，同比增长 3.03%。其中 24.26 万人办理购房提取 201.15 亿元，264.68 万人办理偿还贷款本息提取 648.05 亿元。支持建立租购并举的住房制度，积极落实提取住房公积金支付房租政策，简化办理手续和要件材料，全年 51.15 万无房职工提取住房公积金 47.2 亿元用于支付房租。

【公积金资金运营】2022 年，公积金业务收入 166.36 亿元，同比增长 11.23%。业务支出 85.39 亿元，同比增长 12.05%，其中，支付职工住房公积金利息 77.11 亿元，同比增长 13.47%。实现增值收益 80.97 亿元，同比增长 10.36%，实现了住房公积金保值增值。提取城市廉租住房（公共租赁住房）建设补充资金 75 亿元，同比增长 11.21%，累计提取 506.32 亿元，为全省保障性住房建设提供了有力资金支持。

【黄河流域住房公积金一体化发展】8 月 4 日，印发《关于加快推进住房公积金“数字黄河链”建设的通知》，实现全省黄河流域城市间公积金信息互认、业务协同数据共享、应用场景“全省复用”。截至年底，省内沿黄 9 市公积金中心数据全部实现“链上”共享，应用场景达 10 个。10 月 27 日，组织召开“黄河流域住房公积金高质量发展研讨推进会”，黄河流域 9 个省会城市公积金中心签署一体化发展倡议书，积极推动公积金业务“跨域通办”。黄河住房金融研究院启动组建，助力打造住房金融发展智库。

城市建设

【燃气安全管理】2022 年，山东省住房城乡建设厅修订《山东省燃气管理条例》，牵头成立省城镇燃气安全排查整治工作协调机制，持续推进燃气安全排查整治，扎实开展“百日行动”。山东省实现燃气管道老化更新改造工作部署和用户端安全措施法规建设“两个全国领先”，改造燃气老化管道 813.7 公里，灰口铸铁管、30 年以上、建（构）筑物占压管道“三个基本清零”，93.7% 的天然气居民用户用上不锈钢波纹管，餐饮等用气单位实现入户安检、加装泄漏报警装置和安全宣传“三个基本全覆盖”。

【城市更新和品质提升】2022 年，山东省住房城乡建设厅成立城市更新工作领导小组，开展城市更新行动专题调研、举办山东省城市更新专题培训，评选出 6 个设区市、8 个县（市）作为省级试点城市，14 个片区作为省级试点片区。6 月，赴 16 地市进行城市品质提升行动现场评价，从行动任务评价指标看，空气洁净、生活服务、治理能力、文明素质等提升工作成效显著，风貌特色、蓝绿空间、道路交通等提升仍有不足。会同省直 6 部门公布 1592 个社区为第一批山东省绿色社区，组织开展第二批绿色社区创建工作。印发《省级城市更新试点可复制经验做法清单（2022 年）》，在山东省推广一批可复制、可推广的城市更新经验做法。

【城市体检】2022 年，指导济南、青岛、东营开展国家城市体检试点工作，组织威海、临沂、滨州等 6 个城市开展省级城市体检试点。4 月，印发《城市体检试点经验做法》，总结 9 个城市 36 条经验做法。山东省 16 个设区市均启动城市体检工作，研究起草山东省城市体检工作指引。

【城市排水“两个清零、一个提标”】会同省发展改革委等部门联合印发《山东省城市排水“两个清零、一个提标”工作方案》，全力推进城市建成区雨污合流管网清零、城市黑臭水体清零和城市污水处理厂提标改造工作。联合省发展改革委等 6 部门成立山东省城市排水“两个清零、一个提标”工作协调机制，强化主体责任，做好统筹协调。全省新建改造雨水管网 1289 公里，完成雨污合流管网改造 2022 公里，36 个县（市、区）实现清零，城市建成区黑臭水体动态清零，污水处理厂提标改造率达到 34.4%，利用城市再生水 32.09 亿吨。

【城市污水处理厂提标改造】截至 2022 年底，山东省有 108 座城市污水处理厂出水水质达到准Ⅳ类标准，污水处理能力 641.7 万吨 / 日，累计占比达到 34.4%，超额完成 4.4 个百分点；利用城市再生水 32.09 亿吨，城市再生水利用率增长 2 个百分点，达到 49%。

【城市防汛】2022 年，山东省各市县共组建城市防汛应急队伍 8.5 万余人，较上年增加 1.5 万人，汛前开展城市防汛演练 560 场次。汛期累计派出城市防汛检查组 2411 组，10929 人次，开展城市防汛隐患排查，检查城市防汛设施 13390 处，发现并整改隐患 1676 处，城市易涝点 104 处；汛期储备防汛物资总额 4.2 亿元，较上年增加 7000 万元，配备大功率（$1000m^3/h$ 以上）移动排涝泵车 205 台，较上年增加 149 台；汛期累计出动城市防汛人员 38.7 万人次，出动排涝泵 10695 台次，消除城市积水点 1813 处。山东省汛期城市未发生人员伤亡事故。

【市政设施建设】印发《城市市政公用设施网建设行动计划》，建立城市市政公用设施网建设行动计划“十四五”重点项目库，争取1400余个市政项目纳入拟调出原永久基本农田范围项目清单。通过国开行和农发行审核11个市政类项目，争取资金11.48亿元。完成城建投资1389.96亿元，计划实施的178个项目全部开工，开工率100%。全省新改建城市道路开工1370公里，新增综合管廊78.65公里、海绵城市205.63平方公里，新建开工公共停车位3.54万个。

【历史文化名城保护】2022年，山东省20座名城、60片街区全部完成保护规划编制，12座名城保护规划获省政府批复，8座提交住房和城乡建设部审查，47片街区保护规划获市县政府批复。9月，编制《山东省城乡历史文化保护传承体系规划》，形成征求意见稿。基本形成“规划引领、科学管控”的保护规划体系。12月，发布《山东省历史文化街区微型综合管廊设计导则》，创新性提出了微型综合管廊敷设的方式方法，有效提升历史文化街区市政基础设施建设水平，改善历史文化街区人居环境。

城市管理

【城市建设扬尘治理】2022年，山东省住房城乡建设厅将扬尘治理不良信息纳入建筑市场信用管理，对违规行为从严从重处罚。完善调度通报制度，细化调度内容，区分调度层级，突出约束性指标，健全省、市、县三级调度网络，扎实推进城市建设扬尘防治工作。山东省全年共检查工地数量21.41万个（次），责令停工工地数量2298个，处罚企业1944家，处罚工地1989个，处罚人员315人，实施信用惩戒587件。截至2022年底，山东省城市和县城规划区内7911个规模以上房屋建筑工地、90个拆除工地、592个工期超过3个月的市政工地，全面落实扬尘治理各项措施。全省1846家核准建筑垃圾运输企业、31171台建筑垃圾运输车全部实现密闭运输，其中31041台安装卫星定位系统，安装率达99%以上。山东省设区市城市道路保洁面积50142万平方米，机扫率95%以上；县（市）建成区道路保洁面积32741万平方米，机扫率90%以上。全年累计立案处罚案件2133个（次），罚款总额3113.74万元，建筑垃圾运输违法违规案件7070件，罚款总额2284.4万元。

【城乡生活垃圾分类】4月20日，会同省委宣传部、省发展改革委等14个省直部门联合印发《关于贯彻山东省生活垃圾管理条例的实施意见》，编制省“十四五”城乡生活垃圾分类和处理设施发展规划、2022年山东省城乡生活垃圾分类工作推进计划，全面部署全省生活垃圾分类工作。9月28日，印发《城镇居住区生活垃圾分类设施设备设置技术导则（试行）》，垃圾分类“全链条”体系建设水平不断提升。截至年底，山东省新建（改造）垃圾分类房（亭）3.8万余个、配置分类运输等环卫机动车辆4.1万余辆，建成厨余垃圾处理设施处理能力6600余吨/日。全省136个县（市、区）全部开展生活垃圾分类，设区市城市居民小区生活垃圾分类投放设施覆盖率达93%，城市生活垃圾回收利用率达34%、资源化利用率达83%。

【城市精细化管理】2022年，山东省住房城乡建设厅全面推动城市管理进社区活动，加快城市运行管理服务平台建设，加强城市户外广告管理，实施城市管理效能评价，巩固深化“强基础、转作风、树形象”专项行动。截至年底，山东省16设区市通过运管服平台共受理城市管理领域案件713.99万件，其中立案692.08万件，结案674.18万件，结案率达到97.41%。4月22日，印发《关于开展规范城市户外广告和招牌设施管理工作试点的通知》，开展全省城市户外广告设施整治提升行动，确定济南新旧动能转换起步区、青岛市即墨区等21个县（市、区）、功能区为城市户外广告整治提升工作试点，建立试点工作报送制度。建立城市户外广告设施长效管控机制，逐步形成“源头精心规划、过程精准治理、品质精美提升”的智慧化监管模式。

【城乡环境卫生】2022年，山东省在运行的生活垃圾处理设施109座，总设计处理能力8.74万吨/日，其中焚烧处理设施101座，焚烧处理能力8.43万吨/日，全省共无害化处理城乡生活垃圾约2950万吨，其中焚烧处理约2900万吨，焚烧处理率达98%以上。

【城市公厕建设管理】2022年，指导各市按照《山东省城市公共厕所提标便民行动方案》要求，推进全省城市公共厕所提质增量，强化城市公厕管理。5月，推广济南市公厕疫情防控工作经验做法，指导各市全面做好疫情防控期间公共厕所消毒与管理工作；10月，对城市公共厕所提标便民行动开展情况进行中期评估，累计新（改）建城市公共厕所1318座，城市公共厕所管理水平显著提升。

【城市园林绿化】2022年，山东省住房城乡建设厅持续加强省级园林绿化政策标准体系建设，大力推进园林城市创建及复查，完善城市公园和绿道体系，加强园林行业安全管理和诚信体系建设。年内全省新增城市绿道680.41公里，累计建成城市绿道7893.52公里；新增城市“口袋公园”602个，其中，老城区新增口袋公园304个。确定淄博市、潍坊市、东营市、威海市、济宁市、临沂市、聊城市7个设区市，济南市章丘区、烟台市莱州市、枣庄市市中区、泰安市岱岳区、青岛市城阳区、德州市乐陵市6个区（市）为公园城市建设试点，组织编制试点实施方案，对试点任务进行台账式管理并建立定期调度制度。

村镇建设

【农村改厕】2022年，山东省完成农村户厕改造7.15万户，累计改造完成1100万户，累计设立农村改厕服务站4877个，配置抽粪车7833辆，配备抽粪队伍11049人，后续管护机制初步建立。2022年省鲁统市场调查中心在全省开展改厕群众满意度电话调查，满意度水平达到96.87%，连续四年保持在95%以上。12月27日，印发《关于总结推广一批农村厕所革命典型做法的通知》，总结推广了15个适宜山东省不同地区、不同类型、不同水平的农村改厕地方经验做法，助力打造乡村振兴的齐鲁样板。

【农村住房安全保障】2022年，山东省完成农村低收入群体危房改造9910户，高烈度抗震设防改造915户，持续巩固拓展脱贫攻坚成果同乡村振兴有效衔接。强化农房质量安全管理，持续深入做好农村房屋安全隐患排查整治，累计排查农村房屋2347.5万户，初判存在安全隐患的农村房屋31.8万户全部完成鉴定评估，鉴定为C、D级的25.2万户危房基本完成整治。

【小城镇建设】2022年，山东省住房城乡建设厅全面部署启动小城镇创新提升行动，赴多地开展实地调研，研究起草指导小城镇发展政策文件，经山东省政府常务会议审议通过后，12月29日，山东省政府办公厅印发《关于开展小城镇创新提升行动的意见》。

【特色村镇保护】2022年，山东省住房城乡建设厅强化历史文化名镇名村保护规划引领，积极开展传统村落集中连片保护利用示范，创新探索传统民居保护利用，活态传承传统建筑文化，留住乡情乡愁，助力乡村振兴。4月14日，济南市章丘区、荣成市成功入选全国传统村落集中连片保护利用示范县，中央财政共拨付补助资金6750万元。共推荐63个村落申报第六批中国传统村落，其中43个村落拟列入第六批中国传统村落名录公示名单。在中国历史文化名村和中国传统村落中遴选180处传统民居开展保护利用试点，指导各地开展传统民居保护修复促进有机更新，探索传统民居活态利用方式方法，省级财政配套奖补资金3000万元。

标准定额

【工程建设标准管理】3月23日，与省市场监管局联合发布《山东省住房城乡建设领域标准化发展“十四五”规划》（下简称《规划》），为确保《规划》落地实施，梳理标准化发展“十四五”规划重点任务分工和关键标准清单，印发《山东省住房城乡建设领域标准化发展“十四五”规划重点任务分工表》，着重在碳达峰碳中和、新型建筑工业化、高品质住房、工程质量安全等方面，拟定68项标准编制项目。5月20日，印发2022年度工程建设地方标准制修订计划，分两批确定110项标准编制项目，省工程建设标准造价中心与主编单位逐一签订《山东省工程建设标准制修订项目编制责任书》。共批准发布《智能建筑工程技术标准》《绿色建筑评价标准》等35项工程建设地方标准。对2018年前发布实施的111项现行地方标准进行了全面梳理、逐一核对，组织专家分类复审，确定废止标准17项，修订42项。实现标准免费全文公开，根据标准制定情况，协调主编单位，及时调整全省现行工程建设标准目录，并整理历年来全省已废止工程建设标准情况，形成已废止标准目录，在厅网站发布。

【工程建设造价管理】1月，山东省住房城乡建设厅制定造价改革攻坚年工作方案，印发全省年度改革任务清单。5月12日，发布最高投标限价改革试点工作方案，在全省房屋建筑和市政基础设施工程中开展最高投标限价编制改革试点。截至2022年底，济南、青岛、日照等9市制定了改革方案。7月29日，在全国工程造价改革工作交流会上，山东作为唯一非试点省份做典型发言。1月24日，发布了2021年度山东省建设工程计价依据动态调整汇编，同时制定计价依据动态管理工作规则，形成制度保障。4月27日，对现行《山东省建设工程费用项目组成及计算规则》等各专业工程费用规则进行调整后合并，形成《山东省建设工程费用项目组成及计算规则（2022版）》，同时调整《山东省建设工程概算费用编制规定》有关章节内容，全省计价依据体系进一步完善。7月14日，发布建设工程计价依据动态管理工作规则，同时组织开展2022年度计价依据问题征集，更好满足市场需要。截至2022年底，全省纳入统计的工程造价咨询企业1187家，企业数量居全国第二，从业人员46015人，完成行业产值183.25亿元，工程造价咨询业务收入82.03亿元，实现利润8.80亿元；完成的工程造价咨询项目所涉及的工程造价总额35123.18亿元。

【标准设计管理】3月16日，印发《关于公布2022年度山东省工程建设标准设计项目编制计划的通知》，确定《钢结构防火建筑构造》《城市道路声屏障》等10个项目为2022年度编制计划。省住房城乡建设厅组织对2017年及以前发布实施的13项现行工程建设标准设计进行审查，确定13项均继续有效。截至年底，现行标准设计132项，其中，建筑专业60项，结构专业26项，电气专业18项，设备专业22项，市政专业5项，质量安全1项。

工程质量安全监管

【工程质量管理】2022年，山东省开展6期工程质量安全讲堂，邀请省内外12位专家。5月至11月，对全省在建项目的工程质量情况、危大工程、起重机械安全情况以及医养结合项目、学校、住宅类项目组织开展5轮工程质量安全辅助巡查。巡查项目348个，检查起重机械597台，发现隐患问题9941项，混凝土取芯24组，抽取钢筋材料225组，抽取砌块、防水、保温、胶粘剂、电线电缆、开关插座等材料85组，发放隐患问题督办通知单174份，印发1份辅助巡查情况通报。信用惩戒59家，行政处罚单位80家，处罚金额149.09万元。

【调整延长质量保修期】6月21日，印发《关于调整新建住宅工程质量保修期的指导意见》，在全国率先对新取得国有土地使用权的新建商品住宅和城镇保障性安居工程质量保修最低期限作出延长调整。这一做法得到住房和城乡建设部肯定，委托省住房城乡建设厅承担“关于延长住宅工程质量保修期可行性研究”课题。

【先验房后收房制度】8月27日，印发《关于全面推行“先验房后收房”制度推动提升住宅工程交付质量的通知》，在全省新建商品住宅中全面推行“先验房后收房”制度。配套印发《工作指南》，要求房地产开发企业对其所售住宅质量负首要责任，对落实“先验房后收房”制度承担策划组织、闭环整改和安全保障责任，施工、监理和前期物业服务单位积极予以配合。先验房后收房制度实施以来，3919个项目业主实现扫码查看质量验收信息，配套印发的《查验要点》指导25万户业主验房满意后再收房。这一做法央视新闻1＋1栏目予以专题报道，住房和城乡建设部作为便民利民好做法上报国务院。

【工程质量评价】6月5日，编制完成《山东省建筑工程质量评价工作实施手册（2021版）》。8月24日，印发《关于进一步加快推进建筑工程质量评价试点工作的通知》。山东省试点工作全面开展，覆盖全部16个设区市。各市组织精干力量，抽调评价人员536人，完成678个建筑工程质量评价项目及499个用户满意度调查项目。10月27日，省住房城乡建设厅建立基于工程质量风险程度的差异化监管机制，强化对不同等级质量风险源辨识，实施质量风险差异化防控和动态化管理，有效预防质量问题发生，编制发布《山东省建筑工程质量风险分级管控实施差异化监管技术指南1.0（试行）》。

【施工安全监管】2022年，山东圆满收官安全生产专项整治三年行动并取得积极成效，生产安全事故死亡人数由三年前的22人降为18人，百亿元产值死亡率由0.147降为0.102，为历年来最低，2021年、2022年连续两年未发生较大及以上事故。以安全生产专项整治三年行动为总牵引，重点开展了安全生产治理、大检查和预防高坠等行动，按照重大事故隐患判定标准，紧盯深基坑、高支模、脚手架、起重吊装、高处作业等高风险环节，“逐企业、逐项目、逐设备”排隐患、抓整改、保安全。山东省累计检查房屋市政施工项目7.9万个次，发现处置隐患23.2万个，责令停工整改项目5599个，罚款3226万元，联合惩戒企业361家，暂扣安许证16家次，有效震慑了违法违规行为。全年培育选树省级安全文明标准化工地403个，示范引领效应凸显。

【分类分级监管】11月1日，印发《山东省房屋市政工程施工企业（项目）安全生产分类分级监督管理工作指导意见》，全面推行房屋市政工程施工企业（项目）安全生产分类分级监管，全省企业（项目）A级2598个、B级5685个、C级1065个、D级58个。对A级企业（项目）以指导服务为主，适当减少检查频次；对D级实施高频次专项检查、执法检查或诊断检查，依法依规责令限期整改或停工停业整顿，并一律不得参加建筑施工安全生产评先树优活动。

【驻点监督】3月23日，出台《关于进一步做好房屋市政工程施工安全生产驻点监督工作的指导意见》，建立专班工作、日志周报、问题解决“直通车”、研究会商、定期轮换、激励约束等六项工作机制。9月28日，制定印发《安全生产驻点监督人员“八不准”》，对驻点人员从工作纪律、廉洁纪律、群众纪律、保密纪律等方面提出明确要求。严格落实省政府安委会关于做好驻点监督“五个必查”通知要求，累计督促企业完善规章制度8378条、核查全员责任清单落实51999人次、开展安全诊断3466次、开展安全培训14198场次、召开晨会28701次。

【建设工程消防监管】2022年，山东省办结建设工程消防设计审查项目4086个，消防验收4309个、备案9948个。烟台市和牟平区既有建筑改造消防设计审验做法在全国推广；滨州搭建起“互联网＋消防审验”管理平台。选取潍坊、济宁、日照3市和平邑、泗水、莘县3县，开展建设工程消防审验工作模式创新试点，举办首届山东省消防工程查验技能竞赛。先后发布电气、疑难解析、暖通空调等建筑工程类消防审验技术指南和《施工现场消防安全管理作业指导手册》等多部技术指南，初步建立了山东省建筑工程消防审验技术标准体系。

建筑市场

【概况】7月2日，印发《山东省推进建筑业高质量发展三年行动方案》，为未来三年建筑业高质量发展进一步明确路线图和时间表。召开山东省建筑业发展暨建筑市场监管工作会议、山东省建筑业企业座谈会等，淄博、济宁、泰安、威海、日照、聊城、菏泽7市召开建筑业高质量发展大会。山东省建筑业完成总产值1.756万亿元，比上年增长7.0%，比全国高0.5个百分点；缴纳税收647.3亿元，比上年增长3.0%，占全省税收的7.0%。7月20日，省政府与中国铁建股份有限公司签约；11月7日，省政府分别与中建集团、中国化学工程签约。

【大企业培育】2022年，全省增加4家特级资质企业，达到54家，13家建筑业企业进入山东民营企业100强。5月，向2021年、2022年新晋升施工总承包特级资质的9家建筑业企业，各兑现省级财政奖励9000万元，激励企业做大做优做强，为巩固山东省建筑业支柱产业地位，促进全省建筑业高质量发展提供有力支撑。

【建筑市场专项整治行动】10月26日，联合省法院、省检察院、省发展改革委、省财政厅、省人力资源社会保障厅、省公安厅等单位印发《山东省建筑市场专项整治三年行动方案》，明确11月动员部署、12月至2024年6月全面推进，2024年7月至2025年6月进行整治攻坚。

【双随机一公开监管】6月23日，印发《关于开展2022年度建筑市场“双随机、一公开”检查的通知》，共随机抽查320家建筑业、监理企业、招标代理机构，192个项目，发现问题410项。市县两级检查共检查房屋建筑和市政基础设施工程项目1473个、企业2166家，发现问题项目559个、问题企业492家，累计下达整改通知书213份，均已限期整改，对违法违规的市场主体进行了信用惩戒和行政处罚。

【外出施工联络服务】2022年，山东深入实施省委、省政府建筑业走出去战略，成立省建筑企业外出施工行业党委，5月20日召开成立揭牌大会。全年全省建筑业企业完成省外产值3923亿元，比上年增长8.3%，比全国省外产值平均增长率（5.2%）高3.1个百分点，外向度为22.34%，新增外出施工企业364家。

【保障建筑农民工工资支付】将“我为农民工讨工资”列入省住房城乡建设厅2022年度深化“我为群众办实事”项目，累计接访农民工欠薪投诉438起，解决率99.3%。全省住房城乡建设系统共受理拖欠农民工工资欠薪投诉11731起，解决11537起，案件解决率98.3%，共为6.15万余名农民工解决工资款13.14亿元。加大重点案件督办力度，跟踪督办省领导批示、住房和城乡建设部、有关部门转办等重点案件97起，全部妥善解决。加强日常检查，通过省农民工工资支付平台抽查240个项目，对发现的问题责成属地住房城乡建设部门督促整改到位。

建筑节能与科技

【建筑节能】2022年，山东省住房城乡建设厅结合冬季清洁取暖改造，稳步开展既有居住建筑节能改造。指导济南、青岛、济宁、聊城通过国家公共建筑能效提升重点城市总结评估。完成既有居住建筑改造1341.85万平方米，公共建筑节能改造169.23万平方米，推广可再生能源建筑应用1.13亿平方米。

加强建筑节能全过程闭合监管，严格执行居住建筑节能75%、公共建筑节能72.5%标准，在节能设计中增加碳排放核算要求。支持70个县（市）列入国家整县屋顶分布式光伏规模化开发试点。支持指导济南、青岛等市开展超低能耗与近零能耗建筑、低碳与零碳建筑（社区）试点建设。

【装配式建筑】1月6日，编制发布《山东省装配式建筑管理工作导则（试行）》。10月18日，联合省发展改革委等11部门印发《山东省新型建筑工业化全产业链发展规划（2022—2030）》。编制发布《装配式混凝土结构地下车库技术标准》等6项地方标准。推动青岛市获批国家智能建造试点城市，批准淄博、济宁、日照、德州4市开始省级智能建造试点城市建设。开展政府采购支持绿色建材试点，配合省财政厅等部门，支持济南、青岛、淄博、枣庄、烟台、济宁、德州、菏泽8市纳入国家政府采购支持绿色建材促进建筑品质提升政策实施范围，数量居全国首位。组织创建产业基地，推荐国舜绿建科技有限公司等16家企业申报第三批国家装配式建筑生产基地，组织开展省级新型建筑工业化产业基地创建。开展绿色建造示范，完成编制省级绿色建造示范工程创建技术指标体系，积极推动绿色发展理念贯彻到工程建造全过程。

【建设科技】2022 年，山东成立专家委员会，认真组织科技计划项目申报评审，公布建设科技计划项目 98 项；加大科技计划项目结题验收力度，项目结题验收稳步推进，完成 227 项划项目验收；获批省科学技术奖 2 项，获批华夏建设科技进步奖 7 项。

大事记

1月

10 日　会同省教育厅召开政策宣贯视频会，为全省教育系统及 183 所高校解读国务院和山东省发展保障性租赁住房的有关政策措施，为解决高校青年教职工住房困难提出明确思路和实现路径。

24 日　印发《全省住建系统 2022 年“开工第一课”活动实施方案》。

29 日　山东省省长周乃翔主持召开省政府常务会议，研究基础设施“七网”行动计划等工作。省住房城乡建设厅厅长王玉志参加会议，汇报《山东省城市市政公用设施网建设行动计划》起草情况。

2月

8 日　印发《关于做好房屋市政工程节后开复工安全生产工作的通知》。

26 日　举行山东省暨济南市“鲁力同心 泉城分类”——《山东省生活垃圾管理条例》宣传月启动仪式、山东省暨济南市生活垃圾分类培训学院揭牌仪式。

3月

1 日　召开全省美丽宜居乡村建设安置区工程质量安全视频会议。

7 日　印发《关于在全省房屋市政工程施工领域全面实施安全生产责任保险制度的通知》。

11 日　全国首家投入市场化运营的住房租赁基础设施不动产投资（REITs）项目——“济南泉世界公寓”正式开业。

14 日　省物业服务行业党委印发《致全省物业服务行业各级党组织和广大党员的倡议书》。

16 日　印发《山东省城市建设安全专项整治三年行动 2022 年巩固提升实施方案》。

21 日　联合省市场监管局发布《山东省住房城乡建设领域标准化发展“十四五”规划》。

25 日　印发《全省物业服务行业文明创建“办实事”活动实施方案》，确定年度集中攻坚的“十件实事”。

4月

14 日　印发《预防市政工程基坑（槽）坍塌“十必须”》。

15 日　省住房城乡建设厅颁发的首张按照住房城乡建设部新标准核定的“房地产开发企业二级资质证书”电子证照通过“爱山东”APP 下载完成，标志着房地产开发企业资质改革在山东全面落地见效。

19 日　联合省民政厅印发《关于印发物业服务企业开展居家社区养老服务试点经验做法的通知》。

同日　省住房城乡建设厅、省委宣传部、省发展改革委等 15 部门印发《关于印发〈关于贯彻山东省生活垃圾管理条例的实施意见〉的通知》。

21 日　印发《关于开展规范城市户外广告和招牌设施管理工作试点的通知》。

26 日　联合省消防救援总队印发《关于进一步加强建设工程消防设计审查验收工作的若干措施》。

29 日　印发《关于表彰 2021 年山东省工程建设泰山杯奖的通报》。

5月

8 日　联合省发展改革委、省工业和信息化厅等部门印发《关于推动新型建筑工业化全产业链发展的意见》。

10 日　印发《山东省勘察设计行业高质量发展三年行动方案》《山东省勘察设计行业信用评价导则》。

11 日　全省城乡房屋整治和清查工作联席会议办公室印发《关于加快推进存在重大安全隐患房屋整治工作的通知》，将农村房屋、影响公共安全的房屋等纳入百日行动首批整治重点。

12 日　印发《最高投标限价编制改革试点工作方案》。

17 日　印发《房屋市政工程施工预防高处坠落“四必须”“三严禁”“五不登”规定》。

19 日　经省政府同意，省住房城乡建设厅会同省直 5 部门印发《山东省燃气管道老化更新改造和智慧燃气安全管理系统建设工作方案》。

20 日　召开省建筑企业外出施工行业党委成立大会。

21 日　经省政府同意，省住房城乡建设厅印发《关于明确房地产开发项目住房城乡建设领域建设条件的通知》。

23 日　印发《山东省建设工程消防设计审查验收技术指南（疑难解析）》。

27 日　印发《关于成立自建房安全专项整治工作领导小组的通知》《关于加快建设工程消防设计审查

验收问题整治工作的通知》。

6月

6日　省住房城乡建设厅、省文化和旅游厅公布87项山东省历史文化保护传承示范案例和优秀研究成果。

8日　印发《关于调整新建住宅工程质量保修期的指导意见》《山东省民用建筑节能推广使用、限制使用和禁止使用技术产品目录（建筑门窗与配件类）》。

20—21日　在微山县召开全省城市排水“两个清零、一个提标”工作推进会。

24日　印发《山东省房屋建筑与市政公用工程建设项目施工现场技能工人配备指南（试行）》。

25日　印发《全省自建房安全专项整治实施方案》。

7月

2日　印发《山东省推进建筑业高质量发展三年行动方案》。

8日　举行山东省暨济南市“党建引领”垃圾分类主题宣传月活动启动仪式。

同日　联合省民政厅印发《山东省城镇老旧小区适老化改造指南》，自7月15日起施行。

12日　印发《山东省城镇老旧小区改造可复制政策机制清单（第一批）》。

15日　联合省民政厅、省残疾人联合会、省妇女儿童联合会印发《山东省城镇公共厕所无障碍设计导则》。

同日　全省自建房安全专项整治工作领导小组办公室印发《山东省自建房结构安全隐患排查技术细则（暂行）》。

20日　省政府与中国铁建股份有限公司签署战略合作协议。

22日　省“四减四增”专班组织召开全省清洁取暖改造工作视频会。

8月

3日　印发《关于发布2021年度山东省建筑业强市强县强企的通报》。

5日　印发《关于推行全过程数字化图纸闭环管理的指导意见》。

8日　印发《关于促进工程造价咨询行业高质量发展的指导意见》。

10日　印发《关于进一步规范山东省工程建设技术导则管理工作的通知》。

22日　印发《全省房屋市政工程施工预防高处坠落专项整治百日行动方案》。

24日　召开省燃气安全排查整治工作“百日行动”第一次省级包市督导专题会议。

31日　省住房城乡建设厅召开新闻通气会，解读全面推行“先验房后收房”和调整新建住宅工程质量保修期有关制度。

9月

1日　印发《关于调整新建住宅工程质量保修期的指导意见》，建住宅工程质量保修期作出延长调整，部分调整为10年。

8日　发布《关于公布电子证照证明“用证”事项清单（第一批）的公告》。

21日　印发《房屋市政工程高处坠落事故预防指南》《施工现场预防高处坠落检查标准》。

28日　召开全省集中供热保障暨清洁取暖建设和燃气安全整治“百日行动”工作会议。

29日　省工程建设项目审批制度改革专项小组办公室印发《关于公布“揭榜挂帅”改革创新试点任务（第二批）的通知》。

30日　发布《山东省建筑工程质量风险分级管控实施差异化监管技术指南1.0（试行）》。

10月

10日　公布“水泥土螺旋基础复合桩施工工法”等709项工法为2022年度山东省工程建设工法，“基于BIM技术的变角度倾斜单元式玻璃幕墙施工工法”等29项工法为2022年度山东省工程建设典型工法。

18日　联合省发展改革委等部门联合印发《山东省新型建筑工业化全产业链发展规划（2022—2030）》。

19日　印发《山东省既有建筑改造利用消防设计审查验收案例指引》。

26日　联合省财政厅印发《山东省住房城乡建设领域督查激励措施实施办法》。

28日　联合省财政厅组织召开棚户区改造融资问题座谈交流会。

11月

1日　印发《山东省房屋市政工程施工企业（项目）安全生产分类分级监督管理工作指导意见》。

7日　联合省市场监督管理局印发《山东省保障性租赁住房租赁合同（示范文本）》。

9日　印发《山东省绿色建材推广应用三年行动方案（2022—2025年）》。

11日　会同省发展改革委、省财政厅、省自然资源厅等部门印发通知，公布《山东省2023年保障性租赁住房、公租房保障和城镇棚户区改造等计划》。

12月

6日　印发《关于印发山东省房屋市政工程施工

项目安全生产标准化考评实施指南（试行）》。

20日 召开全省工程建设项目审批领域“揭榜挂帅”创新试点任务推进会。

29日 山东省政府办公厅印发《关于开展小城镇创新提升行动的意见》。

（山东省住房和城乡建设厅）

河南省

建筑业

【概况】2022年，河南省建筑业总产值15086.95亿元、比上年增长6.3%，勘察设计资质企业乙级升甲级29家。全省对外承包工程和劳务合作完成营业额41.2亿美元，比上年增长1.9%。全年全省建筑业税收入库420.3亿元，比上年同期下降15.3%。全省建筑企业总量4.2万余家，其中施工总承包企业1.58万家，专业承包企业1.7万家，建筑劳务企业有7900多家；企业资质级别中特级企业39家，一级资质企业6374家，二级资质企业13658家，三级资质企业8144家。全省建筑业从业人数常年保持在750万人左右。

【建筑业高质量发展】印发《关于开展“万人助万企”助力建筑业发展十项活动的通知》；会同省工业和信息化厅印发《河南省建筑业产销供需对接方案》，梳理出建筑业产品需求企业380家，建筑业材料生产企业1233家，涉及需求产品12大类，150小类产品，供需金额210亿元，推进河南省建筑业采购平台建设。联合省地方金融监督管理局、行业协会组织召开3次建筑业企业与金融机构对接会，帮助建筑业企业与金融机构建立对接桥梁、拓展建筑业企业融资途径，促使签约2.5亿元银企合作项目。

【建筑业数字化转型】2022年，河南省支持郑州市申报住建部智能建造试点城市，指导郑州市组织编制智能建造试点城市实施方案，完成试点城市申报答辩等相关工作，获批全国首批智能建造试点城市。印发《关于推荐第一批智能建造试点项目的通知》，全面了解掌握全省房屋建筑和市政基础设施工程项目智能建造情况。8月14日，指导骨干建筑企业举办河南省钢结构产业互联网平台启动仪式暨第一届全国钢结构智能建造学术交流会，推进钢结构智能建造方式数字化转型升级。9月8日，指导行业相关科技企业在郑州举办“万人助万企—中国数字建筑峰会”。

【审批服务便民化】2022年，省住房城乡建设厅117项行政审批事项进驻省政务服务中心。截至年底，受理各类事项30批次8829家建筑企业资质，10.69万项个人资格事项。

【建筑扬尘污染防治管理】2022年，实现“属地辖区管理与行业层级监管”的责任管理体系。压实各级各部门的污染防治工作责任，督促各省辖市工程建设各参建方落实施工扬尘防治措施、标准。建立扬尘治理随机暗访、巡查考核、管理等一系列管控制度，形成一套完整、高效的大气污染防控攻坚架构。加大巡查频次和监管力度，在源头上减少扬尘污染。

【全省自然灾害综合风险普查房屋建筑和市政设施调查】研究制定《第一次全国自然灾害综合风险普查房屋建筑和市政设施调查实施方案》，印发《全省房屋建筑和市政设施灾害风险普查工作调度通报制度》，组建技术和系统支持团队，部署省级调查系统平台并通过测试投入使用。截至年底，全省完成调查房屋建筑6214.75万栋，房屋建筑总面积904327.11万平方米；市政道路15185条，总里程21476.34千米；市政桥梁4975座；市政供水厂站800座；市政供水管网10930条，总长度12419.1千米。

建筑节能与科技

【绿色建筑】2022年，全省新建绿色建筑7647万平方米，新开工装配式建筑1116万平方米，实施既有建筑节能改造141万平方米。《河南省绿色建筑条例》自3月1日起施行。编制《河南省绿色建筑设计标准》《河南省绿色建筑工程施工质量验收技术标准》等绿色建筑地方标准，组织编发《河南省绿色建筑专项规划编制技术导则》，省住房城乡建设厅、人行郑州中心支行等四部门印发《关于推进绿色金融支持，绿色建筑发展工作的通知》。指导编制团体标准《河南省绿色建筑和绿色建材政府采购应用技术标准》。

【建设科技】2022 年，“新型全装配式建筑结构基础理论”获河南省科技进步奖二等奖；“湿陷性黄土地区公路建造关键技术与示范应用”“基于双碳目标的门窗系统耐久性评价及节能性能提升关键技术与应用”“低能耗建筑一体化围护结构关键技术及产业化”获河南省科技进步奖三等奖；“门窗与采光屋面节能性能提升及智能化关键技术研究”获华厦建设科学技术奖三等奖。推荐“卧龙岗武侯祠文化园旅游设施及景观提升建设项目”等 10 项科学技术计划项目参评 2022 年住房和城乡建设部科学技术计划项目；配合完成河南省室内环境污染控制工程研究中心等 5 家工程建设领域研究中心的优化整合工作。组织开展年度省住房和城乡建设领域科技计划项目申报工作。在绿色低碳发展技术、城市防灾减灾、绿色建筑与建筑能效提升、装配式建筑示范、新型建筑工业化、城市更新与精细化管理、韧性城市构建、历史文化名城保护、绿色宜居乡村建设等领域，申报科学技术计划项目 157 项。

【“四新技术”成果推广应用】印发《关于征集住房城乡建设领域科技成果的通知》，组织开展全省住房城乡建设领域科技成果征集工作，围绕城乡建设领域补短板和促进工程建设领域高质量发展，征集“四新”技术创新成果 101 项。

【既有建筑节能改造】2022 年，商丘市、周口市成功申报 2022 年北方地区清洁取暖试点城市，争取中央财政资金 18 亿元。试点城市开展既有建筑节能改造工作，在城镇老旧小区改造中同步推进建筑节能改造，实施既有建筑节能改造 140.8 万平方米。

【可再生能源建筑应用】编制《河南省城乡建设领域碳达峰行动方案》，提出城乡建设领域能源资源节约、用能结构优化、可再生能源利用等目标和措施。新乡市探索实践合同能源管理，平原示范区国家生物育种产业创新中心等地源热泵项目成效显著。

【绿色建材】2022 年，印发《关于建立绿色金融支持城乡建设绿色低碳发展储备项目库的通知》。组织编制《河南省民用建筑绿色建材应用比例计算技术细则》。推荐洛阳市、信阳市和漯河市获批国家政府采购支持绿色建材促进建筑品质提升试点城市。将绿色建材应用写入《河南省绿色建筑条例》。建立绿色建材采信应用数据库管理平台并正式上线运行，开展认证绿色建材便捷入库、未认证绿色建材符合应用标准审查后入库工作，形成绿色建材产品采信发布机制，发布取得绿色建材认证 10 家企业的 38 个产品。组织企业利用 2022 年郑州筑博会及“2022 超低能耗建筑与碳中和高峰论坛”。

【装配式建筑】2022 年，河南省相继出台《河南省节约能源条例》《关于大力发展装配式建筑的实施意见》《河南省建筑节能与绿色建筑发展“十三五”规划》《河南省加快落实大力发展装配式建筑支持政策的通知》等多项政策措施，促进装配式建筑高质量发展。培育河南省装配式建筑工程技术研究中心、河南省建筑产业现代化技术中心、河南省装配式建筑产业技术创新战略联盟等一批科技创新平台，积累“装配式环筋扣合剪力墙结构体系”“空腹排柱钢结构住宅体系”和“分层预制装配式钢结构体系”等科研成果，组织专家编制《河南省装配整体式结构技术规程》等 10 余部技术标准，印发《河南省装配式建筑示范城区管理办法》，认定 4 批 11 个省级装配式建筑示范城市（县、区）。总建筑面积 390 万平方米、项目总投资 220 亿元的河南省直青年人才公寓规划建设 10 个项目采用 EPC ＋装配式设计施工总承包模式，装配率达到 50%。组织编写《装配式环筋扣合锚接混凝土剪力墙结构体系及建造技术》《装配式混凝土结构设计》《装配式混凝土预制构件制作与运输》《装配式混凝土建筑施工技术》和《装配式建筑工程造价》等培训教材，鼓励国家及省级装配式建筑产业基地，建立装配式建筑实操基地，培训产业工人，举办“河南省装配式建筑技术研讨会”“加拿大现代木结构与绿色建筑技术论坛”和“装配式建筑评价标准宣贯会”等多期装配式建筑专题培训，定期联合省建设工会开展装配式建筑施工员职业技能大赛。推动装配式建筑和绿色建材快速发展，引导设计和施工企业积极采用绿色建材标识产品。推广装配式建筑部品部件，有效推动新型建材工业与建筑产业融合发展。截至年底，全省 17 个省辖市和济源示范区以人民政府（或办公室）名义出台配套落实政策通知和装配式建筑工作流程等具体政策措施，郑州、新乡获批国家装配式建筑示范城市，13 家企业获批国家装配式建筑产业基地。全省建设装配式建筑 5500 多万平方米。

【建筑垃圾管理和资源化利用】印发《关于开展城市建筑垃圾清运管理集中整治行动的通知》，组织开展全省城市建筑垃圾清运管理交叉互查工作。全年开展联合执法 4108 次，出动执法人员 12.52 万人次，查处违规车辆 2766 台，处罚金额 969.1 万余元，清退违法违规车辆 180 台。截至年底，全省核准规范管理清运企业 710 家，资源化利用企业 61 家，建筑垃圾资源化年处置能力约 6500 万吨，建筑垃圾综合利用率达 80% 以上。

【建设施工安全管理】印发《2022 年全省住房城乡建设系统安全生产工作要点》，安排部署 8 个方面

34项安全生产工作任务。印发《关于开展全省房屋市政工程安全生产治理行动的通知》，提升安全治理能力。排查在建危险性较大的分部分项工程，整治隐患4.95万余条，责令限期整改项目1.2万余个、停工整改项目725个。推动工程质量安全手册实施，省住房城乡建设厅制定的《河南省工程质量手册（防灾减灾及应急处置专篇）》为指导全省工程防灾减灾及应急处置起到标准规范作用，住房和城乡建设部向全国转发河南省编制防灾专篇的经验。截至年底，全省1820家二级以上总承包施工企业中，经地市评估达标1772家，达标率97.36%；在建房建项目6497个，达标6402个，达标率98.54%。定期认定发布“全省安全文明标准化示范工地”项目，全年认定项目509项。印发《河南省房屋建筑和市政基础设施工程危险性较大的分部分项工作安全管理实施细则》《加强建筑施工附着式升降脚手架安全管理》行业规范，编制《装配式混凝土建筑施工安全技术标准》《全钢附着式升降脚手架安全技术标准》两部安全技术标准。

【建设工程消防设计审查验收】编制并印发实施《河南省建设工程消防设计审查验收相关技术文件式样》，全省建设工程消防验收制度得到规范。编制完成并印发实施《河南省建设工程消防设计审查验收疑难问题技术指南》，统一消防设计、施工、审查、验收的标准和尺度。利用信息化手段加强全省建设工程消防设计审查验收工作。截至年底，在线上办理消防审验业务5098件，补录项目信息15070件，建立健全2019年职责承接以来的消防审验信息库。指导洛阳市局试点启用“消防设施检测全过程监管平台”“建设工程消防技术服务机构阳光服务平台”2个子平台及建设工程消防设计审查验收、消防设施检测2个手机App。组织召开年度全省建设工程消防设计审查验收工作会议，组织各类座谈会、研讨会、交流会8次。举办全省建设工程消防设计审查验收能力提升培训班，确保全省所有市、县两级主管部门消防审验工作人员全员参训。编制完成《建筑工程消防验收标准》，修订《安全控制与报警逃生门锁系统设计、施工及验收规程》。截至年底，办理消防设计审查1307件、消防验收960件、消防验收备案1299件。除房屋建筑和市政基础设施工程外，办理其他29类专业建设工程消防设计审查127件，消防验收125件，消防验收备案214件。

工程质量管理

【概况】截至年底，全省办理施工许可（质量监督手续）的新开工工程8569项，总建筑面积2.86亿平方米；已办理施工许可（质量监督手续）未开工工程353项，总建筑面积752.69万平方米，在建工程47464项。全年竣工验收工程9084项。全省开展各类工程质量监督执法检查1855次，检查工程项目6576项次，下发整改通知书4175份。开展质量行为行政处罚情况：通报批评个人27人，单位42家；下发停工整改通知书157份，涉及单位187家；下发行政处罚决定书39份，处罚单位14家、罚金598.31万元，处罚个人31人、罚金83.41万元。

【工程建设监理】2022年，全省有工程建设监理企业940家，其中综合资质企业42家、甲级企业200家，乙级670家，工程建设监理从业人员6万余人。全年工程监理企业总承揽合同额647亿元，与上年相比增长40%。全年工程建设监理企业实现营业收入超亿元的企业有50家，超8000万元的企业有60家，超过5000万的企业有88家，超3000万元的企业有124家，9家企业入围工程监理业务收入全国百强榜单。超百家工程建设监理企业走出河南，业务遍及全国28个省、市、自治区，部分工程建设监理企业企业走出国门，开拓海外工程咨询服务市场。

【预拌混凝土质量行为专项治理行动】2022年，全省各级建设主管部门组织检查367次，检查预拌混凝土企业364家，发现问题2126个，下发整改通知书420份，对11家预拌混凝土企业、19名人员实施行政处罚，罚款19.9万元，责令停业整顿16家。

【工程质量月集中宣传工作】2022年9月，省住房城乡建设厅指导工程质量活动宣传月各项活动，开展“质量月”观摩会，树立质量第一的意识，全省建筑工程质量标准化开展培训641次，培训25214人次，观摩示范工地260项次。

【工程质量投诉管理】2022年，省住房城乡建设厅畅通质量投诉渠道，强化服务，规范接访用语，定期开展调研活动，通过对数据统计、问题分类和意见建议的汇总分析，形成省级投诉管理工作清单，实时掌握动态，明确方向重点，精细指导全省工程质量投诉管理工作。截至年底，受理工程质量投诉4863起，办结4684起，办结率96.32%。

【房屋建筑安全隐患排查整治】2022年，全省开展自建房安全专项整治工作暨“百日攻坚”行动。截至年底，实地抽查房屋建筑2156栋，发现问题1068处。各市、县成立399个督导组、10741人次参与实地督导，实现市对县、县对乡镇等督导全覆盖。

建筑市场监管

【概况】2022年，河南省对外承包工程及劳务合作完成营业额 41.5 亿美元，增长 1.9%，高于全国平均增速 1.8 个百分点，规模位居全国第 11 位。对“一带一路”沿线国家对外承包工程完成营业额 16.5 亿美元、下降 0.5%，占全省总额 39.8%。郑州、濮阳、洛阳、三门峡、开封等 5 市规模超过 1 亿美元，合计 40.3 亿美元，占全省总额 97.1%。其中，郑州市 21.4 亿美元，占全省总额 51.5%。全省外派劳务 10196 人次，下降 26.1%，降幅大于全国 3 个百分点，规模居全国第 10 位。其中，承包工程项下派出 3095 人，劳务合作项下派出 7101 人。至 2022 年底，全省在外各类劳务人员 24762 人，下降 7.5%。

【建筑市场信用体系建设】2022 年，河南省完成全省市县区主管部门监管账号配置，推动信用主体信用信息采集全覆盖。截至年底，省建筑市场信用管理系统已参评 5000 多家企业，采集到各类优良和不良信息 1.5 万条，较年初数量增长 50%。首次公布全省信用评价优秀等级建筑业和工程监理企业名单和全省招投标代理机构信用评价优秀企业名单。

【建筑企业纾困解难】8 月 31 日，省住房城乡建设厅与省高级人民法院执行局召开“关于建筑业企业诉讼和执行过程中查封、冻结基本账户问题”座谈会，研究解决梳理的企业涉法问题，帮助建筑企业解封冻结资金 1.7 亿元，为建筑企业合规经营争取司法支持和保障。转办督促地市处理招投标投诉 13 件，维护建筑企业合法利益。

【重大工程建设项目】2022 年，全省亿元及以上固定资产投资在建项目 12754 个，完成投资比上年增长 12.1%；亿元及以上新开工项目完成投资比上年增长 16.2%。截至年底，河南省铁路营业里程 6620 千米，其中高铁 2081 千米；高速公路通车里程 8000 千米。全省全社会发电装机容量 11946 万千瓦，比上年末增长 7.5%。全省内河航道通航里程 1825 千米，建成码头泊位 223 个。

【建筑招投标市场管理】2022 年，河南省政府投资依法应公开招标的亿元以上项目总数 548 个，河南企业中标项目 326 个，占比 59.49%；全年全省政府投资依法应公开招标的亿元以上项目中标金额合计 1950.79 亿元，河南企业中标项目金额合计 970.09 亿元，占比 49.73%。

【建筑市场秩序管理】印发《加强全省房屋建筑和市政基础设施工程施工发包与承包监管若干措施（试行）》，规范全省房屋建筑和市政基础设施领域市场秩序。印发《关于开展全省建筑施工领域“打非治违”专项行动实施方案》，开展全省房屋市政工程安全生产治理行动。截至年底，全省查处存在未批先建、转包、违法分包及其他各类违法违规工程项目 478 个，涉及建设单位 154 家、施工企业 286 家、从业人员 130 人，对企业罚款 7167.05 万元，对个人罚款 124.6 万元，给予其他处理的企业 33 家、个人 46 人。

【技能工人配备试点】2022 年，组织编制《河南省房屋建筑和市政基础设施工程施工现场技能工人配备标准（试行）》，选取部分省辖市、企业、项目进行试点，组建专家团队上门指导服务，推动形成可复制、可推广的政策和实践样本。

【保障农民工工资支付工作】组织成立根治欠薪冬季攻坚行动工作专班，确保欠薪问题能够及时妥善处置。全年全省各级住房城乡建设主管部门受理拖欠投诉案件 4234 起，涉及金额约 10.22 亿元，截至年底，解决 3954 起，涉及金额约 9.4 亿元，全省住房城乡建设领域未发生因欠薪引发的恶性群体性事件。

【工程建设项目审批制度改革】2022 年，省工程建设项目审批制度改革工作领导小组办公室印发《河南省工程建设项目审批流程图（2022 版）》，推行“清单制＋告知承诺制”改革，最大限度实现多个事项同步办结。截至年底，全省通过工改系统办理 13829 个工程项目，48215 个审批服务事项，全省平均并联审批率 87.70% 以上。

【注册建造师队伍服务管理】2022 年，河南省开展注册建造师“挂证”行为专项整治。印发《关于开展注册建造师“挂证”行为专项整治的通知》，对全省工程建设领域注册建造师执业情况进行全面自查、排查，严格查处持证人注册单位与实际工作单位不符、买卖租借注册证书等“挂证”违法违规行为，推进建立常态化监管机制，促进建筑市场健康发展。在省建筑市场监管公共服务平台发布《关于督促有关企业和执业资格注册人员自行整改违规注册行为的通知》，督促 149 名跨省多单位重复注册的执业人员进行整改，依法撤销 4 名逾期未整改人员的二级建造师注册证书。根据 2022 年度二级建造师考试报名情况，会同省人事考试中心及专业院校完成 12 万份试卷考后主观题阅卷工作，部署完成省直及全省各地市住建部门开展全省 1.7 万余人考后资格核查工作。

勘察设计质量管理

【概况】2022 年，河南省勘察设计企业总数达 1546 家，占全国总数的 3.57%，国内排名第 11 位。现有工程设计综合甲级企业 3 家，勘察综合甲级企业 13 家，甲级企业 290 家。全行业从业人员 13.48 万人，占全国 488.02 万人的 2.76%，其中各类注册人员 2.87

万人。全年全省勘察设计企业营业收入1526.46亿元，占全国勘察设计行业营收89148.26亿元的1.71%，剔除EPC和全过程咨询后，勘察设计营业收入为199.92亿元，占全国勘察设计营业收入6707.06亿元的2.98%。

【优化建筑市场环境】2022年，对河南省470多家勘察设计企业开展信用评价，首批47家勘察设计企业评价为优秀等级。开展资质动态考核。每年选取5%左右的资质企业进行考核，年内通报5家不合格企业、注销3家企业。行业协会开展“中原杰出青年勘察设计人才培育”活动，38名青年设计师列入培育计划。做好勘察设计大师认定准备工作，制定《大师认定办法》，开发网上报名系统，制订评分细则，各项工作有序推进。8月在郑东新区会展中心组织部分勘察设计企业成果展。

【勘察设计质量管理】截至年底，河南省有施工图审查机构共35家，一类审查机构24家、二类审查机构11家，从业人员1300余人。全省施工图审查机构审查建筑工程和市政基础设施工程7651项，总建筑面积11956万平方米。印发《关于进一步落实勘察质量信息化工作的通知》，全面推进勘察质量信息化工作，全省勘察设计成果实现数字化交付，提高工程勘察质量和水平。自1月1日起，在全省审图机构推广数字化审图。组织对工程勘察设计企业资质动态考核，对工程勘察设计市场和质量、执业资格进行全面检查，加强对勘察设计市场的监督管理。实现勘察设计成果数字化交付，设计文件在线审查和审查意见线上推送，截至年底全省数字化审查比例70%。检查2个省辖市12个项目，并下发检查通报。17个省辖市和济源示范区也按计划组织检查，全省检查123个项目，发现问题1900多条，处理相关企业29家。专门开发线上检查模块，实现检查项目线上随机抓取、检查专家随机抽取、检查结果网上留痕。组织部分勘察设计院梳理“7·20”极端暴雨中暴露出的城市建设管理风险隐患，总结并提出对策建议。组织编制《河南省城市建（构）筑物地下空间和市政基础设施排水防涝改造技术指导意见》《房屋建筑和市政基础设施工程施工图设计文件排水防涝审查要点》，为全省灾后重建以及排水防涝提供技术支撑。

【设计河南建设】8月31日，配合省工业和信息化厅印发《设计河南建设行动方案（2022—2025年）》《设计河南建设中长期规划（2022—2035年）》。印发《关于加快建设工程勘察设计高质量发展行动方案（2022—2025年）》《组织勘察设计企业开展信用评价的通知》，完成第一批勘察设计企业信用积分的审核工作，并公布第一批勘察设计行业信用评价优秀等级企业（55家）。

房地产业

【概况】2022年，河南省房地产市场整体波动下行，总体呈现供销双降态势，随着宏观环境改善，叠加政策持续支持，推动行业向新发展模式平稳过渡，全省房地产市场在12月开始呈现企稳回升态势，房地产开发投资、房屋新开工面积、商品房销售面积、商品房销售金额分别环比增长6.9%、8.2%、49.3%、53.2%。

【房地产开发投资】2022年，河南省房地产开发投资6793.36亿元，比上年下降13.7%，降幅较1至11月扩大2.5个百分点。12月，全省房地产开发投资487.6亿元，比上年下降36.9%，环比增长6.93%。

【住宅新开工面积】2022年，河南省房屋新开工面积8948.68万平方米，比上年下降34.5%，降幅较1至11月扩大1.3个百分点，好于全国（-39.4%）增速4.9个百分点。12月，河南省房屋新开工面积528.84万平方米，比上年下降49.43%，环比增长8.17%。

【商品房批准预售面积】2022年，河南省商品房批准预售面积7315.24万平方米，比上年下降42.08%，降幅较1至11月扩大1.7个百分点。12月，河南省商品房批准预售面积374.96万平方米，比上年下降63.91%，环比下降23.87%。

【用地出让面积】2022年，河南省房地产用地出让总面积5773.33公顷、比上年减少12.44%，价款1840.62亿元、比上年减少23.26%，均价212.61万元/亩、比上年减少12.36%。河南省房地产用地流拍448.87公顷，比上年减少72.72%。12月，河南省房地产用地出让总面积1113.33公顷、比上年增加6.16%、环比增加91.90%，价款401.92亿元、比上年增加10.19%、环比增加148.70%，均价240.94万元/亩、比上年增加3.80%、环比增加29.60%。

【房地产开发资金】2022年，河南省房地产开发企业实际到位资金6408.46亿元，比上年下降22%，降幅较1至11月扩大1.9个百分点。从资金来源构成看，国内贷款429.13亿元，比上年下降21.7%，占总到位资金的6.7%；自筹资金3915.96亿元，比上年下降15.5%，占总到位资金的61.1%；定金及预售款1335.68亿元，比上年下降31.9%，占总到位资金的20.8%；个人按揭贷款617.31亿元，比上年下降36.3%，占总到位资金的9.6%；其他资金110.37亿元，比上年增长15.1%，占总到位资金的1.7%。12

月，河南省商品房到位资金 415.81 亿元，比上年下降 39.1%，环比增长 16.86%。截至年底，全省房地产贷款余额 2.41 万亿元，较年初新增 273.7 亿元，占人民币各项贷款新增额的 4.5%。其中，个人住房贷款余额 1.9 万亿元，较年初新增 285.8 亿元。

【商品房销售】2022 年，河南省商品房销售面积 11141 万平方米，比上年下降 16.1%，降幅较 1 至 11 月扩大 3.1 个百分点。12 月，全省商品房销售面积 1200.88 万平方米，比上年下降 35.06%，环比增长 48.87%。全省商品房销售金额 6724.82 亿元，比上年下降 22.3%，降幅较 1 至 11 月扩大 2.3 个百分点。12 月，全省商品房销售金额 708.6 亿元，比上年下降 37.5%，环比增长 53.2%。截至年底，全省商品房待售面积 1.77 亿平方米，去化周期 24 个月，较 11 月底增加 1 个月。

【商品住宅销售价格】2022 年，河南省商品房销售价格 6253 元 / 平方米，比上年下降 8.02%。12 月，全省商品房销售价格 6311 元 / 平方米，比上年下降 4.77%，环比增长 5.59%。商品房销售价格 10286 元 / 平方米，比上年下降 7.92%，环比下降 15.66%。

【房地产业税收】2022 年，河南省房地产业实现税收 390.8 亿元，比上年下降 55.6%，降幅较 1 至 11 月收窄 0.4 个百分点，较上年同期减收 489.3 亿元，房地产税收占全省税收收入的 8.5%，占比较 1 至 11 月降低 0.1 个百分点。12 月，全省房地产业实现税收 24.2 亿元，比上年下降 49.1%，减收 23.3 亿元。

【城镇房屋征收制度政策】4 月 14 日，省政府办公厅印发《关于进一步房屋征收管理工作的通知》，提出严格依法征收、确保资金落实、先安置后搬迁、多元化安置等工作要求。开封市等 8 个省辖市出台贯彻落实文件或更新当地国有土地上房屋征收指导政策。截至年底，全省国有土地上房屋征收部门在编人员 459 人。

【城镇房屋征收项目】4 月 14 日起，新实施的国有土地上房屋征收项目 26 个、涉及安置群众 3256 户。从被征收群众安置情况来看，1366 户通过货币化方式（包括房票）进行安置；1495 户选择实物安置方式，其中 711 户安置房建成，其余当地安排过渡住房或足额发放过渡费；剩余 395 户尚未签订拆迁安置协议。

【拆迁安置问题项目排查整改】1 月 8 日，印发《关于开展国有土地上房屋征收未补偿到位项目排查整改工作的通知》，要求各地对国有土地上房屋征收安置问题进行排查；1 月 15 日，省政府印发《关于开展拆迁安置项目排查工作的通知》，要求各地对全省拆迁安置项目进行排查。研究起草《关于进一步规范国有土地上房屋征收安置工作的指导意见（讨论稿）》。年内，全省上报国有土地房屋征收在建项目 231 个，涉及 81451 户。

【房屋征收安置问题项目】截至 2022 年底，河南省辖市、济源示范区排查上报房屋征收安置问题项目 1075 个，全部完成初步整改。其中，完成交付项目 304 个，占问题项目总数的 28.3%。71 个交付未办证类项目和 67 个建成未交付项目完成交付；647 个开工未建成类项目建成交付 116 个，531 个加快建设；288 个已征收未开工类项目，交付 79 个，209 个项目正常推进；其他类型项目 2 个，完成初步整改。全省 13 个城市拖欠过渡费和补偿款 200.94 亿元，补发 35.38 亿元，占应补总额的 17.61%。

【棚户区改造】2022 年，河南省国家棚改年度计划为：新开工棚改安置房 10 万套，基本建成 16.53 万套。截至年底，全省新开工 11.13 万套，基本建成 20.91 万套。截至年底，全省实际交付 28.9 万套。全年成功发行棚改专项债券 7 批，合计金额 677.02 亿元。

【保障性租赁住房管理】1 月 10 日，省政府办公厅印发《关于加快发展保障性租赁住房的实施意见》。同时，出台《关于购买商品住房用作保障房实施方案》。保障性租赁住房用地计划实行单列，确保优先安排，应保尽保。全省 8 个城市筹集保障性租赁住房 8.77 万套。全年全省新开工棚改安置房 11.13 万套、交付 28.9 万套，筹集保障性租赁住房 8.84 万套，征收安置问题项目整改全部完成。

【人才公寓项目建设】4 月 15 日，省住房城乡建设厅、省发展改革委、省财政厅、省自然资源厅印发《河南省关于发展人才公寓的意见》。年内筹集人才公寓 4.45 万套。指导郑州市出台《购买存量房屋用作人才公寓实施方案》《郑州市人才公寓建设运营管理暂行办法》，筹集人才公寓 6.2 万套，占全省总量的 67%，保障各层次人才 3500 余人。截至年底，全省开工建设 68 个项目，44497 套（间）房源，计划完成率 94.34%。

【公共租赁住房管理】2022 年，全省开工建设公租房 100.31 万套，完成分配 93.30 万套，分配率 93.01%。全年新开工建设公租房 1700 套，发放租赁补贴 2.37 万户。全省继续加大公租房 App 推广应用力度，实现 14 个城市上线公租房 App，占全国上线城市的 13.86%。

【住房租赁市场培育和发展】省住房城乡建设厅、省发展改革委等部门印发《关于转发〈住房和城乡建设部8部门关于推动阶段性减免市场主体房屋租金工作的通知〉的通知》，指导各地组织引导非国有房屋出租人为中小企业和个体工商户承租人减免租金，减轻企业经营资金压力。全省非国有房屋减租累计2515.2万元，惠及承租人8227户。起草《河南省促进长租房市场发展试点工作方案》并征求省直有关部门和部分地市主管部门意见建议。向省政府呈报《关于全省长租房试点工作进展情况的报告》，提出加快推进全省试点工作的建议。

【郑州市住房租赁试点评价】省财政厅、省住房城乡建设厅印发《关于做好中央财政支持住房租赁市场试点总体绩效评价工作的通知》。省住房城乡建设厅分别于8月26日、10月11日与省财政厅、财政部河南监管局进行座谈，沟通交流评价标准、具体政策方面的相关疑难问题。指导郑州市对照提纲完善佐证材料，开展自评。郑州市自评得分97分，省级评价初审得分95分，财政部河南监管局评价得分87分。

【房地产经纪机构监管】2022年，全省备案房地产经纪机构3773家，房地产经纪人（含房地产经纪人协理）5.77万人。全省有房地产经纪门店1.73万家，房地产经纪专业人员2.53万人。各地持续加强市场监管，累计检查房地产经纪机构6108次，对存在未按规定办理房地产经纪机构备案。省房地产估价师与经纪人协会协助开展房地产经纪专业人员职业资格考试和登记管理工作，完成全省2851名房地产经纪人和2029名经纪人协理考试合格人员证书发放，落实1561名房地产经纪人和1145名经纪人协理执业登记。

【二手房交易】2022年，全省二手房成交面积2481.35万平方米，比上年同期下降6.48%。二手房销售价格5367元/平方米，比上年同期下降3.68%。

【房地产市场发展政策】2022年，指导17个省辖市、济源示范区因城施策出台稳地价、稳房价、稳预期的针对性政策措施，建立半月报制度，通报进展、总结经验、推动工作。指导各地因地制宜出台发放购房券、购房补贴、契税补贴等政策，全省发放购房补贴27408万元，发放契税补贴23545万元，发放购房券48803万元。全省房地产开发投资6305.75亿元，商品房销售面积9940.12万平方米，商品房销售额6016.2亿元。

【房地产市场发展机制】人民银行郑州中心支行、河南银保监局印发《关于进一步规范商品房预售资金监管工作的意见》，规范预售资金监管，维护购房人合法权益，防范房地产领域风险。省房地产市场平稳健康发展工作领导小组印发《关于建立房地产市场健康发展监测机制的通知》，加强房地产市场监测分析。印发《进一步健全房地产市场平稳健康发展调控监管机制工作方案》，完善指标体系、加强部门协同、坚持纵向联动、强化闭环推进，健全房地产市场平稳健康发展调控监管体系。

【政府助力企业纾困解难】印发《关于支持全省房地产企业纾困解难有关工作的通知》《关于金融支持房地产市场平稳健康发展的通知》，开展银企对接，全年各金融机构对房地产项目授信90.94亿元，投放55.68亿元，促进项目复工复产。截至年底，全省385个项目享受该政策，国有担保公司担保函替代释放预售资金额度共2.7615亿元。推行金融支持房地产企业“白名单”，会同河南省市场监督管理局、河南省地方金融监督管理局、国家税务总局河南省税务局、中国人民银行郑州中心支行、中国银行保险监督管理委员会河南监管局会商确定200家房地产企业“白名单”，印发各地开展银企对接，满足房地产企业合理融资需求。

【保交楼稳市场】建立“一楼一策一专班一银行”机制，出台加强保交楼稳民生工作的意见，推进问题楼盘处置化解和保交楼，争取国家两批专项借款453亿元，推动落实金融机构配套融资，全省不动产办证类和配套设施不完善类项目动态清零，专项借款和省重点监测项目复工80%以上、交付10万多套，发挥稳预期、保民生、促稳定作用。

【问题楼盘处置化解】截至年底，全省337个专项借款项目全面复工，有14个项目建成交付3240套房屋。实行“保交楼企业专班”和“保交楼施工进度安排及交房时间”双公示制度，接受社会监督，促使企业倒排工期加快施工。建立优质房地产企业和项目“四保”白名单库，入库企业和项目实现常态化疫情防控与项目建设同步运行。依托“四保”白名单项目运行调度平台，落实“政策找企、应享尽享”机制，在应急状态下，对符合条件的白名单项目快速兑现金融信贷等政策。指导各地根据工程进度合理拨付借款资金，确保项目复工后不形成新的“拖欠”，累计拨付专项借款36.86亿元至260个项目。全省337个专项借款项目自复工以来，累计形成实物工作量112.06亿元。全省不动产办证类、配套设施不完善类问题楼盘分别于5月底、6月底实现动态清零，为992个项目、44.6万套房屋办理不动产首次登记，为200个项目完善水电气暖等配套设施。8月开始，工作重点由问题楼盘处置化解向保交楼过渡，指导各地将省、市台账停工烂尾未交付项目和已售、停工、逾期交付项目纳入保交楼台账管理。

【审计监督】2022年，组织开展337个专项借款项目审计，123个项目完成初步审计，发现涉嫌抽逃挪用预售监管资金项目29个、涉及金额152.82亿元；发现各类违规问题148个，移交公安机关线索4个。全省公安机关加强保交楼项目违法违规行为打击震慑，约谈328人次，受理案件22件、侦办21件，追回资金16.5亿元。加强府院联动，6.38亿元保交楼项目资金获得解封。

【新建商品房“交房即交证”】2022年，全省建立“交房即交证”不动产登记服务新模式。7月25日，经省政府同意，省自然资源厅等13个部门印发《关于全面推行新建商品房“交房即交证”的实施意见》。截至年底，全省有507个项目（小区）实现“交房即交证”，发证182899本。

物业管理

【概况】截至2022年底，河南省注册物业服务企业9700余家，实行专业化物业管理区域1.85万个，面积约17亿平方米，从业人员50余万人。

【物业企业防汛救灾】印发《河南省城市房屋和住宅小区暴雨预警分级应对指南》《河南省城市房屋和住宅小区防汛操作指南》，指导各地组织开展汛前隐患排查，发现、整改隐患6800余处。指导督促全省物业企业组织开展防汛应急演练1.5万余次，储备防汛沙袋近400万个、防汛挡板4.2万组。

【物业管理制度建设】组织起草《河南省物业管理委员会工作办法（试行）》（征求意见稿），并征求省委组织部、省民政厅部门意见，推动物业管理委员会（业主委员会）组建、运行，维护业主合法权益。组织起草《河南省物业服务企业信用管理实施办法（试行）》（草案），推动构建以信用为核心的新型市场监管机制。

【红色物业建设创建】指导督促全省17个省辖市、济源示范区及航空港区全部成立市级物业行业党组织。截至年底，107个县（市、区）成立县级物业行业党组织，郑州市、开封市、洛阳市、平顶山市、漯河市、南阳市等6个省辖市实现县级物业行业党组织全覆盖；1296家物业企业和3977个物业管理区域建立党组织。全省“红色物业”创建工作分别被中共中央组织部、住房和城乡建设部编发信息推介。

法规建设

【概况】印发《河南省住房和城乡建设系统法治政府建设实施方案（2021—2025年）》《河南省住房和城乡建设系统2022年度法治政府建设工作要点》。促进《河南省绿色建筑条例》《河南省城市生活垃圾分类管理办法》颁布实施。《河南省历史文化名城名镇名村和传统村落保护条例》《河南省城市绿化条例》《河南省公园管理办法》《河南省城市建设档案管理办法》等5个立法调研项目顺利推进。印发《河南省住房和城乡建设厅行政规范性文件管理办法（修订）》。全年审核21件文件草案，出具《合法性审核意见书》25份，提出合法性审核意见89条，行政规范性文件合法性审核率100%。现行有效的147件行政规范性文件全部上传省住房城乡建设厅网站和河南省规章行政规范性文件管理系统。印发《河南省住房和城乡建设厅公平竞争审查制度（修订）》。对涉及市场主体经济活动的45份政策性文件进行公平竞争审查，纠正2份涉嫌制定歧视性措施的文件规定；对涉及省住房城乡建设厅的8部地方性法规、14部政府规章、38件省政府行政规范性文件进行梳理核查。重大执法决定全部进行法制审核，全年审核行政处罚决定7件。对拟撤销涉嫌“挂靠”的二级建造师的218件行政许可事项提供法律意见。全年办理被复议案件3件、检察院审判监督案件1件。6件行政复议案件均履行到位。印发《全省住房和城乡建设系统2022年度推进服务型行政执法建设实施方案》，组织推动参与第二届全省服务型行政执法比武活动。出台《河南省住房和城乡建设系统行政相对人法律风险重点问题防控清单》。制定全省住房城乡建设领域免于处罚事项、从轻处罚事项、减轻处罚事项3个清单，明确10项免于处罚事项、8项从轻处罚事项、5项减轻处罚事项。全面修订河南省住房和城乡建设行政处罚裁量标准适用规则及相关制度，对涉及8部法律、25部法规、66部规章的400项行政处罚条款、592项违法行为制定出1787条裁量基准。印发《全省住房和城乡建设系统法治宣传教育第八个五年规划（2021—2025年）》。

【依法行政】深化“强转树、打造人民满意城管”行动，开展大练兵、大比武、大竞赛，宣传“最美城管人”。漯河市城管支队被评为全国依法治理创建活动先进单位，金水区执法局“五室一庭”做法受到中央依法治国办通报表扬。开展“能力作风建设年”活动，分专题开展19期建设大讲堂、15场城市管理系统安全教育巡回大讲堂，举办“提高城市规划建设治理水平加快新型城镇化建设”专题培训班，培训系统干部职工4.1万人。推进“人人持证”，新增技能人才15.3万人。

【住房城乡建设“放管服效”改革】2022年，全省获得用水用气、工程建设项目审批时间分别压减至2.5个工作日、60天以内，3个营商环境指标连续两年获得“两优一良”成绩，受到省委、省政府通报表扬。省住房城乡建设厅本级行政审批事项全部进驻省政务服务中心，实现“一网通办”和零跑腿。推进住房公积金网上办、“跨省办”，郑州都市圈住房公积金实现互认互贷。

【审批服务】2022年，省住房城乡建设厅117项行政审批事项进驻省政务大厅，审批事项全部实现“一网通办”和零跑腿办理，申请材料减少2/3，审批时间缩短70%以上。全年受理各类事项30批次8829家企业资质，10.69万项个人资格事项。

城市更新

【概况】2022年，河南开工改造3831个小区、38.94万户，治理病害窨井30万个，超额完成26万个窨井盖整治民生实事重点任务。

【老化管道更新改造】印发《河南省“十四五”城市燃气管道老化更新改造规划》，要求各地将燃气管道老化更新改造项目纳入本地区“十四五”重大工程。省政府办公厅印发《河南省城市燃气供水排水供热管道老化更新改造实施方案（2022—2025年）》，省住房城乡建设厅印发《关于做好城市燃气等市政管道老化更新改造工作的通知》，部署全省市政管道更新改造工作。建立城市燃气等老化管道改造资金分比例合理共担机制，分类落实市政、庭院燃气管道及用户立管、户内安全装置等老化更新改造所需资金，建立由燃气经营单位、政府、用户分比例合理共担机制。全年争取中央预算内资金15.2亿元，支持113个项目建设。改造完成燃气管道1350千米，供热管道改造完成135.45千米，供水管道改造完成509千米，排水管道改造完成1245千米。

【城市体检及城市更新】指导各省辖市推进城市更新工作，郑州市、开封市、洛阳市、新乡市、焦作市、安阳市、信阳市、南阳市均成立城市更新工作领导小组。指导郑州市、洛阳市连续3年开展城市体检工作，选取开封、南阳、安阳、平顶山4市为省级样本城市开展城市体检工作，扩大省级工作试点。开展省级城市体检评估信息平台建设和研究，加强城市体检工作技术支撑；研究制定《关于建立城市体检评估机制并深入开展城市体检工作的实施方案》，鼓励其他城市结合实际工作开展专项体检或选取部分城区开展城市体检。初步拟定省级城市更新指导意见，指导地市建立完善城市更新政策体系。探索城市更新项目库建设，建立“十四五”期间“三区一村”城市更新项目库。年内，全省谋划实施各类城市更新项目5065个，项目总投资约4953亿元。组织召开全省城市更新政策研讨会和城市更新金融政策研讨会，加大“政银企”对接，破解城市更新融资难题。

【城市公共区域窨井盖专项整治】印发《2022年窨井设施专项整治工作推进方案》，对整治工作提出具体要求。指导各地先后组织开展3次专项整治“回头看”活动，排查出存在安全隐患的窨井2.8万余个，加装或更换防坠网1.1万余个，所有排查出的问题做到立行立改。省财政厅安排8700万元奖补资金对专项整治工作予以支持；省直相关成员单位认真抓好本领域整治工作落实。截至年底，全省安装智慧井盖3.7万余座。

城市基础设施建设

【河南省市政公用设施建设固定资产投资】2022年，河南省城市市政公用设施建设固定资产投资完成投资997.76亿元，比上年减少27.28%。河南省城市市政公用设施建设年度供水管道长47136.59千米，人工煤气供气管道长235.43千米，天然气储气能力1754.66万立方米，天然气供气管道长46561.3千米，蒸汽集中供热能力每小时7013吨，热水集中供热能力29997兆瓦，道路长度31760.99千米，排水管道长度54531千米，污水处理厂日处理能力1512万立方米，绿地面积204610公顷，生活垃圾无害化日处理能力77139吨。

【新型城镇化建设】截至2022年底，河南省城镇化率57.07%，比上年提高0.62个百分点。推进城市老化水气暖管道更新改造和防洪排涝能力提升，争取中央预算投资及老旧管网改造资金28亿元，建设改造水气暖管网1883千米；河南省建设改造市政道路2482千米，新建公共停车泊位16.8万个，建成垃圾处理设施25座、城市生活污水及污泥处理厂13座，实施城市排水防涝能力提升项目522个，新增海绵城市达标面积100平方千米。

【园林城市创建】2022年，召开两次国家园林城市创建线上培训会，邀请省内外知名专家对《国家园林城市标准》进行深度解读。8月，印发《关于进一步做好2022年国家园林城市创建及复查工作的通知》，指导各申报和复查城市有序开展前期准备工作。推荐鹤壁市、南阳市、驻马店市、焦作市等4个省辖市申报创建国家生态园林城市；推荐淮滨县、泌阳县、淇县、浚县、汝南县、濮阳县、南召县、台前县、正阳县、叶县等10个县城申报创建国家园林城市。

【“口袋公园”建设】印发《关于推动“口袋公

园”建设的通知》《关于印发河南省 2022 年“口袋公园”建设实施方案的通知》，明确全省年度计划建设口袋公园 100 个的任务目标，对“口袋公园”建设有关工作提出具体要求。截至年底，全省建设口袋公园 529 个。

【城市排水防涝市政基础设施建设】印发《河南省城市防洪排涝能力提升方案》，重点实施城市排水防涝能力提升“六项工程”。印发《河南省城市中心城区内涝风险评估报告编制纲要》《河南省城市排水（雨水）防涝综合规划编制纲要》，指导各市开展城市内涝风险评估和城市排水防涝综合规划编制或修编等工作。全省实施能力提升项目 522 个，完成投资 124.5 亿元，新建改造雨水管渠约 1200 千米，完成城市内河水系治理 220 千米。省政府办公厅印发《河南郑州等地特大暴雨洪涝灾害灾后恢复重建市政基础设施专项规划》，灾区实施市政基础设施恢复重建项目 801 个，总投资 200 亿元。实施市政基础设施能力提升项目 371 个，总投资 395 亿元。

【城市交通基础设施建设】2022 年，全年全省开工建设道路 2482.5 千米，其中新建 1433.5 千米、改造提升 1049 千米，新建公共停车泊位 16.8 万个，新建公共充电桩数 1.07 万个。

【海绵城市建设】指导信阳市、开封市系统化全域推进海绵城市建设示范城市建设。城市新区、新建项目以目标为导向，把海绵城市建设理念落实到城市规划建设管理全过程。老城区以问题为导向，结合城市更新、旧城改造、老旧小区改造、积水点整治、黑臭水体治理和现有绿地功能品质提升等积极实施海绵化改造。全省完成海绵城市项目数 1400 多个，新增海绵城市达标面积约 170 平方千米。

【无障碍环境建设】2022 年，河南推动无障碍环境建设，建设成效被人民网、《河南日报》等多家媒体报道。淮滨县、淇县、禹州市、邓州市等 12 个市（县）被评为全省无障碍环境试点市县，温县、息县等 4 个市（县）被评为全省无障碍环境建设市县。

【市政设施灾后恢复重建】河南省政府办公厅印发《河南郑州等地特大暴雨洪涝灾害灾后恢复重建市政基础设施专项规划》，谋划实施市政基础设施恢复重建项目 801 个，总投资约 200 亿元，基本按照计划节点进度推进，完工项目 741 个，完工率 92.5%，完成投资 148.7 亿元。实施市政基础设施能力提升项目 371 个，总投资约 395 亿元，开工项目 346 个，开工率 93.3%，完工项目 173 个，完成投资 190.5 亿元。

【城市防洪排涝能力提升】省政府印发《河南省城市防洪排涝能力提升方案》，重点实施城市排水防涝能力提升“六项工程”，提升城市防洪排涝能力和应急保障能力。全年全省实施排水防涝能力提升项目 522 个，完成投资 124.5 亿元；改造市政基础设施洪涝灾害隐患 161 个，改造排水防涝隐患 401 个，完成积水点整治 368 处；新建改造雨水管渠约 1200 千米，完成城市内河水系治理 220 千米。

【生活垃圾焚烧发电项目建设】2022 年，河南省新建成生活垃圾焚烧项目 12 个，新增日处理能力 1.26 万吨，全省共建成生活垃圾焚烧设施 67 座、生活垃圾焚烧日处理能力达 6.835 万吨，全省平均负荷达到 84.5%。全省在用生活垃圾填埋场 17 个，停用 118 个（其中完成生态封场 17 个、完成临时封场 81 个、正在封场施工 7 个、仅停用 13 个）。

【餐厨垃圾处理设施建设】2022 年，河南省建成餐厨废弃物处理设施 39 座，较上年新增日处理能力 1205 吨，达到日处理 2693 吨。其中，郑州、洛阳、焦作等市建成较大规模的餐厨垃圾集中处理设施。

【质量安全管理】2022 年，评选认定 169 个安全文明标准化项目，178 个质量标准化示范项目。综合实验实训组团等项目获中国建设鲁班奖（国家优质工程），120 项工程获“中州杯”。

【城乡建设行业“人人持证”工作】2022 年，河南完成职业技能培训 10.61 万人次，新增技能人才 13.09 万人，新增高技能人才 2.24 万人。省住房城乡建设厅、省人力资源社会保障厅印发《关于进一步健全住建行业培训评价体系的通知》，省住房城乡建设厅“一试双证”等经验做法得到省“人人持证”领导小组认可，被省政府《政府专报》刊发。印发“河南建工”人力资源品牌建设实施方案，推进“河南建工”人力资源品牌建设，将培训取证、人力资源品牌建设和就业创业相互衔接相互促进，加快培养知识型、技能型、创新型从业人员队伍。

【从业人员培训】2022 年，省住房城乡建设厅建立施工现场专业人员新老证书换发、培训取证、继续教育等全流程工作机制，向住房和城乡建设部信息平台上传证书信息 25 万余人次。梳理完善技能人员培训管理工作流程和相关制度，补充 39 个职业（工种）的培训资源。优化信息系统，对施工现场专业人员和技能工人管理系统进行优化升级，实现报名、培训、测试、证书、继续教育信息数据全过程可追溯、可查询。组织开展住房城乡建设系统工程测量员、垃圾清扫与处理工、园林绿化工、自来水生产工等 6 个工种的职业技能竞赛。

城市管理

【城市安全度汛保障】2022年，河南完善城市排水防涝应急预案和“市、区、街道、点位”四级排水防涝责任体系，组建抢险队伍684支、4.1万人，开展演练190多次，全省移动抽排能力提高到每小时36.5万立方米，加强物资储备，应对强降雨，全省城市安全度汛。

【城市排水防涝】印发《河南省城市防洪排涝能力提升行动方案》《河南省城市排水防涝应急预案》与《河南省防汛应急预案》作为全省城市排水防涝工作的支撑性文件。对城市排水防涝应急预案进行逐级审核，基本形成“省、市、县”三级城市排水防涝预案体系。印发《关于做好2022年城市排水防涝工作的通知》，公布全省各城市排水防涝安全责任人名单，指导各城市建立包含责任体系，整改台账、泵站闸门、积水点等11项内容的城市排水防涝“一本账”。开展内涝风险排查，绘制内涝风险一张图。指导全省各地开展城市排水防涝综合演练40次和专项演练149次，7800余人参加。开展全省城市排水防涝应急演练，演练10个科目。汛期应对12次强降雨过程。印发各类通知15份，召开调度会6次，视频电话抽查85处重要点位，开展3次专项督查。对郑州、洛阳等重点强降雨城市下发警示提醒函。印发《关于做好汛期城市安全运行的通知》，指导各城市做好汛期城市安全管理。各城市均未出现大面积长时间积水，顺利度汛。

【城镇燃气安全管理】2022年，全省加快推动燃气安全装置加装。全省餐饮用户完成安全装置加装14.1万户，占比97%；居民用户完成安全装置加装580万户，占比30%。全省17个省辖市、济源示范区全部建成数字城管和综合管理服务平台，多数省辖市实现城市安全运行监测预警的部分功能，县（市、区）数字城管实现全覆盖。220家管道燃气企业中，70%建成数据采集与监视控制系统，55%建成管网地理信息系统。各级城镇燃气主管部门和燃气经营企业普遍建立燃气安全事故响应、规范处置、信息报送、舆情应对等方面的工作机制。全省连续开展百日行动、交叉互查、分片包干等专项整治行动，全省检查供用气场所14.1万处，整改消除安全隐患6.7万个，下达整改通知书8295份，关闭（停业整顿）瓶装液化气站点110个，处罚552.8万元，移交司法机关案件线索40件。

【燃气安全宣传教育培训】2022年，深入市、县开展燃气安全教育巡回大讲堂15场，全省市、县部门、企业2万余人参加。全省各地开展安全教育培训2.27万场次，培训人员3.72万人次，安全宣传活动4.3万余场次，发放宣传页（册）1463.4万余份，发送手机提示信息3791.9万余条。

【重点区域卫生整治】2022年，河南治理城中村和城乡接合部卫生死角5.5万个，垃圾场站卫生死角1.3万个，卫生治理公厕6.9万个，农贸市场、养殖场、屠宰场等周边环境卫生治理3426处，城乡居民人居环境明显改善。组织开展清运管理交叉互查，抓好常态化执法管理，开展联合执法4108次，出动执法人员12.52万人次，查处违规车辆2766台，处罚金额969.1万余元，清退违法违规车辆180台；全省核准规范管理清运企业710家，资源化利用企业61家，建筑垃圾资源化年处置能力约6500万吨，建筑垃圾综合利用率达80%以上。

【餐饮油烟污染治理】2022年，赴开封、商丘、周口等省辖市调研指导，坚持月调度、年通报，向省生态环境保护委员会报送餐饮油烟污染防治典型案例5篇，制作《餐饮业油烟污染防治宣传手册》3000份。7月，在南阳市召开全省城市建成区餐饮服务业油烟污染防治工作推进会。截至年底，全省餐饮服务单位15.1万余家，100%安装油烟净化设备，基本实现达标排放。建成在线监控平台194个，安装在线监控1.45万家，6200余家大型餐饮服务单位全部实现在线监控。

【城市黑臭水体治理】联合省生态环境厅、省发展改革委、省水利厅印发《河南省深入打好城市黑臭水体治理攻坚战实施方案》，指导各城市将污水处理厂处理达标的再生水用于河道补水，参与并科学编制区域再生水循环利用试点实施方案，提升再生水循环利用比例，节约水资源。省住房城乡建设厅、省生态环境厅、省发展改革委、省水利厅，对各地报送的区域再生水循环利用试点实施方案进行筛选，并择优推荐郑州市、开封市为试点城市。联合省生态环境厅印发《关于开展2022年城市黑臭水体整治核查工作的通知》，对各城市开展城市黑臭水体核查工作，巩固黑臭水体整治成效。

【城镇污水垃圾处理能力建设】2022年，河南建成生活垃圾焚烧处理设施12座、餐厨垃圾处理设施13座、供水厂9座、城市生活污水处理厂5座、污泥处理厂8座。新增日处理能力1.26万吨、1205吨、58.5万吨、24万多吨和1580吨。

【污水处理】2022年，召开全省水污染防治工作推进视频会，安排部署中央生态环保督察城镇污水处理设施问题整改、城市污水处理提质增效等工作；对全省城市污水处理设施进行再排查，排查问题均建立整改台账；成立6个督导小组，定期赴各地分包督导污水处理设施整改工作，督促列入台账的工作及时整改到位。污水处理问题整改工作纳入省住房城乡建设厅6个综合调研组，对各地进行督导。印发《关于加快推进全省城市污水问题管网专项整治工作的通知》，对全省城市污水问题管网排查整治情况进行摸底。赴南阳、济源示范区、开封、三门峡等地对中央环保督察整改个性问题现场验收销号，多次组织有关专家赴洛阳市栾川县、济源示范区等地对黄河流域生态警示片发现问题进行验收销号。印发《关于做好城镇污水处理设施中央生态环保督察问题整改验收工作的通知》，组织对中央环保督察涉及城镇污水处理设施整改事项进行核查验收。

【垃圾分类】2022年，全省配备厨余垃圾运输车547辆，可回收物运输车743辆，有害垃圾运输车107辆，其他垃圾运输4883辆。全省居民小区生活垃圾分类投放点5.7万个，覆盖居民用户超620万户，生活垃圾分类平均覆盖率达到83%。

【生活垃圾填埋场整治】2022年，对135座生活垃圾填埋场进行全面排查，制定“一厂一策”整改方案，明确整改问题139个，完成整改133个，其他6个整改工作持续推进。全省渗滤液日处理能力从2.3万吨提升至4.5万吨，全省生活垃圾填埋场渗滤液调节池总库存由原来的139万吨降至42万吨，超额完成“全省生活垃圾填埋场渗滤液总库存降至60万吨以下”整改目标。

【供水、污水规范化管理】组织供水技术培训，指导举办全省自来水工职业技能大赛。对全省45个供水企业进行双随机监督检查，开展全省城市供水水质检测，对7个省辖市所含的14个县级市、县城开展供水水质抽样检测，对国家水质监测发现的问题进行整改督办，做好南水北调河南中线水源水突发异常情况应对，保障全省城市供水安全。联合省生态环境厅督促各省辖市对污水处理厂运营管理情况进行自查整治，对全省57家污水处理企业进行双随机监督检查，对年度黄河流域生态环境警示片暗访组及各项生态环保督察发现的问题，督促问题整改，保障运行规范。

【供水和节水工作】2022年，推进节水型城市创建工作，组织专家对开封国家节水型城市申报工作进行初审，对许昌进行复审。借助全国城市节约用水宣传周，指导各城市多种方式加大宣传力度，培养民众节水意识。结合起草《河南省城市供水排水供热管道老化更新改造实施方案（2022—2025年）》，摸清全省老旧供水管网底数，明确目标任务，加快推进全省城市供水等市政管道老化更新改造，降低管网漏损率。开展公共供水管网漏损治理。省住房城乡建设厅、省发展改革委组织开展公共供水管网漏损治理试点建设，推选郑州、许昌、平顶山、鹤壁等4个城市开展试点工作。

【城市集中供热保障】2022年，全省各供热企业共投入6.62亿资金开展“冬病夏治”工作，检修养护管网1.15万千米，检测养护设施3.06万个，改造供热老旧管网216.2千米，整改用户端问题1.67万户。10月26日开始，实施供热运行保障周调度工作机制，每周调度各省辖市供热运行保障工作情况，提升保障能力。

【供热应急保障】实施供热运行保障周调度工作机制，掌握各省辖市供热运行保障工作情况，每周对供热投诉、舆情进行专项统计，定期研判分析。制定供热专项督导检查方案，组织开展全省城镇集中供热专项督导检查调研工作，采取省、市联动及不定期检查督导方式，解决群众用热困难和问题。安排部署各城市指导供热企业加大供热管网运行监测力度，加密管网运行排查频次，实施城市集中供热调度机制。供暖季期间，全省供热企业累计组织出动5万余人次对热力管网进行排查，整改安全隐患1500余处，解决爆管等供热突发状况870余个，保障供热系统平稳运行。

【用水用气营商环境服务】将水、气报装流程，统一设置为受理勘查、验收开通2个环节。从受理申请当日起，到验收开通，水、气经营企业内部审批办理时限不超过2.5个工作日；无需新建外线配套工程的，当日受理、次日开通。获得用气指标连续3年位居优势指标行列，获得用水指标连续2年位居优势指标行列。推动落实“欠费不停供”缓缴政策，全省累计缓缴燃气费2.07亿元、缓缴水费1.31亿元。

【园林绿化管理】印发《关于加强城市园林绿化养护管理工作的通知》，指导17个省辖市和济源示范区园林绿化主管部门开展交叉互查活动，提升全省园林绿化精细化、专业化、智慧化养护管理水平。制定《迁移砍伐城市树木排查整改工作实施方案》《河南省城市树木保护管理规定》，做好城市树木保护工作；组织制定《河南省公园安全管理规范》，提高公园安全运营质量；配合公安、林业部门开展打击破坏古树名木违法犯罪活动，城市古树名木全部实施建档挂牌，基本建立分级保护和定期普查、日常巡查、动态更新等保护管理机制；印发《关于推动“口袋公园”建设的通知》，全省建设529个口袋公园。举办“中建七局杯”全省园林绿化职业技能竞赛、第二届河南省（信阳）园林绿化花境竞赛等活动。

【古树名木保护】印发《迁移砍伐城市树木排查整改工作实施方案》《河南省城市树木保护管理规定》，加强树木保护管理。联合省公安厅、省林业局打击破坏古树名木违法犯罪活动。全省城市建成区有古树名木1.28万株，50年以上后备资源28.6万株，城市古树名木全部实施建档挂牌。做好城市绿地今冬明春防火工作，各地开展消防安全专项检查50余次，安全知识宣讲培训100余场，发放各类宣传资料1万余份。

【城市运行安全技术保障】针对燃气安全、有限空间作业安全管理等重点领域，开展安全教育巡回大讲堂，组织专家面对面开展安全教育培训，举办讲座15场，全省市县城市管理及市政公用企业安全管理相关人员2万余人参加，培训人员34万人次。组织召开全省城市管理系统有限空间安全管理视频培训会议，各地开展培训3600余场，培训6.3万人次，排查整改安全隐患4500余处。印发《全省城市管理行业有限空间作业指导手册（试行）》等，持续提升行业规范作业水平。

【城市户外广告招牌设置】2022年，全省排查户外广告设施及招牌5.94万处，发现并整改隐患问题4121处，其中户外广告安全隐患2723处，招牌设施安全隐患1398处，拆除户外广告及招牌设施735处。

【桥梁普查确权】2022年，全省普查各类城市桥梁3425座。排查存在安全隐患风险的城市桥梁198座，完成整改144座，持续整改54座。组织制定《城市桥梁管理养护指南》，开展业务培训，提高基层工作人员业务水平。

【互联网租赁自行车专项治理】2022年，全省开展督导检查2833次，向行业主管部门下达整改通知2146份，约谈运营企业169家、319家次，向运营企业下发整改通知154份。开展问题整改，规范停车点位21.6万余个，取消不合理停车点位1.4万余个，新施划停车点位9487个；规范在用电子围栏13.7万余个，取消不合理电子围栏3990个，新增设电子围栏7482个；清理回收不安全及无法提供服务车辆4.8万余辆，督促企业新增线下服务团队104个。加强工作宣传培训，开展专项治理工作培训678场次、8353人次。

【城市公共停车场专项整治】2022年，全省有公共停车场5986个、泊位95.6万余个，路内停车泊位道路5109条、泊位126.5万余个，专用停车场2.1万个、泊位413.8万个。专项整治排查发现各类问题352个，整改347个，整改率98.58%。

【城市照明管理工作】2022年，全省运行的景观照明项目为438个，“灯光秀”工程项目68个。指导各地加强城市照明节能节电技术研究，促进节能节电技术规模化应用。郑州、开封、鹤壁、焦作、许昌、南阳等市均建成“智慧合杆＋边缘计算＋应用场景”的智慧照明试点项目。

【有限空间安全管理】印发《全省城市管理行业有限空间作业指导手册（试行）》等，持续提升行业规范作业水平。组织召开全省城市管理系统有限空间安全管理视频培训会议，500余人参会；各地共开展培训3600余场，培训6.3万人次。排查整改安全隐患4500余处。

【历史文化名城保护管理】推动《河南省历史文化名城保护条例》修订，完成初稿征求意见，列入省人大2023年立法调研计划。6月，召开历史文化保护专题研究会，向省委报送《关于河南省历史文化名城名镇名村（传统村落）保护工作情况的报告》。会同省委宣传部研究起草《关于加强历史文化街区、历史建筑、传统村落保护利用的工作方案》。征集省内外100多位相关专家，纳入省住房城乡建设厅专家库，充实技术指导力量。推动《河南省城乡历史文化保护传承体系规划》编制，启动省级规划编制工作。印发《关于规范规划期限至2035年的历史文化名城保护规划编制报批工作的通知》，规范保护规划的编制报批程序，加快推进规划编制报批进展。截至年底，全省确定历史建筑2406处，比上年增加167处；完成市、县政府正式公布程序的历史建筑比上年增加313处。完成设置保护标志牌2347处，比上年增加730处。完成测绘建档1535处，比上年增加438处。第三批17片历史文化街区完成专家评审和征求意见，提请省政府审议并研究公布。印发《关于开展历史文化名城保护专项评估工作的通知》，组织省内8个国家级历史文化名城和15个省级历史文化名城开展自评估工作。选择郑州大学作为第三方专业机构，开展省级历史文化名城保护专项评估。组织专家赴邓州、汤阴、卫辉、新密、登封、新郑、禹州、许昌、周口、济源示范区等地调研指导历史文化名城保护工作。赴周口、邓州、新县实地调研，指导申报国家级历史文化名城。加强对洛阳历史文化名城保护整改工作的督导力度，对洛阳开展全面评估，形成《关于报送洛阳历史文化名城保护整改工作情况的报告》，报送住房和城乡建设部。

【城管执法队伍建设】印发《“强基础转作风树形象打造人民满意城管”能力作风建设年活动实施方

案》，印发《关于在全省城市管理执法队伍中组织开展大练兵、大比武、大竞赛活动的通知》。通过视频会议向全省 3200 余名执法骨干授课。组织城管执法讲师团深入 14 个省辖市、济源示范区基层执法队伍送教上门，开展 20 余场“巡回培训”。修订《城市管理规范化建设标准》，明确 7 个方面 24 项建设标准。9 月，在漯河市召开全省城市管理执法队伍正规化建设现场观摩会。印发《关于进一步规范城市管理执法行为的紧急通知》，开展作风纪律整顿。

【城管综合执法】聚焦房屋市政工程、燃气、消防验收等住建领域涉及违法违规行为，严肃查处一系列安全责任事故案件。厅本级立案处罚 7 起；全省城管执法系统实施行政处罚 89.87 万件，行政强制 6211 件，处罚金额 6.49 亿元。指导郑州妥善处置郑州“7·20”特大暴雨灾害有关责任企业行政处罚工作，组织召开郑州“7·20”特大暴雨灾害有关责任企业以案促改座谈会。做好太康县师庄自然村违法建设案件的询问和督导工作。建立全省住房城乡建设行政执法信息统计分析制度，向各地住房和城乡建设部门提供针对性意见建议。强化结果运用，对质量安全、燃气管理等重点领域执法力度不够的部门，下发工作提示函 15 份，跟踪督导 30 余次，约谈相关部门 2 次。制作《河南省住房城乡建设系统行政处罚文书格式范本（试行）》，组织全省住房城乡建设系统行政处罚案件集中评查，推广漯河市和郑州市二七区、金水区网上办案经验，促进案件办理现代化。

乡村建设

【概况】截至 2022 年底，河南省纳入村镇建设统计的建制镇 1088 个、乡 570 个、镇乡级特殊区域 3 个、行政村 4.21 万个、自然村 18.45 万个，镇（乡）域建成区及村庄建设用地面积（公顷）139.13 万公顷，村庄常住人口 5666.5 万人。全年全省村镇建设投资合计 929.91 亿元，其中住宅建设投资 561.56 亿元、公共建筑投资 71.93 亿元、生产性建筑投资 68.85 亿元、市政公用设施投资 227.58 亿元。全省镇（乡）域建成区道路长度 5.29 万千米，道路面积 3.19 亿平方米，污水处理厂 703 个，年污水处理总量 3.43 亿立方米；排水管道长度 1.67 万千米；年生活垃圾清运量 573.13 万吨，年生活垃圾处理量 469.99 万吨；公共厕所 9541 座。村庄内道路长度 20.92 万千米，供水管道长度 12.83 万千米；年生活用水量 15.29 亿立方米；集中供热面积 1139.7 万平方米；村庄集中供水行政村 3.39 万个，排水管道沟渠长度 5.97 万千米；对生活污水进行处理的行政村 9455 个，年生活垃圾清运量 1543.92 万吨。

【传统村落保护发展】2022 年，指导郏县、新县成功申报国家传统村落集中连片保护利用示范县，争取中央财政补助资金 1 亿元。组织国家级传统村落调查推荐，70 个村落列入第六批中国传统村落名录、数量居全国前列。完成《河南省传统村落保护发展规划导则》修订并印发实施。组织开展传统村落保护发展情况评估，推动各地落实保护主体责任，提高保护能力和发展水平。开展《河南省历史文化名城名镇名村和传统村落保护条例》修订，并完成初稿。

【农房改造】2022 年，完成农村危房改造 1.24 万户、抗震改造 5228 户、农房品质提升 5148 户，保障农村低收入群体等重点对象住房安全。兰考、滑县统筹农房抗震改造、节能改造和品质提升。信阳市建设乡建博览园，推广现代宜居农房。新县、郏县将保护利用、环境整治、乡村文明、文化旅游等相结合，成功创建国家传统村落集中连片保护利用示范县。

【村民住房灾后恢复重建】2022 年，省住房城乡建设厅成立 8 个检查指导组，定期开展实地调研督导，重点加大对有集中安置项目建设任务省辖市的工作督导力度，先后印发 30 期工作进展情况通报，推动重建工作稳步开展。2 月底，完成全部修缮加固、货币化安置、原址安置任务；6 月底，集中安置项目全部主体完工；截至 11 月 15 日，110 个集中安置项目完工交付。同时，指导各地建立健全交房后回访机制，听取群众意见，了解群众诉求，解决群众反映问题。

【农房建设工作】2022 年，指导各地强化属地管理责任意识，督促各地结合实际在乡镇部门中明确农房建设管理机构，配齐管理人员，加强资金保障，落实工作补贴，持续推进相关制度落地生效，全省乡镇一级农房建设管理机构由 2021 年 8 月初步统计的 70% 提升至 100%，基层农房建设管理能力有效提升。同时，联合省公安厅等部门印发《关于规范全省农村房屋租赁工作的指导意见》，规范全省农村房屋租赁工作。组织编制《河南省农村住房设计图集编制导则》《河南省农村危险房屋加固技术指南》等 9 部技术指南；发布《河南省农村住房建设技术标准》等标准。加强农村住房建设技术指导，做好农村住房设计图册编制和推广应用。截至年底，全省有 141 个县（市、区）完成农村住房设计图册编制，指导农房建设实践。组织编制《农村建筑工匠通用培训教材》，指导各地规范乡村建设工匠管理，加大培训力度。截至年底，全省新增培训农村建筑工匠超 8000 人次。

推进农村房屋安全隐患排查整治，截至年底，全省农房经评估鉴定为C、D级共5.7万户，全部完成整治工作，实现农村经营性自建房和农村非自建房隐患排查整治目标。

住房保障

【住房公积金管理】2022年，河南省住房公积金归集额1038.59亿元，增长5.67%；提取599.15亿元，增长2.01%；发放个人住房贷款378.02亿元，下降35.85%。累计归集额8264.09亿元，增长14.37%；累计提取4586.75亿元，增长15.03%；累计发放贷款4614.01亿元，增长8.92%。累计支持200多万户职工家庭通过公积金贷款解决住房问题。全年发放异地贷款1.01万笔，41.07亿元。截至年底，发放异地贷款总额352.85亿元，异地贷款余额212.95亿元。截至年底，贷款风险准备金余额41.71亿元，共提取城市廉租住房（公共租赁住房）建设补充资金286.82亿元。全省网上办结量达7267.48万人次，增长6.01%；网上办结率达94.34%，增加5.56个百分点。

【住房公积金阶段性支持政策】印发《关于明确住房公积金阶段性支持政策有关问题的通知》。督促指导各地中心出台落实住房公积金阶段性支持政策具体措施。全年累计缓缴企业416家，累计缓缴职工8.4万人，累计缓缴金额4.34亿元，为1.01万人办理延期偿还住房公积金贷款，涉及贷款月18.75亿元。截至年底，累计为10090名缴存职工办理延期还贷手续，涉及贷款余额18.8亿元。

【住房公积金服务事项"跨省通办"】2022年，制定印发继续推动住房公积金服务事项"跨省通办"通知，落实"我为群众办实事"实践活动。洛阳、驻马店、商丘3市住房公积金中心"跨省通办"窗口得到住房和城乡建设部通报表彰。2022年，新增全国政务服务"跨省通办"任务22项，其中涉及住房公积金5项全省提前实现住房公积金汇缴、补缴、提前部分偿还贷款等3项年度服务事项"跨省通办"任务。推动线上线下办事渠道深度融合。全省全年网上办结量7267.48万人次，比上年增长6.01%；网上办结率94.34%，比上年增加5.56个百分点。推进全国住房公积金小程序应用，提高转移接续业务办理效率。指导各住房公积金管理机构抓好业务办理、业务衔接、服务应答等项工作，确保小程序运行顺畅，进一步提高办事效率。

【郑州都市圈住房公积金互认互贷】2022年，郑州与开封等八市签署"1＋8郑州都市圈"住房公积金一体化协同发展合作协议，自9月1日起实现互认互贷。设立"跨域通办"服务专窗，建立绿色通道，方便职工办理异地贷款及对应提取业务。建立异地业务沟通联络和业务数据交换机制。定期对各中心异地业务办理数据进行交换和统计汇总。建立信息共享机制。依托国家和省级信息共享平台统一应用场景，在异地贷款、提取、转移接续等业务实现合作。全年办理都市圈提取业务547笔2702.48万元，贷款业务135笔6666.7万元。全年异地贷款业务共办理1398笔，7.82亿元，支持住房销售15.98万平方米。

【公共租赁住房建设】相继出台《河南省人民政府关于加快发展公共租赁住房的意见》《河南省人民政府关于加快保障性安居工程建设的若干意见》《河南省人民政府办公厅关于加强公共租赁住房管理的若干意见》。联合省发展改革委、省财政厅、省自然资源厅印发《关于进一步做好公共租赁住房有关工作的实施意见》等文件，从政策上保障河南省公共租赁住房的发展。截至年底，全省共开工建设公租房103.38万套，其中列入国家计划100.31万套，自行筹集3.07万套，已完成分配95.42万套；共实施保障197.86万户，其中实物保障148.53万户，租赁补贴49.33万户。截至年底，公租房正在实施实物保障95.42万户（人）。其中，城镇户籍低保住房困难家庭41.21万户，城镇户籍低收入住房困难家庭36.23万户，有未成年子女家庭7.13万户，多子女家庭0.67万户；民工14.75万人，残疾人1.34万人，优抚对象0.66万人。

【保障性租赁住房建设】2022年，会同自然资源、财政等部门成立工作专班，制定《河南省人民政府办公厅关于加快发展保障性租赁住房的实施意见》。河南省房地产市场平稳健康发展工作领导小组办公室下达2022年保租房建设计划。5月25日，印发《关于加快保租房系统房源录入工作的通知》《关于做好2022年度发展保障性租赁住房情况监测评价工作的通知》，要求年度发展保障性租赁住房城市结合工作实际，加强组织领导，科学制定计划，重点围绕确定发展目标、落实支持政策、建立工作机制、严格监督管理、取得工作成效等五个方面开展监测评价。截至年底，全省已开工（筹集）保障性租赁住房房源11.49万套，5.1万新市民、青年人实现安居，并已按住房和城乡建设部要求进行数据录入。

（河南省住房和城乡建设厅）

湖北省

住房和城乡建设工作概况

2022年，湖北省城建投资4058亿元，同比增长56.1%；建筑业总产值达2.1万亿元，同比增长11%；完成房地产开发投资6172亿元，同比增长0.8%；积极化解涉房风险，稳妥处置房地产逾期交付风险。全省17个市州、60个县（市）积极推进试点工作，累计收购房源44576套，分配28148套；湖北省开工（筹集）保障性租赁住房6.96万套，开工棚户区改造3.64万套；新增归集住房公积金1039亿元，落实首套房公积金政策，支持住房消费总额1068亿元，实现"双千亿"目标；制定省级城市更新指引，黄石试点入选住房和城乡建设部清单。

着力打造美丽乡村，推进农村人居环境整治，新建改建农村公路万公里，新建乡镇污水处理厂109个，开展农村厕所革命等工作，提升农村环境品质。湖北省加强生态保护，全面推进水污染防治，实施重污染企业搬迁改造，推进生态环境治理，实现了水、空气、土壤环境质量综合改善。在创新促转型方面，数字化建设不断夯基垒台，襄阳和宜昌成为住房和城乡建设部城市数字公共基础设施试点城市，武汉市智慧城市和智能网联汽车试点累计开放750公里测试道路。

湖北省新开工装配式建筑突破3800万平方米。出台《绿色建筑标准体系》和第一批绿色建造、智能建造、品质建造关键适用技术清单，在全国率先推动绿色金融支持绿色建筑产业发展，全省新建建筑全部执行绿色建筑标准。通过工改平台实现跨部门、跨层级审批数据流转，简化审批事项，推广提前竣工验收，优化房屋市政工程验收等措施，常见项目审批时间大幅缩短。积极培育市场主体，创新资质政策，实施"头雁计划"，使792家企业升级。湖北省工程建设项目审批制度改革做法得到住房和城乡建设部的宣传推广，省住房城乡建设厅被评为省直部门"高效办成一件事"第一名。

法规建设

【全面加强党对法治工作的领导】2022年，湖北省住房城乡建设厅建立健全厅党组理论学习中心组常态化机制，落实领导干部学法用法制度。邀请武汉大学法学院教授莫洪宪以"践行二十大精神，学习贯彻《反有组织犯罪法》"为题作辅导报告，增强住建领域法律风险防范意识。

湖北省住房城乡建设厅党组贯彻落实《党政主要负责人履行推进法治建设第一责任人职责规定》《湖北省实施〈党政主要负责人履行推进法治建设第一责任人职责规定〉办法》，研究厅年度立法计划，动员部署法治政府建设示范创建活动。制定《湖北省住房和城乡建设厅重大行政决策程序规定》，将重大行政决策目录化管理。

省住房城乡建设厅党组坚持把全面贯彻实施宪法作为首要任务，把宪法法律学习列为党组理论学习重要内容，纳入厅机关党和国家工作人员培训教育体系。为厅机关全体干部配发辅导读物《习近平法治思想学习纲要》《领导干部法治思维十讲》《中华人民共和国行政处罚法释义》等书籍。组织开展"宪法宣传周"活动，丰富创新宪法学习宣传。

【住建领域法治化营商环境持续优化】2月，湖北省人大常委会将《湖北省燃气管理条例》修订列入2022年度立法计划。省住房城乡建设厅按照省人大立法工作方案，进一步组织开展立法项目调研、草案起草、论证修改和征求意见，形成《湖北省燃气管理条例（修订草案送审稿）》。截至年末，该草案已通过省政府常务会议审议和省人大常委会会议两次审议。12月7日，省人大常委会召开立法调研座谈会，听取省住建厅关于《湖北省绿色建筑发展条例（草案）》起草情况的汇报。2022年，省住房城乡建设厅申报省人大常委会2023年度立法工作计划项目1件；申报省人大五年立法规划项目3件；申报省政府2023年度立法计划2件；申报省政府五年立法规划项目2件。《湖北省发展散装水泥管理办法（修订）》立法计划报告提交省司法厅审议。组织专班对8部地方性法规、22部政府规章、41件以省政府或省政府办公厅名义下发的规范性文件和135件厅本级现行有效的规范性文件进行全面清理审核，填报《清理意见表》，形成相关意见建议。印发《关于进一步明确政策性文件制定起草应注意把握的有关事项的通知》。对14件规范性文件及政策措施依法逐件进行审查，存在问题的均按照法定程序和权限作出处理。向司法厅报送规范性文件 8 件，均按相关要求进行备案登记。对涉及省住房城乡建设厅的重大行政决策、信访、投诉举报、政府信息公开等行政行为均按照法定程序进行审查。2022 年，共完成各类政策措施合法性审查及征求意见 25 件，对上级部门和相关业务处室转来的投诉举报、信访复核、申请查处、政府信息公开、行政处罚决定等 55 件案件进行法制审核。落实政府法律顾问制度，积极引导支持厅法律顾问有效参与审查。组织制定《湖北省住房和城乡建设厅包容审慎执法事项清单》，指导各市州住建部门科学编制免予处罚、从轻处罚、减轻处罚事项清单，并公开发布。印发《关于开展建设工程企业资质审批权限下放试点的通知》《关于下放部分行政许可和公共服务事项的通知》，把房地产开发企业二级资质审批等 6 个事项下放到 79 个县（市、区），把勘察、设计、监理乙级资质审批试点下放到武汉、宜昌、黄冈，并对 538 人开展业务培训。直接取消造价等 7 类企业资质审批，将施工劳务资质由审批制改为备案制。梳理全省住建行业行政许可事项和五级事项清单 96 项，积极争取省政务办相关工作支持。全面深化一网通办，全年在线审批项目数 18352 个，办件数 52344 件，同比分别上升 14.85%、7.88%，建设单位满意度高达 99.85%。

【行政执法监督】6 月，印发《湖北省住建厅关于开展 2022 年度行政执法案卷评查工作的通知》，对近三年行政处罚案卷开展评查工作。8 月，印发《全省住建领域规范行政执法工作专项检查行动方案》，成立厅检查工作专班，实行省市县三级联动，实地抽查襄阳、仙桃、麻城三地，共抽查案卷 24 件，走访企业 5 家，访谈人员 19 人，每项检查结束时，召开专题座谈会，现场反馈存在问题，并就有关问题听取相关意见建议。在全省住建系统广泛宣传新修订行政处罚法，编印《行政处罚法适用指引》和《行政执法监督文件汇编》，对修订后重点条款和重点内容进行解读，指导市州住建部门学习贯彻新《行政处罚法》。开展全省住建领域法治专题培训，将行政处罚法纳入行政执法培训内容，组织编制行政处罚法适用指引。2022 年，共收到行政复议申请案件总计 23 件，受理案件 21 件，全部在规定时限内审理完结。省住房城乡建设厅对重大、疑难、复杂行政复议案件采用决议制进行审理，并邀请相关专家、学者、律师参与审查。

【健全事中事后监管】配合省安委会印发《湖北省城镇燃气安全排查整治工作实施方案》。对全省生活垃圾处理设施开展全覆盖调研督导，全面启动生活垃圾处理设施等级评定和复核工作，督促各地切实加强生态环境保护督察反馈问题整改，加强末端处理设施建设管理，确保污染物达标排放。围绕“落实主体责任”和“强化政府监管”两个重点，健全企业负责、政府监管、社会监督的工程质量安全保障体系。共抽查在建工程项目 324 个，下达限期整改通知书 23 份、执法建议书 8 份。对发生安全责任事故、降低安全生产条件的企业，暂扣 34 家建筑施工企业安全生产许可证，吊销 1 名人员《安全生产考核合格证书》，将 9 家企业和 4 名个人纳入省级不良行为记录予以公示。对厅本级监管事项清单进行全面梳理。对涉及面广、较为重大复杂的监管领域和事项实行“牵头负责制”，避免监管真空。对现场检查事项进行全面梳理论证，压减重复或不必要的检查事项。全面推行“双随机、一公开”检查，联合发改、市场监管、消防救援等部门在工程咨询、房地产市场和建筑业市场领域开展联合抽查并制定了联合监督检查工作方案。起草完成《湖北省住房和城乡建设领域信用信息管理暂行办法（征求意见稿）》《湖北省建筑市场信用管理暂行办法（征求意见稿）》。向湖北省社会信用信息服务平台报送行政许可、行政处罚信息近两千条，省信用办通报省住房城乡建设厅为“双公示”报送情况较好的单位（省直单位排名第 5），合规率达到 99.74%。

【法治宣传教育】制定出台《湖北省住房和城乡建设厅 2022 年普法责任清单》，逐项明确责任单位、完成时限等，确保普法“精准滴灌”。在“4·15 全民国家安全教育日”，采用展板宣传、电子屏滚动播放的形式开展国家安全宣传。在各市州住建部门及厅相关执法业务处室（单位）开展《行政处罚法》业务培训，提升依法行政能力。开展“下基层、察民情、解民忧、暖民心”实践活动，起草《〈湖北省安全生产经营单位主要负责人安全生产职责清单指引〉和〈湖北省生产经营单位安全生产责任清单指引〉》，在行业立法、执法、法律服务过程中开展实时普法。在推进燃气管理条例修订、绿色建筑立法调研过程中，通过公开征求意见、听证会、论证会、基层立法联系点等形式扩大社会参与，把普法融入立法过程。

房地产业

【房地产市场运行】2022 年，湖北省完成房地产开发投资 6172 亿元，同比增长 0.8%，增幅较上年显著收窄。省开发投资总量居全国第 8 位、中部第 3 位，增幅居全国第 3 位、中部第 1 位，比全国（−10%）、中部（−7.2%）分别高 10.8 和 8 个百分点，投资增速好于全国和中部多数省份。2022 年，全省新建商品房销售面积 6385.1 万平方米，同比下降 19.6%。其中，第四季度销售面积 1995.4 万平方米，环比增长 45.3%，12 月份销售面积 893.4 万平方米，环比大幅增长 63.6%，销售回稳筑底趋势逐渐显现。全省商品房销售面积总量居全国第 10 位、中部第 5 位，同比增幅居全国第 7 位、中部第 3 位，下降幅度比全国（−24.3%）和中部（−21.3%）少 4.7 和 1.7 个百分点。2022 年，全省房地产新开工面积 4274.8 万平方米，同比下降 45.5%，降幅较上月收窄 1.7 个百分点。12 月，从纳入 70 个大中城市房价指数统计的 3 个城市看，武汉、襄阳新建商品住房价格指数均环比下降 0.1%，环比降幅收窄，宜昌市新建商品住房价格指数环比下降 0.2%，降幅较上月持平。

【稳市场举措】加强省级监督指导，调整完善省级房地产市场平稳健康发展联席会议制度，督促各地比照建立联席会议制度，强化统筹调度和部门联动。按照省委省政府工作部署，多次召开工作调度会、推进会，实地开展工作督导；召开房地产企业座谈会，研判市场形势。实行房地产市场运行月调度机制，对 30 家重点房地产企业进行跟踪服务和动态监测，解决企业实际困难，提振市场信心。多次与人民银行、国土等部门会商，研究出台金融、土地支持政策，引导房贷利率和最低首付比例合理下调，支持刚性和改善性住房需求。督促各地落实城市主体责任，用足用好政策工具箱，多轮次出台金融、土地、财税、住房公积金等支持政策，着力稳市场、稳预期。

【保交楼工作】组建保交楼工作专班和专项借款工作组，把保交楼作为首要任务，建立周通报、月调度工作机制，先后开展 3 轮省级调研督导，将保交楼工作纳入省委平安建设考核内容，压实各方责任，一城一策、一楼一策推进保交楼工作。

【物业管理】聚焦老旧小区失管弃管，持续开展“物业牵手”帮扶，发挥龙头物业企业、红色物业企业和公益物业企业作用，在社区党组织的带领下开展帮扶活动。各地组织优秀物业企业帮助 1344 个自管（托管）老旧小区提升物业服务水平。聚焦物业服务收费不透明开展专项整治，健全规范信息公开制度，统一公开模板，明确公示内容和公示形式。聚焦新老物业交接难开展集中攻坚，有效推进问题化解。聚焦服务提质开展示范引领，以“最美物业人”“美好家园”“首善小区”等示范创建活动抓手，全面提升物业管理质效。

【行业监管】规范预售资金监管，联合人民银行武汉分行、湖北省银保监局下发关于规范商品房预售资金监管工作的通知，完善预售资金入账、拨付，加强部门联动、信息共享，督导各地实行月对账，提高监管水平，制定各地持续开展房地产市场乱象治理专项行动。印发修订《湖北省房地产开发企业资质管理实施细则》的通知，规范开发企业资质管理。定期印发通知或工作提示，督促各地加强城市危险房屋安全管理。全省累计排查城市危险房屋 2778 次、166481 栋，涉及 29 万余户，已整改 C 级危房 924 栋、D 级危房 1257 栋，未发生责任性塌房伤人事故。

住房保障

【目标任务】2022 年，湖北省住房保障工作超额完成年度职能目标任务。截至 12 月底，全省棚改项目新开工 3.64 万套，占目标任务（2.95 万套）的 123.29%；基本建成 6.1 万套，占目标任务（4.85 万套）的 125.63%。发放公租房租赁补贴 2.5 万户，占目标任务（2.13 万户）的 117.32%。保障性租赁住房已开工（筹集）6.96 万套（间），占目标任务［6.74 万套（间）］的 103.22%。

【稳步推进解决公服人员住房困难】积极响应省委省政府的决策部署，稳步推进解决从事基本公共服务人员住房困难的问题。6 月 22 日，经省政府同意，印发《关于加快解决从事基本公共服务人员住房困难问题的实施意见》。全省扎实推进有关试点工作，17 个市州、40 个县市印发试点工作方案，联合建设银行设立全国首支租赁住房基金。

【争取保障性安居工程资金】针对保障性安居工程的资金需求，争取国家资金 15.85 亿元。其中，争取中央预算内投资计划 9.35 亿元，用于棚户区改造配套基础设施建设 4.48 亿元、保障性租赁住房配套基础设施建设 4.87 亿元。此外，争取中央财政城镇保障性安居工程补助资金 6.5 亿元，其中租赁住房保障 3.85 亿元、棚户区改造 2.65 亿元。同时，积极配合省财政厅、省发改委做好棚改专项债发行有关工作。

【棚户区改造和公租房建设管理工作】加强对棚改项目进度督办，压实地方政府责任，督促各地按照计划落实项目，加快开工进度。实时开展调度督办，确保年度目标任务顺利完成。督促各地进一步完善公租房常态化申请受理机制，加快对轮候家庭实施保障。截至 12 月底，湖北省政府投资公租房已分配 38.46 万套，分配率达到 97.34%。督促各地录入公租房房源等信息，湖北省信息录入工作在全国位居前列，并受到住房和城乡建设部表扬。

公积金管理

【概况】1—12 月，湖北省新增归集住房公积金

1142.73亿元，同比增长9.86%，全省累计缴存总额8760.30亿元，缴存余额3821.81亿元；新增住房公积金提取额726.57亿元，同比增长10.64%，累计提取总额4938.49亿元；新增个人住房公积金贷款额613.50亿元，同比增长1.53%，累计贷款总额5427.70亿元，贷款余额3088.02亿元，个贷率80.80%。

【归集扩面】积极推动新市民等灵活就业人员自愿缴存住房公积金，指导各地开展部门联合执法，深入企业、单位、社区、楼盘开展政策宣传。基本实现行政机关、国有企事业单位全覆盖，非公企业缴存覆盖面逐步提高，灵活就业人员逐步纳入，做大支持住房消费的“资金池”，助力缴存职工积累住房资金，提高购房支付能力。1至12月全省住房公积金新开户单位2.61万家，新开户职工68.24万人。

【支持住房消费】督促指导各地严格落实城市主体责任，因城施策、一城一策，调整完善使用政策，加大对住房消费支持力度。武汉、襄阳、孝感、荆门等地结合实际提高最高贷款额度；各地下调公积金首套房贷款利率0.15个百分点，5年以下（含5年）和5年以上利率分别调整为2.6%和3.1%；十堰、黄冈、咸宁等地积极出台住房公积金代际互助政策，支持缴存职工购房时使用父母或子女的住房公积金。2022年，全省支持住房消费总额1127.41亿元（其中贷款612.70亿元、住房消费类提取514.71亿元）。

【助企纾困】联合湖北省财政厅、人民银行武汉分行印发《关于转发〈住建部 财政部 人民银行关于实施住房公积金阶段性支持政策的通知〉的通知》，全省17个市州结合实际陆续制定实施细则。截至年底，全省累计申请缓缴企业436个，缓缴职工人数30286人，缓缴金额21574.28万元；不作逾期处理5179笔，不作逾期处理的贷款应还未还本金额1269.13万元；累计享受提高租房提取额度的缴存职工人数138731人，享受提高租房提取额度的缴存人实际累计租房提取金额144121.27万元。

【区域合作】湖北、湖南、江西三省签订《长江中游三省住房公积金区域合作协议》，区域间住房公积金异地贷款和转移接续政策有效落实。年内办理异地贷款5958笔23.87亿元。武汉城市圈同城化发展合作机制初步建成，武汉都市圈住房公积金同城化业务服务平台上线运行，在全国率先开展住房公积金异地“打通用”。武汉都市圈“就地办”有效落实，市民可在都市圈任一住房公积金窗口办理其他城市住房公积金业务。襄阳都市圈、宜荆荆都市圈区域合作积极推进，全省住房公积金区域合作机制初步形成。

【信息化服务】督促指导各城市中心加快推进“数字公积金”“智慧公积金”建设，推动相关业务“网上办、掌上办、指尖办”。新增实现“住房公积金汇缴”“住房公积金补缴”“提前退休提取住房公积金”3项业务“跨省通办”。各地网上业务量逐步增加，人民群众满意度和获得感明显提升。积极推动各地与银行征信系统互联共享工作取得积极进展，部分城市已接入运行，其他城市正在进行对接准备工作。制定“惠民公积金、服务暖人心”服务提升三年行动实施方案，各地制定实施细则，建立进展情况按月报送制度。

【风险防控】充分发挥全国住房公积金监管服务平台作用，提高风险预警处置能力，贷款逾期率逐步下降。积极开展村镇银行存款资金风险排查，及时开展问题楼盘断供情况排查，督促指导各地紧盯贷款楼盘情况，防范断供风险。认真落实审计整改要求，积极推进央企行业分支机构调整。截至12月底，贷款逾期率为0.47‰，低于1.5‰的标准。

城市建设

【城建项目谋划管理】2022年，湖北省市政基础设施建设累计完成投资4058亿元，比2021年（2634亿元）同比增长54%，超额完成年度目标。编制印发《湖北省城市建设项目谋划工作指引》，指导各地围绕国家和省重大战略、政策、规划和资金投向等方面进行城建项目谋划，并收集各地城建计划和项目表，建立省级城建计划项目库。会同省发改委印发《城建计划制定规则》，指导各地加强城建计划制定和管理工作。组织开展全省城建投资谋划和纳统视频培训会，加强指导。与省统计局对接，建立城建投资纳统工作机制，确保应统尽统、应报尽报。完善城建项目调度平台，建立城建投资月调度制度，每月通报各地城建投资完成情况。发布《关于做好城建投资分析工作的通知》，加强对投资额度大、社会关注度高、具有典型性和示范性的重大项目加强跟踪分析。编印城建重点项目工作简报，供各地参考学习。推进新型城市基础设施建设，建立新城建月报工作制度，每月收集各地工作推进情况，及时协调解决地方反映的诉求和问题。指导武汉市做好智慧网联汽车基础设施试点工作，建成106公里车路协同智能化开放测试道路。印发《湖北省加强城市地下市政基础设施建设实施方案》，制定了基础设施普查和平台建设的相关工作方案和技术导则。安排黄石、十堰先行开展试点工作。开展试点示范，采取自上而下和自下而上结合的方式，发动各地住建部门开展城市建设领域省级试点工作，先后公布三期试点名单，定期印发试点工作简报。

【**城镇老旧小区改造**】年内计划项目共3053个小区、涉及43.3万户，已开工小区3248个，开工率为106.39%，完工3247个小区，完工率106.35%。

联合省发改委、省财政厅印发《湖北省城镇老旧小区改造"十四五"专项规划的通知》；编制《湖北省城镇老旧小区改造工程质量通病防治导则（试行）》；联合省经信、通信、邮政、消防救援等部门出台城镇老旧小区弱电设施改造、智慧化建设、智能信包箱推广建设、消防设施建设管理等政策指导文件。编印六辑《湖北省城镇老旧小区改造小故事》和《社区同志谈"我为群众办实事"》合集。全面总结城镇老旧小区改造经验做法，湖北省5条城镇老旧小区改造先进经验入选住房和城乡建设部《城镇老旧小区改造可复制政策机制清单》。指导完成4个部级联系点及大冶市、枣阳市等10个省级联系点工作。在省级以上新闻媒体发表宣传报道400余篇。编印七辑《湖北省城镇老旧小区改造小故事》和《社区同志谈"我为群众办实事"》合集，编印《湖北省城镇老旧小区改造项目纪实》《城镇老旧小区改造共同缔造——家园蝶变》，创建"共同缔造|湖北住建"微信公众号，宣传老旧小区改造政策、优秀典型及进展情况。联合湖北日报印发《关于开展"喜迎二十大——我身边的旧改故事"全媒体作品大赛的通知》，收到逾千份作品，并有超30万群众参与线上优秀作品投票活动，《楚天都市报》每周专版报道优秀征文、摄影作品。印发《全省住建系统"下基层察民情解民忧暖民心"实践活动城镇老旧小区改造实施方案》，扎实做好城镇老旧小区改造工作。武汉市入选国务院2021年度城镇老旧小区改造、棚户区改造和发展保障性租赁住房拟激励支持对象名单；宜昌市两次入选城镇老旧小区改造全国试点城市；武汉市、黄石市、宜昌市、咸宁市等多个城市改造经验入选住建部可复制政策机制清单；印发《全省城镇老旧小区改造可复制政策清单（第一批）》，鼓励各地大胆探索，积极推广优秀经验做法，提高城镇老旧小区改造质效；开展"百名设计师"进小区活动，遴选"百名"优秀设计师志愿者，下沉老旧小区改造一线，采取"点对点"帮扶、"一对一"指导的形式开展城镇老旧小区改造志愿服务。

【**生态环境建设管理**】年内，全省已建成运行城市（县城）生活污水处理厂153座，总处理能力达到1057.2万立方米/日，出水水质均达到一级A标准。城市（县城）污水处理率达到97.47%。已建成污水收集管网25288公里，其中污水管网18166公里，雨污合流管网7122公里。城市（县城）污水处理率达到97.47%。全省城市污水集中收集率达到60%。排查整治全省城市污水集中收集率达到60%。地级及以上城市建成区黑臭水体已基本消除，县级城市建成区黑臭水体整治工作全面启动。全年新建、扩建污水处理设施14座，新增污水处理能力55.5万立方米/日。全省基本完成设市城市污水收集管网排查，累计排查管网约1.67万公里，其中完成缺陷检测0.99万公里。统筹生活污水直排和黑臭水体等突出问题治理，持续推进完善污水收集管网，新建、改造污水收集管网1265公里。全省各县级市共排查出黑臭水体49个，逐一制定系统化整治方案，明确整治责任主体、整改完成时限和具体整改措施，现已完成主要整治工程的水体有20个，经评估达到初见成效要求的15个。总结推广武汉市国家海绵城市建设试点取得的经验，推进全省海绵城市建设。截至2022年底，全省海绵城市建设达标面积达到826平方公里，约占设市城市建成区面积的29%。会同省财政厅、省水利厅组织开展省级海绵城市创建，遴选出宜昌市、咸宁市、荆州市、襄阳市、黄石市5个省级示范城市。宜昌市成功入选第二批国家海绵城市建设示范城市。

【**市政基础设施建设管理**】2022年，新开工城市地下综合管廊48.2公里，完成投资31.55亿元；25座城市危桥改造全面动工，完成改造16座；推动打通武汉城市圈14条城市断头路；开展36个人行道净化和自行车专用道建设试点工作。截至年底，全省建成城市地下综合管廊521公里，开工在建管廊197.2公里，投入运营294.59公里，完成投资390.77亿元。年度全省城市地下综合管廊开工建设任务59.408公里，投资38.99亿元；形成廊体44.045公里，投资31.55亿元。全省城市桥涵隧道共3304座。全省城市桥梁（包含人行天桥）2973座，隧道涵洞331个。组织开展城市道桥涵隧道、地下综合管廊安全隐患大排查大整治行动，共排查出隐患8504处，完成整治8140处，整治完成率95.72%；加强行业人员培训。全省城市道路长度27775公里，城市人均道路面积17.54平方米，建成区道路面积率14.89%，路网密度7.76公里/平方公里，照明路灯110.31万盏。建成23条轨道交通线路，总长度为435公里。2019年起，全省开展人行道净化和自行车专用道建设试点工作，共安排试点项目36个，完工35个，完工率97.2%。

【**城镇供水节水管理**】全省城市供水日均综合生产能力1888.67万立方米，供水管道总长度63847.23公里，供水普及率99.61%。加强供水水质督查，供水水质综合合格率达到99%以上。印发《湖北省城镇二次供水工程施工图设计文件技术审查要点》。组织开展国家公共供水管网漏损率治理试点建设申报工作，武汉市、荆门市、利川市被确定为国家公共供水管网漏损治理重点城市。开展管道直饮水前景及政策研究，形成《湖北省管道直饮水前景及政策研究报告》。2022年，国家级节水城市4个：武汉、黄石、宜昌、荆州；通过创建节水型城市省级预评估的城市（县城）增加至9个：十堰、襄阳、荆门、鄂州、咸宁、随州、天门、仙桃、大悟。

【城镇燃气安全管理】截至年底，全省全年天然气供气量70.43亿立方米、液化石油气供气总量62.63万吨，城市燃气普及率为98.40%。配合省安委会起草印发《湖北省城镇燃气安全排查整治工作实施方案》，明确工作目标、主要任务、实施步骤、组织方式和工作要求。印发《全省城镇燃气安全大排查大整治工作方案》，推进11项重点内容的排查整治工作。配合省安委办起草印发"百日行动"实施方案和督查方案，印发《关于认真贯彻落实全省城镇燃气安全整治"百日行动"动员部署会精神切实抓好工作落实的通知》《关于加强燃气安全宣传的通知》。建立定期调度机制，根据工作需要进行调度，及时掌握各地工作推进情况。督促各地加强跟踪指导，及时发现问题、解决问题，及时纠正工作推动缓慢、流于形式、执法不力等问题。全年共进行工作调度85次。强化省级暗访督导并组织各级开展暗访。2022年，省级分9批85个暗访组，暗访228个场站、1111个用气场所。组织省级督查组，对全省17个市（州）开展全覆盖督查。采取"四不两直"方式，不定期开展暗访检查和组织交叉暗访检查，促进工作落实。督促各地压实企业主体责任，加强隐患排查和整改督办，做好隐患问题分级分类治理和闭环管理，持续跟踪、定期调度，确保及时整改到位。组织燃气安全执法检查23438次，处罚1283次，取缔非法燃气企业27家，吊销燃气经营许可证企业14家。按照国务院安委会、省安委会统一部署，组织燃气安全整治"百日行动"。持续开展"扫街行动"，对工商业燃气用户进行入户安检，建立用户档案。共开展地市级督导检查527次，通报133次，约谈195次。查处使用不合格或不符合气源要求的燃气具的企业915家，吊销、取缔不符合市场准入条件的企业15家，打击违规供应非法气源的企业26家。开展安全宣传114254次，警示教育30738次。印发《关于开展城镇燃气安全现状评价工作的通知》，指导各地开展安全现状评价工作，根据安评结果，同步开展经营许可再核查。推动燃气行业信用体系建设和市场退出机制建立。统筹谋划"十四五"城市燃气管道老化更新改造工作。将"燃气管网大改造"列入"我为群众办实事"项目重点推进。督促各地认真谋划老旧管道更新改造项目，积极争取支持。印发《全省城市老旧管道更新改造工作方案（2022—2025年）》，督促指导各地抓紧推进相关工作，提升本质安全水平。加强宣传和应急建设，全省各地发布宣传报道6184条，播放宣传视频59万次，组织宣传活动2545次，开展应急培训1023次，校园燃气安全集中宣传教育629次。

【优化用水用气报装】精简报装申请材料，将用水用气报装申请材料减少至1份。对必须提供的申请资料因客观原因无法即时提供的，可根据报装用户信用实行"容缺"办理。指导各地督促供水供气企业重新梳理报装流程，将用水报装环节压减至2个环节（用户申请、签订施工协议）、3个工作日；将用气报装压减至最多3个环节。提前实施用地红线外配套市政管网施工，大幅缩短用户报装接入时间。利用信息化手段加强建设、拓展线上服务，实现网上不见面办理报装、查询、缴费、咨询等业务。推动水气联动报装先行先试，根据用户申报需求进行并联推送、提前介入、联合踏勘，实现"一窗受理、一网通办、一同踏勘、一并接入"，共8个地方被确定为"水电气网用能要素联动报装"先行区试点。

【城市排水防涝】全面排查城市排水排涝设施存在明显短板和薄弱环节，加快实施城市排水防涝设施补短板项目，新建改造城市排水管网，打通雨水排放主通道，提升城市雨水外排能力，从源头减少雨水排放。截至年底，全省城市（县城）雨水管网达到20691公里，雨污合流管网7122公里；排涝泵站达到443座，抽排能力达到4569立方米/秒。汛前全省排查出内涝隐患风险点862处，完成385处隐患风险点整治。完成约8700余公里的城区主干排水管涵及易涝点周边管网清疏工作，清掏雨水口37多万个，清捞检查井超过20多万座，更换破损堵塞雨水箅子1.3万余套、检查井井圈井盖1.4万余个。检修维护排涝泵站345座，闸涵设施261处。开展应急演练68次，参演人数3500人次。印发《关于进一步规范极端降雨城市内涝应急预案编制工作的通知》，对预案的内容及深度作出了明确规定。督促指导各地编制完善极端降雨应急预案，指导内涝应对工作。汛期全省共出动巡查、值守人员7800余人次，出动各类巡查、抽排车辆、设备2000余台次，有力保障城市运行安全。

村镇建设

【"擦亮小城镇"建设美丽城镇三年行动】2022年，"擦亮小城镇"建设美丽城镇三年行动取得了显著成效。三年来，全省共谋划实施8988个项目，累计完成投资868亿元。市县财政投入241亿元，整合各类项目资金186亿元，带动社会投资442亿元。全省乡镇新增产业投资总额达129亿元，盘活资产154亿元，新增城镇常住居民人数55万人，新增就业人数48万人，新增注册商户23万户。组织开展三年行动评估，已初步评选出100个示范美丽城镇。

【农房建设管理】联合省民政厅、省乡村振兴局印发《湖北省农村低收入群体住房安全动态监测管理实施意见》，组织对照民政、乡村振兴部门认定的6类重点对象，逐户建立房屋排查安全巡查信息化台账。动态新增8638户农村危房全部完成改造，争取中央、省补助资金1.97亿元。所有农村地区均完成农房图集编制推广并通过"二维码"免费领取，全省新（改）建农房标准建设图集使用率近70%。2022年，全省已印发农房图集推广相关资料97万份，印发农房建设安全"一张图"宣传推广资料115万份，进村入户宣传100万人次。委托城建职院组织编写《乡村建设工匠培训教材》，已印发各地。联合省人社厅印发《关于开展"乡村建设带头工匠"培训的通知》，春节前完成500个"带头工匠"培训。全年各级开展乡村建设工匠培训297次，培训工匠2万人次。研究起草《湖北省农村房屋建设管理办法》，省人大赴咸宁开展了立法调研，已申报省政府2023年度立法计划。

【传统村落保护】联合省财政厅、省文旅厅印发《关于开展传统村落调查建档工作的通知》，组织完成全省所有传统村落的保护利用情况的拉网式排查。针对有一定保护价值的842个传统村落，建立了"一村一档"，并建成了省级信息管理平台。同时，对206个已经挂牌的中国传统村落进行评估体检，并分县市形成保护利用工作评估报告，形成全省传统村落保护利用工作总报告。湖北省争取64个村列入了第六批中国传统村落，位列全国第9，总数达到了270个。住房和城乡建设部、财政部及省人大组织开展了传统村落连片保护工作调研，并顺利通过了国家恩施州传统村落连片保护示范州创建验收评估。同时，麻城市和通山县成功申报传统村落集中连片保护利用示范县，争取到了1亿元的补助资金。

【乡镇生活污水运营管理】联合省财政厅、省生态环境厅印发《湖北省乡镇生活污水治理项目绩效管理工作指南》，开发绩效评价信息系统，联合生态环境厅印发《湖北省乡镇生活污水治理诚信制度管理办法（试行）》，要求各地加强全生命周期绩效管理，绩效管理工作得到财政部肯定。聘请专业机构，编制《乡镇生活污水处理设施运营维护管理技术规程》，并印发《关于核定乡镇生活污水处理厂实际运行规模的通知》，提升运营管理水平。联合省财政厅开展调研，报省政府《决策调研》印发《关于全省乡镇生活污水处理设施运营情况的调研报告》，有力争取乡镇生活污水补助政策再延续三年共补助9亿元。联合省国开行印发《开发性金融支持县域垃圾污水处理设施建设实施细则》，已经申报项目42个，涉及金额120.6亿元。对93个县（市、区）逐个实地检查评估，每季度印发情况通报，对发现问题逐一督促整改销号。督促各地加大资金筹措，全年征收污水处理费超过1.2亿元，多方筹资15亿元投入管网建设。

【贯彻实践村镇建设工作新方法新理念】2022年，湖北省全覆盖开展乡村建设评价。组织12个专家团队，5月底突击10天时间完成62个县市2021年度乡村建设评价工作。报请省委农村工作领导小组印发《关于开展2022年度乡村建设评价工作的通知》，在次年3月前完成评价工作。联合省财政厅印发《关于组织开展乡村环境微改造共建活动的通知》，选取20个试点村运用共同缔造理念推进设计下乡，组织20个试点村的村支部书记和乡镇分管领导在麻城开展共同缔造培训。依托村镇建设协会组织志愿专家团队设计下乡帮扶，总结共同缔造"五天工作坊"可复制、可推广、有实效的工作经验，并得到湖北电视台的专题报道。

【其他工作】印发《省住建厅关于做好2022年推进乡村振兴重点工作的实施方案》和《省住建厅2022年度定点帮扶和驻村帮扶工作计划》，组织召开兴山定点帮扶联席会议，高质量做好国家、省脱贫后评估检查。开展自建房安全专项整治，组织"百日攻坚"行动和"回头看"活动，共排查自建房1840余万栋。指导随县柳林镇灾后重建工作，协调省直部门加大项目资金支持。完成了环梁子湖周边区域建设项目调查及处置工作，形成项目调查报告报省委，组织专家评估提出了项目处置建议。组织起草《湖北省乡村建设行动推进方案》，配合省乡村振兴局，协调13个省直厅局，结合乡村建设评价结果，起草方案报省委省政府印发。

城市管理

【健全城市管理工作体系】出台《关于推进街道

综合行政执法规范化建设的实施意见》，加强对街道城市管理领域工作的培训、指导、评价、考核和监督。将城市管理工作成效纳入省委对市（州）、市（州）对县（市）党政领导班子和领导干部政绩目标与履职尽责考核体系。建立省对市、市对区（县）、区对街（乡）的层级城市管理工作综合评估体系。在全省开展城市管理工作体系试点，建立高效运转的省市城市管理工作体系。加强全省城管执法系统工作组织体系建设，强化层级监督。市、县两级城管部门充分利用第三方评价、明察暗访等方式，对所辖区域的城市管理工作进行评价。会同省社会科学院开展多级联动机制课题研究。召开全省城市管理工作会议，交流城市管理先进经验做法。省级制定《城乡建设发展引导资金项目分配办法》，全年下达引导奖励资金 1.2 亿元，引导各地积极推进省级部署重点工作。

【开展城乡环境整治】省级结合第三方暗访开展城市容貌体检，细化暗访指标 101 项，问题导向推进整改。对各城市顽瘴痼疾进行“把脉问诊”，找到问题产生的根源，提出解决措施。指导各地开展“清顶、净面、美楣、畅路”专项整治，积极创建美丽街区和美好环境示范路。印发《关于开展户外广告和招牌设施专项整治的通知》，对户外广告和招牌设施开展安全排查整治，形成整治点位清单，建立台账，精准整改。全省累计拆除户外广告和招牌 64706 处，排查发现安全隐患 12351，完成整治超过 12000 处。编制《湖北省门店招牌设置管理规范》《湖北省城市机动车停车设施建设管理指南》《湖北省城市口袋公园设计指引》《湖北省城镇道路窨井盖病害整治工作指南》《整治街巷净环境验收标准》。省政府发布《湖北省餐厨垃圾管理办法》，制定完善《湖北省城乡生活垃圾治理技术导则》等系列技术规范。

【提升城市治理水平】向省政府申请解决省级城市运行管理服务平台系统建设经费 2420 万元。与国家平台技术支持企业签订合作协议，直接共用国家运管服平台业务指导系统，同步开发建设监督检查、监测分析、综合评价、决策建议、城市地下市政基础设施综合信息管理平台。开展问题督办、暗访考评、联网评价、环卫基础数据和停车泊位等行业应用建设，部分试点地区的园林绿化、环卫、渣土和执法数据信息接入省级平台。襄阳市全面对标上海完成城运平台建设，荆门、孝感等重点城市均将城市运行管理服务平台纳入智慧城市和城市大脑建设稳步推进。指导黄石、十堰开展基础设施安全运行监测试点。黄石市将城市基础设施安全运行监测项目纳入《2022 年黄石市智慧城市待建项目（第一批）清单》，完成了全市 3259.12 公里排水管网隐患排查与检测。十堰市采取市区、企业两级联动的方式，企业先行建设信息系统，作为市级监管平台的二级平台集成接入。建设燃气安全监管系统，打通了两家燃气企业的运营、生产、应急管理系统，接入场站、管网、工商业用户等约 655 个站点共 2500 多个燃气监测传感器，实现燃气运行安全状态感知，事件处置派单、反馈、指挥调度等功能。制发《2022 年度全省城管系统“我为群众办实事”实施方案》，谋划和推进 6 万个机动车公共停车泊位建设、300 个口袋公园建设、200 条背街小巷环境整治、5000 个城市社区生活垃圾分类投放收集点（站）升级改造等四件实事项目，建立“每月报告、双月通报”工作机制。全年全省已建成机动车公共停车泊位 11.68 万个，完成率 194.6%；建成口袋公园 262 个，完成率 87.3%；整治背街小巷 237 条，完成率 118.5%；升级改造生活垃圾分类投放收集点（站）7004 个，完成率 140.1%。武汉市积极推进“路长制”，探索形成以“路长”为重要节点的“一网覆盖、扁平管理、共建共治”城市治理新格局。潜江市推行城市管理“一张网格、双向派单、三种力量、四套机制、五员共治”的“12345”工作法，与群众开展“城管夜话”活动。鄂州市做实服务基层“四个一”工作机制、“两长四员”网格化管理机制，确保工作分细、责任压实。

【执法队伍建设】制定《湖北省住房和城乡建设行政处罚自由裁量基准》，细化行政处罚自由裁量标准，防止决策失误和处罚不公。印发《关于严格规范全省城市管理执法行为的通知》，大力推进严格规范公正文明执法。组织开展“下基层察民情解民忧暖民心”实践活动和“严格规范执法、喜迎二十大”为主题的专项教育。指导各地制定“首违不罚”清单，对涉及安全生产方面的执法实行“零容忍”，对占道经营等不涉及安全的实行“柔性执法”。各地积极探索第三方巡查、“马路办公”等问题发现机制，开展多部门联勤联动执法工作。积极推广“巡执分离”的执法方式，探索建立“前端及时发现＋后端依法处置”的衔接机制，提高执法效率，减少执法冲突。会同《中华建设》杂志社刊发“共同缔造和谐美、绣靓荆楚新容颜”特刊，全方位展示全省各地城市管理工作成效。健全舆情监测机制，对舆情实行常态化监控；建立网络舆情发现处置机制，对于重要舆情线索第一时间妥善处置。

【推进生活垃圾分类】将垃圾分类工作纳入美好环境和幸福生活共同缔造试点工作，印发《生活垃圾分类共同缔造活动“以奖代补”实施方案（试行）》，推动各地发动群众共同推进城乡生活垃圾分类工作。全面开展生活垃圾分类示范社区、示范村创建工作，组织第三方对全省创建工作进行暗访评估，建成生活垃圾分类示范社区 200 个、示范村 1000 个，通过发挥典型引领作用，带动全省 8.3 万家公共机构和相关企业、2286 个社区和 6554 个行政村开展了垃圾分类，覆盖城乡居民约 950 万户。住房和城乡建设部 2022 年二、三季度生活垃圾分类工作考核评估中，湖北省中部省份第一名。聚焦垃圾焚烧发电处理设施建设攻坚行动，推动生活垃圾处理由填埋向焚烧转型，8 月 11 日，在黄冈市组织召开全省生活垃圾焚烧处理设施建设推进会。2022 年，全省共建成焚烧发电厂 32 座，水泥窑协同处置厂 16 座，焚烧处理能力（含水泥窑协同）达到 3.935 万吨，焚烧占比 73%，城市（含县城）生活垃圾无害化处理率达到 100%。全省建成餐厨垃圾集中处理厂 75 座，总处理能力 3500 吨 / 日，全省县城以上城市基本实现餐厨垃圾收运处置体系全覆盖。全省各地共配备厨余垃圾运输车 1160 辆、其他垃圾运输车 7100 余辆、可回收物回收车 645 辆、有害垃圾运输车 140 辆，建成垃圾转运站 2029 座，配置农村保洁员 14.1 万人，所有乡镇全部具备生活垃圾中转能力，所有行政村实现收运处置体系全覆盖。持续推进中央生态环境保护督察和长江经济带生态环境警示片反馈问题整改，通报问题清单，督促各地按期整改销号。列入“十三五”规划的 37 个焚烧发电项目已建成投运 24 个，5 个正在建设，5 个项目已明确取消建设，另外 3 个正在加快推进。19 座超负荷运行填埋场，已完成整改的有 17 座，其余 2 座正在推进，年底前全部完成。26 座库容使用年限不足 5 年的填埋场所在市县已有 13 个完成整改（9 转入焚烧，4 个完成扩容），10 个地方已开工建设焚烧发电厂，3 个正在抓紧推进。长江经济带生态环境警示片反馈的十堰市生活垃圾填埋场问题已整改完成。印发《关于进一步加强全省生活垃圾处理设施安全运行管理工作的通知》，组织召开了全省生活垃圾处理设施安全管理工作视频会议，全面开展生活垃圾处理设施安全运行隐患排查整治，在各地自查的基础上，对全省生活垃圾填埋场和焚烧厂逐步开展等级评定和复核工作。

【园林绿化】报请省政府召开省第三届园博会筹备工作视频推进会，对全年园林绿化工作进行安排部署。印发《关于抢抓春节黄金季节开展植树增绿的通知》，指导各地开展植树增绿活动，组织厅机关干部职工赴武汉市天兴洲开展义务植树活动，全省春季期间共植树 138.9 万余株。督促各地因地制宜建设社区公园、街头绿景等群众身边小型绿地，增加慢行、健身、休闲绿色活动空间，促进城市绿量大幅增加。联合湖北日报完成 50 个“才貌双全”最美口袋公园评选活动，逐步实现市民“推窗见绿，出门进园”的美好愿景。武汉市对口袋公园设计创意进行“众筹”，打造武汉特色品牌，建成 65 个口袋公园。荆州市制定《荆州市中心城区拆墙透绿及口袋公园建设工作实施方案》，71 处口袋公园建设完成，新增城区绿地面积 150 公顷。十堰市新建首个体育元素主题公园，并谋划一期投资 3 亿元，建设以健康慢行为主题的主城区山体综合开发项目。5 月 20 日，第三届省园博会在荆门召开。参照国家园林城市指标体系和城市体检指标体系，制定具有湖北省特色园林绿化体检指标，印发湖北省城市园林绿化专项体检实施方案，组织市州率先开展园林绿化专项体检。开展国园创建初审考查，组织专家对申报创建国家生态园林城市、国家园林城市的武汉、宜昌、老河口、沙洋等地进行了初审考查，提出具体整改意见。坚持绿地管养维护由粗放型管理向精细化转变，督促各地严格实施绿线划定制度，加大绿地巡查保护力度，探索园林绿化养护市场化和考核常态化新路径。开展打击破坏古树名木违法犯罪活动专项整治行动，截至目前，全省城市古树 2793 株，城市名木 448 株，城市古树名木总数量为 3162 株。

标准定额

【工程造价改革工作】花湖机场以 BIM 技术为突破口，形成一套《花湖机场项目计量计价规则》，在一定程度上有效控制了项目投资，得到了更能体现市场竞争形成价格机制的结论。先后 3 次赴全省工程造价改革试点项目现场指导工作，协调解决技术问题；组织 4 个试点市州有关人员赴花湖机场实地学习；召开全国工程建设造价改革业务交流会，共同探讨深化工程造价市场化改革的下一步工作思路。武汉市推进项目 4 个，襄阳市 2 个，宜昌市 2 个，鄂州市 1 个。与财政、公共资源监管部门联合印发《湖北省房屋建筑和市政基础设施工程施工过程结算暂行办法》，进一步规范房屋建筑和市政基础设施工程计价和工程款支付行为。《湖北省工程造价咨询业信用信息评价管理办法》完成意见征求工作，计划启动合法性审查工作。

【工程造价管理】全面推进存量计价依据编制工作。完成发布全统装配式投资估算指标、省概算定额及其他费用定额、省仿古定额、市政维修定额 4 个专业，计价依据7册，全面完成2018湖北省计价依据体系各专业编制任务。指导宜昌、襄阳补充盘扣式脚手架定额，启动湖北省盘扣式脚手架补充定额编制；发布中建二局武汉智能网联汽车测试项目沥青配合比补充定额13个子目。草拟全省定额人工单价调整方案。对2018土建及市政定额、施工机械台班不含燃动费等逐条分析，启动对施工机械台班不含燃动费动态调整。完成定额勘误5期，共计34处；梳理定额2册。草拟《湖北省建设工程造价技术咨询管理办法（征求意见稿）》，发布共性问题解释32条。

【工程造价信息化建设】搭建了"湖北省工程造价数字化平台2.0版"，最大限度增加实用性和用户体验性，10月27日上线试运行。《湖北省房屋市政工程造价数据采集标准》和《湖北省建设工程造价应用软件数据交换标准》已基本完成征求意见稿的编制工作。《建设工程人工材料设备机械数据分类和编码规范》已进入市场监管局立项审批阶段。起草《湖北省建筑材料厂商价格信息发布规则》，同步配套开发厂商价格信息发布平台，鼓励各相关厂商在省级平台发布本单位相关价格信息。发布工程材料市场价格信息10期，60000余条，工程造价管理电子期刊5期。

【工程建设地方标准供给】印发《关于推荐申报2022年度住房和城乡建设领域省级地方标准制修订计划项目的通知》，全年两次共收集地方标准立项资料72项，经评审上报市场监管局58项。全省地方标准立项291项，经省住房城乡建设厅公告实施并报住房和城乡建设部备案139项。历年计划延续编（修）订168项，其中，正在征求意见31项，召开评审会6项，上报省市场监管局7项，在编124项。

【造价咨询】强化事中事后监管、加强人员管理，扩充技术协查人员名录库373人。印发《关于做好全省工程造价咨询企业监管暨专项检查工作的通知》，组织全省造价咨询企业进行自查、市州专项检查，12月中旬，省住房城乡建设厅启动抽查工作。有序组织二级造价师考试。组织造价咨询行业统计调查。2022年上报统计报表企业449家，同比增长13.96%；期末从业人数达30872人，其中一级注册造价工程师3422人、二级注册造价工程师750人、其他注册执业人员26700人；2022年度全省完成工程造价咨询项目所涉及的工程造价总额40609.9亿元；2022年度工程造价咨询企业实现营业收入482.57亿元，其中工程造价咨询业务收入32.01亿元，较上年增长8.32%。依法依规调查核实投诉举报2起。

工程质量安全监督

【房屋市政工程安全生产】截至年底，共接各地上报房屋市政工程生产安全事故22起，死亡23人，未发生较大事故；与2021年同期（29起，33人）相比，事故起数、死亡人数分别下降24.1%、30.3%，全省房屋市政工程安全生产形势稳中向好。

【工程质量监管】2022年，全省共监督工程30100项单位工程，受监工程面积4.01亿平方米，监督覆盖率100%；竣工工程9177项，面积1.15亿平方米，工程竣工验收合格率100%。明确提出自2022年起未推行《工程质量安全手册》制度的项目不得申报省级质量安全奖项。共创建省建筑结构优质工程532项，省建设优质工程楚天杯109项，国家优质工程15项，5项工程通过鲁班奖现场复查。创新开展建筑工程质量评价和建筑施工企业质量管理工作评价"双评价"工作，有序推进湖北省建筑工程质量评价试点工作。

【"一证两书"提质扩面】截至年底，全省已发放"一证两书"80.5万余份（套）。湖北省率先推出住宅工程"一证两书"系列制度得到住房和城乡建设部肯定，工作经验通过住房和城乡建设部《中央城市工作会议精神落实情况交流》第178期印发全国。《建筑》杂志总第965期在"住房和城乡建设这十年·地方经验"中对湖北省"一证两书"工作再次进行了总结和推广。

【勘察设计质量管理】全省施工图审查机构共受理新、改、扩建房屋市政工程施工图联合审查16091项、37741个单体，装饰装修（消防）、幕墙等7个专项工程3974项。指导"探索缩小施工图审查范围"改革，宜都等11个县市区列入"探索缩小施工图审查范围"先行区。开发建设BIM施工图审查系统，开展BIM施工图审查试点，在襄阳市发放全省第一张BIM施工图审查合格书。联合省自然资源厅、省应急厅、省消防救援总队印发《关于加强全省县城高层建筑规划建设管理工作的通知》，着力强化县城规划建设管控。会同省发改委、省财政厅、省卫健委等联合印发《关于进一步做好大型公共设施平战两用改造工作的通知》，全省建成24个平战转换方舱医院，可提供12956张战时床位。

【消防审验工作】2022年，开展全省消防审验工作调研，督促地方加强机构和力量建设，强化执法监管。组织编制《湖北省建设工程消防设计审查验收疑难问题技术指南》，为市县提供技术支持。推进消防现场验收APP移动端建设，提高消防审验信息化水平。

【房屋市政工程联合验收】联合省自然资源厅、省人防办、省政务办印发《湖北省房屋市政工程联合验收管理办法》及其工作指南，开发完成覆盖省市县的房屋市政工程联合验收信息管理系统。建立多部门联合验收机制，将联合验收事项由7项优化为4项，时限从14个工作日压缩至12个工作日，真正实现“一网通办”“一事联办”，房屋市政工程联合验收克难攻坚工作圆满完成。

【全省房屋市政设施调查与成果汇交】2022年，湖北省房屋市政设施调查与成果汇交在全国率先完成。全省共完成房屋建筑调查2444.66万栋、市政道路8708条、市政桥梁3344座、供水厂站334座、供水管线9956条（8445.59公里），7月底，通过了住房和城乡建设部专家组的全面质检核查。8月中旬，湖北省作为全国首批（5个省市）成果提交国务院普查办，《住建部自然灾害防治重点工程工作信息》第13期刊载了湖北省的经验做法。

建筑市场

【概况】2022年，湖北省完成建筑业产值2.11万亿元、增幅11.2%；全省勘察设计收入1068.99亿元，同比增长10.09%；16家工程设计重点调度企业营业收入148.71亿元，同比增长19.06%。

【建筑市场监管深化“三项改革”】大力发展工程总承包，贯彻落实《湖北省房屋建筑和市政基础设施项目工程总承包管理实施办法》，并持续完善工程总承包配套制度。开展工程总承包向全产业链延伸试点，着重抓好9个示范项目建设。联合省发改委印发《关于加强全过程工程咨询工作指导的通知》，并印发了合同范本和服务导则等配套措施。成立工程总承包和全过程工程咨询专家组，为工程建设组织方式改革提供宏观决策咨询、科学管理服务、技术指导支撑。截至2022年底，全省新开工装配式建筑面积3801万平方米，同比增长51.6%。全年培育建设新型建筑工业化与智能建造骨干企业97家，建成3个建筑工业化产业集群和84个装配式生产基地。湖北省向住房和城乡建设部推荐23个智能建造案例，其中中建三局等4家企业的6个案例成功入选住房和城乡建设部第一批典型案例名单，并向住房和城乡建设部推荐申报武汉市、襄阳市和宜昌市为试点城市。10月25日，住房和城乡建设部明确武汉市成为全国24个试点城市之一，并开展了为期3年的试点工作。会同省公管局、省交易（采购）中心对17个市州开展专题调查研究，形成调研报告《工程建设领域招投标问题调查思考》，并提出1＋N的制度体系设想。截至年末，制度体系中主要文件《关于进一步加强监管提升招标投标活动质量的若干措施》及配套措施共14项全部印发实施。

【工程勘察设计】省政府印发《关于促进全省工程勘察设计行业高质量发展的若干措施》，制定了《省人民政府办公厅关于支持建筑业企业稳发展促转型的若干措施》（代拟稿）。加强建筑业重点企业培育，湖北省遴选确定300家重点培育企业，并从资质申请、人员取证、日常监管、项目承揽等方面给予支持。同时，重点培育勘察设计企业，组织开展“双资质”重点培育企业申报、推荐与审核工作。共有70家企业提交申报材料，最终将其中60家勘察设计企业作为重点培育对象。湖北省纳入统计的勘察设计资质企业共计1485家，其中有23家工程勘察综合资质企业，甲级75家，有11家工程设计综合资质企业，甲级181家。该行业从业人员达到22万人，其中10家企业进入全国百强，铁四院连续五年位列榜首。建立建筑业和服务业（勘察设计）月调度分析制度，每月监测行业动态。

【建筑市场监管】持续开展“三包一挂”专项整治活动，全年全省共排查房屋市政项目4849个，查处“三包一挂”违法违规项目48个；检查建设单位3427家，查处违法发包单位17家；检查勘察、设计、施工、监理企业共计4980家，查处转包企业11家、违法分包企业14家、挂靠企业7家、出借资质企业2家；查处个人68人；查处未办理施工许可等违反基本建设程序项目53个。修订《湖北省建筑市场信用管理暂行办法》，进一步完善省建筑市场监督与诚信一体化平台，优化市场行为核查、信用评价、信用档案等模块功能，逐步形成市场监管大数据，并应用到招投标、市场准入、行政审批等事项中。强化建筑工地实名制管理，建立周公布、月调度工作机制，分片召开建筑施工现场实名制管理工作推进会。7月，会同省人社厅积极加强工作督办，针对17个市州的实名制应用情况进行全面评价，并现场反馈存在的问题。联合省人社厅印发《关于进一步做好全省农民工工资信息化监管工作的通知》。住房城乡建设厅建筑市场监管处牵头协调推进智能建造版块信息化建设，初步形成了“一中心、三平台”的总体架构。

【建筑业营商环境】2022年，持续开展助企纾困，共收到企业反映问题61个，已解决53个，问题办结率86.9%。指导支持武汉市江岸区、黄石市大冶市、宜昌市夷陵区、十堰市郧西县、随州市随县创建“探索完善建设工程担保体系"试点先行区；支持武汉市汉阳区、宜昌市兴山县、黄冈市红安县、随州市高新区、恩施州咸丰县创建"探索取消政府投资工程项目的质量保证金"试点先行区。

建筑节能与科技

【**建设科技工作**】印发《湖北省住房和城乡建设厅科学技术委员会章程》；组织开展三个科技创新联合体活动，促进科技成果转化运用；组织申报住房和城乡建设部科技计划项目11项、省级建设科技计划项目126项；开展建设科技大讲堂活动，为全省住建系统工作人员开展科技知识培训5期次。

【**建筑节能与绿色建筑发展**】开展城乡建设领域碳达峰研究，形成湖北省城乡建设领域碳达峰实施方案，已征求市州意见。修订印发《绿色建筑标识认定管理实施细则》，联合省财政厅修订印发《湖北省省级建筑节能以奖代补资金管理办法》，联合省发改委印发《关于组织开展绿色建筑示范工作的通知》。为绿色建筑发展提供了较好的政策基础；修订发布湖北省地方标准《低能耗居住建筑节能设计标准》并组织实施，在武汉、襄阳、宜昌开展超低能耗试点工作；建立完善绿色金融支持绿色建筑发展政策，联合四部门印发《关于加快推动绿色金融支持绿色建筑产业发展的通知》。扎实推进磷石膏建材在房屋建筑与市政设施工程领域的推广应用。8月，在宜昌组织召开全省磷石膏建材应用推进工作会议。

【**标准化工作**】组织编制《湖北省建筑节能与绿色建筑标准体系》，为湖北省建筑节能与绿色建筑标准的制定与实施提供遵循；组织推荐6个项目申报湖北省2023年标准化试点示范项目。上报推荐56项标准，经省市监局评审后通过46项并公示后立项；对接省市场监管局对2021年度发布的省级地方标准开展资助，省住房城乡建设厅归口管理的16个标准得到资金资助。

【**网络与信息化工作**】报请省市场监督管理局申请《湖北省城市数字公共基础设施标准体系总体框架规范》《湖北省城市数字公共基础设施建设规范（试行）》《湖北省县城、乡镇、村庄三级数字公共基础设施建设规范（试行）》三个省级地方标准；大力推进CIM基础平台建设，开展CIM＋专题应用；印发《2022年省住建厅信息化工作重点项目清单》，推动重点项目建设。

【**历史文化保护工作**】会同省文旅厅做好《湖北省历史文化名城名镇名村保护条例》立法相关工作，起草《湖北省关于在城乡建设中加强历史文化保护传承的具体措施（送审稿）》，已上报省委省政府审议；会同省文旅厅开展《湖北省城乡历史文化保护传承体系规划》编制前期工作，选择荆州市开展《荆州市城乡历史文化保护实施方案》编制试点，逐步构建市县级城乡历史文化保护实施方案的样本。截至2022年底，全省共划定44处历史文化街区，1586处历史建筑，已有866处历史建筑完成了测绘；联合省文旅厅召开全省历史文化保护传承工作视频会，共700余人参会。指导各地积极探索历史文化资源活化利用模式，形成了武汉市昙华林、荆州市洋码头等一批历史文化街区以及武汉巴公房子、黄石油铺湾1号民居等历史建筑（文保单位）活化利用示范典型；在省城乡建设发展引导资金中分配了610万元支持历史文化街区和历史建筑保护利用项目。

【**城市体检工作**】组织做好住房和城乡建设部样本城市武汉、黄石城市体检工作；将省级城市体检城市扩大到三大都市圈的15个重点市（县）；在三个都市圈开展都市圈级专项体检；构建"1＋3＋X"的城市体检指标体系模式。

人事教育

【**干部教育培养锻炼**】制定《省住建厅2022年干部教育培训计划》，举办17期系列培训。会同省委组织部举办全省推动实施城市更新行动专题研讨班，各市州及部分县市政府分管负责人和省住建厅相关人员参加了此次培训。组织好领导干部轮训、业务知识培训、综合知识培训等各类培训工作，协调全厅35名干部参加了党校学习。

【**干部选拔、管理和监督工作**】2022年，完成机关3名副处长、厅直单位3名副职和2名处长选配工作；组织进行了厅机关和厅直单位21名公务员职级晋升工作；接收军转干部2名、挂职干部2名；办理9名领导干部转正、23名干部退休手续、46名人员上下编工作。按照年度干部监督工作有关要求，组织全厅108名处以上干部完成个人有关事项填报；开展个人有关事项随机抽查和重点核查，完成12名拟提拔对象、11名随机抽查对象的核查比对；组织开展干部人事档案专审和信息化录入工作。组织开展厅机关、建筑业中心5个公开招考和2个公开遴选职位笔试、面试、体检、考察等工作，新录用公务员（参照管理人员）5名，遴选试用人员1名，招录事业单位工作人员4名。

【**开展人事和外事等工作**】组织对厅机关及直属参公事业单位公务员工资津贴补贴进行清理规范，完成全厅1000余名在职、离退休人员的调资、绩效奖金及养老金核算、发放工作。统筹安排 2022 年度厅机关干部休假计划，并督促落实。落实省委组织部、省外办有关要求，加强因私出国（境）证件管理，对本单位登记备案人员持有因私出国（境）证件进行核查，按干部管理权限对所有登记备案人员持有证件进行收缴和管理，切实做到应收尽收、应管尽管。

【职称评审和行业教育培训工作】加强高技能人才与专业技术人才职业发展贯通，支持高技能人才参加职称评审，鼓励专业技术人才参加职业技能评价，搭建两类人才成长桥梁。组织开展年度评审工作，进一步提高职称信息化服务水平，优化职称管理信息系统，全面推行高、中、初级职称全流程网上申报、网上评审、网上表决，实现“无纸化评审”。截至 2022 年底，组织完成 2022 年度全省建筑工程专业高（含正高）、中级职务水平能力测试工作，共计 736 人参加，合格 527 人。修订印发《湖北省住房和城乡建设领域施工现场专业人员职业培训实施细则（试行）》《湖北省住房和城乡建设行业建筑工人职业培训考核实施细则（试行）》《湖北省建筑工程施工现场从业人员配备管理办法（试行）》，开展施工现场专业人员职业培训工作督导，对培训机构开展“全面体检”，不断规范市场秩序。进一步健全完善培训补贴机制，协调畅通住建部门与人社部门建筑工人技能证书互通互认渠道，推动技能人才培训工作提质增效。截至 2022 年底，全省施工现场专业人员完成培训 48629 人次，继续教育 156689 人次，累计持证量 280463 本；全省建筑工人完成培训 964 人次，累计取证 1286 本。

大事记

1 月

4 日　50 个“口袋公园”入选湖北省 2021 年“最美口袋公园”评选结果出炉。

25 日　召开全省住房城乡建设暨党风廉政建设工作视频会议。

2 月

17 日　召开全过程工程咨询专家座谈会。

17—19 日　湖北省住房和城乡建设厅党组书记李昌海到荆州市调研城建投资、环保督察问题整改、下沉企业助企纾困、擦亮小城镇及“我为群众办实事”等工作。

3 月

2 日　召开“再续精彩我们怎么干”大讨论活动成果交流会。

10 日　召开湖北省第三届（荆门）园博会筹备工作视频推进会。

同日，省住建厅召开 2022 年安全生产委员会第一次会议。

14 日　湖北省“加强物业管理 共建美好家园”典型案例公布，宜昌市嘉明花园小区等 55 个小区上榜。

17 日　召开湖北省建筑业发展与管理工作视频会议。

21 日　召开第六次省级农村房屋安全隐患排查整治工作联席会议，研究推进《湖北省农村住房建设管理办法》编制工作。

26 日　湖北省“加强物业管理 共建美好家园”典型案例公布，宜昌市嘉明花园小区等 55 个小区上榜。

4 月

2 日　召开全省住建系统节前安全生产等方面工作视频会议。

8 日　举办全省房屋市政工程安全生产治理行动部署暨质量监管工作视频培训会。

15 日　湖北省物业行业党委召开 2022 年第一次全体委员会议。

5 月

10 日　召开主题为“加强科技创新、推动智能建造”的工作座谈会。

20 日　湖北省副省长赵海山在荆门调研居民自建房安全隐患排查专项整治工作，实地踏看城市防汛排涝工程施工现场，并召开座谈会，听取荆门市住房城乡建设工作情况汇报。同日，赵海山出席湖北省第三届（荆门）园林博览会开幕式。

25 日　召开全省住建系统打击整治养老诈骗专项行动推进会。

27 日　召开党员干部下基层察民情解民忧暖民心实践活动动员会议。

31 日　举办全省住建系统 2022 年“安全生产月”活动启动仪式。

6 月

2 日　联合省文化和旅游厅召开全省历史文化保护传承工作会。

7 日　召开自建房安全专项整治工作推进视频会议。

14 日　召开 2022 年省住房城乡建设厅网络安全和信息化委员会会议。

24 日和 29 日　先后两次召开推进座谈会，部署推动加快解决基本公共服务人员住房困难问题。

7 月

1 日　省住建厅、省发改委、省公安厅、省民政厅、省自然资源厅、省市场监管局联合召开全省专项整治专业化物业服务收费信息不透明问题视频推进会。

9日 省住房城乡建设厅、省自然资源厅分别与中国城市规划设计研究院成功签订战略合作框架协议。

19日 省住房城乡建设厅与住建部科技与产业化发展中心签订战略合作协议。

20日 召开湖北省住房和城乡建设厅科学技术委员会绿色建筑与建筑节能专业委员会第一次工作会议。

8月

11日 召开全省生活垃圾焚烧发电设施建设推进会。

22日 召开《湖北智能建造2030行动计划》编制启动会。

25日 省总工会、省住房城乡建设厅联合召开湖北"最美物业人"命名座谈会。

26日 召开湖北省磷石膏建材应用推进工作会议。

9月

9日 全省召开自建房安全专项整治工作推进视频会议。

21日 举办全省房屋市政工程"质量月"观摩交流活动。

21—22日 在黄石举办全省预拌混凝土行业高质量发展现场观摩活动。

10月

9日 举行全省推动实施城市更新行动专题研讨班。

11日 举行全省住建系统共同缔造专题讲座暨厅党组理论学习中心组（扩大）集体学习。同日，召开全省住建系统安全生产视频会议。

11月

15日 组织召开省城市数字公共基础设施建设试点工作领导小组办公室第一次会议。

12月

10—11日，住房和城乡建设部党组成员、副部长秦海翔在湖北省红安县和麻城市调研，召开部县（市）联席会议，总结2022年部定点帮扶工作，与两县（市）主要负责同志谋划2023年帮扶工作，并分别向两县（市）捐赠帮扶资金100万元。

29日 省住建厅、省自然资源厅、省人防办、省政务办联合组织开展全省房屋建筑和市政基础设施工程联合验收系统应用视频培训。

（湖北省住房和城乡建设厅）

湖 南 省

住房和城乡建设工作概况

2022年，湖南省住房城乡建设系统奋力打响居民自建房安全专项整治攻坚战，积极参与事故救援，第一时间组织省级督导检查，组建工作专班，全面开展百日攻坚行动。构建省市县协同推进工作格局，地毯式排查摸底，组织动员400余名专业技术人员常驻市县帮扶指导，建立"日简报""周专报""旬通报"调度机制，实行常态化督查和阶段性考评，摸清居民自建房"底数"，形成"1＋N"政策技术体系和安全"四性"分类整治等做法，"一户一策、一栋一策"推进安全整治，有效管控和消除一批重大安全隐患。《湖南省居民自建房安全管理若干规定》填补地方立法空白，安全"四性"分类整治等做法获住房和城乡建设部肯定并向全国推介。坚决推进"保交楼"重大任务，密集出台相关支持政策，争取国家两批专项借款共240亿元，湖南省"保交楼"经验在全国会议作典型发言。创新出台城镇燃气安全管理"六化"举措，严厉打击瓶装燃气挂靠经营，扎实推进安全排查整治"百日行动"，燃气安全形势得到有效扭转。

举办全省住房城乡建设与安全工作专题培训和高层建筑消防安全知识培训，扎实开展安全生产联点督导和质量安全标准化考评，建立工程消防监管协同机制，房屋和市政工程项目安全生产形势保持平稳。针对突出环境问题和城市运行安全等，分类建立台账，以台账式管理推进安全问题治理。

住房保障扩面提效，全年开工城镇棚改24970套、公租房6202套，筹集保障性租赁住房45801套，发放公租房租赁补贴104042户，均全部或超额完成年度任务。老旧小区改造提档升级，3222个老旧小区改造计划全部开工。既有住宅加装电梯 5304 台。住房公积金实施提额等阶段性支持政策，深化湘赣边、长株潭等区域合作，提前完成“跨省通办”服务事项，全省归集、贷款业务体量再创新高。组织开展农村危房改造和农村住房建设省级抽查，加强乡村建设工匠培训管理，打造农房“一张图”“一个库”信息管理平台，全年完成农村危房改造（抗震改造）17243 户。

推动出台财税、住房公积金等系列政策“组合拳”，支持刚性和改善性住房需求。持续开展整治规范房地产市场秩序三年行动，试行商品房预售资金识别监测专户，进一步规范预售资金监管，推动市场秩序好转。

出台助力建筑企业纾困解难 12 条措施，大力推进建筑市场主体倍增工程，推广 BIM 技术应用，推行施工过程结算，全年建筑业完成总产值 14500 亿元，同比增长 9.5%。着力打造绿色建造“湖南样板”，创新“EPC＋装配式”建筑模式，分类推进高品质绿色建造。2022 年，新增 5 家国家级装配式建筑生产基地，超额完成全省绿色建筑、装配建筑年度考核任务。印发城乡建设绿色发展和历史文化保护传承文件，加强新建建筑高度管控，统筹推进城市更新试点和绿色完整社区创建，全省常住人口城镇化率达 60.31%。全年新改扩建城市自来水厂 19 座，新建改造供水管网 1954 公里，新建改造污水管网 1493 公里，整治达标黑臭水体 23 个，建成投产厨余垃圾处理设施 4 座、垃圾焚烧厂 5 座，建成乡镇污水处理设施 242 个，新建乡镇垃圾中转站 110 个。开展城管体系建设试点工作，推进省市县三级城市信息模型 CIM 体系建设，扎实开展户外广告招牌和窨井盖安全管理整治行动，城市精细化管理水平不断提高。新增中国传统村落 46 个，上线 128 个传统村落数字博物馆，4 镇 35 村入选省级历史文化名镇名村名单。

法规建设

【政策法规制定】坚持问题导向，扎实开展居民自建房立法调研，制定出台《湖南省居民自建房安全管理若干规定》，为规范化解居民自建房安全管理风险和隐患提供了法治保障，填补了地方立法空白。全面推动法规宣贯实施，制定居民自建房若干规定宣贯方案，举办新闻发布会，发布系列解读，开展“百千万”培训工程，进一步厘清职责边界，压实属地责任，突出执法重点，打通法规实施的“最后一公里”。

【依法行政】印发《法治政府建设实施纲要（2021—2025 年）》实施方案，指导系统法治政府建设。出台公平竞争审查办法，开展第三方评估。审查出台规范性文件 32 件，经济合同 104 件，行政执法、信息公开、信访、法规征求意见等 500 余件。组织行政执法证考试换证工作，首批 83 人取得新版执法证，接受全省行政执法案卷评查，获评全省法治建设考核优秀等次。印发八五普法规划和年度普法计划，举办习近平法治思想讲座。开展宪法系列宣传活动，获湖南省宪法知识竞赛第 7 名。开展送法下乡活动，宣传农村建房法律知识。编制行政复议和行政应诉典型案例，指导系统依法办案。办理行政复议和行政应诉案件 30 件，同比下降 43.4%，全部胜诉。

【审批制度改革】先后出台 7 个资质改革文件，完成房地产开发企业资质改革，资质等级由 4 个压减为 2 个，将二级资质下放至市州审批；深化建设工程企业资质改革，出台“综合特级”企业培育、相近资质互通互认等十条措施；优化安全生产许可证审批流程，实行“电子证照”，延续事项由 20 个工作日压缩在 3～5 个工作日办结；告知承诺制审批落地实施，11 家企业通过告知承诺制获取资质，加强对特一级、甲级等报部审批资质申报的指导服务，2022 年共获批高等级资质 119 项。先后出台加强资质申报人员证书真实性查验和业绩管理的通知，确保资质申报所用人员、业绩真实、完整；依法查处资质申报违法违规行为，撤销弄虚作假企业资质，对伪造国家机关证件的单位移送公安机关处理，资质申报弄虚作假行为得到有效遏制。完成勘察设计资质、安全生产许可证评委库更新，组织监理、检测资质评委征集。实施评委“背靠背”审查、会审盲审和复核制，制定资质评审细则和共性问题清单，严格限制评委自由裁量权。开展信用体系课题研究，组织调研并起草信用管理办法，探索建立覆盖全省住房城乡建设领域的信用管理机制。

【政务服务】贯彻落实《湖南省优化营商环境规定》，围绕“市场环境、政务服务、监督执法、法治保障”等四个方面细化形成 40 条具体工作措施，推动工作落实落地。厅党组成员以办事群众和窗口工作人员等身份开展走流程活动，查摆政务服务相关问题，制定整改措施，抓好整改落实。不断优化业务办理方式，大力推进政务服务事项“帮代办、网上办、邮寄办”。修订完善政务服务办事指南，开发微信小程序，审批流程、办理时限、申请材料大幅规范精简，办理时限压缩比 76.77%、全程网办深度同比提高 40%。年内完成企业行政审批 1.5 万余项，完成企业服务事项 5.9 万余项，办件量稳居省直单位前列。成立厅政务窗口党小组，组织窗口党员慰问社区困难户、重走雷锋光辉路，用心用情办理群众来信来访，耐心受理电话咨询，千方百计解决企业和群众"急难愁盼"问题。建立窗口派驻廉政监督员制度，加强窗口人员作风纪律监督，全年未发现一起违纪违法行为。政务窗口工作获评省政务服务中心年度考核优秀等次。

住房保障

【概况】2022年，全省全年获得棚改及公租房、保租房中央资金共12.25亿元，争取棚改和保租房专项债券43.73亿元。在财政部湖南监管局对湖南省2021年棚改、公租房及保障性租赁住房专项资金使用绩效评价中获优秀等次。

【计划任务完成】召开2022年全省住房保障工作推进会，建立市州问题清单，点对点督促整改。全年公租房开工6202套，开工率100%；筹集保障性租赁住房45801套，完成率100%；城镇棚改开工24970套，开工率100%；发放公租房租赁补贴108182户，完成率110.6%。公租房在保家庭达到110万户。

【公租房管理】联合相关部门，组织市州对长期空置的政府投资公租房开展盘活处置工作。继续推进省级公租房监管平台建设，组织湘潭、邵阳等7个市州10个公租房小区开展实时监管试点工作，提高公租房小区智能化监管水平。梳理和督促整改2021年公租房运营管理第三方评估中发现的问题，开展公租房安全管理和租赁补贴发放情况及2022年计划任务完成情况等调研评估。

【保障性租赁住房】经省人民政府同意印发《关于加快发展保障性租赁住房的通知》，督促各地出台相关文件加快推进发展保障性租赁住房，长沙等7市人民政府出台落实文件。对发展重点城市保障性租赁住房情况开展监测评价。联合湖南银保监局等13部门出台推动支持新市民金融服务工作37条措施，明确加大保障性租赁住房建设运营的信贷支持力度。联合发改、财政等部门起草发展保障性租赁住房监测评价办法。指导常德市汉寿县、石门县开展乡镇保障性租赁住房试点工作，有7个项目共266套（间）专门面向乡村教师供应，乡村教师住房保障工作获住房和城乡建设部肯定。向新市民和青年人等群体分配入住保租房3.79万套。全省共11项加快发展保障性租赁住房的经验做法被列入住房和城乡建设部发展保障性租赁住房可复制可推广经验清单。

【保障性住房质量与运营安全管理】印发《开展公租房领域安全管理集中整治工作的通知》，开展全省公租房领域安全管理集中整治行动，组织市州全面排查安全隐患并限期全部整治到位。

【审计整改】积极配合国家审计署开展住房租赁市场（含公租房、保租房）专项审计，召开审计整改工作推进会，及时梳理分解审计发现问题，督促市州逐项研究整改措施，制定全省整改方案，加快推进问题整改。

房地产业

【概况】2022年，湖南省完成房地产开发投资5180.30亿元。新建商品房销售面积6792.87万平方米；全省商品房销售额4312.26亿元。新建商品住宅均价6245元/平方米。商品房施工面积38367.00万平方米。房屋新开工面积5522.54万平方米。房屋竣工面积3435.71万平方米。房地产用地供应6358.66公顷，其中，住宅用地供应量4604.93公顷，占房地产用地供应量的72.4%；商服用地供应1753.73公顷，占房地产用地供应量的27.6%。截至12月末，全省房地产贷款余额16667.05亿元，占全部贷款余额的26.7%。全省房地产贷款新增325.61亿元，同比少增951.09亿元。从贷款投向来看，12月末房地产开发贷款余额4099.39亿元，同比增长3.6%，增速较上年同期提高3个百分点；12月末个人住房贷款余额11958.5亿元，同比增长2.5%，增速较上年同期回落9.7个百分点。12月，全省首套房贷款平均首付比例、利率分别为33.6%和4.22%，分别低于二套房贷款9.07个和0.69个百分点。全省房地产税收1180.58亿元（扣除留抵退税因素），占税收总收入比重25.68%，占比较上年同期同口径下降1.75%。其中，房地产税收地方部分1023.94亿元，占地方一般公共预算收入比重29.73%，占比较上年同期同口径下降2.07%；占地方税收收入比重43.63%。

【房地产调控】每季度组织召开一次促进全省房地产平稳健康发展联席会议，深入研究市场交易、土地供应、金融、财税等多方面政策措施，及时向住房和城乡建设部和省委省政府提出政策措施，为上级决策提供科学依据和参考；支持省会长沙出台"以租换购""强省会人才购房""多子女家庭购房"等系列政策；指导市州完善调控政策工具箱，切实提振消费信心，政策效应逐步显现。通过优化住房限购政策有效释放需求，切实稳定房地产市场；探索建立商品房现房销售制度，得到住房和城乡建设部肯定和认可。加强房地产市场动态监测，督促市州及时上报房地产交易网签数据，指导县市房屋交易备案系统与住建部联网。持续优化住房领域全业务流程，打造全省统一的住房领域信息化平台，实现与工程建设项目审批监管系统对接。

【房地产监管】制定政策工具箱，精准实施房地产市场调控，指导市州出台财税、金融、公积金、人才购房、非住宅及车位去库存等系列政策“组合拳”，促进房地产市场平稳健康发展。主动对接国家部委，争取首批保交楼专项借款资金，排名全国第2，首批借款项目均已实现复工复产，加快形成实物工作量。充分发挥房地产工作协调机制作用，与金融等部门单位建立常态化信息共享机制，先后召开政银企对接会20余次，分类推动提供并购贷、按揭贷、开发贷等资金支持。压实市县保交楼属地责任，督促市县切实加大保交楼工作力度；指导长沙市探索住房租赁试点工作，推动住房租赁市场有序发展。持续推动长沙市7个项目开展住宅物业住房品质楼盘试点工作，示范带动全省开发楼盘提高居住品质；印发提高住房成套率的通知，要求公寓、棚户区房屋、企业职工宿舍等新建或加装独用厕所、厨房。出台《湖南省房屋安全鉴定暂行管理办法》《关于加快推进自建房结构安全鉴定工作的通知》等文件，填补既有房屋结构安全鉴定的监管空白，推动自建房百日攻坚战顺利实施。部署高层建筑风险隐患排查整治行动，开展安全生产三年行动计划、两违清查行动、重大火灾隐患、重大节假日及重要活动期间消防、汛期房屋使用等多项安全专项行动，开展房地产领域信访维稳集中化解百日攻坚行动，全面推动房地产风险项目复工复产。推出“四方定期见面沟通”机制，房地产领域信访总量逐月下降。持续开展整治规范房地产市场秩序三年行动，积极营造诚实守信的市场环境。加大房地产领域防范处置非法集资的工作力度，严厉打击养老欺诈、非法集资乱象。加强预售资金监管，对各地预售资金监管情况开展检查督导，督促相关市州立行立改。严格预售许可条件，印发加强商品房销售管理的通知，要求各地严格执行《湖南省城市房地产开发经营管理办法》。全面完成城镇房屋调查，为下步加强既有建筑使用安全管理奠定坚实基础。加快建设全省住房领域“一网通办”平台，长沙市等8个城市及邵东等20个县市区系统已全部部署完成。配合省人大对《湖南省物业管理条例》进行修订，切实加强湖南省物业管理的顶层设计。联合省委组织部出台《关于全域推进整体提升城市基层党建引领基层治理的若干措施（试行）》，推出坚持党建引领“美好小区·幸福家园”建设，小区协同治理工作取得初步成效。出台《湖南省住宅物业承接查验办法》，健全物业承接查验交接保修制度。印发《关于开展住宅物业服务区域内安全台账信息化管理的通知》，进一步夯实物业小区安全管理工作。指导株洲市开展使用物业维修资金增值收益购买电梯保险的试点改革。开发“HN业主投票”微信小程序推动业主自治组织全覆盖，全省近7000个住宅小区已成立业主大会。

工程质量安全监督和建筑市场

【概况】2022年，湖南省建筑业完成总产值14481亿元，同比增长9%左右。全年建筑施工安全生产形势总体平稳向好，共发生房屋市政工程生产安全事故43起、死亡48人，未发生较大及以上事故，死亡人数同比下降17.3%。全年房屋建筑和市政工程质量水平稳步提升，工程质量一次竣工验收合格率98.7%，全省建筑业企业共创建鲁班奖4项、国优12项、省优260项、芙蓉奖105项。

【安全监管】印发《关于2022年全省建筑工程质量安全目标管理工作的通知》《贯彻〈进一步强化安全生产责任落实坚决防范遏制重特大事故的若干措施任务清单落实举措〉的通知》，定期调度和研判建筑施工领域安全生产形势，组织召开全省建筑工程质量安全管理专题会议、全省建筑施工安全生产形势分析会议、全省在建房屋市政工程施工企业负责人安全生产视频会议等，督促各地深刻吸取事故教训认真开展安全隐患排查整治。组织开展2022年住建系统“安全生产月”活动、建筑施工“安康杯”安全生产知识竞赛等，提升住建系统安全生产意识。印发《关于开展2022年房屋市政工程施工安全暗访检查工作的通知》《湖南省房屋市政工程安全生产治理行动实施方案》《关于开展房屋市政工程建筑起重机械、附着式升降脚手架及高处作业吊篮安全专项整治的通知》及《关于进一步加强房屋市政工程施工现场临时用电安全管理的通知》等文件，持续在全省范围内开展建筑施工领域季度督导督查、明察暗访以及安全生产联点督导等行动，共抽查项目112个，查找问题416个，发现质量安全隐患1105条、市场不规范行为22项，立案18起，下发执法建议书9份，下发交办函8份。印发《湖南省建筑工程开工安全生产条件审查制度》《关于进一步规范建筑施工质量管理和安全生产标准化考评工作的通知》，将执行安全生产强制标准纳入行政审批条件并严格审批，定期开展安全生产标准化考评，考评结果与招标投标信用评价管理挂钩。公布建筑施工安全考评不合格项目238个，2021年度安全生产优良工地1477个，安全生产优良企业92个、不合格企业8个。

【质量监管】印发《湖南省房屋建筑和市政基础设施工程质量手册（试行）》《湖南省房屋建筑和市政

工程消防质量控制标准》，为严格工程质量监管，加强消防施工质量过程控制提供技术保障。将住宅工程质量潜在缺陷保险试点工作纳入2022年湖南省全面深化改革工作任务台账，已有5个市州已先后出台试点工作措施。制定建筑施工质量管理标准化考评制度，定期进行质量管理标准化考评和省级建筑施工质量管理标准化符合性比对抽查，抽查地区覆盖12个市州、37个县市区，比对抽查211个项目。共公布质量管理优良工地1440个，建筑施工质量考评不合格项目36个，质量管理优良企业94个，不合格企业3个。推动在14个市州建立工程质量检测信息化监管系统，对质量检测进行实时数据采集，实现对预拌混凝土生产质量实时监控。在省级质量安全季度督导中，共对5家预拌混凝土企业及13家工程检测公司进行现场延伸检查，督促各地加强对混凝土质量监管。印发《关于进一步提升建筑工程质量安全监督规范化工作水平的通知》，提升全省监督规范化水平，开展新进监督人员继续教育培训工作，全面提升监督人员专业技能水平，累计培训633人次。

【消防验收监管】制定《湖南省建设工程消防验收工作导则》，进一步全面规范消防验收程序、内容标准和实施方法。印发《关于做好全省住房建设领域消防安全大检查工作的通知》，开展消防安全风险隐患“大排查、大整治、大管控”行动，将消防安全纳入到省级季度督导检查和明察暗访，加强建筑工地消防安全管理。印发《关于进一步做好高层建筑风险隐患排查工作的通知》，建立台账，列出清单，依法依规督促整改。对各地建设工程消防验收职能职责落实情况开展回头看，认真梳理总结建设工程消防验收工作机构、人员编制、经费保障情况，建立承接职能以来办理的建设工程消防验收台账；开展2019年以来全省住建部门实施办结的建设工程消防验收情况检查，从各地已办结的消防验收项目中随机抽查84个项目，组织专家对所涉及的消防设计审查、消防验收、备案抽查等资料进行评查，共发现问题223个，对存在问题较多的9个市（州）验收项目开展现场检查核实。开展化工园区内建设项目消防审验核查，对全省16家化工园区所有的房屋市政项目施工许可办理、竣工验收备案以及消防验收情况进行全面核查，列出问题隐患清单并督促整改。开展《湖南省建设工程消防验收工作导则》和全省建设工程消防验收操作实务培训，提升全省消防验收人员的消防业务水平和履职能力，累计培训600余人次。

【工程建设项目审批制度改革】修订出台《湖南省工程建设项目审批工作指南（第四版）》《湖南省工程建设领域市政公用服务报装接入办事指南（第二版）》，在全国率先全省统一推进分阶段办理施工图审查和施工许可，采用审批承诺函等办理重点项目建筑许可手续，帮助企业提前3～5个月开工建设。推进园区建设“洽谈即服务”“签约即供地”“开工即配套”“竣工即办证”。国务院第九次大督查在《人民日报》（2022年08月29日02版）刊发《扩大投资促进消费 扎实稳住经济大盘（大督查在行动）》，对湖南省工改做法及成效进行专门推介。

【建筑垃圾管理和资源化利用】配合修订《湖南省实施〈中华人民共和国固体废物污染环境防治法〉办法》，强化建筑垃圾的源头减量和资源化利用责任，明确职能部门编制建筑垃圾消纳处置和资源化利用设施布局国土空间专项规划及批准实施等。发布建筑垃圾资源化利用工作要点，提出年度任务目标，督促市州主管部门按照任务清单抓好落实。印发《关于加快推进建筑垃圾资源化利用再生产品应用工作的函》，引导长沙等市州加快建筑垃圾再生产品应用。加大资金扶持，为长沙市、邵东市等5个地区争取引导专项资金，用于项目、平台建设和技术研发。2022年，全省建筑垃圾资源化综合利用量约为5485万吨，资源化综合利用率约为43.4%，如期完成年度任务目标。

【建筑业高质量发展】2022年，湖南省具有总承包和专业承包资质的独立核算建筑业企业3993家，同比增长10.2%，完成全年目标任务。向省制造强省建设领导小组办公室报送产业发展“万千百”工程优质企业推荐名单，支持将优质建筑业企业培育列入市州真抓实干督查激励考核。会同省财政厅等11部门印发《助力建筑企业纾困解难促进经济平稳增长的若干措施》，制定12条帮助企业解决生产经营困难的政策措施，优化市场营商环境。修订《湖南省住房和城乡建设厅 湖南省财政厅关于在房屋建筑和市政基础设施工程中推行施工过程结算的实施意见》，明确工程款支付比例不得低于施工过程结算款的80%。进一步落实工资保证金制度，持续推动银行保函、工程保证保险、担保保函等替代保证金。2022年，全省以保函替代保证金80.2亿元。组织召开湖南省建筑业“走出去”战略合作联盟工作会、加纳使节团与企业对接交流会、湖南省“走出去”重点项目抱团对接会等，搭建对接平台，推动企业合作交流。组织建筑业企业赴广西南宁参加中国－东盟建筑业合作与发展论坛，与广西签订建筑业领域合作交流框架协议。加大对走出去建筑业企业的金融扶持，组织企业申报湖南省“一带一路”暨国际产能合作重点项目，累计申报项目 23 个，共 28.59 亿元。

【建筑市场监管】发布两批建筑市场责任主体不良行为记录，记录建设单位 66 家、建筑业企业 125 家、监理企业 54 家、其他单位 92 家，注册建造师 403 人、监理工程师 419 人、其他个人 629 人。对 14 个市州开展建筑市场专项检查，2022 年全省共检查项目 8041 个次、建设单位 6389 家次、施工企业 6342 家次，共排查出 179 个项目存在各类建筑市场违法行为，罚款总额达 858.79 万元。开展 2022 年度全省建设工程质量检测机构资质动态核查和建设工程质量检测机构分公司及分场所专项检查，印发《关于建设工程质量检测机构资质动态核查工作情况的通报》，对全省检测机构开展全覆盖资质动态核查。修订《湖南省建筑工人实名制管理办法实施细则》，印发《湖南省建筑工程施工现场技能工人配备导则》《关于加强项目关键岗位人员现场履职监管的通知》等文件，规范施工现场技能工人配备，加强关键岗位人员和建筑工人实名制管理，全省累计报送考勤信息的建筑工人 211 万。印发《关于做好 2023 年春节前房屋建筑和市政基础设施工程建设领域保障农民工工资支付工作风险防控有关工作的通知》，对 14 个市州开展多轮检查督导，督促各地落实保障农民工工资支付各项制度，2022 年，全省各级住建配合当地人社部门联动清理欠薪金额 7.59 亿元。在国务院保障农民工工资支付工作考核中，湖南省考核等级由 B 类升为 A 类。

城市建设

【城市环境基础设施建设】大力推进城市供水厂、供水管网建设改造和应急备用水源配套设施建设，全省新（扩、改）建城市自来水厂完工 19 座，新建城市供水管网 758 公里，改造 1196 公里。开展城市供水安全大排查、供水规范化管理调研评估，确保城市供水设施常态化安全运行。修订《湖南省节水型城市申报与评选管理办法》，完成郴州国家节水型城市复查工作，推荐衡阳市、益阳市申报国家节水型城市，指导邵阳市、常德市成功创建国家公共供水管网漏损治理重点城市。印发《“十四五”城镇生活污水处理及资源化利用设施建设行动计划》，出台《县以上城市污水管网建设改造攻坚行动实施方案》，提升生活污水收集处理效能。全省共有 169 座县级及以上城镇生活污水处理厂，总处理规模 1107.55 万吨 / 日，其中地级城市 60 座，总处理规模 727.9 万吨 / 日；县级城市 21 座，总处理规模 102.5 万吨 / 日；县城 88 座，总处理规模 272.15 万吨 / 日；执行一级 A 排放标准的 145 座，总处理规模 1034.05 万吨，占总规模的 93.36%。县以上城市新建 4 座污水处理厂，扩建 12 座污水处理厂，新增处理规模 80.15 万吨 / 日；完成污水管网新建 702.5 公里，改造 774.5 公里，城市生活污水集中收集率达 65.32%，相比 2021 年提高 1.22%。出台《县以上城市生活污水处理厂运行管理评价管理办法》，试运行全省智慧排水与污水处理信息系统，起草全省生活污水处理突发事故应急预案，进一步提升运维管理能力。联合 12 个省直部门印发《关于进一步推进全省生活垃圾分类工作的实施意见》，先后印发《湖南省城市生活垃圾分类工作领导小组及办公室工作规则和职责分工》《湖南省城市生活垃圾分类工作领导小组成员单位工作评估办法》《湖南省 2022 年城市生活垃圾分类工作评估办法》等多个文件，明确省市两级工作任务及省直部门分工。召开全省城市生活垃圾分类工作领导小组联络员会议，召集市州召开两次住建部评估系统培训会，召开全省生活垃圾分类工作能力提升培训，联合省发展改革委、省机关事务管理局、共青团湖南省委开展循环利用城市申报、垃圾分类示范公共机构遴选和“青趣分类”志愿者活动，筹备全省垃圾分类工作现场推进会。组织全省 20 个省直部门对市州生活垃圾分类工作开展中期督导，委托第三方进行垃圾分类工作评估。指导娄底市、益阳市、岳阳市针对 2021 年长江经济带生态环境填埋场突出问题（4 座）制定专项整改方案，不定期督促整改。指导 49 座填埋场所在市县对标中央生态环境保护督察和长江经济带生态环境突出问题整改要求“一场一策”整改到位。将 25 座填埋场整改纳入污染防治攻坚战“夏季攻势”。开展 48 座已完成整改生活垃圾填埋场“回头看”，压实市县主体责任。印发《湖南省生活垃圾卫生填埋场建设和运行评价标准》，开展生活垃圾焚烧厂、垃圾填埋场等级评价和督导，以评促管。编制生活垃圾填埋渗滤液处理技术导则，指导全省渗滤液处理设施升级改造。印发《湖南省县以上城市生活垃圾处理设施建设和运营评价管理办法》，健全监管长效机制。印发《湖南省住房和城乡建设厅关于进一步加强环境卫生行业安全管理的通知》《生活垃圾卫生填埋场安全隐患管控指南》，指导全省做好环卫行业安全管理工作。编制《湖南省城镇市容环境卫生行业应急预案》，提升行业应急管理能力。印发《关于 2021 年亚贷项目管理评价结果的通报》，扎实推进亚行贷款项目实施，配合完成年度审计工作。制定《廉政建设管理办法》《工作流程、时限要求及责任分解》，规范内部管理，授予合同 6 个，提款报账 850 万美元，同比增加 563%。与相关部门联合印发深入打好城市黑臭水体治理攻坚战实施方案、“十四五”城市黑臭水体整治环境保护行动方案，持续巩固地级城市黑臭水体治理成效，以河长制工作为抓手，摸排黑臭水体185个，完成整治183个，平均消除比例达到98.9%。指导县级城市对建成区黑臭水体开展全面排查，会同省生态环境厅开展现场核查督导，委托第三方机构开展技术服务督导，排查黑臭水体48个，已完成整治23个，消除比例达47.9%，超额完成国家目标任务。

【城镇燃气】开展燃气安全排查整治和“百日攻坚”专项行动，湖南省进行全覆盖入户安检餐饮企业14.5万家，排查隐患27.93万个，已完成整改27.7万个，整改完成率99.17%，全省餐饮等商业用户报警器安装比例达99.7%，较“百日行动”前提高54个百分点。全省实施行政处罚1833次，累计处罚金额835.8万元，其中吊销、取缔不符合市场准入条件燃气企业19家，打击违规供应非法气源企业25家，查处未制定燃气管道保护方案违规施工企业28家。全省计划改造燃气管道914公里，燃气立管700公里，已完成改造燃气管道1119.3公里，燃气立管905.2公里，超额完成年度任务。印发《全省城镇燃气安全整治“百日行动”工作方案》，全面启动“百日行动”工作。7月29日，印发《关于开展城镇燃气安全生产管理培训的通知》，召开全省燃气安全培训会。9月28日，召开全省城镇燃气安全工作部署暨安全管理培训会议，通报工作进展情况，部署下一阶段工作。8月29日，印发《关于推进城镇燃气安全管理“六化”工作的通知》，从场站、输配系统到用户，强化全流程、全链条全方位安全管理。坚持专群结合，制定餐饮等工商用户燃气安全明白卡，以“红、黄、绿”三色区分隐患等级，充分发动群众监督作用，倒逼企业落实主体责任，倒逼用户推进安全隐患整改，形成良性工作互动。娄底市、怀化市、湘潭市、常德市、衡阳市、长沙市积极推进燃气安全管理“六化”工作，用户安全公开化比例均超过70%。10月1日，印发《关于严厉打击液化石油气企业挂靠经营的通知》，全省将挂靠经营网点改为直营店数量132个，安全管理体制机制更加健全。联合市场监管、商务、公安、应急、交通等部门密切配合，开展调度督导检查，督促企业建立健全用户、设施设备、安全隐患台账，倒逼燃气经营企业履行入户安检责任，对存在重大隐患的坚决停止供气。建立“周调度、月通报”工作机制，周调度报警器安装情况，半月调度隐患排查整治工作，月印发“百日行动”通报，对市州工作进展进行排名，强力推进工作落实。组织燃气公司、设计科研院所等燃气专业人才，开展“四不两直”督查检查工作4555次。抽查各地管理部门监督管理工作落实情况，合计印发各类通报465次，约谈责任不落实企业410次，开展各类警示教育4634次。建立重点监管企业名单，对列入省级重点监管的13家企业实行差别化管理。联合省发展改革委印发《关于做好2022年城市燃气管道等老化更新改造工作的通知》，转发《关于进一步明确城市燃气管道等老化更新改造工作要求的通知》，8月20日，印发《关于上报城镇燃气老旧管道底数的通知》，要求各地开展老化评估。指导各地加大项目储备力度，向国家发展改革委重大项目库中储备项目702个。将燃气管道等老化更新改造纳入省重点建设项目，同时纳入绩效考核、真抓实干激励考评重要内容，督促各地加快推进管网更新改造。

【城镇老旧小区改造】列入全省2021年城镇老旧小区改造计划的3529个小区全部完工，累计完成投资175.31亿元；列入全省2022年城镇老旧小区改造计划的3222个小区全部开工，累计完成投资106.39亿元。列入2022年全省重点民生实事项目的1500个小区全部开工，累计完成投资51.21亿元，投资完成率87.88%。全年争取中央和省级资金66.35亿元，其中中央财政资金21.56亿元，中央预算内资金42.06亿元，发行地方政府专项债80.25亿元（同比增长134%）。城镇老旧小区改造工作获住房和城乡建设部高度肯定，并将省级及长沙市、湘潭市、常德市、宁乡市、长沙县共8项经验列入2022年全国可复制政策机制清单予以推广。制定《湖南省城镇老旧小区改造2022年工作要点》，积极推进市场化、片区化改造。印发《湖南省2022年度重点民生实事城镇老旧小区改造实施方案》《关于进一步做好城镇老旧小区改造项目储备工作的通知》，指导各地加强本地区储备项目库管理，科学谋划、超前储备项目。指导督促各地科学制定改造实施方案，切实保障项目质量安全。依托省管理信息系统实施月调度、季督导、年考核，建立数字档案，实现规划实施和项目储备情况在线监控、改造方案在线备案、项目实施进度在线调度、方案落实情况在线核对的全过程信息化监管。推动各地因地制宜完善工作机制，谋划和打造一批片区化、市场化改造项目，择优选择17个项目作为省级联系点，给予跟踪指导和融资推介。制定《湖南省城镇老旧小区改造探索与实践案例汇编》，将实践成果上升为制度成果。湘潭市、长沙县、津市市三个项目案例纳入住房和城乡建设部《城镇老旧小区改造联络点案例集（第一册）》，在全国推广经验做法。结合联系点建设及地方实践经验，编制《湖南省城镇老旧小区改造片区化、市场化推进工作指引（征求意见稿）》，推进各地对照绿色完整社区标准，将老旧小区及其周边“15分钟”生活圈纳入同一改造实施单元，积极引入社会资本参与改造。全年改造供排水管网 2382.9 公里、供电管网 580.1 公里、供气管网 360.5 公里，新增垃圾分类小区 1876 个。推进老旧小区加装电梯 1066 台，新增停车位 5.14 万个（包括重新施划停车线规范停车位）、充电桩 0.65 万个，新增文化休闲、体育健身场地、公共绿地等 38.81 万平方米，新增设置安防设施小区 1196 个，新增社区服务设施（站）114 个、便民服务网点 220 个；提升了基层治理能力。结合改造成立党组织的小区 1382 个、选举业主委员会的小区 1507 个，实施专业化物业服务的小（片）区 112 个，真正做到了改一片小区，兴一方社区。

【城市园林绿化】截至年底，湖南省共有国家园林城市 16 个，省级园林城市 16 个，省级园林县城 27 个，园林城市（县城）共计 59 个，占全省县以上城市总数的 59%；全省已有省级园林式单位 1315 个，省级园林式小区 268 个。出台《湖南省园林绿化工程质量综合评价标准》，提升园林绿化工程建设质量，强化事中事后监管和行业安全生产监管。各地结合城市更新和城镇老旧小区改造等工作，大力提升城市绿地面积。在现有公共绿地基础上，切实巩固绿化建设成果，提升现有园林绿化质量和成效，加强城乡公园绿地建设，满足民众需要。不断推进公园绿地 5 到 15 分钟服务圈工程，大力建设综合公园、社区公园、“口袋公园”等不同层级和规模的公园绿地。长沙市在重要城市公共空间、陈旧老化的绿化空间，建设提质街角花园 110 个。郴州市合理布局城市绿地，将东坡岭、木子岭、樟树岭、卜里坪等 30 多个城区山头建成城区山地公园体系，有效提升城市公园绿地服务半径覆盖率。编制《湖南省绿道网建设总体规划》，指导各地优化城市绿地布局，系统性构建绿道，促进城市内外绿地连接贯通。联合省公安厅、省林业局共同印发《湖南省打击破坏古树名木违法犯罪活动专项整治行动方案》，统筹协调推进专项打击整治行动，深入摸排违法犯罪线索。印发《湖南省住房和城乡建设厅关于进一步排查摸清全省城市古树名木情况的通知》，指导各地全面摸清市州及其所辖县市区城市园林绿化主管部门管理的古树名木种类、空间分布、树龄、管护责任单位等信息底数。制定《湖南省城市绿地外来入侵物种普查建议名单》。长沙市、怀化市、岳阳市、益阳市多地城市园林绿化主管部门成立外来入侵物种防控工作领导小组，有效控制外来入侵物种危害。印发《关于做好生态环境损害赔偿案件线索办理工作的通知》，按照“应赔尽赔”原则，对造成城市绿地生态环境损害的，依法依规开展生态环境损害赔偿相关工作。

【城市供水安全保障】印发《关于进一步加强城市供水安全保障的通知》等文件，指导各地提高城市供水应对风险能力。成立工作专班严格执行 24 小时值班制度，坚持“每日一调度、每日一核查、每日一报告”，确保城市供水安全。召开全省城市供水安全保供视频调度会，由厅领导带队赴 14 个市州开展抗旱保供相关整治督导工作；组织技术人员对益阳市、湘西州等易发蓝藻水华风险地区进行实地指导。督促指导常德市、益阳市、湘西州等地采取在河面架设浮箱，安装多台大功率潜水泵、增设真空泵，向下延伸吸水井进水管、架设移动取水设施、围堰、铺设管网调水等工程措施保障水厂取水。会同省生态环境厅等 5 个厅局印发《关于做好河湖蓝藻水华及汛期水污染防控工作的通知》，常态化加大与生态环境、水利、气象部门的信息共享和协同联动，密切关注原水水质变化，督促各地积极做好应急处置物资储备，及时采取有效措施确保出厂水达标。大力开展“节水宣传进住建”活动，采取分区计量、优化调度、智能管理、推动中水回用等措施，提升节水能力，健全节水管理长效机制，形成良好节水氛围，确保城市居民生活用水。

村镇建设

【概况】湖南省全年争取中央危房改造补助资金 3.04 亿元，完成农村危房改造 17243 户；完成乡镇污水处理设施建设 242 个；新建乡镇垃圾中转站 110 个；全省共有 704 个村落列入中国传统村落名录。

【农村危房改造】坚持以实现农村低收入群体住房安全有保障为根本，按照“应保尽保、应改尽改”的原则，将符合条件的农村低收入群体对象纳入农村危房改造和抗震改造，坚决守住不因住房困难发生规模性返贫的底线。全年完成农村危房改造 17243 户，争取中央补助资金 3.04 亿元。组织开展农村危房改造和农村住房建设省级抽查，覆盖全省 14 个市州、31 个县市区，全面掌握农村住房建设领域的情况，有效指导农村危房改造工作。

【农房建设管理】加强制度建设。印发《湖南省乡村建设工匠管理办法》《湖南省农村住房抗震鉴定与加固技术导则》，配合出台《湖南省居民自建房安全管理若干规定》。编制《湖南省农村住房建设质量安全指导手册》、制作农村建房系列动画，形成以“一法一规章一规范性文件”为统领的全链条管理、全方位责任压实、全过程技术服务的农村住房质量安全管理体系。结合全省自建房安全专项整治百日攻坚行动，完成农村房屋的全面摸底排查和用作经营的自建房屋安全隐患整治。全省累积排查行政村农村房屋1169万户，鉴定为C、D级的经营性自建房全部完成整治。印发《关于做好住建领域村镇建设安全生产工作的通知》，加强自然灾害下的村镇安全工作部署和指导，对汛期洪涝和旱期农村住房安全隐患进行排查整治。

【农村人居环境整治】2022年，湖南省积极推进乡镇污水设施建设，累计完成投资195亿元，新增建成862个建制镇污水处理设施。截至年底，全省1476个乡镇（不含城关镇）中，累计1156个乡镇建成（接入）污水处理设施，实现建制镇污水处理设施全覆盖。依托乡镇污水治理信息平台，全面实施智慧水务管理。全省所有乡镇污水处理厂站、污水管网和检查井实现全流程“一张图”管理；加强乡镇垃圾收转运体系建设。出台《关于进一步加强农村生活垃圾收转运处置体系建设的通知》《关于印发〈湖南省农村生活垃圾收运处置体系建设技术指南（试行）〉的通知》《湖南省农村生活垃圾收转运体系运行维护管理指南（试行）》，为各地加快建立健全农村生活垃圾收集转运和处置体系提供技术指导。全年新建乡镇垃圾中转站110个。取缔拆除小型生活垃圾焚烧设施59个，年度整改率达100%。

【美丽宜居，共同缔造】选取汝城县、宁远县、凤凰县、溆浦县作为国家乡村建设评价样本县，结合美丽宜居共同缔造活动，加强评价成果运用，在农房建设、人居环境整治提升、乡村产业发展等方面补短板、强落实，帮助各地顺应乡村发展规律推进乡村建设，提高乡村建设水平，获中国建设报、中新网等国家级媒体宣传推介。浏阳市探索建立规划师、建筑师、工程师“三师下乡”乡村建设志愿服务制度，汝城县试点“1个驻镇规划师＋N个驻村规划员＋1个内业协作员”的全过程陪伴式咨询服务模式，宁远县形成“设计师＋部门＋乡镇村”共同缔造驻点帮扶机制，凤凰县试点开展“一对一、点对点”技术帮扶。其中，驻村设计师与村民“共议、共食、共担当”的做法被住房和城乡建设部作为优秀经验和典型案例推广，并列入住房和城乡建设部《设计下乡可复制经验清单（第一批）》。

【传统村落保护发展】3月，住房和城乡建设部、国家文物局等部门公布第六批中国传统村落名录，湖南省46个传统村落榜上有名。截至年底，全省挂牌保护中国传统村落704个，位居全国第3；建成并上线中国传统村落数字博物馆128个。汝城县、溆浦县成功获得传统村落集中连片保护试点示范县，获中央补助资金1.1亿元。《湖南传统村落·建筑·民居》（系列丛书）获得第十五届湖南省社会科学优秀成果一等奖。

【村镇建设人才培养】举办全省乡村建设工匠师资培训，共培训乡村建设工匠师资592人，全省累计培训乡村建设工匠6.5万余人，乡村建设工匠队伍不断壮大、技能水平不断提升。

勘察设计

【概况】2022年，全省工程勘察设计企业约1592家，营业总收入达3585亿元（含以设计为主的全过程咨询、工程总承包）、新签订合同额预计72.3亿元，同比分别增长5%、4.5%。全省共有勘察设计行业注册执业人员116189人（含建造、造价等专业），其中注册建筑师1603人（一级907人，二级696人），注册结构工程师1885人（一级1378人，二级507人），注册土木工程师（岩土）827人，注册公用设备工程师1016人，注册电气工程师706人，注册给水排水工程师500人，其他专业（造价、监理、建造、咨询等）注册人员120039人。截至年底，全省共有国家历史文化名城4个、中国历史文化名镇10个、中国历史文化名村25个、中国传统村落658个；省级历史文化名城16个、省级历史文化名镇28个、省级历史文化名村147个；省级历史文化街区53片，历史建筑2097处。

【勘察设计行业监管】印发《湖南省房屋建筑和市政基础设施工程初步设计审批管理办法》《关于切实加强自建房勘察设计管理工作的通知》，进一步健全完善制度设计。印发《湖南高校宿舍建设：发布湖南省高校宿舍（一）–内廊式》《湖南省高校宿舍（二）–庭院式两本标准设计图集》。下发《关于开展房屋建筑和市政基础设施工程勘察质量专项检查工作的通知》，部署开展全省房屋建筑和市政基础设施工程勘察质量专项检查。联合省人防办开展全省勘察设计质量抽查，下发《关于开展2022年度上半年勘察设计质量“双随机一公开”抽查检查工作的通知》（含消防设计审查），共随机抽查房屋建筑和市政基础设施工程项目70个，抽查比例为1.5%，共提出检查意见1181条。完成省管重点项目初步设计评审，先后组织召开岳麓山实验室集聚区（农大地块）等4个工程项目初步设计审查会议，并完成批复。

【施工图设计（含消防）审查】2022年，全省施工图审查共受理项目8389个，同比减少22.42%，办结项目 6695 个，同比减少 23.20%，施工图审查全流程办理用时 16.07 天，审查时效全国最快。园区工业项目“多设合一、多审合一、技审分离”试点范围进一步扩大，岳阳市湘阴县、汨罗市、临湘市、云溪区主动申请纳入试点，重新修订《施工图审查机构季度综合评分表》，组织编制房屋建筑、市政基础设施、工程勘察及边坡支护、消防设计审查四本施工图审查技术要点。完成岳麓山实验室农大片区、浏阳片区，长沙机场改扩建工程市政、信息配套工程等省重点项目施工图审查，加快推动工程建设进度。

【BIM 技术推广】在现有施工图管理信息系统基础上研发具有自主知识产权的 BIM 审查子系统，实现施工图智能化审查，可对 776 条标准规范进行一键智能化审查，覆盖房屋建筑全部可量化的工程建设强制性条文。湖南省 BIM 审查工作被纳入住房和城乡建设部 BIM 智能化审查试点。联合省工会、省人社厅举办 2022 年湖南省职工数字化应用技术技能大赛 BIM 技术员赛项，有 14 支队伍共 42 名选手参赛，评选出优秀 BIM 技术员 3 名，并授予全省五一劳动奖章。

【历史文化保护】4 月，省委全面深化改革委员会第十六次会议审议通过《关于在城乡建设中加强历史文化保护传承的实施意见》。6 月，省委办公厅、省政府办公厅正式印发《关于在城乡建设中加强历史文化保护传承的实施意见》。推荐衡阳市、芷江县、武冈市、宁远县等积极申报国家历史文化名城，平江县申报湖南省历史文化名城。8 月，会同省文物局开展武冈市申报国家历史文化名城省级评估。会同省文物局启动第六批省级历史文化名镇名村申报工作，研究提出并报请省政府通过第六批省级历史文化名镇名村建议名单（4 个镇、35 个村）。组织开展并报请省政府通过凤凰县、江永县、武冈市历史文化名城保护规划编制审查。开展全省城乡历史文化保护传承体系普查调研，完成《全省城乡历史文化保护传承工作调研报告》。印发《关于组织开展 2022 年历史文化保护传承主题宣传活动的通知》。10 月，联合省文史研究馆共同主办湖南历史文化名城名镇名村诗书画专题创作展，综合运用各类媒体开展历史文化保护宣传，发布文稿和视频 30 多篇次，其中潇湘历史文化名城巡礼浏览量 50 多万次，取得良好宣传效果。

【城市更新】编制《湖南省城市更新调研报告》，起草《关于统筹推进城市更新的指导意见》《湖南省城市体检工作实施方案》。推荐长沙市为国家城市更新试点城市，指导长沙、常德完成城市体检、编制人居环境白皮书，配合住房和城乡建设部开展第三方体检。组织开展第二轮城市更新试点城市申报、评审，并向住房和城乡建设部推荐株洲市、常德市作为试点城市。开展绿色完整社区创建。组织编制《湖南省绿色完整居住社区创建行动方案》，研究制定《湖南省绿色完整社区创建示范标准》，以“一老一小”为重点，完善并发布中小学、幼儿园、社区养老、社区医院、社区颐养设施等 6 部建设标准。在长沙市、岳阳市、益阳是开展第一批省级绿色完整居住社区创建示范。

建筑节能与科技

【概况】截至 12 月底，国土空间规划确定城镇开发边界范围内新建民用建筑，绿色建筑比例达到 100%。城镇新增绿色建筑竣工面积 6880.13 万平方米，城镇新增绿色建筑竣工面积占新增民用建筑竣工面积的比例为 86.69%。城镇新开工绿色建筑面积 6113.87 万平方米，城镇新开工绿色建筑占新开工民用建筑的比例 94.58%。湖南省累计实施装配式建筑总建筑面积 13778 万平方米。其中，2022 年度新开工装配式建筑面积 2132.36 万平方米，占城镇新建建筑面积的 36.47%，提高 6.47 个百分点。

【积极推进政策落地】组建政策研究工作专班，湖南省委办公厅、湖南省政府办公厅联合印发《关于推动城乡建设绿色发展的实施意见》，作为全省城乡建设绿色发展的“指挥棒”。完成《湖南省城乡建设领域碳达峰行动方案》，通过厅务会审议、湖南省碳达峰碳中和工作领导小组审定，由湖南省住房与城乡建设厅和湖南省发展和改革委员会联合印发。

【超额完成绿色建筑目标任务】湖南省城镇新增绿色建筑竣工面积 6880.13 万平方米，全省城镇新增民用建筑竣工面积 7936.35 万平方米，新增绿色建筑竣工面积占比 86.69%。竣工占比增加 15.54 个百分点。其中娄底市完成率高达 99.22%，长沙市、株洲市、湘潭市、衡阳市、岳阳市均超过 90%。同期城镇新开工绿色建筑面积 6113.87 万平方米，城镇新开工绿色建筑占新开工民用建筑比例 94.58%。根据省级下达的占比年度任务指标，全省为 72%，超额完成 2 个百分点。

【装配式建筑分层推进】湖南省现有国家级装配式建筑示范城市 2 个，省级装配式建筑示范城市 6 个，其中国家级装配式建筑产业基地 20 家，省级装配式建筑产业基地 55 家，实现全省 14 个市州装配式建筑生产基地和项目建设全覆盖。以省属公办高校学生宿舍等标准化程度较高的建筑类别为突破口，与省发改、教育、财政、自然资源紧密协作，编制“高校学生宿舍产品”系列图集和 EMPC 建造标准，依据系列图集编制工程计价和消耗量标准，定制专属“高校学生宿舍产品”的绿色报建、审批、验收、结算程序。建立专属工程质量管控体系，完善工程质量检测、监测、验证以及保险和担保制度。联合湖南省教育厅以省属公办高校学生宿舍等标准化程度较高的建筑为重点，开展高装配率（75%以上）项目建设试点，湖南师范大学等高校宿舍纳入试点范围。

【绿色建造稳步推进】印发《关于推进高品质绿色建造项目建设管理的通知》，全面推动湖南省高品质绿色建造项目管理，做优绿色建造“湖南样板”，并已征集高品质绿色建造项目17个。印发《关于打造绿色建造“湖南样板”的工作方案》，提出绿色建造“8111”工程。采用“3十N”的方式建设湖南（国际）绿色建造科技博览园建设。

【智能建造与新型建筑工业化协同发展】率先在全国启动装配式建筑智能建造省级平台建设，形成全省统一的装配式建筑项目设计、生产、施工、管理、运维全过程的数字化管理应用平台。湖南省装配式建筑全产业链智能建造平台纳入住房和城乡建设部首批智能建造新技术新产品创新服务典型案例清单、智能建造与新型建筑工业化协同发展可复制经验做法清单。发布湖南省装配式建筑专版设计软件和协同设计软件，推行BIM正向设计。高品质绿色建造项目、装配式建筑基地纳入智能建造平台管理，智能建造平台已录入装配式建筑项目138个，总建筑面积为169.01万平方米。

【宣贯《湖南省绿色建筑发展条例》】湖南省住房和城乡建设厅开展全省宣贯《湖南省绿色建筑发展条例》（以下简称《条例》）培训。郴州市、常德市、湘西自治州、娄底市、邵阳市、永州市等均采用培训会、座谈会、宣传活动等多种形式提高社会公众的知晓度和参与度。郴州市住建系统组织召开绿色建筑业务学习和培训会，190多人参会。张家界市围绕《条例》开展多项式、多渠道的各类宣传活动，共印发《条例》手册2000余份，悬挂《条例》宣传条幅200多条，张贴绿色建筑节能标示500余张，制作建筑节能、绿色发展宣传专栏50多块。

【推进绿色建筑发展】7月，湖南省绿色建筑三星级项目－长沙机场改扩建工程综合交通枢纽工程（GTC）项目交流活动顺利举行。以《湖南省绿色建筑发展条例》为基础，疏理各责任主体在绿色建筑全生命周期中的职责。11月，第十二届夏热冬冷地区绿色建筑联盟大会在湖南长沙以线上直播的方式顺利召开。本次会议以“聚焦双碳目标 推进城乡建设绿色发展”为主题，立足“碳”探讨夏热冬冷地区建筑绿色低碳发展的新趋势、新发展、新方向。

【绿色建造试点创新】中国（长沙）国际绿色智能建造与建筑工业化博览会获中国贸促会批准；长沙市获批住房和城乡建设部智能建造试点城市，衡阳市、株洲市获批国家绿色建材促进建筑品质提升试点城市；《湖南省绿色建筑发展条例》、湖南省装配式建筑全产业智能建造平台列入住房和城乡建设部第一批装配式建筑发展可复制推广经验清单，全国首个装配式清水混凝土建筑鲁班奖落户长沙；会同省财政厅下发《关于组织开展绿色建造、浅层地热能建筑规模化应用试点城市申报工作的通知》，确定长沙市为省级绿色建造试点城市、湘潭市为省级浅层地热能建筑规模化应用试点城市，并分别安排2000万元、1200万元省财政资金支持；岳阳市获评中央财政海绵城市建设示范补助资金绩效评价A档城市，株洲市入选国家海绵建设示范城市，邵阳市、常德市入选国家公共供水管网漏损治理重点推进城市。开展城管体系建设试点工作，推进省市县三级城市信息模型CIM体系建设，扎实开展户外广告招牌和窨井盖安全管理整治行动，城市精细化管理水平不断提高。

【大力发展可再生能源利用】湖南省绿色建筑与钢结构行业协会举办《建筑节能与可再生能源利用通用规范》线上公益培训会，邀请编制组专家解读规范的要点、条文、项目应用，推进规范进一步落实。马栏山智慧能源站应用污水源热泵，供能面积达到400万平方米。湘潭市《湘潭竹埠港新区区域能源专项规划》通过资规局审查，新增浅层地热能建筑应用面积不少于18.2万平方米，规划供能面积758万平方米。黄花机场改扩建工程完成中深层地热能建筑应用项目变更，预计功能面积超过50万平方米。

【无障碍建设工作逐步推进】结合绿色完整居住社区建设，开展城市居住社区建设补短板行动，合理确定居住社区规模，打造5～10分钟生活圈，要求每个社区配备一个老年服务站、设置适老化无障碍设施等，方便老年人生活。督促指导各地积极开展人行道净化和自行车专用道建设试点，加强慢行系统无障碍设施管理维护，完善人行道盲道等无障碍设施建设，切实改善绿色出行环境。严格执行《无障碍设计规范》《建筑与市政工程无障碍通用规范》等国家技术标准，定期组织从业人员进行设计、施工培训，全年开展无障碍相关规范培训业务骨干163人。

【科技赋能支持绿色发展】出台《关于加强建设科技计划项目全流程管理的通知》，完成科研课题立项22项，建筑业新技术应用示范工程立项21项，发布工程建设地方标准36项；发布省级地方标准和装配式标准图集 25 项，涵盖设计、生产、建造、验收，初步完成装配式建筑领域的标准体系建设。在试点项目中进行多种新技术综合示范，解决绿色装配式建筑外围护墙板保温防水一体化、楼板保温免拆模免支模一体化、部品部件标准化等问题，大力发展装配化装修和机电设备集成装配化。

住房公积金监管

【概况】截至 2022 年底，湖南省缴存总额 6949.29 亿元，比上年末增加 14.82%；提取总额 3805.13 亿元，比上年末增加 16.52%；累计发放个人住房贷款 167.57 万笔 4267.63 亿元，贷款余额 2445.4 亿元，分别比上年末增加 5.7%、9.98%、6.23%；个人住房贷款逾期额 2481.04 万元，逾期率 0.10‰。2022 年，全省缴存总额 897.05 亿元，同比增长 9.17%；提取额 539.4 亿元，同比增长 12.15%；发放个人住房贷款 9.02 万笔 387.28 亿元，同比下降 15.62%、7.97%。全年实现住房公积金增值收益 51.1 亿元，同比增长 10.04%。

【服务优化】对照《关于扩大政务服务“跨省通办”范围进一步提升服务效能的意见》中住房公积金政务服务“跨省通办”新增任务清单，按要求实现住房公积金汇缴、住房公积金补缴、提前部分偿还住房公积金贷款三项“跨省通办”任务，“跨省通办”服务事项增加至 11 项。认真贯彻落实党中央、国务院关于助企纾困的决策部署以及住房城乡建设部等 3 部门《关于实施住房公积金阶段性支持政策的通知》精神，主动靠前服务，通过企业缓缴、提高住房公积金租房提取额度及个人住房公积金贷款不作逾期处理等方式，帮助受疫情影响的企业和缴存人共渡难关。截至 2022 年底，全省累计缓缴企业 417 家，累计缓缴职工 48934 人，累计缓缴金额（单位部分）10651.99 万元，累计缓缴金额（职工部分）10651.99 万元；湖南省不作逾期处理的贷款 9653 笔，不作逾期处理的贷款应还未还本金额 2319.71 万元，不作逾期处理的贷款余额 220572 万元；湖南省累计享受提高租房提取额度的缴存人 50492 人，享受提高租房提取额度的缴存人实际累计租房提取金额 59350.79 万元。利用省 12345 政务服务平台、12329 综合服务平台、业务系统门户网站、微信公众号等线上服务渠道精准解读实施新政，通过政务服务“好差评”系统、门户网站、12329（12345）服务热线等，倾听收集缴存职工的评价反馈和意见建议，及时解决突出问题。

【监督检查】积极推进落实住房公积金审计整改，对全省 15 个住房公积金管理中心（分中心）政策执行情况和风险隐患情况开展电子稽查，指导市州住房公积金管理中心进一步完善相关制度；开展住房公积金体检评估工作，进一步规范全省住房公积金管理中心内部管理。

【政策调整】出台《湖南省 12329 住房公积金服务热线运行管理办法》《湖南省住房公积金综合服务平台考核暂行管理办法》。鼓励有条件的市州加大对“二孩”“三孩”家庭购房政策支持，放开首套房可提可贷，提高贷款最高额度，下调首套个人住房公积金贷款利率。鼓励引导有条件的城市公积金中心积极参与住房公积金增值收益购建保障性租赁住房工作，确定长沙市、张家界市为试点城市。

【公积金体检】印发《湖南省住房和城乡建设厅关于开展住房公积金体检评估工作的通知》，指导 15 家住房公积金管理中心如期完成自评等评估工作，并组织开展交叉互评、复评工作。

【信息化建设】积极推进湖南省住房公积金数字化发展，助推服务事项“网上办、掌上办、就近办、一次办”更加好办易办。推动集“业务运行、综合服务、数据共享、监督管理”四位一体的智慧住房公积金平台建设，丰富全省住房公积金监管平台功能，加强业务办理动态监督；完成“长株潭住房公积金一体化协同服务平台（一期）”建设，进一步提高住房公积金业务数据共享水平；严格落实安全保障体系建设，确保业务和资金安全；增加网厅、手机 APP、支付宝、微信公众号、小程序、自助终端等服务平台功能，形成线上综合服务新格局，逐步实现从“线下办”到“线上办”的转变。

城市管理和执法监督

【城市管理执法体制改革】组织开展城市管理工作体系建设试点，制定《湖南省城市管理工作体系建设试点方案》，并向省政府做专题汇报。指导永州市印发《永州市城市管理工作体系建设试点方案》，开展试点相关工作，明确城管执法部门日常巡查住房城乡建设领域事项清单，被住房和城乡建设部城市管理监督局推介。

【城市综合管理服务平台建设】印发《关于加快推进城市运行管理服务平台建设实施方案》，获住房和城乡建设部城市管理监督局肯定推介。组织编制《湖南省城市运行管理服务平台建设指南（试行）》《湖南省城市运行管理服务平台数据规范（试行）》，指导各地科学规范、高效有序推进平台建设工作。积极推进省级城市运行管理服务平台建设，完成省级平台建设项目立项和财政评审。

【城市精细化管理】开展户外广告和招牌设施设

置安全隐患“大排查大整治”活动，共排查户外广告和招牌设施257183块（处），发现问题31888个，其中直接拆除21472块（处），整治9790块（处）。联合省检察院等10部门印发《关于加强窨井盖安全管理专项行动工作方案》。召开全省城市窨井盖安全管理专项行动推进会，进一步推动工作落实。贯彻落实《湖南省铁路安全管理条例》，印发通知要求各地组织开展城镇规划区内铁路沿线两侧高大烟囱、采用轻型材料搭建的建（构）筑物隐患问题排查整治。

【队伍建设】深入推进全省城市管理综合执法创建文明行业工作，全省市县级管理执法部门共成功创建全国文明单位1个、省级文明单位25个和市级文明单位61个，其中省级、市级文明单位总数比2021年增加16个，同比增加30%。组织拍摄《城市管理执法规范化建设专题片》，进一步提升全省城管执法队伍规范化建设水平。

招投标监管、稽查

【概况】2022年，共完成22个省管工程项目招标文件备案，其中施工项目12个，工程监理、检测、造价咨询等服务项目10个，项目总投资861179.59万元，对所有省管项目实行了100%的招标文件核查工作；对各市州招标文件开展抽查，全年共抽查核查招标文件128个，涉及金额87.52亿元，发现并推动整改51个问题；对代理机构开展季度信用评价工作，共对1070条代理机构信息以及5600条项目负责人信息进行了规范化考评，核查出545名专职人员存在信息不准确、不真实情况，对不合格人员进行停用。开展2次全省范围内标后稽查，共抽取86个项目，下发执法建议书22份并督促整改；进一步深化招投标专项整治及扫黑除恶工作，全面排查了全省3367个房屋与市政在建工程项目，依法实施处罚136起；全省各地完成招投标信访、投诉、举报线索办理共计132起，对招投标活动中存在违法违规的96家企业和56名个人依法依规查处，下达行政处罚决定书152份，共计罚款936.747万元，维护了公平、公正市场环境。湖南省住房和城乡建设厅加强招标代理机构及专职人员事中事后监管的创新做法受到住房和城乡建设部充分肯定，并被国家发展改革委列入招标投标领域改革创新成果之一。

【完善招投标制度体系】2022年，研究出台《湖南省房屋建筑和市政基础设施工程监理招标评标办法》《湖南省房屋建筑和市政基础设施工程投标担保和经评审最低投标价中标履约担保管理办法》《湖南省房屋建筑和市政基础设施工程招标投标活动评价管理办法（试行）》《湖南省房屋建筑和市政基础设施工程招标业主评委委派管理暂行办法》等招投标政策文件。

【提升招投标信息化水平】深化招投标信息化监管，升级优化行政监督平台，增加数据统计分析功能，加强数据分析利用，为政策制定和领导决策提供数据支撑；实时更新升级全省电子招投标评标软件，配合省公管办督促交易平台机构完善电子交易系统复核、澄清和现场监管通道等功能，优化电子评标、远程异地评标等方式，使招投标全过程更为高效便捷、公开公正。

【强化招投标事中事后监管】2022年，共抽查核查招标文件128个，涉及金额87.52亿元，对发现的51个问题均予以公开通报并督促整改，积极构建湖南省规则统一的招投标市场。开展了住建领域招投标突出问题专项整治期中检查暨工程项目标后稽查工作，共抽取86个项目，下发执法建议书22份。

【推进专项整治工作落实】2022年，制定印发《2022年湖南省住建领域招投标突出问题专项整治工作方案》。全省住建部门标后稽查1262个项目，下发执法建议书429份，处理一批司法判决中涉及围标串标、出借资质挂靠、转包违法分包案件21起；对存在违法违规的96家企业和56名个人依法依规查处，共计罚款936.747万元，其中，对276名评标专家进行通报批评或暂停评标一年，将4家企业和43名个人列入招投标严重失信行为“黑名单”，实施联合惩戒。

计划财务和统计

【计划财务】2022年，湖南省住房城乡建设厅安排住建行业专项资金52.23亿元，其中，中央财政资金44.54亿元、省级财政资金7.69亿元，有力促进全省城乡基础设施建设、城乡人居环境改善和行业经济发展。会同省财政厅修订印发住房城乡建设引导资金管理办法，制定引导资金省直项目实施流程操作指南和科技计划项目全流程管理工作规则。开展半年项目支出绩效运行监控，及时督促整改或收回资金调整用途。实施污水处理全过程监管及成本效益分析研究。督促相关处室指导市县加快项目储备，实现30类3432个项目入住建项目库管理。全力支持首届旅发大会，协调筹集资金4.05亿元，助力改造25个城乡风貌整治节点项目和1997栋民居风貌改造任务。组织开展部门整体支出自评、住房城乡建设引导资金绩效自评，配合完成中央城市管网等8个专项资金34.25亿元绩效评价，基本实现资金评价全覆盖，项目监管全过程，被省财政厅评为绩效考核优秀单位，住房城乡建设引导资金绩效评价连续 8 年被评为“优”。

【统计分析】出台《湖南省住房和城乡建设厅办公室关于进一步加强统计有关工作的通知》《湖南省住房和城乡建设厅关于切实加强住建领域统计工作的通知》《防范和惩治统计造假弄虚作假责任制规定（试行）》《湖南省住房城乡建设统计工作管理办法》等重要文件，印发《房地产市场统计报表制度（试行）》等 5 套调查制度，初步构建了用制度管人、以制度管事、靠制度管数的制度保障体系。召开省市县三级统计工作视频会议，印发《关于深化统计管理体制改革提高统计数据真实性的意见》《统计违纪违法责任人处分处理建议办法》《防范和惩治统计造假、弄虚作假督察工作规定》等文件。编印《2020 年度湖南住建统计手册》《住建领域统计工作常用法律法规文件选编》《统计违纪违法案件警示教育资料选编》《统计应知应会》等资料。依托“智慧住建”云平台，打造连通省市县三级“全省住建系统统计信息平台”，采取人员填报、报表导入、平台对接等方式关联相关行业数据信息，目前可实现线上信息采集、填报审核、进度监控、数据查询、统计分析等功能。

人事教育

【湖南省住房和城乡建设与安全工作专题调训】协调中共湖南省委组织部、湖南省委党校、市州和相关处室做好全省住房和城乡建设与安全工作专题培训。7 月 18～20 日，各市州、县市区人民政府分管住房和城乡建设工作的负责人，各市州住房和城乡建设局、城市管理和综合执法局、人居环境局主要负责人和厅直机关副处长级以上领导干部共 210 人参加此次联合调训。全年完成住建行业其他培训 16 项；特别是吸取“4·29”事故和电信大楼火灾事故教训，增加组织“全省高层建筑消防安全知识培训”“全省物业管理行业安全生产工作培训”等安全培训；联合省总工会开展乡村建筑工匠培训参培人数达 36515 人。

【湖南省土建工程专业高级职称评审和初中级职称考试】2022 年，湖南省率先开展高级职称评审线上面试，全省土建工程专业高级职称评审工作参评人数达到 4100 人。协调省人社厅，支持湖南建设投资集团有限公司自行组织高级职称评审。土建初中级职称考试报名人数 8.01 万人，资格审查合格人员为 3.57 万人。联合湖南省人社厅，将纸质考试改为机考。完成土建工程 8 个专业 4 万道试题导入题库；确定机考考试组卷规则；组织专家集中对题库及组卷结果的合理性进行评估，为后期职称机考进行奠定基础。

【住建行业职业技能竞赛】联合省人力资源和社会保障厅、省总工会举办湖南住建行业职业技能竞赛，完成砌筑工、建设工程质量检测、供水管道工、水环境监测员、花境微景观营造／花艺环境设计师、保洁员、钢筋工、建筑工程算量及计价技术应用等 8 个赛项的竞赛，赛事产生 8 名“湖南省五一劳动奖章”和 8 名“湖南省技术能手”荣誉获得者。

信息化建设

【概况】2022 年，湖南省住房和城乡建设厅深入贯彻落实“数字中国”决策部署，以数字赋能、改革创新为动力，不断丰富和完善“三基五智”工作思路，着力推动全省 CIM 基础平台、全省城市运行管理服务平台、全省居民自建房综合管理信息平台建设，优化升级既有基础平台，加强行业数据治理和应用，强化网络安全和信息公开，努力构建全省住建事业数字化、智能化发展新格局。

【全省居民自建房综合管理信息系统】制定《湖南省居民自建房综合管理信息平台建设方案》。5 月，第一期居民自建房安全专项整治管理平台上线运行。截至 12 月底，平台用户数已突破 37 万，归集居民自建房排查数据约 1444.76 万条，其中经营性自建房 71.3 万条，非经营性自建房 1373.46 万条。区分轻重缓急，急用先行，先搭建平台，建立数据库，依次上线排查摸底、整治销号功能，摸清全省居民自建房底数，建好“基础账本”。先后投入技术人员达到 200 余人，开展了 30 余次现场调研和会议研讨，15 轮修改设计方案。平台累计更新 50 余次。建立排查、隐患、整治三个核心数据库，初步实现与省自然资源厅不动产登记管理系统、农村住房规划建设管理平台数据共享，与长沙市自建房平台对接融合约 110 万排查数据。常态化运行质检程序，对数据库进行全量数据扫描，全面检测数据的逻辑性、规范性、合理性和一致性，形成数据质检问题清单，累计排查整改问题数据 1500 多万条。针对数据录入不完整、不精准、不规范等问题，组织核准、补录、修正数据，确保平台数据信息真实、准确、完整地反映自建房现状。

【工程建设项目审批管理系统】2022 年对约 3.25 万项目办理全过程进行监管，并实时将业务数据同步共享至住房和城乡建设部、国家发展改革委。新增市政公用服务平台报装项目 4515 个，办件 11365 件。完成省市（长沙）工改平台申报端统一和审批端融合，实现长沙市与全省其他市州统一申报入口和同一标准。完成工改监管端改造升级，扩充14个市州前置库，增加七类项目业务办理监管信息，新增审批监管库，支撑对湖南省七类建设项目类型审批监管需求。推进应用系统建设改造和监管大屏建设。年内办理安管人员电子证照140162个，办理注册建造师、建筑师、结构师等电子证书30106个，燃气从业人员电子证书2435个，燃气经营许可证电子证书65本，办理施工许可证6962个、安全生产许可证5851个，印发中标通知书3260份、竣工验收备案表4696份。2022年生成质量标准化报告12959份、安全标准化报告12980份，生成施工企业招投标信用评价报告14565份、监理企业招投标信用评价报告1187份。建立完善数据勘误处理流程，安排专人跟踪记录台账并督办处理。2022年共处理业务处室审签和市州申请的勘误报告751份、市州主管部门权限调整或新申请权限报告251份。

【城市信息模型（CIM）平台】12月，印发《湖南"住建一张图"底层数据结构规范》，明确四库关联关系，规范数据采集建库、关联落图、资源共建共享标准。常德市CIM基础平台经过多轮修改完善，试点项目已经通过初步验收。同步开展省级CIM平台建设，主要实现对市、县平台的远程监测监督、无缝调入、监测监督等功能，实现跨部门的数据共享及重点专项应用功能。11月，联合省委网信办、省政务管理服务局印发《关于印发湖南省全面推进城市信息模型（CIM）基础平台建设工作方案的通知》，向全省全面推广CIM基础平台建设，构建"省－市－县"三级体系，明确平台建设路径、"标配＋特配"推广模式、工作目标和七项重点任务。

【市政基础设施普查和综合管理信息平台】2月，印发《湖南省城市市政基础设施数据采集与建库规程》等3项标准，明确市政基础设施数据采集的技术路线、综合管理信息平台建设的技术要求；6月，"湖南省城市地下市政基础设施普查进度上报系统"上线，实现按月填报市县工作进展；12月，印发《湖南省地下市政基础设施普查工作指南（试行）》，推进市县城市建设市政基础设施综合管理信息平台。

【互联网＋政务服务工作】按照"应接尽接"原则，在省政府政务服务网站建设了厅政务服务旗舰店，所有政务服务事项全部进驻旗舰店，方便业务和群众办事。向省政府"政务服务一体化"平台汇聚办件、证照数据，2022年完成推送856053条数据，完成48389证照数据的推送。上线全省房地产开发企业资质管理审批系统，支撑各市州行业主管部门开展房地产开发企业二级资质受理、审查、公示、公告等审批流程。开展企业资质个人资格申报人脸识别工作，提高人员信息真实性，进一步堵塞资质资格申报人员信息盗用、人员信息伪造等漏洞。2022年，湘建云APP总用户达145841个，新增用户61702个，下载83280次，实名实人核验次数119988次。

建设工程造价管理（标准定额）

【计价依据编制】完成《湖南省房屋建设项目概算计价依据》初稿。梳理2020消耗量标准执行过程中的意见和建议，组织编制《湖南省建设工程计价依据动态调整汇编（一）》。完成《湖南省房屋改造加固及维修工程消耗量标准》等四部消耗量标准编制工作，并及时开展交底宣贯。制订《人工费指数测算模型（试行）》和《机械费调整办法》，人工费指数测算工作和机械费测算调整进一步规范。完成了《湖南省工程总承包计价管理办法》的编制工作方案。完成湖南省建设工程造价计价专家库建设。

【材料价格信息服务】全面启动信息化建设方案设计，完成一期初稿编制，完成《湖南省造价总站信息化建设咨询与规划服务》总体建设方案。修订发布《湖南省建设工程造价电子数据标准2.0版》和《湖南省房屋建筑工程造价文件数据编制标准》。完成《湖南省城市轨道交通工程消耗量标准》等4部消耗量标准的计价软件评测。修改完善《湖南省建设工程材料价格信息管理办法》，审核发布市场价格信息7714条，完成市州造价站年度材料预算价格的采集工作。编制发布《2022年湖南省建设工程材料价格行情资讯》5期、《2022年全省钢筋、水泥、砂石、混凝土材料价格半月行情表》22期。组织实时上报国家建设工程造价数据监测平台项目成果文件数据10435个。

【计价市场管理】起草《关于在房屋建筑和市政基础设施工程中推行施工过程结算的实施意见》，为全面推行施工过程结算提供政策支撑。完成2022年湖南省二级造价工程师职业资格考试命题专家入闱命题及阅卷工作。开展2022年工程造价咨询成果文件质量评价工作，抽查120家工程造价咨询企业98个项目成果文件，并通报不合格企业。开展2022年"双随机、一公开"工程造价咨询企业抽查检查的事务性工作，线上随机抽取10家企业，检查造价工程师初始注册上报资料的真实性、准确性和完整性、缴纳社保情况等。2021年，湖南省工程造价咨询企业完成营业收入达457.4386亿元，工程造价咨询业务收入27.6180亿元，同比增长0.32%。

【工程建设标准管理】全面梳理已立项的45项标准，实行标准动态化管理。指导企业按照统一流程、统一模板、统一格式编制标准，顺利推进标准评审，2022 年完成 34 项标准的审核报批工作。完成 2022 年建安成本信息表、湖南省建设工程计价依据动态调整汇编（2022 年度第一期）、湖南省房屋改造加固及维修工程消耗量标准、湖南省城市照明设施维护工程消耗量标准、湖南省城市雕塑工程消耗量标准（试行）及湖南省城市轨道交通工程消耗量标准等定额。

【文明创建】先后组织总站志愿者服务队开展 7 次志愿者活动，组织行业企业开展消费帮扶、“造价服务进企业”等活动，持续开展行业诚信服务精神文明示范企业创建工作，充分发挥省文明单位的示范辐射作用。顺利创建省级公共机构节水型单位。

建设工程质量安全监督管理

【建筑施工质量管理标准化】制定《湖南省建筑施工质量管理和安全生产标准化考评符合性比对抽查实施细则》，对全省 14 个市州，共计 459 个项目开展了质量管理标准化考评省级符合性比对抽查，全面提升全省建筑工程质量管理标准化水平。组织编制了《湖南省房屋建筑和市政工程基础设施质量手册（试行）》，并参与相应宣贯培训。

【建筑施工安全生产标准化工作】对 498 个项目进行安全生产标准化符合性抽查，并对抽查结果的考评等级进行重新认定。进一步完善安全考评规则和大数据分析功能，积极引导企业推广新技术、新工艺，创建 17 个安全生产标准化示范观摩工地。完善升级“湖南省建筑起重机械管理信息系统”和“湖南省建设工程质量安全专家管理系统”，为建筑行业发展提供了支撑和保障；累计审核不同厂家申报的不同型号规格起重机械 30 余台次；完善安全专家库平台抽选、评价功能，全省累计审核通过安全专家 2369 名，推动超规模专项方案论证活动通过系统抽选和对专家论证活动进行评价。参与编制更新组织修订印发《关于进一步加强我省建筑工程安全防护文明施工措施费使用管理的通知》，将绿色施工纳入安措费，提高项目开工前安措费支付比例，有效促进建筑工程绿色施工和安全生产工作。

【消防设计和验收】协助开展全省施工图审查效能监督（含消防）、施工图管理信息系统日常运行维护、省管项目施工图审查及备案线上相关操作、完善系统线上申诉流程、消防施工质量执法检查、消防质量投诉处理、自建房排查及相关消防安全隐患判定标准编制等相关工作，参编《湖南省房屋建筑和市政工程中特殊建设工程的消防设计技术审查要点》《湖南省房屋建筑工程施工图设计文件审查要点》《湖南省市政基础设施工程施工图设计文件审查要点》《湖南省工程勘察和基坑边坡工程施工图设计文件审查要点》《湖南省房屋建筑和市政工程消防质量控制技术标准》《湖南省质量手册》《湖南省建设工程消防验收工作导则（试行）》，完成《全省监督机构质量监督工程师消防施工质量监督要点》培训宣讲，为全省建设工程消防质量安全管理标准化、监督规范化打下了坚实的基础。

【监督岗位培训】2022 年，共举办 8 期全省建设工程质量安全监督人员岗位培训班，参培人数 1132 人次，其中新进人员培训 271 人，合格人数 262 人，考试合格率 67.53%；继续教育培训 852 人，合格人数 675 人，考试合格率达 79.2%。

（湖南省住房和城乡建设厅）

广东省

住房和城乡建设工作概况

2022 年，广东省住房城乡建设系统坚决落实党中央、国务院决策部署和省委、省政府工作安排，各项工作取得新成效。

房地产市场逐步趋稳，全年化解省、市两级台账“问题楼盘”82 个。保障性安居工程任务超额完成。新筹集建设保障性租赁住房 31.45 万套（间）、公租房 2.07 万套、共有产权住房 4.46 万套、棚户区改造安置住房 0.78 万套、发放住房租赁补贴 5.58 万户。深圳市获评 2022 年城镇老旧小区改造、棚户区改造、发展保障性租赁住房工作国务院督查激励城市。住房公积金阶段性支持政策落地见效。为 1467 家企业、15.84 万名职工缓缴住房公积金 7.26 亿元，支持 373.5

万名职工提取 230.54 亿元用于租房。统筹推进城镇老旧小区改造、居住社区建设补短板，全省开工改造超过 2000 个老旧小区，惠及超过 50 万户居民，3293 个城市社区达到绿色社区创建要求，建设社区体育公园 23 处。

历史文化保护利用进一步加强，全省累计认定历史建筑 4170 处，实现县县均有历史建筑。佛山、惠州市不断完善历史文化保护政策机制，江门、潮州市积极推动古城、街区保护修缮，成效明显。2022 年，中山市新入选国家海绵城市建设示范市，东莞、梅州、中山、佛山、茂名、江门获评省级示范市，全省符合海绵城市标准面积占建成区面积 27.3%。广州、深圳、珠海、汕头、东莞市成功创建国家节水型城市。城镇绿色建筑面积占新建成建筑面积比例超过 80%，全国绿色建材认证产品证书中广东省占比达 20%，佛山市获评全国政府采购支持绿色建材促进建筑品质提升政策试点城市。18 项装配式建筑经验做法全国推广，全省新开工装配式建筑 7042 万平方米，占新建建筑面积的 24.28%。全省 1123 个圩镇全部达到“宜居圩镇标准”，其中 348 个圩镇达到“示范圩镇标准”。累计建成镇级生活垃圾转运站 1501 座，乡镇生活污水处理设施 1061 座，总处理能力达 619 万吨 / 日，配套管网 2 万公里，生活污水实现有效收集处理。全年新增 4 家工程施工总承包特级资质企业，建筑业总产值 2.3 万亿元，比上年增长 7.5%。13 个项目列入住房和城乡建设部 2022 年科技计划，18 个项目获华夏建设科学技术奖，7 个项目获中国专利奖，5 个项目获省科学技术奖，25 项工程通过建筑业新技术应用示范验收。新发布地方标准 22 项。全省房屋市政工程一次通过验收合格率 99.84%，15 项工程获得中国建筑工程鲁班奖，再创历史新高，28 项工程获国家优质工程奖，140 项工程获省建设工程优质奖。

法规建设

【概况】2022 年，广东省住房和城乡建设厅落实党政主要负责人切实履行第一责任人职责制度，抓住“关键少数”，抓好“广泛多数”，严格落实厅党组学法、领导干部集体学法制度。把习近平法治思想、宪法、党内法规、新颁布的法律法规等作为厅党组中心组学习和法治宣传教育工作重要内容，不断推动广东省住房城乡建设系统法治政府建设工作落实处、见实效。发挥广东省住房和城乡建设厅法治政府建设委员会作用，统筹谋划布局全省住房城乡建设系统法治政府建设各项工作。继续开展“民法为民 粤建越美”主题系列普法宣传活动，建成 400 个基层普法阵地，举办 2022 年全省住建系统习近平法治思想培训班、普法达人知识挑战赛、全省建设企业法治文化大赛。建立健全城市领域重大行政决策机制，经省政府批准成立广东省城乡建设工作专家咨询委员会，负责对全省城乡建设工作重大决策事项开展专项咨询评估。指导成立广东省住房和城乡建设法治研究会，并成功申报省政府第一批基层立法联系点，推动住建领域习近平法治思想理论研究和宣传工作，建立健全习近平法治思想长效学习机制。全年办理各类法律法规规章草案征求意见、各地请示 356 件，复议、诉讼案件 21 件，审查文件合法性 101 件。

【立法工作】2022 年，向省人大、省司法厅申报将《广东省燃气管理条例》等 6 个地方性法规列入省第十四届人大常委会立法规划。《广东省建筑垃圾管理条例》经广东省第十三届人民代表大会常务委员会第四十次会议通过。印发《广东省住房和城乡建设厅关于房屋市政工程建设单位落实质量安全首要责任的管理规定（试行）》等 3 部规范性文件，按程序完成合法性审查、公开发布和政策解读等工作。配合省人大常委会审核各地级市关于市容环境卫生管理、历史文化名城保护、生活垃圾管理等地方性法规草案，协调解决其中与上位法相抵触、与其他部门职责交叉、与住房城乡建设行业密切相关的问题并提出修改意见。2022 年，《广州市绿化条例》《肇庆市城市市容和环境卫生管理条例》《清远市住宅小区物业管理条例》等地方性法规均通过省人大常委会批准。

【行政复议与行政应诉】2022 年，共办理行政应诉案件 15 件，比 2021 年 24 件下降 37.5%。办理被复议案件 6 件，新收行政复议案件 5 件，收到各地市政府行政复议抄告件共 71 件。完善复议体制改革，落实复议抄告制度。做好法治研究，强化以案释法制度。加大调解力度，有效化解争议。

【普法工作】印发《关于在全省住房和城乡建设系统中开展法治宣传教育的第八个五年规划（2021—2025 年）》《2022 年广东省住房和城乡建设厅普法依法治理工作要点》，指导全省住房城乡建设系统有序开展法治宣传教育工作。参加省普法办公室组织的“谁执法谁普法”履职报告评议活动；组织开展 2022 年度广东省住房和城乡建设系统普法培训班；组织开展学习宣传习近平法治思想专题法治讲座；组织开展“民法为民 粤建越美”普法达人知识挑战赛；组织开展全省建设企业法治文化大赛；建成 400 个基层普法阵地并投入使用；参加全省国家机关“谁执法谁普法”创新创先项目征集活动。广东省住房和城乡建设厅获评“谁执法谁普法”创新创先项目征集评选活动优秀组织单位；“民法为民 粤建越美”全省建设企业法治文化大赛获评创新创先优秀普法项目；“全省住建系统打造千个基层普法阵地”获评十大创新创先项目；2022 年度全省国家机关“谁执法谁普法”履职报告评议活动获评“优秀”等次，在被评议单位中排名第一。

【其他工作】2022 年，广东省住房和城乡建设厅依托广东省住房和城乡建设法治研究会在全行业深入开展法治研究，结合住房城乡建设领域相关热点难点问题，联系法学研究前沿理论，开展专题研究活动。通过会员走访，了解行业发展中的法律问题和困难；联络行业协会，深入开展实地调研和专题座谈；共同探讨行业法治化的路径和措施，创刊《广东住建法治研究参考》，及时反映社会热点、关注行业动态、回应行业呼声。开展诉讼保全制度调研，多次组织召开座谈会，分析、研究建筑企业因诉讼保全导致资金账户被冻结影响正常生产经营的现状、原因与对策。开展多元化纠纷调节机制调研，探索加速推进建设工程纠纷的解决，降低争端解决的成本，维护当事人的合法权益。开展司法委托专项调研，探索建设联席工作会议机制。开展住房城乡建设企业法治建设标准研究和从法律制度层面破解工程建设项目审批制度改革难题和深化改革创新等课题研究，用法治力量助力行业管理和发展。

【行政执法监督工作】2022 年，广东省住房和城乡建设厅结合全省镇街综合行政执法改革，开展城市管理综合执法体制机制改革深调研，共调研 9 个地级以上市、18 个县（市、区）、36 个乡镇街道，深入研究市、县（市、区）、镇街三级城管综合行政执法体制机制现状，梳理总结存在的突出问题，提出富有针对性、可操作性强的对策建议。举办 2022 年全省城管局长综合执法能力提升培训班和 2022 年全省城市管理执法规范化专题培训班。在全省住建系统推行包容审慎监管制度，开展违法执法和乱罚款专项整治。组织开展 2022 年度行政执法案卷评查，随机抽查各地市行政处罚案卷，力求进一步促进全省住房和城乡建设系统行政执法规范化、制度化建设。印发《广东省城市建设重大事项报告和重大项目备案管理办法（试行）》，强化城市建设重大事项实施和重大项目建设事前、事中、事后监督。全面修订工程建设与建筑业、城乡规划建设、房地产与住房保障 3 大类行政处罚自由裁量权基准，编制《广东省住房和城乡建设系统行政执法减免责处罚清单》，细化“首违不罚”“无过错不罚”“轻微违法不罚”等包容审慎监管措施。

【城市治理风险防控】广东省住房和城乡建设厅要求各地严格规范城市管理执法行为，对涉及城管执法事件如执法不公、不文明执法、群体性事件等城管执法领域突发事件，做好现场调查、应对处置、舆论监控、值班备勤等城市管理执法领域应急响应处置工作，并建立省、市、县（市、区）、乡镇（街道）四级的应急响应体系，进一步提高城市管理执法应急响应能力和应急处置能力。持续指导各地城管执法部门加强对农贸市场周边、内街小巷、城市广场等公共场所的巡查管控力度，迅速处置占道经营、乱摆乱卖等违法违规行为，及时做好人流疏导和管控。广东省各级住房城乡建设、城市管理和综合执法部门会同有关部门，推进智慧化管理手段，加强网格化巡查，提高行业监管服务水平。如茂名市、县两级城管执法局都实行片区式、网格化的市容巡查执法机制，每个网格落实一组执法队伍负责，具体开展网格内市容巡查执法工作。清远市将 5 项涉及城市管理的排查事项纳入基层社会治理综合网格，把城管队员、环卫工人、园林绿化工人等纳入城市管理网格，充分发挥“网格员＋信息员”哨兵作用，打通基层社会治理“最后一公里”。

【市容环境面貌整治提升】持续开展城乡环境卫生综合整治，建立市容环境常态化巡查整治制度。各地全面整治城市“六乱”，落实“门前三包”。广州市以老旧社区为重点改造对象，在 2021 年度培育 30 个市级容貌品质社区的基础上，继续选取 51 个社区参与 2022 年度培育提升，辐射带动全市社区容貌环境整体提升。深圳、东莞等地推行“行走一线”工作法，组织市、区、镇街各级领导定期开展“行走”工作，直接发现并整改市容环境问题。中山市规范市容秩序，引导形成占地约 3500 平方米、拥有 100 个特色摊位的“东镇夜市”摆摊试点。汕头市上线“城管随手拍”，清远市开展“拍客·啄木鸟在行动”活动，中山市通过建立城管监督员制度开展“随手拍”活动。广东省各地结合“扫黄打非”工作安排，着重清理整治贩卖非法出版物流动摊贩和乱张贴“小广告”，累计开展集中或联合整治 300 余次，劝谕或清理流动摊贩占道经营行为 28 万次，清理非法“小广告”80 万余处，收缴非法出版物 1000 余份。通过建设省违法建设治理信息平台，推动各地持续完善违法建设摸底排查和标图入库，着力构建全省违法建设治理“一张图、一本账”。指导督促各地建立健全新增违法建设快速查处机制、存量违法建设分类认定处置政策。全省共治理违法建设 13853.47 万平方米（含拆除 9077.65 万平方米），对照 10022.98 万平方米的年度工作目标，进度为 138.22%。组织开展城市户外广告及招牌设施安全排查工作，各级城管执法部门累计巡查 14 万人次，累计排查城市大型户外广告设施 11.2 万个，排查招牌设施 24.1 万个。

【城市管理执法队伍建设】通过举办 2022 年全省城管局长综合执法能力提升培训班和 2022 年全省城市管理执法规范化专题培训班，组织全省各级城市管理执法部门主要领导、中层干部和骨干等前线执法人员共 376 人参加培训。实施“送教下基层”，录制实务授课视频，编制典型执法案例，指导县级行政执法事项开展。广东省各地城市管理和综合执法主管部门以东莞城管驿站为模板，建成不少于 1 个城市服务驿站，探索构建“横向到边、纵向到底”的城市管理执法服务体系。全省共建成城市服务驿站 341 座，配备城管片长 431 名。

房地产业

【房地产市场运行】2022 年，广东省房地产各项指标存在不同程度下滑，并呈现地区分化趋势。全省新建商品房销售面积 10591 万平方米，比上年下降 24.4%，其中珠三角核心区同比下降 23.3%，降幅略小于全省平均水平。沿海经济带同比下降 25.1%，北部生态发展区同比下降 28.3%；新建商品房销售金额 15870 亿元，比上年下降 28.9%，其中珠三角核心区和沿海经济带降幅均小于全省平均水平，分别下降 28.8% 和 27.3%，而北部生态发展区降幅大于全省平均水平，同比下降 33.3%；新建商品房销售均价 14985 元 / 平方米，比上年下降 5.9%，其中珠三角核心区和北部生态发展区降幅均大于全省平均水平，分别下降了 7.1% 和 7.0%，而沿海经济带降幅小于全省平均水平，同比下降了 2.9%。截至 2022 年底，全省商品住宅可售面积为 13060 万平方米，消化周期为 20.6 个月，略超出 12～18 个月的合理区间，其中珠三角核心区的消化周期为 19.7 个月，略小于全省平均水平，沿海经济带和北部生态发展区的消化周期分别为 20.7 个月和 24.1 个月。全省完成房地产开发投资 14963 亿元，占全省固定资产投资 34.5%。

【房地产市场秩序专项整治】印发《2022 年广东省房地产市场秩序专项整治工作方案》，组织各地住房城乡建设主管部门会同有关部门对 10 类房地产开发企业违法违规行为、10 类房地产中介机构及从业人员违法违规行为、5 类住房租赁等其他违法违规行为进行重点查处。组织开展“双随机、一公开”抽查和日常监督检查，强化事中事后监管。指导督促各地住房城乡建设主管部门认真落实“双随机一公开”制度，加大跨部门联合执法力度，依法依规采取警示约谈、停业整顿、吊销营业执照和资质资格证书等措施，并予以公开曝光。依法依规采取行政处罚措施，公开曝光三批 223 家违法违规房地产开发企业、中介机构和物业服务企业，努力营造监管有力、公平竞争的市场环境。

【住房租赁市场管理】2022 年，广东省围绕“构建多主体供给、多渠道保障、租购并举的住房制度”这一长期目标，培育租赁市场主体，规范租赁合同备案，排查化解租赁行业风险，促进住房租赁市场健康发展。截至 2022 年底，全省共成立国有住房租赁企业 51 家，累计筹集房源 18 万套以上；成立专业化规模化住房租赁企业近 700 家，经营房源约 100 万套。但是城中村出租屋监管难度较大。

【住房租赁市场监管】2022 年，广东省督促指导各地通过增加优质房源供应、规范住房租赁市场秩序等多种措施，促进住房租赁市场健康发展。目前，广东省住房租赁市场监管难点主要集中在城中村出租屋，如水电费乱加价、缺少租赁合同备案等问题。为此，省住房城乡建设厅专题研究完善住房租赁运营监管等方面的措施，进一步规范住房租赁行为，推动形成供应主体多元、经营服务规范、租赁关系稳定的住房租赁市场体系。组织广州、深圳、佛山、东莞等市召开城中村出租屋水电费加价乱象治理工作专题会议，梳理城中村出租屋水电费加价乱象治理方面的政策法规规定、工作进展、存在问题及原因分析，有关城市城中村出租屋水电费加价乱象得到有效遏制。

【市场主体房屋租金阶段性减免】2022 年上半年，广东省住房城乡建设厅先后印发关于做好 2022 年降低房屋租金成本工作的通知、贯彻落实《广东省贯彻落实国务院扎实稳住经济一揽子政策措施实施方案》的工作举措，并会同省发展改革委、省财政厅等单位印发《广东省住房和城乡建设厅等 8 部门关于推动阶段性减免市场主体房屋租金工作的通知》，与省国资委、省财政厅等单位各司其职，认真落实国家和全省关于阶段性减免市场主体房屋租金工作要求。10 月，印发《广东省住房和城乡建设厅关于请协同做好 2022 年阶段性减免市场主体房屋租金工作的函》，协调督促各省直部门、各地落实 2022 年阶段性减免市场主体房屋租金工作。减免服务业小微企业和个体工商户房屋租金 95.94 亿元，惠及承租人 20.62 万户。

【国有土地上房屋征收】2022 年，广东省作出国有土地上房屋征收补偿决定建筑面积 19 万平方米，户数 735 户；申请法院强制执行户数 29 户，实际执行 8 户。截至 2022 年底，广东省遗留拆迁项目仍有 63 个未完成拆迁，建筑面积 116.32 万平方米，总户数 12032 户。

【物业管理】2022 年，推动各地实现物业服务和物业服务企业党建全覆盖，联合广东省法院印发《关于建立物业管理纠纷在线诉调对接机制的工作方案》，广东省已建成充电设施的小区 11625 个，占全省小区总数的 53.6%；小区内已建成的充电设施 29.79 万个。但是部分城市因物业管理制度不健全、物业服务企业服务不规范等引发社区矛盾纠纷问题仍需要进一步推动化解。

【物业管理行业秩序构建】2022 年，广东省开展物业领域专项整治，完善物业纠纷化解机制，加强住宅专项维修资金监管，持续完善物业管理行业秩序。印发《2022 年广东省物业管理专项整治工作方案》，组织各地督促各物业服务企业、建设单位、业主委员会对 20 类物业服务企业违法违规行为、8 类建设单位违法违规行为、11 类业主委员会及其委员违法违规行为，深入开展自查，积极主动化解矛盾，建立健全工作台账，落实闭环管理，重点整治本辖区内存在的普遍问题和长期未得到有效解决的热点难点问题。联合省法院印发《关于建立物业管理纠纷在线诉调对接机制的工作方案》，建立健全人民法院和住房城乡建设部门物业管理纠纷化解在线诉调对接机制，全面推进全省物业管理纠纷多元化解工作。8 月，印发《广东省住房和城乡建设厅关于征求〈广东省物业管理条例（修订草案建议稿）〉意见的函》，向各地级以上市住房城乡建设主管部门征求意见并根据反馈意见进一步修改完善修订草案建议稿，进一步规范业主委员会运行机制。推动广州、惠州、湛江、茂名市完成有关住宅专项维修资金的各项整改任务，督促全省各地建立健全长效监管机制，进一步研究促进住宅专项维修资金管理工作制度化、规范化的管理措施。

【电动汽车充电基础设施建设】6 月，印发贯彻落实《广东省贯彻落实国务院扎实稳住经济一揽子政策措施实施方案》工作举措，对符合电网容量条件和消防等相关标准并征得相关利害关系人同意的，指导督促物业服务企业积极支持并提供必要协助，逐步实现所有物业管理小区充电设施全覆盖。9 月，联合省发展改革委等部门印发《关于印发广东省贯彻落实〈国家发展改革委等部门关于进一步提升电动汽车充电基础设施服务保障能力的实施意见〉重点任务分工方案的通知》，指导各地做好物业服务区域内电动汽车充电设施建设工作。省住房和城乡建设厅在韶关、佛山开展专项督导调研，推动住宅小区充电设施建设工作。2022 年，全省已建成充电设施的小区 11625 个，占全省小区总数的 53.6%；小区内已建成的充电设施 29.79 万个。

住房保障

【概况】2022 年，加强督促指导广州、深圳等 10 个重点城市加快发展保障性租赁住房，深入推进利用集体建设用地和企事业单位自有存量土地建设等方式大力建设保障性租赁住房，支持引导保障性租赁住房项目开展基础设施领域不动产投资信托基金（REITs）试点。规范做好公租房及租赁补贴发放工作，对环卫工人、公交司机、青年医生、青年教师等公共服务领域的特殊群体的保障力度进一步加大，不断扩大公租房保障面。继续推动广州、深圳、珠海、佛山、东莞等城市开展共有产权住房试点，促进解决部分“夹心层”城镇无房家庭住房困难问题。2022 年，全省新筹建保障性租赁住房 314589 套（间），新开工公租房 20702 套，新开工共有产权住房 44569 套，新开工棚改安置住房 7837 套，全省实施发放租赁补贴 56229 户。

【保障性租赁住房联席会议】12 月 6 日，广东省副省长孙志洋主持召开省推进保障性租赁住房工作联席会议第一次会议，总结了 2022 年全省保障性租赁住房发展情况并研究部署 2023 年工作安排。会议原则通过了《广东省推进保障性租赁住房工作联席会议工作规则》，加强对各地保障性租赁住房工作的业务指导、调研督促。研究讨论了 3 份文件，分别是《关于开展保障性租赁住房监测评价工作方案》，《广东省住房和城乡建设厅关于开展保障性租赁住房示范激励工作的通知》《广东省住房和城乡建设厅等部门关于鼓励和支持省属企事业单位利用存量土地和房屋建设保障性租赁住房的意见》。

【住房保障体系建设】2022 年，不断完善住房保障工作机制，扩大保障覆盖范围，推动住房保障高质量发展，基本建立了以公租房、保障性租赁住房和共有产权住房为主体的住房保障体系。公租房方面，通过建立常态化“应保”人群普查入库制度，对符合条件的住房困难群体做到应保尽保，住房困难问题得到明显改善，尤其是对环卫工人、公交司机、青年医生、青年教师等公共服务领域的特殊群体的保障力度进一步加大。保障性租赁住房方面，贯彻落实金融、税收、资金、水电气等四项支持政策，鼓励多方市场主体积极参与建设；建立健全项目认定、督查激励、监测评价等多项工作机制，加大统筹力度推动保障性租赁住房筹建工作，有效解决新市民、青年人的住房困难问题。共有产权住房方面，持续推动广州、深圳、珠海、佛山、东莞等城市开展共有产权住房试点，帮助部分“夹心层”城镇无房家庭以较低门槛拥有产权住房。2022年，全省筹建各类保障性住房共38.76万套（间），实施发放租赁补贴56229户，有效推进解决各类住房困难群体的住房问题。

【保障性安居工程列入广东省关键项目】2022年，广东省将保障性安居工程列入第二批省关键项目清单，按照广东省发展改革委员会《关于印发第二批省关键项目清单加快项目开工建设的通知》，2022年全省保障性安居工程需完成投资400亿元。4月，印发《广东省住房和城乡建设厅关于印发2022年保障性租赁住房、公租房保障和城镇棚户区改造等计划的通知》，明确要求广东省保障性租赁住房新筹集266790套（间），公租房新筹集13814套，共有产权住房新筹集8600套，棚户区改造新开工1184套，发放租赁补贴52485户。2022年广东省保障性安居工程实现拉动投资485.28亿元，其中保障性租赁住房194.37亿元、公租房31.99亿元、共有产权住房172.73亿元、棚改安置住房58.31亿元、租赁补贴投入3.76亿元、其他保障性住房（包括经适房、限价房等）24.11亿元，超额完成全年任务。

【银行保险机构支持保障性租赁住房建设】6月，联合广东银保监局印发《关于银行保险机构支持保障性租赁住房发展的指导意见》，进一步细化住房租赁税收政策操作指引和银行保险机构支持保障性租赁住房发展的指导意见等，切实降低市场主体的负担。组织国开行广东省分行、农发行广东省分行等金融机构参加全省保障性租赁住房调研座谈会议，建立省级住房和城乡建设部门与金融机构的对接机制，强化银行保险机构支持保障性租赁住房建设的力度。比如，深圳市标志性保租房项目安居空港花园预计总投资20.97亿元（含土地出让金3.25亿元），主要由深圳市宝安人才安居公司自筹建设，已获得中国建设银行授信额度9亿元。中国建设银行广州分行截至2022年底累计信贷支持超130个住房租赁项目，授信金额超150亿元，惠及超10万新市民、青年人群体。

【深圳市成功申报全国首批保障性租赁住房REITs】2022年，按照国家有关做好基础设施领域不动产投资信托基金（REITs）试点工作的部署，联合广东证监局等部门，积极鼓励和引导各地市推动保障性租赁住房REITs上市，盘活存量资产，形成存量资产和新增投资的良性循环。8月31日，深圳市人才安居集团有限公司作为原始权益人的红土深圳安居REITs在深圳证券交易所挂牌上市，发行规模为12.42亿元。该项目是全国首批、深交所首单保障性租赁住房REITs产品，通过不断探索、开展试点促进保障性租赁住房纳入公募REITs行业范围，在发行REITs涉及的免进场交易、资产转让、资产认定、证照办理、税收等方面先行先试，在合法合规的基础上进行模式创新，确保满足REITs发行的各项条件。同时强化与国企的协调合作，提高保障性租赁住房REITs的资产运营能力，在行业模式、制度建设、资产运营等方面均取得成效。

【住房保障管理系统信息化建设】广东省2022年度有保障性租赁住房筹集计划的广州、深圳、珠海、汕头、佛山、韶关、惠州、东莞、中山、江门、湛江、云浮12个城市均参与应用住房和城乡建设部开发的保障性租赁住房管理系统。截至2022年底，广东省已录入保障性租赁住房项目790个，共29万套房源。不定期组织12个城市参加住房和城乡建设部住房保障司召开的2022年保障性租赁住房App调度会，扎实推进保障性租赁住房App数据录入和项目认定书发放情况整理工作。指导韶关市完善“韶关市公租房管理系统”在不同场景的应用情况，通过房源、保障对象资格、配给、入住、配后、租赁补贴、租押金、棚改安置房等17个业务板块229个业务事项，落实住房保障业务管理和服务；通过26个指标、10张报表进行数据分析，为管理者提供监督及决策依据。并综合该系统的功能特点，推动建立全省保障性安居工程信息化系统。

公积金管理

【概况】2022年，广东省实缴单位531235个、实缴职工2218.74万人，当年缴存额3605.49亿元，比2021年增长10.05%。截至2022年底，全省累计缴存总额27638.75亿元，比2021年末增长15.00%。2022年共支持1026.51万名职工提取住房公积金2534.10亿元，比2021年增长4.65%和8.23%，提取率70.28%，以住房消费为主，占提取总额的85.29%。全年发放个人住房贷款20.11万笔、1065.79亿元（其中异地贷款1.34万笔、54.30亿元），同比分别减少20.81%、19.93%。截至2022年底，全省累计发放贷款总额270.48万笔、10885.96亿元。推动“住房公积金汇缴”“住房公积金补缴”“提前部分偿还公积金贷款”3个高频服务事项“跨省通办”。

【住房公积金阶段性支持政策】2022年，广东省各级住房公积金管理部门切实抓好稳经济一揽子政策措施在广东住房公积金领域落地落实，各地级以上市住房公积金管理中心出台实施多项住房公积金阶段性助企纾困政策。全省住房公积金系统多措并举推进实施，迅速将国家政策落地广东。各地住房公积金管理部门主动靠前服务，实行政策找人，帮助企业和职工了解政策规定。优化业务流程、简化程序，不增加企业和个人提供证明材料的负担。大力推行“网上办”，倡导“非接触”“不见面”办理业务，支持微信小程序、“粤省事”政务服务平台、网上办事大厅等线上渠道受理业务，极大方便企业和职工申办。截至2022年末，住房公积金阶段性支持政策惠及1400余家企业、390余万名职工。

【推进灵活就业人员参加住房公积金制度试点】2022年，广州、深圳两市积极开展灵活就业人员参加住房公积金制度试点工作。两市逐步完善试点政策体系。两市均构建符合灵活就业人员特点的、以线上服务为主的业务办理渠道，主动到灵活就业人员较为集中的快递、网约车等“两新”组织、创业基地等开展政策宣传推广，注重试点政策与常规政策的衔接转化等。此外，广州市还积极探索推行灵活就业缴存职工获得入户积分、在保障性租赁住房项目中推出“按月还贷”提取新模式等做法。深圳市积极探索推行将试点有关政策纳入全市住房公积金政策体系，科学设计灵活就业人员获取贷款的条件，将数字人民币技术深度融合到自愿缴存业务流程中等。截至2022年底，广州、深圳两市累计参缴职工5.59万人，缴存额31715.9万元，发放个人住房贷款206笔、15733.7万元。

【扎实开展“惠民公积金、服务暖人心”住房公积金系统服务提升三年行动】2022年，研究制订《广东省住房公积金系统“惠民公积金、服务暖人心”服务提升三年行动实施方案（2022—2024年）》，督促指导各地市住房公积金管理中心制定贯彻落实具体措施，全力推动服务提升走深走实。广州中心依托政务“智慧晓屋”面对面指引群众办理业务，深圳中心引入区块链等技术赋能贷款业务，佛山中心实现租房提取、退休提取、异地转入业务全流程系统智能审批。

【积极推进住房公积金高频服务事项实现“跨省通办”】2022年，广东省实现“住房公积金汇缴”“住房公积金补缴”“提前部分偿还公积金贷款”3个高频服务事项“跨省通办”。建立常态化暗访机制，针对暗访发现的问题，督促指导有关地市举一反三、抓好整改，并持续跟踪整改落实情况，促进提升“跨省通办”事项服务效能。各地市住房公积金管理中心根据发展定位和需求侧实际提供公积金“跨省通办”服务精准化对接，搭建网络交流平台，上线人工在线即时解答、政策咨询、业务答疑和办理导航等多种人性化智能服务。截至2022年末，全省通过线上渠道累计办理“住房公积金汇缴”194.3万笔、“住房公积金补缴”7.91万笔、“提前部分偿还公积金贷款”4.64万笔。

【住房公积金年度信息披露】组织开展全省住房公积金2021年住房公积金年度报告披露工作。广东省21个地级以上市住房公积金管理中心在3月底前全部完成2021年年度报告的披露。深圳、湛江、茂名、云浮4个市拓宽披露渠道，在政府官网、微信公众号上进行披露的同时，还通过报纸、新闻网站等多种方式进行披露。2021年年度公积金年度报告在政府官方网站披露后，全省21个地市同步通过政府官方网站、微信公众号等媒介发表解读文章，结合本地住房公积金政策进行年报相关数据解读，并对群众反映问题作出解答，合理引导社会舆情。4月，广东省住房和城乡建设厅、广东省财政厅和中国人民银行广州分行联合披露《广东省住房公积金2021年年度报告》，在广东省住房城乡建设厅官网、微信公众号等媒介解读年度报告文章，主动接受社会监督。

城市体检评估

2022年，在住房城乡建设部统一部署下，广东省积极推进城市体检工作。广州、深圳市作为国家样本城市，按照国家统一部署开展全指标自体检、第三方体检和社会满意度调查；珠三角其他地级市和汕头、湛江、四会市作为省样本城市，由省组织开展第三方体检和社会满意度调查，工作范围进一步扩大；粤东西北其他10市围绕指定的49项指标开展自体检，工作广度进一步延伸。结合各级普遍关注的社区建设和安全韧性问题，广东省统一组织开展居住社区建设质量和安全韧性专项体检。广州市制定印发《广州市城市体检评估工作规定》，结合市情构建“69＋27＋X”城市体检指标体系。以全国首个城市信息模型（CIM）基础平台为基础，深化城市体检评估信息系统与“穗智管”城市运行管理中枢等市级平台数据共享，确保数据可获取、可计算、可分解、可反馈，不断强化信息系统综合统筹能力，提升城市体检的现代化水平。深圳市针对“高密度超大城市”特点，结合城市战略定位、发展目标和工作重点难点等，按照“可获取、可计算、可追溯、可延续、可反馈”原则，在部、省已有指标基础上新增35项特色指标，构建110项城市体检指标体系，并划分“市—区—街道”三个层级，有针对性地开展城市体检。其中，市级体检工作侧重查找整体性、系统性、结构性问题；区级体检侧重病因细化、重点工作落实等情况分析；试点街道体检试点聚焦居民日常生活环境和群众急难愁盼问题，以解决民生实事为抓手，将整改措施转化为建设项目，把城市体检落到实处。

城市更新

【城镇老旧小区改造】2022 年，广东省将城镇老旧小区改造列入省十件民生实事大力推进。全年开工改造城镇老旧小区超过 2000 个，惠及超 40 万户居民，开工率排名全国前列，超额提前实现年度任务底数目标。印发《广东省城镇老旧小区改造工作指引（2022 版）》，为全省各地开展老旧小区改造工作提供规范和标准。发布《广东省老旧小区改造工作负面清单》和《激励清单》，为改造工作划出“底线”要求、指明高质量发展方向。先后联合通信专营单位印发支持城镇老旧小区线网整治和智慧化提升的政策文件，支持城镇老旧小区“三线”下地及智慧化改造。指导各地围绕城镇老旧小区日常管养、社会力量参与、改造资金合理共担、一体化推进模式（EPC ＋ O）、与专营单位协作等方面深入创新探索，取得积极成效，如佛山市顺德区大良街道北部片区老旧小区改造工程打造成全省首个“EPC ＋ O”项目。

【绿色社区创建】印发《关于加快推进绿色社区创建工作的通知》，要求各地加快推进年度创建任务；印发《广东省绿色社区创建问答》，归纳提炼 5 大方面中常见的 13 类 52 项问题，为各级主管部门规范高效开展工作提供指引。《广东：根植绿色发展理念 推进绿色社区创建》专题新闻报道在《广东新闻联播》播出，广州市政协组织有关人员在广州广播电视台“有事好商量”节目探讨绿色社区建设相关问题，取得良好社会反响。广州、韶关、梅州等市通过在“两微一端”等电子信息化平台和社区宣传栏发布信息、印发宣传册、入户宣传、主题活动宣传等形式，广泛普及绿色社区相关知识。委托“三师”协会采用“专家指导＋志愿服务”模式，分项目、分批次对全省 21 个地级以上市绿色社区创建等工作开展巡查，切实维护绿色社区创建成效。各地将绿色社区创建和维护成果纳入考核评定机制，定期开展“回头看”和抽查工作。

【完整社区建设】2022 年，广东省城镇居住社区人居环境品质提升工作领导小组办公室下发通知，组织各市开展城市社区基础信息摸查，深入了解全省 4949 个城市社区人口规模，以及基本公共服务设施、便民商业服务设施、市政配套基础设施等建设情况。联合广东省有关部门出台了《关于结合城镇老旧小区改造等工作系统推动城市居住社区建设补短板行动的函》《关于推进城乡一刻钟便民生活圈建设 加快品牌连锁便利店发展的实施意见》《关于进一步加强养老服务设施规划建设和用地保障的通知》等系列文件，指导各市将完整社区建设与城镇老旧小区改造、绿色社区创建、社区足球场地建设等相关工作有效衔接，加快补齐基础服务设施。联合广东省民政厅，指导各市围绕“一老一小”设施建设，打造宜居生活环境等内容，有所侧重选取试点，遴选出 65 个试点社区，编制工作方案、明确实施计划，通过试点先行，探索经验。

【社区体育公园建设】广东省住房和城乡建设厅自 2018 年以来连续五年通过多种渠道提供省级补助支持社区体育公园建设工作。2022 年度，下达省级财政资金 1525 万元，补助支持以粤东西北地区为主的 11 个地市 23 处社区体育公园建设，通过加强督促指导，召开视频会，开展现场调研，推动各地完善配套体育设施，着力提升人民群众获得感。2022 年底，广东省社区体育公园开工率 100%。推荐梅州市住房和城乡建设局成功申报广东“十三五”时期群众体育工作先进集体。

【城中村改造】组织各地级以上市开展城中村改造底数核查和工作调研，参与撰写的《广东城中村改造之实践与探索》被《中国建设报》8 月 10 日广东深度全文刊载，被省委政研室《广东调研》第八期全文采用，《关于城中村改造实践探索与矛盾困难的调研报告》被选为省政府政务信息专报。组织专家智囊团队深入研究分析，结合省情，向省政府分管领导、主要领导提出积极稳妥推进城中村改造意见建议，并得到省领导充分认可。会同广东省自然资源厅，要求各地报送城中村改造进展情况，掌握工作进度。2022 年，全省完成城中村改造 60 个，涉及面积 194.37 公顷。其中，全面改造 11 个，涉及 65.23 公顷；微改造 49 个（含混合改造 1 个），涉及 129.14 公顷。

【人行道净化和自行车专用道建设】组织各地全面开展人行道净化和自行车专用道试点工作，开展人行道净化专项行动，推动自行车专用道建设，切实改善绿色出行环境。各地积极清理占道行为，科学规划自行车专用道，利用数字化城市管理平台等，推进建立长效管理机制，取得试点初步成效。全省已改造和新建自行车道 258.7 公里，其中设置机非隔离设施的路段 32.43 公里，新增自行车道标志标线 692 处，修复自行车道无障碍设施超过 4600 处，新增隔离桩、止车桩达到 7857 根；修复人行道 37 万平方米，更换盖板 2757 个，开展针对人行道和自行车道占道经营、流动经营、乱堆放等问题执法超过 26 万宗，清理违规广告牌、书报亭、标志牌等 13389 宗，修复盲道 3 万米，有效保障了群众步行和自行车等慢行交通路权。2022 年，涉及人行道管理和自行车专用道建设工作的《关于守初心切实保障群众步行安全路权的提案》被纳入省政协主席会议督办重点提案。

【城市更新巡查管理】采取“专家指导＋志愿服务”模式，统筹组建 21 个地市社区类工作专家智库、1 个历史文化保护专家智库以及由 700 余名志愿者组成的巡查队伍，构建“社会组织—专家团队—志愿者”三级服务梯队，与巡查任务项目建立技术对口服务机制。系统梳理国家和省关于城镇老旧小区改造、历史文化保护、绿色社区创建等政策要求，坚持问题导向，分门别类制定巡查调研表，明确巡查工作要点、实施步骤和方法措施，针对性开展巡查。将巡查发现的重点问题纳入问题清单，以“一事一案”的方式下发各地市核查整改，针对重要问题定期组织现场督导，形成工作闭环。及时总结典型案例，积极宣传推广历史建筑、历史文化名村等结合业态更新、文化旅游等进行活化利用，以及引导居民自筹资金参与老旧小区改造的和经验做法。

城乡历史文化保护传承

2022 年，提请省委办公厅、省政府办公厅印发《关于在城乡建设中加强历史文化保护传承的若干措施》，指导规范全省城乡历史文化保护传承工作；广州出台《广州市关于在城乡建设中加强历史文化保护传承的实施意见》，多个地市也同步推进市级配套政策文件制定。持续推动历史文化资源普查认定、挂牌、测绘建档工作。启动编制省城乡历史文化保护传承体系规划纲要，梳理广东省历史沿革脉络。坚持空间全覆盖、要素全囊括，形成各类保护对象保护名录和分布图。推动一批历史文化名城名镇名村及街区保护规划编制工作取得阶段性进展。开展历史文化名城保护专项评估、历史文化保护日常巡查工作。在全国率先组织开展历史文化保护传承先进集体和先进个人评选表彰工作。2022 年安排省财政资金 4360 万元，用于补助省内部分欠发达地区的历史文化街区更新改造及品质提升、历史建筑普查认定、测绘建档、加固修缮及活化利用等项目。

截至 2022 年底，广东省共有广州、佛山、梅州、潮州、肇庆、雷州、中山、惠州 8 个国家历史文化名城，15 个中国历史文化名镇、25 个中国历史文化名村、1 片中国历史文化街区（中山市孙文西历史文化街区），以及 15 座省级历史文化名城、19 个省级历史文化名镇、56 个省级历史文化名村、104 片省级历史文化街区，各地确定公布了 4170 处历史建筑，其中完成挂牌 3973 处，完成测绘建档 3728 处，2022 年查缺补漏新增认定历史建筑 143 处，各项数据指标在全国名列前位。

城市设计管理

2022 年，广东省住房和城乡建设厅组织设计单位编制《广东省城市与建筑风貌管控技术导则》以及《广东省城市与建筑风貌管控技术引导图册》，加强对建筑风貌的技术指导，在多次征求意见基础上，不断完善编制成果，顺利通过专家评审。与政协广东省委员会办公厅共同组织开展“加强精细化设计与管理，塑造城市文化内涵品牌”专题调研。对广东省城市规划建设与优秀传统文化保护传承的基本情况、城市改造开发与历史文化遗产保护利用关系处理、城市精细化设计管理及塑造城市文化内涵品牌等方面进行了深入研究。按计划统计了 2022 年广东省大型城市雕塑建设计划，加强对特大型城市雕塑的管理。

建筑设计管理

【勘察设计市场与质量监管概况】2022 年，广东省启动编制房屋建筑工程施工图设计文件分级分类审查要点、修编施工图设计文件审查合格书，立项建设房屋市政工程设计文件管理系统（二期），研究深入推进 BIM 审查以及与二三维联动审查，开展勘察设计质量和发承包行为检查并实行在线抽查，提升监管信息化和精细化水平。但是信息化监管系统功能不完善，数据联动分析能力不高等问题影响监管效能。

【施工图审查管理】2022 年，全年新增审图机构 5 家，增项或升类 4 家，全省审图机构共计 68 家。落实监督检查重点下移、就近实施的要求，督促各地开展审图机构名录条件动态核查，对发现不符合规定条件的机构，责令限期改正。着力提高行业信息化水平，以省施工图设计文件审查管理系统功能完善和提升为发力点，3 月申请通过省房屋市政工程设计文件管理系统（二期）立项，进一步强化施工图在线审查和在线监管，并积极推进监管链条向设计各阶段延伸。开展房屋建筑工程施工图设计文件分级分类审查要点研究，组织修订施工图设计文件审查合格书样式，完善审查合格书上单体建筑概况信息，促进监管精细化。

【工程勘察设计质量和发承包行为检查】 2022年，广东省住房和城乡建设厅开展全省施工许可、施工图审查以及消防设计审查项目的勘察设计质量和发承包行为检查，督促各地按照不低于当地施工许可项目数10%的比例开展“双随机一公开”检查。检查项目范围包括2021年以来开展施工图审查、消防设计审查、施工许可的房屋市政工程项目，重点抽查保障性住房、公共建筑、超限高层建筑、城市轨道交通项目、燃气工程、取消或缩小施工图审查范围的项目。除地市检查外，省级对10个地市60个项目进行了抽查。全年全省检查项目1453个，其中责令整改745次，作出行政处罚4宗、罚款28.5万元。检查发现，部分项目存在勘察设计深度不满足规定，地下室充电车位未按相关规范进行设计等问题，个别项目的设计文件错漏、前后数据不一致，标注错误、工程量漏算、个别图标缺漏、引用规范过期以及错审漏审等问题仍有发生。

建设工程消防设计审查验收

2022年，广东省住房城乡建设主管部门共受理建设工程消防审验44751件，办结44396件；组织特殊消防设计专家评审论证53项次。依法查处建设工程消防审验相关行政处罚、行政强制714宗，其中责令停止施工、停止使用或者停产停业213宗，共计罚款2042万元。2022年，编制发布省地方标准《建筑工程消防施工质量验收规范》，修订了《广东省房屋建筑工程竣工验收技术资料统一用表（建筑消防）》，组织编写《广东省建设工程消防施工质量控制和消防查验技术指引（试行）》；同时推进运用信息化手段办理建设工程消防设计审查验收，开发试运行广东省建设工程消防验收备案抽查管理信息系统。

城市建设

【概况】 2022年，广东省住房和城乡建设厅坚定贯彻落实习近平生态文明思想，聚焦推动城市高质量发展，印发《广东省生活垃圾渗沥液处理技术指引》《广东省深入打好城市黑臭水体治理攻坚战工作方案》《广东省城市内涝治理实施方案（2021—2025年）》《广东省城市独柱墩桥梁安全隐患排查治理工作实施方案》，推动全省城市基础设施建设发展。聚焦中央生态环境保护督察整改和污染防治攻坚战各项任务目标，持续强力推进垃圾处理设施建设，大力推动城市黑臭水体整治，推进园林绿化、燃气供应、道路桥梁、生活污水处理、排水防涝、供水、海绵城市建设、生活垃圾分类等市政基础设施建设和管理，进一步提高城市综合承载能力。

截至2022年底，广东省城市建成区绿化覆盖率43.91%。全省累计建成市政燃气管道5万公里，天然气年消费量143亿立方米，液化石油气供应量240万吨。全省累计建成污水管网7.7万公里，建成污水处理厂423座，日处理能力3019万吨，管网建设量持续5年实现高速增长。全省建成生活垃圾处理设施154个，总处理能力16.1万吨/日，全省地级以上市城区2.2万个居民小区已配置分类投放设施，居民小区垃圾分类平均覆盖率达90%以上。

【城市园林绿化建设】 2022年广东省持续推进城市公园、社区公园和专类公园建设。指导地市充分利用城市边角地、闲置地“见缝插绿”，以“绣花”功夫设计建设小而美、小而精的绿地开放空间；强化建设运营管理，突出自然生态、突出功能完善、突出历史人文；推行节约务实绿化，注重加强植物配植，完善设施配套，提升服务功能；坚持因地制宜，加强立体绿化建设。截至2022年底，全省建成“口袋公园”2220个，城区内公园数量达5372个，城市建成区绿地率39.69%，城市建成区绿化覆盖率43.91%，人均公园绿地面积17.64平方米，公园绿地服务半径覆盖率84.64%，均超过全国平均水平。建成生态园林城市1个，国家园林城市19个，国家园林城镇4个，广东省园林城市6个，广东省园林城镇、县城11个。城市人居环境和生态环境明显改善，城市园林绿化工作取得新成效。

【城市燃气供应】 2022年，广东省燃气用气规模保持平稳，天然气年消费量143亿立方米，液化石油气供应量240万吨。截至2022年底，全省建成市政燃气管道5万公里，城市燃气接收门站42座，调压站40座，气化站151座，储配站628座，加气站104座，其他场站（含供应站等）3015座。16个地市“市市通”主干管网接驳管线工程实现通气，61个县级行政区开展“县县通”主干管网接驳工程建设，4个县级行政区实现通气。全省燃气管道等老化更新改造开工项目150个，改造完成市政管道0.78公里、庭院管道22.8公里、立管34.24公里、用户设施2.14万户。

【城市道路桥梁建设】 2022年，广东省积极推动59座城市桥梁加固改造，完成43座，按计划推进16座。印发《广东省城市独柱墩桥梁安全隐患排查治理工作实施方案》。组织开展船舶碰撞桥梁隐患治理，全省189座跨内河等级航道城市桥梁全部完成自查、综合评估及隐患整治。组织开展窨井盖安全隐患普查建档整治，累计排查发现各类问题井盖 12.8 万个。广东省安全隐患完成整改 11.7 万个，整改率达 91.4%。截至 2022 年底，全省累计建成道路 63659.8 公里，道路面积 106892.74 万平方米，建成城市桥梁 9711 座，其中特大桥 2096 座，立交桥 921 座，城市道路桥梁等基础设施不断完善。

【城市排水防涝】3 月，印发《广东省城市内涝治理实施方案（2021—2025 年）》，基本明确“十四五”期间城市内涝治理的时间表和路线图。汛前召开全省城市排水防涝工作会议部署重点工作，赴广州、佛山等重点地市开展防汛准备情况督导检查。汛中多次召开强化部署会议，对全省城市排水防涝工作进行再部署、再动员，多部门联合开展城市排水防涝工作实地检查；6 月，韶关、清远面临特大洪水，迅速组织广州、深圳、东莞等市市政排水作业救援队伍调配救援物资驰援抗洪排涝；10 月，广东省举行城市排水防涝应急演练活动。汛后对全省各地开展内涝治理工作评估，分析成因，积累经验。全省 41 个设市城市均由副市长及以上职务担任排水防涝安全责任人，重要易涝点均已指定整治负责人，确保排水防涝安全责任落实到位。

【城市生活污水处理】截至 2022 年底，全省建成城市生活污水收集管网 3625 公里，新建污水处理设施 30 座，新增污水处理能力 170 万吨／日。广东省累计建成污水管网 7.7 万公里，建成污水处理厂 423 座，总处理能力达 3019 万吨／日，管网建设量持续 5 年实现高速增长，城市生活污水处理成效显著。

【城市黑臭水体治理】印发《广东省深入打好城市黑臭水体治理攻坚战工作方案》，推进城市黑臭水体治理向 20 个县级市拓展，巩固地级以上城市黑臭水体治理成效。连续 5 年开展城市黑臭水体治理明察暗访，组织技术团队 50 余名专家每季度沿河巡查城市黑臭水体治理成效，指导科学精准治污。2022 年，完成“县级城市黑臭水体消除比例达到 40% 以上”的年度目标任务，地级以上城市黑臭水体基本保持不黑不臭。

【海绵城市建设】2022 年，中山市以综合第一的成绩入选国家第二批海绵城市建设示范城市，三年内将获得中央财政资金补助 9 亿元。广东省共完成两批省级海绵城市建设示范城市创建工作，东莞、中山、梅州、佛山市、茂名市、江门市入选省级示范城市，共争取省级财政资金 1.8 亿元支持示范建设，每个城市 3000 万元。广东省 21 个地市均完成系统化全域推进海绵城市建设实施方案编制和备案，各地因地制宜开展海绵城市建设，落实海绵理念。

【城市生活垃圾分类】组织开展全省垃圾分类评估视频培训，各地反响良好。开展年度城市生活垃圾分类工作检查，分层次开展省级城市生活垃圾分类现场评估和技术帮扶，定期梳理各地工作成效及省领导小组成员单位工作进展，做好住房和城乡建设部评估有关工作，强化分类督促指导。全省地级以上市城区 2.2 万个居民小区已配置分类投放设施，居民小区垃圾分类平均覆盖率达 90% 以上。全省配置分类收运车超 1.3 万辆，共有厨余垃圾处理能力 1.6 万吨／日。在住房和城乡建设部组织的全国城市生活垃圾分类季度评估工作中，广东省位列东部区域第一档。各地将垃圾分类纳入民生实事、文明创建等统筹推进，广州、深圳市进一步健全垃圾分类处理系统，其他城市生活垃圾分类示范片区和全覆盖区域建设稳步推进。

【生活垃圾处理设施建设】2022 年，广东省将生活垃圾处理设施建设纳入省委、省政府污染防治攻坚战行动计划，定期调度、重点督办，有效推动生活垃圾处理提质增效。2022 年新增焚烧设施 6 座，新增处理能力 1.72 万吨／日，全省共有生活垃圾处理设施 154 个，总处理能力 16.1 万吨／日。其中，焚烧处理设施 83 座，处理能力 13.03 万吨／日，占比 81%，同比提高 9%。“十四五”期间 30 座焚烧设施建设任务已建成 17 座（在建 4 座、拟建 9 座）。广州、深圳、珠海、惠州、东莞、中山、汕头、汕尾、潮州、茂名 10 个城市基本实现原生生活垃圾“零填埋”。

【生活垃圾处理设施运营管理】广东省组织开展生活垃圾填埋场运营问题整改及排查整治、渗滤液专项整治行动，对各地生活垃圾处理设施建设和管理工作开展全方位的检查和指导，通过定期调度、定期通报、发提醒函等工作措施，加强生活垃圾处理设施运营管理，不断提升运营管理水平。印发《广东省生活垃圾渗沥液处理技术指引》，进一步规范生活垃圾渗滤液的处理处置。组织相关行业专家组成技术指导工作组，对在运营的 154 座处理设施逐一开展技术指导服务，现场反馈指导意见，督促落实整改，切实执行国家、省有关技术规范和污染控制标准，全面规范设施运营管理，提升设施无害化处理水平。对达到无害化等级评价要求的设施，定期组织开展无害化等级评价工作，促进生活垃圾处理设施建设和运营管理水平提高，引导工程建设和运行管理向合理化、规范化方向发展。

【建筑垃圾管理工作】组织起草《广东省建筑垃圾管理条例》草案稿，先后赴广州、深圳、韶关等多个地市开展立法调研。《广东省建筑垃圾管理条例》于2022年11月底经省人大常委会表决通过，于2023年3月1日起施行，这是全国首部省级建筑垃圾管理地方性法规。截至2022年底，全省共有建筑垃圾消纳能力1.06亿立方米，共有资源化利用项目168个，总处理能力1.14亿立方米/年。启动广东省建筑垃圾跨区域平衡处置协作监管平台建设，积极推进建筑垃圾跨区域处置工作。

村镇规划建设

【美丽圩镇建设攻坚行动成果丰硕】截至12月底，全省1123个圩镇全部达到"宜居圩镇标准"，其中，348个圩镇达到"示范圩镇标准"，占比31%，超过10%的任务目标。扎实推进"三清理、三拆除、三整治"。全省累计清理积存垃圾、乱堆乱放、水域漂浮物和障碍物共249.08万处，拆除破旧附属设施、非法违规商业广告招牌、乱搭乱建和违法建筑共34.76万处，整治占道经营乱摆卖、公共空间乱贴画、车辆乱停放行为366.29万宗。深入开展"三线"治理。全省累计清理电力、通信、广播电视线（以下简称"三线"）违章乱架现象7.71万处，完成"三线"下地改造2448公里。逐步增强公共服务能力。全省圩镇共建有农贸市场2397个，卫生院1633个，运输服务站1892个，综合文化站2777个，公共停车场5742个，公共厕所11771个，政务服务场所3731个，5G网络已覆盖1070个圩镇，4K/8K超高清网络已覆盖1066个圩镇。持续提升圩镇整体风貌。全省累计完成沿街建筑立面风貌改造街道长度2192.01公里，建有入口形象标识4123个，建设绿道3957.31公里，建设碧道2420.24公里。不断加强项目建设。各地共谋划开展项目7329个，总投资估算约901亿元。大力推进试点示范。指导韶关、云浮市完成美丽圩镇建设专项改革试点工作，推动各地开展先试先行，韶关市经验做法被住房和城乡建设部《建设工作简报》转发，乳源瑶族自治县在全国小城镇人居环境整治培训班上交流"三线"治理经验做法。

【小城镇建设技术帮扶】2022年，针对各地牵头部门、乡镇政府和驻镇帮镇扶村工作队在开展小城镇建设中缺少专业人才、急需技术支撑的现实需要，广东省住房和城乡建设厅在编制《广东省小城镇（圩镇）品质提升指引》的基础上，印发《关于开展小城镇建设技术帮扶工作的通知》，在全省开展小城镇建设技术帮扶工作，通过发挥专家团队的指导帮扶作用，助力驻镇帮镇扶村工作，帮助各地小城镇建设实现高起点谋划、高标准推进、高质量落实。年初，委托广东省规划师建筑师工程师志愿者协会，从省内城乡规划、建筑设计等领域中专业技术力量较雄厚、社会服务意识较强的34家企（事）业单位、大中院校选派规划师、建筑师、工程师组成了252人的省专家团队，同时指导20个地市参照省专家标准遴选出900余名市专家，最终形成共有1100余名专家志愿参与小城镇建设技术帮扶的强劲队伍。粤东、粤西、粤北12市和肇庆市900个"重点帮扶镇"和"巩固提升镇"，由省专家和市专家组成专家团队开展技术帮扶，共设立13个团队、75个小组重点指导帮扶；珠三角地区223个"先行示范镇"，由各市组建的专家团队开展技术帮扶。各级专家团队从实施方案编制、项目库建设、人居环境整治、基础设施建设、乡镇风貌提升和技术人才培养等方面入手，分级分类开展帮扶，确保900个乡镇技术指导全覆盖。在帮扶工作的推动下，全省1123个镇顺利达到"宜居圩镇标准"。

【传统村落保护】组织开展2022年传统村落集中连片保护利用示范申报工作。通过召开专家评审会，最终梅州市梅县区成功入选2022年传统村落集中连片保护利用示范县。组织开展第六批中国传统村落申报工作，指导各地完善传统村落申报材料。联合省直有关部门组织开展传统村落调查推荐，共推荐52个村申报第六批中国传统村落，形成推荐名单上报住房和城乡建设部等部委，最终全省有30个村拟列入第六批中国传统村落名录。

【乡村风貌提升】2022年，广东各地大力开展村容村貌建设。在住建领域，广东省住房和城乡建设厅聚焦乡村建筑风貌提升工作，持续加大农房管控和农房风貌提升力度，深化农房建设管理，加强传统村落保护利用，开展乡村建设评价，加强乡村建设工匠培训，推动建设宜居宜业和美乡村。配合省有关单位开展宅基地改革试点工作；编制印发《岭南新风貌·广东省农房设计方案图集》；推荐韶关市翁源县、河源市连平县、阳江市阳西县、肇庆市怀集县入选2022年乡村建设评价样本县；指导江门市开平市建立广东省首个乡村建设工匠培训基地；不断充实乡村建设工匠队伍，培训合格乡村建设工匠人数约1300人。

【农村住房安全保障】2022年，广东省住房和城乡建设厅扎实推动实现巩固拓展脱贫攻坚成果同乡村振兴有效衔接，加强农村低收入群体等重点对象住房安全动态监测，及时发现消除各类农房安全隐患，坚决守好农村住房安全底线。持续推进农村危房改造，4039户农村危房改造任务已全部开工。稳步推进农房安全隐患排查整治，完成 9.77 万栋初步判断存在安全隐患农村房屋的安全评估鉴定工作，经评估鉴定需要整治农村房屋 4.01 万栋，已完成整治 3.30 万栋。深入推进 2020—2022 年 66391 户全省存量农村削坡建房风险点排查整治，实际竣工 66414 户，圆满完成既定任务目标，解除农村削坡建房风险点边坡威胁人数约 26.6 万人，其中 2022 年竣工 28844 户。

【乡镇生活污水治理】2022 年，广东省住房和城乡建设厅持续推进乡镇生活污水处理设施建设运维管理工作，取得显著进展。通过制定任务目标下达地市、建立定期报送机制、及时通报进展落后的地市等方式，积极推动乡镇生活污水处理设施建设。全省 1123 个乡镇实现生活污水处理设施全覆盖，建有乡镇生活污水处理设施 1061 座，总处理能力 619.09 万吨 / 日，建有配套管网 2.00 万公里。全年新增处理能力 16.91 万吨 / 日，新建配套管网 1791.76 公里。

【乡村生活垃圾治理】2022 年，广东省“村收集，镇转运，县处理”的乡村生活垃圾收运处置体系覆盖所有行政村，转运设施数量满足“一镇一站”的配置要求，乡村“垃圾靠风刮”的“脏乱差”现象得到根本性转变。全省在运行的镇级生活垃圾转运站 1529 个，总转运能力 9.12 万吨 / 日，全年转运并无害化处置乡村生活垃圾 2180.90 万吨。

标准定额

【概况】2022 年，广东省工程造价咨询企业内资企业合计 674 家，同比 2021 年增加 18.66%，在 674 家造价咨询企业中，专营工程造价咨询的企业为 81 家，占比 12.02%；兼营工程造价咨询业务的企业为 593 家，占比 87.98%。2022 年工程造价咨询企业营业合计收入 1807.24 亿元：含工程造价咨询业务收入 114.44 亿元、其他业务收入 1692.8 亿元；完成工程造价咨询项目所涉及的工程造价总额 270452.02 亿元。广东省建设工程标准定额站积极完成主责主业配套，编制 4 个办法，编制 1 指标，1 个指引，1 个费用计价指南，补充完善广东省工程计价依据体系，依托造价信息化平台累计处理有效纠纷案例 484 份，累计解决现行定额问题 4421 条，发布定额咨询问题解答汇编 27 期。

【工程造价改革试点】2022 年，广东省建设工程标准定额站发布《关于明确工程造价改革试点项目选择等事项的函》，部署 20 项探索任务，覆盖项目建设的全过程，在全省各地市遴选造价改革试点项目共 59 个，通过试行清单计量、市场询价、自主报价、竞争定价的计价方式，发挥各自优势共同探索完善工程造价市场竞价机制，在总结试点项目探索经验的基础上，先后出台价格指数测算规则、指数应用规则、价格走势分析、市场询价规则、投资估算指标模板等制度，逐步推广与国际接轨的市场定价规则。目前部分试点项目已在改革专项任务中取得突出成效。

【建设工程人工价格指数编制规则】5 月 18 日，为贯彻落实广东省人民政府促进建筑业高质量发展若干措施的通知有关要求，面对当前价格指数存在编制依据不够充分、方法不够科学、程序不够健全、要求不够明确以及指数编制质量评价方法不完善等问题，导致价格指数偏离实际，弱化对市场的引导力，影响建筑业的良性发展，为统一广东省建设工程人工价格指数编制规则，规范广东省人工指数的测算、评审、发布、评价等编制工作，按照工程造价改革工作部署，广东省建设工程标准定额站在总结实践经验基础上印发《广东省建设工程人工价格指数编制规则（试行）》，该规则健全指数编制程序，规范数据处理规则，统一指数测算模型，明确指数评价方法，对促进市场价格合理形成、提高市场价格走势预判准确度，增强各方应对市场价格波动风险能力具有重要作用。

【广东省绿色建筑计价指引】7 月，组织省建设工程标准定额站编制《广东省绿色建筑计价指引》（征求意见稿），该指引是广东省建设工程计价的标准，与《广东省建设工程计价依据（2018）》配套使用。适用于广东省行政区域内国有资金投资或国有资金投资为主的新建、改建、扩建绿色建筑建设项目绿色建筑建设工程计价文件的编制、审核。非国有资金投资的建设项目，可参照该指引，开展绿色建筑建设工程计价活动。该指引自 7 月 5 日公开征求意见，于 2023 年印发。

【建设工程主要材料询价规则】7 月，广东省建设工程标准定额站组织制定印发《广东省建设工程主要材料询价规则（试行）》，该规则适用于编制估算、概算、预算、最高投标限价时，建设单位通过询价确定主要材料价格的工作。编制方案经济比选、变更定价、材价调差等其他造价成果文件需要询价确定材料价格的，可参考该规则执行，该规则于 7 月 26 日起试行，将询价流程分为询价准备、发起询价、报价分析、评审定价、归档入库五个环节，明确询价、比选、评审的流程和要求，让每一份询价成果经得起审核，夯实工程造价市场形成基础，截至年底试行取得显著成效。

【电力设施迁改工程建设其他费用计价指南】8 月，

为响应广东省人民政府办公厅《关于印发广东省促进建筑业高质量发展的若干措施的通知》，为统一广东省电力设施迁改工程建设其他费用计价行为，合理确定和有效控制电力设施迁改工程投资提高电力设施迁改工程投资效益，促进电力设施迁改工程建设健康发展，广东省建设工程标准定额站与广东省电力建设定额站组织有关单位联合编制《广东省电力设施迁改工程建设其他费用计价指南（2022）》。该指南于8月25日公开征求意见。

【广东省城镇老旧小区改造项目估算指标】11月，为贯彻落实《广东省人民政府办公厅关于全面推进城镇老旧小区改造工作的实施意见》精神，发挥工程造价在城镇老旧小区改造投资决策的引领作用，满足城镇老旧小区改造项目投资需求，广东省住房和城乡建设厅组织广东省建设工程标准定额站等有关单位编制《广东省城镇老旧小区改造项目估算指标》。该定额自11月18日公开征求意见。

工程质量安全监督

2022年，广东省住房和城乡建设厅全面贯彻落实完善质量保障体系提升建筑工程品质有关工作部署，定期分析研判住房城乡建设领域工程质量安全生产形势，组织开展了规范建设工程质量检测市场秩序、工程用砂和混凝土质量管理、播放警示教育片等一系列专项行动，推动全省工程建设质量水平的稳步提高，工程建设参与主体质量行为日趋规范，广大群众对工程质量的满意度逐年提升，广东省房屋市政工程质量安全生产形势总体上平稳可控，全省未发生房屋市政工程质量事故和重特大生产安全事故。全省房屋市政工程竣工验收合格工程共13697项，一次通过验收合格率达99.28%；新办理质量监督手续并签署授权书、承诺书比例达100%，新办理竣工验收备案项目设立永久性标牌比例达100%；全省未发生工程质量事故。全省共有14项工程获得中国建筑工程鲁班奖；28项工程获得国家优质工程奖；140项工程获得省建设工程优质奖；87项工程获得省建设工程金匠奖；258项工程获得省优秀建筑装饰工程奖。生产安全事故起数和死亡人数同比上年分别下降37.0%和41.2%，2018—2022年全省房屋市政工程事故起数和死亡人数连续5年实现“双下降”。但是全省房屋市政工程具有工程量大、施工复杂程度高、施工工期长等行业特点，且用工需求量大、人员流动性强，加之建筑工人“老龄化”“用工荒”现象日益凸显，叠加施工现场噪声、有害气体和尘土等不利工作环境影响，安全生产隐患风险因素多。同时，质量安全管理还存在部分建设、施工、监理等企业质量安全主体责任未落实到位等问题，增加安全风险，全省房屋市政工程安全生产形势严峻复杂。

建筑市场

【建筑市场监管概况】2022年，广东省智能建造、工程造价改革等住房和城乡建设部试点工作高效推动，粤港建筑业服务便利化措施全面落地实施，省工程勘察设计大师引领设计质量提升，在建项目发承包违法行为专项整治百日攻坚行动形成一定震慑力，保障农民工工资支付工作扎实推进，建筑市场监管取得实效。2022年，广东建筑业总产值达22956.50亿元，占全国建筑业总产值的7.36%；同比增长7.5%。

【新型工程建设组织管理模式】发布《关于征集工程总承包、全过程工程咨询和建筑师负责制典型范例的通知》，遴选公布第一批省级工程总承包、全过程工程咨询和建筑师负责制等新型工程建设组织模式典型范例项目11个、跟踪指导项目28个，并在门户网站对典型范例项目管理运行机制、创新突出亮点进行集中展示。同时，基于公布的第一批典型范例项目向住房城乡建设部推荐工程总承包典型案例8个，在广东省范围内形成一批可复制、可借鉴、可推广的经验，有力推动工程总承包模式的发展。在住房城乡建设部指导下，对香港工程建设咨询企业和专业人士在粤港澳大湾区内地城市实施备案开业执业试点管理，加强广东省全过程咨询服务与国际接轨。截至2022年底，53家香港工程建设咨询企业和241名专业人士成功备案开业执业。在此基础上，指导深圳前海、珠海横琴自贸区确定若干项目实行粤港合作的全过程工程咨询试点，由省内咨询单位与香港咨询企业合作承接实施，在合作过程中，共同研究完善全过程工程咨询措施，积极推进全过程工程咨询服务发展。认真贯彻落实国务院营商环境创新试点和住房城乡建设部关于建筑师负责制试点工作部署，将探索建筑师负责制纳入创新完善工程建设组织管理模式工作中，并指导广州、深圳作为首批试点城市在民用建筑工程领域探索推进和完善建筑师负责制，充分发挥建筑师的主导作用，同步深入开展建筑师负责制经验做法课题研究，制定工作方案。截至2022年底，广州重点在黄埔区、南沙区遴选7个试点项目开展探索实践；深圳的23个建筑师负责制试点项目，其中7个项目完成。

【房屋市政工程项目用工实名制管理】8月8日印发《广东省房屋市政工程在建项目实名制管理“一地接入、全省通用”工作实施方案》，规范全省实名制数据标准，消除实名制数据和技术壁垒，实现省内各市、县（区）实名制数据标准统一和软硬件设备省内通用，确保相关实名制软硬件企业在全省范围内统一开展业务。同时，狠抓实名制管理数据更新率、关键岗位人员到岗率等指标，并将实名制管理数据更新率、关键岗位人员到岗率等指标纳入省级保障农民工工资支付工作考核和“平安广东”建设考评项目，推动各地提升实名制管理水平。

【房屋市政工程在建项目发包承包违法行为专项整治】5～8月，组织开展2022年全省房屋市政工程在建项目发承包违法行为专项整治百日攻坚行动，对全省房屋市政工程在建项目进行全覆盖、无死角检查。各地住房城乡建设主管部门按行动要求，督促在建项目认真开展自查，并对部分项目开展现场核查，依法查处相关违法违规行为，有效规范了我省在建项目建筑市场行为。在专项整治百日攻坚行动中，各地住房城乡建设主管部门累计检查在建项目8404个，发现问题线索389条，罚没金额1170万元，公布发承包违法行为典型案例48个；委托第三方专业机构对各市工作开展全覆盖抽查，共检查项目86个，发现并移送属地主管部门核实处理了问题线索141条。

【建筑业农民工工资支付保障】2022年，先后印发《广东省住房和城乡建设厅关于开展房屋建筑和市政工程领域集中整治拖欠农民工工资问题专项行动的通知》《广东省住房和城乡建设厅关于切实做好春节前根治欠薪工作的通知》等文件，推动保障农民工工作支付制度落实，确保治欠保支工作取得实效。2月，组织开展保障农民工工资支付制度全覆盖专项检查，重点推动落实“四个逐一”要求，为全年保障农民工工资支付工作打好基础。9月，组织开展集中整治拖欠农民工工资问题专项行动，全面排查欠薪风险隐患，定期研判调度欠薪处置情况，推动欠薪隐患及时发现，欠薪纠纷及早介入、动态处置。全年共化解307个房屋市政工程项目欠薪隐患，为1.7万名农民工追偿工资5.44亿元，全省住房城乡建设领域未发生因欠薪引发的重大群体性事件和极端恶性事件。

【建筑工人施工现场环境品质提升行动】9月14日，印发《广东省住房和城乡建设厅关于推进建筑工人施工现场生产生活环境品质提升的通知》，决定在去年试点基础上，持续推进施工现场生产生活环境品质提升。各地级以上市住房城乡建设主管部门采取检查指导、示范工地建设、宣传推广等措施，督促在建项目施工总承包单位通过在施工现场和生活区悬挂、张贴宣传横幅、告示等方式，大力宣传《建筑工人施工现场生活环境基本配置指南》《建筑工人施工现场劳动保护基本配置指南》《建筑工人施工现场作业环境基本配置指南》，确保施工企业和建筑工人广泛熟知各项要求以及各方主体的权利、义务。

【建筑工程施工现场技能工人配备导则】7月1日，《广东省建筑工程施工现场技能工人配备导则（试行）》，明确提出至2025年前全省行政区域内施工合同金额在400万元以上（含400万）的新建、改建、扩建房屋建筑市政工程，施工现场的中级及以上等级技能工人占比不能低于28%，至2035年不能低于45%。明确施工现场技能工人配备计算方式和技能等级认定范围，规定在开展技能工人配备比例时，取得市级及以上住房城乡建设部门或经市级及以上住房城乡建设部门认可的机构颁发的技能工人职业技能等级证和职业培训合格证的建筑工人，取得人力资源社会保障部门颁发或备案的技能工人职业资格证、职业技能等级证和职业培训合格证等的建筑工人，以及取得建筑施工特种作业操作资格证或特种设备作业人员证等的建筑工人，均纳入施工现场技能工人计算范围；并允许招标人将投标人既往承建项目的施工现场技能工人配备公示情况和施工现场技能工人承诺配备情况作为招标评审因素，择优选择投标人，激励施工单位提升建筑工人技能水平。各地住房城乡建设部门正按配备导则确定的目标，积极开展建筑工人职业节能培训和操作技能实训等工作，加快推进建筑工人技能提升工作。

建筑节能与科技

【概况】2022年，广东省全年新开工装配式建筑7042万平方米，占新建建筑面积的24.82%，较2021年提升6个百分点，其中重点推进地区新开工装配式建筑占比为29.24%，积极推进地区新开工装配式建筑占比为6.84%，鼓励推进地区新开工装配式建筑占比为8.03%，广州和深圳新开工装配式建筑占比超过40%。全年列入住房城乡建设部2022年科学技术计划项目13个，列入省住房城乡建设科技创新计划项目107个，获“华夏建设科学技术奖”18项，获中国专利奖7项，获省科学技术奖5项，新发布工程建设标准18项，获“标准科技创新奖”一等奖1项、三等奖1项。

【建筑节能与绿色建筑概况】开展绿色建筑创建行动，进一步加强建设过程全流程管控。在粤港澳大湾区珠三角九市发展高等级绿色建筑，推动绿色低碳城区的建设。广东省城镇新增绿色建筑1.75亿平方米，至2022年底全省绿色建筑9.67亿平方米，全省城镇绿色建筑占城镇新建民用建筑比例达81.88%；新增绿色建筑标识项目面积360.3万平方米，其中高星级绿色建筑标识项目面积33.56万平方米。新建建筑100%执行节能强制性标准，涌现了一批优秀的岭南特色近零能耗建筑。2022年广东省城镇新增节能建筑面积2.16亿平方米，完成既有民用建筑节能改造面积455.17万平方米。印发《广东省建筑节能与绿色建筑发展“十四五”规划》，编制《广东省建筑节能增效行动计划（2022—2025年）》。印发试行《广东省绿色建筑发展专项规划编制技术导则》，指导地市专项规划编制。多部门联动印发实施《广州市绿色建筑发展专项规划（2021—2035年）》，提高新建绿色建筑星级标准。

【绿色建筑法规政策和技术标准体系】7月1日，《深圳经济特区绿色建筑条例》施行，是全国首部将工业建筑和民用建筑一并纳入立法调整范围的绿色建筑法规，首次以立法形式规定了建筑领域碳排放控制目标和重点碳排放建筑名录。组织编制《广东省农房建设绿色技术导则》，2022年完成征求意见和专家审查、技术审查。编制《广东省绿色建筑计价指引》（2022），进一步加强绿色建筑计价依据体系建设。推动住建、气象协作，推进节能设计气象参数标准修订，推进建筑节能水平。推动既有建筑绿色化改造、绿色建筑后评估等技术标准制修订。

【既有建筑节能和绿色化改造】2022年竣工完成城镇既有建筑节能改造面积455.17万平方米。广州推广高效空调机房等适宜技术，实施一批节能改造项目，广州图书馆项目获得全国“节能型公共机构示范单位”称号。深圳积极推进公共建筑能效提升重点城市建设，结合城市更新、城镇老旧小区改造等工作，同步推动居住建筑实施节能绿色化改造；结合产业转型、城市公共服务配套和住房保障需求，推动闲置办公楼和工业厂房功能提升和绿色化改造。阳江市以政府规章的力度推行太阳能供热系统应用。韶关、惠州、肇庆等市实施能源管理合同方式应用分布式太阳能光伏。

【建筑领域节能宣传月】6月17日，广东省建筑领域节能宣传月启动仪式在广州南沙举办，重点展示分享建筑节能、绿色建筑、绿色生态城区、智慧能源社区等工作实施中的节能技术，以及建筑节能减排中的典型案例，提升全民建筑节能意识，引导形成绿色低碳生产生活方式。据不完全统计，全省共组织绿色建筑现场观摩30场以上（覆盖2000人次以上）、宣贯培训30场以上（覆盖数万人次），举办2022建筑节能与绿色建筑优秀项目及先进技术成果展、各类专业论坛10场以上、走进民众系列活动60场以上，派发宣传手册2.5万份以上，新闻报道上百次。

【民用建筑能源资源消耗统计】2022年，广东省各地级以上市住房城乡建设主管部门会同房管、城管、水务、机关事务管理、供能供水等主管部门（单位）开展本地区民用建筑能源资源消耗统计工作。全省完成民用建筑能源资源消耗统计数量33304栋，建筑面积28777万平方米；20个市开展了国家机关办公建筑能源资源消耗统计，19个市开展了大型公共建筑能源资源消耗统计，17个市开展了中小型公共建筑能源资源消耗统计，12个市开展了城镇居住建筑能源资源消耗统计。6个市开展了行政村居住建筑能源资源消耗统计，全省共统计完成了68个行政村。

【绿色建材产品认证及推广应用】2022年，广东省住房和城乡建设厅对《广东省绿色建筑条例》进行调研指导，赴全省各地级以上市开展绿色建筑推广宣传活动。支持佛山举办“共倡绿色发展 共建未来城市”的绿色建材推广应用会，向住房和城乡建设部报送《佛山市绿色建材试点工作情况的报告》。截至2022年底，全国绿色建材发放证书中，广东企业占比20%，位居全国第一；全省绿色建材入库1050项、绿色产品认证证书668张，绿色建材试点项目104个，试点项目总建筑面积约456.52万平方米，总投资额约337.82亿元。

【绿色低碳城区建设】广东加快推进绿色建筑发展，立法引领绿色建筑发展新高地，打造高质量发展典范。《广东省绿色建筑条例》支持先行先试。广州、深圳、珠海、佛山等多地积极建设高星级绿色建筑发展聚集区。广州知识城南起步区高星级绿色建筑比例70%以上；中新广州知识城南起步区2022年正式获得国家三星级绿色生态城区实施运管标识证书，成为全国第三个获此殊荣城区；明珠湾起步区践行绿色生态城区“顶层设计＋中层衔接＋底层管控与落实”三步走战略，将绿色生态建设任务分解至城市建设交通、能源、绿色建筑、海绵城市等各个方面；深圳已成为全国绿色建筑建设规模最大和密度最高的城市之一，结合绿色建筑立法，扎实推进深圳湾超级总部基地等20个重点片区规划建设。

【发展装配式建筑】2022年，广东省装配式建筑占新建建筑面积比例得到明显提升。18条装配式建筑经验做法列入住房和城乡建设部《装配式建筑发展可复制推广经验清单（第一批）》。印发《广东省住房和城乡建设厅等部门关于加快推进新型建筑工业化的实施意见》，新发布4项装配式建筑地方标准，全省21

个城市全部出台本地发展装配式建筑的实施意见，17个城市出台发展装配式建筑的专项规划。全省全年新开工装配式建筑7042万平方米，占新建建筑面积的24.82%，较2021年提升6个百分点，其中重点推进地区新开工装配式建筑占比为29.24%，积极推进地区新开工装配式建筑占比为6.84%，鼓励推进地区新开工装配式建筑占比为8.03%，其中广州和深圳新开工装配式建筑占比超过40%。

【建设科技创新】完成《广东省住房和城乡建设科技创新发展三年（2022—2024年）行动方案研究》，印发《贯彻落实"十四五"住房和城乡建设科技发展规划主要任务清单》，继续推进《广东省住房和城乡建设厅科技创新计划项目管理办法》修订。加强城乡建设领域关键技术研发，全年列入住房和城乡建设部科学技术计划项目13个，列入省住房城乡建设科技创新计划项目107个，获"华夏建设科学技术奖"18项，获中国专利奖7项，获省科学技术奖5项，新增省级企业技术中心3个。5项部科技项目和3项厅科技项目通过验收。

【工程建设标准化】2022年，广东省新发布工程建设标准18项，2项标准分别获2022年度"标准科技创新奖"一等奖和三等奖。组织开展《建筑电气与智能化通用规范》等8本全文强制性工程建设规范的培训。行业协会立项工程建设团体标准25项，发布团体标准《建筑楼板用隔声涂料》等6项，填补地方标准空白。推进粤港澳大湾区标准共建，粤港两地研究机构联合编制的广东省标准《废弃混凝土再生砂粉预拌砂浆应用技术规程》。

人事教育

2022年，省人力资源社会保障厅、省住房城乡建设厅分别印发《关于做好2021年度职称评审工作的通知》《关于做好2021年度建筑工程技术人才职称评价工作的通知》，对全省2021年度职称评审工作进行统一部署并提出有关工作要求。5～7月，分三个批次在东莞市建设培训中心集中开展评审。2022年，申报正高级工程师221人、高级工程师4551人、工程师975人、助理级工程师817人、技术员99人，通过人数分别为118人、2776人、774人、793人、94人，通过率分别为53.39%、61.00%、79.38%、97.62%、94.95%。

大事记

1月

1日　广州、深圳两市开展灵活就业人员参加住房公积金制度试点。

13日　组织召开全省城乡建设统计工作动员部署视频会议暨业务操作培训会。

14日　组织全省各级主管部门参加住房和城乡建设部"我为群众办实事"实践活动城镇老旧小区改造项目经验交流视频会，学习各地先进经验。

15日　联合省财政厅、省水利厅开展第一批省级系统化全域推进海绵城市建设示范城市创建评审。

22日　由广东省住房和城乡建设厅推荐的"城市信息模型（CIM）平台关键技术研究与应用"等15个项目获2021年度华夏建设科学技术奖。

25日　广东省建筑设计研究院有限公司参与设计的6项工程获中国施工管理企业协会颁发的2020—2021年度国家优质工程奖，参与编制的《岩溶地区建筑地基基础技术规范》《电动汽车充电基础设施建设技术规程》获2021年度广东省建设科技与标准化协会工程建设标准科技创新奖一等奖，《陶瓷薄板幕墙工程技术规程》获二等奖。

28日　召开广东省住房和城乡建设工作会议。

2月

4日　召开广东省建设工地安全生产工作视频调度会。

10日　印发《关于切实做好疫情防控和安全防范工作 有序推动复工复产的通知》。

11日　广东省住房和城乡建设厅、省发展和改革委员会、省财政厅印发《关于进一步促进城镇老旧小区改造规范化提升质量和效果的通知》《广东省城镇老旧小区改造工作负面清单（试行）》《广东省城镇老旧小区改造工作激励清单（试行）》。

15日　印发《广东省建筑施工安全管理资料统一用表（2021年版）》，自3月1日起，全省新开工的房屋建筑工程统一使用该表。

16日　召开系统化全域推进海绵城市建设示范工作推进会。

26日　广东省政府办公厅印发《广东省进一步支持中小企业和个体工商户纾困发展的若干政策措施》，将工业厂房"二房东"垄断行为纳入2022年房地产市场秩序专项整治范围。

3月

1日　印发《广东省城镇老旧小区改造工作指引（2022版）》。

3日　召开全省住房和城乡建设系统信访工作电视电话会议。

7日　会同人民银行广州分行、广东银保监局转发国家三部委《关于规范商品房预售资金监管的意见》。

15日　佛山市东平水道特大桥建成通车。

16日　广东省高级人民法院、省住房和城乡建设厅、人民银行广州分行联合印发《贯彻〈最高人民法院 住房和城乡建设部 中国人民银行关于规范人民法院保全执行措施确保商品房预售资金用于项目建设的通知〉的实施意见》。

17日　《广东省市政基础设施工程施工安全管理资料统一用表》印发，自5月1日起，全省新开工的市政工程统一使用该表。

18日　召开2022年城市黑臭水体"一对一"明察暗访全覆盖部署会。

22日　召开广东省住房和城乡建设法治研究会成立大会暨首届会员大会。

23日　联合省发展和改革委员会、省水利厅等部门印发《广东省城市内涝治理实施方案（2021—2025年）》。

24日　湛江吴川机场启用。

25日　召开全省美丽圩镇暨农房安全和风貌管控工作推进会。

26日　印发《2022年广东省住房和城乡建设厅普法依法治理工作要点》。

28日　成立建设工程消防技术专家库。第一届专家库成员有180人。

29日　公布2022年全省城市排水防涝责任人名单，由市长或副市长任城市排水防涝安全责任人。

30日　汕头市入选"中国美丽城市典范"。

31日　广东省人民政府公布2021年广东省科学技术奖获奖名单，钢—混组合桥梁先进建造关键技术研发与应用等5个建设行业技术研发项目入选。同日，广东省城镇居住社区人居环境品质提升工作领导小组办公室印发《关于在实施城市更新行动中防止大拆大建问题有关工作的通知》。

4月

1日　公布广东省工程造价改革第二批试点项目名单。

同日　召开厅安全生产委员会全体会议。

同日　《佛山市生活垃圾分类管理办法》正式实施。

11日　印发《装配式建筑发展可复制推广经验清单》，公布33条装配式建筑经验做法。

12日　印发《关于开展全省房屋市政工程安全生产交叉检查的通知》。

13日　组织召开全省2022年城市排水防涝工作部署暨城市内涝治理培训视频会议。

14日　联合省财政厅、省民政厅、省乡村振兴局印发《广东省农村低收入群体等重点对象住房安全保障工作实施方案》。

同日　梅州市梅县区入选"2022年传统村落集中连片保护利用示范县"。

20日　印发《关于做好2022年降低房屋租金成本工作的通知》《关于切实加强全省住房城乡建设系统重大消防安全风险防范化解工作的通知》。

21日　广东省人民政府在广州召开城市生活垃圾分类工作推进会议，副省长孙志洋主持会议并讲话。同日，由广东省建设工程标准定额站编制的《广东省建设工程人工价格指数编制规则（试行）》印发。

27日　联合省乡村振兴局印发《关于开展小城镇建设技术帮扶工作的通知》。

29日　公示中央财政补助专项资金下达分配方案。

5月

1日　印发《广东省绿色建筑发展专项规划编制技术导则（试行）》。

5日　中山市被评选为第二批系统化全域推进海绵城市建设示范城市，获中央奖补资金9亿元。

6日　广东省住房和城乡建设厅、中国移动通信集团广东有限公司印发《关于支持城镇老旧小区三线下地及智慧化改造示范项目创建的通知》。

9日　印发《广东省小城镇（圩镇）品质提升指引》。

10日　印发《广东省建筑工程质量评价试点方案》。

19日　广东省工程建设审批制度改革工作领导小组办公室印发《2022年广东省深化工程建设项目审批制度改革工作要点》。

31日　发布《2022年广东省建筑施工"安全生产月"和"安全生产南粤行"活动方案》。

6月

2日　深圳市被列为城镇老旧小区改造、棚户区改造、发展保障性租赁住房成效明显的10个城市之一。韶关市翁源县、河源市连平县、阳江市阳西县、肇庆市怀集县入选"2022年全国乡村建设评价样本县"。

7日　面向全省开展超低能耗、近零能耗建筑等相关试点项目征集，征集各类申报项目42个。

8日　成立加氢站建设管理工作专班，广东省住房城乡建设厅副厅长刘耿辉任组长。

14日　联合省生态环境厅、省发展和改革委员会、省水利厅联合印发《广东省深入打好城市黑臭水体治理攻坚战工作方案》。

15日　印发《关于切实加强房屋市政工程施工监管 全力保障城市轨道交通运营安全的通知》。

16日　印发《关于公布2021—2022年城市生活污水收集处理设施建设计划的通知》。

同日　广东省工程建设标准管理信息系统完成改造并上线运行。

17日　举行2022年全省建筑领域节能宣传月启动仪式。

23日　印发《关于房屋市政工程建设单位落实质量安全首要责任管理规定（试行）》。

24日　举行广东省建筑机器人标准化试点启动会。

30日　印发《广东省建筑施工安全生产隐患识别图集（第一部分）》。

7月

7日　召开全省自建房安全专项整治工作座谈会。

11日　举行华南国家植物园揭牌仪式。

13日　联合省水利厅等6部门印发《关于典型地区再生水利用配置试点实施方案的备案报告》。

18日　广东省工程建设审批制度改革工作领导小组办公室印发《广东省工程建设项目主要审批事项清单（2022版）》。

21日　印发《关于加快新型建筑工业化发展的实施意见》。

25—29日　举办2022年全省城市管理执法规范化专题培训班。

26日　印发《全省建筑工地实施安全“晨会”制度方案》。广东省建设工程标准定额站印发《广东省建设工程主要材料询价规则（试行）》。

27日　印发《广东省城市建设重大事项报告和重大项目备案管理办法（试行）》。

8月

1日　联合省发展和改革委员会、省财政厅、省自然资源厅、省水利厅印发《广东省系统化全域推进海绵城市建设工作方案（2022—2025年）》。印发《关于公开2022年保障性租赁住房、公租房保障和城镇棚户区改造等计划的决定》。出版《〈广东省绿色建筑条例〉释义》。赠送各地相关部门、普法基地、行业协会。印发《2022年全省住房城乡建设系统法治政府建设工作要点》。

11日　会同省发展和改革委员会等7个部门印发《广东省加快建设燃料电池汽车示范城市群行动计划（2022—2025年）》。

17日　印发《关于成立城乡建设绿色发展和碳达峰碳中和工作领导小组的通知》《推进城乡建设碳达峰碳中和2022年工作要点分工方案》。

18日　住房和城乡建设部、工业和信息化部确定广州市番禺区、深圳市龙岗区等全国19个地区为数字家庭建设试点地区。广东省住房和城乡建设厅制订《广东省住房公积金系统“惠民公积金、服务暖人心”服务提升三年行动实施方案（2022—2024年）》。

19日　举行广东省建筑装饰“走出去”产业联盟成员大会。

26日　印发《关于公布2021—2025年城市再生水利用及污泥无害化处置设施建设计划的通知》。

30日　印发《关于启用新版广东省建筑起重机械管理系统的通知》。联合广东省商务厅等部门联合印发《关于推进城乡一刻钟便民生活圈建设 加快品牌连锁便利店发展的实施意见》。

9月

7日　中共广东省委办公厅、广东省人民政府办公厅印发《关于在城乡建设中加强历史文化保护传承的若干措施》。

9日　广东省人民政府召开全省住房和城乡建设系统安全生产和防范化解重大风险工作会议，副省长孙志洋出席并讲话。

13日　印发《关于开展全省建筑垃圾违规处置和违规执法等行为专项整治行动方案》。

21日　广东省人民政府办公厅印发《帮扶小东江流域和水东湾水环境综合整治工程建设工作方案》。广东省住房和城乡建设厅联合省生态环境厅印发《城镇生活污水处理厂污泥处理处置管理办法》。

27日　印发《关于切实加强高层建筑安全风险防范工作的通知》。广东省委办公厅、省人民政府办公厅联合印发《关于推进城乡建设绿色发展的若干措施》。

10月

8日　联合省自然资源厅、省人民防空办公室、省档案局印发《关于房屋建筑和市政基础设施工程竣工联合验收的管理办法（试行）》。

10日　召开未来城市理论研究与实证工作座谈会。

17日　印发《广东省园林城市、城镇申报与评选管理办法（2022年修订）》。

18日　联合省自然资源厅、省人民防空办公室、省档案局印发《关于房屋建筑和市政基础设施工程竣工联合验收的管理办法（试行）》。

21日　召开推进广州南沙深化面向世界的粤港澳全面合作高质量发展省市联合工作专班工作会议。

11月

1日　印发《2022年广东省房地产市场秩序专项整治工作方案》。

7日　联合省财政厅、省水利厅开展第二批省级系统化全域推进海绵城市建设示范城市创建评审，争取省级财政资金9000万元。佛山、茂名、江门3市被评为第二批省级系统化全域推进海绵城市建设示范城市。

23日 印发《关于2022年度查处第一批违法违规房地产开发企业、中介机构和物业服务企业名单的公告》。

30日 《广东省建筑垃圾管理条例》出台，是全国首部省级建筑垃圾管理地方性法规。

12月

6日 副省长孙志洋主持召开省推进保障性租赁住房工作联席会议第一次会议。

12日 印发《全省住房城乡建设系统“奋战三十天 全年保平安”安全生产攻坚行动实施方案》。

21日 召开2022年厅科技创新计划项目立项审定会。

29日 印发《关于2022年度查处第二批违法违规房地产开发企业、中介机构和物业服务企业名单的公告》。

31日 全省美丽圩镇建设攻坚行动各项任务完成。

（广东省住房和城乡建设厅）

广西壮族自治区

住房和城乡建设工作概况

2022年，广西住房城乡建设行业实现增加值4079.70亿元，占全区GDP的15.50%；实现税收479.30亿元，占全区税收的24.50%；固定资产投资占全区投资的31.10%。2022年建筑业完成产值7276亿元，同比增长8.60%，增速高于全国2.1个百分点。建筑业增加值2810.36亿元，增速3.80%，占全区GDP的比重达8.30%，拉动广西GDP增速0.3个百分点，对广西经济增长的贡献率为10.60%，建筑业税收212.60亿元，占全区税收收入的10.90%。

2022年，广西城市道路总长度22183.12千米，同比增加325.75千米；地下管网及管廊建设总长度5268千米；城镇老旧小区改造累计开工4835个，竣工3122个；背街小巷改造开工4086条，规模约867千米；雨水管渠总长度11598.23千米；已建排水防涝泵站122座，总抽排能力1449.58立方米/秒；新建、扩建及改造城镇污水处理厂15座，新增污水处理能力12万立方米/日，全区污水处理率达到99.14%；全社会供水普及率达到99.82%，燃气普及率达到99.37%；全区新增公园绿地约2325.25公顷，新建“口袋公园”59个。

2022年，广西房地产开发投资完成2307.38亿元，商品房销售面积4370.89万平方米，房地产业增加值1899.3亿元占全区GDP的7.20%，房地产开发投资完成额2307.38亿元，占全区固定资产投资的18.60%，房地产业税收收入250.20亿元，占全区税收的12.80%。

2022年，广西加强对北京广西大厦建设服务指导，组织业务骨干进驻驻京办工作专班，指导确定项目建设的主要内容和实施步骤，组织专家评审并完善设计方案，推动项目建设按计划推进。推进广西建设职业技术学院武鸣校区项目优质、安全、超额完成了年度投资任务。扎实做好第三届全国青年运动会有关场馆以及南宁国际区域航空枢纽等重点项目建设的指导服务工作，各项目均按进度推进。

2022年，广西新建建筑面积7030.93万平方米，折合节能量121.08万吨标准煤；竣工绿色建筑面积6126.30万平方米，城镇新建建筑中绿色建筑面积占比达87.13%，提前完成住房城乡建设部、国家发展和改革委等7部委联合印发的《绿色建筑创建行动方案》中“到2022年，当年城镇新建建筑中绿色建筑面积占比达到70%”的创建目标。

2022年，广西住房城乡建设领域信访件2.76万件（批），其中，涉及房地产开发管理的有14819批，占比53.64%；物业服务2059批，占比7.45%；工程建设527批，占比2%。广西住房和城乡建设厅本级处理群众来信和来访等共计765件，其中网络投信531件，来信171件，来访登记63件；复查复核办交办件9件；接待来访群众约386人次。在厅本级办理的765件信访件中，房地产市场监管278件，占比36.30%；建筑市场领域135件，占比17.60%。信访信件按时转送办理率100%，网上信访绩效考核的信件办理率100%。

法规建设

【概况】2022年，根据自治区党委依法治区办、自治区司法厅《2022年区直机关法治建设绩效考评指标及评分细则》要求，认真研究部署落实，法治建设绩效考评指标获满分。全年审核工程建设安全事故行政处罚案件34件，审核行政处理案件28件，清理出现行有效规范性文件150件。

【相关立法】2022年，《广西壮族自治区实施〈城市供水条例〉办法（修改）》于11月29日自治区十三届人民政府第130次常务会议审议通过。2022年，推动设区市出台《南宁市城镇排水与污水处理条例》《南宁市扬美古镇保护管理条例》《柳州市公园广场条例》《玉林市城市绿化条例》《百色市扬尘污染防治条例》《百色市城市绿化条例》《贵港市户外广告和招牌设置管理条例》《贺州市历史文化街区和历史建筑保护条例》8部住房城乡建设领域地方性法规。

【法治建设规划】2022年，根据中央、自治区法治建设"一规划两纲要"要求，印发《广西住房城乡建设系统贯彻落实〈法治政府建设实施纲要（2021—2025年）〉实施方案》《关于在全区住房城乡建设系统开展法治宣传教育的第八个五年规划（2021—2025年）》和《2022年法治建设工作要点》，指导全区住房城乡建设系统法治建设稳步推进。

【规范性文件和重大行政决策】2022年，完成广西建筑业稳市场促发展若干政策措施、加强房地产预售资金监管、加快既有住宅加装电梯工作、加大住房公积金支持力度等30余件规范性文件和重大行政决策合法性审查，持续推进行业治理能力现代化。

房地产业

【房地产开发】2022年，广西房地产开发投资完成2307亿元，同比下降38.20%。广西房地产开发投资增速低于全国平均水平（−10%）28.20个百分点。其中，全区建筑安装工程完成投资1758亿元，同比下降31.10%，总量占全区房地产开发投资的65.30%；土地购置费386亿元，同比下降59.90%，总量占全区房地产开发投资的14.30%。

【商品房销售】2022年，广西商品房销售面积为4371万平方米，同比下降29.30%；房地产业实现税收250.20亿元，占全区税收收入的12.80%。商品房销售均价为5468元/平方米，同比下降8%；商品住宅销售均价为5724元/平方米，同比下降4.20%。全区除来宾市（同比上涨0.50%）外，其他13个设区市商品住宅销售均价均同比下降。同比下降0%～5%的有10个设区市：百色市（−0.10%）、南宁市（−0.40%）、玉林市（−2.50%）、河池市（−3%）、钦州市（−3.80%）、贵港市（−4.10%）、梧州市（−4.10%）、柳州市（−4.30%）、贺州市（−4.50%）、防城港市（−4.70%）；同比下降5%～10%的有3个设区市：北海市（−7.50%）、崇左市（−9%）和桂林市（−9.60%）。商品住宅销售均价同比上涨的县有18个（其中，鹿寨、兴业、钟山、南丹等4个县涨幅超过20%）；其余县均同比下降（其中降幅最大的是三江，同比下降28.20%）。

【商品房库存】2022年，广西商品房库存面积共9669万平方米，同比下降9.30%，消化周期约为33个月，消化周期高于合理区间。其中，商品住宅库存面积共5756万平方米，同比下降10.10%，消化周期约为26个月；非住宅商品房库存面积3913万平方米，同比下降8.10%，消化周期约70个月。除柳州市（17.90个月）外，其余13个设区市的商品住宅库存消化周期超过18个月。防城港市（48.30个月）、崇左市（45.10个月）、桂林市（40.80个月）、钦州市（34.90个月）、梧州市（29.40个月）、贺州市（28个月）、玉林市（26.70个月）、河池市（26.20个月）、北海市（25.70个月）、来宾市（22.10个月）、南宁市（20.90个月）、百色市（19.60个月）、贵港市（19.50个月）。商品住宅消化周期小于18个月的县有13个，其中上思县周期最短（仅为4个月），其余县均大于18个月。

【房地产开发企业到位资金】2022年，广西房地产企业到位资金2619亿元，同比下降39.50%，其中，国内贷款271亿元，同比下降48.20%；企业自筹资金792亿元，同比下降41.80%；定金及预收款753亿元，同比下降43.80%；个人按揭贷款602亿元，同比下降34.30%；其他到位资金2013亿元，同比上涨4.20%；利用外资0.03亿元，同比下降72.70%。

【商品房开竣工】2022年，广西商品房施工面积为32203万平方米，同比下降5.80%。其中，商品房新开工面积为3034万平方米，同比下降43.10%；商品房竣工面积为2345万平方米，同比下降3.60%。

【房地产市场调控及监管】2022年，广西排查房地产各类企业11212次，公开曝光违法违规案例27个，实施责令整改426次，警示约谈企业963次，作出行政处罚决定188次。认真组织编制广西"一省一策""一市一策"和"一楼一策"实施方案，先后获得两个批次国家专项借款资金，用于支持全区287个已售逾期难交付项目"保交楼"工作；截至2022年

12月底，获得首批专项借款支持的149个项目已全部实现复工复产。截至2022年12月底，涉及住建行业房地产领域的15个自治区级和38个市级信访重点任务均得到有效化解。

2022年，中央财政支持住房租赁市场发展试点补助资金24亿元中已分配下达资金21.57亿，其中，已分配下达资金实际拨付到企业和资金使用单位13.79亿，南宁市已培育专业化、规模化住房租赁企业10家，筹集新建、改建租赁房源约5.69万套（间）；租金减免工作方面，全区减免非国有房屋租金达4031.24万元，涉及917户承租人，加快落实租金减免政策措施，按月报送租金减免情况并报送住房城乡建设部。

住房保障

【概况】2022年，广西保障性租赁住房新开工6.13万套、公租房新开工2894套、棚户区改造新开工1.09万套、棚户区改造基本建成5.03万套、发放住房租赁补贴2.76万户，全区保障性安居工程完成投资226.91亿元。

【保障性租赁住房建设】2022年，广西确定在10个设区市发展保障性租赁住房，新筹集保障性租赁住房6.13万套。2022年6月，自治区保障性租赁住房工作领导小组印发《关于加快做好保障性租赁住房项目认定书发放工作的通知》。各市相继出台落实《国务院办公厅关于加快发展保障性租赁住房的意见》的实施意见或办法，明确建设保障性租赁住房申请条件、流程及工作要求。2021—2022年已筹集的7.52万套保障性租赁住房中，国有资本筹集的房源占77.40%、社会资本筹集的房源占15.80%、财政投资筹集的房源占6.80%。2022年11月25日，在广西南宁市成功举办全国首个保障性租赁住房发展论坛，现场约500名嘉宾、线上近万名从业人员和群众参加论坛。

【公租房保障】2022年，广西加强房源筹集和补贴发放，部署加大桂林和北海2个中心城市的公租房实物保障供应，新筹集公租房2894套，发放住房租赁补贴2.76万户。广西列入国家计划的公租房累计建成47.69万套，已分配44.96万套，分配率达94.28%。实施公租房保障家庭共46.96万户，其中城镇住房和收入“双困”家庭12.14万户。保障青年医生、青年护士、青年教师、进城落户农业转移人口、农民工10.19万户；环卫工人、公交行业职工、乡村教师、家政从业、消防救援人员3.59万户；残疾人、优抚对象、计生困难家庭、贫困孤儿、特困人员、脱贫户1.20万户。2022年10月9日，广西作为全国4个省区之一，在全国加强乡村教师住房保障工作视频会议上分享典型经验。广西将建设公租房小区信息化管理平台，提高公租房运营管理服务水平作为重要的创建内容之一，支持全区248个公租房小区、4.90万套公租房建设“人、证、房”三位一体的公租房智慧云监管平台。在梧州、百色、河池等市推广使用公租房App，截至12月5日，桂林、梧州、百色市、河池市公租房App累计发布房源8.11万套，访问量16.67万次，资格申请办件量2480件，缴费办件1960件。

【城镇棚户区改造】2022年，广西实现棚户区改造新开工1.09万套、棚户区改造基本建成5.03万套。3月，广西印发《2022年保障性租赁住房、公租房保障和城镇棚户区改造项目建设计划》。7月16日，自治区保障性租赁住房工作领导小组印发《2022年全区保障性住房建设工作实施方案》，明确全区年度工作目标和具体工作要求。会同自治区发展改革委、财政厅争取落实中央和自治区财政补助和配套资金24.47亿元，发行棚户区改造专项债券50.37亿元；安排3000万元奖励资金，专项用于奖励棚户区改造、发展保障性租赁住房等工作成效明显的市县。全区保障性租赁住房等项目签订贷款合同229亿元。

【住房改革概况】2022年，完成28个单位市场运作方式建房项目的确认办证工作，累计有2218户职工家庭取得住房确认和车位确认并完成不动产登记。加强政策性住房档案查询管理，为939个单位14790户职工家庭提供政策性住房档案查询、备案等服务。

【危旧房改住房改造】2022年，广西危旧房改住房改造完成投资24.08亿元，新开工建设住房7220套，基本建成住房8662套，超额完成全年目标任务；完成13个危旧房改住房改造项目的确认办证工作，累计有8513户职工家庭取得住房确认和车位确认并完成不动产登记；全区审批10个危旧房改住房改造项目，计划新建住房4169套，总建筑面积59.97万平方米。审批危旧房改住房改造项目698个，重新集约利用土地803.07万平方米，拟拆除旧房77303套，拆除总建筑面积592.62万平方米，其中拆除住房建筑面积521.23万平方米；计划新建住房221943套，新建总建筑面积3343.62万平方米。新建住房建筑面积2685.37万平方米，投资1011.40亿。累计开工项目569个，开工建设住房149004套，建筑面积1952.02万平方米；累计建成项目426个，建成住房105822套，建筑面积1717.55万平方米。

【人才住房】2022年，广西筹建各类人才住房8600余套、发放租（购）房补贴6500余万元。柳州市开展两轮线上申请工作，22户家庭申请柳州市人才公寓（轨道集团项目），审核通过20户；贺州市人才公寓共建设882套。崇左市人才公寓住房集中在崇左“八大住宅区”市直B区，户型有90平方米两房、120平方米三房、140平方米四房，均装修并配套家具，达到拎包即可入住条件，2022年已有165人入住崇左市人才公寓。

【房改信息化建设】2022年，自《广西住房改革管理信息系统》运行以来，仅2022年的查档量就超过2.8万人次；全区危旧房改住房改造项目确认共54个单位7700余户个人住房供应对象；用户覆盖全区约128个房改部门，涉及698个危旧房改住房改造项目监管、购房资格审查、项目确认办证；采集全区房改住房、集资建房等各类政策性住房档案信息约122.30万份。对全区450个危旧房改住房改造项目共30060套住房进行系统备案，对全区123万套政策性住房档案进行信息采集。到区直、北海、钦州等地开展广西住房改革管理信息系统操作培训5场200人次。汇集全区已售公有住房、集资房、经济适用住房、市场运作方式建房、危旧房改住房改造新建住房档案信息总计5万多条。

公积金管理

【概况】2022年，广西住房公积金业务收入54.34亿元，同比增长12.79%；业务支出27.31亿元，同比增长13.08%；实现增值收益27.03亿元，同比增长12.5%。

【住房公积金归集】2022年，广西住房公积金新开户单位7827家，净增单位7775家；新开户职工38.09万人，净增职工14.23万人。归集住房公积金628.86亿元，比上年增长11.80%。累计归集住房公积金5158.31亿元，归集余额1739.97亿元，分别比上年增长13.88%和12.56%。

【住房公积金使用】2022年，广西住房公积金使用额达713.91亿元，比上年增长7.81%。其中，住房公积金提取434.64亿元，比上年增长6.71%；为6.98万户职工家庭发放个人贷款279.28亿元，同比分别增长2.83%和10.48%。全区住房公积金累计提取额3418.34亿元，占缴存总额的66.27%；个人贷款总额2462.02亿元，贷款余额1528.14亿元，个人住房贷款率（个贷率）达87.83%，比上年末减少1.43个百分点；个人贷款年末逾期额为0.54亿元，占个人贷款风险准备金余额的1.16%，逾期率0.35‰。个人贷款风险准备金余额46.16亿元，占个人贷款余额的3.02%。

【住房公积金政策】2022年，广西为518家困难企业、13.72万名缴存职工缓缴住房公积金10.40亿元；共有23.64万名缴存人享受租房提取额度提高政策，累计提取住房公积金支付租金16.01亿元。

【住房公积金服务】10月，广西全区15个公积金中心全部实现住房公积金汇缴、住房公积金补缴、提前部分偿还住房公积金贷款3项服务事项“跨省通办”，提前2个月完成工作任务。全区住房公积金汇缴“跨省通办”线上业务355.64万笔，线上业务量占比达到96.08%；提前部分偿还住房公积金贷款“跨省通办”线上业务7.53万笔，线上业务量占比达到96.03%。此外，全区有13个公积金中心通过全程网办实现租房提取住房公积金的“跨省通办”，12个公积金中心通过全程网办实现提前退休提取住房公积金的“跨省通办”，全区住房公积金高频服务事项“跨省通办”效果显著。

【住房公积金信息化建设】2022年，广西拓宽企业电子印章在住房公积金业务申办场景的应用，指导全区15个公积金中心业务系统接入广西壮族自治区统一企业电子印章公共服务平台，实现企业办理在线业务时同步完成电子印章的使用。11月底，全区15个公积金中心全部实现办理线上缴存业务时同步完成企业电子印章的用印。截至12月，全区各公积金中心已全部完成住房公积金业务系统与广西智桂通平台接入的接口开发，做好上线准备。

【住房公积金监督管理】截至12月底，各地通过电子稽查工具全面梳理核查风险疑点，持续开展数据治理工作，全区电子稽查疑点总数80.96万个，疑点数同比减少45.22%，其中缴存类66.92万个，提取类6.70万个，贷款类6.69万个，财务类0.6万个。通过全国住房公积金监管服务平台发现风险总数9352个，整改完成9352个，整改完成率为100%，全区业务数据质量明显提升，监管效率有效提高，风险防范机制不断完善，资金安全得到保障。

截至年末，全区住房公积金个人住房贷款逾期额0.54亿元、同比下降11.34%，逾期率为0.35‰、同比下降19.35%，其中，南宁、百色、崇左逾期率同比下降幅度超过50%，降逾工作成效明显。

城市体检评估

【概况】2022年，住房城乡建设部持续推动全国59个城市体检样本城市开展城市体检工作，指标体系指标项由65项扩大到69项。南宁、柳州两市分别制定城市体检工作方案，在住房城乡建设部69项指标体系基础上，结合自身情况，建立特色指标体系，开展社会满意度调查工作，完成指标数据采集，形成城市自体检报告并上报住房城乡建设部。

城镇老旧小区改造

【概况】2022年，广西城镇老旧小区改造累计开工4835个、惠及居民51.40万户；竣工3122个35.59万户。其中，2022年国家下达老旧小区改造任务为12.20万户，涉及小区1322个，开工1466小区12.96万户，争取中央转移支付资金19.53亿元，自治区财政配套4.27亿元。

【基础设施改造】2022年，广西城镇老旧小区改造累计实施261个小区的供水改造、557个小区的排水改造、269个小区的供电改造，共38个小区新接入管道天然气、166个小区新增光纤入户、402个小区新增消防设施，508个小区实施道路改造，累计改造道路1566396.60平方米。

【环境及配套设施改造】2022年，广西城镇老旧小区累计加装电梯235部，新增车位10524个、电动自行车及汽车充电设施3137个，文体休闲设施183处、安防智能感知系统2387套、社区综合服务设施24个，共554个小区实施照明设施改造、70个小区实施适老化改造。

背街小巷改造

【概况】2022年，广西改造城市背街小巷4086条，规模约867千米，自治区补助资金7亿元，惠及群众351万人。

【基础设施改造】2022年，广西城市背街小巷改造累计修复破损路面415.77千米，打通断头路106条，建设改造人行道201.44千米、盲道130.73千米，改造供排水、燃气等地下管网869.70千米，规整、入地架空线缆302.90千米，修缮历史建筑10个，建设口袋公园、休闲小广场139个，修复古墙、古道、古井、古桥、壁画等历史遗迹20处。

【环境及配套设施改造】2022年，广西城市背街小巷改造累计拆除违法建设4.93万平方米，新增绿化面积9.53万平方米，增设垃圾桶3649个，建设改造公共厕所12个，有效改善街巷环境。

园林绿化

【公园城市建设】2022年，广西8个公园城市建设试点市、县完成本市（县）的公园城市规划编制和审批工作，并有序推进项目建设。启动建设项目173个，建成85个。其中，柳州、梧州等市全面推行与科普、园事花事文化等功能融合的“公园+”模式，公园城市试点取得良好成效。

城市绿化

【概况】2022年，第十三届广西（河池）园林园艺博览会成功举办。贺州市开展和推进国家园林城市创建和申报工作。按照住房城乡建设部要求，广西8个国家园林城市推进复核筹备工作。新建城市绿道约150千米。

【城市绿地建设】2022年，广西坚持以“300米见绿、500米见园”的标准均衡城市绿地、公园的布局建设，完善公益设施，丰富服务功能。新增绿地2325.25公顷，加强城市体育公园、湿地公园、儿童公园等专类公园建设，构建完善城市综合公园功能体系。

【口袋公园建设】2022年，广西开展“口袋公园”建设，着力推进“口袋公园”功能完善和品质提升，共建成“口袋公园”59个，新增“口袋公园”面积25.36公顷，形成一批可借鉴、可复制推广的“口袋公园”建设经验。

【城市绿道建设】2022年，广西以《广西绿道体系规划》为指引，多措并举推进城市绿道建设。新建城市绿道约150千米，万人拥有绿道长度达1.10千米/万人。

城乡历史文化保护传承

【历史文化名镇名村和传统村落保护】2022年，广西完成3个历史文化名镇和100个传统村落保护发展规划编制工作，指导桂林市灌阳县、贺州市富川瑶族自治县成功入选国家传统村落集中连片保护利用示范县名单，积极筹措2.60亿元在11个县（区）开展广西传统村落集中连片保护利用示范建设。广西有62个村落列入第六批中国传统村落名录，全区中国传统村落总数达到342个。

【历史文化保护工作】2022年，广西印发实施《关于在城乡建设中加强历史文化保护传承的实施意见》。积极推进《广西壮族自治区历史文化名城名镇名村和传统村落保护条例》立法，率先在全国省级层面出台《广西历史文化街区保护专项评估办法》。截至目前，全区已划定公布36片历史文化街区，并全部完成保护标志牌设立；已确定公布720处历史建筑，638处设立了保护标志牌，452处完成测绘建档，同步指导兴安县普查挖掘了3片历史文化街区潜在对象。

勘察设计质量管理

【质量管理】2022 年，广西组织开展房屋建筑工程勘察设计质量暨抗震设防监督情况专项核查，累计抽检 14 个设区市及所辖县（市、区）的勘察设计项目 208 个（含房屋建筑工程项目 158 个，市政基础设施工程项目 50 个），通过核查发现违反工程建设强制性标准规范问题的设计单位 39 家、勘察单位 2 家、施工图审查机构 27 家。通过广西工程勘察质量监管信息系统开展线上、线下安全质量检查，共发现存在问题项目 92 个，共责令整改勘察单位 37 家，发文核查勘察单位 4 家。

建设工程消防设计审查验收

【消防审验工作质量】2022 年 5 月，广西随机开展对 7 个设区市共 112 个项目的建设工程消防审验工作质量调研，发现违反工作程序问题 46 项，审批主体不符合规定问题 101 项，受理流程不规范问题 51 项，信息平台提供数据不完整不准确 92 项，建设工程消防设计审查、消防验收、备案抽查文书问题 65 项，现场评定记录缺失或不规范 58 项，违反强制性技术标准 154 项，违反严格类条文 200 项。6 月，印发《关于反馈建设工程消防设计审查验收工作质量调研情况的通报》，指导各设区市主管部门落实整改措施，进一步规范建设工程消防设计审查验收管理工作。

【建设工程消防安全】2022 年，联合广西壮族自治区文化和旅游厅、广西消防救援总队印发《文物古建筑火灾隐患排查和整治工作方案》，与广西消防救援总队联合印发《2022 年度全区建设工程消防施工和消防产品质量监督专项检查工作方案的通知》，自 2022 年 8 月 10 日至 11 月 10 日在全区范围内部署开展专项检查工作，发挥部门联合监管优势，共对消防应急照明灯具、晒水喷头、室内消火栓箱、直流水枪等 8 类、38 个批次的消防产品开展抽样送检，检出不合格消防产品 5 个批次，不合格率为 13.10%。各市消防安全委员会完成排查高层建筑项目 5265 个，总栋数约 17687 栋，排查易燃可燃外墙保温材料约 1110.52 万平方米，共发现火灾隐患数 4634 处，督促整改 4043 处，整改率 87.24%，集中约谈高层建筑的消防安全责任人和消防安全管理人共 2853 人。

【消防地方标准编制】2022 年，广西积极开展建设工程消防设计审查验收地方标准编制工作，指导广西建设工程消防协会专家委员会和相关单位编制《建设工程消防设计审查验收常见问题汇编》《建设工程消防查验平台接口规范》《广西既有公共建筑改造消防设计标准》等 3 部标准。

城市建设

【城市道路桥梁工程建设】2022 年，广西城市（县城）道路长度 22183.12 千米，同比增加 325.75 千米；道路面积 43846.17 万平方米，同比增加 607.41 万平方米；城市桥梁共 2180 座；建成区平均路网密度 8.68 千米 / 平方千米，同比增加 0.06 千米 / 平方千米。

【供水管网建设】2022 年，广西推进供水管网建设及更新改造，改造供水管网 1694 千米，改造燃气管网 1335 千米，地下综合管廊 23 千米。

【城市排水防涝体系建设】2022 年，广西城市（市本级及县级市）雨水管渠建设（改造）完成投资 14.20 亿元，雨水管渠新建长度 180.40 千米、改造长度 64 千米。已公布的 402 个城市易涝点，共完成整治 180 个。成功抵御 5 次强台风、10 轮次强降雨，有效处置内涝点 537 个（次）。全区排水防涝设施建设共获得中央预算内投资 2.77 亿元，同比增长 20%；其中南宁、柳州、合山、平果等 14 个城市获得 1.90 亿元资金支持，浦北、隆林等 11 个县获得 0.86 亿元资金支持。

【海绵城市建设】5 月，广西成功推荐桂林市入选“十四五”全国第二批系统化全域推进海绵城市建设示范城市，3 年内将获得中央财政补助资金 11 亿元，截至 11 月已到位 5.40 亿元。桂林市已收录海绵城市建设项目 122 个，涉及海绵相关投资 37.51 亿元，开工项目 60 个，竣工项目 3 个，项目开工率 52%。

【黑臭水体治理】2022 年，广西设区市建成区黑臭水体共 77 段，其中 70 段黑臭水体在实现长制久清的基础上，持续巩固治理成效；县级城市黑臭水体 18 段，目前完成 7 段治理，消除比例达到 40%，其中平果市完成 1 段、靖西市完成 2 段、桂平市完成 1 段、凭祥市完成 3 段。

【城市供水概况】2022 年，广西全社会（公共供水＋自建供水）供水综合生产能力达到 1040.86 万立方米 / 日，供水量 25.21 亿立方米，有水厂 164 座（其中地下水水厂 16 座），供水管道长度 36194.56 千米，用水人口 1848.82 万人，供水普及率达 99.82%。

【城市供水水质检测】2022 年，广西城市饮用水市政供水水质综合达标率为 98.28%，较上年（97.13%）提高了 1.15 个百分点。城市二次供水水质综合达标率为 –96%，较上年（92.34%）提高 3.66 个百分点。

【城市节水】2022 年，广西城市（县城）计划用水户数 8400 户，计划用水户实际用水量 460173 万立方米，重复利用水量 383560 万立方米，重复利用率 83.35%，节约措施投资总额 3370 万元。

【城市供气】2022 年，广西天然气供气管道长度 14066.70 千米；天然气供气能力 227317.67 万立方米，同比增长 7.89%；储气能力 1329.48 万立方米，同比增长 6.34%；天然气用气人口 922.33 万人，同比增长 7.87%；全区液化石油气供气 433914.28 吨，同比降低 3.97%；液化石油气用气人口 897.97 万人，同比减少 7.78%。

【城市燃气管理】2022 年，广西共有燃气企业 387 家，其中有 89 家管道燃气经营企业，298 家瓶装液化气经营企业，从业人员共 16365 人；排查一般燃气安全隐患 64525 处，整改完成率 100%，排查出重大燃气安全隐患 110 处，整改完成率 100%；排查 97798 家使用燃气的餐饮场所，均已经安装燃气泄漏报警器，安装率 100%；已完成 15.08 千米 30 年以上灰口铸铁市政燃气管道改造，改造后的管道已实现正常输气使用；排查含占压在内的燃气管道隐患共 623 处，已全部整改完成；排查 3021 个老旧小区，发现隐患 2049 处，已全部整改完成。

村镇规划建设

【概况】2022 年，广西有建制镇 702 个（不含 103 个纳入城市规划区内的建制镇，下同），其中，乡政府驻地集镇 307 个（不含 5 个纳入城市规划区内的乡，下同），村庄（自然村）约 16.80 万个（不含城中村，下同），村民委员会所在村约 1.42 万个。村镇户籍人口约 4613 万人（包含镇乡级特殊区域户籍人口 1 万人），常住人口约 3456 万人，户籍户数 1264.02 万户。建制镇建成区面积 1006.98 平方千米，比上年增加 9.07 平方千米，户籍人口 548 万人，常住人口 515 万人，人均建设用地面积 195.49 平方米／人。乡政府驻地集镇建成区面积 125.31 平方千米，户籍人口 79 万人，常住人口 69 万人，人均建设用地面积 181.71 平方米／人。村庄现状建设用地面积合计 4751.48 平方千米，户籍人口 3984 万人，常住人口 2871 万人，人均建设用地 165.52 平方米／人。

【村镇基础设施建设】2022 年，广西村镇建设投资 416.06 亿元，其中市政公用设施建设投入 88.53 亿元（包括供水设施投入 15.19 亿元），房屋建设投资 327.54 亿元。广西村镇道路桥梁建设投资 27.18 亿元。建制镇供水普及率 91.57%（按常住人口计算，下同），人均日生活用水量 0.11 立方米；乡用水普及率为 94.21%，人均日生活用水量 0.11 立方米；村庄用水普及率 86.06%，人均日生活用水量 0.10 立方米。建制镇实有道路长度 14701.04 千米，道路面积 10391.87 万平方米；乡实有道路长度 3041.56 千米，道路面积 1747.79 万平方米。村庄内部道路长度 120843.64 千米，新增 2004.82 千米，更新改造 3280 千米，村庄道路面积 71392.76 万平方米，新增 1892.24 万平方米，更新改造 1858.55 万平方米。全区乡镇拥有桥梁 2105 座，道路长度 17813.74 千米，供水管道长度 17718.06 千米。建制镇建成区绿化覆盖率 16.61%（按常住人口计算，下同），绿地率 10.81%，生活垃圾处理率 96.92%，燃气普及率 78.35%；乡建成区绿化覆盖率 16.16%，绿地率 11.45%，生活垃圾处理率 94.98%，燃气普及率 65.22%。乡镇全年生活垃圾清运量 242.83 万吨（镇、乡建成区，不包括村），生活垃圾处理量 234.83 万吨（镇、乡建成区，不包括村），生活垃圾处理率 96.71%；拥有环卫专用车辆 5513 辆，公共厕所 2947 座。

【自建房安全专项整治】2022 年，广西城乡自建房信息归集平台共有 1925.22 万栋房屋信息，排查完成 1892.18 万栋，确认为“非自建房”651.22 万栋，排查录入自建房 1240.96 万栋，其中经营性自建房 90.19 万栋、其他自建房 1150.77 万栋，初步判定存在安全隐患的经营性自建房 6.78 万栋，均有序采取管控措施，开展专业房屋安全鉴定 1.3 万栋，全区未发生自建房结构倒塌安全事故。

【农村危房改造】2022 年，广西提前完成 5502 户农村危房改造任务，农村危房改造开工、竣工、中央资金拨付率均排名全国第 1，在财政部组织开展的第一批 2021 年度中央财政农村危房改造补助资金重点绩效评价中得分排名第 1，同时自治区自筹资金实施 2572 户边境农村老旧住房改造，有关成效多次被《人民日报》《经济日报》等主流媒体报道。在中央补助 9687 万元基础上，2022 年自治区本级筹集资金 6636.88 万元支持农村危房改造，鼓励各地根据实际情况分阶段按比例拨付资金，在竣工验收合格后 30 日内将补助资金足额拨付到农户“一卡通”账户。

【农村生活垃圾收运处置】2022 年，广西印发《关于加强监管维护进一步提升农村生活垃圾治理水平的实施意见》，完成 2021 年下达的 162 个垃圾收运处置设施项目建设，筹集 4.85 亿元进一步实施 370 个农村生活垃圾处理（中转）设施项目建设农村生活垃圾进行收运处理的行政村比例保持在 95%。

【镇级污水收集管网配套建设】2022 年，广西建设改造地下管网 4813 千米，完成年度目标任务的

137.51%；累计建成市县污水处理厂 132 座；建成镇级污水处理设施 723 座，实现“镇镇建成污水处理设施”目标；70 段城市黑臭水体基本消除。

标准定额

【工程建设标准化管理】2022 年，广西共征集 93 项工程建设地方标准立项申请，共批准同意 32 项地方标准列入 2022 年广西工程建设地方标准立项计划，其中修订项目 4 项，11 项标准设计图集（导则）列入立项计划。全年召开 25 项工程建设地方标准的评审会（含二次评审），共批准发布 16 项工程建设地方标准及 3 项标准设计图集。

【工程建设定额管理】编制并发布《广西壮族自治区房屋建筑和市政基础设施建设项目调整概算编制办法》，开展《广西建筑装饰装修工程消耗量定额》《广西壮族自治区市政工程消耗量定额》《广西壮族自治区安装工程消耗量定额》3 部工程消耗量定额和《广西壮族自治区房屋建筑多层级清单计算规则》《广西壮族自治区房屋建筑多层级清单计价规则》等 2 部清单规则的修编工作。编制 2022 年广西建设工程典型案例指标，完成 2021 年度《广西各市房屋建筑及市政工程指标指数专刊》编制工作。配合新一轮土建及安装市政定额编制，编制《广西建设工程人工材料设备机械数据库》。

【新建居住区配建养老服务设施建设】2022 年，以标准引领推动新建居住区与配套养老服务设施“四同步”，组织编制了《建筑适老化技术规程》《老旧小区居家适老化改造工程技术标准》等适老化标准。完善《关于进一步推进居住（小）区配套养老服务设施建设的实施意见（征求意见稿）》。

工程质量安全监督

【工程质量评优】2022 年，广西未发生一般及以上等级质量事故，房屋市政工程竣工验收合格率保持 100%。2 个项目获“鲁班奖”、13 个项目获“国家优质工程奖”、1 个项目获得“詹天佑住宅小区金奖”、10 个项目获“中国安装之星”。2022 年通报广西在 2021 年省级政府质量工作考核中荣获 B 级，且处于全国较好水平。

【工程质量监督执法】2022 年，广西开展 3 次全区建筑市场暨建筑工程质量安全层级监督检查，覆盖 14 个设区市。组织开展全区建设工程质量检测市场暨检测机构检测行为专项检查，覆盖全区 14 个设区市及所辖 25 个县共 121 家检测机构，涉及检测机构总部 85 家，异地试验室 36 家，共下发检测工作质量整改建议书 89 份。

【预拌混凝土质量监管】2022 年，广西持续加强房屋市政工程使用预拌混凝土质量监管，组织开展预拌混凝土质量专项检查，共抽查 50 家企业的 50 批次产品。

【工程安全】2022 年，广西房屋市政工程共发生建筑施工生产安全事故 36 起、死亡 37 人，与 2021 年同期（57 起、59 人）相比，分别减少 21 起、22 人，下降 36.80% 和 37.30%，自 2019 年以来连续 4 年实现生产安全事故起数和死亡人数“双下降”，未发生较大及以上生产安全事故，按百亿元产值死亡率计算同比下降 40.19%。

【安全生产治理行动和“百日攻坚”行动】2022 年，广西深入开展房屋市政工程安全生产治理行动和“百日攻坚”行动，组织开展 2 次全区建筑市场暨建筑工程质量安全层级监督检查，累计检查全区 14 个设区市和 36 个县（市、区），共随机抽查 109 个在建工程，发出隐患整改建议书 65 份、停工整改建议书 44 份。

【智慧安全监管】2022 年，广西探索推进“智慧安全监管”工作，起草《广西壮族自治区房屋建筑和市政基础设施工程智慧工地建设技术指南》，累计接入试点项目 102 个，覆盖全区 14 个设区市，共接入设备总数 692 台，累计发现隐患 15021 次。开发建设“广西建筑工程智慧安全监管平台”2.0 版本，系统通过桂建云，与起重机械系统、质安监系统、诚信库、桂建通进行数据打通，达到施工现场全流程监管的目的。

【严管重罚】2022 年，广西发布 4 批“严管地区”名单，累计将 18 个设区市和 34 个县（区）列入建筑施工安全生产“严管地区”（部分地区有重复列入），名单同时抄报各市、县（市、区）人民政府，进一步压实地方监管责任；印发 12 批“严管工程”项目名单，累计将 329 个项目列入“严管工程”，督促企业认真履行安全生产主体责任。强化安全事故约谈警示，对 2022 年发生过事故的 34 家施工企业、31 家监理企业的法定代表人进行了约谈。

建筑市场

【健全政策体系】2022 年，广西修订《广西促进建筑业持续健康发展厅际联席会议制度》，自治区政府办公厅印发《广西建筑业稳市场促发展的若干政策措施》，解决建筑业企业面临的困难。印发《广西建筑业高质量发展“十四五”规划》，到 2025 年全区建筑业总产值将达到 1 万亿元。

【市场环境优化】2022年，广西新增工程总承包特级资质1项，工程总承包特级资质达19项；新增一级资质24项，工程总承包一级资质达到235项。引进13家区外知名建筑业企业在广西成立子公司（其中12家央企）。完成7448家区外企业录入广西建筑业企业诚信信息库。帮助企业获得“桂惠贷—建设贷”6.60亿元并给予3个百分点的贷款贴息，减轻企业资金压力。筹集1300万元奖励10家广西建筑业企业“做大做强”，筹集2240万元奖励11家广西建筑业企业“走出去”。与安徽、江西、湖北、浙江、湖南、海南、四川、广东、江苏、福建、贵州、河南、陕西13个省住房城乡建设厅签署《加强省际建筑业领域交流与合作框架协议》。

【举办首届建筑业论坛和建博会】11月25—27日，中国—东盟建筑业合作与发展论坛、2022中国—东盟建筑业暨高品质人居环境博览会在南宁成功举办。住房城乡建设部倪虹部长、广西壮族自治区党委刘宁书记、广西壮族自治区蓝天立主席等领导出席开幕式。老挝、缅甸、新加坡、柬埔寨、泰国、越南6个东盟国家住房城乡建设部门部长高官在开幕式上发表视频致辞，此外还有6个东盟国家驻邕驻穗总领事官员受邀出席活动现场、5位东盟国家外宾致来贺信。活动期间，自治区人民政府与住房城乡建设部签署《共建新时代中国特色社会主义壮美广西 推动边疆民族地区住房和城乡建设事业高质量发展合作框架协议》；各方组织开展多项合作签约，签约成果共有132个项目，共计1563亿元。

【规范市场秩序】2022年，广西以“双随机一公开”的方式，组织专家对368家企业集中开展资质核查，印发核查通报，对在整改期内拒不整改，或整改未达到建筑业企业资质标准要求的43家企业，依法作出撤回资质的处理。印发《广西壮族自治区房屋建筑和市政基础设施工程施工招标文件范本（2022年版）》等3个招标文件范本。联合机关事务局印发《关于推进全区房屋建筑和市政基础设施工程项目网上开标和远程异地评标工作的通知》，全区实现43个远程异地评标项目。联合自治区机关事务管理局印发《关于房屋建筑和市政基础设施工程评标专家提交无犯罪记录查询结果的通知》，累计清理不符合条件专家9人。

【农民工权益保障】2022年，连续4年在自治区保障农民工工资支付工作考核中被评为“一等”等次，连续3年获得全国保障农民工工资支付工作考核A等。通过“桂建通”平台代发农民工工资227亿元，累计在平台签订电子劳动合24.90万份。对“一金七制”落实不到位及没有通过“桂建通”平台代发农民工工资的150多家企业进行通报、扣减诚信分、责令限期整改。

【装配式建筑推广】2022年，广西使用劳保费结合资金2000万元，对符合条件的装配式建筑产业基地给予资金补贴。新建装配式建筑项目229个，新建装配式建筑面积513.74万平方米。

建设节能与科技

【概况】2022年，广西新建民用建筑均执行节能强制性标准，新建建筑面积7030.93万平方米，折合节能量121.08万吨标准煤；竣工绿色建筑面积6126.30万平方米，城镇新建建筑中绿色建筑面积占比达87.13%，提前完成住房城乡建设部、国家发展和改革委等7部委联合印发的《绿色建筑创建行动方案》中“到2022年，当年城镇新建建筑中绿色建筑面积占比达到70%”的创建目标。

【建设科技成果】2022年，广西发布实施《广西建设领域技术、工艺、材料、设备和产品推广使用目录》（2022年版），推广14项新材料、新技术，加快建设领域新技术的发展和应用。编制修订《广西壮族自治区居住建筑节能设计标准》《广西壮族自治区公共建筑节能设计标准》。批复立项广西科学技术计划项目52项，其中2个项目获批；验收建设科技示范工程7项，核发10个建设科技成果推荐证书。

【公共建筑节能改造】2022年，广西安排自治区本级财政节能减排（建筑节能）专项资金600万元用于支持3个县（市、区）开展既有公共建筑节能改造示范县建设；安排专项资金1200万元用于支持20所学校（医院）开展节能绿色化改造示范建设。新增公共建筑能耗监测47栋，覆盖建筑面积约31.70万平方米；累计对847栋民用建筑进行能源资源统计，覆盖建筑面积约1511.75万平方米。新增既有公共建筑改造面积99.81万平方米，累计对639.96万平方米的既有公共建筑开展节能改造。

【可再生能源建筑应用】2022年，广西新增太阳能光热建筑应用面积273.30万平方米、太阳能光热集热器面积2.12万平方米、浅层地能建筑应用面积17.23万平方米。安排自治区本级财政节能减排（建筑节能）专项资金300万元用于支持3个可再生能源建筑应用示范县（区）建设，安排专项资金100万元用于支持1个“光储直柔”建筑建设示范项目建设。

【建筑节能监督】2022年8月至9月期间，广西组织工作组对全区14个设区市新建建筑执行节能标准情况进行检查。随机选取70个在建项目，发出建筑节能工程整改建议书58份、绿色建筑工程整改建议书59份，并对检查情况进行通报。

人事教育

【机构改革】2022年9月2日，根据《自治区党委编办关于调整自治区住房城乡建设厅内设机构有关事项的批复》同意，设立建设工程消防监督管理处；整合办公室（行政审批处）的行政审批有关职责设立行政审批处，办公室不再加挂行政审批处牌子；将政策研究室的职责划入办公室，办公室加挂政策研究室牌子，不再保留单设的政策研究室；不再保留城市规划园林处，将该处承担的城市勘察、市政工程测量、地下空间开发利用、城市雕塑、历史文化名城等职责划给勘察设计管理处，指导城市规划区园林绿化及生物多样性工作等职责划给城市建设处；将城市建设处承担的指导市容环境治理、市容、环卫设施建设和运营、生活垃圾处理等职责划入城市管理监督局。

【干部选拔与任用】2022年，向自治区党委组织部推荐2名干部晋升二级巡视员，提拔10名干部至处级领导岗位，厅机关24名干部、厅属单位2名干部晋升职级。对厅机关26名干部、厅属单位7名干部岗位进行调整。强化考核结果运用，5名干部因年度考核结果为优秀，提前晋升职级。不断拓宽干部进入渠道，录用3名定向选调生、从区直单位转任3名干部、从市县转任1名干部、接收安置2名军队转业干部到厅机关工作，公开遴选2名干部到厅属参公单位工作，接收安置2名退役士官到厅属事业单位工作，共选派32人次到住房城乡建设部、自治区政府办公厅等单位参与国家部委或全区重点工作。

【干部日常监督管理】2022年，加强行政审批、建筑市场监管、房地产市场监管等关键岗位人员的轮岗交流，有效防控关键岗位廉政风险。开展“一人多证”专项清理工作，完成对登记备案人员办理、持有因私事出国（境）证件和因私事出国（境）情况的核查工作。做好厅机关、厅属单位退（离）休领导干部在社会组织、企业兼职情况年度报告工作。做好厅机关和厅属单位干部在高校、科研院所兼职“回头看”清理工作。

【评比达标表彰】2022年，对2019—2021年连续三年年度考核优秀的6名公务员（含参公人员，下同）记三等功，对1名事业单位工作人员记功，对2021年度考核优秀的26名公务员、6名事业单位工作人员给予嘉奖。全年共有5个集体获得全国住建系统先进集体称号，24人分别获得全国住房城乡建设系统先进工作者（劳动模范）、全国信访系统优秀信访工作者、广西创新争先奖等奖项。

【行业教育培训】2022年，组织开展行业各类培训及继续教育15.67万余人次，组织开展住房城乡建设领域考试15.80万人次，完成全区现场专业人员信息登记事项办理16.84万人次。印发《自治区住房城乡建设厅关于开展2022年全区建筑产业工人技能培训工作的通知》，使用建筑安装工程劳动保险费结余资金补贴建筑产业工人职业技能培训1.12万人；结合全区乡村建设行动，制定《2022年全区乡村建筑工匠专题培训实施方案》，开展乡村建筑工匠专题培训，使用财政专项资金和建筑安装工程劳动保险费结余资金补贴培训农村建筑工匠、示范培训村“两委”干部共5000人次。

【职称评审】2022年，组织修订广西工程系列住房城乡建设行业高、中、初级职称评审条件。开展2022年广西工程系列住房城乡建设行业高、中、初级职称评审工作，评审正高级职称申报人员118人、副高级职称申报人员798人、中级职称申报人员300人、初级职称申报人员45人。

重点工程建设

【北京广西大厦整体改造项目】北京广西大厦整体改造项目分为广西大厦室内外装修工程和广西大厦配套用房改扩建工程两个子项目。总投资估算为5.40亿元。一期北京广西大厦室内外装修工程包括室外外立面装修工程和室内装修工程，总建设用地面积10030.03平方米，总建筑面积33704.89平方米，大厦外立面改造面积约15370平方米，大厦四周园林景观改造面积约6300平方米，建筑层数为地上20层，地下2层。

【广西建设职业技术学院武鸣校区项目】项目选址位于广西——东盟经开区大学城西片区百威英博大道与发展大道交叉口的东南角，总用地面积79.20公顷，总规划建筑面积59.50万平方米，总办学规模15000人。项目概算总投资18.80亿元，主要建设内容包括教学楼、实验实训楼、行政办公楼、教学管理用房、图书馆、教工宿舍、学生公寓、学生活动中心、后勤及附属用房等。2022年计划投资1.20亿元，截至2022年12月31日，完成年度投资1.90亿元，投资完成率约为158%。

大事记

1月

16日　广西壮族自治区政府办公厅印发《关于推

动广西城乡建设绿色发展的实施意见》。

25日 住房城乡建设部召开建筑施工安全监管工作视频座谈会暨“两违”清查工作推进会，广西住房和城乡建设厅在会上以《创新监管方式 坚持严管重罚 两场联动强化建筑施工安全生产监管》为题作典型经验交流发言。

30日 会同自治区公安厅、交通运输厅等五部门印发《加强全区瓶装液化石油气安全管理工作实施方案》（桂建城〔2022〕4号）。

3月

1日 广西住房和城乡建设厅党组书记、厅长唐标文带队赴住房和城乡建设部汇报广西住房城乡建设相关工作情况。

22日 印发《2022年广西城镇生活污水垃圾处理设施建设工作计划》（桂建城〔2022〕8号）；住房城乡建设部村镇建设司召开全国“设计下乡”工作座谈会，广西住房和城乡建设厅作典型经验交流发言。

28日 在住房和城乡建设部组织开展的2021年全国第四季度生活垃圾分类工作评估中，广西位列西部区域第一档、第1名，其中，南宁市位列大城市第一档第8名、贵港市位列小城市第一档第4名，崇左、防城港等6个设区市位列小城市第二档。

4月

12日 印发《广西城镇生活垃圾处理设施运营监管办法》（桂建发〔2022〕4号）。

16日 印发《全区房屋市政工程安全生产治理行动实施方案》（桂建管〔2022〕7号）。

19日 财政部、住房城乡建设部共同组织开展2022年传统村落集中连片保护利用示范工作，广西桂林市灌阳县、贺州市富川瑶族自治县成功入选传统村落集中连片保护利用示范县。

25日 印发《关于“提质效促落实 强本领促发展”能力提升行动实施方案的通知》（桂建办〔2022〕16号）。

5月

7日 自治区党委副书记、自治区人民政府主席蓝天立参加全国自建房安全专项整治电视电话会议，并于会后部署开展全区自建房安全专项整治工作。

16日 印发《广西住房城乡建设系统贯彻落实〈法治政府建设实施纲要（2021—2025年）〉实施方案》（桂建法〔2022〕2号）。

19日 联合自治区财政厅印发《关于加快提取农村人居环境专项贷款资金的通知》（桂建城〔2022〕17号）。

26日 财政部、住房城乡建设部门户网站公示“十四五”全国第二批系统化全域推进海绵城市建设示范城市入围名单，桂林市成功入围，成为全国25个入围城市之一，是广西唯一入围城市。

6月

5日 自治区政府办公厅印发《全区自建房安全专项整治工作方案》。

8日 联合自治区财政厅、人民银行南宁中心支行转发《住房和城乡建设部等三部门实施住房公积金阶段性支持政策的通知》，并出台《关于贯彻落实住房公积金阶段性支持政策有关事项的通知》。

30日 联合自治区生态环境厅、发展改革委、水利厅印发《广西深入打好城市黑臭水体治理攻坚战实施方案》。

7月

6日 在住房城乡建设部组织开展的2022年全国第一季度生活垃圾分类工作评估中，广西位列西部区域第一档第一名。其中，南宁市位列大城市第一档第八名、贵港市位列小城市第一档第三名。

14—15日 住房城乡建设部到广西开展城市建设工作调研，深入桂林市实地了解推进2022年度城市建设重点工作以及全国自然灾害综合风险普查市政设施调查进展情况。

18日 印发《2022年全区房屋市政工程安全生产“百日攻坚”行动工作方案》。

7月31日—8月4日 由全国自建房安全专项整治工作部际协调机制副召集人、住房城乡建设部副部长张小宏带队的全国自建房安全专项整治“百日行动”现场督导评估第十五组对广西开展督导评估，实地抽查南宁市、桂林市及所辖的7个县（区），核查115栋经营性自建房。

8月

4日 会同自治区发展改革委、财政厅印发《广西城镇老旧小区改造、棚户区改造和发展保障性租赁住房工作督查激励实施暂行办法》。

5日 联合自治区农业农村厅、发展改革委、生态环境厅、乡村振兴局、供销社等部门印发《关于加强监管维护进一步提升农村生活垃圾治理水平的实施意见》。

24日 在住房城乡建设部工程建设项目审批制度改革工作领导小组组织开展的2021年度工程建设项目审批制度改革工作评估中，广西综合排名全国第8位，位列西部地区第1位。

26—31日 由自治区党委组织部、中国市长研修学院联合主办，自治区住房城乡建设厅承办的2022

年广西城市更新及城乡历史文化保护培训班在北京市举办。

9月

1日　印发《广西2022年推动“口袋公园”建设实施方案》。

10月

9日　广西作为全国4个省区之一，在全国加强乡村教师住房保障工作视频会议上分享典型经验。

12日　财政部、住房城乡建设部、工业和信息化部发布《关于扩大政府采购支持绿色建材促进建筑品质提升政策实施范围的通知》，公布北海市人选政府采购支持绿色建材促进建筑品质提升政策实施范围城市名单。

28日　住房城乡建设部办公厅印发《设计下乡可复制经验清单》（第一批），广西南宁市和邕宁区关于设计下乡的经验做法入选设计下乡可复制经验清单；组织申报的工程建设产品行业标准《复配岩改性沥青混凝土添加剂》正式获住房城乡建设部批准立项。

31日　联合人民银行南宁中心支行、广西银保监局、自治区地方金融监管局印发《关于进一步加强广西商品房预售资金监管工作的实施意见》。

11月

8日　中国—东盟建筑业合作与发展论坛、2022中国—东盟建筑业暨高品质人居环境博览会新闻发布会在广西新闻中心举行。

24日　住房城乡建设部与自治区人民政府在南宁市签署《共建新时代中国特色社会主义壮美广西推动边疆民族地区住房和城乡建设事业高质量发展合作框架协议》；第十二届热带、亚热带（夏热冬暖）地区绿色建筑技术论坛在南宁市举办，搭建了中国与东盟国家绿色建筑技术交流合作平台，建立了广西与周边夏热冬暖地区绿色建筑技术专家常态化合作共享机制。

25日　由住房城乡建设部、广西壮族自治区人民政府共同主办，以“共享RCEP新机遇 共创建筑行业新未来”为主题的中国—东盟建筑业合作与发展论坛、2022中国—东盟建筑业暨高品质人居环境博览会在南宁市开幕；中国—东盟建筑业合作与发展论坛在南宁国际会展中心举办；2020—2021年度中国建设工程鲁班奖颁奖暨行业技术创新大会在南宁市举行；首届中国—东盟建设工程消防行业发展论坛在南宁市举办；保障性租赁住房发展论坛在南宁市举办；自治区住房城乡建设厅与安徽、江西、湖北、浙江、湖南、海南省住房城乡建设厅签署《加强省际建筑业领域交流与合作框架协议》。

12月

5日　住房城乡建设部通报2022年度农村危房改造（抗震改造）资金执行进度，截至11月底，广西农村危房改造任务竣工率100%，资金拨付率100%，两项指标均排名全国第1位。

13—16日　住房城乡建设部到广西开展住房城乡建设领域重点工作实地督查检查，对南宁市、桂林市建筑节能和绿色建筑发展、装配式建筑发展、历史文化保护和建设工程消防设计审查验收等工作进行了实地调研。

15日　第十三届广西（河池）园林园艺博览会在河池市宜州区园博园开幕。

19日　进一步深化工程建设项目审批制度改革，建成并上线运行工程建设领域网上中介服务超市，印发《广西工程建设领域网上中介服务超市使用管理办法（试行）》。

24日　住房城乡建设部建筑结构标准化技术委员会在广西召开工程建设国家标准《海岸工程混凝土结构技术标准》（送审稿）审查会，广西主编的首部工程建设国家标准《海岸工程混凝土结构技术标准》顺利通过审查。

26日　联合自治区文化和旅游厅印发《广西历史文化街区保护专项评估办法》。

27日　广西壮族自治区工程建设项目审批制度改革领导小组办公室印发《广西工程建设领域中介服务事项清单（2022年）》。

30日　国家发展和改革委办公厅、住房城乡建设部办公厅联合公布公共供水管网漏损治理重点城市（县城）名单，南宁市人选试点名单。

（广西壮族自治区住房和城乡建设厅）

海 南 省

住房和城乡建设

住房和城乡建设工作概况

2022年，海南省住建系统深入学习贯彻党的二十大和省第八次党代会精神，坚决落实省委省政府的决策部署和住建部的工作安排，全面推进海南省住建事业发展取得新成就、新进展、新突破，为加快建设海南自贸港做出了积极贡献。

坚持“住有所居、住有宜居”统筹施策，城乡居民住房条件得到明显改善。全年开工项目58个、5.35万套，开工率107%，为海南省稳民生、稳经济提供重要支撑。全年新开工改造老旧小区633个、惠及居民5.40万户，开工率104.11%，超额完成年度计划。公租房和棚户区改造分别开工建设900套、3907套，开工率均100%。发放住房租赁补贴1.51万户，完成率128%。住房公积金全年累计缴存187.76亿元，提取111.61亿元，发放个人住房贷款100.71亿元，实现增值收益12.97亿元。改造农村低收入群体等6类对象农村危房1062户，农房抗震改造64户。白沙县以全面消除农村危旧住房为目标，同步推进一般户共建共享改造。

聚焦“民生所向、民生所盼”持续发力，城乡人居环境发生焕然蝶变。海口市、三亚市出台城市更新指导意见。8个设市城市按要求完成海绵城市自评估。2022年，海南省常住人口城镇化率达到62%。高质量推动厕污一体化治理，完成厕所防渗漏改造5万座。启动“回头看”，摸排农村户厕48.08万座，整改问题厕所480座。累计建设燃气管道1827公里、覆盖740个自然村，入户挂表5.8万户，农村地区燃气普及率达到98.02%，如期实现“气代柴薪覆盖海南省全部乡镇”的目标。海南省省域开展生活垃圾分类，超额完成海南省30%以上行政村（居）生活垃圾分类投放屋（亭）建设任务，主要公共场所分类容器配备覆盖率近75%，建筑垃圾综合利用设施实现从无到有，海上环卫扎实开展，隆重组织“第20届环卫工人节”系列活动，全方位展示环卫工人新形象、环卫工作新成就，城市市容市貌显著改善。构建综合整治长效机制，高位推进综合治理，基本消除环岛高铁高速沿线安全隐患及“脏乱差”现象。

践行“两山”理论和生态文明思想敢闯敢试，城乡建设绿色低碳发展写下崭新篇章。博鳌零碳示范区创建扎实开展，组建工作专班，编制完成创建方案、总体方案设计和专项技术导则，开工建设子项目16个。形成《海南省城乡建设领域碳达峰实施方案（送审稿）》等系列成果，颁布实施《海南省绿色建筑发展条例》，全年绿色建筑面积1792.45万平方米，占新建建筑比例超过80%。印发实施《关于进一步推进海南省装配式建筑高质量绿色发展的若干意见》等，建成一批装配式建筑生产基地，推荐“临高金牌港开发区”申报国家装配式建筑生产基地，全年装配式建筑面积2860万平方米，占新建建筑比例达到64%。

推动“守正创新、集成改革”蔚然成风，建设行业转型升级实现“快马加鞭”。建立部省合作机制，“工程建设项目审批全省统一化、标准化、信息化”制度创新案例获商务部、住房和城乡建设部肯定。圆满完成住建领域各项攻关任务，实现系统试运行，完成全国首例“机器管招投标”项目开标、评标，有效助力清廉自贸港建设。加快推进概算定额编制进程，完成“1个规定和4部专业定额”编制。完善工程建设地方标准体系建设。厅本级认真做好行政许可办件，平均承诺天数12.22天，平均实际办结天数6.61天，办结提速46.1%，提前办结率、事项全程网办率均实现100%。修订印发《海南省建筑市场信用管理办法》及市场主体信用评分标准，不断规范建筑市场秩序。举办建设行业2022—2024年重点项目劳动竞赛、建筑业职业技能竞赛，有效推动建筑工人队伍技术技能提升。出台《关于支持建筑业企业高质量发展的若干措施》，多措并举推动建筑业转型升级。

树牢“底线思维、系统观念”科学施治，行业风险隐患得到有效化解和防范。克服房地产市场下行、预期转弱等影响，稳妥实施房地产市场调控。按照实现交楼任务的要求，充分利用专项借款工具等方式推进保交楼、保民生、保稳定工作，稳妥处置房地产项目逾期难交付风险。2022年房地产开发投资1158.37

亿元，占全社会固定资产投资比重较 2021 年下降 4.5 个百分点。整治燃气安全问题（隐患）5787 个，移交查处案件 85 宗，取缔瓶装液化石油气黑网点 76 个，完成燃气管道占压整改 70 起，推动安全生产 15 条硬措施落地见效。启动实施城市燃气管道老化更新改造，开展高空置率小区燃气设施信息化试点，提升燃气设施安全。高质量完成海南省自建房安全专项整治“百日行动”，实现经营性自建房排查录入率、疑似危房鉴定率、管控整治率三个 100% 目标。抓紧抓实“回头看”工作，排查录入城乡自建房 250 万栋左右，做到发现隐患及时管控到位。海南省建设工程安全形势总体平稳，事故发生率较上年下降 11.9%，连续 4 年没有发生较大以上安全事故。2022 年，1 个项目获评“鲁班奖”、10 个项目获评国家安全文明施工工地、26 个项目荣获“绿岛杯”、57 个项目获评省级新技术应用示范工程奖、145 项施工技术评为省级工法，海南省工程质量安全可控可靠。

法规建设

配合海南省人大出台《海南省绿色建筑发展条例》，以立法的形式为推动海南省绿色建筑高质量发展“保驾护航”。按规定的程序和时限制定、备案规范性文件 20 份，按时报备率达到 100%，做到合法合规。全面修订海南省住建领域行政处罚自由裁量基准，并形成《海南省住房城乡建设行政处罚自由裁量基准表（2022 版）》，不断规范行使自由裁量权，做到严格规范文明执法。

房地产业

【房地产市场管理】联合相关单位开展房地产市场秩序专项整治，部署各市县开展房地产领域违规宣传广告专项治理、“房中房”专项整治、商业办公类项目“类住宅”问题等专项整顿。共检查房地产各类企业 11895 家，其中公开曝光 18 次，责令整改 1409 次，警示约谈 402 次，计入不良信用 80 次，警告、罚款、责令停产、吊销许可证等行政处罚 173 次，罚款 158.18 万元，清理违规广告信息 5855 条，注销违规账号 569 个，清理不规范表述海南住房限购政策相关信息内容（包含文章、短视频）463 个。

【商品房销售】2022年，海南省商品房销售 643.99 万平方米，同比下降 27.6%，其中，住宅销售面积 530.5 万平方米，下降 21.07%；海南省商品房销售金额 1098.02 亿元，下降 29.6%。其中，住宅销售金额 924.87 亿元，下降 21.59%。

【商品房建设】2022 年，海南省房地产开发投资 1158.37 亿元，同比下降 16.0%；海南省房地产开发投资占固定资产投资的 31.6%。海南省商品房施工面积 9057.16 万平方米，同比增长 1.30%。其中，本年商品房新开工面积 1058.04 万平方米，下降 21.1%。分类型看，住宅新开工面积 737.7 万平方米，下降 9.15%；办公楼新开工面积 54.71 万平方米，下降 54.94%；商业营业用房新开工面积 106.35 万平方米，下降 50.97%；其他房屋新开工面积 159.27 万平方米，下降 16.53%。

【物业管理】指导各市县物业主管部门加强监督管理，督促指导各物业服务企业落实物业管理区域安全管理责任，扎实做好各项安全防范工作。修订《海南省电动汽车充电设施建设技术标准》，会同相关部门加快推进居民小区充电桩建设，明晰部门职责，明确充电桩进小区流程和要求，推动解决充电桩进小区难问题。

住房保障

【住房保障体系建设】为进一步构建完善与海南自由贸易港发展相适应的住房保障体系，加强住房保障制度顶层设计，5 月，发布《海南省人民政府办公厅关于完善海南自由贸易港住房保障体系的指导意见》，以满足本地居民和引进人才基本住房需求为出发点，以建立多主体供给、多渠道保障、租购并举的住房制度为方向，构建以安居房、保障性租赁住房、公租房为主体的城镇住房保障体系。

【安居房建设】2022 年，海南省安居房建设年度目标任务为 5 万套，各市县全年开工安居房项目 58 个，开工 5.35 万套，开工率 107%。编制印发《海南省安居房建设技术标准》，构建安居房建设标准体系，加强安居房从规划选址、设计施工、到管理使用、运行维护全生命周期管理。不断强化安居房全装修工程质量分户验收工作，确保工程质量。

【保障性租赁住房筹集】海口市、三亚市在全省范围内先行先试，积极盘活闲置房屋发展保障性租赁住房，缓解新市民、青年人的住房困难问题。海口、三亚市筹集保障性租赁住房 2035 套，超额完成省政府下达 2000 套年度筹集任务。2022 年 7 月，省住房和城乡建设厅等 9 部门发布《关于加快发展保障性租赁住房的实施意见》，明确利用发展保障性租赁住房的工作方向和举措；2022 年 11 月，联合省自然资源和规划厅印发《关于支持利用存量房屋发展保障性租赁住房工作的通知》，明确利用存量闲置住房改造和非居住房屋改建保障性租赁住房的范围、原则、条件、流程和工作要求，为各市县利用存量闲置房屋发展保障性租赁住房提供了具体清晰的操作指引。

【公租房保障和棚户区改造】强化对各市县保障性安居工程项目的监督指导，建立棚户区和公租房项目开工台账，每月调度各市县工作进展情况，督促市县加快项目实施进度。2022年，海南省城镇保障性安居工程年度计划任务全面完成，其中棚户区改造开工3907套，开工率100%；公租房开工建设900套，开工率100%；发放住房租赁补贴1.51万户，完成率128%。

【城镇老旧小区改造】2022年，海南省共计划改造608个小区，涉及约5.1万户居民。截至年底，海南省已进场开工小区633个，惠及约5.40万户居民；开工率为104.11%，超额完成2022年实施改造小区开工目标。

住房公积金管理

海南住房公积金管理委员会四届二次全体会议顺利召开，会议审议通过了2021年年度报告、2021年归集使用执行情况和2022年归集使用计划、增值收益分配方案等住房公积金相关事项。出台《海南省住房公积金信用评价管理办法》。海南省住房公积金管理局开展住房公积金高频服务事项"跨省通办"工作，海南省实现8个"跨省通办"服务事项全程网办。

城市建设与管理

【城市管理】全力推进城市运行管理服务平台项目建设，海南城市运行管理服务平台（一期）项目已基本建设完成，完成文昌市试点城市平台验收工作。海南城市运行管理服务平台（二期）项目已完成可行性研究报告编制，并通过了省大数据局组织的专家评审。开展住建领域打击整治养老诈骗专项行动。发放市县防诈宣传折页等宣传品1.5万余份。累计检查商品住宅销售楼盘和中介机构门店共计2853家次，清理违法违规小广告等2892处，处理问题线索26条。

【综合行政执法体制改革】积极开展市县执法调研工作，对海南省17个市县开展城市执法工作调研。积极配合省综合行政执法工作联席会议办公室研究出台《海南省综合行政执法协作暂行规定》《海南省综合行政执法办案程序指引》等6个文件，对行政执法的程序、文书范本、装备保障、人员管理等方面进行规范。组织海南省住建系统行政执法人员59人进行执法培训，进一步规范行政执法人员持证上岗。

【城市（县城）道路建设】海南省建成区城市道路长度5751.16公里，道路照明灯盏数24.08万盏，建有城市桥梁341座，城市建成区平均路网密度9.81公里/平方公里，城市道路面积率16.31%。指导市县排查城市道路路面病害隐患，全面改善城市道路通行条件，打通大动脉畅通微循环，完善城市道路无障碍设施建设。2022年底，城市道路、桥梁等病害整治及无障碍设施通行整改完成率达到94%，超额完成省政府工作报告部署的80%任务目标。

【城市地下综合管廊建设】海南省已建综合管廊总长约228公里，形成廊体约115公里，投入运营约45公里，建成未使用约39公里。

【海绵城市建设】指导8个设市城市统筹谋划好2022年海绵城市建设工作，鼓励设市城市以外的县人民政府因地制宜推进海绵城市建设。7个城市已完成海绵城市建设专项编制。儋州已完成海绵城市专项规划编制，待儋州那大主城区和新英湾片区国土空间总体规划编制完成后，海绵城市专项规划再衔接国土空间规划印发实施。8个设市城市已完成海绵城市自评估工作。

【城市园林绿化建设】指导三沙成功创建省级园林城市，部署海口、三亚、儋州、保亭4个国家园林城市（县城）对照新的评选标准开展自查。加强城市园林绿化精细化管理水平，指导市县建立健全城市园林绿化指标年度监测制度。2022年海南省共建设完成22个"口袋公园"，完成投资3865万元。指导市县扎实推进城市绿地外来入侵物种普查工作。推动城乡公共服务设施外语标识标牌建设。

【城市燃气建设和管理】举办海南省城镇燃气应急抢险演练观摩活动，督促市县燃气主管部门认真落实安全生产十五条硬措施，压紧压实企业主体责任，切实推动《海南省城镇燃气安全排查整治工作实施方案》各项工作落地见效。加快推进城市燃气管道老化更新，明确2022—2025年海南省城市燃气管道老化更新改造工作明确目标、任务和保障措施。截至2022年底，已完成城市燃气管道老化更新改造投资约10800万元，涉及燃气管道约172km、场站设施266处、用户设施约17.63万户。

城乡环境卫生管理

【市容环卫】牵头推进环岛高铁高速沿线环境综合整治，经过奋战100天，共排查整治各类环境综合问题2637条，基本消除环岛高铁高速沿线安全隐患及"脏、乱、差"现象，沿线落荒地9成以上实现复耕复产。成功举办“海南省第二十届环卫工人节”系列活动。通过“八个一”成果（一次表彰、一场新闻发布会、一首环卫之歌、一部微电影、一批典型案例、一个小程序、一部短视频、一台晚会）成功联动市县、带动行业，全方位展示海南省环卫工作新成就、新发展，助推城乡环卫管理迈上新台阶。

【垃圾处理设施建设】系统布局各类生活垃圾处理设施及建筑垃圾资源化利用厂，整合转运站及调配场、规划收运作业路线、明确暂存分拣场所及终端处置去向，以“点线面”效应带动无害化处理水平、资源利用能力全速提升。海南省已建成生活垃圾转运站294座，转运能力达到14309吨/天；建成厨余垃圾处理厂2座，处理能力达到1100吨/天；建成焚烧发电厂8座，焚烧能力达到12800吨/天，城镇生活垃圾无害化处理率实现100%。

【生活垃圾分类】指导市县合理选址建设一批功能齐全、经济实用、节能环保的标准化收集屋（亭），既满足群众就近分类投放需求，也能作为宣传载体广泛普及垃圾分类知识，进一步扩大乡镇及村居民的知晓范围。超前完成《省委省政府为民办实事事项》年度目标，6月底前建成乡镇110座生活垃圾分类收集屋亭；超额完成《省政府工作报告》关于30%行政村实现生活垃圾收集设施全覆盖的重点任务，覆盖率达到30.34%。

【海上环卫】对各市县海边环境卫生状况进行暗访，督促抓好整改。各市县对公共岸滩和海域、有主管辖单位岸滩和海域等进行责任划分，定期开展督导、检查，发现问题及时整改。

【建筑垃圾】推动建筑垃圾治理及资源化利用工作，同时大力发展装配式建筑及积极推广全装修，实现海南省新开工项目中装配式建筑占新建建筑不低于60%。目前全省已建成4座建筑垃圾资源化利用厂、64座建筑垃圾转运调配场。联合多部门排查整治既有建筑垃圾非法倾倒堆放点位1636处、81110.3吨，均完成清理整治，开展联合执法137次，查扣非法运输车辆123台，立案93件，信用公示曝光11起，共处罚金额61.38万元。

村镇建设

【农村危房改造】切实加强农村低收入群体等6类重点对象住房安全保障。省住房和城乡建设厅等5部门推动农村危房改造和农房抗震改造，探索建立以政府补助、农户自建为主，农村集体公租房、租赁补贴等多种方式相结合的农村低收入群体住房安全保障机制。充分利用农房安全隐患排查整治信息平台强化动态监测，加强与乡村振兴、民政部门信息共享，及时组织开展新增农村低收入群体房屋安全鉴定，经鉴定为C或D级危房的农户，纳入年度农村危房改造计划保障其住房安全，精准确定补贴对象。印发《海南省农村自建房质量安全须知》《农村自建房安全常识》等资料5万册至各市县开展宣传，举办乡村建设工匠培训班16期，培训乡村工匠4000余人。2022年省级下达农村危房改造任务693户、农房抗震改造任务64户，全年实际完成农村危房改造任务1062户、农房抗震改造64户，超额完成年度任务。

【农房安全隐患排查整治】召开农房安全隐患排查整治领导小组成员单位联席会议，印发《关于进一步做好农村自建房安全隐患管控工作的通知》《关于深入推进农村房屋安全隐患全面整治工作的通知》等文件，指导各市县做好农村自建房安全隐患分类整治，深入推进农村房屋安全隐患全面整治工作。聚焦3层及以上、用作经营、人员密集和擅自改扩建4类重点房屋，加强动态监测，及时消除安全隐患，保障人民生命财产安全。海南省累计完成农村房屋121.83万户排查鉴定工作，其中经鉴定为危房的有2.12万户。2022年已完成农村危房整治7156户，整治率33.7%，其中用作经营自建房整治268户已全部整治完成。

【农村厕所革命】海南省按照“数量服从质量、进度服从实效，求好不求快”总体要求，科学提出推进厕污一体化治理思路，要求以自然村为单位因地制宜实施改厕。鼓励探索厕所粪污和生活污水共治新模式，对正在建设或拟建设农村生活污水处理设施的村庄，改厕与生活污水治理要一体化推进；对已建成生活污水处理设施但防渗漏改造未完成的村庄，要求立即启动改造，做到厕污并联。全年完成厕所改造5万座，海南省累计建成农村卫生厕所125.65万座（不含镇墟），农村卫生厕所普及率达到99.1%，高于全国73%平均水平。海南省组建粪污清掏队伍312支、从业人员969人、粪污清掏车辆585辆、建设粪污集中收集池410座，全年开展粪污清掏13.26万次、清掏粪污33.6万立方米。此外，海南省还启动对2013年以来各级财政支持改造的农村户厕问题摸排整改“回头看”工作，海南省排查农村户厕48.08万座，整改问题厕所480座。

【乡村民宿建设】对原乡村民宿备案管理系统进行优化升级，使乡村民宿备案管理更简洁便捷。海南省通过政务一体化信息平台，及时将乡村民宿备案信息推送到有关监管部门，实施事中事后监管。乡村民宿备案登记后一个月内，由住房城乡建设部门牵头组织相关业务主管部门，对乡村民宿经营者的承诺事项进行核查，对不符合规定的事项分别由行业主管部门监督整改。海南省累计新建乡村民宿399家，建成乡村民宿集群7个。

【传统村落保护】联合省财政厅开展2022年省级传统村落连片保护利用示范申报评审工作，推荐澄迈县参评2022年全国传统村落集中连片保护利用示范县并成功入选，获得中央示范建设资金5000万元支持。组织开展第六批中国传统村落调查推荐申报，推荐海口市美兰区大致坡镇金堆村等16个村落申报第六批中国传统村落。海南省有12个村落入选第六批中国传统村落公示名单。编制《海南省传统村落评价认定办法（暂行）》，启动省级传统村落评价认定工作，海南省共有8个市县25个村落申报省级第一批传统村落，经评审有15个村落入选公示名单。

【燃气下乡"气代柴薪"】农村地区燃气管道建设约1827公里，覆盖约740个自然村约79869户农户，入户挂表数58476户，省级共发放补贴资金约1.13亿元，累计建成运营液化石油气二级灌装站100个，布设瓶装液化石油气供应站540个，燃气基本覆盖农村地区居民家庭。

标准定额

2022年，发布《海南省装配式内装修技术标准》《2021海南省装配式内装修工程综合定额（试行）》《海南省安居房建设技术标准》《海南省电动汽车充电设施建设技术标准》（局部修订版）《海南省建设工程文明施工标准》。组织编制绿色建筑评价标准、装配式建筑部品部件质量标准体系、预应力混凝土预制桩技术标准、民用建筑外门窗工程技术标准、方舱医院建设技术导则、海上环卫作业标准、城乡环境卫生质量标准等系列标准，修订装配式建筑工程综合定额。完成《海南省装配式建筑与传统建筑综合成本对比分析报告》《海南省安居房建设经济指标测算及分析报告》编制工作。组织编制《海南省房屋建筑与装饰工程概算定额》等四部概算定额。发布《2017海南省房屋建筑与装饰工程综合定额》（局部修订），调整建筑工程定额人工单价。拓宽价格信息收集渠道，扩大价格信息发布范围，增发装配式部品部件、高强度等级混凝土（C55、C60）、机制砂和预拌砂浆的价格信息，全年累计发布各类价格信息83000条。发布《2022年版海南省房屋建筑工程和市政工程典型案例技术经济指标》《海口市2022年上、下半年住宅造价指标》。全面推行施工过程价款结算和支付，省内18个市县中，9个市县施工过程结算覆盖率达到100%，6个市县达到95%以上，3个市县达到85%以上。联合省财政厅印发《海南省省本级办公用房维修改造项目支出标准（试行）》。

工程质量安全监督

【建筑工程质量安全】2022年，全面部署实施海南省住建领域质量提升行动、"质量月"活动。系统性优化施工全过程监管和联合验收工作机制，深化实施工程竣工联合验收的便利化、信息化改革，联合验收实现全面"一网通办"。开展在建工程质量突击检查行动，曝光一批社会关心关注的工程质量问题和重大市场违法案件，从严处理一批在海南省房屋建筑质量投诉面广、投诉率高和社等等会影响恶劣的违法违规企业。运用信息化手段，加强全装修质量监管。利用线上培训的形式大力推广"海南省全装修分户验收监管系统"，切实提高全装修住宅工程质量分户验收管理总体水平。海南省先后有1个项目获评鲁班奖，10个项目获评国家安全文明施工工地，26个项目荣获绿岛杯，145项施工技术评为省级工法。

压实属地主管部门和参建单位责任，组织部分市县住建部门和企业召开安全生产约谈警示会，进一步强等化事中事后监管；以案释法，向社会公布建筑质量安全违法行为典型案例；对发生生产安全事故的施工企业列入诚信"黑名单"。扎实开展安全生产大排查大整治和事故预防服务，紧盯三大易发事故风险点，抽查在建项目，对存在安全隐患的项目下发限期整改通知书，印发督查通报并对相关企业进行信扣分。成功举办海南省建设工程质量安全和消防管理等省级观摩活动，指导安责险共保体机构开展事故预防服务和安全生产培训，加大事故追责力度，修订《海南省建筑工程生产安全事故处理办法》，进一步规范海南省建筑工程生产安全事故处理程序。省住房和城乡建设厅在2022年度全省应急管理工作和消防安全考核工作中均被评为"优秀"单位。

【工程抗震】联合省应急厅、省地震局加快推进实施海南省地震易发区房屋设施加固工程并开展地震易发区房屋设施加固工程评估工作。充分运用现代科技和信息化手段，切实推进海南省自然灾害综合风险普查房屋建筑和市政设施调查工作。

建筑市场

【概况】2022年，海南省具有资质等级的建筑企业单位有5616家，其中总承包特级1家，总承包一级52家，总承包二级112家，总承包三级1708家，仅具有专业承包资质的1662家，劳务分包企业2050家。海南省资质内建筑企业全年房屋建筑施工面积3453.9万平方米，省内资质内建筑企业共完成总产值467.21亿元，同比增长4.5%。2022年海南省完成建筑业增加值545.6亿元，占海南省国内生产总值比重达到8%。

【建筑业改革创新】通过加快推进房屋建筑和市政基础设施工程实行工程担保制度、加快培育新时代建筑产业工人队伍、出台若干措施支持建筑业企业高质量发展、在房屋建筑和市政基础设施工程领域推进全过程工程咨询服务发展，推动建筑业转型升级，促进建筑业高质量发展。在施工许可证告知承诺制审批的基础上，推行分阶段办理房屋建筑工程施工许可证、小型社会投资工业类项目试行工程规划许可证和施工许可证合并办理，进一步优化营商环境，加速项目开工建设。

【建筑市场监管】开展建筑工程转包、违法分包专项整治活动，共检查项目115个，下发整改通知书50份，执法建议书22份，责成属地处理并将转包挂靠涉及的3家企业列入黑名单。开展四批建筑业企业和监理企业资质动态核查，涉及企业40家，注销相应资质4家。对海南省各市县开展两轮实名制管理督导，建筑工地日均工人考勤人数稳定在10万人左右，项目经理平均到岗率为49%；项目总监理工程师平均到岗率为33%。

【建筑市场诚信管理】开发海南省房屋建筑工程全过程监管信息平台二期，打造全新的数字化图审、装配式部品部件、信用管理、智慧工地、质量安全监督等系统。修订并印发《海南省建筑市场信用管理办法》及相关市场主体信用评价标准，对建设、施工、监理、造价等8类企业和项目经理、项目总监等4类从业人员实施新的信用评价标准。海南省全年已记录企业良好行为4094条，人员良好行为843条，企业不良行为3696条，人员不良行为1261条，累计共有114家企业被列入“黑名单”。

勘察设计

【概况】2022年，海南省工商注册且具有资质的勘察设计企业330家，其中取得勘察综合甲级资质3家，勘察设计行业（专业）甲级资质企业58家，其他资质企业269家，海南省和外省入琼参与勘察设计业务的企业诚信登记备案2200余家。勘察设计从业人员6403人，其中高级职称1923人，中级职称3007人，注册执业资格人员2014人。

组织开展房屋建筑、市政工程勘察设计和施工图审查质量抽查。启用勘察设计成果数字化交付与审查系统，全面实行施工图数字化审查，实现施工图设计文件无纸化申报、在线审查出具审查合格书和在线监管，做到全流程数字化办理和网上留痕。设立省级工程勘察设计人才奖、优秀工程勘察设计奖，编制《海南省勘察设计优秀成果作品集（2017—2022年）》，展现新时代海南建筑风采。举办第五届钧瑾杯大学生规划设计竞赛，为大学生提供设计交流和实践机会，激励大学生积极参与乡村设计，助力美丽乡村建设。举办“2022世界建筑科技创新大会”“城市更新·城乡融合”2022年学术年会，搭建政府部门、专家智库、企业之间的沟通交流平台。启动建筑师负责制试点工作，探索建筑师负责制的服务模式、监管方式和管理手段，明确建筑师权利和责任。

【建筑工程勘察设计质量检查】组织开展2022年房屋建筑、市政工程勘察设计和施工图审查质量抽查工作，抽查房屋建筑工程项目、市政基础设施工程项目和内装修项目共152个，规模涵盖大型、中型和小型，涉及居住、医疗、办公、酒店、商业综合体、艺术馆、道路、桥梁、水厂、综合管廊等，并将安居房项目纳入检查范围。重点对岩土工程勘察质量、相关专业（建筑、结构、给排水、暖通、电气、道路、桥梁）设计质量、施工图审查质量，以及建筑节能、绿色建筑、装配式建筑、充电桩等政策落实情况进行了检查，并专项检查了人民群众关注的无障碍设计、地面防滑设计等内容。

【消防设计审查】进一步明确建设工程消防设计审查验收有关内容，对房屋建筑、市政类特殊建设工程消防设计审查事项纳入施工许可审批事项合并办理，大大缩减了审批流程和时限，并将消防设计违法行为纳入《海南省综合行政执法事项指导目录》。组织开展勘察设计和施工图审查质量抽查工作。组织行业各专业专家集中展开检查，共抽查房建项目68个，其中内装修项目17个，覆盖海南省19个市县，涉及省内外71家设计单位和16家施工图审查机构。抽查发现违反建筑防火设计条文242条。对审批部门、设计单位、图审机构、消防专家库专家进行线上线下消防设计审查业务培训。

建筑节能与科技

【装配式建筑】2022年，住房和城乡建设部通报表扬海南省装配式建筑发展成绩，有关经验做法列入可复制推广经验清单（第一批）。2022年，海南省装配式建筑面积约2860万平方米，较2021年增长25%，占新建建筑比例达到64%，完成省政府既定目标。省政府印发《关于进一步推进我省装配式建筑高质量绿色发展的若干意见》，省住房和城乡建设厅发布《海南省装配式内装修技术标准》《2021海南省装配式内装修工程综合定额（试行）》《海南省装配式建筑产业化发展规划（2022—2030）》；举办第三期装配式建筑领导干部专题培训班。指导《临高金牌港新型建筑产业发展规划》编制工作。将"临高金牌港开发区"向住建部推荐报送作为国家装配式建筑生产基地。

【绿色建筑及建筑节能】2022年9月29日，海南省第六届人民代表大会常务委员会第三十八次会议审议通过《海南省绿色建筑发展条例》，自2023年1月1日起施行。2022年，城镇新开工绿色建筑面积为1792.45万平方米，城镇新开工绿色建筑占新建民用建筑面积比例分别为88.64%；城镇新竣工绿色建筑1586.9万平方米，占海南省城镇竣工建筑总面积1885.96万平方米的84.41%。海南省累计绿色建筑星级项目135个，总建筑面积1642万平方米。大力推广公共建筑节能改造和太阳能建筑应用，2022年完成公共建筑节能改造面积84.68万平方米，完成公共建筑能效提升重点城市（海口市）评估和经验总结工作，并上报住房和城乡建设部，新增采用太阳能光热应用建筑面积911.55万平方米、太阳能集热器面积28.51万平方米；光伏装机容量233MW。积极开展一、二星级绿色建筑标识认定工作，并协助做好三星级绿色建筑标识认定。

【住建领域节能减排】组织开展海南城乡建设领域碳达峰碳中和的目标、策略和技术路径研究，12月1日通过项目验收，制定并向省碳达峰碳中和工作领导小组办公室报送了《海南省城乡建设领域碳达峰实施方案》。大力推动绿色社区创建行动，2022年海南省已有380个城市社区参与绿色社区创建行动，达到绿色社区创建标准的有243个，占比63.95%；指导园林绿化节水工作，倡导开展喷灌、滴管等节水灌溉方式，优化绿化养护作业方式，提升精细化节水、用水技术管理水平；综合采取"渗、滞、蓄、净、用、排"等措施加大对雨水吸纳、蓄渗，推进海绵城市建设；编制《海南省建筑垃圾治理及资源化利用三年攻坚行动方案（2022—2024年）》，持续强化生活垃圾分类，生活垃圾处理"全焚烧"态势，加强建筑垃圾资源化利用水平；结合农村危房改造，积极推广使用节能灯具、电器、节水器具和绿色建材等节能设施设备。

大事记

1月

11日　海南省城乡环境综合整治领导小组办公室印发《海南省环岛高铁和环岛高速公路沿线环境综合整治2022年行动方案》。

12日　会同省发展和改革委员会等8部门联合印发《关于加快推进房屋建筑和市政基础设施工程实行工程担保制度的实施意见》。联合省财政厅等单位印发《关于推进燃气下乡"气代柴薪"工作的指导意见》。

20日　发布《西沙群岛珊瑚岛（礁）地区岩土工程勘察标准》DBJ 46-060-2022。

27日　印发《关于命名三沙市为省级园林城市的通报》。

29日　发布《2017海南省房屋建筑与装饰工程综合定额》。

2月

10日　省生活垃圾分类工作领导小组办公室印发《海南省2022年生活垃圾分类工作任务清单》。

11日　住房和城乡建设部、海南省人民政府签署深化工程建设项目审批制度改革和推动城乡建设绿色发展合作框架协议，根据合作协议内容，双方将共同推动深化工程建设项目审批制度改革，共同推动城乡建设绿色发展，建立合作工作机制，积极推动合作事项落实。

3月

22日　印发《海南省建筑业"十四五"发展规划》。

28日　发布《关于调整建设工程定额人工单价的通知》。

29日　发布《海南省电动汽车充电设施建设技术标准》DBJ 46-041-2022。

31日　省农村厕所革命推进工作小组办公室印发《海南省2022年农村户用厕所化粪池防渗漏改造实施方案》。

4月

1日　联合中共海南省委军民融合办、省发展和改革委员会、省自然资源和规划厅、省国家安全厅、省大数据局印发《关于进一步优化房屋建筑和市政基础设施项目竣工联合验收工作的改革意见》。

8日　联合省财政厅、省民政厅、省乡村振兴局、省残疾人联合会印发《海南省2022年农村危房改造和农房抗震改造实施方案》。

同日　发布《2021海南省装配式内装修工程综合定额（试行）》。

14日　澄迈县入选2022年传统村落集中连片保护利用示范县。

24日　联合省农业农村厅、省乡村振兴局、省自然资源和规划厅、省水务厅、省生态环境厅印发《海南省关于加快农房和村庄建设现代化的实施方案》。

30日　省政府办公厅印发《关于进一步推进我省装配式建筑高质量绿色发展的若干意见》。

5月

9日　省住房城乡建设厅、省财政厅、省水务厅推荐海口市参评第二批系统化全域推进海绵城市建设示范城市。

11日　印发《海南省城乡自建房安全隐患排查整治"百日专项行动"实施方案》

12日　省人民政府办公厅印发《关于完善海南自由贸易港住房保障体系的指导意见》，为各市县加快发展保障性住房提供有力支撑。

26日　发布《海南省安居房建设技术标准》DBJ 46-062-2022。

6月

10日　印发《海南省装配式建筑产业发展规划（2022—2030）》。

16日　发布《海南省装配式内装修技术标准》DBJ 46-063-2022。

30日　印发《关于开展二级造价工程师（土木建筑工程、安装工程专业）注册工作的通知》。

7月

13日　省住房城乡建设厅等9部门印发《关于加快发展保障性租赁住房的实施意见》，确定了全省发展保障性租赁住房首批重点市县。

15日　联合省发展改革委员会、省财政厅印发《关于开展高空置率小区燃气设施信息化试点工作的通知》。

19日　省城乡环境综合整治领导小组办公室印发《关于构建海南省环岛高铁高速沿线环境综合整治长效机制稳步提升景观风貌工作的实施意见》。

21日　联合省资规厅、省安全厅、省档案局、省人防办印发《关于加强建设项目全过程监管服务 提高竣工联合验收效率的通知》。

29日　海南省建筑起重机械安全管理信息系统（二期）上线运行。

8月

1日　联合省农业农村厅、省发展和改革委员会、省生态环境厅、省乡村振兴局、省供销合作联社印发《关于进一步加强我省农村生活垃圾收运处置体系建设管理的通知》。

5日　会同省财政厅联合印发《关于支持建筑业企业高质量发展的若干措施》。

13日　发布《海南省住房城乡建设厅关于疫情期间建设工程计价有关问题的指导意见》。

25日　会同省发展和改革委员会等10部门联合印发《关于加快培育新时代建筑产业工人队伍的实施方案》。

26日　省城乡环境综合整治领导小组办公室印发《海南省环岛高铁沿线稳步提升景观风貌技术导则》。

29日　印发《关于全面启用2.0版海南省建筑施工企业安管人员信息管理系统的通知》。会同人行海口中心支行、省银保监局联合印发《海南省商品房预售资金监管办法》。

9月

15日　印发《关于支持建筑业企业提质升级实施方案》《关于推行分阶段办理房屋建筑工程施工许可证的通知》。

20日　全省首个"BRE净零碳""零能耗"建筑认证项目——文昌淇水湾旅游度假综合体示范项目升级改造后正式投用。

21日　联合省农业农村厅、省旅游和文化广电体育厅、省财政厅、省自然资源和规划厅、省乡村振兴局发布《关于报送海南省第六批中国传统村落推荐名单的报告》。印发《关于强化安居房全装修工程质量分户验收工作的通知》。

23日　省生活垃圾分类工作领导小组办公室印发《海南省乡镇标准示范生活垃圾分类屋（亭）管理办法》。

26日　联合人行海口中心支行、省银保监局等部门印发《海南省商品房预售资金监管办法》。

29日　省第六届人民代表大会常务委员会第三十八次会议审议通过《海南省绿色建筑发展条例》，自2023年1月1日起施行。印发《海南省工程建设项目"清单制+告知承诺制"审批改革措施（2.0版）》。

30日　省人民政府办公厅印发《海南省建筑垃圾治理及资源化利用三年攻坚行动方案（2022—2024年）》。

10月

12日　印发《关于启用建筑施工企业安全生产许可证电子证书及证书延期的通知》，自2022年10月起实行升级版的全国通用互认的建筑施工企业安全生产许可证电子证书。

17日　会同省自然资源和规划厅联合印发《关于小型社会投资工业类项目试行工程规划许可证和施工许可证合并办理的通知》。

26日 全省有12个村落列入第六批中国传统村落公示名录。

27日 联合省农业农村厅、省旅游和文化广电体育厅、省财政厅、省自然资源和规划厅、省乡村振兴局印发《海南省传统村落评价认定办法（暂行）》。

11月

4日 发布《海南省建设工程文明施工标准》DBJ 46-07-2022。

10日 省工程建设项目审批制度改革工作领导小组办公室印发《全面推行工程建设项目水电气网极简报装工作方案的通知》。

17日 印发《关于建设工程企业资质延续有关事项的通知》。

21日 与省自然资源和规划厅联合印发《关于支持利用存量房屋发展保障性租赁住房工作的通知》。

12月

5日 印发《海南省建筑市场信用管理办法》及相关市场主体信用评价标准的通知（2023年版）。

21日 公布拟列入第一批海南省传统村落公示，全省有15个村落入选公示名单。

28日 印发《海南省工程建设项目行政审批中介服务事项清单（2022年版）》。

30日 会同省发展和改革委员会印发《关于在房屋建筑和市政基础设施工程领域推进全过程工程咨询服务发展的实施意见》。

（海南省住房和城乡建设厅）

城乡规划

【乡村建设规划】2022年，海南成立省、市县两级工作专班，形成“省级统筹、市县主导”的工作机制，划定永久基本农田、生态保护红线、城镇开发边界等三条控制线，并于10月经自然资源部同意启用。指导市县完善村庄规划成果，落实传导“三区三线”、省级及市县国土空间规划相关要求，进一步提升村庄规划成果质量，完成全省2191个“多规合一”实用性村庄规划编制。在村庄规划编制过程中，严格规范村庄撤并工作、严格控制拆迁撤并范围，对生态移民搬迁、水库移民搬迁、地质灾害移民搬迁、垦区生产队变迁等类型的搬迁村庄进行规划安排，有序指导村庄撤并搬迁工作。

【城乡历史文化保护传承】3月，海南省自然资源和规划厅联合省住房和城乡建设厅印发《海南省传统村落与历史文化街区保护与活化利用“十四五”专项规划》。11月，中共海南省委办公厅、海南省人民政府办公厅印发《关于在城乡建设中加强历史文化保护传承的实施意见》。印发《海南省历史建筑图集》，完善海南省历史文化保护传承工作体系，加强历史文化保护传承工作。截至2022年底，海南省已公布历史文化街区2个、历史建筑510处，均已完成挂牌以及历史建筑测绘建档工作，并将历史文化保护数据纳入国土空间基础信息平台，强化了对历史文化街区和历史建筑保护。在编制市县国土空间总体规划中全面梳理市县域历史文化遗产名录，落实历史文化保护线，统筹纳入国土空间“一张图”实施监督信息系统进行管控。对历史文化保护线内可能存在历史文化遗存的土地实行“先考古、后出让”制度。

【农房报建“零跑动”】坚持以人民为中心，探索实践将“机器管规划、机器管审批”的理念延伸到农村，依托海南省国土空间基础信息平台开发建设集服务、审批、管理功能为一体的全省农房报建“零跑动”服务管理体系，并按照“简化一套审批流程、提供一批通用图集、完善一个数据库、建设一个信息化操作平台、建设一支代办队伍”的“五个一”思路，统筹全省农房报建“零跑动”工作。该项工作于1月1日在全省范围全面推广和应用，截至2022年底，海南省核发乡村规划许可电子证照1.29万宗，基本实现全省农房报建“零跑动”工作乡镇一级全覆盖。

（海南省自然资源和规划厅）

水务建设与管理

【概况】2022年，全面落实住房和城乡建设部和中共海南省委省政府的工作部署，突出抓好供水保障、污水处理、黑臭水体治理、排水防涝等方面工作，努力补足短板，水务工作取得较好进展。

【城市供水保障】2022年，海南省23家城市（县城）供水企业，供水能力为263.8万立方米/日，城市（县城）*DN*75（含）以上供水管道总长6216.63公里，年供水量为5.58亿立方米，供水管网漏损率为8.39%，供水普及率达到99.4%，供水水质合格率为99.9%。印发《关于成立海南省城市供水水质监测网地方监测站的复函》，同意海南儋州粤海自来水有限公司、五指山水务有限公司的水质检测实验室作为海南省城市供水水质监测网儋州监测站、海南省城市供水水质监测网五指山监测站，完善城市供水水质检测体系。落实用水报装“212”内线标准和不超过

4个工作日行政审批时间的外线并联审批；组织开展“520”、“政企面对面 服务心贴心”等系列活动，群策群力助企服务纾困解难。加强城市供水安全保障监管。组织开展全省供水水质例会、供水水质抽检等工作，以漏损率控制在9.6%以内为年度工作任务目标，指导市县做好城市供水管网漏损管控工作。印发出台《关于加强疫情防控做好城市（县城）供水安全保障和城镇生活污水监管工作的紧急通知》《关于强化疫情期间供排水设施运行管理的紧急通知》《海南省城市供水厂（站）封闭管理工作指南》，进一步加强城市（县城）供水安全保障。认真落实对生产经营困难的中小企业和个体工商户实施“欠费不停供”政策，截至年底，共缓缴水费6000万元。

【黑臭水体治理】2022年，按照《深入打好城市黑臭水体治理攻坚实施方案》和《海南省治水攻坚工作方案》的总体部署，全面开展城市黑臭水体排查治理工作，巩固治理成果，建立健全长效机制。经过三轮排查，共排查发现10条县级市黑臭水体，1条地级市黑臭，截至2022年底，完成4条县级市黑臭水体治理并达到初见成效。“十三五”期间，列入住房和城乡建设部、生态环境部重点监控的29条城市黑臭水体全部消除黑臭，无返黑返臭现象发生。出台《海南省城市黑臭水体治理方案》《海南省城市黑臭水体整治环境保护行动方案（2022—2025）》等政策文件，指导各市规范开展治理工作。将城市黑臭水体治理纳入“六水共治”及城镇污水规范化考核，以考核为抓手，压实市县责任，督促加快推进城市黑臭水体治理工作。

【城市内涝治理】截至2022年底，全省共清理排水管道448.96千米，共清理明沟及盲沟共8.87千米，清理淤泥7480立方米，人工清理雨水检查井及雨水篦子22084座，新建及改造排水管渠144.02千米。新增及改造泵站83立方米每秒，新增应急排水装备0.95立方米每秒，建设城市排涝除险通道18.46千米。全面提高整体排水防涝能力。在老城区结合老城更新，因地制宜提出能力不足管道改造方案、修复破损和功能失效的排水管道，汛前做好管渠清淤疏通，保障排水畅通；在新城区新建独立排放的雨水管道。按照“南蓄、中疏、北排”的总体思路，研究制定了《海口市内涝治理系统化实施方案》，按照先急后缓的原则，分批推进排涝项目建设，累计谋划积水点改造及排涝通道建设方面37个项目，总投资约43.6亿元。逐步推动解决海口市多年存在的、老百姓急难愁盼的主城区雨天内涝积水问题，对江东新区等新城区也加强规划统筹和水系整治，避免出现“新城看海”现象。健全与气象、交警部门的信息共享联动机制。建立市区各职能部门、水体治理企业、市政设施管养等单位的联动调动预警工作机制，不断完善气象信息联动预警工作机制，实时共享气象和道路积水信息。其中，海口市利用现有积水点监控管理平台为基础，增设液位计、监控设备及泵站PLC装置，提高城市内涝信息化管理工作。为构建“源头减排、雨水蓄排、排涝除险”的城市排水防涝体系，增强城市韧性，督促市县开展应急演练，加强应急排涝除险工作。

【城镇污水治理】2022年，海南全省新增城镇污水处理能力17.65万立方米/日，新增污水配套管网650千米，4座城镇污水处理厂完成提标改造任务，累计完成投资31.32亿元，同比提高8.8%。城市（县城）污水处理厂共40座，处理规模159.32万立方米/日，年处理水量5.51亿立方米，累计削减化学需氧量7.9万吨，削减总氮0.79万吨，削减总磷0.14万吨，平均城市（县城）生活污水集中收集率为55.7%，进水BOD浓度65.92毫克/升。共175个建制镇（不含城关镇），截至年底，175个建制镇污水处理项目已全部开工建设，年度新增完工32座，建制镇污水处理设施覆盖率达到77%。一是印发《2022年城乡水务重点工作任务清单》《海南省乡镇污水处理厂运行管理指南（试行）》《乡镇污水处理设施标准化移交流程》《海南省建制镇污水处理厂标准化运行管理考核办法（试行）》，明确年度工作任务，完善考核机制，推动城镇污水处理厂运维管理标准化、规范化。二是组织开展城镇供排水规范化培训班，加强对市县水务部门的指导培训，提高水务行业专业化水平，进一步推动供排水设施规范化运行。三是开展城乡污水处理设施建设运营专项检查，对城镇污水处理厂进水浓度低、城区污水管网排查改造等情况进行摸排，推动城镇污水厂运营问题整改。四是联合国家开发银行海南分行印发《关于开发性金融支持城镇污水处理设施建设的通知》，指导市县用好政策性金融工具，解决污水处理设施建设资金缺口问题。

（海南省水务厅）

重庆市

住房和城乡建设

法规建设

【立法】3月1日，《重庆市国有土地上房屋征收与补偿条例》正式颁布施行。该条例从纳入预备项目到审议出台，仅用了一年时间，创造了地方立法的重庆速度。5月1日，《重庆市物业专项维修资金管理办法》修订后施行，调整了业主表决规则、增加了社会审计制度、规范了应急使用简易程序情形，为管好、用好物业专项维修资金提供了重要制度保障。

【行政复议和行政诉讼】认真执行行政机关负责人出庭应诉制度，出庭应诉率达90%。2022年办理一审行政诉讼案件25件，经积极联系原告并达成共识，原告主动撤诉6件。全年办理行政复议案件10件，经多次联系申请人进行协调，申请人自愿撤回复议申请1件。

【行政执法监督】严格落实行政执法“三项制度”。除简易程序开展的行政处罚以外，其余行政处罚全部进行法制审核。2022年共作出行政许可37024件，作行政处罚715件（含简易程序594件），开展行政检查2319次，共计罚款金额1183万元，所有决定及时通过官网对外公示。建立健全“一单两库”。在房地产开发、建筑管理、勘察设计等领域深入推进“双随机、一公开”，做到监管事项100%覆盖。加强行政执法队伍专业化职业化建设。持续开展“亮证行动”，组织46名工作人员参加新任执法人员考试，成绩全部合格，顺利取得执法资格。有序组织系统内部661名执法人员换领全国统一的新式执法证，规范工作文明执法，切实维护执法权威。

【普法】继续深入推进《关于开展法治宣传教育的第八个五年规划（2021—2025年）》落地落实，制定《2022年度普法计划》《领导干部应知应会法律法规共性学习内容清单》，切实开展干部职工法治教育活动，全年共开展领导干部集中学法5次。全年累计向领导干部发放《中华人民共和国宪法》《中华人民共和国民法典》《习近平法治思想概论》《中国共产党党内法规汇编》等共计1300余本，督促干部职工利用工作之外的时间加强个人学习。

房地产市场

【房地产市场调控】加强预调微调，优化调整市促进房地产市场平稳健康发展领导小组及联席会议机制，稳妥实施房地产长效机制，动态完善房地产调控政策工具箱，分别于6月、9月和12月发布《重庆市促进房地产业良性循环和健康发展若干措施》15条政策措施、《关于进一步优化住房公积金个人住房贷款政策的通知》4条政策措施和《关于进一步促进房地产市场平稳健康发展的通知》16条政策措施，发挥综合效用。指导、支持大渡口区开展房地产调控政策试点。拟定盘活存量商业商务用房和停车位工作方案。发挥行业自律作用，引导房地产企业合理定价，避免房价大起大落。强化供需调度，开展“应售未售”专项清理。举办市级春、秋两季线上房交会。制定政府采购商品房用作保障性租赁住房试点工作方案。

【商品房和二手房销售】2022年，重庆市商品房上市3422万平方米、同比下降43.2%，根据国家统计局数据，销售4439万平方米、同比下降28.4%。重庆市二手房成交2184万平方米、同比下降31.0%。根据国家统计局数据，中心城区新建商品住宅销售价格指数平均同比上涨3.8%。从产品类型看，普通高层住房成交占比51.6%，低密度住房、多层商品住房成交占比42.6%、同比提高2.9个百分点；从户型结构看，90平方米以下的住房成交套数占31.3%，90～120平方米的占40.4%，120平方米以上的占28.3%；从购房人员结构看，市内人员购房占比为84.0%，市外人员购房占比为16.0%，处在合理区间。

【住房租赁市场发展】完成中央财政资金支持住房租赁市场发展三年试点任务，财政部重庆监管局总体绩效评价90分。试点期间，建立了一批制度，打造了一批项目，培育了一批专业化企业，建成了一个平台，筹集房源21.5万套，匹配项目资金31.8亿元，实际落地实施项目20.5亿元。月租金保持在27元/平方米左右，租房支出占居民平均收入16.8%，实现租房可负担、运营可持续。优化服务平台，制定管理办法，稳定租期、租金和租赁关系。

【房地产市场秩序】建立线上远程 AI 智慧巡查和以线索为导向的暗访核查机制，全市共排查房企 4630 家 / 次。开展整治养老诈骗专项行动，研究制定方案，核查办结问题隐患 16 件。全国专项工作简报 3 期通报表扬重庆市整治工作。有效防范化解重大风险，督促各区县认真排查，累计化解风险点 132 个；对 8 个区县、26 个重大风险项目进行督办。认真做好信访工作，全年共接待群众来访 85 批 / 次、549 人 / 次，答复群众来信 2253 件 / 次。优化完善房地产市场诚信体系平台，发布重信誉企业名单；组织房地产企业及经纪机构签订诚信经营承诺书 1347 份。

【房地产市场风险防范化解】坚持问题导向，及时排查处置化解辖区房地产领域可能影响社会稳定的矛盾纠纷和风险隐患。加大金融支持力度，改善房企资产负债状况，从源头化解企业风险。对涉及"强制停贷"事件的项目协调按揭贷款展期支持。全市房地产领域风险总体可控。

【房地产开发建设】2022 年，全市完成房地产开发投资 3468 亿元，同比下降 20.4%。按区域分：中心城区 2016 亿元，同比下降 26.1%，主城新区 932 亿元，同比下降 7.4%，渝东北 407 亿元，同比下降 14.5%，渝东南 113 亿元，同比下降 22.3%；按工程用途分：商品住宅 2609 亿元，同比下降 20.7%，办公楼 62 亿元，同比下降 24.0%，商业营业用房 345 亿元，同比下降 16.5%，其他用房 452 亿元，同比下降 21.1%。全市商品房施工面积 2.27 亿平方米，同比下降 15.6%；商品房竣工面积 2796 万平方米，同比下降 33.4%；商品房新开工面积 2224 万平方米，同比下降 54.4%。商品房新开工面积按区域分：中心城区 1221 万平方米，同比下降 37.7%，主城新区 535 万平方米，同比下降 71.7%，渝东北 330 万平方米，同比下降 45.0%，渝东南 138 万平方米，同比下降 67.5%；按工程用途分：住宅 1541 万平方米，同比下降 52.3%；办公楼 35 万平方米，同比下降 66.4%；商业营业用房 167 万平方米，同比下降 64.4%，其他用房 481 万平方米，同比下降 54.9%。

住房保障

【概况】2022 年，重庆市认真贯彻国家决策部署，持续完善住房保障体系，加大对各类住房困难群众的住房保障力度，累计帮助约 155 万群众喜圆安居梦，城镇低保、低收入住房困难家庭应保尽保，城镇中低收入住房困难家庭基本得到保障，新就业大学生和外来务工人员等新市民住房问题得到明显改善。

【公租房】2022 年，新分配公租房 3.4 万套，发放住房保障家庭租赁补贴 9514 户，惠及约 10 万住房困难对象，累计分配公租房 56.4 万套，帮助 140 余万住房困难群众解决住房问题。稳步推进川渝住房保障共建共享，公租房保障四川籍居民 4.46 万户；1 月，重庆市住房和城乡建设委员会、四川省住房和城乡建设厅联合出台《关于川渝两地公共租赁住房保障对象退出程序指导手册的通知》，指导川渝各地进一步完善公租房退出监管机制。严查违规违约行为，开展全市公租房转租清理专项整治，100% 核查入住房源，强化处罚惩戒、宣传引导，建立信用联动长效机制，确保房屋公平善用。持续提升公租房小区服务管理水平，开展公租房居民就业创业、养老服务、儿童成长促进、重点人群帮扶等民生行动计划，建立公租房养老服务中心 9 个、社区养老服务站 29 个，优先探索"一刻钟"居家养老服务圈，投用小学、幼儿园 76 所，保障 5 万余名承租户子女应读就读，不断增加入住群众获得感。2022 年，住房和城乡建设部专刊推介了重庆公租房党建引领社区治理和养老服务经验。1 月，民安华福公租房社区获评第五批国家级充分就业社区。10 月，康居西城、美丽阳光家园、空港佳园公租房获评 2022 年全国示范性老年友好型社区。

【保障性租赁住房】1 月，出台《重庆市人民政府办公厅关于加快发展保障性租赁住房的实施意见》，进一步细化土地、资金、税费、金融支持政策。全年共争取中央预算内投资 13.17 亿元，累计筹集保障性租赁住房项目 408 个、19.4 万套（间），投入运营 11.7 万套（间），解决约 15 万新市民、青年人住房困难问题。中山四路 83 号项目作为全国两个保障性租赁住房示范项目之一，入选"奋进新时代"主题成就展中央综合展。

【人才安居保障】2022 年，新筹集拎包入住的人才公寓 1 万套，累计筹集 5 万套，纳入保障性租赁住房统一管理。建立公积金服务绿色通道，"一对一"为 140 人次提供咨询服务，受理 50 位重庆英才享受到住房公积金贷款优惠，金额 4180.6 万元。加快推动建设示范性人才住房项目，两江新区水土新城项目 12 月开工，重庆高新区国际人才社区建设一期项目住宅 254 套完成主体施工。一企一策形式服务长安汽车公司人才安居吸引紧缺型智能网联人才，提供人才公寓 2000 套、公租房 1500 套。

住房公积金管理

【概况】2022 年，重庆市新增住房公积金缴存单位 1.18 万家、缴存人 39.81 万人，实现缴存额 548.89

亿元、同比增长4.22%；支持缴存人提取使用350.65亿元，同比增长2.80%；支持贷款使用225.43亿元，为职工节约利息74.39亿元；实现增值收益20.90亿元，同比增长14.29%。截至2022年底，全市缴存单位7.38万家、缴存人430.96万人，累计缴存额4463.88亿元，缴存余额1595.09亿元，个贷余额1618.39亿元。累计使用资金5299.33亿元。

【管理服务】推动将“依法推进公积金制度建立”纳入《重庆市就业工作领导小组2022年工作要点》，累计推动19个区县出台归集扩面文件、25个区县将住房公积金权益纳入《劳动合同》格式条款。“租购并举”支持职工基本住房需求，进一步优化提取政策，加大租房提取支持力度，深入推广住房公积金冲还贷和商业贷款约定提取，持续提升业务办理便捷度；适时优化贷款政策，同时开展支持英才购房、多子女家庭购房和深化川渝“互认互贷”的政策创新，支持购房542.11万平方米。牢牢守住安全发展底线，不断丰富防控措施和手段，切实抓好资金流动风险、提取贷款业务风险、内部管理风险的防范和化解。用情用力提升服务品质，完成5个新增事项的“跨省通办”，累计建成9个智能服务网点，对329个网点（含受托银行）开展神秘人暗访，开展“五心服务”专项行动。坚持党建带群团，激发干部职工凝聚力和向心力，2022年获得市级及以上集体荣誉9项。

【改革与探索】深入推进灵活就业人员参加住房公积金制度试点工作，推动22个区县政府出台试点扩面文件或将试点纳入政府工作报告；提炼重庆试点经验29条，助力制定“全国试点工作政策工具箱”；积极推进试点专项课题研究，取得14项研究成果。2022年灵活就业人员新开户7.72万人，实缴5.51万人、2.74亿元。有效促进成渝地区双城经济圈住房公积金一体化发展持续走深走实，优化完善跨区域便捷服务，创新增加2个“川渝通办”事项；深化跨区域资金融通使用，将合作对象拓展到达州中心，相关做法被评为2021年“十大成渝地区协同发展创新案例”；推动成渝两地实现降比缓缴、租房按月提取、灵活就业人员缴存公积金互认互贷等方面政策协同，重庆“无纸化”办理的首笔川渝异地住房公积金贷款案例，参展全国迎接二十大“奋进新时代”主题成就展。

【信息化建设】及时改造配套系统支撑提取、贷款优化政策落地，实现个人网厅与“渝快办”系统融合，建成住宅维修资金网厅和智能化实时数据展示系统。推进住房和城乡建设部软课题和重庆市住房和城乡建设委员会建设科技计划项目，分别研究全国住房公积金灵活就业人员系统架构、公积金服务智能监测评估技术，开展住房公积金楼盘画像、贷款结构分析、系统健康度评估等课题研究。携手商业银行建设“公积金信息共享联盟链”，项目入选“国家区块链创新应用综合性试点”重点应用场景。

城市体检评估

重庆市住房和城乡建设委员会紧扣“聚焦特色、闭环落实、惠民有感”工作导向，建立健全“一年一体检、五年一评估”工作机制，持续强化“建机制、强保障、筑体系、扩影响、查病灶、抓应用”城市体检六步工作法，建设城市体检信息平台，创新开展“市民医生”试点工作，进一步完善“摸家底、纳民意、找问题、促更新”闭环机制，不断丰富体检维度、完善指标体系、畅通民意表达、提升应用成效，形成了“监测分析报告＋满意度调查报告＋公众发布报告”体检成果体系。

城市更新

【试点示范建设】会同渝中区、九龙坡区因地制宜探索城市更新的工作机制、实施模式、支持政策、技术方法和管理制度，在土地管理、消防设计审查、园林绿化审批等方面实现突破，试点经验分别在住房和城乡建设部2022年第71期、第89期建设工作简报上向全国推广。推动城市更新试点示范项目建设。截至2022年底，全市试点示范项目达112个，项目总投资约1675亿元，已累计完成投资达443亿元。

【慢行系统】2022年，中心城区推动建设了一批慢行系统基础设施。截至12月底，人行过街天桥新增15座，累计建成465座；地下过街通道新增9座，累计418座；人行立体过街设施累计达到883座；中心城区山城步道加速实施，新增300公里山城步道，累计建成600公里。

【“两江四岸”治理提升成效】统筹推进中心城区109公里“两江四岸”治理提升取得显著成效，十大公共空间基本建成开放，珊瑚公园、花溪河湿地公园、雅巴洞湿地公园、江北嘴江滩公园等成为市民喜闻乐见的滨水公共空间。长嘉汇、艺术湾城市名片逐步成势，核心区江北嘴中央公园品质提升、重庆国际马戏城二期开放投用，艺术湾九龙坡区美术家协会大楼、重庆美术公园当代艺术广场等项目完工，城市功能不断完善，城市品质持续提升。启动嘉陵滨江生态长廊建设，建成投用白鱼石公园、新北温泉公园、悦来滨江路观景平台等项目，加快打造山水生态画卷、人文风景珠链、便捷游憩秀带。

【城镇老旧小区改造】2022年计划新开工改造1277个小区，实际开工1304个小区、3109万平方米，开工率102%；完成投资112.3亿元，争取中央补助资金38.7亿元；同步改造提升社区功能配套设施961处，加装电梯1206部。在前期渝中区双钢路等100个重点项目效果初显的基础上，2022年推动渝中区重医大家属区等新一批47个重点项目示范引领带动。2022年1月，全国住房城乡建设工作会议上重庆市作为城镇老旧小区改造板块唯一城市做了视频和文字交流。9月，重庆市城镇老旧小区改造4项举措纳入住房和城乡建设部第五批可复制政策机制清单。重庆改造优秀案例还入选“奋进新时代”主题成就展、《党史学习教育案例选编》、世界城市日主题展。

建筑工程消防设计审查验收

【项目办理】2022年，全市共办理消防设计审查项目1572个，总建筑面积4085万平方米；共办理消防验收项目1338个，总建筑面积3328万平方米；消防验收备案项目3186个，总建筑面积2562万平方米。

【制度完善】启用重庆建设防火技术平台和重庆建设防火App，规范全市消防设计咨询服务和消防技术专家库管理。印发《关于切实加强高层建筑消防设计审查验收工作的通知》，加强审验管理、严格技术要求、规范技术服务、落实监管责任，将高层建筑及其内部场所的消防验收备案抽查比例由10%提高至50%。

【能力建设】在全市范围内对85个项目进行消防设计文件质量抽查，发现并指导整改593条设计问题。开展消防验收工作质量“回头看”检查，各区县共计自查项目1117个，市级组织专家实地抽查区县项目共计85个，全面掌握各区县消防验收工作开展情况。

城市建设

【城市道路桥梁隧道】2022年，重庆市中心城区新增道路里程310公里，建成2座跨江大桥和1座穿山隧道，新建成46.5公里快速路，全年累计完成投资336亿元。截至2022年底，重庆市中心城区道路总里程达到6336公里，路网密度达到7.4公里/平方公里，快速路通车里程为552公里，基本形成“1环6纵5横3联络”快速路网结构，城市道路范围内累计建成跨长江桥梁13座、跨嘉陵江桥梁18座、穿中梁山隧道9座、穿铜锣山8座。

【物业行业监管】细化物业管理融入基层治理工作方案，推进建设社区环物委1600余个，组织400余家物业服务企业成立基层党组织，打造一批“巴渝先锋物业”党建品牌。2022年10月，住房和城乡建设部组织召开的全国党建引领物业管理工作会议上，重庆做了典型交流发言。深入推进智慧物业和居家社区养老服务试点，市物业管理协会获评5A级行业协会，培育优秀物业企业登陆资本市场，在新大正、金科先后上市后，2022年新东原物业成功登陆港交所。组织实施《重庆市物业专项维修资金管理办法》，进一步完善物业管理配套政策体系。开展物业服务收费信息公开和市场秩序整治专项行动，推动6300余个小区公示物业服务和收费标准。

【智慧小区建设】以提升新建住宅项目品质，促进行业高质量发展为目标，深入推动智慧小区建设工作，2022年全年打造智慧小区73个，累计打造智慧小区437个。

【智慧物业建设】重点在数字化、网络化、智能化三方面推进智慧物业建设，同时联合各大企业共同推进智慧物业试点工作。指导市物业管理协会按照“政府引导、协会搭台、企业联盟参与”的工作原则，完善工作机制，金科服务、天智慧启科技负责重庆市智慧物业管理服务平台开发建设，协同合作企业共同推进14个具体项目和场景试点工作，鼓励社会力量参与投资建设和运营管理，形成产业联盟，打造“智能化管理服务+市场规范运营”于一体，开放、普惠型、可持续的智慧物业服务生态，建成智慧物业管理服务平台一期工程，并上线试运行。后续，平台将结合“数字住建”建设内容进行推广应用。

【棚户区改造】2022年，国家下达重庆市棚户区改造目标任务15187户，实际完成改造15445户，其中城镇零星D级危房完成改造2500户，惠及棚户区和危房困难群众约5.5万人，占目标任务的100%，完成改造面积152万平方米，完成投资115亿元。争取并落实国家棚户区改造专项资金3.6亿元，其中中央棚户区改造补助资金1.22亿元，中央预算内投资2.38亿元，申请并发行棚户区改造专项债券72.85亿元。永川区获得国务院2022年棚户区改造工作督查激励。

【公共停车场】2022年，中心城区持续加快推进公共停车场建设，努力缓解停车难问题。截至12月底，中心城区公共停车场新增20处、停车泊位7706个。自2015年实施中心城区公共停车场建设计划以来，累计建成251处、停车泊位6.85万个。

【轨道交通】2022年，全市轨道交通建设完成总投资320亿元，新开工建设6号线东延伸段、江跳线二期2条、11公里轨道线路，建成通车9号线一期、4号线二期、江跳线等3条（段）、93公里线路，轨道交通运营里程达到12条（段）、478公里，排名全国第8。

【排水设施建设】2022年，重庆市完成新改扩建城市污水处理厂12座，新增污水处理规模35.3万吨/天；新改扩建专业化生活污泥处理处置设施3座，新增污泥处理处置规模780吨/天；建设改造城市排水管网1621公里。截至年底，全市累计建成城市污水处理厂87座，总设计处理能力516.85万吨/天；生活污泥处理处置设施47座，总设计处理处置能力6952吨/天；城市排水管网2.6万余公里。

【排水与污水处理】2022年，全市达标处理城市生活污水15.66亿吨、无害化处置污泥114.30万吨，削减COD 35.14万吨，BOD 18.63万吨；城市生活污水集中处理率、污泥无害化处置率均达到98%以上。

【主城区清水绿岸治理提升】2022年，中心城区新增“清水绿岸”河段约9.9公里，20条城市次级河流累计建成“清水绿岸”河段386.9公里，相关流域海绵城市完成率达87.8%，岸线绿化缓冲带覆盖率达97.1%，全年生态基流无断流情况。

【海绵城市建设】指导区县编制并落实2022年海绵城市年度建设计划，开展年度绩效评估，截至2022年底，全市海绵城市达标面积626.9平方公里、占建成区面积的34.2%。引导区县加快推动海绵城市建设从“有没有”向“好不好”转变，在各区县因地制宜打造“1个典型排水分区＋N个典型项目＋M个典型设施”样板，强化片区和项目的示范效应。开展海绵城市建设专家委员会专家增补工作，增补成员72名。推动川渝住博会海绵城市与城市水系统发展高峰论坛成功举办，打造渝北区中央公园生物滞留设施宣传基地，着力营造“全社会参与”海绵城市建设氛围。

【城市综合管廊建设】2022年，新开工管廊54.5公里，建成廊体37.7公里，完成投资9亿元，“干–支–缆”级配比例更加合理。截至2022年底，全市累计开工管廊311.5公里、建成廊体255.3公里、完成投资81.1亿元，其中，已建成的122.7公里管廊已正式投入运营，已入廊管线总长度达1812公里。全年未发生一例综合管廊运营安全事故。

村镇规划建设

【美丽宜居示范乡镇建设】以市级乡村振兴重点帮扶乡镇、川渝毗邻地区乡镇、特色景观旅游名镇、历史文化名镇为主要对象，以“一深化三提升”为主要抓手，以“一次规划、分步实施”为工作思路，启动30个美丽宜居示范乡镇153个项目建设。

【传统村落保护发展】调查推荐第六批中国传统村落80个，组织开展第四批重庆市传统村落调查认定。落实市级补助资金1.19亿元，支持21个传统村落实施保护发展。秀山县、酉阳县成功列入全国传统村落集中连片保护利用示范县，获中央补助资金1.5亿元。在三个区县建设巴渝传统村落数字博物馆。联合四川省住房和城乡建设厅成功举办第二届川渝古镇古村落保护发展创新论坛。

【美丽庭院建设】会同四川省住房和城乡建设厅等15个部门联合印发《关于在成渝地区双城经济圈开展“巴蜀美丽庭院示范片”建设的指导意见》，启动2022年度14个“巴蜀美丽庭院示范片”建设。深入践行美好环境与幸福生活共同缔造，完成“功能美、风貌美、文明美”美丽庭院创建10033个。

【农村危房改造】印发《关于建立农村低收入群体住房安全动态监测台账的通知》，指导区县建立了动态监测台账，通过农村危房改造等政策，动态保障农村低收入群体住房安全，深入巩固脱贫攻坚住房安全保障成果。2022年，争取中央财政补助资金6352万元，实施农村危房改造4147户。

【设计下乡】新征集储备“三师一家”人才40余名（累计达500余名），增补设计下乡专家组成员20名。安排市级补助资金955万元，引导支持37个设计下乡工作室等开展下乡服务，发掘传统建筑技艺传承人27名，培训巴渝传统建筑工匠350余名，编制项目规划设计方案65个、农房建设示范图集39套，参与乡村建设项目297个，累计下乡服务5200余人次。成功举办首届“巴山渝水·美丽村居”设计大赛，评选优秀作品145件，并推广使用。2022年，重庆设计下乡政策机制建设等5项经验得到住建部全国推广。

标准定额

【工程建设标准】完善川渝两地工程建设地方标准互认机制，工作纳入《共建住建领域成渝地区双城经济圈建筑市场一体化实施方案》，推动重庆市《装配式建筑集成式厨房、集成式卫生间应用技术标准》顺利通过专家论证，成为首部通过川渝互认的地方标准。下达工程建设地方标准制修订计划50项（其中制定42项，修订8项），编制发布《百年健康建筑技术标准》等32项地方标准，截至12月底，重庆市现行工程建设地方标准共计 314 项。组织开展重庆市住房城乡建设领域第 53 届“世界标准日”暨首届重庆市标准化宣传周系列活动，举办三期线上“工程建设标准大师讲堂”，举办《历史建筑修复建设技术导则》《JY 组合式烧结页岩空心条板隔墙应用技术标准》宣贯培训。持续推动工程建设地方标准网上免费查阅下载，印制发行地方标准 2.6 万余本，通过“重庆工程建设标准化”微信公众号积极宣传工作动态，关注量达 8000 余人次，完成施工现场标准员考试及继续教育共计 500 余人次，有效促进标准实施应用。组织了 2022 年度全市绿色建筑与节能实施情况专项检查，针对项目检查发现的问题，下发执法建议书 20 份，下发整改通知书 42 份，推动工程项目严格执行相关标准。

【计价依据编制】2022 年，建立了全专业的计价定额、概算定额、投资估算指标（编制中）、工程量清单计价计量规则、相关配套文件的完整计价依据体系，现行定额共 33 部 62 册。1 月 10 日，印发《关于进一步加强建筑安装材料价格风险管控的通知》。8 月 22 日，印发《关于培育新时代建筑企业自有工人调增企业职工教育经费的通知》。10 月 18 日，颁发《重庆市装配式建筑工程计价定额》。12 月 26 日，颁发《2018 年重庆市建设工程计价定额综合解释（三）》。

工程质量安全监督

【建筑质量】2022 年，重庆市建筑业获得中国建设工程鲁班奖 4 项，国家优质工程奖 3 项，重庆市优质工程（设计）奖 62 项，“三峡杯”优质结构工程奖 105 项，“巴渝杯”优质工程奖 52 项。全市竣工备案工程 2741 项，较上年减少 22.02%；其中，房屋建筑工程面积 7350.94 万平方米，较上年减少 18.63%；市政工程造价 181.66 亿元，较上年减少 40.69%。全年监管工程共 7088 项，同比减少 14.06%；其中，房屋建筑工程 5535 项，同比减少 15.59%，面积 21218.8 万平方米，同比减少 20.73%；市政工程 1553 项，同比减少 13.14%，造价 1764.99 亿元，同比减少 34.12%。

【建筑行业安全生产】2022 年，相继出台了《重庆市危险性较大的分部分项工程安全管理实施细则（2022 年版）》《重庆市房屋市政工程“两单两卡”》《重庆市房屋建筑和市政基础设施工程有限空间作业施工安全管理规定》《七类常见违规违章行为要点》等系列文件，持续开展了全市安全生产治理、“四不两直”随机执法检查等专项行动，行业事故起数、死亡人数实现较大幅度“双下降”，行业安全生产形势持续稳定向好。

建筑市场

【概况】2022 年，重庆市完成建筑业总产值 10369.4 亿元，同比增长 4.3%，总量排名全国第 13 位，西部第 2 位。实现建筑业增加值 3417.9 亿元，同比增长 4%，占地区生产总值的 11.8%，拉动重庆市经济增长 0.5 个百分点，持续发挥支柱产业作用。市场主体持续壮大。2022 年，重庆市本地施工企业达到 18430 家，同比增长 13.7%；监理企业 376 家，同比增长 51.6%；检测企业 122 家，同比增长 23.2%。造价咨询企业 1340 家（入驻重庆市网上中介服务超市数据），同比增长 36.4%。2022 年，2 家建筑施工企业获得特级资质，全市特级资质施工企业数量达 12 家、同比增长 20%，一级企业数量达 422 家、同比增长 12%；监理甲级企业数量达 151 家，同比增长 71%。从业人员规模不断扩大。2022 年，重庆市建筑业从业人员达到 197 万人，同比基本持平，劳动生产率 44.6 万元 / 人，同比增长 2.1%。建筑业注册人员 70865 人，同比增长 7.3%，其中，注册建造师 52835 人（其中一级 16501 人、二级 36334 人），注册造价工程师 10821 人（其中一级 6568 人，二级 4253 人），注册监理工程师 7972 人。

【建筑产业现代化】2022 年，重庆市新开工装配式建筑 1100 万余平方米，占新建建筑比例达到 29%，实施建筑产业现代化示范项目 11 个，3 项工作举措入选住建部首批装配式建筑可复制推广经验清单，新布局预制构件生产企业 9 家，新建成市级产业基地 1 家，全市累计建成国家级产业基地 6 家，市级产业基地 30 家。基本完成“智慧住建”二期建设，启动三期实施，建成电子签章能力等 7 个共性组件和城市管线综合管理平台等 22 个业务系统，培育数字化试点企业 10 家，行业数字化加快发展。建成住建领域 CIM 基础平台数字底座，覆盖主城建成区约 5400 平方公里，具备 5 大类、40 余项核心功能，实现与重庆东站、渝中区等区域级平台协同互通。下达地方标准制定修订立项计划 50 项，新发布施行地方标准 31 部，《装配式建筑集成式厨房、集成式卫生间应用技术标准》通过川渝互认，成为川渝地区第一部互认标准。开展“标准大师讲堂”三期。推广认定新技术 20 项，组织实施建设科技计划项目 121 项，推荐申报住房和城乡建设部科技项目 11 项，“山地城市复杂城区环境公轨交通两江桥隧建设关键技术”等 10 项研究成果荣获重庆市科技进步奖，“特大跨径连续刚构桥后期变形性能设计研究与应用”成果荣获华夏奖一等奖。

【建筑行业诚信建设】印发《重庆市工程造价咨询行业信用管理暂行办法》《重庆市房屋建筑和市政基础设施工程监理信用管理办法（试行）》《重庆市勘察设计行业信用管理办法》《重庆市房屋市政工程建设单位质量安全信用管理办法（试行）》和《重庆市房屋市政工程建设单位法定代表人及项目负责人质量安全违法违规行为记分管理办法（试行）》《重庆市房屋建筑和市政基础设施工程质量检测信用管理办法（修订）》等文件。

建筑节能与科技

【绿色建筑】2022年新组织实施绿色建筑3101.83万平方米，城镇新建民用建筑执行绿色建筑标准的比例达到97.88%，2022年度竣工绿色建筑3790.54万平方米，绿色建筑在城镇新建建筑中比例达到85.33%；2022年度组织实施高星级绿色建筑61个，面积396.85万平方米，绿色生态住宅（绿色建筑）小区项目46个，888.49万平方米。在城镇新建民用建筑监管中严格执行建筑节能强制性标准，实现建筑设计、施工阶段执行节能强制性标准的“双百”目标，2022年新组织实施节能建筑面积3169.01万平方米、竣工4442.22万平方米。修订既有公共建筑绿色化改造项目管理和改造效果核定办法，创新推动既有公共建筑由节能改造向绿色化改造转变，组织实施既有公共建筑绿色化改造面积20.40万平方米。以区域集中供冷供热为重点，着力推动可再生能源区域集中供能项目建设，编制发布《区域集中供冷供热系统技术标准》，全年新增可再生能源建筑应用面积82万平方米。建立实施绿色建材产品采信应用管理制度，开发并上线运行重庆市绿色建材采信与应用管理平台，完成绿色建材产品采信审核近100项并予公布。创新建立实施民用建筑项目绿色建材应用比例核算制度，编制发布《重庆市民用建筑绿色建材应用比例核算技术细则（试行）》，推动落实建筑节能强制性标准及绿色建筑标准绿色建材应用比例要求。

【智能建造】大力推进智能建造与建筑工业化协同发展，实施工程项目数字化建造试点项目20个，累计实施150个，累计推动BIM技术应用项目1500余个、组织实施智慧工地4000余个，持续推进3个国家级智能建造试点项目建设，打造中科院重庆科学中心等高水平智能建造项目，智能建造成为2022住博会重庆主馆十大展示主题之一，重庆市智能建造工作经验被住建部专题刊发，并于2022年11月被批准为全国首批智能建造试点城市。

勘察设计业

【概况】2022年，重庆市勘察设计企业完成营业收入541.66亿元，占年度目标500亿元的108.30%，同比增长2.24%，超额完成年度目标任务。新增甲级企业10家和甲级资质18项，企业总数和甲级企业比例保持平稳。重庆市勘察设计企业687家（含勘察劳务企业），其中甲级企业209家，占比为30.42%。全市勘察设计类注册人员4450人，重庆市勘察设计行业从业人员40928人，其中专业技术人员31785人，占比达77.66%。全年有114家市内勘察设计企业出渝承揽勘察设计业务，新签合同金额186.53亿元。全年新签工程总承包项目804个，合同金额292.29亿元；推动开展全过程工程咨询，实施全过程工程咨询项目90个，投资额达1350亿元，全咨服务费用约16亿元。

【勘察设计行业监管】重庆市共开展工程勘察设计资质审查165家180项，并在资质证书内容变更中加强资质动态核实。2022年通报3起资质申报过程中弄虚作假行为，撤回2项不满足资质标准要求的企业资质。严格人员业绩、从业行为、诚信行为核查，严肃查处注册执业人员“挂证”行为，把注册人员变动与企业资质进行有效联动管理，对扰乱行业秩序、涉嫌违反注册管理规定的注册人员及其所在企业进行约谈和口头警告。共约谈存在“挂证”违法行为的入渝企业共53家约210人，责令企业及人员整改其违法行为，并对39家企业进行通报，屏蔽其入渝信息3个月。

【勘察设计质量管理】抽查各类建设工程项目勘察外业282个，对存在勘察外业违规现象的12个项目进行约谈。建立异常市场行为举报渠道，对低于成本价格项目进行重点监管。发布《关于加强轨道交通控制保护区内工程勘察外业作业管理的通知》，明确了轨道控保区内进行勘察外业作业的管理流程。重庆市完成初步设计审批739项，施工图联合审查备案3960项。发布《关于2022年全市房屋建筑和市政工程勘察设计质量“双随机、一公开”检查情况的通报》，通报6家勘察设计单位、4家施工图审查机构及相关设计、审查人员13人。印发《关于贯彻落实〈建设工程抗震管理条例〉的通知》，完成超限高层建筑工程抗震设防专项审查43项。完成第六届重庆市建设工程勘察设计专家咨询委员会专家换届，共计14个专业委员会，专家1340人；完成第二届重庆市市政公用设施抗震专项论证和第四届超限高层建筑工程抗震设防审查专家换届，其中市政公用设施抗震专项论证专家 111 人，超限高层建筑工程抗震设防审查专家 71 人，共计 182 人。

大事记

1 月

9 日　召开重庆市住房城乡建设系统安全生产大排查大整治大执法工作布置会。

10 日　发布《重庆轨道交通工程勘察设计文件深度编制规定》《重庆市轨道交通工程勘察设计文件审查要点》。

11 日　印发《重庆市工程造价咨询行业信用管理暂行办法的通知》。

12 日　印发《重庆市住房和城乡建设科技“十四五”规划（2021—2025 年）》。

13 日　发布《装配式建筑集成式厨房、集成式卫生间应用技术标准》《铝合金框塑料模板应用技术标准》，自 2022 年 4 月 1 日起施行。联合市经信委印发《重庆市现代建筑产业发展“十四五”规划（2021—2025 年）》。

25 日　轨道交通 9 号线一期工程 14 时正式开通运营。随着它的开通运营，重庆市轨道交通通车里程突破 400 公里。

同日　印发《重庆市城市轨道交通建设“十四五”规划（2021—2025 年）》。

2 月

11 日　发布《重庆市慢行系统建设“十四五”规划》。

16 日　和四川省住房和城乡建设厅联合印发《川渝两地公共租赁住房保障对象退出程序指导手册》。

同日　重庆市工程建设首个 7×24 小时自助服务智能审批正式运行。

22 日　发布《重庆市城市排水（污水、雨水）设施及管网建设“十四五”规划（2021—2025 年）》《重庆市城镇生活污泥无害化处置“十四五”规划（2021—2025 年）》《中心城区排水防涝专项规划（修编）》。

3 月

1 日《重庆市国有土地上房屋征收与补偿条例》正式颁布施行。

4 日　与国家开发银行重庆市分行、中国建设银行重庆市分行签订保障性租赁住房战略合作协议。

7—10 日　重庆市质量总站、安全总站、市公房管理处联合行动，在全市范围内开展房屋市政工程质量安全飞行检查专项行动。

17 日　发布《关于做好 2022 年全市绿色建筑与节能工作通知》。

30 日　重庆市公共租赁房管理局组织市级公租房摇号配租，本次摇号共配租 21 个小区公租房 11083 套。

4 月

7 日　联合市规划和自然资源局、市教育委员会、市民政局、市人力资源和社会保障局等印发《重庆市规划师、建筑师、工程师助力共创高品质生活社区行动方案（2022—2024 年）》。

16 日　第十届重庆市“爱在公租房”社区邻里节在“云端”开幕。

19 日　公布《关于在成渝地区双城经济圈开展“巴蜀美丽庭院示范片”建设的指导意见》。

20 日　印发《重庆市房屋市政工程“两单两卡”（试行）的通知》。

22 日　召开 2022 年巡察、审计工作动员部署会议。

同日　秀山土家族苗族自治县、酉阳土家族苗族自治县入选 2022 年传统村落集中连片保护利用示范县（国家级）。

27 日　召开成渝地区双城经济圈住房公积金一体化发展第三次联席会暨住房公积金第三批“川渝通办”事项发布仪式。

28 日　重庆市勘察设计企业资质管理和信用管理系统上线运行。

5 月

1 日《重庆市物业专项维修资金管理办法》修订后施行。

15 日　2022 重庆春季房地产暨家装展示交易会开幕。

6 月

14 日　截至 14 日，全市累计建成节能建筑 7.41 亿平方米。

15 日　重庆完成首轮城镇自建房屋隐患排查整治飞行检查。

16 日　举办城镇排水领域设施运行维护有限空间作业安全专题培训。

22 日　截至 22 日，全市累计排查整治易涝积水风险隐患点 300 余处，清淤疏浚排水管网 3000 余公里、清掏水篦子 15 万余个、清掏检查井 10 万余个，及时消除排水管网运行安全隐患。

同日　“2022 年川渝建筑行业绿色建造技能大赛”在四川成都中建五局独角兽岛园区项目施工现场开幕。

23 日　重庆市人民政府办公厅印发《重庆市自建房安全专项整治实施方案》。

24 日　“公积金信息共享联盟链”，入选“国家区块链创新应用综合性试点”重点应用场景，现场获授试点证书。

27 日　举行面向可持续发展的城市更新统筹与实践—2022 重庆城市更新主题研讨会。

7 月

15 日　召开成渝地区双城经济圈住房公积金一体化发展川渝东北片区第六次联席会议，重庆市 17 个区县公积金管理机构与四川省 16 个城市结对合作，签署 11 个跨区域合作协议。

19 日　组织召开重庆市城市体检启动会暨社会满意度调查培训会，宣布 2022 年重庆市城市体检工作正式启动。

28—30 日　与四川省住建厅联合举办“2022 川渝住房城乡建设博览会暨城市更新论坛”（川渝住博会）。

8 月

1 日　2022 年川渝住房城乡建设博览会暨城市更新论坛配套活动—“川渝住建杯”装配式建筑技能竞赛，在重庆建筑工程职业学院举行。

16 日　正式启用“智慧房安”信息平台。

30 日　重庆作为全国智慧物业试点城市之一，全市已打造智慧小区 400 多个。

31 日　重庆智慧东站 CIM 平台正式启用。

9 月

2 日　召开 2022 年建设工程质量安全推进会暨 2022 年“质量月”启动会。重庆市公租房管理局举办“建功十四五 奋进新征程”2022 年度市级公租房小区设施设备维护保养劳动竞赛。

同日　重庆市住房公积金管理中心发布《关于调整住房公积金个人住房贷款有关政策的通知》。

6 日　重庆市累计开工改造城镇老旧小区 3921 个、9060 万平方米，惠及居民约 97 万户。

13 日　渝绵住房公积金跨区域资金融通使用被评为 2021 年成渝地区协同发展创新案例。

16 日　印发《关于完善房屋建筑和市政基础设施工程价款结算有关办法的通知》。

22 日　正式成立重庆市住建系统排水防涝应急抢险队。

27 日　重庆市住房公积金中心通过“无纸化”方式办理的首笔川渝异地住房公积金贷款案例，参展全国迎接二十大“奋进新时代”主题成就展。

10 月

1 日　重庆市启用新版建筑施工特种作业操作资格电子证照（简称新版电子证照）、建筑施工企业安全生产许可证电子证照（简称“安全生产许可证电子证照”）。

重庆市住房公积金管理中心下调首套个人住房公积金贷款利率 0.15 个百分点。

17 日　发布 2022 年重庆市住房城乡建设领域数字化企业（第一批）名单。

18 日　发布《重庆市装配式建筑工程计价定额》。

26 日　发布《山地城市内涝防治技术标准》。

31 日　重庆城镇老旧小区改造入选 2022 世界城市日主题展。

11 月

1 日　重庆有 5 项经验入选住房和城乡建设部印发的《设计下乡可复制经验清单（第一批）》。

25 日　住房和城乡建设部印发《装配式建筑发展可复制推广经验清单（第一批）》《实施城市更新行动可复制经验做法清单（第一批）》，重庆分别有 3 项和 5 项经验向全国推广。

28 日　重庆有 3 项工程入选 2022—2023 年度第一批中国建设工程鲁班奖（国家优质工程）。

12 月

15 日　召开全市房屋市政工程年末岁初安全生产重大隐患专项整治动员部署暨质量安全工作推进会。

23 日　重庆中心城区开工建设 45 个轨道站点步行便捷性提升项目，37 个提升项目已经完工投用。

30 日　大田湾—贺龙广场—文化宫片区保护提升工程正式对外开放。

31 日　曾家岩临崖步道全线完工，正式对外开放。

（重庆市住房和城乡建设委员会）

城 市 建 设

【城市照明】2022 年，重庆市推动城市照明节能降耗。启动《中心城区城市景观照明专项规划》编制，对景观照明进行科学分区和指标控制，印发《关于做好 2022 年迎峰度夏照明节能降耗工作的通知》《关于做好城市道路照明保供电工作的通知》。不断压缩景观照明运行时间，首次关闭全市景观照明，功能照明每天少开灯 20 分钟。迎峰度夏期间，城市照明节电量约 2400 万度。贯彻落实《2022 年市政府工作报告》任务分工，推进城市公共照明节能改造，大力推广绿色照明产品，全市开展节能改造建设项目 26 个，新改建 LED 路灯 3.6 万余盏，约占新改建路灯 75%。新改建智控终端 1261 套，路灯智控率达 90%。开展“多杆合一”试点，全市新建多功能灯杆 534 根。全市城市照明共节电约 6600 万度，减少二氧化碳排放

6580 万吨。功能照明服务民生整治照明暗盲区。坚持小切口，大民生。新（改）建道路装灯率、亮灯率达到 100%。持续开展“照亮回家路”城市照明暗盲区整治，对内环快速路、学校周边区域等及时整治。全市已完成新改建路灯 4.8 万余盏，其中整治无灯区、暗区盲点 1150 处，惠及居民 160 万余人。全市维护路灯约 16.8 万（盏）次，保洁路灯 26.4 万余（盏）次。道路照明亮灯率和设施完好率分别为 98.7% 和 98.1%。景观照明赋能经济助推夜经济发展。持续提升灯光品质，调试优化“两江四岸”开灯仪式效果，助推建设国际消费中心城市。全市新、改建景观照明 95 项，城市景观照明设施完好率 96.2%。

【市容环卫】2022 年，重庆市实施清扫保洁提升行动，累计出动环卫工人 1406 万人次，清理城区卫生死角 28.2 万处、暴露垃圾 24.5 万吨、水域垃圾 14.7 万吨，为重要节庆和重大活动提供良好环境保障，水域清漂治塑作为塑料污染治理典型经验被国家发改委推广。推广应用机械化作业，中心城区主要道路机扫率超过 95%。深化市容环境整治，完成背街小巷综合整治项目 110 个，人居环境不断改善，干净整洁成为重庆“名片”。编制完成《重庆市城乡环境卫生事业发展“十四五”规划（2021—2035 年）》，按规划积极推进生活垃圾处理设施建设，不断完善生活垃圾治理体系。2022 年，重庆市新、扩建生活垃圾处理设施 10 座，总数量达到 75 座，分类收运处理能力共计 3.44 万吨 / 日，全年焚烧处理生活垃圾 530 万吨、资源化利用厨余垃圾 123 万吨、生活垃圾无害化处理率保持 100%，中心城区实现生活垃圾“全焚烧、零填埋”，餐厨垃圾资源化成为全国“无废城市”建设典型案例。从完善规划及技术标准、加快处理设施建设、构建建筑垃圾监管平台、推广建筑垃圾资源化利用等方面积极开展试点，不断健全建筑垃圾治理体系。2022 年，重庆市处置建筑垃圾 6897 万立方米，建筑垃圾资源化综合利用率达 55%。坚持城市公厕增量提质，2022 年新建、改造公厕 355 座，全市公厕总数近 1.5 万座，平均每万人拥有 4.6 座，获评高德地图全国“十大厕所数字化城市”“十大司机如厕友好城市”。2022 年在户外劳动者集中的商圈、车站、居民聚集区等区域开展“劳动者港湾”建设，新建成“劳动者港湾”363 座，总数量达到 1238 座。

【道桥管理】2022 年，重庆市持续实施路平整治和人行道提升，完成路平整治 800 公里，人行道提升 1900 公里。其中中心城区完成路平整治 313 公里，人行道提升 1542 公里，超额完成重点民生实事任务。协调配合市设施中心启动内环二期整治工程。推进落实路网更新和停车治理，聚焦中心城区“老旧小区、校区、医院、商圈”四老区域，充分利用边角地、闲置地、桥下空间等区域推进小微停车场建设，新增 1.2 万个停车泊位，超额完成民生实事年度任务，缓解了停车难问题，获社会各界好评。开展中心城区 136 座隧道口及周边环境提升工作。以微更新、微改造为出发点，坚持安全性、功能性、美观性、经济性、文化性相结合的原则，对隧道口标识标牌、消防设施、绿化、灯饰等进行了系统打造，形成了一批具有重庆特色的隧道体系。印发《中心城区停车治理专项工作方案》，推进 50 个重点区域停车治理，完成 2.5 万个路内停车泊位的智能化改造。开展中心城区路内停车专项整治百日行动，共查处路内乱设置行为 1363 起，乱收费行为 26 起，乱停放行为 47855 起。出台相关文件对路内停车特许经营及收费停车位的设置进一步规范。同时，加快推进中心城区智慧停车建设，加强智慧停车管理与充换电基础设施管理平台的融合建设。

督促和指导各区县和管护单位对城市路桥隧加强设施安全巡查、检测，以及病害整治，实现结构设施“应检必检”和“有病必治”两个 100%，全年未发生较大及以上道桥设施安全事故。督促市城投集团启动了菜园坝长江大桥等 5 座跨江大桥的船舶防撞加固改造。

【城市执法管理】持续深化城市管理领域环境治理，2022 年查处建筑工地施工企业违法行为 548 起，查处建筑渣土运输车辆违法行为 3107 起，制止露天焚烧行为 2753 起，新增创建扬尘控制示范道路 106 条。研究制定《重庆市城市管理领域轻微违法行为包容免罚清单》，对 13 种轻微违法、未造成违法后果或者违法后果轻微，经责令改正后积极改正的行为实施包容免罚。创新占道经营治理手段，全市共计设置非主干道占道经营摊区 655 个，可容纳摊位 2.5 万余个。强化中心城区共享电单车规范管理，实现中心城区共享电单车投放总量从高峰时期的 10 余万辆减量到 5.7 万辆，单车周转率、规范停放率持续提升。持续深化川渝执法协作落地见效，推动重庆、四川毗邻区县签订城市管理执法跨区域合作备忘录 30 份，组织铜梁区、潼南区与四川省遂宁市签订《2023 年遂宁潼南铜梁城市管理执法共同行动计划书》，开展联合执法演练，服务成渝地区双城经济圈建设。平稳有序推进智慧执法平台建设，市级城市管理执法指挥调度智能平台基本建成，35 个区县智慧执法系统建成并投入使用，37 个区县实现建筑工地（1 万立方米以上）监控全覆盖，11个区县基本完成智能化监管系统建设并上线运行。

【城市园林绿化】加强绿地建设，从公园绿地建设、城市生态修复、城市绿道建设、园林绿化品质提升专项工程、节约型园林绿化、立体绿化建设等方面入手，夯实城市生态基底、合理布局城市绿地空间突出山水园林城市特色。

加强建设管控，通过强化城市绿地系统规划实施、修编及城市绿线管理，完善法规制度体系建立长效监管机制，加强古树名木及后备资源的保护和利用，强化园林绿化日常管护，确保城市园林绿化健康发展。

（重庆市住房和城乡建设委员会）

四 川 省

住房和城乡建设工作概况

【房地产市场保持平稳发展】制定《进一步支持住房消费十条措施》。开展千家房企项目“线上展示、线下推介”活动，眉山、攀枝花等18个市（州）开展线下房交会。降低住房贷款首付比例和住房贷款利率，除成都以外的20个市（州）将首套房首付比例降低至20%，二套房首付比例降低至30%。落实公积金阶段性支持政策，533家企业、4.56万名职工缓缴住房公积金2.66亿元，全省公积金用于住房消费1437.56亿元。在全国率先建立房地产涉险项目数据库，将全省532个涉险项目全部纳入监管范围。成功争取国家两批“保交楼”专项借款236亿元，推动316个项目全面复工。

【建筑业转型升级步伐加快】出台《支持建筑业企业发展十条措施》。组织成都、绵阳等8市开展装配式建筑及钢结构装配式住宅建设试点评估，推进智能建造与建筑工业化协同发展，6项做法入选住房和城乡建设部可复制、可推广经验清单，新开工装配式建筑6050万平方米。泸州、德阳2个市成功申报国家绿色建材试点城市，城镇新增民用建筑中绿色建筑占比达到85%。501项省级工法、44个新技术应用示范项目立项通过评审。与广西签订框架协议，促进两省（区）建筑业进一步合作共赢。积极培育新时代建筑产业工人队伍，打造“川建工”建筑劳务品牌，泸州市叙永县经验做法被住房和城乡建设部宣传推广。

【城市功能品质不断提升】完成市政公用设施建设投资2075亿元，同比增长9.10%。探索“城市体检发现问题，城市更新解决问题”工作机制，持续推进成都市城市更新全国试点，遴选21个城市（县城）开展省级城市更新试点。污水垃圾处理“新三推”开始实施，疏通排水管网4091千米，清淤14.80万立方米，基本完成169个重要易涝点治理。四川省海绵城市面积达到971平方千米，广元、广安2个市成功申报国家“十四五”第二批海绵城市建设示范城市。新、改建“口袋公园”102个，绵阳市“口袋公园”建设3次获中央电视台“点赞”。

【村镇建设展现新风貌】推进省级百强中心镇建设，考核命名首批58个“省级百强中心镇”。开工建制镇污水治理项目133个，建设农村生活垃圾治理打捆项目58个。推进农村危房改造和农房抗震改造，争取中央财政资金8.40亿元，开工5.41万户、竣工4.76万户。开展数字乡村建设行动，以眉山市丹棱县为试点，创新开发“数字农房”信息管理平台。泸州市合江县和广元市昭化区被评为国家传统村落集中连片保护利用示范县，获得中央财政资金补助1.10亿元。

【民生工程加快建设】新筹集保障性租赁住房7.84万套（间），发放保障性租赁住房租赁补贴7770人，新筹集公租房609套，开工改造棚户区3.57万套，成都市棚户区改造、发展保障性租赁住房工作获得国务院表彰激励。优化“川渝安居·助梦启航”服务平台，实现川渝公租房“互保”4.80万户。全省新增缴存住房公积金1468.17亿元，提取1036.35亿元，发放贷款608.31亿元。新开工改造城镇老旧小区5400个，成都市、宜宾市江安县城镇老旧小区改造相关做法入选住房和城乡建设部可复制政策机制清单。南充市、自贡市贡井区既有建筑改造利用消防设计审查验收试点经验在全国推广。增设既有住宅电梯5800部。

【营商环境不断优化】深化工程建设项目审批制度改革，全省房建市政工程建设项目平均审批时间压减至 90 个工作日以内，全年办理审批事项 11.20 万件。推进“一件事一次办”改革，全面完成 16 个重点改革任务。深化“一网通办”，实现 23 类电子证照依场景使用、18 个高频政务事项“掌上可办”、11 个事项“川渝通办”。落实“欠费不停供”惠企政策，为 27.09 万户小微企业和个体工商户减免欠费违约金 1001.62 万元。全面推行保证保险、银行保函替代现金缴纳各类保证金，阶段性缓缴工程质量保证金 5.10 亿元。

法规建设

【**立法调研**】印发《2022 年立法项目推进计划》，完成四川省人大常委会 5 年立法项目库以及 2023 年省政府立法项目申报。配合省人大城环资委完成《四川省城市管理综合行政执法条例》《四川省城乡生活垃圾分类管理条例》立法调研。制定年度行政规范性文件立项计划，聚焦民生重点领域，印发行政规范性文件 16 件。

【**法制审查**】修订完善《厅党组会议制度》《厅长办公会会议制度》，进一步规范“三重一大”事项决策程序。对住房保障和市政公用等社会公众普遍关心或专业性、技术性较强的决策事项，按规定开展社会稳定风险评估并进行专家论证，重大行政决策必须经过合法性审核后提交集体讨论决定。修改完善《行政规范性文件管理办法实施细则》，对行政规范性文件进行全流程管理，涉及市场主体经济活动政策文件按要求开展公平竞争审查。严格落实决策全过程记录和材料归档制度，强化重大行政决策合法性审查。

【**法治政府**】住房城乡建设厅党组会和厅长办公会定期研究法治建设工作，将学习贯彻习近平法治思想纳入住房城乡建设系统“八五”普法规划和年度法治工作要点。将法治建设与部门业务工作同部署、同落实，完善《厅目标绩效管理办法》，将依法行政工作情况纳入对各处（室、局）、直属单位年度考核。推进法治示范创建，制定《四川省住房和城乡建设厅〈关于印发全面推广“1 + 8”示范试点成果推进住房城乡建设领域法治建设实施方案〉的通知》，着力补齐、补强住房城乡建设领域法治建设短板。

【**普法宣传**】组织参加 2022 年度国家工作人员学法考法活动、到法院旁听住房城乡建设领域行政案件庭审，不断增强干部依法行政意识。拍摄《依法治建普法先行》《四川省物业管理条例》《四川省无障碍环境建设管理办法》等系列普法宣传片，在主要媒体和厅门户网站公开发布法规规章系列解读。编印“法律进社区”“法律进乡村”法律法规汇编，深入基层一线开展“学雷锋送法进社区”、民法典宣贯等活动。

【**川渝合作**】深化川渝城市管理执法合作，落实四川省住房和城乡建设厅与重庆市城市管理局签订的《推动成渝地区双城经济圈建设城市管理领域一体化发展合作框架协议》和《深化川渝城市管理执法合作备忘录》，初步形成执法信息共享、跨区案件协查、处罚标准统一、执法工作协同的良好合作格局。

房地产业

【**开发投资**】2022 年，四川省全年房地产开发投资 7500.01 亿元，同比下降 4.20%，其中住宅投资 5577.70 亿元，占 74.40%，同比下降 3.30%；非住宅投资 1922.31 亿元，同比下降 6.90%。成都市房地产开发投资 3360.77 亿元，占全省的 44.80%，同比增长 7%；成都市以外的市（州）房地产开发投资 4139.24 亿元，同比下降 11.70%。

【**房产交易**】四川省商品房销售面积 10339.54 万平方米，同比下降 24.50%，其中商品住宅销售面积 8060.89 万平方米，同比下降 26.10%；非住宅销售面积 2278.65 万平方米，同比下降 18.10%。成都市商品房销售面积 2772.96 万平方米，同比下降 23.90%；成都市以外的市（州）商品房销售面积 7566.58 万平方米，同比下降 24.70%。全省批准预售商品房面积 8914.07 万平方米，同比下降 26.80%，其中批准预售商品住宅面积 6201.53 万平方米，同比下降 28.80%；批准预售非住宅面积 2712.54 万平方米，同比下降 21.90%。成都市批准预售商品房面积 2824.88 万平方米，同比下降 23.90%；成都市以外的市（州）批准预售商品房面积 6089.19 万平方米，同比下降 28.10%。

【**市场监管**】挂牌督办重点项目。51 个保交楼项目中，已交房销号 12 个，代建代持、股权转让销号 22 个，剩余 39 个均正常施工，1.90 万套房屋达到交付条件。专项借款项目监管。梳理申报专项借款项目 148 个，涉及 14.50 万套房屋，获批额度 145 亿元；首批借款已投放至项目专户，推动 145 个项目全面复工，复工率 98%，82 个项目累计使用资金 13.20 亿元，完成房屋交付 4999 套；申报第二批专项借款项目 190 个，涉及 10.20 万套房屋。建立风险项目数据库。将全省 532 个涉险项目纳入监管，设立资金共管账户、落实“包保到户”机制，融创等 11 家重点房地产开发企业在川 56 个项目中，已完工交付项目 6 个，45 个项目正常施工，停工项目由最高峰 19 个减少至 5 个。

【租赁市场】住房租赁市场三年试点工作超额完成目标任务，成都市新、改建8.02万套，盘活20.60万套，新增租赁企业34家；绵阳、南充、宜宾、泸州4个市新、改建0.49万套，盘活0.54万套，培育租赁企业14家。

【物业管理】制订《物业服务人退出物业服务项目管理办法》《业主电子投票表决规则》《物业服务招标投标管理办法》3个行政规范性文件，发布《业主委员会工作规则》等7个示范性文本，理顺物业管理监督体制机制。完善业主大会设立和业主委员会选举换届制度，对业主委员会履职行为进行引导和规范。积极探索党建引领物业服务。在全国率先成立省级物业行业党委——四川省物业行业党委，党组织对物业行业的领导得到进一步加强。印发《关于组织开展完整社区建设试点工作的通知》，在全省选取74个社区，自11月开始开展为期2年的完整社区试点工作。

住房保障

【保障性租赁住房】2022年，四川省新筹集保障性租赁住房7.84万套（间），投资92.37亿元；发放住房租赁补贴7770户，完成年度目标任务。在全国省级层面率先印发《加快保障性租赁住房项目认定书发放工作的指导意见》；在全国率先出台《关于开展打通市场租赁住房通道加快发展保障性租赁住房试点的通知》；联合省发展改革委、财政厅等部门出台《关于规范做好保障性租赁住房试点发行基础设施领域不动产投资信托基金（REITs）有关工作指导意见》；开展《既有非住宅建筑居住化改造技术标准》的编制工作，推进"商改租""工改租"消化存量建筑改建保障性租赁住房工作。调研成都、绵阳等7个城市，掌握项目资金需求和各项政策落实情况，与企业、高校、医院等多主体座谈交流，共同推进房源筹集、建设。

【公租房建设】新筹集公租房609套。计划发放公租房租赁补贴4.85万户，实际发放租赁补贴5.29万户。四川省政府投资公租房9489套，缺口4288套。实现低保低收入家庭依申请应保尽保，截至12月底，在保家庭64.90万户。督促各地落实申请证明事项告知承诺制，成都、德阳、泸州、内江等市实现公租房申请"零证明"。与重庆市住房城乡建设部门联合印发《公租房保障对象退出程序指导手册》，指导两地住房保障部门解决公租房退出难问题。

【棚户区改造】四川省棚户区改造计划开工3.50万套，实际开工3.57万套，完成投资273.14亿元。积极申报棚户区改造专项债券，全省共发行棚户区改造专项债券4批，涉及项目199个，发行金额176.02亿元。加速化解棚户区改造项目风险，四川省各类棚户区改造风险项目122个，已化解74个，35157套安置房开始正常施工。

【探索发展共有产权住房】探索利用库存和闲置商品房发展共有产权住房，满足住房困难群众多层次的住房需求。联合省不动产登记中心、银保监局、税务局等部门制定《关于因地制宜发展共有产权住房的指导意见（送审稿）》，已征求省级相关部门及各市（州）意见并报省政府审签。

公积金管理

【持续推进归集扩面】2022年，四川省全年完成住房公积金缴存额1468.17亿元，提取额1036.35亿元，向14.45万户家庭发放住房公积金贷款608.31亿元。有力地支持了住房消费，解决和改善了缴存职工的住房条件，助推了房地产市场持续稳定发展。

【阶段性支持政策】联合省财政厅、人民银行成都分行印发《关于落实住房公积金阶段性支持政策的通知》，全力帮助受影响的企业和缴存人纾困解难。全年共支持533家企业、4.56万名职工缓缴住房公积金2.66亿元；对767笔受疫情影响无法正常偿还的个人住房贷款不作逾期处理；支持46.73万名职工提高租房提取额度，提取住房公积金27.85亿元。

【灵活就业人员试点】印发《关于做好灵活就业人员参加住房公积金制度试点工作的指导意见》，对试点工作明确基本项目，提出进度要求。在成都、德阳、眉山、资阳、绵阳、宜宾6个市开展试点工作，累积开户8.26万人，实缴4.03万人，缴存金额2.16亿元。为探索解决城市新市民、青年人住房困难问题奠定了基础。

【规范单位缴存基数】联合省纪委、监委、省委组织部和省财政、人力资源社会保障、审计厅印发《关于进一步规范机关事业单位住房公积金缴存基数的通知》，明确住房公积金缴存基数的最大范围和不能纳入缴存基数的内容，提升缴存制度的公平性、规范性。指导全省各住房公积金管理中心做好政策解释，强化监督管理，杜绝超范围缴存住房公积金。

【资金风险管控】截至12月底，全省个贷逾期率低至0.1‰。针对2022年初部分省、市村镇银行出现的资金问题，强化资金安全存储管理，指导各地公积金管理中心开展风险排查，规范资金存储制度。先后到广元、凉山等市、州开展实地督查，与当地财政局、人民银行、金融管理局座谈交流，通报住房和城乡建设部公积金监管司有关要求，了解当地银行运行情况，指导公积金管理中心加强资金风险管控。

【川渝公积金一体化】会同重庆市公积金管理中心，发布住房公积金第三批“川渝通办”2个事项和《2022年推进成渝地区双城经济圈住房公积金一体化发展工作要点》，6月底提前实现“川渝通办”第三批服务事项落地可办。川渝两地住房公积金缴存、提取、贷款等信息实现在线共享，川渝信息共享60104人次，其中缴存数据信息互查22871人次（重庆向四川发起查询9004人次、四川向重庆发起查询13867人次）、互认互贷37233人次。

城市体检评估与城市更新

【完善顶层设计】2022年，四川省探索“城市体检发现问题，城市更新解决问题”的工作机制，构建城市自体检、住房城乡建设厅组织第三方体检和社会满意度调查相结合的城市体检工作模式，印发四川省《城市体检指标体系》《城市体检工作手册（试行）》《城市体检社会满意度调查填报指南》等文件，在全省设区城市全面开展城市体检。

【城市更新规划】积极推进城市更新建设规划编制，印发《四川省城市更新建设规划编制纲要（试行）》，指导各地在对城市进行现状评估的基础上，科学制定城市系统更新策略，合理划定更新单元，谋划重点更新项目。

【开展试点示范】在持续指导成都市做好城市更新全国试点工作基础上，遴选11个地级市和10个县级城市（县城），组织开展省级城市更新试点。

【重点项目谋划】谋划实施“十四五”城市更新重点项目。将四川省250万户城镇老旧小区改造、89个大型老旧街区改造、9个大城市老旧厂区改造、9个城中村改造等项目纳入国家102项重大工程项目库，按照时序推进项目建设。

城乡历史文化保护传承

【历史文化名城（镇、村）保护立法】拟定《贯彻落实中办国办〈关于在城乡建设中加强历史文化保护传承的意见〉责任分工方案》，进一步明确全省历史文化名城（镇、村）及其街区和历史建筑保护工作的主要任务、工作要求、保障机制等，并将会同省委宣传部和省发展改革委员会、财政厅、文物局等10余个部门联合印发实施。

【历史文化街区和历史建筑认定和保护】指导各市（州）结合天府旅游名县创建、国家公园建设及红色资源认定等工作，通过扩大普查地域空间、延展普查年代、丰富类型内涵等方式，加强历史文化街区和历史建筑的认定和保护工作。截至12月底，四川省共认定历史文化街区103片、历史建筑1508处，其中历史建筑比2021年底新增283处。

【历史文化资源活化利用】计划2022年和2023年在省级城乡建设专项资金中安排2463万元，支持成都、自贡、攀枝花、南充、广元、雅安等市开展历史文化街区更新改造和历史建筑修缮活化示范项目，有效拓展历史文化活化利用途径。指导成都市设立历史建筑修缮专项资金，实现了崇德里、原四川大学女生院、谢家大院、石板滩镇文昌宫等55处历史建筑和工业遗产活化利用，形成了望平坊、宽窄匠造所等一批历史文化活化利用典范。

城市设计管理与建筑设计管理

【城市园林绿化】报请省政府办公厅印发《关于加强城市树木保护 防止破坏性“建设”的通知》，启动城市绿地系统专项规划编制工作，指导各地优化城市绿地空间布局，提升城市绿地量。截至2022年12月底，四川省公园绿地面积超6万公顷，绿道建设累计超过8000公里；新、改建“口袋公园”102个，建设面积59.20万平方米，完成投资3.29亿元。城市建成区绿地率、绿化覆盖率分别达到37.98%、43.05%。

【园林城市创建】修订完善省级生态园林城市、园林式小区（单位）等创建标准体系，指导成都、达州市和叙永、青神县等市、县创建国家（生态）园林城市（县城），指导万源市和宣汉、开江、石棉县等创建省级生态园林城市（县城），对攀枝花市、米易县开展国家园林城市复查。

【绿色建筑与绿色社区创建】出台《四川省民用绿色建筑设计施工图阶段审查技术要点（2022版）》《四川省绿色建筑工程验收规范》《四川省绿色建筑标识管理实施细则》等文件，实施绿色建筑创建行动。指导泸州、德阳市成功申报绿色建材试点城市；推进攀枝花市零碳建筑试点城市创建。落实《四川省绿色社区创建行动实施方案》，2022年开展了2批绿色社区申报活动，确认成都市金牛区茶店子街道黄忠社区等3411个社区为“四川省绿色社区”，达到创建要求的城市社区数量占城市社区总数的72.40%，超过年度目标任务60%的12.40%。

【城市公园安全管理】指导各地建立安全风险清单、制定突发安全事件应急预案和突发舆情应对预案，组织开展城市绿地外来入侵物种普查、防治。严格落实古树名木挂牌保护制度，将“建设项目古树名木保护方案备案”纳入省政府“一网通办”事项，要求建设项目针对相关古树名木制定和提交专项保护方案。

建设工程消防设计审查验收

【构建审验体系】印发《关于加强房屋建筑和市政基础设施工程消防施工质量管理工作的通知》《关于做好地震灾区安置点消防设计工作的通知》《四川省房屋建筑工程消防设计技术审查要点》《四川省房屋建筑工程竣工验收消防查验和消防验收现场评定技术导则》等9个制度规则和技术指南，构建由政策制度、标准规范、审批系统组成的“25＋11＋1”的消防审验体系。

【探索审验难题】印发《关于规范城镇老旧小区改造消防设计审查验收管理工作的通知》《关于规范历史文化街区和历史建筑活化利用消防设计审查验收管理工作的通知》，探索破解既有建筑改造利用消防技术标准适用难题和消防审验无据可依难题。会同国网四川省电力公司共同印发《关于规范全省变配电工程消防设计审查验收管理工作的通知》，出台《四川省铁路工程消防设计技术审查要点》，编制《四川省铁路工程消防查验和现场评定标准》。开展“四川省石油天然气工程消防设计审查验收课题研究”“四川省建设工程消防审验工作中消防设计变更课题研究”，探索解决专业建设工程消防审验难题。

【厅校合作】与西南交通大学、四川轻化工大学签订厅校合作协议，设立消防工程专业，共建火灾科学与消防工程实验室；指导中建西南院、省建科院、中铁二院、省城乡建设研究院成立4个消防工程技术研究中心。

【监督管理】开展四川省建设工程消防审验质量、成都大运会场馆和冰雪活动场所消防审验督查检查工作，对50个房屋建筑工程、73个大运会场馆和18个冰雪娱乐项目进行了专项检查。组织开展天府新区“独角兽”岛、成达万铁路项目（达州南站、南充北站、遂宁站）共计2次、4个项目的特殊消防设计专家评审。全年共受理消防审验9432件，办结9178件，办结率97.30%。

城市建设

【市政设施投资】2022年，四川省完成城市（县城）市政公用设施建设投资2075亿元，占全年计划投资1500亿元的138.33%。指导各地积极申报国家政策性金融性开发工具，四川省市政基础设施领域共有117个项目获得支持，投放基金共计58.31亿元。

【“新三推”项目】四川省“新三推”计划实施的2048个污水垃圾处理设施建设项目，已开工1814个，其中污水处理1316个、垃圾处理498个，开工率88.60%，已完工911个，其中污水处理722个、垃圾处理189个，完工率44.50%，完成投资688.70亿元。全省城市（县城）污水处理率、生活垃圾无害化处理率分别达到96.03%、99.97%。

【城市供气】报请四川省政府同意，印发《四川省城市燃气管道等老化更新改造方案》（2022年—2025年）。全省共计实施312个燃气管道等老化更新改造项目，计划投资180.68亿元，拟在2022年至2024年期间完成老旧燃气管道改造15715公里（市政管道1842公里、庭院管道5128公里、燃气立管8745公里）、居民燃气设施改造174.92万户。全年共争取到中央预算内投资79.10亿元，已完成投资51.39亿元。

【城市供水】完成城市居民供水管道改造6181公里、排水管道改造10070公里。遴选广元、阆中、绵阳、成都市作为四川省公共供水管网漏损治理试点推荐城市。联合省水利厅组织开展再生水配置利用试点申报工作，遴选成都市双流区、自贡市中心城区、资阳市乐至县、遂宁市安居区、内江市中心城区作为四川省再生水配置利用试点推荐城市。联合省生态环境厅组织开展区域再生水循环利用试点申报工作，遴选内江、自贡、资阳3个市作为全国再生水循环利用试点推荐城市。

【地下综合管廊】指导各地编制城市地下综合管廊“十四五”专项规划，有序推动管廊建设。全省共建成综合管廊974公里，其中缆线管廊占57%，投入运营综合管廊818公里。“十四五”期间全省计划实施城市地下综合管廊项目256个，其中拟建186个、在建63个、完工7个，总投资318亿元，建设规模1892公里，其中缆线管廊占62.30%。

【海绵城市建设】报请省政府同意，印发《四川省海绵城市建设管理办法》，制定《四川省海绵城市专项规划编制导则（试行）》《四川省低影响开发雨水控制与利用工程设计标准》《四川省海绵城市建设工程评价标准》，指导各地开展海绵城市建设。广元、广安2个市成功申报为国家“十四五”第二批系统化全域推进海绵城市建设示范城市。启动省级示范城市创建工作，计划从2022到2024年，拟评选不超过30个城市（县城）为省级海绵城市建设示范城市。截至2022年12月底，四川省已形成海绵城市面积971平方公里，占全省城市建成区总面积的20.90%。全省设市城市已形成海绵城市面积828.97平方公里，占全省设市城市建成区总面积的 24.60%。

【城市发展课题研究】报请省委办公厅、省政府办公厅印发《关于推动城乡建设绿色发展的实施方案的通知》；完成“二次供水现状及对策研究”“污泥无害化资源化处置研究”“泸定灾后重建课题”等 5 个课题研究；完成省委办公厅“推进新型城镇化情况”“关于支持成渝地区中部崛起新型城镇化和强化人口聚集功能研究报告”2 个课题，全面推动四川省城乡建设绿色发展。

村镇规划建设

【做大做强中心镇】2022 年，报请四川省政府考核命名首批“省级百强中心镇”58 个。下达省级专项资金 4 亿元，支持首批命名镇 172 个项目建设，已累计完成投资 20 亿元，进一步提升中心镇的综合承载能力。深入实施“6 大提升工程”“5 大改革措施”，全省 21 个市（州）相继出台市级中心镇培育举措。在中国建设报发表《聚力中心镇改革 四川重塑小城镇发展新格局》，广泛宣传推广全省优秀案例。

【历史文化名镇名村和传统村落保护】指导成都市、甘孜州出台地方性传统村落保护条例，健全地方性传统村落保护利用长效机制。加强历史文化名镇、名村保护发展规划编制，指导三多寨镇完成中国历史文化名镇规划审查。全面推动传统村落申报工作，完成 1165 个四川传统村落审查公示，推荐 63 个村落入选第六批中国传统村落名录。督导甘孜州、泸州市合江县和广元市昭化区开展国家级传统村落集中连片保护利用示范工作，指导 10 个四川省传统村落集中连片保护利用示范县（市、区）创建工作。争取中央和省级专项资金支持 1.60 亿元，撬动地方投资 24 亿元。依托四川农房建设与工匠信息平台，完成 1165 个传统村落基础信息录入。成功举办第二届“川渝古镇古村落保护发展论坛”。

【乡村建设现代化】联合有关部门印发《四川省加快农房和村庄建设现代化的实施方案》，加强农村基础设施和公共服务设施建设。联合重庆市住房和城乡建设委员会等川渝两地 15 个部门印发《关于在成渝双城经济圈开展“巴蜀美丽庭院示范片”建设的指导意见》，深入推进成渝地区双城经济圈四川省“巴蜀美丽庭院示范片”建设。印发《关于做好国家样本县 2022 年乡村建设评价工作的通知》，组织省级专家团队赴荣县、米易县、仪陇县及汉源县 4 个全国乡村建设评价样本县调研，撰写省级及 4 个样本县的评价报告报送住房和城乡建设部，其中省级和米易县的评价报告获得住房和城乡建设部专家组充分肯定。

【农房质量安全监管】四川省农村危房改造和农房抗震改造开工 5.09 万户，开工率 94%，已竣工 3.96 万户，竣工率 74%。起草《四川省农房质量安全提升工程专项实施方案》，探索推行乡村建设工匠责任制，全面提升农房质量安全。完成“四川省农房建设质量及风貌管控研究”课题，推广农房典型图集和案例 180 余套，供建房农户和工匠免费使用。全省共排查农村自建房 1707.70 万栋，其中经营性自建房 63.40 万栋，初判存在安全隐患 15773 栋，采取工程措施 7580 栋、管理措施 8184 栋，另有 9 栋正组织专家进一步开展评估。

【农村生活污水垃圾治理】2022 年，开工建制镇污水治理打捆项目 133 个，完成投资 35.08 亿元，全省污水处理设施除三州以外已实现 100% 全覆盖，污水集中处理率达到 72.30%。农村生活垃圾治理争取到省级财政专项资金 7346 万元，支持 58 个农村生活垃圾治理项目建设；争取国开行支持县域生活污水、垃圾治理项目 60 个，承诺贷款 75 亿元，已发放贷款项目 28 个、资金 29.20 亿元。全省行政村生活垃圾收运处置体系覆盖率已达 98%，其中 18 个设区市已达 100%，甘孜、阿坝、凉山州已达 88%。全国农村生活垃圾分类和资源化利用示范县四川省已达 9 个。

标准定额

【工程建设标准化】2022 年，发布《四川省城市交通隧道照明工程技术标准》等 43 项标准和标准设计，修订《四川省民用建筑节能工程施工工艺规程》等 5 项标准，举办《四川省住宅设计标准》《攀西地区民用建筑节能应用技术标准》等标准宣贯培训会及住房和城乡建设部强制性工程建设规范培训。编制《四川省工程建设地方标准和标准设计编制工作规则（试行）》，提高标准及标准设计编制质量。开展《四川省工程建设标准体系》修编。川渝工程建设地方标准《装配式建筑集成式厨房、集成式卫生间应用技术标准》互认通过。

【工程造价管理和咨询】积极探索促进造价行业高质量发展的新举措，着力解决企业及其注册人员的需求。推动咨询企业分公司从业人员二级造价工程师注册工作；缩短二级造价工程师审批时间，提升网办效能；联合省人力资源和社会保障厅举办四川技能大赛——2022 年四川省“川建工杯”职业技能竞赛（因疫情影响赛事延期举办）；完成 2022 年 54 批次二级造价工程师申报初始注册共 9250 人。

【无障碍设施建设管理】印发《关于贯彻落实〈四

川省无障碍环境建设管理办法〉积极推进无障碍环境建设的通知》《关于贯彻落实〈四川省残疾预防和残疾人康复条例实施办法〉的通知》。举办《四川省无障碍环境建设管理办法》《建筑与市政工程无障碍通用规范》宣贯培训会；完成2022年度省政府绩效考评涉住房城乡建设厅事项（养老服务政策落实情况）的办理；配合省人大开展《中华人民共和国残疾人保障法》《四川省〈中华人民共和国残疾人保障法〉实施办法》执法检查；完成2022年省政协重点提案《关于加强我省无障碍环境建设的建议》事项的办理。联合省残联印发《关于转发〈住房和城乡建设部 中国残联关于印发创建全国无障碍建设示范城市（县）管理办法的通知〉的通知》《四川省无障碍环境建设“十四五”实施方案》《关于建立无障碍环境建设督导员队伍的通知》等文件。

工程质量监管

【监管制度】2022年，四川省推行“互联网＋监管”模式，搭建“四川省房屋质量安全智慧监管平台”；印发《关于全面开展住宅工程质量信息公示工作的通知》，在住宅工程中全面推行质量信息公示制度。联合省银保监局出台《四川省住宅工程质量潜在缺陷保险试点实施办法》，推行工程质量潜在缺陷保险。组织修订《四川省房屋建筑和市政基础设施工程质量监督管理实施办法》，印发《2022年全省散装水泥发展工作要点》，推进《四川省绿色环保搅拌站考核评价办法》《四川省预拌混凝土企业实验室技术标准》的制定。

【质量考核】2022年，报监项目1.10万余个，面积5.50亿平方米，未发生工程质量事故。对全省预拌混凝土企业开展专项抽查，共抽查9个市（州）、19家预拌混凝土生产厂家、27个工程项目。抽查生产环节608项，符合562项，符合率92%；使用环节297项，符合264项，符合率89%。对全省房屋市政工程质量开展常态化抽查，已完成第一批抽查通报项目21个，发现并反馈质量安全问题68个，责令停工整改项目4个。在督促指导全省486家工程质量检测机构开展自查自纠的基础上，完成对成都、阿坝、眉山、乐山、泸州、宜宾、南充、遂宁、雅安、凉山、攀枝花11个市（州）的抽查，共抽查47家检测机构、35个在建项目，下达省级执法建议书27份，调查处理2家检测机构及有关建设、施工、监理等单位。开展省级对市（州）监督机构、市（州）对辖区监督机构的全覆盖考核，共考核13个市（州）、15个监督机构，其中优秀12个、合格3个。开展建筑工程质量评价试点，探索建立区域工程质量评价制度，完善工程质量差异化管理机制和社会监督机制，促进全省工程质量均衡发展。

建筑施工安全监管

【监管措施】印发《2022年全省房屋建筑和市政基础设施工程质量安全工作要点》，全面安排布置监管工作。加强与省发展改革委等部门协调，积极推进《关于加快推进全过程工程咨询服务发展的实施意见》出台。完成《关于促进工程监理依法履职推动监理行业高质量发展的若干措施》办公会前程序。

【施工安全管理】组织开展房屋市政工程安全生产治理行动、全省住房城乡建设行业“安全生产月”活动、安全生产大检查“回头看”、工程质量安全监督“双随机”检查、起重机械专项检查。完成8070个项目全覆盖检查，检查企业4524家，行政处罚567起、处罚金额890万元；责令限期整改项目1891个、停工整改项目224个，查处违反建设程序项目168个；公开曝光、督促整改24个在建项目质量安全环保问题；协同暂扣37家建筑施工企业安全生产许可证。开展年度监理企业“双随机一公开”检查，依法依规撤回9家监理企业资质；指导开展工程监理从业人员培训1.60余万人。对144名违规取得安全生产合格证书的“安管人员”依法依规作出处理。

【安全管理智慧化】积极推进“一网通办”4.0版，完成19个市（州）“智慧工地”建设调研，开发建设“智慧工地”省级“驾驶舱”平台。全省有7735个工地实现安全检查智慧管理，排查治理安全隐患24486个。

建筑市场

【行业发展】2022年，四川全省建筑业企业完成总产值18675亿元，同比增长7.60%。占全国建筑业企业总产值311980亿元的5.98%，比2021年提升0.06个百分点，其中省外完成产值3964.80亿元，同比增长9.20%，占总产值的21.23%。完成竣工产值7901.90亿元，同比增长4.30%，竣工率42.30%，比2021年度下降1.30个百分点。实现增加值4889亿元，同比增长5.10%，占全省GDP的8.60%。截至12月底，全省特级施工总承包企业32家。新增一级施工总承包企业53家，达到897家。二级施工总承包企业3803家，一级施工专业承包企业1714家。另有监理企业1252家、勘察企业1349家、设计企业3827家。

【市场监管】组织开展2022年度“双随机”检查，督促764家建筑业企业和655名存在多个单位注册行为的注册建造师违法违规行为自行整改，公开公布4177名注册期间频繁变更注册单位及涉嫌“挂证”注册建造师名单、241名多个单位注册行为未整改注册建造师名单、12669名存疑证书人员和相关企业名单。严肃查处违法发包、违法分包、转包和挂靠等行为，累计排查项目17575个次，查处违法行为企业1441家次。组织开展建筑业企业资质动态核查，对整改合格的1271家建筑业企业予以通告，注销351家依法终止的建筑业企业资质。全省住房城乡建设系统通过四川省建筑市场监管一体化平台对违法违规的建筑类企业和从业人员扣除信用分值1127次（条），涉及企业429家、从业人员531人。

【招投标管理】出台《四川省住房和城乡建设厅 四川省政府政务服务和公共资源交易服务中心关于印发〈四川省房屋建筑和市政工程标准招标文件（2021年版）〉修改、补充和解释（二）的通知》，起草《四川省房屋建筑和市政基础设施项目工程总承包招标评标暂行办法》，开展建设工程招投标指数、“放管服”背景下川渝建设工程交易市场监管创新比较、建设工程招投标数据库建设等课题研究，推进完善工程建设招投标制度。2022年共公布4批合计40个房屋建筑和市政工程招标文件中限制、排斥潜在投标人行为典型事例，被中国招标公共服务平台、中国招标杂志、今日头条等多家媒体转发。持续开展招投标领域专项治理，排查项目4836个，发现并处理违法违规乱象295件。全年完成招标投标情况书面报告受理标段数174个，发出责令改正的招标监督意见56个。收到招标投标活动投诉案件30件、举报案件21件、其他转办案件15件，均已依法依规完成处理。

【装配式建筑】制定《全省2022年推进装配式建筑工作要点》，印发《关于推动全省装配式建筑标准化建设的实施方案》，推动装配式建筑设计、施工、生产、管理标准化建设。组织召开第二届川渝两地装配式建筑发展论坛暨装配式建筑项目观摩会和川渝两地装配式建筑技能竞赛，加强装配式建筑新技术交流推广。开展2022年度四川省装配式建筑产业基地申报和评审工作，4家企业通过评审。利用建筑业高质量发展专项资金支持装配式建筑示范项目建设，6个项目入选住房和城乡建设部《装配式建筑发展可复制可推广经验清单（第一批）》。2022年新开工装配式建筑面积6050万平方米，占新建建筑总面积的35%，占比较2021年提高4个百分点。成都市新开工装配式建筑占新建建筑的80%。

【施工扬尘防治】印发《四川省住房和城乡建设厅关于进一步加强全省房屋建筑和市政工程施工扬尘污染防治的通知》，组织开展执法检查，强化施工扬尘管控。完善“全省房屋建筑和市政工程施工扬尘（噪声）在线监控”平台功能。开展《四川省建筑工程施工扬尘防治技术标准》修订工作。

【欠薪源头治理】印发《四川省建筑工人管理服务平台考勤设备数据对接指南（试行）》，对各市（州）根治欠薪实名制管理工作进行考核并通报。参与国务院年度保证农民工工资支付工作考核，四川省“国考”排名第5位。开展根治欠薪“飓风”行动和集中整治行动，加大欠薪隐患排查力度，全年处置欠薪投诉举报647条（件），为2.40万余名农民工清收解决欠薪3.97亿元。

【工程创优】2022年，四川省6项建筑工程项目荣获国家建筑工程“鲁班奖”、10项建筑工程项目荣获“国家优质工程奖”。评审通过省级安全生产文明施工标准化工地15个、“天府杯奖”159个。启动“四川省结构优质工程奖”评审工作。

【人才培养】制定《四川省住房城乡建设人才发展规划（2022—2025年）》。申报省级技能竞赛2项，新增四川技术能手3人，推荐申报“天府卓越工程师”5人。组织5个“科技下乡万里行”专家服务团到凉山等地集中授课、现场指导。组织建设工程高、中、初级职称评审1418人。在巴中市召开全省建筑产业工人队伍培育试点座谈会，持续推进《四川省加快培育新时代建筑产业工人队伍的实施方案》落地落实。发布《四川省建筑施工现场技能工人配备标准》，引导建筑工人提升专业知识和技能水平。加大对特种作业人员的培训考核，确保建筑电工、架子工等特种作业和高风险作业岗位的从业人员符合相关规定，全年特种作业考核合格1.50万人。深入推进“川筑劳务”“川科发建工”“岳池输变电工”等“川字号”特色劳务品牌建设，指导叙永县深入推进建筑产业工人队伍培育全国试点工作。

建筑节能与科技

【建筑节能管理】2022年，开展《四川省民用建筑节能管理办法》修订调研，拟将建筑节能与绿色建筑最新要求纳入修订内容。召开《建筑节能与可再生能源应用通用规范》《建筑环境通用规范》宣贯会，出台《四川省建筑节能设计审查表（试行）》，推动建筑节能全面执行。积极开展绿色低碳试点，推进攀枝花市零碳建筑试点城市创建工作。

【科技成果推广应用】完成第二批服务清单评审和年度创新课题评审。2022年共受理省级工法申请1812项，评审通过501项，通过率27.60%。持续推广应用建筑业新技术，引导企业加大科技创新投入力度，在工程建设中积极采用新技术、新工艺、新材料，限制和淘汰落后危险材料和工艺工法。全年共评审立项四川省建筑业新技术应用示范项目44项，完成成果验收57项。

【绿色建材与绿色建筑】发布《四川省绿色建筑评价标准》《四川省民用绿色建筑设计施工图阶段审查技术要点（2022版）》《四川省绿色建筑工程专项验收标准》《四川省绿色建筑标识管理实施细则》等文件，不断完善绿色建筑全过程标准体系建设。设立专项资金，支持建筑领域绿色低碳循环发展，对绿色建筑、超低能耗建筑、既有建筑节能改造、资源综合利用、建筑用能结构优化、绿色建材等给予资金奖补。指导泸州、德阳市成功申报国家绿色建材试点城市。

人事教育

【优化干部队伍结构】2022年，四川省住房和城乡建设厅认真研究新形势下住房城乡建设干部队伍建设中存在的问题，形成《住房城乡建设厅处级干部情况分析报告》，为干部调整做好规划、提供依据。配合省委组织部完成两委委员、1名市（州）主要负责人的推荐考察工作，向省委组织部、省教工委推荐副厅级干部2名，向省委组织部推荐晋升一级巡视员1名、二级巡视员1名，向省委统战部推荐5名优秀党外人士后备干部。执行《厅处级领导干部选拔任用办法》，提拔任用处级领导干部12名。研究制定《厅干部轮岗交流暂行办法》，突出行政审批等重点岗位防控，轮岗交流各级干部20名。通过遴选、考调、公招、选调录用具有法律、消防、土木建筑类、经济类等专业急需人才89名。

【加强干部培养锻炼】组织24名领导干部参加党政领导干部理论水平测试、安排76名干部参加县处级党政领导职务政治理论水平任职资格考试。协调6名厅级干部、32名处级以下干部参加省委组织部的各类调训。组织1名干部参与中共中央党校（国家干部学院）中青班学习。选派1名干部参加融入成渝地区双城经济圈建设“四个一批”计划，挂任威远县委常委、副县长职务；选派1人作为第三批川渝互派干部到重庆市住房和城乡建设委员会挂职；选派23名干部人才支援甘孜、雅安、阿坝等市州地震灾后重建工作。

【干部队伍日常监管】开展领导干部因私出（国）境管理、兼职管理、档案管理及借培训名义搞公款旅游问题排查专项整治工作。坚持把领导干部个人有关事项报告作为干部监督管理的一项重要内容，组织129名领导干部开展个人有关事项填报工作，重点查核23名，随机抽查13名，查核验证1名。加强干部管理“红脸出汗”，全年对3人开展诫勉、1人责令检查、1人批评教育，对3名不能适应岗位要求的领导干部进行调整，对6名受纪检部门处分、诫勉干部执行影响期内不晋升制度，并停发有关待遇。

【行业人才培养】牵头完成省委组织部重点班次“全省建设、交通系统领导干部加强政治能力和履职能力建设专题培训班”培训。牵头制定“天府卓越工程师”重大基建类评选条件，组织推荐申报5人。推动省学术和技术带头人及后备人选选拔条件新增建筑人才专项，组织完成第十四批省学术和技术带头人建筑人才专项初评工作。研究制定“乡村建设工匠”等专项职业能力考核规范，申报省级技能竞赛2项，新增四川技术能手3人。组织建设工程高、中、初级职称评审1418人。组织住房城乡建设系统5个“科技下乡万里行”专家服务团到凉山、阿坝、眉山、广安等市州扎实开展集中授课、现场指导、座谈交流等帮扶工作。组织培训住房城乡建设系统帮扶凉山工作队30名队员，并到11个深度贫困县开展帮扶工作。

【开展行业表彰】向住房和城乡建设部和人力资源社会保障部推荐9个全国住房城乡建设系统先进集体、21个先进工作者和28个劳动模范表彰，先进集体和个人已经国家部委审核通过。会同省人力资源社会保障厅积极开展首次四川省住房城乡建设系统先进集体和先进个人表彰活动。

【行业组织监管】开展兼职、社会团体分支机构、技术技能类“山寨证书”、借培训名义搞公款旅游等问题专项整治，发现并清退不符合相关要求的干部兼职11名。制定《关于规范机关干部参加行业社会组织举办活动的通知》，有效防止政会不分、管办一体等现象。经省委组织部批准，推荐2名省管退休干部到省级行业协会兼任领导职务。开展3家厅管社会组织注销工作。

【推进内部审计】修订《四川省住房和城乡建设厅内部审计暂行办法》，建立完善审计发现问题台账、审计建议台账和问题整改台账，推动将内审发现问题和审计整改情况纳入厅年度党建考核和绩效考评，督促各单位抓实审计整改。完成省造价总站经济责任审计、省招投标总站财务收支审计、建设法制协会财务收支审计和2019年9月以来内部审计发现问题整改情况“回头看”专项审计共19个审计项目，涉及15个厅属单位。

【审计问题整改】开展2021年度预算执行和其他财政收支情况审计问题整改工作，编报《审计问题整改进度情况表》16期，发送整改进度滞后提醒函62份。主动与省审计厅沟通，分别于9月29日、10月20日2次报告阶段性整改进展情况，并在省十三届人大常委会第三十八次会议上作书面报告，高票通过满意度测评。2022年完成问题整改25项，整改率89.30%。

大事记

1月

10日　召开“2022川渝住房城乡建设博览会”工作推进情况专题会。

25日　召开全省住房城乡建设工作会议。

2月

7日　召开全省城镇生活污水处理厂污泥处理处置工作专题会，厅党组书记、厅长何树平主持会议。

同日　召开新闻通气会，介绍《关于加快发展保障性租赁住房的实施意见》的出台背景、主要内容以及各项支持政策。

3月

3日　召开住房城乡建设厅安委会第一次成员会议。

7日　召开全省城镇燃气安全排查整治督导工作动员暨专题培训会议。

25日　召开全省住房保障行动工作视频会。

28日　召开全省住房城乡建设系统村镇建设工作视频会。

4月

20日　召开全省住建领域生态环境保护工作暨住建领域生态环境治理培训电视电话会。

21日　召开全省城市建设管理暨城市排水防涝工作视频会。

27日　四川、重庆两省市以视频会议方式召开成渝地区双城经济圈住房公积金一体化发展第三次联席会暨住房公积金第三批“川渝通办”事项发布仪式。

同日　召开全省城镇燃气安全排查整治工作第一阶段总结暨第二阶段动员电视电话会。

28日　组织召开《城市更新中既有建筑改造利用消防性能安全评价要点》开题评审会。

29日　召开住房城乡建设厅安委会第二次成员会议。

5月

13日　厅党组书记、厅长何树平带队到成都市调研排水管网设施运维信息化建设工作。

25日　召开全省住建系统打击整治养老诈骗专项行动视频推进会。

27日　召开全省工程质量检测行业突出问题系统治理动员部署视频会。

6月

1日　17时00分雅安市芦山县发生6.1级地震，震源深度17千米。地震发生后，厅党组书记、厅长何树平立即召集厅抗震救灾指挥部会议，安排部署抗震救灾工作。

2日　召开全省自建房安全专项整治工作推进会暨系统平台使用培训视频会。

10日　召开自建房安全专项整治工作厅际联席会议。

同日　00时03分阿坝州马尔康市草登乡发生5.8级地震，震源深度10公里；01时28分，马尔康市草登乡又发生6.0级地震，震源深度13公里。地震发生后，住房城乡建设厅迅速响应，及时向阿坝州、马尔康市住房城乡建设行政主管部门了解受灾情况，指导抗震救灾工作，并组织24名专家赶赴地震灾区开展震后房屋建筑应急评估。

17日　召开全省房屋市政工程质量安全工作暨“安全生产月”推进视频会。

30日　与西南交通大学在成都签署厅校合作协议，双方在城乡建设绿色低碳、建设工程消防审验方面开展全方位合作。

7月

5日　召开“2022川渝住博会”推进会。

7日　召开四川省既有住宅电梯增设工作视频会议。

11日　召开全省住建领域有限空间作业安全管理工作电视电话会。

15日　召开全省自建房安全专项整治工作推进视频会，通报“百日行动”进展情况。

19日　组织召开《四川省房屋建筑工程消防设计技术审查要点》专家评审会，通过了9位全国知名专家组成的专家组评审。

28日　由住房和城乡建设部、重庆市人民政府、四川省人民政府指导，重庆市住房城乡建设委员会、四川省住房城乡建设厅共同举办的“2022川渝住房城乡建设博览会”开幕式暨城市更新主论坛在重庆举行。

8月

3日　召开住房城乡建设厅安委会第三次成员会议，党组书记田文主持。

19日　召开全省住房城乡建设系统抓项目、促增长工作会。

28日 “四川省住房保障管理服务平台”正式上线。

9月

5日 12时52分，甘孜州泸定县发生6.8级地震，震源深度16公里。地震发生后，住房城乡建设厅按照预案立即启动二级响应，厅党组书记田文第一时间组织召开专题会议，安排调度抢险工作；派出由厅总工程师杨搏带队的工作组赶赴现场指导；并组织300余名专家赶赴灾区开展房屋建筑和市政基础设施应急评估工作。

20日 厅党组书记田文带队到甘孜州泸定县、雅安市石棉县调研指导城乡住房和市政基础设施恢复重建工作。

23日 召开全省住建领域安全生产和信访稳定工作会议暨厅安委会2022年第四次全体成员（扩大）会议。

28日 召开全省城市体检工作视频会。

30日 召开全省自建房安全专项整治工作视频会。

10月

13日 厅党组书记、厅长田文带队赴甘孜州稻城县开展森林草原防灭火包县督导调研。

14日 厅党组书记、厅长田文与甘孜州州委副书记石钢一行举行“9·5”泸定地震灾后城乡住房和市政基础设施重建工作专题座谈会，双方就重建计划安排、拟出台政策方案、需要支持事项等工作进行深入交流。

21日 召开全省自建房安全专项整治工作调度视频会。

11月

2日 召开全省推进城镇老旧小区改造暨既有住宅电梯增设工作电视电话会。

3日 召开全省“稳经济保安全”座谈会。会上，21个市（州）住房城乡建设部门主要负责人就当前“稳经济保安全”存在的困难和下一步对策进行了讨论，各分管厅领导就抓好各行业领域工作作出安排。

18日 召开自然灾害综合风险普查房屋建筑和市政基础设施调查成果运用系统展示会。

21日 全省建设工程消防审验能力提升培训班在西南交通大学开班。

23日 组织省建研院、省文物局、省消防勘设中心、省消防救援总队召开《四川省历史文化街区及历史建筑活化利用消防设计指南》专家审查会。

25日 召开全省推进城镇燃气安全工作电视电话会。

12月

5日 “建设工程消防审验工作中消防设计变更”课题专家评审会在省建筑设计研究院有限公司召开。

6日 党组书记、厅长田文到成都市金牛区、武侯区、新津区调研物业管理、乡村振兴、农村生活垃圾收运处置体系建设、燃气安全、中心镇建设等工作。

15日 川渝城乡建设绿色发展论坛在成都举行。

23日 召开全省建筑业形势分析调度视频会。

（四川省住房和城乡建设厅）

贵 州 省

住房和城乡建设工作概况

2022年，贵州省住房和城乡建设系统在以习近平同志为核心的党中央和省委、省政府的坚强领导下，坚决落实“疫情要防住、经济要稳住、发展要安全”要求，抢抓国发〔2022〕2号文件重大机遇，坚持以高质量发展统揽全局，统筹疫情防控和经济社会发展，统筹发展和安全，保持了高质量发展良好态势。

全力推进城市更新“四改”，提升城市品质。以棚户区改造、城镇老旧小区改造、新增和改造地下管网、背街小巷改造为主抓手的城市更新行动按序推进，加强城乡历史文化保护传承。

扎实开展安全生产专项整治，助推建筑行业发展。做强支柱产业。2022年新增资质以上建筑业企业170家，完成建筑业总产值4820.24亿元。推进自建房安全专项整治，推进房屋市政工程安全生产治理行动，开展“打非治违”“关键岗位”“危大工程”等专项整治，推进城镇燃气安全排查整治，扎实开展根治欠薪，抓好扫黑除恶专项斗争，加强消防设计审查验收管理。

大力推进美丽乡村建设，提高乡村建设水平。加强农村住房安全保障，下达补助资金用于动态新增危房改造和抗震改造。加强传统村落保护发展，推进黔东南州中国传统村落集中连片保护利用国家级试点和10个省级传统村落集聚区建设。加强乡镇生活污水治理，下达资金用于支持各地乡镇生活污水治理工作，实施整县推进提升工程。加强农村生活垃圾治理，下达资金用于村镇生活垃圾收运处置体系提升和设施运行维护。

系统推进城市基础设施建设，提升承载能力。2022年，贵州省城市（县城）共完成城建投资1541.83亿元，新增市政道路415.51公里，新增城市（县城）污水处理能力24.85万吨/日，新增生活垃圾焚烧处理能力5600吨/日，新增和改造供水综合生产能力14.1万吨/日。贵阳市、六盘水市成功申报国家级公共供水管网漏损治理重点城市；安顺市成功申报全国系统化全域推进海绵城市建设示范城市。会同省生态环境厅对10个县级市建成区黑臭水体进行核查；对6个地级城市建成区黑臭水体治理成效开展"回头看"专项督导；贵阳市、六盘水市完成生活垃圾分类专项立法工作。

继续夯实改革成效，做好城市管理。继续深入推进"强基础、转作风、树形象"专项行动，提升执法服务水平。推进城市园林绿地系统重点建设和园林城市（县城、城镇）创建。补齐市容环境卫生短板，提高机械化作业面积，加大城市重点区域卫生保洁力度。加强户外广告设施和窨井盖安全整治工作。

加快发展保障性租赁住房，努力实现住有所居。印发《关于加快发展保障性租赁住房的实施意见》，加快完善以公租房、保障性租赁住房和共有产权房的住房保障体系，积极引导吉利、苏宁等多方主体参与发展保障性租赁住房。2022年，贵州省开工筹集保障性租赁住房4.14万套（间），开工率110%，建成1.17万套（间），完成率217%。

坚持推进法治建设，优化营商环境。深刻领会习近平总书记在党的二十大报告中强调的"坚持全面依法治国，推进法治中国建设"重要要求，不断提升依法行政能力。实行推进营商环境工作"月报表"制度，推进行政许可事项清单管理，严格合法性审核审查，深入开展公平竞争审查，加强行政执法监督和事中事后监管，严格规范公正文明执法。

持之以恒推进全面从严治党，强化能力建设。强化理论武装，严格落实好"第一议题"制度，深入学习党的二十大精神和习近平总书记重要讲话精神，不断深化"两个确立"认识，衷心拥护"两个确立"，忠诚践行"两个维护"。压实工作责任，召开全省住建系统全面从严治党暨党风廉政建设工作视频会议。加强作风建设，印发"改进作风、狠抓落实"工作实施方案，组织开展贯彻落实中央八项规定精神自查自纠。强化监督联动，与派驻纪检监察组形成联动监督，定期研判党风廉政建设工作。落实意识形态工作责任制。定期专题研究意识形态工作，通报相关情况，积极回应群众关切，宣传党和国家政策法规，展示住建行业工作风貌。加强人才队伍建设。调度引进一流设计师和建筑师（团队）3个，引进专业人才19人，新型城镇化领域重点人才增加12人。抓好执业注册、建筑工人培训和职称评定工作。加强干部队伍建设。着力充实干部队伍力量，做好干部选拔任用工作，畅通行业干部交流渠道。

法规建设

【推进"放管服"改革优化营商环境】实行优化营商环境"月报表"制度，深入推进全省住建领域优化营商环境各项工作。全面梳理形成厅2022年版权力清单和责任清单，规范部门权力运行，接受社会监督。推进行政许可事项清单管理，编制《贵州省实施的法律、行政法规、国务院决定设定行政许可事项清单（住建部分）》，逐项明确事项名称、主管部门、实施机关、设定和实施依据等基本要素。

【提高制度建设质量】对《贵州省土地管理条例（修订草案）》等31项立法项目草案进行研究并提出专业意见建议。对《贵州省市政行业企业安全生产标准化建设评定办法》等5件行政规范性文件进行合法性审核，对《贵州省消防技术规范疑难问题技术指南》等8件政策文件进行合法性审查。完成《2022年贵州省乡村建设评价工作合作协议》等23件合同协议的合法性审查。落实行政规范性文件备案审查制度，报备率、及时率、合格率均为100%。

【严格规范公正文明执法】统筹实施《贵州省住房和城乡建设领域行政执法人员大学习大练兵大比武实施方案》，组织全省住建系统166家单位5811名行政执法人员开展大学习成果检验。加强行政执法监督和事中事后监管，组织开展住建系统"双随机、一公开"抽查，全省住建系统2022年共派出执法人员5353人次，对7822家监管对象进行了"双随机、一公开"监管抽查并及时公开抽查结果。2022年，未被行政复议纠错，无行政应诉案件。

【落实普法责任制】制定公布年度普法责任清单。依托"贵州省智慧普法依法治理云平台"实施2022

年度全省国家工作人员统一在线学法，坚持学法考勤，干部职工年度学法考试平均成绩保持全省领先。聚焦建设工程安全生产，编印《建设工程安全生产法律法规规章文件新编（2022年版）》寄发全省住建系统，提升普法工作针对性和实效性，营造学用结合、知行合一的良好氛围，获得贵州省普法工作先进单位荣誉奖牌。

房地产市场监管

【房地产开发】2022年贵州省房地产开发完成投资2403.69亿元，比上年下降28.9%，其中，住宅开发投资比上年下降26.2%。房屋施工面积26256.24万平方米，比上年下降8.7%。房屋竣工面积966.78万平方米，比上年增长5.5%。商品房销售面积3847.01万平方米，比上年下降31.1%。商品房销售额2193.59亿元，比上年增长32.4%。

【推进房地产市场健康发展】联合人民银行贵阳中心支行等12部门印发《贵州省促进房地产业良性循环和健康发展的指导意见》，从满足居民合理住房需求、完善市场合理供应结构、支持企业流动性需求、优化房地产市场环境四个方面提出了20条措施。制定督导全省“问题楼盘”化解处置暨房地产市场秩序整治规范工作方案。结合省风险防范办下发的全省房地产领域涉稳风险项目台账，对各市州有关工作开展情况进行督导。截至2022年底，全省台账内“问题楼盘”716个项目，已基本化解601个，未化解115个，化解率83.94%。持续深入开展房地产市场乱象专项整治行动。专项行动开展以来，全省共查处房地产开发类违法违规问题351件，房屋交易类问题30件，住房租赁类问题18件，物业服务类问题101件。

【物业服务与市场监管】组织开展了物业行业党建工作，已建立省、市、县三级物业行业党组织102个，正在会同相关部门引导各地逐步构建党建引领、业主自治、政府监管、多方参与、协商共建、科技支撑的工作格局；成功将《贵州省物业管理条例》的修改立法工作列入省人大常委会2023年立法计划，稳步推进《贵州省物业管理条例》修改立法工作，进一步促进和规范物业管理工作；组织省物业管理协会，建立了贵州省物业管理星级服务示范项目标准，研究制定了《前期物业服务合同住宅示范文本》、《党政机关办公楼（区）物业管理服务规范》等行业规范性文件，推动行业技能水平；会同省生态移民局共同研究制定了《关于切实做好易地扶贫搬迁安置社区物业管理工作的指导意见》，以省政府办公厅名义正式印发全省用于指导各地开展易地扶贫搬迁安置区物业管理工作，逐步推进安置区物业服务的市场化、专业化。

住房保障

【加快发展保障性租赁住房】2022年底，贵州省开工筹集保障性租赁住房4.14万套（间），建成1.17万套（间）。完善政策措施。省政府办公厅印发《关于加快发展保障性租赁住房的实施意见》，明确发展保障性租赁住房19项基础制度和支持政策；会同省银保监局印发《关于银行保险机构支持保障性租赁住房发展的实施意见》，完善金融支持政策，加大金融支持力度，全年落实22个保障性租赁住房项目银行贷款18.76亿元。强化技术指导。编制《贵州省保障性租赁住房建设导则（试行）》、《贵州省保障性租赁住房建设导则图示》，提供了10余种标准户型方案，针对宿舍型、公寓型、住宅型项目特点，对新建类、改造类项目，指导各地做好建筑设计、结构设计、室内外装修、户型搭配等，确保项目品质。加大房源筹集。推动建立多主体供给、多渠道保障的住房保障制度，通过盘活存量房源改建筹集保租房1.2万套；通过购买商品房筹集保租房0.6万套；通过园区企业配套建设及社会资本自营保租房1万套；通过房开项目配建保租房0.4万套；利用集体建设用地筹建保租房800套。

住房公积金监管

【住房公积金运行】截至2022年12月底，贵州省住房公积金缴存总额3962.69亿元，个人提取总额2386.93亿元，缴存余额1575.76亿元；累计发放个人住房贷款2585.38亿元，贷款余额1488.66亿元，个人住房贷款率94.47%；逾期贷款8933.58万元，逾期率0.600‰；试点项目贷款余额2064.00万元。2022年1至12月，全省住房公积金共归集534.49亿元，比上年同期增长6.11%；个人提取399.15亿元，比上年同期增长14.83%；个人住房贷款249.08亿元，比上年同期下降10.55%。整体运行情况良好。

【住房公积金监管】加强对各地住房公积金管委会的指导和监督。督促各地及时召开管委会，对住房公积金重大事项、日常管理进行规范和决策。指导各市州住房公积金管理中心进一步加强住房公积金流动性风险管控工作。按照《关于进一步加强住房公积金流动性风险管控工作的通知》文件要求，指导各市州住房公积金管委会研究制定具体的政策措施，加强住房公积金流动性风险管控，保障资金安全。截至2022

年 12 月，贵州省个贷率 94.47%，较 2021 年最高点 101.35% 回落 6.88 个百分点，遵义、六盘水、安顺、铜仁、黔南和省直中心个贷率回归至合理区间。会同省财政厅、中国人民银行贵阳中心支行印发了《关于落实住房公积金阶段性支持政策的通知》（黔建房资监通〔2022〕46 号），指导各市（州）落实三大阶段性支持政策，帮助企业职工纾困解难。在助企方面，受困企业可申请缓缴。截至 2022 年 12 月底，贵州省累计申请缓缴企业 271 个，累计缓缴职工人数 1.8 万余人，累计缓缴金额 1.14 亿余元。在惠民方面，受困职工可提高租房提取额度、逾期不计人征信。截至 2022 年 12 月底，不作逾期处理的贷款总笔数 141 笔，不作逾期处理的贷款余额 3830.26 万元；累计享受提高租房提取额度的缴存人数 35688 人，提取金额 3.95 亿元。深入开展"惠民公积金、服务暖人心"服务提升三年行动，全面推进服务的标准化、规范化、便利化。安顺中心城区管理部、铜仁中心铜仁管理部被住房和城乡建设部评为"惠民公积金、服务暖人心"全国住房公积金系统服务提升三年行动 2022 年度表现突出星级服务岗。

城市更新

【城市更新】印发《贵州省实施城市更新行动2022年工作要点》，建立工作调度机制，按季度进行城市更新推进情况通报，以"四改"为主抓手的城市更新行动按序推进，城镇"四改"取得实效，如南明区青云路、花溪区十字街城市更新项目起到很好的示范带动作用。对接省直相关部门进一步补齐公共服务设施短板，印发《省民政厅 省住房城乡建设厅 省自然资源厅 省发展改革委关于加强社区养老服务设施规划建设工作的通知》《关于启动 2022 年社区健身路径或 3 人制篮球场项目申报的通知》《贵州省民政厅 贵州省住房和城乡建设厅关于健全完善城市社区服务设施推进完整社区建设的实施方案》。

【老旧小区改造】全省 2022 年度计划改造 1501 个城镇老旧小区，涉及 21.32 万户。截至 2022 年 12 月底，实际开工了 1508 个项目，涉及 21.36 万户，累计完成投资约 34.53 亿元。加强资金保障。争取中央各类补助资金 28.17 亿元，省级安排资金 1.36 亿元，发行地方政府专项债 12.25 亿元，争取新型城镇化发展基金 12.18 亿元。完善政策体系。印发《省城镇老旧小区改造工作联席会议办公室关于做好全省 2022 年城镇老旧小区改造有关事宜的通知》《"城镇老旧小区改造综合完成率"指标及监测实施方案》《关于推动高质量发展对在城镇老旧小区改造中真抓实干成效明显地方加大激励支持力度的实施暂行办法》等文件指导各地城镇老旧小区改造，助力改造工作高质量推进。会同省民政厅、省自然资源厅、省发展改革委出台《关于加强社区养老服务设施规划建设工作的通知》，会同省体育局出台《关于启动 2022 年社区健身路径或 3 人制篮球场项目申报的通知》，支持各地结合城镇老旧小区改造统筹推进体育健身设施、养老服务设施建设。加强监督管理。落实《全国城镇老旧小区改造统计调查制度》要求，指导各地做好城镇老旧小区改造统计调查工作，精准掌握城镇老旧小区改造各项指标，并通过"贵州省城镇老旧小区管理系统"同步完善项目信息，实现项目改造进度与成效线上实时监管。开展老旧小区改造工作调研督导工作，查找发现项目存在问题并现场反馈至旧改工作主管部门，督促各县（市、区）履职尽职。2022 年度，累计到 31 个县（市、区）开展现场调研指导，共查看 67 个项目。

【背街小巷改造】全省 2022 年度完成背街小巷改造 2347 条，占年度目标任务的 101.87%；累计完成投资 15.13 亿元。加强工作调度。每月对开工率、完工率双指标进行调度。督促各地及时将改造信息录入"贵州省背街小巷改造业务管理平台"。加强资金支持。与省财政厅共同下达 2022 年地方政府新增一般债券背街小巷改造补助资金 5000 万元，支持各地背街小巷改造工作。指导各地按照《贵州省城镇背街小巷改造工作实施方案》，突出改造标准，突出完善背街小巷功能，结合本地实际情况，一街一策推进改造工作。推出了一批改造样板。贵阳市云岩区飞山街片区成为新型网红打卡点，贵阳市南明区西湖巷作为典型案例上报住房城乡建设部。开展工作考核。制定《省住房城乡建设厅关于背街小巷改造完成率指标监测实施方案》，对各地背街小巷改造情况进行评价分析。印发《关于做好 2022 年四季度背街小巷改造工作及确定 2023 年背街小巷改造任务的通知》，督促各地抓紧推进本年度改造工作，强化项目资金监管，持续巩固提升背街小巷品质，做好验收资料备案归档工作，确保圆满完成目标任务。同时做好 2023 年改造项目谋划，持续有序推进改造工作。

【棚户区改造】坚持市场运作。2022 年筹集各类棚改资金 194 亿元，其中，政策性银行转型贷款 98.22 亿元，专项债资金 63.42 亿元，新型城镇化投资基金 14.77 亿元，吸引商业银行跟投 9.41 亿元，争取中央和省级各类补助资金 8.11 亿元。优化改造方式。制定了棚户区危旧房改造综合整治技术指南，指导各地因地制宜采取拆除修建、改建扩建、综合整治等改造方式，通过房屋维修改造、完善使用功能、加强环境治理、配套周边设施，解决棚户区问题。2022年调整棚户区危旧房改造综合整治项目52个，完成改造整治3.9万户。压实地方责任。全面压实市州和县区主体责任，对购房安置项目、差口气项目等，以项目为单位制定进度计划清单，实行“双签字”管理。2022年每月对市州完成进度全省排名通报，向进度滞后的市州政府启动红色预警，集中约谈进度滞后的县区政府。聚焦收尾项目。以楼栋为单位，对基础施工、主体施工、主体封顶等不同阶段项目分类制定进度计划，全面加快安置房收尾项目进度。2022年全省棚户区改造安置房项目竣工交付5.86万套。

人居环境建设

【城乡历史文化保护传承】为贯彻落实《中共中央办公厅 国务院办公厅印发〈关于在城乡建设中加强历史文化保护传承的意见〉》，牵头起草了《关于在城乡建设中加强历史文化保护传承的实施意见》，于2022年12月，由中共贵州省委办公厅、贵州省人民政府办公厅印发实施。组织省规划院开展省级城乡历史文化保护传承体系课题研究和规划编制工作，加快推进保护规划编制审查报批工作，2022年完成10个保护规划的省级函审工作，3个保护规划获得省人民政府批复。持续推进历史文化街区划定和历史建筑确定（“两定”）工作，截至2022年，全省历史文化街区已累计公布20片，确定公布历史建筑1550处。全省1550处历史建筑中，1503处完成挂牌保护，完成率为96.97%，1256处完成测绘建档，完成率为81.03%。20片街区均已完成挂牌保护。城市体检评估。2022年住房城乡建设部继续选取贵阳市、安顺市作为样本城市开展城市体检工作，督导两市按照要求结合实际情况开展好自体检工作。

建设工程消防设计审查验收

【规范业务办理】将特殊建设工程消防设计审查意见纳入办理《建筑工程施工许可证》的重要条件。指导各地消防审验主管部门积极服务高质量发展大局，主动靠前提供消防设计审查验收前置指导和服务，助力建设工程项目顺利通过消防审验。2022年，全省办理消防设计审查1795件，消防验收1571件，备案993件。

【推动业务能力提升】针对基层建设工程消防设计审查验收能力不足的问题，分5批对全省1209名建设工程消防验收工作人员开展了消防验收程序和方法的培训，进一步提升全省建设工程消防验收履职水平。

【推进信息系统建设】积极推动联合审图和竣工联合验收，落实建设相关单位及从业人员责任，强化建设工程消防设计审查验收工作监督管理，依托“工改”信息化平台，开发建设“建设工程消防设计审查验收监管平台”，实现“省、市、县”三级联通。

【全面履行行业消防安全监管职责】加快问题整改，积极指导并努力推动地方有关部门认真抓好国务院安委会2021年度对省级政府安全生产和消防工作考核巡查、国务院安委会贵州安全生产专项督导帮扶组反馈的建设工程消防设计审查验收工作领域存在的具体问题以及“2022年省政府挂牌督办整改重大火灾隐患”问题的整改工作。加强监督管理，指导各地加强消防审验工作的日常监督管理，加大对违法违规行为的查处力度。2022年，全省各级住房城乡建设部门共向综合执法部门移交消防设计审查验收违法案件430起，综合行政执法部门受理153起，总计罚款金额711.75万元。加强高层建筑消防安全源头管控，会同消防救援总队印发《关于贯彻落实加强超高层建筑消防规划建设管理的通知》，配合开展高层建筑消防安全整治，从加强高层建筑消防设计审查验收源头把关、督促物业服务企业按照法律法规和合同约定对管理区域内的共用消防设施进行维护管理、紧急启用维修资金进行消防设施维修等方面进行督促指导。

城市建设

【概况】2022年，贵州省全年城建投资任务为1780亿元，其中城市（县城）投资任务为1500亿元。2022年截至12月底，全省累计完成城市（县城）城建投资1541.83亿元，占年度目标任务的102.79%。

【地下管网建设专项行动】省人民政府办公厅印发了《贵州省城镇地下管网建设改造工作实施方案》，进一步加大城镇地下管网建设工作督促指导力度。2022年全省城镇地下管网建设改造任务为2450公里。2022年截至12月底，全省共建设改造城镇地下管网4988.64公里。

【城市社会公共停车场建设】2022年截至12月底，全省累计建成城市社会公共停车位3.93万个，占年度目标任务的131%。城市（县城）污水收集处理。按照省人民政府办公厅印发《贵州省城镇生活污水治理三年攻坚行动方案（2022—2024年）》，会同省发展改革委联合印发《贵州省“十四五”城镇污水处理及资源化利用发展规划》，推进生活污水处理提质增效及污泥处置相关工作，对各地污水处理设施建设情况及污泥处置情况进行月调度，采取定期或不定期、第三方评估等方式对污水处理厂建设运营情况、污泥处置情况等工作以及第二轮中央环保督察反馈问题整改进行现场督导。2022 年下达贵州省省级城乡建设发展专项资金 1.67 亿元、地方政府新增一般债券资金 1.48 亿元，用于城市（县城）生活污水处理设施建设项目。2022 年，全省新增城市（县城）污水处理能力 24.85 万吨 / 日。

【城市（县城）生活垃圾收运处置】按照省人民政府办公厅印发的《贵州省生活垃圾治理攻坚行动方案》，明确攻坚行动目标任务和保障措施，会同省发展改革委印发《贵州省“十四五”城镇生活垃圾分类和处理设施发展规划》，印发《关于进一步加快推进生活垃圾处置设施建设工作的通知》《关于进一步排查整治生活垃圾填埋场渗漏问题的通知》等相关文件，推动垃圾治理相关工作。邀请国内知名专家组织召开全省城市（县城）生活垃圾 2022 年底，全省新增生活垃圾焚烧处理能力 5600 吨 / 日。

【加强城市道路建设和运行管理】印发《省住房城乡建设厅关于分解下达 2022 年全省城市（县城）城建重点工作目标任务的通知》，并组织召开 2022 年全省城市道路交通安全专题培训暨城市道路建设推进会，截至 2022 年底，全省新建改造城市道路 415.51 公里，新增改造无障碍人行天桥、地下通道 27 座。与省公安厅、省交通运输厅联合印发了《贵州省开展道路交通秩序综合治理缓解城市交通拥堵工作方案》，开展城市道路交通秩序综合治理，加强交通节点堵点治理。印发了《省住房城乡建设厅关于做好 2022 年城市道路（桥梁、隧道）安全管理工作的通知》，指导各地做好城市道路（桥梁、隧道）安全隐患排查整治、城市道路（桥梁、隧道）安全检测和危桥管控、城市隧道消防安全管理、桥梁护栏升级改造等工作。据不完全统计，截至 2022 年底，全省完成城市道路安全隐患排查整治 16868 处，共计 242047.82 平方米；修复路面破损、沉陷等 2678 处，27489.34 平方米；修复人行步道 2345 处；完成城市桥梁安全隐患排查 1742 座，整治 146 处，无新增危桥；完成城市隧道安全隐患排查 109 座，整治 452 处。

【园林绿化】2022 年，全省园林绿化系统围绕“生态文明建设先行区”战略定位，厚植绿色资源禀赋，大力实施城市园林绿化项目，配套完善城市公园绿地体系，城市绿化工作成效显著。城市绿地系统空间不断优化。全年新增公园绿地 429.15 公顷，改造公园绿地 194.02 公顷，新增小微公园 44 个，新增城市绿道 260.93 公里，新增林荫路 285.33 公里；全省建成区绿地率 39.14%，人均公园绿地面积达 15.93 平方米。城市人居生态环境持续提升。贵州省始终坚持绿色发展理念，以创建园林城市为契机，着力提升城市绿色生态宜居水平。2022 年，施秉县、福泉市牛场镇、凯里市下司镇、龙里县醒狮镇、白云区艳山红镇及息烽县永靖镇等 6 个（县城、城镇）成功创建省级园林城市（县城、城镇）。展园竞赛荣获佳绩。在第十三届中国（州）徐国际园林博览会展园竞赛中，贵州园获最佳展园，位列全国第五，其中设计、施工、植物配置、建筑小品、创新项目五个专项竞赛获得最佳奖项，对外展示了多彩贵州崭新风貌。

城市管理监督

【城市运行管理服务平台建设】按照《贵州省城市运行管理服务平台建设工作方案》要求，以城市运行管理“一网统管”为目标，依托城市综合管理服务平台及联网工作基础，构建垂直贯通的全省指挥协调“一张网”，形成全面感知城市问题、精准确权确责、科学评价处置的城市运行管理工作体系。目前，省城市综合管理服务平台现已完成总体框架搭建、技术架构、网络架构设计，实现统一门户管理，统一身份认证、统一应用管理等功能模块，实现向上与国家平台联网，向下与贵阳、遵义、安顺、六盘水、铜仁 5 个市级平台联网工作，实现部、省、市三级联网。依托平台建设完成城镇老旧小区管理子应用，共计 9 市州及贵安新区、88 区县使用，涉及用户 142 个。

【城市管理执法】印发《贵州省住房和城乡建设厅关于进一步严格规范城市管理（综合行政执法）行为严肃执法纪律的通知》，开展城市管理执法相关工作培训，巩固深化“强基础、转作风、树形象”专项行动成果，规范城市管理执法行为，提升执法服务水平。全省各级城市管理主管部门结合自身情况，建立、完善各项管理制度、监督制度、协调机制 776 项，开展法律法规政策宣传 2895 次，签订“文明执法承诺书”11559 份，聘请义务监督员 629 人，发放并回收满意度调查问卷 9556 份。全年各地城市管理（综合行政执法）部门行政案件立案 48759 件，办结 43601 件。

【市容环境整治】围绕补齐全省市容环境短板弱项，持续提高机械化作业面积，截至 12 月，全省城镇道路机械化清扫率平均值达 96.39%；秉持生态发展理念，推动环卫领域新能源汽车的应用，更新环卫车辆 77 辆，其中新能源车 69 辆；聚焦城市户外广告设施安全管理，开展全省城市户外广告和招牌设施设置安全隐患集中排查整治工作，发现各类安全隐患共计14567处，目前均已完成整改；扎实开展窨井盖统计与整治工作，2022年度全省共排查窨井总数118.89万个，普查建档窨井47.15万个，升级改造智能井盖300个，加装防坠网3.7万个。

村镇建设

【持续巩固拓展脱贫攻坚农村住房保障成果同乡村振兴有效衔接】2022年，贵州省共排查农村房屋582.1万栋，经鉴定为C、D级危房6717栋，已整治6717栋，整治率100%。其中，用作经营的农村自建房共计排查27.9万栋，鉴定为C、D级危房65栋，已全部完成整治。印发《贵州省农村房屋安全隐患排查整治“回头看”工作方案》，以用作经营的农村自建房为重点开展“回头看”，对排查存在安全隐患和鉴定为危房的房屋严格落实管控措施。印发《贵州省农村住房抗震排查技术导则（试行）》《贵州省农村住房抗震加固技术导则（试行）》《关于开展农村住房抗震情况排查工作的通知》，全省18个7度以上抗震设防区和10个重点监测区上报农房抗震改造数12.5万户（农村低收入群体3.7万户）。遴选40个试点开展宜居农房建设，群众的农房居住环境进一步完善，农房品质进一步提升，群众的满意度较高。2022年，会同省财政厅下达中央农村危房改造补助资金5.2241亿元和省级农村住房保障专项资金1亿元，用于各地农村低收入群体等重点对象实施动态新增危房改造和抗震改造以及宜居农房试点建设。

【农村生活垃圾收运】省政府办公厅印发《贵州省生活垃圾治理攻坚行动方案》，大力推动全省农村生活垃圾收运工作高质量发展。制定《省住房城乡建设厅关于农村生活垃圾收运体系任务完成率指标监测实施方案》，以目标管理为重点，更加科学、精准、高效对农村生活垃圾治理工作进行监测评估。联合省委组织部举办全省新型城镇化网络示范培训班，对农村生活垃圾收运处置体系建设“十四五”发展目标、重点任务等进行讲解，培训人次达2300余人。联合省财政厅出台《贵州省省级村镇建设发展专项资金管理办法》（黔财建〔2022〕712号），进一步加强和规范全省省级村镇建设发展专项资金的使用管理。加强重点任务调研督导，赴各地开展暗访督查，对于个别县区存在问题，进行全省通报。

【传统村落保护】2022年，荔波县、石阡县入选全国40个中国传统村落集中连片保护利用示范县。根据《住房和城乡建设部办公厅等关于做好第六批中国传统村落调查推荐工作的通知》（建办村函〔2022〕271号）有关要求，指导各地开展第六批中国传统村落申报工作，从各地上报的363个村庄中遴选出100个村落上报至住房城乡建设部审批。推进数字化保护和共同缔造，在全省遴选100个传统村落推进美好环境与幸福生活共同缔造活动，同时，重点推进200个传统村落数字博物馆建设。2022年，共组织召开2次培训会，通过视频培训和现场交流的方式，推进传统村落数字化保护和共同缔造，共计培训全省干部群众1600余人。深入推进省级试点，会同省财政厅下发《关于开展省级传统村落示范村评估工作的通知》，对41个省级示范村成效和资金使用情况进行全面评估。同时，组织调研组分别赴铜仁市石阡县、印江县，黔西南州兴义市、兴仁市，安顺市黄果树风景名胜区管委会，黔东南州黎平县、台江县、雷山县等地工进行实地督导。

【乡镇生活污水处理】印发《关于公布2022年整县推进乡镇生活污水处理设施及配套管网提升工程县（市、区）名单的通知》《关于开展乡镇生活污水处理规划布局图绘制工作的通知》等文件。2022年，印发《关于全省乡镇生活污水治理作情况通报》共12期，开展实地督导5次，涉及14个县36个乡镇，同时，委托第三方完成《2021年整县推进乡镇生活污水处理设施及配套管网提升工程试点县实地评估报告》。全省1148个乡镇，已有1011个乡镇具备生活污水收集处理能力，其中833个镇已有832个镇建成（黎平县地坪镇因地处洋溪水利工程淹没区，不予开展项目建设），315个乡有179个乡建成生活污水处理设施，建设处理规模88万吨/日，建成管网约8500公里。

标准定额

【编制地方标准】新编并发布《贵州省城镇燃气安全检查标准》DBJ52/T 110—2022《磷石膏模盒现浇混凝土空心楼盖结构技术规程》DBJ52/T 111—2022两部工程建设地方标准，发布《磷石膏砂浆喷筑复合墙标准图集 第一部分：轻钢龙骨——磷石膏砂浆喷筑复合墙体》《磷石膏砂浆喷筑复合墙标准图集 第三部分：原位模板——磷石膏砂浆喷筑复合墙体》标准设计图集，进一步补充和完善磷石膏建材产品相关技术规范以及标准设计图集。下达《山砂高韧性水泥基复合材料加固砌体结构技术规程》《贵州省人民防空工程平战转换技术规程》《磷石膏抹灰砂浆应用技术规程》等九部工程建设地方标准编制任务，为相关工程的设计、施工、质量验收提供技术支撑。

【执行新的国家节能标准】转发《住房和城乡建设部关于发布国家标准〈建筑节能与可再生能源利用通用规范〉的公告》，要求全省各地于2022年4月1

日起实施，新建、扩建和改建建筑以及既有建筑节能改造均应进行建筑节能设计，新建建筑应安装太阳能系统。并在全省 9 个市（州）及贵安新区住房城乡建设系统积极开展宣贯培训，切实提高了相关从业人员专业技术水平。

【碳达峰碳中和】开展碳达峰路径研究。委托中国建筑节能协会开展贵州省城乡建设领域实现碳达峰碳中和目标路径研究，完成了《贵州省城乡建设领域碳达峰碳中和目标和路径研究报告》，积极探寻全省可率先实现碳达峰的潜在地区和建筑类型等。制定碳达峰政策文件。按照《贵州省碳达峰碳中和“1＋N”政策体系编制工作清单》要求，根据国家和省有关碳达峰文件精神，结合实际起草了《贵州省城乡建设领域碳达峰实施方案》，2022 年 10 月 28 日，提请厅党组会审议通过，2022 年 12 月 27 日，经省碳达峰碳中和工作领导小组办公室同意印发。

【绿色建筑】大力发展绿色建筑。印发《关于明确 2022 年绿色建筑、装配式建筑、可再生能源建筑应用、磷石膏建材推广应用计划的通知》，提出到 2022 年底，全省城镇绿色建筑占新建建筑面积比例要达到 70% 的工作目标。按季度通报各地绿色建筑工作进展情况，2022 年全省城镇新建绿色建筑占新建建筑的面积比例为 77.4%。开展绿色建筑评价标识工作。指导各市（州）开展一星级绿色建筑评价工作。全省获得一星级绿色建筑标识项目 6 个，建筑面积 114.65 万平方米。

【装配式建筑】推进装配式建筑发展。印发《关于明确 2022 年绿色建筑、装配式建筑、可再生能源建筑应用、磷石膏建材推广应用计划的通知》，提出到 2022 年底，全省装配式建筑占新建建筑比例达 20% 以上的工作目标。按季度通报各地装配式建筑工作进展情况，2022 年全省装配式建筑占新建建筑的面积比例为 25.7%。申报住房城乡建设部装配式建筑生产基地。组织本省企业积极申报住房城乡建设部装配式建筑生产基地。开展省级装配式建筑试点示范。组织本省企业申报省级装配式建筑生产基地。

【磷石膏建材推广应用】落实目标责任，将目标任务分解下达各市（州）和贵安新区住房城乡建设部门；2022 年，全省通过建材消纳磷石膏 230 万吨（2021 年消纳 227 万吨），全省磷石膏墙体建设 507.5 万平方米。印发《省住房城乡建设厅等五部门关于明确国有资产投资项目应使用磷石膏建材的通知》，将磷石膏建材推广应用范围拓展到国有资产投资项目。对在全省应用磷石膏建材建设工程项目的单位，根据磷石膏利用量给予奖补，下达 2022 年磷石膏建材推广应用专项补助资金，共计 155 个项目，补助 885 万元。会同省财政厅印发通知，将资金下达到各市（州）以及贵安新区，并及时跟进资金对企业的到位情况。

【工程造价】2022 年，全年发布《贵州省建设工程造价信息》共 12 期，开展磷石膏建材产品和预制装配式部品部件信息的发布工作。根据“双随机、一公开”工作要求，按照随机抽查、事项全覆盖的原则，抽取 19 家工程造价咨询企业行专项检查。开展工程造价咨询统计调查数据报送工作，220 家企业参加统计报送。接待定额解释及工程计价咨询涉及建设项目 511 个，累计解答各专业问题 1947 个。

【新型墙体材料革新】强化质量监管，推动行业高质量发展。会同省市场监管局等部门下发《关于开展 2023 年新型墙体材料产品质量专项检查的通知》，10 月至 11 月完成了全省新型墙体材料产品专项监督抽查，在建建筑工程共抽取 49 个工地 70 个批次产品，生产企业生产共抽取 88 家企业生产 101 批次产品，严把生产关、严把使用关，促进新型墙体材料产品质量进一步提升。强化资源综合利用，促进各地利废消纳量。我省是能源矿产工业省份，每年全省产生大量大宗工业固体废物、建筑垃圾，而新型墙体材料行业成为我省大宗固体废物综合利用的主要途径，不仅提供了强力的循环产业支持链，也保护了土地资源和生态环境，提高资源综合利用率。坚持生态优先绿色发展，不断提高资源综合利用水平。全省新增资源综合利用新型墙体材料认定企业 17 家 20 个产品，目前，全省新型墙体材料认定企业达 203 家。强化新型墙体材料信息化管理。完善贵州省互联网＋新型墙体材料革新信息化管理系统工作，督促各个市（州）加强基础数据录入管理，全面实现网上申报、认定、换证等工作，让“数据多跑路，企业少跑腿”，打造服务型政府，减轻企业负担。

建筑市场监管

【建筑市场勘察设计监管】2022 年，贵州省新增 1 家设计综合甲级资质企业，6 家勘察设计甲级资质企业，新办核定勘察设计乙级资质企业 130 家，办理 29 家企业乙级资质增项。完成省外入黔设计企业登记 179 家，勘察企业 55 家。组织开展 2022 年省内建设工程勘察设计企业“双随机、一公开”资质动态核查，省、市两级共抽查 46 家勘察设计企业，28 家企业注册执业人员人数不符合相应资质等级要求，22 家已完成整改，撤销 6 家企业资质。

【建筑企业资质审查审批】按照《住房和城乡建

设部办公厅关于扩大建设工程企业资质审批权限下放试点范围的通知》，扎实推进建设工程勘察设计企业资质审批权限下放试点工作。2022年，新增1家设计综合甲级资质企业，6家勘察设计甲级资质企业，按程序对勘察设计甲级资质申报材料进行审核。各市州新办核定勘察设计企业130家404项乙级资质，办理29家企业乙级资质增项61项。

【提升工程质量】完善工程质量管理制度。编印《贵州省预拌混凝土质量检查手册》等，研发省外工程质量检测机构在黔开展检测业务的备案管理系统，将省外检测机构相关信息纳入信息化监管。强化质量提升宣传。采用腾讯视频会议形式培训228余家企业，5180余人。工程质量专项督导。开展全省建设工程质量检测专项整治，并对专项整治情况进行全省通报。推进工程质量评价试点。指导贵阳、遵义、黔东南3个试点地区及省级第三方评价单位出台质量评价工作实施方案并动员开展培训，配合国家第三方开展对贵阳市、遵义市的质量评价工作。完成2022年度省级质量考核。对涉及住建部门考核自评报告、典型案例及印证资料的起草、汇总，并按要求将有关考核印证材料上传至国家质量考核系统。受理质量投诉。省级共处理各类工程质量投诉26件，及时解决群众诉求。

【建筑市场监管】扎实开展根治欠薪。查处拖欠农民工工资项目555个，追回拖欠农民工工资3.96亿元。深入推进“挂证”整治工作。对全省19365名疑似挂证人员公开通报，已完成整改15046人，整改率78%。

【建筑施工安全监管】针对痛点，统筹开展专项治理。自“1·3”事故发生以来，深入推进安全生产三年行动和“关键岗位人员履职、危大工程、违法建设”三大专项整治，部署开展全省房屋市政工程安全生产专项治理，持续深化建筑施工安全生产“打非治违”专项行动。正视短板，配合督导帮扶。配合督导帮扶组领导专家下沉督导覆盖9个市州、88个县市区，检查257家地方党委政府和行业部门、212个在建项目，对发现的问题全部整改。组织多次安全宣教培训，覆盖全省从业人员12.3万人次。夯实基础，提升监管效能。先后制定或起草《贵州省房屋市政工程重大隐患判定标准》《贵州省房屋市政工程安全生产双重预防机制技术指南》《贵州省建筑施工安全生产标准化考评暂行办法实施细则》《贵州省房屋市政工程人员配备标准》《贵州省房屋市政工程安全员日志》等系列文件，全面推广应用智慧工地安全生产相关模块，全面实行施工许可电子证照，逐步推进安许、三类人员、特种作业人员电子证照应用。压实责任，强化事故追究。2022年建筑施工发生事故13起，已结案批复9起。对13起事故查处工作均启动了挂牌督办程序，对涉事企业和人员按照注册地分别开展安全生产条件和资质的动态核查，并做出不良行为记录处罚。

【房屋市政设施调查和自建房安全专项整治】完成全省92个县区（开发区）房屋建筑1455.13万栋、33.84亿平方米；市政道路6373条、6777公里；市政桥梁1905座、28.01公里；地级以上城市供水厂站61座，供水管线2161条，3768公里实地调查。据国务院普查办调度系统显示，全省调查进度为100%，列全国住建系统第12位。县级数据汇交至市级或以上的县区有92个，占比100%，列住建系统比例排名第5位。2022年5月以来，按照国家要求和省委省政府部署，印发《贵州省自建房安全专项整治工作方案》，开展全省自建房安全专项整治“百日行动”及巩固提升“回头看”行动。全省城乡自建房已排查完毕，归集到全国自建房信息平台899万栋，其中，经营性自建房48万栋，非经营性自建房851万栋。

人事教育

【人才培养】抓实人博会平台凝聚人才。组织全系统行政主管部门、企事业单位线上开展第十届人博会相关工作，及时跟踪、调度、督促人博会人才落地情况，全省住建行业有19人通过人博会签约成功。紧盯重点目标凝聚人才。积极调度各企事业单位、高等院校引进一流设计师、建筑师（团队）签约情况，全省引进一流设计师和建筑师（团队）3个。着力抓好建筑专业职称工作。修订印发《贵州省建筑工程类初中级专业技术职务任职资格“以考代评”考试大纲》，组织开展2022年建筑专业初中级职称“以考代评”工作，全省共1.4万余人报名参考；出台《贵州省工程系列建筑类专业技术职务任职资格申报评审条件（试行）》，有序推进2022年建筑专业高级职称申报评审工作，全省共521人向省住房城乡建设厅申报高级职称，73人通过评审获得相应职称。着力推进重点人才倍增工作。2022年指导相关企业（单位）完成培养12名重点人才。认真落实联系服务专家制度。进一步明确厅领导分别联系2～3名专家人才，组织与专家人才开展面谈交流；认真执行人才服务专员制度，做好专家政府津贴、高层次人才津贴申请工作；组织开展首批省管专家申报工作，共5人申报首批省管专家（Ⅱ类）。

【干部教育培训】聚焦围绕“四新”主攻“四化”的要求，制定《贵州省住房和城乡建设厅2022年度教育培训计划》，组织开展系统内教育培训，培训8000余人次；组织开展习近平新时代中国特色社会主义思想读书班暨处级干部轮训班、青年干部培训班，共154人参训；组织厅处级干部、四级调研员以上职级人员开展政治理论水平测评，共101人参测；及时选派人员参加10期新时代学习大讲堂；在厅组织新时代学习大讲堂分会场1期，共100余人参训；选派19人参加各专题培训、任职培训。通过培训，全省住房和城乡建设系统干部职工的政治能力和专业素养进一步得到提升。

大事记

1月

13日　在普安县调研棚户区改造等工作。

17日　召开专题会调度筹备全省住房城乡建设工作电视电话会，听取城镇住房保障工作有关情况汇报。

18日　在开阳县调研燃气安全工作；到水电九局在建项目施工现场开展慰问活动，并座谈安全生产、质量管控等工作。

20日　召开全省住房城乡建设领域安全生产工作会议，贯彻落实全国、全省安全生产电视电话会议和全国住房城乡建设工作会议精神，安排部署当前和今后一段时期全省建筑施工和城镇燃气安全生产工作。

21日　召开会议研究大方县红旗小区房屋质量隐患整改工作。

24日　召开党史学习教育总结会议，深入学习贯彻落实习近平总书记重要指示和中央、省委党史学习教育总结会议精神，全面总结省住房城乡建设厅党史学习教育工作情况，安排部署巩固拓展党史学习教育成果工作。

25日　召开建筑施工安全监管工作视频座谈会暨“两违”清查工作推进会。

27日　召开2022年全省住房和城乡建设工作会议。

29日　印发《关于加强全省勘察设计质量安全管理的通知》（黔建设通〔2022〕9号）。

2月

8日　召开全省房屋市政工程节后复工复产安全生产工作部署视频会议。

16日　厅党组成员、副厅长王春在毕节市调研督导有关工作。

17日　印发《关于成立贵州省岩土工程勘察专家委员会的通知》（黔建设字〔2022〕13号）。

18日　召开省重点房地产项目问题处置工作第十次专班会议。

21日　召开省深化城镇燃气安全排查整治工作会商会。

3月

3日　召开全省住房城乡建设领域安全生产紧急视频会议。

4日　召开信访维稳暨重大突出舆情“5＋N”综合分析研判会。

7日　召开省工程项目审批制度改革工作会议。

9日　召开住宅专项维修资金专项审计问题整改工作座谈会。

14日　周宏文到贵阳市住房和城乡建设局督导安全生产相关工作。

18日　召开安全生产检查工作调度会。

25日　厅党组书记、厅长周宏文在厅与住建部城建司有关领导座谈督导帮扶贵州城镇燃气工作。

28日　召开贵州省住房和城乡建设系统安全生产专项督导帮扶动员部署及宣讲视频会议。

30日　召开省重点房地产项目问题处置工作专班第十一次会议。

4月

1日　召开城市排水防涝工作部署暨城市内涝治理培训视频会议。

7日　召开国务院安委会建筑施工帮扶组警示教育宣传培训视频会。

8日　召开“打非治违”督导工作调度会。

11日　印发《关于做好2022年城市（县城）排水防涝工作的通知》。

13日　召开2022年全省城市（县城）排水防涝工作视频会议并讲话。

14日　召开全省城镇燃气安全警示教育培训会。

18日　召开全省住房城乡建设系统2022年全面从严治党暨党风廉政建设工作会议。

19日　召开全国城市环卫和园林系统北京冬奥会、冬残奥会运行服务保障经验交流视频会议。

21日　召开部门勘察设计单位施工图审查制度改革座谈会；召开厅信访维稳暨重大突出舆情综合分析研判会议。

22日　召开中共贵州省住房和城乡建设厅党组十二届省委巩固拓展脱贫攻坚农村住房安全保障成果专项巡视整改专题民主生活会；印发《贵州省消防技术规范疑难问题技术指南》。

25—26日　在遵义市督导调研安全生产、工程项目审批制度改革工作。

27日　印发《磷石膏喷筑式复合墙体计价定额项目（试行）》。

28日　召开建筑施工专项督导帮扶调度暨相关政策宣贯培训视频会议。

5月

5日　召开省城镇燃气安全工作领导小组办公室工作会议；召开全省城市自建房安全隐患排查技术导则有关工作会议；印发《关于发布贵州省节水型城市申报评选管理办法及其评选标准的通知》（黔建城通〔2022〕40号）。

6日　召开《全省城镇自建房安全隐患排查整治实施方案》研究会议。

13日　印发《关于加强城市节水工作的实施意见》。

16日　印发《关于推进房屋市政工程现场施工人员全员培训持证上岗工作的通知》。

19日　召开国务院安委会督导帮扶组交办问题整改专题会。

23日　召开房地产市场暨住宅专项维修资金审计整改工作会议。

24日　召开落实住房公积金阶段性支持政策视频会议。

26日　到贵州省城乡规划设计研究院开展2022年贵州省"人才日"走访慰问调研活动并召开座谈会。

27日　印发《关于开展住房和城乡建设领域施工现场专业人员职业培训工作的通知》；印发《关于进一步优化建筑施工企业安全生产许可证、安管人员、特种作业人员审批管理工作的通知》。

6月

6日　召开全省房地产市场调控工作电视电话会议。

7日　召开全国自建房安全专项整治工作推进视频会议。

8日　在福泉市调研磷石膏建材推广应用工作。

9日　郭锡文副省长在遵义市调研棚户区改造、自建房安全整治等工作。

10日　在贵阳市调研防汛排涝工作；在安顺市调研公积金工作；印发《关于推进城市社会公共停车设施建设高质量发展的通知》（黔建城字〔2022〕57号）。

11日　联合省文旅厅共同举办"呵护历史遗珍，赓续贵州文脉"首届贵州省历史文化保护主题摄影展启动仪式。

13日　召开中共贵州省住房和城乡建设厅机关第七次代表大会。

14日　到六枝特区岩脚镇调研巩固拓展脱贫攻坚成果同乡村振兴有效衔接、城乡自建房排查整治、宜居农房建设等工作，开展四级支部结对学习、双联双促等活动。

15日　召开省住宅专项维修资金审计问题整改约谈会议并讲话；在福泉市调研房地产市场调控工作。

16日　举办"全国安全生产宣传咨询日暨贵州省质量、安全、智慧工地及绿色施工现场观摩活动"。

20日　召开全省自建房安全专项整治暨"百日攻坚"推进视频会并讲话。

24日　召开全国自建房安全专项整治工作部署会议。

7月

1日　召开专题会议研究近期安全生产工作；陈维明在思南县调研历史文化名城申报工作。

5日　召开研究推动阶段性减免市场主体房屋租金工作会议。

6日　联合印发《关于做好2022年工程系列建筑专业高级职称申报评审工作的通知》。

11日　召开房屋建筑和市政设施调查数据成果部级质检核查工作启动会；发布《磷石膏砂浆喷筑复合墙标准图集第一部分：轻钢龙骨——磷石膏砂浆喷筑复合墙体》（黔建科通〔2022〕54号）。

14日　召开专题会议研究新型城镇化工作；在普安县调研督导棚户区改造工作。

15日　召开关于审定《贵州省建筑工程类初、中级专业技术职务任职资格"以考代评"考试大纲》（2022年修订版）会议以及专家人才座谈会议。

20日　召开会议研究棚户区改造货币化购房安置工作；在黔南州调研督导自建房安全隐患排查整治工作；联合省应急厅、省公安厅联合相关成员单位成立三个督导组，分别对贵阳市、遵义市、六盘水市、安顺市、毕节市、铜仁市、黔东南州开展自建房排查整治督查工作。

22日　召开城市道路交通安全专题培训暨城市道路建设、运行安全管理工作推进会。

25日　召开全省自建房安全专项整治暨"百日攻坚"视频推进会议。

8月

1日　召开庆祝中国人民解放军建军95周年暨省住房城乡建设厅退役军人座谈会。

2日　召开全省棚户区改造工作调度会议并讲话。

12日　召开2022年"获得用水用气"指标第二次专班工作会议。

19日　召开全省建筑施工领域安全生产及自建房安全专项整治工作调度视频会。

22日　印发贵州省建筑工程计价定额第四次勘误（黔建建字〔2022〕78号）。

24日　召开全省自建房安全专项整治工作专题

会议。

25 日　印发《磷石膏资源综合利用专项资金申报指南的通知》（黔建科字〔2022〕82 号）。

30 日　召开磷石膏建材推广应用工作约谈会议。

31 日　印发《2022 年贵州省住房和城乡建设系统"质量月"活动方案》（黔建建字〔2022〕84 号）。

9 月

1 日　组织各市州住建局负责同志召开"保交楼、稳民生"工作现场会议。

10 月

11 日　召开磷石膏建材推广应用工作专题会；召开保密国安工作领导小组会议。

12 日　召开省城镇燃气安全工作领导小组成员单位会商会。

24 日　召开研究住建领域前三季度经济运行情况和四季度工作会议。

11 月

7 日　召开党的二十大精神专题读书班暨中共贵州省住房和城乡建设厅党组理论学习中心组集中学习研讨会。

8 日　印发《关于做好建设工程企业资质有关工作的通知》。

9 日　召开住房和城乡建设部赴贵州督查检查准备工作调度会议；印发《关于省外工程质量检测机构在黔开展检测业务备案管理有关工作的通知》。

11 日　召开贵州省 2022 年建筑工程质量评价工作启动视频会；印发《关于开展 2022 年建设工程消防设计审查验收"双随机，一公开"检查工作的通知》。

14 日　举办 2022 年全国建筑行业职业技能竞赛贵州省选拔赛暨全省建筑行业职工职业技能大赛。

15 日　召开研究住建领域重点工作专题会议。

16 日　召开研究住建领域重点工作专题会议。

17 日　印发《贵州省贯彻落实〈建设工程抗震管理条例〉的实施意见》。

18 日　在铜仁市思南县调研农危房、传统村落、生活污水垃圾治理等工作。

23 日　召开厅领导联系服务专家座谈交流会。印发《贵州省市政行业企业安全生产标准化建设评定办法》（黔建城通〔2022〕87 号）。

24 日　召开房地产领域涉稳线索工作调度会议。

12 月

2 日　召开全省住房城乡建设系统学习贯彻党的二十大精神宣讲电视电话会议。

5 日　举办学习习近平法治思想专题讲座。

7 日　召开全省住房城乡建设领域安全生产视频会议。

9 日　召开迎接国家巩固脱贫攻坚成果后评估检查工作部署会；发布《贵州省农村村民住宅建设通用图集》。

21 日　发布《磷石膏砂浆喷筑复合墙标准图集第三部分：原位模板——磷石膏砂浆喷筑复合墙体》。

27 日　印发《关于进一步规范建筑施工企业安全生产许可证行政审批事项的通知》；印发《关于调整我省建筑施工企业主要负责人、项目负责人、专职安全生产管理人员行政审批事项的通知》（黔建建字〔2022〕106 号）。

（贵州省住房和城乡建设厅）

云　南　省

住房和城乡建设工作概况

2022 年，云南省完成建筑业总产值 8168.65 亿元，同比增长 11.3%；完成建筑业增加值 3282.41 亿元（占全省 GDP11.3%），同比增长 6.1%。房地产开发投资完成 3152.02 亿元，同比下降 26.9%，占固定资产投资的 17.05%；商品房销售面积 2938.37 万平方米，同比下降 24.3%。截至 2022 年底，累计建成和在建公租房 91.19 万套，已分配入住公租房 87.92 万套；发放租赁补贴 4.28 万户；开工建设保障性租赁住房 60807 套。2022 年开工改造城镇棚户区 4.87 万套，老旧小区 1923 个、15.4 万户，同时启动了 127 个城中村、16 个老旧厂区、28 个老旧街区改造。建成海绵城市 41.28 平方公里，新开工 58.88 平方公里；新建改建燃气、供排水管网 6094.4 公里；全省污水处理厂集中处理率为 96.87%，城市污水集中收集率为 62.66%，新增生活垃圾处理能力合计 1550 吨 / 日。全省城市（县城）建成区绿地率 37.64%，建成区绿化覆盖率41.78%，人均公园绿地面积达12.67平方米，公园绿地服务半径覆盖率82.35%。新增级历史文化名村（镇、街区）14个、历史建筑250处；建水县、腾冲市入选2022年国家级传统村落集中连片保护利用示范县，共获1.5亿元中央资金补助；剑川县、广南县、玉龙县、澜沧县、凤庆县获得2022年云南省传统村落保护发展补助资金，共计1亿元。全省实施农房抗震（农村危房）改造10.62万户；全省乡镇镇区和村庄生活垃圾处理设施覆盖率分别为78%和59%，乡镇镇区生活污水处理设施覆盖率为53%；争取省级财政资金4亿元，在少数民族地区选取230个自然村2万户开展农房功能提升试点。全省工程建设项目全流程审批跑出50个工作日"加速度"。全省城镇新建绿色建筑达到4179.7万平方米，占城镇新建建筑面积的84.3%。积极推进全省自建房安全专项整治工作，共排查自建房198.2万栋，对特别重大安全隐患房屋管控措施动态清零，做到了"危房不进人，人不进危房"；持续推进城镇燃气安全隐患排查整治，完成餐饮等10.53万非居民用户燃气报警器安装，完成燃气管网占压隐患整改7183段，整改率99.76%。完成全省房屋建筑和市政设施普查工作，完成2741万栋36.9亿平方米房屋建筑和2.13万组市政设施调查，高效有序开展漾濞6.4级、宁蒗5.5级、红河5.0级等地震应急处置和灾后恢复重建工作。

法规建设

【立法工作】2022年，云南省积极推进住房城乡建设领域重点工作立法，《云南省燃气管理条例（草案）》经省人大财经委第41次会议审议通过，《云南省物业管理规定》（修订草案）待省人民政府常务会议审议。积极开展《云南省历史文化名城名镇名村名街保护条例》和《云南省建设工程抗震设防管理条例》（修订）的前期准备工作。结合开展妨碍全国统一大市场建设规定和实际情况自查清理工作等专项工作，对51件规范性文件以及400余件其他政策性文件开展自查清理。

【法治宣传教育】印发《2022年全省住房城乡建设系统普法依法治理工作要点》《云南省住房和城乡建设厅2022年度普法责任清单》，部署住房城乡建设系统2022年普法依法治理工作。严密组织"4·15全民国家安全教育日"普法宣传活动和2022年"美好生活·民法典相伴"主题宣传活动、"宪法宣传周"宣传活动；对《中华人民共和国行政许可法》和《云南省优化营商环境条例》进行专题培训；开展《中华人民共和国工会法》学习宣贯活动，结合"安全生产月"和"119消防安全宣传月"活动宣传贯彻安全生产法、消防法。按照"谁执法谁普法"普法责任制的要求，积极开展法制宣传进住宅小区、保障房小区、建筑工地、窗口服务单位活动，向小区居民、建筑工人、办事群众等服务对象宣讲国家有关法律法规。

【依法行政】严格落实行政执法"三项制度"和"两法衔接"制度，积极推行审慎柔性执法，向公安机关移交1起涉嫌违法犯罪线索，对3名个人采用减轻处罚，1家企业采用从轻处罚，1家企业采用合并处罚。统一行业执法文书，编制规范行政裁量权基准，规范编制行政执法包容审慎监管"减免责清单"，规范行政执法行为。全面加强法治监督，向州、市印发5份行政执法意见，纠正2起行政处罚决定，对3起违法违规行为提出行政处罚意见；公示行政执法信息41932条（其中行政处罚信息33条）法制审核1件行政规范性文件、19件重大行政决策、56件重大行政执法决定，对15件涉及市场主体的政策文件进行公平竞争审查。

【规范性文件】制定《云南省建筑工程技术人才职称评价标准条件》1件行政规范性文件。制定《中共云南省住房和城乡建设厅党组工作规则》《中共云南省住房和城乡建设厅党组主动接受驻厅纪检监察组监督的实施办法》2件党内规范性文件。

【建议提案办理】办理人大代表建议34件、政协委员提案42件，办结率、协商率、满意率均达到100%。

房地产业

【概况】截至2022年底，云南省房地产开发企业3235家，其中：一级资质13家，二级资质2263家，三级资质84家，四级资质871家，暂定资质4家。专业管理人员30994人。

【房地产开发投资】2022年，全省房地产开发投资3152.02亿元，同比下降26.9%，占固定资产投资的17.05%。房地产开发投资规模在全国排第16位，全年排位总体保持稳定。

【商品房销售】全年云南省商品房销售面积2938.37万平方米，同比下降24.3%，降幅收窄至与全国持平。其中，全省商品住宅销售面积同比下降23.0%，降幅低于全国（同比下降26.8%）3.8个百分点。

【商品房存量】云南省商品房累计可售面积9218.95万平方米，较上年末减少708.49万平方米，商品住宅累计可售面积4702.5万平方米，较上年末减少291.08万平方米，非住宅累计可售面积4516.45万平方米，较上年末减少 417.41 万平方米。

【重点城市房价】12 月，昆明市新建商品住宅销售价格环比下降 0.7%、同比下降 3.0%，大理市环比下降 0.3%、同比下降 4.6%；二手住宅交易价格方面，昆明市环比上涨 0.3%、同比上涨 1.9%，大理市环比下降 0.5%、同比下降 4.1%。

【规范房地产市场秩序】持续开展房地产整治工作，着力解决房地产领域人民群众反映强烈的痛点和难点问题。2022 年全年共排查出存在问题的物业服务企业（小区）206 家（个），房地产开发企业 107 家、房地产中介机构 73 家、住房租赁企业 4 家。已整改 323 家（个），共约谈、函告 281 次，并将违规企业纳入日常重点监管。

【部署落实打击整治养老诈骗专项行动】印发《关于住房城乡建设领域开展打击整治养老诈骗工作实施方案的通知》和《住房城乡建设领域深入开展打击整治养老诈骗工作的通知》，截至年底，共发现 117 条（97 条涉及房地产领域）涉嫌养老诈骗相关线索，整治完成 110 条。

【因城施策促进房地产市场平稳健康发展】指导 16 个州（市）出台促进房地产市场平稳健康发展的政策。截至 8 月底，云南省 16 个州（市）均已出台促进房地产市场平稳健康发展的政策。

【推进“放管服”改革】按照《住房和城乡建设部关于修改〈房地产开发企业资质管理规定〉的决定》，于 4 月 29 日印发《关于明确房地产开发企业二级资质审批权限的通知》，明确“全省房地产开发企业二级资质确定由各州（市）住房城乡建设主管部门审批，通过‘云南政务服务网’统一办理”，实现全程网办。

【烂尾楼清理整治】大力推动全省烂尾楼清理整治工作，2022 年云南省涉及民生需要交楼 307 个项目，已交楼 201 个项目，交楼率 65.47%，惠及 12.24 万个家庭超 30 万百姓。

住房保障

【保障性租赁住房建设】2022 年，云南省开工保障性租赁住房 60807 套，超 60301 套计划任务 506 套，开工率 100.84%，完成投资 42.72 亿元，超 23.55 亿元计划投资 19.17 亿元，投资完成率 181.38%。

【公租房分配管理】截至年底，云南省累计建成和在建公租房 91.19 万套，已分配入住公租房 87.92 万套。其中，2022 年新增分配入住公租房 0.67 万套。2022 年发放公租房租赁补贴 4.28 万户，超额完成 4.03 万户的年度发放任务。

公积金管理

【住房公积金机构和经济运行情况】截至年底，云南省 16 个设区城市住房公积金管理中心均为正处级事业单位（公益一类），从业人员 1583 人。住房公积金缴存总额 5884.45 亿元，同比增长 12.92%；缴存余额 1953.06 亿元，同比增长 8.89%；个人住房贷款总额 3368.87 亿元，同比增长 10.17%；个人住房贷款余额 1482.21 亿元，同比增长 7.49%；住房公积金个人提取总额 3931.39 亿元，同比增长 15.03%；住房公积金个人住房贷款率达 75.89%。

【持续扩大公积金制度覆盖面】印发 2022 年度《云南省住房公积金工作要点》，强调扩大住房公积金制度覆盖面，重点支持新市民、青年人租赁住房等基本住房需求。鼓励昆明市和有条件的州（市）积极开展灵活就业人员自愿缴存住房公积金调研工作，帮助灵活就业人员和青年人住有所居，用足用活住房公积金政策，《昆明市灵活就业人员参加住房公积金制度试点方案》已上报住房和城乡建设部，通过试点进一步探索扩大住房公积金制度的覆盖面，助力推动人民群众实现“住有所居”。2022 年，全省新设立住房公积金个人账户 27.69 万户，新设立住房公积金单位账户 8424 个。

【积极落实住房公积金阶段性支持政策】会同省财政厅、中国人民银行昆明中心支行转发了《住房和城乡建设部 财政部 人民银行关于实施住房公积金阶段性支持政策的通知》，并提出相关要求确保云南省住房公积金阶段性支持政策落地，有效纾解企业和缴存人困难。截至 2022 年 12 月底，全省累计缓缴企业 289 个，缓缴职工人数 28071 人，累计缓缴金额 24241.64 万元。

【提高住房公积金使用效率】各地因城施策，支持刚性和改善性住房需求，解决好新市民、青年人等住房问题，支持租房市场建设；全面落实异地贷款政策，提升住房公积金贷款覆盖面；扩大公积金提取使用范围，提高租房提取额度，降低购房提取条件，大力开展按月冲还贷等业务，有效促进公积金提取使用；拓展贷款渠道，丰富贷款品种，着力推进组合贷、商转公、商转组贷款，多渠道解决职工购房资金需求，进一步支持刚需和改善性住房的合理住房需求；积极指导各州（市）调整住房公积金政策，有效促进住房消费。2022 年，缴存住房公积金 673.14 亿元，同比增长 7.29%；提取住房公积金 513.69 亿元，同比增长 4.61%；发放住房公积金个人住房贷款 310.95 亿元，同比增长 34.66%。

【稳步推进公积金信息化建设】推进住房公积金业务“跨省通办”。全省16个公积金中心实现政务服务事项“网上可办”、常用业务服务“掌上即办”、高频业务服务“跨省通办”。2022年，云南省新增3项高频服务事项全国“跨省通办”。截至年底，全省实现了11项高频服务事项全国“跨省通办”。

【加强逾期个人住房贷款的监管工作】督促各公积金中心组成专班，对贷款受理、审批、资金拨付、抵押物管理和贷后管理等分别设立岗位，建立风险防控机制，加强贷款发放的审核，对逾期贷款进行分类催收整改，完善催收方案和贷款逾期风险防控方案，防止断贷的产生和个人住房贷款逾期风险。截至12月底，全省住房公积金个人住房贷款逾期率为0.022%，低于全国住房公积金个人住房贷款逾期率。

城市建设

【概况】2022年，印发实施《“十四五”云南省城市基础设施建设10条具体措施》，积极做好重大项目储备，累计到位中央预算内资金64.04亿元（含老旧小区、棚户区改造），其中：城市市政基础设施建设资金16.74亿元；地方政府专项债80.02亿元，省级补助资金1.2亿元。海绵城市建设完成41.28平方公里、开工建设58.88平方公里；燃气管网新建703.46公里、改造152.45公里；供水管网新建1010.22公里、改造928.05公里；雨水管网新建534.09公里、改造690.66公里；污水管网新建1284.03公里、改造791.45公里；绿色社区建设完成425个；排查易涝点位832处，整治消除546处，完成率65%。全省污水处理厂集中处理率为96.87%，城市污水集中收集率为62.66%，新增生活垃圾处理能力合计1550吨／日。

【市政道路交通建设】推动优化城市交通体系，加快构建快速路、主次干路和支路级配合理的城市路网系统，优化道路线型，打通断头路，提高次干路和支路的密度。全省城市道路长度达15785公里。建立健全停车设施建设标准规范，构建云南省多层次标准体系。围绕“坚持科学规划、集约挖潜，坚持改革创新、支撑保证，坚持智能共享、多元拓展”，制定印发《云南省城市停车设施建设指南》。推广停车信息管理和智能停车服务。同时，为缓解城市停车难，积极推动全省城市停车泊位建设，全年完成新增机动车停车泊位6.8万个，超额完成年度目标任务6万个新增泊位的113%。

【城市供水节水】加强城市供水水质抽样检测工作，对省内125个县（市、区）公共供水厂出厂水、管网水、末梢水、二次供水进行了水质抽样检测。全省综合生产能力715万立方米／日，服务人口2189.7万人。加强供水节水督查检查，对玉溪市、安宁市等国家节水型城市进行了复查，抽查部分2021年节水型小区、单位、企业。联合省教育厅、省水利厅、省机关事务管理局积极开展节水型高校建设工作，印发《云南省节水型高校建设工作方案》；开展城市供水企业“双随机 一公开”。2022年5月15日—21日在全省全面开展节水宣传周宣传工作，广泛宣传了节水理念、措施及效果，提升了广大群众积极参与节约用水、努力建设节水型社会的热情和信心。

【城市防汛排涝】排查地下排水管网约2.9万公里，发现问题10.4万余个，编制《云南省城镇老化排水管网排查基本技术要点（试行）》，积极开展汛前、汛中检查和汛后总结，实行周调度，2022年全省排查易涝点位832处，完成雨污水管网清淤5911公里，清理管道淤泥576万立方米，清理改造雨水收集口10万余处，清掏检查井16万处，消除管网空白区127平方公里，新建完成排水管网534.09公里、改造690.66公里。

【城市生活污水垃圾处理】编制印发《云南省“十四五”长江经济带城镇污水垃圾处理专项行动实施方案》《云南省污水垃圾治理工程三年行动实施方案》，明确了各州（市）新增污水处理能力、新建污水管网、改造劣质管网、破损漏损修复、雨污混流整治，新增生活垃圾焚烧处理能力、餐厨垃圾处理、收集转运设施等具体目标任务，督促各地严格按照“十四五”污水、垃圾处理设施建设规划和专项行动实施方案明确的任务加快推进项目建设。2022年全省建设运营171座城镇污水处理厂，设计处理能力为490.8万立方米／日，平均每天处理443.33万立方米生活污水，累计建成排水管道30545公里，全省污水处理厂集中处理率为96.87%，城市污水集中收集率为62.66%，新增生活垃圾处理能力合计1550吨／日。

【黑臭水体整治】编制印发《云南省城市黑臭水体治理攻坚战实施方案》，坚持“控源截污、内源治理、生态修复、活水保质”，持续巩固8个地级城市现已完成的进入国家监管平台的33条黑臭水体整治成果，防止黑臭水体现象反弹，将黑臭水体治理范围向18个县级城市延伸。8—10月，按照《云南省2022年度城市黑臭水体整治环境保护行动工作方案》，会同省生态环境厅赴全省26个设市城市开展黑臭水体联合排查核实，确定全省城市黑臭水体共计34条，要求各州（市）编制城市黑臭水体整治、防治方案。

【海绵城市建设】组织开展“十四五”海绵城市建设示范城市竞争性选拔，昆明市成功申报国家第二批海绵示范城市，争取中央资金 11 亿元。丽江市、保山市、临沧市、大理市、楚雄市编制完成《系统化全域推进海绵城市建设示范工作实施方案》，积极争创 2023 年全国第三批海绵城市示范城市。2022 年已建成海绵城市 41.28 平方公里，新开工 58.88 平方公里。全省累计建成海绵城市面积 435.6 平方公里。

【城市燃气】全力推进燃气发展“十四五”规划编制工作，12 月 30 日正式印发实施。认真落实国务院安委会《全国城镇燃气安全排查整治工作方案》和《城镇燃气安全整治“百日行动”工作方案》工作要求，扎实开展城镇燃气安全排查整治工作和城镇燃气安全整治“百日行动”。建立健全省级城镇燃气安全排查整治协调机制，充分发挥全省燃气安全排查整治协调机制协同作用，定期组织召开省级协调机制会议，研究全省城镇燃气安全整治相关工作，合力推进燃气安全监管工作。截至年底完成燃气管网新建及改造 855.91 公里。

【推进绿美城市建设】印发《云南省绿美城市建设三年行动实施方案（2022—2024 年）》，以增绿提质为主线，围绕“绿美、宜居、特色、韧性”的要求，通过高质量推进绿美社区建设、高品质打造绿美街区街道等 11 项重点任务，打造一批“特色鲜明、景观优美、类型丰富、幸福宜居”的云南绿美城市；编制印发《云南省城市绿化技术导则》，对应城市分区明确了《云南绿美城市主要推荐树种名录》，指导各地因地制宜、因城施策、适地适绿、适地适美建设绿美城市。推进口袋公园建设，认真践行习近平“人民城市人民建、人民城市为人民”理念，结合云南实际，编制《云南省 2022 年“口袋公园”建设实施方案》，重点以“300 米见绿、500 米见园”均衡性布局不足的短板问题为导向，因地制宜规划建设或改造一批“口袋公园”。全省城市（县城）建成区绿地率 37.64%，建成区绿化覆盖率 41.78%，人均公园绿地面积达 12.67 平方米，公园绿地服务半径覆盖率 82.35%。

【健全城市更新政策体系】配合出台《云南省人民政府办公厅关于印发云南省高质量推进城镇老旧小区和城中村改造升级若干政策措施的通知》（云政办发〔2022〕6 号），牵头印发《关于进一步明确城镇老旧小区改造工作要求的通知》（云建更〔2022〕72 号）、《云南省城市更新居住品质提升三年行动计划（2022—2024 年）》（云建更〔2022〕72 号）、《云南省城镇老旧小区改造升级工作导则（试行）》等文件，初步形成城市更新制度框架、政策体系和工作机制，明确城市更新居住品质提升行动 2022—2024 年目标任务，同步建立项目库。

【开展城市体检】组织 128 个县（市、区）完成 2021 年城市体检工作；组织全省 48 个市辖区、设市城市和昆明市、临沧市所辖县（市、区）开展 2022 年度城市体检，选取曲靖市中心城区、玉溪市红塔区作为云南省城市体检样本城市开展第三方体检和社会满意度调查，进一步找准“城市病”，提出“诊疗”方案，开展整治工作。

【多措并举筹集城市更新资金】召开城市更新项目储备培训会议、季度政策培训和政策解读指导会议等，指导各地积极谋划储备项目、争取资金，全年共争取中央补助资金 44.9 亿元、省级配套补助资金 3.03 亿元、专项债券 103.91 亿元、政策性开发性金融工具 1.59 亿元。

【圆满完成城市更新行动年度目标任务】2022 年，云南省计划改造城镇老旧小区 1923 个、15.4 万户和城镇棚户区 4.87 万套，截至年底已全部开工，同时启动了 127 个城中村、16 个老旧厂区、28 个老旧街区改造，共计完成投资约 332 亿元。

【启动完整社区建设试点】科学指导各城市围绕完善社区服务设施、打造宜居环境、推进智能化服务、健全社区治理机制，结合城镇老旧小区、老旧街区、城中村改造等工作，积极探索方法、创新模式、完善标准，扎实开展完成社区试点建设，着力打造“15 分钟”便民生活圈。

【开展城镇老旧小区改造优秀典型县（市区）评审】4 月，按程序开展老旧小区改造升级优秀典型县（市、区）评选工作。通过评选，将昆明市官渡区、昭通市昭阳区、曲靖市宣威市、玉溪市红塔区和峨山县、楚雄州禄丰市、红河州蒙自市和建水县、大理州鹤庆县、临沧市凤庆县等 10 个县（市、区）作为城镇老旧小区改造升级优秀典型，并给予省级财政以奖代补资金支持。

【召开全省城镇老旧小区改造现场推进会议】2 月 26 日，召开全省城镇老旧小区改造工作现场推进会议，观摩了红塔区共美家园老旧小区改造项目、青花街陶瓷艺术园属于老旧厂区改造项目和朱槿片区老旧小区改造项目，对全省城镇老旧小区改造工作进行安排部署，积极推广玉溪市城镇老旧小区改造经验做法，统筹推进老旧小区改造提质增效。

【举办城市更新项目推介会】6 月 21 日，召开全省城市更新项目推介会，会上签订了《金融服务云南省城市更新专项合作协议》。会后，各州（市）住房和城乡建设局与相关企业、银行进行面对面洽谈，寻求合作机会，初步达成合作意向金额超过150亿元。

【强化城市管理精细化】 持续推动城市形象提升。聚焦人民群众反映强烈的市容环境突出问题和关键小事，强化街巷“六乱”常态化治理措施，大力整治临街店面占道经营、车辆乱停乱放、环境脏乱差、私搭乱建等问题。进一步优化城市人居环境，抓实市容市貌整治提升，推动城市功能、城市品质、城市形象持续改善和提升。

【开展施工扬尘治理】 部署开展建筑施工和城市道路扬尘污染专项治理“百日行动”，抓实“马路办公”，对发现问题紧抓不放，压实整改落实，重拳出击，建筑工地和城市道路扬尘治理初见成效。

【稳步推进“一网统管”】 省级城市运行管理服务平台于12月初启动建设，按照“省市带县”模式开发市县智慧城管系统，供各地免费使用，同步推进全省建成“管用、好用、群众爱用”的平台，赋能全省城市智慧化管理。

【常态化推进扫黑除恶斗争】 持续紧盯行业治乱，健全对建筑市场、招投标等群众关注度高、容易滋生腐败的行业监管，建立滚动排查机制，及时调整行业乱象整治措施，确保群众合法利益得到保障。全省住房城乡建设系统共接收行业乱象举报数量14770，已办结13861，涉嫌违法犯罪移交5件。依法整治245家企业涉嫌非法取得公路总包二级资质的行业乱象。

【历史文化名城名镇名村街区保护管理】 为贯彻落实《中共中央办公厅 国务院办公厅关于在城乡建设中加强历史文化保护传承的意见》，云南省住房和城乡建设厅会同省文化和旅游厅、省发展改革委、省财政厅等11个部门于4月19日联合印发《关于在城乡建设中加强历史文化保护传承的实施方案》，提出构建保护内涵丰富、对象分类科学、管控措施有力、工作成效明显、云南特点突出的城乡历史文化保护传承体系。

【新增14个省级历史文化名村（镇、街区）】 印发《关于公布文山州广南县者兔乡下者偏村等14个村（镇、街区）为省级历史文化名村（镇、街区）的通报》，新增文山州丘北县腻脚乡为省级历史文化名镇，云南省级历史文化名镇增至16个；新增楚雄州双柏县大庄镇大庄社区、文山州丘北县曰者镇曰者村、文山州丘北县温浏乡石别村、文山州广南县者兔乡下者偏村、文山州广南县者兔乡板江村、文山州广南县者兔乡马碧村、文山州广南县者兔乡上者报村、文山州广南县者兔乡者中村、文山州广南县者太乡上下米哈村、文山州广南县者太乡蚌古村、文山州广南县董堡乡平安洞村、文山州马关县大栗树乡腊科村12个村为省级历史文化名村，云南省级历史文化名村增至40个；新增红河州个旧市选厂街区为省级历史文化街区，云南省级历史文化街区增至35片。全省确定公布历史建筑2221处，较2021年新增22处。

村镇规划建设

【农村危房改造】 2022年，及时修订印发《关于修订云南省巩固脱贫攻击成果做好农村低收入群体等重点对象住房安全保障工作实施方案的通知》，指导各地聚焦农村低收入群体等重点对象开展农村危房改造工作。全省2022年动态新增农村危房6602户，全部纳入改造，年内全面竣工。

【农房抗震改造】 2022年，印发《云南省住房和城乡建设厅关于印发2022年度云南省农村危房改造和农房抗震改造工作实施方案的通知》等文件，加大对抗震设防7度及以上的地震高烈度设防地区农房抗震改造，优先支持地震重点监视防御区、年度地震重点危险区的农房抗震改造，提升农房防震减灾能力。2022年争取中央农村危房改造补助资金12.41亿元（其中农房抗震改造11.47亿），实施农房抗震改造99632户，超额完成省政府要求农房抗震改造8万户以上改造任务。

【农村房屋安全隐患排查整治工作】 2022年，以用作经营的农村自建房为重点，依法依规有序开展农村房屋安全隐患排查整治工作。截至2022年底，云南省1.14万个行政村均已全覆盖开展农村房屋安全隐患排查整治工作，录入系统732.8万户。

【农村生活垃圾及乡镇污水治理】 2022年，采取集中和分散相结合的方式，积极推进乡镇镇区生活污水治理。距离城市（县城）较近，采用“城乡一体化”模式，将农村生活垃圾纳入城市（县城）集中处理；距离较远的，在乡镇合理布局小型处理设施，采取“镇村一体化和就地就近”治理模式，收集处理周边乡镇和村庄生活垃圾。会同省生态环境厅编制印发了《云南省农村生活垃圾处理技术指南（试行）》，为各地推进小型化、分散化处理设施建设提供了技术支撑。截至2022年底，全省乡镇镇区和村庄生活垃圾处理设施覆盖率分别为78%和59%，乡镇镇区生活污水处理设施覆盖率为53%。

【农村低收入群体住房安全保障】 2022年，聚焦“两不愁三保障”住房安全有保障要求，对农村低收入群体住房安全建立监测预警机制，及时将线上“政府救助平台”提交的和线下动态巡查发现的符合条件农户危房及时纳入改造，保障低收入群众住房安全。截至年底，全省累计收到群众住房困难救助申请17473件，办结17312件，办结率99.08%，对符合条件的426户均已纳入农村危房和农房抗震改造项目实施改造。

【惠民惠农财政补助资金“一卡通”专项整治】2022年，成立惠民惠农财政补贴资金“一卡通”管理使用问题专项治理工作领导小组。印发《云南省住房和城乡建设厅关于印发惠民惠农财政补贴“一卡通”管理使用问题专项治理工作方案的通知》等文件，明确“一卡通”专项治理工作重点，按时完成省“一卡通”专班安排部署工作，梳理汇总数据交换、共享需求清单和补贴项目基本信息，积极推进问题整改、平台管理建设等工作。截至10月18日，住房城乡建设领域惠民惠农补贴项目上线率达100%。

【民族地区农房功能提升试点】2022年，牵头制定印发工作实施方案、资金管理办法、技术指南、口袋书等政策和技术文件，争取省级财政资金4亿元，在少数民族地区选取230个自然村2万户开展农房功能提升试点工作。

【乡村建设风貌引导】2022年，印发《云南省“十四五”乡村建设规划》，编制《云南省乡村宜居农房风貌引导图集（乡村振兴版）》，做好农村建筑风貌引导。编制《云南省乡村建设工匠培训教材》，积极开展乡村建设工匠培训，提升云南省农村建筑工匠队伍整体素质和乡村建设工匠专业技术水平。

【传统村落保护发展】4月14日，住房和城乡建设部、财政部联合印发《关于做好2022年传统村落集中连片保护利用示范工作的通知》，明确云南省建水县、腾冲市入选2022年国家级传统村落集中连片保护利用示范县，共计获得1.5亿元中央资金补助。11月15日，《云南省住房和城乡建设厅关于扎实推进2022年传统村落集中连片保护示范工作的通知》明确，大理州剑川县、文山州广南县、丽江市玉龙县、普洱市澜沧县、临沧市凤庆县获得2022年云南省传统村落保护发展补助资金，共计1亿元。

工程质量安全监督

【工程质量安全制度建设】2022年，制定印发《云南省房屋市政工程建筑施工项目安全日志（试行）》和《云南省房屋市政工程建设各方主体质量安全责任清单》，在全省所有在建项目实行“安全日志”制度，压实项目安管人员责任，充分发挥安全员“吹哨人”的作用，进一步加强各方质量安全主体责任落实。

【工程质量安全责任落实】按照“党政同责、一岗双责”和“管行业必须管安全、管业务必须管安全、管生产经营必须管安全”要求，对厅安全生产管理委员会成员单位进行了调整。编制了年度安全生产目标责任书，厅主要领导与分管业务厅领导，分管业务厅领导与业务处室（单位）层层签订了年度安全生产目标责任书，压实了厅各级领导干部及业务处室（单位）安全生产责任。召开全省住房城乡建设系统安全生产工作会议，对行业领域年度安全生产工作重点进行了部署和安排，明确了工作目标，细化了工作任务，进一步压实各级各部门安全生产工作责任。

【工程质量提升行动】深入开展建设工程质量提升行动，不断完善质量保障体系，建立健全质量监督管理制度，全面落实各方主体责任，大力推进全省工程质量管理标准化示范项目创建活动，实现了全省工程质量监督覆盖率100%，获中国建设工程鲁班奖7项，国家优质工程奖10项，其中包括国家优质工程金奖4项。

【“两违”专项治理】2022年，云南省共排查既有房屋建筑564856栋、建筑面积74225.46万平方米，整改既有房屋建筑22822栋、建筑面积898.14万平方米；排查在建房屋建筑27902栋、建筑面积27404.1万平方米，整改在建房屋建筑3448栋、建筑面积2624.58万平方米。针对存在的问题隐患，拆除房屋建筑2253栋、建筑面积101.65万平方米，加固处理房屋建筑1158栋、建筑面积154.37万平方米，责令停止使用房屋建筑247栋、建筑面积36.44万平方米，责令停工整改房屋建筑424栋、建筑面积270.65万平方米，处罚企业478家、罚款19838.07万元。

【督查检查】狠抓质量安全隐患排查治理，坚持“隐患就是事故，事故就要处理”的理念，全力开展质量安全隐患排查治理。全年派出93个省级督导检查组，对16个州（市）129个县（市、区）开展实地综合督查，抽查了364家企业、234个在建项目、1386个点位，下发质量安全隐患整改通知书93份，执法建议书25份，共反馈并督促各有关单位整改各类问题隐患4194条。

【标准化建设】狠抓建筑施工企业质量安全生产标准化考评工作，积极调动企业抓质量安全工作的主动性，全省所有企业安全生产标准化考评率达100%，企业安全生产本质水平不断提升。全年共创建国家级安全生产标准化交流学习示范工地10个、省级安全文明标准化工地167个、省级质量管理标准化示范项目118个。

【自建房安全专项整治】成立云南省自建房安全专项整治工作领导小组和工作专班，印发《云南省自建房安全专项整治实施方案》和《云南省自建房安全专项整治技术手册（试行）》，聚焦经营性自建房，按照“排查要快、识别要准、管控要严、整治要实”要求，持续坚持日晾晒、周调度、月督导调度工作制度，全力推进自建房安全专项整治。全省共排查自建房198.2万栋（经营性自建房67.9万栋、非经营性自建房130.3万栋），共发现安全隐患3.66万栋（红牌754栋、黄牌4948栋、蓝牌30889栋），对特别重大安全隐患房屋管控措施动态清零，做到了“危房不进人，人不进危房”，坚决防范和遏制了房屋倒塌事故。

建筑市场

【建筑业发展概况】2022年，云南省建筑业总产值达8168.65亿元，同比增长11.3%；完成建筑业增加值3282.41亿元，占全省GDP的11.3%，同比增长6.1%；全省建筑业税收238.56亿元，占全省税收的8.2%，同比下降20%；全省登记注册建筑业企业数量达11.44万家，净增18172家，同比增速18.89%，完成年度净增目标任务的180.60%；入库资质等级建筑业企业数量达4640家，净增622家，同比增速15.48%，完成年度净增目标任务的126.42%。

【建筑业企业发展情况】取消省外企业入滇登记，推进云南建筑市场“零门槛”开放。全面推行“网上申报、一窗受理、限时办理”的审批方式，优化审批流程、压缩审批时限、提升审批效率，实现省级审批的资质许可事项“零接触”“不见面”“全程网上办理”。2022年，云南省新增住房城乡建设部核发资质29项〔其中特级资质2项，一级（甲级）资质27项〕。

【建筑业从业人员情况】圆满完成2022年度二级建造师执业资格计算机化考试，共6.9万余人参加。组织非注册类人员证书考试424场次，合格27295人次，业务量达25万余人次，截至2022年底非注册类证书总量为54.35万余本。云南省共有注册建造师及监理工程师9.7万余人（其中一级建造师1.4万人，二级注册建造师7.9万人，监理工程师0.46万人），非注册类人员38万人。全省建筑业从业人员超过168万人。

【促进建筑业高质量发展】联合18个省直部门印发《云南省促进建筑业高质量发展若干措施》，强化政策保障，支持建筑企业做大做强，有63家优质建筑业企业享受了277项政策资质服务。

【开展建筑行业企业信用综合评价】印发《云南省住房和城乡建设厅关于云南省建筑行业企业信用综合评价标准的补充通知》，进一步修订评价标准，缩短评价周期，实现对企业信用综合评价月评。截至年底，公布22123家企业信用综合评价结果，其中AAA企业1949家、AA企业2016家，A企业5645家，B企业4家。

【落实建筑工人实名制管理】印发《关于进一步加强云南省建筑与市政基础设施工程施工现场专业人员管理的通知》和《关于进一步推进住房城乡建设领域农民工工资专用账户管理工作的通知》，全面推进实名制管理，提升云南省建筑工人实名制管理及工资代发平台监管效力，细化住房城乡建设领域专户管理标准，推进实名制信息化管理“一地接入，全省通用”。

【工法评审】印发《云南省住房和城乡建设厅关于开展2021年度省级工程建设工法评审工作的通知》，开展2021年度云南省建设工程工法评审。

【保障农民工工资支付】印发《云南省住房和城乡建设厅关于开展集中整治拖欠农民工工资问题专项行动的通知》，督促各方落实保障农民工工资支付制度。2022年，云南省住房和城乡建设主管部门查处拖欠农民工工资案件841件，为15485名农民工追讨欠薪6亿余元。

【勘察设计审查】截至12月31日，云南省勘察设计业完成初步设计审查41项；完成施工图审查7394.37万平方米/4707项。

【勘察设计资质管理】2022年新增住房和城乡建设部审批资质13项，截至2022年12月31日，云南省共有勘察设计企业1069家，较上年增长109家（其中：工程设计综合资质1家，工程设计甲级资质110家，工程设计乙级及以下资质897家，工程勘察综合资质10家，工程勘察甲级资质21家，工程勘察乙级及以下、劳务资质359家）。

【勘察设计信息化监管】印发《云南省住房和城乡建设厅关于推行二级注册建筑师和二级注册结构工程师电子注册证书的通知》，实行二级注册建筑师和二级注册结构工程师电子注册证书。截至12月31日，已生成勘察设计企业资质电子证书1862份、二级注册建筑师和二级注册结构工程师电子注册证书532份。

【施工图联合审查】印发《云南省住房和城乡建设厅关于进一步规范施工图审查机构管理的通知》，完成了2022年施工图审查资格申报认定工作。截至12月31日，全省共有施工图审查机构40家（其中：一类19家，二类21家）。印发《云南省住房和城乡建设厅关于开展勘察BIM智能辅助审图工作的通知》，自9月1日起，在全省范围内推行勘察BIM智能辅助审图工作，截至12月31日，共有1071个项目使用勘察BIM智能辅助功能完成勘察项目施工图审查。

【勘察设计类注册考试】2022年，完成21批202人二级注册建筑师和二级注册结构工程师初始注册审批工作；组织完成云南省全国一、二级注册建筑师考试，组织2473人8136科次人员报名应考；完成了云南全国勘察设计注册工程师考试，组织5215人12868科次人员报名应考。截至12月31日，全省共有一级注册建筑师568人、二级注册建筑师532人、勘察设计工程师2364人、二级注册结构工程师325人。

【勘察设计教育培训】组织注册建筑师544人、注册结构工程师230人、注册岩土工程师80人进行继续教育工作，分别对通用无障碍设计、减隔震建筑结构设计指南与工程应用、岩土工程典型案例述评等内容进行网络培训。

【建设工程消防设计审查】截至12月，云南省共受理建设工程消防设计审查项目1865个，办结1804个，办结率96.73%。

【建设工程消防验收及验收备案】截至12月，云南省共受理建设工程消防验收项目1803个，办结1718个，办结率95.29%；受理建设工程消防验收备案项目1454个，办结1407个，办结率96.77%。

【建设工程消防设计审查与验收机构建设】截至12月底，云南省已有昆明、昭通、玉溪、楚雄、临沧5个州（市）设立了专门机构；11个州（市）级批准行政编制专职人员15名、事业编制37名。

【建设工程消防设计审查与验收队伍建设】2020—2022年，云南省业务管理人员及注册建筑师共2681人参加业务培训。2022年，以实际工程案例制作《建设工程消防验收备案教学视频》，并对全省881名业务管理人员开展视频及实地培训；同时，将建设工程消防设计审查法律法规宣贯，纳入云南省勘察设计协会注册建筑师继续教育培训，共有450名注册建筑师参加了培训。

【工程建设项目审批制度改革】深化云南省工程建设项目审批制度改革，着力优化行政审批程序、完善管理方式，实行联合测绘、联合验收，全流程审批时限由2021年70个工作日压减至50个工作日内；深化信息平台集中对接，打通工程建设项目审批管理系统与省建设工程消防设计审查验收备案管理系统等12个系统平台数据端口，工程建设项目报件基本信息、验收备案表等相关办件信息共享，实现以省政务服务网为统一申报入口的目标，云南省共计28265个项目54564个办件审批上传，避免二次录入；用水用气用电报装实行“一件事一次办”，报装工作推行“3008”服务流程，报装环节不超过3个，建设单位网上报装“零跑腿”，在工程建设项目审批管理系统建设市政公用外线开挖并联审批流程，外线接入工程8个工作日并联审批；探索社会投资低风险小型仓储项目告知承诺制审批，审批时限压缩至15个工作日，2022年全省共有1907个项目实行了告知承诺制。

【优化政务服务】工程建设项目审批管理系统等5个自建平台均实现与云南政务网联通，与“好差评”系统全面对接。依托系统互联互通，对11项政务服务事项、86个证明材料实行告知承诺制，电子材料比例达92.19%，27项政务服务事项“一网通办”可办率达到100%，基本实现“不见面”网上办理，政务服务由“可办”“能办”向“快办”“好办”转变，由被动服务向主动服务转变，政务服务“好差评”2022年度好评率为100%；积极推进16项行政许可事项“全程网办”，办结时限压缩率达78.68%；全面实行行政许可事项清单管理，统一编制行政许可事项清单，将依法设定的42项行政许可事项全部纳入清单管理，构建形成省级统筹、分级负责、规范统一、权责清晰的全省行政许可事项清单体系。

【“双随机、一公开”监管】建立“一清单三库”动态管理机制，全面加强事中事后监管。统筹做好年度抽查计划和方案编制工作，制定2022年度住房城乡建设领域部门抽查计划22项，部门联合8项，重点领域3项；2022年随机抽查了531家企业、109个建设项目，出动执法人员206人次、专家89人次，共发现问题454条，并得到全面整改；强化抽查检查结果应用，抽查结束之日起20个工作日内将结果向社会和公众公开，接受监督，将行政处罚和随机抽查结果向国家企业信用信息公示系统（云南）推送，确保涉企信息归集完整，促进企业信用信息共享。

【招投标活动监管】2022年，云南省房屋建筑和市政基础设施工程项目共4121个，中标金额507亿元；2022年全省上传住房和城乡建设部中间库历史业绩项目数据共527个。招标投标活动基本实现全程电子化和异地远程评标，进一步推动招标投标过程的规范透明、结果的合法公正，实现招标投标活动信息公开。

【招投标行业乱象整治】2022年共排查在建房屋建筑和市政基础设施工程项目3647个，排查工作覆盖率100%，其中，发现违法违规案件线索108件，核查108件，依法处罚的案件38件。通过政府门户网站发布或公共资源交易场所对外公示招投标乱象整治重点、举报投诉电话及进展成效情况，通报典型案例45篇，整治工作情况报告50篇；在招投标行业领域从业人员中推广承诺践诺，共签订各类承诺书36842份，进一步规范行业秩序。

建筑节能与科技

【节能建筑】2022年，云南省城镇新增建筑面积4960.6万平方米，全面执行节能强制性标准，设计和施工阶段执行建筑节能强制性标准比例均达到100%。2022年全省完成既有居住建筑节能改造面积879.4万平米、公共建筑面积34万平方米。

【绿色建筑】报请云南省委办公厅、省政府办公厅印发《关于推动城乡建设绿色发展的实施意见》，并建立省级城乡建设绿色发展联席会议制度；制定印发《关于进一步加强建筑节能与绿色建筑全过程管理的通知》，强化建筑节能与绿色建筑的设计、施工和验收全过程管理；编制完成《云南省城乡建设领域碳达峰实施方案》，科学、全面、系统指导全省城乡建设“双碳”工作开展。2022年全省城镇新建绿色建筑4181.75万平方米，占同口径建筑面积比重84.3%，同比增长7个百分点。

【绿色建材】2022年末全省共有22家企业获得绿色建材认证，137项材料获得绿色建材评价标识，指导支持玉溪市成功申报政府采购支持绿色建材促进建筑品质提升试点城市。

【装配式建筑】2022年，云南省新开工装配式建筑和采用装配式技术体系的建筑面积超过521.7万平方米，占城镇新开工建筑面积比例约为10.7%。培育国家装配式建筑产业基地7个，省级产业基地16个、示范城市1个。

【建设科技】依托住房城乡建设领域科学技术计划项目，积极组织引导推动全省住房城乡建设领域科技发展。2022年通过住房和城乡建设部科技计划项目立项1个，完成住房城乡建设部委托验收3个。批准立项省级住房城乡建设领域科学技术计划项目39个，组织检查8个，验收19个。

【标准定额】2022年云南省批准立项工程建设地方标准24部，组织修订9部，发布实施8部，重点编制发布《云南磷建筑石膏建材应用技术导则（试行）》，为助力磷石膏建材发展提供技术支撑；组织开展22部国家工程建设全文强制规范宣贯累计培训1.2万人次。完成《云南省房屋修缮及仿古建筑工程计价标准》等3部工程计价标准送审稿编制，组织开展云南省2022年度二级造价工程师职业资格考试。完成8600余名云南省区域内注册造价工程师的管理工作，完成工程造价计价标准宣贯4400余人次。

防震减灾与恢复重建

【持续推动抗震防灾专项规划编制】2022年，云南省城市抗震防灾综合防御体系进一步健全，2022年组织完成曲靖中心城区（麒麟区、沾益区）、罗平县、富源县、普洱市景东县等5个城市（县城）抗震防灾专项规划省级评审工作，全省累计95个城市（县城）完成抗震防灾专项规划编制。

【完成全省房屋建筑和市政设施普查工作】按照全国及省自然灾害综合风险普查工作统一部署，2022年全省完成2741.32万栋、36.92亿平方米房屋建筑，7809条、8293.94公里市政道路，2185座、18.93万米市政桥梁，10514条、12753.49公里供水管线和791座供水厂站实地调查，圆满完成全省房屋建筑和市政设施普查工作任务。

【地震灾害应急处置】召开2022年度全省住房城乡建设系统抗震防灾应急会议，完成“1·02”宁蒗5.5级、“11·19”红河5.0级地震应急处置工作，累计组织省、州（市）、县（市、区）住房城乡建设系统应急队伍257人，完成3984户、5338幢民房、164幢公共建筑应急评估及市政基础设施抢修、应急活动板房搭建等工作，及时保障震后灾区群众恢复正常生活及社会事务管理有序运转。

【建设工程抗震设防管理】编制印发《云南省既有建筑抗震鉴定技术导则（试行）》《云南省既有建筑抗震加固技术导则（试行）》等技术规范标准。2022年云南省共受理审查612个项目、1022个单体、839.16万平方米，其中省级受理超限高层建设工程20个项目、62个单体、238.23万平方米，完成率100%。加强建设工程抗震设防督查检查，通过“双随机、一公开”抽查检查和安全生产督查，对全省66个项目开展抗震设防巡查检查。

【隔震减震技术研发应用】编制印发云南省工程建设标准图集《建筑隔震构造详图》《建筑消能减震应用技术规程》等技术文件。推动高烈度区高层住宅减震技术方案及其实用设计方案研究、变摩擦阻尼器研发项目、速度型黏弹阻尼器分层参数设计法多项课题研究。大力推广应用隔震减震技术应用，加强隔震减震建设工程设计、审查、检测、施工、验收及使用维护等关键环节的监督管理。2022年云南省新增应用隔震减震技术建设工程（设计阶段）共计429个项目、695个单体、572.58万平方米，实现全省位于高烈度区新建医院、学校、幼儿园等公共建筑基本隔震减震技术全覆盖。

【漾濞6.4级灾后恢复重建有序推进】督促指导大

理漾濞 6.4 级地震灾后恢复重建有序推进。在第一阶段民房恢复重建圆满完成的基础上，加快推进第二阶段各项工作。完成了恢复重建规划中期评估和调整，调整后实施八大工程 82 个项目，资金总需求 37.87 亿元，截至 2022 年底，到位资金 31.56 亿元，其中规划内到位资金 29.93 亿元（国家部委补助到位 10.34 亿元、省级部门预算到位 12.52 亿元、州级补助到位 1.04 亿元、县市自筹到位 0.3 亿元、政府专项债券到位 5.73 亿元），应急资金 1.63 亿元，规划内资金到位率 79%；恢复重建规划调整后的 82 个项目，已全部开工，已竣工 63 个，竣工率 76.83%。

【宁蒗 5.5 级地震及恢复重建】1 月 2 日 15 时 02 分，宁蒗县发生 5.5 级地震（北纬 27.8 度，东经 100.7 度），震源深度 10 公里。地震造成宁蒗县、玉龙县共 6 个乡镇 24 个村委会受灾，30 人受伤，直接经济损失 3.19 亿元。宁蒗地震灾后恢复重建坚持“县负主责、市级领导、省级指导”原则。恢复重建规划实施五大工程 45 个项目，资金总需求 1.11 亿元。截至年底，到位资金 0.98 亿元，到位率 88.29%，已经开工项目 43 个，已竣工 32 个，竣工率 71%。

【地震应急预案修订】印发《云南省重特大地震灾害应急处置工作方案》，结合住房城乡建设工作实际，修订《云南省住房城乡建设系统地震应急预案》《云南省住房城乡建设系统地震应急处置工作手册》，制定《云南省住房城乡建设系统重特大地震灾害应急处置工作方案》，7 月印发实施。

人事教育

【干部培养】2022 年度，配合云南省委组织部推荐副厅级领导 3 名；根据省委组织部统一安排，接收 1 名曲靖市提拔交流使用的副处级领导干部；选拔任用处级领导干部 20 名；选派 1 名干部到上海挂职锻炼；选派 2 名干部到住房城乡建设部跟班学习；选派 1 名干部到怒江挂职；选派 1 名干部到机场集团挂职；选派 1 名干部到昭通市昭阳区挂职锻炼；完成 22 名干部职级晋升工作，完成 33 名干部轮岗交流；接收 1 名军转干部和 2 名退役士兵；选派 12 名同志先后到昭通市大关县驻村锻炼。

【教育培训】组织全厅党员干部收看党的二十大开幕式，以党支部为单位进行专题研讨和体会交流。通过召开厅党组会议、举行厅党组理论学习中心组集中学习、组织“万名党员进学校”、深入基层开展宣讲等多种形式学习宣传贯彻党的二十大精神。做好干部教育培训工作，共选派厅级领导干部参训 13 人次，处级干部参训 14 人次，科级干部参训 3 人次；选派 20 名人员参加干部专题研修；组织 144 名干部参加干部在线网络培训。

【职称评审】组织开展建筑工程系列职评审工作。2022 年圆满完成初级 2 批次，中级 2 批次，高级 2 批次，正高级 2 批次，共计 8 批次的职称评审工作，共 2909 人申报，共 1859 人评审通过。

【劳动保障管理】确定新录用人员工资及职务变动人员、工作调动人员晋升工资事宜；完成厅机关及厅属事业单位，接收军队转业干部和退役士兵 3 人、调入（出）12 人、退休 5 人、死亡 1 人，工资确定、转移，养老金、一次性丧葬抚恤金的核定、清理整治“吃空饷”问题自查和清理规范津贴补贴自查等工作。

【事业单位改革】推进厅属云南省城乡规划设计研究院、云南省工程建设标准设计研究院、云南建筑技术发展中心 3 家生产经营类事业单位转企改制工作。

大事记

1 月

10 日　召开住房城乡建设工作第 1 次专题会议。

14 日　召开全省城镇燃气安全隐患排查视频调度会议，对全省城镇燃气安全隐患排查作安排部署。

26 日　召开全省住房和城乡建设视频会议。

2 月

12 日　省住房城乡建设厅党组书记、厅长尹勇率队赴红河州石屏县、建水县，实地调研督导长江经济带生态环境突出问题整改和历史文化保护传承、城市更新等工作。

25 日　召开专题会议，听取城市更新工程、污水垃圾治理工程、地下管网工程三大工程工作推进情况汇报，研究部署下步工作。

25 日　召开全省住房城乡建设领域自然灾害综合风险普查质检核查工作培训电视电话会议。

25 日　召开昭通市燃气企业无证经营问题整改督导工作会议。

26 日　召开全省城镇老旧小区改造工作现场推进会。

3 月

3 日　省住房城乡建设厅党组书记、厅长尹勇在昆明市调研滇池保护治理和滇池绿道建设等工作。

4 日　省住房城乡建设厅一级巡视员赵志勇组织召开约谈会，约谈昭通市燃气企业云南中城燃气有限公司。加快整治昭通市燃气企业无证经营行为，全力解决昭通市城镇燃气安全隐患突出问题。

7—10 日　省住房城乡建设厅党组书记、厅长尹勇同志率队赴福建省、湖南省、江西省考察学习城市品质提升、城市更新、历史文化街区保护、垃圾分类、污水处理等工作。

24 日　召开全省住房城乡建设领域自然灾害综合风险普查质检核查工作电视电话会议。

26 日　云南省省长王予波率队赴昆明市盘龙区检查烂尾楼与不动产登记历史遗留问题清理整治工作。

4 月

11—13 日　省住房城乡建设厅党组成员、副厅长边疆带队，同省生态环境厅、农业农村厅、工业信息化厅、水利厅组成联合督导组，赴保山市调研督导东河流域水污染综合治理工作进展情况。

14 日　召开住房城乡建设工作第 10 次专题会议。

22 日　省住房城乡建设厅党组书记、厅长尹勇一行赴昆明调研城市安全工作。

25 日　召开全省视频调度会议，通报中央生态环境保护督察反馈问题整改和全省城镇燃气安全排查整治第二阶段工作进展情况。

5 月

11 日　召开 2022 年农村危房改造工作部署会。

17 日　召开住房城乡建设工作第 12 次专题会议。

18 日　召开全系统打击整治养老诈骗专项行动推进会。

24 日　省住房城乡建设厅党组书记、厅长尹勇一行赴云南建投建筑机械有限公司（楚雄州）调研地震应急活动板房生产储备工作情况。

25 日　召开全省住房城乡建设领域自然灾害综合风险普查质检核查工作电视电话会议。

26 日　召开 2022 年住房城乡建设工作第 14 次专题会议。

26 日　省政府副秘书长、督查室主任刘艾林率队，对昆明市化解难度大、工作任务艰巨、情况特别复杂的烂尾楼，进行现场调研督导。

26 日　省住房城乡建设厅一级巡视员赵志勇到昭通市大关县调研督导惠民惠农财政补贴资金“一卡通”专项治理、农村房屋安全隐患排查整治等工作。

27 日　召开住房城乡建设工作第 15 次专题会议。

31 日　召开住房城乡建设工作第 16 次专题会议。

6 月

2 日　召开全省城建领域地方政府专项债券项目储备视频培训会议。

6 日　省住房城乡建设厅党组书记、厅长尹勇率队赴省城乡规划设计研究院调研指导工作。

10 日　召开全省住建系统“安全生产月”活动启动视频会议。

10 日　省住房城乡建设厅党组成员、副厅长蔡葵带队赴保山市调研怒江（云南段）流域生活污水和垃圾治理情况。

13 日　召开住房城乡建设工作第 18 次专题会议（云南省自建房安全专项整治工作领导小组第 5 次会议）。

14 日　省住房城乡建设厅党组成员、副厅长边疆一行赴昆明市就中央生态环境保护督察、离任省领导“双责”审计发现问题整改、城市防汛排涝等有关工作进行调研督导。

18 日　召开专题会议，学习省委、省政府九大高原湖泊保护治理暨 2022 年度省总河长会议精神。

21 日　召开全省城市更新项目推介会。

22 日　召开住房城乡建设工作第 19 次专题会议。

23 日　召开了第三次党员代表大会，91 名党员代表出席会议。

22—24 日　举办 2022 年度“万名党员进党校”专题培训班。

7 月

5 日　召开专题办公会议，传达 7 月 4 日全国燃气安全防范专题视频会议精神，研究全省燃气安全“百日攻坚”行动 10 条工作措施。

6 日　召开住房城乡建设工作第 20 次专题会议。

7 日　省住房城乡建设厅党组书记、厅长尹勇率队赴丽江市调研城镇生活污水处理、城镇燃气安全和自建房安全专项整治工作。

8 日　召开打击整治养老诈骗专项行动推进会。

14 日　省住房城乡建设厅党组成员、副厅长王云昌率队赴昭通市调研建筑业等工作。

15 日　召开全省住房城乡建设系统安全生产电视电话会议。

19 日　召开住房城乡建设工作第 22 次专题会议。

21—23 日　省住房城乡建设厅党组书记、厅长尹勇率队到迪庆州调研城市品质提升及德钦县城整体搬迁工作。

25 日　召开 2022 年上半年党的建设、意识形态暨党风廉政建设工作会。

28 日　召开 2022 年住房城乡建设工作第 23 次专题会议。

29 日　召开 2022 年度上半年工作总结会议。

8 月

2 日　召开《网络舆情预警通报》办理情况专题会议。

12 日　省住房城乡建设厅党组书记、厅长尹勇率队到昭通市大关县调研定点帮扶工作，并召开座谈会。

12 日　尹勇率队到昭通市昭阳区调研城镇燃气安全工作，并召开座谈会，与市、区有关负责同志作了深入交流。

17 日　召开全省住房城乡建设系统信访暨网络舆情工作会议。

19 日　召开住房城乡建设工作第 24 次专题会议。

24 日　召开住房城乡建设工作第 25 次专题会议。

9 月

6 日，省政协副主席喻顶成率队到省住房城乡建设厅视察提案办理工作，并组织召开座谈会。

14 日　召开全省城镇燃气排查整治协调机制第 3 次会议。

16 日　住房和城乡建设部建筑市场监管司副司长廖玉平到省住房城乡建设厅调研建筑业发展工作。

17 日　省住房城乡建设厅牵头省河长制办公室、省生态环境厅组成联合工作组赴昆明市，就滇池流域水环境质量问题进行现场调研督办。

21 日　召开住房城乡建设工作第 27 次专题会议。

21 日　省委副秘书长王大敏到省住房城乡建设厅调研信息工作。

29 日　召开住房城乡建设工作第 28 次专题会议。

10 月

10 日　召开全省建筑施工和城市道路扬尘污染专项治理“百日行动”工作推进电视电话会议。

14 日　省住房城乡建设厅党组书记、厅长尹勇率队到云南省建设投资控股集团有限公司、云南省投资控股集团有限公司调研座谈，并与云南省投资控股集团有限公司签署战略合作框架协议。

17 日　召开住房城乡建设工作第 29 次专题会议。

24 日　召开住房城乡建设工作第 30 次专题会议。

25 日　召开全省住房城乡建设系统地震应急“三支队伍”应急调度暨业务技能培训电视电话会议。

27 日　召开领导干部警示教育会议。

11 月

3 日　召开云南省绿美城市和绿美社区建设工作现场推进会。

4—5 日　尹勇率队到昭通市大关县宣讲党的二十大精神，调研定点帮扶工作，并赴威信县调研赤水河流域保护治理和城镇燃气安全方面工作。

9—11 日　省住房城乡建设厅党组成员、副厅长杨渝率队到红河州开远市、石屏县宝秀镇郑营村开展党的二十大精神宣讲。

15 日　尹勇率相关人员和专家，会同昆明市人大、政府及相关部门开展滇池巡湖暨环滇池生态绿道工作调研。

22 日　省住房城乡建设厅党组成员、副厅长黄媛率挂联处室和专家赴昆明市开展阳宗海、珠江巡湖巡河暨保护治理工作调研。

12 月

7 日　召开住房城乡建设工作第 31 次专题会议。

8 日　召开滇池、赤水河流域保护治理问题整改面商会议。

12 日　召开云南省生活垃圾分类工作领导小组办公室会议。

22 日　召开全省传统村落集中连片保护利用工作现场推进会。

28 日　杨渝同志率队到昆明安宁市开展绿美城市和绿美社区建设实地调研。

（云南省住房和城乡建设厅）

西藏自治区

【住房和城乡建设工作概况】2022 年，西藏自治区住房和城乡建设厅坚持以习近平新时代中国特色社会主义思想为指导，深入贯彻落实党的二十大和中央经济会议精神，全面贯彻落实习近平总书记关于西藏工作重要指示精神、新时代党的治藏方略，认真落实住建工作会议和区党委十届四次全会、区党委经济工作会议和《政府工作报告》部署要求，聚焦“四件大事”聚力“四个创建”，坚持以高质量发展为主题，以深化改革为主线，以争创一流为目标，勇担重任、奋勇争先，各项工作取得了新进展、新成效。2023 年 1—11 月，全区住建领域完成固定资产投资 154.85 亿元，完成全年投资任务 144.1 亿元的 107.5%，同比增长 35.4%，占全区年度投资计划 1430 亿元的 10.8%。

【城镇基础设施建设】实施市政道路、供排水、供暖、生活垃圾和污水处理设施等122个项目，完成投资51.84亿元。预计到2023年底，全区城市公共供水普及率达99.7%，县城及以上城镇供暖面积达3225万平方米，常住人口城镇化率达38%以上。

【城市管理水平】首次对全区城市管理工作开展考核，将城市管理考核指标纳入对地市综合考核范围。开展市容市貌专项整治提升行动，群众对城市管理工作的满意度由年初的91%提升到97%以上。

【乡村建设行动】实施康马县、洛扎县等4个县城农牧区清洁能源取暖替代工程试点项目，完成投资1.23亿元。持续推进农房质量安全提升工程，完成6301户C、D级农房安全隐患整治和17569户农村危房改造年度任务。持续强化农村生活垃圾治理，全区农村生活垃圾收运处置体系行政村覆盖率达到94%。

【住房保障】投资27.68亿元，实施保障性安居工程195个74681套，发放住房租赁补贴6342户1942.65万元；投资3.07亿元，实施老旧小区改造65个。

【建筑业发展】前三季度，全区建筑业增加值479.481亿元，同比增长8.8%，占全区GDP的29.4%。工程建设领域农牧民转移就业21.52万人，实现劳务创收33.29亿元，同比增长19.16%和32.67%。

【房地产业发展】制定落实《关于进一步落实城市主体责任促进房地产业良性循环和健康发展若干政策》，全区房地产开发完成投资71.62亿元，商品房销售面积177.76万平方米，销售金额142.57亿元，同比增长77.24%和73.91%。落实山南市“保交楼”专项借款9300万元，在全国第一个实现交付进度100%。

【城乡环境基础设施】开展紧盯中央环保督察整改加快推进城镇生活污水及垃圾处理系统建设三年行动，投资8.68亿元，实施12个污水处理设施和8个垃圾处理设施项目，县城及以上城镇污水处理率达89%、生活垃圾无害化处理率达98.28%。

【历史文化保护】印发自治区城乡建设风貌导则、民居建筑传统风貌指引，自治区城乡历史文化保护传承体系规划拟在年前正式发布，并召开全区历史文化保护传承推进会。指导拉萨市编制八廓古城保护及旧城改造规划，投资4.83亿元支持拉萨八廓古城及旧城内老旧小区改造；投资3123万元，实施3个历史文化保护项目；山南市乃东区成功申报2023年传统村落集中连片保护利用示范区。目前全区有国家级历史文化名城3个、名镇5个、名村4个，历史街区9个、历史建筑109个，中国传统村落80个。

【改革创新发展】一是实施招投标改革。出台房屋市政工程施工招标投标管理办法和4个配套措施，建立“1＋4”招投标制度体系，实现自动匹配招投标条件、自动清标、自动抓取企业信息、自动评标、自动全链条监管，根治招投标领域腐败行为。电子招投标系统于11月27日上线试运行，3个项目正在线上招投标。二是探索投融资改革。编制完成自治区县（市、区）城区清洁能源供暖供氧专项规划及试点县城区清洁能源集中供暖特许经营实施方案，计划12月11日召开全区清洁能源供暖试点项目建设动员会，全面部署，启动试点。三是加大住房公积金制度改革。出台6项政策措施，推出“按月对冲”“按月提取”等政策，公积金贷款最高额度提高至132万元，发放公积金贷款29.85亿元，对冲贷款8047.85万元、租房提取1.81亿元，保障2.45万户家庭刚性和改善性住房需求。四是深化工程审批制度改革。将施工图联合审查、施工许可证合并质量安全报监手续、工程竣工联合验收和31类建设工程设计消防审查验收全部纳入工程审批管理系统线上办理，项目审批全流程时限控制在100个工作日以内，较国家规定120个工作日缩短20天。目前在线共受理办结3506个项目5757件审批事项。五是推进执法体制改革。制定《区住建厅实施行政处罚程序规定》《全区住建系统行政处罚自由裁量权基准适用规则》，明确各级管辖权限和处罚标准，规范行政处罚程序和裁量权，构建标准化、规范化行政处罚实施体系。六是推动自治区建筑勘察设计院转企改制重组。区建筑勘察设计院与中国电建集团成都勘测设计研究院开展转企改制重组合作，目前已签订战略合作协议。

【安全生产管理】出台《关于加强住建领域安全生产工作全链条管理的意见》《房屋市政工程安全文明措施费使用管理办法》等，构建目标明确、职责清晰、突出重点的住建系统安全生产全链条管理体系。全面开展城镇燃气、自建房、建筑施工等安全专项治理，城镇经营性自建房、农村自建房、房屋市政工程重大隐患全部整治到位，城镇燃气安全重大隐患整治率99.3%。住建领域一般生产安全事故起数和死亡人数同比下降11%。

【坚持作风建设】建立住建系统“紧盯目标，守住底线，狠抓落实，争创一流”管理体系，围绕重点项目、重点改革、守住底线等，对机关处室、二级单位和地市住建城管部门一季度一考核、一季度一分析，已开展3轮季度考核，并在山南市召开了现场观摩学习与分析会，推广典型经验，查找差距不足，强化结果运用。比学赶超、勇创一流，住建系统工作作风、整体水平、工作质量有了系统性提升。

（西藏自治区住房和城乡建设厅）

陕 西 省

法规建设

【概况】2022年，陕西省住房和城乡建设厅被表彰为全省法治建设先进单位、全省立法工作先进单位和全省学法用法先进单位，三名个人分别被表彰为先进个人。全面梳理、总结提炼5年来厅立法工作实践，形成“匠心打造地方良法聚力促进行业善治”主题经验材料。

【法治政府建设】系统梳理省住房城乡建设厅2018年以来法治政府建设情况，完成年度法治建设工作自查和五年法治政府建设情况报告。印发省住房城乡建设厅年度法治政府建设工作要点及法治政府建设示范创建活动方案，指导协调厅机关各处室（局）分工抓好相关工作。

【行业立法】完成省政府2022年度立法计划（草案）征求意见反馈，制定印发省住房城乡建设厅年度立法工作计划。配合省人大有关委员会完成《陕西省物业服务管理条例》执法检查任务，开展省历史文化名城名镇名村保护条例制定专题调研任务。全年共完成27件法规制度征求意见反馈工作。

【行政执法行为审核】依法依规清理涉及住建行业省政府规章6件，并提出废止、修改、暂予保留、保留等意见建议。累计完成厅机关涉政府采购合同、行政处罚案件及行政规范性文件等合法性审查9件，办理行政复议案件答复及应诉案件7起。为厅机关换发新式行政执法证件80个。

【法治宣传教育】印发厅法治宣传教育第八个五年规划（2021—2025年）。组织开展厅年度全民国家安全教育日普法宣传活动和“美好生活·民法典相伴”主题宣传活动。印制《法治宣传教育工作指南》250册，购买发放《习近平法治思想学习纲要》170册。省建设法制协会深入会员企业座谈交流、协同开展行业职业技能培训、安全生产专项检查及政策宣传、辅导与咨询，累计在学习强国等媒体发表文稿120多篇。

【行业“放管服”改革】对自贸试验区2022年改革事项清单提出修改意见，对权责清单事项进行修订完善。梳理修改本年度行政许可事项目录，形成行政许可清单。重新修订完善省政府有关委托下放事项。

房地产业

【概况】2022年，陕西省房地产开发投资4254.79亿元，同比下降4.2%；其中，西安市房地产开发投资2585.39亿元，同比增长6.5%。陕西省商品房销售面积3308.72万平方米，同比下降22.3%；其中，西安市商品房销售面积1666.87万平方米，同比下降10.2%。截至12月底，全省住房库存面积4758.02万平方米，同比增长13.96%，去化周期20.4个月；其中，西安市库存面积1823.77万平方米，同比增长42.47%，去化周期20.19个月。

【房地产调控工作的监督指导】2月26日，指导榆林市出台《关于进一步促进榆林中心城区房地产市场平稳健康发展的若干措施》，因城施策促进房地产业良性循环和健康发展。5月28日，指导西安市制定出台《关于调整商品住房交易政策有关问题的通知》，支持刚性和改善性住房需求，促进房地产市场平稳健康发展。5月30日，指导咸阳市出台《咸阳市促进房地产业平稳健康发展若干措施》，从增加土地供应、减轻企业负担、加大金融信贷支持、降低购房首付比例、精简优化建设审批手续等制定促进房地产发展的措施。同时，指导汉中、杨凌示范区初步拟定了促进房地产发展的相关措施。

【与相关部门联动配合】和人民银行西安分行密切合作，及时疏通有关城市涉及金融方面的障碍。4月14日，向陕西省自然资源厅发函，通报全省土地供应有关情况，建议其督促有关地市按照“五类”调控目标，科学合理规划，保障土地供应，特别是督促西安市加快供地节奏，加大住宅用地供应量，确保尽快形成市场有效供应。

【房地产调控工作】6月1日，下发《关于进一步做好房地产调控工作有关工作的通知》，要求各地住建部门因城施策，及时调整有关政策，加强与本地人民银行各分支机构、自然资源等部门沟通对接，统筹协调，积极支持刚性和改善性住房需求，加大金融信贷支持力度，优化商品房预售资金监管，加强房地产市场风险防控，推动房地产市场平稳健康发展。

【住房租赁市场试点工作】7月26日，向西安市住建局下发《关于督办西安市加快推进住房租赁市场试点工作情况的函》，要求西安加快项目推进步伐和资金拨付进度，推动解决对尚未开工、进度缓慢的项目以及资金支出较慢等问题。指导西安市优化完善房地产市场调控政策，出台《西安市居民存量住房用于保障性租赁住房操作指南》，居民存量住房纳入保障性租赁住房后，在西安市限购区域内获得新增购买一套商品住房资格。

【规范商品房预售资金监管】3月14日，联合人民银行西安分行、陕西银保监局下发《关于转发〈住房和城乡建设部　人民银行银保监会关于规范商品房预售资金监管的意见〉的通知》，确保房地产项目竣工交付，保障购房人的合法权益。同时，加强对城市房地产调控工作的监督指导，压实城市主体责任，持续整顿规范房地产市场秩序，加强房地产风险防控，扎实推进问题楼盘处置，因城施策，稳地价、稳房价、稳预期，促进全省房地产市场平稳健康发展。

【督促各地切实做好涉房地产领域热点问题办理】4月18日，下发《关于认真做好近期涉房地产领域热点问题办理工作的通知》。发布《关于开展全省在建商品房项目风险排查化解工作的通知》，要求各地开展在建商品房项目风险隐患排查，提前制定预案，将违法违规事项及时移交相关部门。

【积极化解风险隐患，持续规范市场秩序】7月18日，下发《关于精准统计上报房地产项目情况的通知》，要求各地在前期排查房地产项目风险的基础上，深入摸清底数，建立工作台账。联合省发改委、省公安厅、省自然资源厅、省市场监督管理局制定《2022年全省房地产市场秩序督查工作实施方案》，指派五个督查组分赴各地市对风险隐患化解、规范房地产市场秩序、规范物业服务管理等方面重点督查，对发现的问题限期整改。严厉打击违规建设、虚假宣传、违规销售等各类不法行为，进一步规范房地产市场秩序。

住房保障

【概况】2022年，陕西省城市棚户区改造新开工0.7701万套，占年度计划的121.70%。基本建成2.1632万套，占年度计划的221.19%。发放城镇住房保障家庭租赁补贴4.0464万户，占年度计划的118.81%。保障性租赁住房筹集建设8.8635万套（间），占年度计划的100.72%。全省棚户区改造和公租房建设完成投资235.55亿元，保障性租赁住房完成投资224.49亿元，保障性安居工程完成总投资共计460.04亿元。

【公租房保障】2022年，提请省政府召开了保障性安居工程协调领导小组会议，明确当年各项任务。指导西安市申请国务院真抓实干激励城市，西安市为住房和城乡建设部认定的9个城市之一，获得奖励资金2000万元。争取2022年中央补助资金5.6亿元。与建行陕西分行签订战略合作协议，为保障性租赁住房项目实施提供金融支持。2022年，已完成贷款审批153.87亿元，发放贷款72.26亿元，发行保障性租赁住房专项债支持项目7个，评审通过金额52.6亿元，已发行26.6亿元。以审计反馈问题为切入点，围绕年度目标任务，督促各地落实“四清一责任”工作机制，认真梳理历年审计、巡视反馈问题，扎实推进棚改三年攻坚行动、公租房问题项目清零行动。印发《关于开展2022年度保障性安居工程挂牌督办工作的通知》《关于对部分城市保障性安居工程进行重点监督检查的通知》等，对全省保障性安居工程工作开展情况进行检查督查，对检查结果进行通报点评，对整改进展缓慢的城市政府下发督办函。联合财政、审计对逾期回迁和棚改债务违约四个城市进行实地督导。同时，起草了陕西省棚户区改造和保障性租赁住房督查激励办法，将审计整改、回迁安置、棚改“三统一”还款等作为重要内容。

【加强项目建设管理】督促指导西安市落实8.8万套间的年度任务。协调教育厅、省国资委，推进省属高校和省属企业参与保障性租赁住房，联合银保监、人民银行印发金融支持保租房政策，对其他城市进行摸底和政策培训。对西安市各项目进行全覆盖实地查看，跟踪管理。指导各市进一步优化公租房管理规程，加快数据迁移和更新，打通数据孤岛，实施“一网通办”。截至12月31日，各市（区）主城区全部开通公租房申请“掌上办”“网上办”功能，服务效能得到进一步提升。开展“保障性住房小区共同缔造‘和谐社区·幸福家园’”活动，31个项目被列为2022年度示范项目，获得3000万元省保障性安居工程专项资金支持。

【工作成效显著】陕西省2022年住房保障工作获得国务院及省委、省政府的高度认可。西安市发展保障性租赁住房棚户区改造工作受国务院真抓实干激励表彰；住房和城乡建设部在落实中央城市工作会议精神进展通报中对陕西省棚改完成情况给予肯定；住房和城乡建设部《建筑》杂志对陕西省棚户区改造、保障性租赁住房发展工作分别进行专栏宣传推广，在《住房和城乡建设这十年》专栏中对陕西省公租房保障进行宣传推广；中国建设报就陕西省公租房小区开展“美好环境与幸福生活共同缔造”进行刊登报道；陕西日报 3 次对开展保障性租赁住房的做法进行报道。

住房公积金监管

【概况】2022 年，陕西省住房公积金缴存 746.54 亿元，同比增长 12.05%；提取 453.96 亿元，同比增长 13.54%；贷款发放 385.30 亿元，同比下降 0.23%。全省累计缴存 5793.66 亿元、提取 3405.68 亿元、贷款发放 3045.33 亿元。

【建立健全监管制度】2 月，陕西正式发布省级地方标准《陕西省住房公积金服务管理标准》，有力推动全省住房公积金服务管理标准化、规范化、便捷化。在日常工作中，持续实施住房公积金服务管理“月统计、季通报、半年交流、年终考核”工作机制，每月统计报表汇总分析后报厅领导和住房和城乡建设部公积金监管司；季度通报上报住房和城乡建设部公积金监管司和省政府办公厅，印发各中心抄送市政府。

【持续开展为民服务】会同省财政厅等 4 部门印发《关于开展维护住房公积金缴存职工购房贷款权益“百日专项整治”活动的通知》，维护住房公积金缴存职工合法权益，净化房地产市场环境。住房和城乡建设部在 6 个省 24 个城市管理中心开展体检评估工作。省住房城乡建设厅及西安、铜川、延安、商洛市 4 个管理中心参加。探索形成可复制可推广的方式方法，为全国全面展开提供陕西经验。在陕西省住房公积金系统践行“我为群众办实事”，积极开展“惠民公积金服务暖人心”活动，着力解决群众“急难愁盼”问题。推动 11 项高频服务事项实现“跨省通办”业务办理，开设 142 个线下服务窗口、32 个线上专区。推动 4 项工作“一件事一次办”，做法被住房和城乡建设部以《建设工作简报》形式转发推广。持续加大租房和城镇老旧小区改造加装电梯提取支持力度，累计为 1059 位缴存职工提取 4584.70 万元住房公积金用于老旧小区加装电梯。9 个管理中心通过人民银行征信系统验收，加快住房公积金信息化建设，实现“互联网+监管”。

【工作创新成效显著】印发《关于全面做好 2022 年住房公积金服务管理提升行动有关工作的通知》，召开两次全省业务工作交流推进会议。撰写的调研报告获得 2021 年度全省党政领导干部优秀调研成果一等奖。6 项工作经验做法被住房和城乡建设部向全国转发推广，7 项工作被省委办公厅《要情快报》肯定报道，6 项工作被省政府办公厅《信息快报》肯定报道。

【阶段政策助企惠民】2022 年，累计为 149 家企业、27610 名缴存职工办理缓缴 2.20 亿元；为贷款职工不作逾期处理 3.34 万笔，涉及贷款 96.16 亿元；为 14.32 万名缴存职工办理租房提取 13.98 亿元。进一步提升了服务质量和管理水平。

【科学总结发展历程】编制《辉煌 30 年——陕西省住房公积金事业发展历程》图集，编印《陕西建设－住房公积金 30 周年专刊》，全面回顾总结陕西省 14 个管理中心（分中心）30 年来住房公积金制度设立的发展历程。

【持续加强政策宣传】利用传统媒体和新媒体开展政策宣传报道，累计发稿 498 篇，阅读总量突破 260 万人次，使更多群众了解、掌握住房公积金使用政策，提升群众幸福感和满意度。

城市建设

【城市体检】2022 年，陕西省把城市体检作为统筹城市规划建设管理、推进实施城市更新行动的重要抓手，印发《关于开展 2022 年城市体检工作的通知》，组织召开全省城市体检动员部署视频会。西安、延安列为国家样本城市，渭南、汉中、榆林、商洛、紫阳、柞水、周至、彬州、黄龙、吴堡、西乡列为省级样本城市，制定《城市更新协调机制组成及职责分工》并征求了相关部门意见，提请省政府建立由省住房城乡建设厅牵头、27 个单位共同组成的城市更新部门协调机制，为城市更新工作提供组织保障。印发《关于加强城市更新项目管理的通知》，指导各市积极稳妥推进城市更新行动。2022 年，陕西省共实施城市更新项目 3785 个，完成投资 1039.03 亿元。

【城镇老旧小区改造】印发《2022 年高质量推进全省城镇老旧小区改造工作实施要点》《城镇老旧小区改造工作真抓实干督查激励措施实施办法》等政策文件，有效推进全省城镇老旧小区改造工作。西安市被国务院表彰为真抓实干督查激励对象，奖励 2000 万元专项补助资金，工作经验被《建设工作简报》（第 60 期）宣传推广。省政府通报表彰了真抓实干督查激励的 3 个市、10 个县区老旧小区改造工作。以 10 个县区、15 个项目打造示范点为抓手，统筹带动全省改造工作高质量发展。住房和城乡建设部老旧小区改造可复制政策机制清单（第五批）推广了陕西省及西安市、汉中市的经验做法；住房和城乡建设部《城乡建设杂志》刊登文章宣传省级及西安市城镇老旧小区改造经验做法；陕西省委政策研究室等主办的《调研与决策》刊登省住房城乡建设厅关于城镇老旧小区改造调研报告；住房和城乡建设部、财政部等中央机关官方网站、中国建设报、人民邮电报、城市党建周刊等多次刊登我省城镇老旧小区改造工作经验做法。2022年，全省新开工改造老旧小区2200个，惠及20.61万户居民。开工率为100%，圆满完成年度目标任务，改造小区数居全国第7位。

【“县城建设示范县”创建活动】印发《关于开展2021年县城建设示范县评定工作的通知》，组织各地积极开展2021年度县城建设示范县评定，科学制定年度县城建设工作计划。会同省发改委印发《陕西省推进县城建设补短板提品质实施方案》，91个县（市、区）县城建设年度计划项目共计2126个，工程总投资2585.6亿元，年度计划投资859.6亿元；已开工项目1964个，开工率为92%，已完成投资805亿元。

【历史文化保护传承】印发《陕西省历史文化名城申报管理办法（试行）》《关于开展我省第五批历史文化名城名镇名村街区申报评选工作的通知》，会同省文物局评选出符合条件的历史文化名城3个，历史文化名镇5个，历史文化名村9个，历史文化街区2片，由省政府发文公布。印发《陕西省2022年城乡历史文化保护传承工作方案》，累计划定历史文化街区68片，确定历史建筑843处。组织编制《陕西省城乡历史文化保护传承体系规划纲要》，省内国家历史文化名城保护规划全部编制完成并通过省级评审。提请省委、省政府印发《陕西省关于在城乡建设中加强历史文化保护传承的若干措施》，系统构建陕西历史文化保护传承体系。

【停车设施建设】组织指导各地落实《关于加快推进城市停车设施规划编制工作的通知》。截至12月底，陕西省已建成公共停车场465处，新增公共停车位100813个，完成年度计划的100.03%，城市停车难题得到有效缓解。

村镇规划建设

【美好环境和幸福生活共同缔造】印发《2022年开展共同缔造推进实施方案》《陕西省开展美好环境与幸福生活共同缔造活动工作路径的通知》，指导各地深入推进共同缔造活动。参加省政府组织“积极推进共同缔造活动，奋力谱写陕西省住房城乡建设事业高质量发展”为主题新闻发布会，组织线上线下培训，加大宣传力度，梳理总结经验做法。

【创建200个美丽宜居示范村】印发《关于建立省级美丽宜居示范村“五个一”建设管理机制的通知》，不断提升规范化管理水平，推动示范村创建工作。印发《关于初步申报2022年度美丽宜居示范村创建名单的通知》，明确申报要求，压实创建责任。赴渭南市白水县、延安市黄陵县等地开展美丽宜居示范村工作调研，督促指导各地积极开展示范村创建工作。会同省生态环境厅、财政厅、农业农村厅组织专家对美丽宜居示范村创建名单进行逐一评审，并在陕西建设网进行公示后公布名单。2022年共创建省级美丽宜居示范村202个，超额完成年度任务。

【建设改造宜居农房2000套】印发《关于加快推进2022年度巩固拓展脱贫攻坚住房安全有保障成果同乡村振兴有效衔接工作的通知》，全面部署年度宜居型示范农房建设任务。印发《关于开展宜居型示范农房建设工作调研的通知》，组建调研团队，深入基层现场督导县区高质量推进宜居型示范农房建设。建立每月定期报送机制，持续推进宜居型示范农房建设进度。2022年共建设宜居型示范农房3799户，完成任务占比189.95%。

【全面开展100个乡村振兴示范镇建设】2022年6月9日，组织召开全省乡村振兴示范镇建设点评推进视频会议。会同省财政厅印发《关于提前下达2022年度省级城镇化发展专项资金的通知》《关于加快乡村振兴示范镇专项资金拨付和项目建设进度的通知》，规范专项资金管理使用，加快项目建设进度；会同省自然资源厅印发《关于做好乡村振兴示范镇建设专项规划的通知》，做好与乡镇国土空间规划的有效衔接。印发《关于开展全省乡村振兴示范镇建设专项规划技术审查工作的通知》，组织第三方专家对100个镇的镇区风貌规划设计、示范镇建设专项规划、美丽宜居示范村“三图一集”设计、海绵城镇建设规划和园林城镇建设规划进行技术审查。印发《关于开展乡村振兴示范镇建设调研的通知》《关于开展乡村振兴示范镇第二轮督导调研的通知》《关于开展村镇建设工作督导调研的通知》，对示范镇建设推进情况进行逐镇逐项调研，跟进建设进度。印发《关于报送2022年度乡村振兴示范镇建设进展情况的通知》，对示范镇年度建设成效进行综合评价。在陕西日报发布系列报道《走进陕西100个乡村振兴示范镇》；在“秦住建”公众号上发布《品读百镇》系列宣传。不断加强100个乡村振兴示范镇宣传力度，打造小城镇建设示范样板。2022年，100个乡村振兴示范镇建设完成投资115.6亿元，超额完成年度任务。

【巩固拓展脱贫攻坚成果同乡村振兴有效衔接】按照省乡村振兴局、省民政厅每月推送的农村低收入群体清单，督导各市县开展住房安全排查鉴定，鉴定为危房的，按照“应保尽保”的原则纳入危房改造计划，逐步完善农村低收入群体住房安全保障长效机制。制定印发《关于加快推进2022年度巩固拓展脱贫攻坚住房安全有保障成果同乡村振兴有效衔接工作的通知》，明确 2022 年度实施农村低收入群体等重点对象危房改造和农房抗震改造计划任务，并会同省财政厅下达中央和省级补助资金。会同省财政厅、银保监陕西管理局出台《陕西省政策性农村住房保险试点方案》，率先在易受洪涝、地质灾害影响的汉中、安康、商洛 3 市开展政策性农村住房保险工作，充分发挥保险机构在灾后经济补偿职能，减轻农户自筹资金压力，减少因灾农户防返贫致贫率。2022 年 11 月底提前完成年度任务，全年共实施农村危房改造 9678 户和农村抗震改造 7966 户。会同省民政厅、省财政厅等 9 部门编制出台《陕西省农房质量安全提升工程推荐方案》，指导各市县住房和城乡建设部门持续推进农村自建房安全隐患排查整治，建立农村房屋建设管理长效机制，提高农房建设品质，实施现代宜居农房建设。2022 年 11 月底前建设完成现代宜居农房 3799 户。制定出台《陕西省农村住房安全保障“百日提升”专项行动方案》，确保各项工作任务如期高质量完成。

【农村生活垃圾治理】会同省财政厅组织召开全省镇域生活垃圾治理试点镇创建工作推进视频会，对各镇组织领导、治理成效、项目投资、设施配置等全面点评。依托卫星遥感技术监测农村生活垃圾非正规堆放现象。通过调研督导和“四不两直”暗访，对农村生活垃圾非正规堆放点开展实地核验，进一步推动农村生活垃圾治理工作。印发《关于进一步做好秦岭区域农村生活垃圾治理有关工作的通知》，确保垃圾及时收集转运处理。会同省财政厅继续在“一山一水一平原”培育垃圾治理试点镇 32 个，持续推广整镇农村生活垃圾治理模式。会同省级 6 个部门印发《关于进一步加强农村生活垃圾收运处置体系建设管理的通知》，明确治理目标和重点任务，为各地开展农村生活垃圾治理提供基本遵循和技术支撑。在《中国建设报》登载《串点成线 织线成面——陕西深入推进镇域生活垃圾治理试点镇建设侧记》；在“秦住建”发布 14 篇镇域生活垃圾治理试点镇工作推进纪实；在陕西新闻广播电台《秦风热线》节目播出三期系列直播访谈，对新兴镇等好的经验做法进行宣传推广。2022 年 12 月底，陕西省农村生活垃圾进行收运处理的自然村比例达到 93.51%。

【传统村落保护】组织专家指导延川县、安康市汉滨区编写《传统村落集中连片保护利用示范县工作方案》《传统村落集中连片保护利用示范规划》，并进行技术审查，报住房和城乡建设部、财政部备案。分别赴渭南市、延川县、汉滨区现场督导传统村落集中连片保护利用示范工作。组织省级相关部门和专家对第四批申报的 150 个村落进行评审认定、现场踏勘，经公示后确定 55 个村列入第四批省级传统村落名录。组织申报国家级第六批传统村落名录 66 个，一村列入第六批中国传统村落名录。组织延川县、安康市、汉滨区申报并列入 2022 年度国家级传统村落集中连片保护利用示范县。

标准定额

【工程建设标准管理】2022 年，与省市场监督管理局联合发布《完整居住社区建设标准》等 33 项地方标准，完成《保障性租赁住房平面标准图集》等 16 项工程建设标准设计，面向全行业公开征集 2023 年工程建设标准项目立项计划，不断完善抗震、消防、城市轨道等重点领域工程建设标准体系。

【健全标准管理机制】印发《贯彻落实国家标准化发展纲要工作措施的通知》，明确全省住建系统标准化建设任务。下发《关于规范全省工程建设团体标准管理的通知》，不断强化工程建设团体标准管理。依托全国市长研修学院在线学习平台“陕西频道”对《工程结构通用规范》等国家强制性标准进行宣贯，全省勘察设计单位和施工图审查机构 2400 余人参加。采取线上方式开展《建筑与市政工程抗震通用规范》专项培训，建设行政主管部门和有关企业近 600 人参加。

【勘察设计企业监管】印发《陕西省建设工程勘察设计监督管理办法》《关于进一步加强工程勘察设计质量管理工作的通知》，明确建设、勘察、设计单位和施工图审查机构等主体的勘察设计质量责任，强化全过程管理。起草了《陕西省工程勘察设计企业和施工图审查机构信用评价管理暂行办法》，建立勘察设计行业信用评价机制。2022 年，陕西省勘察设计企业完成产值 828.24 亿元，同比增长 6.2%。

【工程建设项目审批信息化建设】在民用建筑工程领域推进和完善建筑师负责制，是陕西省 2022 年一大创新举措。结合西咸新区行政职能隶转实际，指导西安市积极探索推进西咸新区“建筑师负责制”试点。稳步推行施工图无纸化申报和网上审查。指导西安、渭南、汉中进一步优化数字化图审系统，形成试点经验，全面实现全过程数字化多图联审。

【修订工程勘察设计奖评选办法】修订《陕西省优秀工程勘察设计奖评选办法》《陕西省工程勘察设计大师评选与管理办法》，科学规范创优评优流程，引领行业高质量发展。在此基础上，启动了 2022 年度陕西省优秀工程勘察设计奖评选和第三届陕西省工程勘察设计大师评选工作。

【强化超限高层建筑工程抗震设防审批】组织专家通过远程视频和现场会议等方式对西安研发中心及配套设施等10个项目进行超限审查，将《建筑消能减震加固技术规程》等3项抗震标准列入年度标准立项计划，完成《陕西省村镇建筑抗震设防技术规程》等3项抗震设防标准复审，发布《建筑结构隔震技术规程》，完成《建筑消能减震技术规程》送审稿。

工程质量安全监督

【概况】2022年，陕西省全年创建省级文明工地354个，授予省优质工程“长安杯”奖46项，5项民生工程获得国家“鲁班奖”。严格质量追溯，创新监管手段，为每份工程质量检测报告赋予唯一防伪二维码，实现建筑材料、施工过程、可溯源闭环管理。在全国率先推行“设计院＋检测机构”联合体运行模式，共扩充专业鉴定机构83家，构建起以“六个百分百”为核心指标的建筑施工扬尘污染防治体系。

【树牢安全发展底线】陕西省以扎实开展自然灾害综合风险普查为抓手，全面摸清1700万余栋房屋建筑、8000公里市政道路安全底数，普查数据质量得到住房和城乡建设部核查组高度肯定，列入国家第一批次综合性审核成果入库省份。通过安全生产专项整治三年行动和房屋市政专线整治行动，累计组织排查项目4000余个次，整治隐患6000余项。率先在全国探索推进建筑施工安全生产责任险，累计超过5000个项目投保，为1116个项目开展了安全隐患排查、教育培训等事故预防服务，在建项目安全事故发生率有效降低，因伤、因病保险赔付金额达5000余万元，为广大一线建筑施工工人提供了更多安全保障。2022年，陕西省房屋建筑及市政工程累计发生安全事故26起、亡28人，较2021年（40起、亡41人）事故起数和死亡人数分别下降35%、31.71%，未发生较大及以上事故。

【保证自建房安全】牵头组建省政府工作专班，推行县级“四套班子”分片包抓和“四清一责任”工作机制，及时编制排查技术导则，明确排查标准，搭建信息平台，向居民推送政策宣传短信9000余万条，组织3.7万余名基层干部和技术人员，开展拉网式、地毯式排查摸底，共排查自建房708.5万栋，做到“家底清”。组建建筑企业千人技术服务团，万余名建设领域工程师、建造师、设计师深入基层，迅速完成42.2万栋经营性自建房安全隐患初判，逐户明确等级，实现“鉴定清”。对初判存在安全隐患的2.96万栋经营性自建房，安排专项资金5000余万元，结合拆违治乱、城市更新、地质灾害治理开展分类整治，实现“整治清”。全面压实县级质量管理责任，建立“一房一码”管理机制，严格落实验收人责任，实现“验收清”，工作成效满意度位列前茅。

建筑市场

【巩固建筑业支柱产业地位】2022年，陕西省委省政府在全国率先出台《关于推动建筑业高质量发展的实施意见》，为加快推动全省建筑业高质量发展提供政策保障。印发《建筑业稳增长“春季行动”方案》，指导各地住房和城乡建设部门快速推进项目建设。出台《全省住建领域稳经济增长二十二条措施》，加大助企纾困力度，谋划重大项目落地。联合省财政厅印发《关于印发〈陕西省建筑业强县考评办法〉的通知》，评选出旬阳县和山阳县为全省首批建筑强县，持续推动县域建筑业健康有序发展。印发《关于进一步加强建筑业重点企业培育工作的通知》，加强对龙头骨干企业的扶持力度，帮助企业提升核心竞争力。2022年，陕西省完成建筑业产值10067.87亿元，同比增长9.7%，增速居全国第4位。建筑业增加值占全省国内生产总值的比重为8.8%，超额完成年度目标任务。《陕西日报》5月27日刊发专题文章对建筑业稳增长工作进行了报道。

【稳定建筑业市场主体】牢固树立“围着企业转、跟着项目跑”的服务理念，成立建筑业稳增长专班，建立落实领导包抓帮扶机制，常态化深入项目和企业一线开展调研，帮助企业纾困解难。联合省工信厅，指导建筑企业加强与上下游配套单位沟通协调，保障建筑材料物资供应。与广西等地签订建筑业合作战略协议，持续帮扶企业开拓外埠市场。加大建筑企业政策支持力度，2022年共吸收引进7家央企落地陕西，扶持5家企业成功晋升特级资质，支持80家建筑企业拓展资质。

【智能建造与新型建筑工业化】建立省、市智能建造与建筑工业化协同发展联席会议制度，强化沟通协作，及时解决问题。印发《关于对2022年全省智能建造现场观摩项目的通报》，对8个全省智能建造现场观摩项目的参建单位及人员给予通报表彰。通过云观摩信息化管理平台、BIM、机器人等智能化设备新成果，促进相关单位取长补短、共同提高。指导西安市成功获批全国智能建造试点城市。

【工程建设项目审批】积极推进工程建设项目审批制度改革，印发《加快工程建设项目审批十条措施》，细化施工许可办理及其他审批事项“一窗受理”、“一张表单”规程，推进标准化办理施工许可，被住房和城乡建设部作为深化工程审批改革经验在全国复制推广，并在《中国建设报》进行报道。印发《关于进一步优化房屋建筑和市政基础设施工程建设项目竣工联合验收的指导意见》，实行联合验收与竣工验收备案并行办理，不断提高工程建设项目竣工验收效率。开展提升工程建设项目审批满意度攻坚行动，严控“体外循环”“隐性审批”行为，持续提升企业的获得感和满意度。2022 年，在线审批工程建设项目 11056 个，办理工程建设审批事项 23841 件，核发施工许可证 3550 个，一般社会投资项目、政府投资项目审批平均用时分别压缩至 65 个、98 个工作日。

【住建领域经济数据统计】联合省统计局先后三次召开陕西省住建领域稳增长工作推进会，建立常态化协作机制，实现应统尽统。通过开展建筑企业统计数据填报业务培训，督导服务企业及时上报统计报表。印发《建筑业统计明白卡》《房地产开发投资明白卡》，提升建筑业统计质量。依托全国市长研修学院在线学习平台“陕西频道”，举办陕西省建筑业统计工作网络专题培训，全省共 1857 名相关建筑业统计人员参加课程，1847 人通过考核。

【优化建筑市场发展环境】印发《陕西省建设工程造价改革工作实施方案》，深化工程造价管理改革，营造公平竞争的建筑市场环境。印发《关于组织开展全省建筑市场督导整治工作的通知》，重点关注招投标、违法发包、转包、违法分包及挂靠、违法违规施工、农民工工资支付、拖欠中小企业账款、专业技术人员“挂证”等问题，下达执法建议书 18 份。印发《关于及时报告房屋建筑和市政基础设施工程建设领域涉稳问题的通知》，加强建筑行业监管。配合省工信厅等部门，深入开展防范和化解拖欠中小企业账款专项行动。2022 年，陕西省住房和城乡建设部门共查处相关违法行为项目 304 个、建设单位 144 家、施工企业 199 家；对违法单位共罚款 4704.8 万元，停业整顿企业 51 家，限制投标资格企业 6 家，给予其他处理的企业 286 家。

【保障建筑工人合法权益】积极与人社厅等部门协同合作，共享问题线索，妥善化解农民工欠薪矛盾。印发《关于实施建筑市场和施工现场“两场”联动强化建筑工人实名制管理工作的通知》，将建筑工人实名制纳入施工现场网格化管理，切实提高考勤更新率和农民工工资支付管理人员到岗率，从源头上治理欠薪隐患。2022 年，全国实名制系统陕西省在建项目考勤信息更新率排名较上年度提升四位，全省住房和城乡建设部门查处欠薪案件 73 起，涉及金额 1312.6 万元；协助人社部门查处欠薪案件 233 起，涉及金额 1.75 亿元。

【培育建筑产业工人队伍】协同人社部门做好稳就业工作，建立起中小企业用工对接机制。2022 年，673 个建筑行业企业在“秦云就业”共计发布各类岗位 1365 个，招聘人数 1.46 万人。全省建筑业从业人员 168.64 万人，同比增长 1.5%。联合省发改委、省人社厅等 12 个部门印发《关于加快培育新时代建筑产业工人队伍的实施意见》《房屋建筑与市政基础设施施工现场技能工人配备标准》，健全机制，强化管理。成功举办首届“陕建杯”建筑行业职业技能竞赛，为建筑业高质量发展提供有力人才支撑。

建筑节能与科技

【概况】2022 年，陕西省积极稳妥推进“碳达峰碳中和”工作，全面开展绿色建筑创建行动，建筑能效显著提升，装配式建筑快速发展，可再生能源建筑应用范围不断扩大。陕西省绿色建筑竣工面积 2929.41 万平方米，占新建建筑的 81.17%，超额完成 21.17%。全省共发展装配式建筑 3097.7 万平方米，占新建建筑的 34.17%，超额完成任务 10.17%。“中国西部科技创新港 7 号楼智慧绿色能源建筑示范项目”“白河县城乡供电提升（屋顶分布式光伏）项目”被列为国家《第三批智能光伏试点示范项目》。

【统筹推动城乡绿色低碳发展】起草并提请省委办公厅、省政府办公厅于 2 月印发《关于推动城乡建设绿色发展的实施意见》，与省发改委联合印发《陕西省城乡建设领域碳达峰实施方案》，成立陕西省住房和城乡建设厅碳达峰碳中和工作领导小组，制定印发《工作规则》《办公室工作细则》《“1 + 3”政策体系编制工作方案》等一系列制度，印发《2022 年度城乡建设绿色发展行动计划》《2022 年全省建筑节能与建设科技工作要点》，指导各市把开展绿色建筑创建行动、大力推动装配式建筑发展，作为贯彻落实城乡建设绿色发展、碳达峰碳中和行动的具体举措。

【持续开展绿色建筑创建行动】编制印发《建筑节能适用技术目录》《绿色建筑适用技术目录》。组织开展节能宣传周活动和民用建筑能源资源消耗统计调查工作，推进民用建筑能耗监测不断向纵深发展。启动《陕西省民用建筑节能条例》修订工作，加大对建筑节能和绿色建筑发展的推动力度，同时，启动《绿色生态居住小区评价标准》修订工作。转发宝鸡市《深入开展绿色建筑创建行动　推动建筑业优化升级和绿色建筑高质量》工作简报，供各地学习借鉴。全年组织建筑节能技术创新与集成应用试点示范工程 7 个，组织实施超低能耗建筑15.77万平方米。

【加快装配式建筑规模化发展】印发《陕西省促进装配式建筑发展联席会议办公室工作细则的通知》《关于建立装配式建筑项目管理“四清一责任”工作机制的通知》《2022年度装配式建筑包抓调研督导工作实施方案的通知》等政策文件，协同推动装配式建筑高质量发展。通过建立装配式建筑项目管理“四清一责任”工作机制，强化全流程闭环管理。转发西安市《大力发展装配式建筑　推动建筑业转型升级和高质量发展》先进经验，供各地学习借鉴。2022年，编制装配式建筑标准规范3个，支持装配式建筑示范项目4个，下拨补助资金697万元，推荐6家企业申报第三批国家级装配式建筑生产基地。

【推动建设行业技术创新应用】组织开展中深层地热能试点示范项目（区）的核查工作，总结凝练工程应用技术成果，切实发挥示范引领和产业支撑作用。以关中城镇地区为重点，规模化推动地热能建筑供热269.09万平方米，其中中深层地热能建筑供热242.11万平方米，占90%。成功立项住房和城乡建设部科学技术计划项目6个，完成厅建设科技计划项目立项97个，创建完成绿色施工科技示范工程项目21个，发布《陕西省建设领域推广应用及限制禁止使用技术目录》2期。

人事教育

【干部队伍建设】制定《关于加强对厅党组“一把手”和班子成员监督的若干措施》，修订《禁业范围》，强化对“关键少数”的监督检查。严格执行“凡提四必”和任前报告制度，持续开展干部人事档案专项审核，有效防止干部“带病提拔”。完成全省首家专业技术类公务员分类改革试点工作，试点成效得到省委组织部充分肯定。

【教育培训工作】聚焦党中央重大决策部署和行业重点工作，紧扣高质量发展要求，坚持按需培训理念，研究制定年度培训计划，统筹推进干部教育培训工作。依托住房和城乡建设部干部学院网络学习平台，先后举办5个专业化能力提升培训班，培训全省住建系统干部1.2万人次。向陕西干部网络学院“推进新型城镇化”学习专栏，推送5门精品课程，累计推送24门课程，全省点击量达50万余人次。办好全省新型城镇化建设与城乡融合发展网络培训班，邀请西安建筑科技大学、西北大学、陕西省消防总队等6名专家录制视频课件，精选3个具有示范引领作用的教学点开展实践教学，培训办班得到省委组织部、陕西干部网络学院一致认可。全年选调67名干部参加住房和城乡建设部、省委组织部和其他部门组织的选训调训，提升干部专业素养。组织厅系统220名干部参加陕西干部网络学院学习，网络学习任务指标超标准完成，全年平均人均达到70.5学时，位于省直单位前列。

【人才队伍培养】联合省人社厅、省总工会举办2022年“陕建杯”建筑行业职业技能竞赛暨全国建筑行业职业技能竞赛陕西省选拔赛，73支参赛队伍、309名参赛选手参加角逐，展现了新时期全省建筑行业工人的精神风貌，得到住房和城乡建设部的书面表扬。遴选24家单位作为第二批培训机构开展施工现场专业人员职业培训，全省43家培训机构全年累计培训现场专业人员2.3万余人，换发电子证书约6.1万本。完成4个建筑装配式工种岗位的培训教材编制工作。在原有53个职业工种基础上，增加市政、安装、园林绿化领域职业培训工种15个，加强技能人才培养力度，进一步缓解结构性就业矛盾。与陕建集团精心筹备并成功组织全省首家职业培训“实训基地”揭牌暨建设行业职业技能培训框架协议签约活动。全面落实职称制度改革有关要求，着力破除“四唯”倾向，进一步优化评价标准，减少学历、奖项等限制性条件，突出实践能力和工作业绩，规范评审工作程序，优化评审工作流程，减少申报和证明材料。圆满完成2022年度全省建设工程专业职称评审工作，233名专业技术人员参加评审。加强与人社部门的沟通协调，成功拓宽评审范围及专业，持续激发和释放人才活力。

【离退休人员服务】开展“喜迎二十大、永远跟党走”“建言二十大”及“我看中国特色社会主义”主题系列活动，组织老同志积极参加全省“喜迎二十大、永远跟党走”书法、绘画和摄影活动，17幅作品在全省参展。持续开展好“六联六送六必看”活动。全年看望慰问老干部90余次，帮助90余名老干部完成社保卡认证。

【发挥考核导向作用】建立考核工作台账，全面对标省委、省政府下达的2021年度目标任务，落实月督办、季巡考、半年小结、年终考核。截至2021年，陕西省住房城乡建设厅连续十一年荣获“全省目标责任考核优秀单位”。印发《机关处室和厅直单位2022年度目标责任考核指标的通知》，完善“考核台账管理制度”和跟踪督办管理机制。研究制定《贯彻省委〈关于强化激励约束推动作风建设的若干措施〉的落实措施》《厅作风建设专项考核实施细则》，修订《厅目标责任考核评价实施办法》，按月统计分析省考任务进展，按季度上报任务完成资料，做到“无亮灯、无扣分”。

【加强自身建设】认真走好政治机关建设“第一方阵”，始终把坚定拥护“两个确立”、坚决做到“两个维护”作为最高政治原则和根本政治责任。聚焦主责主业，定期组织学习创新理论，学习党的建设和组织工作政策法规，学习业务知识，持续加强能力建设。

大事记

1月

1日　陕西省委、省政府将城镇老旧小区改造工作列入《政府工作报告》及年度目标任务考核指标，纳入“我为群众办实事”重点事项。

12日　省住建厅印发通知，对2021年度下半年各地消防设计审查及验收合格项目进行程序性、技术性核查和验收现场验证。

24日　省住建厅党组书记、厅长韩一兵主持召开专题会议，传达学习一季度经济稳增长和支持西安加快经济恢复发展专题会议讲话精神。

27日　省住建厅党组书记、厅长韩一兵主持召开党组扩大会，传达习近平总书记系列重要讲话精神和全国黄河流域高质量发展视频会议、全国安全生产电视电话会议暨全省安全生产视频会议，以及省委经济工作会议、全省常态化疫情防控工作会议等会议精神。

2月

8日　召开2022年联系靖边县定点帮扶团联席会议，交流总结2021年驻村帮扶工作，安排部署工作任务。

9日　住房和城乡建设部办公厅编印第110期《建设工作简报》（2021年12月下发），以《陕西守初心强基础解民忧不断提升住房公积金为民服务水平》为题，向全国推广介绍陕西省住房公积金系统不断提升为民服务水平的经验。

11日　住房和城乡建设部办公厅印发第113期《建设工作简报》（2021年12月下发），以《陕甘两省加强部门协作理顺专业工程消防审验各项工作》为题，向全国推广介绍陕西省消防审验工作的经验做法。

15日　印发《关于实施城镇燃气安全网格化监管的通知》，建立健全“横向到边、纵向到底”的监管体制。

16日　厅党组会同省纪委监委驻厅纪检监察组召开2022年度党风廉政建设工作会议。

17日　联合省生态环境厅、省发展和改革委员会联合印发《关于开展陕西省城镇污水处理提质增效三年行动评估工作的通知》。

18日　陕西省人民政府印发《关于命名2021年度省级（生态）园林城市（县城）的通报》，彬州市被命名为“省级生态园林城市”，白水县、米脂县被命名为“省级生态园林县城”，吴堡县被命名为“省级园林县城”。

21日　联合省自然资源厅印发《关于做好乡村振兴示范镇建设专项规划的通知》，明确规定国家和省级乡村振兴重点帮扶县每年600亩新增建设用地指标向示范镇公共服务设施、基础设施及产业发展项目倾斜。

24日　印发《建筑业稳增长“春季行动”方案》《关于加快推进城市市政管道老化更新改造工作的通知》。

28日　会同省市场监管局率先发布省级地方标准《陕西省住房公积金服务管理标准》，自2022年3月30日起实施。

3月

7日　印发《关于做好全国“两会”期间建筑施工安全生产工作的通知》《关于做好“两会”期间和复工复查质量安全检查工作的通知》。

25日　陕西省工程建设地方标准《建设工程消防验收文件归档标准》经省住房城乡建设厅、省市场监督管理局批准发布，自2022年4月10日起实施。

28日　会同省发展改革委、省财政厅印发《城镇老旧小区改造工作真抓实干督查激励措施实施办法》。

30日　印发《关于深入开展国家园林城市创建工作的通知》《关于2022年美好环境与幸福生活共同缔造活动推进实施方案》。

4月

1日　联合省发改委印发《关于做好2022年城市燃气管道等老化更新改造工作的通知》。

6日　印发《关于加快推进全省文明工地建设高质量发展的通知》《关于认真组织学习〈河南郑州“7·20”特大暴雨灾害调查报告〉深刻汲取教训扎实做好城市排水防涝工作的通知》。

11日　印发《关于全面做好2022年全省住房公积金服务管理提升行动工作的通知》。

13日　印发《关于进一步加强工程勘察设计质量管理工作的通知》。

20日　住房和城乡建设部、财政部联合印发《关于做好2022年传统村落集中连片保护利用示范工作的通知》，陕西省延安市延川县、安康市汉滨区榜上有名。

同日　联合省财政厅组织召开全省镇域生活垃圾治理试点镇创建工作推进视频会。

27 日 陕西省西安市荣获 2020 年中国营商环境评价办理建筑许可标杆城市，2 个案例列入《优化营商环境百问百答》办理建筑许可指标专栏。陕西省《加快工程建设项目审批十条措施》入选住房和城乡建设部经验交流。

28 日 召开传统村落集中连片保护利用示范县工作方案审查会。

5 月

2 日 组织召开全省自建房安全专项整治视频会议。

11 日 召开全省巩固拓展脱贫攻坚住房安全有保障成果同乡村振兴有效衔接视频会。

同日 印发《关于深入开展城市市容环境卫生综合整治活动的通知》，在全省开展城市市容环境卫生综合整治活动。

12—13 日 赴安康市汉滨区调研督导传统村落集中连片保护利用示范工作。

20 日 举办全省住建系统美好环境与幸福生活共同缔造活动专题培训。

27 日 省住房城乡建设厅召开全省城市供水领域腐败问题专项治理工作动员部署会，对专项治理工作进行安排部署。

6 月

10 日 联合省生态环境厅、省农业农村厅、省乡村振兴局印发《关于加快推进乡村振兴示范镇生活污水处理设施建设和运行管理的通知》。

13 日 印发《关于加快培育新时代建筑产业工人队伍的实施意见》。

21 日 组织邀请规划、建筑设计、土木工程、环境艺术、风景园林 5 个相关领域的专家、教授组成审查组，对延川县、安康市汉滨区县域传统村落集中连片保护利用规划进行技术审查。

30 日 印发《“惠民公积金、服务暖人心”陕西省住房公积金系统服务提升三年行动工作方案（2022—2024 年）》。

7 月

19 日 印发《全省环卫和排水、污水处理行业安全生产专项整治行动方案》。

27 日 省住房城乡建设厅联合省财政厅、人民银行西安分行在延安市召开 2022 年上半年全省住房公积金阶段性支持政策暨业务运行交流推进会，通报上半年全省住房公积金业务运行和服务管理情况。

8 月

18 日 发布陕西省工程建设标准《消防应急照明和疏散指示系统设计、施工和验收标准》，自 2022 年 7 月 31 日起实施。

23 日 省评比达标表彰工作协调小组复函同意设立“建设工程消防质量奖”表彰项目。

9 月

8 日 组织召开全省建筑施工安全生产工作推进视频会议。

22 日 省住房城乡建设厅组织召开 2022 年巩固拓展脱贫攻坚成果同乡村振兴有效衔接“百日提升”行动调度视频会。

11 月

10 日 陕西省 2022 年“陕建杯”建筑行业职业技能竞赛暨全国建筑行业职业技能竞赛陕西省选拔赛开幕。

16 日 召开全省住建系统巩固拓展脱贫攻坚成果同乡村振兴有效衔接推进会。

23 日 省住房城乡建设厅与陕西金融资产管理股份有限公司签订《金融支持地方政府落实“保交楼、稳民生”任务战略合作协议》。

12 月

12 日 举办 2022 年第二期“道德讲堂”活动。

13 日 省住房城乡建设厅党组成员、副厅长付涛一行赴中交一公局西北工程有限公司、中铁上海工程局集团第七工程有限公司开展建筑业稳增长专题调研。

（陕西省住房和城乡建设厅）

甘 肃 省

住房和城乡建设工作概况

2022 年，甘肃省住建系统在以习近平同志为核心的党中央坚强领导下，深入学习贯彻党的二十大精神，按照省第十四次党代会安排部署，牢固树立以人民为中心的发展思想，全面落实经济要稳住、发展要安全的要求，主动作为、克难奋进，各项工作取得了显著成效。

【保运行稳经济】全力做好城市保供。统筹部署全省市政公用行业应对疫情冲击，保障城市供排水、供热、燃气、环卫保洁、垃圾收运等市政行业正常运行。近万名城管人员下沉社区靠前指挥调度，保障城市有序运行。全力推进助企纾困，实施住房公积金阶段性支持政策，推动减免房屋租金。

【保交楼稳预期化解市场风险】持续排查化风险，对全省房地产在建项目进行三轮次排查，共查出风险项目 91 个，实行台账式管理和包案负责制，制定保交楼工作方案和资金平衡计划，坚持“一企一策、一楼一策”，化解处置风险项目 67 个。

【补短板强弱项推动城市更新】有序推进城市更新行动，扎实推进城镇老旧小区改造，全面完成新开工改造城镇老旧小区 1599 个、15.72 万户的年度目标任务，累计完成投资 29.4 亿元；甘肃省 756 个社区达到绿色社区创建要求，达标率 61.31%；58 个社区启动完整社区试点建设；新开工建设“口袋公园” 40 个。积极推进棚改和保障房建设，争取棚改中央财政补助资金 11.34 亿元，中央预算内配套资金 16.03 亿元，落实省级财政配套资金 1.72 亿元，发行专项债券 82.1 亿元，全年新开工棚改 6.89 万套，基本建成 3.64 万套；新开工保障房 0.8 万套，发放租赁补贴 3.97 万户，完成投资 143.92 亿元。

【强基础固成效建设美丽乡村】2022 年，甘肃省持续巩固住房安全保障成果，持续做好农村低收入群体等重点对象住房安全动态监测，统筹推进地震高烈度地区农房抗震改造，争取中央财政补助资金 6.48 亿元、省级补助资金 5000 万元，完成危房改造 216 户，实施农房抗震改造 4.72 万户，成功探索出农房连片抗震改造新路径。有效提升垃圾治理能力，新建无害化垃圾处理设施 23 座，配置农村垃圾收运车辆 3.3 万辆，清理垃圾 151 万吨，收运处置实现行政村全覆盖。无人机航拍排查垃圾堆积点 6.71 万处，已全部完成清理整治，农村环境面貌持续改善。

【扩增量提质量推动建筑业转型升级】2022 年，制定出台《关于支持建筑业企业发展的若干措施》，全年完成建筑业产值 2477.68 亿元，增速 9.1%（全国平均增速 6.4%）；完成建筑业增加值 657.6 亿元，增速 4.6%，超额完成省政府 4% 的目标任务。印发《甘肃省城乡建设领域碳达峰实施方案》，明确全省城乡建设领域碳达峰目标、任务及保障措施。城镇新建建筑节能全部执行强制性标准，绿色建筑竣工面积占比大幅提升。装配式建筑稳步推进，累计建成国家级产业基地 4 个、省级产业基地 19 个，省级装配式建筑示范项目 8 个。全面落实建设单位工程质量首要责任，推行住宅工程质量信息公开，开展监测机构及预拌混凝土企业质量提升专项行动，加强商品住宅及装饰装修工程质量安全管理，房屋市政工程质量稳步提升。

【排隐患重整治守牢安全底线】扎实开展房屋市政工程安全生产专项治理，实行安责险制度，强化装饰装修工程安全管理，制定安全事故专项预案，编制安全监督导则，推行起重机械“一体化”管理，多措并举推进长效机制建设。检查工程项目 1.13 万项（次），发现并整改一般隐患 2.3 万个、重大隐患 343 个，责令限期整改项目 4113 个，实施行政处罚 197 起。事故起数和死亡人数同比下降 30%、16%。深入开展自建房安全专项整治，建立省级协调机制，组建工作专班，开展“百日行动”和“回头看”，排查自建房 1034.33 万栋，其中经营性自建房 32.53 万栋，对存在安全隐患的 2166 栋经营性自建房采取了管控措施。大力推进城镇燃气安全排查整治，完成房屋建筑和市政设施调查，有序推进建设工程消防审验程序排查。

【强思想转作风加强党的建设】坚持把学习宣传贯彻党的二十大精神作为最大政治任务，第一时间传达学习、动员部署，教育引导全系统党员干部深刻领悟“两个确立”的决定性意义，始终在思想上政治上行动上同以习近平同志为核心的党中央保持高度一致。坚持把党的政治建设摆在首位，建立健全贯彻落实习近平总书记对甘肃重要讲话精神和对住建工作重要指示批示精神的闭环落实机制。深入开展“喜迎二十大深化模范机关创建”活动，强化政治机关教育，持续在强化政治担当、严守政治规矩方面当先锋、做表率。深入推进党风廉政建设，深化廉政风险防控，强化党章党规党纪教育，加强廉洁文化建设，一体推进不敢腐、不能腐、不想腐。毫不松懈纠“四风”树新风，巩固拓展中央八项规定精神成果，持续推动为基层减负。

房地产业

【房地产开发】2022 年，甘肃省房地产投资和土地供应量同比下降。房地产完成投资 1481.63 亿元，同比下降 2.9%，其中住宅投资 1160.74 亿元，同比增长 0.14%，增速高于全国 9.6 个百分点。金昌、嘉峪关、酒泉、兰州市降幅较大，分别为 60%、24.9%、19.8%、19%。全省供应房地产用地 2.18 万亩，同比下降 42%。其中，供应住宅用地 1.38 万亩、同比下降 49%，供应商业服务用地 0.8 万亩、同比下降 24%。

新建商品住宅价格下降城市增多。4个市州新建商品住宅价格上涨，其中张掖、白银市涨幅较大，分别为7.8%、6.0%；9个市州同比下降，其中武威、酒泉市降幅较大，分别为10.6%、5.4%；甘南州持平。商品房销售面积呈下降趋势。全省商品房销售面积1470.4万平方米，同比下降33.9%，降幅比全国高9.6个百分点，其中金昌、兰州市降幅较大，分别为66.1%、64.9%。全省商品住宅销售面积1388.2万平方米，同比下降34.5%，降幅比全国高7.7个百分点。房地产新开工面积下降。全省房地产新开工面积2105.4万平方米，同比下降37.5%，降幅比全国低1.8个百分点，居全国第15位、西北五省第3位。其中嘉峪关、兰州、金昌市降幅较大，分别为82.6%、60.5%、60.2%。全省商品住宅新开工面积1660.8万平方米，同比下降34.9%。

【保交楼】抢抓国家“保交楼”专项借款政策机遇，争取国家首批专项借款64亿元，涉及59个项目、63459套，已支付资金61.61亿元，完成住房交付8316套。获得第二批专项借款预额度18亿元，涉及33个项目、17826套住房，各地“保交楼”项目建设进展顺利。

【排查化解风险】对全省房地产在建项目进行三轮次排查，共查出风险项目91个，实行台账式管理和包案负责制，制定保交楼工作方案和资金平衡计划，坚持“一企一策、一楼一策”，化解处置风险项目67个。

【稳定房地产市场】坚持“房住不炒”定位，从降首付比例、降贷款利率、提高公积金贷款额度、发放购房补贴、加大税费优惠、多孩家庭住房支持、孝老等多方面支持刚性和改善性住房需求，促进住房消费，对冲个别房企暴雷、经济下行等影响，全省房地产市场基本保持平稳运行。全年完成房地产投资1481.6亿元，同比下降2.9%，其中住宅投资1160.7亿元，同比增长0.1%。

【房地产市场法律法规】修订《甘肃省城市房地产管理条例》，明确商品房预售资金监管模式、监管账户设立、监管额度确定等管理内容，制定商品住宅交付使用标准，房地产市场管理制度进一步完善。

【棚改和保障房建设】2022年，争取棚改中央财政补助资金11.34亿元，中央预算内配套资金16.03亿元，落实省级财政配套资金1.72亿元，发行专项债券82.1亿元，全年新开工棚改6.89万套，基本建成3.64万套；新开工保障房0.8万套，发放租赁补贴3.97万户，完成投资143.92亿元。

【住房公积金监管】2022年，调整优化公积金提取使用政策。落实公积金阶段性支持政策，已为190家企业、4.74万名职工办理公积金缓缴业务，累计缓缴4.55亿元，对6533笔无法正常偿还的公积金贷款不作逾期处理，涉及应还未还贷款本金3901.73万元；为2.03万名缴存人办理租房提取业务，累计提取2.93亿元。开展了公积金政策制定执行检查和风险隐患排查、提升服务效能水平和行业社会形象行动。取消预售商品房项目备案准入流程，拓展全省公积金区域一体化共享协同平台功能应用，推进智慧公积金项目建设。截至11月底，甘肃省住房公积金缴存余额达1379.58亿元，同比增长9.53%；个人贷款余额为943.1亿元，同比增长0.22%；个贷率为68.36%。

城镇基础设施建设

【城市更新行动】2022年，甘肃省在兰州、白银两个国家级样本城市和平凉、庆阳两个省级样本城市开展城市体检，创新特色指标，提升体检成效。谋划“十四五”期间城市更新改造项目550个，计划投资635亿元，已完成项目入库。

【城镇老旧小区改造】全面完成新开工改造城镇老旧小区1599个、15.72万户的年度目标任务，累计完成投资29.4亿元；全省756个社区达到绿色社区创建要求，达标率61.31%；58个社区启动完整社区试点建设；新开工建设“口袋公园”40个。

【城市基础设施建设】启动实施“十四五”城市燃气管道等老化更新行动，新开工改造项目15个，争取中央补助资金7.41亿元。推进城市、县城排水防涝设施建设，新开工建设项目23个，争取中央补助资金2.13亿元。印发《甘肃省“十四五”城市基础设施建设方案》，部署推进“八项提升行动”，系统开展污水处理及生活垃圾分类等工作。下拨3000万元省级专项奖补资金，支持推进生活垃圾处理及分类，投放分类设施2.7万余个，建成投运焚烧发电设施10座，建成厨余垃圾资源化处置设施7座。因地制宜推进城市综合管廊建设。

【海绵示范城市建设】继庆阳之后，天水市、平凉市获批全国海绵示范城市建设试点，三年内将各获得中央财政11亿元专项资金支持，天水市开工项目57个，完成投资11.5亿元；平凉市开工项目93个，完成投资5.58亿元。

【城市黑臭水体治理】甘肃省地级城市18条黑臭水体完成整治，张掖市、平凉市黑臭水体治理示范项目全部完成。5个县级城市启动并完成黑臭水体排查工作。张掖市、白银市被评选为国家区域再生水循环利用试点城市，嘉峪关、金昌、酒泉、张掖、庆阳、定西 6 个缺水城市再生水利用率达到 22% 以上。

【城市污水收集处理】印发《甘肃省“十四五”城镇污水处理及资源化利用发展规划》；召开“全省城市建设重点工作调度会”，督促各地加强黄河流域生活污水处理设施运营监管；会同省生态环境厅下发《关于加强城市（县城）生活污水处理设施建设运行监管确保稳定达标排放的通知》，增强部门联动，加大设施运营监管力度。截至 11 月底，新建成污水管网 572.44 公里，完成总任务量的 127.17%，全省 93 座城市、县城污水处理厂中，已有 83 座完成一级 A 提标改造工程建设。

【城市生活垃圾处理及分类】印发《甘肃省“十四五”城镇生活垃圾分类和处理设施发展规划》，下达 3000 万元的 2022 年度省级专项奖补资金，开展全省范围的生活垃圾分类主题宣传，加强对全省各城市的生活垃圾分类工作现场检查。各城市累计投放生活垃圾分类设施 27000 余个，建成投运生活垃圾焚烧发电设施 10 座，焚烧处理能力 7500 吨 / 日；建成投运厨余垃圾资源化处置设施 6 座，处理能力 830 吨 / 日。兰州市作为国家试点城市，城区 54 个街道、338 个社区、3061 个居民小区已全覆盖推行生活垃圾分类，生活垃圾焚烧处理能力占比达到 76%，生活垃圾回收利用率平均达到 40% 以上，在全国 76 个大城市中排名 27 位。

【燃气安全排查整治】全面开展城镇燃气安全排查整治工作，建立了工作调度、整治销号、入户检查、线索移交等工作机制，共发现问题隐患 19930 个、已完成整改 19920 个。

【历史文化传承保护】启动规划期限为 2035 年的保护规划编制工作，当年新增历史文化街区 1 片、历史建筑 18 处，完成 2 片历史文化街区和 49 处历史建筑的挂牌工作，完成 70 处历史建筑测绘建档。

【绿色社区创建】累计有 803 个社区开展“绿色社区”创建工作，参与创建比例达到 65.13%，其中达到绿色社区创建要求的城市社区为 756 个、达标率为 61.31%，全面实现了“到 2022 年底，力争全省 60% 以上的城市社区参与创建行动并达到创建要求”的目标。

【城市排水防涝】开展排水设施汛前专项检查，加快积水点整治、加强重点风险点监测，积极做好风险应对，有力保障了各城市安全度汛。会同省发展改革委实施建设排水防涝项目 23 个，争取落实中央预算内投资补助资金 2.1259 亿元，所有项目已全部开工建设。

【无障碍设施建设】全省建立完善无障碍标识 30284 处，建设无障碍公共厕所 2343 座，已建成城市道路盲道长度 6804.67 公里，配建无障碍设施人行天桥 67 座，配建无障碍设施人行地下通道 68 座，主干路、主要商业区人行道缘石坡道 33676 处，无障碍车位数 10123 个，水、气、热等低位服务数窗口 1460 个，建筑物出入口无障碍设施 31019 座。

【城市防灾减灾能力】扎实开展全国第一次自然灾害综合风险普查房屋建筑和市政设施调查，全省共调查房屋建筑 1580.8725 万栋、市政道路 4591 条、市政桥梁 1108 座、供水厂站 242 座、供水管网 2213 条。统筹推进地震易发区房屋设施加固工程，结合棚户区改造、农房抗震改造等重点项目利用原有项目资金渠道，统筹推进“加固工程”实施，城乡建设工程抗震能力持续提升。

【城市管理智慧化建设】甘肃省 13 个市州和兰州新区完成市级综合管理服务平台建设，市县综合管理服务平台建设完成率 83.7%。推动城市基础设施安全运行监测试点建设，全省城市智慧化建设管理水平逐步提高。

村镇建设

【巩固住房安全保障成果】2022 年，甘肃省持续做好农村低收入群体等重点对象住房安全动态监测，统筹推进地震高烈度地区农房抗震改造，争取中央财政补助资金 6.48 亿元、省级补助资金 5000 万元，完成危房改造 216 户，实施农房抗震改造 4.72 万户，成功探索出农房连片抗震改造新路径。

【农村垃圾治理】新建无害化垃圾处理设施 23 座，配置农村垃圾收运车辆 3.3 万辆，清理垃圾 151 万吨，收运处置实现行政村全覆盖。无人机航拍排查垃圾堆积点 6.71 万处，已全部完成清理整治，农村环境面貌持续改善。

【传统村落保护】景泰县入选中国传统村落保护利用示范县，下达中央补助资金 5000 万元。对已列入中国传统村落名录的 54 个村实施挂牌保护，推动 7 个传统村落入驻中国传统村落数字博物馆，新增 54 个村入选第六批中国传统村落名录。

【重点镇污水收集处理】加快完善 142 个重点镇收集管网和处理设施建设，推进管网覆盖区域向镇区周边延伸，全省重点镇污水收集处理能力进一步提升。

建筑市场

【政策引领】2022 年，甘肃省制定出台《关于支持建筑业企业发展的若干措施》，促进建筑业健康发展，支持建筑业企业做大做强，不断提升核心竞争力。

【**建筑业产值较快增长**】2022年，甘肃省完成建筑业产值2477.68亿元，增速9.1%（全国平均增速6.4%），排名全国第6位；完成建筑业增加值657.6亿元，增速4.6%，超额完成省政府4%的目标任务，临夏州、定西市、陇南市位居全省前三，临夏州增速连续两年保持全省第一。

【**培育壮大市场主体**】出台资质改革空档期过渡政策，助力市场主体做大做强，2022年，甘肃省建筑业企业12720家，同比增长18.05%，当年新增建筑业总承包特级资质企业1家、总承包一级资质企业19家。

【**绿色低碳转型**】印发《甘肃省城乡建设领域碳达峰实施方案》，明确全省城乡建设领域碳达峰目标、任务及保障措施。城镇新建建筑节能全部执行强制性标准，绿色建筑竣工面积占比大幅提升。装配式建筑稳步推进，累计建成国家级产业基地4个、省级产业基地19个，省级装配式建筑示范项目8个。

【**提升工程质量品质**】全面落实建设单位工程质量首要责任，推行住宅工程质量信息公开，开展监测机构及预拌砼企业质量提升专项行动，加强商品住宅及装饰装修工程质量安全管理，房屋市政工程质量稳步提升。

【**房屋市政工程安全生产专项治理**】实行安责险制度，强化装饰装修工程安全管理，制定安全事故专项预案，编制安全监督导则，推行起重机械“一体化”管理，多措并举推进长效机制建设。检查工程项目1.13万项（次），发现并整改一般隐患2.3万个、重大隐患343个，责令限期整改项目4113个，实施行政处罚197起。事故起数和死亡人数同比下降30%、16%。

【**自建房安全专项整治**】建立省级协调机制，组建工作专班，开展“百日行动”和“回头看”，排查自建房1034.33万栋，其中经营性自建房32.53万栋，对存在安全隐患的2166栋经营性自建房采取了管控措施。

【**城镇燃气安全排查整治**】启动实施城镇燃气安全管理专项整治和“百日行动”，全面完成124处违规占压燃气管道（设施）隐患整改。

【**房屋建筑和市政设施调查**】调查房屋建筑1580.9万栋、市政道路4591条、市政桥梁1108座、供水厂站242座、供水管网2213条，建立了全省房屋建筑和市政设施身份档案信息。

【**建设工程消防审验程序排查**】2022年，全省共排查既有建筑1031个、在建工程754个，查出未审先建项目98个、未验先用项目248个，共计罚款586.2万元。

放管服改革

【**工程建设项目审批制度改革**】2022年，甘肃省政府办公厅印发《关于全面深化工程建设项目审批制度改革持续优化营商环境的若干措施》，推行“一套图纸”数字化管理、“多段式”联合验收、“一枚印章管验收”“一个章子管挖占”等改革措施，“依托工程审批系统推行市政公用一站式服务集成式报装”等改革经验连续两年在全国复制推广。

【**简政放权**】落实行政许可事项清单管理。确定住建领域省级行政许可事项39项并制定实施规范，做好与政务服务事项基本目录、“互联网＋监管”事项清单、工程建设项目审批事项清单的衔接，指导各市州开展清单编制工作。深化住建领域“证照分离”改革，进一步优化简化涉企行政许可办理，将注册地在兰州市和兰州新区的房地产开发企业二级资质审批权限下放至兰州市住房和城乡建设局、兰州新区城乡建设和交通管理局，延长燃气经营许可证有效期限至5年。

【**政务服务标准化**】编制政务服务事项目录，提高政务服务标准化水平。指导全省住建系统编制政务服务事项目录，逐项解决各类问题70余个，全面、规范完成事项编制工作。进一步完善政务服务平台，定期开展平台数据质检，及时修改质检中发现的各类问题，向省政府全量推送政务服务事数据，数据合格率达100%。

【**告知承诺制应用扩面**】编制发布《推行告知承诺制政务服务事项清单（2022版）》，对建筑业企业资质核准等14项政务服务事项涉及的营业执照、安许证等5类证明事项实行告知承诺制，完善工作规程、办事指南、告知承诺书格式文本，最大限度利企便民。

【**事中事后监管**】强化“互联网＋监管”，梳理住建领域监管事项目录97项，编制检查实施清单120项。建立建筑工地名录库，推送、归集全省建筑工地数据信息1400余条。规范“双随机、一公开”监管，科学制定2022年“双随机、一公开”部门联合、部门内监管计划，科学制定2022年“双随机、一公开”监管计划，落实“进一次门、查多件事”要求，在规范行业监管的同时，最大限度降低对企业生产经营的影响。

【**“双公示”制度**】严格落实行政许可、行政处罚“双公示”制度，截至2022年10月底，向信用中国（甘肃）网站上报“双公示”数据40853条，信息报送数量位列全省第一，数据合格率实现 100%，信息归集质量和时效性持续提升。

【行业立法】审议通过《甘肃省城市房地产管理条例》顺利，《甘肃省建设工程造价管理条例》已经过一审。科学研提立法计划，向省人大、省司法厅报送《甘肃省城镇燃气管理条例》和《甘肃省农村住房建设管理办法》《甘肃省城市管理执法办法》《甘肃省物业管理办法》的制定、修订计划。

【合法性审查】进一步完善规范性文件合法性审查制度，修订发布《甘肃省住房和城乡建设厅行政规范性文件管理办法》，审核、报备《甘肃省建筑施工安全生产责任保险实施方案》等规范性文件 9 件。全面落实涉企政策措施公平竞争审查，复核、备案涉企政策措施 12 件。

【推行柔性执法】积极推行《甘肃省住房和城乡建设系统"两轻一免"清单》，指导各地执法部门积极采取指导、建议、告诫等非强制性手段开展执法。截至 10 月，甘肃省住建系统采用柔性执法方式办理案件 3.1 万余件，案件量增长 96%，处罚金额减少近 9000 万元，降幅达 64%。

（甘肃省住房和城乡建设厅）

青 海 省

住房改革与保障

【房地产】2022 年，青海省房地产开发完成投资 296.15 亿元，同比下降 33.1%，商品房销售面积 204.42 万平方米，同比下降 47.1%；房屋施工面积同比下降 1.5%；房屋新开工面积同比下降 46.6%；房地产开发企业土地购置面积同比下降 44.8%；房地产开发企业到位资金同比下降 47.3%；落实招商引资到位资金 2 亿元。

组织召开全省住建领域重点项目开复工暨安全生产动员会，确保重点项目应开尽开。成立以分管副省长为组长、各相关部门为成员的促进房地产市场发展工作专班，建立一月一调度工作机制，组织召开金融支持房地产企业稳健发展银企对接会，积极搭建政银企对接交流平台，深化政银企合作。加大政策支持力度。会同相关部门出台了稳定经济大盘促进商品房销售支持政策，指导西宁市、海东市分别制定出台《关于支持刚性和改善性住房需求的若干措施》《关于促进房地产市场平稳健康发展的若干措施》，助力住房消费。指导西宁市、海东市加大对品质楼盘的推介宣传销售工作，牵头完成了第 23 届青洽会"绿色住宅区・我心中的家"主题展厅布展参展工作。制定印发《关于加强商品房预售资金监管工作的通知》《青海省房地产领域风险防控指导手册》。修订《青海省房地产开发企业资质管理实施细则》。出台《青海省国有土地上房屋征收价格评估专家委员会鉴定工作规则》《青海省国有土地上房屋征收价格评估专家委员会管理办法》，有效规范国有土地上房屋征收价格评估工作。会同省发展和改革委等 11 部门制定印发《青海省房地产业企业信用评价管理办法》。完成了 2021 年度房地产开发企业、物业服务企业、房地产估价机构、房地产经纪机构信用等级评定工作。深入开展打击整治养老诈骗专项行动，成立专项整治领导小组办公室，出台《青海省住建领域开展打击整治养老诈骗专项行动工作方案》，对在售商品房项目进行全面排查，对发现以"养老"名义进行虚假宣传的行为，坚决依法依规予以处理。组织西宁市、海东市等重点地区梳理已售逾期难交付住宅项目，开展资产负债情况评估和"一楼一策"方案制定，积极争取国家保交楼专项借款，推动逾期难教付项目加快建设进度。印发《创建"红色物业"示范点实施方案》，明确创建标准和程序。开展青海省物业服务领域突出问题专项整治工作。开展青海省物业服务领域突出问题专项整治工作。

【保障性住房】2022 年，青海省确定实施城镇棚户区改造新开工 6707 套；实施城镇老旧小区改造 40891 套，涉及小区 400 个；发展保障性租赁住房 2000 套；发放住房租赁补贴 6078 户。截至 12 月底，棚户区改造新开工 6711 套，完成年度目标任务的 100.06%，完成投资 17 亿元；老旧小区改造项目全部开工实施，完成投资 8 亿元；保障性租赁住房开工 2000 套，开工率 100%；发放住房租赁补贴 6420 户，完成年度目标任务实的 105.63%。2022 年落实并下达城镇保障性安居工程中央和省级补助资金 14.33 亿元，为确保完成年度城镇棚户区改造任务提供了资金保障。制定印发了青海省城镇住房保障工作要点，明确了城镇保障性安居工程进度和工作要求。会同省发展和改革委等部门确定2022年城镇老旧小区改造和城镇棚户区改造等计划目标。制定印发《关于加强全省城镇老旧小区改造工程质量安全监督管理工作的通知》，就强化城镇老旧小区改造项目实施全过程监管提出了具体要求。实行月调度机制，定期向各市州政府通报城镇老旧小区改造、棚户区改造进展情况；采取约谈、现场督导等方式，督促加快在建项目施工进度和新项目陆续开工，确保完成年度计划任务。研究制定《关于国家城镇老旧小区改造、棚户区改造和发展保障性租赁住房工作督查激励"勇争先"工作实施方案》。向国务院第九次大督查第十八督导组介绍了青海省城镇老旧小区改造的工作经验亮点，实地察看了改造情况，得到督查组的肯定。及时向住房和城乡建设部、省委省政府报送工作信息，青海省城镇保障性安居工程被多家媒体和新闻媒介报道。

【公积金管理】2022年，青海省住房公积金缴存总额1301.34亿元，提取总额855.46亿元，缴存余额445.88元，贷款总额740.22亿元，贷款余额330.30亿元，个贷率74.08%。1～12月，青海省住房公积金缴存额155.34亿元，提取额88.59亿元，发放个人贷款45.45亿元，同比分别增长12.39%、下降15.18%、下降43.65%。会同省财政厅、中国人民银行西宁中心支行印发《关于全面落实住房公积金阶段性支持政策的通知》，明确受疫情影响的企业和缴存人缓缴和补缴、贷款逾期处理、加大租房提取等公积金阶段性支持政策。截至12月底，对青海省139家受困企业申请缓缴，涉及职工10071人，暂缓缴存额6481.59万元；对2069名受疫情影响无法正常还款的借款人"不作逾期处理"；15218名租房职工享受了提高租房提取额度的政策红利，累计提高租房提取额12699.43万元。按照时间节点组织各中心及时、全面、准确地向社会披露2021年年报信息，完成住房公积金数据年度披露工作。制定印发了《"惠民公积金、服务暖人心"全省住房公积金系统服务提升三年行动实施方案（2022—2024年）》，完成住房公积金缴存、住房公积金汇缴、提前部分偿还住房公积金贷款3个事项"跨省通办"。积极推进信息化建设，"青海智慧住房公积金H9"平台成功升级，业务系统和综合服务平台得到全面提升。

乡村建设

【高原美丽乡村】2022年，出台《青海省推进乡村建设行动方案（2022—2025）》，为2025年乡村建设取得实质性进展勾画了时间表、路线图。编制《青海省农村基础设施建设技术导则》《农牧民住房恢复重建指导图集》《青海省乡村建设评估办法（试行）》等，推动乡村建设制度化、规范化、标准化。实施300个高原美丽乡村建设任务（建设村295个，示范村5个）。落实4亿元省级补助资金，项目全部开工建设。统筹整合50个高原美丽乡村和乡村振兴试点村，先行先试，总结经验，集中项目和资金解决村庄建设发展中存在的短板。组织开展覆盖全域3958个行政村的乡村建设评估工作以及4个样本县乡村建设评价工作，对乡村建设进行一次全面体检。成立乡村建设专家库，开展下乡驻村技术服务，并充分发动直属院校青海建筑职业技术学院人才优势常态化开展乡村建设人才智力帮扶工作，有效解决基层乡村建设人才短缺、技术力量薄弱的问题。

【农牧民居住条件改善】践行绿色发展理念，顺应农牧民住房品质和功能提升、住房条件和居住环境改善，从基本安全保障需求向房屋保暖、设施完善等舒适型需求转变，从"居者有其屋"上升到"居者优其屋"，推动农牧区高质量发展，报请省人民政府发布了《关于印发〈推进全省农牧民居住条件改善工程实施方案〉的通知》。2023年共实施4万户农牧民居住条件改善工程，全年完成投资12亿元。涉及全省2市6州35个县（市、区）360个村。其中，实施外墙节能保温31839户，屋顶保温防水16856户，被动式太阳能暖廊13545户，更换住房外窗10430户，水冲式厕所改造2002户，排水管网铺设1555户，三格式化粪池改造139户，天然气入户1046户，庭院美化绿化9866户，老旧房屋、乱搭乱建等拆除4912户，住房及院墙风貌提升18048户。

【农村人居环境改善】印发《关于进一步加强农村生活垃圾收运处置体系建设管理的通知》，有序推动农村生活垃圾分类减量和资源化利用以及城乡一体化试点建设。海东市循化县成功申报为2022年国家传统村落集中连片保护利用示范县，积极争取中央资金7500万元。成功将60个村庄申报成为第六批国家传统村落。编制出台《青海省村庄建设指导图册风貌篇（河湟分册）》。

【农村危房改造和抗震改造】制定出台《青海省农牧民住房建设管理办法》，填补了长期以来青海省省农牧民住房在建设管理方面的空白，实现对农牧区住房建设活动的闭合管理。印发《关于建立青海省防返贫住房安全动态监测预警机制的通知》，指导各地增强防范意识，提高房屋安全管理水平，切实巩固提升脱贫攻坚成果。争取中央财政危房（抗震）改造补助资金19731万元，2022年全省实施农牧民危房改造和抗震改造任务16810户（其中危房改造3985户，抗震改造12825户）。制定出台《青海省城乡自建房安全隐患排查和专项整治工作方案》，共排查41936户农牧区经营性自建房，实现排查率、整治率各100%目标。同步开展农牧区非经营性自建房安全隐患排查整治，累计已排查803540户农牧区非经营性自建房。

城市建设与管理

【高原美丽城镇示范省建设】2022年，印发《高原美丽城镇示范省建设2022年工作要点》，高起点推动示范省建设。制定《关于做好高原美丽城镇示范省试点建设近期重点工作的函》，督促"5＋1"试点地区加快推进试点任务、开展试点总结、做好宣传工作。持续推动建立省级城市体检信息平台，努力建设没有"城市病"的城市，在西宁市、格尔木市、同仁市、祁连县和共和县、刚察县、海晏县、乌兰县等高原美丽城镇试点地区开展省级试点工作。2022年底，试点地区均已完成自体检工作和省级第三方体检工作，逐步形成"一年一体检、五年一评估"的工作机制。为确保玛多灾后恢复重建项目设计工作规范开展，制定了《玛多灾后重建城市设计》《玛多灾后重建项目设计"一个漏斗"审查机制工作方案》，会同相关单位和专家对玛多县59个重建项目组织会审，为灾后重建提供了有力技术支撑。为提升青海省城镇建设品质，规范全省城市设计制定工作，编制出台《青海省城市设计技术规程》。

【城镇基础设施建设】印发《2022年青海省美丽城镇建设实施方案》，高质量推动湟中区多巴镇等10个美丽城镇建设任务，完成投资10亿元。开展美丽城镇建设实施情况评估，梳理总结好经验好做法，助力美丽城镇建设。印发《青海省城乡生活垃圾治理集中排查整治工作指南》，编制《青海省生活垃圾收集、转运体系建设技术导则》，指导西宁市加快推进生活垃圾焚烧发电项目建设，推动城乡生活垃圾治理。积极争取中央预算内资金2.5亿元，用于城镇生活垃圾、污水处理设施建设。开展全省城镇污水处理设施收集处理现状可行性研究，探索高海拔地区污水处理工艺。印发《青海省深入打好城市、县城黑臭水体治理攻坚战重点任务及责任清单》，开展黑臭水体排查治理。格尔木市成功入选"十四五"第二批系统化全域推进海绵城市建设示范城市，争取中央资金9亿元，全面推进海绵城市建设。西宁市成功入选国家公共供水管网漏损治理重点城市（县城）名单，推进供水管网更新改造、分区计量等工程项目建设，持续提升设施能力水平。编制《青海省地下综合管廊管理办法（暂行）》，进一步规范地下综合管廊规划建设运营管理，集约节约利用城市地下空间，提升城市建设品质。落实政府专项债券资金2.9亿元，因地制宜推进西宁市地下综合管廊建设。印发《市政公用基础设施安全风险防控工作手册》《关于进一步做好市政基础设施安全运行管理的通知》《关于做好2022年城市（县城）排水防涝工作的通知》，深入开展风险隐患排查整治，加强全省安全风险防范化解工作。2022年末，全省城市（县城）建成并投入使用生活污水处理厂51座，处理能力达88.82万立方米/日，污水处理率达95.14%。城市（县城）建成并投入使用生活垃圾填埋场49座，均为无害化处理，处理能力达3976.93吨/日，生活垃圾无害化处理率为98.42%。城市（县城）供水普及率、建成区绿地率、建成区路网密度分别达到98.24%、30.58%、6.55公里/平方公里。

【城镇燃气】青海省取得燃气经营许可证的城镇燃气经营企业131家，其中管道天然气企业29家、汽车加气站51座、液化石油气储配站51座，从业人员3000余人。城镇天然气管道3989公里。全省城镇燃气商业用户入户安检率为61.96%，燃气泄漏报警装置安装率为75.15%。针对节假日城镇燃气运行特点，对使用城镇燃气的大型商业综合体、市场、美食城等人员集中场所的用气安全管理、运行情况进行检查。突出"问题导向、目标导向"，联合西宁市商务、市场监管部门重点对火锅店、餐饮店等小街小巷、住宅楼下的小型经营性用气场所开展排查。全省共成立检查组508个，出动人员1644人，检查餐饮场所1793家，下达执法文书117份，对6家违规用气的餐饮场所，4家未严格落实指导用户安全用气、入户安全检查的瓶装液化石油气经营企业给予停业整改的行政处罚。督查发现安全隐患2053处，已整改完成1488处，整改率72.48%。起草《青海省人民政府办公厅关于印发青海省城市燃气管道等老化更新改造实施方案（2022—2025年）》，经省政府第119次常务会议审议后通过后印发各地执行。申报16个城市燃气管道等老化更新改造项目，总投资5.59亿元，落实中央预算内补助资金3.47亿元。

【城市管理】发布《青海省住房和城乡建设厅关于加强城市管理执法协管员队伍管理的通知》，对城市管理协管员队伍数量、招聘程序、日常培训管理及权益保障方面提出要求。发布《关于在全省城市管理执法队伍中进一步学习贯彻〈中华人民共和国行政处罚法〉的通知》，从提高思想认识、加强学习培训、规范执法工作、强化执法监督四个方面进行全面安排部署。组织开展2022年青海省城市管理执法培训，青海省城市管理执法部门负责人和法制审核人员共计99人参加培训。加强城市窨井盖安全管理，共计普查城市窨井盖255296个。各地完成普查建档窨井盖61062个，纳入信息化平台管理窨井盖18008个，维修破损井盖3495个，补装缺失井盖908个，填埋废弃井盖299个，加装防坠装置井盖20931个。印发《青海省住房和城乡建设厅关于加强城市（县城）户外广告设施安全管理的通知》，共排查户外广告和招牌设施12858处，发现存在安全隐患的户外广告和招牌1728处，下发责令整改通知书353份，依法拆除无人管理、逾期未整改的户外广告和招牌297处。制定印发《青海省住房和城乡建设厅关于做好2022年度城乡生活垃圾、生活污水处理交叉检查工作的通知》。制定《青海省城市运行管理服务平台建设工作方案》《青海省城市运行管理服务平台技术方案》，指导完成《西宁市城市运行管理服务平台建设工作方案》《西宁市城市运行管理服务平台建设技术方案》，编制完成《青海省城市运行管理服务平台建设可行性研究报告》，为推动"智慧城管"建设奠定了基础。

法治政府建设

【政务公开】2022年，结合部门法定职责和行业管理工作实际，依法履行政府信息公开义务，接受公众广泛监督。以权责清单动态调整推动简政放权，持续推进"放管服"改革信息公开。推进行业重点改革信息公开，加大政府投资重大建设项目信息公开力度，继续推进住房保障、新型城镇化、市场监管、农村危房改造、住房公积金等领域信息公开工作。按规定做好省本级部门预算和决算信息公开，及时公开"三公"经费增减变化原因等信息。主动做好政策解读回应，公开文件起草说明积极回应社会关切。2022年厅门户网站累计发布信息9123篇。

【依法行政】制定《厅2022年度法治政府建设工作要点》《厅2022年度普法依法治理工作要点》，对推进全年法治政府建设及法治宣传教育工作提出具体要求。统筹推进法规建设。扎实开展《青海省高原美丽城镇建设促进条例》《青海省国有土地上房屋征收与补偿条例》的宣传普及。开展《青海省历史文化名城名镇名村保护条例》和《青海省城镇供热管理办法》的起草论证。印发《青海省住房和城乡建设厅关于贯彻落实省委办公厅关于加强省直单位机关纪委建设的若干措施的意见》等3个党内规范性文件，进一步推进党内生活制度化、规范化。开展行政执法专项整治，落实行政执法三项制度，规范行政执法行为。对住建行业安全生产、城市管理行政执法领域存在的执法不公、选择性执法、随意性执法等问题作为重点整治内容。印发《关于开展全省住建系统行政执法领域执法不公、选择性执法、随意性执法等问题专项整治工作的实施方案》，对推行行政执法责任制不深入、行政执法主体不合法、执法程序不合法不规范等突出问题作为整治重点。制定印发《青海省住房和城乡建设领域开展"证照分离"改革工作实施方案》，分类推进审批制度改革。加快信用管理体系建设，推动事前审批向事中事后监管转变，充分发挥信用监管作用。强化信用评价结果运用，加强信用信息共享。将信用信息作为市场准入、招标投标、创优评先、动态监督检查的重要依据。认真做好信访举报办理，高度重视并依法有效化解社会矛盾纠纷。积极畅通信访举报渠道，及时梳理干部群众反映的问题线索，积极主动妥善解决群众合理诉求，全力维护群众合法权益，扎实推进案件办理工作。截至2022年底，共受理群众来信、来访、12345政府服务热线和厅长信箱等各类信访事项290件，均已及时处理，办结率100%。

【行业人才队伍建设】筹划成立青海省住房和城乡建设厅党组人才工作领导机构，加强人才工作领导指导和统筹协调能力。落实重大人才项目，推荐1名青年教学骨干赴江苏省企事业单位进行为期1年的访学研修，1名专业技术骨干为"西部之光"访问学者。积极做好"昆仑英才"人选推荐工作，共推荐4名专业技术人员和1个科研团队参加人才项目评选。首次采用在线申报、评审方式，完成2021年度建设工程系列职称评审工作，476名申报人员中345人取得相应层级专业技术职务任职资格。完成执业注册、人员培训系统与工程建设云系统的对接，加强住房城乡建设行业从业人员从业行为监管，在升级后的工程建设云系统完善人员注册微信小程序，实现了个人业务办理"一网通办"。完成建设工程各类职业资格考试报名资格审核等工作。采取线上线下相结合的培训模式，完成施工一线各类岗位人员从业资格和技能培训2万余人次。

建筑业

【促进建筑业高质量发展】2022年，报请省政府办公厅印发《青海省促进建筑业高质量发展若干措施的通知》，从助力企业做大做强、优化建筑业发展环境及推进建筑业转型升级等 4 个方面提出促进建筑业发展的 22 条具体措施，促进全省建筑业高质量发展。深化工程招标投标改革，修订《青海省房屋建筑和市政基础设施工程施工招标投标管理办法》，推行招标人负责制，探索推进评定分离，优化评分标准，进一步深化招投标领域“放管服”改革，规范青海省房屋建筑和市政基础设施工程施工招标投标活动。在青海省范围内进一步推进建筑业企业资质审批告知承诺试点工作，范围涵盖 3 项施工总承包二级资质和 12 项专业承包二级资质。

【优化建筑市场环境】印发《关于建设工程企业资质有关事宜的通知》，同时启动建筑业企业资质动态监管预警系统，加强事中事后监管。提出稳住经济 3 条措施和建设行业助企纾困 13 项措施，升级省外建设工程企业进青登记、信用评价管理系统，简化工程监理企业资质申报材料，进一步优化行政许可流程。加强建筑业经济调度工作，建立重点建筑业企业和重大项目台账，对企业遇到的困难和需要协调解决的事项马上办理，加强建筑业企业统计入库工作，发布尚未入库的企业名单，督促企业应入尽入，应统尽统，对 2022 年前三季度完成建筑业产值表现突出的 50 家建筑业企业予以通报表扬，并给予信用加分。

【强化建筑市场监管】印发《关于进一步加强房屋建筑和市政基础设施工程农民工工资专用账户管理的通知》，全面实行建筑工人、关键岗位人员实名制信息化管理，对未按规定到岗履职等行为实行信用自动扣分。修订《青海省建筑市场信用管理办法》，公布 2021 年信用评价结果并推送至“信用中国（青海）”，提升建筑市场监管水平。对西宁市、海东市、海南州等地开展房屋建筑和市政基础设施工程招投标双随机检查，共抽查 14 家代理机构代理的工程建设项目 102 个，对典型的 4 类问题及所涉项目进行全省通报批评，对 9 家招标代理机构责令改正并给予信用惩戒，对 2 家涉嫌扰乱建筑市场秩序、严重违法的企业移送公安机关处理。开展全省工程质量检测机构专项检查，对西宁市及工业园区建设工程质量检测机构进行检查，共抽查 7 家检测机构，对 3 家违法违规检测机构进行了通报，并给予行政处罚及信用惩戒。

【推进建设工程保证保险工作】印发《关于在房屋建筑和市政基础设施工程项目建设活动中持续推进建设工程保证保险的通知》，全面放开建设工程保证保险业务。2022 年建设工程保证保险共计出单 11458 件，保费 1238.47 万元，为企业释放保证金 203606.68 万元，同时缓交工程质量保证金 3738.73 万元。会同多部门印发《关于推进建筑施工领域安全生产责任保险工作的通知》，截至目前累计投保项目 796 个，保费 1613.2 万元，保额 46.65 亿元。

勘察设计

【加强勘察设计行业监管】组织开展 2022 年度工程勘察设计行业“双随机、一公开”监督检查，抽取房屋建筑和市政工程 37 项，对 19 家省内勘察设计企业进行了资质动态核查，印发《关于 2022 年度工程勘察设计行业监督检查情况的通报》，对存在违法违规行为的 5 家勘察设计企业进行行政处罚。发布《关于进一步加强岩土工程勘察企业试验管理的通知》，进一步规范勘察试验、测试工作。做好工程强制性规范在勘察设计阶段的实施和执行，举办了全省通用规范系列培训。

【做好设计审查服务】发布《关于加强房屋建筑市政工程初步设计审查工作的通知》，进一步指导各地提高初步设计审批管理。做好省级政府投资项目初步设计审查，共完成 11 个项目初步设计审查，总投资额 29.04 亿元，总建筑面积 44.9 万平方米。贯彻工程制度审批改革要求，完成了施工图数字化审查系统更新升级，于 2023 年 1 月启用。加强事前施工图审查质量管控，施工图设计文件报审 2601 项，其中，免予事前审查登记 1640 项，图审机构审查 961 项，纠正违反工程建设标准强制性条文问题 778 条。

【完成第一次全国自然灾害综合风险普查房屋和市政设施调查】青海省共计调查完成本次普查标准时点内房屋建筑 269.0948 万栋（其中不需要调查 39.0916 万栋，建筑面积 45007.4 万平方米）；市政道路 1540 条（2051.56 公里）；市政桥梁 407 座（55811.93 米）；供水设施 66 座，供水管线 968 条（1547.55 公里）。首次摸清青海省房屋建筑和市政设施底数。制定印发《青海省第一次全国自然灾害综合风险普查房屋建筑和市政设施调查实施方案》《青海省第一次全国自然灾害综合风险普查房屋建筑和市政设施普查厅系统工作方案》，形成了“统一领导、上下联动、共同参与”的普查组织体系。做好青海省房屋建筑和市政设施调查系统软件部署工作，确保系统日常运维及信息安全。开展实地现场教学观摩 10 余次，累计培训 5000 余人次。发布《青海省第一次全国自然灾害综合风险普查房屋建筑和市政设施调查数据成果质量在线巡检办法（试行）》，牢牢把控数据质量。广泛开展普查宣传，组织参加全国自然灾害综合风险普查相关培训17期，组织召开全省自然灾害综合风险普查房屋建筑和市政设施普查技术管理培训班省级培训15期，培训人数约7000余人次。加强资金支持力度，落实省级普查专项补助资金569万元。

【做好抗震防灾减灾工作】 编制《青海省住建系统地震灾害风险防控指导手册》，进一步健全青海省住建系统地震灾害风险防控体系，指导住建系统地震灾害风险防控工作。编制完成《青海省农牧民住房建设技术导则》，进一步提升农牧民住房抗震水平，提高农牧民住房建设品质，落实绿色建造、安全建造要求。加强青海省抗震性能鉴定管理，印发《青海省房屋建筑抗震性能鉴定工作管理办法（暂行）》，进一步规范抗震性能鉴定行为。做好门源“1·08”地震应急评估工作，共抽调34名专家组成8个应急评估工作组，及时有效完成732栋、建筑面积83.75万平方米房屋建筑应急评估工作。做好大通“8·18”山洪灾害受损房屋应急评估工作，组织14名专家赶赴大通县开展房屋应急评估，完成1542户农房应急评估。

【加强消防设计审查验收】 开展消防设计审查验收检查，印发《2022年青海省建设工程消防设计审查验收工作检查方案》，共抽查4个地区17个消防设计审查项目和12个消防验收、备案项目，发现主管部门审批管理问题81条，设计质量问题303条。印发《青海省特殊建设工程特殊消防设计评审工作指南》，明确总体原则、职责分工、申报程序、评审程序等，加强消防安全源头管控，进一步规范青海省特殊建设工程特殊消防设计专家评审工作，提高工程消防设计审查验收管理水平。

安全质量

【提升住建领域风险防控水平】 发布《全省住房城乡建设领域风险防控体系建设指导意见》，明确住建系统风险防控体系的“1＋6”制度总体框架，防范遏制重特大事故发生，构建安全生产与风险防控长效机制，全面提升行业风险整体预控能力。编制《建筑施工安全风险防控指导手册》，分析了建筑施工安全风险防范工作现状，明确了适用范围、工作目标以及各生产经营单位和各级主管部门的职责，并对风险辨识、评估、管控，隐患排查治理，应急管理提出了明确要求。

【夯实行业安全发展基础】 印发《关于落实建设单位工程质量安全首要责任的通知》，从严格落实建设单位项目法人责任、严格落实施工全过程质量管理、严格履行质量安全管理职责以及严格竣工验收等6个方面提出29项具体化措施。持续开展建筑施工安全生产专项整治三年行动，制定房屋市政工程安全生产治理行动方案、住建领域安全生产大检查工作方案，印发《青海省住房城乡建设领域落实安全生产“15条措施”工作责任清单》。搭建“起重设备和危大工程管理系统”，实现建筑起重机械的规范化、标准化和信息化监管，对危大工程各环节实施有效的动态监管，控制各种危险因素，预防和避免安全事故。编制完成《青海省智慧工地平台建设可行性研究报告》，推动提升全省建筑工地智慧化监管水平。深入开展“安全生产月”活动，举办了建筑施工安全生产标准化暨应急救援演练示范观摩会，召开2022年度“质量月”建筑工程质量安全标准化暨智慧工地线上观摩会。开展“关注安全关爱生命”安全生产主题宣传活动，推进安全发展理念进一步深入人心。印发《青海省住房和城乡建设厅关于开展安全生产教育培训专项整治工作的通知》，进一步推动企业落实安全生产培训主体责任，解决安全生产事故暴露出的部分企业安全生产教育培训主体责任不落实、作业人员安全意识薄弱等问题。

【全面提升行业本质安全水平】 开展“防风险、保安全、护稳定”安全生产大督查大整治。印发《青海省住房城乡建设领域“防风险、保安全、护稳定”安全生产大督查大整治工作方案》和建筑施工安全生产专项检查工作方案。对西宁市、海东市7个区（县）的115个建筑施工项目、345家企业进行了督查检查。检查过程中，指出安全隐患和不规范操作766项，当场约谈提醒161家企业，下达停工通知单30份、整改通知单55份。通报行业安全生产工作2次、向市州印发消防安全、班前教育、特种作业等提醒函6份，对海北州、门源县、大柴旦行委的住建部门主要负责人进行了约谈。开展春季开复工及安全生产检查、双随机检查、消防安全专项督查、“四不两直”安全生产巡查等各类巡查检查5次，省厅共检查项目207个，发现问题隐患1533个，已全部整改，行政处罚企业13家，处罚金额111.28万元，检查了8家预拌混凝土企业，9家检测机构，同时对检查中发现的16个项目、48家企业的违法违规典型案例进行了通报。开展房屋市政工程安全生产治理行动，全省各级住房城乡建设主管部门共组织502个检查组，检查项目3589个，行政处罚企业64家，处罚金额150.89万元。印发《青海省住房城乡建设领域岁末年初安全生产重大隐患排查整治工作方案》《关于切实加强全省住建领域今冬明春及重要时段火灾工作的通知》，加强元旦、春节等重点时段安全防范工作。印发《青海省住房城乡建设领域高层建筑重大火灾风险专项整治工作方案》，从消防安全源头管理、建筑工地消防安全管理及高层建筑外立面安全整治等方面，开展为期1年的消防专项整治。

造价咨询

【加大建设工程定额编制力度】开展《青海省房屋修缮工程计价定额》修编工作，印发《青海省市政工程概算定额》。编制《青海省房屋建筑工程造价指标》。开展关于建筑工程安全责任险计取办法制定情况的调研，对省内已购买建筑工程安全责任险的施工企业进行摸排，完成费率测算，印发建筑工程安全责任险计取办法。组织专家编制《青海省园林绿化工程计价定额》《青海省市政工程概算定额》交底材料，开展线上定额宣贯培训工作。对青海省建设工程现行定额人工费单价进行调整，印发《青海省住房和城乡建设厅关于调整青海省建设工程现行定额人工费单价的通知》。

【提升工程造价信息服务力度】开展全省《青海工程造价管理》使用情况调研工作，对照2020版新计价定额规范指导价材料名称、型号规格，制定青海指导价新模板，增加青海指导价新版块“西宁地区干混砂浆市场参考价”内容。编辑、发布6期《青海工程造价管理信息》、12期《青海建设工程市场价格信息》。开展工程造价数据监测，为造价咨询业信用评价积累基础数据。采集、测算砂石料价格、人工成本、住宅造价信息，通过建设工程造价信息网上报住房和城乡建设部标准定额研究所。开展典型工程2020版计价依据套价工作，测算、分析、发布西宁地区典型工程造价指标、上半年西宁地区房屋建筑工程造价指数指标。

【加强工程造价咨询市场监管力度】对省内87家造价咨询企业、省外150家进青企业开展了2021年度信用评价工作。开展全省2021年度工程造价咨询企业统计调查工作，对全省93家工程造价咨询企业2021年度统计调查数据进行审核汇总，形成2021年青海省建设工程造价咨询企业统计调查数据成果。完善“青海省工程建设监管和信用管理平台”建设，随机抽查16家企业开展2022年度全省工程造价咨询企业成果文件质量“双随机”检查工作，以企业信用管理代替资质管理，加强政府投资项目计价行为的监管。持续推进青海省房屋建筑与市政基础设施工程施工过程结算，选择西宁大学校园建设项目一标段为典型工程试点项目，开展《建设工程项目施工过程结算的实践研究》调研工作，协调发承包双方签订《建设工程施工合同》补充协议，推行施工过程结算，按照约定内容办理节点过程结算申请事宜。

【强化灾后项目建设支持力度】门源“1·08”地震后，以《果洛玛多“5·22”地震农牧民住房维修和加固单价指标》为基础同口径计算，组织开展了门源“1·08”地震房屋建筑工程造价指标测算。以海北州《2016年海北州农牧区特色农房建设图纸（户型十）》和《海晏县某乡80㎡钢结构住宅项目设计图集》为基础，开展门源县灾后重建新建农牧民住房参考指标测算。在大通“8·18”山洪灾害后，配合地方政府确定灾损提供相关技术支撑。

建筑节能与科技

【推动绿色建筑高品质发展】印发《2022年全省建筑节能与建设科技工作要点》并督促各地落实。以省委办公厅、省政府办公厅名义印发《青海省推动城乡建设绿色发展重点工作任务》，明确了2025年及2035年阶段性工作目标，为推动城乡建设领域绿色发展的重要政策支撑。积极与省统计局衔接，将“城镇建筑可再生能源替代率”“新建公共机构建筑、新建厂房屋顶光伏覆盖率”“城镇绿色建筑占新建建筑比重”三项指标纳入青海省绿色发展指标体系，落实到对各地政府的绩效考核中。开展绿色建筑“双随机，一公开”监督检查，共抽取33个在建项目，共发出执法建议书12份。积极开展绿色建筑评价标识。完成2022年度“城镇绿色建筑占新建建筑的比重”指标数据统计工作，截至目前，城镇绿色建筑占新建建筑比重达85%。

【强化科技创新驱动】组织相关科研机构开展5项建设领域课题研究申报工作。2项纳入科技计划项目，2项纳入资金计划项目。按照住房和城乡建设部2022年科技计划项目申报要求，向住房和城乡建设部标准定额司报送了《关于推荐2022年科学技术计划项目的函》。向住房和城乡建设部推荐《绿色建筑在高原生态敏感地区的适应性关键技术研究》《青藏高原建筑产业园绿色建设指标研究——以住建部对口支援的湟中区建筑产业园为例》两个课题，其中，《青藏高原建筑产业园绿色建设指标研究——以住建部对口支援的湟中区建筑产业园为例》纳入部2022年科学技术计划项目。积极开展北方地区冬季清洁取暖项目申报，协同省财政厅、省生态环境厅、省能源局组织开展“2022年北方地区冬季清洁取暖项目”申报工作，督促各地完成了申报材料的编制、申报、评审工作，西宁市被国家列为2022年北方地区冬季清洁取暖项目示范市。

【制定2022年工程建设地方标准修订项目计划】 完成《青海省农房建筑节能建设标准》《青海省民用建筑信息模型（BIM）应用标准》《青海省液化石油气微管网供气工程技术标准》等5项工程建设地方标准的修改完善和报批工作。完成年度编制计划的拟订。围绕行业重大政策和重点任务，通过初步遴选和专家论证，并广泛征求意见，将《湿陷性黄土地区城市道路地下病害探测与风险评估技术标准》等7项标准列入年度编制计划。

【开展绿色建筑及建筑节能等相关培训工作】 组织开展2022年全省住建领域节能宣传周和低碳日系列宣传活动，采取在省级报刊发表专栏等形式，大力宣传建筑节能相关政策和绿色低碳知识。邀请住房和城乡建设部专家组织开展"线上＋线下"培训，举办了2期建筑节能及绿色建筑发展政策暨工程建设标准宣贯培训，对省内从业人员开展了住建领域碳达峰碳中和实施路径专题研讨和讲座，不断提升行业从业人员推动绿色发展的能力和水平。

【定期发布行业新技术、新工艺、新材料、新设备推广应用目录和禁止、限制、退出目录】 组织相关专家对申报的建设领域先进适用技术与产品和绿色建材产品进行技术把关，编制发布《青海省建设领域先进适用技术与产品目录（第十批）》，涉及4家企业的3类5个技术产品。截至2022年10月30日，累计共有101家企业，9类161个技术、产品纳入《青海省建设领域先进适用技术与产品目录》，目前在有效期的共有33家企业，7类45个技术、产品。

【规范行业服务管理】 为建立市场化的民用建筑能效测评和建筑节能服务机制，营造有利于民用建筑能效测评和建筑节能服务产业发展的政策环境和市场环境，强化对建筑节能三方机构的监督管理，引导能效测评节能服务产业健康发展，印发《青海省住房和城乡建设厅关于进一步规范民用建筑能效测评机构和建筑节能服务机构管理的通知》，邀请省外专家对申报机构进行了评审，确定了三家满足申报条件的能效测评机构，并通过公示发布了《青海省省级民用建筑能效测评机构和建筑节能服务机构名单》。

【完成青海省年度能源消耗总量和强度"双控"等考核任务】 严格执行建筑节能标准，居住建筑节能率提升至75%，公共建筑节能率提升至72%，现行建筑节能标准执行率达到100%，新建建筑全部执行绿色建筑标准；在西宁市、海西州的北方地区冬季清洁取暖示范项目中加大既有建筑节能改造力度；完成了《推动城乡建设绿色发展重点考核评价体系》初稿，明确了目标、压实了责任，推动了重点工作任务落地落实。

【开展建筑领域"碳达峰，碳中和"技术路径研究】 与中国建筑节能协会达成战略合作，委托中国建筑节能协会开展青海省城乡建设领域"碳达峰、碳中和"技术路径研究，对2030年前城乡建设领域碳排放状况进行研判，编制完成《青海省城乡建设领域碳达峰技术路径研究报告》，为全省城乡建设领域实现"双碳"目标任务提供决策依据。

（青海省住房和城乡建设厅）

宁夏回族自治区

法规建设

【深化习近平法治思想学习】 2022年，宁夏回族自治区城乡建设厅将习近平法治思想列入厅党组理论学习中心组、各基层党组织学习计划和干部培训计划，中心组专题学习2次，组织专题培训3次，旁听庭审1次，厅党组会、厅务会和各级党组织定期集体学法。开展"学习习近平法治思想、推进住建部门法治政府建设""学习宣传贯彻党的二十大精神，推动全面贯彻实施宪法"主题党日活动。全面加强以《中华人民共和国宪法》《中华人民共和国民法典》为主的普法宣传教育，广泛开展法治宣教进机关、进企业、进乡村、进工地等活动。

【健全政策法规体系】 2022年，提请自治区政府将生活垃圾分类、建筑垃圾管理列为《宁夏回族自治区固体废物污染环境防治条例》2个专章内容，"打包"修订自治区《工程建设标准化管理办法》等3件政府规章。提请将2件地方性法规修订、5件政府规章制度列入自治区五年立法规划。修订完善《自治区住房和城乡建设厅行政规范性文件制定审核备案管理办法》，开展妨碍统一市场和公平竞争政策措施清理专项行动及自治区优化营商环境政策清理，修改2件、废止7件厅发行政规范性文件。

【有效开展行政应诉】开展行政应诉专项治理，支持人民法院审理行政案件，办理行政应诉案件1件，行政机关负责人出庭"出声"，促使争议得到妥善化解，被宁夏日报等媒体广泛宣传。

【强化行政执法监督】全面落实行政执法"三项制度"，制定《自治区城市管理领域执法监督暂行办法》，印发《自治区住房和城乡建设领域实施包容免罚清单（试行）》，修订全区住房城乡建设领域行政处罚裁量基准。深入开展全区城市管理执法队伍"强基础、转作风、树形象"专项行动，加快城市运行管理服务平台建设，推动城市运行管理"一网统管"。

房地产业

【概况】2022年，宁夏房地产市场运行总体平稳健康。围绕构建"多主体供应、多渠道保障、租购并举"的住房制度，加快完善全区城镇住房体系，编制《宁夏回族自治区城镇住房"十四五"发展规划（2021—2025年）》，积极构建以普通商品住房和租赁住房为主的城镇住房市场供应体系，形成以公共租赁住房、保障性租赁住房和共有产权住房为主的城镇住房保障体系。积极克服疫情冲击和预期转弱带来的影响，制定《关于促进房地产市场健康平稳发展的实施方案》和优化商品房预售资金监管管理办法等政策文件，指导地级市出台"一城一策"调控措施75条。全区完成房地产开发投资420亿元，商品房销售面积715.6万平方米，销售金额达502.1亿元。

【房地产市场调控】自治区政府建立省级房地产市场调控部门联席会议制度，设立处置化解房地产问题项目领导小组。制定出台《宁夏房地产开发企业信用信息管理办法》《房地产开发企业良好、不良行为认定标准》《宁夏商品房预售资金监管实施意见》等多项政策，搭建"宁夏互联网＋智慧房产"服务平台，推动各市、县（区）全面接入平台，实现全区新建商品房网签备案、预售资金监管、房地产企业信用信息管理等业务"一张网"，建立风险防控长效机制，促进房地产市场平稳健康发展。

【房地产市场秩序整治】2022年，深入开展整治规范房地产市场秩序三年行动，全区组织房地产销售、租赁、物业服务等领域检查2000余次，查处房地产企业违法违规行为28个、经纪机构67个、物业企业4个，下发整改通知书25份，处罚金额1000多万元，对问题突出的20余家房地产开发企业予以诚信扣分。建立"省级督办、市级统揽、县区落实"工作机制，自治区政府成立领导小组，下发《宁夏回族自治区房地产开发问题项目处置工作方案》，各地采取"一楼一策""一企一策"处置化解房地产开发问题项目，推动住宅问题项目处置化解，切实保障购房群众合法权益。

【物业服务管理】注重顶层设计，开展修订《宁夏回族自治区物业管理条例》立法调研前期工作，将调研成果纳入拟修订法律条款台账内容。印发《关于进一步加强住宅专项维修资金管理工作的通知》等文件，督促各地管好用好维修资金，为住宅小区物业涉及公共安全提供资金支持。聚焦物业行业规范化管理、专业化服务，全区5000余个住宅小区物业服务覆盖面达到95%。坚持以党建联建为引领加快推动物业行业融入基层治理，推出了吴忠市金花园等在全国叫得响的物业服务管理小区，银川市和吴忠市被列为"加强物业管理，创建美好家园"全国试点城市，金凤区五里水乡、枫林湾小区、利通区紫御府小区被评为全国典型案例。

住房保障

【概况】2022年，宁夏坚持以改善城镇居民中低收入家庭住房条件为目标，进一步规范实施公共租赁住房（含廉租房）准入、分配、运营管理，统筹推进棚户区改造，加快发展保障性租赁住房，不断健全以公租房、保障性租赁住房和共有产权住房为主体的住房保障供应体系。积极探索并实践广覆盖、分层次、多元化的住房保障体系，全区城镇低保、低收入住房困难家庭实现应保尽保，中等偏下收入住房困难家庭在合理的轮候期内得到保障，环卫、公交等公共服务行业及新就业职工、外来务工人员等新青年、新市民群体阶段性住房困难得到有效保障，城镇困难群体住房条件明显改善。坚持任务早谋划、项目早开工、资金早拨付、督导早展开，开工建设棚户区住宅4073套，占年度计划的106.9%；筹集建设保障性租赁住房9942套，占年度计划的109.04%；发放公租房租赁补贴6736户，占年度计划的1118.6%，持续为16.88万户家庭提供了公租房保障，全区公租房需求与保障总体平衡。

【持续推进公租房运营管理】持续扩大住房保障覆盖面，银川市、灵武市、吴忠市、盐池县、中宁县等10个市县根据本地区公租房房源供给情况，调整申请公租房月收入线，降低申请门槛。各地在确保城镇中等偏下收入住房困难家庭、新就业职工和稳定就业的外来务工人员基本保障面的基础上，对符合条件的孤老病残、优抚对象、军队退役人员等特殊群体，进行优先保障；对符合条件的环卫工人、公交司机、青年医生、青年教师、见义勇为人员等群体实施精准保障，其中银川市将240套公租房空置房源统筹用于自建房专项整治行动中危房户的安置。各地采取物业公司、房管员、社区网格员“三位一体”模式共建公租房小区，开展“物业信息公开”“共建美好家园”活动，对小区事务全覆盖管理，从群众最能直接感受的身边事入手，进一步健全完善社区管理服务体系，切实提高保障性住房小区后续管理水平。

【加快推进信息化建设】坚持把推广应用公租房管理信息化作为方便群众办事的重要抓手，按照“申请无纸化、申报常态化、审核网签化、保障精准化、服务精细化”的管理要求，在县级以上城市推进信息化建设，进一步优化公租房管理规程，加快数据迁移和更新，推进公租房资格联审相关部门数据对接，打通数据孤岛，实施“一网通办”。8月，所有市县在“全国公租房信息系统”上填报“公租房建设分配管理情况”和“公租房部分群体保障情况”，成为率先实现所有市县网上填报的省份。银川市利用数据接口互联推动申请人信息数据共享，已实现保障家庭车辆、住房情况在线核查，有效缩短了审批时限，同时，住房保障资格申请可以通过“我的宁夏”自主申请。部分市、县开通公租房申请“掌上办”“网上办”功能，实现“数据多跑路，群众少跑腿”，极大地提高了公租房申请审核效率，使公租房申请服务更加智能、更加便捷，得到群众的一致好评。

【加快推进保障性租赁住房发展】深入贯彻落实国务院办公厅《关于加快发展保障性租赁住房的意见》精神，缓解住房租赁市场结构性供给不足，解决新市民、青年人等群体住房困难问题。银川市被住房和城乡建设部确定为发展保障性租赁住房试点城市之一，固原市、宁东能源化工基地被确定为自治区重点支持城市，同时支持有需求的市、县（区）发展保障性租赁住房。统筹推进各地发展保障性租赁住房工作，指导建立高效、完善的审批机制，推动已筹集项目加快实施。截至年底，市区申请承租保障性租赁住房9429户，获得资格4945户，签订租赁协议2410户，园区签订住房租赁协议3636套，全区共解决近1.6万名新市民、青年人住房困难问题。

住房公积金管理

【概况】2022年，宁夏全区共设置5个设区城市住房公积金管理中心，1个独立设置的分中心。从业人员294人（其中在编201，非在编93人）。2022年，全区住房公积金实缴人数达74.65万人，归集住房公积金161.85亿元、同比增长27.67%，提取住房公积金96.28亿元、同比增长3.24%，发放住房公积金个人贷款9734笔、同比下降28.15%。发放住房公积金个人贷款45.1亿元，同比下降25.22%，支持职工购房124.86万平方米，为职工节约利息支出49218.13万元。截至2022年底，累计归集1297.35亿元，累计提取850.47亿元，累计贷款总额760.34亿元，个贷率63.96%。

【统一业务操作规范】修编《宁夏区住房公积金业务操作规范（试行）》，在全区范围内实现业务分类、办理要件、办理时限、业务流程、业务表单、档案管理、监督考核“七统一”，全面提升住房公积金业务管理标准化、服务便捷化水平，为推动住房公积金区域化协调发展打下坚实基础。坚持政策调整备案、业务数据月报、季度运行情况分析、异常数据专题分析、半年运行情况评估、年度数据披露等制度，加强全过程动态监控，严格执行国家和自治区现行住房公积金使用政策。各地以账户开立、资金调动、提取审批、贷款审批、贷后管理、账务核算、费用支出等为重点，借助住房城乡建设部电子稽查工具，坚持各中心按月自查、全区季度抽查现场指导，切实增强行业风控能力，保障资金运行安全。

【“惠民公积金服务暖人心”服务提升三年行动】印发《“惠民公积金、服务暖人心”全区住房公积金系统服务提升三年行动实施方案（2022—2024年）》，明确提出创建总体目标、主要原则、工作内容、时间安排和工作要求，强化顶层设计，压实各中心主体责任。各中心根据本地区实际情况研究制定《实施方案》，细化工作举措，明确时间节点、具体任务和工作要求，强化经费、人员、场地和信息化保障，积极争取精神文明等部门支持，确保工作任务落实落细。

【持续推动“跨省通办”业务提质增效】开通“跨省通办”业务8项，“全区通办”业务9项，实现住房公积金汇缴、补缴、同城转移、基数调整、个人账户设立并启缴等单位住房公积金业务，以及租房提取、离退休提取、异地购房提取及提前还清住房公积金贷款等个人住房公积金业务的“跨省通办”。中国建设报刊登专版《宁夏以“跨省通办”促业务提档升级》，向全国推广宁夏经验做法。《住房和城乡建设部办公厅关于表扬全国住房公积金“跨省通办”表现突出服务窗口巩固拓展党史学习教育成果的通知》中，对银川住房公积金管理中心灵武管理部“跨省通办”窗口等5个窗口进行通报表扬。

【督促出台稳保促落实政策】认真贯彻落实国家和自治区“稳经济、保增长、促发展”工作要求，以“惠民公积金、服务暖人心”全区住房公积金系统服务提升三年行动为载体，推进落实组合贷、贷前提等政策措施，在“六稳”“六保”工作中积极发挥公积金力量。各地结合实际出台相应的公积金政策，积极支持经济发展。

【阶段性支持政策落地见效】自治区住房和城乡建设厅、财政厅、人民银行银川中心支行联合印发《关于转发住房城乡建设部等国家部委实施住房公积金阶段性支持政策的通知》。截至年底，为48个企业办理了住房公积金缓缴业务，累计缓缴职工16450名，缓缴金额17533.46万元；受理不作逾期处理的贷款申请10笔，不作逾期处理的贷款余额187.04万元，不作逾期处理的贷款应还未还本金0.99万元。

城市更新

【新型城镇化建设】2022年，宁夏紧紧抓住黄河流域生态保护和高质量发展先行区建设、沿黄城市群发展重大机遇，加快推进以人为核心的新型城镇化，积极构建“一主一带一副”的城镇空间格局，初步形成以沿黄城市群为主体、以中心城市为龙头、以县城为平台、以重点小城镇为节点的城镇发展格局。制定印发《宁夏回族自治区2022年新型城镇化建设和城乡融合发展重点任务》，落实《宁夏回族自治区城市规划建设管理奖补资金管理暂行办法》，拨付兑现规划建设管理奖补资金2900万元。2022年底，全区常住人口728万人，城镇化率达到66.34%，高出全国水平（65.22%）1.12个百分点，位列西北五省区第一、沿黄九省区第二；沿黄城市群常住人口和城镇人口分别达到509.9万人和387.1万人，占全区比重分别为70%和80.1%，成为全区主要人口承载地。

【城市更新】全方位推进城市更新，制订《宁夏回族自治区关于统筹推进城市更新的实施方案》《宁夏回族自治区城市更新技术导则》，细化更新工作目标导向、技术思路、编制流程、主要路径等，加快补齐城市基础设施短板，进一步完善城市功能，提升城市品质。自治区财政设立城市更新专项资金，向石嘴山市、固原市、中卫市、灵武市、青铜峡市5个城市拨付城市更新专项经费1500万元（每个城市300万元）。7个设市城市均制定城市更新行动实施方案，成立专项领导小组，银川市、石嘴山市、吴忠市加紧编制城市更新专项规划。银川市入选全国第一批城市更新试点城市，城市更新工作考核机制入选全国实施城市更新行动可复制经验做法清单。

【城市体检评估】按照“先体检后更新，无体检不更新”的原则，抢抓城市体检政策窗口机遇期，持续开展城市体检。印发《自治区住房和城乡建设厅关于开展2022年城市体检工作的通知》，将城市体检工作范围扩大到全区所有设市城市（全国体检范围仅为59个样本城市）。设市城市在做好规定动作的同时，紧密结合人民群众诉求和自建房安全专项整治、国家园林城市创建等工作需要，选择自选动作，适当增加城市体检内容，科学设定符合城市发展需求的“69＋N”城市体检指标体系。银川市、吴忠市成功入选全国城市体检样本城市，建立城市体检评估信息平台。2022年9月，全国城市体检工作西北片区座谈会在银川市召开，宁夏交流了城市体检工作经验做法。

【城镇老旧小区改造】组织编制《宁夏回族自治区城镇老旧小区改造“十四五”规划》《宁夏回族自治区城镇老旧小区改造技术导则》，出台《自治区省级领导包抓城镇老旧小区改造工作方案》，由自治区人大常委会副主任、自治区政府副主席共同包抓，进一步健全完善了工作推进和保障机制。实施改造老旧小区357个、48081户（套），开工率达到100%；竣工小区153个、19115户（套），竣工率42.9%，累计完成投资12.14亿元。全区2022年度城镇老旧小区改造第三方绩效评价和财政部宁夏监管局核实分数均为94.19分，列入优秀等次。

【城市园林绿化品质提升】加强国家园林城市巩固和创建工作，支持银川市积极创建国家生态园林城市，中宁县创建国家园林城市，组织有关市县对标新修订《国家园林城市申报与评选管理办法》进行自查。落实“300米见绿、500米见园”要求，将小微公园、城市绿道建设等内容写入自治区政府工作报告，列入民生实事计划，不断优化城市绿地布局，提升公园绿地品质。全区城市建成区绿地率达到39%，人均公园绿地面积近20平方米。下发《自治区住房和城乡建设厅关于开展城市绿地外来入侵物种普查工作的通知》，全面摸清城市绿地重点外来入侵物种的种类、分布范围、发生面积、危害程度等情况，分析研判外来物种入侵风险，为全面做好外来入侵物种防控提供科学依据。联合印发《全区打击破坏古树名木违法犯罪活动专项整治行动方案》，组织开展打击破坏古树名木违法犯罪活动专项整治行动。

【城市内涝治理】2022年，争取中央预算内投资5358万元，安排一般性地方债券资金6.06亿元，实施一批城市排水防涝基础设施建设重大项目。全面开展城市排水管网和积水易涝点排查整治，严格落实“四个一”工作机制，进一步规范城市信息共享和预警信息发布管理，妥善应对处置了“6·21”“7·11”暴雨引发的城市内涝。

【城镇生活污水处理及再生利用】持续推动城镇生活污水处理提质增效，实施污水处理厂提标改造，补齐污水管网短板，现有排水管网近4400公里，建成并投入运行的城镇生活污水处理厂35座，全部实现一级A排放标准，城镇生活污水处理率达98%以上。聚焦国家污染防治攻坚战考核目标任务，围绕进水BOD（生化需氧量）浓度较低的城市生活污水处理厂，开展“一厂一策”系统化整治，进水浓度高于100毫克/升的城市生活污水处理厂规模占比达80%。聚焦城镇生活污水再生利用目标，加快再生水配套基础设施建设，再生水日生产能力达71.7万立方米，再生水管网达839公里。印发《自治区非常规水利用管理办法》，把再生水纳入每年的水资源统一配置。发挥各级各类监督考核指挥棒作用，将再生水工作纳入自治区政府效能目标管理、城乡建设绿色发展、最严格水资源管理考核内容，全面推动再生水利用目标任务落实落地。

【城市黑臭水体治理】持续巩固地级城市黑臭水体整治成果，制定印发《全区深入打好城市黑臭水体治理攻坚战实施方案》，深入开展黑臭水体再排查治理和排查认定专项行动，对城市建成区所有水体进行排查识别，全面开展县级城市黑臭水体整治。将城市黑臭水体整治情况纳入“河长制”重点工作月通报内容，利用“宁夏河长”微信公众号，加强社会舆论监督，调动全社会共同参与黑臭水体整治。宁夏县级城市未发现黑臭水体，地级城市未发现新增黑臭水体及返黑返臭水体。

城乡历史文化保护传承

【城乡历史文化保护传承】2022年，自治区党委办公厅、政府办公厅印发《关于在城乡建设中加强历史文化保护传承的实施意见》，明确保护重点和主要工作，加快建立分类科学、保护有力、管理有效的城乡历史文化保护传承体系，加快形成历史文化保护传承工作融入城乡建设的格局。启动编制《自治区历史文化保护传承体系规划》，开展省级历史文化名城评估和自治区级历史文化名城名镇名村评选等工作。继续推进历史建筑的普查、确定、公布和测绘建档工作，全区已公布确定45处历史建筑，完成44处历史建筑测绘建档和保护图则制定工作，新增公布青铜峡市农业学大寨礼堂、中卫市柔远镇镇靖村大礼堂2个历史建筑，实现地级市全部公布历史建筑。

【实施传统村落保护】印发《关于全面开展传统村落调查建立传统村落名录体系的通知》，制定《自治区级传统村落认定评分标准（试行）》，深入开展全区传统村落资源调查，建立健全国家级、自治区级、市县（区）级不同价值规模层次和历史文化内涵、上下贯通、有序衔接的传统村落名录体系，分级分类加快推进传统村落抢救保护和传承发展。安排自治区奖补资金1000万元，大力实施保护发展规划编制、传统资源保护修复、公共基础设施建设、农村人居环境整治、文化遗产活化利用等工程，传统村落保护发展综合能力逐步增强。

建设工程消防设计审查验收

【概况】2022年，宁夏全区共有勘察设计企业410家，从业人员约8000人，其中专业注册人员约2000人；施工图审查机构6家，从业人员约300人，其中一类5家，二类1家；施工图审查免审单体工程建筑面积扩大到3000平方米，开展房屋建筑勘察设计企业设计文件免审，共有一类免审2家，二类免审1家。受理建设工程消防设计审查事项485件，办结465件；受理建设工程消防验收事项345件，办结380件（含上年度申报未通过验收的建设工程）；受理建设工程消防验收备案抽查463件，办结461件，办结率分别为95.87%、110%、99.56%。受理其他29类建设工程消防设计审查事项182件，办结177件；受理其他29类建设工程消防验收事项131件，办结127件；受理其他29类建设工程消防验收备案事项99件，办结92件，办结率分别为97.25%、96.94%、92.92%。

【勘察设计行业监管】修订《宁夏回族自治区工程勘察设计企业和勘察设计注册工程师信用评价管理办法》，补充完善宁夏工程勘察设计企业良好行为、不良行为认定标准和勘察设计注册工程师不良行为计分标准。修订《宁夏回族自治区房屋建筑和市政基础设施工程施工图设计文件审查管理实施细则》，进一步优化施工图审查内容和程序，提高施工图审查质效。印发《宁夏绿色建筑设计文件编制深度规定》

（2022 版），进一步规范绿色建筑工程设计文件编制工作，为绿色建筑各阶段设计文件的完整性和质量保证提供了遵循。编制《宁夏建筑工程施工图设计技术要点》《宁夏市政工程施工图设计技术要点》《宁夏岩土工程勘察技术要点》《宁夏既有建筑加装电梯技术规程》。开展 2022 年度勘察设计企业市场质量执法检查，共检查企业 60 家，其中区内 18 家，外省进宁 42 家，抽检市场行为、建筑、市政和勘察等行业项目 70 个，对存在问题的勘察设计企业给予诚信扣分。

【建设工程消防设计审查验收】11 月，“宁夏回族自治区建设工程消防设计审查验收备案管理平台”正式上线，实现全区特殊建设工程消防设计审查、特殊建设工程消防验收、其他建设工程消防验收备案及消防验收备案抽查等业务的全流程网上办理。印发《宁夏回族自治区既有建筑改造消防设计审查验收管理办法（试行）》，规范既有建筑改造消防设计审查验收管理工作。印发《关于进一步加强全区建设工程消防设计审查验收管理工作的通知》，切实从源头上防范化解建设工程消防安全风险。编制《宁夏建设工程消防设计审查和验收工作指南》《宁夏既有建筑改造工程消防设计导则》《宁夏建设工程消防验收图集》，规范建设工程消防设计审查验收的程序、资料，统一全区建设工程消防审验标准。对建设工程消防设计文件编制深度及设计质量、消防设计文件技术审查质量、建设工程消防设施检测质量、建设工程消防验收质量和第三方建设工程消防技术服务机构的服务质量进行重点检查，共抽查检查 26 个建设工程消防审验主管部门、建设工程消防设计审查、消防验收、消防验收备案及消防行政处罚等 4 类执法案卷 122 份、建设工程项目 97 项。

城市建设

【市政道路交通建设】2022 年，宁夏健全城市道路开挖审批制度，进一步完善城市道路开挖联审联批机制，严格执行市政道路开挖提前公示公告制度，限定开挖路段、定施工工期，减少道路施工和交通封闭对市民出行的影响，还路于民。实施城市道路“疏堵提畅”工程，优化道路线型，打通断头路，提高次干路和支路密度，构建快速路、主次干路和支路级配合理的城市路网系统，挖掘居民小区、公共空间、城市道路停车潜力，增建了一批停车设施。

【海绵城市建设】组织编制《宁夏海绵城市建设案例图解手册》《建设技术导则》《建设标准图集》等标准规范，银川市获批全国海绵城市建设第二批示范城市，三年获得中央财政补助资金 11 亿元；确定银川市、石嘴山市和吴忠市为自治区海绵城市建设试点，分三年对试点城市分别给予首府城市 1.2 亿元、非首府城市 9000 万元定额补助，积极推进全域海绵城市建设，全区城市建成区海绵城市面积达到 25%。

【城镇公共供水节水】以城市公共供水管网漏损治理试点建设为契机，全面摸排城市供水管网及附属设施基本情况，结合自治区城市燃气供热供水排水管道老化更新改造、城市更新和老旧小区改造等，系统开展更新改造，有效提升城市公共供水管网漏损管控水平。各设市城市全面开展国家节水型城市创建工作，实施城市节水智能设施建设，推进新建、改建、扩建项目配套节水设施。委托国家城市供水水质监测网银川监测站对全区城市公共供水水质开展检测，指导供水企业及时调整水厂运行参数，提高水质合格率，全区城市公共供水出厂水检测指标平均合格率为 99.7%。

【市容环境卫生】建立健全“机械组合、机械加人工、人工湿扫”等环卫机制，全面加强道路扬尘污染防治，推进吸尘式机械化清扫作业，地级城市建成区达到 75% 以上，县城建成区达到 75% 以上。严查严管沿街建筑外立面和街面摊点，清理条幅 430 余条，清理流动摊点 626 余起，清理违规店外经营 382 余起，治理违规停放共享单车 10125 余辆。扎实开展窨井盖治理专项行动，加大窨井盖巡查、维护、应急处置力度，创新智能化、信息化建设模式，窨井盖普查确权 17 类 690363 个，更换、维修 12570 处缺失、破损、松动、问题窨井盖。开展城市户外广告和招牌实施设置安全隐患集中排查整治，抓好广告牌匾存量治理和增量规范，健全长效动态监管机制，全区排查户外广告和招牌 13266 块，整治问题牌匾 700 余块。

【城市生活垃圾分类】成立以自治区主席任组长、分管副主席任副组长的自治区生活垃圾分类工作领导小组，将生活垃圾分类治理纳入自治区效能目标管理和健康宁夏考核内容。出台《宁夏城市生活垃圾分类处理奖补资金管理办法》。推进银川市再生资源回收站项目、银川市河东垃圾填埋场综合治理项目、红寺堡区生活垃圾填埋场封场工程等 14 个项目建设。下发《关于加强全区环卫行业硫化氢中毒和窒息等事故防范工作的通知》，聘请第三方专业机构对全区生活垃圾处理处置设施进行全面检查评估，彻查垃圾处理基础设施风险隐患，下发整改通知书 6 份。印发《关于贯彻落实第二轮中央环境保护督察报告整改方案》《落实中央生态环境保护督察通报垃圾典型案例反映问题整改方案》，定期调度各地中央生态环境保护督察问题整改情况。

【燃气等“四类管线”更新改造】制定印发《宁夏回族自治区城市燃气管道等老化更新改造实施方案（2022—2025年）》《自治区省级领导包抓城市市政基础设施更新及“四类管线”改造工程工作方案》，按照“先评估，后改造”原则，对老化严重、超过使用年限、材质落后、存在安全隐患的管道和设施进行更新改造。实施燃气管道等“四类管线”更新改造项目11个，争取中央预算内投资3.1261亿元，重点支持老旧庭院管道和居民用户设施改造项目。

【城镇燃气安全】自治区安委会印发《全区燃气安全排查整治工作方案》《全区燃气安全整治“百日行动”工作方案》，持续深入推进燃气经营、燃气工程、燃气管道设施、瓶装液化石油气及餐饮等公共用气场所和环节排查整治。各地燃气主管部门联合市场监管、商务、公安、消防等部门，全方位推进燃气安全排查整治，突出燃气经营、输送配送、使用及燃气灶具生产销售全流程监管，强化执法检查，严厉惩治违法行为。编制《城市燃气管道老化评估工作指南》，督促指导各地对老化严重、超过使用年限、材质落后、存在安全隐患的管道和设施进行更新改造。

村镇规划建设

【实施重点小城镇建设】2022年，宁夏突出产镇融合、人镇和谐，科学规划小城镇建设规模、空间布局、功能形态、特色风貌，推动镇域乡村一体设计、联动建设，统筹实施规划布局、基础设施、公共服务、产业发展、生态环保、社会治理“六个一体”化，建设区域各类生产要素、产品、服务集合创新、集中供应、集聚流通的城乡工农综合体，打造融合一二三产、汇集人财物的区域发展小高地，畅通城乡生产要素和经济循环，推动城镇村衔接互补，成为服务农民的区域中心。落实自治区财政奖补资金1亿元，继续支持12个续建重点小城镇建设，新启动8个重点小城镇建设项目，盐池县高沙窝镇、原州区彭堡镇、隆德县联财镇、惠农区红果子镇等重点镇建设效果明显，小城镇集聚发展动能进一步增强。

【美丽乡村建设】制定《宁夏美丽宜居村庄建设实施方案》，区分“集聚提升、城郊融合、特色保护、整治改善、搬迁撤并”五种村庄类型，重点建设中心村，巩固改善一般村，大力实施规划设计引领、宜居农房改造、基础设施配套、人居环境整治提升、生态保护建设、产村融合发展、公共服务提升、乡风文明建设、基层综合治理“九大工程”，示范打造环境美、田园美、村庄美、庭院美、生活美系统集成的高质量美丽宜居村庄。落实自治区财政奖补资金1亿元，继续支持50个高质量美丽宜居村庄建设，灵武市中北村、利通区牛家坊村、红寺堡区永新村、西吉县龙王坝村、隆德县辛平村等建设效果明显，美丽村庄可持续发展动能进一步加强。

【乡村建设管理】开展乡村建设评价，印发《2021年乡村建设评价结果应用工作方案》，加强评价成果运用。在原有平罗县、同心县、隆德县3个样本县的基础上，进一步扩大评价范围，增加盐池县为国家级样本县，彭阳县为自治区级样本县。开展设计下乡共同缔造，将“设计下乡、陪伴建设、共同缔造”建设理念融入重点小城镇建设、美丽村庄建设、传统村落保护过程中，引导和支持规划、建筑、景观、艺术设计、文化策划等领域设计人员下乡服务，确保项目建设在专家指导下实施，提升规划建设水平。注重培育本地乡村建设工匠，组织编制《宁夏乡村建设工匠培训教材》，积极开展木匠、瓦匠、砌筑匠等农村工匠培养培训，进一步提升乡村建设工匠专业技能，促进乡村建设工匠更好地服务乡村建设。加强标准规范技术指引，科学指导镇村建设项目实施，避免重复建设、资源浪费。征集编制《宁夏特色抗震宜居农房设计方案图集》《宁夏美丽乡村建设图则》《重点小城镇建设导则》《美丽宜居村庄现代化建设导则》，示范引导镇村现代化建设。制定《传统村落保护发展规划编制导则》《传统村落保护与利用技术指南》，指导传统村落规划编制、保护与利用。制定《农村生活垃圾分类和资源化利用设施建设标准》《农村生活垃圾分类和资源化利用成效评价标准》，推进我区农村生活垃圾分类设施规范建设，提升资源化利用水平。

标准定额

【建设法规修订】2022年，修订完成《宁夏回族自治区工程建设标准化管理办法》，剔除不适应标准化工作新形势发展要求的相关条款，补充完善基本制度、规则和部分条款，进一步提高标准化法制水平。

【建设标准制定】完善标准体系，加强标准实施，充分发挥标准体系技术支撑作用。修订《宁夏工程建设标准化管理办法》，开展相关国家标准和行业标准的强制性条文情况专项督查。下达工程质量安全、节能低碳、绿色建筑、防震减灾、老旧小区改造、农村人居环境改善、智能化城市基础设施建设等重点领域标准制订项目12项。对已发布实施5年以上的标准开展技术审查和调研，将6项修订标准列入2022年度工程建设地方标准制修订项目计划。完成《绿色建筑设计标准（修订）》等4项标准的行业评审，发布实施《居住建筑节能设计标准》DB 64/521—2022。

【深化工程造价改革】进一步加强事中事后监管，采取完善企业及人员平台信息、对国有投资房建和市政工程开展招标控制价备查（13 项）、“双随机一公开”抽查、加强信用监管等多种方式规范企业行为，强化市场主体诚信意识。加强专业人才管理，组织全区首次二级造价工程师考务工作，全区 3611 多名考生参加考试，880 名考生通过考试。

【建设定额管理】发挥工程造价服务保障能力，提升工程造价从业人员专业素养，提高管理效率，配套编制《宁夏安装工程材料价格信息（2021 年度）》，包括给水排水工程、电气工程、火灾报警工程 3 大类 38 小类 5216 条价格信息，为建筑、市政、园林绿化及维修养护工程概预算提供造价信息服务。

【造价信息发布】编制《宁夏装配式钢结构建筑工程计价定额》，配套《工程类别核定标准及取费标准》《工料机标准数据库》《单位工程造价指标》3 个附录共 216 项定额子目。发布《宁夏工程造价》期刊 6 期，更新各类建材及人工价格信息 17000 余条、指数指标信息 400 多条，发布绿色建筑、装配式建筑及老旧小区改造项目造价指标 6 项。

工程质量安全监督

【建筑质量安全】2022 年，宁夏组织开展全区房屋建筑和市政基础设施工程越冬安全再检查和春季开复工质量安全大检查，严查施工现场违法违规复工行为。全区共检查在建项目 909 项，下达隐患整改通知书 905 份，下达停工整改通知书 246 份，企业诚信扣分 142 家。

加强建筑施工重大隐患和危大工程管理，依托“宁夏建筑市场监管平台”和“宁建通”手机 APP，开发上线“危大工程”管理模块，所有建筑施工企业全数录入危大工程信息并及时更新管理，支撑各地建设行政主管部门依托平台实行“指尖”查询和线上巡查，从根本上消除危大工程安全事故发生的因素。全区共录入系统危险性较大分部分项及以上工程数量 1144 个，建筑施工领域安全生产事故发生起数和死亡人数实现“双下降”。

出台《房屋建筑与市政基础设施工程建设单位首要责任管理规定》《“西夏杯”优质工程认定办法》，编制《宁夏住宅工程渗漏与裂缝常见问题防治技术标准》，不断完善工程质量责任体系，从源头上填补我区质量“常见病”防治标准空白。开展住宅工程质量信息公示、工程质量评价、监理报告、综合检测报告制度试点。

紧盯建筑起重机械、深基坑、高支模等等重点环节安全监管，从严从细排查安全隐患，坚决遏制群死群伤事故。

【自建房安全专项整治】自治区党委办公厅、政府办公厅印发《全区自建房安全专项整治实施方案》，以经营性自建房为重点，扎实推进“百日行动”及“回头看”。按照规定时间节点完成 3 层及以上、人员密集、违规改（扩）建等容易造成重大安全事故的经营性自建房，以及 1980 年以前建设的住房和城市 D 级危房的安全隐患排查、鉴定、信息录入、整治等工作，全区共录入自建房信息 133.31 万栋，其中经营性自建房 3.5139 万栋，其他自建房 129.80 万栋。

【质量安全标准化工地和鲁班奖】银川经济开发区年产 15GW 单晶硅棒项目入选 2022—2023 年度第一批中国建设工程鲁班奖（国家优质工程）。认定自治区级安全标准化工地 135 项，自治区级质量标准化工地 122 项，自治区级绿色施工工地 41 项，自治区级工法 45 项。

建筑市场

【概况】2022 年，宁夏全区建筑业企业总数 6235 家，其中本地企业 3424 家（特级资质 2 家，一级资质 90 家，二级及以下资质 3332 家），进宁企业 2811 家（特级资质 284 家，一级资质 1171 家，二级及以下资质 1356 家）。监理企业共 878 家，其中本地监理企业 116 家（其中甲级资质 24 家），进宁监理企业 582 家（其中甲级资质 424 家）。全区完成建筑业总产值 725.85 亿元，同比增长 6.51%，全区在建房屋建筑与市政工程 1401 项，从业建筑工人总计 15.4 万人。

【建筑业改革发展】印发《宁夏回族自治区房屋建筑和市政工程招标投标“评定分离”导则（试行）》《宁夏回族自治区房屋建筑和市政基础设施工程项目招标代理机构从业人员执业行为记分管理实施细则（试行）》，修订编制“施工、监理、勘察、设计、资格预审、材料采购、设备采购、园林绿化、工程总承包”9 类招标文件范本，不断规范招标投标市场行为。全区房屋建筑和市政工程依法必须招标项目 1399 个，中标金额 211.3 亿元，其中 999 个标段采用“评定分离”，中标金额 135.3 亿元，100% 项目实现全流程电子化交易。1 家企业晋升特级总承包资质。

【建筑市场规范】出台《宁夏回族自治区建筑工程施工现场关键岗位人员配备管理办法》，根据项目规模配备关键岗位人员数量，加强标后履约监管，严格控制进场人员变更，确保人员一致。市县建设行政主管部门落实关键岗位人员锁定工作，精准辨识打击转包挂靠及违法分包行为。截至年底，通过宁夏建筑市场监管服务系统平台锁定4405个关键岗位人员，涉及22个市县的948个项目。累计对1072个项目进行实名制管理线上巡查，信用惩戒企业337家、个人220人。

【农民工保障】加强上下联动，完善制度，强化监管，以制度代替突击，以“护薪”取代“讨薪”，从源头遏制欠薪问题。推动落实农民工工资保证金、工资按月发放、总包发工资、农民工工资专用账户、工程款支付担保、施工现场维权信息告示牌等制度，加强施工现场实名制管理，定期通报实名制落实情况，保障广大农民工依法获得劳动报酬，有效维护农民工合法权益。全区实名制实施覆盖率达到99%以上，工人通过系统每日进行考勤更新率达到91%以上；线上发放工资20.6万人次，发放金额13.8亿元，线下发放36.87万人次，发放金额13.21亿元；实名制系统向企业发出工资预警55次（红色预警15次，黄色预警40次）。大力推行工程担保制度，支持企业以保函、担保等方式缴纳房屋和市政建设领域的投标保证金、履约保证金、工程质量保证金、农民工工资保证金。全区以银行保函形式缴纳各类保证金9.25亿元，有效降低企业运行制度性成本，减少现金占用，释放资金活力，“轻装上阵”投入建设。

【地方标准制修订情况】发布实施《居住建筑节能设计标准》DB 64/521—2022、《民用建筑二次供水技术规程》DB 64/T 1775—2021两项工程建设地方标准。

【宁夏工程建设标准化专家库】开展第三批宁夏工程建设标准化专家库推荐工作，新增专家69名，新增专业6个，专家库现有在库专家263名、专业21个，涵盖BIM技术、抗震减灾防灾等急需紧缺专业。

建筑节能与科技

【概况】2022年，宁夏发布《宁夏回族自治区绿色生态居住区评价标准》《绿色建筑工程施工质量验收规程》，编制完成《装配式建筑施工现场安全技术规程》《装配式混凝土结构技术规程》。全区新建建筑节能标准执行率100%，新开工节能建筑1177.81万平方米，竣工建筑总面积为1273.91万平方米，其中绿色建筑面积905.52万平方米，占比达到71.1%。3项绿色建材通过绿色建材产品认证，评选出4类15个绿色建筑示范项目，兑现奖补资金526.6万元。

【建筑节能】加强日常督查和服务指导，开展建筑节能和绿色建筑发展专项检查，通过“双随机”方式抽查在建项目和实体工程65项。严格执行建筑节能、绿色建筑等工程建设标准，全区新建建筑节能整体水平进一步提高，节能标准执行率达到100%。完成既有居住建筑节能改造191万平方米。银川市、固原市、中卫市成功申报2022年北方地区冬季清洁取暖试点，三年共计获得中央财政补助48亿元。

【绿色建筑】修订《宁夏城乡建设绿色低碳示范项目资金管理办法》。组织有关单位和企业参加“城乡建设绿色低碳网络专题培训班”“碳达峰、碳中和背景下建筑领域清洁能源技术及近零能耗技术岗位骨干人才培训班”，动员社会广泛参与节能降碳行动。

【建筑产业现代化】建立宁夏绿色建筑和装配式建筑专家库，加强装配式建筑产业基地建设，培育专业化企业，提高建筑工程全产业链装配化能力。新建装配式建筑面积177.66万平方米，占比达到15.08%，评定自治区装配式建筑产业基地2个、装配式建筑示范基地3个、装配式建筑示范项目1个，推荐3家企业申报住房和城乡建设部第三批装配式建筑生产基地。

【建筑科技】推荐申报住房和城乡建设部科学技术计划项目10项，征集自治区建设科技计划项目75项，其中46项通过专家评审并立项。征集“自治区中医院扩建项目”等建筑业10项新技术典型案例5例，2例通过专家组检查验收。2项自治区建设科技计划项目通过结题验收。贯彻落实《宁夏回族自治区新型墙体材料产品认定管理办法》，组织19家企业展示绿色建筑、绿色建造、可再生能源综合利用、光伏建筑一体化等工作最新成果，引导新型墙体材料生产企业利用工业固废研发新产品。

人事教育

【干部教育培训】优化完善干部培训教育考核评价体系，以学习贯彻党的二十大和自治区第十三次党代会精神为重点，合理设置培训专题和班次，持续实施厅系统教育培训计划，举办了有关工作专题培训班。安排14人参加自治区各类培训班，组织干部参加宁夏干部教育培训网络学院学习，帮助干部开阔了视野、锤炼了党性、增长了知识。

【高层次人才培养】针对现有人才状况，分门别类、精准施策，用好用足人才培养政策，2名同志入选“自治区领军人才培养工程”、2名同志入选“自治区青年科技人才托举工程”、2名同志入选“自治区青年拔尖人才托举工程”。

【建筑行业人员培训】印发《关于规范有序推进建筑领域从业人员线上教育培训工作的通知》，全面推行“互联网＋教育”模式，在全区住建岗位人员考培管理系统中增加安全生产继续教育模块，为全区“安管人员”提供免费培训。组织线下考核1次，参考4616人；组织线上考核4批次，考核5951人。办理建筑行业执业资格注册类业务24333件，办理“安管人员”、特种作业操作人员岗位证书相关业务39017件，办结率100%。全区共计各类执业资格注册人员26407人，其中一级注册建造师2649人、二级注册建造师19450人，一级注册建筑师126人、二级注册建筑师107人，注册监理工程师1449人，注册造价工程师1606人，注册勘察设计工程师777人，注册房地产估价师243人。

大事记

1月

26日 银川市金凤区建发枫林湾小区、五里水乡小区和吴忠市利通区紫御府小区入选住房和城乡建设部办公厅、中央文明办秘书局发布的全国“加强物业管理共建美好家园”典型案例。

2月

14日 印发《2022年全区住房城乡建设工作要点》。

16日 召开2022年全区住房城乡建设工作会议，总结全区住房城乡建设2021年工作，安排部署2022年重点任务。

17日 《住房和城乡建设部办公厅关于表扬全国住房公积金“跨省通办”表现突出服务窗口巩固拓展党史学习教育成果的通知》中，对银川住房公积金管理中心灵武管理部“跨省通办”窗口等5个窗口进行通报表扬。

3月

22日 印发《宁夏房屋建筑与市政工程建设单位首要责任管理规定》（宁建规发〔2022〕1号）。

4月

29日 印发《关于加快发展保障性租赁住房的实施意见》（宁政办发〔2022〕28号）。

5月

银川市获批全国海绵城市建设第二批示范城市。

16日 联合自治区、生态环境厅、发展改革委、水利厅印发《全区深入打好城市黑臭水体治理攻坚战实施方案》（宁建发〔2022〕34号）。

6月

2日 成立自治区生活垃圾分类工作领导小组，自治区党委副书记、自治区主席任组长，自治区政府分管副主席任副组长，自治区住房和城乡建设厅主要负责人兼任领导小组办公室主任。

8月

1日 印发《全区城镇燃气安全整治“百日行动”工作方案》（宁安委〔2022〕8号）。

9月

1日 住房和城乡建设部在银川市召开全国部分样本城市推进城市体检工作座谈会。

20日 固原生活垃圾焚烧发电厂1号机炉并网发电。

11月

18日 印发《宁夏回族自治区房屋建筑和市政工程招标投标“评定分离”导则（试行）》。

28日 印发《宁夏回族自治区房屋建筑和市政基础设施工程招标代理机构从业人员执业行为管理实施细则（试行）》。

29日 印发《宁夏回族自治区城市燃气供热供水排水管道老化更新改造实施方案（2022—2025年）》（宁政办发〔2022〕69号）。

30日 宁夏回族自治区第十二届人民代表大会常务委员会第三十八次会议通过《宁夏回族自治区固体废物污染环境防治条例》，专章对生活垃圾进行规定，明确自治区推行生活垃圾分类制度。

12月

5日 印发《宁夏回族自治区城市燃气供热供水排水管道老化更新改造实施方案（2022—2025年）》（宁政办发〔2022〕69号）。

10日 印发《关于在城乡建设中加强历史文化保护传承的实施意见》（宁党办〔2022〕92号）。

10日 吴忠市获批住房和城乡建设部园林绿化垃圾处理和资源化利用试点。

13日 青铜峡市城镇老旧小区改造项目成功申报中国人居环境范例奖。

13日 印发《自治区省级领导包抓城市市政基础设施更新及“四类管线”改造工程改造方案》（宁四类管线包抓办〔2022〕1号）。

（宁夏回族自治区住房和城乡建设厅）

新疆维吾尔自治区

城市（县城）建设

【概况】2022年末，新疆维吾尔自治区设市城市21个（不含兵团），其中：地级市4个，县级市17个。城市建成区面积1428.05平方公里。全区共有县城66个，县城建成区面积731.3平方公里。

【城市建设】2022年，完成城市市政公用设施固定资产投资141.68亿元。其中，道路桥梁、排水、市容环境卫生投资分别占城市市政公用设施固定资产投资的24.78%、7.08%和3.54%。2022年末，城市供水综合生产能力达到539.35万立方米/日，其中：公共供水能力511.95万立方米/日。供水管道长度11936.94公里。2022年，全社会供水总量97256.35万立方米，同比增长0.62%。其中，生产运营用水15239.22万立方米，公共服务用水12431.34万立方米，居民家庭用水37053.82万立方米。用水人口853.75万人，人均日生活用水量158.89升，供水普及率99.7%。2022年，天然气供气总量564173.82万立方米，同比增加3.22%，天然气供气管道长度18961.27公里。液化石油气供气总量44708.03吨，同比减少19.47%，液化石油气供气管道长度3.08公里。用气人口847.51万人，燃气普及率98.97%。2022年末，城市集中供热能力（热水）39264兆瓦，供热管道长度14912公里，比上年增长422.95公里，城市建成区集中供热面积45635.22万平方米，比上年增长1641.10万平方米。2022年末，城市道路长度9394.74公里，道路面积19273.71万平方米，其中人行道面积3448.43万平方米。人均城市道路面积22.51平方米，比上年增加1.61平方米。2022年末，全区城市共有污水处理厂43座，污水厂日处理能力258.8万立方米，排水管道长度10028.44公里，比上年增长600.32公里。城市年污水处理总量63487.56万立方米，污水处理率97.79%，比上年增加0.39个百分点，其中污水处理厂集中处理率97.78%，比上年增加0.38个百分点。城市再生水日生产能力214.65万立方米，再生水利用量33026.42万立方米。2022年末，城市建成区绿化覆盖面积58798.07公顷，比上年增长4664.95公顷，建成区绿化覆盖率41.17%，比上年增加0.45个百分点；建成区绿地面积54280.24公顷，比上年增长4625.31公顷，建成区绿地率38.01%，比上年增加0.66个百分点；公园绿地面积12783.11公顷，比上年增长521.42公顷，人均公园绿地面积14.93平方米，比上年增加0.47平方米。2022年末，全区城市道路清扫保洁面积22557.18万平方米，其中机械化清扫面积16229.65万平方米，机械化清扫率71.95%。全年生活垃圾清运量345.1万吨，生活垃圾无害化处理量345.1万吨，城市生活垃圾无害化处理率100%。

【县城建设】2022年，完成县城市政公用设施固定资产投资127.07亿元，比上年增长0.37%。其中：道路桥梁、排水、市容环境卫生投资分别占县城市政公用设施固定资产投资的21.24%、7.57%和6.74%。2022年年末，县城供水综合生产能力达到165.16万立方米/日，比上年增加10.78万立方米/日，其中公共供水能力157.95万立方米/日，比上年增加9.07万立方米/日。供水管道长度8124.04公里，比上年增加102.82公里。2022年，全社会供水总量32131.63万立方米，其中生产运营用水4009.84万立方米，公共服务用水3964.78万立方米，居民家庭用水16885.83万立方米。用水人口386.38万人，人均日生活用水量149.1升，供水普及率99.54%，比上年增加1.12个百分点。2022年，天然气供气总量146926.20万立方米，液化石油气供气总量28724.69吨，分别比上年增长1.8%、3.63%。天然气供气管道长度6211.35公里，液化石油气供气管道长度62.42公里。用气人口379.39万人，燃气普及率97.53%，比上年增加1.59百分点。2022年末，县城供热能力（热水）13747.2兆瓦，供热管道长度6103.59公里，比上年增长698.59公里，集中供热面积13666.1万平方米，比上年增长889.96万平方米。2022年末，县城道路长度5649.89公里，比上年增长3.64%，道路面积9330.14万平方米，比上年增长6.84%。其中人行道面积1825.36万平方米，人均城市道路面积23.98平方米，比上年增加1.44平方米。2022年末，全区县城共有污水处理厂65座，污水厂日处理能力86.53万立方米，排水管道长度5825.77公里，比上年增长401.08公里。县城全年污水处理总量22813万立方米，污水处理率96.27%，其中污水处理厂集中处理率96.26%。2022年末，县城建成区绿化覆盖面积 30341.26 公顷，建成区绿化覆盖率 41.49%，比上年增加 1.09 个百分点；建成区绿地面积 27755.47 公顷，建成区绿地率 37.95%，比上年增长 1.44 个百分点；公园绿地面积 6616.96 公顷，人均公园绿地面积 17.01 平方米，比上年增加 0.54 平方米。2022 年末，全区县城道路清扫保洁面积 9498.38 万平方米，其中机械化清扫面积 6234.87 万平方米，机械化清扫率 65.64%。全年生活垃圾清运量 153.31 万吨，生活垃圾无害化处理量 153.2 万吨，县城生活垃圾无害化处理率 99.93%，比上年增加 0.26 个百分点。

村镇建设

【农房抗震防灾工程建设】会同自治区财政厅严格执行《中央财政农村危房改造补助资金管理暂行办法》的要求，争取 5636 万元中央财政补助资金支持，指导各地稳步推进农房抗震防灾工程建设，截至 2022 年 12 月底，全区 2881 户工程建设任务，开工 2881 户、开工率 100%；竣工 2881 户、竣工率 100%。

【农村房屋安全隐患排查整治】按照自治区农村房屋安全隐患排查整治部署要求，稳步开展农村房屋安全隐患排查整治工作，组织召开全区农村房屋安全隐患排查整治视频推进会，安排专人对各地持续强化服务指导，下发《关于进一步深入开展全区农村房屋安全隐患排查整治工作的通知》，压实属地管理责任，加大农村房屋安全隐患排查整治“回头看”力度，及时消除农房安全隐患。

【农房管理立法和标准制定】为健全和完善农村住房建设管理等法规，提请自治区政府将《自治区农村住房建设管理条例》（以下简称“《管理条例》”）做为立法项目纳入 2022 年行政立法工作计划，制定《管理条例》立法实施方案，组建专家团队前往相关地州（市）开展调研，立法调研论证工作完成，形成《管理条例》调研论证报告和《管理条例》草案。

【农村生活垃圾治理】制定并下发相关文件，分解 2022 年农村生活垃圾治理任务和各地州、县市指标，指导各地统筹县乡村三级设施建设。组织全区住建行业乡村振兴暨村镇建设视频会和业务培训会，为各地开展农村生活垃圾治理提供技术服务。召开自治区美丽宜居乡村建设和农村生活垃圾治理现场推进会议，组织各地学习观摩玛纳斯县农村生活垃圾分类、收集、运输和美丽宜居乡村建设典型经验，进一步推进美丽宜居乡村建设和农村生活垃圾治理工作，2022 年全区农村生活垃圾治理率达到 85.7%。

【传统村落保护】按照国家财政部、住建部《关于组织申报 2022 年传统村落集中连片保护利用示范的通知》要求，推荐木垒县成功入选 2022 年全国传统村落集中连片保护利用示范县名录，落实国家专项资金 5000 万元，指导木垒县编制完成《传统村落集中连片保护利用规划》，确保取得预期成效。2022 年 9 月上旬，经自治区住建、文旅、财政、自然资源、农业农村等部门和专家评审，向国家推荐第六批中国传统村落 76 个。10 月 26 日经国家相关部委公示，自治区 35 个村落入选第六批中国传统村落名录。

【小城镇建设】持续开展 2022 年全区小城镇环境整治示范、美丽宜居村庄示范工作，指导各地切实做好 2022 年示范镇、示范村创建申报工作，通过初步评审 2022 年各地共计 22 个乡镇评为环境整治示范小城镇，35 个行政村评为美丽宜居示范村，初步形成了一批特色鲜明、符合实际、可以复制，能够在本地和全区学习推广的示范镇、样板村，不断提高村镇建设水平。制定印发《2022 年自治区乡村建设评价工作实施方案》《关于下发〈2022 年自治区乡村建设评价工作任务安排〉的通知》，以昌吉州吉木萨尔县和巴州若羌县为样本县，实施乡村建设评价。形成自治区本级和样本县评价报告报送国家住建部进行集中审核。

【村镇建设统计】截至 2022 年底，全区共有镇乡级区域 795 个，其中：建制镇 313 个（其中纳入城市统计 86 个），乡 479 个（其中纳入城市统计 31 个），镇乡级特殊区域 34 个；共有行政村 8771 个，自然村个数 26400 个。截至 2022 年底，建制镇供水普及率为 100%，燃气普及率为 26.64%，污水处理率为 31.35%，生活垃圾处理率为 86.95%；乡供水普及率为 92.05%，燃气普及率为 12.12%，污水处理率为 11.13%，生活垃圾处理率为 71.33%；镇乡级特殊区域供水普及率为 96.40%，燃气普及率为 43.36%，污水处理率为 21.02%，生活垃圾处理率为 85.60%；村庄供水普及率为 94.02%，燃气普及率为 7.21%，对生活污水进行处理的行政村有 1897 个，占比 23.15%。

法规建设

【立法工作】2022 年度，完成《自治区城镇生活垃圾管理条例》《自治区农村住房建设管理办法》《自治区城镇自建房建设管理办法》《自治区房屋使用安全管理办法》调研论证起草工作，完成了《自治区物业管理条例（修改）》《自治区建筑市场管理条例（修改）》《自治区实施〈城市市容和环境卫生管理条例〉行政处罚办法（修改）》立法后评估调研工作。

【行政复议和行政诉讼工作】2022 年共涉及行政复议 2 件，行政诉讼 1 件。

【行政执法监督工作】编印《自治区住房和城乡建设行政执法工作手册》并下发各地基层单位共800余本；及时在新疆建设网、国家企业信用信息公示系统（部门协同监管平台——新疆）等平台中公示行政处罚信息；制定《自治区住房和城乡建设系统音像记录执法行为用语指引》《自治区城市管理执法监督局行政执法音像记录管理制度》，全面规范执法台账、法律文书、全过程记录资料的制作、使用、管理和归档保存，并由专人保管音像录制台账，做到行政执法行为有据可查，实现行政执法全过程留痕和可回溯管理。

【执法体制改革】截至2022年底，全区共有自治区本级、乌鲁木齐市及30个县（市、区）独立整合设置城市管理执法主管部门；乌鲁木齐各区（县）、库尔勒市、昌吉市、阿克苏市、库车市、伊州区等30支城市管理执法队伍派驻执法人员下沉街道（乡镇），积极配合党委编办做好执法权力下放工作，下沉人数785人。

【行政审批制度改革】推行承诺制审批，节约审批时效，厅本级独立审批业务20个工作日内完成，需相关厅局合作审批业务从原来的3～5个月压缩为40个工作日内完成；12项“证照分离”改革任务（含直接取消审批7项、优化审批服务5项）基本完成，一些不合理、不必要的审批事项被取消，各类审批、登记、备案时限大大压缩；住房公积金27项业务实现“全区通办”，13项高频服务事项实现“跨省通办”，住房公积金实现异地个人住房贷款不受缴存地限制；精简报装审批流程。供水报装时限压缩至20个工作日以内，供气报装压缩至16个工作日以内，供热报装压缩至30个工作日以内。将10千伏及以下电力接入工程的用电报装行政审批事项纳入工改系统，实现自治区工程建设项目审批管理系统与国网电力业务系统的互联互通、并联审批，用电报装规范化、便利化水平有效提升；行业审批的资质、资格类证书全部实现证照电子化，资质类业务基本实现系统自动抓取信息、自动对比审核、施工、勘察、设计、监理、工程检测、房地产企业资质简单变更等事项通过数据共享做到“零资料，跑零次”，累计发放行业19种电子证书40多万本；推进消防设计审查和消防验收备案证照电子化，新疆消防建设综合管理系统已上线消防设计审查文书电子证照，办理时长平均不超过8.7个工作日，较国家规定的15个工作日提前了近一半，大大缩短企业申报并获取资质时限。

【信访举报】2022年，厅信访办共受理信访事项125件次，同比下降34%。其中：接待群众来访56批次82人次，同比下降6%，办理群众来信32件次，同比下降52%，接待群众来电4次，自治区纪委转办4件次，住建部转办17件次，自治区信访工作联席会议办公室转办11件次，其他转办1件次。

【重大案件组织查处】2022年，自治区本级立案6件，送达行政处罚决定书9份、行政处罚权利告知书17份、履行分期缴纳罚款决定催告书2份、行政处罚强制执行申请书1份，收缴罚款148.2万元；印发自治区住房和城乡建设系统行政执法案卷评查工作通报10起住房和城乡建设行政执法典型案例，充分发挥典型案例对规范市场秩序的警示震慑的作用；2022年，受理举报投诉及人民网领导留言板198件，办结180件。

【获奖情况】阜康市城市管理局、伊宁市城市管理局、阿克苏市城市管理行政执法局等3个单位被住房和城乡建设部评为2022年度巩固深化“强基础、转作风、树形象”专项行动表现突出单位；奎屯市城市管理局法制科科长黎哲、库尔勒市城市管理综合执法局建设执法队队长殷军军、克拉玛依市白碱滩区城市管理局文化市场综合执法队队员艾力卡尔·艾克拜尔被住房和城乡建设部评为2022年度巩固深化“强基础、转作风、树形象”专项行动表现突出个人。

房地产市场监管处

【概况】2022年，新疆坚决贯彻落实党中央、国务院关于房地产工作决策部署，坚持“房住不炒”定位，大力支持和保障合理住房消费，扎实做好“保交楼、保民生、保稳定”工作，落实城市主体责任，稳妥实施房地产长效机制，促进房地产市场良性循环和健康发展。房地产投资规模不断扩大，房地产开发投资、销售面积年均分别增长2.9%、3.62%。

【房地产市场】稳定房地产开发投资，促进房地产市场平稳健康发展，完成房地产开发投资1158.9亿元、占固定资产投资的13.05%，增加值约占全区生产总值的4%；积极争取专项借款支持已售逾期难交付住宅项目建设交付，两批50亿元专项借款资金将有效推进135个项目建设、涉及4.87万套住房建设交付。

【信息化建设与管理】加快推进“智慧住房”建设。制定《自治区“智慧住房”管理服务云平台项目建设实施方案》，明确建设目标、建设原则、建设任务及实施步骤，成立领导小组、工作专班和专家组，确定在昌吉州和阿克苏地区开展试点工作。

【房地产市场体系建设】印发《关于加强自治区轻资产住房租赁企业监管的实施意见》，加强轻资产住房租赁企业监管，推动完善租购同权政策措施；会同金融监管部门转发《关于规范商品房预售资金监管的意见》，保障商品房交易双方合法权益。报请以自治区人民政府督查室名义对部分县、市进行督查，2022 年度我区各县、市均已建立商品房预售资金监管制度；持续推进房地产市场秩序整治三年行动，印发集中整治群众身边腐败和作风问题房地产市场整治和物业整治两个专项方案并督促落实；落实租金减免纾困政策措施，减免小微企业和个体工商户承租国有企业房屋租金 3.24 亿元、涉及 1.16 万户。

【房地产市场监测】推进“智慧住房”管理服务云平台项目建设，完善房地产市场监测体系，强化房地产市场运行分析。进一步建立健全房屋网签备案系统建设，推进房屋网签备案信息共享。

【房地产开发与征收、房地产经纪】推进“放管服”改革，落实房地产开发企业资质改革政策规定，印发《关于做好房地产开发企业资质审批有关工作的通知》，完善资质管理办法和审批流程，延长资质证书有效期。

【物业服务与市场监督】根据自治区人大法工委、司法厅要求，制定《〈自治区物业管理条例〉修订起草工作实施方案》，启动条例修订工作；制定《关于物业管理行业新冠肺炎疫情常态化防控培训工作方案》，分期分批对全区物业服务项目负责人及物业服务人员开展防控应急培训。

【年度房地产业信息分析】2022 年，受全国房地产市场下行、疫情反复冲击等因素影响，房地产市场未能延续上半年良好势头，核心指标出现下滑。全区全年累计完成房地产开发投资 1158.86 亿元，同比下降 22.8%，完成商品房销售 1516.24 万平方米、销售额 883.49 亿元，同比分别下降 36.8%、35.8%。

【规范住宅专项维修资金管理】召开全区住建领域审计问题整改工作视频推进会，提请自治区人民政府印发督查通知，会同财政、审计联合开展督导，指导各地切实做好整改工作，审计署专项审计反馈的 25 项问题，全部完成整改；2022 年 6 月 30 日前已完成归还维修资金的工作任务；完成自治区区级行政事业单位住宅专项维修资金属地化移交乌鲁木齐市管理工作；在乌鲁木齐市、克拉玛依市试点推进“市级统一管理、区县具体经办”的管理模式，推动建立安全、便民的管理机制。

建筑市场监管

【概 况】2022 年，自治区建筑业完成总产值 3101.5 亿元（含疆内企业在疆外完成建筑业总产值 428.83 亿元），同比下降 0.74%。实现建筑业增加值 1355.7 亿元，同比增长 0.6%，占全区 GDP 的比重为 7.6%，支柱产业地位持续巩固，建筑业吸纳就业作用明显，年从业人员 50 余万人。

【工程建设组织方式改革】规范工程总承包管理，在政府投资项目、装配式建筑、采用 BIM 技术的项目中推进工程总承包方式发包，指导推广工程总承包计价规则，加强对工程总承包招投标工作的指导。培育发展总承包企业和懂项目管理、设计、施工、监理的复合型人才。研究制定《关于在自治区房屋建筑和市政基础设施工程推进全过程工程咨询服务的实施意见》，支持设计、施工、监理、造价咨询、招标代理等企业发展全过程工程咨询服务，在工程总承包项目中推进工程全过程咨询，规范工程咨询服务。

【建筑市场监管】稳步推进工程建设项目审批制度改革，进一步优化审批流程，全面推进联合审图和联合验收，与相关部门审批系统实现数据实时共享，缩短审批用时。在全区统一电力报装，开发电力联合审批子系统。会同发改、自然资源部门落实优化工程建设项目审批工作方案，平均审批时限压缩至 64 个工作日。2022 年全区 14507 个项目实现线上审批，办件 72533 件，并联办件数 63860 件，并联审批率超过 50%。清理工程建设项目审批制度改革中的“体外循环”和“隐性审批”，减少跨度用时。取消建筑企业劳务资质审批，改为备案管理，实现审批系统自动办理。进一步规范资质审批管理，加强事中事后监管。改革工程担保制度，在工程建设领域推行以银行保函和保证保险代替现金担保，全区以银行保函缴纳保证金 71.24 亿元。组织开展全区房屋建筑和市政基础设施工程领域突出问题整治工作，进一步规范建筑市场秩序。持续开展根治欠薪和清理拖欠企业账款工作，全区住房城乡建设主管部门累计查处欠薪案件 119 件，涉及欠薪金额 7407.07 万元，涉及农民工 3260 人。累计清理拖欠民营企业、中小企业账款 3.74 亿元。

【建设工程招投标】印发《自治区房屋建筑和市政基础设施工程监理招标投标若干规定》及配套的监理招标文件示范文本，修订《房屋建筑和市政基础设施工程施工评标办法》和“评定分离”制度。全面推行“远程异地”评标，有序推进“评定分离”试点，持续推进“工程总承包”招投标试点工作。加强对招标代理机构的信用监管。完成房屋建筑和市政工程评标专家公开选聘工作，入库评标专家 5600 余人。建成全区统一的工程建设招投标监管平台，完成与各级公共资源交易平台的对接，实现全区招投标数据在线实时监管。全区共完成“远程异地”评标项目 79 个，

“评定分离”和“工程总承包”方式招投标项目3732个，合计中标金额1695.86亿元。

【信用体系建设】推进建筑市场信用体系建设，通过信用监管实现建筑市场和施工现场管理的两场联动，进一步规范建筑市场秩序。组织做好建筑企业信用评价工作，及时发布信用评价结果，推动评价结果在资质审批、市场准入、招标投标、从事建筑活动等环节的综合运用，全区1.2万余家建筑企业参与了信用评价。

【信息化建设】完成新疆工程建设云升级改造，全面推行电子化审批，实现资质资格全流程网上申报审批和电子证照核发，其中企业资质变更、外省企业进疆信息登记、注册人员执业注册实行系统自动办理，审批事项自动办理率超过42%。推动招投标监管平台、自治区农民工工资支付预警监控平台、兵团建筑市场监管平台的互联互通和信息共享。推进建筑工人实名制平台建设，强化对施工、监理企业关键岗位人员的管理，截至2022年底，全区70万余名从业人员已实名录入系统。

【装配式建筑】印发《自治区装配式建筑评价办法》《自治区装配式建筑产业基地和示范项目管理办法》，上线运行装配式建筑评价系统，推动自治区装配式建筑产业基地和示范项目建设。启动《自治区装配式建筑发展规划》编制工作。指导新疆建筑业协会举办装配式建筑技术交流暨现场观摩会。开展国家智能建造试点城市和装配式建筑生产基地创建工作，乌鲁木齐市成功申报国家智能建造试点城市，新疆交建、新疆维泰、新疆新冶建筑三家企业申报国家第三批装配式建筑生产基地。

【建筑业企业】截至2022年底，全区建筑业企业13233家，其中施工企业12502家（其中特级企业10家，总承包一级企业90家，总承包二级企业645家，总承包三级企业1829家，专业承包一级企业191家，专业承包二级企业1618家，专业承包三级企业681家，不分等级902家，劳务企业6536家）。监理企业221家（其中综合资质4家，甲级资质51家，乙级资质166家）。勘察企业164家（其中综合资质8家，甲级资质31家，乙级资质76家，丙级资质49家）。设计企业346家（其中甲级资质78家，乙级资质182家，丙级资质86家）。

【注册类人员】截至2022年底，全区共有各类注册人员86518人，其中注册建造师73068人（一级6675人，二级66393人），注册监理工程师5679人，一级注册造价工程师5424人，注册建筑师742人（一级351人，二级391人），注册结构工程师677（一级455人，二级222人），注册土木工程师（岩土）317人，注册电气工程师（供配电）143人，注册公用设备工程师（给水排水）133人，注册公用设备工程师（暖通空调）126人，注册电气工程师（发输变电）97人，注册公用设备工程师（动力）61人，注册化工工程师51人。

住房保障

【保障性住房】2022年，新疆按照采取集中建设、配建、回购等形式，有效增加公租房供给，全区累计开工公租房3.17万套，开工率100%，进一步巩固解决依申请低保低收入住房困难家庭问题，实现应保尽保；完善住房保障体系，积极发展保障性租赁住房。按照国家顶层设计，全区于2022年启动保障性租赁住房建设工作，确定在48个申报城市（县城）实施保障性租赁住房5.31万套，开工率均达100%。

【棚户区改造工程】2022年度，全区棚户区改造项目9.8万套，开工率100%；老旧小区改造开工1273个小区，20.39万户，开工率100%。

【政策补助资金支持】2022年，争取到城镇保障性安居工程中央补助资金78.4亿元；累计争取追加自治区城镇保障性安居工程专项补助资金2.11亿元。

【保障性住房信息化建设】2022年，全区14个地（州、市）已完成公租房信息管理系统线上部署，54个县市已实现公租房线上申请、配租、退出等业务办理，共导入房源89.53万套，系统配租68万套，在线受理资格申请7.24万笔，在线签订合同31万笔，在线收缴租金7.28万户，金额1.82亿元；全区列入2022年全国公租房APP试点城市7个，实际达13个，公租房APP累计系统访问量41.6万次，受理资格申请6185笔，“群众少跑路、数据多跑腿”目标加快实现；全区保障性租赁住房系统与住建部保租房平台成功实现接入，通过数据同步共上报保租项目126个，涉及52084套保租房源，完成年初计划数的98.06%。

【获得荣誉】新疆乌鲁木齐市正式入选2022年度国务院激励机制城市，获得2022年全国城镇老旧小区改造、棚户区改造和发展保障性租赁住房工作激励支持（全国共9个城市），享受国家奖励资金（4000万元）。此项工作是自国务院办公厅印发《新形势下进一步加强督查激励的通知》以来，全区城镇保障性安居工程实施城市首次获得国务院表彰。

住房公积金监管

【概况】截至2022年12月末，自治区住房公积金实缴职工229.93万人，缴存总额4643.84亿元，同比增长 13.00%；累计办理提取 2990.56 亿元，占缴存总额的 64.40%；累计为 114.77 万家庭发放个人住房贷款 2499.68 亿元，同比增长 7.88%。发放的住房公积金贷款中，购买首套房的占比 79.48%，中低收入家庭占比 98.57%。

【机构及人员情况】自治区级住房公积金行政监管部门有自治区住房和城乡建设厅、自治区财政厅、人民银行乌鲁木齐中心支行 3 个部门；截至 2022 年 12 月末，全区住房公积金从业人员共计 1159 人，其中：在编人员 723 人，聘用人员 436 人，聘用人员占 37.62%。

【全面落实异地贷款政策】自治区住房和城乡建设厅研究制定并提请自治区人民政府办公厅印发《关于强化住房公积金服务民生保障进一步做好全区住房公积金异地个人住房贷款政策的通知》（新政办发〔2022〕51 号），在全区范围内全面落实异地贷款政策。

【灵活就业人员参加住房公积金制度试点】2022 年，全区新增灵活就业人员参加住房公积金制度 535 人，已有 734 名灵活就业人员缴存住房公积金 548.32 万元，提取 66.35 万元，贷款 341.7 万元。

【跨省通办】全区各住房公积金管理中心在已完成 8 项高频服务事项“跨省通办”基础上，新增 5 项“跨省通办”服务事项，21 项业务实现“全程网办”。全年共办理“跨省通办”服务事项 24.38 万笔，通过互联网办理业务 122.12 万笔，业务离柜台率达 85% 以上。

【住房公积金信息化建设情况】升级自治区住房公积金监管平台，对接住建部监管服务平台，通过全国范围数据共享完善“一人多户、一人多贷”等问题处理机制，并做好接入全国征信平台准备工作。对监管系统进行 IPv6 改造和信息安全等级保护测评，进一步提高网络安全管理水平。

【宣传工作】加强信息公开和政策宣传解读，指导各地按要求做好住房公积金年报披露工作。通过自治区广播电视台《新疆新闻联播》《新广行风热线》等栏目，做好政策宣传解读工作。在“新疆住房公积金”微信公众号上推出“小金讲住房公积金故事”系列动漫宣传栏目，将住房公积金政策融入“小金”的工作经历、生活变化之中，让群众能够很容易地从“小金”身上找到自己相对应的经历，从而活学活用住房公积金。截至 2022 年底，微信公众号关注人数达到 124 万人，累计阅读量超过 1000 万人次，被评为“走好网上群众路线新疆优秀账号”。

【获得荣誉】乌鲁木齐住房公积金管理中心水磨沟区管理部、塔城地区住房公积金管理中心乌苏市管理部、阿克苏地区住房公积金管理中心市直属管理部 3 个管理部被评为全国表现突出星级服务岗。

工程质量安全监督

【工程质量监管】2022 年，自治区各级建设工程质量监督机构累计监督房屋建筑工程项目 5759 个，单体建筑 18990 个，建筑面积合计 13557.26 万平方米，工程造价合计 35876840.55 万元；竣工验收合格工程 2251 个，竣工验收合格工程面积 2018.44 万平方米，竣工验收备案工程 1882 个，竣工验收备案工程面积 13966.12 万平方米，竣工验收合格率 100%；全区各级建设工程质量监督机构累计巡查、抽查在建工程 21779 个 / 次，违反强制性标准工程 71 个，违反强制性标准数量 232 条（次），行政处罚金额共计 65.36 万元。发现并整改工程隐患 5197 起，其中地基基础工程隐患 1081 起，主体结构隐患 1940 起，使用功能隐患 1271 起，建筑节能隐患 905 起，下发整改通知书 4787 份。

2022 年，全区各级建设工程质量监督机构累计监督市政基础设施工程项目 1678 个，工程造价合计 6290191.38 万元；竣工验收合格工程 315 个，竣工验收合格工程造价 544069.32 万元，竣工验收备案工程 153 个，竣工验收备案工程造价 540360.69 万元，竣工验收合格率 100%；全区各级建设工程质量监督机构累计巡查抽查在建工程 4682 次，发现并整改工程质量隐患 567 起，其中地基基础隐患 214 起，结构工程隐患 80 起，使用功能隐患 199 起，发出整改通知书 538 份。

【质量投诉处理】2022 年全区共受理住宅工程质量投诉 1276 起，已办结 1197 起，办结率 93.81%。其中现浇结构构件和砌体尺寸偏差投诉 30 起，占总投诉率的 2.35%；填充墙裂缝投诉 268 起，占总投诉率的 21%；外墙保温饰面层裂缝、脱落投诉 18 起，占总投诉率的 1.41%；外窗安装不规范、渗漏投诉 138 起，占总投诉率的 10.81%；有防水要求的房间地面渗漏、屋面渗漏投诉244起，占总投诉率的 19%；墙角、窗角结露和发霉投诉 63 起，占总投诉率的 5%；散热器和地暖管安装不规范及渗漏投诉 126 起，占总投诉率的 10%；其他投诉 389 起，占总投诉率的 30%。

【综合执法检查】对 13 个地（州、市）、41 个县（市、区）的 93 个房屋市政工程项目（其中，公建项目 40 个、房地产开发项目 52 个、国有投资项目 1 个）开展质量安全服务指导和执法检查，共发现各类隐患问题共 1201 条，下发停工整改或局部停工整改通知书90份、执法建议书19份。2022年2月、4月、9月，三次陪同国务院安委会赴乌鲁木齐市、阿克苏地区、巴州、喀什地区等开展安全生产检查；2022年1月、5月、6月、11月，会同应急厅、公安厅、商务厅、公安厅、气象局、民航局、消防救援总队等单位赴乌鲁木齐市、巴州、和田地区、阿克苏地区等开展安全生产检查和外来务工人员稳岗留工调研。印发了《自治区房屋市政工程安全生产"百日专项行动"方案》(新建质函〔2022〕38号)，在全区集中开展房屋市政工程安全生产"百日专项行动"，严控安全风险，严治事故隐患，严查违法行为。

【建筑施工安全监管】2022年，印发《新疆维吾尔自治区房屋建筑和市政基础设施工程施工安全风险分级管控和隐患排查治理实施细则（试行）》和《新疆维吾尔自治区房屋市政工程施工安全风险分级管控和隐患排查治理双重预防控制体系工作导则（试行）》。在新疆维泰开发建设（集团）股份有限公司、新疆城建（集团）股份有限公司开展"安全双重预防体系示范企业"试点创建工作。印发了《自治区实施〈建筑施工安全标准化考评暂行办法〉细则》《自治区标准化工地示范样板项目评选工作实施方案》《自治区智慧工地一体化服务平台数据质量判定规则（试行）》，制定了《自治区智慧工地一体化服务平台数据质量提升工作措施》《自治区标准化工地示范样板项目评选工作流程》。2022年，共120个项目获评自治区标准化工地示范样板项目。

【城市建设安全专项整治三年行动】城市建设安全专项整治三年行动开展以来，自治区本级成立督查组104个，开展督导检查112次，检查单位1487家（次），督导问题6529个，行政处罚56次，责令停工整改48家，暂扣吊销证照企业21家，警示约谈企业35家，罚款579.02万元，城市建设安全领域未发生重特大生产安全事故。

【"双信"工程建设】修订完善建设工程质量检测机构和预拌混凝土生产企业信用评价标准，完成2批信用信息评价工作，全区216家检测机构、508家预拌混凝土生产企业参与开展信用评价，参评率达到95%以上。

【违法建设和违法违规专项清查工作】自2021年2月至2022年12月在全区开展城镇房屋建筑违法建设和违法违规审批专项清查整治（以下简称"两违清查整治"）工作。全区2.97万名社区干部深入基层一线采集房屋建筑基础信息，经清查，全区城镇房屋建筑共40.26万栋、建筑面积10.68亿平方米；其中既有房屋建筑38.68万栋，建筑面积9.48亿平方米；在建房屋建筑1.58万栋，建筑面积1.2亿平方米。共清查出存在重大结构安全隐患房屋1511栋，已全部完成整改；共发现违法建设行为7121起，违法违规审批行为为20起。结合全区实际，研发、推广使用自治区城镇房屋信息管理系统。

【建筑工地扬尘污染治理】印发《关于进一步加强我区房屋市政工程扬尘治理工作的通知》，并制定专项方案，明确管理职责，落实"六个百分之百"扬尘治理措施（即建筑工地周边100%围挡、物料堆放100%覆盖、出入车辆100%冲洗、施工现场地面100%硬化、拆迁工地100%湿法作业、渣土车辆100%密闭运输），常态化开展扬尘治理专项检查、整改和验收，严格落实扬尘治理公示制度，完善大气污染预警应急处置体系，持续提升扬尘治理能力，切实做好施工过程中的生态环境保护。在"智慧工地"平台开发扬尘监测模块，实时监测施工现场$PM_{2.5}$、PM_{10}浓度，最大限度降低施工扬尘造成的污染。

【工程质量安全日常监管】2022年，安管人员参加考试9704人，取得证书6258人；特种作业人员参加考试2407人，取得证书1290人。

【安全生产许可证承诺制动态核查工作】2022年，制定《自治区建筑施工企业安全生产许可证动态核查暂行规定（试行）》。2022年共核查企业258家，其中182家企业通过核查，对76家逾期不整改或整改后达不到要求的企业撤回发放的安全生产许可证。

【智慧工地建设】全区共有在建项目6089个，应接智慧工地项目4559个，已接"智慧工地"平台的项目1992个，接入率43.69%。印发了《自治区智慧工地一体化服务平台推广使用工作方案（试行）》《关于进一步加强房屋建筑工程智慧工地建设管理的通知》《自治区智慧工地一体化服务平台数据质量判定规则（试行）》《智慧工地建设技术标准》等。按照"信用评价、评先推优"原则，对满足《智慧工地建设技术标准》中建设条件、功能模块应用和设备使用要求的978个项目拟进行信用加分并向社会进行公示。

【工程质量监督机构复核复查】2022年，组成6个考核检查组对14个地（州、市）98个县（市、区、园区）112家工程质量安全监督机构、95家检查检测机构、83家预拌混凝土生产企业、111个在建工程项目开展了考核和检查。发现各级质量安全监督机构问题274条，检测机构问题241条，在建工程项目问题725条，预拌混凝土生产企业问题240条。向检测机构下发整改通知书31份，预拌混凝土生产企业下发整改通知书17份，在建工程项目下发整改通知书27份，质量安全执法建议书1份，上述问题均已整改完成。移交属地立案查办检测机构 4 家。

【安全标准化示范样板项目】发挥样板引路，全面推进标准化示范样板项目建设。印发《自治区实施〈建筑施工安全标准化考评暂行办法〉细则》《自治区标准化工地示范样板项目评选工作实施方案》《自治区智慧工地一体化服务平台数据质量判定规则（试行）》，制定了《自治区智慧工地一体化服务平台数据质量提升工作措施》《自治区标准化工地示范样板项目评选工作流程》。2022 年，共 120 个项目获评自治区标准化工地示范样板项目。

建筑节能与绿色建筑

【概况】2022 年，提请自治区党委、人民政府印发《关于推动自治区城乡建设绿色发展的实施方案》，指导推进自治区城乡建设绿色发展。会同自治区发改委联合印发实施《新疆维吾尔自治区城乡建设领域碳达峰实施方案》；2022 年全区城镇新建民用建筑中绿色建筑（基本级）面积占比已达 100%。

【新型墙体材料认定】2022 年，自治区共办理 63 家企业 93 种产品的新型墙体材料认定。其中，乌鲁木齐市 23 家、昌吉州 23 家、伊犁州 1 家、五家渠 1 家、克拉玛依市 2 家、哈密 2 家，巴州 2 家、阿克苏 4 家、吐鲁番 3 家、石河子 2 家。产品包括建筑隔墙轻质条板、普通干混砂浆、普通湿拌砂浆、聚合物砂浆、保温装饰一体板、外墙保温材料、岩棉条、铝合金窗、塑料窗、蒸压加气混凝土砌块、现浇混凝土复合保温模板等。

【清洁能源供暖】2022—2023 年供暖季，自治区城市（县城）集中供热面积约 6.55 亿平方米，按照热源种类划分，其中：热电联产约 2.75 亿平方米（42%），天然气约 2.07 亿平方米（32%），燃煤约 1.50 亿平方米（23%），电、地热等其他能源约 0.23 亿平方米（3%）。集中供热热源共 586 个，其中热电联产 133 个（23%），天然气 299 个（51%），燃煤 131 个（22%），电、地热等其他热源 23 个（4%）。自治区城市（县城）集中供热管道长度共 23297 公里，其中：一级管网长度 6509 公里，二级管网长度 16788 公里。30 年以上管网长度 402 公里，20 至 30 年管网长度 2359 公里，10 至 20 年管网长度 9059 公里，10 年以下管网长度 11477 公里。

【示范项目】2022 年昌吉州成功申报“全国北方地区冬季清洁取暖示范项目”建设，获得中央财政资金支持，2022—2024 年实施完毕；会同财政厅、生态环境厅申报乌鲁木齐市、昌吉州为北方地区清洁取暖示范城市，落实清洁取暖补助资金 19.8 亿元。

【煤改电二期工程】2022 年，圆满完成煤改电二期工程，阿克苏地区、和田地区、喀什地区、巴州、克州、吐鲁番市、哈密市伊州区 7 个地州市，44 个县市区，惠及农民群众 21.03 万户，电供暖改造 1051.5 万平方米。

【建设科技创新发展】2022 年组织对 2 家单位申报的 2 项科技成果推广项目颁发了自治区住房和城乡建设行业科技成果推广证书；新疆建筑设计研究院有限公司主编的《蒸发冷却空调系统工程技术标准》XJJ 27—2020 荣获 2022 年中国工程建设标准化协会颁发的“标准科技创新奖”二等奖；中建新疆建工（集团）有限公司申报的乡村住房建筑装配式建造关键技术研究与产业化应用项目荣获 2022 年度自治区科学技术进步奖一等奖；城镇建筑垃圾精细分选与升级利用技术、基于双碳目标的新疆地区建筑低碳关键技术研究与应用 2 个项目成功申报自治区科技厅“厅厅联动重大科技项目”；新疆建筑科学研究院（有限责任公司）申报的“一种保温装饰结构一体化装配式外墙挂板”荣获 2022 年第五届新疆维吾尔自治区专利奖。

【建筑领域培训就业】按照自治区党委、人民政府关于实施建筑领域技术工种 3 年 20 万人职业技能培训就业行动部署要求，引导城乡富余劳动力有序就业、就地就近就业和自主创业，拓宽贫困人口增收渠道，2020 年以来，全区累计培训建筑领域各类技术工种 31.87 万人次，其中取得证书 26.61 万人次，完成总目标（25 万人次）的 106.46%，实现新增就业 23.01 万人，完成总目标（20 万人）的 115.03%。

【建筑行业教育培训管理】截至 2022 年底，全区开展各类培训共 95593 人次。其中安全三类人员继续教育 16156 人次；二级建造师继续教育 6467 人次；特种作业人员复审 4994 人次；施工现场专业人员新取证 8541 人，继续教育 41777 人次；工人技能鉴定取得证书 8707 人；检测试验员新取证 3182 人次，实验员继续教育 1585 次，燃气从业人员新取证 1889 人次，燃气从业人员继续教育 2300 人次。

【新技术应用示范工程】2022 年组织对 9 家单位申报的 23 项自治区建筑业新技术应用示范工程进行了验收评审，其中 5 项工程应用新技术的整体水平达到国内领先水平，11 项工程达到国内先进水平，6 项工程达到自治区领先水平，1 项工程达到自治区先进水平。

标准定额

【建设标准管理】2022 年，新疆维吾尔自治区住房和城乡建设厅会同自治区市场监督管理局印发了2022年自治区工程建设地方标准制（修）订计划，包括《农村住房建设技术标准》等35项标准，年度内批准发布工程建设地方标准（设计）22项，指导新疆工程建设标准化协会制定团体标准（设计）4项，修订《自治区住房和城乡建设厅工程建设标准制定工作规则》《自治区工程建设标准技术专家委员会管理制度》并印发实施，启动修订《自治区住房和城乡建设管理标准体系框架》，进一步加强标准在助推住房城乡建设事业高质量发展的基础性、支撑性作用。积极推动标准信息化建设，组织建立以新疆建设云平台为依托，具备标准项目线上申请、在编标准信息实时更新、地方标准公开查询、标准应用情况实时反馈等功能的标准信息管理系统。

【工程造价管理】修订《自治区工程造价咨询企业及从业人员信用评价管理办法（试行）》，组织开展2021年度工程造价咨询企业与从业人员信用评价工作，全疆共计324家造价咨询企业以及731名注册造价师参与2021年度信用评价，其中评定AAA级企业24家，AA级企业77家；建立自治区二级造价师注册系统，开展二级造价师继续教育，组织人员进行注册，截至目前系统完成注册的有2600余人，进一步充实工程造价专业人才队伍。

【无障碍、养老设施建设】持续加强对《建筑与市政工程无障碍通用规范》《无障碍设计规范》等标准的宣贯培训和实施监督，推动自治区无障碍设施、养老服务设施建设，将无障碍设计理念融入标准编制全过程，完成《城市居住社区建设标准》并发布实施，组织制定《城市居住区配建补齐养老服务设施专项治理工作方案》。

抗震和应急保障

【城乡建设抗震防灾】完成自治区房屋建筑和市政设施风险普查工作，调查房屋建筑图斑1101.65万栋、市政道路6650条、市政桥梁999座、供水设施5774个、供水泵厂站277座、管道长度1.22万公里。全区数据合格率均达95%以上，数据成果通过住建部核查并汇交至国普办；推广应用隔震减震技术措施，今年新建建筑项目采用隔震减震技术建筑622项，面积421.22万平方米。

【应急管理】印发《住建领域应急处置能力提升方案》，组织专家编写地震预案演练脚本，桌面推演3次，修改完善演练脚本，提高针对性、实用性，为实地演练提供“蓝本”；在厅党组大力支持下，投入15万元维修应急物资储备室，购买和配备装备、装具、器材、设备等应急物资；调整补充震后房屋安全应急评估专家397名，并分期培训；与应急、地震、气象、自然等10大行业部门建立灾害风险会商机制，每月分析灾害风险形势，加强综合风险预判预见，提高监测预警发布。开展“5·12全国防灾减灾日”“国际减灾日”活动，各级防灾减灾救灾意识提高。

建设工程消防监管

【队伍建设】指导推动乌鲁木齐市、伊犁州、吐鲁番、喀什等地设立消防审查验收专门机构和人员，筹备成立新疆建设工程消防协会。组织各地参加住建部举办的建设工程消防审验操作实务培训课程。召开讲解施工图审查、消防设计审查验收备案等事项办理流程专题培训系列会议5次，共计1800余人次参与。开展《建设工程消防设计审查验收能力建设帮扶机制研究》课题研究。

【制度建设】联合有关部门印发《转发住房和城乡建设部应急管理部关于加强超高层建筑规划建设管理的通知》《关于全面加强建设工程消防设计审查验收管理落实落细消防安全责任制的意见》，压实各地各相关行业部门和建设工程各方主体在建设工程消防设计审查验收管理方面的责任。指导哈密市、昌吉市做好全国既有建筑改造利用消防设计审查验收试点工作。

【行业监督】2022年，完成全区19家施工图审查机构和1493名从业人员信用信息采集和审核工作；完成1953家企业（其中勘察企业372家，1581设计企业）信用信息采集和审核工作，全区69.2%的勘察设计企业已纳入信用监管范围；组织专家对全区19家施工图审查机构的38个项目开展网上稽核工作，提出整改要求300余条，严把施工图审查机构审查质量。

“访惠聚”驻村工作

【概况】2022年，自治区住房和城乡建设厅共有19个“访惠聚”定点村，全年共下派48名干部参加自治区“访惠聚”驻村工作。1月、3月、5月共完成17名驻村工作队员轮换工作，厅领导先后20余次深入驻村工作一线蹲点调研。2022年以来，19个村培养储存后备干部25人。累计直接投入伽师县克孜勒苏乡帮扶资金165.35万元。坚定不移做好建强基层党组织、推进强村富民、提升治理水平、为民办事服务四项重点工作，共计发展党员19名、发展预备党员6名、发展入党积极分子69名；人均纯收入达到

16398.3元，较2021年人均纯收入增加2162.7元，增长15.2%；摸排解决债务、财产、土地、灌溉、家庭等方面矛盾纠纷307件，解决率达100%；解决群众“急难愁盼”问题诉求1261件，办结率98%。

信息化建设

【指挥调度中心】将现有业务系统数据接入指挥调度（培训）系统，目前已完成现有14个业务系统统一接入，初步实现自治区、地州、区县三级业务监管协同和工地现场实时调度。

【数字化城市平台】为加快推进城市治理体系和治理能力现代化步伐，提高城市精细化管理水平，积极整合乌鲁木齐市、昌吉市以及富蕴县、布尔津县等12个地（县）市现有城市管理平台资源，构建了全区数字化城市平台。

【自治区城市综合管理服务平台】印发《关于印发〈新疆维吾尔自治区城市综合管理服务平台建设导则（试行）〉的通知》，编制发布了《自治区智慧社区（小区）建设技术导则》《自治区智慧市政建设技术导则》。城市综合管理服务平台包括“智慧社区（小区）”“智慧城管”“智慧市政”3个子系统，搭建自治区、地（州、市）和县（市、区）城市综合管理服务平台。目前，自治区城市综合管理服务平台完成总体进度的90%，基本完成自治区、地州、县市（区）三级平台的研发工作，完成与国家城市运行管理服务平台的互联互通。

【自治区智慧工地服务一体化平台】自治区智慧工地服务一体化平台是通过利用物联网、人工智能、云计算、大数据、移动互联网等新一代信息技术，加强各级建设行政主管部门、施工企业、施工现场的联动性，对人、机、料、法、环、场实行全方位实时监控，达到绿色建造和安全建造的目的，推动人员、工程、环境的和谐高质量发展，形成具有信息化、数字化、网络化、协同化的智能建造工地。目前智慧工地服务一体化平台已建设完成，正在组织相关技术人员赴各地做好技术层面服务保障工作，推进各地州智慧工地平台与自治区平台数据互联互通。

【工程建设云平台升级改造】工程建设云是全区工程建设项目审批制度改革系统的数据支撑，在智慧住建的体系下，通过提升基础四库（企业、人员、项目、信用）数据共享对接，审批结果证照电子化，整合建立全疆统一建筑市场信用管理平台，加强事中事后监管和现场人员在岗履职监管、升级，实现工程建设云平台与“工改系统”的有效衔接。已完成总体进度的99%，完成初步验收。

【新疆消防建设综合管理系统升级】为提升勘察设计质量和联合审图效率，做好建设工程消防设计审查验收备案和勘察设计管理工作，实现更深层次地业务互通，通过升级新疆消防建设综合管理系统，融合施工图设计审查、消防设计审查验收等内容，打通数据信息链和业务服务链，加强信息共享和业务协同，加快BIM应用与推广，完成与“工改系统”的有效对接，实现设计、施工、验收、复查、处罚全流程管控。目前系统建设完毕，已完成终验，可在网上办事大厅为社会公众提供消防设计审查，消防验收、验收备案和抽查等相关业务办理信息的查询以及业务办理入口，实现建设单位进行项目的24小时在线申报和办理信息查询等功能。

大事记

1月

19日　召开自治区建筑领域技术工种3年20万人职业技能培训就业工作推进会。

20日　提请自治区党委、人民政府印发《关于推动自治区城乡建设绿色发展的实施方案》，指导推进自治区城乡建设绿色发展。

2月

11日　全区基本完成第一次全国自然灾害综合风险普查房屋建筑和市政设施承灾体调查工作，全面摸清了全区房屋建筑和市政设施风险底数。

15日　召开自治区住房和城乡建设工作会议。

3月

12日　自治区住建厅与喀什地区地委、行署在喀什地区伽师县中等职业技术学校召开建筑领域企业见面招聘会，积极推进建筑领域技术工种职业技能培训就业工作。

3月21日—4月1日　为全面推进自治区房屋建筑和市政设施风险普查县级数据质检核查工作，由抗震和应急保障处副处长郭宝祥带领专班人员，赴哈密市、博州、塔城地区、克拉玛依市、阿勒泰地区开展实地质检核查技术培训，即时解决各县市存在的问题和困难。

28日　召开自治区住房和城乡建设厅机关年度总结会议。

3月28日—4月1日　自治区住房公积金业务规范修订研讨会在乌鲁木齐市召开，讨论修订自治区住房公积金4项业务规范。

4月

15日　在“新疆住房公积金”微信公众号上推出“小金讲住房公积金故事”系列动漫宣传栏目，将住房公积金政策融入小金的工作经历、生活变化之中。

19日　利用2021年自治区第一次全国自然灾害综合风险普查中央补助资金55万元，委托新疆西北招标有限公司通过竞争性磋商的方式确定新疆大学为自治区级第三方技术支撑单位，开展乌鲁木齐市（除乌鲁木齐县）、克拉玛依市共11个区县的自治区级普查数据质检核查工作。

21日　按照《建设工程抗震管理条例》宣贯实施方案，组织24名专家就全区落实执行抗震条例提高防灾能力进行专题研讨，邀请3名国家级专家解读条例，举办抗震条例培训班2期。印发了3.2万册掌中书规格的宣传材料，下发“条例百问”配合宣贯，提高建设工程抗震防灾能力和社会公众的抗震防灾意识。

26—27日　自治区住房城乡建设厅组织召开《吉木萨尔历史文化名城保护规划》现场审查会，自治区历史文化保护专家和文化旅游厅、自然资源厅等6个厅局代表参会。

5月

9日　召开自治区党委第十巡视组巡视自治区住房和城乡建设厅党组工作动员会。

18日　会同总工会，增加建筑领域技能培训就业奖励金发放次数和名额，有效激励了城乡富余劳动力参加建筑领域就业技能培训、主动向建筑领域转移就业。

26日　自治区住房公积金2022年重点工作推进会以视频形式召开。会同兵团住房和城乡建设局组织开展2022年度第一期住房城乡建设行政执法培训，邀请专家讲授《中华人民共和国行政处罚法》《新疆维吾尔自治区住房和城乡建设行政处罚案卷整理指南（试行）》《新疆维吾尔自治区住房和城乡建设行政处罚格式文书（2022年版）》。

6月

1日　《住宅工程质量分户验收规程》XJJ 145—2022施行，召开新疆美丽宜居乡村建设和农村生活垃圾治理现场推进会。制定印发《关于开展建筑劳务经纪人培训的通知》，指导各地发挥好建筑劳务经纪人“领头雁”作用，培育壮大我区建筑劳务经纪人队伍，更好推动农村富余劳动力有组织、规模化转移就业。

13日　按照自治区人民政府督查室《关于组织开展自治区重点地区地震灾害防范应对实地督导检查工作的通知》的工作部署，在做好自查工作的同时赴伊犁州、博州、塔城地区和阿勒泰地区开展督查工作，形成督察报告报自治区抗震救灾指挥部办公室。

17日　印发《“惠民公积金服务暖人心”全区住房公积金系统服务提升三年行动实施方案（2022—2024年）》的通知。

21日　在乌鲁木齐市第八人民医院项目二标段召开自治区2022年智慧标准化施工现场“云观摩”暨房屋市政工程安全生产“百日专项行动”会议。

23—29日　自治区住房城乡建设厅会同自治区文化旅游厅、自治区历史文化保护专家赴哈密市巴里坤县、和田市、喀什市和塔城市，完成9片历史文化街区的现场鉴定工作。

28日　组织召开2021—2022年自治区房屋市政工程生产安全事故警示教育培训会议，对近年来发生事故的有关责任单位负责人和关键岗位人员220多人开展了警示教育培训，部分企业负责人作了表态发言。

30日　会同兵团住房和城乡建设局组织开展2022年度第二期住房城乡建设行政执法培训，邀请专家讲授《中华人民共和国民法典》《住房和城乡建设行政处罚程序规定》。

7月

4日　制定印发《关于进一步规范自治区住房和城乡建设行业培训工作的通知》，召开培训会议解读文件精神，推进建筑行业培训体制机制建立，强化培训机构属地化监督管理，指导各地（州、市）开展培训相关工作。

7日　印发《自治区住房城乡建设厅工程建设标准制定工作规则》。

14—15日　《新疆库车历史文化名城保护规划（2020—2035）》部级专家技术审查会在库车市召开，住房城乡建设部、自治区历史文化保护专家和自治区相关厅局参加会议。

24—29日　住房城乡建设部委派第三方评估机构分别赴喀什市、库车市，对名城内历史文化街区、重要历史建筑、重点文物保护单位等历史文化资源进调研评估，了解保护传承利用情况。

26日　召开全区房屋建筑和市政设施风险普查工作攻坚推进会。

27日　会同兵团住房和城乡建设局组织开展2022年度第三期住房城乡建设行政执法培训，邀请专家讲授《违法建筑查处常见问题及应对》及国家企业信用信息公示系统（部门协同监管平台－新疆）操作使用。

29日　组织14个中心重点围绕落实《住房公积金管理条例》、“跨省通办”、住房公积金阶段性支持政策等方面情况展开交叉互查互学，总结经验、加强学习、查找问题、补齐短板、提升水平。

8月

31日　印发《自治区“住房公积金贷款一件事”工作实施方案（试行）》的通知。

9月

1日　厅主要领导组织召开了煤改电二期居民供暖设施入户改造工程视频调度会议，形成十天一调度工作机制，督促各地加快推进煤改电入户改造工程。发布《城市居住社区建设标准》XJJ 007—2022、《公共建筑节能设计标准》XJJ 034—2022。

27日　组织开展2022年度第四期住房城乡建设行政执法培训，邀请专家讲授《习近平法治思想》，解读《新疆维吾尔自治区行政规范性文件管理办法》。

10月

1日　落实中国人民银行决定下调首套个人住房公积金贷款利率。

11月

11月30日—12月2日　组织召开自治区住房公积金从业人员线上培训班。

12月

5—6日　自治区住房和城乡建设厅采用网络视频会议直播方式举办《建筑节能与可再生能源利用通用规范》GB 55015—2021宣贯培训会。

14日　组织开展2022年度第五期住房城乡建设行政执法培训，邀请专家讲授“深入学习宣传贯彻党的二十大精神，运用法治思维全面贯彻实施宪法”专题讲座。

16—23日　自治区住房和城乡建设厅组织第三方对全疆各地（州、市）建筑领域技术工种培训就业行动开展评估工作，对自治区建筑领域技术工种3年20万人职业技能培训就业工作进行总结评估。

21日　新疆“12329”住房公积金服务热线话务总量破千万。

22日　印发《城市居住区配建补齐养老服务设施专项治理工作方案》。

26日　发布《新疆维吾尔自治区装配式建筑工程消耗量定额（试行）》。

28日　阿克苏地区住房公积金管理中心荣获“全国住房和城乡建设系统先进集体”称号，阿克苏地区住房公积金管理中心地直管理部主任齐英华、乌鲁木齐住房公积金管理中心水磨沟区管理部副主任陈园园荣获“全国住房和城乡建设系统先进工作者”称号。

（新疆维吾尔自治区住房和城乡建设厅）

新疆生产建设兵团

乡村建设

2022年，新疆生产建设兵团（以下简称“兵团”）实施农村危房改造6000户，完成投资46620万元。其中：一师900户、二师240户、三师2913户、四师65户、五师114户、六师150户、七师560户、八师680户、九师18户、十师20户、十三师340户。

产业结构

截至2022年，兵团现有建筑业企业918家，建筑施工企业775家，其中特级资质企业3家，一级企业32家；勘察设计企业24家，监理企业34家，造价咨询企业27家，质量检测机构46家，审图中心12家。

建筑业

【概况】2022年，兵团等级以上建筑业法人企业完成建筑业总产值1102.4亿元，同比增长5.1%。等级以上建筑业法人企业签订合同额2448.3亿元，同比增长14%，其中，本年新签订合同额1441.2亿元，同比增长9.5%。

【建筑市场监管】印发《关于进一步加强兵团房屋建筑和市政基础设施工程建设项目招标投标监管的通知》，夯实招标人首要责任，规范招标投标监管流程，落实事中事后监管模式，加强招标代理机构、评标专家监管。2022年度全兵团共计进场交易房屋及市政基础设施工程建设项目1856项次，其中本级项目102项次，占比5.5%；全兵团在库评标专家共计2886人，其中本级专家714人，占比约25%。

全面完成兵团建筑业企业年度综合信用评价工作。兵团辖区内共计七类4693家企业和机构被纳入评价，其中施工企业参与评价2849家，AAA级（100分以上）企业65家；监理企业参与评价394家，AAA级9家；勘察设计企业参与评价1219家，AAA级10家；质量检测机构参与评价38家，AAA级2家；图纸审查机构参与评价19家，无AAA级；招标代理机构参与评价170家，AAA级6家，评价结果在兵团建筑业监管信息化工作平台予以公示公告。

【建筑工程质量安全管理】2022年，兵团住建领域生产安全事故死亡人数较2021年下降约25%。全兵团共有房屋市政工程项目1650个，建筑面积2806万平方米（其中：新开工项目878个，建筑面积1423万平方米。跨年续建项目772个，建筑面积1383万平方米）。

2022年，全兵团公有房屋市政工程未发生质量事故。据统计，2022年全兵团共收到工程质量投诉124起，投诉办结率100%。

房地产业

【概况】截至年底，兵团共有房地产开发企业377家，各师市行业主管部门均能认真贯彻落实国家一系列房地产调控政策、促进供求平衡，着力防范化解重大风险，保持房地产市场平稳健康发展，严格落实用地供应规模管理、差别化住房信贷、税收等政策，重点保障本地居民和引进人才的住房刚需。稳妥实施房地产市场平稳健康发展长效机制方案，坚决防止大起大落。兵团房地产市场总体上运行平稳，开发规模、销售规模、价格比较稳定。

【房地产市场调控及监管】5月，印发《关于做好兵团房地产开发企业资质管理工作的通知》将房地产开发企业资质全部重新划分为一、二两个等级，并实行全程线上办理和推行电子证照，进一步优化营商环境，提升办事效能。7月，转发《住房和城乡建设部 人民银行 银保监会关于规范商品房预售资金监管意见》，督促指导各师市加强预售资金监管，有效防范商品房逾期交付和烂尾风险，促进兵团房地产市场平稳健康发展。完成2022年度房地产开发企业信用等级评价工作，312家房地产开发企业参与信用评价，占系统备案总数464家的67%，其中：AAA级53家、AA级81家、A级120家、B级47家、C级11家。并将评价结果在兵团综合管理信息平台进行了公示，进一步规范了房地产市场从业主体经营行为。

【物业管理】1月，印发《关于整改兵团2021年住宅专项维修资金审计查出问题的通知》，对审计发现的11个问题全面进行了整改，进一步规范了住宅专项维修资金缴存、管理、使用流程。完成2022年度物业服务企业信用等级评定工作，263家物业服务企业参与信用评价，占系统备案总数399家的66%，其中：AAA级58家、AA级40家、A级80家、B级44家、C级41家，并将评价结果在兵团综合管理信息平台进行了公示。

城镇建设与管理

【城镇排水和污水处理】2022年，兵团住房城乡建设局、生态环境局、发改委、水利局印发《深入打好兵团城市黑臭水体治理攻坚战实施方案》，建立城市黑臭水体排查治理机制，全面开展兵团城市黑臭水体治理和水污染防治工作；组织师市对城市建成区黑臭水体进行摸排和风险分析，经排查，兵团城市建成区无黑臭水体。第一师阿拉尔市生活污水处理厂扩建完成，新增处理能力2万立方米／日，第十三师新星市加快建设1座处理能力1.5万立方米／日污水处理厂。新增城镇排水管网约130千米。2022年末，现有城市生活污水处理厂10座，总规模41.5万立方米／日；团镇污水处理厂68座（一级A标准56座，一级B标准8座，二级标准4座），总规模19.2万立方米／日。2022年，城市累计处理水量11431万立方米，污水处理率达到99%。

【城市生活垃圾处理】2021年，持续在石河子市、五家渠市、阿拉尔市、双河市4个城市及喀什经济开发区兵团分区、霍尔果斯经济开发区兵团分区2个园区开展城市生活垃圾分类试点工作，在试点城市建成生活垃圾分类示范片区4处，覆盖街道11条、居民小区214个。年末，现有城镇生活垃圾填埋场76座，总规模3165吨／日；生活垃圾焚烧厂1座（在石河子市），规模500吨／日；餐厨垃圾处理厂1座（在阿拉尔市），规模35吨／日。全年生活垃圾处理量35.32万吨，无害化处理率100%。

【城市道路桥梁建设】2022年，兵团城市建成区新增道路长度约104千米，新增道路面积约253万平方米，新增桥梁4座。年末，兵团城市道路长度约1831千米，道路面积3793万平方米，桥梁60座，人均城市道路面积34.37平方米，建成区道路面积率13.57%。

【城市园林绿化建设】2022年，兵团城市新增公园绿地面积约466公顷，新增公园11个。年末，兵团城市人均公园绿地面积约26.36平方米，建成区绿地率41.24%，建成区绿化覆盖率42.78%，城市公园211个，城市公园免费开放率100%。有国家园林城市4个，自治区园林城市2个。6月10日，兵团办公厅印发《兵团园林城市（城镇）申报与评选管理办法》，4个城市和21个团场（镇）开展申报创建工作。8月13日，兵团住房城乡建设局印发通知，成立兵团住建系统城镇园林绿化专家委员会。

【城市供水】2022年，十三师新星市开工建设1座日生产能力3万立方米自来水厂。2022年末，兵团城市供水管网达2317千米，供水综合生产能力85.55万立方米/日，全年供水总量22530万立方米。扎实做好城市安全供水服务保障工作，全年没有发生供水安全事故。兵团住房城乡建设局、发展改革委指导师市进一步加强公共供水管网漏损控制，第十师北屯市被住房和城乡建设部、国家发展改革委确定为公共供水管网漏损治理试点城市。

【城市供气】2022年，兵团城市天然气供气总量53630万立方米，用气人口98.91万人。全年供应液化石油气3142吨。8月18日，兵团办公厅印发《关于进一步加强兵团城镇燃气安全管理工作的实施意见》，进一步提升兵团城镇燃气安全管理制度化、规范化水平。持续深入开展兵团城镇燃气安全隐患大排查大整治，组织专项督导组赴师市、团场对天然气门站、加气站、瓶装液化石油气充装站、燃气管线、居民及商户等重点场所进行现场检查，督导问题整改。

【城乡历史文化保护传承】2022年，兵团持续推进历史建筑历史建筑普查认定和测绘建档有关工作，已普查历史建筑236处，完成公布145处，设置标志牌91处，已测绘建档66处。科学推进历史建筑保护与利用。11月2日，兵团党委办公厅内、兵团办公厅印发《关于在城乡建设中加强历史文化保护传承的实施意见》，进一步加强兵团历史文化保护传承工作。12月21日，兵团办公厅印发《新疆生产建设兵团历史文化名城名镇（团）名村（连）街区保护办法》，推进和加强兵团历史文化名城、名镇（团）、名村（连）、街区保护与管理。

【城市管理监督】2022年，印发《关于进一步加强兵团城市管理执法监督工作的通知》，指导师市城管执法部门加强队伍党的建设，提升能力素质和服务水平，解决好群众身边事，不断提高城市管理执法质效。加强城管执法人员能力素质建设，提升城管执法人员法律素养和办案技能，强化兵地协同，联合自治区住房和城乡建设厅组织开展3次视频培训，累计培训师市城管部门和团场城镇管理服务中心280余人。制定完成兵团城市运行管理服务平台建设工作方案。

住房保障

2022年开工实施16020套公租房建设项目，完成投资182606万元。其中：一师6894套、二师400套、三师6020套、四师580套、五师200套、七师520套、八师300套、九师300套、十四师806套。二师开工实施保障性租赁住房400套，完成投资3600万元。

（新疆生产建设兵团住房和城乡建设局）

大连市

住房和城乡建设工作概况

2022年，大连市住房城乡建设系统坚持深入学习贯彻习近平新时代中国特色社会主义思想和党的二十大精神，全面贯彻习近平总书记关于东北、辽宁、大连振兴发展的重要讲话和指示批示精神，认真落实市委、市政府部署要求，统筹安全生产和高质量发展，推动实现行业发展稳中求进、民生事业全面发展、安全底线基本筑牢、营商环境优化升级、党建引领取得实效，如期完成各项任务目标。全市坚持“房住不炒”定位，精准施策，稳市场、防风险、保交付、提信心，推动全市房地产市场平稳健康发展。完成房地产投资608.8亿元，同比下降16.5%；商品房销售面积434.3万平方米，同比下降36.8%；销售额543.2亿元，同比下降42.5%。完成建筑业产值812.2亿元，同比下降14.2%。全年新增绿色建筑面积519万平方米，占新开工建筑面积100%。全年新增装配式建筑面积154万平方米，新开工装配式建筑面积154万平方米，竣工装配式建筑面积32万平方米。装配式建筑占比50%以上。重点民生工程取得预期成效。市民居住环境不断改善提升，全年改造老旧小区142个、710万平方米，惠及居民10万户；群众满意度显著提升，推动604个无物业服务小区选择专业服务、基础保障、社区托管、业主自治模式确实服务主体，全市

2588个住宅小区物业服务覆盖率实现100%，1195个住宅小区建立业主议事机制，实现物业管理能力、服务质量、居民满意度显著提升。天然气置换任务圆满完成，全年新建市政燃气管网25.7公里，改造铸铁管网73.9公里，完成27.5万户天然气置换和3.36万户新通管道燃气。供热质量进一步提升，新建改造供热管网236公里，元旦前完成储煤90%，春节前完成储煤100%，切实保障市民温暖过冬，省供热直通车平台投诉量较去年同期下降54.31%。农村生活垃圾治理成效显著，农村生活垃圾收运处置体系及生活垃圾分类体系均实现行政村全覆盖。巩固拓展脱贫攻坚向乡村振兴有效衔接，191户农村低收入群体等重点对象危房改造工程按期保质完成。验收合格率100%，农户满意度100%，国家危房档案系统通过率100%。城市功能品质持续提升，按照《大连市核心区“十四五”城市道路规划》要求，组织指导规划落实工作，逐步完善城市新开发区域规划路网，开工建设体育中心二期、三期地块周边规划路。持续推进海绵城市项目建设，积极将海绵城市理念融入城市建设和更新改造项目中，全市海绵城市达标面积达到建城区的29%以上。新建改造排水管网79公里。

法规建设

【市政府办公室文件】《大连市人民政府办公室关于公布2021年大连市特色乡镇的通知》《大连市人民政府办公室关于印发大连市城镇燃气突发事件应急预案的通知》《大连市人民政府办公室关于印发〈大连市自建房安全专项排查整治暨拆违控危治乱“百日攻坚行动”实施方案〉的通知》。

【依法行政】公布市住建局2022年法治政府建设情况报告。深入学习贯彻习近平法治思想，把《中国共产党章程》《中国共产党纪律处分条例》《中国共产党组织工作条例》等党内法规学习纳入各支部“两学一做”学习内容。把习近平法治思想纳入市住建局“八五”普法规划和党组中心组学习重要内容。邀请法学专家为局党组作《学深悟透习近平法治思想 加快推进全面依法行政》和《优化营商环境条例》专题讲座。深化简政放权，今年向各区（市）县、先导区政府下放建筑起重机械备案等市级行政职权5项。根据法律法规立改废，动态调整权责清单，取消市住建局行政职权17项。加强和创新事中事后监管，一是跨部门联动开展联合监管。联合市市场监管局、市城市管理局开展了物业服务企业和房地产市场领域跨部门联合“双随机一公开”检查。二是排查安全隐患开展重点领域监管。会同应急、城管、公安、市场监管等六部门开展燃气行业安全生产联合督查；按照企业自查自纠、县区全面排查、市级抽查的方式对全市房屋和市政工程安全生产情况进行大检查。三是分级分类推行信用新型监管。对物业服务企业开展信用等级评定，对房地产经纪行业实施“星级评定”的行业监管模式。推进法治为民办实事项目。《既有建筑改造消防设计审查技术规程》和《建筑消防安全评估技术规程》被列为大连市2022年度法治为民实事项目。提高政府立法的质量和效率，加快住建领域地方立法进程。根据市人大立法计划，组织开展修订《大连市燃气管理条例》立法调研论证，完成草案初稿、征求意见、专家论证和风险评估等工作，计划2023年提请市人大常委会审议。建立地方性法规、政府规章、规范性文件清理和报备机制，本年度纳入清理范围的地方性法规5件，政府规章9件，市政府（办公室）规范性文件32件，市住建局规范性文件47件，并将清理结果在局网站公示。报备市住建局行政规范性文件3件。严格落实重大决策程序制度。大连市重大行政决策《大连市住房和城乡建设“十四五”规划》经公众参与、专家论证、风险评估、合法性审查和集体讨论等程序后正式发布实施，成为指导全市住房和城乡建设各项事业发展的纲领性规划。坚持严格规范公正文明执法，一是开展行政执法专项行动。印发《大连市住建局〈关于开展规范加强全省住房城乡建设系统行政执法工作专项行动的实施方案〉任务分解表》，围绕打击“三包一靠”、自建房安全专项整治“百日攻坚行动”等26项任务深入开展全市住建领域行政执法专项行动。组织开展了全市住建系统行政执法案卷评查工作，对市区两级住建部门不规范行政执法程序提出整改意见。二是加强执法证件的管理。严格实施执法人员持证上岗、亮证执法工作要求，全局持有执法证件人员61人，占编制总数62%。深入开展普法工作。印发《大连市住房和城乡建设局关于在住房和城乡建设系统开展法治宣传教育的第八个五年规划（2021—2025年）》。编制《市住建局机关工作人员应知应会法律法规规章汇编》，将84部法律法规规章纳入其中。举办了习近平法治思想、优化营商环境条例专题讲座。围绕“安全生产月”“宪法宣传周”通过微信公众号、新闻媒体等平台开展燃气安全、宪法知识普法宣传。

房地产业

【概况】2022年，大连市认真贯彻落实党中央、国务院决策部署，坚持“房住不炒”定位，精准施策，稳市场、防风险、保交付、提信心，推动全市房地产市场平稳健康发展。统计数据显示，全市完成房地产投资 608.8 亿元，比上年下降 16.5%；商品房销售面积 434.3 万平方米，比上年下降 36.8%；销售额 543.2 亿元，比上年下降 42.5%；房屋施工面积 3739.9 万平方米，比上年下降 8.8%，其中新开工面积 462.5 万平方米，比上年下降 53.6%。至年末，大连市商品房库存为 1456 万平方米，住宅库存 663 万平方米，去化周期 20 个月。

【房地产市场调控】2022 年，大连市保持房地产市场平稳健康发展工作领导小组为积极应对宏观经济下行压力等问题，发挥房地产对经济稳定的支撑作用，充分发挥牵头协调作用，统筹协调住建、税务、金融等部门，根据市场实际情况，不断调整完善政策措施，支持刚性和改善性购房需求。5 月以市房地产平稳健康发展工作领导小组办公室名义印发《关于促进我市房地产业健康发展和良性循环的通知》，调整完善了全市限购限售等限制性调控政策；6 月市公安局全面放开人才落户政策，落户后享受本地户籍购房政策；不断加大金融贷款支持力度，连续下调首付比例和利率水平，10 月 20 日起阶段性将首套首付利率下限降为 3.95%；公积金方面出台一揽子优惠政策，7 月市本级（调整为单人 45 万元、双人 80 万元）、各县区（调整为单人 40 万元、双人 67 万元）贷款最高额度均大幅提高，10 月公积金首套房利率下调为 3.1%；支持改善住房需求，10 月起一年内卖旧买新享受退契税政策；积极协调召开线上、线下房交会，实现地区、项目全覆盖，并给予购房补贴、全额退税等政策，对特殊群体加大优惠力度，推动刚性和改善性购房需求释放。

【房地产市场秩序监管】2022 年，大连市不断完善房地产市场管理制度体系建设，加强房地产市场秩序监管。合并成立市保持房地产平稳健康发展工作领导小组，印发领导小组工作规则和小组办公室工作细则，明确成员单位、职责分工和工作机制，确保各职能部门职责落实到位；完善预售资金监管机制。按照国家、省最新工作要求，会同金融监管部门完成预售资金监管银行公开招标工作，修订《大连市商品房预售资金监督管理办法》，采取“政府＋银行”合作模式建设预售资金监管平台，对保障预售资金安全，提高监管效率，形成政府监管、多方监督、专款专用的监管体系，推动房地产市场长效监管机制建立；开展房地产领域检查整治工作。按照《大连市持续整治规范房地产市场秩序实施方案》2022 年相关工作目标，组织各地区住建部门围绕房地产开发领域、房屋买卖领域、住房租赁领域整治任务目标开展企业自查、日常检查工作。联合市市场监管局、市城管局开展房地产领域“双随机一公开”联合检查工作。开展大连市住建领域打击整治养老诈骗专项行动工作。进一步规范房地产领域企业经营行为，切实维护购房者合法权益。

【住房租赁市场】2022 年，大连市市内四区个人办理房屋租赁登记备案 14003 份。依据《关于加强住房租赁企业监管的通知》，通过大连市房屋租赁公共服务平台报送开业信息的住房租赁企业共 51 家，经营租赁住房 22043 间，租赁合同登记备案 14280 份。6 月 29 日，大连市房地产估价师与经纪人协会将“住房租赁”纳入协会“业务范围”，并成立住房租赁专业委员会。住房租赁专业委员会职能主要有：制定、修改和完善住房租赁行业自律规范、服务标准；收集、研究住房租赁行业相关问题，向政府相关部门反馈行业诉求；搭建住房租赁行业交流平台，开展业务考察与交流活动等。

【国有土地上房屋征收管理】2022 年，大连市住房和城乡建设局持续加强国有土地上房屋征收项目监督指导，做好房屋拆迁历史遗留信访问题化解。受理核查房屋拆迁许可延期申请 6 件，组织相关部门对地铁 4 号线一期建设工程项目补偿安置方案进行论证，审核金柳路区域配套小学项目、大连英歌石科学城国有土地上房屋征收补偿方案 2 件。办理国家交办重信重访案件 2 件、中央督导组督办案件 1 件、省委第二巡视组交办案件 13 件、省委督导组督办件 1 件、省纪委监委机关移交信访件 1 件、市委第二巡查组交办案件 8 件。调查处理国家、中央信访联席会议办公室、省委第二巡视组、市政府督办案件 30 件，其中个体访 24 件、群体访 5 个、信访评议 1 件。

住房保障

【概况】2022 年，大连市继续加快构建以公共租赁住房、保障性租赁住房和共有产权住房为主的住房保障体系。优化升级公租房管理信息系统，将批量申请、受理业务升级为系统全年开通、随时受理，同时保留原有的线下申请渠道，方便群众办事。年内新增公租房保障家庭 2444 户；向符合条件的 3.2 万户在保家庭，发放货币补贴 1.68 亿元，实现应保尽保。全年筹集保障性租赁住房 12417 套，累计总数 1.5 万套。深化共有产权住房试点，自 2020 年开展试点工作开展以来，已累计筹集共有产权住房 836 套。加强人才住房保障，新增高层次及城市发展急需紧缺人才保障 1041 人；新受理并审核合格高校毕业生 7733 人，于 7 月给予住房补贴保障。发放高校毕业生类人才家庭住房补贴 3.7 万户 3.59 亿元，发放引进人才住房补贴 3281 名 2.45 亿元。

【保障性租赁住房】2022 年，大连市完善保障性租赁住房制度体系，印发《大连市保障性租赁住房项目认定书核发管理规则》，推进落实保障性租赁住房用地、审批、金融、降低税费、执行民用水电气价格等支持政策，稳步推进保障性租赁住房建设工作。全年通过盘活存量闲置房屋和利用产业园区配套用地建设，筹集 33 个项目 12417 套 55 万平方米保障性租赁住房，投入运营 3966 套（间），缓解青年人、新市民的阶段性住房困难问题。

【人才住房保障】2022 年，大连市发放各类人才住房补贴 40131 名 6.04 亿元。其中，按 2015 年政策发放产业发展急需紧缺人才住房补贴 427 名 658 万元，发放高校毕业生住房补贴 4780 名 1883.6 万元；按 2019 年政策发放高层次人才安家费 1090 名 1.85 亿元，发放城市发展紧缺人才住房补贴 1764 名 5335 万元，发放高校毕业生补贴 32070 名 3.4 亿元。

【房改审批备案】2022 年，大连市住房和城乡建设局为 12 家产权清晰的售房单位的 818 套、3.96 万平方米住房办理公有住房出售备案手续；为 35 家接收（管理）售房单位的 2486 套、14.68 万平方米住房办理公有住房出售备案手续。同时，做好企事业单位职工住房货币补贴工作，为 8 家单位、944 名职工办理 2652.24 万元补贴资金批复手续。

城市体检评估、建设工程消防设计审查验收

【城市体检评估】2022 年，大连市作为住房和城乡建设部 59 个样本城市之一，继续开展城市体检工作。大连市注重舆论宣传，加强组织领导，调整完善城市体检工作领导小组，明确部门责任分工，稳步开展城市体检，着力提高人民幸福感和获得感。对照住房和城乡建设部关于城市体检工作的具体要求，聚焦“城市病”，从生态宜居、健康舒适、安全韧性、交通便捷、风貌特色、整洁有序、多元包容、创新活力以及城市特色等 9 个方面、88 项指标，扎实开展城市体检工作。搭建的城市体检信息管理智能平台具备指标管理、可视化展示及平台管理等功能，在城市体检工作中发挥了重要作用。将具有延续性的 38 项指标进行年度间纵向比较，与 2021 年相比，20 项变化向好，7 项与上年度持平。针对体检中发现的问题短板，大连市制定了《2022 年城市体检提升改进项目清单》，明确整改内容、责任部门与时间节点，督促加紧整改，将城市体检成果落到实处。

【建设工程消防设计审查验收】2022 年，消防处不断加强消防审验制度体系建设，夯实我市消防审验“四梁八柱”。一是出台大连市地方标准《既有建筑改造消防设计审查技术规程》和《建筑消防评定技术规程》，为既有建筑消防改造提供了坚实的政策指引和技术保障，该事项被列入大连市 2022 年度法治为民办实事项目，受到社会广泛好评。二是不断创新工作举措，对小型既有建筑改造或社会简易低风险项目实行消防验收备案豁免制度，精准压缩备案检查审批时限，不断释放政策红利，增强企业和群众的获得感和幸福感。三是全力推进省市重点项目消防验收。大连地铁 2 号线二期北段、大连液流电池储能调峰电站国家示范项目等一批支撑大连市发展的重大项目和民生工程顺利取得消防手续。2022 年全市各级住建部门完成消防设计审查 256 件、消防验收 151 件、消防备案 517 件。

城市建设

【概况】2022 年，更好推进以人为核心的城镇化，使城市更健康、更安全、更宜居，成为人民群众高品质生活的空间。城市更新雏形基本建立，在东北三省率先高标准编制完成城市更新专项规划，坚持借助城市体检发现问题，有针对性谋划城市更新，补齐城市发展短板。改造老旧小区 142 个，惠及居民 10 万户，共计 710 万平方米。

【城市更新行动】2022 年，大连市围绕部省共建城市更新先导区合作框架协议，实施城市更新行动。加快完善城市更新“2 ＋ N”政策体系，出台《大连市中心城区城市更新项目财政支持资金管理办法》，多样化资金来源渠道。统筹谋划编制《大连市中心城区城市更新项目国有土地协议搬迁规则》，探讨城市更新投资基金及国有土地协议搬迁渠道。坚持统筹谋划，推进项目落地，当年实现天津街改造项目授信落地，实施改造。坚持创新渠道，突出投资引领，确定了“政府主导、部门支持、社会参与、企业主体、市场运行”的多元化投融资建设模式，积极争取国家资金、整合城建项目资金、用好地方政府专项债、加大市县投入力度、引入社会资本、金融机构等各方力量的方式合力推进城市更新建设。当年争取省级财政补助资金 3000 万元。

【城市道路桥梁建设、维护与管理】2022 年，大连市市政公用事业服务中心实施道路桥梁交通基础设施建设工程 4 项，完成投资 12540 万元。其中，2022 年市政府重点民生项目解放路、鞍山路等 17 条道路升级改造工程中鞍山路、西南路等 8 条道路升级改造工程，东北路等桥梁加装声屏障工程，2020 年拥堵点

改造工程完工；天下粮仓人行天桥工程持续推进。抓好城市道路、桥梁、隧道和地下通道等设施的维护管理。全年维修城市道路53.46万平方米（车行道28.61万平方米，人行步道24.85万平方米），其中，大修城市道路8条，面积32.06万平方米（车行道16.21万平方米，人行步道15.85万平方米）；日常维修城市道路21.4万平方米（车行道12.4万平方米，人行步道9万平方米）。维修边石13.1公里；调整检查井1729座。维修桥面3.8万平方米；更换格栅网1950平方米、栏杆2118米；除锈粉刷栏杆2803平方米；清理桥梁伸缩缝9954米；疏通桥梁雨水井289个；更换声屏障玻璃922块；组建城市桥梁清洗队伍5组，清洗城市桥梁总面积320万平方米。协助市城市管理局审批道路挖掘许可611件，完成道路挖掘修复总长度20.8万米、总面积35.4万平方米。办复、解决市民反映的城市道路桥梁设施问题1583件。城市道路桥梁设施完好率97.5%。

【停车场建设】完成沙河口区中心医院机械立体停车场、大连北站枢纽地上停车场、雕塑公园停车场、高新区第一中学口袋公园停车场等社会公共停车场建设。全力推动大连森林动物园二期停车场改造工程等项目，增加中心城区停车位的有效供给。

【老旧小区改造工程】2022年，大连市组织中山区、西岗区、沙河口区、甘井子区、旅顺口区、金普新区、普兰店区、瓦房店市、庄河市、长海县完成710万平方米老旧小区改造任务。其中，中山区洪顺小区、沙河口区兴社小区、金普新区安居小区共3个老旧小区改造项目被评为省示范项目。2022年市住建局组织编制了《既有建筑加装电梯指导手册》和《既有住宅加装电梯工程技术规程》，规范加装电梯协议书、电梯选型指南、合同样本等内容。进一步解放思想、开阔思路，对标全国先进城市经验做法，在加装电梯工作中，推出了大数据统计、加梯贷、加梯保、加装助力团（技术专家、造价专家、律师、社区书记等）等新举措，2022年开工建设134部，"加速度"推动加装电梯工作。

【城市供气】2022年，大连市有城镇燃气企业（场站）65家，其中市内四区（中山区、西岗区、沙河口区、甘井子区）8家、区市县（开放先导区）57家。按经营类别区分，全市有管道燃气企业5家、瓶装液化石油气企业35家、汽车加气企业25家。其中，市内四区有管道燃气企业1家、瓶装液化石油气企业1家、汽车加气企业6家（10座加气站），区市县（开放先导区）有管道燃气企业4家、瓶装液化石油气企业34家、汽车加气站15家。全市有市政及庭院地下管网6974公里、户外燃气立管6091公里。全市有各类燃气用户242.1万户，其中天然气用户201.8万户、液化石油气用户40.3万户。天然气年用气量5.7亿标准立方米，液化石油气用气量8.1万吨。

【天然气入连建设工程】2022年，大连华润燃气有限公司完成新建市政燃气管网工程25.7公里，完成铸铁管改造73.9公里。中山区、西岗区、沙河口区、甘井子区、高新技术产业园区47个小区3.36万户新开通管道燃气，278个小区27.5万户实现天然气取代人工煤气。大连市全市115年的人工煤气供应历史画上句号。

【城市供热】2022年，大连市有供热企业110家，城镇供热总面积（建筑面积）30895万平方米。其中，中心城区（中山区、西岗区、沙河口区、甘井子区及高新技术产业园区）有供热单位46家，供热面积16882万平方米；其他区市县（旅顺口区、普兰店区、瓦房店市、庄河市、长海县、金普新区、长兴岛经济区）有供热单位64家，供热建筑面积14013万平方米。总供热面积中，热电联产企业供热面积9571万平方米，占全市供热总面积31%；区域锅炉房供热面积21324万平方米，占全市供热总面积69%。全市有热电厂10座，区域锅炉房134座（中心城区区64座，其他区市县70座）。城市集中供热普及率99%，城市住宅供热普及率99.9%。

【城市供热准备】2022年，大连市积极组织开展供热"冬病夏治"工作，坚持早谋划、早部署，4月份下发《关于做好供热准备工作的通知》，对供热设备和管线维修改造工作进行全面部署，往年"三修"（锅炉、辅机、管网）工作基本要到10月底才能完工，2022年9月底就已完工，总投资7.76亿元。为3545户加装窗户密封胶，解决用户窗户透风透寒问题。自7月份开始坚持对储煤情况进行周调度，克服了煤价高涨、供应紧张的严峻形势和疫情的不利影响，各供热企业元旦前储煤率均90%以上，春节前100%。各热电联产企业于10月25日开始冷态试运行，10月26日开始热态试运行；其他企业于10月31日开始冷态试运行，11月1日开始热态试运行。11月5日各供热企业开始正式供暖并达到稳定运行状态，按时供热率100%。

【供热质量管理】2022年，大连市通过建章立制、强力调度，省供热直通车平台投诉量比上年下降54.31%。市委市政府主要领导亲自部署，分管副市长每周调度，市住房和城乡建设局在春节、两会等关键节点24小时调度，供热专班利用信访投诉、网络舆情、供热监管平台等手段全方位对各区市县对口帮带，各区市县主要领导冲在一线、深入基层，督促各供热企业保质保量供热。制定《大连市城市供热退出及应急接管规定》，完善供热退出机制；建立供热监管“四项制度”（限时监测分析制度、当日现场核查制度、限时从重处罚制度、常态化检查制度），形成供热监管长效机制；对9家不达标供热的供热企业进行行政处罚，真正做到“带电长牙”；建立供热预警调度令机制，下发5次供热预警调度令，确保平稳度过极端天气；在市12345平台设立供暖专家专线，保证市民诉求直达供热企业；通过聘请百名社会监督员参与监督、以媒体的视角参与监督，让企业在监督中提升服务质量；每月全市通报区市县、供热企业投诉排名情况，由各地区主要领导对排名靠后的亲自调度，同时强化诉求办理，确保群众满意。

【物业管理】2022年，全市住宅小区共有2588个，其中专业物业服务小区1979个，基础保障服务小区342个，社区托管小区250个，业主自行管理小区17个。专业物业服务的1979个住宅小区中，1195个小区建立业主议事机制，其中业主委员会386个、物业管理委员会809个，成立率为65.02%。印发《大连市物业管理全覆盖推进落实工作方案》《关于进一步落实物业服务全覆盖工作的通知》，明确物业服务四种模式和标准，604个无物业服务小区选择专业服务、基础保障、社区托管、业主自治模式，确实服务主体，全市住宅小区物业服务覆盖率达到100%。联合印发《关于加快推进业主议事机制建设工作的通知》，编制《业主大会、业主委员会工作指导手册》，制定45个示范文本，组织各地区物业主管部门、街道、社区等1100余名工作人员开展集中培训，督促街道尽快指导小区业主成立业主委员会，对于暂时无法成立业主委员会的，“七步法”组建物业管理委员会，组织业主协商议事。推出便民投诉“二维码”、公布居民小区责任单位投诉电话，实现诉求人与区住建局、街道、社区、物业服务企业、业主委员会（物业管理委员会）、有关责任单位的“点对点”连接，建立群众反映问题的受理处置督办机制，自5月以来，已处理“二维码”投诉6000余件，处理时长平均缩短60%。通过“一对一”约谈147余家物业服务企业、及时记录170余条物业服务企业不良信息、公布2021年度物业服务企业信用等级评定结果等方式，促进物业服务质量整体提升。针对房屋漏雨等1058项应急维修项目，开展“住无忧”应急维修项目集中整治专项行动等多项举措，降低投诉率、提升满意率。

村镇规划建设

【农村生活垃圾治理】农村垃圾治理成效显著，建立8700余人的农村保洁队伍，按需配置收运设施，推进终端处理设施建设，庄河市垃圾焚烧项目投入试运行，全面接收并处置农村生活垃圾，全市农村生活垃圾收运处置体系实现行政村全覆盖；推进农村生活垃圾源头分类，推广“五指分类法”及“四分法”，生活垃圾分类体系实现行政村全覆盖。

【农村危房改造】2022年，大连旅顺口区、普兰店区、瓦房店市、庄河市、金普新区改造农村危房191户，其中C级危房91户、D级危房100户。总投资695.5万元，使用中央财政农村危房补助资金286.5万元、市级财政配套补助资金306.75万元、县级财政配套补助资金102.25万元。

【农房抗震改造】推进抗震高烈度设防地区农房抗震工程。按计划实施2019年度国家下达的4569户农房抗震改造试点任务，累计拨付财政补助资金8102万元，改造后农房抗震水平显著提高，验收后达到国家抗震设计规范和省、市抗震加固技术导则要求；持续推进抗震设防高烈度地区农房抗震改造工程，制定切实可行的年度农房抗震改造方案，制定最优化的技术方案和最小干预的施工组织方案，今年我市自加压力，在财政资金紧张的情况下，在抗震设防7度及以上地区的旅顺、庄河、金普三个县区实施抗震改造工程500户，下达市级补助资金885万元，兜底保障农户改造房屋，目前，金普新区、庄河市7个样板房已建设完成，县区和农户的积极性增强，按计划，明年年底前全部完工。

标准定额

2022年，大连市通过全国工程造价咨询管理系统登记的工程造价咨询企业101家，其中曾取得甲级资质企业37家，曾取得乙级（含暂定级）企业31家。全年完成营业收入9.9亿元，比上年增长4.77%。其中，工程造价咨询营业收入4亿元，涉及工程造价总额1593.2亿元。至年末，从业人员3716人，其中一级注册造价工程师679人、高级职称909人。加强工程造价信息管理，向辽宁省住房和城乡建设厅上报工程造价信息2.65万条。

工程质量安全监督

【建设工程质量监督管理】2022年，大连市各级住房和城乡建设部门监督在建项目建筑面积3397万平方米；组织联合验收454项，建筑面积1107.87万平方米。监督在建地铁单位工程120项。其中，车站34项，面积22.25万平方米；区间段30项，长度25.17千米；附属配套工程18项；风水电安装工程21项；车站装修工程12项。监督在建市政燃气管道及附属设施工程29项，管道长16.08千米。组织开展质量专项检查。开展全市房屋建筑冬期施工工程质量专项检查，随机抽查全市在建冬期施工工程质量，抽查5个区市县、开放先导区8项工程，存在较多质量问题的2项工程下发2份整改通知书。开展在建房屋建筑工程质量大检查，抽查14个区市县、开放先导区的27项工程，存在较多质量问题工程6项，向所在地建设主管部门下发督办整改通知单6份。开展在建地铁工程质量大检查，重点检查各责任主体质量行为、工程质量安全手册执行落实情况、工程实体质量、工程技术档案资料等，检查工程63项次，发现问题165项，下达责令整改通知书27份。

【建设工程监理行业管理】2022年，大连市有建设工程监理企业55家，其中综合资质企业2家。按专业分类，房屋建筑工程甲级32家、乙级16家、丙级3家，市政公用工程甲级22家、乙级24家、丙级4家，机电安装工程甲级1家、乙级5家，公路工程甲级1家，电力工程甲级3家、乙级10家，化工石油工程甲级2家、乙级3家，水利水电工程乙级1家、丙级2家，港口与航道工程甲级1家、乙级1家，冶炼工程甲级2家，矿山工程甲级1家，通信工程乙级1家，铁路工程乙级1家。企业从业人数4670人。各类注册监理人员1630人，其中注册监理工程师1082人、注册造价工程师155人。

【建筑施工安全监督】2022年，大连市住房和城乡建设局按照“补短板、堵漏洞、强弱项”的工作要求，不断推动住建行业重点攻坚与整体提升相结合，先后印发《大连市住建行业安全生产专项整治三年行动巩固提升实施方案》和《大连市住建行业安全生产三年行动2022年度深化整治重点任务清单》，推动安全生产三年行动不断巩固提升。出台《大连市房屋市政工程安全生产“场景式”分级分类监管标准》《大连市房屋市政工程安全生产约谈制度》等共计12项管理制度文件，推进建筑施工安全监管责任链条不断完备，进一步建立健全管理科学规范的制度体系。采用现场观摩、线下集中培训、线上视频教学等多种方式开展培训教育，指导各地区住建部门和各参建企业认真学习贯彻相关法律法规和标准规范，提高业务能力。定期组织召开建筑施工安全生产调度会议，逐级组织传达学习安全生产指示精神；结合季节天气、工程进度等因素，对下一阶段施工过程中的安全风险进行分析研判，提前做好重点防范。结合属地或工程实际，进一步制定切合实际的防范措施，确保严防严控。在日常监督检查的基础上，先后针对开复工、汛期、国庆、党的“二十大”等重要时期，对深基坑、建筑起重机械、有限空间等重点部位，消防安全、高处作业、安全培训等重要环节，分别开展多次全市性安全隐患排查整治工作，压实参建企业主体责任，切实消除隐患，全力保障施工现场安全稳定。全年市区两级累计检查在建房屋市政工程1419项次，发现隐患问题1180处，均整改完成。

建筑市场

【概况】2022年末，大连市有建筑业企业5774家，其中特级企业5家、一级企业492家、二级企业2372家、三级及其以下企业2904家。资质以上建筑业总产值821.2亿元，比上年下降14.2%。2022年，大连市住房和城乡建设局下发《关于开展建筑业企业资质动态核查工作的通知》，对符合要求的企业开展资质动态核查。年内，大连理工大学大学生创新实践能力训练基地项目二期工程等10个工程项目被列为辽宁省建筑业新技术应用示范目标工程。大连金广建设集团有限公司完成的高层建筑消防连廊桁架及悬挑组合模板支撑平台施工工法等67项工法被确定为辽宁省工程建设工法。中国建筑第四工程局有限公司承建的中天云璟B-2号、B-6-2号建筑等4项工程获评中建协安全交流活动3A级文明工地，大连实达建工集团有限公司施工的“金鹏·泰和国宝住宅小区”等28项工程获评省安全标准化示范工地。中交第一航务工程局有限公司承建的“大连湾海底隧道建设工程”等18个项目通过2022年辽宁省建筑业绿色施工示范工程过程验收。全市获评大连市优质工程“星海杯”单位工程42项，获评辽宁省优质工程“世纪杯”单体工程28项，获评省优质结构单体工程89项。

【工程建设项目审批制度改革】2022年，大连市不断深化工程建设审批制度改革，陆续出台了《大连市持续深化工程建设项目审批制度改革优化营商环境实施方案》的通知等一系列文件，始终坚持问题导向、目标导向，持续围绕项目全生命周期深化改革举措，优化审批流程。开展社会投资低风险产业项目“六个一”改革，扩大改革政策覆盖面；进一步细化房屋建筑和市政基础设施工程建设项目分类，根据不同类别项目分别制定“主题式”审批流程图，公开全流程审批环节和用时，让企业明明白白办事；全省率先出台《大连市优化工程建设项目水电气热网视一站式服务工作方案》，通过“一张蓝图、一网办理、一次踏勘、一次接入”创新工作举措，取消报装环节、实行一次接入，实施水电气热网视信息共享，联动服务；推进“多测合一”，出台《关于大连市工程建设项目多测合一实施意见的通知》，按照“一次委托，成果共享”的原则，在各审批环节推行“多测合一”，成果在各部门间共享；在实行施工图审查政府购买服务政策将基础上，出台《关于大连市城市基础设施配套费征收管理的补充通知》，《关于印发〈社会投资低风险工程建设项目岩土工程勘察推行政府购买服务的实施意见〉的通知》，进一步降低市场主体报建成本；以市场主体满意度为目标，以招标方式聘请专业评估机构，对大连市工程建设审批制度改革工作开展第三方评估；通过省级、市级新闻媒体、公众号积极宣传改革新政，针对大工改办〔2022〕1号文件组织编制“一图读通”在“大连发布”等市级新闻媒体进行宣传，在审批窗口设立宣传展示区，印制了系列宣传手册以及制作工改政策宣传视频，加大宣传力度，让企业和群众充分了解改革实惠；大力推广“帮办代办”服务，印发《大连市建设工程项目帮代办服务实施方案》《关于印发大连市工程建设项目审批帮办代办工作细则（试行）的通知》。

【建设市场管理】2022年，大连市住房和城乡建设局开展整治建筑工程施工发包与承包违法行为专项行动，遏制大连市建筑工程施工发包与承包违法行为，取得预期成效。会同市应急管理局联合印发《严厉打击房屋市政工程违法发包、转包、违法分包及挂靠专项行动方案》。对全市范围内的燃气、轨道交通和老旧小区项目，开展建设工程发承包违法行为督查检查。市区两级执法部门对涉嫌违法问题立案14个，其中未批先建6个、违法发包2个、转包1个、违法分包2个、无资质承揽项目3个。

【建设工程招投标管理】2022年，大连市建筑工程领域完成建设工程招标项目1393个，招标总额186亿元。全市完成电子化招投标标段1376个，网上招标项目备案1385项，发布招标公告1253条，招标文件备案1393项，发布中标候选人公示1388条，中标结果公示1383项，招标人发出中标通知书1384项。为进一步规范招投标监管行为，加强招投标代理市场行为监管，打击招投标领域违法行为，3月14日，印发《2022年建设工程招投标领域专项整治工作方案》，在全市范围内开展专项整治。按照省住房和城乡建设厅统一部署，8月9日印发《大连市房屋建筑和市政工程招标投标违法违规行为专项整治行动方案》，开展“百日攻坚”专项行动。全年全市范围内共查处串通投标项目88个标段，处罚总金额981.92万元；2个串通投标且中标的标段移送公安局；1个标段情节轻微，免于处罚。至年末，大连市建设工程招标代理机构有250家，比上年增加21家，增长9.2%。为提升招标代理业务水平，5月31日、11月16日，组织2次招标代理机构从业人员业务培训，共培训1665人次；为规范代理机构市场行为，开展“双随机一公开”检查工作，随机抽取45家代理机构进行检查，发现从业行为不规范，对有关规定落实不到位等问题，涉及招标项目20项，针对现场检查情况发布专项检查通报并要求涉事单位限期整改；年末开展招标代理机构市场行为评价，分批次审理代理机构申报外行业业绩共612条，公开发布代理机构市场行为评价结果，并发布对招标人选择代理机构的建议函。

建筑节能与科技

【建筑节能】2022年，大连市继续实施居住建筑节能改造工程（暖房子工程），包括既有居住建筑保温系统改造和小区环境整治，总投资30亿元。全年完成改造面积717.79万平方米，其中中山区76.65万平方米、西岗区75.51万平方米、沙河口区81.83万平方米、甘井子区79.48万平方米、旅顺口区46.91万平方米、金普新区204.62万平方米、普兰店区43.8万平方米、瓦房店市66.49万平方米、庄河市12万平方米、长海县30.5万平方米；改造建筑2367栋，惠及居民10万户。印发《大连市2022年装配式建筑建设工作要求》和《大连市2022年度装配式建筑工作绩效考评办法》，确定全市2022年装配式建筑占比为50%。分上、下半年开展2次装配式建筑在建项目专项检查，落实各区市县、先导区装配式建筑考核要求，促进装配式建筑高质量发展。新开工装配式建筑面积154万平方米，竣工装配式建筑面积32万平方米。装配式建筑占比50%以上。

【绿色建筑发展】2022年，大连市住房和城乡建设局组织编制《大连市绿色建筑发展“十四五”专项规划》。印发《大连市2022年度绿色建筑工作要点》和《大连市2022年度绿色建筑工作绩效考评办法》，确定全市2022年绿色建筑发展任务指标。分上、下半年开展2次绿色建筑绩效考核专项检查，落实各区市县、先导区绿色建筑考核要求，提升绿色建筑工作水平。全年新增绿色建筑面积519万平方米，占新开工建筑面积100%。组织开展绿色建筑竣工验收抽查，进一步强化绿色建筑的全过程监管，确保绿色建筑指标落地落实，全年共抽检竣工验收项目12个，建筑面积71.93万平方米。与市自然资源局联合印发《大连市 2022 年超低能耗近零能耗建筑工作要点》。推进示范项目建设，大连市传染病医院近零能耗建筑项目和大连市建筑科学研究设计院既有建筑近零能耗改造项目主要工程基本完工，实现大连市近零能耗新建和既有改造项目的双突破。其中大连市传染病医院扩建项目综合服务楼是辽宁省及大连市首座按照中国近零能耗建筑技术标准、德国被动房研究所（PHI）认证标准以及绿色建筑评价标准建设的绿色低碳建筑，获得由中国建筑节能协会颁发的“近零能耗公共建筑”认证标识，这也是辽宁省及大连市首座获得近零能耗建筑认证标识的项目。

大事记

1 月

4 日　市住建局印发《关于住宅工程质量常见问题防治的若干规定》，进一步提高住宅工程质量。

15 日　市住建局会同市场监管局出台了《既有住宅加装电梯工程技术规程》，明确了既有住宅加装电梯工程的设计要点、施工及验收、使用维护等具体要求。

19 日　副市长李海洋召开停车场建设管理相关举措等工作会议。

24 日　市政府办公室印发《关于公布 2021 年大连市特色乡镇的通知》（大政办发〔2022〕2 号），确定瓦房店市三台满族乡和长海县广鹿岛镇为 2021 年大连市特色乡镇。

26 日　住房和城乡建设部办公厅中央文明办秘书局公布“加强物业管理共建美好家园”典型案例名单，甘井子区大华锦绣华城博雅园小区、沿海鉴筑小区入选。

27 日　万科魅力之城、龙湖水晶郦湾、明秀山庄、中华城青年汇、华润海中国三期、红星海世界观荣获辽宁省首批物业服务企业线上线下生活服务标杆称号。

2 月

11 日　市长陈绍旺调研全市新机场建设工作。

11 日　省住建厅印发《关于全省 2021 年老旧小区改造工作情况的通报》（辽住建保〔2022〕1 号），大连市金普新区安居小区、沙河口区兴社小区、中山区洪顺小区共 3 个老旧小区改造项目被评为省示范项目。

21 日　市长陈绍旺召开市长办公会议，研究推进全市工程建设项目审批制度改革工作。

3 月

1 日　市住建局召开全市住房城乡建设系统工作会议，总结 2021 年住房城乡建设工作情况，部署 2022 年工作任务。

10 日　市住建局召开 2022 年度党的建设暨全面从严治党、优化营商环境建设工作会议。

17 日　副市长李海洋专题会议听取城市更新工作进展及城市更新专项规划编制情况。

31 日　印发《大连市持续深化工程建设项目审批制度改革优化营商环境实施方案》，进一步聚焦市场主体关切的堵点痛点问题，持续深化工程建设项目审批制度改革。

4 月

4 日　省政府办公厅对 2021 年度落实有关重大政策真抓实干成效明显地区予以表扬激励，全市农村危房改造方面全省第一，获得奖励资金 600 万元。

13 日　财政部、住房城乡建设部下达 2022 年中央财政城镇保障性安居工程补助资金，争取到中央财政城镇保障性安居工程补助资金 28682 万元，全省最多。

21 日　副市长李海洋组织召开全市严厉打击房屋和市政工程“三包一靠”专项行动暨深入推进城镇燃气安全排查整治电视电话会议。

26 日　副市长李海洋召开会议研究全市房地产平稳健康发展相关政策措施。

5 月

2 日　市长陈绍旺到金普新区督导检查经营性自建房安全情况。

7 日　副市长方铁林调度全市健康驿站建设及闲置楼宇盘活工作。

9 日　市长陈绍旺召开市长办公会，研究处置停缓建项目和盘活闲置楼宇工作。

11 日　市长陈绍旺召开电视电话会议，调度城乡自建房和两违建筑集中排查整治工作。

14 日　市长陈绍旺召开市长办公会，研究大连市房地产市场调控政策。

19 日　市长陈绍旺召开市长办公会，研究停缓建项目处置工作。

20 日　市委书记胡玉亭、市长陈绍旺召开大连市自建房安全专项排查整治暨拆违控危治乱“百日攻坚行动”工作领导小组会议，市政府办公室印发《大连市自建房安全专项排查整治暨拆违控危治乱“百日攻坚行动”实施方案》（大政办明电〔2022〕2 号）。

20 日　大连市保持房地产市场平稳健康发展工作领导小组办公室印发《关于促进我市房地产业健康发展和良性循环的通知》（大房稳办〔2022〕1 号），调整完善了全市限购限售等限制性调控政策。

21 日　市长陈绍旺召开市长办公会，听取全市既有住宅加装电梯工作情况汇报。

31 日　发布地方标准《既有建筑改造消防设计审查技术规程》，为既有建筑改造消防设计审查提供重要依据。

31 日　市长陈绍旺召开市长办公会，听取全市停缓建项目处置工作进展情况汇报。

6 月

7 日　副市长李海洋召开会议研究全市主城区污水处理建设规划相关工作。

7 日　副市长方铁林、副市长李海洋专题调度全市供热储煤工作。

9 日　副省长王明玉到长海县调研老旧小区改造工作。

10 日　省政协副主席、党组副书记戴玉林来连开展“燃气管网智能化建设”调研。

20 日　市委书记胡玉亭听取全市停缓建项目和闲置楼宇摸底排查及处置工作情况汇报。

7 月

12 日　市住建局召开全市住建领域安全生产工作会议。

13 日　国家安委会办公室印发《全国安全生产简报》(第 42 期)，介绍大连深化城镇燃气安全治理经验做法。

15 日　市住建局召开 2022 年半年总结工作会议并部署下半年工作。

21 日　市住建局印发《大连市新建住宅工程“业主房屋质量预看房”试点工作方案（试行）》(大住建规发〔2023〕4 号)，进一步提升住宅工程品质。

29 日　发布地方标准《建筑消防评定技术规程》，加强全市既有建筑消防评定工作管理和技术指导。

29 日《大连市城市更新专项规划》通过审议正式印发，以存量“创新”与存量“焕新”为主线，提出“发展创新城市焕新”的城市更新总体目标，活力创新、幸福宜居、人文海湾、绿色生态及韧性智慧五大愿景。

8 月

11 日　市长陈绍旺召开市长办公会，听取城市基础设施领域重大项目谋划及推进情况。

13 日　副市长郭云峰听取全市住建领域工作汇报。

15 日　市长陈绍旺召开市长办公会，听取全市停缓建项目处置情况汇报。

9 月

21 日　市住建局召开“以案促改”工作动员会。

24 日　省长李乐成到长海县调研供暖准备工作和老旧小区改造工作。

24 日　副市长郭云峰拉练检查住建领域安全生产工作，分别到大连华润燃气公司、恒隆广场商业用户、五一广场绿城项目现场检查安全生产工作。

10 月

8 日　副省长王明玉调研全市供暖准备工作和自建房排查整治情况。

12 日　大连市入选国家政府采购支持绿色建材促进建筑品质提升政策实施范围城市名单。

13 日　市基层治理工作领导小组办公室召开全市加强物业管理工作会议。

17 日　市长陈绍旺现场调研全市供热准备工作。

18 日　副市长郭云峰召开全市城市供热工作电视电话会议。

18 日　副市长郭云峰现场调研城市供热准备工作。

23 日　副市长郭云峰现场拉练检查市容环境。

25 日　副市长郭云峰召开市长办公会，研究“十四五”期间污水处理设施及配套管网、市政道路建设规划事宜。

27 日　副市长郭云峰调度全市停缓建项目处置工作进展。

28 日　市住建局印发《关于加强农村低层住房建设管理工作的通知》(大住建发〔2022〕138 号)，切实提高我市农村低层住房质量安全水平。

31 日　市长陈绍旺召开市长办公会，研究在连相关项目“保交楼”问题。

11 月

1 日　副市长郭云峰调度全市停缓建项目处置工作进展。

1 日　市委书记胡玉亭研究全市城市更新工作，听取市住建局汇报老旧小区改造情况。

2 日　副市长郭云峰现场拉练检查市容环境。

2 日　副市长郭云峰召开供热工作调度会，听取各地区储煤情况、冷热态试运行、远传测温表安装及降低投诉工作举措。

4 日　省住建厅华天舒副厅长到全市调研老旧小区改造及历史文化街区保护工作。

5 日　大连市瓦房店核能供热示范项目正式供热，成为东北地区首个核能供热地区。

11 日　市政府办公室印发《大连市城镇燃气突发事件应急预案》(大政办〔2022〕18 号)，对原有预案进行修订。

15 日　副市长郭云峰召开供热工作电视电话会议，市住建局通报开栓以来全市供热运行情况，并部署下步工作。

18 日　副市长郭云峰召开城市更新工作推进会议。

24 日　市住建局书记曲晓新对全局集中开展党的二十大会议精神宣讲。

29 日　市住建局在解决企业急难愁盼问题方面被市营商环境建设工作领导小组办公室通报表扬。

29 日　市长陈绍旺召开市长办公会，市住建局汇报市级重点项目竣工验收手续办理情况及服务保障情况。

12 月

22 日　市长陈绍旺召开氢能产业发展工作领导小组办公会，市住建局汇报加氢站布局建设情况。

26 日　市长陈绍旺召开全市市供热工作电视电话会议。

31 日　副市长郭云峰到现场开展住建领域安全生产检查工作。

31 日　市住建局书记曲晓新带队检查节日期间燃气和消防安全落实情况。

（大连市住房和城乡建设局）

青岛市

法规建设

【加强合法性审查力度】 2022 年，山东省青岛市完成《青岛市停车场条例》《青岛市历史建筑和传统风貌建筑保护利用条例》《青岛市城镇老旧街区改造管理办法》立法任务；完成 8 件规范性文件、4 项重大行政决策的审查工作；完成主要负责人履行法治建设第一责任人职责督察问题整改、全国法治政府示范市创建以及全年法治考核。推进多元化解纠纷，提高普法宣传实效。

【打造严谨执法流程】 制定青岛市住房和城乡建设局行政执法流程 3.0 版本，修订执法“三项制度”、流程图和 28 种标准文书，完善 462 项处罚裁量基准，明确执法档案管理规定；推进“互联网＋监管”执法进程。更新“双随机、一公开”系统抽查事项清单，实现打标率 100%；组织发起 62 个省级、527 个市级抽查任务，对 6376 个管理对象实现 100% 信用分类结果应用；开展部门联合抽查，严格规范办理行政处罚案件。

房地产业

【概况】 坚持“房子是用来住的，不是用来炒的”定位，6 月 3 日、9 月 15 日两次出台缩小住房限购区域、优化非本市户籍居民家庭购房条件、支持合理改善性住房需求等政策措施，更好满足购房者合理住房需求。青岛市新建商品房网签面积 1757 万平方米，同比增长 2%。全市房地产业实现增加值 857.71 亿元，占全市国内生产总值（GDP）的 5.75%；房地产税收 350 亿元，占全市税收比重的 16.5%。新建商品住宅销售价格指数环比累计上涨 0.8%，二手住宅销售价格指数环比累计下降 3.5%，圆满完成稳房价目标任务。

【房地产市场】 2022 年，全市房地产开发用地供应面积 1141.31 公顷，同比减少 17%；全市房地产开发完成投资 1789.1 亿元，同比减少 9.7%；各类房屋新开工面积 1499.3 万平方米，同比减少 31.2；新建商品房批准预售 1140.87 万平方米，同比减少 31.83%。全市新建商品房销售 15.4 万套，同比增长 2.78%；均价 13345 元 / 平方米，同比下降 1.99%。全市二手房销售 5.54 万套，同比减少 18.3%；均价 11782 元 / 平方米，同比下降 3.06%。四是住房库存去化周期合理，截至 2022 年 12 月末，青岛市新建商品住房库存 14.16 万套，同比减少 26.63%；面积 1680.3 万平方米，同比减少 25.57%，去化周期为 14.3 个月，处于 12～18 个月的去化合理区间。

【重要举措】 结合省、市两级的“双随机、一公开”联合检查工作，优化完善监测管控约束机制，加大风险防范和处置力度，持续整治房地产市场秩序，切实维护人民群众合法权益。制定《青岛市新建商品房交易合同网签备案办法》，解决了商品房销售信息网上公示、商品房交易合同备案电子签章、预售资金入账监管与买卖合同网签备案结合强化监管等问题。会同市行政审批局解决合同网签备案中开发企业电子章印模的来源问题，有序推进网签系统和监管系统相应功能的升级改造。起草了《关于进一步规范青岛市商品房预售资金监管工作的通知》，进一步规范、统一新建商品房预售资金监管工作。推行“带押过户”交易新模式。会同中国人民银行青岛市中心支行、青岛银保监局、青岛市司法局、青岛市自然资源和规划局、青岛市住房公积金管理中心印发《关于推行存量房“带押过户”模式的通知》，在全市范围内推广存量房“公证提存＋带押过户”方式。

住房保障

【概况】2022 年，青岛市坚持公租房实物保障和货币补贴相结合，对城镇户籍中低收入住房困难家庭应保尽保，开工建设公租房房源 1005 套，配租 1528 套，发放住房租赁补贴 1.4 万户、1.04 亿元。优化调整人才住房建设筹集方式，建设和筹集保障性租赁住房 4.58 万套（间），配租配售人才住房 2000 余套。发放中央财政支持住房租赁市场发展试点奖补资金 9.05 亿元，支持通过存量非居住房屋改建、金融机构专项融资收转商品房方式，有效增加保障性租赁住房供给，努力解决新市民、青年人及引进人才等群体住房困难问题，让更多群众住有所居、圆梦安居。

【保障性租赁住房】印发实施《青岛市人民政府办公厅关于加快发展保障性租赁住房的实施意见》《保障性租赁住房免收城市基础设施配套费实施细则》《青岛市集中式保障性租赁住房建设和室内装修配套导则》《关于支持存量非居住房屋改建保障性租赁住房的通知》等配套文件和支持政策，充分调动金融机构、开发企业等各方主体积极性，利用财政资金和优惠贷款，拓宽保租房筹集渠道，蹚出一条拓宽保租房筹集渠道的新路径。

【住房租赁市场发展试点建设】紧紧把握中央财政支持住房租赁市场发展试点机遇，立足于制度建设、房源筹集、资金拨付、平台建设等方面，努力探索可推广可复制的长效机制。通过集中建设、企业自建、商办厂房改建、收购转化等多种方式，进一步拓宽租赁住房筹集渠道，建筹新建改建租赁住房 2.3 万套（间），发放住房租赁试点奖补资金 9 亿余元。开发建设全市租赁住房全生命周期管理服务信息平台，打破各职能部门间的“业务壁垒”和“信息孤岛”。

【人才住房】优化调整人才住房建设筹集方式，市级层面暂停执行统一的实物配建政策，取消 2 万套产权型人才住房建设筹集计划，提高房企拿地积极性，助力经济向好发展。坚持租购并举，通过保租房和产权型人才住房，让新市民、青年人“租得起、住得好”。在全国首次推出产权型人才住房公证“云选房”，进一步提高选房效率，真正实现“云受理，零跑腿”。

公积金管理

【深化业务发展】积极推动灵活就业人员建制缴存住房公积金，被住房和城乡建设部批准为全国第二批灵活就业人员参加住房公积金制度试点城市。联动青岛市委组织部在山东省内首创为专业化村书记缴纳住房公积金，为农村党组织书记队伍建设提供保障。规范工资构成，合理调整缴存基数标准，提高职工缴存金额。运用社保共享数据完善企业信息台账，以非公企业为重点开展精准扩面行动，推进应缴尽缴。坚持依法行政履责，督促不缴欠缴单位履行缴存义务，全年共追缴公积金 1200 多万元。2022 年，全市新增缴存单位 1.52 万个、新增缴存职工 22.53 万人，收缴公积金 332.51 亿元，同比增长 17.57%，全市 204.34 万实缴职工共享公积金权益。全市累计收缴住房公积金 2729.95 亿元，发放贷款 1274.15 亿元，实现增值收益 124.55 亿元、保障性住房建设补充资金 102.84 亿元。在支持“租购并举”上持续发力。2022 年，向 2.88 万户职工家庭发放公积金贷款 120.79 亿元，为职工提取 221.29 亿元，支持群众实现住有宜居、提高生活品质。建立联网核查、人工协查、专项稽查为一体的监控体系，及时排查业务风险隐患，通过标注不良记录、列入诚信“黑名单”等手段，从严整治骗提套取等违规行为，保障资金安全和职工权益。利用多维度数据，综合研判业务形势，科学调配使用资金，以考核推动银行存款利率最大化，不断提高增值收益。全年为职工结计利息 11.33 亿元，同比增长 11.19%。2022 年，实现增值收益 14.77 亿元、保障性住房建设补充资金 13.64 亿元，同比分别增长 11.3% 和 11.53%。

【增强服务效能】全年为企业减负 3300 多万元，最大限度、最快速度缓解企业经营压力。运用大数据思维，持续深挖缴存信息价值，联合 5 家银行累计向 7800 多家小微企业发放信用贷款 23.18 亿元，助力稳住市场主体；携手 21 家银行累计为 26.52 万名缴存职工提供信用消费贷款 343.05 亿元，助推消费市场复苏回暖。全面推行贷款“不见面”审批，支持职工全平台网上提交申贷材料，合同面签时间缩短 50% 以上。接入全国公积金共享平台和山东省主题库，新增 25 项联网核查信息；建设“保障性住房一件事”，开设微信端“网上帮办”专区，实现高频提取业务“掌上办”；联合交通银行、建设银行推出公积金联名卡线上签约业务，丰富“零跑腿”服务功能。推广涵盖 24 家银行的“云缴费”业务，方便企业缴存公积金；实现 39 项业务可用电子证照办理，助力建设“无证明城市”；将一批员工众多的大型企业纳入公积金政企服务平台，构建人事数据直联、业务一键操作的便捷服务模式，大幅节省企业人工成本。联合青岛农商银行在省内首推“小微云＋公积金＋金融”模式，将20项公积金服务逐步覆盖到2100多个银行驻村服务点，为全市97%自然村的缴存职工带来便捷服务。深化胶东五市住房公积金政策协同和信息共享，统一为退役军人提供缴存支持政策，推动胶东五市在10项业务中实现电子证照的互通互认，一体化推进以来，共办理异地转移4万多笔、发放异地贷款10多亿元。将“跨省通办”服务扩容至13项，建设系统专区提高通办流转效率，全年通过专窗共为群众办理跨省业务2400多笔，高效解决异地办事折返跑难题。

城市更新和城市建设

【概况】2022年，青岛市全力以赴实施552个项目，已完工430个，完成投资477.6亿元，占原计划145%，重点项目、关键任务实现高质量、超进度推进，在纵深推进城市更新和城市建设三年攻坚行动中彰显住建作为。

【老旧小区改造】2022年，青岛市改造老旧小区318个、惠及居民9.2万户，所有小区均当年完成改造，计划投资39.6亿元，实际完成投资40.64亿元，占原计划的103%。“改不改、如何改、如何管”居民说了算的原则，充分发挥街道、社区党组织沟通纽带作用，积极搭建交流议事平台，广泛征求居民意见，精准了解居民需求，把项目改到居民“心坎上”。进一步细化改造内容标准，适度增加完善类、提升类改造内容，狠抓加装电梯、优化小区空间利用、搭建智慧化管理平台等工作落实，切实提升居民获得感、满意度。

【城中村改造】计划启动改造城中村29个、推进58个续建项目安置房建设，共惠及居民5.2万户，计划年度完成投资124亿元。实际启动城中村35个，占原计划的120.7%，签约率96%；58个续建项目有力推进，共完成投资234.6亿元，占原计划的189%。2022年已完工25个项目，建设安置房1.2万余套，有13个项目、8600余户居民顺利回迁。严格执行商品房标准推进安置房建设，确保安置房工程质量、配套设施、景观绿化与商品房同档次。

【市政道路建设】盯紧用地保障、征迁推进、资金筹集、技术创新等四个关键要素，推进攻坚项目落地落实。全年计划实施项目83个，完工项目60个，实现通车市政道路项目50个，实施快速路、城市主干道总里程60余公里。按照“能快则快”和“能通则通”的原则，瞄准城市路网的堵点、卡点和痛点，在年初确定打通30条未贯通道路的基础上，全年累计打通了李沧区秀山路、崂山区梅岭西路等42条未贯通道路，市民出行的堵点、难点逐一化解。

【市政道路整治】组织开展创城市政道路管护攻坚行动，全年累计完成274条市政道路整治提升任务，整治道路面积约213万平方米，消除道路设施病害，持续优化市民出行环境。专项整治无障碍设施突出问题，累计整修盲道约7.9万米，改造无障碍坡道3400余处，完善道路设施功能，进一步提升市民出行品质。

【市政公用设施建设】对一热泰能等7处热源实施“煤改气”，建成21台燃气锅炉，超额完成年度计划，关停19台燃煤锅炉，拆除2根烟囱。全年减少燃煤消耗60余万吨，推进胶州湾海底天然气管线工程，当年实现主线通气。完成投资约42亿元。城燃企业5%储气能力累计完成储气能力8672.4万立方米。新增工业余热和新能源供热能力419.48万平方米。新增集中供热面积639.38万平方米。新增城区公厕542座，其中新建64座，改造27座，社会开放451座，提前完成省下达的任务指标。新建天然气管网211.28公里。推进胶州市循环经济产业园一期建设。全市生活垃圾焚烧能力达到8700吨/日。在学校、医院、景区、园区、商圈等区域开工建设立体人行过街设施13处，完成投资1.07亿元，提前、超额完成目标任务，建设数量位居全省第一。新建海绵城市面积22平方千米，累计完成海绵城市面积274平方千米，城市建成区33.4%面积达到海绵城市建设要求。截至2022年底，累计建成干线、支线、缆线管廊173余千米，入廊管线总长度近2000千米。新建和改造路灯9370盏，处理单灯故障、设施更换、整体维修等问题5万多处，确保亮灯率主次干道达到98.5%以上，背街小巷达到96%以上。其中，建成多功能灯杆1233基，截至2022年底，全市共有各类多功能灯杆3328基。发布《关于印发城市公共停车场建设经验做法的通知》，将青岛市“充分利用各类空间破解停车设施建设用地难”的经验在全省进行推广。建成公共停车场71个，新增泊位约2.2万个，新增泊位数居全省第一。完成300个机关事业单位共享停车场智慧化改造，实现机关事业单位共享停车场一网管理，共享智能化、便捷化水平大幅提升；完成244个酒店、商场、写字楼等经营性停车场开放共享，采用全天开放、错时开放、分类包时等方式，灵活释放停车资源，实现多元化共享；坚持“政府引导、个人自愿、潮汐开放、有偿共享”的小区共享停车模式，完成28个住宅小区停车设施开放共享，持续缓解群众停车难题。

《青岛市历史建筑和传统风貌建筑保护利用条例》经市人大常委会审议和省人大常委会批准，2023年1月1日起施行。推进30个保护更新项目，实现26个项目竣工的年度目标，完成保护修缮约20万平方米，历史城区活力显著增强。

村镇建设

【自建房安全整治】按照"全面排查、专家鉴定、分类整改、专人巡查、一户一码、动态监管"的工作思路，年内青岛市共排查自建房330.02万栋，其中经营性自建房11.94万栋，其他自建房318.08万栋，经鉴定为C、D级的667栋隐患房屋均采取工程措施或管控措施，牢牢守住安全底线。出台《关于建立房屋安全五级网格化动态监管制度的通知》《关于建立隐患自建房分类整治制度的通知》《关于建立隐患自建房重点整治对象管控制度的通知》等自建房安全长效管理制度。

【农村清洁取暖改造】以成功申报北方地区冬季清洁取暖项目为契机，印发《青岛市冬季清洁取暖项目实施方案（2022—2024年）》；编印《青岛市既有农房能效提升技术导则》《青岛市清洁取暖电代煤工程技术导则》《青岛市清洁取暖气代煤工程技术导则》，着力构建绿色、节约、高效、协调、适用、安全的清洁取暖体系；积极完善奖补政策，通过提高奖补标准、增强运行补贴，降低农户改造和使用成本，让群众改得起、用得起；积极加强安全管理，严格落实清洁取暖项目验收管理办法、市区两级检查督促制度、"双安全员"走访排查制度，及时解决建设和管理中存在的困难和问题，确保百姓安全温暖过冬。全年新增农村清洁取暖改造13.14万户。

【美丽村居试点建设】组织区（市）对试点村庄高标准、高质量开展村庄设计方案编制工作，引导塑造富有地域特色的村庄风貌；制定《青岛市乡村风貌规划指引》，划分"五大风貌分区"，提升村居风貌管控质量，注重融入特色文化元素，打造特色乡村风貌；开展市级试点建设，启动第二批美丽村居试点建设申报工作，确定试点村庄10个，组织区（市）按照项目清单推进试点建设；做好第一批美丽村居市级试点建设项目验收、核查工作，圆满完成第一批10个美丽村居试点建设。

【小城镇建设】推动落实《山东省小城镇镇区提升建设指引（试行）》，为小城镇镇区的整体格局、建筑风貌、景观绿化、基础设施和公共设施提升建设提供指导性意见。开展小城镇高质量发展课题研究，起草了小城镇高质量发展调研报告，因地制宜提出不同类型小城镇发展的主导策略和小城镇就地就近城镇化的路径建议。调研报告得到市政府分管领导批示。

【农村房屋品质提升】研究绿色农房试点，探索农房建设新模式；按照"坚固、实用、绿色、美观"的要求，进一步深化并形成《青岛市农村住宅推荐设计通用图集》，不断优化青岛市农村地区建筑布局，节约村民建房费用；联合财政、扶贫、民政、残联等相关部门，制定印发《2022年青岛市农村低收入群体等重点对象住房安全保障工作实施方案》，提前完成750户年度改造任务；持续开展农村房屋安全隐患排查整治工作，实现农村房屋重大安全隐患清零。

工程质量安全监管

【质量监管】印发《关于进一步落实建设单位工程质量首要责任的通知》，全面提升建筑工程质量水平。全面提升"先验房后收房"青岛模式，全市累计240余个住宅项目实施了先验房后收房活动，惠及11.9万余户，相关经验受到省住房和城乡建设厅和《中国建设报》《住房和城乡建设部信息专报》刊发推广。探索总结出"全过程质量管控，全流程验收监督"质量监管经验被住房和城乡建设部《建设工作简报》全文刊发，"住房和城乡建设这十年"专题报道，获全国推广，承办全国市政工程城市道路与交通工程品质提升技术交流会现场观摩会，在全国市政工程施工质量管理与工程品质提升经验交流会作典型发言。建成青岛市预拌混凝土质量追踪及智能监管系统，实现对全市254个预拌混凝土生产站点的实时动态监管。研发建成青岛市建设工程材料信息管理平台，实现不合格批次重要建材产品全市建筑工程质量追溯。

【精品工程创建】组织青岛理工大学嘉陵江路校区图书馆等多个精品工程的网上观摩，培育报送8项优质工程在省住房和城乡建设厅网上观摩、39项质量样板工程在局官网进行实景"云"展示。房建工程领域，56项工程获得山东省工程建设泰山杯奖，60项工程成功入选山东省工程质量管理标准化示范工程名单，青岛新机场航站楼及综合交通中心工程荣获"鲁班奖"，青岛港（安置楼）、歌尔科技产业一期等5项房建工程荣获"国家优质工程奖"，获得国家级质量奖项数量稳居全省首位。市政公用工程领域，共获得2项"国家优质工程"、10座"泰山杯"、13项"省级工程质量管理标准化示范工程"，获奖数量及质量实现双提升，稳居全省前列。

【安全生产】2022年，青岛市建筑施工领域安全生产形势持续稳定。高度重视安全生产工作，提报局党组会、局长办公会学习研讨安全生产工作 9 次 14 个议题，组织召开局安全生产委员会、市城乡建设专业委员会会议 8 次；制发局领导班子成员安全生产重点工作清单和局安全生产委员会职责分工，健全安全生产突发事件处置和防汛防台风运行机制；城市建设安全专项整治三年行动圆满收官，三大专项整治深入推进，安全隐患整改清零；标准化工地创建、驻点监督等工作成效显著，助力企业安全管理水平总体提升；完善防汛防台风应急管理体系，加强应急预案修编、演练，组织极端天气“移植”情况下桌面推演，编制住建领域应急救援队伍手册，应急处置能力不断强化；建立建筑工地疫情防控专班机制，守牢工地防疫底线。严格开展安全生产日常监督检查和专项检查，打好安全生产专项整治三年行动收官战，维持安全生产严管重罚的高压态势。启动分类分级监管，完成市内三区 304 家企业安全生产诊断分级和全员安全生产责任制建立，62 家企业安全生产许可证动态考核，印发企业安全总监和全员安全生产责任制考核方案。印发《青岛市房屋建筑施工危险性较大分部分项工程安全管理实施细则》等，进一步强化现场危大工程管控和隐患排查治理。全面推广使用深基坑管理系统，累计实现全市 288 个深基坑“全过程”信息化管理和 2418 台塔机“全生命周期”管控。印发《青岛市房屋建筑工程文明施工标准化实施指南》《青岛市房屋建筑工程文明施工图册》，全市在建房屋建筑工程项目获评全国建设工程项目施工工地安全生产标准化学习交流项目 9 个，获评省建筑施工安全文明标准化工地 43 个。

【扬尘治理】制定扬尘治理标准化工地考核评分细则，建立健全扬尘治理标准化管理和评价体系。推进绿色智慧工地建设，深化新技术、新工艺和新材料应用，提高智慧化、精细化管理水平。接续组织开展全市“建设工地冬季扬尘治理专项提升集中行动”、住建领域“美丽青岛行动”“房屋和市政领域建设工地扬尘整治专项行动”等整治，确保建设施工扬尘治理工作取得实际成效。

【消防验收】创新推出《优化城市更新中建设工程消防验收八项措施》《关于城市更新中建设工程消防验收备案推行告知承诺优化营商环境的通知》，在地级市层面全省率先、全国领先推出“小微”工程告知承诺制，同时推出分期分段验收等措施，高效助力城市更新和城市建设三年行动，获《中国建设报》等多家媒体宣传推广；印发《关于开展建设工程消防验收现场前置服务优化营商环境的通知》，组织开展现场技术服务 60 余次，开展全市首届建设工程消防查验技能竞赛、全市建设工程消防审验培训、集中技术交底、常见问题提醒、“消防验收微座谈”等活动 30 余次，培训企业 300 余家，发放《青岛市消防验收、备案抽查明白纸》《消防验收和备案抽查常见问题解答》等 5000 余份；办结消防验收备案项目 3748 个，其中验收项目 1159 个，备案项目 2589 个，备案抽查项目 885 个。

建筑市场

【概况】2022 年，青岛市完成建筑业产值 3580.2 亿元，同比增长 8.6%。实现税收（此数据还原留抵退税）123.1 亿元，同比增长 12.4%，占全市税收总额的 5.8%。实现增加值 1250.6 亿元，同比增长 3.0%，占全市 GDP8.4%。

【改革发展】落实促进建筑业高质量发展十六条措施，会同财政部门落实建筑企业奖补资金 5440 万元，持续缓解企业资金压力。多措并举促生产、促纳统，加强区市主管部门、重点企业走访和调度，与统计、发改、电力等部门建立协同机制，形成共同推动建筑业经济增长的合力，新增建筑业纳统企业 128 家。继续深化建筑业保证保险试点，激发建筑企业和保险机构积极性，进一步扩大试点政策覆盖面，盘活企业资金 17 亿元。

【转型升级】搭建企业分级培育名录库，年内，2 家企业晋升特级资质，62 家企业晋升一级资质，1 家企业特级资质通过公示，新晋特级企业数量位居全省首位，位居副省级城市前三位；8 家企业入选全省建筑业 30 强，5 家企业入选全省民营企业百强，入选数量均居全省首位。搭建政银企合作平台，为 1700 余家企业发放 160 余亿元融资贷款。协助 4 家企业争取获评省级企业技术中心，占全市新获评企业总数的 30%，帮助企业突破发展瓶颈。大力发展总部经济，服务 8 家央企在青岛市落户总承包一级资质法人企业。支持全市建筑业企业完成出省产值 807.5 亿元，同比增长 16.7%。

【人才队伍建设】持续开展建筑行业人才培养工作，不断弘扬“工匠精神”、“劳模精神”，定期举办建筑业职业技能大赛，推动产业工人队伍建设改革，不断提高职工队伍整体素质，行业 17 人获“青岛市五一劳动奖章”，3 人获“青岛大工匠”，13 人获“青岛工匠”。

【建筑市场监管】扩大实名制管理的人员范围，通过信息化实名制管理及时发现违法分包、转包、挂靠等违法违规行为线索，进一步规范建筑市场秩序。

印发《关于进一步做好房屋建筑领域分包单位进场审核工作的通知》，进一步明确审核要求，规范审核流程，确保入场施工队伍合规合法。组织开展建筑市场秩序专项整治行动，共监督检查在建房建项目1623个，扣除市场主体信用考核分2463分，立案查处违法分包、转包等违法行为案件14起。

【保障农民工合法权益】印发《关于进一步落实房屋建筑领域实名制管理的通知》，进一步规范实名制管理流程，明确制度落实要求，通过压实各方主体责任，进一步提高实名制制度落实的质量和标准。全面推进农民工工资支付制度落实和工资支付监管平台推广应用，截至2022年底，工资支付监管平台共采集项目信息3190个，实名制信息109.77万余人次，实现银行代发工资307.69亿元，涉及农民工509.19万余人次。

【工程建设标准造价管理】联合市发改委、市财政局发布青岛市工程造价改革实施方案。出台最高投标限价编制改革试点工作方案，3个试点项目全部按照市场化原则编制最高投标限价，在全省率先实现改革突破。全国首创动态发布清单交易价格信息，为最高投标限价的编制提供新的计价参考。建立常态化入企入项目指导服务机制，提升全过程咨询服务水平。10月，住房和城乡建设部《建设工作简报》刊发创新经验。建立建材价格异常波动应对和预警长效机制，实施主要材价实时监测旬发布机制，"动态化"满足建设各方计价需要。

建筑节能与科技

【绿色城市建设发展试点工作】编制绿色城市建设发展规划等6个专项规划，发布绿色金融、海绵城市、装配式建筑、绿色建筑等64个政策文件，不断提高城乡建设绿色低碳发展水平。实施绿色生态城区（镇）等12个标准导则，努力形成系统完备的推进模式。发布《青岛市绿色生态城区（镇）建设技术导则》，开展绿色生态城区创建工作，首批创建5个绿色生态城区、2个绿色生态城镇。加强国际合作交流，成功入选C40绿色繁荣社区试点城市。8月，青岛试点工作以91.72分的成绩顺利通过中期评估，形成了15条可复制可推广的经验。11月30日，全国绿色城市建设发展试点工作会上，总结推介青岛绿色城市建设发展试点成效经验。

【财政扶持政策】灵活运用财政奖补模式，创新采用"先干后奖"市场化机制引导企业参与绿色项目建设。创新政策模式，培育具有青岛特色的绿色金融支撑体系，印发了《关于金融支持绿色城市建设发展试点的指导意见》，打出绿色信贷、绿色债券、绿色基金、绿色保险多模式支持的"组合拳"。绿色金融支持绿色城市额度达3500亿元。2022年末，全市绿色贷款余额3370.4亿元，较年初增加955.6亿元，同比增速41.3%。推出全国首张超低能耗建筑性能保单、全国首个绿色建材领域险种、全国首张"绿色建材保证保险保单"、首张"减碳保"建筑节能保险保单、首张公共机构类"减碳保"建筑节能保险保单和首个湿地碳汇贷款。

【全过程实施的绿色建造体系】在新建建筑方面，100%执行绿色建筑标准，全年建成绿色建筑2470万平方米。在既有建筑方面，实施既有居住建筑节能改造285万平方米，开展公共建筑能效提升68万平方米。在建造方式方面，推动建筑产业化和建筑智能化协同发展，在建筑全过程开展BIM技术应用试点，开工装配式建筑709万平方米。在建材应用方面，完成建筑废弃物资源化利用3750万吨，建筑垃圾资源化利用率达70%以上，保持全国领先水平。

【CIM平台建设应用】基本建成青岛市CIM基础平台，城市建成区实现CIM2级别白模全覆盖，并形成约7000平方公里近海岸带海图，为城市陆海统筹管理奠定数字化基础。探索形成了"市级统筹、市区镇（街）三级联动"的"新城建"模式，为数据归集、城市信息分级管理及信息系统集约建设提供了组织保障，平台有效支撑了数字青岛建设，为青岛市政务信息系统提供数据底座。青岛市"基于网络和数据安全的城市CIM平台建设"入选2022年度山东省新型智慧城市网络安全创新案例，青岛市CIM基础平台建设项目取得行业影响力。

【智能建造】印发《智能建造三年行动计划》，动员部署了全市智能建造试点工作。组织开展项目建设数字化、智能化工厂、建筑产业互联网三方面试点，确定23个项目入选青岛市数字化项目试点；11个项目入选智能化工厂试点；6个项目入选建筑产业互联网平台试点。11月，青岛成为全国首批24个智能建造试点城市之一，为青岛市智能建造工作在全国争先进位提供有力支撑。

【城市体检】连续两年入选住房和城乡建设部城市体检样本城市。开展指标评估，构建了69项基础指标和20项特色指标的评估体系，制定了90余项具体行动任务并纳入下一年度的工作中。编制《宜居宜业宜游高品质湾区城市（五年规划）》和《宜居宜业宜游高品质湾区城市（三年行动）》。在2022山东（青岛）宜居博览会首次发布《青岛市城市体检白皮书》。开展社会满意度调查，收回2.3万余份居民问卷，汇总市民问题建议 100 余项。

【青岛市租赁住房全生命周期管理服务信息平台】利用中央财政支持住房租赁市场发展试点专项资金，建设并上线应用了青岛市租赁住房全生命周期管理服务信息平台。平台已实现 113 个房建类项目的数据采集利用，汇聚登记、交易等信息实现 500 多万套（间）房屋信息入库，基本形成全用户、全流程、全方位的“95536”全周期功能框架。

勘察设计管理

【概况】2022 年，青岛市工程勘察设计行业实现营业收入 273.8 亿元，同比增长 12.1%。16 家勘察设计企业升级、新增资质，引进 1 家综合甲级设计院在青成立区域总部。

【市场监管】开展全市勘察设计行业市场和质量专项检查，全面压实企业主体责任。组建 26 个专家组，对 326 个在建工程“逐项目”检查施工图纸，组建 7 个专家组对各区（市）实施了督导检查。对各类检查巡查发现的问题，逐一进行督促整改，累计发布各类通报 3 期，下发资质资格整改通知书 29 份，取消企业资质 6 家。

【深化改革】开发建设全过程数字化图纸闭环管理系统，在设计管理部门和质量监督部门之间建立联动机制。建立青岛—济南异地交叉图审检查机制，解决本地专家审查本地图纸的弊端。推行勘察设计技术问题预警清单制度，促进房屋建筑和市政基础设施工程勘察设计质量持续提升。试点工程勘察质量信息化管理，大幅度提升勘察质量管理工作效率，相关经验获全省推介。

【人才队伍建设】引进 1 名国家级勘察设计大师在青设立工作室。培树本土高水平人才，组织企业参加省厅“泰山杯”评选，获奖项目 6 个，位列全省第一，推荐高水平专业人才参评山东省建筑工程大师，成功获评 6 人。提升从业人员精品意识，开展三期青岛高质量设计作品巡礼活动，广泛宣传 25 个高质量设计作品。

（青岛市住房和城乡建设局）

宁波市

住房和城乡建设工作概况

【固定资产投资创历史新高】2022 年，宁波市住房和城乡建设局牵头完成固定资产投资 2774.93 亿元，占比全市 58.4%。其中城市更新投资 436.10 亿元，增速 56.1%；房地产业在土地出让面积下降 23.2% 情况下，完成投资 2338.83 亿元，同比增长 5.5%。组建市县两级投资专班，构建三级闭环管理体系，建立“日晾晒、周分析、月调度”协调联动机制，将目标逐月分解到区块、到行业、到主体、到项目，2331 个投资项目全部实现数字化、表单化和动态化管理。建立项目储备谋划机制和“近期可实施、长期有储备、定期可滚动”的储备项目库，以“三区三线”划定为契机，谋划 487 个项目，储备 184 个项目，完成 100 个项目立项。创新投融资模式，18 个重大项目投融资方案基本确定。积极争取政府专项债券、政策性开发性金融工具和中央补助资金，累计申报 301.59 亿元、到位 82.34 亿元。建立市场化综合偿债机制，安置房建设向“限房价竞地价”市场化运作模式转变，城市更新授信 941.26 亿元，绿色信贷授信 49.03 亿元。

【住房保障体系基本建成】新市民住房保障改革入选省共同富裕首批试点并获五星评价，以“公租房、保障性租赁住房、共有产权住房”为主体的新型住房保障体系基本形成。出台《公租房保障管理办法》，全市在保家庭 5.53 万户，城镇户籍住房和收入“双困”家庭实现应保尽保，并向 6351 名一线环卫工人扩面保障。出台《关于加快发展保障性租赁住房的实施意见》，在全省率先发布《保障性租赁住房空间布局引导图集》，规划布点 320 个，落实支撑项目点位 217 个。建设筹集保障性租赁住房 74381 套（间），完成省定目标的 148.7%，26 个集中供地项目开工建设，“产业园区发展保障性租赁住房”等 8 条经验做法入选住房和城乡建设部可复制推广经验清单。出台《共有产权住房管理办法（试行）》，开工建设应家 2# 地块 1438 套共有产权住房。

【房产市场运行总体平稳】紧扣“稳地价、稳房价、稳预期”目标，先后推出降低首付比例和利率、强化公积金信贷支持，优化限购条件、实施房票安置等一系列调控举措，强化预售资金监管，积极引导市场预期，促进房地产市场企稳回升。全年归集住房公积金361.42亿元，同比增长3.8%，为25262户职工发放住房公积金贷款147.14亿元，同比增长8.7%。开展“供而未建”攻坚行动，27宗“供而未建”地块开工准备从9.8个月缩短到5.5个月，全年住宅用地出让636.10公顷，同比增长12.2%。国家住房租赁市场发展试点三年任务提前完成，累计筹集租赁房源15万套，培育专业化住房租赁企业23家，两项指标均居试点城市前列。

【城乡有机更新扎实推进】统筹整合更新工作专班，编制城市更新专项规划，出台城市更新试点实施方案，谋划确定六大更新行动和48个重点更新片区，国家更新试点稳步推进。开展城市体检，牵头完成市级自体检、8个专项体检和余姚城市体检试点，推动体检成果助力城市更新，宁波2项经验做法入选住房和城乡建设部城市体检指南并全国推广，2项体检成果应用入选省优秀案例。新开工83个未来社区项目，建成25个，19个未来社区成功创建省级示范样板，97个社区场景入选省共富单元“一老一小”场景，总数全省第一，城镇社区公共服务设施普查得分全省第一。改造老旧小区，三年行动任务顺利完成，204个总面积1057万平方米老旧小区全部开工改造，完成改造159个小区、827万平方米；出台既有住宅加装电梯管理办法，完成电梯加装102台。制定城中村改造三年行动方案，推进成片连片改造，全年完成改造1076.30万平方米，同比增长10.9%，开工安置房389.80万平方米。打造美丽村镇，完成三年行动任务，106个美丽城镇建设全部验收达标，18个乡镇获评省级样板。22个市级农房改建示范村、34个省级美丽宜居示范村全部通过创建验收。新建（改造）镇级污水配套管网128.09公里，农村生活污水治理行政村覆盖率达到75.9%。

【城乡人居品质持续提升】首批22个城乡风貌样板区试点全部建成，成功创建12个省级城乡风貌样板区，其中5个获评“新时代富春山居图样板区”。整治提升高速出入口32个，“净空”工程完成电力架空线入地87条120.4公里、综合通信“上改下”80.6公里，新开工地下综合管廊15.7公里，建成世纪大道（东明路—逸夫路）综合管廊。在全省率先出台公共建筑能源审计管理办法，启动建筑垃圾减量化资源化利用三年行动，建筑垃圾综合利用率达到98.8%，新建民用建筑绿色建筑覆盖率达99.3%，在全国“绿色低碳城市建设指数”排行榜36个大型城市中位列第八。新建（改造）绿道471公里，实现576公里省级绿道主线基本贯通，镇海九龙湖绿道入选省级最美绿道；建成鄞奉公园等9个城市公园，建成高品质“三江六岸”滨江空间41.7公里、342.1公顷。新建海绵城市43.2平方公里，累计已达210平方公里，占城市建成区面积达到35.9%。整治城市起伏不平道路29条、42公里，贯通“断头路”18条、15.7公里，主城区新增停车位18660个。快速路总里程已达142.1公里，中心城区形成“中”字形快速交通格局。中心城区过江通道达30座，有力助推“拥江”发展。

【住建行业发展提质增效】“一仓一脑”（时空数据仓、行业大脑）实体架构基本建成，“甬上工程”“甬有安居”“甬保建安”协同推进；浙里建、农房浙件事等省级应用贯通落地，“建筑工人保障在线”获评浙里办年度亮星应用，“甬砼码”升级为“浙砼管”全省推广。全年完成省内建筑业总产值2799.26亿元，同比增长8.0%。宁波市企业荣获“鲁班奖”1项、国家优质工程金奖1项、国家优质工程奖10项、“钱江杯”优质工程奖21项，县级及以上优质工程数量占当年竣工项目达30.3%。新开工装配式建筑1815万平方米，占新建建筑面积达37.2%，提前实现省定“十四五”目标。建材行业加快转型，机制砂应用比例达52%，以机制砂为主体的建设用砂保障体系全面建成。《住宅小区物业管理条例》修订出台，“1＋X”政策体系加快构建，物业服务“质价相符”评价体系初步形成，业主自治规范化机制逐步健全，物业行业信用评价运用机制加快完善。提前完成省定194个小区和45幢零星住宅无物业管理清零任务，住宅小区专业物业覆盖率达93.6%。成立390个物业企业和项目部党组织，“红色物业”持续扎根拓面。

【除险保安行动深入开展】深入推进住建领域“法治宁波”“平安宁波”建设，合力打赢“梅花”“轩岚诺”等台风防御战，并全行业开展“除险保安”行动。开展非正常交付（停工）房地产项目专项整治，制定“一市一策”“一楼一策”方案，落实资金资产封闭管理，完成“保交楼”5384户，落实专项借款7个项目7.84亿元。狠抓建设工程安全生产，建筑起重机械“保险＋风控＋数字”模式获住房和城乡建设部肯定，全年事故起数和死亡人数较前三年平均分别下降77.9%、81.5%。深入推进自建房安全专项整治，在全省率先将房屋安全纳入基层村（社区）职责，城镇住房“保险＋服务”模式入选全省“安全生产三年行动”典型案例，356幢（户）安全隐患自建房全部解危。开展信访积案动态清零专项行动，实现203件省“双交办”和各级交办信访积案全部化解清零。

建筑业

【概况】2022年宁波市完成建筑业总产值3426.11亿元，同比增长3.9%，建筑业总产值位居浙江省第3位，占全省建筑业总产值的比重为14.4%，比2021年同期提高0.1个百分点。2022年全市建筑业新签订合同额3567.4亿元，同比增长15.1%。2022年，全市建筑业实现增加值742.7亿元，占全市国内生产总值的比重为4.7%，比2021年下降0.2个百分点；2022年全市建筑业入库税收112.4亿元，同比增长12%；建筑业在全市经济产业中的地位继续巩固。

2022年，全市建筑业企业在省外完成建筑业产值626.9亿元，同比下降11.5%；省外完成产值占全市建筑业总产值的比重为18.3%，比2021年同期下降3.2个百分点。

2022年全市新开工装配式建筑294个，面积1815万平方米（包括工业建筑和民用建筑），同比增长17.3%；其中装配式住宅和公共建筑（不含场馆）173个，面积1296万平方米。装配式建筑发展工作连续第六年在全省建筑工业化考核中被评为优秀。

截至年底，宁波市共有建筑业企业2827家，其中特级企业18家（双特级资质企业1家），一级企业320家，二级企业1298家；全市共有勘察设计企业195家，其中甲级企业87家；全市共工程监理企业168家，其中综合资质5家，甲级企业62家。目前，全市建筑业有上市企业12家，企业综合竞争力进一步提升。

2022—2023年度，宁波市企业承建（含参建）的8个工程项目荣获国家优质工程鲁班奖，其中主承建项目6项（在市外主承建4项），参建项目2项（均为在省外参建）。此外，宁波市建筑业企业还获得国家优质工程奖20项（含参建），浙江省“钱江杯”优质工程奖29项。

【践行转型升级，推动建筑业高质量发展】落实《关于进一步支持建筑业做优做强的若干意见》任务分解，走访重点建筑企业解读该意见主要精神，保障助企举措落地见效。持续推动宁波市“十四五”建筑业高质量发展的政策举措落地见效，分解任务目标，层层压实属地责任。建立健全“三服务”走企访企机制，加强与重点建筑业企业服务对接，积极帮助企业解决实际困难和问题。加强与交通、轨道交通、城投公司等单位的协调联动，为重点工程项目推进提供行业监管保障。与固定资产投资责任部门建立对接会商机制，加强建筑业产值关联因素的跟踪监测和分析，完善建筑业经济运行数据分析机制。积极开展助企纾困，持续推进工程保函替代保证金。通过综合保险方式共为3000多家次企业释放保证金181.4亿元，为企业减负13.6亿元。印发《宁波市碳达峰碳中和2022工作要点》，明确装配式建筑工作任务和工作要点，提出占新建建筑比例达到35%，钢结构占装配式建筑比例达到25%的年度目标。印发《关于支持刚性和改善型住房需求的通知》，对钢结构住宅实施全市统筹。完善新型建筑工业化标准建设，编制《宁波市装配式混凝土预制构件设计细则及构造图集》等标准图集，启动“宁波市装配式钢结构住宅发展现状及对策分析”等课题研究。提升企业综合竞争力，促进地方民企与央企国企强强联合。助推2家企业晋升特级建筑业企业资质，全市特级企业数量达到18家，推动民营企业与国企混改，优化我市建筑业企业结构。

【聚焦营商环境，打造建筑市场新样板】印发《关于开展房屋建筑和市政基础设施工程违法违规行为专项治理行动的通知》，健全市场现场“两场联动”机制，整治发承包违法违规行为。共检查工程项目2343个，涉及建设单位1944家、施工单位1906家，查处违法违规行为69起，累计处罚金额1162.23万元。印发《关于开展建筑业企业资质动态核查工作的通知》，对部分经营状况异常的建筑业企业开展资质动态核查，进一步净化行业秩序。会同市检察院等部门印发《关于建立司法与行政执法衔接联动机制协同治理建设工程施工发包承包违法行为的意见》，并与相关行业主管部门建立联席会议制度，形成建设工程发包承包违法行为治理工作机制。建立欠薪纠纷线索快速流转机制，对全市工程建设项目涉嫌欠薪线索进行提前研判和快速响应流转处置，共处理流转各地欠薪案件线索13批次150件，涉及2778人，涉及金额36438万元。贯彻落实省住房城乡建设厅《浙江省建筑施工企业信用评价的实施意见》等文件精神，全面应用浙江省建筑市场监管公共服务系统信用评价模块评价结果，在监管方式、抽查比例和频次等方面采取差异化措施，依法依规开展失信联合惩戒。加大工程质量安全行为信用监管力度，增加现场管理信用评价模块，实施按排名赋分并以评价周期动态管理，减少执法尺度、执法频率等差异的影响，确保公平公正。全面梳理和清理涉及限制企业参与市场公平竞争的政策措施，不断优化建筑业营商环境。

【聚力队伍建设，着力夯实行业人才基础】推动“宁波建筑服务产业园”发展升级，目前共有36家劳务企业入驻，覆盖建筑工人8万余人，培训建筑工人超过20万人次。现已被评定为“浙江省建筑产业工人培育国家试点”单位，首家“浙江省建筑产业工人培育基地”。印发《宁波市建筑施工特种作业人员实训基地认定及管理办法》等文件，目前已培育认定2家首批特种作业人员实训基地并授牌。2022年累计完成线上培训超3万人次，完成1.6万人次的考试考核，发放特种作业人员证书4075本，督导特种作业人员实训基地完成1739人次的培训。弘扬“工匠精神”，组织BIM技术应用成果大赛、施工升降机安装拆卸工技能等各类比武竞赛13场，认定技术能手51人，高级工517人。同时开展“送培训进工地”活动，在项目工地举办建筑施工特种作业人员培训班，帮助企业职工节省费用数万元。邀请浙江大学、同济大学知名专家教授进行钢结构体系知识讲座，组织装配式钢结构住宅体系研讨会；开展装配式技术人员及产业工人培训、产品质量管控等培训十余次，共培训五千余人次。

房地产业

【概况】1～12月，宁波市完成房地产开发投资2131.7亿元，同比增长2.7%。新房方面，1～12月全市销售商品房1128.8万平方米，同比下降29.7%。二手房方面，1～12月全市二手房成交659.5万平方米，同比下降33.7%。12月底，全市商品房存量面积1947.8万平方米，消化周期为22.5个月，其中市区为21.6个月，五个县（市）为23.8个月。1～12月，住宅用地（含商品住宅、安置房和租赁住房用地）成交636.1公顷，同比增长12.2%。其中商品住宅用地成交384.6公顷，同比下降23.2%。12月份，宁波市新建商品住宅价格环比上涨0.2%，涨幅在70个大中城市中排名9位（11月为13位），1～12月累计上涨1.7%，在21个试点城市中排名第7位。12月份，宁波市二手住宅价格环比下降0.1%，涨幅在70个大中城市中排名5位（11月为24位），在21个试点城市中排名第3位（11月为9位），1～12月累计下降1.5%，在21个试点城市中排名第9位。

【积极稳妥出台调控政策】积极出台调控政策稳定市场，包括取消限购、放松限贷、降低首付比例、给予购房补贴等。利好房地产市场的政策举措力度大、种类多，随着因城施策调控逐步深入，政策越发精准和精细。

【扎实推进“一县一策”试点】宁波市有11个地区开展房地产调控“一县一策”试点。按照“月监测、季评价、年考核”的原则，每月监测各地房地产市场考核指标，对偏离指标区间的地区及时给予预警。4月，对各地2021年度房地产市场调控情况进行了评价考核。从评价考核总体情况看，全市11个试点地区中市五区完成了考核，奉化、余姚、宁海、前湾新区基本完成了考核，慈溪、象山未完成考核。

【紧盯投资销售推动房产市场平稳发展】对照年度房地产开发投资目标，动态排摸669个在库项目四季度投资计划，对投资缺口的项目，调整投资计划，促存量项目投资放量。开展房地产项目“促开工、抢进度、抓投资”专项行动，约谈督导商品房项目659个，加快项目建设，促使房地产投资放量。开展“供而未建”土地整治，化解历史遗留未开工项目。提前介入项目审批流程，推动计划开工时间提前，推动房企加快投资进度。

【切实防范化解房地产市场风险】认真贯彻信访维稳工作的各项决策部署，信访维稳形势整体平稳有序。全面开展房地产市场专项整治。开展检查4813次，出动检查（执法）人次为4200人，发现违法违规行为线索62个，罚没款29.01万元。联合公安、人民银行等部门开展房地产风险项目防范处置实地督导工作，对43个风险项目进行实地督导，做好房地产领域风险防范，督促停工项目尽快开工，开工项目尽快交付。积极争取上级专项借款支持。宁波市首批保交楼专项借款7.84亿元资金都已划转至各项目（全省13亿元）。

【培育发展住房租赁市场】通过产业园区集中配建、租赁用地出让新建、闲置商办规范改建、存量住房改造盘活，多渠道、多层次、多类别筹集租赁房源超15万套，其中新建、改建类租赁住房8.8万套，盘活租赁房源6.2万套，已提前超额完成国家三年任务，房源筹集量位居第二批试点城市第1位。筹集房源中4.8万套已纳入保障性租赁住房房源，重点解决新市民、青年人等群体住房问题。进一步加大租赁主体培育力度，积极推进市场业态逐步向品牌化、专业化、规模化方向发展。全市完成开业申报租赁企业共262家，其中专业化、规模化租赁企业23家，备案经纪机构4612家，企业培育量位居第二批试点城市第1位。制订出台奖补资金评审专家库管理办法，组建60余人的专家评审团队。遵循“统一标准，量化赋分”的原则，针对不同奖补项目的规模特点、投入成本、配套设施、运营年限等情况实行差异化补助。试点以来，已组织9次租赁住房项目奖补专家评审会，共有5大类型、131个租赁住房项目通过评审，可拨付奖补资金23.3亿，资金使用率位居全国第2位。

【持续推进平台项目建设】初步完成经纪机构备案与政务2.0业务融合改造。重新改造经纪机构设立备案业务流程，实现移动端领取备案证书功能。与建行、工行座谈交流，商讨房产交易贷款“一件事”办理业务需求及流程对接模式。向市政府报送《关于建议在全市推行二手房“带押过户”交易登记模式的报告》，进一步激活二手房市场，推进交易资金监管业务开展。牵头浙里办“房屋租售”应用上架及优化调整。完成浙里办“房屋租售”应用上架工作，日均访问量达到约 1500 人次。

住房保障与棚户区改造

【完善住房保障顶层设计】2022 年，宁波市按照“保基本、促发展”并举的原则，进一步建立完善公租房、保障性租赁住房和共有产权住房制度，三种形式的保障房相互补充，共同构建完善的住房保障“三房”体系。先后制定出台《关于加快发展保障性租赁住房的实施意见》《宁波市共有产权住房管理办法（试行）》，修订完善《宁波市公租房保障管理办法》。

【加快保障性租赁住房筹建】2022 年市六区落实租赁用地 53.5 公顷；29 个集中供地的保障性租赁住房项目实现开工；建设筹集房源 7.4 万套（间），提前完成省、市年度目标任务。

【提高公租房保障水平】全面提高保障家庭补贴标准；全市累计保障家庭 9.82 万户，正在保障家庭 5.53 万户。取消一线环卫工人“双困”基本条件之外的户籍、社保等限制，已向 6351 名环卫工人提供保障，江北宝丽茗苑和余姚“劳动者之家”房源向环卫工人定向配租。

【启动共有产权住房试点】宁波市首个共有产权住房试点配建项目，并完成主体工程；首宗共有产权住房出让用地的集中建设项目，已于 2022 年 6 月开工建设，采用专业房企（绿城）牵头的全过程咨询模式，充分发挥专业房企开发建设综合优势，将按照“住房保障＋人才安居＋未来社区”理念打造保障房标杆样板。

【稳步推进棚户区改造】围绕年度目标任务，按照“重开工、重竣工、重交付”的工作原则，强化新开工项目筹备进度、在建项目建设进度和竣工项目交付入住督导，提前完成年度目标任务。围绕棚改债券申报加强引导，及时排摸、及时储备、及时申报，按时做好 2023 年度棚改计划申报。围绕提高工作实效工作方法加强指导，积极引导因地制宜创新，鄞州区创新推出“限房价、竞地价”的建设新模式；奉化区创新推出房票安置新方式；象山县发扬持续作战攻坚克难的“钉钉子”精神，棚改六期项目实现十五日 815 户签约清零。

城市更新

【概况】按照浙江省委省政府关于高质量发展建设共同富裕示范区决策部署，有机融合城乡风貌整治提升，未来社区、未来乡村、美丽城镇建设，统筹推进城中村改造、街区更新、滨水空间贯通提质等工作，保障各项工作高质高效推进。城市更新国家试点深入推进，重大城建工程建设全线提速，人民群众获得感、幸福感、安全感和认同感不断提升。

【城市更新】编制完成《宁波市城市更新试点实施方案》，并由市政府正式印发，开展更新专项规划编制工作，编制上报住房和城乡建设部第一批试点城市更新项目示范案例，以“片区化更新”模式谋划推进 48 个城市更新重点片区。积极推进街区更新奖补项目实施，全年累计完成投资约 7.6 亿元。谋划 2023 年 9 个街区更新奖补项目，总投资约 10.1 亿元。全年新增塘河滨水空间岸线 2.3 公里，累计完成投资约 8900 万元。系统梳理六塘河两岸滨水空间断点堵点分布情况及沿河滨水空间建设条件，共计排摸各类断点堵点 803 处，建立了滨水空间断点堵点数据库。加快推进绿道建设，完成绿道建设 389.6 公里（其中，省级绿道 274.3 公里，其他绿道 115.3 公里），实现省级绿道主线基本贯通目标，打通全部省级绿道市域交界面。举办浙江省第四届“绿道健步走大赛”宁波（镇海）赛区启动仪式暨绿道健走大赛，开展第四届“宁波最美绿道”评选活动，5 条绿道获评“宁波最美绿道”。

【城市体检】2022 年宁波市再次入选全国城市体检样本城市，按照“体检＋更新”双闭环模式，建立二横三纵多级联动体系，探索形成“体系构建—多维评价—诊断建议—行动落实—绩效评估”工作机制，搭建“问题—行动—工程”城市体检成果运用治理体系框架，绘制“一图一表”（问题地图、提升列表）、制定“两张清单”（问题清单、任务清单），“有的放矢”开展城市体检，“对症下药”实施城市更新，把“城市病”的治理落实到市政府及部门专项行动、重点工作中，推进了城市精细化治理水平提升和城市品质提档升级。宁波的《城市体检评价标准确定原则》等 2 项经验做法入选住房和城乡建设部城市体检评估技术指南案例在全国城市推广，镇海白龙西门片区更新等 2 个项目入选浙江省城市体检成果应用案例。

【推进未来社区建设】2022 年，市未来专班开展现场指导 2500 人次、组织专家服务 3200 人次，将未来社区建设理念和要求贯穿到城市新建旧改、有机更新的全过程，在全市迅速掀起创建热潮。创建工作深度融合全域国土空间综合整治、城乡有机更新、“精特亮”创建、现代社区建设等工作，以系统重塑的新理念和集成改革的新举措，推动各项举措早落地、早见效、早惠民。围绕“一统三化九场景”，瞄准社区居民所盼所想所需，聚焦“一老一小”，97个“一老一小”服务场景入选共同富裕现代化基本单元场景名单，让居民健康、医疗、综合公共服务更到位；聚焦产业培育，引导房地产开发企业、物业服务企业向城市运营商、生活服务商转型，推动未来社区可持续运营；聚焦基层治理，以党建统领聚合力、解难题、优治理、连民心，让基层组织强起来；聚焦规划编制，十个区（县、市）和两个开发园区均已完成城镇社区建设专项规划编制，其中鄞州、镇海、奉化、江北、慈溪5地专项规划获评省级优秀。截至2022年底，全市共谋划了6批次、132个创建项目，创建数量全省前列，形成有效投资353.06亿元（省级投资口径），惠及60.2万居民，未来社区数字化智慧平台入选省数字化改革成果展，打造了和丰、总浦桥、等一批具有宁波辨识度、浙江引领性的重大标志性成果，让“共同富裕”成为人民群众看得见、摸得着、真实可感的幸福。

【整治提升城乡风貌】围绕实现高质量发展建设共同富裕示范区从宏观谋划到微观落地的变革抓手、集成载体、民生工程和示范成果，集成联动嵌入村镇核心工作。首批22个城乡风貌样板区试点全部建成，成功创建12个省级城乡风貌样板区，其中鄞州南部创意魅力区等5个样板区获评“新时代富春山居图样板区”。

【聚力重大项目建设】市本级全年累计完成固定资产投资超100亿元，同比增长18.5%，创历史新高。“春节不停工”“24小时不停工”要求，14个续建项目全速推进。新典桥及接线等26个项目建成或基本建成，兴宁路人行天桥主体结构完工，鄞州大道（鄞州段）高架主体结构完成80%。20个计划新开工项目中，18个项目实现开工，开工率达到90%。整合征地、拆迁、管线迁改等业务，统筹保障工程实施。拆迁方面，实施“清零拔钉”行动，8个涉征拆项目有6个完成“清零”。管线迁改方面，全年完成电力迁改21回路、8.3公里，燃气迁改3.6公里，给水迁改4.3公里，综合通信159.4公里，为扫清工程障碍、扩大有效投资提供强有力的保障。

【聚能加强系统谋划】衔接综合交通、生态绿地等规划，坚持项目为王，深化方案设计，分层次、分时序做深做细前期储备。完成新一轮城市基础设施建设项目“三区三线”划定申报工作，为今后5～10年城市建设打开了“窗口”。开展第三期轨道建设规划协同研究，提出21个协同项目分层分类推进计划。深化城市快速路网近期建设规划研究，以全域一体的视角，提出链接“五大片区”的新策略。创新投融资模式。抓住国家投融资政策窗口，积极开拓市政基础设施投融资渠道。环城南路东延、世纪大道南延完成PPP模式研究，坝头路西延等14个项目依托产业园区等融资平台进行专项债包装，探索市本级项目投融资新模式。

【聚效科学精细管理】在数字驱动上，鄞州大道试点智慧工地，8个标段施工组织细分成2100多万颗最小颗粒，实现数字化、精细化管理；国际会议中心配套道路工程中试点应用集成道路照明、交通标牌、交通科技、治安监控等系统的智慧合杆，探索新型基础设施建设布局。在专业建设上，新典桥采用整体顶推过江，并在钢桥面铺装上采用新型ECO改性聚氨酯沥青施工工艺，均是宁波市首创；鄞州大道（鄞州段）防撞墙采用预制装配式施工，减少了施工影响、加快了工程进度，是宁波市高架桥梁施工首次应用。在绿色转型上，东钱湖快速路跨鄞县大道节点采用“顶升＋平移”技术，减少碳排放量约6460吨，成为宁波市市政领域首个“碳达峰碳中和”实践案例；国际会议中心配套道路滨水景观工程应用绿色低碳的CIGS柔性光伏灯杆，实现零能耗零碳排；鄞县大道改建工程中老路路面60%破碎利用，并开展混凝土破碎再生技术研究。

村镇建设

【概况】2022年，宁波市围绕新型城镇化与乡村振兴战略，深入推进实施村镇建设各项工作，不断完善基础设施，提升农村人居环境，努力打造具有宁波特质的“宜居宜业和美乡村”。

【农房隐患排查整治】2022年，宁波市强化房屋政策支撑，将房屋安全纳入基层农村社区工作职责，进一步夯实完善房屋使用安全常态化网格化管理制度。做好农房“保险＋服务”工作，全市共有111.4万户、1.1亿平方米农村住宅落实保险，4.9万户、436万平方米农村住宅委托动态监测服务，推进农村危房治理工作。

【美丽宜居示范村建设】以县域城乡风貌样板区建设为抓手，以美丽城镇为纽带，一体化推进美丽宜居示范村创建，打造一批全域联动、各具特色、富有活力的镇村示范带。全年建成首批22个城乡风貌样板区试点，成功创建12个省级城乡风貌样板区，联动实施12个美丽宜居示范村创建。

【农村建筑工匠管理】通过线上线下多种方式开展农村建筑工匠培训工作，积极组织参加全省农村建筑工匠技能竞赛。2022 年，完成农村建筑工匠培训 2147 人次，并将培训人员录入数据平台，持续完善我市农村建筑工匠名录。

【农村生活污水治理工作】2022 年，深入开展农污治理“三服务”活动。全年开工新建改造设施 363 个、开工率 136.47%，续建完成上年度设施 374 个、完工率 100%；完成设施标准化运维 2621 个、完成率 176.74%。全市实现农污治理行政村覆盖率达 75.67%，出水达标率达 96.46%；累计完成年度项目投资 10.97 亿元、完成率 141.91%。

【村庄设计工作】2022 年，指导村庄高质量编制村庄设计方案，进一步提升村庄设计编制水平和方案实施落地性。全年完成第二批 22 个镇郊村村庄设计方案编制工作，并评选出 12 个优秀设计方案。同时，探索农房免费设计服务，深入一线宣传发放农房免费设计手册。通过政府采购服务方式，委托技术团队进行农房设计，全年为申请建房农户免费设计 178 套农房。

【传统村落保护发展】2022 年，完成当年度国家、省、市三级传统村落名录申报认定工作，全市拟新增 4 个中国传统村落。在此基础上，着力推进 7 个省市级传统村落风貌保护提升工作，进行专项课题研究，为传统村落现状保护和发展利用提供策略支撑。

建筑节能与科技

【完善“双碳”顶层设计】4 月，印发《2022 年宁波市建筑领域碳达峰碳中和工作要点》，提出 14 项重点工作，对“十四五”期间的各项工作进行了分解。制定《宁波市建筑领域碳达峰实施方案》，谋划八大行动，有序推动城乡建设绿色转型。编制完成《浙江省绿色建筑专项规划编制导则（2022 版）》，《宁波市绿色建筑专项规划（2022—2030）》已完成送审稿。组织余姚、慈溪、宁海、象山、前湾新区五地开展《浙江省绿色建筑专项规划编制导则（2022 版）》辅导培训，推动各区绿色建筑专项规划编制工作尽快实质性启动。印发《宁波市建筑能源审计管理暂行办法》，将碳审计纳入能源审计范围，探索通过能源审计、节能监察的硬措施，对社会投资项目建立常态化闭环监管机制，用制度推动既有建筑节能改造工作。2022 年，筛选 20 个既有公共建筑项目开展能源审计。

【发展高星级绿色建筑】2022 年，全市新建绿色建筑面积 1966.62 万平方米，其中二星级及以上高星级绿色建筑面积 1519.2 万平方米，占比 77.25%，较 2021 年末增长 5.53%，较 2016 年增长 50.71%。2022 年新开工超低能耗建筑 3.72 万平方米，近零能耗建筑及“零碳”公共机构 3 个。

【推动屋顶光伏应用】2 月，印发《大力推进建筑屋顶分布式光伏发电系统应用工作若干意见》，积极引导建筑屋顶分布式光伏发电的发展。2022 年，全市新建建筑设计新增光伏装机容量 7.04 万 kWp，既有公共建筑加装光伏装机容量 11.6 万 kWp，共计 18.64 万 kWp，年度目标任务完成率（12 万 kWp）达 151%。新建建筑可再生能源应用面积 719 万平方米。

【创新推动节能改造】充分发挥政府在建筑节能改造中的示范带动作用，将市行政中心改造成既有公共机构数字化绿色（“零碳”）建筑体验中心、宁波市新型建筑节能材料集中展示中心和综合合同能源管理创新示范中心。2022 年，全市完成既有公共建筑节能改造面积 124.5 万平方米，既有居住建筑节能改造面积 17.05 万平方米，均超额完成省厅下达的目标任务。

【统筹绿色金融支持绿色建筑发展】会同金融监管部门印发《关于开展绿色金融支持绿色建筑协同发展试点工作的通知（试行）》，计划通过四年时间，在全国率先完成通过完全市场化手段，开展建筑业、银行业、保险业协同发展的改革创新试点。截至 2022 年底，已累计完成绿色建筑性能保险签约项目 23 个、承保面积 272.6 万平方米、保障额度近 6.82 亿元。

【推广绿色建材】主动对接市市场监管局等多部门以及绿色建材产品认证技术委员会夏热冬冷地区工作委员会，获批成立绿色建材产品认证技术委员会夏热冬冷地区工作委员会宁波市专委会，也是全国首个城市级专委会。2022 年 4 月，获批国家第二批政府采购支持绿色建材促进建筑品质提升试点城市。会同市财政局、市发改委等八部门制定《宁波市支持采购绿色建材促进建设工程品质提升实施方案》，明确总体要求、试点主体和范围、部门责任分工、工作任务以及保障措施。开展《宁波市促进绿色建材发展和应用管理办法》立法调研工作，并已列入市政府 2023 年度立法工作计划。培育本地绿色建材认证机构。截至 2022 年底，共有 36 家企业获得 62 张证书。

【推进建筑垃圾资源化利用】联合市发改委等八部门印发《宁波市建筑垃圾减量化资源化利用三年行动计划》，通过 8 个专项行动，计划利用三年时间构建建筑垃圾限额排放体系，将建筑垃圾综合利用率稳定在 90% 以上，建筑垃圾再生建材利用比例力争超过 15%。启动《宁波市建筑垃圾排放限额技术规范》

《宁波市建筑垃圾资源化利用示范企业和示范基地评价指南》等建筑垃圾创新性课题研究。2022年，全市累计建筑垃圾产生量约为12242.93万吨，累计综合利用量约为12092.47万吨，综合利用率为98.77%。其中，直接利用量为10379.30万吨，资源化利用量为1713.17万吨，资源化利用率为13.99%。

【推进装配式建筑发展】印发《关于支持刚性和改善型住房需求的通知》，明确钢结构住宅实施全市统筹，优先在保障性租赁用房项目集中建设；会同市资规局联合印发《关于加强国有经营性土地出让管理的意见》，要求在建设条件论证环节落实装配式建筑建设指标要求。修订《宁波市装配式建筑装配率与预制率计算细则》，从预制率和装配率两个指标规范装配式建筑评价。《宁波市绿色建筑专项规划（2022—2030）》获浙江省2022年度建筑领域碳达峰创新类专项规划优秀案例。获得2022年度建筑领域碳达峰相关工作装配式建筑项目实施类优秀案例。推动外地先进企业与本地企业强强合作，成立装配式建筑产业联盟，促进各方形成“产学研用”合作共识，被列入住房和城乡建设部推动技术发展可复制推广经验清单。余姚双河110kV变电站建成国内首座装配式UHPC绿色低碳变电站。组织装配式建筑行业交流和工人技能培训。开展装配式钢结构住宅体系研讨会、钢结构体系讲座。开展装配式技术人员及产业工人培训、预制构件生产企业标准化管理、产品质量管控、生产安全等十余次培训，共培训两千余人次。将装配式建筑纳入市级建筑业专项扶助奖励资金扶助范围，由市财政每年安排一定的专项资金，用于支持全发展、装配式建筑推广等工作，2022年安排了350余万元市级建筑业专项扶助奖励资金及100万元业务能力综合素质培训资金。为进一步推动农房工业化发展，推动美丽宜居示范村创建中应用农房工业化新技术，市财政在2022年农村“安居宜居美居”专项资金中安排200万元，给予农村钢结构装配式住宅不高于200元/平方米的一次性补贴。

安全生产监督管理

【加强房屋市政工程安全基础治理】年初，开展贯穿全年的建设施工领域“除险保安”专项整治，印发《关于印发宁波市建筑施工领域“除险保安”专项行动方案的通知》；年中，组织开展全市房屋市政工程安全生产治理行动，印发《关于开展全市房屋市政工程安全生产治理行动的通知》。建设施工“除险保安”已经对工地进行4轮“全覆盖”检查，有力确保了安全生产基本盘处于稳定可控状态。全年发生1起一般生产安全责任事故，死亡1人，无较大及以上生产安全事故的发生，事故起数和亡人数量相对于前三年，分别平均下降77.9%和81.5%，安全生产形势整体可控。

【开展住宅工程质量管理专项整治】制定并发布了《关于进一步加强住宅工程质量管理的若干措施》。各地住建部门对辖区内住宅工程开展专项检查，建设单位主体责任共排查项目526个，施工单位主体责任共排查项目242个，外墙外窗渗漏治理共排查项目156个，外墙外保温脱落防范共排查项目135个。预拌混凝土质量控制方面，共排查项目490个。于10月份对住宅工程质量管理若干措施落实情况开展专项检查，全市每地各选取2个项目进行抽查，并针对钢筋力学性能、混凝土构件实体强度、混凝土试块强度、建筑外窗外墙防水性能同步开展监督检测，对项目共签发整改通知书24份，出具检测报告共53份，要求针对督查中发现的问题认真落实隐患整改，对属地建设主管部门共签发整改督办通知书12份，要求各地建设主管部门开展工程质量监管方式整治，全力强化工程监督执法检查，切实提升全市住宅工程质量水平。

【推动优质工程示范引领】全市共创建品质提升示范工程47个，共19个项目荣获浙江省建设工程“钱江杯”（优质工程）奖，包括含13个房建工程、5个市政工程和1个园林工程。67个项目荣获宁波市“甬江建设杯”优质工程奖。126个项目荣获宁波市建筑工程结构优质奖，包括含88个房建工程和38个市政工程。

【强化房屋安全监管】在省内首创将房屋安全纳入基层社区工作职责，完善房屋使用安全全过程监管闭环。全市房屋安全网格员年度走访、巡查城乡房屋21.8万次、发现处置安全隐患2449个。城乡房屋“保险＋服务”方面，落实2.7万栋、4502万平方米城镇住宅“保险＋服务”覆盖，落实111.4万户、1.1亿平方米农村住宅保险覆盖，完成4.9万户、436万平方米农村住宅动态监测服务委托，第三方机构年度巡检47.2万幢（户）次，发现并处置安全隐患3184个。宁波市构建城镇住房“保险＋服务”模式入选浙江省“安全生产三年行动”典型案例。城乡危房解危方面，结合城镇危房实质性解危三年行动和农村房屋安全隐患排查整治，年度完成59幢城镇危房解危。完成农村困难家庭危房解危95户、其他农村危房解危347户。在全省率先开展农村“安居示范村”创建1277个，完成率127.7%，并建立健全各级涉及房屋安全防汛防台工作机制，进一步提升了城乡房屋安全系数。在专项工作方面，全面完成 333 万幢（户）、11.4 亿平方米的全国城乡房屋建筑自然灾害综合风险普查工作，市、区两级质检均高分通过省级、部级质检，特别是在部级质检中，宁波市提供了全省 1/3 的样本量。开展自建房专项整治行动，排查录入自建房信息 234.5 万栋（户），其中经营性自建房 21.4 万栋（户），同时共有 356 栋存在结构安全隐患自建房实现解危。积极参与住房和城乡建设部“房屋养老金制度课题”和“农村房屋质量保险制度课题”研究，并连续 2 次在全省自建房推进会上作为唯一地级市进行先进交流发言。

标准定额

聚焦数字化改革、碳达峰碳中和、工程质量提升等住建领域重点工作，科学推进建设领域标准体系建设。发布了《宁波市建筑幕墙维护保养技术导则》《宁波市既有公共建筑节能改造技术实施细则》《宁波市机制砂生产技术规程等地方标准》《宁波市机制砂混凝土应用技术规程》等地方标准；修订了《宁波市住宅设计实施细则》；启动了《宁波市政府采购和国有投资采购绿色建材需求标准（试行）》《宁波市共同友好城市基础设施设计施工验收技术导则》《宁波市民用建筑和市政基础设施绿色建材应用率核算技术细则》《宁波市工程勘察质量数字化管理细则》《宁波市土工试验数字化管理细则》等标准的编制工作。

建筑设计管理

【开展行业专项整治行动】制定印发《宁波市勘察设计市场和质量监管专项整治行动方案》《宁波市住房和城乡建设局关于开展施工图审查事后监管落实情况检查的通知》，落实 3747 个项目的勘察设计自查，633 个项目的能评自查，共涉及勘察设计企业 299 家，组织专家对 569 个施工图审查合格建设项目进行抽查，提出一般性整改意见 3309 条，督促设计单位和审图机构进行整改，并对各审图机构的考核情况进行通报。

【深化施工图审查改革】发布《宁波市住房和城乡建设局关于调整施工图设计文件审查范围的通知》，优化了审图范围，工程投资额在 200 万元以下（不含 200 万元）或者建筑面积在 1000 平方米以下（不含 1000 平方米），特殊建设工程以外的房屋建筑和市政基础设施工程，不再要求施工图审查，同时对此类项目的事后监管也提出了要求，加大抽查和检查力度做到放管结合。

【谋划勘察设计制度创新】2022 年 11 月，联合市发改委等 6 家单位印发了《关于在民用建筑和简易低风险工业建筑项目中推行建筑师负责制试点工作的指导意见》，明确了建筑师负责制的概念和 7 项试点内容，厘清了建筑师负责制责权利边界，为参建各方提供了经济和法律风险保障。

法规建设

【构建依法行政制度体系和决策机制】完成人大五年立法规划项目库的申报工作，结合行业管理，加快完善住建领域相关法律法规规章，完成《宁波市住宅小区物业管理条例》部分配套政策文件如《宁波市住宅保修金管理办法》《宁波市住宅小区管理规约（示范文本）》《宁波市物业服务合同（示范文本）》等的出台；初步完成《宁波市住房保障条例》的立法调研；组织开展法律法规清理工作，对不符合“最多跑一次”改革，不符合优化营商环境，与上位法相抵触、不一致的地方性法规和规章，及时提出清理建议，强化法律的时效性。2022 年共出台行政规范性文件 9 个，并对 35 份外来法律文件反馈了意见。2022 年审查住建领域合同共计 85 件，提出意见 34 条。在局官网公布了局重大决策事项标准和类别，起草《宁波市住房和城乡建设局重大行政决策程序规定》，并将适时研究发布相关配套制度，推动局重大行政决策制度落地。

【坚持严格规范公正文明执法】推进“大综合一体化”行政执法改革工作。梳理划转本系统行政处罚事项 243 项，加上 2020 年划转的 40 个处罚事项和 2021 年划转的 44 个处罚事项，以及 11 个宁波特有事项，共移交宁波市综合行政执法局处罚事项 338 个；保留 82 个处罚事项。依托“互联网＋监管”，推进监管执法数字化。系统内完成执法检查 2481 次，其中双随机抽查 1278 次，专项检查 367 次，即时检查 833 次，事件核查 3 次，掌上执法率 99.87%，事项覆盖率 100%；投诉举报事件数 257 次，处置率 98.44%。有序开展“双随机、一公开”检查。全市住建系统共完成 309 个双随机抽查任务，抽查事项覆盖率 100%，到期任务完成率 100%，跨部门联合“双随机”监管占比 36.21%，应用信用规则率 92.03%，检查公示率 100%。其中市本级制定 24 个双随机抽查任务，已全部完成。做好全市行政处罚数据统计分析。充分发挥统计数据的评估机制和预警作用，定期对全市行政处罚情况进行全面梳理、分析，及时掌握了解全市行政执法情况，并形成报告予以通报。全市共办理处罚案件 250 件，共处罚款 3059.29 万元。

【依法妥善化解行政争议】依法履行行政应诉和行政复议答复职责。局本级发生行政诉讼案件10起，被申请行政复议案件7起，均未败诉败议。行政负责人应当出庭的案件，出庭率达100%。在诉讼、复议案件办理中，积极配合法院的调解工作并与行政相对人充分沟通，主动推进行政争议实质化解。依法规范政府信息依申请公开工作。坚持“以公开为常态，不公开为例外”原则，规范依申请公开办理工作。局本级共受理政府信息依申请公开事项140件，其中132件已按期办理完毕，8件尚在办理中。

【持续推进普法宣传培训】抓好领导干部这一关键“少数”。以党委中心组理论学习、局长办公会议前专题学法和专题报告会等多种形式，学习领会习近平法治思想，提升领导干部的法治意识。抓好行政执法人员的执法能力建设。不断优化全市住建系统法治机构人员配置，组织开展2022年度执法人员建设法规知识培训考试，因执法证改革，全市35名新执法人员通过考试。深入开展普法宣传。下发普法教育责任清单并上网公布，做好宪法、法律和上级各项法律文件的宣传贯彻，开展《宁波市住宅小区物业管理条例》的普法准备工作；印制有关公积金、房屋安全、信访规定等宣传册到现场和窗口发放，利用局官网、官微、微博等新媒体开展住建系统普法宣传。

【建设工程消防设计审查验收】严格按照建设工程法律法规和国家工程建设消防技术标准开展消防设计审查、验收、备案和抽查工作。根据《建设工程消防设计审查验收管理暂行规定》，对特殊建设工程实行消防验收制度，对其他建设工程实行备案抽查制度。2022年市本级办结消防验收项目32件，办结消防验收备案项目19件；各区（县、市）、开发区住房城乡建设主管部门办结消防验收项目566件，办结消防验收备案项目2201件。

住房公积金

【任务指标稳中求进】截至2022年12月底，全市月均实缴住房公积金人数179.40万人。2022年，全市归集住房公积金361.42亿元，同比增长3.76%，完成年度计划的100.68%；截至12月底，历年累计归集2907.78亿元，归集余额为779.99亿元。全市提取额达到270.01亿元，同比增长0.80%，完成年度计划的98.82%；截至12月底，历年累计提取2127.79亿元。全市共发放普通住房公积金贷款147.14亿元，同比增长8.69%，完成年度计划的106.33%，公转商贴息贷款发放2.97亿元；住房公积金存贷比91.69%，个贷逾期率为0.0029%；截至12月底，累计放贷1386.64亿元。全市增值收益11.28亿元，完成年度计划123.95%。历年累计增值收益99.15亿元。

【公积金贷款“带押过户”试点成功】通过与不动产登记中心、建设银行三方业务合作，结合公积金贷款过户前审批模式，推动“公积金贷款带押过户”在全省成功实现首例交易案例落地。

【推出新政支持刚性和改善型住房需求】5月31日，联合市自然资源和规划局、市公安局、人民银行宁波市中心支行、市银保监局、市住房公积金管理委员会发布《关于支持刚性和改善型居住需求的通知》，重点支持首套购房需求，满足合理的“以小换大”“卖旧买新”等改善型住房需求，帮扶房地产企业纾困，促进房地产市场良性循环和健康发展。

【全省首家落地数字人民币公积金提取应用场景】联合建设银行宁波市分行创新住房公积金提取应用场景，使用数字人民币提取公积金，拓展公积金业务结算通道，推动数字人民币技术与住房公积金业务的深度融合，并于9月5日通过数字人民币支付方式为缴存职工王先生提取公积金61800元，成为省内首家成功落地数字人民币应用场景的中心。

大事记

1月

6日　鄞州区下应滨水公园—甬新河（湖下路—鄞州大道）整治提升项目正式开工。

7日　锦绣江花老旧小区改造工程竣工。

12日　全市各区（县、市）乡镇街道、社区的出租房排查人员手机上多了一款新应用——出租房排查助手。

14日　宁波市房屋安全和物业管理中心荣获2021年度“宁波市级青年文明号”荣誉称号。

17日　天工路（牡丹桥—天工桥）工程改造提升日前正式完工并通车。

18日　公布宁波市2021年市级未来社区创建名单。

24日　发布《关于加快发展保障性租赁住房的实施意见》。

27日　宁波市象山县、江北区、海曙区入选浙江省2021年度新时代美丽城镇建设优秀县（市、区）名单。

29日　印发《宁波市住房和城乡建设局关于做好近期低温雨雪冰冻天气防范应对工作的紧急通知》，全面部署住建系统雨雪冰冻天气防范工作。

30日　鄞县大道（环湖北路—东吴界）改建工程提前建成通车。

2 月

7 日　《宁波市共有产权住房管理办法（试行）》出台，2022 年 2 月 26 日起正式施行。

18 日　世纪大道快速路（永乐路—沙河互通）工程正式开工建设。

同日　召开全市城镇老旧小区改造工作会议。

3 月

3 日　和塘雅苑老旧小区改造项目近日完工，这是宁波市江北区第一个与公租房相结合的老旧小区改造。

4 日　发布《关于进一步加强住宅工程质量管理的若干措施》，对住宅工程质量管理提出十项措施。

15 日　鄞州首个政府专项债保障性租赁住房项目日前正式开工。

16 日　印发《宁波市建筑工地“迎亚运”环境综合整治提升行动方案》。

22 日　镇海湖滨未来社区项目正式完工。

24 日　宁波市住建局与宁波市资规局联合印发《宁波市租赁住房设计导则（试行）》。

31 日　召开 2022 年度全市城乡房屋安全管理工作会议。

4 月

1 日　修订的《宁波市住宅小区物业管理条例》正式施行。

11 日　宁波市 36 处农村生活污水闲置设施完成现场销号，提前一个月完成省定整改目标任务，标志着宁波市农村生活污水闲置设施整改专项行动圆满收官。

13 日　正式启动宁波市第四批省级未来社区项目实施方案评审工作。

15 日　出台《宁波市住宅小区环境整治提升行动方案》。

19 日　发布《关于进一步做好我市建筑工地亚运特色围挡公益广告布设工作的通知》。

21 日　公布 2021 年度宁波市“甬江建设杯”优质工程奖评选结果，浙江纺织服装职业技术学院中英时尚设计学院综合楼项目等 86 项工程获奖。

25 日　市住房公积金管委办出台《关于住房公积金阶段性缓缴有关事项的通知》。

27 日　新规划建设的 4 条绿道建成。

29 日　新典桥正式建成通车。

5 月

9 日　公布首届全市住建系统“最美建设人”选树结果。

10 日　实现异地公积金还贷提取省内通办，异地公积金还贷提取即时受理、“零等待”办结。

12 日　宁波市住房和城乡建设局召开全国文明典范城市创建专题动员部署会。

23 日　印发《全国文明典范城市创建“集中攻坚大会战”工作方案》。

30 日　宁波市住房公积金管理委员会办公室印发《关于贯彻落实住房公积金阶段性支持政策的通知》。

31 日　联合市自然资源和规划局、市公安局、人民银行宁波市中心支行、宁波银保监局、市住房公积金管理委员会发布《关于支持刚性和改善型住房需求的通知》。

6 月

1 日　浙江省旧改办通报 2021 年度城镇老旧小区改造综合考评结果。宁波市获省级优秀设区市，总成绩名列全省第二。

3 日　央视新闻频道《新闻直播间》栏目制作《浙江宁波：推动数字政府建设，一码监管全程追溯》新闻报道，点赞宁波住建“甬砼码”。

8 日　浙江公布首批共同富裕现代化基本单元名单，宁波鄞州和丰未来社区、镇海总浦桥未来社区、鄞州南部创意魅力区城市新区风貌区、江北慈城老城传统风貌区 4 个项目榜上有名。

10 日　“甬有好房”宁波首届线上房展会正式开展。

13 日　市住建局组织召开全市勘察设计质量推进大会。

16 日　联合市总工会，组织 78 支队伍和 238 名选手，举行宁波市建筑起重机械“除障保安”技能竞赛。

29 日　中心城区三大城建工程——环城南路西延工程、西洪大桥及接线工程（环镇北路—北环快速路）、鄞州大道—福庆路（东钱湖段）快速路一期工程正式通车。

7 月

12 日　印发《宁波市住宅小区业主大会议事规则示范文本》和《宁波市住宅小区管理规约示范文本》。

13 日　鄞州区启动全区未来社区智慧服务平台建设，这是宁波市首个区域级未来社区数字化平台。

同日　海曙区首个 TOD 保障性租赁住房兴宁桥西侧地块项目正式开工，这也是宁波市核心区首个 TOD 保障性租赁住房项目。

18 日　宁波市市政行业协会与市建筑业协会联合举办全市建设工程围挡动态巡查志愿者活动动员会。

20 日　2022 年第二季度住宅小区物业服务项目“红黑榜”发布。

22 日　组织开展第三轮全市建设施工领域“除险

保安”专项督导。

25日 宁波市望京门遗址公园工程通过综合验收。

26日 发布《宁波市住宅小区业主大会议事规则示范文本》和《宁波市住宅小区管理规约示范文本》。

8月

3日 组织对全市建筑业企业和工地开展夏季施工安全专题培训，一千余个建筑工地、三万多名建筑施工人员参加培训。

12日 面向全体建筑工人推行以“甬建码”为数据和信息中枢的人员实名管理体系，完成研发并应用上线。

22日 浙江省委全面深化改革委员会召开第一次会议，对首批28个共同富裕省级试点项目进行评价，全省4个项目获评五星，宁波新市民住房保障位列其中，得到省共富办高度肯定。

26日 第四届“宁波最美绿道”评选结果正式出炉。

9月

9日 出台《宁波市住宅物业保修金管理办法》，自2022年10月1日起施行。

13日 市住建局党组书记、局长金伟平三次召开防台防汛指挥调度会，深入贯彻落实省、市防台会议精神，全面部署调度全市住建系统防台工作。

15日 发布《关于严格落实“梅花”台风过后房屋市政工程安全工作的通知》，要求全市建筑工地严格按照“符合响应等级再复工、符合安全条件再复工”的双控标准，有序复工。

19日 市住建局、市交通运输局等八部门联合发布《关于依法严厉打击非法海砂运输过驳销售使用等违法犯罪行为的通告》。

23日 省风貌办召开全省城镇社区公共服务设施调查工作视频会，会议公布全省城镇社区公共服务评估结果，宁波市以70.19的综合总评分位居全省设区市第一。象山县以84.689的评估总分位居全省区（县、市）第一，并作为工作样板在会议上进行经验交流。

10月

11日 浙江省首批300个共同富裕现代化基本单元“一老一小”场景正式公布，宁波市城镇社区共有38个场景入选，占全省总数的17%排名全省第二。浙江省城乡风貌整治提升工作专班办公室公布2022年度第二批城乡风貌样板区名单，全省32个样板区中，宁波市共有5个风貌区上榜，数量位列全省第2。

17日 全市“建筑业一张图”信息管理平台正式上线运行。

28日 市住建局会同市“五水共治”办、市水利局、市生态环境局召开污水截污纳管工作推进会，全面推进截污纳管“污水零直排”建设。

11月

1日 市住建局公布2022年第三季度住宅小区物业服务项目“红黑榜”。

6日 召开第六次数字化改革专题会议。

16日 宁波市房产网上超市，正式推出试运行。

21日 发布《关于开展物业管理住宅小区绿化带集中清理整治行动的通知》。

29日 市城乡风貌整治提升（城乡更新建设）工作专班办公室公布22个2022年度市级城乡风貌样板区名单，这也是我市首批建成的市级风貌样板区。

12月

7日 联合市发改委等6部门印发《关于在民用建筑和简易低风险工业建筑项目中推行建筑师负责制试点工作的指导意见》，宁波市建筑师负责制试点工作正式启动。

22日 浙江省2022年度第三批62个城乡风貌样板区正式名单公布，宁波市5个样板区入围。

（宁波市住房和城乡建设局）

厦 门 市

城乡建设事业发展概况

2022年，厦门市深入贯彻中共福建省委、省政府“提高效率、提升效能、提增效益”行动精神，以项目建设为中心快谋划快推进，统筹安全质量与发展守好底线，以创新思维强监管补短板，促进城乡建设事业高质量发展。

2022年建安投资同比增长9%，占全市固投45.5%，同比提高4.9个百分点。建筑业实现新发展，全年建筑业总产值完成3513.48亿元，同比增长

9%。建筑业增加值 809.42 亿元，同比增长 5.5%，占全市 GDP10.4%，拉动增长 0.5 个百分点，产值贡献率 12.4% 创历史新高。招商引企实现新收获，累计引进 22 家央企或世界 500 强。2022 年 135 家企业在厦门市新增入统，其中 10 家世界 500 强等大型企业在厦门设立子公司，带来约 127 亿元新增产值，拉动增长 3.9 个百分点，全市建筑业产值增幅贡献过半。2022 年全年 470 个市重点项目完成投资 2445.8 亿元，同比增长 7.1%，完成年度计划 159.5%。新增开工 81 个，超六成提前开工（51 个），新竣工 63 个，近两成提前竣工（12 个），交地 2.1 万亩，完成年度计划 130.6%。

安全生产形势总体平稳可控。出台刚性八条严处重罚，制定有限空间、高处作业、外包项目作业安全管理措施，压实压紧安全责任，重点防范扫尾期、空窗期、危险环境高发隐患。聚焦国务院安委会十五条硬措施，深入开展大排查大整治，实行工程质量监管常态化层级指导，率先全省开展建设工程首要责任检查、压实建设（代建）单位责任，获住建部转发推广。打造农村自建房及小散工程纳管“厦门蓝本”。2022 年住房和城乡建设部专项随机抽查中，全市 3 个在建房屋市政工程近千项检查内容合格率达 95%，高于全国 87% 的平均水平，工程监管、混凝土规范化施工成为评价亮点。祥平保障房地铁社区二期工程 2-2 地块主体工程项目获评“鲁班奖”，尚柏奥特莱斯 2016JG06 地块项目获“国家优质工程奖”，健康步道和美桥获“世界人行桥奖”银奖，新会展中心－展览中心Ⅰ、Ⅱ标段 2 个项目获国家级安全文明标准化工地，20 个项目获“省级优质工程（闽江杯）”。

2022 年，厦门市完成老旧小区改造 4.97 万户；完成 3415 栋农村裸房整治；完成公共建筑节能改造累计 326.5 万平方米，圆满完成住建部下达的公共建筑能效提升重点城市工作任务；竣工 1.18 万套保障房，新开工安置型商品房 10 个；新建公共停车泊位 1.07 万个，完成 899 处无障碍设施改造；完成 AR 秀和鹭江道、厦大白城、海沧大桥头、帝景苑等夜景策划，顺利完成重要时段及节假日夜景保障。

三项试点初显成效，智能建造被住房和城乡建设部列为首批试点城市；率先全省试点预拌混凝土搅拌站光伏发电，全年发电 104 万度，减少二氧化碳排放 790 吨；城建档案馆新馆项目电子文件归档和电子档案管理被列为国家试点，电子原件率达 86%，节省档案管理成本近半。四项新机制强化行业管理，完善“评定分离”机制，实现好企业中标 200 余个项目；探索“大物业”模式，将小区管理与市政道路养护、环卫、公共停车等捆绑，规模化运营“城市市政物业包”，解决无物业无资金小区管理难题；建立一图一方案优化安置房建设调度；混凝土用量首次列入厦门市经济运行先行指标，加强预警预判，全年保障用量超 1500 万方。五项新规范填补管理空白，聚焦消防审查，出台既有建筑改造、电动车充电场所相关消防导则；聚焦优化管理，出台全国首部代建管理地方标准《代建工作规程》DB302/T 078—2022；聚焦快建设早投用，不但实现施工许可办时全省最短，即报审材料减至 5 项，审批时限缩至 1 天，重大重点项目即来即办，还实现分期分批次联合验收，在 2022 年住建部公布的 2021 年全国工程建设项目审批制度改革评估结果中，厦门市总分居全国第四；聚焦企业减负，率先全省开展施工过程结创新分期分批验收；聚焦市场规范运行，率先全省开展勘察设计企业信用评定，完善造价咨询、监理、建筑废土运输企业信用评价体系。

重点项目建设

【概况】2022 年，厦门市安排重点在建项目 470 个，年度计划投资 1533.5 亿元。全年开工项目 81 个，竣工项目 63 个，实际完成投资 2445.8 亿元，超额完成 912.3 亿元，完成年度计划的 159.5%，市重点项目投资完成额连两年突破 2000 亿元。厦门市建设局采取设立项目服务专班、主动梳理提请协调跨部门的问题等服务举措，推进厦门国际健康驿站项目、宝太生物 POCT 产业园项目、厦门 SM 商业城三期、四期等重点项目建设。2022 年，厦门市开展城市建设品质提升工作，开展项目 649 个，年度计划投资约 666.5 亿元，累计完成投资 784.7 亿元，完成年度计划的 117.7%，连续两年年度考核位居全省前三；推进街区立面整治、夜景照明提升等工作，推进停车设施建设，全年新增公共停车泊位 10681 个；开展无障碍设施排查，完成 111 个无障碍设施改造项目；开展城市体检工作。

【产业类重点项目建设】2022 年，厦门市 142 个产业项目完成投资 574.5 亿元，完成年度计划 135.0%。宝太生物 POCT 产业园、厦门航空产业启动区、艾翔迪科技园等 20 个项目开工。天马第六代 AMOLED 生产线、电气硝子四期、华联翔安工业园等 20 个项目竣工投产。新能安锂离子电池生产基地（一期）、当盛新材料、字节跳动总部大楼、茂晶光电、银城智谷、新经济产业园等一批项目加速推进，有效夯实厦门产业基础，支撑经济发展后劲。

【社会事业类重点项目建设】2022 年，厦门市 161

个社会事业项目完成投资532.5亿元，完成年度计划187.6%。复旦大学附属中山医院厦门科研教学楼等38个项目开工。翔安区第二实验小学黎安校区等29个项目竣工。希平双语学校、厦门高新学校9月按期开学。华西厦门医院4号、5号楼试运营，国际健康驿站一期建成投用。洋塘居住区三期保障性安居工程全部完成竣工备案。马銮湾医院、环东海域医院、厦门实验中学新校区、珩边居住区保障性安居工程等一批医疗、教育、住房项目加快建设，持续改善城市品质和人居环境，满足多样化民生需求。

【**城乡基础设施类重点项目建设**】2022年，厦门市156个城乡基础设施项目完成投资900.4亿元，完成年度计划167.6%。同安进出岛通道同安端先导工程（同集路—滨海西大道段）、新324国道（翔安段）提升改造工程等23个项目开工。大嶝南缘原预留围场河区域造地工程等14个项目竣工。轨道3号线南延段、6号线集同段等项目全面动工建设。海沧疏港通道全线通车，福厦高铁厦门段、翔安大桥预计2023年可建成通车。石兜、莲花、汀溪水库水源连通工程（石兜水库至西山水厂段）具备通水条件，进一步提升城市基础承载能力和运行保障能力。

【**新城配套类重点项目建设**】2022年，厦门市11个新城配套项目完成投资438.4亿元，完成年度计划152.9%。岛内城市有机更新加速推进，湖里东部、湖滨一到四里、何厝岭兜、泥窟石村等重点片区旧城旧村改造有序推进。岛外新城片区建设加快环湾成势。集美新城、同安新城全力推进中交白鹭西塔、软件园三期、滨海旅游浪漫线、文体公建群、市青少年足球训练中心等建设，完善公共服务和商业配套。马銮湾新城、同翔高新城加快北部智慧科技产业园、厦门时代等建设。翔安新城、机场片区完善片区规划，加快新会展中心、新体育中心、新机场主体工程等核心项目建设。

【**老旧小区改造**】2022年底，厦门市累计完成289个老旧小区改造，涉及居民49690户，完成投资5.9亿元。思明区结合老旧小区改造推动绿色社区建设，瑞景社区绿色样板项目被评为福建省绿色社区典型样板工程。湖里区创新采用EPC＋O方式引入社会资本参与东渡片区老旧小区改造"投建管"，取得良好成效。

【**城市建设品质提升**】2022年，厦门市印发《2022年厦门市城乡建设品质提升实施方案》，围绕城市更新、新区拓展、生态连绵、交通通达、安全韧性五大工程26项细分类型项目，推动实施一批城市建设品质提升项目建设，申报省级项目649个，总投资4854亿元，年度计划投资约666.5亿元，2022年完成投资784.7亿元，占年度计划投资117.7%。全力打造新区组团建设、城市更新等10类样板项目，积极创建省级样板建设项目10个（其中：城市类7个。农村类3个），年度计划投资12.32亿元，完成投17.78亿元，占年度计划投资144.3%。厦门市获评2022年度城乡建设品质提升综合绩效优异的设区市，3个项目获评省级典型样板项目。

【**街区立面综合整治**】2022年，立面整治工作重点转为小微工程改造及后续维护管理。厦门市建设局配合各区政府、执法局等部门开展日常检查、后续维护等工作。同时结合文明城市创建工作要求，各区建设局加强街区立面景观巡查和维护管理。通过各区建设局对建筑外立面摸底排除工作，发现133处建筑外立面破损污损问题，2022年完成113处整改。

【**夜景照明品质提升**】2022年，厦门市建设局以提升夜景照明集控平台功能品质为抓手，实现了市夜景集控平台升级扩容，平台的功能得到进一步提升和完善，市区两级平台联动联控、全市夜景照明亮灯控制实行了"一把闸刀"。积极探索社会资本参与夜景建设机制，协调推动绿发大厦夜景提升改造。强化夜景照明设施运行维护监管，有序做好元旦、春节、"投洽会"、海峡论坛及党的二十大、金鸡百花电影节等重要节日、重大活动期间的亮灯保障。

【**公共停车设施建设管理**】2022年，厦门市推动公共停车设施建设，通过月跟踪、季督查、年考核，推进市、区两级公共停车设施建设项目"完工一批、续建一批、开工一批"，全年实际新增路外公共停车泊位10681个，超额完成全省城乡建设品质提升"新增3000个路外公共停车泊位"计划目标，自2016年累计新增67692个公共停车泊位。开展城区公共空间经营性停车场专项整治，规范经营行为。组织公共停车信息联网，截至年底，有180个停车场实现实时信息联网。

【**无障碍设施品质提升**】2022年，厦门市建设局牵头组织开展厦门市无障碍设施品质提升工作，印发《2022年厦门市无障碍设施品质提升工作方案》。完成33个无障碍省为民办实事项目及78个无障碍普通项目改造。

【**城市体检工作**】2022年，厦门市入选城市体检全国59个样本城市，且该项工作职能由厦门市自然资源和规划局划转至厦门市建设局，厦门市建设局已完成2022年城市体检工作，从生态宜居、健康舒适、安全韧性、交通便捷、风貌特色、整洁有序、多元包容、创新活力8个维度，“69＋9”项指标体系，收集到24个职能部门及各区、街道、社区等超200项数据，辅助采集7527份有效问卷居民对城市建设发展满意度调查，平均得分81.25分，居民整体满意度较高。通过大数据及专业机构分析，评估发展优势和弱项短板，从优化城市布局、完善城市功能、提升城市品质等6个方面，制定61类115项提升改造措施，形成《2022年度厦门市城市自体检报告》，为城市更新提供指引。

勘察设计

【概况】2022年，在厦门承接勘察设计业务企业428家，其中勘察单位87家、建筑设计单位160家（不含装修等其他专项）。全年，市建设局完成全市勘察设计工程项目2773个，其中工程勘察项目525个、设计项目2248个（含装修工程）、市政工程设计283个。

【施工图审查管理】为促进省市重点工程更快、更优建设，2022年，厦门市建设局建立省市重点工程设计技术服务工作机制，省市重点工程建设单位根据工作需要提出申请，由审查机构进行技术帮扶，将技术难点解决在工程设计阶段，高效协调项目建设。厦门市建设局会同市财政局优化施工图审查购买服务办法，对推行政府购买服务方式开展施工图联合审查实施办法进行修订，增加了审查机构选定的信用优选法，将施工图审查机构选定方式与考核情况相关联，并强化选定择优导向。组织技术力量统一审查标准，针对审查过程中，对国家现行技术标准执行尺度不一致、理解不一致等情况导致的争议问题，组织各审图机构、设计单位及行业协会等方面力量准予以统一。

【工程勘察监管】2022年，厦门市建设局根据《福建省房屋建筑和市政基础设施工程勘察设计招标投标管理若干规定》《福建省住房和城乡建设厅关于进一步加强工程勘察现场质量管理工作的通知》，强化土工实验室及勘察现场管理，以文件形式公布符合规定条件的土工试验室名单43家，重点监管涉及安全的周边及地下工程原始资料收集工作。

【工程设计管理】2022年，厦门市建设局完善厦门市勘察设计行业信用体系建设，出台《厦门市建设局关于勘察设计信用综合评价办法》《厦门市勘察设计企业评价计分办法》，并在行业内进行宣贯。通过信用评价强化厦门勘察设计行业的品质意识、品牌意识，鼓励服务项目建设的良好行为，约束影响项目建设的不良行为。同时顺利承接超限高层抗震设防审批，组织相关处室人员学习掌握相应审批事项的业务内容和标准，制定承接方案，完善具体办事细则，截止2022年底，共完成2项超限高层抗震设防专项审批工作。

【消防设计审查验收管理】2022年，厦门市消防审验中心抽查项目消防设计技术审查212件，其中技术性抽查56件，合规性审查156件；受理房建市政类项目消防验收（备案）313件，专业工程类7件，提前技术指导268件。开启重大项目服务保障工作模式，针对大型产业类、医院、教育等省市重大重点项目特点，试点分段分期验收模式，派出专人专班对接，全程指导。为加快省市重点工程、民生工程等大项目的消防验收进度，出台《委托消防技术服务机构开展消防验收前技术服务工作方案》，对接环东海域医院、新体育中心、新会展中心等7个项目开展施工过程现场技术服务指导工作。

【填补消防审验标准空白完善工作机制】2022年，厦门市建设局进一步规范全市消防审验工作，提升消防审验服务效能。包括：完成《厦门市既有建筑改造消防设计及审查指引（旅馆篇）》《厦门市电动自行车停放充电场所消防安全导则》编制，填补消防审验标准空白；拟定验收现场评定工作规程，完成加油加气站、变电站等专业工程消防验收工作细则初稿；建立市区消防审验工作协同机制，与各区建设局在信息共享、培训交流、会商协调、督导检查等多个方面协调联动；在“建筑市场主体信用系统”增设消防模块，建立现场评定APP管理平台，完善升级厦门市消防审验系统数据库；探索建立限额以下其他建设工程消防验收备案抽查管理机制；充分发挥行业专家在消防审验的技术支撑作用，公布消防设计审查验收第二批入库专家（共118人）名单，建立第二批厦门市级消防审验专家库，再次加强行业技术储备。

建筑业

【概况】2022年，注册地在厦门的企业完成建筑业总产值3513.48亿元，比上年增长9.0%。厦门市建设局积极推动国有企业投资建设项目按规定直接委托设计施工，全年推动40个项目直接委托设计施工，项目合同总金额85.55亿元。推进建筑业高质量发展、根治欠薪工作、敏感事件核实处置等工作成效明显，相关做法经验得到了福建省住建厅及厦门市的表扬肯定和推广。

【招商引企】2022年，为鼓励域外建筑业企业迁入厦门并扶持其加快发展，厦门市建设局出台《厦门市建设局关于建筑业企业信用扶持措施的通知》，促进企业更多产值和税收落地，提高企业市场竞争力。一个年度以来全市共有135家企业在厦门新增入统，其中有中冶福投、中铁建大桥局、中铁隧道局等10家世界500强等大型企业在厦设立子公司，带来约127亿元新增建筑业产值，拉动增长3.9个百分点。2022年，厦门市建设局"积极推进建筑业改革发展、推动建筑业高质量综合表现突出"2项工作获福建省住建厅书面肯定推广。

【招投标改革】2022年，厦门市继续被列为全国营商环境"招投标"指标标杆城市，厦门市"招标投标"指标在营商环境评价中居福建省第三，多家大型建筑企业在厦门设立子公司。厦门市建设局为发挥市场主体能动性，强化招投标事中、事后监管力度，出台《关于修改〈福建省房屋建筑和市政基础设施工程标准施工招标文件〉等三个招标文件的通知》《关于建设工程施工招投标活动不得强制要求公证的通知》《厦门市建设局等5部门关于减轻建筑业企业负担 优化工程建设领域保证金政策措施的通知》《关于试行建设工程施工合同网签工作的通知》《关于曝光近期未按规定进行回避评标专家名单的通知》《关于印发厦门市建设工程招标代理机构信用评价管理办法的通知》等文件，进一步推进招投标活动的规范化，完善招投标制度，有效限制招标人、招标代理机构"量身定制"不良行为，打击围标串标等行业乱象，构建"诚信激励、失信惩戒"市场氛围，减轻企业投标成本，优化招投标营商环境。

【"评定分离"试点】2022年，厦门市建设局持续推动"评定分离"试点工作，出台《关于印发建设工程招投标"评定分离"办法（试行）的通知》《关于规范施工招投标"评定分离"有关事项的通知》等文件，进一步落实压实招标人主体责任，更好地提高工程质量，降低工程成本，加快工程建设，防范廉政风险。年内，厦门试点项目共308个，建安费336.76亿元，已定标项目254个，总中标金额275.96亿元，比通常招标办法多下浮约6个百分点，所有项目零投诉，保障项目按期开工。

【建筑施工企业信用评价】2022年，厦门市建设局完成建筑施工企业信用综合评价和补充评价工作，全市施工总承包企业参评1488家，其中A等级300家，BB＋等级713家；施工专业承包企业参评501家，其中A等级48家，BB＋等级263家。对3家在信用信息采集和信用综合评价中弄虚作假的企业，予以通报并撤销2022年信用综合评价等级、禁止参加下一周期信用评价等处理。

【建筑市场监管】2022年，厦门市建设局为加强建筑市场整顿，打击围标串标、弄虚作假、转包挂靠和违法违规评标等行为，全年发出384份监督意见书（含建议书），对11名评标专家进行通报批评，对提供虚假材料的2家投标企业及投标负责人进行处罚，督促招标人没收投标保证金412万元，向纪检、公安、审计及各行业主管部门移交1条线索，实施联合惩戒。年内核查企业资质516家、819项，撤（注）销38项。

【清欠工作】2022年，厦门市建设局在日常行业监管基础上，进一步推行开门整治、主动出击、综合施策，充分发挥"1＋1＋4"清欠工作机制优势，累计解决拖欠工程款案件107件、涉及金额8.16亿元，解决农民工欠薪案件430件、涉及金额1.03亿元。"干活有数据、用工有实据、讨薪有依据、权益有保障"的建筑劳务实名制"厦门经验"，获福建省住建厅推广。在2022年国务院保障农民工工资支付考核工作中，厦门市代表福建省参加考核，获得全国排名第二的好成绩。

【智能建造】2022年，厦门市建设局按照住房和城乡建设部《遴选智能建造试点城市通知》要求，完成《厦门市智能建造试点城市实施方案（申报稿）》，经过专家评审、答辩，厦门被选为全国24个之一的智能建造试点城市。厦门市与华中科技大学签订科技框架协议，将与国家数字建造技术创新中心共建"智能感知与工程物联网（厦门）实验室"，已征集第一批智能建造试点项目31个、智能建造专家72位，完成了智能建造试点项目、试点企业评价标准的制定。

【政策扶持】2022年，《厦门市促进建筑业高质量发展的若干意见》被住房和城乡建设部建筑市场监管司编著的《中国建筑业改革与发展研究报告》摘录为典型案例。同年，厦门市建设局印发《关于促进建筑业企业跨越发展的若干措施》，对企业承揽域外项目、产值增长、资质升级等给予资金奖励、员工生活补贴、子女教育保障、信用激励等扶持政策，惠及企业近50家，预计发放现金奖励3000万元，会商市财政局配套出台《企业管理人员和骨干员工生活补贴指导意见》，鼓励企业将所获各项奖补资金全部用于奖励员工，会商市教育局明确解决企业骨干员工子女教育问题操作流程。印发《厦门市建筑业企业挂钩服务实施方案》，挂钩服务45家重点建筑企业，及时了解企业经营中的痛点、堵点，进一步助企纾困，促进建筑市场持续健康发展。

【建筑材料管理】2022年厦门市共有38个预拌混凝土搅拌站，混凝土累计供应量1590.74万立方米，同比增长 2.86%。率先全省试点预拌混凝土搅拌站光伏发电，利用搅拌站建筑屋顶及附属场地建设分布式光伏发电，2022 年累计发电 104 万千瓦时，减少二氧化碳排放约 790 吨。投入使用 50 辆纯电动混凝土搅拌运输车，每年可减少二氧化碳排放约 3930 吨。2022 年办结返退墙改项目 11 件，返退墙改基金总金额 315.11 万元。

【绿色建筑推广】根据 2021 年厦门市建设局等五部门联合发布的《厦门市绿色建筑创建行动实施计划》，持续开展全市绿色建筑创建行动。2022 年新建绿色建筑面积 1303.79 万平方米，城镇新建绿色建筑占新建建筑比例为 100%。实施商品住宅用地出让定品质，把全装修和绿色建筑指标纳入定品质指标并实施监管，2022 年共有超过 300 万平方米建筑要求按照二星级绿色建筑标准建设，全面推进绿色建筑高质量发展。2022 年厦门市 4 项节能双控指标完成情况均居全省第一。

【建设科技管理】2022 年厦门市建设局征集建设科技项目 44 项，立项 30 项，补助金额 158 万元，撬动科研经费 2078.50 万元，涉及建设领域双碳研究、建筑废土资源化利用、绿色建筑与建筑节能、岩土工程、新型建筑材料开发与利用技术、省市重点建设项目的技术攻关等领域。组织《风貌保护石结构 ECC 嵌缝加固技术及抗震性能研究》等 11 个建设科技项目验收。2022 年度厦门市建设系统获得福建省科学技术进步奖三等奖 1 项，厦门市科技进步奖一等奖 1 项，二等奖 1 项，三等奖 3 项。

【工程质量安全监管】2022 年，厦门市建设局根据厦门市建设工程质量安全生产及消防工作目标，加强建设工程质量安全生产工作，提高施工现场安全防护能力和文明施工水平。坚持建设工程质量安全“双随机”检查、监管警示和约谈制度。巩固并推广质量安全巡查模式，按照“全覆盖、零容忍、严执法、重实效”的要求，开展各类质量安全生产专项整治活动。全年召开 4 次全市建设工程质量安全生产形势分析会议，部署各阶段建设系统质量安全生产主要工作，累计巡查工程项目 2436 个，出动监督巡查人员 1.2 万人次，发现一般事故隐患 1.26 万条，发出责令整改通知书 2403 份，发出局部停工通知 25 份，发出全面停工通知 4 份，通报批评单位 13 家，记录信用监管行为 P 类单位 475 家，约谈责任主体 646 家（次），施工企业违规记分 15044 分，监理企业违规记分 11588 分。全年在建工程质量安全生产形势平稳，没有发生较大及以上等级安全生产事故。2022 年住房和城乡建设部专项随机抽查中，厦门市 3 个在建房屋市政工程近千项检查内容合格率达 95%，高于全国 87% 的平均水平，工程监管、混凝土规范化施工成为评价亮点，总得分居全国前列，创历史最好成绩。

【监管制度完善升级】2022 年，厦门市建设局加快小散工程纳管进度，制定纳管通知及实施方案。厦门市委、市政府主要领导多次到现场调研，督促各区全面实施小散工程安全生产纳管，补齐安全监管短板；在全省创新开展建设单位质量安全首要责任专项检查，切实发挥建设（代建）单位牵头作用，督促各参建单位履约尽责，住建部予以经验转发；印发《关于进一步加强市区联动提升监管效能的通知》和《厦门市建设工程质量安全监督层级指导工作指引（试行）》，建立联络沟通、联合检查、联合惩戒、应急处突、层级指导和定期点评等六项市区联动机制，促进市区交流学习，统一监督工作标准，全面提升监管水平。厦门市建设工程质量安全站不断完善监管制度体系，实行双随机执法与站级督查、科室巡查、专项检查的“1＋3”监督管理模式，实行“点评＋评议”“通报＋约谈”的“2＋2”内控机制；出台《关于落实市管工程建筑起重机械安全差异化监管若干事项的通知》《关于开展高处坠落等四个专项整治的通知》《关于进一步规范建设工程检测质量管理工作的通知》等多项制度；发挥技术优势编制相应技术标准规范，主编参编 9 部省地方标准，其中主编完成国内首创的《福建省 LED 夜景照明工程安装与质量验收规程》《风貌建筑加固修复工程施工质量与安全技术规程》。

【文明施工再上台阶】2022 年，厦门市建设局制定《房屋建筑和市政基础设施工程文明施工扬尘防治工作方案》《厦门市房屋建筑和市政基础设施工程文明施工扬尘防治检查考评实施细则（试行）》《关于加强建筑工地文明施工监管推动创建文明典范城市工作的通知》等 3 份文件，进一步完善扬尘综合治理机制建设。全年坚持常态化检查，严格查处文明施工违规行为，多轮次对厦门市管工程施工现场落实扬尘防治“6 个 100%”和文明施工精细化管理开展检查，纠治扬尘污染防治、文明施工管理方面的问题 6500 余个，对 20 个项目、55 家责任主体因文明施工、扬尘防治工作不到位记录批评类信用监管行为。强化部门联动，协调处理反馈“厦门蓝”微信群、城市综合管理平台发布的文明施工管理事件 293 起；处理反馈厦门市环委办督查通报 57 期，涉及 132 个市管工程；处理反馈厦门市创城办、市环委办和各区建设与交通局、各指挥部的 140 份关于文明典范城市创建、扬尘防治问题通报 20 份。

【轨道工程监督管理】2022年，厦门市轨道3号线南延段、6号线集同段工程正式破土动工，地铁线路网络覆盖各区；轨道3/4号线机场西站土建工程项目正式动工，机场片区轨道建设项目全面开工；轨道6号线林华段全线贯通，进入铺轨工程施工；轨道4号线软三东站至蔡厝基地站轨道（铺轨）工程全部完工。厦门市建设局会同地铁办、应急局等多个部门组织开展了轨道交通工程防台防汛、车站防水淹、地铁保护区发生突发事件、扬尘防治等综合应急演练，提高事故发生应急能力。开展轨道6号线林华段铺轨工程质量控制观摩活动、轨道6号线集同段创文明典范城市现场观摩会，提升铺轨工程施工质量和轨道交通工程文明施工水平。

【渣土运输车专项整治】2022年，厦门市建筑废土站严格落实渣土运输车专项整治工作。按工作部署，厦门市级部门联合执法小组出动1452人次，站级专项整治小组出动2616人次，执法车辆718车次，检查运输车辆4569辆次，全市覆盖检查建筑废土项目2504个次，纠正违规801个次，查处非法中转场38个。期间约谈企业489家次，开具《责令整改通知书》229份，对85个项目、238家建设、施工、监理单位记录不良行为记录。通过专项整治，渣土车未密闭覆盖、上路“滴撒漏”及超速行驶等不文明运输行为得到有效控制。

【建筑废土行业管理多元化】2022年，厦门市建筑废土站从建筑废土源头监管抓起，拉网式摸底排查全市建筑废土处置项目1342个次，销项800多个“僵尸”项目。针对废土运输市场行业监管，全年共备案外运项目617个、工程消纳208个、许可消纳场3家；运输车辆违规违法行为及道路交通亡人事故发布通知通报52份，整改通知单41份，驾驶员检讨478份；完成车厢全密闭整改2610辆；对1928辆违规车辆扣信用分1376.2分，对达标企业奖励信用分1291分；召开车企主体责任专题会议7次，差异化监管检查企业13家次，邀请交警专题授课3次，完成运输车辆右侧盲区预警系统安装2182辆；积极推行驾驶员“黑名单”等制度，加强行业自律。持续加强建筑废土处置消纳管理，全年共梳理900多个工程类消纳场，并将111个未回填完毕的工程类消纳场纳入日常监管；共计巡查矿坑类消纳场299个；推动新增矿坑类消纳场2个，新增建筑废土消纳量约为74万立方米；共计巡查消纳堆场48个次。此外，厦门市建筑废土站还积极联合厦门市交通运输局开展推进渣土运输车辆源头管控整治工作，全年共移交转办案件5批次，溯源查处项目25个，对75家责任主体记录不良行为记录；将交警移送的闯红灯车辆进行溯源，扣除企业信用分；通过数据共享，实现交通、交警、建设等65个部门和单位协作，形成合力。

【建筑废土处置管理信息化】2022年，厦门市建筑废土站提升管控平台智能化监管水平，实时监测技术和“一张蓝图”实现建筑废土处置项目的全生命周期管理，实现全年累计超速报警44639车次、锁车管控指令下发1099车次、限速管控指令下发24574车次、运输企业车辆维护报告8112车次、市民举报信息接收690条、录入项目巡检记录2216条。推广安装AI智能管控系统，对多次违规的8个项目实施差异化监管。新开发的系统移动办公手机端，对巡查现场情况“立查立录人”实现办公即时、及时、便捷，提高了检查执法的工作效率。

【建筑垃圾资源化利用】2022年，厦门市建设局继续推进房屋拆除工程实施现场建筑垃圾资源化利用工作，把建筑废土资源化利用企业纳入消纳场管理，参与建筑垃圾资源化利用的企业有14家，全年资源化利用建筑废土约485.2万吨。

【代建管理】2022年，厦门市建设局出台全国首部综合性代建管理地方标准《代建工作规程》DB302/T 078—2022，填补了国内综合性代建管理地方标准的空白，并于11月23日组织厦门代建企业进行宣贯培训，推进代建管理科学化、规范化、标准化、精细化。同年，制定《厦门市市级财政投融资建设项目代建人员管理办法》（厦建协〔2022〕8号），强化代建人员履约尽责，促进提升项目管理成效。

【代建企业信用评价】2022年初，厦门市建设局公布44家代建企业2021年度信用综合评价结果（A等级15个、BB＋等级13个、BB-等级12个、不定等级4个），作为业主择优选取代建企业、管理部门实施差异化监管的依据之一。年内，市建设局会同市重点办对44家代建企业的96个项目开展季度指导服务，及时公布指导结果（优秀59个、良好30个、合格7个），督促参建单位履约履责。

物业管理

【概况】2022年，厦门市备案物业服务企业603家，实施物业管理的项目2555个，物业管理总建筑面积1.82亿平方米，其中住宅小区项目数1481个，物业管理面积1.26亿平方米；其他类型物业管理项目1074个，物业管理面积0.56亿平方米。

【物业行业管理】2022年，厦门市建设局全面推进住宅小区星级评定工作，对全市1353个物业服务管理项目开展物业服务质量星级评定，根据物业企业的服务水平由高到低将小区划分为五星级到一星级，将服务品质特别低下的小区设定为不达标小区，小区业主通过星级直观了解物业企业服务水平。经评定，五星级项目 217 个，占比 16.04%；四星级项目 57 个，占比 4.21%；三星级项目 488 个，占比 36.07%；二星级项目 448 个，占比 33.11%；一星级项目 116 个，占比 8.57%；不达标项目 27 个，占比 2.00%。

【物业专项维修资金】2022 年，厦门市建设局专项维修资金专户缴交专项维修资金及公共收益 9.14 亿元，划拨 5286.06 万元，产生增值收益 1.51 亿元，全年存款合计增加 10.12 亿元。截至 2022 年底，厦门市建设局专项维修资金专户累计缴交专项维修资金及公共收益 80.54 亿元，划拨 2.99 亿元，产生增值收益 14.41 亿元，账户存款合计 91.96 亿元。

【保障性住房建设】2022 年，厦门市竣工保障性住房 11769 套，提前超额完成厦门市委、市政府为民办实事"计划竣工保障性住房 1 万套"任务。16 个列入省、市重点管理项目的市级保障性安居工程计划完成投资 22.67 亿元，实际完成投资 34.18 亿元，完成年度计划的 150.77%。福建省城市建设品质提升方案要求"厦门市新开工安置型商品房 10 个"，实际提前 2 个月完成 10 个项目的开工任务。根据《厦门市盘活利用存量安置房三年行动方案》，2023—2025 年共需盘活存量安置房住宅 3488 套、商业店面 787 间、车位 4334 个，2022 年完成盘活住宅 2741 套、店面 717 间。通过提高建设标准、完善配套设施建设、强化代建单位管理等措施，提高保障性住房建设质量。坚持"地段佳、配套好、规模大、品质高、功能全"理念，一次规划、分期实施，全面推进新店、祥平、马銮湾等保障房地铁社区建设，综合设计集步行、车行、轨道于一体的立体式交通，配套教育、医疗、康体、娱乐、购物等生活设施，生活丰富便利。截至 2022 年底，三个地铁社区一期和地铁社区林前综合体，以及新店、祥平保障房地铁社区二期工程均已竣工并陆续分配使用，提供房源 2.2 万套，可解决约 8 万人住房需求。

村镇建设

【概况】2022 年，厦门市建设局重视村镇建设工作，通过政策规范、服务指导、宣传引导等方式，全面加强农村建房纳管工作，提高农村建房质量安全水平，防范发生各类建房安全事故，提升农村建设品质。

【农村建房安全管理】2022 年，厦门市建设局组织编制《农村住宅通用图集（2022 版）》，通过实地调研、村民沟通，新增实用性更强的农村住宅图集 12 套。编制《厦门市农房建设安全巡查指引手册》，印刷发放《厦门市农房建设质量安全管控要点一张图》《农村建房安全常识》《农村自建房五提醒》等材料 1000 份，供建房户和工匠队伍借鉴和参考；持续开展村镇建设管理干部、农村建筑工匠培训，2022 年共组织培训 1236 人，进一步强化服务指导，提升安全管理意识和业务水平。厦门市建设局联合农业农村、城管执法、资源规划等 6 部门，联合印发《关于全面加强农村自建房及小散工程纳管工作的通知》，大力推行"图集建房、工匠建房、钢管建房"三项措施，坚决压实"区级、镇街、村居、业主"四方责任，全力落实"机构、制度、经费、执法、平台"五项保障。

【农村建设品质提升】2022 年，厦门市建设局根据《2022 年全省城乡建设品质提升实施方案》要求，策划生成"崇尚集约建房"示范区（集美区）、集镇环境整治样板（集美区灌口镇）2 个省级样板项目，建设周期 2 年，均超额完成年度目标。2022 年，完成农村既有裸房整治 3685 栋，完工率 131.6%，完成投资额 2.24 亿元，完成投资率 196.2%；其中，海沧区完成全区既有裸房整治。强化农村建筑风貌管控，集美区、海沧区、同安区、翔安区均完成建筑立面图集编制，共建成 6 栋示范房。开展闽台乡建乡创合作，探索出台湾规划经验在地化的"1 + N"服务模式，打造"全龄友好型"村居，推进"多元共治"村庄治理体系构建，增强人民群众获得感、幸福感、安全感。

行政审批

【概况】2022 年，厦门市建设局机关驻市政务服务中心审批服务事项办结 40631 件，接听各类电话及现场咨询近 2.3 万余人次。进一步深化工程建设项目审批制度改革，2022 年全省营商环境监测督导评估"工程建设项目审批"指标排名第一，2022 年全国工程建设项目审批制度改革评估排名第四。厦门市建设局驻市政务服务中心窗口荣获 2022 年度"市政务服务中心红旗窗口"。

【施工许可审批改革】2022 年，厦门市建设局共计办理施工许可证 694 个。结合项目实际推行分期办理施工许可，推动了集美中学新校区等 67 个项目分期先行开工，平均提前 2～3 个月开工；精简施工许可证申报资料，优化后的施工许可申请材料仅剩 5 项；取消用地批准手续前置审批材料；建筑面积 500 平方米以下或者总投资额在 100 万元以下的项目，可不申请办理施工许可；对于符合条件的社会投资简易低风险工程项目，推行施工质量监督和供排水点位现场确认合并办理；进一步压缩施工许可办理时限，由法定7个工作日压缩为1个工作日，省市重大重点项目实现即来即办。2022年厦门施工许可证核发数量全省最多，平均办理用时全省最短，排名全省第一。

【联合验收流程改革】2022年，厦门市建设局完成194个项目竣工验收备案工作。推行分期、分段联合验收，在符合项目整体质量安全要求等前提下，已满足使用功能的单位工程可单独竣工验收；产业类、教育类和医疗类重大重点项目可分段联合验收，以便于后续设备安装调试，推动项目尽快建成投产；将工程竣工质量验收监督申报转变为内部管理工作，不再作为依申请事项；公维金缴交不再作为办理竣工验收备案的前置事项，改为通过部门信息共享获取项目验收信息；指定专人对接指导，推动厦大P3项目开工建设，力促厦门国际健康驿站、华西医院、西海湾邮轮城等一大批省市重大、重点项目提早验收投用。

【审批服务高效便民】2022年，厦门市建设局进一步压缩时限，提高效率，行政许可事项承诺时限压缩至法定时限的16.25%；扩大“验登合一”范围，在社会投资简易低风险项目试点的基础上，探索在更多类型项目上实行“验登合一”，实现项目联合验收与不动产首次登记“一次申请，同步发证”；推行“不见面审批”，所有审批事项均实现全流程网办，通过双向邮寄等方式解决纸质证书领取问题，“一趟不用跑”办件量超过办件总量的99%。

技术综合管理

【概况】2022年，厦门市建设局系统推进建设技术综合管理，扎实有效地拓展装配建造方式、夯实技术综合服务、促进新兴技术应用、开展专项综合业务、塑造专题活动方式、协调技术标准编制等，继续践行和辛勤耕耘商品房装配建造的规定要求和技术推动，推动提速增效和推进装配建造都取得新成绩。

【拓展装配建造方式】2022年，厦门市建设局继续推动装配建造开拓前进、加快发展。加强装配认定服务。全年装配设计认定19个项目，总建筑面积253万平方米；混凝土装配式建筑面积213万平方米，首次位列全省地市第三。促进降本增效管控。建安成本增量降到100～150元/平方米，商品房综合成本比传统现浇降低约30～50元/平方米，5个商住项目自选装配建造。推动组织管理优化。紧扣技术策划、前期设计、流程规范、施工工艺等环节，推进项目全专业设计标准化、全职能配合模式化、全穿插施工规模化，探索全系统策划一体化。

【夯实技术综合服务】2022年，厦门市建设局探索开拓、继续夯实技术综合服务。推动技术集约探索。推动项目技术策划、探索技术集约途径，筹备工程总承包、全过程咨询等项目管理技术集约机制的锻造研讨。开展专题服务指导。组织10余场次的项目管理和技术评估等技术专题活动，进行项目服务、典型剖析、建造引领等服务指导。推进组织模式优化。推动鼓励智能、制造、建造三向融合，总结倡导新EPC模式－数字设计＋生产/采购＋施工装配等一体化组织管理。

【促进新兴技术应用】2022年，厦门市建设局有机结合装配建造实践，努力促进新兴技术应用。促进技术创新。推动装配式建筑实行竖向构件应用试点、一体化预制卫生间、ALC内隔墙满挂网、叠合板梁侧免出筋等技术。探索智能建造。依托装配设计认定，推动技术策划、推介数字设计、夯实BIM应用、探索混合装配，探索智能建造通途。推进装配装修。指导和推进商品住房项目试点，举办全省首次项目观摩，现场举行3场技术座谈交流，近600人参加现场观摩。

【开展专项综合业务】2022年，厦门市建设局统筹开展专项综合业务。保障项目策划。服务和保障全市工程项目策划，全年无超期、未返库组织办理“多规”来件1130件。开展发展调研。开展建筑装配发展综合调研，组织竖向结构、装配装修、装配成本等专项技术调研。服务建设一线。联系和对接两个市级指挥部，协调和反馈港口发展、集美新城的相关建设工作事宜。组织专项工作。组编《决策参考》7期，统筹组织城市体检各项工作（2022年7月16日之前）。

【塑造专题活动方式】2022年，厦门市建设局努力探索方式方法、系统开展专题活动，倡导技术集约、锻造战术招式、挖掘工程典型、形成融合特色，开展了建造引领、评议会诊、主题推动、技术研讨、专题调研、民生技术等15场活动，形成6＋4做法：融合政策宣贯、技术挖掘、实践反思、建造引领、项目服务、专家培养，引起了业界重视、促进了实践探索、激励了展示表现、蹚出了招式新路。

【协调技术标准编制】2022年，厦门市建设局认真落实《标准化法》等规定，落实技术标准实行瘦身健体、转型升级、层次递升等规定要求，协调指导轨道计价、代建规程、海绵图集等地方技术标准编制；组织申报省级地方标准14项。

【推荐科技示范工程】2022年，厦门市建设局认真开展科技示范工程有关工作。组织实施相关申报、初审和推荐等工作，推荐省级科技示范工程13项。

（厦门市建设局）

深圳市

住房和城乡建设

住房和城乡建设工作概况

截至2022年底，深圳市实现年度地区生产总值32387.68亿元，比上年增长3.3%。固定资产投资比上年增长8.4%，其中工业投资增长19.4%，基础设施投资增长1.7%，房地产开发投资增长13.3%。建筑业总产值6245亿元，比上年增长15.2%。建筑业增加值完成1079亿元，现价增速为5.9%，占地区生产总值比重为3.3%。房地产业增加值2593.4亿元，比上年下降4.4%，占地区生产总值的比重为8%。轨道交通运营里程559公里，比上年增加128公里。轨道交通线路17条，全年客运量17.54亿人次，比上年下降19.67%。2022年，全市建设筹集保障性住房约14.16万套（间），实际基本建成（含竣工）3.3万套（间）。创建绿色（宜居）社区519个，创建率达78%。新增绿色建筑项目239个，建筑面积1816万平方米。

法规建设

《深圳经济特区物业管理条例》获得第六届“法治政府提名奖”。《深圳经济特区绿色建筑条例》入围“深圳市法治建设领域可复制推广经验”，是全国首部将工业建筑和民用建筑一并纳入管理的绿色建筑法规。发布《深圳市住房发展“十四五”规划》《深圳市现代建筑业高质量发展“十四五”规划》《深圳市城镇燃气发展“十四五”规划》3项“十四五”专项规划，印发《关于加快发展保障性租赁住房的实施意见》《关于加快推进城镇老旧小区改造工作的实施意见》，制定《关于推动深圳城乡建设绿色发展的实施意见》。印发《关于进一步规范行政执法工作的通知》，及时调整行政处罚自由裁量权基准，开展年度处罚数据分析及通报工作，发布第二批行政执法指导案例汇编，加大执法培训力度。发布《中小学校项目规范》，为超大型城市学校高品质建设探索新路径。持续推进工程建设项目审批制度改革，试点基于BIM报批报建改革，全面推行告知承诺制改革，发布告知承诺制审批事项清单，完善了与住房和城乡建设部的系统数据对接。

房地产业

【房地产开发】2022年，深圳市房地产开发投资完成额3413.28亿元，比上年上升13.3%，其中，住房开发投资额2029.79亿元，比上年增长24.8%；非住房开发投资1383.51亿元，比上年下降0.2%。全市固定资产投资比上年增长8.4%，其中房地产开发投资占固定资产投资比重38.2%。房地产业增加值2593.4亿元，比上年下降4.4%，增速较2021年收窄7.3个百分点；房地产业增加值占全市国内生产总值的比重为8.0%，较2021年降低0.8个百分点。新建商品房销售面积694.2万平方米，比上年下降15.5%。全市商品房新开工面积1333.48万平方米，比上年下降16.2%。其中，住宅新开工面积871.21万平方米，比上年下降9.6%；非住宅新开工面积462.26万平方米，比上年下降26.3%。商品房施工面积10950.04万平方米，比上年增长4.3%。其中，住宅5735.52万平方米，比上年增长7.7%；办公楼2054.99万平方米，比上年下降0.8%；商业用房1332.01万平方米，比上年下降3.4%；其他用房1827.52万平方米，比上年增长6.0%。

【房地产市场】2022年，深圳商品房批准预售面积741.41万平方米，比上年下降11.5%，其中商品住宅批准预售面积431.98万平方米（43211套），比上年下降27%。截至2022年底，新建商品住宅销售去化周期13.4个月，比上年增加6.5个月。新建商品房网签销售面积641.20万平方米（63148套），比上年下降24%；其中，新建商品住宅网签销售面积410.75万平方米（39572套），比上年下降32.9%，销售均价65750元/平方米，商品住宅现房销售占比13.4%，比上年下降1.3个百分点。二手房成交面积247.52万平方米（25701套），比上年下降40.2%；其中，二手住宅成交面积207.60万平方米（21750套），比上年下降41%。根据国家统计局房价指数，2022年，深圳市新建商品住宅销售价格指数比上年上涨2.4%；二手住宅价格指数比上年下降3.1%。

【房地产行业】2022年，深圳市房地产开发企业共计1674家，其中一级24家；房地产经纪机构及分支机构共计3504家，从业人员近2.6万人；估价机构共计72家。

住房保障

【保障性住房制度改革创新】3月，深圳市出台《关于加快发展保障性租赁住房的实施意见》，全面衔接国家住房保障体系，对全市发展保障性租赁住房的总体思路、基本要求、支持政策以及相关工作机制作出安排。同时，组织起草配套政府规章及相关实施细则，加快完善住房保障政策体系。推动创新保障性租赁住房融资模式，发行全国首批、深交所首单保障性租赁住房REITs产品。

【保障性住房供应及补贴发放】深圳市计划供应分配保障性住房5.5万套（间），实际完成11.97万套（间），完成率217.64%；计划面向575户低保、低保边缘家庭及低收入家庭发放住房租赁补贴，实际发放976户、1111.51万元，完成率169.74%。

【保障性住房建设筹集】深圳市计划建设筹集保障性住房不少于12万套（间），全年实际建设筹集保障性住房约14.16万套（间），完成率118%，其中公共租赁住房约1.47万套，保障性租赁住房约11.22万套（间），出售型保障性住房1.47万套。2022年计划基本建成（含竣工）保障性住房2.7万套（间），全年实际基本建成（含竣工）3.3万套（间），完成率122%。2022年计划供应保障性住房6.5万套（间），全年实际供应约11.97万套（间），完成率184%，其中保障性租赁住房约9.44万套（间）。

【保障性住房建设投资】深圳市保障性住房计划完成投资390亿元，实际完成投资483亿元，完成率124%。其中，中央专项资金2亿元，市财政投资61亿元，区财政投资40亿元，社会投资380亿元（含深圳安居集团投资175亿元）。

公积金管理

2022年，深圳住房公积金新增单位开户3.86万户，新增个人开户104.17万户，新增归集资金1060.66亿元，新增提取资金683.77亿元，其中支持252.85万职工租房提取268.7亿元，为4.5万户家庭提供住房公积金低息贷款316.28亿元。灵活就业人员参加住房公积金制度全国试点工作稳步推进，截至年底，深圳市灵活就业人员累计开立住房公积金账户4.4万户，累计缴存1.45亿元，累计提取2400万元，累计向灵活就业人员发放公积金贷款1.47亿元。疫情期间住房公积金助企纾困政策实效显著。深圳住房公积金积极支持企业、职工渡过难关，其中住房公积金缓缴和降低缴存比例的有关支持政策纳入《深圳市关于应对新冠肺炎疫情进一步帮助市场主体纾困解难若干措施的通知》，为企业、社会团体等用人单位纾困超14亿元。延长住房公积金缓缴期限、阶段性提高住房公积金租房提取额度有关内容纳入《深圳市人民政府关于印发扎实推动经济稳定增长若干措施的通知》，支持179万职工多提取住房公积金近27亿元。2022年，深圳公积金中心实现贷款“不见面”审批，荣获“2022数字政府创新成果与实践案例”，成为全国住房公积金行业内首次入选案例。2022年，深圳住房公积金新增个人账户设立、单位汇补缴登记、签订按月还贷委托协议等8个热点事项“跨省通办”，累计实现18个住房公积金业务“跨省通办”。2022年3月，深圳公积金中心福田管理部荣获“全国住房公积金‘跨省通办’表现突出服务窗口”称号。

城市体检评估、城市更新、城乡历史文化保护传承、城市设计管理、建筑设计管理、建设工程消防设计审查验收

【城市体检】深圳自2021年开始，连续两年被住房和城乡建设部选取作为城市体检样本城市之一。深圳市广泛借鉴国内外城市发展权威指标体系，对接全市各类规划、政策文件，结合深圳城市建设发展目标和工作重点、难点等，优化形成了110项城市体检指标体系，通过采取“城市自体检＋社会满意度调查＋第三方体检”的工作模式，形成了《2022年深圳市城市自体检报告》。全市共完成居民问卷14.6万份，位列全国样本城市首位。

【城市第六立面】深圳市开展推进城市第六立面改造提升试点工作，在“理序、降碳、增趣、焕彩”等方面取得扎实成效，精细化营造城市顶部风景。全市现有试点片区20个，总提升面积约82万平方米。编制《深圳市城市第六立面提升规划（征求意见稿）》。下一步，将深化城市第六立面专项提升规划和设计导则，划定提升重点区域、制定设计标准、明确三年提升计划，探索建设长效机制。

【建筑设计管理】深圳市2022年共抽查房屋建筑和市政基础设施项目597个，责令问题项目责任单位限期改正，实现监督检查闭环。完善建设工程勘察设计管理制度，形成《深圳市建设工程施工图审查改革试点工作评估报告》。持续推行先进的工程组织管理模式，《深圳市推进全过程工程咨询服务发展的实施意见》等政策配套文件进一步完善，7个项目被列为广东省全过程工程咨询典型范例和跟踪指导项目。持续开展建筑师负责制试点项目跟踪管理和评估，研

究制定推进建筑师负责制发展的政策文件，6 个项目被列为广东省建筑师负责制典型范例和跟踪指导项目。

【建设工程消防设计验收审查】深圳市级办理消防设计审查业务 659 宗，首次合格率 92%。办理建设工程消防验收及备案业务 323 宗，审批合格率 80.41%。年内，重点推进 13 个项目的消防行政审批，推动《深圳经济特区消防条例》修订，2022 年 4 月 1 日发布全国第一部《附建式变电站设计防火标准》。编制《工业上楼深圳 9 条》《仓储上楼深圳 10 条》消防审批负面清单，确保工业、仓储上楼建设消防安全。探索引入第三方技术审查，提高了审查效率和行政审批效能；引入第三方检测机构技术服务，倒逼消防安全质量提升。用好专家评审论证制度，解决了重点民生工程消防设计难点问题；加快深圳地铁四期 9 条线路 105 个站点的消防设计审查，助力深圳地铁开通年。

城市建设

【深超总开发建设】深圳市全面加快深圳湾超级总部基地开发建设。深超总片区总用地面积 117 万平方米，规划总建筑面积 520 万平方米，片区已出让土地 26 块，总建筑面积约 353 万平方米，占总开发量的 70%。已引进中国电子、招商银行等 16 家世界 500 强企业总部及创新龙头企业入驻。集成运用城市规划、设计、建设、管理的新理念、新技术、新模式，加大 BIM、CIM 技术应用力度，高起点、高标准、高品质推进片区开发建设，不断提升片区功能品质。

【新城建试点】作为全国首批"新城建"试点城市，2022 年，深圳坚持以"新城建"对接"新基建"，积极推进"1 ＋ 1 ＋ 4 ＋ N"工作任务，加快推进 BIM/CIM 应用，协同推进城市运管服平台建设，统筹推动智慧城市基础设施与智能网联汽车协同发展、持续推进智能化市政基础设施建设和改造，积极推进智慧社区建设，努力创建智能建造与建筑工业化协同发展试点工作，出台系列实施方案，持续拓展"新城建"项目库，开展多场景智能化深度应用，优化完善"新城建"产业链，加快建设数字孪生城市和鹏城自进化智能体。截至 2022 年底，深圳"新城建"相关项目 140 个，预计总投资金额 213.84 亿元，已完成投资 60.36 亿元。

标准定额

【多层级工程量清单计价模式试点】2022 年，深圳市率先开展多层级工程量清单计价模式试点，先后确定两批共 13 个试点项目，合计造价约 59 亿元。其中前海试点项目全面覆盖广东省改革方案任务清单，涉及工程决策、设计、招投标、施工、竣工等各阶段。2022 年试点工作全面铺开，目前已有 7 个试点项目采用深圳多层级工程量清单顺利完成招标。

【工程计价标准体系】深圳市开展装配式建筑、城市轨道交通、施工机械台班等多专业标准修编工作，发布深圳市《城市地下综合管廊工程消耗量标准》，启动建筑信息模型 BIM 算量和取费标准编制研究工作。深圳市《安装工程消耗量定额》项目荣获 2022 年中国安装协会科学技术进步奖三等奖、《房屋建筑工程造价文件分部分项和措施项目划分标准》荣获 2022 年广东省建筑业协会科学技术进步奖一等奖。

【工程建设标准】深圳市全面顺利完成中小学校建设标准中央综改授权任务项目，发布实施国内首部《中小学校项目规范》，为超大型城市资源环境紧约束条件下学校高品质建设探索新路径。年度新增工程建设地方标准立项 40 部，新增发布工程建设地方标准 20 部、累计发布 191 部，完成 20 部临近到期标准项目的复审。起草政府规章《深圳市工程建设标准管理办法》，进一步理顺工程建设标准管理体制机制、加强标准供给体系制度建设。全面修订《深圳市工程建设技术规范制定程序规定》，理顺、明确和完善深圳市工程建设地方标准管理程序。修订发布《深圳市住房和建设局业务归口工程建设地方标准制修订管理工作指引》，强化标准项目全过程质量管理。印发关于新建工程勘察、设计和施工适用新版国家强制性工程建设规范有关问题的指导文件，推进新版国家强规顺利实施。组织编制适应标准国际化要求的深圳市工程建设标准编写规则。

工程质量安全监督

【工程质量管理】2022 年，共抽检建筑材料 10157 组，合格率 98.3%。2022 年深圳市建筑工程质量指数为 90.78 分，呈良好上升趋势，全市共 3 项工程获中国建筑工程鲁班奖，8 项工程获国家优质工程奖。开展建筑工程质量评价试点，探索建立建筑工程区域质量综合评价、建筑工程实体质量评价等评价指标体系。完成 5 项标准立项相关工作，完成《深圳市合成材料运动场地面层质量控制标准》等 4 项标准的征求意见工作。全面推行联合验收，8 月完成联合验收子系统开发，发布事项清单，全市通过联合验收系统办结的业务共 135 笔。开展 BIM 辅助审批、监管需求研发，探索施工许可、联合验收业务关于 BIM 技术应用需求，指导开发并上线房建 BIM 模型管理中心，试点推行基于 BIM 报批报建改革。

【安全生产监管】深圳市建筑行业共发生事故 108 起、死亡 89 人，比上年下降 13.6%，未发生较大以上事故。对全市 6709 项危大工程实施分级分类台账化管理，强化信息化实时预警监测，全市 882 个基坑、2520 台塔吊、43 台盾构机全部接入设备监控系统，实时监测，自动报警。8 月完成联合验收子系统开发，发布事项清单，全市通过联合验收系统办结的业务共 135 笔。

【文明施工管理】开展扬尘整治、噪声防治、油品管理、爱国卫生运动等专项整治行动，落实施工围挡、扬尘防治、排水管理、废弃物管理、施工机械五管理措施，配合完成创建文明城市和全国文明典范城市工作。2022 年，深圳市建设工地安全文明施工相关投诉比上年下降 9.2%。

建筑市场

【建筑市场概况】深圳市新增纳统建筑业企业 307 家，累计达 1816 家，比上年增长 20%；完成建筑业总产值 6245 亿元，比上年增长 15.2%。印发《深圳市加快推进现代建筑业高质量发展的若干措施》，加快发展高科技含量的现代建筑业，推动向知识密集型、资金密集型产业转型升级，为深圳城市建设绿色发展提供强有力支撑。印发《深圳市工程建设行业产业工人职业训练工作细则（试行）》，全面规范和指导开展产业工人培训工作。全年共完成“入门级”训练 7685 人，“回炉”训练 4768 人。持续开展“送教进工地”劳务工安全教育系列活动，2022 年开展 524 场次，覆盖建设项目 405 个，为 3 万余名一线工人提供免费培训。普及实名制安全教育线上教育，全年完成线上培训 50 余万人。

【建筑市场监管】深圳市探索以交叉检查、第三方会计师事务所参与检查等新形式开展建筑市场违法违规行为检查，全年累计出动检查人员 700 余人次，检查项目 240 个，发出责令整改通知书 48 份。全年累计对 200 余家企业开展电子化资质核查，发出责令整改通知书 77 份。针对建筑市场围标串标、转包挂靠、违法分包等违法行为，作出行政处罚 32 宗，处罚金额共计 704.61 万元，没收违法所得 9.8 万元。全年共受理欠薪信访件 272 宗，涉及项目 229 个，工人 729 人，工人工资约 1380 万元，工程款（含挖机费、材料款等）9326 万元，已全部协调解决。

【建设工程招标投标】2022 年深圳市建设工程招标项目总数量约 4562 个，招标项目总金额 2567.49 亿元。全年完成两批次共计 100 个招标项目的“双随机、一公开”检查工作，检查结果对社会公开。针对“双随机、一公开”检查和标后评估发现的问题，共计发出警示函 24 份。

【招标投标制度改革】深圳市完善“评定分离”配套制度，印发《关于进一步规范招标投标有关事宜的通知》，压实招标人主体责任，进一步规范招标投标行为。持续优化招标投标领域营商环境，在 2022 年度广东省营商环境评价中，深圳“招标投标”指标获该指标全省第一名。

【招标投标电子化建设】构建“互联网＋市场监管”新型合同监管模式，全面开展合同网签。大力推进 BIM 技术在建设工程招投标中的应用，对方案设计、设计、施工 3 类招标文件示范文本进行全面修订，满足 BIM 技术在招投标环节应用需求。6 月 1 日起，政府投资和国有资金投资建设项目全面采用 BIM 电子招投标系统进行招投标。

建筑节能与科技创新

【建设科技推广】深圳市深入实施 313 项工程建设领域科技计划项目，其中 2022 年新立项 63 项国家、广东省及市级建设科技计划项目，完成 43 个市建设科技项目验收。深圳市新立项广东省建筑业新技术应用示范工程 56 个，占全省总数的 1/2。累计建成新技术示范工程 190 个，建筑面积超 3000 万平方米，其中 136 个项目达到国内领先水平。通过开展新技术认证、新技术推广目录、新技术推广会等方式，积极推广离心式鼓风横流开式冷却塔等多项智能建造新技术在重大重点工程项目中落地应用。积极培育以龙头企业为主力具有影响力和竞争力的科技创新平台，全市工程建设领域高新技术企业累计 458 家，深圳市建筑科学研究院有限公司等骨干建筑企业入选国务院国有企业改革领导小组办公室评选的“全国科改示范企业”。市工程建设领域创新载体累计达到 237 个。2022 年，组织开展 18 场建设科技讲堂、示范工程观摩等活动，在高交会创办“建筑科技创新展”，展出 500 余家企业近 1000 余项新技术新产品，科技交流合作进一步深化。

【装配式建筑】10 月，深圳市发布《深圳市推进新型建筑工业化发展行动方案（2023—2025）》。截至年底，全市装配式建筑总规模达到 7017 万平方米。2022 年，深圳入选国家首批智能建造试点城市。全市新增 11 家市级装配式建筑产业基地，累计培育 13 个国家级装配式建筑产业基地、29 个省级基地及 42 个市级基地，国家基地数量在大中城市位居第二，总体数量在全国和省内领先。开展深圳市装配式建筑专家库第四批专家征集工作，新增装配式建筑专家 57 名。完成了 2021 年度装配式建筑职称评审，总申报人数近 300 人，评审通过 211 人，并评出了 2 名正高级装配式建筑工程师。积极开展装配式建筑政策标准宣贯、项目观摩及行业专项培训活动，提升行业实施能力，已开展培训 10 期，累计培训行业从业人员 1.1 万人次。

【绿色建筑发展】深圳市绿色建筑标识建筑面积达到 1.47 亿平方米、绿色建筑标识项目累计已超过 1500 个，已成为全国绿色建筑建设规模最大和密度最高的城市之一。深圳市已全面完成公共建筑能效提升重点城市建设任务，共完成 60 个项目节能改造，涉及建筑面积 425 万平方米，投入运行使用后，每年可减少二氧化碳排放量约 6 万吨。3 月 28 日，深圳市人大常务委员会发布《深圳经济特区绿色建筑条例》，并于 7 月 1 日正式实施，在全国首次将包括工业建筑在内的全部建筑纳入绿色建筑强制范围，首次将"碳达峰、碳中和"融入绿色建筑全寿命期管控，首次将新型建筑工业化纳入立法保障内容，对建筑绿色性能提出更高要求。组团参加"第十七届国际绿色建筑和建筑节能博览会"，为行业发展搭建平台；参与主办"第一届全国建筑绿色低碳发展论坛"，线上举办"第十八届国际绿色建筑与建筑节能大会暨新技术与产品博览会"深圳分会场。在第二十四届高交会中举办"建筑科技创新展"，充分展示深圳在绿色低碳建筑发展领域的经验和探索，促进粤港澳大湾区科技创新交流，提升国际影响力。

人事教育

深圳市住房和建设局建立健全政治要件台账闭环管理机制，纳入台账 55 件。制定实施《党建三级三岗责任清单》，梳理形成 105 项任务清单。精心打造彰显住建特色的学习宣传贯彻二十大精神"十大行动"，开展专题学习 105 次。着力提升党建质量。高质量完成局机关党委和纪委换届选举。全面开展"三争"行动，牵头"一对一挂点"14 个社区。开展住建版"知事识人、序事辨才"行动，采集测评指标 6500 余个，切实加强干部选配分析研判的准确性、科学性。举办"住建讲堂"系列活动 14 期。召开"局长与住建青年面对面"座谈会，推进"雏鹰计划"加大优秀年轻公务员培养力度。组织开展学习型机关建设和能力提升行动，聚焦建筑领域"双碳"等中心工作，促进形成工作高效、能力提升的良性循环。优化调整机构编制推进干部选拔任用工作精细化、规范化。组建"局信访办""局安委办"等 9 个专班，保障局重点工作。修订完善《中共深圳市住房和建设局党组工作规则》，制定《深圳市住房和建设局处级干部和机关科级干部选拔任用工作指引》《深圳市住房和建设局事业单位干部任免工作规程》等，提高研究审议干部任免工作的政治性、规范性。提升纪检监督能力，选优配强组成了新一届局机关纪委班子，增配 1 名机关纪委专职副书记和 1 名专职纪检干部，组建 10 人事业单位纪检专干队伍。部署开展作风整治行动，研究制定《深圳市住房和建设局纪律作风暂行规定》。8 月以"勇于自我革命，永葆先进纯洁"为主题，开展了纪律教育学习"九个一"活动。召开全市住建系统纪律教育大会，印发《深圳市住房和建设系统房地产管理公职人员八项禁令》。

大事记

3 月

深圳市人民政府办公厅印发《关于加快发展保障性租赁住房的实施意见》的通知，明确深圳市住房保障体系与国家住房保障体系衔接，建立以公共租赁住房、保障性租赁住房、共有产权住房为主体的住房保障体系。深圳公积金中心福田管理部荣获"全国住房公积金'跨省通办'表现突出服务窗口"称号。发布《深圳经济特区绿色建筑条例》，在全国首度将包括工业建筑在内的全部建筑纳入绿色建筑标准建设和运营的强制范围；首次以立法形式将"碳达峰、碳中和"融入绿色建筑全寿命期管控。

4 月

发布全国第一部《附建式变电站设计防火标准》。

5 月

印发《深圳市窨井盖安全专项工作方案》，建立第一时间发现、分拨、处置、办结的"四个一机制"。

6 月

国务院办公厅发布通报，深圳市城镇老旧小区改造、棚户区改造、发展保障性租赁住房等工作成效明显，被确定为 2021 年度国务院督查激励支持对象。

9 月

凤凰英荟城（长圳一期）顺利完成竣工验收，该项目获得 3 项国家级奖项、4 项省部级奖项，并成功举办住房和城乡建设部首个智能建造试点城市及项目全国观摩会，实现了建设全过程安全生产零事故。

10 月

发布《深圳市推进新型建筑工业化发展行动方案（2023—2025）》《深圳市加快推进现代建筑业高质量发展的若干措施》。

11 月

深圳市入选国家首批智能建造试点城市。《深圳市建设工程造价管理规定》修订版印发实施。举办2022深圳国际智慧物业产业博览会，围绕“智慧创美好　共生向未来”主题设置十大主题展区，参展企业近300家，专业观众超3万人次。

12 月

联合深圳市规划和自然资源局印发《关于既有非居住房屋改建保障性租赁住房的通知（试行）》。

（深圳市住房和城乡建设局）

规划和城市更新

【重点片区规划】

2022年，深圳市高标准规划重点片区，开展河套深港科技创新合作区、国际会展城等重点片区规划编制，其中《深圳国际会展城控制性详细规划》经市政府批准并印发实施，按照国际标准全面完善会展产业与配套服务等主导功能，发展会展经济、海洋经济和都市文旅产业，完善新城市中心生活及公共配套职能，提升宜居环境品质，为城市的高质量发展提供空间保障支持。

【法定图则】

2022年，深圳市规划和自然资源局共开展30余项法定图则修编和深汕特别合作区控制性详细规划新编工作，其中葵涌中心区、大浪西南地区（局部）、光明大科学装置集群 & 楼村北片区、同乐地区（北区）、固戍西地区 & 固戍东地区 & 机场东地区、《深汕鹅埠南门河以北片区控制性详细规划》6项详规已审批通过，“清水河地区、盐田后方陆域片区、坪山中心区、江岭－沙埜地区、燕子岭及石井地区”等6项待报法定图则委员会审批或审议。完成法定图则局部调整168项，主要涉及公共服务设施、居住和产业等项目的规划调整。11月，印发《深圳市关于加强和改进法定图则管理的实施意见》（深规划资源〔2022〕795号）。

【地名管理】

2022年，深圳市加强地名管理。按照国家、省、市相关地名法律法规及规范性文件指导各管理局办理地名审批业务，积极配合推进权责清单、全流程网办相关工作，进一步提高地名审批效率。继续推进各区地名志、标准地名词典的编纂。完成国家地名信息库数据质量建设行动第二阶段审核修改。协助完成国家地名志、标准地名词典的修订完善。结合新修订的《地名管理条例》颁布开展宣传。开展深圳市轨道四期站点命名规划，并经市政府审议通过。

2022年，深圳市规划和自然资源局加大地名文化宣传。推进深圳市地名保护工作，提出第一批保护地名目录并开展公众咨询。加强深圳地名研究能力，委托深圳市地名学会开展深圳市村落特色地名用字、自然地理实体地名用字研究。拍摄6集《深圳地名》纪录片并在深圳都市频道第一现场播出。

【城市和建筑设计】

2022年，深圳市规划和自然资源局持续推进重点片区及重要专项城市设计工作，编制完成《龙岐湾片区整体效果优化工作》。开展《重点片区城市设计管控实施机制研究》，以重点片区城市设计为例，明确城市设计编制内容与要求，为后续城市设计传导指引提供指导与参考。优化城市和建筑设计标准规范，提升精细化管理水平，以《儿童友好型城市公共空间和公共设施规划标准、建设指引和实施行动研究》为基础，完成《深圳市规划标准与准则》中关于儿童友好型城市公共空间及公共设施相关条款的修订。开展《深圳市建筑设计规则实施检讨研究》和《深圳市建筑立体绿化设计规则实施检讨研究》工作。推进重大项目设计和建设，完成岗厦北综合交通枢纽地下空间详细规划报审，推进国际交流中心、深圳歌剧院、安托山公园、深圳湾文化广场等重大项目的建设协调工作。推进审批制度改革，助推营商环境优化，发布《深圳市建筑工程规划许可（房建类）报建建筑信息模型交付技术规定》（深规划资源〔2022〕634号），为开展基于BIM技术的规划报建审批工作奠定基础。推动规划许可行政审批事项全流程网办系统上线，制定建设工程规划核实管理规则和建设工程规划许可审查要点。持续开展公共艺术活动，组织开展第九届深港城市\建筑双城双年展（深圳）。

【历史文化保护】

2022年，深圳市积极推进历史文化保护，完成《深圳市城市紫线规划（修编）》及《深圳市历史风貌保护区（第一批）保护指引》，完成《中国历史文化名村——鹏城村保护规划》编制并报广东省住建厅审查，完成全市历史建筑测绘建档，完成全市历史风貌区和历史建筑相关资料收集汇编。

【市政交通规划】

2022年，深圳市规划和自然资源局积极推进交通、市政规划及设施项目建设。交通规划方面，完成《2021年深港莞惠跨界交通调查》、《深圳市客运交通特征研究及规划对策》、《深圳市二级物流转运中心近期实施规划（2021—2025）》等项目成果。作为推动港深跨界轨道基础设施建设专班技术小组的深方牵头单位，共同推动深港跨界轨道交通项目的规划研究。完成港深西部铁路（洪水桥－前海）的首阶段研究工作，并开展次阶段研究工作的前期筹备，完成东铁引入罗湖规划研究并与港方沟通达成一致意见。配合《深圳市国土空间总体规划（2021—2035 年）》上报审批，开展《深圳市轨道交通线网规划（2016—2035）》优化工作。配合市发展和改革委员会推进《深圳市城市轨道交通第五期建设规划（2023—2028 年）》编制工作，编制完成五期建设规划相关轨道线路交通详细规划，指导建设规划开展。制定《深圳市城市轨道交通详细规划编制指引》和《深圳市轨道交通详细规划调整审批管理实施细则》并印发实施，进一步规范轨道交通详细规划编制与审批管理工作。交通设施项目推进方面，协调推进机荷高速改扩建、深汕西高速改扩建的开工建设，推进侨城东路北延、望海路快速化改造等重大道路建设工程的规划、用地手续完善。积极配合推进广深高速改扩建、宝鹏通道等重大道路工程项目的前期研究和设计。配合推进深汕高铁、深江铁路、穗莞深城际（前海至皇岗段）、深大城际、深惠城际、深惠城际大鹏支线等铁路项目的建设工作，配合推进西丽枢纽、机场东枢纽、光明城枢纽等重大综合交通枢纽的设计工作，尤其是西丽枢纽配套动车所的选址调整工作。全力推进深圳市轨道交通规划审批工作，保障深圳市 2022 年度政府投资进度。

市政规划方面，完成《深圳市分散污水及初期雨水处置规划》、《深圳市环卫设施国土空间规划指标体系及用地标准综合研究》和《深圳市消防设施空间利用规划（2020–2035）》等项目成果。完成全市各区（新区）地下综合管廊详细规划成果的修改完善工作并报市政府审议，按市政府要求联合市住房建设局印发各区（新区）地下综合管廊详细规划成果。完成《新型基础设施与用电影响规划研究》《深圳市高压架空线下地及电缆终端站布局选址研究》项目成果。市政设施项目推进方面，配合市生态环境及水务项目指挥部重大项目调度，持续做好各重大水源工程的空间保障工作，完成公清连通工程选址及规划设计条件报批，协调推进珠江三角洲水资源配置工程、罗田－铁岗水库输水隧洞工程、深圳水库沙湾河截排工程等项目开工建设。继续协调推进光明、龙华新建垃圾焚烧设施项目建设工作。配合推进国家管网深圳 LNG 应急调峰站项目、广东大鹏 LNG 接收站扩建工程前期工作。完成深圳市天然气储备与应急调峰库二期扩建工程项目规划设计条件编制，并经法定图则委员会审议、市政府审批通过。

【城市更新和土地整备】

2022 年，深圳市城市更新供应用地 256.4 公顷，村社工业区转型升级完成 3.3 平方公里。高品质产业空间保留提升任务完成 20.4 平方公里。2022 年，全年土地整备任务为 9 平方公里，实际完成 16.36 平方公里，完成率 181.9%。其中工业用地、民生用地和居住潜力用地整备任务分别为 4.5 平方公里、2 平方公里和 2.5 平方公里，实际分别完成 470.0 公顷、586.7 公顷和 254.5 公顷，完成率分别为 104.4%、293.4% 和 101.8%。全市完成房屋征收拆迁建筑面积 47.7 万平方米，龙岗区率先在全市打通了安置房办理商品房性质不动产证的通道，3680 套已分配安置房可以按程序办理商品房性质的不动产证，兑现了政府在拆迁谈判时的承诺。城市更新和土地整备严格贯彻落实国家及省有关历史文化保护传承等相关要求，8 月，制定印发《市规划和自然资源局关于在城市更新和土地整备规划编制和审查中进一步加强历史文化保护的通知》（深规划资源〔2022〕477 号）。加强更新整备规划统筹，编制完成并印发实施《深圳市城市更新和土地整备“十四五”规划》（深规划资源〔2022〕66 号），编制形成《前海国土空间规划城市存量用地再开发专题研究》成果。推动存量产业空间连片升级改造。全力推进全市“工业上楼”项目建设工作。在全市范围内选取若干项目实施“工业上楼”计划，实现每年 2000 万平方米“工业上楼”高质量产业空间的供给。加大力度推进城中村综合整治。南头古城试点项目二期改造有序推进，清平古墟试点项目完成规划审批，正式进入实施阶段。观澜古墟保护性工程完工并对外开放。持续完善城市更新和土地整备政策体系，推动《深圳经济特区城市更新条例》配套政策制定，研究制定《深圳市城中村综合整治类城市更新单元规划编制技术规定（试行）》。修订城市更新项目的保障性住房、创新型产业用房配建规定。

大事记

2月

22 日　深圳市规划和自然资源局、深圳市发展和改革委员会印发《深圳市城市更新和土地整备“十四五”规划》（深规划资源〔2022〕66 号）。

8月

17 日　深圳市规划和自然资源局印发《市规划和自然资源局关于在城市更新和土地整备规划编制和审查中进一步加强历史文化保护的通知》（深规划资源〔2022〕477 号）。

10 月

8 日　深圳市规划和自然资源局印发《深圳市建设工程规划许可（房建类）报建建筑信息模型交付技术规定（试行）》（深规划资源〔2022〕634 号）。

11 月

23 日　深圳市规划和自然资源局印发《深圳市关于加强和改进法定图则管理的实施意见》（深规划资源〔2022〕795 号）。

12 月

10 日　第九届深港城市 / 建筑双城双年展（深圳）在深圳市罗湖区粤海城·金啤坊开幕，展期持续至 2023 年 3 月，举办超过两百场活动。

（深圳市规划和自然资源局）

政策法规文件

国务院关于同意在北京设立国家植物园的批复

国函〔2021〕136 号

北京市人民政府，自然资源部、住房城乡建设部、中科院、国家林草局：

自然资源部、中科院、北京市人民政府《关于申请批复设立国家植物园的请示》收悉。现批复如下：

一、同意在北京设立国家植物园，由国家林草局、住房城乡建设部、中科院、北京市人民政府合作共建。

二、国家植物园建设要以习近平新时代中国特色社会主义思想为指导，全面贯彻党的十九大和十九届历次全会精神，深入贯彻习近平生态文明思想，认真落实党中央、国务院决策部署，坚持人与自然和谐共生，尊重自然、保护第一、惠益分享；坚持以植物迁地保护为重点，体现国家代表性和社会公益性；坚持对植物类群系统收集、完整保存、高水平研究、可持续利用，统筹发挥多种功能作用；坚持将植物知识和园林文化融合展示，讲好中国植物故事，彰显中华文化和生物多样性魅力，强化自主创新，接轨国际标准，建设成中国特色、世界一流、万物和谐的国家植物园。

三、国家林草局、住房城乡建设部要加强业务指导，会同中科院、北京市人民政府建立四方协调机制，密切协作配合，落实工作责任，统筹研究解决重大问题；抓紧组织编制国家植物园建设方案，突出植物迁地保护及科研功能，落实首都规划管控要求，合理控制建设规模，按程序报批后抓好组织实施。中科院和北京市人民政府共同成立理事会，形成共商、共建、共管、共享的管理模式，依托中科院植物研究所和北京市植物园现有相关资源，构建南、北两个园区统一规划、统一建设、统一挂牌、统一标准，可持续发展的新格局；完善多元化投入机制，加强重点功能区、馆藏设施、科研平台和配套基础设施建设，全面提升建设运行管理水平，稳妥有序推进国家植物园建设各项任务。

四、国务院各有关部门要按照职能分工，研究对国家植物园的支持举措，按照国家有关规定在规划编制、政策制定、资金投入、项目建设等方面给予指导和支持。国家林草局、住房城乡建设部、中科院要进一步统筹规划、合理布局，稳步推进全国国家植物园体系建设。重大事项及时向国务院报告。

国务院

2021 年 12 月 28 日

（此件公开发布）

住房和城乡建设部关于印发国家园林城市申报与评选管理办法的通知

建城〔2022〕2 号

各省、自治区住房和城乡建设厅，北京市园林绿化局，天津市城市管理委，上海市绿化和市容管理局，重庆市城市管理局，新疆生产建设兵团住房和城乡建设局：

现将修订后的《国家园林城市申报与评选管理办法》印发给你们，请遵照执行。

住房和城乡建设部

2022 年 1 月 6 日

（此件主动公开）

国家园林城市申报与评选管理办法

为贯彻落实新发展理念，推动城市高质量发展，发挥国家园林城市在建设宜居、绿色、韧性、人文城市中的作用，规范国家园林城市的申报与评选管理工作，制定本办法。

一、总则

（一）本办法适用于国家园林城市（含国家生态园林城市）的申报、评选、动态管理及复查等工作。

（二）国家园林城市申报评选管理遵循自愿申报、分类考查、动态管理和复查的原则。

（三）住房和城乡建设部负责国家园林城市申报评选管理工作。

二、申报主体

城市（县、直辖市辖区）人民政府。

三、评选区域范围

城市（县城、直辖市辖区）的建成区。

四、申报条件

申报城市（县、直辖市辖区）应符合以下条件：

（一）城市园林绿化规划、建设、管理等方面的规章制度、政策和标准较为健全；

（二）城市园林绿化建设资金纳入政府财政预算，能够保障城市园林绿化规划建设、养护管理、科学研究及宣传培训等工作的开展；

（三）城市园林绿化主管部门明确，职责清晰，人员稳定，并有相应的专业管理人员和技术队伍，园林绿化管理规范；

（四）编制并有效实施城市绿地系统规划、公园体系规划、生物多样性保护规划和海绵城市建设专项规划。县城可在绿地系统规划中增加公园体系、生物多样性保护专章内容；

（五）重视城市园林文化保护传承与发展，在园林绿化建设中体现地域、历史、人文特色，弘扬地方传统文化。定期组织开展专业培训和技能竞赛，园林营造技艺得到较好传承；

（六）及时更新“全国城市园林绿化管理信息系统”中相关信息，真实反映城市园林绿化基础工作；

（七）申报国家生态园林城市，须获得国家园林城市称号2年以上；

（八）近2年内（申报当年及前一年自然年内，下同）未发生重大安全、污染、破坏生态环境、破坏历史文化资源等事件，未发生违背城市发展规律的破坏性“建设”和大规模迁移砍伐城市树木等行为，未被省级以上住房和城乡建设（园林绿化）主管部门通报批评。

五、申报程序和评选时间

（一）国家园林城市评选每2年开展一次，偶数年为申报年，奇数年为评选年。

（二）申报城市（县、直辖市辖区）对照《国家园林城市评选标准》（附件1）进行自评，自评达标后向省级住房和城乡建设（园林绿化）主管部门提出申请。

（三）省级住房和城乡建设（园林绿化）主管部门对照《国家园林城市评选标准》进行初审，并提出初审意见。对符合申报条件，初审总分达80分（含）以上的申报城市（县、直辖市辖区），于申报年的12月31日前将申报材料报送住房和城乡建设部。

（四）直辖市作为申报城市的，自评达标后由直辖市人民政府于申报年的12月31日前将申报材料报送住房和城乡建设部。

（五）住房和城乡建设部受理省级住房和城乡建设（园林绿化）主管部门和直辖市人民政府报送的申报材料，并于评选年的12月31日前完成评选工作。

六、申报材料

通过省级初审的城市（县、直辖市辖区）和通过自评的直辖市，采用线上线下相结合的方式提交申报材料。申报材料要真实准确、简明扼要，各项指标支撑材料的出处及统计口径明确，有关资料和表格填写规范。

申报材料主要包括：

（一）省级住房和城乡建设（园林绿化）主管部门的推荐函（含初审意见）；

（二）城市（县、直辖市辖区）人民政府的申报申请（应包括创建工作组织方案、创建工作总结和申报条件的情况说明）；

（三）城市自体检报告（应包括国家园林城市评选标准各项指标）；

（四）国家园林城市自评结果及依据资料；

（五）城市（县、直辖市辖区）遥感调查与测评基础资料（见附件2）和测评报告；

（六）创建工作技术报告影像资料（5分钟）或图片资料；

（七）不少于4个能够体现本地园林绿化特色的示范项目（申报范围见附件3）；

（八）其他能够体现创建工作成效和特色的资料。

七、评选组织管理

（一）住房和城乡建设部负责组建评选专家组（以下简称专家组），其成员从住房和城乡建设部城市奖项评选专家委员会中选取。专家组负责申报材料预审、现场考评及综合评议等具体工作。

参与申报城市（县、直辖市辖区）所在省（自治区、直辖市）组织的省级初审工作，或为申报城市（县、直辖市辖区）提供技术指导的专家，原则上不得参与住房和城乡建设部组织的对该申报城市（县、直辖市辖区）的评选工作。

（二）申报城市在申报材料或评选过程中有弄虚作假行为的，取消本次申报资格。

八、评选程序

（一）申报材料预审

专家组负责申报材料的预审，形成预审意见。

（二）第三方评价

住房和城乡建设部组织第三方机构，结合城市体检，对国家园林城市建设情况进行第三方评价。第三方评价结果作为评选的重要参考。

（三）社会满意度调查

住房和城乡建设部组织第三方机构，了解当地居民对申报城市园林绿化工作的满意度。社会满意度调查结果作为评选的重要参考。

（四）现场考评

根据预审意见、第三方评价和社会满意度调查结果，由专家组提出国家园林城市现场考评建议名单，报住房和城乡建设部审核。通过审核的城市（县、直辖市辖区），住房和城乡建设部派出专家组进行现场考评。

申报城市（县、直辖市辖区）至少应在专家组抵达前两天，在当地不少于两个主要媒体上向社会公布专家组工作时间、联系电话等相关信息，便于专家组听取各方面的意见、建议，并接受当地居民报名参与现场考评。现场考评主要程序如下：

1. 听取申报城市（县、直辖市辖区）的创建工作汇报；

2. 查阅申报材料及有关的台账资料；

3. 采取随机抽查的方式进行实地核查。重点抽查遥感测评结果，群众举报和媒体曝光的问题线索等情况，以及当地创建工作和示范项目应用情况（抽查的示范项目不少于2个）；

4. 专家组选取当地居民代表参与现场考评，并将其意见作为现场考评意见的重要参考；

5. 专家组成员在独立提出评选意见和评分结果的基础上，经集体讨论，形成现场考评意见；

6. 专家组就现场考评中发现的问题及建议进行现场反馈；

7. 专家组将现场考评意见书面报住房和城乡建设部。

（五）综合评议

住房和城乡建设部组织综合评议，形成综合评议意见，评议确定国家园林城市建议名单。

（六）公示及命名

综合评议确定的国家园林城市（县、直辖市辖区）名单在住房和城乡建设部门户网站进行公示，公示期为10个工作日。公示无异议的，正式命名。

九、动态管理及复查工作

国家园林城市命名有效期为5年。已获命名的城市到期前按要求提出复查申请；未申请复查的，称号不再保留。复查按照现行评选管理办法和评选标准开展。

（一）被命名城市人民政府应于有效期满前一年向省级住房和城乡建设（园林绿化）主管部门提出复查申请，并提交自评报告。

（二）省级住房和城乡建设（园林绿化）主管部门于有效期满前半年完成对本行政区域内的国家园林城市复查，并将复查报告（附电子版）报送住房和城乡建设部。获命名直辖市人民政府于有效期满前半年将复查材料报送住房和城乡建设部。

（三）住房和城乡建设部受理省级（含直辖市）复查材料，于有效期满前组织完成抽查工作，视情况直接组织对地方进行复核。复查程序参照评选程序。

（四）通过复查的城市，住房和城乡建设部继续保留其国家园林城市称号；对于未通过复查且在一年内整改不到位的，撤销其称号。保留称号期间发生重大安全、污染、破坏生态环境、破坏历史文化资源等事件，违背城市发展规律的破坏性“建设”和大规模迁移砍伐城市树木等行为的，给予警告直至撤销称号。被撤销国家园林城市称号的，不得参加下一申报年度申报评选。

发现省级住房和城乡建设（园林绿化）主管部门复查过程中存在弄虚作假行为的，暂停受理该省（自治区、直辖市）下一申报年度国家园林城市申报。

十、附则

（一）本办法由住房和城乡建设部负责解释。

（二）《住房和城乡建设部关于印发国家园林城市系列标准及申报评审管理办法的通知》（建城〔2016〕235号）同时废止。

附件：1. 国家园林城市评选标准

2. 遥感调查与测评基础材料内容与要求

3. 国家园林城市示范项目申报范围

中国银保监会　住房和城乡建设部关于银行保险机构支持保障性租赁住房发展的指导意见

银保监规〔2022〕5号

各银保监局，各省、自治区、直辖市住房和城乡建设厅（委、管委），新疆生产建设兵团住房和城乡建设局，国家开发银行，各大型银行、股份制银行、外资银行、直销银行、金融资产管理公司、金融资产投资公司、理财公司，各保险集团（控股）公司、保险公司、保险资产管理公司、养老金管理公司：

为深入贯彻党中央、国务院关于发展保障性租赁住房的决策部署，落实好《国务院办公厅关于加快发展保障性租赁住房的意见》（国办发〔2021〕22号）要求，进一步加强对保障性租赁住房建设运营的金融支持，现提出以下意见。

一、总体要求

（一）指导思想

以习近平新时代中国特色社会主义思想为指导，全面贯彻党的十九大和十九届历次全会及中央经济工作会议精神，立足新发展阶段、贯彻新发展理念、构建新发展格局，坚持房子是用来住的、不是用来炒的定位，构建多层次、广覆盖、风险可控、业务可持续的保障性租赁住房金融服务体系，加大对保障性租赁住房建设运营的支持力度。

（二）基本原则

——以人民为中心。切实增加保障性租赁住房供给，尽最大努力帮助新市民、青年人等缓解住房困难，是党中央、国务院的重大决策部署，是“十四五”时期住房建设的重点任务。银行保险机构要切实提高政治站位，以不断增强人民群众获得感、幸福感、安全感为落脚点，将支持保障性租赁住房发展作为推进共同富裕的重要举措，做好对保障性租赁住房的金融支持。

——以市场化为导向。充分发挥市场在金融资源配置中的决定性作用，银行保险机构要在商业可持续的前提下，在科学测算收益的基础上，为保障性租赁住房发展提供多样化、有针对性的金融产品和服务。

——以风险可控为前提。银行保险机构要严格遵守各项监管规定，规范保障性租赁住房融资管理，严格尽职调查，审慎评估风险，稳妥有序推进业务发展。有效防范金融风险，不得以保障性租赁住房的名义搞变通，打“擦边球”，进行监管套利。

——以多方协同为保障。各地应加快出台发展保障性租赁住房具体办法，建立健全住房租赁管理服务平台，加强与银行保险机构信息共享等，为银行保险机构支持保障性租赁住房创造良好的条件，形成支持保障性租赁住房发展的合力。

二、发挥各类机构优势，进一步加强金融支持

（三）发挥好国家开发银行作用

国家开发银行要立足自身职能定位，在依法合规、风险可控的前提下，加大对保障性租赁住房项目的中长期信贷支持。

（四）支持商业银行提供专业化、多元化金融服务

商业银行要优化整合金融资源，积极对接保障性租赁住房开发建设、购买、装修改造、运营管理、交易结算等服务需求，提供专业化、多元化金融服务。农村中小金融机构要充分发挥与农村基层自治组织、合作社有良好合作历史的优势，优先支持利用集体经营性建设用地建设保障性租赁住房项目。

（五）引导保险机构为保障性租赁住房提供资金和保障支持

支持保险资金通过直接投资或认购债权投资计

划、股权投资计划、保险私募基金等方式，为保障性租赁住房项目提供长期资金支持。支持保险机构为保障性租赁住房建设运营等环节提供财产损失、民事责任、人身意外伤害等风险保障。

（六）支持非银机构依法合规参与

支持信托公司等发挥自身优势，依法合规参与保障性租赁住房建设运营。

三、把握保障性租赁住房融资需求特点，提供针对性金融产品和服务

（七）以市场化方式向保障性租赁住房自持主体提供长期贷款

对利用集体经营性建设用地、企事业单位自有闲置土地、产业园区配套用地、新供应国有建设用地等新建自持保障性租赁住房项目或存量盘活项目，银行保险机构在综合考虑企业项目建设或购置，以及后续运营需求的基础上，以市场化方式提供适配其融资需求的产品。

（八）稳妥做好对非自有产权保障性租赁住房租赁企业的金融支持

鼓励银行业金融机构按照依法合规、风险可控、商业可持续原则，向改建、改造存量房屋形成非自有产权保障性租赁住房的住房租赁企业提供贷款，为企业盘活、改建、装修、运营保障性租赁住房提供支持。

（九）探索符合保障性租赁住房特点的担保方式

支持银行业金融机构针对保障性租赁住房项目特点，稳妥有序开展应收租金、集体经营性建设用地使用权等抵质押贷款业务，增强贷款保障能力。加强与融资担保机构在保障性租赁住房领域的合作，发挥政府性融资担保机构增信支持作用。鼓励保障性租赁住房项目业主在项目建设期为在建工程投保工程保险，在项目经营期为租赁经营的财产投保企业财产保险。

（十）提供多样化金融服务

鼓励银行业金融机构运用银团贷款加大对保障性租赁住房项目的融资支持。鼓励银行保险机构在依法合规、风险可控的前提下，参与基础设施领域不动产投资信托基金（REITs）。鼓励银行保险机构为用于保障性租赁住房项目的公司债券、非金融企业债务融资工具等债券融资提供发行便利，加大债券投资力度。

四、建立完善支持保障性租赁住房发展的内部机制

（十一）加强组织领导

各银行保险机构要切实加强对支持保障性租赁住房业务的组织领导，结合自身发展战略，建立健全工作机制，强化统筹安排，明确职责分工，确保各项工作落到实处、取得实效。

（十二）优化金融服务组织架构

鼓励有条件的银行保险机构通过成立专门服务部门、组建专营团队、成立特色分支机构等多种形式，创新保障性租赁住房金融服务组织架构，提升保障性租赁住房金融服务专业化能力和水平。

（十三）完善激励约束机制

银行保险机构要完善内部绩效考核，提高保障性租赁住房业务在房地产各项业务中的考核比重，积极推行保障性租赁住房融资内部资金转移定价优惠措施，提升业务条线和分支机构积极性。

五、坚持支持与规范并重，坚守风险底线

（十四）推动保障性租赁住房相关配套措施尽快落地

各地应尽快出台发展保障性租赁住房的具体办法，明确本地区利用集体经营性建设用地、企事业单位自有闲置土地、产业园区配套用地和非居住存量房屋建设保障性租赁住房的申请条件、流程及工作要求等。

（十五）加强保障性租赁住房项目监督管理

各地要加快建立健全住房租赁管理服务平台，加强对保障性租赁住房建设、出租和运营管理的全过程监督。严厉打击以保障性租赁住房为名骗取银行保险机构优惠政策行为。

（十六）做好融资主体准入管理

各地要明确保障性租赁住房项目认定书制度，及时与银行保险机构共享本地区保障性租赁住房项目信息，定期向银行保险机构公布合格住房租赁企业名单和企业经营信息，为银行保险机构开展业务提供支持。银行保险机构要遵循审慎稳健和安全性原则，对取得保障性租赁住房项目认定书的，方可适用保障性租赁住房相关支持政策。不得介入已被有关部门列入违建或安全隐患管控的项目，不得向违规采取“高收低租”“长收短付”等高风险经营模式快速扩张的企业提供融资。

（十七）把控好项目风险

银行保险机构要密切关注当地保障性租赁住房市场发展情况，科学合理测算保障性租赁住房项目的投入、收益和现金流，合规适度提供融资，严防过度授信、盲目放贷。要在负债控制、款项支付、工程进展、租金回款、资产抵押等方面采取有效的风控措施，有效防范金融风险。针对商品房开发项目配建的保障性租赁住房，应确保保障性租赁住房部分独立公允核算，实现专款专用。

（十八）加强项目后续跟踪管理

银行业金融机构要落实贷款支付和用途管理，切实防范信贷资金违规挪用于其他用途。要持续加强企业财务和运营状况监测评估，加强租金回款监控，切实保障信贷资金安全。

六、加强支持保障性租赁住房发展的监管引领

（十九）拓宽资金来源

支持银行业金融机构发行金融债券，募集资金用于保障性租赁住房贷款发放。

（二十）完善保障性租赁住房监管统计

银行业金融机构向持有保障性租赁住房项目认定书的保障性租赁住房项目发放的有关贷款，不纳入房地产贷款集中度管理。银行业金融机构在计算“房地产贷款占比”指标时，将“保障性租赁住房开发贷款”“保障性租赁住房经营贷款”“保障性租赁住房购买贷款”从“房地产贷款余额”中予以扣除。

（二十一）加强风险管控

各级监管机构要加强业务指导和风险监测，建立健全保障性租赁住房金融风险监测和防控体系，定期监测辖内银行保险机构支持保障性租赁住房发展情况，做到风险早发现、早预警、早处置。

中国银保监会

住房和城乡建设部

2022年2月16日

住房和城乡建设部安全生产管理委员会办公室关于开展2022年住房和城乡建设系统“安全生产月”活动的通知

建安办函〔2022〕8号

各省、自治区住房和城乡建设厅，北京市住房和城乡建设委、城市管理委、园林绿化局、水务局，天津市住房和城乡建设委、城市管理委、水务局，上海市住房和城乡建设管委、交通委、绿化和市容管理局、水务局，重庆市住房和城乡建设委、经济和信息化委、城市管理局，海南省水务厅，新疆生产建设兵团住房和城乡建设局，山东省交通运输厅：

今年6月是第21个全国“安全生产月”，主题是“遵守安全生产法 当好第一责任人”。按照国务院安全生产委员会办公室关于开展2022年全国“安全生产月”活动的统一部署，现就开展住房和城乡建设系统“安全生产月”活动有关事项通知如下。

一、深入学习贯彻习近平总书记关于安全生产重要论述，加强活动组织部署

各地住房和城乡建设主管部门及有关单位要深入学习习近平总书记关于安全生产的重要论述，深刻认识当前安全生产形势的严峻性、复杂性，深入贯彻落实党中央、国务院关于安全生产的重大决策部署，认真组织学习宣传国务院安全生产委员会《关于进一步强化安全生产责任落实 坚决防范遏制重特大事故的若干措施》（以下简称安全生产十五条措施），深刻领会安全生产十五条措施的重要意义、突出特点、部署安排和具体工作要求，以高度的政治责任感抓好安全生产十五条措施贯彻落实。按照全国“安全生产月”活动要求，结合本地实际，制定切实可行的工作方案，精心组织，周密部署，确保各项活动有序开展、取得实效，为党的二十大胜利召开营造良好安全环境。

二、宣传贯彻安全生产法，强化主体责任落实

各地住房和城乡建设主管部门及有关单位要广泛开展安全生产法主题宣传活动，狠抓对企业主要负责人、项目负责人、专职安全生产管理人员等关键岗位人员的普法宣传，督促企业主要负责人切实担起安全生产“第一责任人”责任，严格履行安全生产法规定的7项职责，提高关键岗位人员依法履责的能力。树牢“隐患就是事故”的理念，扎实推进全国城镇燃气安全排查整治和城市燃气管道等老化更新改造，认真宣传贯彻《房屋市政工程生产安全重大事故隐患判定标准（2022）》，督促工程参建各方严格落实重大事故隐患排查治理主体责任，主动研判风险、排查隐患。结合安全生产十五条措施和《住房和城乡建设部办公厅关于认真贯彻落实安全生产十五条措施 进一步做好住房和城乡建设领域安全生产工作的通知》（建办质电〔2022〕22 号）要求，加大房屋市政工程安全生产治理行动的宣传力度，让每一名从业者对治理行动要求“入脑入心”。按照国务院安委会办公室统一部署，广泛开展“我是安全吹哨人”“查找身边的隐患”等活动，调动职工参与监督企业和主要负责人落实安全生产责任的主动性和自觉性。

三、开展全员安全培训，分类强化警示教育

各地住房和城乡建设主管部门及有关单位要结合本地实际，深入开展住房和城乡建设系统安全监管人员和从业人员安全技能培训，形成常态化培训机制，着力提高培训质量，提升全行业安全素质。开展安全生产治理行动专题培训活动，将治理行动相关要求、重大事故隐患判定标准、危大工程施工方案编制指南、危及安全生产施工工艺、设备和材料淘汰目录等作为培训的主要内容。强化警示教育，组织观看生产安全事故警示教育片、专题展，拓宽畅通投诉举报渠道，鼓励社会公众对安全生产重大风险、事故隐患和违法行为进行举报，发挥媒体监督作用，曝光一批典型事故案例和重大隐患案例。深入企业、深入项目、深入一线，加大对一线作业人员、新进场建筑工人的教育培训力度，特别是加强对特种作业人员的培训考核，认真组织开展应急救援演练和知识技能培训，切实提升一线作业人员安全防范意识和能力，实现安全培训“一线化”“基层化”。

四、广泛开展宣传，营造良好安全生产氛围

各地住房和城乡建设主管部门及有关单位要高度重视舆论宣传工作，紧紧围绕“遵守安全生产法 当好第一责任人”主题，认真组织开展 6 月 16 日“全国安全宣传咨询日”活动，创新开展群众喜闻乐见、形式多样、线上线下相结合的安全宣传活动。结合安全生产月活动，通过广播电视等传统媒体和微博、微信、短视频平台等新媒体，多层面、多渠道、多角度、全方位的加强宣传安全生产治理行动，对施工企业及在建工程项目宣讲治理行动相关要求，及时通报本行政区域内房屋市政工程在建项目全面排查及隐患整改情况，及时曝光在治理行动中发现的典型案例，加大以案释法、以案普法的宣传力度，形成舆论声势。及时报道“安全生产月”活动进展，充分发挥政府投资工程示范带头作用，宣传建筑施工安全生产工作先进典型，推广先进经验，努力营造全社会关心安全生产、参与安全发展的良好氛围。此外，要围绕燃气安全治理、城镇房屋安全隐患排查、排水防涝和污水处理、市政基础设施安全运行管理、自建房安全专项整治等工作，跟进报道进展成效。

各地住房和城乡建设主管部门及有关单位要加强对本地区“安全生产月”活动的指导，及时总结活动开展情况，并将书面总结材料于 2022 年 7 月 6 日前报送我部安全生产管理委员会办公室。

联系人及电话：

张凯，010-58933920，010-58934101（传真）

电子邮箱：anquanchu@mohurd.gov.cn

住房和城乡建设部安全生产管理委员会办公室

2022 年 5 月 27 日

住房和城乡建设部关于印发国家城乡建设科技创新平台管理暂行办法的通知

建标〔2022〕9 号

各省、自治区住房和城乡建设厅，直辖市住房和城乡建设（管）委，新疆生产建设兵团住房和城乡建设局：

现将《国家城乡建设科技创新平台管理暂行办法》印发给你们，请遵照执行。

住房和城乡建设部

2022 年 1 月 17 日

（此件公开发布）

国家城乡建设科技创新平台管理暂行办法

第一章　总　　则

第一条　为深入贯彻《中共中央 国务院关于深化体制机制改革加快实施创新驱动发展战略的若干意见》，积极培育国家城乡建设科技创新平台（以下简称科技创新平台），规范科技创新平台建设管理，提高住房和城乡建设领域科技创新能力，依据科学技术进步法、促进科技成果转化法等有关法律法规，制定本办法。

第二条　科技创新平台是住房和城乡建设领域科技创新体系的重要组成部分，是支撑引领城乡建设绿色发展，落实碳达峰、碳中和目标任务，推进以人为核心的新型城镇化，推动住房和城乡建设高质量发展的重要创新载体。

第三条　本办法适用于科技创新平台的申报、建设、验收、运行和绩效评价等管理工作。

第四条　科技创新平台建设和运行坚持整体部署、聚焦重点、协同创新、开放共享的原则。

第五条　科技创新平台分为重点实验室和工程技术创新中心两类。

重点实验室以支撑性、引领性科学研究和提升行业技术成熟度为重点，主要开展应用基础研究和前沿技术研究。

工程技术创新中心以技术集成创新和成果转化应用为重点，主要开展行业重大共性关键技术研究、重大技术装备研发、科技成果工程化研究、系统集成和应用。

第六条　住房和城乡建设部负责科技创新平台规划布局和综合管理相关工作。

各省级住房和城乡建设主管部门负责科技创新平台培育、推荐工作，协助开展平台建设及运行管理。

第七条　科技创新平台为非法人实体单位，依托相关领域研究实力强、科技创新优势突出的科研院所、骨干企业、高等院校（以下简称依托单位）组建。鼓励建立产学研用创新联合体。

第八条　住房和城乡建设部围绕国家重大战略，结合住房和城乡建设领域发展需求和相关规划，按照“少而精”的原则，统筹部署建设科技创新平台。

第二章　申报条件与程序

第九条　申报科技创新平台应具备以下基本条件：

（一）依托单位具有独立法人资格。

（二）专业领域符合国家、住房和城乡建设领域发展重点和中长期发展战略。

（三）在本领域内科研开发优势明显、代表性强。

（四）具有相应领域的科技领军人才和结构合理的高水平科研队伍。

（五）具有良好的技术研发场所、持续稳定的经费来源等保障条件。

（六）具有完善的内部管理制度和良好的运行机制。

第十条　申报重点实验室应符合本办法第九条规定，并具备以下条件：

（一）长期从事相关领域科学研究，学术水平国内领先。

（二）具备良好的实验条件，有固定的实验场所和国内先进水平的实验仪器和设备。

第十一条　申报工程技术创新中心应符合本办法第九条规定，并具备以下条件：

（一）技术集成创新能力强，已建立良好的产学研用融合运行机制，集聚本领域内科研实力强的科研院所、骨干企业和高等院校。

（二）拥有国内领先、市场前景良好和自主知识产权的科技成果。

（三）具有运用市场机制促进技术转移、转化和产业化的业绩及科技成果转化团队。

第十二条　住房和城乡建设领域骨干企业、科研院所、高等院校可结合自身优势和具体情况，申报科技创新平台，编制建设方案。其中地方有关单位由省级住房和城乡建设主管部门审核通过后向住房和城乡建设部推荐，住房和城乡建设部直属科研单位、有关部委直属高等院校、有关中央企业等直接向住房和城乡建设部申报。

第十三条　住房和城乡建设部组织专家对科技创新平台建设方案进行论证，择优确定拟建设的科技创新平台，并进行公示。公示无异议的，经住房和城乡建设部同意，可按照其建设方案开展科技创新平台建设工作。

第十四条　科技创新平台建设经费由依托单位自筹解决。依托单位应为平台建设提供充足的人才、场所、经费等保障条件。

第三章　建设与验收

第十五条　科技创新平台的建设期一般不超过3

年。不能按期完成建设任务、达到建设目标的科技创新平台，可书面向住房和城乡建设部申请延长建设期，延长时限不超过 1 年，且只能延期 1 次。

第十六条 科技创新平台应编写年度建设情况报告（当年申请建设的除外），并于每年 12 月底前报住房和城乡建设部。

第十七条 科技创新平台需调整建设方案的，应及时向住房和城乡建设部报告。

第十八条 科技创新平台发生影响建设任务完成和目标实现的重大事项，由住房和城乡建设部终止其科技创新平台建设。

第十九条 科技创新平台达到建设方案明确的发展目标后，应编制建设总结报告，向住房和城乡建设部提出验收申请。

第二十条 住房和城乡建设部组织专家开展科技创新平台验收。验收通过的，正式认定其为科技创新平台并予以命名公布；需整改的，限期 6 个月完成整改后重新申请验收；未按期提交验收申请或验收不通过的，终止其科技创新平台建设。

第二十一条 科技创新平台统一命名为“国家城乡建设 ××× 重点实验室”、“国家城乡建设 ××× 工程技术创新中心”，英文名称为“Key Laboratory of ×××, State Urban-Rural Development”，“Technology Innovation Center for ×××, State Urban-Rural Development”。

住房和城乡建设部对通过验收、正式运行的科技创新平台统一颁发标牌。

第四章 运行与绩效评价

第二十二条 科技创新平台应积极开展住房和城乡建设领域重大科技攻关和技术研发。支持科技创新平台承担国家和省部级重大科研任务、能力建设类项目，参与有关政策、标准、规范等研究和编制工作。

第二十三条 科技创新平台应于每年 12 月底前，向住房和城乡建设部报送年度运行情况报告及下一年度工作计划。

第二十四条 科技创新平台运行期间需变更名称、负责人等事项，应提出书面申请，报住房和城乡建设部备案。

第二十五条 住房和城乡建设部每 3 年集中对科技创新平台实施绩效评价。

第二十六条 有下列情形之一的，不再认定为科技创新平台，由住房和城乡建设部撤销其命名，并向社会公开：

（一）从事与科技创新平台功能定位不相符的活动造成恶劣影响的。

（二）不参加绩效评价或提供虚假材料的。

（三）绩效评价不合格的。

（四）自行申请撤销的。

（五）存在严重违法失信行为的。

（六）依法依规被终止的。

第二十七条 被撤销命名的科技创新平台，两年内不得重新申报，不得继续以科技创新平台名义开展工作。

第五章 附 则

第二十八条 科技创新平台不刻制印章，可使用依托单位代章。

第二十九条 各级住房和城乡建设主管部门及其工作人员在科技创新平台管理工作中应当依法履行职责，严格遵守廉政纪律。对在工作中玩忽职守、徇私舞弊、滥用职权的，依法依规给予处理。

第三十条 本办法由住房和城乡建设部负责解释。本办法自颁布之日起施行。

住房和城乡建设部关于印发“十四五”建筑业发展规划的通知

建市〔2022〕11 号

各省、自治区住房和城乡建设厅，直辖市住房和城乡建设（管）委，北京市规划和自然资源委，新疆生产建设兵团住房和城乡建设局，国务院有关部门建设司（局）：

为指导和促进“十四五”时期建筑业高质量发展，根据《中华人民共和国国民经济和社会发展第十四个五年规划和2035年远景目标纲要》，我部组织编制了《"十四五"建筑业发展规划》。现印发给你们，请结合实际认真贯彻落实。

住房和城乡建设部
2022年1月19日
（此件公开发布）

住房和城乡建设部关于印发中国人居环境奖申报与评选管理办法的通知

建城〔2022〕12号

各省、自治区住房和城乡建设厅，北京市住房和城乡建设委、规划和自然资源委、城市管理委、水务局、园林绿化局，天津市住房和城乡建设委、规划和自然资源局、城市管理委、水务局，上海市住房和城乡建设管委、规划和自然资源局、绿化和市容管理局、水务局，重庆市住房和城乡建设委、规划和自然资源局、城市管理局，新疆生产建设兵团住房和城乡建设局，海南省自然资源和规划厅、水务厅：

现将《中国人居环境奖申报与评选管理办法》印发给你们，请遵照执行。

住房和城乡建设部
2022年1月21日
（此件公开发布）

中国人居环境奖申报与评选管理办法

为进一步加强对人居环境建设工作的指导，规范中国人居环境奖的申报与评选管理，制定本办法。

一、总则

（一）本办法适用于中国人居环境奖的申报、评选、动态管理及复查等工作。

中国人居环境奖包括中国人居环境奖（综合）、中国人居环境奖（范例）两类。"中国人居环境奖（综合）"授予在改善人居环境方面取得突出成就的城市（含直辖市的区）。"中国人居环境奖（范例）"授予在改善人居环境相关领域具有重要示范价值的项目。

（二）中国人居环境奖申报评选管理遵循自愿申报、分类评选、动态管理和复查的原则。

（三）住房和城乡建设部负责中国人居环境奖申报评选管理工作。

二、申报主体

中国人居环境奖（综合）的申报主体是城市（含直辖市的区）人民政府。

中国人居环境奖（范例）的申报主体是城市（含直辖市的区）和县人民政府。

三、评选区域范围

中国人居环境奖（综合）评选区域范围为城市建成区。

中国人居环境奖（范例）评选区域范围为城市（县城、镇）建成区或者村庄。

四、申报条件

申报城市（县）近2年内（申报当年及前一年自然年内，下同）未发生重大安全、污染、破坏生态环境、破坏历史文化资源等事件，未发生严重违背城市发展规律的破坏性"建设"行为，未被省级以上人民政府或住房和城乡建设主管部门通报批评，且符合下列要求。

（一）中国人居环境奖（综合）

1. 符合《中国人居环境奖评选标准》（附件1）要求。

2. 获得国家园林城市、国家节水型城市、全国无障碍建设城市命名。

3. 编制人居环境相关规划并组织实施。

4. 已经建立较为完整的城市基础设施档案。

5. 已建设城市运行管理服务平台。

6. 已获中国人居环境奖（范例）的，在申报中国人居环境奖（综合）时，可予特色加分，同等条件下优先考虑。

（二）中国人居环境奖（范例）

1. 在生态宜居、健康舒适、安全韧性、交通便捷、风貌特色、整洁有序、多元包容、创新活力和宜居乡村等方面具有重要示范价值的人居环境建设项目（详见附件 2）。

2. 已获国家园林城市、国家节水型城市、无障碍建设城市、历史文化名城名镇名村等相关奖项的示范项目，同等条件下优先考虑。

五、申报程序和评选时间

（一）中国人居环境奖评选每 2 年开展一次，偶数年为申报年，奇数年为评选年。

（二）申报中国人居环境奖（综合），申报主体为省（自治区）所辖城市人民政府的，城市人民政府应组织相关部门，对照《中国人居环境奖评选标准》进行自评，自评达标后向省（自治区）住房和城乡建设主管部门提出申请。省（自治区）住房和城乡建设主管部门进行初审，提出初审意见，对初审总分达到 80 分（含）以上的，由省（自治区）住房和城乡建设主管部门于申报年的 12 月 31 日前将申报材料报送住房和城乡建设部。申报主体为直辖市的区人民政府的，由市级住房和城乡建设主管部门负责进行初审，并于申报年的 12 月 31 日前将达到要求的区人民政府申报材料报送住房和城乡建设部。直辖市作为申报主体的，自评达标后由直辖市人民政府于申报年的 12 月 31 日前将申报材料报送住房和城乡建设部。

（三）申报中国人居环境奖（范例），申报主体为省（自治区）所辖城市（县）人民政府的，市（县）人民政府应对照评选主题认真研究，充分挖掘城乡规划建设管理、历史文化保护等方面促进城乡人居环境改善的好项目、好案例，并向省（自治区）住房和城乡建设主管部门提出申请；省（自治区）住房和城乡建设部门应立足城乡规划建设管理各环节、各行业，会同相关部门进行初审，择优推荐，原则上，每个类别可以推荐 1 项，由省（自治区）住房和城乡建设主管部门于申报年的 12 月 31 日前将申报材料报送住房和城乡建设部。申报主体为直辖市的区人民政府的，由项目所属行业的市级行业主管部门负责进行初审，涉及多个行业的项目由市级住房和城乡建设主管部门会同相关部门负责进行初审，初审部门要综合考虑，择优推荐，原则上，每个部门就同一类别限推 1 项，并于申报年的 12 月 31 日前将申报材料报送住房和城乡建设部。

（四）住房和城乡建设部受理省级住房和城乡建设主管部门和直辖市人民政府报送的申报材料，并于评选年的 12 月 31 日前完成评选工作。

六、申报材料

通过省级初审的申报主体，采用线上线下相结合的方式提交申报材料。申报材料要真实准确、简明扼要，各项指标支撑材料的出处及统计口径明确，有关资料和表格填写规范。

（一）中国人居环境奖（综合）

1. 城市概况，包括评选区域范围示意地图；

2. 创建工作组织与实施方案、创建工作总结、申报内容介绍（3000 字左右）；

3. 体现申报基本条件要求的资料；

4. 城市自体检报告（应包括中国人居环境奖评选标准各项指标）；

5. 中国人居环境奖自评结果及有关依据资料；

6. 创建工作影像（5 分钟内）或图片资料；

7. 其他能够体现所申报奖项工作成效和特色的资料；

8. 不少于 4 个能够体现本地人居环境特色的示范项目，项目应分属于生态宜居、健康舒适、安全韧性、交通便捷、风貌特色、整洁有序、多元包容、创新活力等 8 个类别中的不同类别。

（二）中国人居环境奖（范例）

1. 项目概况，包括所申报奖项创建及评选区域范围示意地图；

2. 创建工作组织与实施方案、创建工作总结、申报内容介绍（3000 字左右）；

3. 体现申报基本条件要求的资料；

4. 创建工作影像资料（5 分钟内）或图片资料；

5. 其他能够体现所申报奖项工作成效和特色的资料。

七、评选组织管理

（一）住房和城乡建设部负责组建评选专家组（以下简称专家组），其成员从住房和城乡建设部城市奖项评选专家委员会中选取。专家组负责申报材料预审、现场考评及综合评议等具体工作。

参与申报地方所在省、自治区、直辖市组织的省级初审工作，或为申报地方提供技术指导的专家，原则上不得参与住房和城乡建设部组织的对该申报地方的评选工作。

（二）申报主体在申报材料或评选过程中有弄虚作假行为的，取消当年申报资格。

八、评选程序

（一）申报材料预审

专家组负责申报材料预审，形成预审意见。

（二）第三方评价

住房和城乡建设部组织第三方机构，结合城市体检，对人居环境建设情况进行第三方评价。第三方评价结果作为评选的重要参考。

（三）社会满意度调查

住房和城乡建设部组织第三方机构，了解当地居民对申报城市人居环境建设工作的满意度。社会满意度调查结果作为评选的重要参考。

（四）现场考评

根据预审意见、第三方评价和社会满意度调查结果，由专家组提出中国人居环境奖（综合和范例）现场考评建议名单，报住房和城乡建设部审核。对通过审核的申报主体，由专家组进行现场考评。申报主体至少应在专家组抵达前两天，在当地不少于两个主要媒体上向社会公布专家组工作时间、联系电话等相关信息，便于评选组听取各方面的意见、建议，并接受当地居民报名参与现场考评。现场考评主要程序如下：

1. 听取申报主体的创建工作汇报；

2. 查阅申报材料及有关的原始资料；

3. 现场随机抽查与所申报奖项有关的人居环境示范项目的建设和工作措施落实情况，其中申报中国人居环境奖（综合奖）的示范项目必查；

4. 当地居民参与现场考评，并将其意见作为现场考评意见的重要参考；

5. 专家组成员在独立提出评选意见和评分结果的基础上，经集体讨论，形成现场考评意见；

6. 专家组就现场考评中发现的问题及建议进行现场反馈；

7. 专家组将现场考评意见书面报住房和城乡建设部。

（五）综合评议

住房和城乡建设部组织综合评议，并形成综合评议意见，评议确定中国人居环境奖建议名单。

（六）公示及命名

综合评议通过的公示名单在住房和城乡建设部门户网站进行公示，公示期为10个工作日。公示无异议的，由住房和城乡建设部正式命名。

九、动态管理及复查工作

中国人居环境奖（综合）命名有效期为5年。

（一）获中国人居环境奖（综合）城市人民政府应于有效期满前一年向省级住房和城乡建设主管部门提出复查申请，并提交自评报告。未申请复查的，称号不再保留。复查按照现行的评选办法和评选标准开展。

（二）省级住房和城乡建设主管部门于有效期满前半年完成对本行政区域内的获中国人居环境奖（综合）城市复查，并将复查报告（附电子版）报送住房和城乡建设部。获中国人居环境奖（综合）直辖市人民政府于有效期满前半年将复查材料报送住房和城乡建设部。

（三）住房和城乡建设部受理省级（含直辖市）复查材料，于有效期满前组织完成对复查材料的抽查，视情况直接组织对地方进行复查。复查程序参照评选程序。

（四）复查通过的城市，继续保留其获奖称号；未通过复查且在一年内整改不到位的，撤销其获奖称号。保留称号期间发生重大安全、污染、破坏生态环境、破坏历史文化资源等事件，发生严重违背城市发展规律的破坏性“建设”行为的，给予警告直至撤销获奖称号。被撤销中国人居环境奖的城市，不得参加下一申报年度申报评选。发现省级住房和城乡建设主管部门复查过程中存在弄虚作假行为的，暂停受理该省（自治区、直辖市）下一申报年度中国人居环境奖申报。

（五）建立“中国人居环境奖”预备名单制度。各省级住房和城乡建设主管部门可将当地准备申报中国人居环境奖（综合）的城市和中国人居环境奖（范例）的项目，报住房和城乡建设部备案，作为预备目录清单。住房和城乡建设部将加强指导，提高申报的质量和示范性。申报中国人居环境奖优先从预备目录清单中推选。

十、附则

（一）本办法由住房和城乡建设部负责解释。

（二）《住房城乡建设部关于印发中国人居环境奖评价指标体系和中国人居环境范例奖评选主题的通知》（建城〔2016〕92号）同时废止。

附件：1. 中国人居环境奖评选标准

2. 中国人居环境奖（范例）评选主题及内容

住房和城乡建设部 国家发展改革委关于印发国家节水型城市申报与评选管理办法的通知

建城〔2022〕15 号

各省、自治区住房和城乡建设厅、发展改革委，直辖市住房和城乡建设（管）委（城市管理局）、水务局、发展改革委，海南省水务厅，新疆生产建设兵团住房和城乡建设局、发展改革委：

现将修订后的《国家节水型城市申报与评选管理办法》印发给你们，请遵照执行。

住房和城乡建设部

国家发展和改革委员会

2022 年 1 月 26 日

（此件公开发布）

国家节水型城市申报与评选管理办法

为落实国家节水行动要求，推动城市高质量和可持续发展，坚持“以水定城、以水定地、以水定人、以水定产”，把节水放在优先位置，规范国家节水型城市申报与评选管理，制定本办法。

一、总则

（一）本办法适用于国家节水型城市的申报、评选、动态管理及复查等工作。

（二）国家节水型城市申报与评选管理遵循自愿申报、动态管理和复查的原则。

（三）住房和城乡建设部会同国家发展改革委负责国家节水型城市申报与评选管理工作。

二、申报主体

设市城市（含直辖市的区）人民政府。

三、评选区域范围

设市城市（含直辖市的区）本级行政区域。

四、申报条件

申报国家节水型城市称号的城市（以下简称申报城市）应符合以下条件：

（一）城市节水法规政策健全。有城市节约用水，水资源管理，供水、排水、用水管理，地下水保护，非常规水利用方面的地方性法规、规章和规范性文件。

（二）城市节水管理主管部门明确，职责清晰，人员稳定，日常节水管理规范。推动落实各项节水制度，开展全国城市节水宣传周以及日常的节水宣传，开展城市节水的日常培训等。

（三）建立城市节水统计制度。有用水计量与统计管理办法，或者关于城市节水统计制度批准文件，城市节水统计至少开展 2 年以上。

（四）建立节水财政投入制度。有稳定的年度节水财政投入，能够支持节水基础管理、节水设施建设与改造、节水型器具推广、节水培训以及宣传教育等活动的开展。

（五）城市节水制度健全。有计划用水与定额管理、节水“三同时”、污水排入排水管网许可、取水许可、城市节水奖惩等具体制度或办法并实施；居民用水实行阶梯水价，非居民用水实行超定额累进加价；有关于特种行业用水管理、鼓励再生水利用等的价格管理办法。

（六）编制并有效实施城市节水规划。城市节水中长期规划由具有相应资质的机构编制，并经本级政府或上级政府主管部门批准实施。编制海绵城市建设规划，出台海绵城市规划建设管控相关制度，将海绵城市建设要求落实到城市规划建设管理全过程。

（七）推进智能化供水节水管理。建立城市供水节水数字化管理平台，能够支持节水统计、计划用水和超定额管理。

（八）申报国家节水型城市，须通过省级住房和城乡建设、发展改革（经济和信息化、工业和信息化，下同）主管部门预评选满 1 年（含）以上。

（九）近3年内（申报当年及前两年自然年内，下同）未发生城市节水、重大安全、污染、破坏生态环境、破坏历史文化资源等事件，未发生违背城市发展规律的破坏性“建设”等行为，未被省级以上人民政府或住房和城乡建设主管部门通报批评。

近3年内受到城市节水方面相关媒体曝光，并造成重大负面影响的，自动取消参评资格。

五、申报程序和评选时间

（一）国家节水型城市评选每2年开展一次，奇数年为申报年，偶数年为评选年。

（二）申报城市对照《国家节水型城市评选标准》进行自评，自评达标后分别报省级住房和城乡建设、发展改革主管部门提出申请。

（三）省级住房和城乡建设、发展改革主管部门对照《国家节水型城市评选标准》进行初审，提出初审意见，对符合申报条件、初审总分达90分（含）以上的城市，于申报年的12月31日前将申报材料联合报送住房和城乡建设部、国家发展改革委。

（四）直辖市的区（不含县）自评达到90分的，由直辖市住房和城乡建设（管）委（城市管理局、水务局）、发展改革委于申报年的12月31日前将申报材料联合报送住房和城乡建设部、国家发展改革委。

（五）直辖市自评达到90分的，由直辖市人民政府于申报年的12月31日前将申报材料报送住房和城乡建设部、国家发展改革委。

（六）住房和城乡建设部、国家发展改革委受理申报材料，并于评选年的12月31日前完成评选工作。

六、申报材料

通过省级初审的城市，采用线上线下相结合的申报方式提交申报材料，考核年限为申报或复查年之前的2年。申报材料（包括申报卷、评选指标、支撑材料3卷材料）要真实准确、简明扼要，支撑材料的种类、出处及统计口径明确，有关资料和表格填写规范。由国家相关部门正式发布的指标或地方在其他工作中已上报的指标无需额外提供证明材料。

申报卷主要包括：

（一）申报城市人民政府批准的国家节水型城市申报书；

（二）省级住房和城乡建设、发展改革主管部门的初审意见；

（三）国家节水型城市创建工作组织与实施方案；

（四）国家节水型城市创建工作总结；

（五）城市自体检报告（应包括国家节水型城市评选标准各项指标）；

（六）国家节水型城市自评结果及有关依据资料；

（七）评选区域范围示意地图；

（八）城市概况，包括城市基础设施建设情况、城市水环境概况、产业结构特点、主要用水行业及单位等；

（九）反映创建工作的影像资料（5分钟内）或图片资料；

（十）不少于4个能够体现本地特色和创新的节水示范项目。

七、评选组织管理

（一）住房和城乡建设部、国家发展改革委结合专家专业优势等因素，负责组建评选专家组（以下简称专家组），其成员由管理人员和技术人员组成。专家组负责申报材料预审、现场考评及综合评议等具体工作。

参与申报城市所在省、自治区、直辖市组织的省级初审工作，或为申报城市提供技术指导的专家，原则上不得参与对该申报城市的考评工作。

（二）申报城市在申报材料和评选过程中有弄虚作假行为的，取消当年申报资格。

（三）国家节水型城市评选和复查的日常工作由住房和城乡建设部负责。

八、评选程序

（一）申报材料预审

专家组负责申报材料预审，形成预审意见。

（二）第三方评价

住房和城乡建设部、国家发展改革委组织第三方机构，结合城市体检，对国家节水型城市建设情况进行评价。评价结果作为评选的重要参考。

（三）社会满意度调查

住房和城乡建设部、国家发展改革委组织第三方机构，调查了解当地居民社会节水意识情况。社会满意度调查结果作为评选的重要参考。

（四）现场考评

根据预审意见、第三方评价和社会满意度调查结果，由专家组提出现场考评建议名单，报住房和城乡建设部、国家发展改革委审核。对通过审核的申报城市，由专家组进行现场考评。

申报城市至少应在专家组抵达前两天，在当地不少于两个主要媒体上向社会公布专家组工作时间、联系电话等相关信息，便于专家组听取各方面的意见、建议，并接受当地居民报名参与现场考评。

现场考评主要程序：

1. 听取申报城市的创建工作汇报；

2. 查阅申报材料及有关的原始资料；

3. 专家现场检查，按照考评内容，各类抽查点合计不少于12个，其中示范项目不少于3个；

4. 专家组选定当地居民代表参与现场考评，并将其意见作为现场考评意见的重要参考；

5. 专家组成员在独立提出评选意见和评分结果的基础上，经集体讨论，形成现场考评意见；

6. 专家组就现场考评中发现的问题及建议进行反馈；

7. 专家组将现场考评意见书面报住房和城乡建设部、国家发展改革委。

（五）综合评议

住房和城乡建设部、国家发展改革委共同组织综合评议，形成综合评议意见，确定国家节水型城市建议名单。

（六）公示及命名

国家节水型城市名单在住房和城乡建设部、国家发展改革委门户网站进行公示，公示期为10个工作日。公示无异议的，由两部委正式命名。

九、动态管理及复查工作

国家节水型城市命名有效期为5年。国家节水型城市每年向住房和城乡建设部、国家发展改革委报告上一年度城市节水工作基础数据，报送截止日期为当年8月31日。

（一）已获国家节水型城市命名的城市人民政府应于有效期满前一年向省级住房和城乡建设、发展改革主管部门提出复查申请，并提交自评报告。未申请复查的，称号不再保留。国家节水型城市复查按照现行的评选管理办法和评选标准开展。

（二）省级住房和城乡建设、发展改革主管部门于有效期满前半年完成对本行政区域内获得国家节水型城市称号的城市复查，将复查报告（附电子版）联合报送住房和城乡建设部、国家发展改革委。获命名直辖市由直辖市人民政府于有效期满前半年将复查材料报送住房和城乡建设部、国家发展改革委。

（三）住房和城乡建设部、国家发展改革委受理省级（含直辖市）复查申请材料，于有效期满前组织完成抽查，视情况直接组织对地方进行复查。复查程序参照评选程序。

（四）复查通过的城市，继续保留其称号；对于未通过复查且在一年内整改不到位的，撤销其称号；保留称号期间发生城市节水、重大安全、污染、破坏生态环境、破坏历史文化资源等事件，违背城市发展规律的破坏性“建设”等行为的，给予警告直至撤销称号。被撤销国家节水型城市称号的城市，不得参加下一申报年度申报评选。

发现省级住房和城乡建设、发展改革主管部门复查过程中存在弄虚作假行为的，暂停受理该省（自治区、直辖市）下一申报年度国家节水型城市申报。

十、附则

（一）本办法由住房和城乡建设部、国家发展改革委负责解释。

（二）《国家节水型城市申报与考核办法》《国家节水型城市考核标准》（建城〔2018〕25号）同时废止。

附件：国家节水型城市评选标准

附件

国家节水型城市评选标准

序号	目标	指标	指标释义	指标类型	具体要求	评分标准
1	一、生态宜居	城市可渗透地面面积比例	〔城市建成区内具有渗透能力的地表（含水域）面积 ÷ 城市建成区总面积〕×100%	导向指标	黑龙江省、吉林省、辽宁省、西藏自治区、新疆维吾尔自治区、新疆生产建设兵团不低于40%，其它省（自治区、直辖市）不低于45%	6分。 评选年限内，城市可渗透地面面积比例达到标准得6分； 每低1%扣0.5分，扣完为止。

续表

序号	目标	指标	指标释义	指标类型	具体要求	评分标准
2	一、生态宜居	自备井关停率	（城市公共供水管网覆盖范围内关停的自备井数 ÷ 城市公共供水管网覆盖范围内的自备井总数）×100%	底线指标	100%	4 分。 评选年限内，城市公共供水管网覆盖范围内的，自备井关停率达 100% 得 3 分； 每低 5% 扣 1 分，扣完为止。 在地下水超采区，连续两年无各类建设项目和服务业新增取用地下水，得 1 分，有新增取水的，不得分。
3		城市公共供水管网漏损率	［（城市公共供水总量－城市公共供水注册用户用水量）÷ 城市公共供水总量］×100% －修正值 其中，城市公共供水注册用户用水量是指水厂将水供出厂外后，各类注册用户实际使用到的水量，包括计费用水量和免费用水量。计费用水量指收费供应的水量，免费用水量指无偿使用的水量。	底线指标	按《城镇供水管网漏损控制及评定标准》CJJ 92 规定核算后的漏损率 ≤ 9%	7 分。 评选年限内，城市公共供水管网漏损率达到标准得 5 分；漏损率在达到标准的基础上，每降低 1 个百分点，加 1 分，最高加 2 分； 每超过标准 1 个百分点（未达标），扣 2 分，扣完为止。
4		城市水环境质量	提高城市生活污水收集效能，改善城市水环境质量。	导向指标	建成区旱天无生活污水直排口，无生活污水管网空白区，无黑臭水体	5 分。 评选年限内，建成区范围内旱天无生活污水直排口、无生活污水管网空白区、无黑臭水体得 5 分； 发现 1 个旱天污水直排口扣 1 分，扣完为止； 发现 1 个生活污水管网空白区扣 2 分，扣完为止； 有黑臭水体的，本项指标不得分。
5		城市居民人均生活用水量	城市居民家庭年生活用水总量（新水量）÷（城市居民总户数 × 每户平均人数） 其中，每户平均人数按最近一次人口普查统计数据确定。	导向指标	不高于《城市居民生活用水量标准》GB/T 50331	4 分。 评选年限内，达到《城市居民生活用水量标准》GB/T 50331 得 4 分；未达标，不得分。
6		节水型居民小区覆盖率	（节水型居民小区或社区居民户数 ÷ 城市居民总户数）×100% 节水型居民小区（社区）是指由省级或市级人民政府有关部门向社会公布的小区（社区）。	导向指标	≥ 10%	6 分。 评选年限内，节水型居民小区覆盖率达到 10%，得 6 分；每低 1% 扣 1 分，扣完为止。
7	二、安全韧性	用水总量	各类用水户取用的包括输水损失在内的毛水量。	底线指标	不超过下达的用水总量控制指标	5 分。 评选年限内，本行政区用水总量不超过下达的用水总量控制指标，得 5 分；其余情况不得分。

续表

序号	目标	指标	指标释义	指标类型	具体要求	评分标准
8	二、安全韧性	万元工业增加值用水量	年工业用水量（按新水量计）÷ 年城市工业增加值 其中，工业用水量是指工矿企业在生产过程中用于制造、加工、冷却（包括火电直流冷却）、空调、净化、洗涤等方面的用水量，按新水量计，不包括企业内部的重复利用水量。统计口径为规模以上工业企业或全口径工业企业，按国家统计局相关规定执行。	导向指标	低于全国平均值的 50% 或年降低率≥ 5%	5 分。 评选年限内，达到标准得 5 分；每低 2% 或增长率每低 1% 扣 2 分，该项分值扣完为止。
9		再生水利用率	（1）对京津冀地区与地级及以上缺水城市： （城市再生水利用量 ÷ 城市污水处理厂处理总量）×100% （2）对其他城市：按再生水、海水、雨水、矿井水、苦咸水等非常规水资源利用总量占城市用水总量（新水量 + 非常规水量）的比例计算。 计算公式：（城市非常规水资源利用总量 ÷ 城市用水总量）×100% 城市再生水利用量是指污水经处理后出水水质符合《城市污水再生利用》系列标准等相应水质标准的再生水，包括城市污水处理厂再生水和建筑中水用于工业生产、景观环境、市政杂用、绿化、车辆冲洗、建筑施工等方面的水量，不包括工业企业内部的回用水。鼓励结合黑臭水体整治和水生态修复，推进污水再生利用。	导向指标	京津冀地区≥ 35%； 京津冀以外的地级及以上缺水城市≥ 25%； 其他城市≥ 25% 或年增长率≥ 5%	7 分。 评选年限内，达到标准得 7 分；每低 2% 或增长率每低 1% 扣 2 分； 高出标准的，每增加 5% 加 1 分，最高加 2 分。
10		居民家庭一户一表率	（建成区内居民抄表到户总水量 ÷ 建成区内居民家庭用水总量）×100%	导向指标	≥ 90%	5 分。 评选年限内，居民家庭一户一表率达 90% 以上，得 5 分； 每低 5 个百分点，扣 2 分，扣完为止。
11		节水型生活用水器具市场抽检合格率	（抽检的生活用水器具市场在售节水生活用水器具样品数量 ÷ 总抽检样品数量）×100% 以地方有关部门对生活用水器具市场抽检结果为依据。	底线指标	100%	3 分。 评选年限内，达到标准得 3 分。若有销售淘汰用水器具的，本项指标不得分。
12		非居民单位计划用水率	（已下达用水计划的公共供水非居民用水单位实际用水量 ÷ 公共供水非居民用水单位的用水总量）×100%	导向指标	≥ 90%	4 分。 评选年限内，非居民单位计划用水率达 90% 以上，得 4 分；每低 5%，扣 2 分，扣完为止。

续表

序号	目标	指标	指标释义	指标类型	具体要求	评分标准
13	二、安全韧性	节水型单位覆盖率	｛节水型单位年用水总量（新水量）÷〔年城市用水总量（新水量）－年城市工业用水总量（新水量）－年城市居民生活用水量（新水量）〕｝×100% 节水型单位是指由省级或市级人民政府有关部门向社会公布的非居民、非工业用水单位。	导向指标	≥ 15%	5分。 评选年限内，达到标准得5分，每低1%扣1分，该项分值扣完为止。
14		工业用水重复利用率	（工业生产过程中使用的年重复利用水量 ÷ 年工业用水总量）×100%，不含电厂 其中，年用水总量＝年工业生产新水量＋年工业重复利用水量。	导向指标	≥ 83%	4分。 评选年限内，达到标准得4分；每低1个百分点，扣1分，扣完为止。
15		工业企业单位产品用水量	某行业（企业）年生产用水总量（新水量）÷ 某行业（企业）年产品产量（产品数量） 考核用水量排名前10位（地级市）或前5位（县级市）的工业行业单位产品用水量。	导向指标	不大于国家发布的GB/T 18916定额系列标准或省级部门制定的地方定额	4分。 评选年限内，达到标准得4分，每有一个行业取水指标超过定额扣2分。
16		节水型企业覆盖率	〔节水型企业年用水总量（新水量）÷年城市工业用水总量（新水量）〕×100% 节水型企业是指由省级或市级人民政府有关部门向社会公布的用水企业。	导向指标	≥ 20%	5分。 评选年限内，达到标准得5分，每低2%扣1分。
17	三、综合类	万元地区生产总值（GDP）用水量	年用水总量（新水量）÷ 年地区生产总值，不包括第一产业。	导向指标	低于全国平均值的40%或年降低率≥ 5%	6分。 评选年限内，达到标准得6分；低于全国平均值的50%，但高于平均值的40%时，扣3分；其他情况不得分。
18		节水资金投入占比	（城市节水财政投入 ÷ 城市本级财政支出）×100%	导向指标	≥ 0.5‰	5分。 城市节水财政投入占本级财政支出的比例≥ 0.5‰，得5分；每低0.1‰，扣2分，扣完为止。
19		水资源税（费）收缴率	〔实收水资源税（费）÷ 应收水资源税（费）〕×100% 其中，应收水资源税（费）是指不同水源种类及用水类型的水资源税（费）标准与其取水量之积的总和。	导向指标	≥ 95%	5分。 评选年限内，水资源税（费）征收率不低于95%，得5分；每低2%，扣1分，扣完为止。
20		污水处理费（含自备水）收缴率	〔实收污水处理费（含自备水）÷ 应收污水处理费（含自备水）〕×100% 其中，应收污水处理费（含自备水）是指各类用户核算污水排放量与其污水处理费收费标准之积的总和。	导向指标	≥ 95%	5分。 评选年限内，污水处理费（含自备水）收缴率不低于95%，得5分；每低2%扣1分，扣完为止。

注：计算过程中应优先采用《城市统计年鉴》《城市建设统计年鉴》或地方其他年鉴等统计数据。

住房和城乡建设部关于开展房屋市政工程安全生产治理行动的通知

建质电〔2022〕19号

各省、自治区住房和城乡建设厅，直辖市住房和城乡建设（管）委，新疆生产建设兵团住房和城乡建设局，北京市规划和自然资源委：

为认真贯彻习近平总书记关于安全生产的重要论述和指示批示精神，深刻吸取重大事故教训，按照国务院安委会关于进一步加强安全生产和坚决遏制重特大事故的工作部署，针对近期房屋市政工程领域暴露出的突出问题，住房和城乡建设部决定开展房屋市政工程安全生产治理行动（以下简称治理行动），全面排查整治各类隐患，防范各类生产安全事故，切实保障人民生命财产安全，坚决稳控安全生产形势。现将有关事项通知如下：

一、工作目标

以习近平新时代中国特色社会主义思想为指导，坚持人民至上、生命至上，坚持统筹发展和安全，坚持“安全第一、预防为主、综合治理”，集中用两年左右时间，聚焦重点排查整治隐患，严厉打击违法违规行为，夯实基础提升安全治理能力，坚决遏制房屋市政工程生产安全重特大事故，有效控制事故总量，为党的二十大胜利召开营造安全稳定的社会环境。

二、重点任务

（一）严格管控危险性较大的分部分项工程。

1. 健全管控体系。认真落实《危险性较大的分部分项工程安全管理规定》（住房和城乡建设部令第37号），严格要求工程参建单位建立健全危险性较大的分部分项工程（以下简称危大工程）安全管控体系，加强危大工程专项方案编制、审查、论证、审批、验收等环节管理，严格按专项施工方案施工作业，确保危大工程安全风险受控。

2. 排查安全隐患。严格按照重大事故隐患判定标准，突出建筑起重机械、基坑工程、模板工程及支撑体系、脚手架工程、拆除工程、暗挖工程、钢结构工程等危大工程，以及高处作业、有限空间作业等高风险作业环节，“逐企业、逐项目、逐设备”精准排查各类重大隐患。

3. 狠抓隐患整改。工程参建单位要建立重大事故隐患台账，明确隐患整改责任、措施、资金、时限、预案，分级分类采取有效措施消除隐患，边查边改、立行立改，坚决防止隐患变成事故。各地要对重大事故隐患进行挂牌督办，实现闭环管理，逐项跟踪整改落实。对拒绝整改或拖延整改的企业和人员，依法依规整顿，确保整改到位。

（二）全面落实工程质量安全手册制度。

1. 严格落实手册要求。加快编制印发地方手册和企业手册，国有企业要带头落实手册要求。要把贯彻落实手册与日常监督检查、建筑工人技能培训等工作有机结合起来，推动手册制度落地见效，实现企业、项目和人员全覆盖，不断提升安全生产管理水平。

2. 夯实安全生产基础。工程参建单位要根据手册有关要求，完善企业内部安全生产管理制度，加大对安全生产资金、物资、技术、人员的投入保障力度，改善安全生产条件，加强安全生产标准化、信息化建设，进一步健全完善安全生产保障体系。

3. 落实关键人员责任。工程参建单位安全生产关键人员，特别是施工单位主要负责人、项目负责人、专职安全生产管理人员及监理单位项目总监理工程师要认真履行安全生产职责，切实将手册要求落实到每道工序、每名员工、每个岗位，做到职责到岗、责任到人、措施到位。

（三）提升施工现场人防物防技防水平。

1. 加强安全生产培训教育。工程参建单位要落实安全培训主体责任，严格企业全员年度安全培训、新进场人员“三级安全教育”、特种作业人员和“三类人员”安全培训等制度，强化持证上岗和先培训后上岗制度，提高从业人员安全生产意识和安全技能水平，减少违规指挥、违章作业和违反劳动纪律等行为。

2. 强化现场安全防护措施。工程参建单位要依法依规使用建筑工程安全防护、文明施工措施费用，及时购置和更新施工安全防护用具及设施，加强临时用电管理，强化楼板、屋面、阳台、通道口、预留洞口、电梯井口、楼梯边等部位保护措施，做好高空作业、垂直方向交叉作业、有限空间作业等环节安全防护，切实改善施工现场安全生产条件和作业环境。

3. 提升安全技术防范水平。鼓励工程参建单位应用先进适用、安全可靠的新工艺、新设备、新材料，加快淘汰和限制使用危及生产安全的落后工艺、设备和材料。加快推广涉及施工安全的智能建造技术产品，辅助和替代“危、繁、脏、重”的人工作业，降低施工现场安全生产风险。鼓励利用先进信息技术推动智慧工地建设，提高施工现场安全生产智能化管理水平。

4. 增强风险应急处置能力。工程参建单位要根据项目事故风险特点和工程所在地可能存在的泥石流、滑坡、内涝、台风等风险，制定完善各类应急预案，储备必要的医疗应急装备和抢险救援设备，定期组织预案演练。加强应急值守工作，遇到紧急情况和突发事件，及时报告、妥善处置。

（四）严厉打击各类违法违规行为。

1. 大力整顿违反建设程序行为。建设单位要严格遵守招投标法等相关法律法规规定，做到应招尽招，不得规避招标。建设单位要按照基本建设程序，依法办理施工安全监督手续，并取得施工许可证，不得任意压缩合理工期和造价，不得使用未经审查或审查不合格的施工图设计文件，不得“边审查、边设计、边施工”。

2. 大力整治发承包违法违规行为。建设单位要依法将工程发包给具有相应资质的单位，不得肢解发包、指定分包。勘察、设计、施工、监理单位应依法承揽工程，不得围标串标、无资质或超越资质范围承揽业务，不得转包、违法分包、挂靠、出借资质。建设单位应将质量检测业务依法委托给具有相应资质的质量检测机构，质量检测机构应出具真实准确的检测报告。

3. 加大违法违规行为查处力度。对存在违法违规行为的单位和个人，要依法给予罚款、停业整顿、降低资质等级、吊销资质证书、停止执业、吊销执业证书等相应行政处罚。对发生生产安全事故负有责任的企业和人员，要按照“四不放过”原则，加大处罚力度。加强安全信用建设，建立守信激励和失信惩戒机制，及时曝光违法的单位和个人，公开处罚信息。

4. 深入推进“两违”专项清查工作。各地要抓紧完成“两违”专项清查，重点对建造年代较早、长期失修失管、违法改建加层、非法开挖地下空间、破坏主体或承重结构的房屋，以及擅自改变用途、违规用作经营（出租）的人员聚集场所优先排查。对于排查发现的违法建设，要及时采取措施，分级分类妥善解决。要全面排查建筑立项、用地、规划、施工、消防、特种行业等行政许可手续办理情况，对发现的违法违规审批问题，严格按照法定责权，依法依规实施整改。

（五）充分发挥政府投资工程示范带头作用。

1. 带头遵守相关法律法规。政府投资工程参建单位要模范遵守安全生产和工程建设相关法律法规，遵循先勘察、后设计、再施工的基本建设规律，严格履行法定基本建设程序，不得未批先建、边建边批，不得以会议审议等非法定程序代替相关审批。要落实建设资金，保障合理工期和造价，确保工程效益和安全生产。

2. 严格安全生产责任追究。要按照“三个必须”和“谁主管谁负责，谁审批谁监管”的要求，履行政府投资工程安全生产工作职责。对存在违法违规行为或发生生产安全事故的政府投资工程参建单位，除依法予以处罚外，还应依法依规对相关责任人员给予党纪政务处分或组织处理。

3. 打造安全生产示范工程。政府投资工程参建单位要高标准、高质量、高水平建设，打造一流的施工现场安全生产管理体系，积极应用数字化、智能化、网络化技术，创建安全生产标准化示范工地。要当好安全生产排头兵，建设精品工程、绿色工程、安全工程，发挥好政府投资工程典型示范作用。

三、工作安排

（一）动员部署阶段（2022年4月1日—4月15日）

地方各级住房和城乡建设主管部门要按照本通知要求，因地制宜制定具体实施方案，全面动员部署治理行动，并于2022年4月15日前，通过全国工程质量安全监管信息平台将实施方案报送我部。

（二）排查整治阶段（2022年4月16日—2022年12月）

地方各级住房和城乡建设主管部门要按照本通知和本地具体实施方案，组织开展治理行动。要围绕治理行动重点任务，于2022年7月底前，对本行政区域内所有房屋市政工程在建项目进行一次全面排查，对发现的隐患问题及时整改；2022年9月底前，要开展隐患排查整治情况“回头看”，对前一段工作实施层级检查和重点项目抽查。我部将适时对各地房屋市政工程治理行动工作情况开展督查。

（三）巩固提升阶段（2023年1月—2023年12月）

地方各级住房和城乡建设主管部门要持续开展治理行动，采取全面排查、重点抽查、层级督查等方式，巩固隐患排查治理成果，总结推广典型经验和做法，完善本地区施工安全监管政策措施，推动治理机制常态化、制度化。

四、工作要求

（一）加强组织领导。地方各级住房和城乡建设主管部门要进一步提高政治站位，深化对治理行动重要性的认识，建立主要负责同志亲自抓的工作机制，精心安排，认真部署，压实责任，确保治理行动取得实效。

（二）统筹有序推进。地方各级住房和城乡建设主管部门要将治理行动与城市建设安全专项整治三年行动、建筑施工安全生产标准化等重点工作相结合，统筹做好疫情防控和安全生产工作。开展治理行动过程中，要力戒形式主义、官僚主义，坚持“属地检查为主、上级抽查为辅”的原则，避免短期内重复检查、增加基层负担。

（三）提高监管效能。地方各级住房和城乡建设主管部门要加强安全监管机构和人员队伍建设，鼓励通过政府购买第三方服务方式强化监管力量支撑。创新监管方式，推行“双随机、一公开”执法检查模式，加强安全监管和执法衔接，促进监管数字化转型，提升监管水平。

（四）强化宣传引导。地方各级住房和城乡建设主管部门要充分利用报刊、广播、电视、新媒体等多种形式，多层面、多渠道、全方位宣传治理行动的进展和成效，推广先进经验，曝光典型案例，鼓励公众参与，畅通举报渠道，营造良好的安全生产舆论氛围。

（五）健全长效机制。地方各级住房和城乡建设主管部门要通过深入开展治理行动，完善风险分级管控和事故隐患排查治理双重预防机制，提升建筑工人安全素质，推动智能建造与建筑工业化协同发展，加快建造方式转型，促进安全生产科技进步，构建房屋市政工程安全生产长效机制。

住房和城乡建设部

2022 年 3 月 25 日

（此件主动公开）

抄送：国务院安全生产委员会办公室

住房和城乡建设部关于印发“十四五”住房和城乡建设科技发展规划的通知

建标〔2022〕23 号

各省、自治区住房和城乡建设厅，直辖市住房和城乡建设（管）委，北京市规划和自然资源委，新疆生产建设兵团住房和城乡建设局：

现将《“十四五”住房和城乡建设科技发展规划》印发给你们，请认真贯彻落实。

住房和城乡建设部

2022 年 3 月 1 日

（此件主动公开）

住房和城乡建设部关于印发“十四五”建筑节能与绿色建筑发展规划的通知

建标〔2022〕24 号

各省、自治区住房和城乡建设厅，直辖市住房和城乡建设（管）委，新疆生产建设兵团住房和城乡建设局：

现将《“十四五”建筑节能与绿色建筑发展规划》印发给你们，请认真贯彻落实。

住房和城乡建设部

2022 年 3 月 1 日

（此件公开发布）

住房和城乡建设部　生态环境部　国家发展改革委　水利部关于印发深入打好城市黑臭水体治理攻坚战实施方案的通知

建城〔2022〕29号

各省、自治区住房和城乡建设厅、生态环境厅、发展改革委、水利厅，直辖市住房和城乡建设（管）委、生态环境局、发展改革委、水务局、水利局，海南省水务厅，新疆生产建设兵团住房和城乡建设局、生态环境局、发展改革委、水利局：

现将《深入打好城市黑臭水体治理攻坚战实施方案》印发给你们，请认真组织实施。

住房和城乡建设部

生态环境部

国家发展和改革委员会

水利部

2022年3月28日

（此件主动公开）

国务院办公厅关于进一步优化营商环境降低市场主体制度性交易成本的意见

国办发〔2022〕30号

各省、自治区、直辖市人民政府，国务院各部委、各直属机构：

优化营商环境、降低制度性交易成本是减轻市场主体负担、激发市场活力的重要举措。当前，经济运行面临一些突出矛盾和问题，市场主体特别是中小微企业、个体工商户生产经营困难依然较多，要积极运用改革创新办法，帮助市场主体解难题、渡难关、复元气、增活力，加力巩固经济恢复发展基础。为深入贯彻党中央、国务院决策部署，打造市场化法治化国际化营商环境，降低制度性交易成本，提振市场主体信心，助力市场主体发展，为稳定宏观经济大盘提供有力支撑，经国务院同意，现提出以下意见。

一、进一步破除隐性门槛，推动降低市场主体准入成本

（一）全面实施市场准入负面清单管理。健全市场准入负面清单管理及动态调整机制，抓紧完善与之相适应的审批机制、监管机制，推动清单事项全部实现网上办理。稳步扩大市场准入效能评估范围，2022年10月底前，各地区各部门对带有市场准入限制的显性和隐性壁垒开展清理，并建立长效排查机制。深入实施外商投资准入前国民待遇加负面清单管理制度，推动出台全国版跨境服务贸易负面清单。（国家发展改革委、商务部牵头，国务院相关部门及各地区按职责分工负责）

（二）着力优化工业产品管理制度。规范工业产品生产、流通、使用等环节涉及的行政许可、强制性认证管理。推行工业产品系族管理，结合开发设计新产品的具体情形，取消或优化不必要的行政许可、检验检测和认证。2022年10月底前，选择部分领域探索开展企业自检自证试点。推动各地区完善工业生产许可证审批管理系统，建设一批标准、计量、检验检测、认证、产品鉴定等质量基础设施一站式服务平台，实现相关审批系统与质量监督管理平台互联互通、相关质量技术服务结果通用互认，推动工业产品快速投产上市。开展工业产品质量安全信用分类监管，2022年底前，研究制定生产企业质量信用评价规范。（市场监管总局牵头，工业和信息化部等国务院相关部门及各地区按职责分工负责）

（三）规范实施行政许可和行政备案。2022年底前，国务院有关部门逐项制定中央层面设定的行政许可事项实施规范，省、市、县级编制完成本级行政许可事项清单及办事指南。深入推进告知承诺等改革，积极探索“一业一证”改革，推动行政许可减环节、减材料、减时限、减费用。在部分地区探索开展审管联动试点，强化事前事中事后全链条监管。深入开展行政备案规范管理改革试点，研究制定关于行政备案规范管理的政策措施。（国务院办公厅牵头，国务院相关部门及各地区按职责分工负责）

（四）切实规范政府采购和招投标。持续规范招投标主体行为，加强招投标全链条监管。2022年10月底前，推动工程建设领域招标、投标、开标等业务全流程在线办理和招投标领域数字证书跨地区、跨平台互认。支持地方探索电子营业执照在招投标平台登录、签名、在线签订合同等业务中的应用。取消各地区违规设置的供应商预选库、资格库、名录库等，不得将在本地注册企业或建设生产线、采购本地供应商产品、进入本地扶持名录等与中标结果挂钩，着力破除所有制歧视、地方保护等不合理限制。政府采购和招投标不得限制保证金形式，不得指定出具保函的金融机构或担保机构。督促相关招标人、招标代理机构、公共资源交易中心等及时清退应退未退的沉淀保证金。（国家发展改革委、财政部、市场监管总局等国务院相关部门及各地区按职责分工负责）

（五）持续便利市场主体登记。2022年10月底前，编制全国统一的企业设立、变更登记规范和审查标准，逐步实现内外资一体化服务，有序推动外资企业设立、变更登记网上办理。全面清理各地区非法设置的企业跨区域经营和迁移限制。简化企业跨区域迁移涉税涉费等事项办理程序，2022年底前，研究制定企业异地迁移档案移交规则。健全市场主体歇业制度，研究制定税务、社保等配套政策。进一步提升企业注销“一网服务”水平，优化简易注销和普通注销办理程序。（人力资源社会保障部、税务总局、市场监管总局、国家档案局等国务院相关部门及各地区按职责分工负责）

二、进一步规范涉企收费，推动减轻市场主体经营负担

（六）严格规范政府收费和罚款。严格落实行政事业性收费和政府性基金目录清单，依法依规从严控制新设涉企收费项目，严厉查处强制摊派、征收过头税费、截留减税降费红利、违规设置罚款项目、擅自提高罚款标准等行为。严格规范行政处罚行为，进一步清理调整违反法定权限设定、过罚不当等不合理罚款事项，抓紧制定规范罚款设定和实施的政策文件，坚决防止以罚增收、以罚代管、逐利执法等行为。2022年底前，完成涉企违规收费专项整治，重点查处落实降费减负政策不到位、不按要求执行惠企收费政策等行为。（国家发展改革委、工业和信息化部、司法部、财政部、税务总局、市场监管总局等国务院相关部门及各地区按职责分工负责）

（七）推动规范市政公用服务价外收费。加强水、电、气、热、通信、有线电视等市政公用服务价格监管，坚决制止强制捆绑搭售等行为，对实行政府定价、政府指导价的服务和收费项目一律实行清单管理。2022年底前，在全国范围内全面推行居民用户和用电报装容量160千瓦及以下的小微企业用电报装“零投资”。全面公示非电网直供电价格，严厉整治在电费中违规加收其他费用的行为，对符合条件的终端用户尽快实现直供到户和“一户一表”。督促商务楼宇管理人等及时公示宽带接入市场领域收费项目，严肃查处限制进场、未经公示收费等违法违规行为。（国家发展改革委、工业和信息化部、住房城乡建设部、市场监管总局、国家能源局、国家电网有限公司等相关部门和单位及各地区按职责分工负责）

（八）着力规范金融服务收费。加快健全银行收费监管长效机制，规范银行服务市场调节价管理，加强服务外包与服务合作管理，设定服务价格行为监管红线，加快修订《商业银行服务价格管理办法》。鼓励银行等金融机构对小微企业等予以合理优惠，适当减免账户管理服务等收费。坚决查处银行未按照规定进行服务价格信息披露以及在融资服务中不落实小微企业收费优惠政策、转嫁成本、强制捆绑搭售保险或理财产品等行为。鼓励证券、基金、担保等机构进一步降低服务收费，推动金融基础设施合理降低交易、托管、登记、清算等费用。（国家发展改革委、人民银行、市场监管总局、银保监会、证监会等国务院相关部门及各地区按职责分工负责）

（九）清理规范行业协会商会收费。加大对行业协会商会收费行为的监督检查力度，进一步推动各级各类行业协会商会公示收费信息，严禁行业协会商会强制企业到特定机构检测、认证、培训等并获取利益分成，或以评比、表彰等名义违规向企业收费。研究制定关于促进行业协会商会健康规范发展的政策措施，加强行业协会商会收费等规范管理，发挥好行业

协会商会在政策制定、行业自治、企业权益维护中的积极作用。2022年10月底前，完成对行业协会商会违规收费清理整治情况“回头看”。（国家发展改革委、民政部、市场监管总局等国务院相关部门及各地区按职责分工负责）

（十）推动降低物流服务收费。强化口岸、货场、专用线等货运领域收费监管，依法规范船公司、船代公司、货代公司等收费行为。明确铁路、公路、水路、航空等运输环节的口岸物流作业时限及流程，加快推动大宗货物和集装箱中长距离运输“公转铁”、“公转水”等多式联运改革，推进运输运载工具和相关单证标准化，在确保安全规范的前提下，推动建立集装箱、托盘等标准化装载器具循环共用体系。2022年11月底前，开展不少于100个多式联运示范工程建设，减少企业重复投入，持续降低综合运价水平。（国家发展改革委、交通运输部、商务部、市场监管总局、国家铁路局、中国民航局、中国国家铁路集团有限公司等相关部门和单位及各地区按职责分工负责）

三、进一步优化涉企服务，推动降低市场主体办事成本

（十一）全面提升线上线下服务能力。加快建立高效便捷、优质普惠的市场主体全生命周期服务体系，全面提高线下“一窗综办”和线上“一网通办”水平。聚焦企业和群众“办好一件事”，积极推行企业开办注销、不动产登记、招工用工等高频事项集成化办理，进一步减少办事环节。依托全国一体化政务服务平台，加快构建统一的电子证照库，明确各类电子证照信息标准，推广和扩大电子营业执照、电子合同、电子签章等应用，推动实现更多高频事项异地办理、“跨省通办”。（国务院办公厅牵头，国务院相关部门及各地区按职责分工负责）

（十二）持续优化投资和建设项目审批服务。优化压覆矿产、气候可行性、水资源论证、防洪、考古等评估流程，支持有条件的地方开展区域综合评估。探索利用市场机制推动城镇低效用地再开发，更好盘活存量土地资源。分阶段整合各类测量测绘事项，推动统一测绘标准和成果形式，实现同一阶段“一次委托、成果共享”。探索建立部门集中联合办公、手续并联办理机制，依法优化重大投资项目审批流程，对用地、环评等投资审批有关事项，推动地方政府根据职责权限试行承诺制，提高审批效能。2022年10月底前，建立投资主管部门与金融机构投融资信息对接机制，为重点项目快速落地投产提供综合金融服务。2022年11月底前，制定工程建设项目审批标准化规范化管理措施。2022年底前，实现各地区工程建设项目审批管理系统与市政公用服务企业系统互联、信息共享，提升水、电、气、热接入服务质量。（国家发展改革委、自然资源部、生态环境部、住房城乡建设部、水利部、人民银行、银保监会、国家能源局、国家文物局、国家电网有限公司等相关部门和单位及各地区按职责分工负责）

（十三）着力优化跨境贸易服务。进一步完善自贸协定综合服务平台功能，助力企业用好区域全面经济伙伴关系协定等规则。拓展“单一窗口”的“通关＋物流”、“外贸＋金融”功能，为企业提供通关物流信息查询、出口信用保险办理、跨境结算融资等服务。支持有关地区搭建跨境电商一站式服务平台，为企业提供优惠政策申报、物流信息跟踪、争端解决等服务。探索解决跨境电商退换货难问题，优化跨境电商零售进口工作流程，推动便捷快速通关。2022年底前，在国内主要口岸实现进出口通关业务网上办理。（交通运输部、商务部、人民银行、海关总署、国家外汇局等国务院相关部门及各地区按职责分工负责）

（十四）切实提升办税缴费服务水平。全面推行电子非税收入一般缴款书，推动非税收入全领域电子收缴、“跨省通缴”，便利市场主体缴费办事。实行汇算清缴结算多缴退税和已发现的误收多缴退税业务自动推送提醒、在线办理。推动出口退税全流程无纸化。进一步优化留抵退税办理流程，简化退税审核程序，强化退税风险防控，确保留抵退税安全快捷直达纳税人。拓展“非接触式”办税缴费范围，推行跨省异地电子缴税、行邮税电子缴库服务，2022年11月底前，实现95%税费服务事项“网上办”。2022年底前，实现电子发票无纸化报销、入账、归档、存储等。（财政部、人民银行、税务总局、国家档案局等国务院相关部门及各地区按职责分工负责）

（十五）持续规范中介服务。清理规范没有法律、法规、国务院决定依据的行政许可中介服务事项，建立中央和省级行政许可中介服务事项清单。鼓励各地区依托现有政务服务系统提供由省级统筹的网上中介超市服务，吸引更多中介机构入驻，坚决整治行政机关指定中介机构垄断服务、干预市场主体选取中介机构等行为，依法查处中介机构强制服务收费等行为。全面实施行政许可中介服务收费项目清单管理，清理规范环境检测、招标代理、政府采购代理、产权交易、融资担保评估等涉及的中介服务违规收费和不合理收费。（国务院办公厅、国家发展改革委、市场监管总局等国务院相关部门及各地区按职责分工负责）

（十六）健全惠企政策精准直达机制。2022年底前，县级以上政府及其有关部门要在门户网站、政务服务平台等醒目位置设置惠企政策专区，汇集本地区本领域市场主体适用的惠企政策。加强涉企信息归集共享，对企业进行分类“画像”，推动惠企政策智能匹配、快速兑现。鼓励各级政务服务大厅设立惠企政策集中办理窗口，积极推动地方和部门构建惠企政策移动端服务体系，提供在线申请、在线反馈、应享未享提醒等服务，确保财政补贴、税费减免、稳岗扩岗等惠企政策落实到位。（各地区、各部门负责）

四、进一步加强公正监管，切实保护市场主体合法权益

（十七）创新实施精准有效监管。进一步完善监管方式，全面实施跨部门联合“双随机、一公开”监管，推动监管信息共享互认，避免多头执法、重复检查。加快在市场监管、税收管理、进出口等领域建立健全信用分级分类监管制度，依据风险高低实施差异化监管。积极探索在安全生产、食品安全、交通运输、生态环境等领域运用现代信息技术实施非现场监管，避免对市场主体正常生产经营活动的不必要干扰。（国务院办公厅牵头，国务院相关部门及各地区按职责分工负责）

（十八）严格规范监管执法行为。全面提升监管透明度，2022 年底前，编制省、市两级监管事项目录清单。严格落实行政执法三项制度，建立违反公平执法行为典型案例通报机制。建立健全行政裁量权基准制度，防止任性执法、类案不同罚、过度处罚等问题。坚决杜绝“一刀切”、“运动式”执法，严禁未经法定程序要求市场主体普遍停产停业。在市场监管、城市管理、应急管理、消防安全、交通运输、生态环境等领域，制定完善执法工作指引和标准化检查表单，规范日常监管行为。（国务院办公厅牵头，国务院相关部门及各地区按职责分工负责）

（十九）切实保障市场主体公平竞争。全面落实公平竞争审查制度，2022 年 10 月底前，组织开展制止滥用行政权力排除、限制竞争执法专项行动。细化垄断行为和不正当竞争行为认定标准，加强和改进反垄断与反不正当竞争执法，依法查处恶意补贴、低价倾销、设置不合理交易条件等行为，严厉打击“搭便车”、“蹭流量”等仿冒混淆行为，严格规范滞压占用经营者保证金、交易款等行为。（国家发展改革委、司法部、人民银行、国务院国资委、市场监管总局等国务院相关部门及各地区按职责分工负责）

（二十）持续加强知识产权保护。严格知识产权管理，依法规范非正常专利申请行为，及时查处违法使用商标和恶意注册申请商标等行为。完善集体商标、证明商标管理制度，规范地理标志集体商标注册及使用，坚决遏制恶意诉讼或变相收取“会员费”、“加盟费”等行为，切实保护小微商户合法权益。健全大数据、人工智能、基因技术等新领域、新业态知识产权保护制度。加强对企业海外知识产权纠纷应对的指导，2022 年底前，发布海外重点国家商标维权指南。（最高人民法院、民政部、市场监管总局、国家知识产权局等相关部门和单位及各地区按职责分工负责）

五、进一步规范行政权力，切实稳定市场主体政策预期

（二十一）不断完善政策制定实施机制。建立政府部门与市场主体、行业协会商会常态化沟通平台，及时了解、回应企业诉求。制定涉企政策要严格落实评估论证、公开征求意见、合法性审核等要求，重大涉企政策出台前要充分听取相关企业意见。2022 年 11 月底前，开展行政规范性文件合法性审核机制落实情况专项监督工作。切实发挥中国政府网网上调研平台及各级政府门户网站意见征集平台作用，把握好政策出台和调整的时度效，科学设置过渡期等缓冲措施，避免“急转弯”和政策“打架”。各地区在制定和执行城市管理、环境保护、节能减排、安全生产等方面政策时，不得层层加码、加重市场主体负担。建立健全重大政策评估评价制度，政策出台前科学研判预期效果，出台后密切监测实施情况，2022 年底前，在重大项目投资、科技、生态环境等领域开展评估试点。（各地区、各部门负责）

（二十二）着力加强政务诚信建设。健全政务守信践诺机制，各级行政机关要抓紧对依法依规作出但未履行到位的承诺列明清单，明确整改措施和完成期限，坚决纠正“新官不理旧账”、“击鼓传花”等政务失信行为。2022 年底前，落实逾期未支付中小企业账款强制披露制度，将拖欠信息列入政府信息主动公开范围。开展拖欠中小企业账款行为集中治理，严肃问责虚报还款金额或将无分歧欠款做成有争议欠款的行为，清理整治通过要求中小企业接受指定机构债务凭证或到指定机构贴现进行不当牟利的行为，严厉打击虚假还款或以不签合同、不开发票、不验收等方式变相拖欠的行为。鼓励各地区探索建立政务诚信诉讼执行协调机制，推动政务诚信履约。（最高人民法院、国务院办公厅、国家发展改革委、工业和信息化部、司法部、市场监管总局等相关部门和单位及各地区按职责分工负责）

（二十三）坚决整治不作为乱作为。各地区各部门要坚决纠正各种懒政怠政等不履职和重形式不重实绩等不正确履职行为。严格划定行政权力边界，没有法律法规依据，行政机关出台政策不得减损市场主体合法权益。各地区要建立健全营商环境投诉举报和问题线索核查处理机制，充分发挥12345政务服务便民热线、政务服务平台等渠道作用，及时查处市场主体和群众反映的不作为乱作为问题，切实加强社会监督。国务院办公厅要会同有关方面适时通报损害营商环境典型案例。（各地区、各部门负责）

各地区各部门要认真贯彻落实党中央、国务院决策部署，加强组织实施、强化协同配合，结合工作实际加快制定具体配套措施，确保各项举措落地见效，为各类市场主体健康发展营造良好环境。国务院办公厅要加大协调督促力度，及时总结推广各地区各部门经验做法，不断扩大改革成效。

国务院办公厅

2022年9月7日

（此件公开发布）

住房和城乡建设部　财政部关于做好2022年传统村落集中连片保护利用示范工作的通知

建村〔2022〕32号

有关省、自治区、直辖市住房和城乡建设厅（委、管委）、财政厅（局），北京市农业农村局：

根据《财政部办公厅 住房和城乡建设部办公厅关于组织申报2022年传统村落集中连片保护利用示范的通知》（财办建〔2022〕6号），经住房和城乡建设部、财政部组织专家评审并向社会公示，确定北京市门头沟区等40个县（市、区）（名单详见附件）为2022年传统村落集中连片保护利用示范县（以下简称示范县）。现就做好2022年传统村落集中连片保护利用示范工作（以下简称示范工作）通知如下：

一、省级住房和城乡建设、财政部门要指导各示范县进一步按照财办建〔2022〕6号文件要求，抓紧完善并印发传统村落集中连片保护利用示范工作方案（以下简称工作方案），细化重点内容、工作措施、预期成效等，明确中央财政补助资金安排意见，确保可量化、可考核。各示范县工作方案请于2022年4月30日前报住房和城乡建设部、财政部备案。

二、省级住房和城乡建设、财政部门要指导各示范县在工作方案基础上，编制并印发县域传统村落集中连片保护利用规划（以下简称保护利用规划）。保护利用规划要坚持以人民为中心的发展思想，全面贯彻新发展理念，以传统村落为节点，因地制宜连点串线成片确定保护利用实施区域，明确区域内村落的发展定位和发展时序，充分发挥历史文化、自然环境、绿色生态、田园风光等特色资源优势，统筹基础设施、公共服务设施建设和特色产业布局，全面推进乡村振兴，传承发展优秀传统文化。要活化、利用好传统建筑，结合村民实际需求提出传统民居宜居性改造工作措施和技术路线等，实现生活设施便利化、现代化。要推进传统村落保护利用数字化建设。要列出示范工作时间表、路线图，估算示范工作投资总额，明确投融资渠道。各示范县保护利用规划请于2022年6月30日前报住房和城乡建设部、财政部备案。

三、省级住房和城乡建设、财政部门要指导督促各示范县落实主体责任，严格按照工作方案和保护利用规划有序组织实施示范工作。各示范县要加强统筹协调，完善政策制度，创新体制机制，整合相关资源，吸引社会资本参与，激发村民参与保护利用的主动性和积极性，不断提升传统村落居住条件和改善村容村貌，增强传统村落生机活力，形成当地传统村落保护利用经验和模式，确保取得预期成效。

四、地方各级住房和城乡建设部门要加强对示范工作的业务指导，积极引导和支持设计下乡，加大技术指导力度，并按要求推进传统村落保护利用项目建设。地方各级财政部门要加强示范工作补助资金监管，确保在规定范围内使用中央财政资金，并结合地方财力等实际情况对各示范县制定保护利用规划等示范工作给予必要的经费保障。

五、住房和城乡建设部、财政部将定期调度示范县工作进度，开展工作评估，及时总结推广传统村落保护利用可复制可推广经验。各示范县应于每季度最后一周将传统村落集中连片保护利用示范工作信息报送住房和城乡建设部村镇建设司、财政部经济建设司。对示范工作中出现的问题，请及时与住房和城乡建设部、财政部联系。

联系方式：

住房和城乡建设部村镇建设司 010-58934567

财政部经济建设司 010-61965362

附件：2022 年传统村落集中连片保护利用示范县（市、区）名单

住房和城乡建设部

财政部

2022 年 4 月 14 日

（此件主动公开）

国务院办公厅关于扩大政务服务“跨省通办”范围进一步提升服务效能的意见

国办发〔2022〕34 号

各省、自治区、直辖市人民政府，国务院各部委、各直属机构：

《国务院办公厅关于加快推进政务服务“跨省通办”的指导意见》（国办发〔2020〕35 号）印发以来，各地区各部门大力推进与企业发展、群众生活密切相关的高频政务服务事项“跨省通办”，企业和群众异地办事越来越便捷。为贯彻党中央、国务院关于加强数字政府建设、持续优化政务服务的决策部署，落实《政府工作报告》要求，扩大政务服务“跨省通办”范围，进一步提升服务效能，更好满足企业和群众异地办事需求，经国务院同意，现提出以下意见。

一、总体要求

以习近平新时代中国特色社会主义思想为指导，全面贯彻落实党的十九大和十九届历次全会精神，按照党中央、国务院决策部署，坚持以人民为中心的发展思想，聚焦企业和群众反映突出的异地办事难点堵点，统一服务标准、优化服务流程、创新服务方式，充分发挥全国一体化政务服务平台“一网通办”枢纽作用，推动线上线下办事渠道深度融合，持续深化政务服务“跨省通办”改革，不断提升政务服务标准化、规范化、便利化水平，有效服务人口流动、生产要素自由流动和全国统一大市场建设，为推动高质量发展、创造高品质生活、推进国家治理体系和治理能力现代化提供有力支撑。

二、扩大“跨省通办”事项范围

（一）新增一批高频政务服务“跨省通办”事项。在深入落实国办发〔2020〕35 号文件部署的基础上，聚焦便利企业跨区域经营和加快解决群众关切事项的异地办理问题，健全清单化管理和更新机制，按照需求量大、覆盖面广、办理频次高的原则，推出新一批政务服务“跨省通办”事项，组织实施《全国政务服务“跨省通办”新增任务清单》（见附件）。

（二）扎实推进地区间“跨省通办”合作。围绕实施区域重大战略，聚焦城市群都市圈一体化发展、主要劳务输入输出地协作、毗邻地区交流合作等需求，进一步拓展“跨省通办”范围和深度。有关地区开展省际“跨省通办”合作要务实高效，科学合理新增区域通办事项，避免层层签订协议、合作流于形式、企业和群众获得感不强等问题。及时梳理地区间“跨省通办”合作中共性、高频的异地办事需求，加强业务统筹，并纳入全国“跨省通办”事项范围。

三、提升“跨省通办”服务效能

（三）改进网上办事服务体验。加快整合网上办事入口，依托全国一体化政务服务平台健全统一身份认证体系，着力解决网上办事“门难找”、页面多次跳转等问题。进一步简化“跨省通办”网上办理环节和流程，丰富网上办事引导、智能客服功能，提供更加简单便捷、好办易办的服务体验。完善国家政务服务平台“跨省通办”服务专区，推动更多“跨省通办”事项网上一站式办理。完善全国一体化政务服务平台移动端应用，推进证明证照查验、信息查询变更、资格认证、年审年报等更多简易高频事项“掌上办”。

（四）优化“跨省通办”线下服务。推动县级以上政务服务中心“跨省通办”窗口全覆盖，建立完善收件、办理两地窗口工作人员和后台审批人员协同联动工作机制，为全程网办提供业务咨询、申报辅导、沟通协调等服务。推行帮办代办、引导教办等线下服务，为老年人等特殊群体和不熟悉网络操作的办事人提供更多便利，更好满足多样化、个性化办事需求，确保线上能办的线下也能办。探索通过自助服务终端等渠道，推进“跨省通办”服务向基层延伸。

（五）提升“跨省通办”协同效率。依托全国一体化政务服务平台，完善“跨省通办”业务支撑系统办件流转功能，推动优化“跨省通办”事项异地代收代办、多地联办服务。通过收件标准查询、材料电子化流转、线上审核、视频会商等辅助方式，同步提供具体事项办理的工作联络功能，提高协同办理效率，加快解决“跨省通办”事项受理和收办件审核补齐补正次数多，资料传递、审查、核验、送达耗时长，跨地区、跨层级经办机构沟通效率低等问题。

四、加强“跨省通办”服务支撑

（六）完善“跨省通办”事项标准和业务规则。国务院有关部门要结合推进统一的政务服务事项基本目录和实施清单编制工作，2023年6月底前实现已确定的政务服务“跨省通办”事项名称、编码、依据、类型等基本要素和受理条件、服务对象、办理流程、申请材料、办结时限、办理结果等在全国范围统一，并在国家政务服务平台发布。国务院有关部门要加快制定完善全程网办、异地代收代办、多地联办的业务标准和操作规程，明确收件地和办理地的权责划分、业务流转程序、联动模式、联系方式等内容，进一步细化和统一申请表单通用格式、申请材料文本标准等，优化办理流程，及时更新办事指南。

（七）加强“跨省通办”平台支撑和系统对接。充分发挥全国一体化政务服务平台公共入口、公共通道、公共支撑作用，在确保安全性和稳定性的前提下，加快推动国务院部门垂直管理业务信息系统、地方各级政府部门业务信息系统与各地区政务服务平台深度对接融合，明确对接标准、对接方式、完成时限等要求，为部门有效协同、业务高效办理提供有力支撑。

（八）增强“跨省通办”数据共享支撑能力。充分发挥政务数据共享协调机制作用，强化全国一体化政务服务平台的数据共享枢纽功能，推动更多直接关系企业和群众异地办事、应用频次高的医疗、养老、住房、就业、社保、户籍、税务等领域数据纳入共享范围，提升数据共享的稳定性、及时性。依法依规有序推进常用电子证照全国互认共享，加快推进电子印章、电子签名应用和跨地区、跨部门互认，为提高“跨省通办”服务效能提供有效支撑。加强政务数据共享安全保障，依法保护个人信息、隐私和企业商业秘密，切实守住数据安全底线。

五、强化组织保障

（九）健全工作推进机制。国务院办公厅负责全国政务服务“跨省通办”的统筹协调，推动解决有关重大问题。国务院各有关部门要加大业务统筹力度，按照有关任务时限要求，抓紧出台新增“跨省通办”事项的配套政策、实施方案、试点计划等，加强对主管行业领域“跨省通办”工作的指导和规范。强化跨部门协同联动，有关配合部门要加大业务、数据、信息系统等方面的支持力度。各地区要加强对政务服务“跨省通办”任务落实的省级统筹，强化上下联动、横向协同，加快实现同一事项无差别受理、同标准办理。各级政务服务管理机构要会同本级业务主管部门建立常见问题解答知识库，开展常态化业务培训，切实提升窗口工作人员办理“跨省通办”事项的业务能力。

（十）加强监测评估。国务院办公厅会同有关部门加强对政务服务“跨省通办”工作推进情况的监测分析，了解和掌握“跨省通办”事项实际办理情况，及时跟进协调解决有关难点堵点问题。地方各级政务服务管理机构要会同本级业务主管部门加强对具体事项办理的日常监测管理，强化审管协同，推动审批、监管信息实时共享。国务院办公厅适时组织开展“跨省通办”落实情况评估工作。

（十一）加大宣传推广力度。各地区各有关部门要通过政府网站、政务新媒体、政务服务平台等及时发布政务服务“跨省通办”有关信息，做好政策解读，确保企业和群众在各个层级办事时充分知晓和享受到“跨省通办”带来的便利。及时梳理总结各地区各有关部门政务服务“跨省通办”的好经验好做法，加大推广力度，积极支持“一地创新、全国复用”。

附件：全国政务服务“跨省通办”新增任务清单

国务院办公厅

2022年9月28日

（此件公开发布）

住房和城乡建设部　国家发展改革委　水利部关于印发“十四五”城市排水防涝体系建设行动计划的通知

建城〔2022〕36号

各省、自治区住房和城乡建设厅、发展改革委、水利厅，直辖市住房和城乡建设（管）委、发展改革委、水利（水务）局，海南省水务厅，新疆生产建设兵团住房和城乡建设局、发展改革委、水利局：

现将《“十四五”城市排水防涝体系建设行动计划》印发给你们，请认真组织实施。

住房和城乡建设部

国家发展改革委

水利部

2022年4月27日

（此件公开发布）

抄送：各省、自治区、直辖市人民政府，新疆生产建设兵团，教育部、财政部、交通运输部、应急管理部，中国气象局、国家铁路局，中国国家铁路集团有限公司。

“十四五”城市排水防涝体系建设行动计划

为深入贯彻习近平总书记关于防汛救灾工作的重要指示批示精神，落实《国务院办公厅关于加强城市内涝治理的实施意见》（国办发〔2021〕11号）任务要求，进一步加强城市排水防涝体系建设，推动城市内涝治理，制定本行动计划。

一、全面排查城市防洪排涝设施薄弱环节

（一）城市排水防涝设施。排查排涝通道、泵站、排水管网等排水防涝工程体系存在的过流能力“卡脖子”问题，雨水排口存在的外水淹没、顶托倒灌等问题，雨污水管网混错接、排水防涝设施缺失、破损和功能失效等问题，河道排涝与管渠排水能力衔接匹配等情况；分析历史上严重影响生产生活秩序的积水点及其整治情况；按排水分区评估城市排水防涝设施可应对降雨量的现状。（住房和城乡建设部牵头指导，城市人民政府负责落实。以下均需城市人民政府落实，不再逐一列出）

（二）城市防洪工程设施。排查城市防洪堤、海堤、护岸、闸坝等防洪（潮）设施达标情况及隐患，分析城市主要行洪河道行洪能力，研判山洪、风暴潮等灾害风险。（水利部）

（三）城市自然调蓄空间。排查违法违规占用河湖、水库、山塘、蓄滞洪空间和排涝通道等问题；分析河湖、沟塘等天然水系萎缩、被侵占情况，植被、绿地等生态空间自然调蓄渗透功能损失情况，对其进行生态修复、功能完善的可行性等。（住房和城乡建设部牵头，水利部参与）

（四）城市排水防涝应急管理能力。摸清城市排水防涝应急抢险能力、队伍建设和物资储备情况，研判应急预案科学性与可操作性，排查城市供水供气等生命线工程防汛安全隐患，排查车库、建筑小区地下空间、各类下穿通道、地铁、变配电站、通讯基站、医院、学校、养老院等重点区域或薄弱地区防汛安全隐患及应急抢险装备物资布设情况。加强应急资源管理平台推广应用。（住房和城乡建设部、应急管理部牵头，交通运输部等参与）

二、系统建设城市排水防涝工程体系

（五）排水管网和泵站建设工程。针对易造成积水内涝问题和混错接的雨污水管网，汛前应加强排水管网的清疏养护。禁止封堵雨水排口，已经封堵的，应抓紧实施清污分流，并在统筹考虑污染防治需要的基础上逐步恢复（住房和城乡建设部）。对排水管网排口低于河道行洪水位、存在倒灌风险的地区，采取

设置闸门等防倒灌措施。严格限制人为壅高内河水位行为。对存在自排不畅、抽排能力不足的地区，加快改造或增设泵站，提高强排能力（住房和城乡建设部、水利部按职责分工负责）。提升立交桥区、下穿隧道、地铁出入口及场站等区域及周边排涝能力，确保抽排能力匹配、功能完好，减少周边雨水汇入。（住房和城乡建设部牵头，交通运输部参与）

（六）排涝通道工程。评估城市水系蓄水排水能力，优化城市排涝通道及排水管网布局。完善城市河道、湖塘、排洪沟、道路边沟等排涝通道，整治排涝通道瓶颈段。强化涉铁路部门和地方的协调，加强与铁路交汇的排水管网、排涝通道工程建设规划、施工和管理的衔接；鼓励由城市排水主管部门实行统一运行维护，同步考虑铁路场站线路等设施的排水防涝需求，确保与城市排水防涝设施体系衔接匹配。（住房和城乡建设部、交通运输部、中国国家铁路集团有限公司按职责分工负责，国家铁路局参与）

（七）雨水源头减排工程。将海绵城市建设理念落实到城市规划建设管理全过程，优先考虑把有限的雨水留下来，采用“渗、滞、蓄、净、用、排”等措施削减雨水源头径流，推进海绵型建筑与小区、道路与广场、公园与绿地建设。在城市更新、老旧小区改造等工作中，将解决居住社区积水内涝问题作为重要内容。（住房和城乡建设部牵头，国家发展改革委、财政部参与）

（八）城市积水点专项整治工程。定期排查内涝积水点，及时更新积水点清单，区分轻重缓急、影响程度，分类予以消除。系统谋划，制定“一点一策”方案，明确治理任务、完成时限、责任单位和责任人，落实具体工程建设任务，推进系统化治理；暂时难以完成整治的，汛期应采取临时措施，减少积水影响，避免出现人员伤亡事故和重大财产损失。（住房和城乡建设部）

三、加快构建城市防洪和排涝统筹体系

（九）实施防洪提升工程。立足流域全局统筹谋划，依据流域区域防洪规划和城市防洪规划，加快推进河道堤防、护岸等城市防洪工程建设。优化堤防工程断面设计和结构型式，因地制宜实施堤防建设与河道整治工程，确保能够有效防御相应洪水灾害。根据河流河势、岸坡地质条件等因素，科学规划建设河流护岸工程，合理选取护岸工程结构型式，有效控制河岸坍塌。（水利部）

（十）强化内涝风险研判。结合气候变化背景下局地暴雨时空分布变化特征分析，及时修订城市暴雨强度公式和城市防洪排涝有关规划，充分考虑洪涝风险，编制城市内涝风险图。城市新区建设要加强选址论证，合理布局城市功能，严格落实排水防涝设施、调蓄空间、雨水径流和竖向管控要求。（住房和城乡建设部、水利部、中国气象局按职责分工负责）

（十一）实施城市雨洪调蓄利用工程。有条件的城市逐步恢复因历史原因封盖、填埋的天然排水沟、河道等，扩展城市及周边自然调蓄空间。充分利用城市蓄滞洪空间和雨洪调蓄工程，提高雨水自然积存、就地消纳比例。根据整体蓄排能力提升的要求、低洼点位积水整治的实际需要，因地制宜、集散结合建设雨水调蓄设施，发挥削峰错峰作用。缺水地区应加大雨水收集和利用。（住房和城乡建设部牵头，水利部参与）

（十二）加强城市竖向设计。对于现状低洼片区，通过构建“高水高排、低水低排”的排涝通道，优化调整排水分区，合理规划排涝泵站等设施，综合采取内蓄外排的方式，提升蓄排能力；对于新建地块，合理确定竖向高程，避免无序开发造成局部低洼，形成新的积水点。严格落实流域区域防洪要求，城市排水管网规划建设要充分考虑与城市内外河湖之间水位标高和过流能力的衔接，确保防洪安全和排涝顺畅。（住房和城乡建设部牵头，水利部参与）

（十三）实施洪涝“联排联调”。健全流域联防联控机制，推进信息化建设，加强跨省、跨市、城市内的信息共享、协同合作。统筹防洪大局和城市安全，依法依规有序实施城市排涝、河道预降水位，把握好预降水位时机，避免“洪涝叠加”或形成“人造洪峰”。（住房和城乡建设部、水利部按职责分工负责）

四、着力完善城市内涝应急处置体系

（十四）实施应急处置能力提升工程。建立城市洪涝风险分析评估机制，提升暴雨洪涝预报预警能力，完善重大气象灾害应急联动机制，及时修订完善城市洪涝灾害综合应急预案以及地铁、下穿式立交桥（隧道）、施工深基坑、地下空间、供水供气生命线工程等和学校、医院、养老院等重点区域专项应急预案，细化和落实各相关部门工作任务、预警信息发布与响应行动措施，明确极端天气下停工、停产、停学、停运和转移避险的要求。（住房和城乡建设部、应急管理部牵头，水利部、交通运输部、中国气象局、教育部等参与）

（十五）实施重要设施设备防护工程。因地制宜对地下空间二次供水、供配电、控制箱等关键设备采取挡水防淹、迁移改造等措施，提高抗灾减灾能

力。加强排水应急队伍建设，配备移动泵车、大流量排水抢险车等专业抢险设备，在地下空间出入口、下穿隧道及地铁入口等储备挡水板、沙袋等应急物资。（住房和城乡建设部牵头，交通运输部、应急管理部参与）

（十六）实施基层管理人员能力提升工程。加强对城市供水、供电、地铁、通信等运营单位以及街道、社区、物业等基层管理人员的指导和培训，提升应急处置能力，组织和发动群众，不定期组织开展演练，增强公众防灾避险意识和自救互救能力。在开展管网维护、应急排水、井下及有限空间作业时，要依法安排专门人员进行现场安全管理，确保严格落实操作规程和安全措施，杜绝发生坠落、中毒、触电等安全事故。（住房和城乡建设部牵头，交通运输部、应急管理部参与）

五、强化实施保障

（十七）完善工作机制。落实城市人民政府排水防涝工作的主体责任，明确相关部门职责分工，将排水防涝责任落实到具体单位、岗位和人员。抓好组织实施，形成汛前部署、汛中主动应对、汛后总结整改的滚动查缺补漏机制。加强对城市排水防涝工作的监督检查，对于因责任落实不到位而导致的人员伤亡事件，要严肃追责问责。（国家发展改革委、住房和城乡建设部、水利部、应急管理部按职责分工负责）

（十八）落实建设项目。各城市在编制城市排水防涝相关规划、内涝治理系统化实施方案时，应明确城市排水防涝体系建设的时间表、路线图和具体建设项目。城市人民政府有关部门应将排水防涝体系建设项目列入城市年度建设计划或重点工程计划，加强项目储备和前期工作，做到竣工一批、在建一批、开工一批、储备一批；要严格把控工程质量，优化建设时序安排，统筹防洪排涝、治污、雨水资源利用等工程，实现整体效果最优。省级住房和城乡建设部门应会同同级发展改革、水利等部门及时汇总各城市建设项目，依托国家重大建设项目库，建立本行政区域内各城市的项目库，并做好跟踪和动态更新。各地应于每年2月底前向住房和城乡建设部、国家发展改革委、水利部报送上年度城市排水防涝体系建设实施进展情况。（住房和城乡建设部牵头，国家发展改革委、水利部、应急管理部参与）

（十九）加强排水防涝专业化队伍建设。建立城市排水防涝设施日常管理、运行维护的专业化队伍，因地制宜推行“站、网、河（湖）一体”运营管理模式，鼓励将专业运行维护监管延伸至居住社区“最后一公里”。落实城市排水防涝设施巡查、维护、隐患排查制度和安全操作技术规程，加强对运行维护单位和人员的业务培训和绩效考核。在排查排水管网等设施的基础上，建立市政排水管网地理信息系统（GIS），实行动态更新，逐步实现信息化、账册化、智慧化管理，满足日常管理、应急抢险等功能需要。（住房和城乡建设部）

（二十）加强资金保障。中央预算内投资加大对城市排水防涝体系建设的支持力度，将符合条件的项目纳入地方政府专项债券支持范围。城市人民政府利用好城市建设维护资金、城市防洪经费等现有资金渠道，支持城市内涝治理重点领域和关键环节。城市排水管网和泵站运行维护资金应纳入城市人民政府财政预算予以保障。（国家发展改革委、财政部、住房和城乡建设部、水利部按职责分工负责）

国务院办公厅关于印发第十次全国深化“放管服”改革电视电话会议重点任务分工方案的通知

国办发〔2022〕37号

各省、自治区、直辖市人民政府，国务院各部委、各直属机构：

《第十次全国深化“放管服”改革电视电话会议重点任务分工方案》已经国务院同意，现印发给你们，请结合实际认真贯彻落实。

国务院办公厅

2022年10月15日

（此件公开发布）

第十次全国深化“放管服”改革电视电话会议重点任务分工方案

党中央、国务院高度重视深化“放管服”改革优化营商环境工作。2022年8月29日，李克强总理在第十次全国深化“放管服”改革电视电话会议上发表重要讲话，部署持续深化“放管服”改革，推进政府职能深刻转变，加快打造市场化法治化国际化营商环境，着力培育壮大市场主体，稳住宏观经济大盘，推动经济运行保持在合理区间。为确保会议确定的重点任务落到实处，现制定如下分工方案。

一、依靠改革开放释放经济增长潜力

（一）继续把培育壮大市场主体作为深化“放管服”改革的重要着力点，坚持“两个毫不动摇”，对各类所有制企业一视同仁，依法平等保护各类市场主体产权和合法权益、给予同等政策支持。（市场监管总局、国家发展改革委、工业和信息化部、司法部、财政部、商务部、国务院国资委、国家知识产权局等国务院相关部门及各地区按职责分工负责）

具体举措：

1. 落实好《促进个体工商户发展条例》，抓紧制定完善配套措施，切实解决个体工商户在经营场所、用工、融资、社保等方面面临的突出困难和问题，维护个体工商户合法权益，稳定个体工商户发展预期。（市场监管总局牵头，国务院相关部门及各地区按职责分工负责）

2. 深入开展制止滥用行政权力排除、限制竞争执法专项行动，进一步健全公平竞争审查制度，建立健全市场竞争状况监测评估和预警机制，更大力度破除地方保护、市场分割，切实维护公平竞争市场秩序。（市场监管总局牵头，国务院相关部门及各地区按职责分工负责）

3. 持续清理招投标领域针对不同所有制企业、外地企业设置的各类隐性门槛和不合理限制，畅通招标投标异议、投诉渠道，严厉打击围标串标、排斥潜在投标人等违法违规行为。（国家发展改革委牵头，国务院相关部门及各地区按职责分工负责）

（二）加快推进纳入国家“十四五”规划以及省级规划的重点项目，运用“放管服”改革的办法，打通堵点卡点，继续采取集中办公、并联办理等方式，提高审批效率，强化要素保障，推动项目尽快落地。同时，进一步压实地方政府和相关业主单位的责任，加强监督。（国家发展改革委牵头，自然资源部、生态环境部、住房城乡建设部、交通运输部、水利部、审计署等国务院相关部门及各地区按职责分工负责）

具体举措：

1. 依托推进有效投资重要项目协调机制，加强部门协同，高效保障重要项目尽快落地，更好发挥有效投资对经济恢复发展的关键性作用。（国家发展改革委牵头，国务院相关部门及各地区按职责分工负责）

2. 落实好重要项目用地、规划、环评、施工许可、水土保持等方面审批改革举措，对正在办理手续的项目用海用岛审批实行即接即办，优化水利工程项目招标投标程序，推动项目及时开工，尽快形成实物工作量。（自然资源部、生态环境部、住房城乡建设部、水利部等国务院相关部门及各地区按职责分工负责）

（三）依法盘活用好5000多亿元专项债地方结存限额，与政策性开发性金融工具相结合，支持重点项目建设。在专项债资金和政策性开发性金融工具使用过程中，注重创新机制，发挥对社会资本的撬动作用。引导商业银行扩大中长期贷款投放，为重点项目建设配足融资。（财政部、国家发展改革委、人民银行、银保监会等国务院相关部门及各地区按职责分工负责）

具体举措：

指导政策性开发性银行用好用足政策性开发性金融工具额度和8000亿元新增信贷额度，优先支持专项债券项目建设。鼓励商业银行信贷资金等通过银团贷款、政府和社会资本合作（PPP）等方式，按照市场化原则加大对重要项目建设的中长期资金支持力度。（财政部、人民银行、银保监会等国务院相关部门及各地区按职责分工负责）

（四）抓紧研究支持制造业企业、职业院校等设备更新改造的政策，金融机构对此要增加中长期贷款投放。完善对银行的考核办法，银行要完善内部考评和尽职免责规定，形成激励机制。持续释放贷款市场报价利率改革和传导效应，降低企业融资和个人消费信贷成本。（人民银行、银保监会、国家发展改革委、财政部、教育部、工业和信息化部、人力资源社会保障部等国务院相关部门及各地区按职责分工负责）

具体举措：

继续深化利率市场化改革，发挥存款利率市场化调整机制作用，释放贷款市场报价利率（LPR）形成机制改革效能，促进降低企业融资和个人消费信贷成本。督促21家全国性银行完善内部考核、尽职免

责和激励机制，引导商业银行扩大中长期贷款投放，为设备更新改造等配足融资。（人民银行、银保监会负责）

（五）落实好阶段性减征部分乘用车购置税、延续免征新能源汽车购置税、放宽二手车迁入限制等政策。给予地方更多自主权，因城施策运用好政策工具箱中的40多项工具，灵活运用阶段性信贷政策，支持刚性和改善性住房需求。有关部门和各地区要认真做好保交楼、防烂尾、稳预期相关工作，用好保交楼专项借款，压实项目实施主体责任，防范发生风险，保持房地产市场平稳健康发展。同时，结合实际出台针对性支持其他消费领域的举措。（财政部、税务总局、工业和信息化部、公安部、生态环境部、住房城乡建设部、商务部、人民银行、银保监会等国务院相关部门及各地区按职责分工负责）

具体举措：

1. 延续实施新能源汽车免征车辆购置税政策，组织开展新能源汽车下乡和汽车“品牌向上”系列活动，支持新能源汽车产业发展，促进汽车消费。（财政部、工业和信息化部、税务总局等国务院相关部门及各地区按职责分工负责）

2. 实施好促进绿色智能家电消费政策，积极开展家电以旧换新和家电下乡。办好国际消费季、家电消费季、中华美食荟、老字号嘉年华等活动。加快培育建设国际消费中心城市，尽快扩大城市一刻钟便民生活圈试点，促进消费持续恢复。（商务部牵头，国务院相关部门及各地区按职责分工负责）

（六）支持企业到国际市场打拼，在公平竞争中实现互利共赢。加强对出口大户、中小外贸企业服务，帮助解决生产、融资、用工、物流等问题。加大对跨境电商、海外仓等外贸新业态支持力度，线上线下相结合搭建境内外展会平台，支持企业稳订单拓市场。（商务部、工业和信息化部、人力资源社会保障部、交通运输部、人民银行、银保监会、中国贸促会等相关部门和单位及各地区按职责分工负责）

具体举措：

1. 2022年底前再增设一批跨境电子商务综合试验区，加快出台更多支持海外仓发展的政策措施。鼓励贸促机构、会展企业以“境内线上对口谈、境外线下商品展”方式举办境外自办展会，帮助外贸企业拓市场、拿订单。（商务部牵头，中国贸促会等相关部门和单位及各地区按职责分工负责）

2. 鼓励金融机构积极创新贸易金融产品，提升贸易融资服务水平。支持金融机构按照市场化原则，为海外仓企业和项目提供定制化的信贷产品及出口信保等金融产品和服务。（人民银行、银保监会牵头，国务院相关部门及各地区按职责分工负责）

（七）继续深化通关便利化改革，推进通关业务全流程网上办理，提升港口集疏运水平，畅通外贸产业链供应链。（海关总署、交通运输部、商务部、国家铁路局、中国国家铁路集团有限公司等相关部门和单位及各地区按职责分工负责）

具体举措：

1. 2022年底前，依托国际贸易“单一窗口”平台，加强部门间信息共享和业务联动，开展进口关税配额联网核查及相应货物无纸化通关试点。在有条件的港口推进进口货物“船边直提”和出口货物“抵港直装”。（海关总署牵头，国务院相关部门及各地区按职责分工负责）

2. 加快推动大宗货物和集装箱中长距离运输“公转铁”、“公转水”等多式联运改革，推进铁路专用线建设，降低综合货运成本。2022年11月底前，开展不少于100个多式联运示范工程建设。（交通运输部、国家发展改革委、国家铁路局、中国国家铁路集团有限公司等相关部门和单位及各地区按职责分工负责）

（八）保障外资企业国民待遇，确保外资企业同等享受助企惠企、政府采购等政策，推动一批制造业领域标志性外资项目落地，增强外资在华长期发展的信心。（国家发展改革委、商务部、工业和信息化部、财政部、中国贸促会等相关部门和单位及各地区按职责分工负责）

具体举措：

1. 2022年底前制定出台关于以制造业为重点促进外资扩增量稳存量提质量的政策文件，进一步优化外商投资环境，高标准落实外资企业准入后国民待遇，保障外资企业依法依规平等享受相关支持政策。（国家发展改革委、商务部等国务院相关部门及各地区按职责分工负责）

2. 更好发挥服务外资企业工作专班作用，完善问题受理、协同办理、结果反馈等流程，有效解决外资企业面临的实际困难问题。（中国贸促会牵头，国务院相关部门及各地区按职责分工负责）

二、提升面向市场主体和人民群众的政务服务效能

（九）继续行简政之道，放出活力、放出创造力。落实和完善行政许可事项清单制度，坚决防止清单之外违法实施行政许可，2022年底前省、市、县级要编制完成本级行政许可事项清单和办事指南，加快实现同一事项在不同地区和不同层级同标准、无差别办理。（国务院办公厅牵头，国务院相关部门及各地区

按职责分工负责）

具体举措：

1. 2022年底前，省、市、县级人民政府按照统一的清单编制要求，编制并公布本级行政许可事项清单，明确事项名称、主管部门、实施机关、设定和实施依据等基本要素。（国务院办公厅牵头，各地区按职责分工负责）

2. 2022年底前，对行政许可事项制定实施规范，明确许可条件、申请材料、审批程序等内容，持续推进行政许可标准化、规范化、便利化。强化监督问责，坚决防止清单之外违法实施行政许可。（国务院办公厅牵头，国务院相关部门及各地区按职责分工负责）

（十）不断强化政府部门监管责任，管出公平、管出质量。依法严厉打击制售假冒伪劣、侵犯知识产权等违法行为，完善监管规则，创新适应行业特点的监管方法，推行跨部门综合监管，进一步提升监管效能。（国务院办公厅、市场监管总局、国家知识产权局等国务院相关部门及各地区按职责分工负责）

具体举措：

1. 2022年底前制定出台关于深入推进跨部门综合监管的指导意见，对涉及多个部门、管理难度大、风险隐患突出的监管事项，加快建立健全职责清晰、规则统一、信息互通、协同高效的跨部门综合监管制度，切实增强监管合力，提高政府监管效能。（国务院办公厅牵头，国务院相关部门及各地区按职责分工负责）

2. 针对企业和群众反映强烈、侵权假冒多发的重点领域，进一步加大执法力度，严厉打击商标侵权、假冒专利等违法行为，对重大典型案件开展督查督办，持续营造创新发展的良好环境。（市场监管总局、国家知识产权局等国务院相关部门及各地区按职责分工负责）

（十一）严格规范公正文明执法，深入落实行政处罚法，坚持过罚相当、宽严相济，明确行政处罚裁量权基准，切实解决一些地方在行政执法过程中存在的简单粗暴、畸轻畸重等问题，决不能搞选择性执法、"一刀切"执法、逐利执法。严肃查处吃拿卡要、牟取私利等违法违规行为。（司法部等国务院相关部门及各地区按职责分工负责）

具体举措：

1. 深入贯彻落实《国务院办公厅关于进一步规范行政裁量权基准制定和管理工作的意见》（国办发〔2022〕27号），进一步推动各地区各部门分别制定本地区本领域行政裁量权基准，指导督促各地区尽快建立行政裁量权基准动态调整机制，将行政裁量权基准制定和管理工作纳入法治政府建设考评指标体系，规范行政执法，避免执法畸轻畸重。（司法部牵头，国务院相关部门及各地区按职责分工负责）

2. 严格规范行政罚款行为，抓紧清理调整一批违反法定权限设定、过罚不当等不合理罚款事项，进一步规范罚款设定和实施，防止以罚增收、以罚代管、逐利执法等行为。（司法部牵头，国务院相关部门及各地区按职责分工负责）

（十二）按照构建全国统一大市场的要求，全面清理市场准入隐性壁垒，推动各地区、各部门清理废除妨碍公平竞争的规定和做法。（国家发展改革委、市场监管总局等国务院相关部门及各地区按职责分工负责）

具体举措：

1. 落实好《市场准入负面清单（2022年版）》，抓紧推动清单事项全部实现网上办理，建立健全违背市场准入负面清单案例归集和通报制度，进一步畅通市场主体对隐性壁垒的投诉渠道，健全处理回应机制。（国家发展改革委、商务部牵头，国务院相关部门及各地区按职责分工负责）

2. 加快出台细化落实市场主体登记管理条例的配套政策文件，编制登记注册业务规范和审查标准，在全国推开经营范围规范化登记，完善企业名称争议处理机制。（市场监管总局牵头，国务院相关部门及各地区按职责分工负责）

（十三）加强政务数据共享，推进企业开办注销、不动产登记、招工用工等常办事项由多环节办理变为集中办理，扩大企业电子营业执照等应用。（国务院办公厅、自然资源部、人力资源社会保障部、市场监管总局等国务院相关部门及各地区按职责分工负责）

具体举措：

1. 2022年底前实现企业开办、涉企不动产登记、员工录用、企业简易注销等"一件事一次办"，进一步提升市场主体获得感。（国务院办公厅牵头，国务院相关部门及各地区按职责分工负责）

2. 加快国家政务大数据平台建设，依托政务数据共享协调机制，不断完善政务数据共享标准规范，提升政务数据共享平台支撑能力，促进更多政务数据依法有序共享、合理有效利用，更好满足企业和群众办事需求。（国务院办公厅牵头，国务院相关部门及各地区按职责分工负责）

3. 加快建设全国统一、实时更新、权威可靠的企业电子证照库，并与全国一体化政务服务平台电子证照共享服务系统互联互通，推动电子营业执照和企业电子印章跨地区跨部门互信互认，有序拓展电子营业执照在市场准入、纳税、金融、招投标等领域的应用，为市场主体生产经营提供便利。（国务院办公厅、市场监管总局等国务院相关部门及各地区按职责分工负责）

（十四）再推出一批便民服务措施，解决好与人民群众日常生活密切相关的“关键小事”。（国务院相关部门及各地区按职责分工负责）

具体举措：

1. 延长允许货车在城市道路上通行的时间，放宽通行吨位限制，推动取消皮卡车进城限制，对新能源配送货车扩大通行范围、延长通行时间，进一步便利货车在城市道路通行。（公安部牵头，国务院相关部门及各地区按职责分工负责）

2. 加快开展“互联网＋考试服务”，建立中国教育考试网统一用户中心，丰富和完善移动端功能，实行考试信息主动推送，进一步提升考试成绩查询和证书申领便利度。（教育部牵头，国务院相关部门及各地区按职责分工负责）

（十五）进一步扩大营商环境创新试点范围，支持有条件的地方先行先试，以点带面促进全国营商环境不断改善。（国务院办公厅牵头，国务院相关部门及各地区按职责分工负责）

具体举措：

密切跟踪营商环境创新试点工作推进情况，及时总结推广实践证明行之有效、市场主体欢迎的改革举措，适时研究扩大试点地区范围，推动全国营商环境持续改善。（国务院办公厅牵头，国务院相关部门及各地区按职责分工负责）

（十六）落实好失业保险保障扩围政策，进一步畅通申领渠道，提高便利度，继续对不符合领取失业保险金条件的失业人员发放失业补助金，确保应发尽发。加强动态监测，及时发现需要纳入低保的对象，该扩围的扩围，做到应保尽保。及时启动价格补贴联动机制并足额发放补贴。加强和创新社会救助，打破户籍地、居住地申请限制，群众在哪里遇到急难就由哪里直接实施临时救助。加强各类保障和救助资金监管，严查优亲厚友、骗取套取等行为，确保资金真正用到困难群众身上，兜牢基本民生底线。（民政部、人力资源社会保障部、国家发展改革委、财政部、退役军人部、国家统计局等国务院相关部门及各地区按职责分工负责）

具体举措：

1. 2022 年底前制定出台关于进一步做好最低生活保障等社会救助兜底保障工作的政策文件，指导督促地方及时将符合条件的困难群众纳入社会救助范围，优化非本地户籍人员救助申请程序，全面推行由急难发生地直接实施临时救助，切实兜住、兜准、兜好困难群众基本生活底线。（民政部牵头，国务院相关部门及各地区按职责分工负责）

2. 深入推进线上申领失业保险待遇，简化申领手续、优化申领服务，推动失业保险金和失业补助金应发尽发、应保尽保。（人力资源社会保障部、财政部及各地区按职责分工负责）

3. 指导督促各地于 2023 年 3 月前阶段性调整价格补贴联动机制，进一步扩大保障范围，降低启动条件，加大对困难群众物价补贴力度，并及时足额发放补贴。（国家发展改革委、民政部、财政部、人力资源社会保障部、退役军人部、国家统计局及各地区按职责分工负责）

三、着力推动已出台政策落地见效

（十七）用“放管服”改革办法加快释放政策效能，推动各项助企纾困政策第一时间落到市场主体，简化办理程序，尽可能做到直达快享、“免申即享”。各级政府包括财政供养单位都要真正过紧日子，盘活存量资金和资产，省级政府要加大财力下沉力度，集中更多资金落实惠企利民政策，支持基层保基本民生支出、保工资发放。严厉整治乱收费乱罚款乱摊派等行为。（财政部、国家发展改革委、工业和信息化部、司法部、税务总局、市场监管总局等国务院相关部门及各地区按职责分工负责）

具体举措：

1. 落实好阶段性缓缴社会保险费政策，进一步优化经办服务流程，健全部门协作机制，实现企业“即申即享”。优化增值税留抵退税办理流程，在实现信息系统自动推送退税提醒、提取数据、预填报表的基础上，进一步完善退税提醒服务，促进留抵退税政策在线直达快享。（人力资源社会保障部、国家发展改革委、财政部、税务总局等国务院相关部门及各地区按职责分工负责）

2. 2022 年底前，在交通物流、水电气暖、金融、地方财经、行业协会商会和中介机构等重点领域，集中开展涉企违规收费专项整治行动，切实减轻市场主体负担。（国家发展改革委、工业和信息化部、财政部、市场监管总局等国务院相关部门及各地区按职责分工负责）

（十八）加大稳就业政策实施力度。着力拓展市场化社会化就业主渠道，落实好各项援企稳岗政策，让各类市场主体在吸纳就业上继续当好“主角”。对

200多万未落实就业去向的应届大学毕业生，要做好政策衔接和不断线就业服务，扎实开展支持就业创业行动，对自主创业者落实好担保贷款、租金减免等政策。稳住本地和外来务工人员就业岗位，在重点项目建设中扩大以工代赈实施规模，帮助农民工就近就业增收。支持平台经济健康持续发展，发挥其吸纳就业等作用。同时，坚决消除就业歧视和不合理限制，营造公平就业环境。（人力资源社会保障部、教育部、国家发展改革委、中央网信办、住房城乡建设部、农业农村部、人民银行、市场监管总局、银保监会等相关部门和单位及各地区按职责分工负责）

具体举措：

1. 持续组织开展线上线下校园招聘活动，实施离校未就业高校毕业生服务攻坚行动，为未就业毕业生提供职业指导、岗位推荐、职业培训和就业见习机会，确保2022年底前离校未就业毕业生帮扶就业率达90%以上。深入推进企业吸纳就业社会保险补贴"直补快办"，扩大补贴对象范围，支持企业更多吸纳重点群体就业。（教育部、人力资源社会保障部、财政部等国务院相关部门及各地区按职责分工负责）

2. 推进新就业形态就业人员职业伤害保障试点。针对新冠肺炎康复者遭遇就业歧视问题，加大监察执法力度，发现一起严肃处理一起，切实维护劳动者平等就业权益。（人力资源社会保障部、财政部、国家卫生健康委、税务总局、国家医保局等相关部门和单位及各地区按职责分工负责）

（十九）保障好粮食、能源安全稳定供应，确保全年粮食产量保持在1.3万亿斤以上。围绕保饮水保秋粮继续抓实抗旱减灾工作。强化农资供应等服务保障，把农资补贴迅速发到实际种粮农民手中，进一步保护他们的种粮积极性。稳定生猪产能，防范生猪生产和猪肉价格出现大的波动。（农业农村部、水利部、应急部、国家发展改革委、财政部、商务部、国家粮食和储备局等国务院相关部门及各地区按职责分工负责）

具体举措：

1. 及时启动或调整国家防汛抗旱总指挥部抗旱应急响应，加大对旱区的抗旱资金、物资装备支持力度，督促旱区加快蓄引提调等抗旱应急工程建设。加强预报、预警、预演、预案"四预"措施，及时发布干旱预警。依据晚稻等秋粮作物需水情况，适时开展抗旱保供水联合调度，为灌区补充水源。（应急部、水利部、财政部、农业农村部等国务院相关部门及各地区按职责分工负责）

2. 压实生猪产能分级调控责任，督促产能过度下降的省份及时增养能繁母猪，重点排查并纠正以用地、环保等名义关停合法运营养殖场的行为，确保全国能繁母猪存栏量稳定在4100万头以上。加强政府猪肉储备调节，切实做好猪肉市场保供稳价工作。（农业农村部、国家发展改革委、财政部、自然资源部、生态环境部、商务部等国务院相关部门及各地区按职责分工负责）

（二十）加强煤电油气运调节，严格落实煤炭稳价保供责任，科学做好跨省跨区电力调度，确保重点地区、民生和工业用电。国有发电企业担起责任，应开尽开、稳发满发。（国家发展改革委、国务院国资委、国家能源局等国务院相关部门及各地区按职责分工负责）

具体举措：

在确保安全生产和生态安全的前提下，加快煤矿核增产能相关手续办理，推动已核准煤炭项目加快开工建设。督促中央煤炭企业加快释放先进煤炭产能，带头执行电煤中长期合同。（国家发展改革委、自然资源部、生态环境部、应急部、国务院国资委、国家能源局、国家矿山安监局等国务院相关部门及各地区按职责分工负责）

（二十一）持续推进物流保通保畅，进一步畅通"主动脉"和"微循环"，稳定产业链供应链，保障全行业、全链条稳产达产，稳定市场预期。（交通运输部、工业和信息化部等国务院相关部门及各地区按职责分工负责）

具体举措：

密切关注全国高速公路收费站和服务区关闭关停情况，及时协调解决相关问题。指导各地认真落实优先过闸、优先引航、优先锚泊、优先靠离泊等"四优先"措施，保障今冬明春煤炭、液化天然气（LNG）等重点物资水路运输。（交通运输部牵头，国务院相关部门及各地区按职责分工负责）

各地区、各部门要对照上述任务分工，结合自身职责，细化实化相关任务措施，明确时间表，落实责任单位和责任人，强化协同配合，切实抓好各项改革任务落地，最大限度利企便民，更好服务经济社会发展大局。国务院办公厅要加强业务指导和督促协调，支持地方探索创新，及时总结推广经验做法，推动改革取得更大实效。各地区、各部门的贯彻落实情况，年底前书面报国务院。

住房和城乡建设部关于印发“十四五”工程勘察设计行业发展规划的通知

建质〔2022〕38 号

各省、自治区住房和城乡建设厅，直辖市住房和城乡建设（管）委，北京市规划和自然资源委，新疆生产建设兵团住房和城乡建设局，国务院有关部门建设司（局）：

为指导和促进“十四五”时期工程勘察设计行业高质量发展，根据《中华人民共和国国民经济和社会发展第十四个五年规划和 2035 年远景目标纲要》，我部组织编制了《“十四五”工程勘察设计行业发展规划》。现印发给你们，请结合实际认真贯彻执行。

住房和城乡建设部

2022 年 5 月 9 日

（此件公开发布）

住房和城乡建设部等 6 部门关于进一步加强农村生活垃圾收运处置体系建设管理的通知

建村〔2022〕44 号

各省、自治区住房和城乡建设厅、农业农村（农牧）厅、发展改革委、生态环境厅、乡村振兴局、供销合作社，直辖市住房和城乡建设（管）委、城市管理委（局）、绿化和市容管理局、农业农村局（委）、发展改革委、生态环境局、乡村振兴局、供销合作社，新疆生产建设兵团住房和城乡建设局、农业农村局、发展改革委、生态环境局、乡村振兴局、供销合作社：

为深入贯彻党中央、国务院关于实施乡村建设行动的决策部署，落实《农村人居环境整治提升五年行动方案（2021—2025 年）》明确的目标任务，统筹县乡村三级生活垃圾收运处置设施建设和服务，进一步扩大农村生活垃圾收运处置体系覆盖范围，提升无害化处理水平，健全长效管护机制，现就有关事项通知如下。

一、明确农村生活垃圾收运处置体系建设管理工作目标

到 2025 年，农村生活垃圾无害化处理水平明显提升，有条件的村庄实现生活垃圾分类、源头减量；东部地区、中西部城市近郊区等有基础、有条件的地区，农村生活垃圾基本实现无害化处理，长效管护机制全面建立；中西部有较好基础、基本具备条件的地区，农村生活垃圾收运处置体系基本实现全覆盖，长效管护机制基本建立；地处偏远、经济欠发达的地区，农村生活垃圾治理水平有新提升。各省（区、市）住房和城乡建设等部门于 2022 年 6 月底前研究制定本地区农村生活垃圾收运处置体系建设管理量化工作目标。

二、统筹谋划农村生活垃圾收运处置体系建设和运行管理

以县（市、区、旗）为单元，根据镇村分布、政府财力、人口规模、交通条件、运输距离等因素，科学合理确定农村生活垃圾收运处置体系建设模式。城市或县城生活垃圾处理设施覆盖范围内的村庄，采用统一收运、集中处理的生活垃圾收运处置模式；交通不便或运输距离较长的村庄，因地制宜建设小型化、分散化、无害化处理设施，推进生活垃圾就地就近处理。在县域城乡生活垃圾处理设施建设规划等相关规划中，明确农村生活垃圾分类、收集、运输、处理或资源化利用设施布局，合理确定设施类型、数量和规模，统筹衔接城乡生活垃圾收运处置体系、再生资源回收利用体系、有害垃圾收运处置体系的建设和运行管理。

三、推动农村生活垃圾源头分类和资源化利用

充分利用农村地区广阔的资源循环与自然利用空间，抓好农村生活垃圾源头分类和资源化利用。在经济基础较好、群众接受程度较高的地方先行开展试点，“无废城市”建设地区的村庄要率先实现垃圾分类、源头减量。根据农村特点和农民生活习惯，因地制宜推进简便易行的垃圾分类和资源化利用方法。加强易腐烂垃圾就地处理和资源化利用，协同推进易腐烂垃圾、厕所粪污、农业生产有机废弃物资源化处理利用，以乡镇或行政村为单位建设一批区域农村有机废弃物综合处置利用设施。做好可回收物的回收利用，建立以村级回收网点为基础、县域或乡镇分拣中心为支撑的再生资源回收利用体系。强化有害垃圾收运处置，对从生活垃圾中分出并集中收集的有害垃圾，属于危险废物的，严格按照危险废物相关规定进行管理，集中运送至有资质的单位规范处理。推进农村生活垃圾分类和资源化利用示范县创建工作，探索总结分类投放、分类收集、分类运输、分类处置的农村生活垃圾处理模式。

四、完善农村生活垃圾收运处置设施

生活垃圾收运处置体系尚未覆盖的农村地区，要按照自然村（村民小组）全覆盖的要求，配置生活垃圾收运处置设施设备，实现自然村（村民小组）有收集点（站）、乡镇有转运能力、县城有无害化处理能力。已经实现全覆盖的地区，要结合当地经济水平，推动生活垃圾收运处置设施设备升级换代。逐步取缔露天垃圾收集池，建设或配置密闭式垃圾收集点（站）、压缩式垃圾中转站和密闭式垃圾运输车辆。因地制宜建设一批小型化、分散化、无害化的生活垃圾处理设施。

五、提高农村生活垃圾收运处置体系运行管理水平

深入贯彻执行《农村生活垃圾收运和处理技术标准》（GB/T 51435—2021），规范各环节的日常作业管理。压实运行维护企业或单位的责任，加强垃圾收集点（站）的运行管护，确保垃圾规范投放、及时清运。对垃圾转运站产生的污水、卫生填埋场产生的渗滤液以及垃圾焚烧厂产生的炉渣、飞灰等，按照相关法律法规和标准规范做好收集、贮存及处理。推行农村生活垃圾收运处置体系运行管护服务专业化，加强对专业公司服务质量的考核评估。持续开展村庄清洁行动，健全村庄长效保洁机制，推动农村厕所粪污、生活污水垃圾处理设施设备和村庄保洁等一体化运行管护，探索组建以脱贫人口、防返贫监测对象等农村低收入群体为主体的劳务合作社，通过开发公益性岗位等方式承担村庄保洁、垃圾收运等力所能及的服务。推动建立健全农村生活垃圾收运处置体系经费保障机制，逐步建立农户合理付费、村级组织统筹、政府适当补助的运行管护经费保障制度。

六、建立共建共治共享工作机制

广泛开展美好环境与幸福生活共同缔造活动，以基层党组织建设为引领，以村民自治组织为纽带，围绕农村生活垃圾治理工作，建立农民群众全过程参与的工作机制。动员群众共同谋划，组织村民积极参与，垃圾分类方法制定、垃圾收集点（站）选址等工作，广泛听取群众意见。动员群众共建体系，组织村民定期打扫庭院和房前屋后卫生，因地制宜建立垃圾处理农户付费制度。动员群众共管环境，制定村民环境卫生行为准则或将有关内容写入村规民约，明确村民自觉维护公共环境的义务。动员群众共评效果，建立环境卫生理事会等群众自治组织，定期开展环境卫生检查，组织村民对垃圾治理效果进行评价。推进工作成果群众共享，通过建立积分制、设立“红黑榜”等多种方式对农户进行激励，结合实际对工作情况较好的保洁员、工作成效突出的村庄给予奖励。

七、形成农村生活垃圾收运处置体系建设管理工作合力

地方各级住房和城乡建设、农业农村、发展改革、生态环境、乡村振兴、供销合作社等部门要密切协调配合，加强信息共享、定期会商、技术指导，协同推进农村生活垃圾收运处置体系建设管理工作。住房和城乡建设部门负责指导农村生活垃圾收运处置体系建设管理，会同相关部门加强对城镇垃圾违法违规向农村地区转移的监督管理，巩固非正规生活垃圾堆放点整治成效。农业农村、乡村振兴部门会同住房和城乡建设等部门推进村庄保洁、农村生活垃圾分类和资源化利用工作。发展改革部门结合农村人居环境整治，支持符合条件的农村生活垃圾收运处置体系建设。生态环境部门负责组织指导农村环境整治，推动农村生活垃圾治理，对从生活垃圾中分出并集中收集的有害垃圾，属于危险废物的，严格按照危险废物相关规定进行管理。供销合作社负责再生资源回收网点、分拣中心等设施建设，联合住房和城乡建设部门推动供销合作社再生资源回收利用网络与环卫清运网络衔接。市县要按照《中华人民共和国固体废物污染环境防治法》规定，落实统筹安排建设城乡生活垃圾收集、运输、处理设施和加强农村生活垃圾污染环境防治的主体责任，保障农村生活垃圾收运处置体系常态化运行。

住房和城乡建设部
农业农村部
国家发展改革委
生态环境部
国家乡村振兴局
中华全国供销合作总社
2022 年 5 月 20 日

（此件公开发布）

住房和城乡建设部　财政部　人民银行关于实施住房公积金阶段性支持政策的通知

建金〔2022〕45 号

各省、自治区、直辖市人民政府，新疆生产建设兵团：

为贯彻落实党中央、国务院关于高效统筹疫情防控和经济社会发展的决策部署，进一步加大住房公积金助企纾困力度，帮助受疫情影响的企业和缴存人共同渡过难关，经国务院常务会议审议通过，现就实施住房公积金阶段性支持政策通知如下：

一、受新冠肺炎疫情影响的企业，可按规定申请缓缴住房公积金，到期后进行补缴。在此期间，缴存职工正常提取和申请住房公积金贷款，不受缓缴影响。

二、受新冠肺炎疫情影响的缴存人，不能正常偿还住房公积金贷款的，不作逾期处理，不作为逾期记录报送征信部门。

三、各地根据当地房租水平和合理租住面积，可提高住房公积金租房提取额度，支持缴存人按需提取，更好地满足缴存人支付房租的实际需要。

上述支持政策实施时限暂定至 2022 年 12 月 31 日。各地要按照本通知要求，高度重视，周密部署，省、自治区人民政府要做好政策实施的指导监督，直辖市、设区城市（含地、州、盟）人民政府和新疆生产建设兵团可结合本地企业受疫情影响的实际，提出具体实施办法，并在支持政策到期后做好向住房公积金常规性政策的衔接过渡。各地住房公积金管理中心要通过综合服务平台等渠道，实现更多业务网上办、掌上办、指尖办，保障疫情期间住房公积金服务平稳运行。

住房和城乡建设部
财政部
人民银行
2022 年 5 月 20 日

（此件公开发布）

住房和城乡建设部　财政部　中国人民银行关于印发《全国住房公积金 2021 年年度报告》的通知

建金〔2022〕46 号

各省、自治区住房和城乡建设厅、财政厅，中国人民银行上海总部，各分行、营业管理部，各省会（首府）城市中心支行、副省级城市中心支行，直辖市、新疆生产建设兵团住房公积金管理委员会、住房公积金管理中心：

根据《住房公积金管理条例》和《住房和城乡建设部财政部中国人民银行关于健全住房公积金信息披露制度的通知》（建金〔2015〕26号），现将《全国住房公积金2021年年度报告》印发给你们，并在住房和城乡建设部、财政部、中国人民银行门户网站公开披露。

住房和城乡建设部
财政部
中国人民银行
2022年5月31日

（此件公开发布）

住房和城乡建设部关于开展2022年乡村建设评价工作的通知

建村〔2022〕48号

各省、自治区住房和城乡建设厅，重庆市住房和城乡建设委，新疆生产建设兵团住房和城乡建设局：

为深入学习贯彻习近平总书记关于乡村建设的重要指示精神，按照党中央、国务院关于推动城乡建设绿色发展和实施乡村建设行动的部署要求，结合地方推荐，决定选取河北省平山县等102个县（名单见附件1，以下简称样本县）开展2022年乡村建设评价工作。现将有关事项通知如下：

一、总体要求

以习近平新时代中国特色社会主义思想为指导，深入贯彻党的十九大和十九届历次全会精神，坚持以人民为中心的发展思想，立足新发展阶段，贯彻新发展理念，构建新发展格局，把乡村建设评价作为推进实施乡村建设行动的重要抓手，以县域为单元开展评价，全面掌握乡村建设状况和水平，深入查找乡村建设中存在的问题和短板，提出有针对性的建议，指导各地运用好评价成果，采取措施统筹解决评价发现的问题，提高乡村建设水平，缩小城乡差距，不断增强人民群众获得感、幸福感、安全感。

二、评价内容和工作方式

（一）评价内容。从发展水平、农房建设、村庄建设、县城建设等4方面对乡村建设进行分析评价（指标体系见附件2）。各地可结合实际适当增加评价内容。

选取部分指标设置预期值（附件3），确定各地每年乡村建设进展目标，逐年提高乡村建设水平。以2021年样本县乡村建设评价指标平均值为基数，对照国家和省级“十四五”相关规划以及有关政策文件要求，参考全国和区域发展水平，合理预期2022年和2025年指标值。省级住房和城乡建设部门于2022年6月30日前将指标预期值报送我部。

（二）工作方式。乡村建设评价采取第三方评价方式开展。部级专家团队负责完成全国评价报告，开展有关大数据分析，分片区进行培训和技术指导。省级专家团队负责调研收集样本县数据并进行研究分析，撰写本省和样本县的评价报告。省级住房和城乡建设部门推动建立乡村建设评价工作机制，确定省级专家团队，协调地方配合开展评价工作，对工作进度、质量等进行督促指导把关，对专家团队给予必要支持。地级市住房和城乡建设部门协调提供样本县所在地级市相关指标数据。样本县建立综合协调工作机制，制定工作方案，确定部门分工，具体做好各项工作。

（三）工作步骤。乡村建设评价包括数据采集、问卷调查、现场调研、分析评估、形成评价报告等步骤。省级专家团队要按照评价工作要求，赴样本县采集数据，开展问卷调查、现场调研和访谈，收集乡村建设成效与问题的具体案例，对照本地指标预期值，评估工作进展和成效，分析乡村建设存在的问题短板，总结评价成果应用情况，完成本省和样本县的评价报告，经省级住房和城乡建设部门审阅把关后，于2022年10月31日前报送我部。部级专家团队负责对全国数据和情况进行综合分析，完成全国评价报告，于2022年11月30日前报送我部。

（四）成果应用。省级住房和城乡建设部门要及时将评价工作情况和成果向省政府报告。要针对评价发现的问题制定乡村建设评价成果应用工作方案，提出有针对性的措施，完善相关政策，找准补短板惠民生的突破口，加强对样本县的指导，提升乡村建设水平，逐步形成“开展评价、查找问题、推动解决”的工作机制。省级住房和城乡建设部门于 2022 年 6 月 30 日前将 2021 年乡村建设评价成果应用工作方案报送我部，11 月 30 日前将有关工作进展情况报送我部。

三、组织实施

（一）加强组织领导。各地要高度重视乡村建设评价工作，精心组织实施，确保评价工作顺利进行。鼓励有条件的地方扩大评价范围，全面开展乡村建设评价工作，建立省级乡村建设评价信息系统并与我部信息系统对接。

（二）确保数据质量。各地要认真开展数据采集填报工作，与有关统计、公报数据进行比对校核，确保数据真实准确。样本县及样本县所在地级市在我部乡村建设评价信息系统填报相关数据，有关统计数据截止时点为 2021 年 12 月 31 日。各样本县及所在地级市的数据采集、问卷调查、现场调研等工作要在 2022 年 9 月 30 日前完成。

（三）强化培训指导。我部将组织面向省级住房和城乡建设部门、样本县和省级专家团队的座谈、调研、培训，对评价工作给予技术指导和支持。

（四）引导群众参与。各地要把群众满意度作为衡量县域乡村建设水平的重要依据，扩大村民问卷调查覆盖范围，广泛收集对乡村建设的建议，引导群众积极参与乡村建设评价工作。

联系人：村镇建设司　王凯来　侯文峻

电话：010–58934518

传真：010–58933123

邮箱：czsghc@163.com

附件：1. 2022 年乡村建设评价样本县名单

2. 2022 年乡村建设评价指标体系

住房和城乡建设部

2022 年 6 月 2 日

（此件公开发布）

住房和城乡建设部等 8 部门关于推动阶段性减免市场主体房屋租金工作的通知

建房〔2022〕50 号

各省、自治区、直辖市及新疆生产建设兵团住房和城乡建设厅（委、管委、局）、发展改革委、财政厅（局）、国资委、市场监督管理局（厅、委），中国人民银行上海总部、各分行、营业管理部、各省会（首府）城市中心支行、各副省级城市中心支行，国家税务总局各省、自治区、直辖市和计划单列市税务局，各银保监局，国家开发银行、各政策性银行、国有商业银行、股份制银行、中国邮政储蓄银行：

为贯彻落实《国务院关于印发扎实稳住经济一揽子政策措施的通知》（国发〔2022〕12 号）要求，推动阶段性减免市场主体房屋租金工作，帮助服务业小微企业和个体工商户缓解房屋租金压力，现就有关事项通知如下：

一、高度重视租金减免工作

阶段性减免市场主体房屋租金，是国务院的一项重大决策部署，是稳住经济大盘的重要工作举措，对保市场主体、保就业、保民生意义重大。各地住房和城乡建设、发展改革、财政、人民银行、国资、税务、市场监管、银保监等部门要从大局出发，加强沟通协调，各司其责，增强工作合力。各地要按照既定的租金减免工作机制，结合自身实际，统筹各类资金，拿出务实管用措施推动减免市场主体房屋租金，确保各项政策措施落地生效。

二、加快落实租金减免政策措施

被列为疫情中高风险地区所在的县级行政区域内的服务业小微企业和个体工商户承租国有房屋的，2022 年减免 6 个月租金，其他地区减免 3 个月租金。

对出租人减免租金的，税务部门根据地方政府有关规定减免当年房产税、城镇土地使用税；鼓励国有银行对减免租金的出租人视需要给予优惠利率质押贷款等支持。

各级履行出资人职责机构（或部门）负责督促指导所监管国有企业落实租金减免政策。有关部门在各自职责范围内指导各地落实国有房屋租金减免政策。因减免租金影响国有企事业单位经营业绩的，在考核中根据实际情况予以认可。

非国有房屋出租人对服务业小微企业和个体工商户减免租金的，除同等享受上述政策优惠外，鼓励各地给予更大力度的政策优惠。

通过转租、分租形式出租房屋的，要确保租金减免优惠政策惠及最终承租人，不得在转租、分租环节哄抬租金。

三、按月报送租金减免情况

各级履行出资人职责机构（或部门）负责做好所监管国有企业出租房屋租金减免情况统计工作，包括减免租金金额、受惠市场主体户数等。

各地住房和城乡建设部门负责做好阶段性减免市场主体房屋租金统计汇总工作。各地财政、税务部门负责做好房产税、城镇土地使用税减免政策落实情况统计工作，包括享受税收优惠的企业户数、减免税收金额等。各地人民银行、银保监部门负责做好贷款支持政策落实情况数据收集工作，包括享受优惠利率质押贷款等的企业户数、贷款金额等。各地管理国有房屋的住房和城乡建设等部门负责做好所管理的出租房屋租金减免情况统计工作，包括减免租金金额、受惠市场主体户数等。各地市场监管部门要加强市场主体信息共享，配合相关部门做好统计工作。

省级人民银行、国资、财政等部门要及时将本部门负责统计的数据提交省级住房和城乡建设部门进行汇总，同时抄报上级主管部门。住房和城乡建设部门要发挥牵头协调作用，加强减免租金主体等信息在部门间共享，为相关配套政策实施和统计工作创造条件。

国务院国资委每月15日前将上月租金减免相关统计数据反馈住房和城乡建设部。税务总局每月15日前将上月税收减免相关统计数据反馈住房和城乡建设部。省级住房和城乡建设部门每月10日前将汇总的本地区上月租金减免相关统计数据和工作报告，通过全国房地产市场监测系统“房屋租金减免情况”模块，报送住房和城乡建设部。

四、加强租金减免工作监督指导

各地要结合自身实际出台或完善实施细则。各地要充分发挥12345政务服务便民热线作用，建立投诉电话解决机制，受理涉及租金减免工作的各类投诉举报，做好受理与后台办理服务衔接工作，确保企业和群众反映的问题和合理诉求得到及时处置和办理。要充分运用网络、电视、报刊、新媒体等渠道，及时发布相关政策信息，加强减免租金政策的宣传报道，发挥正面典型的导向作用，营造良好舆论环境。

住房和城乡建设部会同国家发展改革委、财政部、人民银行、国务院国资委、税务总局、市场监管总局、银保监会等部门加强协调指导，及时发现问题，督促各地切实采取措施做好阶段性减免市场主体房屋租金工作。对工作落实情况，各地要组织第三方开展评估。对工作落实不力、进展缓慢、市场主体反映问题较多的地方，住房和城乡建设部将会同相关部门予以通报，提出整改要求，切实推动政策落地落细。

附件：2022年服务业小微企业和个体工商户房屋租金减免情况统计表

住房和城乡建设部
国家发展和改革委员会
财政部
中国人民银行
国务院国有资产监督管理委员会
国家税务总局
国家市场监督管理总局
中国银行保险监督管理委员会
2022年6月21日

（此件主动公开）

住房和城乡建设部　国家开发银行关于推进开发性金融支持县域生活垃圾污水处理设施建设的通知

建村〔2022〕52号

各省、自治区住房和城乡建设厅，直辖市住房和城乡建设（管）委及有关部门，新疆生产建设兵团住房和城乡建设局，国家开发银行各分行：

县域统筹推进生活垃圾污水处理设施建设，是提升城乡基础设施建设水平、拉动有效投资的重要举措，是改善城乡人居环境、推动县城绿色低碳建设的重要工作。为贯彻落实党的十九届五中全会关于实施乡村建设行动的决策部署，落实中央财经委员会第十一次会议关于"全面加强基础设施建设，构建现代化基础设施体系"的要求，现就推进开发性金融支持县域生活垃圾污水处理设施建设工作通知如下。

一、重点支持内容

（一）支持县域生活垃圾收运处理设施建设和运行。主要包括：县城、乡镇、行政村生活垃圾分类投放设施、集中收集设施；县城、乡镇生活垃圾中转站；各类生活垃圾运输车辆；县城生活垃圾焚烧处理等设施以及乡镇小型化、分散化、无害化处理设施；再生资源回收点、站或县级再生资源利用中心；县域生活垃圾收运处置体系运行监管信息平台。

（二）支持县域生活污水收集处理设施建设和运行。主要包括：县城、建制镇源头截污以及生活污水收集管网和提升泵站；县城、建制镇污水处理和污泥处理设施；纳污水体生态修复工程；县域生活污水处理设施运行监管信息平台。

（三）支持行业或区域统筹整合工程建设项目。按行业整合的项目包括：县域生活垃圾"分类＋收集＋转运＋处理＋监测系统"项目、县域生活污水"源头截污＋管网收集＋污水处理＋生态修复＋监测系统"项目。按区域整合的项目包括：省级统筹、地市级统筹或县级统筹方式，覆盖城乡的生活垃圾污水治理项目。

二、建立动态项目储备库

省级住房和城乡建设部门会同国家开发银行省（区、市）分行，指导县级住房和城乡建设部门尽快梳理"十四五"时期县域生活垃圾污水处理设施建设项目，明确设施规模、建设时序、投资总额、融资需求等内容。县级住房和城乡建设部门采用政府和社会资本合作、特许经营、环境污染第三方治理、环境综合治理托管服务等方式，积极谋划县域生活垃圾污水处理设施建设项目，按照"成熟一批、申报一批"的原则，将项目申请表（附件1）报省级住房和城乡建设部门、国家开发银行省（区、市）分行。省级住房和城乡建设部门会同国家开发银行省（区、市）分行建立项目储备库，组织开展上报项目贷款条件审核，对符合条件的项目，督促县级相关部门尽快完成项目可行性研究等前期准备工作，尽早确定项目实施主体、投融资和建设运营模式等，抓紧抓好项目落地。

三、优先信贷支持

国家开发银行省（区、市）分行对纳入省级住房和城乡建设部门县域生活垃圾污水处理设施建设项目储备库内的项目开辟"绿色通道"，优先开展尽职调查、优先进行审查审批、优先安排贷款投放、优先给予利率优惠，对于符合条件的试点示范项目、乡村建设评价样本县的相关项目，贷款期限可延长至30年。对综合业务能力强、扎根本地从事生活垃圾污水处理的企业，在符合相关法律法规和政策要求的前提下，优先支持其承接县域生活垃圾污水处理设施建设项目，在贷款期限、利率定价等方面给予扶持，打造一支本土化、留得住、用得上的建设管护专业队伍。

四、建立协调机制

住房和城乡建设部、国家开发银行建立工作协调机制，共同开展县域生活垃圾污水处理设施建设相关研究，优先选取积极性高、有条件的地区开展试点工作，探索市场化、可持续的项目包装和融资支持模式，共同培育孵化大型专业化的建设运营主体。省级住房和城乡建设部门、国家开发银行省（区、市）分行要建立工作协调机制，及时共享开发性金融支持县域生活垃圾污水处理设施建设项目信息及调度情况，协调解决项目融资、建设中存在的问题和困难；每年12月底前将开发性金融支持县域生活垃圾污水处理设施建设项目进展表（附件2）分别报住房和城乡建设部、国家开发银行。

联系方式：

住房和城乡建设部村镇建设司

胡建坤　010-58934706，58933123（传）

国家开发银行行业三部

黄　琼　010-68306870，88308848（传）

附件：1. 开发性金融支持县域生活垃圾污水处理设施建设项目申请表

2. 开发性金融支持县域生活垃圾污水处理设施建设项目进展表

住房和城乡建设部

国家开发银行

2022年6月29日

（此件主动公开）

住房和城乡建设部　国家发展改革委关于印发城乡建设领域碳达峰实施方案的通知

建标〔2022〕53号

国务院有关部门，各省、自治区住房和城乡建设厅、发展改革委，直辖市住房和城乡建设（管）委、发展改革委，新疆生产建设兵团住房和城乡建设局、发展改革委：

《城乡建设领域碳达峰实施方案》已经碳达峰碳中和工作领导小组审议通过，现印发给你们，请认真贯彻落实。

住房和城乡建设部

国家发展改革委

2022年6月30日

（此件公开发布）

城乡建设领域碳达峰实施方案

城乡建设是碳排放的主要领域之一。随着城镇化快速推进和产业结构深度调整，城乡建设领域碳排放量及其占全社会碳排放总量比例均将进一步提高。为深入贯彻落实党中央、国务院关于碳达峰碳中和决策部署，控制城乡建设领域碳排放量增长，切实做好城乡建设领域碳达峰工作，根据《中共中央 国务院关于完整准确全面贯彻新发展理念做好碳达峰碳中和工作的意见》、《2030年前碳达峰行动方案》，制定本实施方案。

一、总体要求

（一）指导思想。以习近平新时代中国特色社会主义思想为指导，全面贯彻党的十九大和十九届历次全会精神，深入贯彻习近平生态文明思想，按照党中央、国务院决策部署，坚持稳中求进工作总基调，立足新发展阶段，完整、准确、全面贯彻新发展理念，构建新发展格局，坚持生态优先、节约优先、保护优先，坚持人与自然和谐共生，坚持系统观念，统筹发展和安全，以绿色低碳发展为引领，推进城市更新行动和乡村建设行动，加快转变城乡建设方式，提升绿色低碳发展质量，不断满足人民群众对美好生活的需要。

（二）工作原则。坚持系统谋划、分步实施，加强顶层设计，强化结果控制，合理确定工作节奏，统筹推进实现碳达峰。坚持因地制宜，区分城市、乡村、不同气候区，科学确定节能降碳要求。坚持创新引领、转型发展，加强核心技术攻坚，完善技术体系，强化机制创新，完善城乡建设碳减排管理制度。坚持双轮驱动、共同发力，充分发挥政府主导和市场机制作用，形成有效的激励约束机制，实施共建共享，协同推进各项工作。

（三）主要目标。2030年前，城乡建设领域碳排放达到峰值。城乡建设绿色低碳发展政策体系和体制机制基本建立；建筑节能、垃圾资源化利用等水平大幅提高，能源资源利用效率达到国际先进水平；用能结构和方式更加优化，可再生能源应用更加充分；城乡建设方式绿色低碳转型取得积极进展，"大量建设、大量消耗、大量排放"基本扭转；城市整体性、系统性、生长性增强，"城市病"问题初步解决；建筑品质和工程质量进一步提高，人居环境质量大幅改善；绿色生活方式普遍形成，绿色低碳运行初步实现。

力争到 2060 年前，城乡建设方式全面实现绿色低碳转型，系统性变革全面实现，美好人居环境全面建成，城乡建设领域碳排放治理现代化全面实现，人民生活更加幸福。

二、建设绿色低碳城市

（四）优化城市结构和布局。城市形态、密度、功能布局和建设方式对碳减排具有基础性重要影响。积极开展绿色低碳城市建设，推动组团式发展。每个组团面积不超过 50 平方公里，组团内平均人口密度原则上不超过 1 万人 / 平方公里，个别地段最高不超过 1.5 万人 / 平方公里。加强生态廊道、景观视廊、通风廊道、滨水空间和城市绿道统筹布局，留足城市河湖生态空间和防洪排涝空间，组团间的生态廊道应贯通连续，净宽度不少于 100 米。推动城市生态修复，完善城市生态系统。严格控制新建超高层建筑，一般不得新建超高层住宅。新城新区合理控制职住比例，促进就业岗位和居住空间均衡融合布局。合理布局城市快速干线交通、生活性集散交通和绿色慢行交通设施，主城区道路网密度应大于 8 公里 / 平方公里。严格既有建筑拆除管理，坚持从"拆改留"到"留改拆"推动城市更新，除违法建筑和经专业机构鉴定为危房且无修缮保留价值的建筑外，不大规模、成片集中拆除现状建筑，城市更新单元（片区）或项目内拆除建筑面积原则上不应大于现状总建筑面积的 20%。盘活存量房屋，减少各类空置房。

（五）开展绿色低碳社区建设。社区是形成简约适度、绿色低碳、文明健康生活方式的重要场所。推广功能复合的混合街区，倡导居住、商业、无污染产业等混合布局。按照《完整居住社区建设标准（试行）》配建基本公共服务设施、便民商业服务设施、市政配套基础设施和公共活动空间，到 2030 年地级及以上城市的完整居住社区覆盖率提高到 60% 以上。通过步行和骑行网络串联若干个居住社区，构建十五分钟生活圈。推进绿色社区创建行动，将绿色发展理念贯穿社区规划建设管理全过程，60% 的城市社区先行达到创建要求。探索零碳社区建设。鼓励物业服务企业向业主提供居家养老、家政、托幼、健身、购物等生活服务，在步行范围内满足业主基本生活需求。鼓励选用绿色家电产品，减少使用一次性消费品。鼓励"部分空间、部分时间"等绿色低碳用能方式，倡导随手关灯，电视机、空调、电脑等电器不用时关闭插座电源。鼓励选用新能源汽车，推进社区充换电设施建设。

（六）全面提高绿色低碳建筑水平。持续开展绿色建筑创建行动，到 2025 年，城镇新建建筑全面执行绿色建筑标准，星级绿色建筑占比达到 30% 以上，新建政府投资公益性公共建筑和大型公共建筑全部达到一星级以上。2030 年前严寒、寒冷地区新建居住建筑本体达到 83% 节能要求，夏热冬冷、夏热冬暖、温和地区新建居住建筑本体达到 75% 节能要求，新建公共建筑本体达到 78% 节能要求。推动低碳建筑规模化发展，鼓励建设零碳建筑和近零能耗建筑。加强节能改造鉴定评估，编制改造专项规划，对具备改造价值和条件的居住建筑要应改尽改，改造部分节能水平应达到现行标准规定。持续推进公共建筑能效提升重点城市建设，到 2030 年地级以上重点城市全部完成改造任务，改造后实现整体能效提升 20% 以上。推进公共建筑能耗监测和统计分析，逐步实施能耗限额管理。加强空调、照明、电梯等重点用能设备运行调适，提升设备能效，到 2030 年实现公共建筑机电系统的总体能效在现有水平上提升 10%。

（七）建设绿色低碳住宅。提升住宅品质，积极发展中小户型普通住宅，限制发展超大户型住宅。依据当地气候条件，合理确定住宅朝向、窗墙比和体形系数，降低住宅能耗。合理布局居住生活空间，鼓励大开间、小进深，充分利用日照和自然通风。推行灵活可变的居住空间设计，减少改造或拆除造成的资源浪费。推动新建住宅全装修交付使用，减少资源消耗和环境污染。积极推广装配化装修，推行整体卫浴和厨房等模块化部品应用技术，实现部品部件可拆改、可循环使用。提高共用设施设备维修养护水平，提升智能化程度。加强住宅共用部位维护管理，延长住宅使用寿命。

（八）提高基础设施运行效率。基础设施体系化、智能化、生态绿色化建设和稳定运行，可以有效减少能源消耗和碳排放。实施 30 年以上老旧供热管网更新改造工程，加强供热管网保温材料更换，推进供热场站、管网智能化改造，到 2030 年城市供热管网热损失比 2020 年下降 5 个百分点。开展人行道净化和自行车专用道建设专项行动，完善城市轨道交通站点与周边建筑连廊或地下通道等配套接驳设施，加大城市公交专用道建设力度，提升城市公共交通运行效率和服务水平，城市绿色交通出行比例稳步提升。全面推行垃圾分类和减量化、资源化，完善生活垃圾分类投放、分类收集、分类运输、分类处理系统，到2030年城市生活垃圾资源化利用率达到65%。结合城市特点，充分尊重自然，加强城市设施与原有河流、湖泊等生态本底的有效衔接，因地制宜，系统化全域推进海绵城市建设，综合采用“渗、滞、蓄、净、用、排”方式，加大雨水蓄滞与利用，到2030年全国城市建成区平均可渗透面积占比达到45%。推进节水型城市建设，实施城市老旧供水管网更新改造，推进管网分区计量，提升供水管网智能化管理水平，力争到2030年城市公共供水管网漏损率控制在8%以内。实施污水收集处理设施改造和城镇污水资源化利用行动，到2030年全国城市平均再生水利用率达到30%。加快推进城市供气管道和设施更新改造。推进城市绿色照明，加强城市照明规划、设计、建设运营全过程管理，控制过度亮化和光污染，到2030年LED等高效节能灯具使用占比超过80%，30%以上城市建成照明数字化系统。开展城市园林绿化提升行动，完善城市公园体系，推进中心城区、老城区绿道网络建设，加强立体绿化，提高乡土和本地适生植物应用比例，到2030年城市建成区绿地率达到38.9%，城市建成区拥有绿道长度超过1公里／万人。

（九）优化城市建设用能结构。推进建筑太阳能光伏一体化建设，到2025年新建公共机构建筑、新建厂房屋顶光伏覆盖率力争达到50%。推动既有公共建筑屋顶加装太阳能光伏系统。加快智能光伏应用推广。在太阳能资源较丰富地区及有稳定热水需求的建筑中，积极推广太阳能光热建筑应用。因地制宜推进地热能、生物质能应用，推广空气源等各类电动热泵技术。到2025年城镇建筑可再生能源替代率达到8%。引导建筑供暖、生活热水、炊事等向电气化发展，到2030年建筑用电占建筑能耗比例超过65%。推动开展新建公共建筑全面电气化，到2030年电气化比例达到20%。推广热泵热水器、高效电炉灶等替代燃气产品，推动高效直流电器与设备应用。推动智能微电网、“光储直柔”、蓄冷蓄热、负荷灵活调节、虚拟电厂等技术应用，优先消纳可再生能源电力，主动参与电力需求侧响应。探索建筑用电设备智能群控技术，在满足用电需求前提下，合理调配用电负荷，实现电力少增容、不增容。根据既有能源基础设施和经济承受能力，因地制宜探索氢燃料电池分布式热电联供。推动建筑热源端低碳化，综合利用热电联产余热、工业余热、核电余热，根据各地实际情况应用尽用。充分发挥城市热电供热能力，提高城市热电生物质耦合能力。引导寒冷地区达到超低能耗的建筑不再采用市政集中供暖。

（十）推进绿色低碳建造。大力发展装配式建筑，推广钢结构住宅，到2030年装配式建筑占当年城镇新建建筑的比例达到40%。推广智能建造，到2030年培育100个智能建造产业基地，打造一批建筑产业互联网平台，形成一系列建筑机器人标志性产品。推广建筑材料工厂化精准加工、精细化管理，到2030年施工现场建筑材料损耗率比2020年下降20%。加强施工现场建筑垃圾管控，到2030年新建建筑施工现场建筑垃圾排放量不高于300吨／万平方米。积极推广节能型施工设备，监控重点设备耗能，对多台同类设备实施群控管理。优先选用获得绿色建材认证标识的建材产品，建立政府工程采购绿色建材机制，到2030年星级绿色建筑全面推广绿色建材。鼓励有条件的地区使用木竹建材。提高预制构件和部品部件通用性，推广标准化、少规格、多组合设计。推进建筑垃圾集中处理、分级利用，到2030年建筑垃圾资源化利用率达到55%。

三、打造绿色低碳县城和乡村

（十一）提升县城绿色低碳水平。开展绿色低碳县城建设，构建集约节约、尺度宜人的县城格局。充分借助自然条件、顺应原有地形地貌，实现县城与自然环境融合协调。结合实际推行大分散与小区域集中相结合的基础设施分布式布局，建设绿色节约型基础设施。要因地制宜强化县城建设密度与强度管控，位于生态功能区、农产品主产区的县城建成区人口密度控制在0.6—1万人／平方公里，建筑总面积与建设用地比值控制在0.6—0.8；建筑高度要与消防救援能力相匹配，新建住宅以6层为主，最高不超过18层，6层及以下住宅建筑面积占比应不低于70%；确需建设18层以上居住建筑的，应严格充分论证，并确保消防应急、市政配套设施等建设到位；推行“窄马路、密路网、小街区”，县城内部道路红线宽度不超过40米，广场集中硬地面积不超过2公顷，步行道网络应连续通畅。

（十二）营造自然紧凑乡村格局。合理布局乡村建设，保护乡村生态环境，减少资源能源消耗。开展绿色低碳村庄建设，提升乡村生态和环境质量。农房和村庄建设选址要安全可靠，顺应地形地貌，保护山水林田湖草沙生态脉络。鼓励新建农房向基础设施完善、自然条件优越、公共服务设施齐全、景观环境优美的村庄聚集，农房群落自然、紧凑、有序。

（十三）推进绿色低碳农房建设。提升农房绿色低碳设计建造水平，提高农房能效水平，到 2030 年建成一批绿色农房，鼓励建设星级绿色农房和零碳农房。按照结构安全、功能完善、节能降碳等要求，制定和完善农房建设相关标准。引导新建农房执行《农村居住建筑节能设计标准》等相关标准，完善农房节能措施，因地制宜推广太阳能暖房等可再生能源利用方式。推广使用高能效照明、灶具等设施设备。鼓励就地取材和利用乡土材料，推广使用绿色建材，鼓励选用装配式钢结构、木结构等建造方式。大力推进北方地区农村清洁取暖。在北方地区冬季清洁取暖项目中积极推进农房节能改造，提高常住房间舒适性，改造后实现整体能效提升 30% 以上。

（十四）推进生活垃圾污水治理低碳化。推进农村污水处理，合理确定排放标准，推动农村生活污水就近就地资源化利用。因地制宜，推广小型化、生态化、分散化的污水处理工艺，推行微动力、低能耗、低成本的运行方式。推动农村生活垃圾分类处理，倡导农村生活垃圾资源化利用，从源头减少农村生活垃圾产生量。

（十五）推广应用可再生能源。推进太阳能、地热能、空气热能、生物质能等可再生能源在乡村供气、供暖、供电等方面的应用。大力推动农房屋顶、院落空地、农业设施加装太阳能光伏系统。推动乡村进一步提高电气化水平，鼓励炊事、供暖、照明、交通、热水等用能电气化。充分利用太阳能光热系统提供生活热水，鼓励使用太阳能灶等设备。

四、强化保障措施

（十六）建立完善法律法规和标准计量体系。推动完善城乡建设领域碳达峰相关法律法规，建立健全碳排放管理制度，明确责任主体。建立完善节能降碳标准计量体系，制定完善绿色建筑、零碳建筑、绿色建造等标准。鼓励具备条件的地区制定高于国家标准的地方工程建设强制性标准和推荐性标准。各地根据碳排放控制目标要求和产业结构情况，合理确定城乡建设领域碳排放控制目标。建立城市、县城、社区、行政村、住宅开发项目绿色低碳指标体系。完善省市公共建筑节能监管平台，推动能源消费数据共享，加强建筑领域计量器具配备和管理。加强城市、县城、乡村等常住人口调查与分析。

（十七）构建绿色低碳转型发展模式。以绿色低碳为目标，构建纵向到底、横向到边、共建共治共享发展模式，健全政府主导、群团带动、社会参与机制。建立健全“一年一体检、五年一评估”的城市体检评估制度。建立乡村建设评价机制。利用建筑信息模型（BIM）技术和城市信息模型（CIM）平台等，推动数字建筑、数字孪生城市建设，加快城乡建设数字化转型。大力发展节能服务产业，推广合同能源管理，探索节能咨询、诊断、设计、融资、改造、托管等“一站式”综合服务模式。

（十八）建立产学研一体化机制。组织开展基础研究、关键核心技术攻关、工程示范和产业化应用，推动科技研发、成果转化、产业培育协同发展。整合优化行业产学研科技资源，推动高水平创新团队和创新平台建设，加强创新型领军企业培育。鼓励支持领军企业联合高校、科研院所、产业园区、金融机构等力量，组建产业技术创新联盟等多种形式的创新联合体。鼓励高校增设碳达峰碳中和相关课程，加强人才队伍建设。

（十九）完善金融财政支持政策。完善支持城乡建设领域碳达峰的相关财政政策，落实税收优惠政策。完善绿色建筑和绿色建材政府采购需求标准，在政府采购领域推广绿色建筑和绿色建材应用。强化绿色金融支持，鼓励银行业金融机构在风险可控和商业自主原则下，创新信贷产品和服务支持城乡建设领域节能降碳。鼓励开发商投保全装修住宅质量保险，强化保险支持，发挥绿色保险产品的风险保障作用。合理开放城镇基础设施投资、建设和运营市场，应用特许经营、政府购买服务等手段吸引社会资本投入。完善差别电价、分时电价和居民阶梯电价政策，加快推进供热计量和按供热量收费。

五、加强组织实施

（二十）加强组织领导。在碳达峰碳中和工作领导小组领导下，住房和城乡建设部、国家发展改革委等部门加强协作，形成合力。各地区各有关部门要加强协调，科学制定城乡建设领域碳达峰实施细化方案，明确任务目标，制定责任清单。

（二十一）强化任务落实。各地区各有关部门要明确责任，将各项任务落实落细，及时总结好经验好做法，扎实推进相关工作。各省（区、市）住房和城乡建设、发展改革部门于每年 11 月底前将当年贯彻落实情况报住房和城乡建设部、国家发展改革委。

（二十二）加大培训宣传。将碳达峰碳中和作为城乡建设领域干部培训重要内容，提高绿色低碳发展能力。通过业务培训、比赛竞赛、经验交流等多种方式，提高规划、设计、施工、运行相关单位和企业人才业务水平。加大对优秀项目、典型案例的宣传力度，配合开展好“全民节能行动”、“节能宣传周”等活动。编写绿色生活宣传手册，积极倡导绿色低碳生活方式，动员社会各方力量参与降碳行动，形成社会各界支持、群众积极参与的浓厚氛围。开展减排自愿承诺，引导公众自觉履行节能减排责任。

住房和城乡建设部关于开展 2022 年城市体检工作的通知

建科〔2022〕54 号

各省、自治区住房和城乡建设厅，直辖市住房和城乡建设（管）委，北京市规划和自然资源委：

为深入贯彻习近平总书记关于建立城市体检评估机制的重要指示精神，落实中共中央办公厅、国务院办公厅印发的《关于推动城乡建设绿色发展的意见》部署要求，经协商研究，在历年城市体检工作基础上，决定继续选取直辖市、计划单列市、省会城市和部分设区城市（见附件 1，以下简称样本城市）开展 2022 年城市体检工作。现将有关事项通知如下：

一、总体要求

城市体检是通过综合评价城市发展建设状况、有针对性制定对策措施，优化城市发展目标、补齐城市建设短板、解决“城市病”问题的一项基础性工作，是实施城市更新行动、统筹城市规划建设管理、推动城市人居环境高质量发展的重要抓手。各地要深刻认识城市体检工作的重要意义，坚持以人民为中心，统筹发展和安全，统筹城市建设发展的经济需要、生活需要、生态需要、安全需要，坚持问题导向、目标导向、结果导向，聚焦城市更新主要目标和重点任务，通过开展城市体检工作，建立与实施城市更新行动相适应的城市规划建设管理体制机制和政策体系，促进城市高质量发展。

二、主要内容和工作方式

（一）主要内容。从生态宜居、健康舒适、安全韧性、交通便捷、风貌特色、整洁有序、多元包容、创新活力等 8 方面建立城市体检指标体系（见附件 2）。样本城市可以结合新冠肺炎疫情防控、自建房安全专项整治、老旧管网改造和地下综合管廊建设等工作需要，适当增加城市体检内容。

（二）工作方式。采取城市自体检、第三方体检和社会满意度调查相结合的方式开展城市体检。

1. 城市自体检。样本城市政府是城市体检工作主体，通过开展自体检，摸清城市建设成效和问题短板，依法依规向社会公开体检结果。结合自体检成果，编制城市更新五年规划和年度实施计划，合理确定城市更新年度目标、任务和项目。

2. 第三方体检。我部组织技术团队对样本城市开展第三方体检，评价样本城市人居环境质量及所在都市圈、城市群建设成效，总结推动高质量发展方面的好经验好做法，针对共性问题制定出台政策措施。各省（区）住房和城乡建设厅可以在以往工作基础上，增加省级样本城市数量并组织开展第三方体检。

3. 社会满意度调查。城市自体检和第三方体检同步开展社会满意度调查，我部组织技术团队对样本城市开展社会满意度调查。通过问卷调查、实地走访等方式，调查分析群众对城市建设发展的满意度，查找群众感受到的突出问题和短板，调查结论和有关建议纳入城市自体检、第三方体检报告。

（三）工作步骤。

1. 数据采集。城市体检数据包括统计数据、各部门各行业数据、互联网大数据、遥感数据、专项调查数据等。专项调查数据通过抽样方法采集。采集数据截止时间原则上为 2021 年 12 月 31 日。样本城市要明确各类指标的数据来源和采集方式，确保数据真实准确，2022 年 8 月底前完成体检指标数据采集工作，省（区）住房和城乡建设厅汇总后于 9 月底前报送我部，直辖市有关主管部门要按时完成城市体检指标数据采集工作并报送我部。

2. 分析评价。各样本城市要对照城市体检指标体系中的评价标准，综合评价“城市病”问题治理成效，分析城市建设发展状况以及新冠肺炎疫情防控、自建房安全专项整治、老旧管网改造和地下综合管廊建设等专项工作进展情况，提出下一年度城市建设意见和建议。围绕城市更新行动实施，分析评价城市在优化布局、完善功能、提升品质、底线管控、提高效能、转变方式等方面的问题短板，为编制城市更新五年规划和年度实施计划、确定更新项目提供现状分析和工作建议。

3. 形成体检报告。样本城市于 2022 年 10 月底前完成城市自体检报告，经城市政府同意后报省（区）住房和城乡建设厅，由省（区）住房和城乡建设厅于 11 月底前统一报送我部。直辖市有关主管部门要按时完成城市自体检报告编制工作，经市政府同意后于 11 月底前报送我部。第三方体检报告于 11 月底前完成编制。

4. 平台建设。运用新一代信息技术，加快建设省级和市级城市体检评估管理信息平台，实现与国家级城市体检评估管理信息平台对接。加强城市体检评估数据汇集、综合分析、监测预警和工作调度，建立“发现问题—整改问题—巩固提升”联动工作机制，鼓励开发与城市更新相衔接的业务场景应用。

三、组织实施

各省级住房和城乡建设部门要高度重视城市体检工作，加强综合协调和督促指导，有序推进各项任务落实，推动建立健全“一年一体检、五年一评估”的城市体检评估制度。积极探索创新城市体检方式、指标体系和体制机制，推动形成多部门多层级联动的体检工作机制，加快技术队伍建设，引导和动员居民广泛参与，形成工作合力。鼓励有条件的省份将城市体检工作覆盖到本行政区域内设区的市。我部将加大工作培训力度，定期召开培训会、经验交流会，及时总结推广各地好经验好做法。

请各省（区）住房和城乡建设厅及直辖市有关主管部门确定本省（区）及样本城市的工作联系人，于 2022 年 7 月 15 日前报我部建筑节能与科技司。

附件：1. 2022 年城市体检样本城市名单

2. 2022 年城市体检指标体系

住房和城乡建设部

2022 年 7 月 4 日

（此件公开发布）

住房和城乡建设部　国家发展改革委关于印发“十四五”全国城市基础设施建设规划的通知

建城〔2022〕57 号

各省、自治区、直辖市人民政府，新疆生产建设兵团，国务院有关部门：

《“十四五”全国城市基础设施建设规划》已经国务院同意，现印发给你们，请结合实际认真贯彻落实。

住房和城乡建设部

国家发展改革委

2022 年 7 月 7 日

（此件公开发布）

住房和城乡建设部　中国残联关于印发创建全国无障碍建设示范城市（县）管理办法的通知

建城〔2022〕58 号

各省、自治区住房和城乡建设厅、残联，直辖市住房和城乡建设（管）委、城市管理委（局）、园林绿化（绿化和市容管理）局、残联，新疆生产建设兵团住房和城乡建设局、残联：

全国评比达标表彰工作协调小组于 2022 年 6 月 1 日批复同意设立“全国无障碍建设示范城市（县）”

创建示范项目。为规范开展全国无障碍建设示范城市（县）创建活动，现将《创建全国无障碍建设示范城市（县）管理办法》印发给你们，请遵照执行。

住房和城乡建设部
中国残联
2022年7月22日

（此件公开发布）

创建全国无障碍建设示范城市（县）管理办法

为贯彻落实《无障碍环境建设条例》要求，加强对创建全国无障碍建设示范城市（县）活动的指导监督，规范申报与认定管理，制定本办法。

一、总则

（一）本办法适用于创建全国无障碍建设示范城市（县）的申报、认定、动态管理及复查等工作。

（二）创建全国无障碍建设示范城市（县）遵循自愿申报、自主创建、科学认定、动态管理、持续建设和复查的原则。

（三）住房和城乡建设部、中国残联负责创建全国无障碍建设示范城市（县）的申报与认定管理工作，为创建工作提供政策指导，总结推广无障碍环境建设示范模式。

二、创建主体

城市（含直辖市的区）、县人民政府。

三、创建区域范围

城市（含直辖市的区）、县的建成区。

四、申报条件

申报创建全国无障碍建设示范城市（县）的地方（以下简称申报地方）应符合以下条件：

（一）对照《创建全国无障碍建设示范城市（县）考评标准》，提出创建目标、制定创建工作方案，编制无障碍环境建设发展规划，制定无障碍设施建设和改造计划，在创建周期内能够达到相应要求；

（二）建立无障碍环境建设工作协调机制，制定相应的地方性法规或规章制度；

（三）加强无障碍设施的运行维护管理，并广泛发挥社会监督作用；

（四）组织开展无障碍环境建设培训和宣传工作，形成良好的舆论氛围；

（五）积极推进信息无障碍建设，提供无障碍信息交流服务；

（六）对包括残疾人、老年人在内的社会成员开展满意度调查，满意度达到80%以上；

（七）近2年未发生严重违背无障碍环境建设的事件，未发生重大安全、污染、破坏生态环境、破坏历史文化资源等事件，未发生严重违背城乡发展规律的破坏性"建设"行为，未被省级以上人民政府或住房和城乡建设主管部门通报批评。

五、创建程序

创建全国无障碍建设示范城市（县）每2年开展一次评选，奇数年为申报年，偶数年为评选年。

（一）申报地方向省级住房和城乡建设主管部门报送创建申请报告，提出创建目标和方案。其中，直辖市作为申报地方的，由直辖市人民政府将创建申请报告报送住房和城乡建设部。

（二）省级住房和城乡建设主管部门、残联对申请报告进行初审，遴选出创建目标和方案科学合理的申报地方。由省级住房和城乡建设主管部门于申报年的6月30日前将申请报告报送住房和城乡建设部。

（三）住房和城乡建设部、中国残联于申报年的12月31日前审核确认申报地方名单，对名单中的申报地方创建全过程跟踪指导，给予政策和技术支持。

（四）省级住房和城乡建设主管部门、残联对照《创建全国无障碍建设示范城市（县）考评标准》组织对申报地方进行评估，对评估总分达80分（含）以上的申报地方，由省级住房和城乡建设主管部门于评选年的6月30日前将评选认定材料报送住房和城乡建设部。其中，直辖市作为申报地方的，自行组织评估达标后由直辖市人民政府将评选认定材料报送住房和城乡建设部。

（五）住房和城乡建设部、中国残联于评选年的12月31日前完成认定命名。

六、评选认定材料

申报地方采用线上线下相结合的方式提交评选认定材料。评选认定材料要真实准确、简明扼要，各项指标支撑材料的种类、出处及统计口径明确，有关资料和表格填写规范。

认定材料主要包括：

（一）创建申请报告；

（二）创建工作情况报告；

（三）创建范围示意地图；

（四）申报地方自体检报告（应包括《创建全国无障碍建设示范城市（县）考评标准》各项指标）；

（五）评估结果及有关依据资料；

（六）不少于4个能够体现本地无障碍环境建设成效和特色的示范项目相关资料。其中，城市（含直辖市的区）作为申报地方的，至少提供2个以上街道、社区级示范项目；县作为申报地方的，至少提供2个以上镇、村级示范项目。

（七）创建工作影像资料（5分钟内）或图片资料；

（八）能够体现工作成效和特色的其他资料。

七、评选认定组织管理

（一）住房和城乡建设部、中国残联负责组建评选专家组（以下简称专家组），其成员从住房和城乡建设部城市奖项评选专家委员会中选取。专家组负责评选认定材料预审、现场考评及综合评议等具体工作。

参与申报地方所在省（自治区、直辖市）组织的省级评估工作，或为申报地方提供技术指导的专家，原则上不得参与住房和城乡建设部、中国残联组织的对该申报地方的评选工作。

（二）申报地方在评选认定材料或评选过程中有弄虚作假行为的，取消当年申报资格。

八、评选认定程序

（一）评选认定材料预审。

专家组负责评选认定材料预审，形成预审意见。

（二）第三方评价。

住房和城乡建设部、中国残联组织第三方机构，结合城市体检，对无障碍环境建设情况进行第三方评价。第三方评价结果作为评选认定的重要参考。

（三）社会满意度调查。

住房和城乡建设部、中国残联组织第三方机构，了解当地居民对申报地方无障碍环境建设工作的满意度。社会满意度调查结果作为评选认定的重要参考。

（四）现场考评。

根据预审意见、第三方评价和社会满意度调查结果，由专家组提出现场考评建议名单，报住房和城乡建设部、中国残联审核。对通过审核的申报地方，由专家组进行现场考评。

申报地方至少应在专家组抵达前两天，在当地不少于两个主要媒体上向社会公布专家组工作时间、联系电话等相关信息，便于专家组听取各方面的意见、建议，并组织包括残疾人、老年人在内的当地居民报名参与现场考评。

现场考评程序：

1. 听取申报地方的创建工作汇报；

2. 查阅评选认定材料及有关原始资料；

3. 随机抽查当地创建工作及示范项目应用情况（抽查的示范项目不少于2个），对群众举报和媒体曝光问题线索进行核查；

4. 专家组选定包括残疾人、老年人在内的当地居民代表参与现场考评，并将其意见作为现场考评意见的重要参考；

5. 专家组成员在独立提出意见和评分结果的基础上，经集体讨论，形成现场考评意见；

6. 专家组就现场考评中发现的问题及建议进行现场反馈；

7. 专家组将现场考评意见书面报住房和城乡建设部、中国残联。

（五）综合评议。

住房和城乡建设部、中国残联组织综合评议，形成综合评议意见，确定创建全国无障碍建设示范城市（县）建议名单。

（六）公示及命名。

创建全国无障碍建设示范城市（县）建议名单在住房和城乡建设部门户网站公示，公示期为10个工作日。公示无异议的，由住房和城乡建设部、中国残联正式命名。

九、动态管理及复查工作

创建全国无障碍建设示范城市（县）命名有效期为5年。

（一）已获创建全国无障碍建设示范城市（县）命名的地方（不含直辖市）应于有效期满前一年向省级住房和城乡建设主管部门提出复查申请，并提交自评报告。未申请复查的，称号不再保留。复查按照现行的管理办法和考评标准开展。

（二）省级住房和城乡建设主管部门、残联于有效期满前半年完成复查，并将复查报告报送住房和城乡建设部。获命名直辖市由直辖市人民政府将复查报告报送住房和城乡建设部。

（三）住房和城乡建设部受理省级住房和城乡建设主管部门和直辖市人民政府报送的复查报告，住房和城乡建设部、中国残联于有效期届满前组织完成抽查复核。

（四）复查通过的地方，继续保留其创建全国无障碍建设示范城市（县）称号；对于未通过复查且在一年内整改不到位的，撤销其称号。保留称号期间发生严重违背无障碍环境建设的事件，发生重大安全、污染、破坏生态环境、破坏历史文化资源等事件，违背城乡发展规律的破坏性“建设”行为的，给予警告直至撤销称号。被撤销创建全国无障碍建设示范城市（县）称号的，不得参加下一申报年度的申报与评选。

发现省级住房和城乡建设主管部门在复查过程中弄虚作假的，暂停受理该省（自治区、直辖市）下一申报年度创建全国无障碍建设示范城市（县）的申报。

十、附则

本办法由住房和城乡建设部、中国残联制定，由住房和城乡建设部负责解释。

附件：创建全国无障碍建设示范城市（县）考评标准

附件下载

住房和城乡建设部　人力资源社会保障部关于修改《建筑工人实名制管理办法（试行）》的通知

建市〔2022〕59号

各省、自治区住房和城乡建设厅、人力资源社会保障厅，直辖市住房和城乡建设（管）委、人力资源社会保障局，新疆生产建设兵团住房和城乡建设局、人力资源社会保障局：

为了进一步促进就业，保障建筑工人合法权益，住房和城乡建设部、人力资源社会保障部决定修改《建筑工人实名制管理办法（试行）》（建市〔2019〕18号）部分条款，现通知如下：

一、将第八条修改为：“全面实行建筑工人实名制管理制度。建筑企业应与招用的建筑工人依法签订劳动合同，对不符合建立劳动关系情形的，应依法订立用工书面协议。建筑企业应对建筑工人进行基本安全培训，并在相关建筑工人实名制管理平台上登记，方可允许其进入施工现场从事与建筑作业相关的活动。”

二、将第十条、第十一条、第十二条和第十四条中的“劳动合同”统一修改为“劳动合同或用工书面协议”。

本通知自公布之日起施行。

住房和城乡建设部
人力资源和社会保障部
2022年8月2日
（此件公开发布）

住房和城乡建设部关于设立建设工程消防标准化技术委员会的通知

建标〔2022〕64号

国务院有关部门，国家人防办，中央军委后勤保障部军事设施建设局，各省、自治区住房和城乡建设厅，直辖市住房和城乡建设（管）委及有关部门，新疆生产建设兵团住房和城乡建设局，海南省自然资源和规划厅、水务厅，有关行业协会：

根据建设工程消防标准化工作需要，经研究，决定设立住房和城乡建设部建设工程消防标准化技术委员会。

住房和城乡建设部建设工程消防标准化技术委员会主要职责为：承担建设工程消防标准体系研究，协助开展相关工程建设标准和相关产品标准编制与咨询解释，以及标准国际交流与合作等。

住房和城乡建设部

2022 年 8 月 31 日

（此件公开发布）

住房和城乡建设部等 11 部门关于印发农房质量安全提升工程专项推进方案的通知

建村〔2022〕81 号

各省、自治区、直辖市及新疆生产建设兵团住房和城乡建设厅（委、管委、局）、财政厅（局）、自然资源厅（局）、农业农村（农牧）厅（局、委）、应急管理厅（局）、工业和信息化厅（局）、民政厅（局）、人力资源和社会保障厅（局）、市场监管局、乡村振兴局、能源局：

现将《农房质量安全提升工程专项推进方案》印发给你们，请按照责任分工，加强协调配合，做好组织实施。

住房和城乡建设部

财政部

自然资源部

农业农村部

应急管理部

工业和信息化部

民政部

人力资源社会保障部

市场监管总局

国家乡村振兴局

国家能源局

2022 年 12 月 22 日

（此件公开发布）

农房质量安全提升工程专项推进方案

为深入贯彻党中央、国务院关于提高农房建设质量的决策部署，认真落实中共中央办公厅、国务院办公厅印发的《乡村建设行动实施方案》，保障农房质量安全，提升农房品质，制定本方案。

一、总体要求

（一）指导思想。以习近平新时代中国特色社会主义思想为指导，全面贯彻落实党的二十大精神，坚持以人民为中心的发展思想，完整、准确、全面贯彻新发展理念，把加强农房建设管理作为深入实施乡村建设行动的重点任务，推进巩固拓展脱贫攻坚成果同乡村振兴有效衔接，统筹发展和安全，加强农房质量安全管理，提升农房建设品质，建设宜居宜业和美乡村。

（二）工作目标。到 2025 年，农村低收入群体住房安全得到有效保障，农村房屋安全隐患排查整治任务全面完成，存量农房安全隐患基本消除，农房建设管理法规制度体系基本建立，农房建设技术标准体系基本完善，农房建设质量安全水平显著提升，农房功能品质不断提高，传统村落和传统民居保护利用传承取得显著成效，农民群众获得感、幸福感、安全感进一步增强。

二、重点任务

（三）继续实施农村危房改造。建立部门间数据共享和更新机制，精准识别农村低收入群体等 6 类重点对象，建立农村低收入群体住房安全动态监测机制和住房安全保障长效机制，及时支持符合条件的对象实施改造。持续推进农村低收入群体等重点对象危房改造和7度及以上设防地区农房抗震改造，鼓励同步实施农房节能改造和品质提升。

（四）深入推进农村房屋安全隐患排查整治。以用作经营的农村自建房为重点，深入推进农村房屋安全隐患整治，指导各地细化分类整治措施，按照“谁拥有谁负责、谁使用谁负责”的要求，引导产权人或使用人在有效管控安全风险基础上，通过维修加固、拆除重建等工程措施，彻底消除安全隐患。鼓励各地出台配套支持政策，结合旧村整治、新村建设、农村地质灾害隐患整治等工作，统筹实施整治。加强农村经营性自建房的信息共享工作。加强农村房屋消防安全管理。

（五）完善农房建设管理法规制度。以农村房屋及其配套设施建设为主体，完善农村工程建设项目管理制度，省级统筹建立从用地、规划、建设到使用全过程管理制度。加强农村经营性自建房管理，房屋产权人或使用人在办理相关经营许可、开展经营活动前应依法依规取得房屋安全鉴定合格证明材料。探索建立农村房屋安全体检和安全保险等制度。

（六）建立农村房屋建设管理长效机制。充实基层监管力量，依托乡镇既有管理机构，实施全过程一体化统筹管理。完善农村房屋建设管理机制，按照“谁审批、谁监管”的要求，落实审批部门监管责任，通过部门联动实现农村房屋建设闭环管理。建立常态化的农村房屋安全巡查工作机制，及时发现和处置安全隐患。

（七）提高农房建设品质。推进设计下乡，组织专业技术人员为农村建房提供技术服务。因地制宜推广农房标准设计图集，向建房村民提供农房设计服务、技术咨询和指导。健全完善农房建设技术标准规范体系，研究制定现代宜居农房设计导则和评价标准。结合实际配置水暖厨卫等生活设施，改善农房居住功能。建设绿色低碳农房。结合北方地区清洁取暖同步开展农房节能改造。推动绿色建材下乡，加快节能低碳、安全性好、性价比高的绿色建材推广应用。因地制宜推广“功能现代、成本经济、结构安全、绿色环保、风貌协调”的现代宜居农房，全面提升农房现代化水平。

（八）加强乡村建设工匠培育和管理。将乡村建设工匠纳入国家职业分类大典，编制乡村建设工匠职业技能标准，加强工匠培训和管理，提升乡村建设工匠职业技能和综合素质。因地制宜推行农房建设合同范本，规范建房行为。建立乡村建设工匠名册管理制度，开展乡村建设工匠信用评价，推动建立农房建设质量安全“工匠责任制”。

（九）推进农房建设管理信息化建设。充分利用农村房屋安全隐患排查整治和第一次全国自然灾害综合风险普查成果，因地制宜建立农村房屋综合信息管理平台，推动实现农房建设全流程“一网通管”和“一网通办”，建设包括农村房屋空间属性信息、质量安全信息在内的行业及地方基础数据库，加强信息共享，为农村房屋建设管理和安全监管提供支撑。

三、保障措施

（十）加强组织领导。按照中央统筹、省负总责、市县乡抓落实的工作要求，落实地方主体责任。地方各级住房和城乡建设部门要牵头协调相关部门做好组织实施，明确时间表、路线图。各责任单位要加强协调配合，出台配套支持政策，确保各项工作落地落实见效。

（十一）加强资金保障。中央财政通过现有资金渠道支持地方实施农村危房改造和7度及以上设防地区农房抗震改造。鼓励有条件的地区研究制定财政奖补政策，开展现代宜居农房建设试点。地方各级财政对农村房屋排查整治工作提供经费保障，加强农村危房改造和农房抗震改造、农村地质灾害隐患工程整治的资金保障。

（十二）加大宣传力度。全面深入开展农村房屋质量安全科普教育，不断增强农民群众的房屋安全意识。及时总结农房质量安全提升工程进展成果和可复制、可推广经验，通过多种形式大力宣传工作成效、典型案例和创新做法，营造良好舆论氛围。

国家发展改革委 住房城乡建设部 生态环境部 关于印发《污泥无害化处理和资源化利用实施方案》的通知

发改环资〔2022〕1453 号

各省、自治区、直辖市及计划单列市、新疆生产建设兵团发展改革委、住房城乡建设厅（建设局、建委）、生态环境厅：

现将《污泥无害化处理和资源化利用实施方案》印发给你们，请认真贯彻落实。

国家发展改革委
住房城乡建设部
生态环境部
2022 年 9 月 22 日

污泥无害化处理和资源化利用实施方案

实施污泥无害化处理，推进资源化利用，是深入打好污染防治攻坚战，实现减污降碳协同增效，建设美丽中国的重要举措。党的十八大以来，我国城镇生活污水收集处理取得显著成效，污泥无害化处理能力明显增强，但仍然存在"重水轻泥"问题，污泥处理设施建设总体滞后，无害化处理和资源化利用水平不高，甚至出现污泥违规处置和非法转移等违法行为。为深入贯彻习近平生态文明思想，认真落实经国务院同意的《关于推进污水资源化利用的指导意见》，提高污泥无害化处理和资源化利用水平，制定本方案。

一、总体要求

（一）基本原则

统筹兼顾、因地制宜。满足近远期需求，兼顾应急处理，尽力而为、量力而行，合理规划设施布局，补齐能力缺口。根据本地实际情况，合理选择处理路径和技术路线。

稳定可靠、绿色低碳。秉承"绿色、循环、低碳、生态"理念，强化源头污染控制，在安全、环保和经济的前提下，积极回收利用污泥中的能源和资源，实现减污降碳协同增效。

政府主导，市场运作。加大政府投入，强化政策引导，严格监督问责，更好发挥政府作用。完善价格机制，拓宽投融资渠道，创新商业模式，发挥市场配置资源的决定性作用。

（二）主要目标

到 2025 年，全国新增污泥（含水率 80% 的湿污泥）无害化处置设施规模不少于 2 万吨 / 日，城市污泥无害化处置率达到 90% 以上，地级及以上城市达到 95% 以上，基本形成设施完备、运行安全、绿色低碳、监管有效的污泥无害化资源化处理体系。污泥土地利用方式得到有效推广。京津冀、长江经济带、东部地区城市和县城，黄河干流沿线城市污泥填埋比例明显降低。县城和建制镇污泥无害化处理和资源化利用水平显著提升。

二、优化处理结构

（三）规范污泥处理方式。根据本地污泥来源、产量和泥质，综合考虑各地自然地理条件、用地条件、环境承载能力和经济发展水平等实际情况，因地制宜合理选择污泥处理路径和技术路线。鼓励采用厌氧消化、好氧发酵、干化焚烧、土地利用、建材利用等多元化组合方式处理污泥。除焚烧处理方式外，严禁将不符合泥质控制指标要求的工业污泥与城镇污水处理厂污泥混合处理。

（四）积极推广污泥土地利用。鼓励将城镇生活污水处理厂产生的污泥经厌氧消化或好氧发酵处理后，作为肥料或土壤改良剂，用于国土绿化、园林建设、废弃矿场以及非农用的盐碱地和沙化地。污泥作为肥料或土壤改良剂时，应严格执行相关国家、行业和地方标准。用于林地、草地、国土绿化时，应根据不同地域的土质和植物习性等，确定合理的施用范围、施用量、施用方法和施用时间。对于含有毒有害水污染物的工业废水和生活污水混合处理的污水处理厂产生的污泥，不能采用土地利用方式。

（五）合理压减污泥填埋规模。东部地区城市、中西部地区大中型城市以及其他地区有条件的城市，逐步限制污泥填埋处理，积极采用资源化利用等替代处理方案，明确时间表和路线图。暂不具备土地利用、焚烧处理和建材利用条件的地区，在污泥满足含水率小于 60% 的前提下，可采用卫生填埋处置。禁止未经脱水处理达标的污泥在垃圾填埋场填埋。采用污泥协同处置方式的，在满足《生活垃圾填埋场污染控制标准》的前提下，卫生填埋可作为协同处置设施故障或检修等情况时的应急处置措施。

（六）有序推进污泥焚烧处理。污泥产生量大、土地资源紧缺、人口聚集程度高、经济条件好的城市，鼓励建设污泥集中焚烧设施。含重金属和难以生化降解的有毒有害有机物的污泥，应优先采用集中或协同焚烧方式处理。污泥单独焚烧时，鼓励采用干化和焚烧联用，通过优化设计，采用高效节能设备和余热利用技术等手段，提高污泥热能利用效率。有效利用本地垃圾焚烧厂、火力发电厂、水泥窑等窑炉处理能力，协同焚烧处置污泥，同时做好相关窑炉检修、停产时的污泥处理预案和替代方案。污泥焚烧处置企业污染物排放不符合管控要求的，需开展污染治理改造，提升污染治理水平。

（七）推广能量和物质回收利用。遵循“安全环保、稳妥可靠”的要求，加大污泥能源资源回收利用。积极采用好氧发酵等堆肥工艺，回收利用污泥中氮磷等营养物质。鼓励将污泥焚烧灰渣建材化和资源化利用。推广污水源热泵技术、污泥沼气热电联产技术，实现厂区或周边区域供热供冷。推广“光伏 +”模式，在厂区屋顶布置太阳能发电设施。积极推广建设能源资源高效循环利用的污水处理绿色低碳标杆厂，实现减污降碳协同增效。探索建立行业采信机制，畅通污泥资源化产品市场出路。

三、加强设施建设

（八）提升现有设施效能。建立健全污水污泥处理设施普查建档制度，摸清现有污泥处理设施的覆盖范围、处理能力和运行效果。对处理水平低、运行状况差、二次污染风险大、不符合标准要求的污泥处理设施，及时开展升级改造，改造后仍未达到标准的项目不得投入使用。污水处理设施改扩建时，如厂区空间允许，应同步建设污泥减量化、稳定化处设施。

（九）补齐设施缺口。加快污水收集管网建设改造，提高城镇生活污水集中收集效能，解决部分污水处理厂进水生化需氧量浓度偏低的问题。因地制宜推行雨污分流改造。以市县为单元合理测算本区域中长期污泥产生量，现有能力不能满足需求的，加快补齐处理设施缺口。鼓励大中型城市适度超前建设规模化污泥集中处理设施，统筹布局建设县城与建制镇污泥处理设施，鼓励处理设施共建共享。新建污水处理设施时，应同步配建污泥减量化、稳定化处理设施，建设规模应同时满足污泥存量和增量处理需求。统筹城市有机废弃物的综合协同处理，鼓励将污泥处理设施纳入静脉产业园区。落实《城镇排水与污水处理条例》，保障污泥处理设施用地，加强宣传引导，有效消除邻避效应。

四、强化过程管理

（十）强化源头管控。新建冶金、电镀、化工、印染、原料药制造（有工业废水处理资质且出水达到国家标准的原料药制造企业除外）等工业企业排放的含重金属或难以生化降解废水以及有关工业企业排放的高盐废水，不得排入市政污水收集处理设施。工业企业污水已经进入市政污水收集处理设施的，要加强排查和评估，强化有毒有害物质的源头管控，确保污泥泥质符合国家规定的城镇污水处理厂污泥泥质控制指标要求。地方城镇排水主管部门要加强排水许可管理，规范污水处理厂运行管理。生态环境主管部门要加强排污许可管理，强化监管执法，推动排污企业达标排放。

（十一）强化运输储存管理。污泥运输应当采用管道、密闭车辆和密闭驳船等方式，运输过程中采用密封、防水、防渗漏和防遗撒等措施。推行污泥转运联单跟踪制度。需要设置污泥中转站和储存设施的，应充分考虑周边人群防护距离，采取恶臭污染防治措施，依法建设运行维护。严禁偷排、随意倾倒污泥，杜绝二次污染。

（十二）强化监督管理。鼓励各地根据实际情况对污泥产生、运输、处理进行全流程信息化管理，结合信息平台、大数据中心，做好污泥去向追溯。强化污泥处理过程数据分析，优化运行方式，实现精细化管理。城镇污水、污泥处理企业应当依法将污泥去向、用途、用量等定期向城镇排水、生态环境部门报告。污泥填埋设施运营企业应按照国家相关标准和规范，定期对污泥泥质进行检测，确保达标处理。将污泥处理和运输相关企业纳入相关领域信用管理体系。

五、完善保障措施

（十三）压实各方责任。各地要结合本地实际组织制定相关污泥无害化资源化利用实施方案，做好设施建设项目谋划和储备，加强设施运营和监管。城镇污水、污泥处理企业切实履行直接责任，依据国家和地方相关污染控制标准及技术规范，确保污泥依法合规处理。

（十四）强化技术支撑。将污泥无害化资源化处理关键技术攻关纳入生态环境领域科技创新等规划。重点突破污泥稳定化和无害化处理、资源化利用、协同处置、污水厂内减量等共性和关键技术装备，开展污泥处理和资源化利用创新技术应用。总结推广先进适用技术和实践案例。健全污泥无害化处理及资源化利用标准体系，加快制修订污泥处理相关技术标准、污泥处理产物及衍生产品标准，做好与跨行业产品标准的衔接。

（十五）完善价费机制。做好污水处理成本监审，污水处理费应覆盖污水处理设施正常运营和污泥处理成本并有一定盈利。完善污水处理费动态调整机制。推动建立与污泥无害化稳定化处理效果挂钩的按效付费机制。鼓励采用政府购买服务方式推动污泥无害化处理和资源化利用，确保污泥处理设施正常稳定运行。完善污泥资源化产品市场化定价机制。

（十六）拓宽融资渠道。各级政府建立完善多元化的资金投入保障机制。发行地方政府专项债券支持符合条件的污泥处理设施建设项目，中央预算内投资加大支持力度。对于国家鼓励发展的污泥处理技术和设备，符合条件的可按规定享受税收优惠。推动符合条件的规模化污泥集中处理设施项目发行基础设施领域不动产投资信托基金（REITs）。鼓励通过生态环境导向的开发（EOD）模式、特许经营等多种方式建立多元化投资和运营机制，引导社会资金参与污泥处理设施建设和运营。

国家发展改革委等部门关于加强县级地区生活垃圾焚烧处理设施建设的指导意见

发改环资〔2022〕1746 号

各省、自治区、直辖市人民政府，国务院有关部门：

推进城镇生活垃圾焚烧处理设施建设是强化环境基础设施建设的重要环节和基础性工作。为全面贯彻落实党的二十大精神，贯彻落实党中央、国务院有关决策部署，加强县级地区（含县级市）生活垃圾焚烧处理设施建设，加快补齐短板弱项，经国务院同意，现提出以下意见。

一、总体要求

（一）指导思想。以习近平新时代中国特色社会主义思想为指导，全面贯彻落实党的二十大精神，深入贯彻习近平生态文明思想，牢固树立以人民为中心的发展思想，健全城乡统筹的生活垃圾分类和处理体系，加快补齐县级地区生活垃圾焚烧处理设施短板，提升环境基础设施建设水平，推进城乡人居环境整治，提升生态环境质量和环境治理能力。

（二）工作原则。

坚持因地制宜、分类施策。深入推进生活垃圾分类，加快生活垃圾分类投放、分类收集、分类运输、分类处理系统建设。综合考虑地域特点、人口、经济发展水平等因素，针对其他垃圾类别，按照“宜烧则烧，宜埋则埋”原则，选择技术适用、经济可行、环保达标的处理方式，有序推进设施建设。

坚持系统谋划、聚焦短板。以市为单位系统谋划辖区内县级地区生活垃圾焚烧处理设施建设，县域面积较大地区结合实际布局乡镇小型生活垃圾焚烧处理设施，充分利用存量处理能力，合理确定新建设施规模，优化设施布局，既要聚焦补上能力短板，又要防范项目盲目建设、无序建设风险。

坚持技术引领、建管并重。加强小型焚烧等关键技术和装备研发攻关，稳妥有序推进适用于县级地区的焚烧技术装备示范应用工作。加强新上项目质量管理，强化存量项目污染物排放监管，不断提升设施运营管理水平。

坚持城乡统筹、共建共用。立足县级地区实际情况，鼓励按照村收集、镇转运、县处理或就近处理等模式，推动县级地区生活垃圾焚烧处理设施覆盖范围向建制镇和乡村延伸，以城带乡、共建共用提高县级地区生活垃圾治理水平。

（三）主要目标。到2025年，全国县级地区基本形成与经济社会发展相适应的生活垃圾分类和处理体系，京津冀及周边、长三角、粤港澳大湾区、国家生态文明试验区具备条件的县级地区基本实现生活垃圾焚烧处理能力全覆盖。长江经济带、黄河流域、生活垃圾分类重点城市、“无废城市”建设地区以及其他地区具备条件的县级地区，应建尽建生活垃圾焚烧处理设施。不具备建设焚烧处理设施条件的县级地区，通过填埋等手段实现生活垃圾无害化处理。

到2030年，全国县级地区生活垃圾分类和处理设施供给能力和水平进一步提高，小型生活垃圾焚烧处理设施技术、商业模式进一步成熟，除少数不具备条件的特殊区域外，全国县级地区生活垃圾焚烧处理能力基本满足处理需求。

二、强化设施规划布局

（四）开展现状评估。各地要抓紧开展县级地区生活垃圾分类和焚烧处理设施现状评估工作，全面梳理辖区内生活垃圾产生、收集、清运、处理情况，排查存在的短板弱项和风险隐患，持续推进相关工作。（住房和城乡建设部等负责指导，各地方人民政府负责落实。以下均需各地方人民政府负责落实，不再列出）

（五）加强项目论证。强化县级地区生活垃圾焚烧处理设施项目评估论证，综合考虑项目所在地区地域特点、经济发展和人口因素，结合生活垃圾产生量、清运量、处理需求及预期变化情况、现有处理设施运行情况，科学安排设施布局，合理确定设施规模，避免超处理需求盲目建设项目。（住房和城乡建设部、国家发展改革委等按职责分工负责）

（六）强化规划约束。各地方人民政府要抓紧梳理本地区生活垃圾处理设施建设相关专项规划，结合县级地区生活垃圾焚烧处理设施建设需求，及时开展规划编制或修订工作。健全规划动态调整机制，切实做好各类规划衔接工作，确保规划可实施、能落地。（住房和城乡建设部、国家发展改革委等按职责分工负责）

三、加快健全收运和回收利用体系

（七）科学配置分类投放设施。各地要综合考虑辖区自然条件、气候特征、经济水平、生活习惯、垃圾成分及特点等因素，科学构建与末端处理能力相适应的县级地区生活垃圾分类方式，并相应配备生活垃圾投放设施，避免出现“先分后混”。鼓励农村地区推行符合农村特点和生活习惯、简便易行的分类方式，厨余垃圾就地就近资源化利用。（住房和城乡建设部、农业农村部等按职责分工负责）

（八）因地制宜健全收运体系。县级地区要根据辖区地域特点、经济运输半径、垃圾收运需求等因素合理布局建设收集点、收集站、中转压缩站等设施，配备收运车辆及设备，健全收集运输网络。到2025年底，东部地区实现县级地区收运体系全覆盖，中部地区基本实现县级地区收运体系全覆盖，西部和东北地区有条件的县级地区实现收运体系全覆盖。（住房和城乡建设部等负责指导）

（九）健全资源回收利用体系。鼓励有条件的县级地区根据生活垃圾分类后可回收物数量、种类等情况，统筹规划建设可回收物集散场地和再生资源回收分拣中心，推动建设一批技术水平高、示范性强的资源化利用项目。推动供销合作社再生资源回收利用网络与农村环卫清运网络的“两网融合”，加强废旧农膜、农药肥料包装等塑料废弃物回收处理。（住房和城乡建设部、国家发展改革委、商务部、供销合作总社等按职责分工负责）

四、分类施策加快提升焚烧处理设施能力

（十）充分发挥存量焚烧处理设施能力。各地要根据现有焚烧处理设施能力、负荷率等因素，在保障运行经济性的前提下，进一步健全与焚烧处理能力相匹配的收运系统，尽可能扩大设施覆盖范围，确保现有设施处理能力得到充分利用。现有焚烧处理设施年负荷率低于70%的县级地区，原则上不新建生活垃圾焚烧处理设施。（住房和城乡建设部、国家发展改革委等按职责分工负责）

（十一）加快推进规模化生活垃圾焚烧处理设施建设。东部等人口密集县级地区，生活垃圾日清运量达到建设规模化垃圾焚烧处理设施条件的，要加快发展以焚烧为主的垃圾处理方式，适度超前建设与生活垃圾清运量增长相适应的焚烧处理设施。鼓励城乡生活垃圾一体化处理，建设城乡一体规模化焚烧处理设施。（住房和城乡建设部、国家发展改革委等按职责分工负责）

（十二）有序推进生活垃圾焚烧处理设施共建共享。中西部和东北地区等人口密度较低、生活垃圾产生量较少、不具备单独建设规模化垃圾焚烧处理设施条件的县级地区，可通过与邻近县级地区以跨区域共建共享方式建设焚烧处理设施。各地方人民政府要加强统筹协调，健全工作机制，明确共建共享要求，协调推动相关项目落地。（住房和城乡建设部、国家发展改革委等按职责分工负责）

（十三）合理规范建设高标准填埋处理设施。西藏、青海、新疆、内蒙古、甘肃等人口密度低、转运距离长、焚烧处理经济性不足的县级地区，且暂不具备与邻近地区共建焚烧设施条件的，可继续使用现有无害化填埋场，或严格论证选址、合理规划建设符合标准的生活垃圾填埋场。（住房和城乡建设部、国家发展改革委等按职责分工负责）

五、积极开展小型焚烧试点

（十四）推动技术研发攻关。针对小型生活垃圾焚烧装备存在的烟气处理不达标、运行不稳定等技术瓶颈，形成亟需研发攻关的小型焚烧技术装备清单，组织国内骨干企业和科研院所通过“揭榜挂帅”等方式开展研发攻关，重点突破适用于不同区域、不同类型垃圾焚烧需求的100吨级、200吨级小型垃圾焚烧装备，降低建设运维成本。（国家发展改革委、住房和城乡建设部等按职责分工负责）

（十五）选择适宜地区开展试点。以中西部和东北地区、边境地区为重点，选取人口密度较低、垃圾产生量较少的部分县级地区积极开展小型焚烧试点，重点围绕技术装备、热用途、运营管理模式、相关标准等探索形成可复制、可推广经验。对试点地区的小型焚烧设施，各地可在试点期间根据实际确定适用的技术参数和标准要求。（住房和城乡建设部、国家发展改革委、生态环境部等按职责分工负责）

（十六）健全标准体系。研究小型生活垃圾焚烧设施污染排放特征，提出适用可行的废气、废水、灰渣等污染防治要求。建立健全小型生活垃圾焚烧处理项目建设标准、环保标准以及相关配套技术规范。（生态环境部、住房和城乡建设部等按职责分工负责）

六、加强设施建设运行监管

（十七）提升既有设施运行水平。积极推动存量生活垃圾焚烧设施提标改造，持续提升设施运行管理水平，确保污染物达标排放。逐步推动将生活垃圾收集站、转运站以及焚烧厂内垃圾运输、卸料、贮存等设施进行密闭式改造。加强存量填埋设施规范化运行，补齐渗滤液、填埋气等处置设施短板；规范有序开展到期填埋设施封场治理工作。（住房和城乡建设部、国家发展改革委等按职责分工负责）

（十八）加强新上项目建设管理。各地要加强新上生活垃圾焚烧项目质量管理，项目建设应符合生活垃圾焚烧处理工程技术规范等相关标准，落实建设单位主体责任，完善各项管理制度、技术措施及工作程序。（住房和城乡建设部、国家发展改革委、生态环境部等按职责分工负责）

（十九）强化设施运行监管。完善生活垃圾分类处理设施建设、运营和排放监管体系，提升全流程监管水平，强化污染物排放监管和日常监管，加强对焚烧飞灰处置、填埋设施渗滤液处理的达标监控。（住房和城乡建设部、生态环境部等按职责分工负责）

七、探索提升设施可持续运营能力

（二十）科学开展固废综合协同处置。推广园区化建设模式，在具备条件的县级地区建设静脉产业基地，鼓励开展辖区内生活垃圾与农林废弃物、污泥等固体废物协同处置，实现处理能力共用共享，提升项目经济性。对没有焚烧处理能力的县级地区，可在确保稳定处理的基础上按照相关政策要求利用水泥窑协同处置生活垃圾。（住房和城乡建设部、生态环境部、国家发展改革委等按职责分工负责）

（二十一）推广市场化建设运营模式。推广特许经营等市场化建设运营模式，鼓励技术能力强、运营管理水平高、信誉度良好的市场主体积极参与县级地区生活垃圾焚烧处理，具备条件的县级地区因地制宜推进垃圾处理整体托管模式，避免生活垃圾焚烧项目建设过程中低价中标、以次充好等问题。充分发挥专业企业在项目建设、运营及技术等方面的优势，配合当地主管部门做好进场垃圾量统筹工作，有效提升所在地区的垃圾焚烧处理率。（住房和城乡建设部、国家发展改革委、生态环境部等按职责分工负责）

（二十二）探索余热多元化利用。加强垃圾焚烧项目与已布局的工业园区供热、市政供暖、农业用热等衔接联动，丰富余热利用途径，降低设施运营成本。有条件的地区要优先利用生活垃圾和农林废弃物替代化石能源供热供暖。（住房和城乡建设部、国家发展改革委等按职责分工负责）

八、保障措施

（二十三）加强组织领导。国家发展改革委、住房和城乡建设部、生态环境部等有关部门要加强统筹协调，共同推进县级地区生活垃圾处理设施建设工作。国家发展改革委要加强综合统筹和政策支持，住房和城乡建设部要指导各地区加强项目谋划和建设工作，生态环境部要指导各地区加强生活垃圾处理设施污染物排放监管。省级人民政府对县级地区生活垃圾处理设施建设负总责，市县人民政府负主体责任，要把县级地区垃圾处理设施建设作为解决群众身边生态环境问题的重要任务，列出责任清单，建立任务台账，层层抓好落实。（国家发展改革委、住房和城乡建设部、生态环境部等按职责分工负责）

（二十四）完善政策支撑。积极安排中央预算内投资支持县级地区生活垃圾焚烧处理等环境基础设施建设，对生活垃圾小型焚烧试点予以支持，充分发挥引导带动作用。将符合条件的县级地区生活垃圾处理设施建设项目纳入地方政府专项债券支持范围。按照《国务院办公厅关于印发生态环境领域中央与地方财政事权和支出责任划分改革方案的通知》要求，地方各级财政加大对县级地区生活垃圾处理的资金支持力度。新建生活垃圾焚烧发电项目优先纳入绿电交易。指导各地建立健全生活垃圾收费制度，依法开征生活垃圾处理费，鼓励结合垃圾分类探索推进差别化收费政策，创新收缴方式，有效提升收缴率。落实从事污染防治的第三方企业所得税按15%缴纳的财税优惠政策。在不新增隐性债务的前提下，鼓励各类金融机构积极支持县级地区生活垃圾处理设施建设。支持符合条件的生活垃圾焚烧处理项目发行基础设施领域不动产投资信托基金（REITs）。（国家发展改革委、财政部、住房和城乡建设部、人民银行、税务总局、证监会等按职责分工负责）

（二十五）强化要素保障。各地要根据国民经济和社会发展、城市基础设施建设等规划，将县级地区生活垃圾处理设施项目作为重要环境基础设施项目纳入国家重大项目建设库，依法加快办理项目审批核准备案等手续，积极做好环境影响评价文件审批服务，提高项目立项和前期手续办理效率，推动项目顺利建设投用。（住房和城乡建设部、自然资源部、生态环境部、国家发展改革委等按职责分工负责）

（二十六）加大宣传引导。借助广播电视、报纸杂志、新媒体等多种平台，加强宣传报道，增强公众环保意识，加快生活垃圾源头减量，推广绿色生活消费方式。鼓励有条件的地区在保证垃圾焚烧处理设施正常安全运行基础上向社会开放，接受公众参观，有效开展宣传教育，引导社会客观认识生活垃圾处理难题，凝聚共识，形成良好的社会舆论氛围。（住房和城乡建设部、生态环境部等按职责分工负责）

国家发展改革委
住房和城乡建设部
生态环境部
财政部
中国人民银行
2022年11月14日

国务院办公厅转发国家发展改革委等部门关于加快推进城镇环境基础设施建设指导意见的通知

国办函〔2022〕7号

各省、自治区、直辖市人民政府，国务院各部委、各直属机构：

国家发展改革委、生态环境部、住房城乡建设部、国家卫生健康委《关于加快推进城镇环境基础设施建设的指导意见》已经国务院同意，现转发给你们，请认真贯彻执行。

国务院办公厅
2022年1月12日

（此件公开发布）

关于加快推进城镇环境基础设施建设的指导意见

国家发展改革委　生态环境部　住房城乡建设部　国家卫生健康委

环境基础设施是基础设施的重要组成部分，是深入打好污染防治攻坚战、改善生态环境质量、增进民生福祉的基础保障，是完善现代环境治理体系的重要支撑。为加快推进城镇环境基础设施建设，提升基础设施现代化水平，推动生态文明建设和绿色发展，按照党中央、国务院决策部署，根据《中华人民共和国国民经济和社会发展第十四个五年规划和 2035 年远景目标纲要》，现提出如下意见。

一、总体要求

（一）指导思想。以习近平新时代中国特色社会主义思想为指导，全面贯彻党的十九大和十九届历次全会精神，深入贯彻习近平生态文明思想，立足新发展阶段，完整、准确、全面贯彻新发展理念，构建新发展格局，推动高质量发展，深化体制机制改革创新，加快转变发展方式，着力补短板、强弱项，优布局、提品质，全面提高城镇环境基础设施供给质量和运行效率，推进环境基础设施一体化、智能化、绿色化发展，逐步形成由城市向建制镇和乡村延伸覆盖的环境基础设施网络，推动减污降碳协同增效，促进生态环境质量持续改善，助力实现碳达峰、碳中和目标。

（二）工作原则。

坚持系统观念。注重系统谋划、统筹推进，适度超前投资建设，提升城镇环境基础设施供给能力，推动共建共享、协同处置，以城带乡提高环境基础设施水平。

坚持因地制宜。根据不同地区经济社会发展现状以及环境基础设施建设情况，分类施策，精准发力，加快补齐短板弱项，有序推进城镇环境基础设施转型升级。

坚持科技赋能。加强城镇环境基础设施关键核心技术攻关，突破技术瓶颈。加快环境污染治理技术创新和科技成果转化，推广先进适用技术装备，提升技术和管理水平。

坚持市场导向。发挥市场配置资源的决定性作用，规范市场秩序，营造公平公正的市场环境，激活各类主体活力。创新城镇环境基础设施投资运营模式，引导社会资本广泛参与，形成权责明确、制约有效、管理专业的市场化运行机制。

（三）总体目标。到 2025 年，城镇环境基础设施供给能力和水平显著提升，加快补齐重点地区、重点领域短板弱项，构建集污水、垃圾、固体废物、危险废物、医疗废物处理处置设施和监测监管能力于一体的环境基础设施体系。到 2030 年，基本建立系统完备、高效实用、智能绿色、安全可靠的现代化环境基础设施体系。

2025 年城镇环境基础设施建设主要目标：

污水处理及资源化利用。新增污水处理能力 2000 万立方米 / 日，新增和改造污水收集管网 8 万公里，新建、改建和扩建再生水生产能力不少于 1500 万立方米 / 日，县城污水处理率达到 95% 以上，地级及以上缺水城市污水资源化利用率超过 25%，城市污泥无害化处置率达到 90%。

生活垃圾处理。生活垃圾分类收运能力达到 70 万吨 / 日左右，城镇生活垃圾焚烧处理能力达到 80 万吨 / 日左右。城市生活垃圾资源化利用率达到 60% 左右，城市生活垃圾焚烧处理能力占无害化处理能力比重达到 65% 左右。

固体废物处置。固体废物处置及综合利用能力显著提升，利用规模不断扩大，新增大宗固体废物综合利用率达到 60%。

危险废物、医疗废物处置。基本补齐危险废物、医疗废物收集处理设施短板，危险废物处置能力充分保障，技术和运营水平进一步提升，县级以上城市建成区医疗废物全部实现无害化处置。

二、加快补齐能力短板

（四）健全污水收集处理及资源化利用设施。推进城镇污水管网全覆盖，推动生活污水收集处理设施“厂网一体化”。加快建设完善城中村、老旧城区、城乡结合部、建制镇和易地扶贫搬迁安置区生活污水收集管网。加大污水管网排查力度，推动老旧管网修复更新。长江干流沿线地级及以上城市基本解决市政污水管网混错接问题，黄河干流沿线城市建成区大力推进管网混错接改造，基本消除污水直排。统筹优化污水处理设施布局和规模，大中型城市可按照适度超前的原则推进建设，建制镇适当预留发展空间。京津冀、长三角、粤港澳大湾区、南水北调东线工程沿线、海南自由贸易港、长江经济带城市和县城、黄河干流沿线城市实现生活污水集中处理能力全覆盖。因地制宜稳步推进雨污分流改造。加快推进污水资源化利用，结合现有污水处理设施提标升级、扩能改造，系统规划建设污水再生利用设施。

（五）逐步提升生活垃圾分类和处理能力。建设分类投放、分类收集、分类运输、分类处理的生活垃圾处理系统。合理布局生活垃圾分类收集站点，完善分类运输系统，加快补齐分类收集转运设施能力短板。城市建成区生活垃圾日清运量超过300吨地区加快建设垃圾焚烧处理设施。不具备建设规模化垃圾焚烧处理设施条件的地区，鼓励通过跨区域共建共享方式建设。按照科学评估、适度超前的原则，稳妥有序推进厨余垃圾处理设施建设。加强可回收物回收、分拣、处置设施建设，提高可回收物再生利用和资源化水平。

（六）持续推进固体废物处置设施建设。推进工业园区工业固体废物处置及综合利用设施建设，提升处置及综合利用能力。加强建筑垃圾精细化分类及资源化利用，提高建筑垃圾资源化再生利用产品质量，扩大使用范围，规范建筑垃圾收集、贮存、运输、利用、处置行为。健全区域性再生资源回收利用体系，推进废钢铁、废有色金属、报废机动车、退役光伏组件和风电机组叶片、废旧家电、废旧电池、废旧轮胎、废旧木制品、废旧纺织品、废塑料、废纸、废玻璃等废弃物分类利用和集中处置。开展100个大宗固体废弃物综合利用示范。

（七）强化提升危险废物、医疗废物处置能力。全面摸排各类危险废物产生量、地域分布及利用处置能力现状，科学布局建设与产废情况总体匹配的危险废物集中处置设施。加强特殊类别危险废物处置能力，对需要特殊处置及具有地域分布特征的危险废物，按照全国统筹、相对集中的原则，以主要产业基地为重点，因地制宜建设一批处置能力强、技术水平高的区域性集中处置基地。建设国家和6个区域性危险废物风险防控技术中心、20个区域性特殊危险废物集中处置中心。积极推进地级及以上城市医疗废物应急处置能力建设，健全县域医疗废物收集转运处置体系，推动现有医疗废物集中处置设施提质升级。

三、着力构建一体化城镇环境基础设施

（八）推动环境基础设施体系统筹规划。突出规划先行，按照绿色低碳、集约高效、循环发展的原则，统筹推进城镇环境基础设施规划布局，依据城市基础设施建设规划、生态环境保护规划，做好环境基础设施选址工作。鼓励建设污水、垃圾、固体废物、危险废物、医疗废物处理处置及资源化利用“多位一体”的综合处置基地，推广静脉产业园建设模式，推进再生资源加工利用基地（园区）建设，加强基地（园区）产业循环链接，促进各类处理设施工艺设备共用、资源能源共享、环境污染共治、责任风险共担，实现资源合理利用、污染物有效处置、环境风险可防可控。持续推进县域生活垃圾和污水统筹治理，支持有条件的地方垃圾污水处理设施和服务向农村延伸。

（九）强化设施协同高效衔接。发挥环境基础设施协同处置功能，打破跨领域协同处置机制障碍，重点推动市政污泥处置与垃圾焚烧、渗滤液与污水处理、焚烧炉渣与固体废物综合利用、焚烧飞灰与危险废物处置、危险废物与医疗废物处置等有效衔接，提升协同处置效果。推动生活垃圾焚烧设施掺烧市政污泥、沼渣、浓缩液等废弃物，实现焚烧处理能力共用共享。对于具备纳管排放条件的地区或设施，探索在渗滤液经预处理后达到环保和纳管标准的前提下，开展达标渗滤液纳管排放。在沿海缺水地区建设海水淡化工程，推广浓盐水综合利用。

四、推动智能绿色升级

（十）推进数字化融合。充分运用大数据、物联网、云计算等技术，推动城镇环境基础设施智能升级，鼓励开展城镇废弃物收集、贮存、交接、运输、处置全过程智能化处理体系建设。以数字化助推运营和监管模式创新，充分利用现有设施建设集中统一的监测服务平台，强化信息收集、共享、分析、评估及预警，将污水、垃圾、固体废物、危险废物、医疗废物处理处置纳入统一监管，加大要素监测覆盖范围，逐步建立完善环境基础设施智能管理体系。加快建立全国医疗废物信息化管理平台，提高医疗废物处置现代化管理水平。加强污染物排放和环境质量在线实时监测，加大设施设备功能定期排查力度，增强环境风险防控能力。

（十一）提升绿色底色。采用先进节能低碳环保技术设备和工艺，推动城镇环境基础设施绿色高质量发展。对技术水平不高、运行不稳定的环境基础设施，采取优化处理工艺、加强运行管理等措施推动稳定达标排放。强化环境基础设施二次污染防治能力建设。加强污泥无害化资源化处理。规范有序开展库容已满生活垃圾填埋设施封场治理，加快提高焚烧飞灰、渗滤液、浓缩液、填埋气、沼渣、沼液处理和资源化利用能力。提升再生资源利用设施水平，推动再生资源利用行业集约绿色发展。

五、提升建设运营市场化水平

（十二）积极营造规范开放市场环境。健全城镇

环境基础设施市场化运行机制，平等对待各类市场主体，营造高效规范、公平竞争、公正开放的市场环境。鼓励技术能力强、运营管理水平高、信誉度良好、有社会责任感的市场主体公平进入环境基础设施领域，吸引各类社会资本积极参与建设和运营。完善市场监管机制，规范市场秩序，避免恶性竞争。健全市场主体信用体系，加强信用信息归集、共享、公开和应用。

（十三）深入推行环境污染第三方治理。鼓励第三方治理模式和体制机制创新，按照排污者付费、市场化运作、政府引导推动的原则，以园区、产业基地等工业集聚区为重点，推动第三方治理企业开展专业化污染治理，提升设施运行水平和污染治理效果。建设100家左右深入推行环境污染第三方治理示范园区。遴选一批环境污染第三方治理典型案例，总结推广成熟有效的治理模式。

（十四）探索开展环境综合治理托管服务。鼓励大型环保集团、具有专业能力的环境污染治理企业组建联合体，按照统筹规划建设、系统协同运营、多领域专业化治理的原则，对区域污水、垃圾、固体废物、危险废物、医疗废物处理处置提供环境综合治理托管服务。重点结合 120 个县城建设示范地区开展环境综合治理托管服务试点，积极探索区域整体环境托管服务长效运营模式和监管机制。继续开展生态环境导向的开发模式项目试点。

六、健全保障体系

（十五）加强科技支撑。完善技术创新市场导向机制，强化企业技术创新主体地位，加大关键环境治理技术与装备自主创新力度，围绕厨余垃圾、污泥、焚烧飞灰、渗滤液、磷石膏、锰渣、富集重金属废物等固体废物处置和小型垃圾焚烧等领域存在的技术短板，征集遴选一批掌握关键核心技术、具备较强创新能力的单位进行集中攻关。完善技术创新成果转化机制，推动产学研用深度融合，支持首台（套）重大技术装备示范应用，强化重点技术与装备创新转化和应用示范，着力提高环保产业技术与装备水平。

（十六）健全价格收费制度。完善污水、生活垃圾、危险废物、医疗废物处置价格形成和收费机制。对市场化发展比较成熟、通过市场能够调节价费的细分领域，按照市场化方式确定价格和收费标准。对市场化发展不够充分、依靠市场暂时难以充分调节价费的细分领域，兼顾环境基础设施的公益属性，按照覆盖成本、合理收益的原则，完善价格和收费标准。积极推行差别化排污收费，建立收费动态调整机制，确保环境基础设施可持续运营。有序推进建制镇生活污水处理收费。推广按照污水处理厂进水污染物浓度、污染物削减量等支付运营服务费。放开再生水政府定价，由再生水供应企业和用户按照优质优价的原则自主协商定价。全面落实生活垃圾收费制度，推行非居民用户垃圾计量收费，探索居民用户按量收费，鼓励各地创新生活垃圾处理收费模式，不断提高收缴率。统筹考虑区域医疗机构特点、医疗废物产生情况及处理成本等因素，合理核定医疗废物处置收费标准，鼓励采取按重量计费方式，具备竞争条件的，收费标准可由医疗废物处置单位和医疗机构协商确定。医疗机构按照规定支付的医疗废物处置费用作为医疗成本，在调整医疗服务价格时予以合理补偿。

（十七）加大财税金融政策支持力度。落实环境治理、环境服务、环保技术与装备有关财政税收优惠政策。对符合条件的城镇环境基础设施项目，通过中央预算内投资等渠道予以支持，将符合条件的项目纳入地方政府专项债券支持范围。引导各类金融机构创新金融服务模式，鼓励开发性、政策性金融机构发挥中长期贷款优势，按照市场化原则加大城镇环境基础设施项目融资支持力度。在不新增地方政府隐性债务的前提下，支持符合条件的企业通过发行企业债券、资产支持证券募集资金用于项目建设，鼓励具备条件的项目稳妥开展基础设施领域不动产投资信托基金（REITs）试点。

（十八）完善统计制度。充分运用现有污水、垃圾、固体废物、危险废物、医疗废物统计体系，加强统计管理和数据整合，进一步完善环境基础设施统计指标体系。加强统计能力建设，提高统计数据质量。强化统计数据运用和信息共享。对工作量大、技术要求高、时效性强的有关统计工作，鼓励采取政府购买服务方式，委托第三方机构开展。

七、强化组织实施

（十九）加强组织领导。国家发展改革委、生态环境部、住房城乡建设部、国家卫生健康委等有关部门加强统筹协调，强化政策联动，按照职责分工协同推进城镇环境基础设施建设工作。地方人民政府要细化目标任务，明确责任分工，制定工作措施，推动工作有效落实。

（二十）强化要素保障。加强城镇环境基础设施项目谋划与储备，将符合条件的项目纳入国家重大建设项目库。坚持“资金、要素跟着项目走”，优先安排环境基础设施用地指标，加大资金多元投入，优化审批流程，提高审批效率，加快办理项目前期手续，确保各项工程按时顺利落地。

（二十一）建立评估机制。建立城镇环境基础设施评估机制，完善评估标准体系，通过自评、第三方评估等方式，适时开展各地情况评估。对城镇环境基础设施存在短板弱项的地方，加强指导督促，加快推进环境基础设施建设。

住房和城乡建设部关于印发全国城镇老旧小区改造统计调查制度的通知

建城函〔2022〕22号

各省、自治区住房和城乡建设厅，直辖市住房和城乡建设（管）委，新疆生产建设兵团住房和城乡建设局：

《全国城镇老旧小区改造统计调查制度》已经国家统计局批准，现印发给你们，请遵照执行。

住房和城乡建设部

2022年3月23日

（此件公开发布）

抄送：国家统计局。

国务院办公厅转发国家发展改革委关于在重点工程项目中大力实施以工代赈促进当地群众就业增收工作方案的通知

国办函〔2022〕58号

各省、自治区、直辖市人民政府，国务院各部委、各直属机构：

国家发展改革委《关于在重点工程项目中大力实施以工代赈促进当地群众就业增收的工作方案》已经国务院同意，现转发给你们，请认真贯彻落实。

国务院办公厅

2022年7月5日

（此件公开发布）

关于在重点工程项目中大力实施以工代赈促进当地群众就业增收的工作方案

国家发展改革委

以工代赈是促进群众就近就业增收、提高劳动技能的一项重要政策，能为群众特别是农民工、脱贫人口等规模性提供务工岗位，是完善收入分配制度、支持人民群众通过劳动增加收入创造幸福生活的重要方式。重点工程项目投资规模大、受益面广、带动效应强，吸纳当地群众就业潜力巨大，是实施以工代赈的重要载体。在重点工程项目中大力实施以工代赈，既是促进有效投资、稳就业保民生、拉动县域消费、稳住经济大盘的重要举措，也是推动人民群众共享改革发展成果、提高劳动者素质的有效手段。要坚持以习近平新时代中国特色社会主义思想为指导，完整、准确、全面贯彻新发展理念，统筹发展和安全，推动高质量发展，进一步扩大以工代赈投资规模，充分发挥以工代赈政策作用。为贯彻落实党中央、国务院决策部署，现就在重点工程项目中大力实施以工代赈促进当地群众就业增收制定如下工作方案。

一、实施对象范围

（一）推动政府投资重点工程项目实施以工代赈。各地区、各部门在谋划实施政府投资的重点工程项目时，要妥善处理好工程建设与促进当地群众就业增收的关系，深刻把握以工代赈政策初衷，在确保工程质量安全和符合进度要求等前提下，按照“应用尽用、能用尽用”的原则，结合当地群众务工需求，充分挖掘主体工程建设及附属临建、工地服务保障、建后管护等方面用工潜力，在平衡好建筑行业劳动合同制用工和以工代赈劳务用工之间关系的基础上，尽可能多地通过实施以工代赈帮助当地群众就近务工实现就业增收。鼓励非政府投资的重点工程项目积极采取以工代赈方式扩大就业容量。

（二）明确实施以工代赈的建设领域和重点工程项目范围。交通领域主要包括高速铁路、普速铁路、城际和市域（郊）铁路、城市轨道交通，高速公路、沿边抵边公路，港航设施，机场，综合交通和物流枢纽等。水利领域主要包括水库建设、大中型灌区新建和配套改造、江河防洪治理等。能源领域主要包括电力、油气管道、可再生能源等。农业农村领域主要包括高标准农田、现代农业产业园等产业基础设施、农村人居环境整治提升、农业面源污染治理等。城镇建设领域主要包括城市更新、城市地下综合管廊、城市排水防涝、城市燃气管道等老化更新改造、保障性住房、县城补短板强弱项、产业园区配套基础设施、城镇污水垃圾处理设施、教育卫生文化体育旅游公共服务项目等。生态环境领域主要包括造林绿化、沙化土地治理、退化草原治理、水土流失和石漠化综合治理、河湖和湿地保护修复、森林质量精准提升、水生态修复等。灾后恢复重建领域主要包括基础设施恢复和加固、生产条件恢复、生活环境恢复等。发展改革部门要会同相关部门深入研究制定各领域重点工程项目中能够实施以工代赈的建设任务和用工环节指导目录。

二、重点工作任务

（三）形成以工代赈年度重点项目清单。国务院教育、生态环境、住房城乡建设、交通运输、水利、农业农村、文化和旅游、卫生健康、体育、能源、林草、乡村振兴等相关部门要会同发展改革部门根据国家中长期发展规划、专项规划，综合考虑工程项目特点、当地群众务工需求等，在国家层面列出适用以工代赈的重点工程项目，分领域形成年度项目清单，指导地方建立本地区适用以工代赈的项目清单，实行动态管理。各地区、各部门要在 2022 年启动建设的重点工程项目中，围绕适合人工作业、劳动密集型的建设任务和用工环节，抓紧组织实施以工代赈。

（四）以县域为主组织动员当地群众参与。重点工程项目业主单位、施工单位要根据能够实施以工代赈建设任务和用工环节的劳务需求，明确项目所在县域内可提供的就业岗位、数量、时间及劳动技能要求，并向相关县级人民政府告知用工计划。项目所在地县级人民政府要与业主单位、施工单位建立劳务沟通协调机制，及时开展政策宣讲和劳动力状况摸底调查，组织动员当地农村劳动力、城镇低收入人口和就业困难群体等参与务工，优先吸纳返乡农民工、脱贫人口、防止返贫监测对象。培育壮大劳务公司、劳务合作社、村集体经济组织等，提高当地群众劳务组织化程度。项目业主单位要督促指导施工单位做好以工代赈务工人员合同签订、台账登记、日常考勤等实名制管理工作。

（五）精准做好务工人员培训。项目所在地县级人民政府要统筹各类符合条件的培训资金和资源，充分利用项目施工场地、机械设备等，采取“培训＋上岗”等方式，联合施工单位开展劳动技能培训和安全生产培训。探索委托中等职业技术学校、技工院校开展培训，提升当地群众中小型机械设备操作技能和安全生产知识水平。依托实施以工代赈专项投资项目，有针对性地开展劳动技能培训和安全生产培训，为重点工程项目提前培养熟练劳动力。

（六）及时足额发放劳务报酬。相关地方人民政府要督促项目施工单位尽量扩充以工代赈就业岗位，合理确定以工代赈劳务报酬标准，尽可能增加劳务报酬发放规模。施工单位要建立统一规范的用工名册和劳务报酬发放台账，经务工人员签字确认后，原则上将劳务报酬通过银行卡发放至本人，并将劳务报酬发放台账送县级相关部门备案。坚决杜绝劳务报酬发放过程中拖欠克扣、弄虚作假等行为。

三、严格规范管理

（七）项目前期工作明确以工代赈要求。重点工程项目可行性研究报告或资金申请报告等要件中，要以适当形式体现能够实施以工代赈的建设任务和用工环节，在社会效益评价部分充分体现带动当地群众就业增收、技能提升等预期成效。初步设计报告或施工图设计文件要明确实施以工代赈的具体建设任务和用工环节及可向当地提供的就业岗位。相关部门要在批复文件中对项目吸纳当地群众务工就业提出相关要求。

（八）项目建设环节压紧压实各方责任。重点工程项目业主单位要在设计、招标投标过程中明确以工代赈用工及劳务报酬发放要求，在工程服务合同中与施工单位约定相关责任义务。施工单位负责以工代赈务工人员在施工现场的日常管理，及时足额发放劳务报酬，保障劳动者合法权益。监理单位要把以工代赈务工人员在施工现场的务工组织管理和劳务报酬发放等作为工程监理的重要内容。

（九）强化事前事中事后全链条全领域监管。各级发展改革部门要联合相关部门、项目业主单位等，围绕当地务工人员组织、劳务报酬发放、劳动技能培训和安全生产培训等，对重点工程项目以工代赈实施情况加强监管和检查，发现问题及时督促整改。项目建成后，项目竣工验收单位要会同相关部门、业主单位、施工单位和项目所在地县级人民政府对以工代赈实施情况开展评价，并将评价结果作为项目竣工验收、审计决算的重要参考。

四、组织保障措施

（十）形成工作合力。坚持中央统筹、省部协同、市县抓落实，国家发展改革委要会同相关部门完善协调机制，统筹推进重点工程项目实施以工代赈。各省（自治区、直辖市）人民政府要加强组织领导和工作力量配备，确保国家和省级重点工程项目实施以工代赈措施落地见效。相关市县人民政府要落实属地责任，加强与项目业主单位、施工单位的沟通衔接，抓好以工代赈务工人员组织、劳动技能培训和安全生产培训、劳务报酬发放监管等具体工作。

（十一）加大投入力度。扩大以工代赈投资规模，在重点工程配套设施建设中实施一批以工代赈中央预算内投资项目，劳务报酬占中央资金比例由原规定的15%以上提高到30%以上，并尽可能增加。利用中央财政衔接推进乡村振兴补助资金（以工代赈任务方向）支持符合条件的农村小型公益性基础设施建设。地方各级人民政府要根据自身财力积极安排以工代赈专项资金，统筹相关领域财政资金加大以工代赈投入。鼓励各类金融机构依法依规加大对实施以工代赈项目的融资支持力度。引导民营企业、社会组织等各类社会力量采取以工代赈方式组织实施公益性项目。

（十二）做好总结评估。各地区、各部门要加强重点工程项目实施以工代赈政策宣传解读，及时总结推广典型经验做法。国家发展改革委要会同相关部门建立健全相关工作规范流程，定期调度重点工程项目实施以工代赈工作进展，纳入现有以工代赈工作成效综合评价范围。相关部门要将本领域重点工程项目实施以工代赈工作成效纳入现有相关考核评价范围。对工作积极主动、成效明显的地方予以督查激励，并通过安排以工代赈专项投资等多种方式给予倾斜支持。

人力资源社会保障部　住房和城乡建设部关于评选全国住房和城乡建设系统先进集体、先进工作者和劳动模范的通知

人社部函〔2022〕69号

各省、自治区、直辖市及新疆生产建设兵团人力资源社会保障厅（局），各省、自治区住房和城乡建设厅，北京市住房和城乡建设委、规划和自然资源委、城市管理委、水务局、交通委、园林绿化局，天津市住房和城乡建设委、规划和自然资源局、城市管理委、水务局，上海市建设交通党委、住房和城乡建设管委、规划和自然资源局、绿化和市容管理局，重庆市住房和城乡建设委、规划和自然资源局、城市管理局，新疆生产建设兵团住房和城乡建设局，海南省自然资源和规划厅、水务厅：

近年来，各级住房和城乡建设部门和广大党员干部职工，坚持以习近平新时代中国特色社会主义思想为指导，深入贯彻党的十九大和十九届历次全会精神，深刻领会“两个确立”的决定性意义，增强“四个意识”、坚定“四个自信”、做到“两个维护”，深入贯彻落实习近平总书记系列重要指示批示精神和党中央、国务院决策部署，爱岗敬业、艰苦奋斗、勇于创新、无私奉献，为推进住房和城乡建设事业发展作出了积极贡献，涌现出一大批先进典型。为表彰先进，弘扬正气，激励广大党员干部职工奋力担当使命、不断创造新的业绩，进一步推动住房和城乡建设事业高质量发展，人力资源社会保障部、住房和城乡建设部决定，评选表彰一批全国住房和城乡建设系统先进集体、先进工作者和劳动模范。现就有关事项通知如下：

一、评选范围和名额

（一）评选范围。

1. 全国住房和城乡建设系统先进集体评选范围：住房和城乡建设行政管理部门和住房和城乡建设系统事业单位，及其内设机构和非常设机构；具有独立法人资格的企业（国有、民营、股份制及其他类型，不含归口国资委管理的中央企业）单位及其下属单位。

2. 全国住房和城乡建设系统先进工作者评选范围：在住房和城乡建设行政管理部门和住房和城乡建设系统事业单位（不含实行企业管理）连续工作5年（含）以上的在职干部职工。

3. 全国住房和城乡建设系统劳动模范评选范围：在住房和城乡建设系统企业（国有、民营、股份制及其他类型，不含归口国资委管理的中央企业）单位和实行企业管理的事业单位连续工作5年（含）以上的从业人员。

以往获得过“全国住房和城乡建设系统先进集体”“全国住房和城乡建设系统先进工作者”“全国住房和城乡建设系统劳动模范”称号的，原则上不参加评选，在近5年内又作出新的突出贡献的除外。

（二）表彰名额。

全国住房和城乡建设系统先进集体200个，全国住房和城乡建设系统先进工作者350名，全国住房和城乡建设系统劳动模范450名。表彰实行差额评选，推荐名额分配见附件2。

二、评选条件

（一）先进集体评选条件。

深入学习贯彻习近平新时代中国特色社会主义思想，全面贯彻党的十九大和十九届历次全会精神，深刻领会“两个确立”的决定性意义，牢固树立“四个意识”、坚定“四个自信”、做到“两个维护”，坚决执行党的路线方针政策，坚持全面从严治党，严格贯彻落实中央八项规定及其实施细则精神，坚决反对“四风”。2018年以来未发生违法违纪事件和重大安全生产质量责任事故，未被列为失信联合惩戒对象或严重失信违法“黑名单”。并至少具备下列条件之一：

1. 深入贯彻新发展理念，贯彻落实习近平总书记系列重要指示批示精神和党中央、国务院关于住房和城乡建设工作的决策部署，认真落实住房和城乡建设部各项工作要求和任务安排，在推动住房和城乡建设事业高质量发展、促进改革发展稳定等方面取得显著成绩的。

2. 领导班子理想信念坚定、廉洁奉公、作风优良、团结协作、决策科学、勤政务实，规章制度和工作机制健全，注重干部队伍建设，密切联系群众，有较强的凝聚力和战斗力的。

3. 在“一带一路”、脱贫攻坚、新冠肺炎疫情防控等国家重大战略、重大部署、重大任务中作出突出贡献的；在国家重点工程建设、重大科研项目中作出突出贡献的。

4. 注重科技创新，在科学研究、技术革新、发明创造等方面走在本地区和本行业前列的。

5. 突出为民服务，注重开拓创新，优化工作机制，社会满意度在本地区和本行业处于领先地位的。

6. 坚持做好精神文明建设工作，发挥新时代文明实践和精神文明创建联系群众、服务群众的工作优势，培育和践行社会主义核心价值观，重视文化建设、诚信建设，加强社会公德、职业道德、家庭美德、个人品德建设，经济效益和社会效益显著，队伍稳定、素质良好，管理水平、服务能力在全国住房和城乡建设系统处于领先地位的。

7. 在其他方面作出突出贡献的。

（二）先进工作者和劳动模范评选条件。

深入学习贯彻习近平新时代中国特色社会主义思想，全面贯彻党的十九大和十九届历次全会精神，深刻领会“两个确立”的决定性意义，牢固树立“四个意识”、坚定“四个自信”、做到“两个维护”，对党忠诚，理想信念坚定，思想政治觉悟高，坚决执行党的路线方针政策，自觉与党中央保持高度一致，严守党的政治纪律、政治规矩，践行社会主义核心价值观，作风正派，品德高尚，严于律己，廉洁自律。连续从事住房和城乡建设工作5年（含）以上，2018

年以来无违法违纪行为，未被列为失信联合惩戒对象或严重失信违法“黑名单”。并至少具备下列条件之一：

1. 热爱住房和城乡建设事业，具有强烈的事业心、责任感，在工作中履职尽责，积极作为，发挥骨干示范作用，带头贯彻新发展理念，在推动住房和城乡建设事业高质量发展、促进改革发展稳定等方面取得显著成绩的。

2. 在“一带一路”、脱贫攻坚、新冠肺炎疫情防控等国家重大战略、重大部署、重大任务中作出突出贡献的；在国家重点工程建设、重大科研项目中作出突出贡献的。

3. 在重大灾（疫）情、重大事故中，保护国家、集体和人民生命财产安全，作出突出贡献的；捍卫国家法律、法规，维护国家、行业、集体利益等方面有重大贡献的。

4. 在科学研究、技术革新、发明创造、技术协作以及教育培训等方面作出突出贡献的。

5. 认真学习，勤于钻研，专业素质和综合能力突出，创新能力强，在推动技术进步，加强行业管理，提高经济效益中作出突出贡献的。

6. 勤奋敬业，乐于奉献，热心服务群众，不计较个人得失，努力追求高标准、零差错，受到党员、群众的广泛赞誉的。

7. 在其他方面作出突出贡献的。

三、评选程序和要求

（一）评选程序。

评选表彰工作坚持公开、公平、公正的原则，严格按照自下而上、逐级审核推荐、差额评选、民主择优的方式进行。严格执行“两审三公示”程序，即初审、复审两次审核，在本单位、省级范围和全国范围公示。评选表彰通过线上国家表彰奖励信息系统、线下填写纸质材料两个渠道同步开展。

1. 按照评选条件，拟推荐对象由所在单位民主推荐、考察审核，领导班子集体研究审议决定，并在本单位进行不少于5个工作日的公示。公示内容包括评选条件、拟推荐对象的基本情况和主要事迹等。

2. 拟推荐对象经所在地县级以上人力资源社会保障部门、住房和城乡建设部门自下而上逐级推荐。省级人力资源社会保障部门与住房和城乡建设部门对推荐程序的规范性、推荐材料的真实性以及拟推荐对象的基本情况和事迹等进行审核，并于7月20日前，将初步推荐材料（纸质版1式2份，附电子版光盘）报全国住房和城乡建设系统评选表彰工作领导小组办公室（以下简称评选表彰办公室）。省级评选机构登录国家表彰奖励信息系统，同步线上填报本省推荐对象的电子版初审材料，提交审核。

初步推荐材料包括：推荐工作报告、先进集体初审推荐表（附件3）、先进工作者和劳动模范初审推荐表（附件4）、初审推荐对象汇总表（附件5），推荐对象汇总表按照推荐优先顺序进行排序。推荐工作报告内容包括：初审推荐审核工作组织情况、公示情况、考察情况、推荐意见等。

3. 评选表彰办公室将初审结果反馈给各省级评选单位。各省级评选单位就正式推荐对象统一征求省级公安部门意见；对机关事业单位及其工作人员、非企业负责人按管理权限还应当征求组织人事、纪检监察部门意见；对企业及其负责人还应当征求纪检监察、人力资源社会保障、生态环境、应急管理、审计、税务、市场监管等部门意见，民营企业还要征求统战和工商联部门意见。在省级范围内公示5个工作日，公示内容包括推荐单位名称、推荐对象姓名和简要事迹。

4. 各省级评选单位公示无异议后，于10月11日前，将正式推荐材料（纸质版1式5份，附电子版光盘）上报评选表彰办公室。正式推荐材料包括：正式推荐工作报告、征求意见表（附件6、7）、先进集体推荐审批表（附件8）、先进工作者和劳动模范推荐审批表（附件9）、推荐对象汇总表（附件10）、公示材料原件等。省级评选机构通过国家表彰奖励信息系统同步线上填报本省推荐对象的正式推荐材料，提交审核。

5. 评选表彰办公室复审后，对拟表彰对象在全国范围进行不少于5个工作日的公示。

（二）工作要求。

1. 坚持面向基层。评选推荐工作要面向基层和工作一线，重点向长期工作在条件艰苦、工作困难地方的同志倾斜。副厅局级及相当于副厅局级以上的单位和个人不参加评选。先进工作者中，处级干部的比例严格控制在20%以内；劳动模范中，一线职工比例不低于总数的60%，企业负责人（包括具有法人资格企业的负责人，不具备法人资格的省属企业下属的二级以上企业、地市级企业的负责人）的比例严格控制在20%以内。在事业单位担任处级领导职务、具有高级职称且继续从事科研教学工作的专家和学术带头人，可按科研人员身份参评。

2. 严格评选标准。突出功绩导向，坚持德绩兼备，以政治表现、工作业绩和贡献大小作为主要衡量标准，充分考量平时一贯表现，优中选优，确保推荐对象具有先进性、典型性和代表性，坚决杜绝带“病”参评。实行自审负责制，所在单位对拟推荐对象要严把政治关、条件关、事迹关，确保推荐材料的真实性，做到名副其实。在推荐评选过程中，评选表彰办公室对推荐对象存在异议的，推荐地区和有关单位应认真调查，尽快提出处理意见。如果不及时反馈意见，将取消该推荐对象的评选资格。

3. 多方征求意见。初审结果反馈后，各省级评选单位要按要求征求相关部门意见，不得由推荐候选人本人征求意见。凡违反国家法律、法规和有关政策，发生安全生产事故并造成重大影响，拖欠职工工资或农民工工资，欠缴社会保险费的企业，企业及其负责人不能参加评选。

4. 严肃工作纪律。对于伪造身份、事迹材料骗取荣誉或未严格按照评选条件和规定程序推荐的单位或个人，经查实后撤销其评选资格，取消推荐名额，并取消该地区或有关单位参加下一届评选推荐活动的资格。对于已表彰对象，如发生违法违纪等行为，将撤销其所获称号，并收回奖牌、奖章、证书，停止享受有关待遇。

5. 确保工作进度。各省级评选机构要严格履行规定程序，确保工作进度，按时、保质、按名额报送推荐材料，过时不报视为自动放弃。表格电子版可在住房和城乡建设部网站下载，并严格按照填表说明填写相关表格，不得随意更改格式。国家表彰奖励信息系统通过人力资源社会保障部官方网站（http://www.mohrss.gov.cn）表彰奖励专题专栏登录，可通过网站查看使用说明书。

四、奖励办法

对评选出的先进集体，授予“全国住房和城乡建设系统先进集体”称号，颁发奖牌和证书。对评选出的机关事业单位先进个人授予“全国住房和城乡建设系统先进工作者”称号，对评选出的企业先进个人授予“全国住房和城乡建设系统劳动模范”称号，并颁发奖章和证书。

五、组织领导

为加强对评选表彰工作的领导，人力资源社会保障部、住房和城乡建设部联合组成全国住房和城乡建设系统评选表彰工作领导小组（附件1），领导小组下设办公室，负责本次评选表彰的日常工作。各地根据需要成立相应评选工作机构，负责本地区的评选推荐审核工作，并于7月1日前，将评选工作联系表（附件11）报送评选表彰办公室。

4个直辖市和海南省的评选推荐工作分别由北京市住房和城乡建设委、天津市住房和城乡建设委、上海市建设交通党委、重庆市住房和城乡建设委、海南省住房和城乡建设厅同当地人力资源社会保障厅（局）共同牵头负责。

联系方式：

1. 住房和城乡建设部文明办

联 系 人：闫磊、刘党阳

联系电话：（010）58933343、58934303（传真）

电子邮箱：wmb2019 @ 126.com

通讯地址：北京市海淀区三里河路9号住房和城乡建设部文明办

邮　　编：100835

2. 人力资源社会保障部国家表彰奖励办公室

联 系 人：王辰储，杜威

联系电话：（010）84234176

附件：1. 全国住房和城乡建设系统评选表彰工作领导小组及办公室成员名单（略）

2. 全国住房和城乡建设系统先进集体、先进工作者和劳动模范推荐名额分配表（略）

3. 全国住房和城乡建设系统先进集体初审推荐表

4. 全国住房和城乡建设系统先进工作者和劳动模范初审推荐表

5. 全国住房和城乡建设系统先进集体、先进工作者和劳动模范初审推荐对象汇总表

6. 机关事业单位及其工作人员、非企业负责人征求意见表

7. 企业、企业负责人征求意见表

8. 全国住房和城乡建设系统先进集体推荐审批表

9. 全国住房和城乡建设系统先进工作者和劳动模范推荐审批表

10. 全国住房和城乡建设系统先进集体、先进工作者和劳动模范推荐对象汇总表

11. 评选工作联系表

人力资源社会保障部

住房和城乡建设部

2022年6月15日

住房和城乡建设部关于公布智能建造试点城市的通知

建市函〔2022〕82号

各省、自治区住房和城乡建设厅，直辖市住房和城乡建设（管）委，新疆生产建设兵团住房和城乡建设局：

为贯彻落实党中央、国务院决策部署，大力发展智能建造，以科技创新推动建筑业转型发展，经城市自愿申报、省级住房和城乡建设主管部门审核推荐和专家评审，我部决定将北京市等24个城市列为智能建造试点城市（名单见附件），试点自公布之日开始，为期3年。

试点城市要严格落实试点实施方案，建立健全统筹协调机制，加大政策支持力度，有序推进各项试点任务，确保试点工作取得实效。要及时总结工作经验，形成可感知、可量化、可评价的试点成果，每季度末向我部报送试点工作进展情况，每年年底前报送试点年度报告。有关省级住房和城乡建设主管部门要加大对试点城市的指导支持力度，宣传推广可复制经验做法，推动解决问题困难。我部将定期组织对各试点城市的工作实施进度、科技创新成果、经济社会效益等开展评估，对真抓实干、成效显著的试点城市予以通报表扬，对工作进度滞后的试点城市加强调度督导。

请试点城市于2022年11月底前将完善后的试点实施方案以及1名工作联系人报我部建筑市场监管司。试点工作中的有关情况和问题，请及时沟通联系。

联系人：杨光　王广明

电话：010-58933327　58933325

附件：智能建造试点城市名单

住房和城乡建设部

2022年10月25日

（此件主动公开）

附件

智能建造试点城市名单

1. 北京市
2. 天津市
3. 重庆市
4. 河北雄安新区
5. 河北省保定市
6. 辽宁省沈阳市
7. 黑龙江省哈尔滨市
8. 江苏省南京市
9. 江苏省苏州市
10. 浙江省温州市
11. 浙江省嘉兴市
12. 浙江省台州市
13. 安徽省合肥市
14. 福建省厦门市
15. 山东省青岛市
16. 河南省郑州市
17. 湖北省武汉市
18. 湖南省长沙市
19. 广东省广州市
20. 广东省深圳市
21. 广东省佛山市
22. 四川省成都市
23. 陕西省西安市
24. 新疆维吾尔自治区乌鲁木齐市

抄送：试点城市人民政府。

国务院办公厅关于成立国家质量强国建设协调推进领导小组的通知

国办函〔2022〕88号

各省、自治区、直辖市人民政府，国务院各部委、各直属机构：

为深入推进质量强国建设，加强对质量工作的组织领导和统筹协调，凝聚工作合力，国务院决定成立国家质量强国建设协调推进领导小组（以下简称领导小组），作为国务院议事协调机构，全国质量工作部际联席会议同时撤销。现将有关事项通知如下：

一、主要职责

深入学习贯彻习近平总书记关于质量强国建设的重要指示精神，全面贯彻落实党中央、国务院有关决策部署；推动完善质量工作有关法律法规，研究审议重大质量政策措施；统筹协调质量强国建设工作，研究解决质量强国建设重大问题，部署推进质量提升行动、质量基础设施建设、质量安全监管、全国“质量月”活动等重点工作；督促检查质量工作有关法律法规和重大政策措施落实情况；完成党中央、国务院交办的其他事项。

二、组成人员

组　长：王　勇　　国务委员

副组长：罗　文　　市场监管总局局长

王志清　　国务院副秘书长

林念修　　国家发展改革委副主任

成　员：毛定之　　中央组织部部务委员

赵泽良　　中央网信办副主任

郑富芝　　教育部副部长

张雨东　　科技部副部长

徐晓兰　　工业和信息化部副部长

杜航伟　　公安部副部长

张春生　　民政部副部长

左　力　　司法部副部长

朱忠明　　财政部副部长

凌月明　　自然资源部副部长

赵英民　　生态环境部副部长

张小宏　　住房城乡建设部副部长

徐成光　　交通运输部副部长

刘伟平　　水利部副部长

马有祥　　农业农村部副部长

盛秋平　　商务部副部长

杜　江　　文化和旅游部副部长

李　斌　　国家卫生健康委副主任

宋元明　　应急部副部长

范一飞　　人民银行副行长

彭华岗　　国务院国资委秘书长

张际文　　海关总署副署长

王道树　　税务总局副局长

田世宏　　市场监管总局副局长

盛来运　　国家统计局副局长

邓波清　　国家国际发展合作署副署长

吴曼青　　工程院副院长

周　亮　　银保监会副主席

胡文辉　　国家知识产权局副局长

王　伟　　供销合作总社理事会副主任

黄　荣　　全国工商联副主席

三、其他事项

（一）领导小组办公室设在市场监管总局，承担领导小组日常工作，及时向领导小组汇报工作情况、提出工作建议，督促、检查领导小组会议决定事项落实情况；承办领导小组交办的其他事项。办公室主任由市场监管总局局长罗文兼任，办公室副主任由市场监管总局副局长田世宏兼任，办公室成员由领导小组成员单位有关司局负责同志担任。领导小组成员因工作变动需要调整的，由所在单位向领导小组办公室提出，按程序报领导小组组长批准。

（二）领导小组实行工作会议制度，工作会议由组长或其委托的副组长召集，根据工作需要定期或不定期召开，参加人员为领导小组成员，必要时可邀请其他有关单位人员及专家参加。

（三）县级以上地方各级人民政府要建立本地区

质量强国建设协调推进工作机制，统筹推进本地区质量工作。

国务院办公厅

2022 年 8 月 23 日

（此件公开发布）

国务院办公厅转发财政部、国家林草局（国家公园局）关于推进国家公园建设若干财政政策意见的通知

国办函〔2022〕93 号

各省、自治区、直辖市人民政府，国务院各部委、各直属机构：

财政部、国家林草局（国家公园局）《关于推进国家公园建设若干财政政策的意见》已经国务院同意，现转发给你们，请认真贯彻落实。

国务院办公厅

2022 年 9 月 9 日

（此件公开发布）

关于推进国家公园建设若干财政政策的意见

财政部　国家林草局（国家公园局）

建立以国家公园为主体的自然保护地体系，是贯彻落实习近平生态文明思想的重大举措，是党的十九大提出的重大改革任务。建立国家公园体制是生态文明和美丽中国建设的重大制度创新。为贯彻落实党中央、国务院决策部署，进一步发挥财政职能作用，支持国家公园建设，推动构建以国家公园为主体的自然保护地体系，现就推进国家公园建设的若干财政政策提出以下意见。

一、总体要求

（一）指导思想。以习近平新时代中国特色社会主义思想为指导，深入贯彻习近平生态文明思想，认真落实党中央、国务院决策部署，完整、准确、全面贯彻新发展理念，坚持山水林田湖草沙一体化保护和系统治理，加强顶层设计，创新财政资金运行机制，构建投入保障到位、资金统筹到位、引导带动到位、绩效管理到位的财政保障制度，为加快建立以国家公园为主体的自然保护地体系、维护国家生态安全、建设生态文明和美丽中国提供有力支撑。

（二）工作原则。

——坚持多措并举，加强政策协同。立足公益属性，充分发挥政府主导作用，明确财政支持重点方向，推动资金、税收、政府采购等政策协同发力，提升财政政策综合效能。

——明晰支出责任，统筹多元资金。合理划分中央与地方财政事权和支出责任，充分调动中央和地方两个积极性。统筹多元资金渠道，建立健全政府、企业、社会组织和公众共同参与的长效机制。

——实行“一类一策”，分类有序推进。尊重自然生态系统原真性、整体性、系统性及其内在规律，按照国家公园的自然属性、生态价值和管理目标，分类施策，有步骤、分阶段推进国家公园建设。

——注重预算绩效，强化监督管理。将绩效理念和方法深度融入国家公园建设财政资金管理过程，注重结果导向、强调成本效益、硬化责任约束，实现预算和绩效管理一体化，提高财政资源配置效率和使用效益。

（三）主要目标。到 2025 年，充分发挥财政的支持引导作用，不断丰富完善财政政策工具，创新财政资金运行机制，基本建立以国家公园为主体的自然保护地体系财政保障制度，保障国家公园体系建设积极稳妥推进。到 2035 年，完善健全以国家公园为主体的自然保护地体系财政保障制度，为基本建成全世界最大的国家公园体系提供有力支撑。

二、财政支持重点方向

（一）支持生态系统保护修复。坚持以自然恢复为主、人工修复为辅，综合考虑生态系统完整性、自

然地理单元连续性和经济社会发展可持续性，统筹推进山水林田湖草沙一体化保护和修复。加强森林、草原、湿地等自然资源管护，以及受损自然生态系统、自然遗迹保护和修复。加强生物多样性保护，支持开展野生动植物救护和退化野生动植物栖息地（生境）修复，建设生态廊道。推进森林草原防火、有害生物防治及野生动物疫源疫病防控体系建设。强化国家公园自然资源和生态环境监督管理，提升野外巡护能力，严厉打击违法违规行为。

（二）支持国家公园创建和运行管理。加强自然资源资产管理，支持国家公园开展勘界立标，自然资源调查、监测、评估、确权登记，全民所有自然资源资产清查、价值评估、资产核算、考核评价、资产报告编制，国家公园的规划编制、标准体系和制度建设等，摸清国家公园内本底资源及其变动情况。在符合国家公园总体规划和管控要求的前提下，完善国家公园内必要的保护管理站、道路等基础设施。坚持优化协同高效，切实保障国家公园管理机构人员编制、运行管理等相关支出。

（三）支持国家公园协调发展。鼓励通过政府购买服务等方式开展生态管护和社会服务，吸收原住居民参与相关工作。探索建立生态产品价值实现机制。妥善调处矛盾冲突，平稳有序退出不符合管控要求的人为活动，地方对因保护确需退出的工矿企业及迁出的居民，依法给予补偿或者安置，维护相关权利人合法利益。引导当地政府在国家公园周边合理规划建设入口社区。

（四）支持保护科研和科普宣教。健全天空地一体化综合监测体系，纳入有关监管信息平台，建设智慧国家公园，提升国家公园信息化水平。支持开展森林、草原、湿地等碳汇计量监测，鼓励将符合条件的碳汇项目开发为温室气体自愿减排项目。推进重大课题研究，加快科技成果转化应用。加强野外观测站点建设，建设完善必要的自然教育基地及科普宣教和生态体验设施，开展自然教育活动和生态体验。通过多种途径培育国家公园文化。

（五）支持国际合作和社会参与。支持国际交流与合作，借鉴国外先进管理经验。健全社会参与和志愿者服务机制，搭建多方参与合作平台，吸引企业、公益组织和社会各界志愿者参与生态保护。推进信息公开和宣传引导，完善社会监督机制，提高公众生态意识，形成全社会参与生态保护的良好局面。

三、建立财政支持政策体系

（一）合理划分国家公园中央与地方财政事权和支出责任。按照《自然资源领域中央与地方财政事权和支出责任划分改革方案》，将国家公园建设与管理的具体事务，细分确定为中央与地方财政事权，中央与地方分别承担相应的支出责任。将中央政府直接行使全民所有自然资源资产所有权的国家公园管理机构运行和基本建设，确认为中央财政事权，由中央承担支出责任；将国家公园生态保护修复和中央政府委托省级政府代理行使全民所有自然资源资产所有权的国家公园基本建设，确认为中央与地方共同财政事权，由中央与地方共同承担支出责任；将国家公园内的经济发展、社会管理、公共服务、防灾减灾、市场监管等事项，中央政府委托省级政府代理行使全民所有自然资源资产所有权的国家公园管理机构运行，确认为地方财政事权，由地方承担支出责任。其他事项按照自然资源等领域中央与地方财政事权和支出责任划分改革方案相关规定执行。对中央政府直接行使全民所有自然资源资产所有权的国家公园共同财政事权事项，由中央财政承担主要支出责任。对地方财政事权中与国家公园核心价值密切相关的事项，中央财政通过转移支付予以适当补助。各省级政府参照上述要求，结合本省（自治区、直辖市）实际，合理划分省以下财政事权和支出责任。

（二）加大财政资金投入和统筹力度。建立以财政投入为主的多元化资金保障制度，加大对国家公园体系建设的投入力度。中央预算内投资对国家公园内符合条件的公益性和公共基础设施建设予以支持。加强林业草原共同财政事权转移支付资金统筹安排，支持国家公园建设管理以及国家公园内森林、草原、湿地等生态保护修复。优先将经批准启动国家公园创建工作的国家公园候选区统筹纳入支持范围。对预算绩效突出的国家公园在安排林业草原共同财政事权转移支付国家公园补助资金时予以奖励支持，对预算绩效欠佳的适当扣减补助资金。有关地方按规定加大资金统筹使用力度。探索推动财政资金预算安排与自然资源资产情况相衔接。

（三）建立健全生态保护补偿制度。结合中央财力状况，逐步加大重点生态功能区转移支付力度，增强国家公园所在地区基本公共服务保障能力。建立健全森林、草原、湿地等领域生态保护补偿机制。按照依法、自愿、有偿的原则，对划入国家公园内的集体所有土地及其附属资源，地方可探索通过租赁、置换、赎买等方式纳入管理，并维护产权人权益。将国家公园内的林木按规定纳入公益林管理，对集体和个人所有的商品林，地方可依法自主优先赎买。实施草原生态保护补助奖励政策。建立完善野生动物肇事损害赔偿制度和野生动物伤害保险制度，鼓励有条件的地方开展野生动物公众责任险工作。鼓励受益地区与国家公园所在地区通过资金补偿等方式建立横向补偿关系。探索建立体现碳汇价值的生态保护补偿机制。

（四）落实落细相关税收优惠和政府绿色采购等政策。对企业从事符合条件的环境保护项目所得，可按规定享受企业所得税优惠。对符合条件的污染防治第三方企业减按15%税率征收企业所得税。对符合条件的企业或个人捐赠，可按规定享受相应税收优惠，鼓励社会捐助支持国家公园建设。对符合政府绿色采购政策要求的产品，加大政府采购力度。

（五）积极创新多元化资金筹措机制。创新财政资金管理机制，调动企业、社会组织和公众参与国家公园建设的积极性。鼓励在依法界定各类自然资源资产产权主体权利和义务的基础上，依托特许经营权等积极有序引入社会资本，构建高品质、多样化的生态产品体系和价值实现机制。鼓励金融和社会资本按市场化原则对国家公园建设管理项目提供融资支持。利用多双边开发机构资金，支持国家公园体系、生物多样性保护和可持续生态系统相关领域建设。

四、保障措施

（一）加强组织保障。各地区、各有关部门要高度重视，落实责任主体，细化任务分工，充分发挥各方工作积极性，形成工作合力。建立健全财政部门和行业主管部门上下联动、横向互动的工作协同推进机制。财政部门落实以国家公园为主体的自然保护地体系财政保障制度。国家公园主管部门加强对国家公园布局、规划、创建、管理等的业务指导。各地区要结合实际，加强统筹组织，积极整合资源，细化完善政策，进一步健全财政保障政策和制度，扎实推进各项任务落实。

（二）完善规章制度。财政部会同国家林草局（国家公园局）等有关部门建立国家公园财政保障“1＋N”制度体系，在本意见的框架内，完善有关资金管理办法，出台财务管理制度，制定绩效管理办法等，为国家公园建设提供制度支撑。各地区要抓好细化落实，促进规范运行。

（三）实施绩效管理。按照“一类一策”原则制定绩效管理办法，区分不同国家公园定位，根据建设管理、生态保护修复、生态资产和生态服务价值、资金管理等，健全指标体系，科学合理设置绩效目标，定期组织开展绩效评价。财政部根据工作需要对国家公园补助资金开展重点绩效评价。强化绩效评价结果运用，将绩效评价结果作为资金分配和政策调整的重要依据。

（四）强化监督管理。国家公园依托设立方案和总体规划，明确建设内容和实施进度，深化前期工作，加强项目储备，鼓励实施项目库管理，确保预算执行效率和国家公园建设成效。财政部各地监管局加强就地监管。

本意见以支持国家公园建设为主，对国家公园外的其他自然保护地，可以参照执行本意见有关政策，但自然保护地管理方面另有规定的，从其规定。

国务院办公厅关于印发全国一体化政务大数据体系建设指南的通知

国办函〔2022〕102号

各省、自治区、直辖市人民政府，国务院各部委、各直属机构：

《全国一体化政务大数据体系建设指南》已经国务院同意，现印发给你们，请结合实际认真贯彻落实。

各地区各部门要深入贯彻落实党中央、国务院关于加强数字政府建设、加快推进全国一体化政务大数据体系建设的决策部署，按照建设指南要求，加强数据汇聚融合、共享开放和开发利用，促进数据依法有序流动，结合实际统筹推动本地区本部门政务数据平台建设，积极开展政务大数据体系相关体制机制和应用服务创新，增强数字政府效能，营造良好数字生态，不断提高政府管理水平和服务效能，为推进国家治理体系和治理能力现代化提供有力支撑。

国务院办公厅

2022年9月13日

（此件公开发布）

住房和城乡建设部办公厅　国家发展改革委办公厅关于加强公共供水管网漏损控制的通知

建办城〔2022〕2 号

各省、自治区住房和城乡建设厅、发展改革委，直辖市住房和城乡建设（管）委（城市管理局）、水务局、发展改革委，海南省水务厅，新疆生产建设兵团住房和城乡建设局、发展改革委：

随着城镇化发展，我国城市和县城供水管网设施建设成效明显，公共供水普及率不断提升，但不少城市和县城供水管网漏损率较高。为进一步加强公共供水管网漏损控制，提高水资源利用效率，现就有关事项通知如下：

一、总体要求

（一）工作思路。

以习近平新时代中国特色社会主义思想为指导，坚持人民城市人民建、人民城市为人民，按照建设韧性城市的要求，坚持节水优先，尽力而为、量力而行，科学合理确定城市和县城公共供水管网漏损控制目标。坚持问题导向，结合实际需要和实施可能，区分轻重缓急，科学规划任务项目，合理安排建设时序，老城区结合更新改造抓紧补齐供水管网短板，新城区高起点规划、高标准建设供水管网。坚持市场主导、政府引导，进一步完善供水价格形成机制和激励机制，构建精准、高效、安全、长效的供水管网漏损控制模式。

（二）主要目标。

到 2025 年，城市和县城供水管网设施进一步完善，管网压力调控水平进一步提高，激励机制和建设改造、运行维护管理机制进一步健全，供水管网漏损控制水平进一步提升，长效机制基本形成。城市公共供水管网漏损率达到漏损控制及评定标准确定的一级评定标准的地区，进一步降低漏损率；未达到一级评定标准的地区，控制到一级评定标准以内；全国城市公共供水管网漏损率力争控制在 9% 以内。

二、工作任务

（一）实施供水管网改造工程。

结合城市更新、老旧小区改造、二次供水设施改造和一户一表改造等，对超过使用年限、材质落后或受损失修的供水管网进行更新改造，确保建设质量。采用先进适用、质量可靠的供水管网管材。直径 100 毫米及以上管道，鼓励采用钢管、球墨铸铁管等优质管材；直径 80 毫米及以下管道，鼓励采用薄壁不锈钢管；新建和改造供水管网要使用柔性接口。新建供水管网要严格按照有关标准和规范规划建设。

（二）推动供水管网分区计量工程。

依据《城镇供水管网分区计量管理工作指南》，按需选择供水管网分区计量实施路线，开展工程建设。在管线建设改造、设备安装及分区计量系统建设中，积极推广采用先进的流量计量设备、阀门、水压水质监测设备和数据采集与传输装置，逐步实现供水管网网格化、精细化管理。实施“一户一表”改造。完善市政、绿化、消防、环卫等用水计量体系。

（三）推进供水管网压力调控工程。

积极推动供水管网压力调控工程，统筹布局供水管网区域集中调蓄加压设施，切实提高调控水平。供水管网压力分布差异大的，供水企业应安装在线管网压力监测设备，优化布置压力监测点，准确识别管网压力高压区与低压区，优化调控水厂加压压力。供水管网高压区，应在供水管网关键节点配置压力调节装备；供水管网低压区，应通过形成供水环网、进行二次增压等方式保障供水压力，逐步实现管网压力时空均衡。

（四）开展供水管网智能化建设工程。

推动供水企业在完成供水管网信息化基础上，实施智能化改造，供水管网建设、改造过程中可同步敷设有关传感器，建立基于物联网的供水智能化管理平台。对供水设施运行状态和水量、水压、水质等信息进行实时监测，精准识别管网漏损点位，进行管网压力区域智能调节，逐步提高城市供水管网漏损的信息化、智慧化管理水平。推广典型地区城市供水管网智能化改造和运行管理经验。

（五）完善供水管网管理制度。

建立从科研、规划、投资、建设到运行、管理、养护的一体化机制，完善制度，提高运行维护管理水平。推动供水企业将供水管网地理信息系统、营收、表务、调度管理与漏损控制等数据互通、平台共享，力争达到统一收集、统一管理、统一运营。供水企业进一步完善管网漏损控制管理制度，规范工作流程，落实运行维护管理要求，严格实施绩效考核，确保责任落实到位。加强区域运行调度、日常巡检、检漏听漏、施工抢修等管网漏损控制从业人员能力建设，不断提升专业技能和管理水平。鼓励各地结合实际积极探索将居住社区共有供水管网设施依法委托供水企业实行专业化统一管理。

三、组织实施

（一）强化责任落实。

督促城市（县）人民政府切实落实供水管网漏损控制主体责任，进一步理顺地下市政基础设施建设管理协调机制，提高地下市政基础设施管理水平，降低对供水管网稳定运行的影响。城市供水主管部门要组织开展供水管网现状调查，摸清漏损状况及突出问题，制定漏损控制中长期目标，确定年度建设任务和时序安排，提出项目清单，明确实施主体，完善运行维护方案，细化保障措施。供水企业要落实落细直接责任，狠抓建设任务落地，积极实施供水管网漏损治理工程；加强绩效管理，改革经营模式，实施水厂生产和管网营销两个环节的水量分开核算，取消“包费制”供水，坚决杜绝“人情水”。省级住房和城乡建设主管部门会同省级发展改革部门指导行政区域内供水管网漏损控制工作。住房和城乡建设部会同国家发展改革委等有关部门，将漏损控制目标制定及落实情况纳入有关考核。

（二）加大投入力度。

供水企业要统筹整合相关渠道资金，加大投入力度，加强供水管网建设、改造、运行维护资金保障。地方政府可加大对供水管网漏损控制工程的投资补助。鼓励符合条件的城市和县城供水项目发行地方政府专项债券和公司信用类债券。鼓励加大信贷资金支持力度，因地制宜引入社会资本，创新供水领域投融资模式。鼓励符合条件的城市和县城供水管网项目申报基础设施领域不动产投资信托基金（REITs）试点项目。各地要根据财政承受能力和政府投资能力合理规划、有序实施建设项目，防范地方政府债风险。

（三）推进激励机制建设。

建立健全充分反映供水成本、激励提升供水水质、促进节约用水的城镇供水价格形成机制，开展供水成本核定及供水企业成本监审时，明确管网漏损率原则上按照一级评定标准计算，管网漏损率大于一级评定标准的，超出部分不得计入成本。依托国家、地方科技计划（专项、基金）等，支持供水管网漏损控制领域先进适用技术研发和成果转化。各地要进一步研究制定激励政策，对成效显著的供水管网漏损控制工程给予奖励和支持。

（四）推广合同节水模式。

鼓励采用合同节水管理模式开展供水管网漏损控制工程，供水企业与节水服务机构以签订节水服务合同等形式，明确节水量或降低漏损率等指标，约定工程实施内容和商业回报模式。鼓励节水服务机构与供水企业在节水效果保证型、用水费用托管型、节水效益分享型等模式基础上，创新发展合同节水管理新模式。推动第三方服务市场发展，完善对从事漏损控制企业的税收、信贷等优惠政策，支持采用合同节水商业模式控制管网漏损。

四、中央预算内投资支持开展公共供水管网漏损治理试点

国家发展改革委会同住房和城乡建设部遴选一批积极性高、示范效应好、预期成效佳的城市和县城开展公共供水管网漏损治理试点，实施公共供水管网漏损治理工程，总结推广典型经验。试点城市和县城应制定公共供水管网漏损治理实施方案，明确目标任务、项目清单和时间表。中央预算内资金对试点地区的公共供水管网漏损治理项目，予以适当支持。

住房和城乡建设部办公厅
国家发展和改革委员会办公厅
2022 年 1 月 19 日

（此件公开发布）

农业农村部办公厅　住房和城乡建设部办公厅关于开展美丽宜居村庄创建示范工作的通知

农办社〔2022〕11号

各省、自治区、直辖市农业农村（农牧）厅（局、委）、住房和城乡建设厅（委、管委），新疆生产建设兵团农业农村局、住房和城乡建设局：

根据第三批全国创建示范活动保留项目目录，农业农村部、住房和城乡建设部决定共同开展美丽宜居村庄创建示范工作，现就有关事项通知如下。

一、总体要求

（一）指导思想

以习近平新时代中国特色社会主义思想为指导，深入贯彻习近平总书记关于建设宜居宜业和美乡村的重要指示精神，全面落实党中央、国务院有关决策部署，以美丽宜居村庄创建示范为载体，以点带面推进乡村建设，持续改善乡村风貌和人居环境、完善公共基础设施、提升公共服务水平、培育文明乡风，为全面推进乡村振兴贡献力量。

（二）基本原则

1. 示范引领，分级创建。在全国创建示范一批美丽宜居村庄，引领地方因地制宜开展各级创建示范活动，形成上下联动、分级创建的良好局面。探索形成可学习、可借鉴、可持续、可推广的经验做法，示范带动整体提升。

2. 尊重规律，注重实效。顺应乡村发展规律，合理安排创建示范时序和标准，既尽力而为又量力而行，稳扎稳打、务实推进，防止盲目跟风、一哄而上。立足实际进行创建提升，防止超越发展阶段搞大拆大建，杜绝造盆景、搞形象工程。

3. 因地制宜，有序推进。根据乡村资源禀赋、经济发展水平、风俗文化、村民期盼等，因村施策、有序推进，不搞一刀切、齐步走。注重乡土味道，保留村庄形态，保护乡村风貌，防止简单照搬城镇建设模式，打造各美其美的美丽宜居乡村。

4. 村民主体，政府引导。是否参与创建、建设什么内容等都要充分尊重村民意愿，不搞强迫命令、包办代替。对于积极性高的村，政府要加强指导服务，充分发挥村民主体作用，让村民真正成为参与者、建设者和受益者，持续激发乡村发展的内生动力。

（三）主要目标

“十四五”期间，争取创建示范美丽宜居村庄1500个左右，引领带动各地因地制宜推进省级创建示范活动，打造不同类型、不同特点的宜居宜业和美乡村示范样板，推动乡村振兴。

二、创建示范标准

美丽宜居村庄以行政村为单位，通过创建示范达到环境优美、生活宜居、治理有效等要求（详见附件1），与全面推进乡村振兴的要求相适应。美丽宜居村庄创建示范标准将根据乡村振兴工作要求和示范推进实践效果进行动态调整。

同等条件下，符合下列情形之一的优先支持创建：一是村或村“两委”班子成员获得省部级以上荣誉称号；二是具备连片创建示范条件的核心村；三是有稳定建管资金和机制保障的行政村。

近3年发生下列情形之一的，暂不支持创建：一是村“两委”班子成员严重违纪违法；二是发生较大安全生产事故、环境污染和生态破坏事故；三是发生群体性治安事件或重大刑事案件；四是发生其他受到市级以上通报或处罚的事项。

2018年以前住房和城乡建设部认定的美丽宜居村庄由省级农业农村、住房和城乡建设部门组织开展复核，复核结果报农业农村部、住房和城乡建设部备案，通过复核的予以命名。不占用所在省份推荐名额。

三、创建示范程序

（一）组织创建。各地农业农村、住房和城乡建设部门动员组织辖区内行政村积极参与，对照创建示范标准，组织引导村民自愿进行创建提升。

（二）推荐申报。农业农村部、住房和城乡建设部确定各省（自治区、直辖市）、新疆生产建设兵团“十四五”期间推荐总名额（详见附件2）。各地按年度开展推荐，年度推荐名额根据创建示范工作进展自定。各地县级农业农村、住房和城乡建设部门将符合条件村庄的申报材料，按程序报送至省级农业农村、住房和城乡建设部门。省级农业农村、住房和城乡建设部门对申报材料进行审查，并组织实地核查，择优向农业农村部、住房和城乡建设部推荐。

（三）评审认定。农业农村部、住房和城乡建设部对省级农业农村、住房和城乡建设部门提交的推荐材料组织专家评审，并根据实际情况适时开展实地抽查。对通过评审的村，经公示无异议后发文认定命名。2023 年，将启动第一次推荐申报与评审认定工作，具体通知另行印发。

（四）经验总结。各地农业农村、住房和城乡建设部门对创建示范工作进行总结，通过编印简报、现场观摩等方式，大力宣传创建示范经验做法和成效，切实发挥示范引领作用。农业农村部、住房和城乡建设部将采取适当方式对典型经验做法进行宣传推介。

（五）动态管理。农业农村部、住房和城乡建设部对已命名的美丽宜居村庄实施动态监测评估，对存在问题的督促限期整改，对整改不力的取消美丽宜居村庄称号，并调减所在省份推荐名额。

四、保障措施

（一）加强组织领导。省级农业农村、住房和城乡建设部门要将美丽宜居村庄创建示范活动作为实施乡村建设行动、全面推进乡村振兴的重要载体，精心组织、强化协作，切实抓紧抓好。要制定本地区创建示范工作方案，突出创建过程，注重探索经验，确保各项创建示范工作落到实处。要严格创建示范标准和程序，主动接受群众和社会监督，确保公平公正公开。

（二）强化指导服务。各地农业农村、住房和城乡建设部门要加强实地调查，强化业务指导和培育引导，积极引导和支持设计下乡，扎实推进创建示范工作。鼓励各地按照“储备一批、创建一批、认定一批”的机制梯次推进。

（三）加大政策支持。对获得美丽宜居村庄称号的行政村，农业农村部、住房和城乡建设部在项目安排、政策试点等方面予以优先考虑、适当倾斜。对获得美丽宜居村庄称号的行政村“两委”班子及其成员，地方有关部门可制定相关激励措施。

（四）大力宣传推广。各地农业农村、住房和城乡建设部门要利用各类媒体宣传推广美丽宜居村庄创建示范经验做法和成效，扩大美丽宜居村庄影响力，营造良好社会氛围。

联系人及电话：

农业农村部农村社会事业促进司：

吴　江　010-59191327

住房和城乡建设部村镇建设司：

孙晓春　010-58934567

附件：1. 美丽宜居村庄创建示范标准指标表

2. “十四五”期间美丽宜居村庄创建示范推荐名额分配表

农业农村部办公厅

住房和城乡建设部办公厅

2022 年 9 月 26 日

附件 1

美丽宜居村庄创建示范标准指标表

一级指标	二级指标	指标内容
环境优美（30 分）	1. 整体风貌	村庄布局合理，村庄形态与自然环境有机融合，村庄建设顺应地形地貌，彰显乡土特征和地域特色，整体风貌和谐。
	2. 自然风光	山水林田湖草等自然资源得到有效保护和修复，不挖山填湖、不破坏水系、不砍老树。
	3. 田园景观	村域内农田、牧场、林场、渔塘等田园景观优美，避免破坏性开发和过度改造。
	4. 环境保护	工业污染物、农业面源污染得到有效控制，农业生产废弃物基本实现资源化利用。推广使用清洁能源。推进农村人居环境整治提升，村庄干净整洁有序。
生活宜居（40 分）	1. 宜居农房	开展农村危房改造和农房抗震加固，村内无危房。推广“功能现代、成本经济、结构安全、绿色环保、与乡村环境相协调”的现代宜居农房建设，满足农民现代生产生活需要。农房建设管理规范有序，新建农房有审批，农房风貌协调。

续表

一级指标	二级指标	指标内容
生活宜居（40分）	2. 街巷院落	村庄街巷、公共空间等保持传统乡村形态、尺度宜人，古树名木、石阶铺地、井泉沟渠等乡村景观保护良好，街巷院落干净整洁，广泛开展美丽庭院创建活动。积极采用乡土树种、果蔬对公共空间、房前屋后进行绿化美化。
	3. 基础设施	基础设施完善，长效管护措施到位，管理维护良好。村庄道路硬化亮化，供水安全清洁，供电稳定，通讯网络畅通，消防和防灾减灾设施齐全。基本普及卫生厕所，农村生活垃圾收运处置体系和生活污水治理设施完善。
	4. 公共服务	农村教育、文化、医疗、养老、文化体育、应急救援等基本公共服务体系健全，居民享受公共服务可及性、便利性高。设置寄递物流和电商服务网点、益农信息社等服务平台，满足村民需求。
治理有效（30分）	1. 共建共治	强化党建引领，村级党组织领导有力，村民自治制度健全，村民议事协商形式务实有效，村民主动参与村庄事务，共建共治共享美好家园。
	2. 共同富裕	因地制宜发展特色产业，村集体经济可持续发展，村民人均可支配收入达到所在省份平均水平，村民获得感、幸福感、安全感显著提升。
	3. 文化传承	充分挖掘和保护村庄物质和非物质文化遗存，传承优秀传统文化。保护利用文物古迹、传统村落、民族村寨、传统建筑、农业文化遗产、灌溉工程遗产。培育乡村建设工匠、乡村"明白人""带头人"。
	4. 乡风文明	社会主义核心价值观融入村民日常生活，村规民约务实管用，乡风民风淳朴、邻里和谐，推进移风易俗。

备注：各地可结合实际对上述标准指标进行分值赋权，并根据指标内容进一步细化评分标准。

附件 2

"十四五"期间美丽宜居村庄创建示范推荐名额分配表

省份（含兵团）	名额	省份（含兵团）	名额
北京	10	湖北	66
天津	9	湖南	67
河北	128	广东	53
山西	70	广西	41
内蒙古	32	海南	8
辽宁	31	重庆	24
吉林	27	四川	128
黑龙江	26	贵州	41
上海	4	云南	39
江苏	42	西藏	15
浙江	51	陕西	47
安徽	44	甘肃	46
福建	39	青海	12
江西	49	宁夏	7
山东	192	新疆	26
河南	121	新疆生产建设兵团	5
合计		1500	

住房和城乡建设部办公厅关于进一步明确海绵城市建设工作有关要求的通知

建办城〔2022〕17号

各省、自治区住房和城乡建设厅，直辖市住房和城乡建设（管）委、水务局，新疆生产建设兵团住房和城乡建设局：

近年来，各地认真贯彻习近平总书记关于海绵城市建设的重要指示批示精神，采取多种措施推进海绵城市建设，对缓解城市内涝发挥重要作用。但一些城市存在对海绵城市建设认识不到位、理解有偏差、实施不系统等问题，影响海绵城市建设成效。为落实“十四五”规划《纲要》有关要求，扎实推动海绵城市建设，增强城市防洪排涝能力，现就有关要求通知如下：

一、深刻理解海绵城市建设理念

（一）准确把握海绵城市建设内涵。海绵城市建设应通过综合措施，保护和利用城市自然山体、河湖湿地、耕地、林地、草地等生态空间，发挥建筑、道路、绿地、水系等对雨水的吸纳和缓释作用，提升城市蓄水、渗水和涵养水的能力，实现水的自然积存、自然渗透、自然净化，促进形成生态、安全、可持续的城市水循环系统。

（二）明确海绵城市建设主要目标。海绵城市建设是缓解城市内涝的重要举措之一，能够有效应对内涝防治设计重现期以内的强降雨，使城市在适应气候变化、抵御暴雨灾害等方面具有良好“弹性”和“韧性”。

二、明确实施路径

（三）突出全域谋划。海绵城市建设要在全面掌握城市水系演变基础上，着眼于流域区域，全域分析城市生态本底，立足构建良好的山水城关系，为水留空间、留出路，实现城市水的自然循环。要理清城市竖向关系，不盲目改变自然水系脉络，避免开山造地、填埋河汊、占用河湖水系空间等行为。

（四）坚持系统施策。海绵城市建设应从“末端”治理向“源头减排、过程控制、系统治理”转变，从以工程措施为主向生态措施与工程措施相融合转变，避免将海绵城市建设简单作为工程项目推进。既要扭转过度依赖工程措施的治理方式，也要改变只强调生态措施和源头治理的思路，避免从一个极端走向另一个极端。

（五）坚持因地制宜。海绵城市建设应聚焦城市建成区范围内因雨水导致的问题，以缓解城市内涝为重点，统筹兼顾削减雨水径流污染，提高雨水收集和利用水平。避免无限扩大海绵城市建设内容，将传统绿化、污水收集处理设施建设等项目作为海绵城市建设项目，将海绵城市建设机械理解为建设透水、下渗设施。海绵城市建设应坚持问题导向和目标导向，结合气候地质条件、场地条件、规划目标和指标、经济技术合理性、公众合理诉求等因素，灵活选取“渗、滞、蓄、净、用、排”等多种措施组合，增强雨水就地消纳和滞蓄能力。

（六）坚持有序实施。海绵城市建设应加强顶层设计，统筹谋划、有序实施。应结合城市更新行动，急缓有序、突出重点，优先解决积水内涝等对人民群众生活生产影响大的问题，优先将建设项目安排在短板突出的老旧城区，向地下管网等基础设施倾斜。

三、科学编制海绵城市建设规划

（七）合理确定规划目标和指标。规划目标和指标应在摸清排水管网、河湖水系等现状基础上，针对城市特点合理确定，明确雨水滞蓄空间、径流通道和设施布局。避免将排水防涝、污水处理、园林绿地等专项规划任务简单叠加，防止将海绵城市建设规划局限于对可渗透地面面积比例、雨水年径流总量控制率等指标的分解。

（八）合理划分排水分区。海绵城市建设应考虑城市自然地形地貌、河湖水系分布、高程竖向、排水设施布局等因素，合理划分排水分区，顺应自然肌理、地形和水系关系，“高水高排、低水低排”，避免将地势较高、易于排水的区域与低洼区域划分在同一排水分区，防止将城市规划控规单元、行政区划边界作为排水分区边界。

（九）实事求是确定技术路线。海绵城市建设具体措施应符合城市现状和规划目标。应对技术路线进行比选，对各类措施所能产生的效果进行论证，避免罗列堆砌工程项目。未经分析论证，不应在不同的建设项目中采用同一技术措施、使用相同设计参数。

四、因地制宜开展项目设计

（十）加强多专业协同。海绵城市建设应加强排水、园林绿化、建筑、道路等多专业融合设计、全过程协同水平，优先考虑利用自然力量排水，确保经济、适用，实现景观效果与周边环境相协调。避免仅从单一专业角度出发考虑问题，不能在建筑、道路、园林等设计方案确定后，再由排水工程专业“打补丁”。

（十一）注重多目标融合。城市绿地、建筑、道路等设计方案应在满足自身功能前提下，统筹考虑雨水控制要求。绿地应在消纳自身径流同时，统筹考虑周边雨水消纳，合理确定消纳方式和措施，避免简单采取下沉方式。建筑与小区应采取雨水控制、利用等措施，确保在内涝防治设计重现期降雨量发生的情况下，建筑底层不发生进水，有效控制建筑与小区外排雨水的峰值流量。道路应消纳排除道路范围内的雨水，不出现积水点。缺水地区应更多考虑雨水收集和利用，蓄水模块、蓄水池规模应与雨水利用能力相匹配。

（十二）全生命周期优化设计。海绵城市建设项目设计必须简约适用，减少全生命周期运行维护的难度和成本。应加强适老化设计，避免产生新的安全隐患。在湿陷性黄土或有其他地质灾害隐患地区，建设下渗型海绵城市设施应考虑地面塌陷等因素。

五、严格项目建设和运行维护管理

（十三）强化建设管控。海绵城市建设投资规模的确定应实事求是，不应将建筑、道路、环境整治等主体工程投资计入海绵城市建设投资。在设计环节，应将海绵城市建设相关工程设计纳入方案设计审查，按照相关强制性标准进行施工图设计文件审查。在施工许可、竣工验收环节，应将海绵城市建设相关强制性标准作为重点审查和监督内容。

（十四）加强施工管理。海绵城市建设项目应严格按图施工，落实场地竖向要求，确保雨水收水汇水连续顺畅，控制水土流失。加强地下管网、调蓄设施等隐蔽工程的质量检查和记录。

（十五）做好运行维护。明确海绵城市相关设施运行维护责任主体，落实资金，做好日常运行维护，确保相关设施正常发挥功能；避免出现无责任主体、无资金保障等情况。相关设施建成后，不得擅自拆改，不得非法侵占、损毁。

六、建立健全长效机制

（十六）落实主体责任。按照《国务院办公厅关于推进海绵城市建设的指导意见》（国办发〔2015〕75号）要求，进一步压实城市人民政府海绵城市建设主体责任，建立政府统筹、多专业融合、各部门分工协同的工作机制，形成工作合力，增强海绵城市建设的整体性和系统性，避免将海绵城市建设简单交给单一部门牵头包办。

（十七）强化规划管控。将海绵城市建设理念落实到城市规划建设管理全过程，海绵城市建设的目标、指标和重大设施布局应纳入到有关规划和审批环节，新建、扩建项目要严格落实海绵城市建设要求，未按规定进行变更、报批的项目，不得擅自降低规划指标；改造类项目应全面考虑海绵城市建设要求。

（十八）科学开展评价。建立健全海绵城市建设绩效评估机制，逐项排查工作中存在的问题，突出城市内涝缓解程度、人民群众满意度和受益程度、资金使用效率等目标；避免将项目数量、投资规模作为工作成效。

（十九）加大宣传引导。加强海绵城市建设管理和技术人员的培训，保证海绵城市建设“不走样”；积极探索群众喜闻乐见的宣传形式，争取公众对海绵城市建设、改造工作的理解、支持和配合，避免“海绵城市万能论”“海绵城市无用论”，严禁虚假宣传或夸大宣传。

（二十）鼓励公众参与。在海绵城市建设中充分听取公众意见，满足群众合理需求。要与城镇老旧小区改造、美好环境与幸福生活共同缔造等工作充分结合，引导公众共同参与方案设计、施工监督，实现共建共治共享。

住房和城乡建设部办公厅

2022年4月18日

（此件公开发布）

住房和城乡建设部办公厅关于印发2022年政务公开工作要点的通知

建办厅〔2022〕27号

部机关各单位、直属各单位：

《住房和城乡建设部2022年政务公开工作要点》已经部领导同意，现印发给你们，请结合实际认真贯彻落实。

住房和城乡建设部办公厅

2022年6月23日

（此件主动公开）

住房和城乡建设部2022年政务公开工作要点

做好2022年住房和城乡建设部政务公开工作，要坚持以习近平新时代中国特色社会主义思想为指导，全面贯彻党的十九大和十九届历次全会精神，坚持稳中求进工作总基调，加快转变政务公开职能，服务住房和城乡建设领域中心工作，重点围绕助力经济平稳健康发展和保持社会和谐稳定、提高政策公开质量、夯实公开工作基础等方面深化政务公开，更好发挥以公开促落实、强监管功能，以实际行动迎接党的二十大胜利召开。

一、以公开助力经济平稳健康发展

（一）加强涉及市场主体的信息公开。加强住房和城乡建设领域政策制定实施的透明度和可预期性，提振市场主体信心，持续打造市场化法治化国际化营商环境。加大工程建设项目审批信息公开力度，督促指导相关地区及时回应企业和群众关切。围绕我部出台的相关政策措施，及时发布权威信息，加大解读力度，以更加有效、更高质量的信息公开，积极引导市场预期。（各有关司局按职责分工负责）

二、以公开助力保持社会和谐稳定

（二）持续做好疫情防控信息公开。严格执行疫情防控信息发布各项制度，增强住房和城乡建设领域疫情防控相关信息发布的及时性、针对性，及时充分回应社会关切，防止引发疑虑和不实炒作。加强个人隐私保护，避免对当事人正常生活产生不当影响。（各有关司局按职责分工负责）

（三）强化稳就业保就业信息公开。加强政策宣讲和推送工作，将住房和城乡建设领域支持政策及时传达至相关群体，帮助他们更好就业创业。加大政策解读和政策培训工作力度，对基层执行机关开展政策培训，使各项政策能够落得快、落得准、落得实，最大限度利企惠民。做好住房公积金支持政策信息公开。（各有关司局按职责分工负责）

（四）推进公共企事业单位信息公开。严格执行修订后的《供水、供气、供热等公共企事业单位信息公开实施办法》，深入推进供水、供气、供热等公共企事业单位信息公开，以有力有效的信息公开，助力监督管理的强化和服务水平的提升，更好维护市场经济秩序和人民群众切身利益。（城市建设司负责）

（五）继续做好财政预算、决算信息和住房和城乡建设领域统计信息公开。稳步推进部本级和部直属预算单位预算、决算及相关报表依法依规向社会公开。做好城乡建设统计年鉴、统计公报及相关统计制度公开。（计划财务与外事司负责）

（六）继续做好住房公积金信息披露。披露并指导各地披露住房公积金2021年年度报告，提高住房公积金管理运行透明度，保障缴存单位和职工知情权、监督权。（住房公积金监管司负责）

三、切实提高政策公开质量

（七）深化规章集中公开。继续做好规章在部门户网站集中公开，建立健全规章动态更新工作机制，高质量发布现行有效规章正式版本，稳步推进规章历史文本收录工作，配合有关部门探索构建统一的国家规章库。（法规司牵头，各有关司局、信息中心配合）。

（八）开展行政规范性文件集中公开。高质量发布行政规范性文件正式版本，2022 年底前在部门户网站政府信息公开专栏集中公开并动态更新我部现行有效行政规范性文件。探索建立住房和城乡建设系统现行有效行政规范性文件库，建立健全动态更新工作机制。（各有关司局按职责分工负责）

（九）做好标准规范公开。主动公布工程建设标准年度编制计划、标准征求意见、标准发布公告和标准规范文本。探索建立标准库。（标准定额司、办公厅、信息中心按职责分工负责）

（十）优化政策咨询服务。加大部门户网站“政务咨询”栏目建设力度，进一步提高政策咨询服务水平，更好回应与企业和个人行政许可事项密切相关的问题。规范高效办理“我为政府网站找错”平台网民留言。（办公厅牵头，各有关司局、信息中心配合。）

四、夯实公开工作基础

（十一）规范执行政府信息公开制度。在公开工作中增强规范意识，完善政府信息公开保密审查制度，对拟公开的政府信息，按照“谁产生、谁负责”的原则，依法依规严格做好保密审查，防止泄露国家秘密、工作秘密和敏感信息，防范数据汇聚引发泄密风险。认真执行政府信息公开行政复议案件审理制度，依法审理政府信息公开行政复议案件。（各有关司局按职责分工负责）

（十二）科学合理确定公开方式。准确把握不同类型公开要求，综合考虑公开目的、公开效果、后续影响等因素，科学合理确定公开方式。公开内容涉及公众利益调整、需要公众广泛知晓的，可通过部门户网站等渠道公开。公开内容仅涉及部分特定对象，或者相关规定明确要求在特定范围内公示的，要选择适当的公开方式，防止危害国家安全、公共安全、经济安全、社会稳定或者泄露个人隐私、商业秘密。（各有关司局按职责分工负责）

（十三）加强公开平台建设。严格落实网络意识形态责任制，确保部门户网站与政务新媒体安全平稳运行。2022 年底前，实现部门户网站全面支持互联网协议第 6 版。深入推进部门户网站集约化，及时准确传递党中央、国务院权威声音。持续做好住房和城乡建设部文告工作。（办公厅牵头，信息中心配合）

五、强化工作指导监督

（十四）严格落实主体责任。推动落实信息发布、政策解读和政务舆情回应主体责任。在发布重大政策的同时做好解读工作，主动解疑释惑、积极引导舆论、有效管理预期。充分评估政策本身可能带来的各种影响，以及时机和形势可能产生的附加作用，避免发生误解误读。加强政务舆情监测和风险研判，前瞻性做好引导工作，更好回应人民群众和市场主体关切，为经济社会发展营造良好氛围。（各有关司局按职责分工负责）

（十五）有效改进工作作风。切实履行法定职责，加强政务公开疑难复杂问题的会商交流，依法依规处理政府信息依申请公开。做好部政府信息公开情况通报。（办公厅负责）

（十六）认真抓好工作落实。梳理形成工作台账，明确责任主体和完成时限，逐项推动落实。对上一年度工作要点落实情况开展“回头看”。落实情况要纳入部政府信息公开工作年度报告予以公开，接受社会监督。（办公厅牵头，各有关司局配合）

住房和城乡建设部办公厅　国家发展改革委办公厅　中国气象局办公室关于进一步规范城市内涝防治信息发布等有关工作的通知

建办城〔2022〕30 号

各省、自治区住房和城乡建设厅、发展改革委、气象局，直辖市住房和城乡建设（管）委、水务局、发展改革委、气象局，新疆生产建设兵团住房和城乡建设局、发展改革委、农业农村局：

为进一步贯彻落实《国务院办公厅关于加强城市内涝治理的实施意见》（国办发〔2021〕11号）要求，及时准确发布气象预警预报等信息，规范城市排水防涝相关标准表述，提高公众防灾避险意识，现就有关要求通知如下。

一、规范气象预警预报信息表述。各级气象部门在发布涉及城市排水防涝的预报预警和统计分析信息时，要明确表述最大小时降雨量（毫米／小时）、最大24小时降雨量（毫米/24小时）、过程降雨量（毫米）等。在发布面向公众的暴雨预警信号时，要公布蓝、黄、橙、红预警信号等级所对应的降雨量及公众需采取的防范措施。

二、规范雨水管渠设计标准和内涝防治标准表述。各级住房和城乡建设（排水）等主管部门，按照《室外排水设计标准》（GB50014）确定和发布本地区雨水管渠设计标准、内涝防治标准时，不宜简单表述为“× 年一遇”，要将“× 年一遇”转换为单位时间内的降雨量毫米数。其中，雨水管渠设计标准转换为“× 毫米／小时”；内涝防治标准转换为“× 毫米／24小时”。

三、及时修（制）订暴雨强度公式。各地要按照《室外排水设计标准》（GB50014）等有关标准，根据最新降雨统计分析数据变化，及时修订本地暴雨强度公式，原则上应每隔5年修订一次；城市规模较大、降雨分布不均的城市，应根据降雨分布情况分区域编制暴雨强度公式。降雨统计分析数据不足、尚未编制暴雨强度公式的城市，应加强数据积累，暂时参考使用气候特征相似的临近城市暴雨强度公式。

四、强化防灾避险提醒。各地住房和城乡建设（排水）、气象部门要加强合作，结合历史数据，运用科学方法，研判本城市可应对的最大小时降雨量（毫米／小时）、最大24小时降雨量（毫米/24小时）。当预报降雨量超出应对能力时，应通过多种途径提醒公众防灾避险。

住房和城乡建设部办公厅
国家发展改革委办公厅
中国气象局办公室
2022年6月28日

（此件公开发布）

住房和城乡建设部办公厅关于印发部主动公开基本目录（2022年版）的通知

建办厅〔2022〕33号

部机关各单位：

《住房和城乡建设部主动公开基本目录（2022年版）》已经部领导同意，现印发给你们，请对照目录做好政府信息主动公开工作。2018年1月5日印发的《住房和城乡建设部政府信息主动公开基本目录》同时废止。

住房和城乡建设部办公厅
2022年7月26日

（此件主动公开）

住房和城乡建设部主动公开基本目录（2022年版）

一、概述

为贯彻落实《政府信息公开条例》（以下简称《条例》）以及《国务院办公厅印发〈关于全面推进政务公开工作的意见〉实施细则的通知》（国办发〔2016〕80号）有关要求，进一步提高我部政府信息主动公开标准化、规范化水平，制定本目录。凡列入本目录的公开事项，除《条例》第十四条、第十五条、第十六条规定明确可不予公开的政府信息外，均应按要求主动公开并及时更新。

（一）公开事项和内容

重点公开机构信息、政策文件、解读回应、规划信息、统计数据、行政许可、行政处罚、财务信息、人事管理、建议提案、新闻发布、标准公告等12类、23项内容。

（二）公开时限

公开时限为自相关信息形成或变更之日起20个工作日内。法律、法规对公开期限另有规定的，从其规定。

（三）公开方式

住房和城乡建设部门户网站（www.mohurd.gov.cn）“政府信息公开”专栏是我部政府信息公开的主要平台，集中、统一发布我部主动公开的政府信息。

根据实际情况，我部还将通过新闻发布会、住房和城乡建设部公报等形式主动公开。

（四）责任主体

部政务公开领导小组办公室牵头，各有关司局根据职责分工分别负责（详见基本目录“责任单位”列）。

（五）监督渠道

部政务公开领导小组办公室负责受理公民、法人和其他组织对我部政府信息主动公开工作的意见和建议。

通讯地址：北京市海淀区三里河路9号。邮编：100835。

联系电话：010-58933024。

二、基本目录

公开类别	序号	公开事项	公开内容	责任单位
机构信息	1	基本信息	办公地址、办公时间、联系方式等	办公厅
	2	部领导	部领导姓名、职务、照片等内容，重要活动等信息	人事司 办公厅
	3	部机关职责	部机关主要职能、机构设置	人事司
政策文件	4	法律法规	住房和城乡建设领域法律、行政法规	法规司
	5	部门规章	住房和城乡建设部颁布的部门规章	法规司
	6	规范性文件	除部门规章外，由住房和城乡建设部制定或住房和城乡建设部与其他部门联合制定的，涉及公民、法人和其他组织权利义务，具有普遍约束力，在一定期限内反复适用的公文	各有关司局
	7	重大政策转载	及时转载党中央、国务院重大决策部署等权威信息	办公厅
	8	重大决策预公开	重大决策公开征求意见和意见征集结果公开	各有关司局
解读回应	9	政策解读	对住房和城乡建设部制定政策的背景、意义、必要性、主要内容和实施要求等采用多样化解读方式开展解读	各有关司局、办公厅
规划信息	10	国民经济和社会发展规划、专项规划	规划内容	各有关司局
统计数据	11	年鉴	年鉴内容	计划财务与外事司
	12	公报	统计公报内容	各有关司局
行政许可	13	行政许可事项清单	行政许可事项名称、实施机关、设定和实施依据	法规司
	14	行政许可决定	行政许可决定	各有关司局
行政处罚	15	行政处罚相关事项	行政处罚的依据、条件、程序	各有关司局
	16	行政处罚决定	行政处罚决定书全文	城市管理监督局
财务信息	17	部门预决算	部机关及直属单位预算、决算和“三公”经费使用情况	计划财务与外事司
	18	行政事业性收费	行政事业性收费项目及其依据、标准	各有关司局
	19	政府采购	部本级政府采购的总额及货物、服务、工程等三项的具体金额	计划财务与外事司
人事管理	20	公务员招考	公务员招考的职位、名额、报考条件等事项以及录用结果	人事司

续表

公开类别	序号	公开事项	公开内容	责任单位
建议提案	21	建议提案复文	由住房和城乡建设部答复的，应当公开的全国人大代表建议和全国政协委员提案办理结果	办公厅 各有关司局
新闻发布	22	新闻发布与舆情回应	新闻发言人姓名、新闻发布工作机构联系方式；新闻通稿，例行新闻发布会、媒体报道、通气会、重要工作动态有关情况	办公厅 各有关司局
标准公告	23	标准规范	住房和城乡建设部批准的标准规范	标准定额司

抄送：国务院办公厅政府信息与政务公开办公室，各省、自治区住房和城乡建设厅，直辖市住房和城乡建设（管）委及有关部门，新疆生产建设兵团住房和城乡建设局。

住房和城乡建设部办公厅关于开展建筑施工企业安全生产许可证和建筑施工特种作业操作资格证书电子证照试运行的通知

建办质〔2022〕34号

各省、自治区住房和城乡建设厅，直辖市住房和城乡建设（管）委，新疆生产建设兵团住房和城乡建设局：

为进一步贯彻落实国务院关于加快推进电子证照扩大应用领域和全国互通互认的要求，深化“放管服”改革，提升建筑施工安全监管数字化水平，决定开展建筑施工企业安全生产许可证和建筑施工特种作业操作资格证书电子证照（以下简称电子证照）试运行。现将有关事项通知如下：

一、试运行范围

自2022年10月1日起，在天津、山西、黑龙江、江西、广西、海南、四川、重庆、西藏等9个省（区、市）和新疆生产建设兵团开展建筑施工企业安全生产许可证电子证照试运行，在河北、吉林、黑龙江、浙江、江西、湖南、广东、重庆等8个省（市）和新疆生产建设兵团开展建筑施工特种作业操作资格证书电子证照试运行。

二、制发标准

各地要依据《全国一体化在线政务服务平台 电子证照 建筑施工企业安全生产许可证》（附件1）、《全国一体化政务服务平台 电子证照 建筑施工特种作业操作资格证书》（附件2）和《全国工程质量安全监管信息平台电子证照归集共享业务规程（试运行）》（附件3），依托省级政务服务平台或相关审批发证系统，建立电子证照的制作、签发和信息归集业务流程，规范数据信息内容和证书样式，并通过全国工程质量安全监管信息平台进行电子证照赋码，形成全国统一的电子证照版式。

三、信息归集共享

各省级住房和城乡建设主管部门负责统筹协调本行政区域内电子证照数据对接工作，将已制发的电子证照数据实时上传至全国工程质量安全监管信息平台，进行归集和存档。全国工程质量安全监管信息平台及微信小程序向社会公众提供证照信息公开查询以及二维码扫描验证服务，并向各省级住房和城乡建设主管部门实时共享电子证照信息，实现电子证照信息跨地区互联互通互认。

四、工作要求

各地要加强组织保障，细化职责分工，统筹协调相关信息系统的业务衔接。在国家政务服务平台的整体框架下，制定工作计划，落实工作经费，为全面推行电子证照信息互联互通互认做好工作准备。于 2022 年 8 月 20 日前将接口服务授权申请表（附件 4）反馈至住房和城乡建设部工程质量安全监管司。

试运行省份应于 2022 年 9 月底完成相关信息系统升级和联调测试等工作，出台相关纸质证照转换电子证照实施细则，主动向社会公开。其余省份应根据有关标准，尽快做好电子证照发放准备工作，力争在 2022 年底前全面实现相关证照电子化。

联系人及电话：张　凯　010-58933920

技术咨询电话：武彦清　010-58934536

010-58934213

电子邮箱：anquanchu@mohurd.gov.cn

附件：1. 全国一体化政务服务平台　电子证照　建筑施工企业安全生产许可证（C0292-2022）

2. 全国一体化政务服务平台　电子证照　建筑施工特种作业操作资格证书（C0304-2022）

3. 全国工程质量安全监管信息平台电子照归集共享业务规程（试运行）

4. 接口服务授权申请表

住房和城乡建设部办公厅

2022 年 8 月 8 日

（此件公开发布）

住房和城乡建设部办公厅关于进一步做好建筑工人就业服务和权益保障工作的通知

建办市〔2022〕40 号

各省、自治区住房和城乡建设厅，直辖市住房和城乡建设（管）委，新疆生产建设兵团住房和城乡建设局：

建筑业是国民经济支柱产业，在吸纳农村转移劳动力就业、推进新型城镇化建设和促进农民增收等方面发挥了重要作用。为深入贯彻落实党中央、国务院决策部署，促进建筑工人稳定就业，保障建筑工人合法权益，统筹做好房屋市政工程建设领域安全生产和民生保障工作，现将有关事项通知如下：

一、加强职业培训，提升建筑工人技能水平

（一）提升建筑工人专业知识和技能水平。各地住房和城乡建设主管部门要积极推进建筑工人职业技能培训，引导龙头建筑企业积极探索与高职院校合作办学、建设建筑产业工人培育基地等模式，将技能培训、实操训练、考核评价与现场施工有机结合。鼓励建筑企业和建筑工人采用师傅带徒弟、个人自学与集中辅导相结合等多种方式，突出培训的针对性和实用性，提高一线操作人员的技能水平。引导建筑企业将技能水平与薪酬挂钩，实现技高者多得、多劳者多得。

（二）全面实施技能工人配备标准。各地住房和城乡建设主管部门要按照《关于开展施工现场技能工人配备标准制定工作的通知》（建办市〔2021〕29 号）要求，全面实施施工现场技能工人配备标准，将施工现场技能工人配备标准达标情况作为在建项目建筑市场及工程质量安全检查的重要内容，推动施工现场配足配齐技能工人，保障工程质量安全。

二、加强岗位指引，促进建筑工人有序管理

（三）强化岗位风险分析和工作指引。各地住房和城乡建设主管部门要统筹房屋市政工程建设领域行业特点和农民工个体差异等因素，针对建筑施工多为重体力劳动、对人员健康条件和身体状况要求较高等特点，强化岗位指引，引导建筑企业逐步建立建筑工人用工分类管理制度。对建筑电工、架子工等特种作业和高风险作业岗位的从业人员要严格落实相关规定，确保从业人员安全作业，减少安全事故隐患；对一般作业岗位，要尊重农民工就业需求和建筑企业用工需要，根据企业、项目和岗位的具体情况合理安排工作，切实维护好农民工就业权益。

（四）积极拓宽就业渠道。各地住房和城乡建设主管部门要主动作为，积极配合人力资源社会保障、工会等部门，为不适宜继续从事建筑活动的农民工，提供符合市场需求、易学易用的培训信息，开展有针对性的职业技能培训和就业指导，引导其在环卫、物业等劳动强度低、安全风险小的领域就业，拓宽就业渠道。

三、加强纾困解难，增加建筑工人就业岗位

（五）以工代赈促进建筑工人就业增收。各地住房和城乡建设主管部门要配合人力资源社会保障部门严格落实阶段性缓缴农民工工资保证金要求，提高建设工程进度款支付比例，进一步降低建筑企业负担，促进建筑企业复工复产，有效增加建筑工人就业岗位。依托以工代赈专项投资项目，在确保工程质量安全和符合进度要求等前提下，结合本地建筑工人务工需求，充分挖掘用工潜力，通过以工代赈帮助建筑工人就近务工实现就业增收。

四、加强安全教育，保障建筑工人合法权益

（六）压实安全生产主体责任。各地住房和城乡建设主管部门要督促建筑企业建立健全施工现场安全管理制度，严格落实安全生产主体责任，对进入施工现场从事施工作业的建筑工人，按规定进行安全生产教育培训，不断提高建筑工人的安全生产意识和技能水平，减少违规指挥、违章作业和违反劳动纪律等行为，有效遏制生产安全事故，保障建筑工人生命安全。

（七）改善建筑工人安全生产条件。各地住房和城乡建设主管部门要督促建筑企业认真落实《建筑施工安全检查标准》（JGJ59-2011）、《建设工程施工现场环境与卫生标准》（JGJ146-2013）等规范标准，配备符合行业标准的安全帽、安全带等具有防护功能的劳动保护用品，持续改善建筑工人安全生产条件和作业环境。落实好建筑工人参加工伤保险政策，进一步扩大工伤保险覆盖面。

（八）持续规范建筑市场秩序。各地住房和城乡建设主管部门要依法加强行业监管，严厉打击转包挂靠等违法违规行为，持续规范建筑市场秩序。联合人力资源社会保障等部门用好工程建设领域工资专用账户、农民工工资保证金、维权信息公示等政策措施，保证农民工工资支付，维护建筑工人合法权益。加强劳动就业和社会保障法律法规政策宣传，帮助建筑工人了解自身权益，提高维权和安全意识，依法理性维权。

各地住房和城乡建设主管部门要提高思想认识，加强组织领导，明确目标任务，利用多种形式宣传相关政策，积极回应社会关切和建筑工人诉求，合理引导预期，切实做好建筑工人就业服务和权益保障工作。

住房和城乡建设部办公厅

2022年8月29日

（此件公开发布）

住房和城乡建设部办公厅　国家发展改革委办公厅　国家疾病预防控制局综合司关于加强城市供水安全保障工作的通知

建办城〔2022〕41号

各省、自治区住房和城乡建设厅、发展改革委、疾控主管部门，直辖市住房和城乡建设（管）委（城市管理局）、水务局、发展改革委、疾控主管部门，海南省水务厅，新疆生产建设兵团住房和城乡建设局、发展改革委、疾控主管部门：

城市供水是重要的民生工程，事关人民群众身体健康和社会稳定。为进一步提升城市供水安全保障水平，现将有关事项通知如下。

一、总体要求

坚持以人民为中心的发展思想，全面、系统加强城市供水工作，推动城市供水高质量发展，持续增强供水安全保障能力，满足人民群众日益增长的美好生活需要。自2023年4月1日起，城市供水全面执行《生活饮用水卫生标准》（GB 5749—2022）；到2025年，建立较为完善的城市供水全流程保障体系和基本健全的城市供水应急体系。

二、推进供水设施改造

（一）升级改造水厂工艺。

各地要组织城市供水企业对照《生活饮用水卫生标准》（GB 5749—2022）要求，开展水厂净水工艺和出水水质达标能力复核。需要改造的，要按照国家和行业工程建设标准、卫生规范要求有序实施升级改造。要重点关注感官指标、消毒副产物指标、新增指标、限值加严指标以及水源水质潜在风险指标，当水源水质不能稳定达标或存在臭和味等不在水源水质标准内但会影响供水达标的物质时，应协调相关部门调整水源或根据需要增加预处理或深度处理工艺。

（二）加强供水管网建设与改造。

新建供水管网要严格按照有关标准和规范规划建设，采用先进适用、质量可靠、符合卫生规范的供水管材和施工工艺，严禁使用国家已明令禁止使用的水泥管道、石棉管道、无防腐内衬的灰口铸铁管道等，确保建设质量。编制本地区供水管道老化更新改造方案，对影响供水水质、妨害供水安全、漏损严重的劣质管材管道，运行年限满 30 年、存在安全隐患的其它管道，应结合燃气等老旧地下管线改造、城市更新、老旧小区改造、二次供水设施改造和“一户一表”改造等，加快更新改造。实施公共供水管网漏损治理，持续降低供水管网漏损率。进一步提升供水管网管理水平，通过分区计量、压力调控、优化调度、智能化管理等措施，实现供水管网系统的安全、低耗、节能运行，满足用户的水量、水压、水质要求。

（三）推进居民加压调蓄设施统筹管理。

各地要全面排查居民小区供水加压调蓄设施，摸清设施供水规模、供水方式、水质保障水平、服务人口、养护主体等基本情况，建立信息动态更新机制。鼓励新建居民住宅的加压调蓄设施同步建设消毒剂余量、浊度等水质指标监测设施，统筹布局建设消毒设施。既有加压调蓄设施不符合卫生和工程建设标准规范的，应加快实施更新改造，并落实防淹、防断电等措施。探索在建筑小区、楼宇的进水管道上安装可连接供水车等外部加压设备的应急供水接口。进一步理顺居民供水加压调蓄设施管理机制，鼓励依法依规移交给供水企业实行专业运行维护。由供水企业负责运行管理的加压调蓄设施，其运行维护、修理更新等费用计入供水价格，并继续执行居民生活用电价格。暂不具备移交条件的，城市供水、疾病预防控制主管部门应依法指导和监督产权单位或物业管理单位等按规定规范开展设施的运行维护。

三、提高供水检测与应急能力

（四）加强供水水质检测。

各地疾病预防控制主管部门要按照《生活饮用水卫生监督管理办法》制定并组织实施本地生活饮用水卫生监督监测工作方案，加大督查检查力度，依法查处违法行为；加强水质卫生监测，有效监测城区集中式供水、二次供水的卫生管理情况及供水水质情况，开展供水卫生安全风险评估，及时发现隐患，防范卫生安全风险。城市供水主管部门要按照《城市供水水质管理规定》，加强城市供水水质监测能力建设，建立健全城市供水水质监督检查制度，组织开展对出厂水、管网水、二次供水重点水质指标全覆盖检查。做好国家随机监督抽查任务与地方日常监督工作的衔接。城市供水企业应按照不低于《城镇供水与污水处理化验室技术规范》（CJJ/T 182）规定的Ⅲ级要求科学配置供水化验室检测能力，当处理规模大于 10 万立方米 / 日时，应提高化验室等级。城市供水企业和加压调蓄设施管理单位要建立健全水质检测制度，按照《城市给水工程项目规范》（GB 55026）、《城市供水水质标准》（CJ/T 206）明确的检测项目、检测频率和标准方法的要求，定期检测城市水源水、出厂水和管网末梢水的水质；进一步完善供水水质在线监测体系，合理布局监测点位，科学确定监测指标，加强在线监测设备的运行维护。

（五）加强供水应急能力建设。

各地要结合近年来城市供水面临的新形势、新问题、新挑战，完善供水应急预案，进一步明确在水源突发污染、旱涝急转等不同风险状况下的供水应急响应机制。加强供水水质监测预警，针对水源风险，研判潜在的特征污染物，督促供水企业加强相关应急净水材料、净水技术储备，完善应急净水工艺运行方案。单一水源城市供水主管部门要积极协调和配合有关部门加快应急水源或备用水源建设。国家供水应急救援基地所在省、城市应建立应急净水装备日常维护制度，落实运行维护经费，不断提高供水应急救援能力。

（六）加强供水设施安全防范。

供水企业和加压调蓄设施管理单位要全面开展安全隐患排查整治，统筹做好疫情防控和安全生产，着力提高供水设施应对突发事件和自然灾害的能力，增强供水系统韧性。取用地下水源的城市，汛期、疫情期间应对水源井的卫生状况、安全隐患定期或不定期开展排查整治，防止雨水倒灌及取水设施被淹，加强水质检测与消毒。要根据城市供水系统反恐怖防范有关要求，加强对供水设施的安全管理，对取水口、水厂、泵站等重点目标及其重点部位综合采取人防、技防、物防等安全防范措施，建立健全供水安全防范管理制度。

四、优化提升城市供水服务

（七）推进供水智能化管理水平。

各地要持续提高供水监管信息化水平，推动城市级、省级供水监管平台建设和信息共享，及时、准确掌握城市水源、供水设施、供水水质等关键信息，并为城市供水监管提供业务支撑。推进供水管道等设施普查，完善信息动态更新机制，实时更新供水设施信息底图。指导供水企业加强供水设施的智能化改造，鼓励有条件的地区结合更新改造建设智能化感知装备，建设城市供水物联网及运行调度平台，实现设施底数动态更新、运行状态实时监测、风险情景模拟预测、优化调度辅助支持等功能，不断提高供水设施运营的精细化水平。

（八）推进供水信息公开。

各地要加强对供水企事业单位信息公开的监督管理和指导，规范开展信息公开。城市供水单位应依据《供水、供气、供热等公共企事业单位信息公开实施办法》（建城规〔2021〕4号）、《城镇供水服务》（GB/T 32063）等制定实施细则，以清单方式细化并明确列出信息内容及时限要求，并根据实际情况动态调整。持续提高供水服务效率和质量，创新服务方式，在保障供水安全的前提下因地制宜制定简捷、标准化的供水服务流程，明确服务标准和时限，优化营商环境。

五、健全保障措施

（九）落实落细责任。

各级供水、疾病预防控制主管部门要深化部门协作，加强信息共享，共同保障供水安全；城市供水主管部门要加强对城市供水的指导监督，组织开展供水规范化评估、供水水质抽样检查等工作，及时发现问题，认真整改落实；疾病预防控制主管部门要依法进一步加强饮用水卫生监督管理和监测，持续开展饮用水卫生安全监督检查，涉及饮用水卫生安全的产品应当依法取得卫生许可。落实城市人民政府供水安全主体责任，按照水污染防治法和《城市供水条例》《生活饮用水卫生监督管理办法》等要求，对城市水源保障、供水设施建设和改造、供水管理与运行机制等进行中长期统筹并制定实施计划。城市供水企业要不断完善内部管控制度，推进城市供水设施建设、改造与运行维护，保障供水系统安全、稳定运行。

（十）强化要素保障。

各地要加大投入力度，加快推进供水基础设施建设，支持、督促供水企业统筹整合相关渠道资金，保障供水管网建设、改造、运行维护资金。要加大对水厂运行、水质检测、管网运维、企业运营管理等人员的培训力度，提升从业人员专业能力。各地价格主管部门要根据《城镇供水价格管理办法》《城镇供水定价成本监审办法》等有关要求，合理制定并动态调整供水价格。综合考虑当地经济社会发展水平和用户承受能力等因素，价格调整不到位导致供水企业难以达到准许收入的，当地人民政府应当予以相应补偿。

住房和城乡建设部办公厅
国家发展改革委办公厅
国家疾病预防控制局综合司
2022年8月30日

（此件公开发布）

住房和城乡建设部办公厅　交通运输部办公厅　水利部办公厅　国家铁路局综合司　中国民用航空局综合司关于阶段性缓缴工程质量保证金的通知

建办质电〔2022〕46号

各省、自治区、直辖市和新疆生产建设兵团住房和城乡建设厅（委、管委、局）、交通运输厅（局、委）、水利厅（局），各地区铁路监管局，民航各地区管理局：

为贯彻落实党中央、国务院关于稳定经济增长、稳定市场主体的决策部署，现就做好阶段性缓缴工程质量保证金有关事项通知如下：

一、在 2022 年 10 月 1 日至 12 月 31 日期间应缴纳的各类工程质量保证金，自应缴之日起缓缴一个季度，建设单位不得以扣留工程款等方式收取工程质量保证金。对于缓缴的工程质量保证金，施工单位应在缓缴期满后及时补缴。补缴时可采用金融机构、担保机构保函（保险）的方式缴纳，任何单位不得排斥、限制或拒绝。

二、各地要认真落实工程质量保证金缓缴政策，加强对缓缴落实情况的监督检查，确保政策落实落地。

三、各地要加强工程建设项目质量保修责任落实情况的日常监管，督促施工单位严格履行保修事项，切实维护公共安全和公众利益。对缓缴政策实施中未履行保修责任的，依法依规严肃查处。

请各地住房和城乡建设、交通运输、水利、铁路、民航主管部门于 2023 年 1 月 10 日前将本地区阶段性缓缴政策落实情况（缓缴金额等）分别报送住房和城乡建设部、交通运输部、水利部、国家铁路局、中国民用航空局。

住房和城乡建设部办公厅

交通运输部办公厅

水利部办公厅

国家铁路局综合司

中国民用航空局综合司

2022 年 9 月 30 日

（此件主动公开）

住房和城乡建设部办公厅关于开展 2022 年世界城市日主题宣传活动的通知

建办外电〔2022〕47 号

各省、自治区住房和城乡建设厅，北京市住房和城乡建设委、城市管理委、水务局、交通委、园林绿化局，天津市住房和城乡建设委、城市管理委、水务局，上海市住房和城乡建设管委、绿化和市容管理局、水务局，重庆市住房和城乡建设委、城市管理局，新疆生产建设兵团住房和城乡建设局：

经国务院同意，我部、上海市人民政府与联合国人居署将于 10 月 30 日至 11 月 1 日在上海共同主办 2022 年世界城市日全球主场活动，并合并举办第二届城市可持续发展全球大会。现将有关事项通知如下：

一、积极开展 2022 年世界城市日主题宣传活动

每年 10 月 31 日为世界城市日，这是首个由我国发起设立的国际日，其总主题为“城市，让生活更美好”，2022 年世界城市日活动主题为“行动，从地方走向全球”。

请各单位组织本地区城市结合贯彻落实党的二十大精神，按照疫情防控要求，开展有声有色、形式多样的世界城市日主题宣传活动，通过各类媒体积极宣传各地在推进城市绿色低碳发展、改善人居环境方面取得的成绩，鼓励社会各界及城市居民参与城市建设和城市治理，推动住房和城乡建设事业高质量发展。

二、积极参与 2022 年世界城市日全球主场活动暨第二届城市可持续发展全球大会

2022 年世界城市日全球主场活动暨第二届城市可持续发展全球大会将围绕今年世界城市日主题，就城市可持续发展议题及城市参与全球发展倡议合作开展交流研讨，主要内容包括开幕式大会、专业论坛、城市发展主题展示等，形式为线上线下相结合。

请各单位 1 名负责同志参加活动，并于 10 月 15 日前将参会回执传真至上海市住房和城乡建设管理委员会。有关活动具体安排及疫情防控要求请与上海市住房和城乡建设管理委员会联系。差旅食宿费用自理。

三、认真做好活动总结工作

请各单位及时对世界城市日主题宣传活动开展情

况进行总结，认真梳理好的经验和做法，于11月10日前将活动开展情况报送我部计划财务与外事司。

附件：1. 2022年世界城市日全球主场活动暨第二届城市可持续发展全球大会初步议程

2. 2022年世界城市日全球主场活动暨第二届城市可持续发展全球大会参会回执

住房和城乡建设部办公厅

2022年10月12日

住房和城乡建设部办公厅　民政部办公厅关于开展完整社区建设试点工作的通知

建办科〔2022〕48号

各省、自治区住房和城乡建设厅、民政厅，直辖市住房和城乡建设（管）委、民政局，新疆生产建设兵团住房和城乡建设局、民政局：

为贯彻落实《中共中央　国务院关于加强基层治理体系和治理能力现代化建设的意见》《中共中央办公厅　国务院办公厅印发〈关于推动城乡建设绿色发展的意见〉的通知》《国务院办公厅关于印发“十四五”城乡社区服务体系建设规划的通知》等文件精神，开展完整社区建设试点，进一步健全完善城市社区服务功能。现将有关事项通知如下：

一、总体要求

以习近平新时代中国特色社会主义思想为指导，坚持以人民为中心的发展思想，坚持尽力而为、量力而行，聚焦群众关切的“一老一幼”设施建设，聚焦为民、便民、安民服务，切实发挥好试点先行、示范带动的作用，打造一批安全健康、设施完善、管理有序的完整社区样板，尽快补齐社区服务设施短板，全力改善人居环境，努力做到居民有需求、社区有服务。

二、试点任务

试点工作自2022年10月开始，为期2年，重点围绕以下四方面内容探索可复制、可推广经验。

（一）完善社区服务设施。以社区居民委员会辖区为基本单元推进完整社区建设试点工作。按照《城市居住区规划设计标准》（GB 50180—2018）、《城市社区服务站建设标准》（建标167—2014）等标准规范要求，规划建设社区综合服务设施、幼儿园、托儿所、老年服务站、社区卫生服务站。每百户居民拥有综合服务设施面积不低于30平方米，60%以上建筑面积用于居民活动。适应居民日常生活需求，配建便利店、菜店、食堂、邮件和快件寄递服务设施、理发店、洗衣店、药店、维修点、家政服务网点等便民商业服务设施。新建社区要依托社区综合服务设施，集中布局、综合配建各类社区服务设施，为居民提供一站式服务。既有社区可结合实际确定设施建设标准和形式，通过补建、购置、置换、租赁、改造等方式补齐短板。统筹若干个完整社区构建活力街区，配建中小学、养老院、社区医院等设施，与15分钟生活圈相衔接，为居民提供更加完善的公共服务。

（二）打造宜居生活环境。结合城镇老旧小区改造、城市燃气管道老化更新改造等工作，加强供水、排水、供电、道路、供气、供热（集中供热地区）、安防、停车及充电、慢行系统、无障碍和环境卫生等基础设施改造建设，落实海绵城市建设理念，完善设施运行维护机制，确保设施完好、运行安全、供给稳定。鼓励具备条件的社区建设电动自行车集中停放和充电场所，并做好消防安全管理。顺应居民对美好环境的需要，建设公共活动场地和公共绿地，推进社区适老化、适儿化改造，营造全龄友好、安全健康的生活环境。鼓励在社区公园、闲置空地和楼群间布局简易的健身场地设施，开辟健身休闲运动场所。

（三）推进智能化服务。引入物联网、云计算、大数据、区块链和人工智能等技术，建设智慧物业管理服务平台，促进线上线下服务融合发展。推进智慧物业管理服务平台与城市运行管理服务平台、智能家庭终端互联互通和融合应用，提供一体化管理和服务。整合家政保洁、养老托育等社区到家服务，链接社区周边生活性服务业资源，建设便民惠民智慧生活服务圈。推进社区智能感知设施建设，提高社区治理数字化、智能化水平。

（四）健全社区治理机制。建立健全党组织领导的社区协商机制，搭建沟通议事平台，推进设计师进社区，引导居民全程参与完整社区建设。对于涉及社区规模调整优化、社区服务设施建设改造、社区综合服务设施功能配置等关系群众切身利益的重大事项，应广泛听取群众意见建议。开展城市管理进社区工作，有效对接群众需求，提高城市管理和服务水平。开展美好环境与幸福生活共同缔造活动，培育社区文化，凝聚社区共识，增强居民对社区的认同感、归属感。

三、工作要求

各省级住房和城乡建设、民政部门要会同有关部门建立协同机制，结合城镇老旧小区、老旧街区、城中村改造等工作，统筹推动完整社区建设试点，因地制宜探索建设方法、创新建设模式、完善建设标准，以点带面提升完整社区覆盖率。组织本地区每个城市（区）选取 3—5 个社区开展完整社区建设试点，编制试点工作方案，明确试点目标、试点内容、重点项目、实施时序和保障措施等。汇总各城市上报的试点有关情况，填写完整社区建设试点实施计划表（见附件），于 2022 年 11 月 30 日前报送住房和城乡建设部建筑节能与科技司、民政部基层政权建设和社区治理司。自 2023 年开始，每半年向住房和城乡建设部、民政部报送本地区完整社区建设试点工作情况和完整社区建设典型案例。

住房和城乡建设部、民政部将会同有关部门加强调研指导，结合城市体检评估对完整社区试点工作情况进行综合评价，遴选一批完整社区样板，在全国范围内宣传推广。

联系人及联系方式：

住房和城乡建设部建筑节能与科技司

侯征难　刘晓丽

010–58934243　58933811（传真）

民政部基层政权建设和社区治理司

李亚娟　李振家

010–58123078　58123186（传真）

附件：______省（自治区、直辖市）完整社区建设试点实施计划表

住房和城乡建设部办公厅

民政部办公厅

2022 年 10 月 9 日

（此件主动公开，有删减）

附件

______省（自治区、直辖市）完整社区建设试点实施计划表

填报单位：

序号	城市	试点社区名称	社区总面积（平方公里）	社区总人口（人）	试点内容	计划实施的建设和改造项目	计划投资金额（万元）	备注
1								
2								
…								

审批人：　　　填报人：　　　联系方式：　　　填报时间：

注：1. 统计范围为设市城市（包括地级市和县级市）。

2. 试点内容包括：完善社区服务设施、打造宜居生活环境、推进智能化服务、健全社区治理机制等。

住房和城乡建设部办公厅　国家发展改革委办公厅　财政部办公厅关于做好发展保障性租赁住房情况年度监测评价工作的通知

建办保〔2022〕49号

各省、自治区住房和城乡建设厅、发展改革委、财政厅，直辖市住房和城乡建设（管）委（重大项目建设指挥部办公室）、发展改革委、财政局，新疆生产建设兵团住房和城乡建设局、发展改革委、财政局：

为贯彻落实《国务院办公厅关于加快发展保障性租赁住房的意见》（国办发〔2021〕22号，以下简称《意见》），做好发展保障性租赁住房情况年度监测评价工作，现就有关事项通知如下：

一、年度重点监测评价内容及评分参考

年度监测评价要结合工作实际，突出各项支持政策落地见效，切实在解决新市民、青年人住房困难方面取得实实在在进展等。具体内容及评分参考如下：

（一）确定发展目标，推进计划完成（30分）

1. 在摸清保障性租赁住房需求和存量土地、房屋资源的基础上，支持各类主体参与建设保障性租赁住房，科学确定“十四五”保障性租赁住房建设目标，制定年度建设计划，并向社会公布。（10分）

新市民和青年人多、房价偏高或上涨压力较大的大城市，在“十四五”期间应大力增加保障性租赁住房供给，未公布建设目标和年度建设计划或“十四五”期间新增保障性租赁住房占新增住房供应总量的比例低于10%（不含）的均不得分，占比10%—20%（不含）得4分，占比20%—30%（不含）得7分，达到30%及以上得10分。其他城市“十四五”期间新增保障性租赁住房占新增住房供应总量的比例要求由各省级相关部门结合实际确定。

2. 加快“十四五”保障性租赁住房建设目标落地实施。（5分）

已开工建设和筹集的保障性租赁住房套（间）数占本地区“十四五”建设目标数的比例2022、2023、2024、2025年末应分别不低于40%、60%、80%和100%。比例高于或等于目标值的得5分；低于目标值20个百分点及以内的得2分；低于目标值20个百分点以上的不得分。

3. 加快发展保障性租赁住房建设计划完成情况。（5分）

年度实际开工建设和筹集的保障性租赁住房套（间）数大于或等于年度计划数的得5分；未完成的不得分。

4. 保障性租赁住房使用情况。（5分）

已出租的保障性租赁住房占累计已竣工保障性租赁住房的比例达到90%及以上的得满分；未达到90%的，每低一个百分点扣0.1分；比例低于40%（含）不得分。

5. 加快保障性租赁住房项目建设和完成投资情况。（5分）

年度保障性租赁住房完成投资占当年计划完成投资的比例达到100%及以上的得满分；未达到100%的，每低一个百分点扣0.2分；比例低于75%不得分。

（二）建立工作机制，落实支持政策（30分）

6. 明确本地区发展保障性租赁住房的具体措施（2.5分）；建立市县人民政府牵头、有关部门参加的推进保障性租赁住房发展工作机制（2.5分）。

7. 加快推进保障性租赁住房项目认定工作。（5分）

累计发放认定书的项目数占累计纳入年度计划项目总数的比例达到100%的得5分；未达到100%的，每低一个百分点扣0.1分；比例低于50%（不含）的不得分。

8. 加快落实税收优惠政策。建立与税务部门的联动机制，确保保障性租赁住房建设经营单位凭项目认定书，落实住房租赁房产税税收优惠政策。（5分）

纳入年度计划且已投入运营的保障性租赁住房项目中，已落实房产税税收优惠政策的项目比例达到100%的得5分；未达到100%的，每低一个百分点扣0.1分；比例低于50%（不含）的不得分。

9. 加快落实民用水电气价格政策。建立与供水、供电、供气等企业单位的联动机制，确保保障性租赁

住房建设经营单位凭项目认定书，落实民用水电气价格政策。（5 分）

纳入年度计划且已投入运营的利用非居住土地和房屋建设的保障性租赁住房项目中，已落实民用水电气价格的项目比例达到 100% 的得 5 分；未达到 100% 的，每低一个百分点扣 0.1 分；比例低于 50%（不含）的不得分。

10. 引导市场主体加强与金融机构的沟通对接，加大对保障性租赁住房建设运营的金融支持力度。（5 分）

获得信贷、REITs、专项债等资金支持的保障性租赁住房建设项目数占需要资金支持的保障性租赁住房建设项目总数的比例达到 100% 的得 5 分；未达到 100% 的，每低一个百分点扣 0.1 分；低于 50%（不含）不得分。

11. 对现有各类政策支持租赁住房进行梳理，包括通过利用集体建设用地建设租赁住房试点、中央财政支持住房租赁市场发展试点、非房地产企业利用自有土地建设租赁住房试点、发展政策性租赁住房试点建设的租赁住房等，符合规定的均纳入保障性租赁住房规范管理。（5 分）

已发放保障性租赁住房项目认定书，纳入保障性租赁住房规范管理的房屋套（间）数占现有符合规定的各类政策支持租赁住房总套（间）数的比例达到 100% 的得 5 分；未达到 100% 的，每低一个百分点扣 0.1 分；纳管比例低于 50%（不含）的不得分。

（三）严格监督管理（20 分）

12. 建立健全住房租赁管理服务平台，将保障性租赁住房项目纳入平台统一管理。（5 分）

纳入住房租赁管理服务平台统一管理的保障性租赁住房套（间）数占纳入年度计划的保障性租赁住房总套（间）数比例达到 100% 的得 5 分；未达到 100% 的，每低一个百分点扣 0.1 分；比例低于 50%（不含）的不得分。

13. 加强建设管理，将保障性租赁住房纳入工程建设质量安全监管，并作为监督检查的重点。（5 分）

纳入工程建设质量安全监管的项目占纳入年度计划的新建、改建保障性租赁住房项目总数的比例达到 100% 的得 5 分；未达到 100% 的，每低一个百分点扣 0.1 分；比例低于 50%（不含）的不得分。

14. 加强出租管理，根据不同的建设筹集方式，结合实际，明确保障性租赁住房准入和退出的具体条件、小户型的具体面积标准以及低租金的具体标准，并抓好落实，确保保障性租赁住房符合小户型、低租金、面向新市民和青年人供应的要求。（5 分）

已出台有针对性的政策文件，并抓好贯彻落实的，得 5 分；未出台或没有推动落实的，不得分。

15. 加强运营管理，出台具体措施，坚决防止保障性租赁住房上市销售或变相销售，严禁以保障性租赁住房为名违规经营或骗取优惠政策。（5 分）

（四）取得工作成效（20 分）

16. 新市民、青年人等群体对本地区发展保障性租赁住房工作的满意度在 70% 以上，租住保障性租赁住房的新市民、青年人等群体满意度在 90% 以上。（8 分）

17. 发展保障性租赁住房促进本地区住房租赁市场稳定，市场平均租金价格变动在合理区间内。（8 分）

18. 发展保障性租赁住房促进本地区房地产市场稳定，新建商品住宅和二手住宅价格变动在合理区间内。（4 分）

（五）扣分项

19. 出现《意见》禁止的不得上市销售或变相销售情况的，每例扣 5 分；出现以保障性租赁住房为名违规经营或骗取优惠政策的，每次扣 5 分；发展保障性租赁住房出现负面舆情的，每次扣 5 分。

二、加强组织实施

各省级住房和城乡建设部门要会同相关部门，依据本意见明确的重点监测评价内容，结合实际，明确工作程序，针对不同指标确定评分要件和评价方法（第三方抽样调查或现场评估等），研究制定本地区年度监测评价具体办法，报请省级人民政府同意后组织实施。各省、自治区住房和城乡建设部门要报请省级人民政府将监测评价结果纳入对城市政府的绩效考核，进一步强化监测评价结果运用，督促指导城市切实加快发展保障性租赁住房。各直辖市住房和城乡建设部门要会同相关部门组织开展发展保障性租赁住房情况自评。2023 年起，每年 1 月 31 日前，各省（自治区、直辖市）住房和城乡建设部门会同相关部门将上年度监测评价工作开展情况和监测评价结果，报经省级人民政府同意后，报住房和城乡建设部、国家发展改革委、财政部。

住房和城乡建设部办公厅
国家发展改革委办公厅
财政部办公厅
2022 年 10 月 13 日

（此件主动公开）

住房和城乡建设部办公厅关于成立部科学技术委员会建设工程消防技术专业委员会的通知

建办人〔2022〕52号

各省、自治区住房和城乡建设厅，直辖市住房和城乡建设（管）委、规划和自然资源委（局），新疆生产建设兵团住房和城乡建设局：

为做好建设工程消防设计审查验收工作，充分发挥专家智库作用，根据住房和城乡建设部科学技术委员会有关管理规定，决定成立住房和城乡建设部科学技术委员会建设工程消防技术专业委员会。专业委员会组成人员名单见附件。

建设工程消防技术专业委员会主要职责是：宣传贯彻国家建设工程消防技术有关法律、法规、方针和政策，为建设工程消防技术、消防设计审查验收等工作提供专业咨询和技术支撑，提出政策建议，当好参谋；围绕行业热点问题和影响行业发展的瓶颈问题提出议题，召开技术研讨会，对涉及行业发展的重大问题提出建议、意见或报告，开展相关的调查研究、现场考察评估、技术攻关、技术指导、培训宣传和政策解读等工作；参与建设工程消防新技术、新材料、新工艺的应用评审评价工作，促进科技成果转化和推广应用。

附件：住房和城乡建设部科学技术委员会建设工程消防技术专业委员会组成人员名单

住房和城乡建设部办公厅

2022年11月1日

（此件主动公开）

住房和城乡建设部办公厅关于开展建筑施工企业安全生产管理人员考核合格证书电子证照试运行的通知

建办质〔2022〕53号

各省、自治区住房和城乡建设厅，直辖市住房和城乡建设（管）委，新疆生产建设兵团住房和城乡建设局：

为进一步深化“放管服”改革，贯彻落实国务院关于加快推进电子证照扩大应用领域和全国互通互认的要求，提升建筑施工安全监管数字化水平，决定开展建筑施工企业安全生产管理人员考核合格证书电子证照（以下简称电子证照）试运行。现将有关事项通知如下：

一、试运行范围

自2022年12月15日起，在河北、吉林、广东、四川、广西、西藏、天津、重庆等8个省（区、市）和新疆生产建设兵团开展电子证照试运行。

二、制发标准

各地依据《全国一体化在线政务服务平台 电子证照 建筑施工企业安全生产管理人员考核合格证书》（C0317—2022）（附件1），依托省级政务服务平台或相关审批发证系统，建立电子证照的制作、签发和信息归集业务流程，规范数据信息内容和证书样式，并通过全国工程质量安全监管信息平台进行电子证照赋码，形成全国统一的电子证照版式。

三、信息归集共享

各省级住房和城乡建设主管部门负责统筹协调本行政区域内电子证照数据对接工作，将已制发的电子证照数据实时上传至全国工程质量安全监管信息平台，进行归集和存档。全国工程质量安全监管信息平台及微信小程序向社会公众提供证照信息公开查询、人脸核身验证以及二维码扫描验证服务，并向各省级住房和城乡建设主管部门实时共享电子证照信息，实现电子证照信息跨地区互联互通互认。

证照办理、系统建设、数据对接等具体工作的指导规程参照《住房和城乡建设部办公厅关于开展建筑施工企业安全生产许可证和建筑施工特种作业操作资格证书电子证照试运行的通知》（建办质〔2022〕34号）附件3《全国工程质量安全监管信息平台电子证照归集共享业务规程（试运行）》。

四、工作要求

各地要加强组织保障，细化职责分工，统筹协调相关信息系统的业务衔接。在国家政务服务平台的整体框架下，制定工作计划，落实工作经费，为全面推行电子证照信息互联互通互认做好工作准备。请于2022年12月8日前将接口服务授权申请表（附件2）发送至电子邮箱 aqc@mohurd.gov.cn。

试运行地区应于2022年12月15日前完成相关信息系统升级和联调测试等工作，出台相关纸质证照转换电子证照实施细则，主动向社会公开。其他地区应根据有关标准，尽快做好电子证照发放准备工作。

联系人及电话：武彦清　010-58934536

010-58934213

张　凯　010-58933920

附件：1. 全国一体化政务服务平台 电子证照 建筑施工企业安全生产管理人员考核合格证书（C0317—2022）

2. 接口服务授权申请表

住房和城乡建设部办公厅

2022年11月2日

（此件主动公开）

住房和城乡建设部办公厅　人力资源社会保障部办公厅关于印发《建筑工人简易劳动合同（示范文本）》的通知

建办市〔2022〕58号

各省、自治区住房和城乡建设厅、人力资源社会保障厅，直辖市住房和城乡建设（管）委、人力资源社会保障局，新疆生产建设兵团住房和城乡建设局、人力资源社会保障局：

为规范建筑用工管理，保障建筑工人合法权益，更好地为建筑企业和建筑工人签订劳动合同提供指导服务，住房和城乡建设部、人力资源社会保障部根据《中华人民共和国劳动法》《中华人民共和国劳动合同法》《中华人民共和国建筑法》《中华人民共和国劳动合同法实施条例》《保障农民工工资支付条例》等法律法规及有关政策规定，制定了《建筑工人简易劳动合同（示范文本）》。现印发给你们，供建筑企业和建筑工人签订劳动合同时参考。

住房和城乡建设部办公厅

人力资源社会保障部办公厅

2022年12月23日

（此件主动公开）

建筑工人简易劳动合同

（示范文本）

用人单位名称：________________

（以下简称甲方）

统一社会信用代码：________________

法定代表人或负责人：________________

电话：________________

住所：________________

联系地址：________________

劳动者姓名：____________________

（以下简称乙方）

性别：____ 身份证号码：____________

电话：____________________

联系地址：____________________

劳动者紧急联系人信息

姓名：______ 电话：______________

联系地址：____________________

与劳动者关系：________________

根据《中华人民共和国劳动法》《中华人民共和国劳动合同法》《中华人民共和国建筑法》《中华人民共和国劳动合同法实施条例》《保障农民工工资支付条例》等有关法律法规，甲乙双方经平等自愿、协商一致订立本合同。

第一条 劳动合同的类别、期限、试用期

甲乙双方约定按以下第______种方式确定劳动合同期限：

1.1 以完成一定工作任务为期限：自______年____月____日起至________工作完成之日止。

1.2 固定期限：合同期限自______年____月____日起至______年____月____日止；乙方的试用期从______年____月____日至______年____月____日。

1.3 无固定期限：自________年____月____日起至依法解除、终止合同时止，乙方的试用期为____个月。

第二条 工作岗位、工作地点、工作内容和工作时间

2.1 工作岗位（工种）：________________

2.2 工作地点：____________________

2.3 工作内容：____________________

经双方协商一致后，甲方可对乙方的工作岗位、工作地点、工作内容进行调整，双方应书面变更劳动合同，变更内容作为本合同附件。

2.4 选择本合同第1.1款的，工作完成标准为：

____

2.5 工作时间：甲方应依照法律法规规定，合理安排工作时间，保证乙方每周至少休息一天。根据生产经营需要和乙方岗位实际情况，甲方可根据春节、农忙、天气等情况，在保障乙方劳动安全和身体健康前提下，经依法协商，合理安排乙方工作时间和休息时间。实行特殊工时制度的，应经人力资源社会保障部门审批后执行。

第三条 工资和支付方式

3.1 乙方工资由基本工资和绩效工资组成。甲方应通过施工总承包单位设立的农民工工资专用账户，将工资直接发放给乙方。

3.2 基本工资：根据甲方的工资分配制度与乙方的工作岗位情况，甲乙双方确定乙方基本工资按以下第________项执行，甲方每月________日前足额支付：

（1）月基本工资：________元，不足一个月的，以乙方月工资除以21.75天得出的日工资为基数，乘以乙方实际工作天数计算；

（2）日基本工资：________元；

（3）计件基本工资：________元（每平方米、立方米、米、吨、件、套……）。

3.3 绩效工资：

3.3.1 签订本合同时，在乙方对甲方安排其工作岗位的各项工作内容已有充分了解的前提下，甲方对乙方的工作按照以下标准进行考核，并按月支付乙方的绩效工资：

（1）乙方完成甲方安排各项工作的质量效率情况；

（2）乙方遵守甲方制定的各项安全管理规定情况；

（3）乙方专业作业能力等级；

（4）其他，请注明：____________________。

3.3.2 绩效工资的计算方法和支付方式由甲乙双方根据工作岗位的要求另行约定，作为本合同附件。

3.4 乙方在试用期期间的工资为每月（日、件）________元。

3.5 在本合同有效期内，双方对劳动报酬重新约定的，应当采用书面方式并作为本合同的附件。

第四条 甲方的权利和义务

4.1 甲方有权依照法律法规和本单位依法制定的相关规章制度，对乙方实施管理，甲方应将相关规章制度告知乙方。

4.2 甲方应为乙方提供符合规定的劳动防护用品和其他劳动条件，办理好各项手续，并按照国家建筑施工安全生产的规定，在施工现场采取必要的安全措施，为乙方创造安全工作环境。

4.3 甲方应按照有关法律法规规定对女职工进行劳动保护，不得要求女职工从事法律法规禁止其从事的劳动。

4.4 甲方应按国家和当地政府的有关规定，对乙方因工负伤或患职业病给予相应待遇。

4.5 甲方应按照规定为乙方创造岗位培训的条件，对乙方进行安全生产、职业技能、遵纪守法、道德文明等方面的教育。乙方参加甲方安排的培训活动视同出勤，甲方不得扣减乙方工资。

4.6 甲方应按规定为乙方办理社会保险，其中应由乙方个人缴纳的部分，由甲方代扣代缴。甲方可按项目参加工伤保险。按规定应缴存住房公积金的，甲方应为乙方缴存。

4.7 甲方应对乙方的出勤、工作效率等情况做好记录，作为计算乙方工资的依据。

第五条 乙方的权利和义务

5.1 乙方应具备本合同工作岗位要求的技能，符合有关部门和甲方对工作岗位的要求，乙方应如实向甲方告知年龄、身体健康状况等可能影响从事本合同工作的情况。

5.2 乙方与甲方签订本合同时，如与其他单位存在劳动关系的应如实告知甲方，否则甲方有权依法解除合同。

5.3 乙方应自觉遵守有关法律法规和甲方依法制定的规章制度，严格遵守安全操作规程，服从甲方的管理，按实名制管理要求考勤，按时完成规定的工作数量，达到规定的质量标准。

5.4 乙方应积极参加甲方安排的安全、技能等岗位培训活动，不断提高工作技能。

5.5 乙方对甲方管理人员违章指挥、强令冒险作业的要求有权拒绝，乙方对危害生命安全和身体健康的劳动条件，有权要求甲方改正或停止工作，并有权向有关部门检举和投诉。

5.6 乙方患病或非因工负伤的医疗待遇按国家有关规定执行。

5.7 乙方依法享有休息休假等各项劳动权益。

第六条 劳动纪律

6.1 乙方应遵守职业道德，遵守劳动安全卫生、生产工艺、工作规范和实名制管理等方面的要求，爱护甲方的财产。

6.2 乙方违反劳动纪律，甲方可根据本单位依法制定的规章制度，给予相应处理，直至依法解除本合同。

第七条 劳动合同的解除和终止

7.1 终止本合同，应当符合法律法规的相关规定。

7.2 甲乙双方协商一致，可解除本合同。

7.3 合同解除或终止前，甲方应结清乙方的工资。

7.4 任何一方单方解除本合同，应符合法律法规相关规定，并应提前通知对方。符合经济补偿条件的，甲方应按规定向乙方支付经济补偿。在甲方危及乙方人身自由和人身安全的情况下，乙方有权立即解除劳动合同。

第八条 劳动争议处理

甲乙双方因本合同发生劳动争议时，可按照法律法规的规定，进行协商、申请调解或仲裁。不愿协商或者协商不成的，可向劳动人事争议仲裁委员会申请仲裁。对仲裁裁决不服的，可依法向有管辖权的人民法院提起诉讼。

第九条 其他

9.1 甲乙双方可根据实际情况约定的其他事项如下：____________________________________

____

____

____

____

____

9.2 甲方的规章制度、考评标准及相应工种的职责范围作为本合同的附件，与本合同具有同等法律效力。

9.3 本合同及附件一式______份，甲乙双方各执______份，自甲乙双方签字盖章之日起生效。

甲方（盖章）：

法定代表人（主要负责人）：

或委托代理人（签字或盖章）：

年　　月　　日

乙方（签印）：

年　　月　　日

国家发展改革委办公厅 住房和城乡建设部办公厅关于组织开展公共供水管网漏损治理试点建设的通知

发改办环资〔2022〕141号

各省、自治区发展改革委、住房和城乡建设厅，直辖市发展改革委、住房和城乡建设（管）委、水务局，海南省水务厅，新疆生产建设兵团发展改革委、住房和城乡建设局：

为贯彻落实党中央、国务院决策部署，降低城镇公共供水管网漏损，提高水资源利用效率，打好水污染防治攻坚战，根据《"十四五"节水型社会建设规划》（发改环资〔2021〕1516号）、《关于加强公共供水管网漏损控制的通知》（建办城〔2022〕2号），国家发展改革委、住房和城乡建设部组织开展公共供水管网漏损治理试点建设。现就有关事项通知如下：

一、建设范围

根据公共供水管网漏损现状水平、治理目标、重点工程、管控机制等，选择具有较好示范推广意义的城市（县城）建成区开展试点。试点城市（县城）不超过50个。

二、建设时间

2022年至2025年。

三、建设内容

一是实施供水管网改造工程。结合城市更新、老旧小区改造和二次供水设施改造等，对超过使用年限、材质落后或受损失修的供水管网进行更新改造。二是实施供水管网分区计量工程。依据《城镇供水管网分区计量管理工作指南》，按需选择供水管网分区计量实施路线，开展工程建设。实施"一户一表"改造。完善市政、绿化、消防、环卫等用水计量体系。三是实施供水管网压力调控工程。统筹布局建设供水管网区域集中调蓄加压设施，提高调控水平。四是实施供水管网智能化建设工程。推动供水企业在完成供水管网信息化基础上，实施智能化改造，建立基于物联网的供水智能化管理平台。五是完善供水管网管理制度。建立从规划、投资、建设到运行、管理、养护的一体化机制，完善供水管网漏损管控长效机制。推动供水企业将供水管网地理信息系统、营收、表务、调度管理与漏损控制等数据互通、平台共享。

四、建设目标

到2025年，试点城市（县城）建成区供水管网基本健全，供水管网分区计量全覆盖，管网压力调控水平达到国内先进水平，基本建立较为完善的公共供水管网运行维护管理制度和约束激励机制，实现供水管网网格化、精细化管理，形成一批漏损治理先进模式和典型案例。公共供水管网漏损率高于12%（2020年）的试点城市（县城）建成区，2025年漏损率不高于8%；其他试点城市（县城）建成区，2025年漏损率不高于7%。

五、工作程序

（一）编制方案。申报试点的城市（县城）按照《城市供水管网漏损控制及评定标准》要求，开展公共供水管网现状调查，摸清漏损状况及突出问题，制定治理目标任务，对照大纲（附后）编制《公共供水管网漏损治理实施方案》（以下简称《实施方案》）。

（二）组织推荐。省级发展改革委会同住房和城乡建设（供水）主管部门组织审核《实施方案》，提出审核意见，于2022年3月底前以正式文件向国家发展改革委、住房和城乡建设部报送推荐材料（一式两份，并附电子版）。其中，长江经济带11省（市）、沿黄河9省（区）推荐试点城市（县城）数量不超过4个，其他各省（区、市）推荐试点城市（县城）数量不超过2个。

（三）评审公布。国家发展改革委会同住房和城乡建设部组织评审各地报送的《实施方案》，公示拟确定的试点城市（县城）名单。根据评审和公示结果，国家发展改革委、住房和城乡建设部确定并公布试点城市（县城）名单。

六、工作要求

（一）严格审核推荐。申报试点的城市（县城）

人民政府要确保《实施方案》可行可靠，符合本地实际，供水管网现状信息真实准确，治理目标科学合理，实施模式、运维方案和保障措施有效有力，实施计划可操作，工程项目可落地实施并具有示范性。各省级发展改革委、住房和城乡建设（供水）主管部门应当对推荐试点城市（县城）上报材料的真实性、合法性负责。

（二）强化投入保障。试点城市（县城）人民政府要加强对公共供水管网漏损治理工作的支持力度，要加强统筹协调，切实保障《实施方案》落实落地。试点城市（县城）发展改革部门要按照项目储备三年滚动投资计划有关要求，将《实施方案》中的固定资产投资项目纳入国家重大建设项目库。省级发展改革委要会同住房和城乡建设（供水）主管部门加大对项目实施的指导支持力度。中央预算内投资将对符合条件的项目予以适当支持。

（三）开展动态评估。试点城市（县城）人民政府要于每年11月底前，经省级发展改革委、住房和城乡建设（供水）主管部门审核后，向国家发展改革委、住房和城乡建设部报送本年度有关工作情况报告。国家发展改革委、住房和城乡建设部按年度组织第三方对试点工作开展情况开展评估抽查，中央预算内投资对试点工作开展情况较好的城市（县城）予以优先支持；对试点建设缓慢、未能完成实施计划的，予以督促整改、通报批评。2025年底前，试点城市（县城）人民政府要对试点建设情况开展全面总结，省级发展改革委会同住房和城乡建设（供水）主管部门对试点建设情况开展审核评估并报送评估结果。国家发展改革委、住房和城乡建设部将梳理总结先进经验、典型做法予以宣传推广，对治理成效显著的试点城市（县城）予以通报表扬。

联系人：国家发展改革委环资司

郑　凯　010-68505846

住房和城乡建设部城建司

王腾旭　010-58933543

附件：公共供水管网漏损治理实施方案编制大纲

国家发展和改革委员会办公厅

住房和城乡建设部办公厅

2022年2月25日

附件

公共供水管网漏损治理实施方案编制大纲

一、现状分析

（一）供水系统现状。水厂位置、供水方式、供水范围、供水规模、水厂与管网水量核算方式等。

（二）供水管网现状。管网分布、管网结构、长度、管材、铺设年代等，流速、流向、水压等管网运行状态分析，管网地理信息系统建设情况。

（三）管网漏损现状。供水管网漏损率历史变化情况及现状，造成管网漏损的原因分析，目前已开展的漏损控制相关工作。

二、示范效应分析

本城市（县城）开展供水管网漏损治理试点的必要性、可行性和示范意义。

三、治理目标

结合现有管网漏损治理工作基础，统筹考虑节水减排潜力、供水安全、经济效益等，分析供水管网漏损治理潜力，因地制宜制定合理的供水管网漏损治理目标。

四、治理工程

（一）供水管网改造工程。包括对超过使用年限、材质落后和受损失修的市政供水管道及阀门井等附属设施更新改造、小区管网及附属设施改造、老旧二次供水设施改造等。

（二）供水管网分区计量工程。包括计量设备与数据传输设备安装、分区计量平台建设、一户一表改造，市政、绿化、消防、环卫用水计量体系建设等。

（三）供水管网压力调控工程。包括区域集中调蓄加压设施建设、管网压力在线监测设备安装、压力调控设备安装等。

（四）供水智能化建设工程。包括供水管网信息化建设、水量、水质等传感设备安装、漏损监测设备安装、供水智能化管理平台建设（集成管网地理信息、分区计量、压力调控、二次供水管理等功能）等。

五、管控长效机制

（一）政府主体责任落实。建立城市（县城）人民政府推进试点工作组织体系、职责分工和监督考核机制，明确任务措施。试点地区要逐步建立健全充分反映供水成本、激励提升供水水质、促进节约用水的城镇供水价格形成机制，理顺地下市政基础设施建设管理协调机制。

（二）企业直接责任落实。供水企业内部管理制度和激励机制、供水管网漏损治理与运行维护方案等。其中，治理与运行维护方案应包括漏损控制管理机制、设施运维管理、分区计量及漏损控制措施应用、应用成效评估和数据分析等内容。

（三）实施水厂生产和管网营销水量分开核算。从水量计量、水量贸易结算、细化部门责任等角度，提出实施水厂生产和管网营销两个环节水量分开核算的具体措施，取消“包费制”，杜绝“人情水”。

六、实施计划

制定管网漏损治理分年度实施计划，建立漏损治理项目清单，明确各项目主要内容、预期成效、资金来源（拟申请中央预算内投资支持的项目应注明拟申请支持的金额）、建设时序等，明确项目实施机制。试点城市（县城）因地制宜采用切实可行、可持续的实施模式，确保项目高质量建设和高水平运维。鼓励采用合同节水管理模式。

七、保障措施

组织保障方面，包括城市（县城）人民政府和企业两个层面，以及项目实施的监督、绩效与激励机制，与第三方专业单位的合作模式等。资金保障方面，包括企业的资金投入，政府的财政补贴、奖励政策，以及其他资金筹措的来源等。政策保障方面，包括供水价格机制落实、居民二次供水设施改造配套保障等。

住房和城乡建设部办公厅关于做好 2022 年全国村庄建设统计调查工作的通知

建办村函〔2022〕77 号

各省、自治区住房和城乡建设厅，直辖市住房和城乡建设（管）委，北京市统计局、农业农村局，新疆生产建设兵团住房和城乡建设局：

为推进实施乡村建设行动，掌握全国村庄建设情况，我部制定了全国村庄建设统计调查制度，并经国家统计局批准执行。现就做好 2022 年全国村庄建设统计调查工作通知如下。

一、统计范围

全国村庄建设统计调查范围为全国所有的行政村。具有行政村村委会职能的连队等特殊区域参照行政村执行。

二、统计内容

村庄概况、人口经济、房屋建筑、基础设施、公共环境、建设管理等情况，以及反映村庄风貌的照片。

三、调查报送方式

县级住房和城乡建设部门指导乡（镇）、行政村安排调查人员到现场进行实地调查，可按以下两种方式录入信息。

（一）调查人员现场填写纸质调查表、拍摄照片后，在电脑端将调查信息录入村镇建设管理平台（网址：http://czjs.mohurd.gov.cn）。

（二）调查人员下载安装村镇建设管理平台手机端应用程序，使用智能手机现场采集、录入信息。

全国村庄建设统计调查制度及相关培训材料、手机端应用程序、用户使用手册等在村镇建设管理平台下载。

四、时间安排

调查数据截止时点为 2021 年 12 月 31 日。属于时点数据的，按报告期末数据填报。属于时期数据的，按报告期累计数填报。请各地于 2022 年 4 月 20

日前完成调查工作。

五、组织实施

地方各级住房和城乡建设部门要统筹协调，精心组织，做好数据报送和审核工作，确保数据上报及时、完整、准确，坚决防范和惩治数据造假、弄虚作假情况。省级住房和城乡建设部门对本地区村庄建设统计调查工作负总责，要尽快开展动员培训，组织市县推进调查工作。市（地、州、盟）住房和城乡建设部门要定期跟踪通报本地各县（市、区、旗）的调查工作情况，加快调查进度。县（市、区、旗）住房和城乡建设部门要安排专人负责协调推进调查工作，及时将培训材料发放给调查人员，组织工作人员进行现场指导，协调解决调查工作中存在的困难和问题，对指标理解有偏差、调查不细致等问题及时进行纠正。

业务咨询电话：010-58934706

技术服务电话：010-57484832

住房和城乡建设部办公厅

2022 年 3 月 4 日

（此件公开发布）

住房和城乡建设部建筑市场监管司关于组织动员工程建设类注册执业人员服务各地自建房安全专项整治工作的通知

建司局函市〔2022〕81 号

各省、自治区住房和城乡建设厅，直辖市住房和城乡建设（管）委，北京市规划和自然资源委员会，新疆生产建设兵团住房和城乡建设局：

为深入贯彻落实习近平总书记关于湖南长沙“4·29”居民自建房倒塌事故重要指示精神，充分发挥工程建设类注册执业人员（以下简称注册执业人员）专业优势，进一步加强基层排查力量，根据《全国自建房安全专项整治工作部际协调机制办公室关于组织动员专业技术力量参与自建房安全专项整治工作的通知》要求，现就在全国范围内动员注册执业人员参与各地自建房安全专项整治工作有关事项通知如下：

一、总体要求。各地住房和城乡建设主管部门要积极创造条件，动员组织注册建筑师、勘察设计注册工程师、注册建造师、注册监理工程师等注册执业人员，积极参与全国自建房安全隐患排查工作，充分发挥注册执业人员技术优势，依据有关法律法规及房屋安全隐患排查相关技术要求，为基层自建房安全专项整治工作提供技术咨询、指导。

二、服务内容。各地住房和城乡建设主管部门要组织注册执业人员学习掌握自建房安全专项整治中的相关政策和技术要求，做好政策宣贯、技术培训等。注册执业人员在协助开展自建房安全隐患排查时，要对排查过程中的初判、复核评估、鉴定和隐患整治提供现场指导和专业支持，对存在重大安全隐患的自建房整治方案进行技术指导。注册执业人员还可根据工作需要开展其他技术咨询服务工作。

三、组织管理。各地住房和城乡建设主管部门要多渠道开通报名通道，做好活动报名、工作分配、组织协调、成果确认等工作。引导注册执业人员积极参加本地区自建房安全专项整治，坚持“安全第一”的原则，开展安全防护、疫情防控等教育，并为其提供必要的工作、生活保障。

四、鼓励政策。对参加全国自建房安全专项整治工作的注册执业人员，可凭各省级住房和城乡建设主管部门出具的有效证明，作为继续教育必修课或选修课学时（1 天最多不超过 10 学时）。同时，各地住房和城乡建设主管部门可制定相应鼓励政策，对在实际工作中表现优秀的注册执业人员及其派出单位给予通报表扬，供在本地区评优评先等工作中参考使用。

住房和城乡建设部建筑市场监管司

2022 年 7 月 12 日

（此件主动公开）

住房和城乡建设部办公厅关于开展2023年和2024年世界城市日中国主场活动承办城市申办工作的通知

建办外函〔2022〕86号

各省、自治区住房和城乡建设厅，直辖市住房和城乡建设（管）委，新疆生产建设兵团住房和城乡建设局：

为贯彻落实《中共中央 国务院关于进一步加强城市规划建设管理工作的若干意见》，办好世界城市日中国主场活动，根据我部印发的《世界城市日中国主场活动承办城市遴选办法（试行）》（以下简称《办法》），决定开展2023年和2024年世界城市日中国主场活动承办城市申办工作。请按照《办法》要求，组织本地区城市自愿申办。现将有关事项通知如下：

一、申办条件

申办主体为城市人民政府，申办城市应符合以下条件：

（一）具备举办大型国际活动的设施、经验和组织保障。

（二）具备必要的经费保障。

（三）在推动城市高质量发展方面取得显著成效，具体要求详见《办法》。

（四）未承办过世界城市日主场活动。

（五）近2年内（申办当年及前一年自然年内）未发生重大安全、污染、破坏生态环境、破坏历史文化资源等事件，未发生严重违背城市发展规律的破坏性“建设”行为，未被省级以上人民政府或住房和城乡建设主管部门通报批评。

二、申办材料

申办材料包括申办报告及省级住房和城乡建设主管部门推荐函。申办报告不超过4000字，具体要求详见《办法》。

三、报送程序

省级住房和城乡建设主管部门对本地区申办城市进行初审后，择优推荐最多1个城市，如无符合条件城市可不推荐。请将推荐城市申办材料（一式3份，附电子版）于2022年4月15日前，报送我部计划财务与外事司。

附件：住房和城乡建设部关于印发世界城市日中国主场活动承办城市遴选办法（试行）的通知

住房和城乡建设部办公厅

2022年3月9日

（此件主动公开）

住房和城乡建设部关于印发世界城市日中国主场活动承办城市遴选办法（试行）的通知

各省、自治区住房和城乡建设厅，直辖市住房和城乡建设（管）委，新疆生产建设兵团住房和城乡建设局：

为贯彻落实《中共中央国务院关于进一步加强城市规划建设管理工作的若干意见》的要求，办好世界城市日中国主场活动，我部制定了《世界城市日中国主场活动承办城市遴选办法（试行）》。现印发给你们，请遵照执行。

住房和城乡建设部

2019年1月3日

（此件主动公开）

世界城市日中国主场活动承办城市遴选办法（试行）

第一条 为贯彻落实《中共中央国务院关于进一步加强城市规划建设管理工作的若干意见》，推动实施联合国第三次住房和城市可持续发展大会成果文件《新城市议程》，办好世界城市日中国主场活动，通过遴选方式确定承办城市，制定本办法。

第二条 世界城市日中国主场活动由住房和城乡建设部、承办城市所在省（自治区）人民政府和联合国人居署共同主办，由承办城市人民政府具体负责活动组织工作。

直辖市作为承办城市时，该直辖市人民政府作为主办方之一，并由其指定市人民政府相关部门为具体承办单位。

住房和城乡建设部可邀请其他相关部门和单位参与主办或协办。

第三条 世界城市日中国主场活动在每年的 10 月 31 日世界城市日期间举办，一般包括世界城市日论坛、主题展览、实地参观等，活动时间 1 至 3 天。

第四条 城市人民政府自愿申办世界城市日中国主场活动。申办城市应满足以下条件：

（一）具备举办大型国际活动的设施、经验和组织保障。

（二）具备必要的经费保障。

（三）在以下 1 个或几个领域取得显著成果，具有示范意义：

1. 重视新时代城市的转型发展，在城市发展和规划建设管理中，将粗放扩张型发展转变为注重内涵的高质量发展。注重以人为本，不断增强城市的承载力、包容度和宜居性。

——持续改善居民的居住条件，保障中低收入居民家庭的居住权。

——向城市居民提供均衡、安全、包容、便利、绿色和优质的城市公共空间、公共服务和基础设施，大力建设无障碍环境，保障残疾人等社会成员平等参与社会生活。

——尊重市民对城市发展和规划建设管理的知情权、参与权、监督权，鼓励居民参与城市共建共治共享。

——推动城市转型发展的其他做法。

2. 重视新时代城市的绿色发展，在城市发展和规划建设管理中，注重人与自然和谐共处，推动形成绿色发展方式和生活方式，建设绿色低碳城市。

——推动海绵城市建设，让城市像海绵一样，在适应环境变化和应对自然灾害等方面具有良好的弹性，增强城市的韧性，减少城市洪涝灾害的发生。

——促进生活垃圾减量化和资源化，鼓励使用可再生能源，采取有效措施减少低效出行、交通拥堵、空气污染、城市热岛效应、噪音等“城市病”问题的发生。

——推进城市生态修复，系统治理、修复被破坏的山体和水体，优化城市绿地系统，拓展绿色空间，提升环境品质。

——推进建筑节能减排，推广绿色建设、绿色建筑、装配式建筑等，在降低建筑能耗方面有计划有行动。

——推动城市绿色发展的其他做法。

3. 重视新时代城市的人文精神，在城市发展和规划建设管理中，注重历史文化保护，塑造城市特色风貌，建设人文城市。

——有效保护历史文化遗存，保护和延续城市传统格局和肌理，重视历史建筑保护和利用，有效传承优秀文化，延续历史文脉。

——注重城市设计，加强对城市空间立体性、平面协调性、风貌整体性、文脉延续性的设计和管控，统筹城市建筑布局，协调城市景观风貌，塑造城市特色。

——采取小规模、渐进式更新改造老旧城区，鼓励老厂区、老工业建筑、既有建筑的有效利用，促进历史城区的保护与复兴。

——推动人文城市建设的其他做法。

4. 重视新时代城市的智能发展，在城市发展和规划建设管理中，注重数字城市与现实城市同步规划建设，建立城市智能运行模式和治理体系，建设智慧城市。

——在基础设施和地下空间建设中，适度超前规划建设城市信息基础设施，建设数字城市神经网络，动态监测和实时感知城市运行状态。

——有机融合地理信息系统（GIS）与建筑信息系统（BIM），建立城市信息模型（CIM）平台，建设智慧城市建设管理空间信息平台。

——推进大数据、物联网、云计算等信息技术与城市管理服务融合，推进城市精细化管理。

——推动城市智能化发展的其他做法。

第五条 各城市应提前 1 年申办世界城市日中国主场活动。住房和城乡建设部于每年上半年部署下一年度的申办工作。

第六条 遴选工作按以下程序进行：

（一）住房和城乡建设部向各省级住房和城乡建设主管部门印发申办通知。

（二）在住房和城乡建设部规定的申办期限内，各省级住房和城乡建设主管部门组织本地区城市自愿申办。

（三）省级住房和城乡建设主管部门对本地区城市申办材料进行审核，并按程序将省级住房和城乡建设主管部门推荐函及推荐城市的申办报告等材料报住房和城乡建设部。每个省（自治区）每次最多推荐1个城市参加申办。

直辖市申办，由其住房和城乡建设主管部门向住房和城乡建设部提出，并报送申办报告等材料。

（四）申办期限截止后，住房和城乡建设部组织评审委员会对申办城市进行综合评审。

（五）评审委员会对申办报告进行审核，听取申办城市陈述，通过打分提出备选城市排序，报住房和城乡建设部，必要时可进行实地考察。

（六）住房和城乡建设部根据评审委员会意见，召开部常务会研究确定承办城市并予以公布。

第七条 申办城市提交的申办报告应包括以下主要内容：

（一）申办城市的基本情况，包括特征、区位、人口、经济、社会治安、交通、通讯、气候条件、环境、安全保卫、医疗卫生等。

（二）在城市发展和人居环境改善方面的理念、措施和取得的成绩等。

（三）举办大型国际活动的设施、经验及组织管理水平。

（四）经费来源、安保措施等保障计划。

第八条 世界城市日中国主场活动原则上不在同一省（自治区、直辖市）内连续举办。成功承办或已经批准承办世界城市日中国主场活动的城市，在申报联合国人居奖、中国人居环境奖、国家园林城市时，予以优先考虑。

第九条 本办法自发布之日起试行，由住房和城乡建设部负责解释。

住房和城乡建设部办公厅 国家发展改革委办公厅关于做好2022年城市排水防涝工作的通知

建办城函〔2022〕134号

各省、自治区住房和城乡建设厅、发展改革委，直辖市住房和城乡建设（管）委、水务局、发展改革委，海南省水务厅，新疆生产建设兵团住房和城乡建设局、发展改革委：

2022年将召开党的二十大，做好城市排水防涝工作，对于保持安全稳定的社会环境具有特殊重要意义。据有关部门预测，2022年极端天气影响将较为突出，汛期南北洪涝灾害可能连发重发，城市排水防涝形势复杂严峻。各地有关主管部门要进一步提高政治站位，深入贯彻落实习近平总书记关于防汛救灾工作重要指示批示精神，按照党中央、国务院决策部署，落实国家防汛抗旱总指挥部办公室《关于对照问题教训 查找短板弱项 切实做好汛前准备工作的通知》（国汛办电〔2022〕2号）要求，统筹发展和安全，坚持人民至上、生命至上，"宁可十防九空，不可失防万一"，做好迎战汛期各项准备，尽全力避免人员伤亡事故。

一、深刻汲取郑州"7·20"特大暴雨灾害教训

要增强忧患意识，树立底线思维，提高防灾减灾救灾和防范化解风险挑战能力和水平，切实把保护人民群众生命安全放在首位，落到实处，以排水防涝的实际行动和实际效果践行"两个维护"。要深刻汲取郑州"7·20"特大暴雨灾害教训，坚决克服麻痹思想和经验主义，始终对城市内涝灾害保持高度警惕，充分认识全球气候变暖背景下极端天气引发灾害的多发性、危害性，主动适应和把握排水防涝的新特点、新规律，立足防大汛、抢大险、救大灾，确保城市安全度汛。

二、严格落实工作责任

要按照《国务院办公厅关于加强城市内涝治理的

实施意见》（国办发〔2021〕11 号）要求，落实城市政府排水防涝主体责任，做好城市排水防涝工作。各城市排水防涝安全责任人要按照《住房和城乡建设部关于 2022 年全国城市排水防涝安全责任人名单的通告》（建城函〔2022〕20 号）要求，加强组织领导和统筹协调，建立健全多部门协同、全社会动员的城市防汛应急管理体系，做到守土有责、守土尽责。加强日常防范和事前、事中、事后全过程管理，避免对城市排水防涝工作仅作一般化部署、原则性要求，力戒形式主义、官僚主义。

三、加强设施清疏养护

要抓住汛前时机，加强排水防涝设施的日常巡查、维护。对雨水排口、闸门、排涝泵站等设施开展巡查，定期对排水管道、雨水口和检查井进行清淤、维护。及时补齐修复丢失、破损的井盖，落实防坠落措施，防止发生窨井伤人等安全事故。整治疏浚具有排涝功能的城市河道，对于汛期河道行洪水位可能淹没雨水排口的，要采取增加拍门等防倒灌措施。加强泵站、闸门、拍门等设施的维护检修，保证设施设备安全、正常运行。

四、强化安全隐患整改

要认真排查、整改风险隐患和薄弱环节。对下凹式立交桥、隧道、地下空间、地铁、棚户区以及城市低洼地等风险点，建立隐患清单，制定“一点一策”整治方案，加快推进治理；对于汛前确实难以整治到位的，要设置警示标识，制定专门处置方案，消除安全隐患。对位于地下空间的二次供水、供配电、排水泵站等关键设施设备，根据受淹风险程度，因地制宜采取建设封闭抗淹设施、迁移改造或建设备用设施等方式分类实施改造，提高灾害应对能力。

五、全力做好防汛应急准备和处置

要把防汛应急准备和处置工作落到实处。及时修订完善应急预案，明确预警等级及其具体启动条件，落实各相关部门工作任务、响应程序和处置措施，强化极端天气条件下停工、停运、停产和转移避险等措施。与有关部门落实气象预警信息共享和风险会商联动机制，及时启动应急响应。充实排水应急抢险专业队伍，配备专业抢险设备。储备和更新补充抢险物资，在地下空间出入口、下穿隧道等储备必要的挡水板、沙袋等常备物资，引导地铁运营单位、居民小区管理单位等储备防灾救灾物资。实施洪涝“联排联调”，科学合理及时做好河湖、水库、调蓄设施的预腾空或预降水位工作，增大调蓄空间，确保雨水行泄通畅。

六、加快构建城市排水防涝体系

要按照国办发〔2021〕11 号文件要求，加快建立“源头减排、管网排放、蓄排并举、超标应急”的城市排水防涝工程体系。依托国家重大建设项目库，将“十四五”规划城市防洪排涝重大工程项目台账中的各项任务逐一落实到具体建设项目，组织做好项目入库、按时填报项目进展。制定实施方案和工作计划，逐项细化时间表和路线图，定期调度项目进展情况，加快推动城市内涝治理工作取得实效。加强项目前期准备工作，强化政策支撑和要素保障，加快开工建设一批重大项目，做到竣工一批、在建一批、开工一批、储备一批。压实建设、设计、施工、监理单位责任，加强质量安全问题检查整改，杜绝安全隐患。

七、加大培训和宣传引导

要以案为鉴，把郑州“7·20”特大暴雨灾害作为案例纳入干部培训内容，强化各级责任人专题培训，提高领导干部应对灾害的能力和水平。充分发挥各类媒体作用，开展防灾避险科普宣传，增强群众防灾减灾意识和自救互救能力。完善信息发布制度，公开透明、积极负责任地回应社会关切。

八、加强汛期值班值守

汛期要严格落实 24 小时值班和领导带班制度，第一时间掌握雨情、水情、涝情等相关信息，发现险情灾情迅速采取应对措施。实行汛期城市涝情“一日一报”制度，按时报告内涝积水基本情况、成因及应对措施等，出现人员伤亡等重大情况要第一时间上报住房和城乡建设部城市建设司。发生积水内涝事件后，要认真回溯分析，梳理薄弱环节，有针对性地细化完善应急措施。

各地要指导督促本地区城市对汛前准备以及内涝治理等工作进行全面自查，整理形成本省（区、市）汛前自查情况报告，于 2022 年 4 月 30 日前报送住房和城乡建设部城市建设司。

住房和城乡建设部办公厅
国家发展和改革委员会办公厅
2022 年 3 月 31 日

（此件公开发布）

抄送：国家防汛抗旱总指挥部办公室，水利部、应急部、审计署办公厅。

住房和城乡建设部办公厅关于做好 2022 年全国城市节约用水宣传周工作的通知

建办城函〔2022〕149 号

各省、自治区住房和城乡建设厅，直辖市住房和城乡建设（管）委（城市管理局）、水务局，海南省水务厅，新疆生产建设兵团住房和城乡建设局：

为深入贯彻习近平生态文明思想，落实党中央、国务院关于加强节约用水工作的决策部署，实施国家节水行动，推进城市节水减排，推动绿色低碳发展，现就 2022 年全国城市节约用水宣传周工作通知如下。

一、时间和主题

2022 年全国城市节约用水宣传周活动时间为 5 月 15 日至 21 日，主题为“建设节水型城市，推动绿色低碳发展”。

二、切实做好宣传工作

各地要充分利用各类传统媒体和新媒体，深入推进节水宣传进家庭、进社区街道、进公共建筑、进企业单位、进学校，着力营造节水、惜水的浓厚社会氛围。通过在醒目位置张贴标语和宣传画、发放节水手册，开展节水进课堂，组织节水征文，征集节水漫画、小视频，参观节水设施，开展节水技术培训与交流等多种形式，激发全社会参与城市节水的积极性和主动性，让节水宣传落到实处、见到实效。

三、深入推进城市节水工作

各地要以 2022 年全国城市节约用水宣传周为契机，宣传贯彻《住房和城乡建设部办公厅　国家发展改革委办公厅　水利部办公厅　工业和信息化部办公厅关于加强城市节约用水工作的指导意见》（建办城〔2021〕51 号），系统、深入推进城市节水工作。坚持以水定城、节水优先，着力构建城市健康水循环体系，提高城市水资源涵养、蓄积、净化能力。提高城市用水效率，推动再生水就近利用、生态利用、循环利用，加强供水管网漏损控制。不断深化节水型城市建设，坚持系统思维，强化社区、企事业单位等社会单元的节水工作，筑牢城市节水工作的社会基础，推动形成绿色发展方式和生活方式。持续完善城市节水机制和政策支撑体系，健全保障措施，激发城市节水的内生动力，凝聚形成全社会节水合力。

四、加强宣传周活动组织指导

各省级住房和城乡建设（城市节约用水）主管部门要在全面落实新冠肺炎疫情防控各项要求的基础上，指导行政区域内城市开展 2022 年全国城市节约用水宣传周活动，做到主题突出、内容丰富、成效显著、安全顺利。各地相关活动情况以及城市节水典型经验和案例材料，请及时报我部城市建设司。

附件：2022 年全国城市节约用水宣传周宣传口号（参考）

住房和城乡建设部办公厅

2022 年 4 月 18 日

（此件主动公开）

附件

2022 年全国城市节约用水宣传周宣传口号（参考）

1. 建设节水型城市，推动绿色低碳发展
2. 以水定城、以水定地、以水定人、以水定产
3. 坚持节水优先，建设节水型城市
4. 加强城市节水减碳，全面建设节水型城市
5. 推进城市节水，建设绿色家园
6. 绿色发展，节水优先
7. 倡导绿色低碳生活，推进城市节水减排
8. 提高城市用水效率，健全城市节水机制

9. 控制供水漏损，管住“一点一滴”
10. 推广使用再生水，引得“活水”入城来
11. 节约用水，全民参与
12. 美丽城市你我共建，节约用水你我先行

各地可根据实际情况，提出其他宣传口号。

抄送：国家节水型城市人民政府办公厅（室），有关城市节水办公室。

住房和城乡建设部办公厅关于印发部 2022 年信用体系建设工作要点的通知

建办厅函〔2022〕165 号

部机关各单位、直属各单位：

现将《住房和城乡建设部 2022 年信用体系建设工作要点》印发给你们，请结合实际认真贯彻落实。

住房和城乡建设部办公厅
2022 年 4 月 22 日
（此件主动公开）

住房和城乡建设部 2022 年信用体系建设工作要点

做好 2022 年住房和城乡建设领域信用体系建设工作，要以习近平新时代中国特色社会主义思想为指导，全面贯彻党的十九大和十九届历次全会精神，立足新发展阶段、贯彻新发展理念、构建新发展格局，坚持稳字当头、稳中求进，认真贯彻落实党中央、国务院决策部署，按照全国住房和城乡建设工作会议精神，扎实推进信用体系建设，进一步规范和健全住房和城乡建设领域失信行为认定、记录、归集、共享和公开，积极发挥信用体系在支撑“放管服”改革、营造公平诚信的市场环境、提升政府监管效能等方面的重要作用，逐步建立健全信用承诺、信用评价、信用分级分类监管、信用激励惩戒、信用修复等制度，促进住房和城乡建设事业高质量发展，以优异成绩迎接党的二十大胜利召开。

一、加快推进信用体系制度建设

（一）建立健全信用管理制度。在广泛听取各方面意见、充分调研论证的基础上，加快推进住房和城乡建设领域信用管理暂行规定出台。推动建立相关行业的信用管理制度，在建设工程抗震、城镇污水排入排水管网许可管理、建设工程消防设计审查验收技术服务、城乡历史文化保护等管理过程中，强化信用监管。

（二）编制公共信用信息具体条目。进一步规范界定公共信用信息纳入范围，保护信用主体合法权益。编制全国住房和城乡建设领域公共信用信息具体条目，纳入条目应逐条明确信用的内容、公开属性、归集来源和共享方式、更新频次等。

（三）推进信用管理标准体系建设。建立住房和城乡建设领域信用管理标准体系，发挥标准化在信用信息归集、共享、公开、应用中的重要作用。推动编制住房和城乡建设领域信用信息基础数据标准和信用信息系统技术标准，做好与相关规定的衔接。

二、加快信用信息管理基础设施建设

（四）推进全国信用信息共享平台建设。加快完成全国信用信息共享平台项目（二期）住房和城乡建设部建设部分竣工验收，争取三期项目立项支持，不断完善住房和城乡建设领域信用信息共享平台数据归集、共享、分析功能。

（五）逐步实现住房和城乡建设领域公共信用信息归集、共享和公开。推进信用信息共享平台与建筑市场、房地产市场、工程造价、工程质量安全等领域已有监管平台的信用数据统筹，逐步形成标准统一、互通共享的住房和城乡建设领域信用信息共享系统。完善已有平台的信用管理功能，加强信用信息的归集、公开和共享，规范信用信息的认定、修复和应用，持续提高数据质量。

三、完善信用体系建设优化营商环境

（六）加快完成信用信息共享任务。贯彻落实国务院关于加强信用信息共享应用、促进中小微企业融资的决策部署，在企业授权的前提下，逐步将住房公积金企业缴纳信息通过全国中小企业融资综合信用服务平台向金融机构共享，打破“数据壁垒”和“信息孤岛”。

（七）加强信用信息服务市场主体能力。依法依规拓展公共信用信息应用路径，研究推广惠民便企信用产品。优化信用信息服务，推进公共信用信息在金融、保险、担保等领域的应用，探索通过与信息使用方联合建模等方式实现数据“可用不可见”。

（八）支持行业协会商会建立健全行业信用自律。引导行业协会商会完善行业内部信用信息采集、共享机制，将严重失信行为记入会员信用档案。鼓励行业协会商会依法依规开展会员企业信用等级评价，督促会员企业守信合法经营、营造公平诚信市场环境。

四、建立健全基于信用的新型监管机制

（九）推进建立基于信用的分级分类监管机制。贯彻落实国务院提升监管效能的有关部署，研究分领域、分行业建立统一的市场主体信用评价指标体系和信用风险分类分级标准，探索对市场主体实施基于信用的差异化监管机制。为开展“双随机、一公开”监管提供基础条件，提升监管的精准性和有效性。在符合条件的行政许可事项中推广信用承诺制度。研究制定建筑市场失信行为分级标准，进一步明确建筑市场失信行为信息范围，完善建筑市场信用管理的政策体系，规范建筑市场信用信息的认定、归集和应用。研究探索房地产市场、工程造价咨询市场、园林绿化工程建设市场以及历史文化街区和历史建筑保护利用工程等领域基于信用的新型监管机制。在既有建筑改造利用消防设计审查验收试点工作中，探索实行消防验收备案告知承诺。

（十）利用新技术成果提高智慧监管能力。积极利用“互联网 +”、大数据、区块链、人工智能等新技术提升信用信息管理全过程的自动化、智慧化，提升信用数据综合分析、动态监测的能力。

五、加强组织实施

（十一）加强组织实施，严格落实责任。各单位既要立足当前，又要着眼长远，对照本要点细化目标任务，明确责任分工，制定工作措施，推动工作有效落实。部社会信用体系建设领导小组办公室要加强统筹协调，各成员单位要切实履行责任，形成工作合力。

（十二）加强知识和人才储备，建立专业支撑队伍。建立住房和城乡建设部信用体系建设专家智库，为住房和城乡建设领域信用体系建设工作提供智力支持。加强信用体系建设重要理论问题研究。开展住房和城乡建设领域有关政策制度、标准规范、服务创新研究。推动研究机构、高等院校、行业学协会开展相关研究，为住房和城乡建设领域信用体系建设提供知识和人才储备。在住房和城乡建设系统内开展信用体系建设培训，提高行政主管部门、企事业单位有关从业人员的政策法规水平与专业技术能力。

（十三）总结好经验、好做法，适时开展信用管理试点工作。鼓励指导地方主动探索总结可复制、可推广的信用管理好经验好做法，正面引导信用体系高质量发展。适时选取部分省、市、县开展住房和城乡建设领域信用管理试点工作。

（十四）加强宣传引导和政策解读，营造良好舆论环境。支持新闻媒体开展住房和城乡建设领域诚信宣传和舆论监督，深入报道诚实守信的先进典型，推动形成崇尚诚信、践行诚信的良好氛围。征集住房和城乡建设领域信用体系建设优秀案例，强化正面引导，推广先进经验。加强信用政策解读，及时回应关切，着力为经济社会平稳健康可持续发展营造良好舆论环境。

抄送：国家发展改革委办公厅、中国人民银行办公厅，各省、自治区住房和城乡建设厅，直辖市住房和城乡建设（管）委及有关部门，新疆生产建设兵团住房和城乡建设局

住房和城乡建设部办公厅关于进一步做好市政基础设施安全运行管理的通知

建办城函〔2022〕178号

各省、自治区住房和城乡建设厅，北京市城市管理委、园林绿化局、水务局，天津市城市管理委、水务局，上海市住房和城乡建设管委、绿化和市容管理局、水务局，重庆市住房和城乡建设委、经济和信息化委、城市管理局，海南省水务厅，新疆生产建设兵团住房和城乡建设局：

为认真贯彻落实习近平总书记关于安全生产的重要指示精神和党中央、国务院决策部署，落实国务院安全生产委员会关于安全生产的十五条措施，现就进一步做好市政基础设施安全运行管理工作通知如下：

一、加强城镇燃气安全管理。认真落实《全国城镇燃气安全排查整治工作方案》，全面排查涉及燃气各领域的安全风险隐患，重点对燃气经营、餐饮等公共场所、老旧小区、燃气工程、燃气管道设施的安全隐患进行排查。进一步落实安全责任、摸清本地区燃气安全总体情况，对排查出来的重大问题隐患要立行立改，总结好的经验做法并固化为法规制度，健全完善城镇燃气安全长效机制。继续加快推进城市燃气管道老化更新改造工作，按照聚焦重点、安全第一，规划先行、系统治理，因地制宜、统筹施策，建管并重、长效管理的原则，在全面梳理城市燃气管道老化更新改造底数基础上，抓紧规划部署，研究改造项目清单和分年度改造计划，梳理确定2022年更新改造计划及项目清单，并科学有序推进实施，确保“十四五”期末基本完成燃气管道老化更新改造任务。

二、加强城市供排水行业安全管理。及时组织清掏淤积堵塞的排水管渠、雨水收集口和检查井，及时补齐修复丢失、破损的井盖，落实防坠落措施；加强泵站、闸门、拍门等设施的维修保养，保证设施设备安全、正常运行。加强对下凹式立交桥、隧道、地下空间、地铁、棚户区以及城市低洼地等风险点的隐患排查，建立隐患清单并及时整治。加强对易积水路段周边的路灯、通信等配电设施安全防护，避免积水时发生漏电事故。在开展管网维护、应急排水、井下及有限空间作业时，必须对作业人员开展安全技术培训，在实施作业过程中，依法依规安排专门人员进行现场安全管理，严格落实安全操作规程和安全措施，避免发生中毒、触电、爆炸、溺水、坠落等各类伤亡事故。加强对城镇供水、污水处理企业加氯间监控，强化对易燃易爆及有毒有害危险化学品管理，配备安全防护设备和用品，按照危险化学品安全管理有关规定，做好危险化学品采购、运输、储存和使用等环节安全管理工作。

三、加强城市园林绿化安全管理。建立园林绿化领域安全风险清单、突发安全事件应急预案和突发舆情应对预案，加强城市公园、城市动物园、城市植物园等各类公园安全管理和疫情防控，按职责分工做好城市公园、绿化带区域外来入侵物种防控，强化极端天气安全防范工作。督促城市公园、绿地管理机构落实安全管理责任，健全管理机制，定期组织开展安全隐患排查整治，及时消除安全隐患。督促有关部门对城市公园内大中型游乐设施、客运索道、体育健身设备等设施设备按照有关要求开展安全检查，坚决禁止超负荷、带病运行。督促指导城市公园管理机构在举办大型活动前认真开展风险评估，科学编制活动方案，完善应急疏散通道和应急处置预案，防止出现踩踏事故。督促城市动物园管理机构着力加强动物园安全管理，提高动物饲养人员安全意识，严格操作规程，防止出现动物逃逸事故。强化从业人员安全风险意识，坚决守住安全底线要求。对于园林绿化领域的重要舆情，要及时回应社会关切，加强问题整改，涉及违法违纪的，依法依规追究有关责任人责任。

四、加强城市环境卫生安全管理。做好城市道路等清扫保洁工作，完善作业人员安全防护措施，规范设置作业安全标志，加强安全作业教育和技能培训，提高环卫工人安全意识和能力。加强生活垃圾填埋场、焚烧厂及转运站等城市环卫设施安全管理工作，认真落实相关安全工作要求，严格执行相关运行维护技术规程及标准。按照标准规范要求，结合地区实际，加强对生活垃圾投放、收集、运输、处理设施设备的日常消毒杀菌。

五、加强城镇供热运行安全保障。目前尚未全面停暖地区要继续做好城镇供热民生保障工作，坚决守住群众温暖过冬民生底线，站好本供热期最后一班岗。已进入非供热期的地区，要督促供热企业积极开展“冬病夏治”，全面做好供热设施设备运行维护，加强设施巡查巡检，及时排查和消除各类隐患。加大城镇老旧供热管网节能改造力度，降低供热能耗水平，加强能源节约。充分利用煤电油气运保障工作部际协调机制，持续推动能源保供工作，认真履行保障民生、供热取暖主体责任。

六、加强安全监管和监督检查。要切实提高政治站位，组织开展明查暗访、专项督查、联合检查等监督检查工作。理直气壮开展安全生产监督检查，紧盯各类安全隐患易发高发环节，强化专业监督检查，组织专家参与市政基础设施领域的安全排查，提高监管执法专业能力和保障水平。拓宽畅通安全生产投诉举报渠道，鼓励社会公众对安全生产重大风险、事故隐患和违法行为进行举报，对安全监督检查不力的行为要进行曝光。

七、统筹做好经济发展、疫情防控和安全生产工作。要充分认识到三项工作是一个有机整体，积极加强与疫情防控部门协调工作，确保疫情防控区域不出现安全生产事故。督促指导城市各类公园管理机构按疫情管理规定实施“限量、预约、错峰”入园，坚决落实体温检测和“健康码”查验要求，做好室内空间、公共设施消毒工作。中高风险地区的城市公园应暂停容易引起人员聚集的活动。疫情比较严重的地区，在满足防疫要求的情况下，要为安全检查人员提供必要防护物品、设施，加强设施消毒工作，认真做好从业人员健康监测，作业期间一律佩戴口罩，积极配合防疫部门做好登记备案、体温检测等工作。

住房和城乡建设部办公厅

2022 年 4 月 29 日

（此件主动公开）

住房和城乡建设部办公厅关于征集遴选智能建造试点城市的通知

建办市函〔2022〕189 号

各省、自治区住房和城乡建设厅，直辖市住房和城乡建设（管）委，新疆生产建设兵团住房和城乡建设局：

为贯彻落实党中央、国务院决策部署，大力发展智能建造，推动建筑业转型升级，根据全国住房和城乡建设工作会议部署安排，我部决定征集遴选部分城市开展智能建造试点，现就有关事项通知如下：

一、试点目标

通过开展智能建造试点，加快推动建筑业与先进制造技术、新一代信息技术的深度融合，拓展数字化应用场景，培育具有关键核心技术和系统解决方案能力的骨干建筑企业，发展智能建造新产业，形成可复制可推广的政策体系、发展路径和监管模式，为全面推进建筑业转型升级、推动高质量发展发挥示范引领作用。

二、试点城市征集范围和试点时间

地级以上城市（含直辖市及下辖区县）均可申报开展智能建造试点，我部按程序评审确定试点城市。试点时间为期 3 年，自公布之日起计算。

三、试点任务

试点城市重点开展以下工作，其中第（一）至（四）项为必选任务，第（五）至（八）项可结合地方实际自主选择。试点城市也可根据试点目标提出新的任务方向。

（一）完善政策体系。出台推动智能建造发展的政策文件或发展规划，在土地、规划、财政、金融、科技等方面发布实施行之有效的鼓励政策，形成可复制经验清单。

（二）培育智能建造产业。建设智能建造产业基地，完善产业链，培育一批具有智能建造系统解决方案能力的工程总承包企业以及建筑施工、勘察设计、装备制造、信息技术等配套企业，发展数字设计、智能生产、智能施工、智慧运维、建筑机器人、建筑产业互联网等新产业，打造智能建造产业集群。

（三）建设试点示范工程。有计划地建设一批智能建造试点示范工程，推进工业化、数字化、智能化技术集成应用，有效解决工程建设面临的实际问题，实现提质增效，发挥示范引领作用。

（四）创新管理机制。搭建建筑业数字化监管平台，探索建筑信息模型（BIM）报建审批和BIM审图，完善工程建设数字化成果交付、审查和存档管理体系，支撑对接城市信息模型（CIM）基础平台，探索大数据辅助决策和监管机制，建立健全与智能建造相适应的建筑市场和工程质量安全监管模式。

（五）打造部品部件智能工厂。围绕预制构件、装修部品、设备管线、门窗、卫浴部品等细分领域，推动部品部件智能工厂建设或改造，实现部品部件生产技术突破、工艺创新、业务流程再造和场景集成。

（六）推动技术研发和成果转化。每年投入一定科研资金支持智能建造科技攻关项目，建立产学研一体的协同机制，推动智能建造关键技术攻关和集成创新，加强科技成果转化，探索集研发设计、数据训练、中试应用、科技金融于一体的综合应用模式。

（七）完善标准体系。引导相关科研院所、骨干企业、行业协会编制智能建造相关标准规范，提出涵盖设计、生产、施工、运维等环节的智能建造技术应用要求。

（八）培育专业人才。探索智能建造人才培养模式和评价模式改革，引导本地高等院校开设智能建造相关专业，推动建设智能建造实训基地。

四、试点城市征集遴选程序

按照城市自愿申报、省级住房和城乡建设主管部门审核推荐、我部评审公布的工作程序，组织开展智能建造试点城市征集遴选工作。

（一）编制方案。试点申报城市根据《住房和城乡建设部等部门关于推动智能建造与建筑工业化协同发展的指导意见》《“十四五”建筑业发展规划》等文件精神和本通知要求，组织编制《智能建造试点实施方案》（以下简称《实施方案》），说明城市基本情况和相关工作基础，明确试点目标、试点内容、实施计划、保障措施等有关工作打算。

（二）组织推荐。省级住房和城乡建设主管部门汇总本行政区域范围内试点申报城市的《实施方案》，组织审核并提出推荐意见，于2022年7月31日前报送我部。各省（区、市）推荐试点城市数量不超过3个。

（三）评审公布。我部组织评审各地报送的《实施方案》，视情对试点申报城市开展实地调研，综合考评后确定试点城市名单，向社会公开发布。

五、工作要求

（一）严格审核把关。试点申报城市要确保《实施方案》切实可行，符合本地经济社会发展实际。要具备必要的建筑业、装备制造、信息技术等相关产业基础，可支撑试点任务开展。

（二）加强组织保障。试点申报城市要高度重视建筑业高质量发展工作，将发展智能建造列入本地区重点工作任务和中长期发展规划。试点期间要建立相应工作机制，加强统筹协调，保障试点各项任务有序推进。

（三）强化评估考核。我部将定期跟踪调研各试点城市工作开展情况，对先进经验做法、典型案例予以宣传推广，对工作推进不力、实施进度滞后的试点城市督促整改。试点期满后，我部将组织评估验收，对工作成效显著、产业发展前景良好的试点城市进一步加强政策支持，打造建筑业高质量发展标杆。

联系人：建筑市场监管司　杨光　王广明

电　话：010-58933327　58933325

住房和城乡建设部

2022年5月24日

（此件公开发布）

住房和城乡建设部办公厅　国家发展改革委办公厅关于印发城市燃气管道老化评估工作指南的通知

建办城函〔2022〕225号

各省、自治区住房和城乡建设厅、发展改革委，北京市住房和城乡建设委、城市管理委、发展改革委，天津市住房和城乡建设委、城市管理委、发展改革委，上海市住房和城乡建设管委、发展改革委，重庆市住房和城乡建设委、经济和信息化委、城市管理局、发展改革委，新疆生产建设兵团住房和城乡建设局、发展改革委，各计划单列市住房和城乡建设部门、发展改革委：

为贯彻落实《国务院办公厅关于印发城市燃气管道等老化更新改造实施方案（2022—2025年）的通知》（国办发〔2022〕22号）要求，加快推进城市燃气管道等老化更新改造，我们组织编制了《城市燃气管道老化评估工作指南》。现印发给你们，请参照执行。

城市燃气管道老化评估结果是确定城市燃气管道改造项目清单及分年度改造计划的重要依据。各地要抓紧建立统筹协作机制、制定工作规则、明确责任清单等，科学有序开展城市燃气管道、厂站和设施老化评估工作，并根据评估结果区分轻重缓急，立即改造存在严重安全隐患的管道和设施。住房和城乡建设部、国家发展改革委将及时总结推广各地先进经验做法。

住房和城乡建设部办公厅

国家发展和改革委员会办公厅

2022年6月21日

（此件公开发布）

城市燃气管道老化评估工作指南

第一条 为指导各地做好城市燃气管道老化评估工作，依据《燃气工程项目规范》《城镇燃气设计规范》《压力管道定期检验规则－公用管道》等标准规范，制订本指南。

第二条 本指南适用于《城市燃气管道等老化更新改造实施方案（2022—2025年）》确定的需开展评估的燃气管道、厂站和设施。具体包括：

1. 市政管道和庭院管道：运行年限满20年的钢质管道、聚乙烯（PE）管道，运行年限不足20年但存在安全隐患的钢质管道、聚乙烯（PE）管道，拟暂不更新改造的球墨铸铁管道；

2. 立管（含引入管、水平干管，下同）：运行年限满20年的立管，运行年限不足20年但存在安全隐患的立管；

3. 厂站和设施：存在超设计运行年限、安全间距不足、临近人员密集区域、地质灾害风险隐患大等一种或多种情形的燃气厂站和设施。

第三条 按照“谁拥有、谁负责”原则，燃气专业经营单位负责其拥有的市政管道和燃气厂站、设施的老化评估工作。燃气专业经营单位可委托符合规定的第三方机构开展评估或按照要求自行开展评估。根据日常掌握情况直接确定列入更新改造范围的管道和设施，不需再组织评估。

庭院管道和立管的老化评估，各地可委托燃气专业经营单位负责组织开展或直接委托符合规定的第三方机构开展。

各地要加强评估结果真实性、准确性管控，对违规出具失实报告的评估机构，依法追究责任。

第四条 各地应根据管道压力及权属等实际情况综合研判，合理确定评估机构。

1. 市政管道、庭院管道、立管：

（1）属于压力管道的，由具备相应特种设备检验资质的第三方机构或燃气专业经营单位开展评估；其中最高工作压力大于0.4MPa的，考虑其安全风险与重要程度，建议由具备相应特种设备检验资质的第三方机构开展评估；

（2）不属于压力管道的，可由燃气专业经营单位自行开展评估。

2. 燃气厂站和设施：

（1）燃气专业经营单位可根据实际情况自行开展评估或委托具备安全评价资质的第三方机构开展评估；

（2）特种设备范围内的储罐、汇管等，由具备相应特种设备检验资质的第三方机构开展评估。

鼓励规模较大、管理规范、具备能力的燃气专业经营单位按照规定申请特种设备检验资质，并承担城市燃气管道老化评估工作及定期检验工作。

组织开展评估要在充分调研基础上制定工作方案，确定项目负责人，成立专门工作组，评估工作过程中保持工作组人员稳定。

第五条 委托人依据有关规定与评估机构按照公平公开原则协商确定评估费用，原则上不超过当地过去3年平均市场价格。评估费用与评估验收结果质量相挂钩。

第六条 制定评估工作方案要考虑评估对象类型、管道材质、压力等级等重要情况，并将管道和设施本体安全状况作为评估重点。

1. 市政管道和庭院管道：

（1）属于压力管道的，参照《压力管道定期检验规则－公用管道》及相关技术标准规定；

（2）不属于压力管道的，基于管道材质、使用年限、阴极保护、外防腐层破损、腐蚀与泄漏及安全间距等情况进行综合评估。

2. 立管：基于管道材质、使用年限、腐蚀与泄漏、包裹占压等情况进行综合评估。

3. 厂站和设施：

（1）存在安全间距不足、地质灾害风险隐患大等问题的，进行整体安全评估；

（2）存在超设计运行年限等问题的，进行局部安全评估；

（3）特种设备范围内的储罐、汇管等，参照《固定式压力容器安全技术监察规程》《压力管道定期检验规则－工业管道》及相关技术标准规定。

第七条 划分评估单元要遵循“同材质、同时段”原则。

1. 市政管道：设计压力、材质相同，同时竣工并投入运行，连续长度原则上不超过 5 公里。

2. 庭院管道和立管：同一住宅小区或同一片区住宅小区，同时竣工并投入运行。

3. 厂站和设施：

（1）进行整体安全评估的，以单个厂站为评估单元；

（2）进行局部安全评估的，以厂站内某一（类）设施为评估单元。

第八条 组织开展评估要充分利用燃气管道和设施的设计资料、竣工资料、运行维护记录、泄漏检测记录、维修改造记录、隐患排查记录、检验检测记录等信息，相关数据宜为 3 年内数据。

第九条 各地指导评估机构按照相关标准规范规定，结合资料审查、宏观检查等情况，组织对管道和设施进行现场检验检测，并加强现场管理，严格遵守作业程序，确保现场安全和工作质量。

第十条 评估完成后按照现行相关标准规范，确定评估结果：

（1）符合安全运行要求；

（2）落实安全管控措施，可继续运行；

（3）限期改造；

（4）立即改造。

评估结果为“符合安全运行要求”或“落实安全管控措施，可继续运行”的，要明确下次评估时间。评估结果为“限期改造”的，要明确具体时间，具体时间不大于 3 年，即不晚于 2025 年。

属于特种设备的管道和设施在检验有效期内，运行工况、安全状态、周边环境等未发生明显变化的，可不再组织评估，直接参照检验结果确定评估结果。

第十一条 编制评估报告要坚持实事求是原则，根据评估工作开展情况，详细说明评估方法、评估过程、评估结论等，提出需要采取的安全管控措施或改造意见要清楚具体。

第十二条 各地要加强对评估结果的验收管理，制定并严格实施奖惩措施，并在委托合同中予以明确。验收不合格的，追究评估机构责任，并重新组织评估。

第十三条 燃气专业经营单位要将评估资料统一归档，结合评估工作进一步完善燃气管道和设施材质、压力、位置关系、运行安全状况等基本信息以及周边水文、地质等外部环境信息，并纳入企业信息管理系统，加强精细化管理。

各地要将评估重要信息纳入燃气监管系统，有条件的地方要推进燃气监管系统与城市市政基础设施综合管理信息平台深度融合，实现燃气管道和设施动态监管。

住房和城乡建设部办公厅关于印发《住房公积金统计调查制度》的通知

建办金函〔2022〕268 号

各省、自治区住房和城乡建设厅，直辖市、新疆生产建设兵团住房公积金管理委员会、住房公积金管理中心：

《住房公积金统计调查制度》已经国家统计局批准，现印发给你们，请遵照执行。

住房和城乡建设部办公厅

2022 年 7 月 15 日

（此件主动公开）

抄送：国家统计局

住房和城乡建设部办公厅　国家发展改革委办公厅　关于进一步明确城市燃气管道等老化更新改造工作要求的通知

建办城函〔2022〕336号

各省、自治区住房和城乡建设厅、发展改革委，北京市城市管理委、水务局、发展改革委，天津市城市管理委、水务局、发展改革委，上海市住房和城乡建设管委、水务局、发展改革委，重庆市住房和城乡建设委、经济和信息化委、城市管理局、发展改革委，海南省水务厅，各计划单列市住房和城乡建设部门、发展改革委，新疆生产建设兵团住房和城乡建设局、发展改革委：

国务院办公厅印发《城市燃气管道等老化更新改造实施方案（2022—2025年）》以来，各地高度重视，积极部署推进更新改造各项工作。为扎实推进城市燃气管道等老化更新改造，统筹发展和安全，保障城市安全有序运行，满足人民群众美好生活需要，现就有关要求通知如下：

一、把牢底线要求，确保更新改造工作安全有序

（一）健全机制。健全政府统筹、条块协作、齐抓共管的工作机制，明确市、县各有关部门、单位和街道（城关镇）、社区和专业经营单位职责分工，明确工作规则、责任清单和议事规程，确保形成工作合力。

（二）编制方案。在开展城市燃气等管道和设施普查、科学评估等基础上，抓紧制定印发本省份和城市（县）燃气、供水、排水、供热管道老化更新改造方案，原则上于2022年10月底前完成省级方案制定。各城市（县）应明确改造项目清单和分年度改造计划，要在掌握老化管道和设施底数基础上，建立更新改造台账，确保存在安全隐患的燃气管道和设施全部纳入台账管理、应改尽改。严禁普查评估走过场，违法出具失实报告。

（三）科学推进。要区分轻重缓急，合理安排改造规模、节奏、时序，不搞“一刀切”，不层层下指标，避免“运动式”改造。要从当地实际出发，合理确定年度改造计划，尽力而为、量力而行，系统谋划各类管道更新改造工作，确保整体协同。严禁以城市燃气管道等老化更新改造为名，随意破坏老建筑、砍伐老树等。

（四）用好资金。落实燃气等专业经营单位出资责任，加快建立更新改造资金由专业经营单位、政府、用户合理共担机制。各地要提前谋划下一年度改造计划，落实更新改造项目，变“钱等项目”为“项目等钱”；要完善机制、堵塞漏洞、加强监管，提高资金使用效率，确保资金使用安全。城市燃气管道等老化更新改造涉及的中央预算内投资补助、基础设施投资基金等，要严格按有关规定使用，严禁截留、挪用。

（五）加快审批。精简城市燃气管道等老化更新改造涉及的审批事项和环节，开辟绿色通道，健全快速审批机制。城市政府可组织有关部门联合审查改造方案，认可后由相关部门依法直接办理相关审批手续。

（六）规范施工。推动片区内各类管道协同改造，在全面摸清地下各类管线种类、规模、位置关系等情况的前提下，合理确定施工方案，同步推进城市燃气、供水、供热、排水管道更新改造，避免改造工程碎片化，造成重复开挖、“马路拉链”、多次扰民等。坚决防止在施工过程中，因不当不慎操作破坏燃气等管道引发事故，坚决防止过度或不必要的“破墙打洞”。

（七）确保安全。完善城市燃气管道等老化更新改造事中事后质量安全监管机制，建立工程质量安全抽检巡检、信用管理及失信惩戒等机制，压实各参建单位工程质量和施工安全责任。

（八）加强运维。严格落实专业经营单位运维养护主体责任和城市（县）政府有关部门监管责任，结合更新改造加快完善管道设施运维养护长效机制。要督促专业经营单位加强运维养护能力建设，完善资金投入机制，定期开展检查、巡查、检测、维护，及时发现和消除安全隐患；健全应急抢险机制，提升迅速高效处置突发事件能力。

（九）用户参与。督促指导街道、社区落实在推动城市燃气管道等老化更新改造中的职责，健全动员居民和工商业用户参与改造机制，发动用户参与改造方案制定、配合施工、过程监督等。

（十）及时整改。建立群众诉求及时响应机制，有关市、县应及时核查整改审计、国务院大督查发现和信访、媒体等反映的问题。确有问题且未按规定及时整改到位的，视情况取消申报下一年度更新改造计划资格。

二、聚焦难题攻坚，统筹推进更新改造工作

（一）将市政基础设施作为有机生命体，结合城市燃气管道等老化更新改造，建立“定期体检发现问题、及时改造解决问题”的机制，加强全生命周期管理，确保安全稳定运行，提升硬件质量、韧性水平和全生命周期运行效益。

（二）将城市燃气管道等老化更新改造作为实施城市更新行动的重要内容，在地上地下开发建设统筹上下功夫，加强与城镇老旧小区改造、城市道路桥梁改造建设、综合管廊建设等项目的协同精准，补短板、强弱项，着力提高城市发展持续性、宜居性。

（三）按照尽力而为、量力而行的原则，落实地方出资责任，加大燃气等城市管道和设施老化更新改造投入。有条件的地方应当通过争取地方政府专项债券、政策性开发性金融工具、政策性开发性银行贷款等，多渠道筹措更新改造资金。

（四）对城市燃气管道等老化更新改造涉及的道路开挖修复、园林绿地补偿等，应按照“成本补偿”原则，合理确定收费水平，不应收取惩罚性费用。应对燃气等城市管道老化更新改造涉及到的占道施工等行政事业性收费和城市基础设施配套费等政府性基金予以减免。

（五）结合更新改造，同步对燃气管道重要节点安装智能化感知设施，完善燃气等管道监管系统，实现城市燃气等管网和设施动态监管、互联互通、数据共享，同步推进用户端加装安全装置。鼓励将燃气等管道监管系统与城市市政基础设施综合管理信息平台、城市信息模型（CIM）等基础平台深度融合。

（六）加强城市燃气等管道老化更新改造相关产品、器具、设备质量监管，强化源头管控。推广应用新设备、新技术、新工艺，从源头提升燃气等管道和设施本质安全以及信息化、智能化建设运行水平。

（七）城市燃气、供水、供热管道老化更新改造投资、维修以及安全生产费用等，根据政府制定价格成本监审办法有关规定核定，相关成本费用计入定价成本。在成本监审基础上，综合考虑当地经济发展水平和用户承受能力等因素，按照相关规定适时适当调整供气、供水、供热价格；对应调未调产生的收入差额，可分摊到未来监管周期进行补偿。

（八）结合更新改造，引导专业经营单位承接非居民用户所属燃气等管道和设施的运维管理；对于业主共有燃气等管道和设施，更新改造后可依法移交给专业经营单位，由其负责后续运营维护和更新改造。

（九）结合更新改造，严格燃气经营许可证管理，完善准入条件，设立清出机制，切实加强对燃气企业监管。推进燃气等行业兼并重组，确保完成老化更新改造任务，促进燃气市场规模化、专业化发展。

（十）结合更新改造，加快推进城市地下管线管理立法工作，因地制宜细化管理要求，切实加强违建拆除执法，加快解决第三方施工破坏、违规占压、安全间距不足、地下信息难以共享等城市管道保护突出问题。

三、兼顾需要与可能，合理安排 2023 年更新改造计划任务

各地要坚决贯彻落实党中央、国务院有关决策部署，全面把握新时代新征程党和国家事业发展新要求、人民群众新期待，统筹发展和安全，坚持靠前发力、适当加力、接续用力，进一步加大城市燃气管道等老化更新改造推进力度，加快改善居民居住条件，加强市政基础设施体系化建设，保障安全运行，提升城市安全韧性，让人民群众生活更安全、更舒心、更温馨。

要坚持尽力而为、量力而行，按照“实施一批、谋划一批、储备一批”，尽快自下而上研究确定 2023 年城市燃气管道等老化更新改造计划，更有针对性做好项目储备和资金需求申报工作，变“钱等项目”为“项目等钱”。要坚持早部署、早安排、早实施，2023 年计划改造项目应于 2022 年启动项目立项审批、改造资金筹措等前期工作。

各省（区、市）行业主管部门要会同发展改革等有关部门单位，组织市、县抓紧研究提出本地区 2023 年城市燃气、供水、供热、排水管道等老化更新改造计划任务及项目清单，汇总填写《2023 年城市燃气管道等老化更新改造计划表》（见附件），报经省级人民政府同意后，于 2022 年 10 月 20 日前分别报住房和城乡建设部、国家发展改革委。各省（区、市）城市燃气管道等老化更新改造计划任务应符合党中央、国务院决策部署，符合统筹发展和安全需要，确实在当地财政承受能力、组织实施能力范围之内，坚决防止盲目举债铺摊子、增加政府隐性债务。

四、其他要求

（一）畅通信息沟通机制。各地要建立城市燃气管道等老化更新改造信息沟通机制，及时解决群众反映的问题、改进工作中的不足。要做好宣传引导工作，全面客观报道城市燃气管道等老化更新改造作为民生工程、发展工程的工作进展及其成效，提高社会各界对更新改造工程的认识。

（二）建立巡回调研机制。住房和城乡建设部将组织相关部门、行业专家，组成巡回调研指导工作组，聚焦破解难题，加强对各地的调研指导。各省（区、市）住房和城乡建设部门可会同发展改革部门结合本地区实际，建立相应的巡回调研指导机制，加强对市、县的指导。

（三）建立经验交流机制。住房和城乡建设部将对工作成效显著的省份，重点总结其可复制可推广的经验做法、政策机制；对工作进展有差距的省份，重点开展帮扶指导，帮助其健全机制、完善政策、明确措施。

联系人及联系方式：

住房和城乡建设部城市建设司

张旭亮　010-58933961　58933981（传真）

国家发展改革委固定资产投资司

蔡　涛　010-68501414　68502480（传真）

附件：2023年城市燃气管道等老化更新改造计划表

住房和城乡建设部办公厅

国家发展改革委办公厅

2022年9月30日

（此件公开发布）

住房和城乡建设部办公厅　自然资源部办公厅关于2022年度房地产估价师职业资格全国统一考试有关事项的通知

建办房函〔2022〕343号

各省、自治区、直辖市及新疆生产建设兵团住房和城乡建设厅（委、管委、局）、自然资源主管部门，各地考试管理机构：

根据《人力资源社会保障部办公厅关于2022年度专业技术人员职业资格考试计划及有关事项的通知》(人社厅发〔2022〕3号)、《住房和城乡建设部自然资源部关于印发〈房地产估价师职业资格制度规定〉和〈房地产估价师职业资格考试实施办法〉的通知》(建房规〔2021〕3号)，现就2022年度房地产估价师职业资格全国统一考试（以下简称房地产估价师考试）有关事项通知如下：

一、考试报名

（一）考试报名条件

具备下列考试报名条件的公民，可以申请参加房地产估价师考试：

1. 拥护中国共产党领导和社会主义制度；

2. 遵守中华人民共和国宪法、法律、法规，具有良好的业务素质和道德品行；

3. 具有高等院校专科以上学历。

各地考试管理机构应按照上述要求，对报考人员的报名条件进行审核。

（二）考试收费标准

房地产估价师考试收费标准按照《国家发展改革委 财政部关于改革全国性职业资格考试收费标准管理方式的通知》(发改价格〔2015〕1217号)、《住房城乡建设部关于重新发布有关专业技术人员资格考试项目收费标准的通知》(建计〔2016〕82号）的有关规定执行。

（三）考试报名期限

各地的具体报名日期由各地考试管理机构自行确定，并向社会公布报名日期、报名地点和咨询电话。

（四）考试报名数据

各地考试管理机构应将房地产估价师考试报名申请表（附件1）的内容，按照《数据库格式及说明》（附件2）的相应要求建成报名数据库，并于2022年

10月26日前将报名数据库和试卷预订单（一式2份，附件3），寄送至中国房地产估价师与房地产经纪人学会（地址：北京市海淀区三里河路15号中建大厦B座9001室，联系人：万老师、王老师，联系电话：010-88565380，88565730，邮政编码：100835；电子邮箱：gjsks@cirea.org.cn）。

二、考试时间和方式

（一）考试时间和科目

11月12日：

9：00—11：30 房地产制度法规政策

14：00—16：30 房地产估价原理与方法（自备计算器）

11月13日：

9：00—11：30 房地产估价基础与实务（自备计算器）

14：00—16：30 土地估价基础与实务（自备计算器）

（二）考试大纲

继续使用《房地产估价师职业资格全国统一考试大纲（2021）》（以下简称考试大纲），考生可通过“中国房地产估价师”网站（网址：www.cirea.org.cn）、“中国土地估价师与土地登记代理人协会”网站（网址：www.creva.org.cn）下载。

（三）考试方式

所有考试科目均采用闭卷、纸笔考试。其中，《房地产制度法规政策》《房地产估价原理与方法》2个科目均为客观题，以填涂答题卡的方式作答；《房地产估价基础与实务》《土地估价基础与实务》2个科目为主客观题相结合，以填涂答题卡和在答题卡上书写的方式作答。

各地考试管理机构应在所有科目的考试中为考生统一准备草稿纸。

三、试卷交接

（一）各地考试管理机构根据各科目的报名人数合理预订考试试卷，并确保备用卷数量充足。各地的试卷数量由全国房地产估价师职业资格考试办公室根据各地考试管理机构上报的试卷预订单核发，于2022年11月11日前由专人将试卷送达指定的交接地点。

（二）考试结束后，各地考试管理机构应严格按照有关规定存放试卷、草稿纸，相关科目违纪考生的违纪处理材料一并存放至该科目答题卡中，并于2022年11月25日前将所有科目的所有应考人员（包括实考人员和缺考人员）的答题卡、考场情况记录单，以及违纪处理材料，通过机要方式寄到：中国房地产估价师与房地产经纪人学会（地址：北京市海淀区三里河路9号，邮政编码：100835，联系人：万老师、王老师，联系电话：010-88565380，88565730）。

四、考试纪律要求

各地考试管理机构应根据《专业技术人员职业资格考试考务工作规程》（人社厅发〔2021〕18号）要求，建立健全安全管理制度、风险防控机制和工作责任体系，认真落实考试考务工作各项要求。对违反考试纪律和有关规定的行为，应按照《专业技术人员资格考试违纪违规行为处理规定》（人力资源社会保障部令第31号）的相关规定进行处理。

五、考试合格标准和成绩查询

考试日期后2个月内，全国房地产估价师职业资格考试办公室将公布考试合格标准，并开通成绩查询通道。考生可通过“中国房地产估价师”网站查询考试合格标准和考试成绩，并可自成绩公布之日起30日内，通过“中国房地产估价师”网站在线申请复核试卷卷面合分是否准确，在线查看成绩复核结果。

六、其他相关要求

（一）关于我国港澳台居民报考问题

根据《关于做好香港、澳门居民参加内地统一举行的专业技术人员资格考试有关问题的通知》（国人部发〔2005〕9号）、《关于向台湾居民开放部分专业技术人员资格考试有关问题的通知》（国人部发〔2007〕78号）和《关于台湾居民参加全国房地产估价师资格考试报名条件有关问题的通知》（国人厅发〔2007〕116号）精神，我国香港、澳门和台湾地区居民可按照就近和自愿原则，在内地（大陆）的任何省、自治区、直辖市申请参加房地产估价师考试，在报名时应向当地考试管理机构提交本人身份证明和国务院教育行政部门认可的学历或学位证书。

（二）考试期间值班和巡考

考试期间，各地要有专人值班。全国房地产估价师职业资格考试办公室委托中国房地产估价师与房地产经纪人学会会同中国土地估价师与土地登记代理人协会做好考试值班工作。中国房地产估价师与房地产经纪人学会值班电话为010-88565380、88565730；中国土地估价师与土地登记代理人协会值班电话为：010-66560185、66562203。

（三）考试费缴纳时间

各地考试管理机构应于2022年12月15日前，

将本年度应上缴的考试费汇入指定账户。

（四）资格后审结果反馈

采取资格后审的地区，省级考试管理机构应自成绩公布之日起40日内，将本考区资格后审结果寄送至中国房地产估价师与房地产经纪人学会（地址：北京市海淀区三里河路15号中建大厦B座9001室，联系人：万老师、王老师，联系电话：010-88565380，88565730，邮政编码：100835）。

附件：1. 2022年度房地产估价师考试报名申请表
2. 数据库格式及说明
3. 2022年度房地产估价师考试试卷预订单

住房和城乡建设部办公厅
自然资源部办公厅
2022年10月13日

（此件公开发布）

住房和城乡建设部办公厅　人力资源社会保障部办公厅关于开展万名“乡村建设带头工匠”培训活动的通知

建办村函〔2022〕345号

各省、自治区、直辖市住房和城乡建设厅（委、管委）、人力资源社会保障厅（局），新疆生产建设兵团住房和城乡建设局、人力资源社会保障局：

为巩固党史学习教育“我为群众办实事”实践活动成果，坚持不懈为群众办实事办好事，进一步加强乡村建设工匠队伍建设，决定在培育乡村建设工匠的基础上，重点开展万名“乡村建设带头工匠”培训活动，带动乡村建设工匠职业技能和综合素质提升。现就有关工作通知如下。

一、培训对象和数量

乡村建设工匠主要是指在乡村建设中，使用小型工具、机具及设备，进行农村房屋、农村公共基础设施、农村人居环境整治等小型工程修建、改造的人员。本次培训活动主要针对乡村建设工匠中能组织不同工种的工匠承揽农村建房等小型工程项目，具有丰富实操经验、较高技术水平和管理能力的业务骨干，即“乡村建设带头工匠”，重点面向农村转移劳动力、返乡农民工、脱贫劳动力。各省根据实际需求确定培训人数，原则上每个省培训人数不少于500人。

二、培训组织

按照“部级统筹、省负总责、市县抓落实”的原则，由省级住房和城乡建设部门会同人力资源社会保障部门共同研究做好工作部署，根据国家职业分类大典“乡村建设工匠”任务要求，结合本地实际，组织编写培训大纲和培训教材，明确培训要求。市县住房和城乡建设部门要认真梳理摸排本地“乡村建设带头工匠”情况，会同人力资源社会保障部门组织好培训活动。

三、培训内容和形式

（一）课时安排

培训课时由各地结合实际需求安排，原则上不少于24个课时，包括基础课、技能课与实训课等必要环节。

（二）培训内容

“乡村建设带头工匠”培训内容，要在乡村建设工匠一般培训课程基础上，强化工程项目管理、施工组织和施工安全、相关法律法规等内容，更好地落实农村低层住宅和限额以下工程建设质量安全“工匠责任制”。相应培训内容可在基础课、技能课、实训课中设置。

基础课设农房建设政策与法律法规、工程项目管理、农房结构与安全、建筑识图、建筑材料、建筑风貌等内容。

技能课设农房设计、测量与放线、地基处理与基础、砌体结构施工、框架结构施工、屋面施工、装饰装修施工、水电暖安装等技术内容。

实训课可结合技能课的教学内容，针对乡村建设工匠日常工作与工种类别，进行施工现场观摩学习和实操训练。

（三）结业考核

省级住房和城乡建设部门会同人力资源社会保障

部门明确培训和考核要求，委托符合条件的机构进行考核，并对考核成绩合格者颁发培训结业证书，有关信息录入乡村建设工匠信息平台。

四、相关要求

（一）各地要高度重视“乡村建设带头工匠”培训活动，将提升“乡村建设带头工匠”专业技能和综合素养作为保障农房质量安全的重要手段，不断提升农房建设水平。各地要积极争取地方财政支持，做好培训活动经费保障，组织发动有意愿、有条件的技工院校、职业院校、职业技能培训机构承担培训任务，做好标准化、示范性培训。

（二）地方各级住房和城乡建设部门在农村危房改造信息系统“乡村建设工匠”模块中录入乡村建设工匠和“乡村建设带头工匠”基本信息、培训记录、工程业绩，建立从业信息数据库，做好与相应人力资源社会保障部门信息共享工作。人力资源社会保障部门要严格按照职业培训“两目录一系统”管理要求，加强培训过程管理，做好政策支持。

（三）请省级住房和城乡建设部门于 2023 年 1 月 20 日前，将开展“乡村建设带头工匠”培训情况报送住房和城乡建设部村镇建设司。

住房和城乡建设部办公厅
人力资源和社会保障部办公厅
2022 年 10 月 19 日

（此件主动公开）

住房和城乡建设部办公厅关于建设工程企业资质有关事宜的通知

建办市函〔2022〕361 号

各省、自治区住房和城乡建设厅，直辖市住房和城乡建设（管）委，北京市规划和自然资源委，新疆生产建设兵团住房和城乡建设局，国务院有关部门建设司（局），中央军委后勤保障部军事设施建设局，国资委管理的中央企业：

为认真落实《国务院关于深化“证照分离”改革进一步激发市场主体发展活力的通知》（国发〔2021〕7 号）要求，进一步优化建筑市场营商环境，减轻企业负担，激发市场主体活力，现将有关事项通知如下：

一、我部核发的工程勘察、工程设计、建筑业企业、工程监理企业资质，资质证书有效期于 2023 年 12 月 30 日前期满的，统一延期至 2023 年 12 月 31 日。上述资质有效期将在全国建筑市场监管公共服务平台自动延期，企业无需换领资质证书，原资质证书仍可用于工程招标投标等活动。

企业通过合并、跨省变更事项取得有效期 1 年资质证书的，不适用上款规定，企业应在 1 年资质证书有效期届满前，按相关规定申请重新核定。

地方各级住房和城乡建设主管部门核发的工程勘察、工程设计、建筑业企业、工程监理企业资质，资质延续有关政策由各省级住房和城乡建设主管部门确定，相关企业资质证书信息应及时报送至全国建筑市场监管公共服务平台。

二、具有法人资格的企业可直接申请施工总承包、专业承包二级资质。企业按照新申请或增项提交相关材料，企业资产、技术负责人需满足《建筑业企业资质标准》（建市〔2014〕159 号）规定的相应类别二级资质标准要求，其他指标需满足相应类别三级资质标准要求。

持有施工总承包、专业承包三级资质的企业，可按照现行二级资质标准要求申请升级，也可按照上述要求直接申请二级资质。

住房和城乡建设部办公厅
2022 年 10 月 28 日

（此件主动公开）

住房和城乡建设部办公厅关于进一步简化一级注册建筑师、勘察设计注册工程师执业资格认定申报材料的通知

建办市函〔2022〕364号

各省、自治区住房和城乡建设厅，天津、上海、重庆市住房和城乡建设（管）委，北京市规划和自然资源委，新疆生产建设兵团住房和城乡建设局，中央军委后勤保障部军事设施建设局：

为贯彻落实《国务院关于加快推进政务服务标准化规范化便利化的指导意见》（国发〔2022〕5号）要求，优化审批服务，提高审批效率，决定自2022年12月1日起，进一步简化一级注册建筑师、勘察设计注册工程师（二级注册结构工程师除外）执业资格认定申报材料。现将有关事项通知如下：

一、简化申报材料。申报一级注册建筑师、勘察设计注册工程师（二级注册结构工程师除外）注册，不再要求提供身份证明复印件、与聘用单位签订的劳动合同复印件。由申请人对申报信息真实性和有效性进行承诺，并承担相应的法律责任。我部将通过比对社会保险信息等方式核实申报材料的真实性、准确性。

二、加强事中事后监管。各级住房和城乡建设主管部门要充分运用数字化、信息化等手段，按照“双随机、一公开”原则，加强对一级注册建筑师、勘察设计注册工程师注册工作和执业活动的事中事后监督检查。对存在弄虚作假等违法违规行为的个人和企业，按照有关法律法规进行处理，并记入信用档案，维护建筑市场秩序，保障工程质量安全。

一级注册建筑师、勘察设计注册工程师注册信息、个人工程业绩信息、执业单位变更记录信息、不良行为信息等，可通过全国建筑市场监管公共服务平台查询。

住房和城乡建设部办公厅

2022年10月31日

（此件主动公开）

住房和城乡建设部办公厅关于开展城市园林绿化垃圾处理和资源化利用试点工作的通知

建办城函〔2022〕367号

各省、自治区住房和城乡建设厅，北京市园林绿化局、城市管理委，天津市城市管理委，上海市绿化市容局，重庆市城市管理局，新疆生产建设兵团住房和城乡建设局：

为深入学习贯彻党的二十大精神，落实党中央、国务院关于加快构建废弃物循环利用体系的决策部署，探索建立城市园林绿化垃圾处理和资源化利用体系，提高园林绿化垃圾处理和资源化利用水平，切实改善城市生态和人居环境，经研究，决定开展城市园林绿化垃圾处理和资源化利用试点工作。现将有关事项通知如下：

一、试点目的

园林绿化垃圾主要指园林绿化建设管养过程中产生的乔木、灌木、花草修剪物，以及植物自然凋落产生的植物残体，通常包括树枝、树叶、草屑、花卉

等，具有分布广泛、季节性强、运输成本高、可再生性好、利用方式多样等特点。

近年来，随着我国城市园林绿化事业快速发展，园林绿化垃圾处理和资源化利用工作取得积极进展，但总体上尚处于起步阶段。部分城市尤其是超特大城市、大城市的园林绿化垃圾产生量逐年增长，存在收集系统不健全、专用运输车辆不足、处理和资源化利用设施选址困难、资源化产品出路不畅、缺乏有效的部门协调机制等问题，亟待建立完善的园林绿化垃圾处理和资源化利用体系。

通过开展城市园林绿化垃圾处理和资源化利用试点，力争用2年左右时间，深入探索提高城市园林绿化垃圾处理和资源化利用水平的方法和举措，在部分城市建立园林绿化垃圾处理和资源化利用体系，形成一批可复制可推广的经验，推进城市园林绿化高质量发展。

二、试点工作重点任务

各省级住房和城乡建设（园林绿化、环境卫生）主管部门要根据本地区实际，经充分协商，选择有基础的城市（区），开展园林绿化垃圾处理和资源化利用试点工作。主要任务如下：

（一）摸清现状底数。全面了解城市园林绿化垃圾现状，摸清园林绿化垃圾产生总量、种类、来源、分布、季节特点以及发展趋势，收集、转运、堆放场地以及运输车辆情况，分选、破碎、加工等处理设备和设施情况，园林绿化垃圾处理经费保障、资源化利用情况，以及从业人员数量等信息，分析当前存在的问题和产生原因。

（二）强化规划引领。根据城市园林绿化垃圾产生量、分布特征和发展趋势，充分考虑园林绿化垃圾运输距离、设施选址条件、设备服务年限等因素，以提高资源化利用率为目标，采用“就地处理＋集中处理”相结合的模式，编制园林绿化垃圾处理和资源化利用专项规划或方案，合理布局园林绿化垃圾分类收集、贮存、运输、处理和资源化利用设施，积极协调有关部门充分保障相关设施建设用地需求。

（三）加快收运及处理系统建设。结合本地区实际，把园林绿化垃圾收集运输和处理设施作为城市基础设施的重要组成部分。根据城市园林绿化垃圾产生量和分布情况，参考生活垃圾收集运输有关政策，配置园林绿化垃圾收运车辆和工作人员。因地制宜选择生物处理、有机覆盖物加工、生物质燃料制备，或其他适宜本地实际情况的处理技术和模式，宜就地处理即就地处理，宜集中处理即集中处理，提高符合城市发展需要的园林绿化垃圾收运处理能力，提升设施建设运行水平。

（四）推动源头减量和资源化利用。系统分析城市绿地、苗圃基地等区域内的植物种类和生境，鼓励就地就近处理园林绿化垃圾，将再生产品作为土壤改良基质、有机覆盖物等回用园林绿地，推动园林绿化垃圾源头分类和减量。提高园林绿化垃圾资源化再生产品附加值，研究制定再生产品推广应用相关政策，积极探索在生物有机肥、有机覆盖物、有机基质、垃圾焚烧发电、城镇供热和园路铺装等方面的应用，提高园林绿化垃圾资源化利用率。

（五）建立健全长效机制。各地住房和城乡建设（园林绿化）主管部门要牵头建立多部门协同的工作机制，探索建立政府主导、市场运作、公众参与的推进模式，加大财政资金投入，构建多元资金保障机制，充分利用各类金融机构信贷支持，形成工作合力。加强信息化监管系统建设，逐步施行园林绿化垃圾产生、收集、运输、处理全过程联单和数据化管理。充分发挥科技创新带动作用，加强园林绿化垃圾处理和资源化利用适用技术研究和推广。

三、有关要求

（一）编制实施方案。各省级住房和城乡建设（园林绿化、环境卫生）主管部门要组织本地区试点城市（区）编制实施方案，坚持目标导向、问题导向、结果导向，明确工作目标、重点任务、进度安排和保障措施等，于2022年11月30日前报我部城市建设司。

（二）推进相关工作。各省级住房和城乡建设（园林绿化、环境卫生）主管部门要加强工作指导，及时了解试点城市园林绿化垃圾处理和资源化利用工作做法，掌握推进过程中存在的问题和工作建议。各试点城市要结合园林城市、生态园林城市建设，切实把实施方案落到实处，扎实推进相关工作。

（三）及时总结经验。各试点城市（区）要探索解决重点难点问题，认真总结经验做法和案例。各省级住房和城乡建设（园林绿化）主管部门要组织形成典型经验，做好宣传推广，并于2023年12月31日前报总结报告。

城市建设司联系人：汤　飞　赵亚男

电话：010-58934023　传真：010-58934690

住房和城乡建设部办公厅

2022年11月1日

（此件主动公开）

数据统计与分析

2022 城乡建设统计分析

2022 年城市（城区）建设

【概况】2022 年年末，全国设市城市 695 个，比上年增加 3 个，其中，地级市 302 个，县级市 393 个。城市城区户籍人口 4.70 亿人，暂住人口 0.95 亿人，建成区面积 6.37 万平方公里。

［说明］

城市（城区）包括：市本级（1）街道办事处所辖地域；（2）城市公共设施、居住设施和市政公用设施等连接到的其他镇（乡）地域；（3）常住人口在 3000 人以上独立的工矿区、开发区、科研单位、大专院校等特殊区域。

各项统计数据均不包括香港特别行政区、澳门特别行政区、台湾省。

城市、县、建制镇、乡、村庄的年末实有数均来自民政部，人口数据来源于各地区公安部门，部分地区如北京、上海为统计部门常住人口数据。

建成区面积不含北京市。

【城市市政公用设施固定资产投资】2022 年完成城市市政公用设施固定资产投资 22309.90 亿元，比上年降低 4.54%。其中，道路桥梁、轨道交通、排水投资分别占城市市政公用设施固定资产投资的 39.03%、27.07% 和 8.54%。2022 年全国城市市政公用设施建设固定资产投资的具体行业分布如图 1 所示。

［说明］

市政公用设施固定资产投资统计口径为计划总投资在 5 万元以上的市政公用设施项目，不含住宅及其他方面的投资。

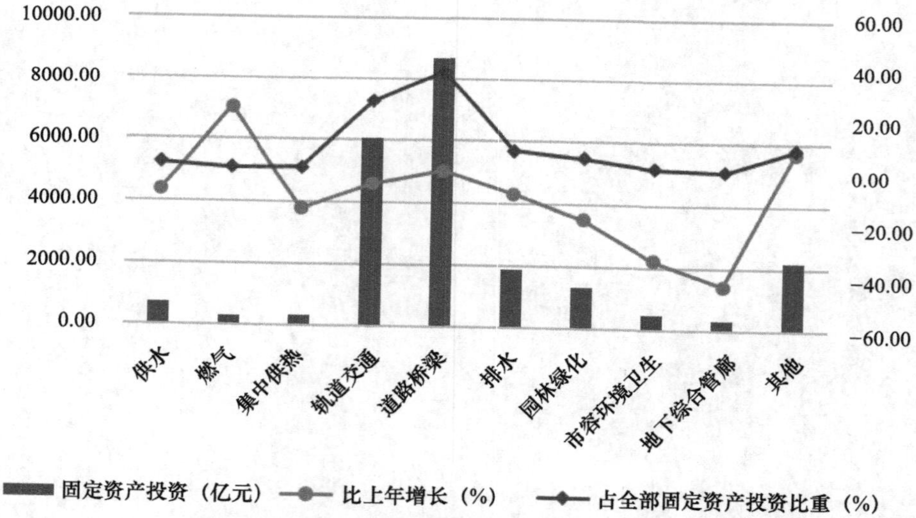

图 1　2022 年全国城市市政公用设施建设固定资产投资的行业分布及增速

全国城市市政公用设施投资新增固定资产 8659.31 亿元，固定资产投资交付使用率 38.81%。主要新增生产能力（或效益）是：供水管道长度 4.31 万公里，集中供热管道 3.19 万公里，道路长度 1.97 万公里，排水管道长度 4.12 万公里，城市污水处理厂日处理能力 839 万立方米。

2022 年按资金来源分城市市政公用设施建设固定资产投资合计 22062.3 亿元，比上年降低 14.41%。其中，本年资金来源 20130.2 亿元，上年末结余资金 1932.1 亿元。本年资金来源的具体构成，如图 2 所示。

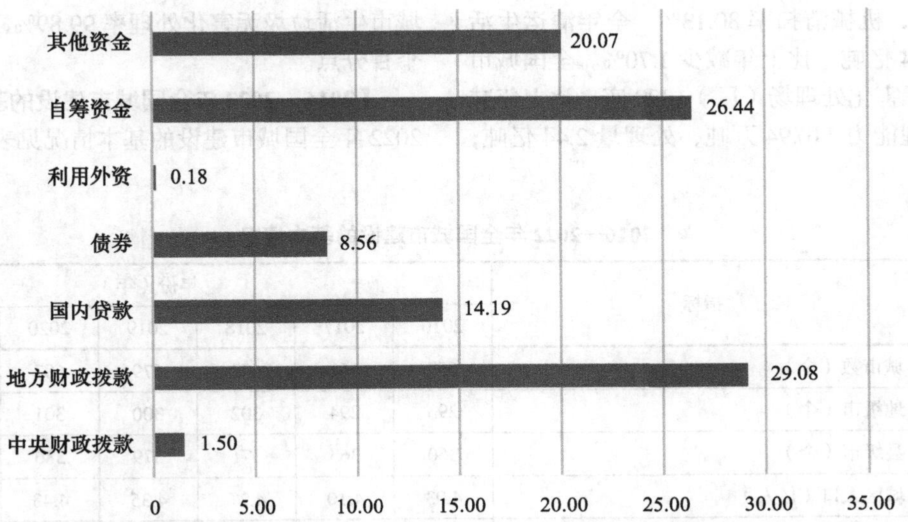

图 2　2022 年城市市政设施建设固定资产投资本年资金来源的具体构成（%）

【城市供水和节水】2022 年年末，城市供水综合生产能力为 3.15 亿立方米 / 日，比上年减少 0.72%，其中，公共供水能力 2.83 亿立方米 / 日，比上年增长 10.05%。供水管道长度 110.30 万公里，比上年增长 4.06%。2022 年，年供水总量 674.41 亿立方米，其中，生产运营用水 167.95 亿立方米，公共服务用水 98.11 亿立方米，居民家庭用水 279.34 亿立方米。用水人口 5.61 亿人，人均日生活用水量 184.7 升，供水普及率 99.39%，比上年提高 0.01 个百分点。2022 年，城市节约用水 70.75 亿立方米，节水措施总投资 74.82 亿元。

［说明］供水普及率指标按城区人口和城区暂住人口合计为分母计算。

【城市燃气】2022 年，人工煤气供气总量 18.14 亿立方米，天然气供气总量 1767.70 亿立方米，液化石油气供气总量 758.46 万吨，分别比上年下降 3.09%、增长 2.71%、下降 11.88%。人工煤气供气管道长度 0.67 万公里，天然气供气管道长度 98.04 万公里，液化石油气供气管道长度 0.25 万公里，分别比上年减少 26.70%、增长 5.52%、减少 12.46%。用气人口 5.54 亿人，燃气普及率 98.06%，比上年增加 0.02 个百分点。

【城市集中供热】2022 年年末，城市供热能力（蒸汽）12.55 万吨 / 小时，比上年增加 5.69%，供热能力（热水）60.02 万兆瓦，比上年增加 1.17%，供热管道 49.34 万公里，比上年增长 6.92%，集中供热面积 111.25 亿平方米，比上年增长 4.92%。

【城市轨道交通】2022 年年末，全国建成轨道交通的城市 55 个，比上年增加 5 个；建成轨道交通线路长度 9575.01 公里，比上年增加 1003.58 公里；正在建设轨道交通的城市 44 个，比上年减少 4 个；正在建设轨道交通线路长度 4802.89 公里，比上年减少 369.41 公里。

【城市道路桥梁】2022 年年末，城市道路长度 55.22 万公里，比上年增长 3.70%，道路面积 108.93 亿平方米，比上年增长 3.39%，其中人行道面积 23.96 亿平方米。人均城市道路面积 19.28 平方米，比上年增加 0.44 平方米。2022 年，全国城市地下综合管廊长度 7093.95 公里，其中新建地下综合管廊长度 1638.46 公里。

【城市排水与污水处理】2022 年年末，全国城市共有污水处理厂 2894 座，比上年增加 67 座；污水厂日处理能力 21606 万立方米，比上年增长 4.04%；排水管道长度 91.35 万公里，比上年增长 4.73%。城市年污水处理总量 626.89 亿立方米，比上年增长 4.04%；城市污水处理率 98.11%，比上年增加 0.22 个百分点。其中污水处理厂集中处理率 98.35%，比上年增加 0.04 个百分点。市政再生水日生产能力 7938.5 万立方米，再生水利用量 179.55 亿立方米。

【城市园林绿化】2022 年年末，城市建成区绿化覆盖面积 282.10 万公顷，比上年增长 3.24%，建成区绿化覆盖率 42.96%，比上年增加 0.54 个百分点；建成区绿地面积 257.97 万公顷，比上年增长 3.94%，建成区绿地率 38.70%，比上年增加 0.46 个百分点；公园绿地面积 83.57 万公顷，比上年增长 3.24%，人均公园绿地面积 15.29 平方米，比上年增加 0.42 平方米。

【城市市容环境卫生】2022 年年末，全国城市道路清扫保洁面积 108.18 亿平方米，其中机械清扫面积

86.69 亿平方米，机械清扫率 80.13%。全年清运生活垃圾、粪便 2.44 亿吨，比上年减少 1.70%。全国城市共有生活垃圾无害化处理场（厂）1399 座，比上年减少 8 座，日处理能力 110.94 万吨，处理量 2.44 亿吨，城市生活垃圾无害化处理率 99.89%，比上年增加 0.01 个百分点。

【2016—2022 年全国城市建设的基本情况】2016—2022 年全国城市建设的基本情况见表 1。

2016—2022 年全国城市建设的基本情况 **表 1**

类别	指标		年份（年）						
			2016	2017	2018	2019	2020	2021	2022
概况	城市数（个）		657	661	673	679	687	692	695
	地级市（个）		293	294	302	300	301	300	302
	县级市（个）		360	363	371	379	386	392	393
	城区人口（亿人）		4.03	4.10	4.27	4.35	4.43	4.57	4.70
	城区暂住人口（亿人）		0.74	0.82	0.84	0.89	0.95	1.02	0.95
	建成区面积（平方公里）		54331.5	56225.4	58455.7	60312.5	60721.3	62420.5	63676.4
	城市建设用地面积（平方公里）		52761.3	55155.5	56075.9	58307.7	58355.3	59424.6	59451.7
投资	市政公用设施固定资产年投资总额（亿元）		17460.0	19327.6	20123.2	20126.3	22283.9	23371.7	22309.9
城市供水和节水	年供水总量（亿平方米）		580.7	593.8	614.6	628.30	629.54	673.34	674.41
	供水管道长度（万公里）		75.7	79.7	86.5	92.0	100.69	105.99	110.30
	供水普及率（%）		98.42	98.30	98.36	98.78	98.99	99.38	99.39
城市燃气	人工煤气年供应量（亿立方米）		44.1	27.1	29.79	27.68	23.14	18.72	18.14
	天然气年供应量（亿立方米）		1171.1	1263.8	1443.95	1527.94	1563.70	1721.06	1767.70
	液化石油气年供应量（万吨）		1078.80	998.81	1015.33	922.72	833.71	860.68	758.46
	供气管道长度（万公里）		57.8	64.1	71.60	78.33	86.44	94.12	98.97
	燃气普及率（%）		95.75	96.26	96.70	97.29	97.87	98.04	98.06
城市集中供热	供热能力	蒸汽（万吨/小时）	7.83	9.83	9.23	10.09	10.35	11.88	12.55
		热水（万兆瓦）	49.33	64.78	57.82	55.05	56.62	59.32	60.02
	管道长度（万公里）	蒸汽	1.22	27.63	37.11	39.29	42.60	46.15	49.34
		热水	20.14						
	集中供热面积（亿平方米）		73.87	83.09	87.81	92.51	98.82	106.03	111.25
城市轨道交通	建成轨道交通的城市个数（个）		30	32	34	41	42	50	55
	建成轨道交通线路长度（公里）		3586.34	4594.26	5141.05	6058.90	7597.94	8571.43	9575.01
	正在建设轨道交通的城市个数（个）		39	50	50	49	45	48	44
	正在建设轨道交通线路长度（公里）		4870.18	4913.56	5400.25	5594.08	5093.55	5172.30	4802.89
城市道路桥梁	城市道路长度（万公里）		38.25	39.78	43.22	45.93	49.27	53.25	55.22
	城市道路面积（亿平方米）		75.38	78.89	85.43	90.98	96.98	105.37	108.93
	城市桥梁（座）		67737	69816	73432	76157	79752	83673	86260
	人均道路面积（平方米）		15.80	16.05	16.70	17.36	18.04	18.84	19.28
城市排水与污水处理	污水年排放量（亿立方米）		480.30	492.39	521.12	554.65	571.36	625.08	63.89
	排水管道长度（万公里）		57.66	63.03	68.35	74.40	80.27	87.23	91.35
	城市污水处理厂座数（座）		2039	2209	2321	2471	2618	2827	2894

续表

类别	指标	年份（年）						
		2016	2017	2018	2019	2020	2021	2022
城市排水与污水处理	城市污水处理厂处理能力（万立方米／日）	14910	15743	16881	17863	19267	20767	21606
	城市污水日处理能力（万立方米）	16779.2	17036.7	18145.2	19171.0	20405.1	21745.1	22605.0
	城市污水处理率（%）	93.44	94.54	95.49	96.81	97.53	97.89	98.11
	再生水日生产能力（万立方米）	2762	3588	3578	4428.9	6095.2	7134.9	7938.5
	再生水利用量（亿立方米）	45.3	71.3	85.5	116.08	135.38	161.05	179.55
城市园林绿化	建成区绿化覆盖面积（万公顷）	220.40	231.44	241.99	252.29	263.75	273.24	282.10
	建成区绿地面积（万公顷）	199.26	209.91	219.71	228.52	239.81	249.25	257.97
	建成区绿化覆盖率（%）	40.30	40.91	41.11	41.51	42.06	42.42	42.96
	建成区绿地率（%）	36.43	37.11	37.34	37.63	38.24	38.70	39.29
	人均公园绿地面积（平方米）	13.70	14.01	14.11	14.36	14.78	14.87	15.29
	公园个数（个）	15370	15633	16735	18038	19823	22062	24841
	公园面积（万公顷）	41.69	44.46	49.42	50.24	53.85	64.80	67.28
城市市容环境卫生	清扫保洁面积（万平方米）	794923	842048	869329	922124	975595	1034211	1081814
	生活垃圾清运量（万吨）	20362	21521	22802	24206	23512	24869	24445
	每万人拥有公厕（座）	2.72	2.77	2.88	2.93	3.07	3.29	3.43

（住房和城乡建设部计划财务与外事司、哈尔滨工业大学）

2022 年县城建设

【概况】2022 年年末，全国共有县 1481 个，比上年减少 1 个。县城户籍人口 1.38 亿人，暂住人口 0.18 亿人，建成区面积 2.11 万平方公里。

［说明］

县城包括：（1）县政府驻地的镇、乡（城关镇）或街道办事处地域；（2）县城公共设施、居住设施等连接到的其他镇（乡）地域；（3）县域内常住人口在 3000 人以上独立的工矿区、开发区、科研单位、大专院校等特殊区域。

县包括县、自治县、旗、自治旗、特区、林区。

【县城市政公用设施固定资产投资】2022 年，完成县城市政公用设施固定资产投资 4290.8 亿元，比上年增长 4.98%。其中：道路桥梁、排水、园林绿化分别占县城市政公用设施固定资产投资的 35.39%、17.99% 和 8.22%。2022 年全国县城市政公用设施建设固定资产投资的具体行业分布如图 3 所示。

［说明］

县城的市政公用设施固定资产投资统计口径为计划总投资在 5 万元以上的市政公用设施项目，不含住宅及其他方面的投资。

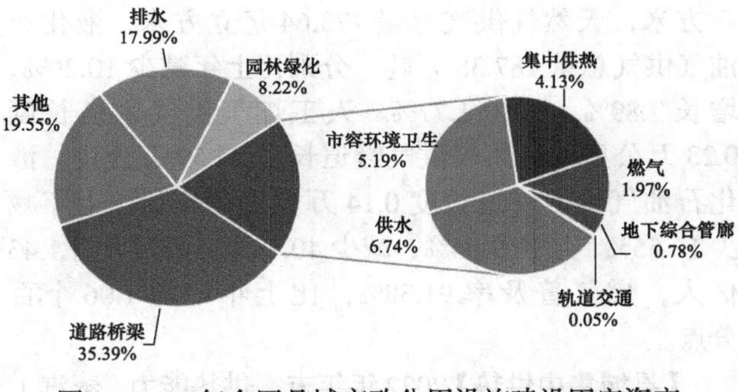

图 3　2022 年全国县城市政公用设施建设固定资产投资的行业分布

2022 年按资金来源分县城市政公用设施建设固定资产投资合计 4681.0 亿元，比上年减少 5.04%。其中，本年资金来源 4309.6 亿元，上年末结余资金 371.4 亿元。本年资金来源的具体构成，如图 4 所示。

2022 年，全国县城市政公用设施投资新增固定资产 2538.05 亿元，固定资产投资交付使用率为 59.15%。主要新增生产能力（或效益）是：供水管道长度 14934 公里，集中供热蒸汽能力 2539 吨／小时，热水能力 1980 兆瓦，道路长度 0.44 万公里，排水管道长度 1.33 万公里，污水处理厂日处理能力 206 万立方米。

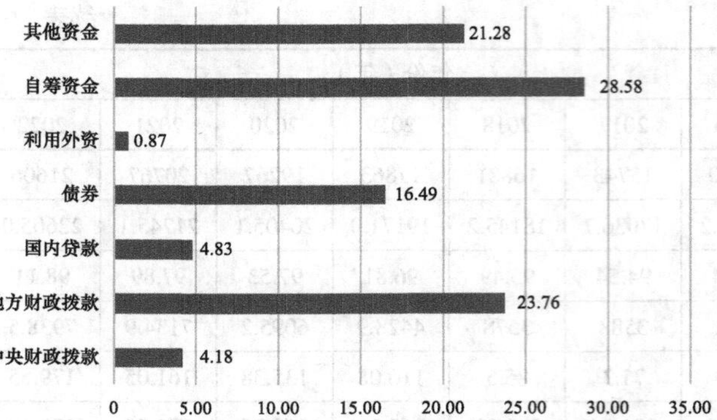

图 4　2022 年全国县城市政公用设施建设固定资产投资本年资金来源的分布（%）

【县城供水和节水】2022 年年末，县城供水综合生产能力为 0.69 亿立方米 / 日，比上年降低 0.37%，其中，公共供水能力 6058.45 万立方米 / 日。供水管道长度 29.35 万公里，比上年增加 5.36%。2022 年，全年供水总量 126.19 亿立方米，其中生产运营用水 25.97 亿立方米，公共服务用水 11.81 亿立方米，居民家庭用水 63.89 亿立方米。用水人口 1.53 亿人，供水普及率 97.86%，比上年增加 0.44 个百分点，人均日生活用水量 137.2 升。2022 年，县城节约用水 5.44 亿立方米，节水措施总投资 9.08 亿元。

【县城燃气】2022 年，人工煤气供应总量 3.96 亿立方米，天然气供气总量 273.64 亿立方米，液化石油气供气总量 187.38 万吨，分别比上年减少 10.26%、增长 7.89%、减少 1.77%。人工煤气供气管道长度 0.23 万公里，天然气供气管道长度 22.59 万公里，液化石油气供气管道长度 0.14 万公里，分别比上年减少 16.55%、增长 9.64%、减少 40.18%。用气人口 1.43 亿人，燃气普及率 91.38%，比上年增加 1.06 个百分点。

【县城集中供热】2022 年年末，供热能力（蒸汽）2.12 万吨 / 小时，比上年增长 13.62%，供热能力（热水）16.12 万兆瓦，比上年增长 1.24%，供热管道 9.72 万公里，比上年增长 8.92%，集中供热面积 20.86 亿平方米，比上年增长 7.27%。

【县城道路桥梁】2022 年年末，县城道路长度 16.80 万公里，比上年增长 2.67%，道路面积 31.70 亿平方米，比上年增长 2.88%，其中人行道面积 7.88 亿平方米，人均城市道路面积 20.31 平方米，比上年增加 0.63 平方米。2022 年，全国县城新建地下综合管廊 355.91 公里，地下综合管廊长度 1224.56 公里。

【县城排水与污水处理】2022 年年末，全国县城共有污水处理厂 1801 座，比上年增加 36 座，污水厂日处理能力 4185 万立方米，比上年增长 5.18%，排水管道长度 25.17 万公里，比上年增长 1.33%。县城全年污水处理总量 111.41 亿立方米，比上年增长 6.35%。污水处理率 96.94%，比上年增加 0.83 个百分点，其中污水处理厂集中处理率 99.18%，比上年减少 0.32 个百分点。

【县城园林绿化】2022 年年末，县城建成区绿化覆盖面积 83.00 万公顷，比上年增长 3.05%，建成区绿化覆盖率 39.35%，比上年增加 1.05 个百分点；建成区绿地面积 75.19 万公顷，比上年增长 4.01%，建成区绿地率 35.65%，比上年增加 1.27 个百分点；公园绿地面积 22.63 万公顷，比上年增长 3.19%，人均公园绿地面积 14.50 平方米，比上年增加 0.49 平方米。

【县城市容环境卫生】2022 年年末，全国县城道路清扫保洁面积 31.11 亿平方米，其中机械清扫面积 24.39 亿平方米，机械清扫率 78.41%。全年清运生活垃圾、粪便 6705 万吨，比上年减少 1.27%。全国县城共有生活垃圾无害化处理场（厂）1343 座，比上年减少 98 座，日处理能力 3333 万吨，处理量 6653.37 万吨，县城生活垃圾无害化处理率 98.48%，比上年增加 0.93 个百分点；每万人拥有公厕 3.95 座，比上年增加 0.20 座。

【2016—2022 年全国县城建设的基本情况】2016—2022 年全国县城建设的基本情况见表 2。

2016—2022 年全国县城建设的基本情况　　**表 2**

类别	指标	年份（年）						
		2016	2017	2018	2019	2020	2021	2022
概况	县数（个）	1537	1526	1519	1516	1495	1482	1481
	县城人口（万人）	13858	13923	13973	14111	14055	13941	13836
	县城暂住人口（万人）	1583	1701	1722	1755	1791	1714	1773
	建成区面积（平方公里）	19467	19854	20238	20672	20867	21026	21092
投资	市政公用设施固定资产年投资总额（亿元）	3394.5	3634.2	3026.0	3076.7	3884.3	4087.2	4290.8

续表

类别	指标	年份（年）						
		2016	2017	2018	2019	2020	2021	2022
县城供水和节水	供水总量（亿平方米）	106.5	112.8	114.5	119.09	119.02	121.99	126.19
	生活用水量（亿立方米）	60.92	63.64	66.05	69.72	71.86	73.46	63.89
	供水管道长度（万公里）	21.1	23.4	24.3	25.86	27.30	27.85	29.35
	供水普及率（%）	90.50	92.87	93.80	95.06	96.66	97.42	97.86
县城燃气	人工煤气供应总量（亿立方米）	7.2	7.4	6.2	3.62	4.17	4.42	3.96
	天然气供应总量（亿立方米）	105.70	137.96	171.04	201.87	214.53	253.64	273.64
	液化石油气供应总量（万吨）	219.22	215.48	214.06	217.10	199.54	190.75	187.38
	供气管道长度（万公里）	10.89	12.93	14.80	17.22	19.05	21.14	22.95
	燃气普及率（%）	78.19	81.35	83.35	86.47	89.07	90.32	91.38
县城集中供热	供热面积（亿平方米）	13.12	14.63	16.18	17.48	18.57	19.45	20.86
	蒸汽供热能力（万吨／小时）	1.02	1.49	1.68	1.75	1.81	1.86	2.12
	热水供热能力（万兆瓦）	13.04	13.72	13.99	15.33	15.82	15.92	16.12
	蒸汽管道长度（万公里）	0.33	6.08	6.68	7.51	8.14	8.93	9.72
	热水管道长度（万公里）	4.30						
县城道路桥梁	道路长度（万公里）	13.16	14.08	14.48	15.16	15.94	16.37	16.80
	道路面积（亿平方米）	25.35	26.84	27.82	29.01	29.97	30.82	31.70
	人均道路面积（平方米）	16.41	17.18	17.73	18.29	18.92	19.68	20.31
县城排水与污水处理	污水排放量（亿立方米）	92.72	95.07	99.43	102.30	103.76	109.31	114.93
	污水处理厂座数（座）	1513	1572	1598	1669	1708	1765	1801
	污水处理厂处理能力（万立方米／日）	3036	3218	3367	3587	3770	3979	4185
	污水处理率（%）	87.38	90.21	91.16	93.55	95.05	96.11	96.94
	排水管道长度（万公里）	17.19	18.98	19.98	21.34	22.39	23.84	25.17
县城园林绿化	建成区绿化覆盖面积（万公顷）	63.33	68.69	77.17	75.75	78.42	80.54	83.00
	建成区园林绿地面积（万公顷）	55.95	61.03	63.16	67.27	70.02	72.29	75.19
	建成区绿化覆盖率（%）	32.53	34.60	35.17	36.64	37.58	38.30	39.35
	建成区绿地率（%）	28.74	30.74	31.32	32.54	33.55	34.38	35.65
	人均公园绿地面积（平方米）	11.05	11.86	12.21	13.10	13.44	14.01	14.50
县城市容环境卫生	生活垃圾年清运量（万吨）	6666	6747	6660	6871	6810	6791	6705
	每万人拥有公厕（座）	2.82	2.93	3.13	3.28	3.51	3.75	3.65

（住房和城乡建设部计划财务与外事司　哈尔滨工业大学）

2022 年村镇建设

【概况】2022 年年末，全国建制镇统计个数 19245 个，乡统计个数 7959 个，镇乡级特殊区域统计个数 407 个，村庄统计个数 233.21 万个。村镇户籍总人口 9.61 亿人。其中，建制镇 1.66 亿人，占村镇总人口的 17.30%；乡 0.21 亿人，占村镇总人口的 2.21%；镇乡级特殊区域 0.015 亿人，占村镇总人口的 0.15%；村庄 7.72 亿人，占村镇总人口的 80.34%。

［说明］

村镇数据不包括香港特别行政区、澳门特别行政区、台湾省；也未包括西藏自治区。

村镇包括：（1）城区（县城）范围外的建制镇、乡、以及具有乡镇政府职能的特殊区域（农场、林场、牧场、渔场、团场、工矿区等）的建成区；（2）全国的村庄。

乡包括乡、民族乡、苏木、民族苏木。

2022 年年末，全国建制镇建成区面积 442.30 万公顷，平均每个建制镇建成区占地 229.82 公顷；乡建成区 56.85 万公顷，平均每个乡建成区占地 71.43 公顷；镇乡级特殊区域建成区 6.06 万公顷，平均每个镇乡级特殊区域建成区占地 148.85 公顷。

【规划管理】2022 年年末，全国已编制总体规划的建制镇 16887 个，占所统计建制镇总数的 87.75%，其中本年编制 910 个；已编制总体规划的乡 6026 个，占所统计乡总数的 75.71%，其中本年编制 316 个；已编制总体规划的镇乡级特殊区域 274 个，占所统计镇乡级特殊区域总数的 67.32%，其中本年编制 12 个；2022 年全国村镇规划编制投资（不包括村庄）为 38.27 亿元，其中建制镇投入 31.01 亿元，乡投入 7.11 亿元，镇乡级特殊区域投入 0.15 亿元。

【建设投资】2022年，全国村镇建设总投资 18553.86 亿元。按地域分，建制镇建成区 9140.16 亿元，乡建成区 481.16 亿元，镇乡级特殊区域建成区 83.11 亿元，村庄 8849.42 亿元，分别占总投资的 49.26%、2.59%、0.45%、47.50%。按用途分，房屋建设投资 14049.34 亿元，市政公用设施建设投资 4504.52 亿元，分别占总投资的 75.72%、24.28%。2022 年全国村镇建设固定资产投资结构如图 5 所示。

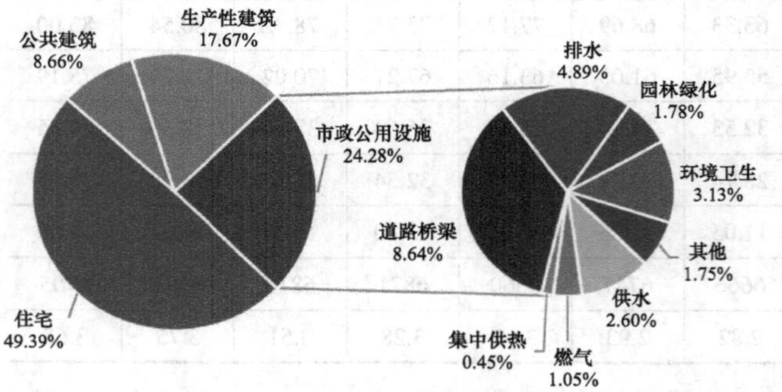

图 5 2022 年全国村镇建设固定资产投资结构

在房屋建设投资中，住宅建设投资 9163.99 亿元，公共建筑投资 1606.29 亿元，生产性建筑投资 3279.05 亿元，分别占房屋建设投资的 65.23%、11.43%、23.34%。

在市政公用设施建设投资中，道路桥梁投资 1602.49 亿元，排水投资 907.86 亿元，环境卫生投资 580.83 亿元，供水投资 481.58 亿元，分别占市政公用设施建设总投资的 35.58%、20.15%、12.89% 和 10.69%。

【房屋建设】2022 年，全国村镇房屋竣工建筑面积 9.86 亿平方米，其中住宅 6.80 亿平方米，公共建筑 1.04 亿平方米，生产性建筑 2.01 亿平方米。2022 年年末，全国村镇实有房屋建筑面积 440.82 亿平方米，其中住宅 343.52 亿平方米，公共建筑 40.59 亿平方米，生产性建筑 56.71 亿平方米，分别占 77.92%、9.21%、12.87%。

2022 年年末，全国建制镇年末实有房屋建筑面积 104.78 亿平方米，其中住宅 65.24 亿平方米，人均住宅建筑面积 39.23 平方米；乡年末实有房屋建筑面积 11.02 亿平方米，其中住宅 7.75 亿平方米，人均住宅建筑面积 36.47 平方米；镇乡级特殊区域年末实有房屋建筑面积 1.13 亿平方米，其中住宅 0.72 亿平方米，人均住宅建筑面积 48.94 平方米，村庄年末实有房屋建筑面积 323.88 亿平方米，其中住宅 269.81 亿平方米，人均住宅建筑面积 34.94 平方米。

【公用设施建设】2022 年年末，建制镇年供水总量 149.50 亿立方米，其中生活用水 64.45 亿立方米，用水人口 1.68 亿人，供水普及率 90.76%，人均日生活用水量 105.0 升，供水管道长度 67.76 万公里；道路长度 47.8 万公里，道路面积 31.88 万平方米，桥梁 7.20 万座，人均道路面积 17.21 平方米；排水管道长度 21.81 万公里，排水暗渠长度 12.07 万公里，排水管道暗渠密度 7.66 公里 / 平方公里，污水处理率 64.86%，其中污水处理厂集中处理率 55.54%；公园绿地面积 4.99 万公顷，人均公园绿地面积 2.69 平方米，绿化覆盖率 16.97%，绿化率 10.93%；生活垃圾处理率 92.34%，其中无害化处理率 80.38%，环卫专用车辆设备 11.58 万辆，公共厕所 12.64 万座；燃气普及率 59.16%。

2022 年年末，乡年供水总量 12.78 亿立方米，其中生活用水 6.32 亿立方米，用水人口 1739.57 万人，供水普及率 84.72%，人均日生活用水量 99.46 升，供水管道长度 14.85 万公里；道路长度 8.85 万公里，道路面积 4.92 万平方米，桥梁 1.50 万座，人均道路面积 23.95 平方米；排水管道长度 2.30 万公里，排水暗渠长度 1.87 万公里，排水管道暗渠密度 7.33 公里 / 平方公里，污水处理率 28.29%，其中污水处理厂集中处理率 18.96%；公园绿地面积 0.37 万公顷，人均公园绿地面积 1.82 平方米，绿化覆盖率 15.16%，绿地率 8.72%；生活垃圾处理率 82.99%，其中无害化处理率 62.30%，环卫专用车辆设备 2.70 万辆，公共厕所 3.56 万座；燃气普及率 33.54%。

2022年年末，镇乡级特殊区域年供水总量1.37亿立方米，其中生活用水0.72亿立方米，用水人口0.017亿人，供水普及率91.84%，人均日生活用水量115.85升，供水管道长度1.20万公里；道路长度0.67万公里，道路面积0.48万平方米，桥梁952座，人均道路面积25.95平方米；排水管道长度3320.52公里，排水暗渠长度1300.85公里，排水管道暗渠密度7.63公里/平方公里，污水处理率56.61%，其中污水处理厂集中处理率51.13%；公园绿地面积742.38公顷，人均公园绿地面积4.02平方米，绿化覆盖率20.90%，绿地率15.59%；生活垃圾处理率92.17%，其中无害化处理率60.43%，环卫专用车辆设备1372辆，公共厕所1736座；燃气普及率65.76%。

2022年年末，全国84.85%的行政村有集中供水，供水普及率86.02%，人均日生活用水量98.92升；道路长度357.39万公里；燃气普及率39.93%。

【2016—2022年全国村镇建设的基本情况】2016—2022年全国村镇建设的基本情况见表3。

2016—2022年全国村镇建设的基本情况 **表3**

类别	指标		年份（年）						
			2016	2017	2018	2019	2020	2021	2022
概况	村镇户籍人口（亿人）	总人口	9.58	9.41	9.61	9.68	9.69	9.62	9.61
		建制镇建成区	1.62	1.55	1.61	1.65	1.66	1.66	1.66
		乡建成区	0.28	0.25	0.25	0.24	0.24	0.22	0.21
		镇乡级特殊区域建成区	0.04	0.05	0.04	0.03	0.02	0.02	0.015
		村庄	7.63	7.56	7.71	7.76	7.77	7.72	7.72
	村镇建成区面积和村庄现状用地面积（万公顷）	建制镇建成区	397.0	392.6	405.3	422.9	433.9	433.6	442.3
		乡建成区	67.3	63.4	65.4	62.95	61.70	58.78	56.85
		镇乡级特殊区域建成区	13.6	13.7	13.4	8.15	7.22	8.07	6.06
		村庄现状用地	1392.2	1346.1	1292.3	1289.05	1273.14	1249.11	1249.07
房屋建设	年末实有房屋建筑面积（亿平方米）		383.0	376.6	392.16	400.41	419.26	424.28	440.82
	其中：住宅		323.2	309.8	320.18	325.16	337.14	339.43	343.52
	本年竣工房屋建筑面积（亿平方米）		10.6	16.9	15.1	14.06	15.12	12.04	9.86
	其中：住宅		8.0	13.3	11.6	10.34	10.84	8.28	6.80

（住房和城乡建设部计划财务与外事司　哈尔滨工业大学）

2022年城乡建设统计分省数据

2022年城市（城区）建设分省数据

【2022年城市市政公用设施水平分省数据】2022年城市市政公用设施水平分省数据见表4。

2022 年城市市政公用

地区名称	人口密度（人/平方公里）	人均日生活用水量（升）	供水普及率（%）	燃气普及率（%）	建成区供水管道密度（公里/平方公里）	人均城市道路面积（平方米）	建成区排水管道密度（公里/平方公里）
上年	**2868**	**185.03**	**99.38**	**98.04**	**14.14**	**2868**	**185.03**
全国	**2854**	**184.73**	**99.39**	**98.06**	**14.87**	**19.28**	**7.66**
北京		163.22	99.81	100.00		8.04	
天津	4372	122.81	100.00	100.00	16.92	16.11	6.58
河北	3150	123.31	100.00	99.55	10.03	21.20	8.39
山西	3855	136.52	98.66	97.56	10.87	18.71	7.41
内蒙古	2002	119.25	99.70	97.96	10.00	24.57	7.60
辽宁	1792	155.81	98.99	97.73	13.51	19.37	7.80
吉林	2097	121.83	96.46	96.54	10.22	17.15	6.50
黑龙江	5361	127.28	99.10	93.22	13.56	16.63	7.48
上海	3905	207.04	100.00	100.00	32.22	5.00	4.82
江苏	2156	211.54	100.00	99.92	18.93	25.66	9.33
浙江	2344	215.05	100.00	99.97	21.90	19.60	8.13
安徽	2744	194.31	99.76	99.42	13.94	24.57	7.91
福建	3492	228.88	99.97	99.67	17.62	21.96	8.21
江西	3647	222.48	99.37	98.82	16.78	25.92	8.05
山东	1724	126.22	99.92	99.47	10.16	26.45	8.20
河南	4480	139.89	99.30	98.21	8.74	16.86	5.30
湖北	3056	199.93	99.93	99.50	18.98	19.67	8.22
湖南	4717	217.07	99.01	97.70	18.05	20.35	8.21
广东	3856	241.53	99.74	98.61	18.33	15.02	7.60
广西	2473	273.73	99.91	99.44	14.26	24.40	8.51
海南	2487	287.04	99.95	99.53	9.30	25.27	11.69
重庆	2079	180.77	98.57	98.82	14.83	16.64	7.38
四川	3670	195.31	97.18	96.55	16.42	18.28	8.07
贵州	2092	175.80	98.88	93.26	18.31	26.69	8.15
云南	3290	186.59	99.01	71.75	13.23	17.40	7.11
西藏	1516	245.66	99.70	74.26	10.90	22.03	4.49
陕西	5321	162.50	98.25	99.03	7.93	18.11	5.70
甘肃	3223	138.88	99.50	96.93	6.37	22.21	7.24
青海	2893	174.90	99.57	94.72	12.99	19.58	5.81
宁夏	3103	165.80	99.99	98.48	6.90	28.00	5.88
新疆	3915	158.89	99.70	98.97	8.20	22.51	6.04
新疆生产建设兵团	1456	207.81	97.88	95.96	8.60	34.37	6.93

设施水平分省数据 **表 4**

污水处理率（%）	污水处理厂集中处理率	人均公园绿地面积（平方米）	建成区绿化覆盖率（%）	建成区绿地率（%）	生活垃圾处理率（%）	生活垃圾无害化处理率
97.89	**96.24**	**14.87**	**42.42**	**38.70**	**99.97**	**99.88**
98.11	**96.50**	**70.06**	**15.29**	**42.96**	**39.29**	**99.98**
98.07	96.18	88.68	16.63	49.77	47.05	100.00
98.45	97.35	82.44	9.98	38.41	35.49	100.00
99.08	99.08	81.72	15.35	43.78	40.01	100.00
98.48	97.58	71.07	13.72	44.02	40.14	100.00
97.56	97.56	76.45	19.47	41.94	38.96	99.99
98.03	97.28	63.18	13.39	40.88	38.63	99.58
97.84	97.84	72.98	14.45	42.68	38.92	100.00
96.95	94.13	67.80	14.04	37.97	34.68	100.00
98.04	98.04	90.84	9.28	38.10	36.86	100.00
97.42	93.13	75.37	16.02	44.07	40.65	100.00
98.14	96.76	74.44	13.79	42.13	38.24	100.00
98.07	96.27	61.85	16.98	45.32	41.15	100.00
98.57	93.46	60.87	15.28	44.07	40.68	100.00
97.61	96.91	49.93	17.01	46.63	43.28	100.00
98.53	98.39	72.27	18.18	43.75	39.72	100.00
99.53	99.53	77.12	15.60	40.30	35.52	99.99
97.57	92.13	55.62	15.38	42.92	39.42	100.00
98.17	98.10	59.22	13.06	42.32	38.72	100.00
98.54	98.06	72.41	17.95	44.56	40.25	100.00
98.78	92.93	54.54	11.67	42.21	36.86	100.00
99.15	98.89	55.94	12.23	42.39	39.43	100.00
98.36	98.06	63.25	17.63	44.56	41.33	100.00
96.23	92.12	53.35	13.99	43.54	38.61	99.98
98.89	98.51	54.62	16.41	42.14	40.16	99.89
99.02	97.48	65.26	13.94	43.14	39.52	100.00
96.57	96.57	27.18	16.23	40.80	38.60	99.81
97.14	97.14	80.98	13.15	42.62	38.42	100.00
97.79	97.79	74.52	16.36	36.20	33.08	100.00
95.89	95.89	64.16	13.24	36.53	34.22	99.46
99.04	99.04	76.49	22.84	42.15	40.40	100.00
97.79	97.78	82.02	14.93	41.17	38.01	100.00
100.15	99.87	64.59	26.36	42.78	41.24	100.00

【2022 年城市人口和建设用地分省数据】2022 年　城市人口和建设用地分省数据见表 5。

2022 年城市人口和

地区名称	市区面积	市区人口	市区暂住人口	城区面积	城区人口	城区暂住人口	建成区面积	本年征用土地面积	耕地
上年	**2368544**	**83733**	**13585**	**188300.45**	**45747.87**	**10180.09**	**62420.53**	**1902.24**	**827.92**
全国	**2371373**	**84820**	**13319**	**191216.77**	**47001.93**	**9486.24**	**63676.40**	**1946.70**	**823.43**
北京		2184			1912.80				
天津	11926	1363		2653.44	1160.07		1264.46	6.79	3.34
河北	49721	3793	211	6363.96	1816.65	187.78	2266.96	51.62	26.22
山西	36502	1707	251	3320.81	1097.11	182.96	1295.08	28.35	10.90
内蒙古	148683	904	320	4674.87	681.97	253.79	1272.80	41.83	14.46
辽宁	77574	3101	415	13067.76	2040.68	301.56	2815.03	27.43	16.63
吉林	110793	1820	255	5720.76	970.92	228.71	1580.00	28.30	15.62
黑龙江	220293	2159	212	2567.93	1198.93	177.75	1802.55	22.89	16.63
上海	6341	2476		6340.50	2475.89		1242.00	17.24	8.81
江苏	70117	5912	1499	17190.16	3129.19	577.07	4916.17	149.31	83.44
浙江	55798	3991	1800	13885.42	2186.38	1067.85	3426.99	109.68	57.93
安徽	46910	2889	608	7125.58	1390.05	565.36	2500.28	177.05	107.28
福建	48272	2299	827	4325.72	1108.23	402.34	1877.45	60.33	15.86
江西	46475	2212	156	3337.68	1088.28	129.03	1789.49	76.82	28.40
山东	93682	6838		24105.93	3513.75	642.96	5712.99	195.30	49.79
河南	50108	4990	568	6383.76	2386.06	473.72	3521.11	89.96	50.42
湖北	97623	4258	720	7964.69	1938.93	495.05	2866.18	160.61	72.99
湖南	56807	3199	386	4110.82	1697.15	241.81	2104.99	40.07	14.07
广东	99901	9842	1692	17126.58	5649.90	953.96	6575.31	123.35	32.39
广西	78641	2688	335	5394.85	1027.98	306.09	1809.48	107.35	36.49
海南	16999	616	196	1340.03	232.66	100.57	419.28	21.26	3.39
重庆	43264	2625	472	7781.33	1289.27	328.23	1640.80	66.68	23.66
四川	91215	4361	1050	8708.00	2369.47	826.65	3411.76	149.40	62.41
贵州	41821	1677	242	4355.99	708.30	203.16	1194.80	38.25	17.23
云南	91744	1834	194	3276.38	948.45	129.39	1287.83	47.67	19.37
西藏	47488	94	38	632.58	56.36	39.56	170.71	0.82	0.12
陕西	60228	2146	219	2700.93	1270.49	166.75	1553.51	38.07	16.01
甘肃	89185	909	194	2120.76	534.05	149.39	968.07	33.24	7.36
青海	203426	295	27	738.91	192.28	21.45	250.08	0.94	
宁夏	21522	444	62	954.37	256.81	39.31	485.66	12.78	6.80
新疆	245051	1034	319	2187.14	597.22	259.11	1428.05	19.36	3.30
新疆生产建设兵团	13262	158	51	759.13	75.65	34.88	226.53	3.95	2.11

建设用地分省数据

表 5

面积单位：平方公里
人口单位：万人

城市建设用地面积								
合计	居住用地	公共管理与公共服务设施用地	商业服务业设施用地	工业用地	物流仓储用地	道路交通设施用地	公共设施用地	绿地与广场用地
59424.59	**18617.91**	**5248.92**	**4264.06**	**11336.75**	**1575.87**	**10060.61**	**1551.02**	**6769.45**
59451.69		**18823.58**	**5274.79**	**4298.80**	**11414.84**	**1534.15**	**10052.09**	**1355.04**
1088.48		312.00	87.54	95.11	262.47	54.33	158.80	20.23
2225.36		686.29	166.69	149.06	239.43	64.39	413.18	58.98
1260.05		420.33	155.15	91.85	186.83	34.71	211.38	26.70
1231.70		428.79	111.52	103.34	128.74	39.36	225.98	28.81
2785.04		916.96	173.74	186.32	688.26	99.23	413.95	64.92
1499.02		516.88	114.27	82.45	297.44	47.46	226.73	52.95
1619.35		551.64	133.77	93.37	380.88	55.82	217.70	30.84
1093.36		375.59	102.32	107.01	177.91	42.99	190.82	14.96
4810.81		1319.89	379.41	353.66	1073.76	91.34	856.59	102.21
3485.66		1108.01	323.45	242.49	771.29	56.37	615.91	63.96
2426.81		704.78	179.33	151.71	548.86	40.30	459.56	45.14
1605.45		579.70	154.63	117.41	282.85	33.71	256.22	28.69
1674.36		540.04	164.21	100.95	304.47	27.34	291.71	30.63
5480.54		1781.53	490.01	448.29	1232.23	149.16	789.81	98.88
3353.56		1053.75	327.07	167.91	401.50	93.92	600.42	100.48
1915.79		566.09	160.64	113.98	463.46	45.89	329.27	64.31
1935.99		745.22	215.27	134.61	290.33	38.43	265.50	62.91
6134.71		1946.23	495.97	427.55	1520.57	97.69	1213.68	98.26
1643.12		491.33	143.47	108.28	237.36	49.99	304.44	54.42
375.19		151.85	51.48	54.39	18.05	10.37	54.22	6.26
1525.59		464.97	141.33	85.95	333.46	36.84	308.96	29.56
3198.44		1022.96	293.16	240.40	553.93	86.95	535.34	71.04
1064.14		363.85	133.27	103.38	157.87	31.10	153.59	22.81
1170.57		405.28	138.16	120.75	94.78	33.21	199.01	26.97
164.57		34.99	24.80	15.94	20.15	4.51	23.83	9.75
1513.35		444.90	129.97	146.39	241.84	47.93	245.61	35.58
980.83		255.10	85.69	81.46	212.42	37.33	153.83	30.84
232.73		60.83	17.70	17.84	23.93	14.18	41.52	12.36
451.39		132.47	43.96	36.54	45.13	11.42	77.87	8.69
1294.74		383.34	113.54	104.81	197.36	55.20	182.08	49.00
210.99		57.99	23.27	15.60	27.28	2.68	34.58	3.90

【2022年城市市政公用设施建设固定资产投资分省数据】 2022年城市市政公用设施建设固定资产投资分省数据见表6。

2022年城市市政公用设施建设

地区名称	本年投资完成合计	供水	燃气	集中供热	轨道交通	道路桥梁	地下综合管廊
上年	**233716850**	**7705636**	**2295797**	**3972963**	**63390117**	**86445177**	**5389397**
全国	**223098515**	**7133438**	**2860066**	**3398079**	**60385551**	**87079061**	**3075548**
北京	12901497	410295	133714	272665	3378087	3337959	77109
天津	4590015	110613	61425	64774	3413906	355301	16946
河北	6585015	302393	101425	512682	108813	2760598	608764
山西	3909165	57159	92567	578548	319595	1919180	76475
内蒙古	1907580	93525	66363	250037	3828	831134	650
辽宁	3877368	139246	190552	162604	1895979	925457	37061
吉林	3649915	114366	74398	91787	1176723	659863	39537
黑龙江	2366508	537258	120872	181561	275019	653510	
上海	5863849	148730	81492		2803600	1380917	27385
江苏	19414966	497418	302548	17662	5860690	8461208	254606
浙江	18667886	335805	106161		5968205	8462365	157917
安徽	11052577	438730	199719	27972	1706839	5613522	104940
福建	6687039	243028	79525		2525707	2129263	227669
江西	6636730	190507	54475		481211	4042718	108878
山东	14885880	382455	281999	613579	2846445	6364971	232862
河南	7336304	179946	61678	157371	2164302	1930158	69830
湖北	15290359	234532	82282	51087	3753155	6348893	278012
湖南	7194373	264743	94743	4300	1546812	3061519	1828
广东	18196943	915349	285643		7846541	5864268	244772
广西	3007068	266646	33873		206545	1744917	27702
海南	1086875	3856	236			805831	2445
重庆	11737858	189315	29052		2624382	5940589	31420
四川	16693378	363118	130213	8030	4996093	7410973	75061
贵州	4633156	280578	91697	4444	945364	1104678	1200
云南	1709372	58934	4628		17962	426561	87358
西藏	179033	9748	1600	24236		91844	16504
陕西	8995630	156640	68703	124933	3101898	3186904	77078
甘肃	1703529	50069	14745	51930	334600	601793	35767
青海	264058	14933	4936	31145		81300	10710
宁夏	295532	66206	2548	26316		89664	
新疆	1416787	60929	5442	101197	83250	351037	127324
新疆生产建设兵团	362270	16368	812	39219		140166	17738

固定资产投资分省数据

表 6

计量单位：万元

排水				园林绿化	市容环境卫生		其他	本年新增固定资产
	污水处理	污泥处置	再生水利用			垃圾处理		
20787619	**8553097**	**291243**	**384448**	**16386032**	**7271429**	**5358529**	**20072683**	**99399829**
19050915	**6729410**	**567537**	**352543**	**13476470**	**4849535**	**3041162**	**21789852**	**86593149**
589126	57015	4651	22295	886889	219745	20271	3595908	3737170
172831	93578		938	87110	45184	44010	261925	3348533
800476	126871	479	23087	913309	256272	133489	220283	1704572
333319	128614	12423	10500	196218	113794	85734	222310	1172394
184063	37198	26016	34380	162714	63803	57109	251463	303221
125482	37762	4335	647	43522	178496	170754	178969	450898
265205	223845	1795	3123	163024	8336	6386	1056676	599703
264973	64039	10500		67646	51344	49957	214325	391838
699266	283705	200039		443304	61918	50118	217237	801949
1969966	1049398	16916	16721	1385643	233168	117660	432057	4649145
914504	433594	11856	5292	1196641	131931	32223	1394357	10590341
1212977	264140	16883	7205	589149	385351	111267	773378	2274949
575332	228149	6778	8400	324722	137805	111411	443988	1426907
698557	287550	5197		529479	91037	40864	439868	3434688
1620614	289555	28735	6419	1018797	221880	127248	1302278	6517627
742006	212426	46614	34955	1287894	406726	391813	336393	7142509
827747	132407	9378	6662	593944	434987	366555	2685720	3597233
589135	128629	69138	25002	80375	85732	42206	1465186	1509918
1700533	829799	410	17390	166616	419773	374724	753448	8496242
360141	142693	5	11570	162693	152713	81956	51838	833083
116810	48992	5742	25238	118865	5996	1946	32836	8605
603241	144593	6771	3803	1023428	150810	56616	1145621	8769236
1792608	722134	47477	3855	1116418	592840	336959	208024	9532853
220070	134661			5524	76152	64676	1903449	757296
685200	161109	6507	23113	83487	26482	17176	318760	1173894
23150	8616			2283	6914	6914	2754	148771
542498	231051	26050	30490	540383	184969	61133	1011624	1182112
161505	120145		6677	110933	31564	18244	310623	1076073
79308	39757	1809		12790	563	126	28373	115242
72368	2166	1033	11010	17136	17030	17030	4264	59906
100297	65016		13771	112262	50144	40647	424905	401825
7607	203			33272	6076	3940	101012	384416

【2022 年城市市政公用设施建设固定资产投资资金来源分省数据】 2022 年城市市政公用设施建设固定资产投资资金来源分省数据见表 7。

2022 年城市市政公用设施建设固定

地区名称	本年实际到资金合计	上年末结余资金	小计	国家预算资金	中央预算资金	国内贷款
上年	**257780011**	**36563558**	**221216453**	**67843747**	**6615913**	**35662275**
全国	**220622915**	**19320735**	**201302180**	**61547819**	**3015261**	**28555412**
北京	12268215	1371173	10897042	4169123	392635	1531187
天津	4522051	658996	3863055	1105561	14905	1611760
河北	7258230	1204329	6053901	2449446	443270	329100
山西	3233976	77089	3156887	1081995	44008	302157
内蒙古	1397994	92349	1305645	511476	27248	29057
辽宁	2454361	175430	2278931	492565	106741	547620
吉林	4122528	632990	3489538	422322	170988	1221107
黑龙江	2380756	223239	2157517	1407277	241774	178439
上海	5377062	163962	5213100	2175365		31567
江苏	20900425	2283263	18617162	4200948	8775	2584045
浙江	20048800	2458545	17590255	4038142	92232	3859495
安徽	11940288	233087	11707201	4884178	130540	931292
福建	6573094	1036487	5536607	2365868	83325	193698
江西	7633184	673211	6959973	2710319	2924	490326
山东	14190096	799790	13390306	3097633	21854	2296639
河南	7416281	540856	6875425	2293989	184291	1783079
湖北	10316498	835376	9481122	2608254	229283	453267
湖南	6409964	313872	6096092	380864	25114	56705
广东	19447841	619023	18828818	6149208	90761	3593502
广西	2591399	125803	2465596	943886	21086	439976
海南	1079284	54885	1024399	895474	21800	6132
重庆	13613223	631278	12981945	5761977	87253	2848420
四川	15548966	362758	15186208	4640835	212127	1668033
贵州	3646294	363993	3282301	110242	10768	276667
云南	1132066	312577	819489	234004	21821	35656
西藏	606297	32646	573651	48465	9172	
陕西	10077386	2445434	7631952	1744286	119570	733485
甘肃	2106268	359693	1746575	60928	45918	265703
青海	266596	61142	205454	145069	23802	348
宁夏	332083	17017	315066	53038	7865	143232
新疆	1228265	83631	1144634	156065	39329	113718
新疆生产建设兵团	503144	76811	426333	209017	84082	

资产投资资金来源分省数据

表 7

计量单位：万元

本年资金来源				
债券	利用外资	自筹资金	其他资金	各项应付款
14281469	**389861**	**57890876**	**45148225**	**174609451**
17233528	**355557**	**53217677**	**40392187**	**31457204**
		2485200	2711532	987869
211118	16041	851028	67547	549372
2058849		836891	379615	2106377
254299		640684	877752	716767
195427	4099	278182	287404	879648
572265	6294	487574	172613	1009975
829603	4628	426912	584966	702717
193887		218629	159285	274633
		3006168		680347
344511	35180	9499647	1952831	1620570
493393	45012	6537252	2616961	1630249
1712955	42986	1674391	2461399	1386716
1165516	19	968496	843010	627258
158161		2634899	966268	2235755
1809850	20417	4099884	2065883	2743028
597074	71460	1604470	525353	791462
876829	1237	1819419	3722116	966201
174716	9600	3946259	1527948	226255
1536495		1458136	6091477	987701
171483	14284	737048	158919	724690
77936		9509	35348	153833
1205058		2030666	1135824	1652939
971422	6500	1985178	5914240	3564481
32830		1397532	1465030	946484
121838		165825	262166	909547
178681		48954	297551	
281589		2603553	2269039	1158830
242616	77800	632703	466825	604458
42119		9337	8581	1173
45644		46732	26420	41622
519772		74859	280220	555431
157592		1660	58064	20816

2022 年县城建设分省数据

年县城市政公用设施水平分省数据见表 8。

【2022 年县城市政公用设施水平分省数据】 2022

2022 年县城市政公用

地区名称	人口密度（人/平方公里）	人均日生活用水量（升）	供水普及率（%）	燃气普及率（%）	建成区供水管道密度（公里/平方公里）	人均城市道路面积（平方米）	建成区路网密度（公里/平方公里）	建成区道路面积率（%）
上年	**2160**	**131.95**	**97.42**	**90.32**	**11.87**	**19.68**	**7.01**	**13.45**
全国	**2171**	**137.18**	**97.86**	**91.38**	**12.30**	**20.31**	**7.18**	**13.80**
河北	2777	105.89	100.00	98.97	12.07	25.46	8.99	18.14
山西	3582	96.50	94.66	81.25	12.74	17.00	7.75	14.73
内蒙古	857	106.75	98.83	92.61	11.68	33.97	6.98	15.13
辽宁	1427	130.40	96.83	88.30	12.18	16.12	4.65	7.89
吉林	2361	105.43	96.74	87.80	13.34	17.77	6.27	11.66
黑龙江	3014	99.20	94.79	60.41	10.61	14.53	7.11	8.64
江苏	2050	178.58	100.00	100.00	14.52	22.87	6.61	13.44
浙江	906	227.78	100.00	100.00	21.48	25.63	9.52	16.55
安徽	1852	153.91	97.67	96.72	13.82	25.15	6.55	15.07
福建	2557	186.67	99.60	98.60	16.70	19.86	8.82	14.56
江西	4389	164.58	97.95	97.13	18.15	25.27	7.91	15.31
山东	1369	112.49	98.79	98.07	7.75	22.83	6.16	13.29
河南	2587	112.62	97.68	93.69	7.55	18.68	5.80	13.44
湖北	3232	156.96	97.95	97.96	14.44	19.50	6.98	14.32
湖南	3644	166.56	98.26	94.52	15.51	14.83	7.18	12.74
广东	1544	166.70	99.21	97.99	13.90	14.92	6.49	10.51
广西	2644	181.85	99.59	99.21	14.05	21.79	9.13	16.10
海南	2189	243.57	99.56	96.68	5.91	34.43	5.08	10.62
重庆	2592	136.30	99.41	98.14	12.44	11.82	7.16	13.19
四川	1478	133.81	96.52	90.63	11.83	15.10	6.56	13.14
贵州	2556	123.57	97.20	82.72	11.79	21.25	8.89	14.47
云南	3963	126.60	95.40	60.66	13.80	19.26	8.32	15.80
西藏	2645	165.99	84.36	58.25	8.85	17.16	4.96	5.73
陕西	3869	108.55	96.49	90.72	7.44	16.07	7.20	12.40
甘肃	4980	85.47	96.84	77.02	9.79	15.49	6.12	11.29
青海	1942	92.54	96.43	63.95	9.89	23.24	7.54	12.62
宁夏	3863	111.91	99.56	77.35	10.09	24.64	6.94	14.69
新疆	3143	149.10	99.54	97.53	10.28	23.98	6.72	11.56

设施水平分省数据　　　　表 8

建成区排水管道密度（公里／平方公里）	污水处理率（%）	污水处理厂集中处理率	人均公园绿地面积（平方米）	建成区绿化覆盖率（%）	建成区绿地率（%）	生活垃圾处理率（%）	生活垃圾无害化处理率
10.11	**96.11**	**95.63**	**14.01**	**38.30**	**34.38**	**99.68**	**98.47**
10.66	**96.94**	**96.15**	**14.50**	**39.35**	**35.65**	**99.82**	**99.24**
10.23	98.53	98.53	14.28	42.53	38.55	100.00	100.00
11.32	97.71	97.71	12.35	40.94	36.46	99.27	95.55
8.53	97.94	97.94	22.41	37.34	34.81	99.99	99.99
6.08	101.05	101.03	13.10	24.00	20.04	99.59	99.59
10.21	98.34	98.34	17.66	40.87	37.12	100.00	100.00
7.20	96.61	96.61	15.46	33.61	29.90	100.00	100.00
12.42	88.39	88.39	15.35	42.82	40.00	100.00	100.00
16.88	98.07	97.91	16.05	44.35	40.16	100.00	100.00
12.21	96.61	95.85	16.14	40.60	37.05	100.00	100.00
14.51	97.44	96.16	16.27	43.81	40.29	100.00	100.00
14.06	95.18	93.84	18.09	43.13	39.20	100.00	100.00
10.44	98.15	98.15	16.80	41.66	37.82	100.00	100.00
9.43	98.47	98.38	12.28	38.50	33.50	99.75	97.94
10.24	96.28	96.28	14.09	40.96	37.58	100.00	100.00
10.62	96.47	96.33	11.31	37.85	34.65	99.98	99.98
7.09	95.60	95.60	14.13	37.24	34.12	100.00	100.00
13.08	98.25	92.68	13.09	38.64	34.11	100.00	100.00
6.08	118.99	101.15	7.48	37.11	32.27	100.00	100.00
16.42	100.44	100.44	15.19	43.90	40.19	100.00	100.00
10.54	95.64	91.22	14.63	39.69	36.02	99.83	99.79
8.18	97.22	97.22	15.29	39.73	37.75	99.07	99.07
15.72	98.10	98.09	12.92	42.07	38.29	100.00	94.16
7.13	64.30	62.94	1.43	6.41	4.05	99.14	95.43
8.77	95.45	95.45	11.14	36.56	32.41	99.42	99.42
10.12	97.16	97.16	13.67	32.31	28.60	99.96	99.96
9.69	92.49	92.49	8.44	27.90	24.15	95.50	95.50
9.00	98.86	98.86	18.45	40.74	37.60	100.00	100.00
7.26	96.27	96.26	17.01	41.49	37.95	99.93	99.93

【2022 年县城人口和建设用地分省数据】2022 年　县城人口和建设用地分省数据见表 9。

2022 年县城人口和

地区名称	县面积	县人口	县暂住人口	县城面积	县城人口	县城暂住人口	建成区面积	本年征用土地面积	耕地
上年	**7274986**	**62324**	**3055**	**72467.84**	**13941.09**	**1714.36**	**21026.49**	**844.44**	**420.30**
全国	**7264494**	**61970**	**3136**	**71911.72**	**13836.12**	**1772.86**	**21091.56**	**871.90**	**405.26**
河北	136224	3980	158	3774.11	946.07	101.85	1423.78	45.67	26.91
山西	124002	1834	89	1778.25	577.54	59.51	701.95	5.27	2.52
内蒙古	1049033	1424	126	5563.75	406.16	70.66	1017.41	13.13	2.56
辽宁	74788	999	26	1435.88	193.52	11.43	382.06	7.36	3.30
吉林	84796	697	25	680.91	146.79	14.00	236.38	8.06	3.78
黑龙江	217562	1303	36	1167.52	323.98	27.89	556.51	21.29	7.60
江苏	33460	1946	63	2534.03	486.69	32.86	737.38	51.31	33.13
浙江	49772	1410	328	5055.42	345.02	113.02	636.48	41.10	19.57
安徽	92536	4259	173	4960.25	807.99	110.52	1348.07	111.73	55.48
福建	75600	1710	181	1827.00	400.06	67.08	562.95	24.88	6.67
江西	121503	2757	82	1664.98	679.45	51.31	1088.13	58.92	17.45
山东	65130	3324		7568.30	981.96	54.37	1587.90	49.70	25.15
河南	116682	6946	210	5849.30	1390.15	122.87	1905.85	45.53	26.13
湖北	92369	1917	97	1442.55	418.23	48.05	598.62	37.03	17.74
湖南	155622	4276	307	3194.30	963.72	200.20	1267.93	42.91	10.57
广东	79398	2210	114	3345.88	469.79	46.96	650.91	15.88	3.50
广西	158193	3071	77	1959.70	468.37	49.72	676.97	49.32	17.07
海南	17400	323	24	279.20	51.68	9.43	167.25	4.61	1.19
重庆	39137	925	113	823.39	182.69	30.75	190.92	12.82	7.26
四川	399983	4714	278	8171.85	1022.33	185.77	1312.81	70.74	36.94
贵州	135187	2872	108	2622.63	601.89	68.43	879.93	24.31	9.24
云南	296315	3072	147	1560.85	541.07	77.56	725.13	71.42	41.68
西藏	1194990	269	43	323.15	59.87	25.60	167.73	4.22	2.27
陕西	145453	1945	80	1356.77	468.85	56.05	634.13	13.57	3.84
甘肃	364950	1807	82	835.53	377.66	38.47	508.81	24.51	14.18
青海	481607	352	28	588.35	98.77	15.48	202.47	1.66	1.11
宁夏	37579	318	27	310.24	104.63	15.21	191.80	8.61	5.65
新疆	1425225	1306	113	1237.63	321.19	67.81	731.30	6.34	2.77

建设用地分省数据

表 9

面积单位：平方公里
人口单位：万人

城市建设用地面积								
合计	居住用地	公共管理与公共服务设施用地	商业服务业设施用地	工业用地	物流仓储用地	道路交通设施用地	公共设施用地	绿地与广场用地
19752.08	**6563.62**	**1724.63**	**1268.80**	**2531.41**	**493.71**	**3141.13**	**754.52**	**3274.26**
19839.08	**6626.10**	**1710.64**	**1252.27**	**2547.29**	**451.70**	**3210.26**	**673.46**	**3367.36**
1371.85	436.29	90.86	81.16	92.97	18.17	275.34	24.00	353.06
666.99	260.64	56.12	35.75	45.53	12.18	110.94	19.66	126.17
934.60	292.60	92.17	67.26	83.14	19.20	165.82	33.01	181.40
353.41	146.12	22.96	19.76	73.43	8.61	42.40	13.89	26.24
235.98	86.44	16.58	13.56	29.37	9.23	32.67	7.91	40.22
521.73	216.87	39.79	27.26	79.04	24.09	66.64	14.97	53.07
718.90	237.74	53.06	41.04	133.04	7.80	125.16	18.83	102.23
649.00	201.05	56.39	43.21	128.99	8.11	97.33	19.12	94.80
1322.49	381.82	89.67	81.09	222.50	34.18	248.28	43.68	221.27
532.47	193.24	46.17	30.22	85.15	5.90	87.53	14.16	70.10
1055.06	319.58	94.79	66.63	164.81	21.90	179.60	30.30	177.45
1519.78	516.14	123.89	106.32	306.15	35.62	204.76	38.98	187.92
1788.67	564.97	139.39	99.41	197.05	43.27	321.68	66.86	356.04
550.98	179.89	54.03	34.66	83.44	11.25	86.72	19.98	81.01
1204.21	428.36	113.11	86.73	157.93	40.64	164.25	47.77	165.42
579.34	214.12	49.88	37.25	90.15	9.69	76.96	23.40	77.89
641.61	199.29	58.18	31.14	75.67	14.71	117.32	16.89	128.41
139.45	42.42	12.56	9.36	27.37	4.07	25.92	2.38	15.37
172.88	63.88	16.66	9.29	19.16	2.49	28.87	6.13	26.40
1213.98	403.72	117.08	73.16	178.08	33.95	169.38	53.18	185.43
757.58	285.44	76.60	56.39	79.60	21.24	107.67	33.42	97.22
694.34	213.55	68.66	47.86	43.25	14.09	125.89	27.30	153.74
133.83	44.81	19.93	12.39	7.08	5.30	22.23	11.14	10.95
592.27	186.00	48.17	37.77	37.36	13.17	98.77	26.97	144.06
473.65	176.82	51.28	34.19	29.07	12.09	71.56	22.05	76.59
172.90	57.23	19.24	11.43	16.91	3.65	29.38	9.04	26.02
186.83	65.14	17.42	16.38	14.97	5.51	31.19	6.57	29.65
654.30	211.93	66.00	41.60	46.08	11.59	96.00	21.87	159.23

【2022 年县城市政公用设施建设固定资产投资分省数据】2022 年县城市政公用设施建设固定资产投资分省数据见表 10。

2022 年县城市政公用设施建设

地区名称	本年投资完成合计	供水	燃气	集中供热	轨道交通	道路桥梁	地下综合管廊
上年	**40871812**	**2552271**	**755704**	**1609966**	**97176**	**14706390**	**299835**
全国	**42907659**	**2893654**	**845043**	**1772679**	**19313**	**15186401**	**332893**
河北	3200883	112348	25274	206286	5	921587	36892
山西	1395113	39197	28729	235240		504535	10839
内蒙古	648104	65751	7890	113586	2547	128154	
辽宁	168018	30357	6184	36888		27284	3350
吉林	155832	31982		6		64363	140
黑龙江	413777	99776	4891	70486		40965	
江苏	1273285	172842	33335	6498		256633	
浙江	1793739	104619	27286	9736	1095	772762	17120
安徽	2504765	189458	70529	18022		1173436	
福建	1543072	113310	34550			651110	25401
江西	3536160	244745	69566	200		1654110	18150
山东	2064093	81501	26967	219698		545288	15980
河南	2641337	199647	44802	143219		867788	874
湖北	2104466	110181	69126		2130	608384	13426
湖南	1523533	177235	43700			587760	4953
广东	408237	40252	1835			171951	
广西	779493	79125	12733			462678	
海南	140582	11957	3742			54405	69
重庆	844555	19089	8270			571077	5061
四川	3953797	179002	117663	23548		1918237	32784
贵州	4409225	287835	62092		3915	822358	63849
云南	2007119	147247	49178		3088	729597	2000
西藏	77121	7989				47961	
陕西	2275206	55171	62771	142003	1540	623463	57909
甘肃	1479191	107991	10700	307173	1847	570866	14926
青海	160961	3970		10865		88335	2565
宁夏	137363	7298	500	17826		53400	2443
新疆	1268632	173779	22730	211399	3146	267914	4162

固定资产投资分省数据 **表 10**

计量单位：万元

排水				园林绿化	市容环境卫生		其他	本年新增固定资产
	污水处理	污泥处置	再生水利用			垃圾处理		
6359772	**3133417**	**145700**	**125181**	**3645066**	**2698448**	**2069162**	**8147184**	**26581933**
7717120	**3110748**	**56788**	**82576**	**3525081**	**2225108**	**1606255**	**8390367**	**25380488**
732140	168435	3166	8445	280410	520613	469598	365328	1431874
191119	90829	303	705	132210	13946	10088	239298	783534
119230	38919	4164	6812	61587	34932	31724	114427	221004
46367	14511			2952	10289	8297	4347	54959
38600	4313		4100	5429	4114	1003	11198	58084
146145	59638			7310	2960	2231	41244	179681
374401	133934	3518		128118	43001	35951	258457	232217
277120	162230			171215	85933	54557	326853	1045995
554791	216094	1709	4623	219774	60269	17961	218486	791702
191987	106622	16		104124	98417	89016	324173	665615
375516	169947	7043		356626	196351	36342	620896	2277814
673406	78433	3000	280	270300	58980	38365	171973	1545576
486881	179217	6755	4428	595586	253342	232266	49198	2317669
382500	94460			123628	46540	27131	748551	1277562
371074	254403	3100		80466	52377	48475	205968	798834
88501	47660			3221	1646	892	100831	178134
150131	47813			53175	14903	13441	6748	425413
26168	18570			551	971	940	42719	26313
74010	25316	430		98262	26632	22428	42154	684981
957080	476889	11967	4018	352042	179827	97940	193614	3728268
389799	243352	3200	1520	54605	196039	151237	2528733	2250413
306777	135216	1340		183919	65785	29730	519528	1270034
6839	2787			123	5903	4570	8306	46089
440761	185714		8000	78240	60281	38604	753067	1140200
188684	104689	3577	10675	85988	79204	67974	111812	1005447
15079	7351			5110	14118	6624	20919	135053
15849	6302	500	2290	10010	12036	9448	18001	51987
96165	37104	3000	26680	60100	85699	59422	343538	756036

【2022 年县城市政公用设施建设固定资产投资资金来源分省数据】2022 年县城市政公用设施建设固定资产投资资金来源分省数据见表 11。

2022 年县城市政公用设施建设固定

地区名称	合计	上年末结余资金			
			小计	国家预算资金	中央预算资金
上年	**49296521**	**3231092**	**46065429**	**13371737**	**3002278**
全国	**46809666**	**3713945**	**43095721**	**12041338**	**1800631**
河北	3354204	52929	3301275	1072314	161713
山西	1243873	119704	1124169	581158	71319
内蒙古	684937	49853	635084	248671	33904
辽宁	186797	3769	183028	54690	9538
吉林	195458	18694	176764	16112	1862
黑龙江	468034	22635	445399	233744	45276
江苏	1295295	9306	1285989	378408	5080
浙江	1934077	108910	1825167	392277	18051
安徽	2731910	39675	2692235	1214669	4012
福建	1795774	90733	1705041	395041	7241
江西	4453920	708655	3745265	1315231	32453
山东	1964565	55353	1909212	735425	15768
河南	2649652	110219	2539433	1001748	54345
湖北	2667293	154451	2512842	490980	72251
湖南	2077851	191457	1886394	272341	55341
广东	466358	4879	461479	84450	5437
广西	846936	58454	788482	287125	14616
海南	157481	29089	128392	76659	45059
重庆	875040	95074	779966	251194	24921
四川	4367880	580643	3787237	379415	162060
贵州	4382805	653702	3729103	676901	156994
云南	1973145	101388	1871757	488752	160898
西藏	163209	30502	132707	105642	84707
陕西	2351763	105709	2246054	512451	103480
甘肃	1394618	125203	1269415	230545	131053
青海	347049	79484	267565	205041	112434
宁夏	95165	3519	91646	20509	14977
新疆	1684577	109956	1574621	319845	195841

资产投资资金来源分省数据

表 11

计量单位：万元

本年资金来源					各项应付款
国内贷款	债券	利用外资	自筹资金	其他资金	
3109859	**5032448**	**393495**	**13598463**	**10559427**	**7606741**
2082034	**7108112**	**376350**	**12316369**	**9171518**	**6931818**
58544	1299093		772722	98602	461281
18084	132406	25000	237133	130388	396076
11390	149657		160162	65204	83001
	101574		23897	2867	6281
	129151		29074	2427	14768
	139819		45516	26320	17000
20612	55242		314424	517303	273300
43032	114785		897724	377349	63826
49474	104501	1195	859563	462833	437345
96151	181363		517962	514524	145131
335746	217362	1050	1009370	866506	449535
55780	323046		478174	316787	241358
156508	270729	408	766895	343145	350679
14000	192784	226700	944051	644327	611813
63100	269874	9288	1067468	204323	42871
	252751		37965	86313	60849
90061	57910		250576	102810	48196
			9236	42497	56117
229154	69881		158419	71318	115146
501747	704511	39335	469488	1692741	649021
144177	264496	10621	1428816	1204092	1135309
74307	425585	4329	356318	522466	558599
	3524		11066	12475	
61684	243051	14383	993807	420678	272370
14040	453219		358483	213128	226678
	31599		9390	21535	1056
4583	44761		10439	11354	33273
39860	875438	44041	98231	197206	180939

2022 年村镇建设分省数据

2022 年建制镇市政公用设施水平分省数据见表 12。

【2022 年建制镇市政公用设施水平分省数据】

2022 年建制镇市政公用

地区名称	人口密度（人/平方公里）	人均日生活用水量（升）	供水普及率（%）	燃气普及率（%）	人均道路面积（平方米）	排水管道暗渠密度（公里/平方公里）
上年	**4254**	**106.79**	**90.27**	**58.93**	**16.44**	**7.54**
全国	**4187**	**105.05**	**90.76**	**59.16**	**17.21**	**7.66**
北京	4087	130.84	92.90	73.70	13.28	6.06
天津	3535	91.16	96.24	89.07	14.85	5.59
河北	3836	89.63	93.13	76.93	12.46	4.55
山西	3732	82.91	82.10	35.30	14.84	6.31
内蒙古	2007	88.14	82.94	28.16	20.24	3.16
辽宁	3150	121.78	81.25	30.93	16.55	4.32
吉林	2520	96.80	93.22	50.98	17.77	4.12
黑龙江	2814	87.77	86.68	17.21	17.91	4.14
上海	6105	122.44	93.25	76.74	8.21	4.86
江苏	5144	104.91	98.71	94.36	20.32	11.44
浙江	4645	120.86	91.90	57.14	17.78	9.72
安徽	3984	102.85	86.52	54.39	20.54	8.50
福建	4671	116.51	93.23	70.62	17.15	8.34
江西	4041	97.45	85.00	45.34	18.29	9.08
山东	3921	83.82	93.35	73.33	17.08	7.59
河南	4357	99.24	86.95	37.48	18.01	7.44
湖北	3727	101.50	89.51	49.67	20.03	8.38
湖南	4231	109.14	82.78	43.63	14.27	7.34
广东	4637	136.80	94.00	79.46	16.60	9.12
广西	5115	110.11	91.57	78.35	20.17	9.26
海南	4350	95.38	86.12	78.42	17.27	8.24
重庆	5284	91.36	96.60	75.96	9.55	8.66
四川	4512	101.85	89.59	70.09	17.74	8.09
贵州	3653	98.92	90.05	14.75	20.94	7.90
云南	4831	97.84	95.27	13.53	16.59	8.56
西藏	3698	940.19	60.65	23.75	31.57	4.79
陕西	4227	83.81	90.05	30.61	17.33	7.52
甘肃	3585	79.81	90.76	14.48	18.44	5.90
青海	3917	87.18	92.58	29.71	21.61	6.05
宁夏	2982	95.69	97.54	52.54	17.49	6.67
新疆	3063	98.86	90.52	24.09	32.99	5.07
新疆生产建设兵团	3105	131.23	97.32	58.55	20.65	4.96

设施水平分省数据 **表 12**

污水处理率（%）	污水处理厂集中处理率	人均公园绿地面积（平方米）	绿化覆盖率（%）	绿地率（%）	生活垃圾处理率（%）	无害化处理率
61.95	**52.68**	**2.69**	**16.98**	**10.88**	**91.12**	**75.84**
64.86	**55.54**	**2.69**	**16.97**	**10.93**	**92.34**	**80.38**
69.57	58.13	2.71	24.97	17.35	87.74	81.68
78.18	74.27	2.25	15.23	9.30	99.59	99.59
63.42	44.43	1.55	14.82	8.78	99.32	98.50
32.32	23.76	1.56	15.86	8.40	57.87	18.41
43.82	40.79	3.69	13.77	8.80	51.34	41.13
38.86	35.27	1.11	14.81	7.66	71.24	41.21
52.39	50.70	2.42	11.62	7.03	99.07	92.31
33.68	26.86	1.53	9.16	6.39	61.12	52.77
64.53	58.46	2.95	18.05	11.35	97.67	92.51
88.20	82.90	6.98	30.25	24.64	99.06	96.37
73.84	60.39	2.57	19.00	13.00	99.11	98.17
63.23	53.70	1.82	18.46	10.51	99.54	98.68
78.69	62.19	4.66	22.42	16.33	100.00	100.00
46.20	35.87	1.81	14.42	9.80	92.48	71.10
72.89	56.49	4.67	24.08	15.67	99.09	96.04
37.34	33.67	1.71	17.39	6.97	80.80	57.24
71.03	56.63	1.80	15.55	8.36	96.97	90.87
55.99	40.91	2.35	20.12	13.38	87.83	58.44
70.58	66.18	3.02	13.81	9.59	97.32	91.34
59.34	48.17	2.77	16.61	10.81	96.92	72.19
66.38	46.05	1.28	17.39	11.98	97.70	90.03
87.30	79.60	0.67	12.23	7.38	96.71	76.17
70.66	62.88	1.02	7.37	5.28	96.75	84.67
61.16	51.40	1.33	13.01	7.74	90.45	57.97
22.36	18.16	0.78	8.77	5.79	80.85	48.22
2.37	2.10	0.34	8.87	1.97	80.00	32.99
47.39	39.60	1.42	8.81	5.95	74.07	37.15
29.15	23.14	1.21	13.22	8.07	66.00	52.49
23.16	21.90	0.20	11.44	6.97	72.58	37.16
77.01	72.01	2.22	15.21	9.42	99.13	88.60
31.35	19.48	3.73	17.93	13.78	86.95	56.37
61.41	61.29	2.69	21.54	15.89	69.87	50.93

【2022 年建制镇基本情况分省数据】2022 年建制　镇基本情况分省数据见表 13。

2022 年建制镇基本

地区名称	建制镇个数（个）	建成区面积（公顷）	建成区户籍人口（万人）	建成区常住人口（万人）
上年	**19072**	**4335769.80**	**16592.92**	**18445.82**
全国	**19245**	**4422970.51**	**16629.05**	**18520.65**
北京	113	29390.85	68.38	120.12
天津	113	45264.32	119.33	160.02
河北	1129	178676.74	645.66	685.38
山西	531	86609.87	293.03	323.20
内蒙古	436	115229.85	219.00	231.30
辽宁	612	96287.05	286.56	303.29
吉林	390	79021.71	221.54	199.17
黑龙江	486	88702.08	274.99	249.64
上海	101	141604.18	363.31	864.48
江苏	656	271924.33	1219.05	1398.84
浙江	576	218212.83	701.61	1013.59
安徽	914	264074.30	1033.73	1052.19
福建	562	147042.47	620.45	686.80
江西	732	148361.39	581.46	599.47
山东	1056	399793.92	1449.85	1567.63
河南	1088	297777.94	1288.12	1297.41
湖北	702	232163.51	846.50	865.29
湖南	1070	255937.59	1086.78	1082.94
广东	1003	354418.08	1268.78	1643.43
广西	702	100698.39	548.15	515.12
海南	156	27576.33	107.02	119.95
重庆	589	79696.54	413.64	421.10
四川	1848	250173.50	1021.74	1128.78
贵州	772	147891.93	562.60	540.20
云南	588	78796.11	368.58	380.65
西藏	74	3455.92	8.39	12.78
陕西	923	124672.85	526.94	526.98
甘肃	792	68633.42	240.93	246.05
青海	104	8899.08	35.69	34.86
宁夏	77	21650.59	52.94	64.56
新疆	313	45574.66	126.25	139.60
新疆生产建设兵团	37	14758.18	28.04	45.83

情况分省数据 **表 13**

规划建设管理					
设有村镇建设管理机构的个数（个）	村镇建设管理人员（人）	专职人员	有总体规划的建制镇个数（个）	本年编制	本年规划编制投入（万元）
17599	**94059**	**58021**	**16809**	**978**	**400519.47**
17811	**94448**	**59362**	**16887**	**910**	**310075.81**
108	1178	633	96	1	5483.47
111	716	414	62	5	1631.74
990	3248	1953	839	45	2723.77
421	1083	592	372	8	2091.30
394	1382	892	392	15	1975.00
604	1634	1090	525	18	1336.91
381	1152	836	273	13	7819.60
466	1121	647	386	26	595.50
101	1200	766	85	4	2735.87
653	7292	4849	635	43	15233.55
553	5355	3386	545	40	23127.16
848	4423	2749	854	59	26520.62
526	2131	1442	524	10	20035.48
705	2861	1819	700	46	12024.34
1056	7573	4943	989	73	8407.40
1071	7335	4762	935	41	10939.13
687	4719	2969	664	29	13621.63
975	5535	3327	980	63	25108.42
961	9631	5573	910	53	19633.78
697	4370	2660	670	15	6421.71
149	654	482	152		8074.33
589	2685	1862	555	50	1396.70
1528	5171	3430	1425	55	44931.49
762	2740	1954	712	73	5537.90
580	2717	1641	556	18	15982.32
12	36	9	47	4	307.00
818	2374	1390	810	60	9857.55
619	2312	1296	708	26	6261.04
78	111	67	99	5	388.00
70	308	148	69	4	8080.50
264	1006	517	288	6	1554.60
34	395	264	30	2	238.00

【**2022 年建制镇建设投资分省数据**】2022 年建制镇建设投资分省数据见表 14。

2022 年建制镇建设

地区名称	合计	房屋				
		小计	房地产开发	住宅	公共建筑	生产性建筑
上年	**93424018**	**74933752**	**32881494**	**46610770**	**9482293**	**18840689**
全国	**91401630**	**74606428**	**29314541**	**44922991**	**9019207**	**20664230**
北京	689631	631946	367584	565569	65420	957
天津	1608441	1368182	1115862	1183829	39123	145230
河北	811852	639530	152628	422056	87255	130219
山西	639045	445247	159683	370354	43787	31106
内蒙古	237624	144456	34794	68380	47964	28112
辽宁	530573	398216	259239	229910	13627	154680
吉林	338392	161259	61551	88307	49680	23271
黑龙江	174147	107893	4899	102391	2716	2787
上海	10530449	9724644	4667548	7177770	1313626	1233248
江苏	12013942	10281025	2937186	4995670	706453	4578902
浙江	13058320	10935120	4868619	6060978	970951	3903190
安徽	4434215	3338812	960177	2192215	400545	746051
福建	2307429	1755841	825771	1116401	263894	375545
江西	1673226	1030315	238183	582156	234999	213160
山东	7380961	5735254	1572789	3337138	740640	1657476
河南	2374179	1767263	547932	1247969	235348	283947
湖北	2674253	1938139	322198	1283834	364226	290079
湖南	2217564	1478703	296285	1019041	274582	185080
广东	16058343	14389422	7412492	7208871	1937618	5242932
广西	1265638	1016166	208307	700267	104683	211215
海南	401411	208920	64082	187279	14143	7498
重庆	628493	390241	158204	264363	59347	66531
四川	3098653	2104510	506036	1390614	291185	422711
贵州	1461921	1159297	293290	795812	134740	228745
云南	1139387	800528	218283	572687	126846	100995
西藏	167680	158426	1005	141947	14474	2004
陕西	1212002	651358	135105	374978	175001	101379
甘肃	1079102	885639	549627	628673	139164	117802
青海	54017	24618	375	20536	3636	446
宁夏	232787	160810	116216	112752	24795	23262
新疆	557555	477294	172013	293227	82274	101794
新疆生产建设兵团	350396	297359	86581	187017	56465	53877

投资分省数据 **表 14**

计量单位：万元

市政公用投资										
小计	供水	燃气	集中供热	道路桥梁	排水		园林绿化	环境卫生		其他
						污水处理			垃圾处理	
18490265	**1481840**	**790064**	**619882**	**6065761**	**4150646**	**2999740**	**1642173**	**2143578**	**1143410**	**1596322**
16795202	**1457050**	**727115**	**495510**	**5469059**	**3796774**	**2599341**	**1496821**	**2046142**	**1118598**	**1306731**
57685	1468	5847	8970	17023	7979	7323	5395	5955	2786	5048
240260	2300	694	7929	31104	14543	10968	145946	6971	2830	30773
172322	10158	23874	23144	34550	30294	21698	13029	33283	19756	3990
193798	8212	9009	60313	36964	46553	37382	9370	19896	7823	3482
93168	8402	1155	25742	13036	21141	17607	7563	12862	8819	3268
132357	9108	1794	42314	47748	7910	4463	2878	15026	9641	5578
177133	11470	2497	25260	53387	45919	35562	7085	12086	6421	19430
66254	3004	43	13307	9267	18723	14864	2385	9957	5601	9567
805805	11250	13059	87	356040	196916	69850	56741	92835	49401	78878
1732917	129629	113286	3364	587424	335325	224038	205448	240645	116555	117795
2123200	126834	59609	565	921506	382989	257172	209096	248924	101716	173677
1095403	96096	44773	570	339688	273828	163312	118799	145287	79871	76363
551589	57447	11219	749	189999	128171	100282	44872	89455	62599	29677
642912	86646	20023	1297	183755	172755	110506	45486	63446	32673	69504
1645707	162341	123223	149129	438019	290669	203575	159815	211944	101184	110567
606916	55777	54885	9834	172975	112687	63502	82133	87617	41682	31007
736114	80958	23689	1616	238174	198006	133433	69516	71671	43520	52485
738862	94151	26591	955	148979	283879	218235	37544	92909	52123	53854
1668921	143010	25465		687377	418821	311151	97183	183201	105674	113863
249472	33067	4695	11	83059	69487	44226	15047	33506	26371	10600
192492	17191	2939		35734	59883	53745	1957	71877	67869	2910
238252	25315	8317	30	68849	64156	54462	19975	32254	18634	19358
994143	126508	85208		317229	236485	179074	48450	92797	58412	87466
302624	36823	8480	525	94947	84077	68106	9581	37536	24633	30654
338859	44428	2477	10	91023	108609	87529	13695	33192	21891	45426
9254	1210	0	245	2499	2091	1911	882	2248	1448	80
560644	37178	41889	34392	138170	111965	63562	47498	58787	27971	90765
193463	23551	1903	49872	44266	29180	17867	9799	22735	12525	12159
29399	319	90	13	9243	11775	986	541	1241	700	6178
71978	3629	3865	1825	43594	7830	5017	2496	6143	2790	2597
80261	7758	6059	22775	12484	18053	13620	3219	7372	3824	2542
53037	1814	454	10666	20948	6076	4312	3401	2486	855	7192

【2022 年乡市政公用设施水平分省数据】2022 年　乡市政公用设施水平分省数据见表 15。

2022 年乡市政公用

地区名称	人口密度（人/平方公里）	人均日生活用水量（升）	供水普及率（%）	燃气普及率（%）	人均道路面积（平方米）	排水管道暗渠密度（公里/平方公里）
上年	**3649**	**98.71**	**84.16**	**33.63**	**22.97**	**7.53**
全国	**3612**	**99.46**	**84.72**	**33.54**	**23.95**	**7.33**
北京	2817	142.38	98.07	62.27	24.36	5.14
天津	793	81.77	84.38	71.96	19.56	2.38
河北	3013	91.35	83.64	61.94	17.32	4.05
山西	3188	85.12	75.63	19.84	19.54	4.85
内蒙古	1819	86.94	74.40	18.16	28.55	3.24
辽宁	3395	105.91	57.38	14.41	26.79	4.71
吉林	2545	89.20	87.48	32.76	25.20	4.47
黑龙江	2191	83.93	89.08	8.23	24.77	3.58
上海	2320	116.38	100.00	78.00	41.53	14.30
江苏	5591	91.02	99.53	96.01	25.02	15.74
浙江	2961	109.98	85.88	50.48	30.63	10.73
安徽	3649	103.08	91.10	45.83	25.11	10.40
福建	4488	104.52	93.75	64.28	23.82	11.20
江西	4223	100.00	84.51	43.34	22.55	10.30
山东	3379	91.83	95.29	63.44	23.98	9.24
河南	4254	107.34	85.27	32.90	22.21	6.78
湖北	3373	101.95	84.96	47.39	26.17	8.56
湖南	3502	110.74	75.40	32.95	21.60	6.34
广东	3197	77.31	100.00	52.67	25.91	8.62
广西	5503	106.21	94.12	65.22	25.34	9.53
海南	2328	92.88	96.39	90.19	33.34	6.87
重庆	4680	88.34	90.09	43.57	18.40	12.43
四川	4278	101.18	86.76	31.32	18.99	8.34
贵州	3702	104.27	84.57	11.74	31.97	11.51
云南	4543	94.77	94.08	9.93	19.96	10.60
西藏	4493	95.84	40.06	12.57	44.14	7.97
陕西	3083	103.67	78.29	17.02	28.76	7.68
甘肃	3387	74.95	93.05	10.60	20.25	7.63
青海	4157	85.82	65.14	3.36	19.08	5.10
宁夏	3054	99.52	95.52	15.88	30.11	7.64
新疆	2981	96.39	92.12	12.13	36.54	4.87

设施水平分省数据 **表 15**

污水处理率（%）	污水处理厂集中处理率	人均公园绿地面积（平方米）	绿化覆盖率（%）	绿地率（%）	生活垃圾处理率（%）	无害化处理率
26.97	**17.02**	**1.69**	**15.16**	**8.63**	**81.78**	**56.60**
28.29	**18.96**	**1.82**	**15.16**	**8.72**	**82.99**	**62.30**
36.10	31.55	4.05	24.46	16.97	100.00	99.35
87.29	87.29		6.74	2.68	100.00	100.00
41.80	22.78	1.23	13.53	9.01	99.15	96.89
11.95	7.48	1.22	23.85	8.46	51.88	18.23
7.10	6.81	1.49	12.10	7.79	37.59	22.63
4.88	4.47	0.47	14.77	7.09	46.84	27.66
5.81	5.47	1.90	12.03	9.05	97.40	90.51
2.87	1.60	0.82	7.95	5.30	55.22	47.15
74.77	74.77	1.14	26.27	22.03	100.00	100.00
74.89	65.92	6.03	31.02	24.32	99.90	96.18
52.15	19.20	2.82	12.53	7.11	93.15	85.10
55.00	46.68	2.96	18.58	11.10	99.26	97.96
83.52	62.36	6.66	24.20	15.75	99.99	99.99
31.82	22.65	1.22	13.39	8.59	90.64	65.11
53.05	33.52	2.41	23.28	13.27	99.98	97.27
20.05	14.26	1.83	17.13	7.52	85.84	62.81
76.07	46.79	1.73	12.32	6.37	98.49	90.72
13.86	7.49	2.47	19.38	11.68	81.54	53.87
74.56	49.41	1.91	23.07	14.80	54.06	48.97
12.18	9.88	4.08	16.16	11.45	94.98	56.91
73.11	53.31	0.29	20.54	14.22	99.74	99.68
82.70	67.05	0.57	12.93	7.92	92.18	61.93
37.87	31.83	2.11	9.47	6.57	85.16	64.07
35.21	28.38	0.89	11.94	6.75	83.59	50.61
27.15	12.41	0.93	8.87	5.61	73.82	43.35
0.65	0.30	0.09	10.09	5.62	64.20	17.40
31.02	20.79	0.06	5.97	4.51	90.95	17.22
22.86	19.62	0.57	13.96	9.00	64.67	54.17
2.71	2.23	0.00	8.71	5.50	58.09	20.71
47.39	39.15	1.12	14.43	8.94	96.76	70.80
11.13	4.90	1.49	18.34	13.07	71.33	43.23

【2022 年乡基本情况分省数据】2022 年乡基本情况分省数据见表 16。

2022 年乡基本

地区名称	乡个数（个）	建成区面积（公顷）	建成区户籍人口（万人）	建成区常住人口（万人）
上年	**8190**	**587827.48**	**2196.10**	**2144.91**
全国	**7959**	**568547.20**	**2124.25**	**2053.35**
北京	15	667.94	2.34	1.88
天津	3	1084.25	0.74	0.86
河北	580	45320.58	150.83	136.57
山西	430	29839.13	92.46	95.12
内蒙古	263	22054.71	43.52	40.11
辽宁	187	11012.74	38.67	37.39
吉林	163	12602.58	33.59	32.08
黑龙江	318	25544.05	69.32	55.97
上海	2	136.38	0.24	0.32
江苏	15	2346.30	13.79	13.12
浙江	245	15815.30	56.33	46.84
安徽	218	23142.23	87.48	84.45
福建	243	15712.93	78.94	70.52
江西	535	42373.68	190.97	178.94
山东	56	7280.07	25.71	24.60
河南	570	90440.04	383.20	384.75
湖北	152	24085.40	73.89	81.25
湖南	381	39708.79	137.35	139.08
广东	11	728.00	2.95	2.33
广西	307	12530.52	79.31	68.96
海南	21	891.45	2.09	2.08
重庆	162	5621.46	28.80	26.31
四川	620	15733.16	67.14	67.30
贵州	301	24733.55	97.51	91.57
云南	537	32301.86	138.52	146.75
西藏	521	7825.42	33.27	35.16
陕西	18	1088.97	3.78	3.36
甘肃	330	12489.60	44.49	42.30
青海	220	6422.08	27.90	26.70
宁夏	87	5332.78	18.63	16.29
新疆	448	33681.25	100.49	100.42

情况分省数据 **表 16**

规划建设管理					
设有村镇建设管理机构的个数（个）	村镇建设管理人员（人）		有总体规划的乡个数（个）		本年规划编制投入（万元）
		专职人员		本年编制	
6460	**18651**	**11723**	**6181**	**331**	**87036.51**
6312	**18652**	**11681**	**6026**	**316**	**71068.93**
15	76	39	12		300.00
3	19	10			38.30
460	968	648	347	24	1145.75
312	842	598	201	3	435.00
212	466	298	203	6	1154.95
184	251	216	155	3	901.00
157	316	231	91	3	693.00
304	530	328	232	17	64.50
2	22	10	2		
15	92	67	15	3	442.00
199	548	349	216	12	1460.30
187	592	359	183	15	4099.82
216	468	318	227	11	6124.19
509	1624	1024	507	29	7392.62
55	183	133	50	6	156.00
553	2834	1820	451	14	3511.03
151	649	412	135	3	9152.00
325	1102	589	303	13	7687.18
9	44	15	11		284.00
304	1029	659	283	4	1336.91
21	44	31	21		193.44
162	416	309	151	10	425.80
287	623	377	257	10	1093.91
294	606	370	280	31	1082.70
510	1783	1076	494	28	12528.96
101	533	332	275	40	538.05
12	23	14	12	1	12.00
221	630	328	268	6	2621.42
128	145	90	157	16	283.00
81	160	91	77	4	708.50
323	1034	540	410	4	5202.60

【2022 年乡建设投资分省数据】2022 年乡建设投资分省数据见表 17。

2022 年乡建设

地区名称	合计	房屋				
		小计	房地产开发	住宅	公共建筑	生产性建筑
上年	**5960264**	**4452435**	**443246**	**2848267**	**904857**	**699311**
全国	**4811648**	**3373241**	**304431**	**2027678**	**778485**	**567079**
北京	6972	2773	360	2773		
天津	6					
河北	237263	197747	7168	154373	24753	18622
山西	131930	75630	4790	55116	10621	9893
内蒙古	30537	17232	320	4262	8986	3984
辽宁	13690	7111	901	4667	2263	181
吉林	49268	31130	236	9610	17338	4182
黑龙江	23773	12135	4	3852	5721	2562
上海	399					
江苏	63695	44987	3650	21669	4533	18785
浙江	241404	148149	11010	81673	45036	21440
安徽	324758	232431	39866	109367	44797	78267
福建	213222	125478	29030	82718	23653	19107
江西	555781	373993	55528	239198	94364	40431
山东	105012	91475	30055	58728	10262	22485
河南	814719	609179	66235	411196	129957	68026
湖北	243716	146166	13949	70894	51822	23450
湖南	277608	202944	5960	126525	46280	30139
广东	19507	13532		10810	2122	600
广西	162877	124363	1953	62143	20762	41458
海南	4476	2720	32	798	22	1900
重庆	42852	15562	462	8652	4823	2086
四川	126670	93443	3025	45580	39024	8839
贵州	164623	121667	5588	59751	23303	38613
云南	362278	255976	5742	165481	52079	38415
西藏	120987	88771	1563	59997	25369	3405
陕西	13338	10974		9236	1626	112
甘肃	83773	49657	1520	29202	15000	5455
青海	39090	22668		11201	8259	3208
宁夏	30433	19958	1952	7765	5124	7070
新疆	306990	235389	13531	120440	60585	54364

投资分省数据 **表 17**

计量单位：万元

市政公用投资										
小计	供水	燃气	集中供热	道路桥梁	排水		园林绿化	环境卫生		其他
						污水处理			垃圾处理	
1507829	**200818**	**31857**	**24893**	**486645**	**312494**	**226035**	**127080**	**211907**	**120310**	**112134**
1438407	**149449**	**31433**	**25879**	**433265**	**326369**	**218202**	**134450**	**212918**	**114547**	**124645**
4198	340		150	350	580	510	401	1674	515	703
6								6	6	
39516	3368	3723	1416	12749	4296	1030	6965	5129	2345	1870
56299	12014	659	6690	2646	12956	2236	4788	16243	1531	304
13306	1481	60	1262	4033	1939	822	957	2572	1584	1002
6579	490	15	1714	1587	473	44	400	1803	1212	98
18137	820	141	1196	6674	5169	3826	709	2443	1594	984
11638	231	8	323	4505	1261	1017	923	3285	2058	1102
399				150	29	2		120	70	100
18708	734	1061		2406	3142	2827	2730	3902	1533	4736
93255	11898	466	0	19348	25590	11124	11140	12428	6050	12384
92327	11819	2658	15	19703	28450	21303	6995	12537	7315	10150
87744	8251	63		30704	23385	18664	7941	14284	9914	3117
181788	13761	995	82	64986	40903	26664	15429	24441	13039	21191
13538	2381	700	400	3475	1695	727	1942	2374	919	572
205540	13208	12665	3308	82901	26575	15865	26365	30415	15286	10103
97550	7565	1214		46983	17506	12986	7361	9272	6810	7649
74664	9338	929	26	13365	21912	17241	5231	16450	8711	7413
5975	545			2223	2555	2555	420	227	155	5
38514	4332	190		14173	7948	4472	4391	4881	3477	2599
1756	12			140	57	51	645	901	30	
27291	2286	186		11798	5866	5254	1588	2388	1341	3179
33227	4374	2111		8603	9664	7253	1973	5413	3883	1090
42955	8463	197	128	13350	11789	9025	1068	6261	4573	1700
106303	16331	559		21495	36944	29264	7215	13371	9284	10387
32216	3384		2660	9035	3889	1441	1507	1196	628	10544
2364	165	60	1	440	197	47	181	641	218	679
34116	3623	122	571	13654	6769	3906	2249	5362	3646	1767
16422	726			6975	2938	2530	1194	3520	1581	1068
10475	1195	36	759	2368	2826	1481	588	2241	943	462
71602	6313	2618	5180	12445	19067	14039	11152	7139	4295	7688

【2022年镇乡级特殊区域市政公用设施水平分省数据】2022年镇乡级特殊区域市政公用设施水平分省数据见表18。

2022年镇乡级特殊区域市政

地区名称	人口密度（人/平方公里）	人均日生活用水量（升）	供水普及率（%）	燃气普及率（%）	人均道路面积（平方米）	排水管道暗渠密度（公里/平方公里）
上年	**2428**	**116.99**	**90.99**	**65.42**	**24.62**	**5.98**
全国	**3050**	**115.85**	**91.84**	**65.76**	**25.95**	**7.63**
北京	3464	197.75	100.00	39.81	8.14	4.85
河北	2826	94.70	88.96	76.27	24.58	7.01
山西	2680	102.68	92.08	29.45	72.52	2.99
内蒙古	1878	89.71	82.33	4.52	62.42	3.58
辽宁	1987	88.63	36.22	62.41	20.96	1.56
吉林	4091	88.76	99.12	26.18	23.96	7.21
黑龙江	441	83.33	76.23	17.55	80.16	1.46
上海	2002	86.23	71.28	27.61	6.35	2.06
江苏	4469	93.80	97.67	82.54	17.18	10.54
浙江	1346	82.88	100.00	84.03	75.63	8.37
安徽	6505	87.47	77.17	58.77	18.59	18.28
福建	5947	118.02	76.67	75.34	21.19	11.49
江西	2946	104.04	95.80	67.41	21.00	6.68
山东	1793	81.39	99.08	69.23	22.93	6.43
河南	4119	63.64	98.17	78.22	23.65	16.30
湖北	2647	103.73	92.75	54.96	35.02	10.00
湖南	4710	111.63	66.67	26.16	23.25	15.40
广东	3350	196.48	100.00	100.00	20.99	9.54
广西	1127	122.48	100.00	81.27	28.14	3.55
海南	8031	103.68	99.64	92.41	9.77	11.06
四川	2191	51.89	87.76	94.62	26.39	9.48
云南	4608	100.35	86.77	17.65	28.93	8.91
甘肃	7939	124.53	50.38		30.73	9.24
宁夏	3747	98.25	96.01	57.76	21.35	6.61
新疆	2601	96.92	89.62	40.31	44.71	31.53
新疆生产建设兵团	3419	127.82	98.25	69.17	26.71	7.68

公用设施水平分省数据　　表 18

污水处理率（%）	污水处理厂集中处理率	人均公园绿地面积（平方米）	绿化覆盖率（%）	绿地率（%）	生活垃圾处理率（%）	
						无害化处理率
61.99	**56.08**	**4.01**	**16.33**	**11.92**	**91.60**	**55.95**
56.61	**51.13**	**4.02**	**20.90**	**15.59**	**92.17**	**60.43**
			98.20	98.20	100.00	100.00
61.64	42.82	2.77	12.02	6.42	100.00	81.99
		1.12	16.35	7.08	23.53	20.29
1.03		0.03	16.17	8.85	27.30	16.97
16.72	16.72	4.17	6.39	5.19	83.08	74.22
		1.60	13.37	10.18	100.00	90.89
		6.41	15.27	5.27	28.71	27.70
88.37	88.37	10.01	28.68	28.57	98.70	98.70
78.05	60.59	9.78	24.38	19.64	99.38	57.00
26.32	1.32		10.41	6.11	78.26	78.26
9.72	9.72	2.28	26.86	12.63	99.70	99.70
92.89	75.70	2.78	23.04	19.34	100.00	100.00
49.08	27.94	2.20	9.68	6.58	91.72	52.07
28.50	25.46	6.65	17.23	13.68	100.00	100.00
15.19	10.64	32.37	36.30	15.70	65.98	44.42
70.78	46.91	0.92	22.20	13.12	99.08	95.15
		9.75	18.01	14.04	67.09	30.96
3.96		0.25	16.26	5.55	100.00	100.00
95.57	95.57		23.78	10.22	100.00	89.78
86.63	86.63	3.57	13.39	7.78	99.16	21.85
70.79	49.84	0.55	3.29	1.79	100.00	100.00
2.60	2.60	1.19	7.98	5.63	52.31	16.73
100.00	100.00		36.36	32.58	100.00	100.00
31.07	18.93	1.69	17.20	13.29	84.05	69.26
21.02	17.66	0.89	19.67	10.05	85.60	42.92
65.25	63.03	4.45	26.11	21.52	95.26	56.13

【2022年镇乡级特殊区域基本情况分省数据】 2022年镇乡级特殊区域基本情况分省数据见表19。

2022年镇乡级特殊

地区名称	镇乡级特殊区域个数（个）	建成区面积（公顷）	建成区户籍人口（万人）	建成区常住人口（万人）
上年	**427**	**80671.94**	**159.06**	**195.88**
全国	**407**	**60583.37**	**148.09**	**184.77**
北京	1	132.00	0.39	0.46
河北	18	1451.59	4.10	4.10
山西	4	100.33	0.27	0.27
内蒙古	30	1958.70	3.79	3.68
辽宁	24	4713.72	8.64	9.37
吉林	6	166.30	0.75	0.68
黑龙江	39	3858.72	3.16	1.70
上海	1	1447.00	0.79	2.90
江苏	8	967.57	3.94	4.32
浙江	1	442.03	1.43	0.60
安徽	13	765.95	4.45	4.98
福建	8	756.00	2.66	4.50
江西	26	2099.97	8.56	6.19
山东	5	2769.00	5.76	4.97
河南	3	135.00	0.36	0.56
湖北	26	3131.00	8.04	8.29
湖南	16	446.28	1.57	2.10
广东	6	589.14	2.28	1.97
广西	3	1148.63	0.78	1.29
海南	6	1728.81	2.60	13.88
四川	1	173.00	0.33	0.38
云南	15	604.40	2.64	2.79
甘肃	1	6.60	0.06	0.05
宁夏	14	1056.00	4.34	3.96
新疆	34	1895.66	4.58	4.93
新疆兵团	98	28039.97	71.83	95.87

区域基本情况分省数据 **表 19**

规划建设管理					
设有村镇建设管理机构的个数（个）	村镇建设管理人员（人）	专职人员	有总体规划的镇乡级特殊区域个数（个）	本年编制	本年规划编制投入（万元）
327	**2414**	**1359**	**287**	**11**	**5492.60**
317	**2476**	**1300**	**274**	**12**	**1532.70**
1	6		1		
16	37	31	12		
3	3	2			
26	93	72	20	1	
23	50	37	15		
4	6	6	2		
17	24	13	5		
1			1		
4	19	7	7		
			1		
9	173	102	8		
6	12	7	8		58.20
24	124	48	22	1	166.00
5	18	16	4		17.00
3	10	6	3		
24	169	82	21	2	167.00
10	19	7	7	1	15.50
4	17	6	2		
3	126	50	1		
4	7	2	3		
1	6	2	1		20.00
12	148	91	8		
1	2	1	1		
13	54	38	11		12.50
23	42	27	25		118.00
80	1311	647	85	7	958.50

【2022 年镇乡级特殊区域建设投资分省数据】 2022 年镇乡级特殊区域建设投资分省数据见表 20。

2022 年镇乡级特殊区域

地区名称	合计	房屋				
		小计	房地产开发	住宅	公共建筑	生产性建筑
上年	**1434948**	**1199253**	**755847**	**808908**	**203844**	**186501**
全国	**831066**	**624131**	**142791**	**308270**	**113341**	**202520**
北京	719					
河北	1714	183			183	
山西	24	23		23		
内蒙古	4763	3695		920	1860	915
辽宁	2138	47		47		
吉林	15					
黑龙江	287	93			93	
上海	6550	1000	1000	1000		
江苏	21269	20000		12000		8000
浙江	950	900			400	500
安徽	11150	10800				10800
福建	62085	51990	16150	17350	3300	31340
江西	86812	74599		70898	2926	775
山东	58359	46797	11962	12806	3640	30351
河南						
湖北	24723	16100		8285	6161	1654
湖南	4710	3756		1678	1210	868
广东	11190	10647		137	210	10300
广西	243					
海南	51270	49569	15000	15502	2267	31800
四川	2548	1066		351	394	321
云南	7263	5486		4273	240	973
甘肃	31					
宁夏	1210	50			50	
新疆	4245	751		351	400	
新疆生产建设兵团	466800	326579	98679	162649	90007	73923

建设投资分省数据 **表 20**

计量单位：万元

市政公用投资										
小计	供水	燃气	集中供热	道路桥梁	排水	污水处理	园林绿化	环境卫生	垃圾处理	其他
235694	**16970**	**7960**	**36480**	**46566**	**52153**	**37157**	**22571**	**26856**	**14349**	**26138**
206935	**27443**	**5412**	**35824**	**28659**	**40968**	**30050**	**17858**	**25450**	**9122**	**25320**
719	110						513	96	36	
1531	96	40	332	165	147	13	266	403	162	84
1								1	1	
1068			50	810			29	173	147	6
2091	30		148	503	249	217	136	643	388	383
15							3	12	8	
194	5						19	170		
5550	150	2600		700	600		400	1100	120	
1269	63	18		181	286	260	169	280	85	272
50				30			20			
350	34	36		94	42		35	109	25	
10095	57	20		4924	3810	3679	400	780	420	105
12213	290	0		1163	8380	7934	823	916	291	641
11562	219	112	62	2410	718	604	2643	4717	3732	681
8622	1069	502		2276	2742	2655	814	943	447	276
954	211	12		155	142	119	161	222	109	51
543								543	125	
243	74			51	55		8	55	30	
1701					1510	1510	15	176	156	
1482	169			230	410	410	413	260	230	
1777	16			650	80		679	193	120	159
31								31	31	
1160	78			225	546	546	107	179	103	27
3494	486	1246	2	907	5	5	271	576	403	2
140221	24287	826	35231	13187	21247	12099	9934	12874	1953	22633

【2022年村庄人口及面积分省数据】2022年村庄人口及面积分省数据见表21。

2022年村庄人口

地区名称	村庄建设用地面积（公顷）	行政村个数（个）
上年	**12491133.23**	**481339**
全国	**12490687.91**	**477874**
北京	88655.44	3473
天津	63495.69	2924
河北	850188.61	44495
山西	312602.91	18582
内蒙古	263446.66	10992
辽宁	407098.95	10512
吉林	333568.31	9150
黑龙江	437568.16	8921
上海	65925.00	1510
江苏	666915.88	13565
浙江	303376.53	15948
安徽	607139.27	14495
福建	269450.85	13471
江西	445330.14	16805
山东	1022144.25	56673
河南	1002893.42	42106
湖北	459386.63	20715
湖南	675809.12	23346
广东	601969.19	18066
广西	475147.55	14220
海南	107759.81	2775
重庆	221742.58	8300
四川	747362.76	26251
贵州	345840.00	13431
云南	493876.20	13316
西藏	45360.13	5209
陕西	337347.09	15941
甘肃	480414.97	15882
青海	55797.20	4096
宁夏	67025.13	2231
新疆	208713.62	8771
新疆生产建设兵团	27335.86	1702

及面积分省数据 **表 21**

自然村个数（个）	村庄户籍人口（万人）	村庄常住人口（万人）
2360875	**77224.95**	**64626.47**
2332112	**77221.79**	**63567.87**
4586	330.46	462.83
2947	234.11	219.51
66488	4683.01	4054.20
41966	1909.83	1575.45
45907	1339.56	961.20
49155	1712.83	1465.45
39367	1302.80	995.53
34623	1628.74	1168.42
17769	308.36	457.07
122457	3390.16	3228.35
74069	2054.78	2018.90
191673	4442.88	3501.50
63761	2003.83	1594.37
155444	3107.04	2474.65
86928	5269.61	4707.38
184583	6765.85	5666.50
103810	3310.36	2633.69
106467	4282.56	3403.43
145798	4678.38	3726.85
167979	3983.52	2870.66
18691	572.05	523.25
56952	1890.64	1128.33
121479	5701.60	4123.12
72391	2751.86	2160.06
129438	3382.97	3100.55
19609	245.64	233.40
69124	2157.69	1874.47
86101	1863.85	1555.37
11571	355.17	335.33
12745	370.31	267.21
26400	1099.13	1021.34
1834	92.19	59.52

【2022 年村庄建设投资分省数据】2022 年村庄建设投资分省数据见表 22。

2022 年村庄建设

地区名称	合计	房屋				
		小计	房地产开发	住宅	公共建筑	生产性建筑
上年	**102553936**	**68987822**	**9678695**	**51419827**	**7140055**	**10427939**
全国	**88494217**	**61889589**	**10480562**	**44380979**	**6151891**	**11356719**
北京	988323	480445	109277	455316	25068	60
天津	164170	77081	3572	50402	4799	21881
河北	2192469	1453660	134716	1128886	110967	213806
山西	1914039	1492797	77478	1280848	117655	94294
内蒙古	294165	136348	1957	65237	11199	59912
辽宁	497084	228686	9411	120514	19480	88692
吉林	792972	356503	178167	204272	54855	97375
黑龙江	541747	382349	8922	288472	61108	32769
上海	721121	256090	22101	109794	55137	91158
江苏	5682361	3881794	592635	2406892	302882	1172020
浙江	6380337	4410982	1130795	2827374	379866	1203743
安徽	4320355	2929160	268894	2126290	429158	373712
福建	3897950	2996758	945222	2116756	284924	595078
江西	3606757	2421982	71354	1858666	317121	246195
山东	8978899	6187710	2202195	4217950	827946	1141813
河南	6110239	4646891	151307	3956392	353965	336535
湖北	3743237	2452039	227934	1766213	303072	382754
湖南	4288585	3215440	266465	2376075	472617	366748
广东	10169834	7990980	2683948	4930675	551497	2508808
广西	2731885	2134844	39461	1552148	158275	424422
海南	628017	423045	47763	377353	25940	19752
重庆	1367569	835412	51117	729840	43962	61610
四川	5371539	3683323	284150	2978710	268376	436236
贵州	2438909	1813419	225273	1421945	179692	211782
云南	4770558	3506080	525793	2810680	264381	431019
西藏	278499	195499	1219	92764	85801	16934
陕西	1773167	1044078	41785	684345	177909	181825
甘肃	1677345	1026584	57068	756887	80167	189530
青海	265179	122954	1225	84104	13158	25692
宁夏	465127	250854	8644	166086	13410	71358
新疆	1144696	716078	103802	388003	139046	189029
新疆生产建设兵团	297084	139725	6913	51090	18456	70178

投资分省数据 **表 22**

计量单位：万元

市政公用设施										
小计	供水	燃气	集中供热	道路桥梁	排水		园林绿化	环境卫生		其他
						污水处理			垃圾处理	
33566114	**3888091**	**3347422**	**393713**	**12665211**	**5463394**	**3669025**	**1720109**	**3694124**	**1960279**	**2394050**
26604628	**3181879**	**1182372**	**273640**	**10093890**	**4914505**	**3292072**	**1650024**	**3523789**	**1836387**	**1784530**
507879	59506	2032	1356	109222	189365	154296	59453	77182	24751	9764
87089	3707	2065	1106	38541	19891	15489	3907	15698	8059	2174
738808	94875	141280	37712	229563	63842	29928	31722	114108	66980	25708
421242	46340	57342	79815	87355	46454	18730	26585	67825	28885	9526
157817	21620	502	12384	72137	9104	4213	8318	27539	14775	6214
268397	19779	1174	6223	153376	18605	10840	8501	52838	32206	7902
436469	47713	8209	3397	193370	94860	39895	13999	53081	29120	21839
159398	10185	250	1130	80631	11449	4219	5733	36762	22301	13258
465032	8576	4422	0	96782	226255	178903	23085	75408	26058	30503
1800567	105737	56875	385	524058	483054	359280	168521	327102	157165	134835
1969355	228882	38320	1379	682046	351288	249987	176837	275482	134975	215121
1391195	187991	30566	737	591734	197173	115628	93928	221354	115178	67711
901192	99285	12533	0	329561	194264	144034	63271	145633	97461	56644
1184774	132496	6921	1518	529314	154919	73671	65915	159353	83472	134338
2791189	322355	279141	74788	836650	521768	378722	201901	403242	204796	151344
1463348	126596	191213	4071	550749	208860	115207	116748	203098	96001	62014
1291198	157183	32865	1713	562177	183564	94428	111581	147325	81685	94790
1073145	171103	20242	1211	474861	141166	77306	46275	145935	88718	72351
2178854	320433	15243	1300	717304	742252	585952	94574	223196	125385	64552
597041	114405	3855	16	257462	97385	43883	12732	78246	56541	32939
204972	22516	5146	5200	78325	52500	34133	7027	25254	10273	9003
532157	57028	33331	31	286170	43483	29057	17542	48002	25429	46570
1688216	212906	90065	0	905465	200605	123067	66766	136293	82566	76117
625490	124921	23923	93	287596	89398	60235	15934	57785	36613	25841
1264479	195488	4529	191	474821	236292	158769	67076	112580	63393	173502
83001	11898	320	157	40415	13984	5106	1189	2149	852	12888
729089	81308	49733	7591	309087	87309	35933	46340	93843	38499	53878
650761	68281	9067	14726	305553	62842	31261	32450	63188	36072	94654
142225	64130	3113	18	40467	16397	10169	4239	12438	7749	1423
214273	10844	2694	1817	94017	31663	22307	12107	37461	11996	23672
428618	30921	47999	13068	133888	108932	77173	27813	40685	21991	25312
157359	22870	7401	510	21197	15581	10251	17951	43705	6442	28145

2022 年建筑业发展统计分析

2022 年全国建筑业基本情况

2022 年是党和国家发展史上极为重要的一年。党的二十大胜利召开，以习近平同志为核心的党中央团结带领全党全国各族人民，统筹疫情防控和经济社会发展，有效应对超预期因素冲击，经济社会大局保持稳定。全国建筑业坚决贯彻党中央、国务院决策部署，大力推进转型升级，建筑业高质量发展取得新成效，为经济社会发展提供了重要支撑。

全国建筑业企业（指具有资质等级的总承包和专业承包建筑业企业，不含劳务分包建筑业企业，下同）完成建筑业总产值 311979.84 亿元，同比增长 6.45%；完成竣工产值 136463.34 亿元，同比增长 1.44%；签订合同总额 715674.69 亿元，同比增长 8.95%，其中新签合同额 366481.35 亿元，同比增长 6.36%；房屋建筑施工面积 156.45 亿平方米，同比减少 0.70%；房屋建筑竣工面积 40.55 亿平方米，同比减少 0.69%；实现利润 8369 亿元，同比下降 1.20%。截至 2022 年年底，全国有施工活动的建筑业企业 143621 个，同比增长 11.55%；从业人数 5184.02 万人，同比下降 0.31%；按建筑业总产值计算的劳动生产率为 493526 元 / 人，同比增长 4.30%。

【建筑业增加值增速高于国内生产总值增速 支柱产业地位稳固】经初步核算，2022 年全年国内生产总值 1210207.2 亿元，比上年增长 3.0%（按不变价格计算）。全年全社会建筑业实现增加值 83383.1 亿元，比上年增长 5.5%（按不变价格计算），增速高于国内生产总值 2.5 个百分点（参见图 6）。

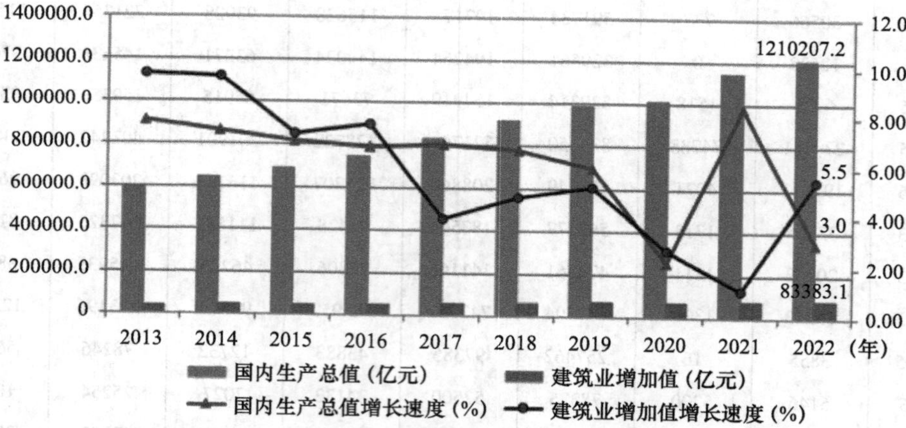

图 6　2013—2022 年国内生产总值、建筑业增加值及增速

自 2013 年以来，建筑业增加值占国内生产总值的比例始终保持在 6.85% 以上。2022 年达到 6.89%（参见图 7），建筑业国民经济支柱产业的地位稳固。

【建筑业总产值持续增长 竣工产值和在外省完成产值同步上升】2013 年以来，随着我国建筑业企业生产和经营规模的不断扩大，建筑业总产值持续增长，2022 年达到 311979.84 亿元，比上年增长 6.45%。但增速较上年相比有所放缓，降低 4.59 个百分点（参见图 8）。

近 10 年间，建筑业竣工产值、在外省完成产值基本与建筑业总产值同步增长。2022 年建筑业竣工产值达到 136463.34 亿元，比上年增长 1.44%（参见图 9）；在外省完成产值达到 105956.84 亿元，比上年增长 5.21%；建筑业企业外向度在 31% 至 35% 之间波动，2022 年为 33.96%（参见图 10）。

【建筑业从业人数减少但企业数量增加 劳动生产率创新高】2022 年，建筑业从业人数 5184.02 万人，连续四年减少。2022 年比上年末减少 98.92 万人，减少 0.31%（参见图 11）。

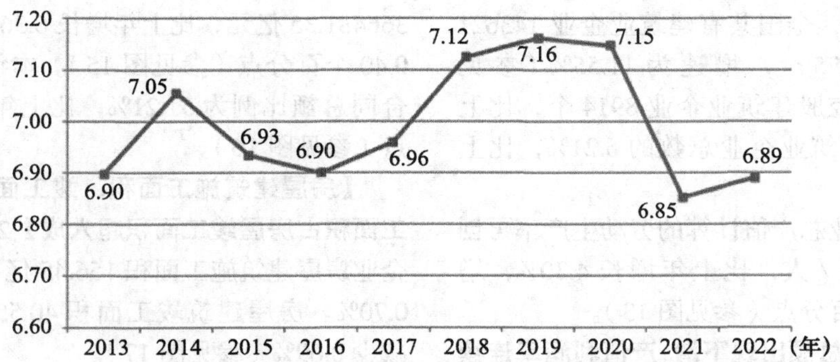

图 7　2013—2022 年建筑业增加值占国内生产总值比重

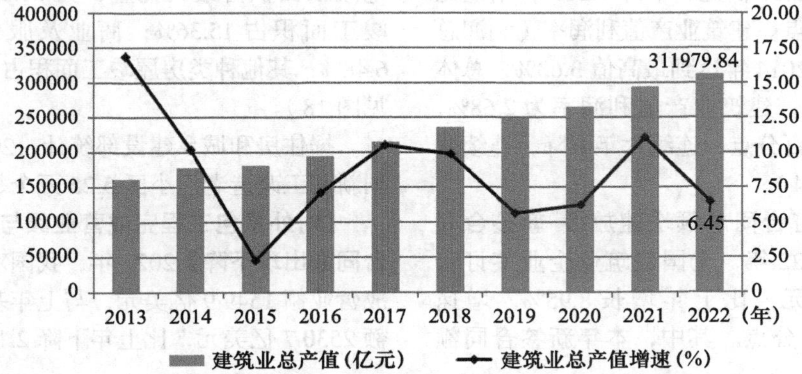

图 8　2013—2022 年全国建筑业总产值及增速

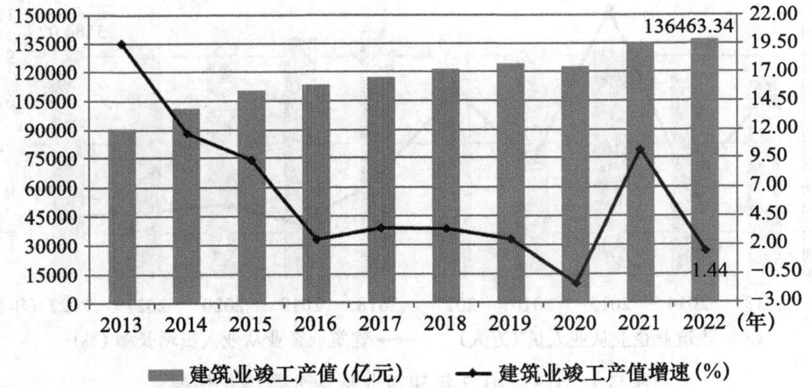

图 9　2013—2022 年全国建筑业竣工产值及增速

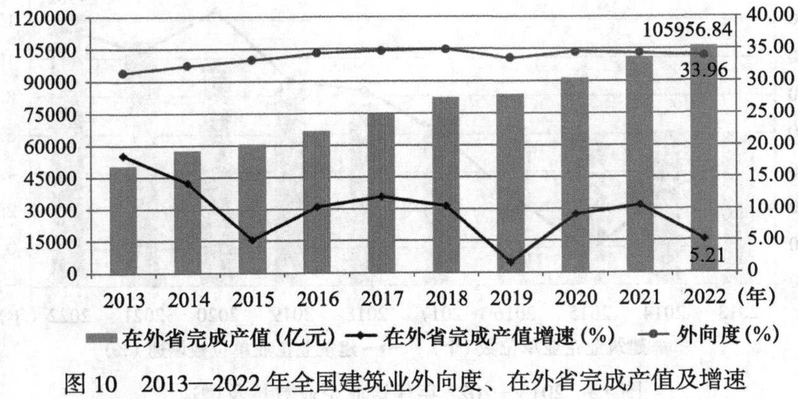

图 10　2013—2022 年全国建筑业外向度、在外省完成产值及增速

截至2022年年底，全国共有建筑业企业143621个，比上年增加14875个，增速为11.55%（参见图12）。国有及国有控股建筑业企业8914个，比上年增加1088个，占建筑业企业总数的6.21%，比上年增加0.13个百分点。

2022年，按建筑业总产值计算的劳动生产率再创新高，达到493526元/人，比上年增长4.30%，增速比上年降低7.60个百分点（参见图13）。

【建筑业企业利润总额出现下滑 产值利润率连续六年下降】2022年，全国建筑业企业实现利润8369亿元，比上年减少101.81亿元，下降1.20%；增速比上年降低1.47个百分点。建筑业产值利润率（利润总额与总产值之比）自2014年达到最高值3.63%，总体呈下降趋势。2022年，建筑业产值利润率为2.68%，比上年降低了0.21个百分点，连续六年下降，连续两年低于3%（参见图14）。

【建筑业企业签订合同总额增速放缓 新签合同额增速止降转升】2022年，全国建筑业企业签订合同总额715674.69亿元，比上年增长8.95%，增速比上年降低1.34个百分点。其中，本年新签合同额366481.35亿元，比上年增长6.36%，增速比上年增加0.40个百分点（参见图15）。本年新签合同额占签订合同总额比例为51.21%，比上年下降了1.25个百分点（参见图16）。

【房屋建筑施工面积、竣工面积略有减少 住宅竣工面积占房屋竣工面积超六成】2022年，全国建筑业企业房屋建筑施工面积156.45亿平方米，比上年减少0.70%。房屋建筑竣工面积40.55亿平方米，比上年减少0.69%（参见图17）。

从全国建筑业企业房屋竣工面积构成情况看，住宅竣工面积占最大比重，为64.28%；厂房及建筑物竣工面积占15.36%；商业及服务用房竣工面积占6.48%；其他种类房屋竣工面积占比均在5%以下（参见图18）。

据住房和城乡建设部统计，2022年1—12月，全国新开工改造老旧小区5.25万个、876万户。

【对外承包工程完成营业额与上年基本持平 新签合同额出现下降】2022年，我国对外承包工程业务完成营业额1549.9亿美元，与上年基本持平，新签合同额2530.7亿美元，比上年下降2.1%（参见图19）。

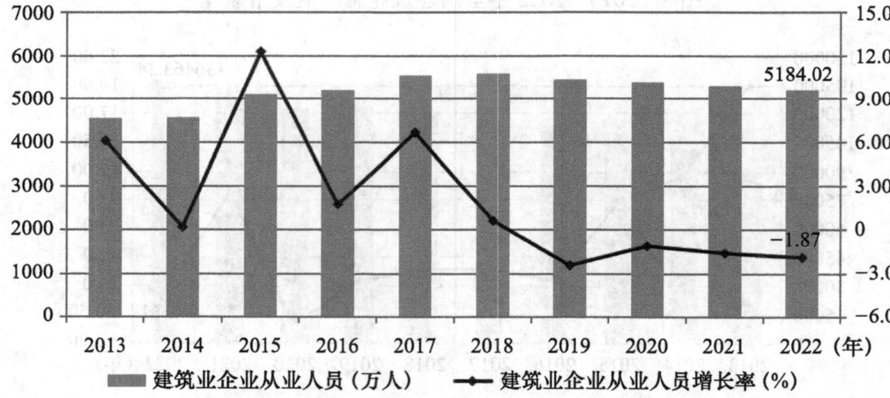

图11　2013—2022年建筑业从业人数增长情况

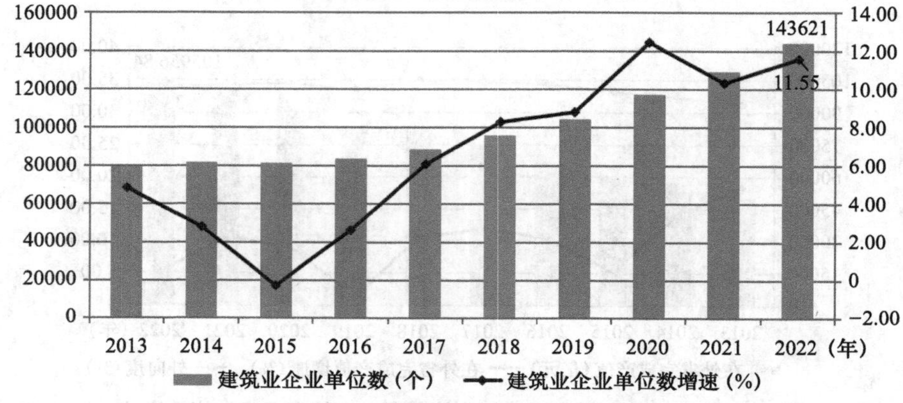

图12　2013—2022年建筑业企业数量及增速

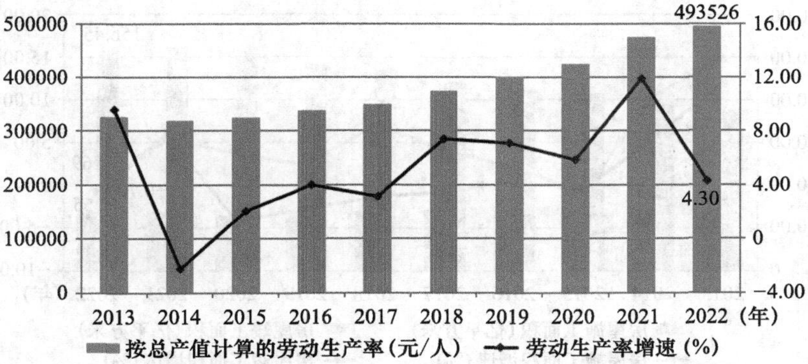

图 13　2013—2022 按建筑业总产值计算的建筑业劳动生产率及增速

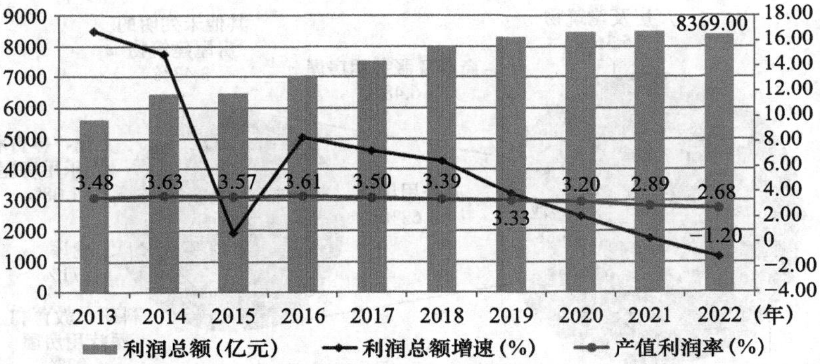

图 14　2013—2022 年全国建筑业企业利润总额及产值利润率

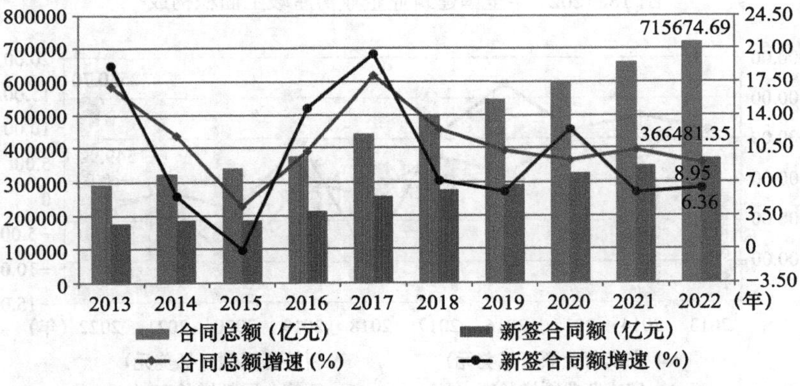

图 15　2013—2022 年全国建筑业企业签订合同总额、新签合同额及增速

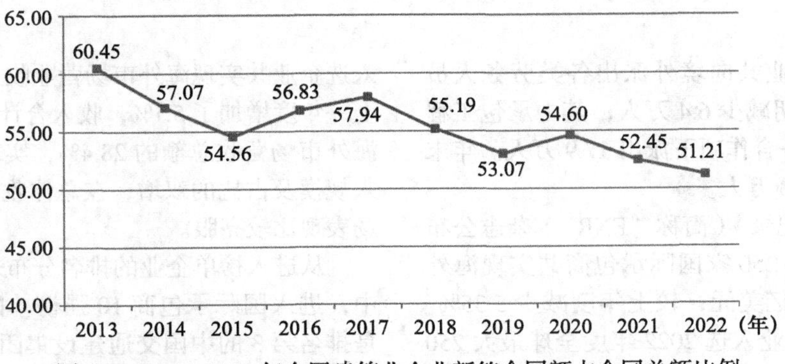

图 16　2013—2022 年全国建筑业企业新签合同额占合同总额比例

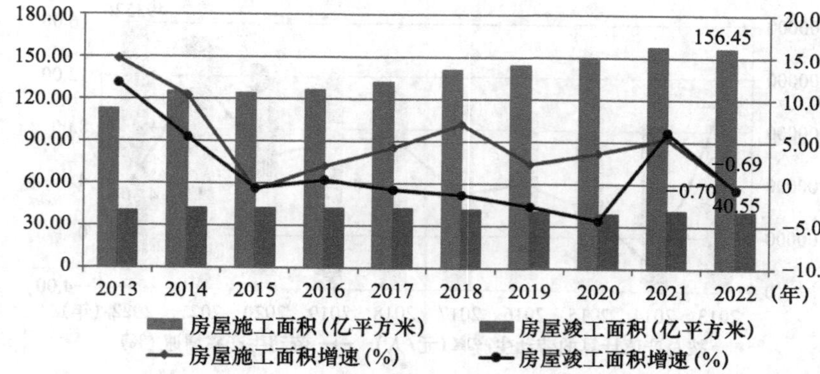

图 17　2013—2022 年建筑业企业房屋施工面积、竣工面积及增速

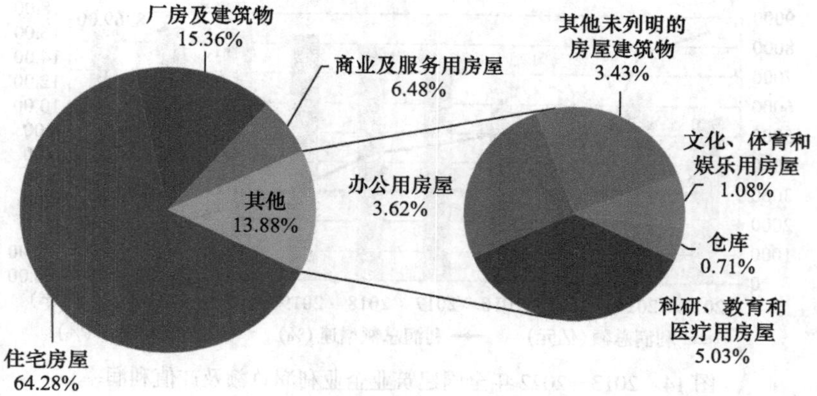

图 18　2022 年全国建筑业企业房屋竣工面积构成

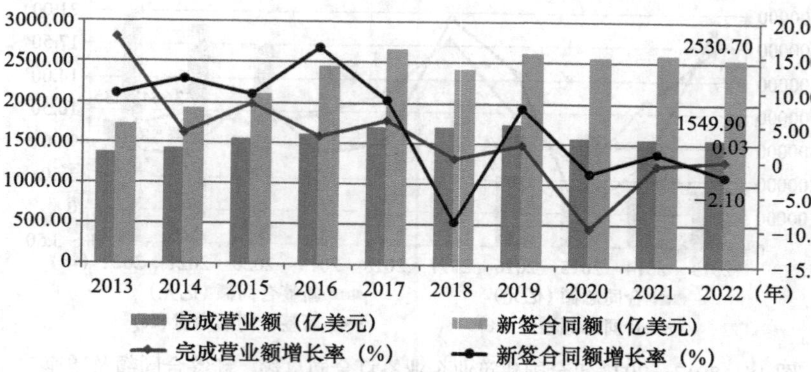

图 19　2013—2022 年我国对外承包工程业务情况

2022 年，我国企业共向境外派出各类劳务人员 25.9 万人，较上年同期减少 6.4 万人；其中承包工程项下派出 8 万人，劳务合作项下派出 17.9 万人。年末在外各类劳务人员 54.3 万人。

美国《工程新闻记录》（简称“ENR”）杂志公布的 2022 年度全球最大 250 家国际承包商共实现海外市场营业收入 3978.5 亿美元，较上年度减少 5.35%。我国内地共有 79 家企业入选 2022 年度全球最大 250 家国际承包商榜单，入选数量比上一年度增加了 1 家。入选企业共实现海外市场营业收入 1129.5 亿美元，较上一年度增加了 5.1%，收入合计占国际承包商 250 强海外市场营收总额的 28.4%，实现了海外市场营业收入规模及占比的双增，在总体收入减少的情况下，市场表现比较亮眼。

从进入榜单企业的排名分布来看，79 家内地企业中，进入国际承包商 10 强榜单的有 4 家企业，分别是排名第 3 的中国交通建设集团有限公司，排名第 6 的中国电力建设集团有限公司，排名第 7 的中国建筑股份有限公司和首次进入10强榜单、排在第10的中国铁建股份有限公司。进入2022年度国际承包商百强榜中的内地企业有26家，数量比较稳定；新入榜内地企业有5家，排名上升的有47家，排名保持不变的1家。排名升幅最大的是山西建设投资集团有限公司，从173位跃升到134位。参见表23。

2022年度ENR全球最大250家国际承包商中的中国内地企业 表23

序号	公司名称	排名		海外市场收入（百万美元）
		2022年	2021年	
1	中国交通建设集团有限公司	3	4	21904.8
2	中国电力建设集团有限公司	6	7	13703.2
3	中国建筑股份有限公司	7	9	12315.5
4	中国铁建股份有限公司	10	11	9012
5	中国中铁股份有限公司	11	13	7421.4
6	中国能源建设股份有限公司	17	21	5365.1
7	中国化学工程集团有限公司	20	19	4861.3
8	中国机械工业集团公司	28	35	3432.4
9	中国石油集团工程股份有限公司	30	33	3312.9
10	上海电气集团股份有限公司	40	51	2366.9
11	中国中材国际工程股份有限公司	44	60	2057.5
12	中国冶金科工集团有限公司	47	53	1988.4
13	中国江西国际经济技术合作有限公司	67	72	1029.1
14	江西中煤建设集团有限公司	68	75	999.3
15	浙江省建设投资集团股份有限公司	69	84	998
16	北方国际合作股份有限公司	72	81	916.3
17	中国电力技术装备有限公司	74	73	844
18	山东高速集团有限公司	75	90	839.8
19	中国中原对外工程有限公司	78	55	766.7
20	中信建设有限责任公司	80	63	750.7
21	哈尔滨电气国际工程有限责任公司	85	78	716.5
22	青建集团股份公司	87	94	708.4
23	中石化炼化工程（集团）股份有限公司	90	86	684
24	上海建工集团股份有限公司	92	93	674.5
25	中国地质工程集团公司	97	100	625.7
26	北京城建集团有限责任公司	98	109	625
27	中国东方电气集团有限公司	101	123	596.3
28	新疆生产建设兵团建设工程（集团）有限责任公司	104	113	589.4
29	中国通用技术（集团）控股有限责任公司	105	67	516.1
30	中石化中原石油工程有限公司	106	105	512.4
31	江苏省建筑工程集团有限公司	107	107	510.9
32	特变电工股份有限公司	109	111	504.2
33	烟建集团有限公司	112	119	487
34	江苏南通三建集团股份有限公司	113	108	473.9

续表

序号	公司名称	排名		海外市场收入（百万美元）
		2022年	2021年	
35	北京建工集团有限责任公司	116	117	467.8
36	中国河南国际合作集团有限公司	119	121	456.4
37	中鼎国际工程有限责任公司	121	135	452.1
38	云南省建设投资控股集团有限公司	122	106	451.5
39	中地海外集团有限公司	123	143	448.7
40	中国水利电力对外有限公司	128	89	411.3
41	江西省水利水电建设集团有限公司	131	132	387.2
42	山西建设投资集团有限公司	134	173	372.9
43	中国江苏国际经济技术合作集团有限公司	137	124	368.4
44	上海城建（集团）公司	139	147	362.7
45	中国武夷实业股份有限公司	142	129	338.6
46	中国航空技术国际工程有限公司	143	159	335.5
47	中钢设备有限公司	152	148	283.3
48	中国成套设备进出口集团有限公司	154	172	278.6
49	山东电力工程咨询院有限公司	164	**	239.6
50	龙信建设集团有限公司	166	176	230.1
51	山东淄建集团有限公司	170	177	215.2
52	安徽建工集团股份有限公司	172	174	212.9
53	中国有色金属建设股份有限公司	173	155	212.3
54	沈阳远大铝业工程有限公司	176	171	208.4
55	陕西建工控股集团有限公司	179	**	198.4
56	江西省建工集团有限责任公司	180	194	195.9
57	山东高速德建集团有限公司	181	175	194.2
58	湖南建工集团有限公司	182	180	177.4
59	绿地大基建集团有限公司	183	207	172.9
60	湖南路桥建设集团有限责任公司	184	192	172.9
61	西安西电国际工程有限责任公司	189	167	155.9
62	天元建设集团有限公司	191	199	143
63	正太集团有限公司	193	210	140.5
64	浙江交工集团股份有限公司	195	190	138.2
65	重庆对外建设（集团）有限公司	197	200	137.2
66	南通建工集团股份有限公司	198	189	135
67	中国甘肃国际经济技术合作有限公司	199	202	130.2
68	南通四建集团有限公司	201	211	120.4
69	浙江省东阳第三建筑工程有限公司	206	184	113.9
70	江苏中南建筑产业集团有限责任公司	211	193	102.7
71	四川公路桥梁建设集团有限公司	212	213	102.2

续表

序号	公司名称	排名		海外市场收入（百万美元）
		2022 年	2021 年	
72	中天建设集团有限公司	217	**	95.3
73	中国建材国际工程集团有限公司	222	197	85
74	江苏南通二建集团有限公司	227	232	80.7
75	龙江路桥股份有限公司	229	**	78.3
76	安徽省华安外经建设（集团）有限公司	233	127	71.5
77	江联重工集团股份有限公司	237	242	63.7
78	中亿丰建设集团股份有限公司	238	**	60.3
79	河北建工集团有限责任公司	249	186	37.5

** 表示未进入 2021 年度 250 强排行榜

2022 年各地区建筑业发展情况

【江苏建筑业总产值以绝对优势领跑全国 滇、鄂、皖增速较快】2022 年，江苏建筑业总产值首次超过 4 万亿元，达到 40660.05 亿元，以绝对优势继续领跑全国。浙江、广东、湖北三省的建筑业总产值也都超过了 2 万亿元，分列第二、三、四位。4 省建筑业总产值共占全国建筑业总产值的 34.82%。除这 4 省外，总产值超过 1 万亿元的还有四川、山东、福建、河南、湖南、北京、安徽、江西、重庆、陕西 10 个省市，上述 14 个地区完成的建筑业总产值占全国建筑业总产值的 79.58%（参见图 20）。

从各地区建筑业总产值增长情况看，25 个地区建筑业总产值保持增长，云南、湖北、安徽分别以 11.34%、11.16%、10.57% 的增速位居前三位；新疆、北京、辽宁、青海、吉林、西藏等 6 个地区建筑业总产值出现下滑，其中西藏的降幅接近 25%（参见图 21）。

【江苏建筑业竣工产值继续保持较大优势 16 个地区建筑业竣工产值出现负增长】2022 年，江苏建筑业实现竣工产值 26773.72 亿元，虽然比上年微降 1.07%，仍稳居首位。浙江建筑业实现竣工产值 13031.78 亿元，比上年增长 7.79%，排在第二位。竣工产值超过 5000 亿元的还有湖北、四川、广东、山东、北京、福建、湖南、河南 8 个地区。竣工产值增速超过 10% 的有安徽、青海、北京、黑龙江、重庆 5 个地区，16 个地区的竣工产值出现负增长，其中吉林、宁夏、贵州的降幅均超过 20%（参见图 22）。

【22 个地区在外省完成产值保持增长 滇、宁增速超过 20%】2022 年，在外省完成的产值排名前两位的仍然是江苏和北京，分别为 17904.00 亿元、10075.36 亿元。两地区在外省完成产值之和占全部在外省完成产值的比重为 26.41%。湖北、福建、浙江、上海、广东 5 个地区，在外省完成的产值均超过 5000 亿元。从增速上看，22 个地区在外省完成产值保持增长，云南、宁夏的增速均超过 20%。9 个地区在外省完成产值出现下降，西藏出现了接近 57% 的负增长。

从外向度（即本地区在外省完成的建筑业产值占本地区建筑业总产值的比例）来看，排在前三位的地区仍然是北京、天津、上海，分别为 72.66%、65.72% 和 62.30%。外向度超过 30% 的还有福建、江苏、湖北、青海、陕西、山西、辽宁、河北、内蒙古、湖南、江西 11 个地区。有 17 个地区的外向度出现负增长，其中西藏、黑龙江、甘肃、浙江的降幅均超过 10%（参见图 23）。

【广东签订合同总额超越江苏 藏、辽、蒙 3 地区出现负增长】2022 年，广东建筑业企业签订合同总额超越江苏占据首位，达到 68133.79 亿元，比上年增长 13.06%；江苏建筑业企业以 61858.85 亿元降至第二位，比上年微增 0.68%。两省签订的合同总额占全国签订合同总额的 18.16%。签订合同总额超过 3 万亿元的还有湖北、北京、四川、浙江、山东、上海、湖南、福建、河南 9 个地区。28 个地区签订合同额比上年增长，增速超过 10% 的有湖北、海南、天津、北京、贵州、江西、宁夏、广东、甘肃、四川、云南、陕西、上海、山东 14 个地区，西藏、辽宁、内蒙古 3 个地区签订合同额出现负增长（参见图 24）。

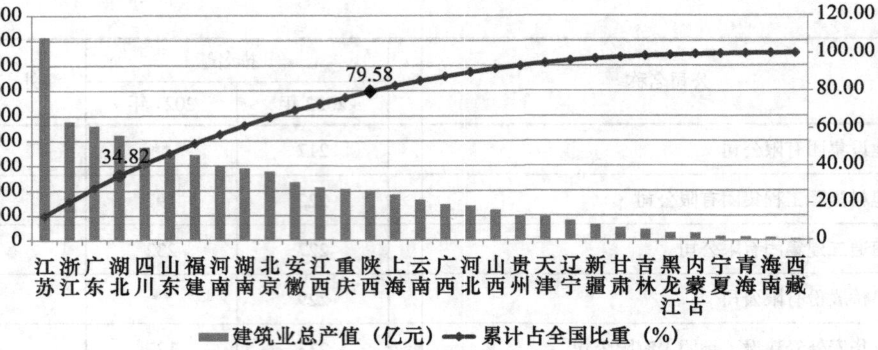

图 20　2022 年全国各地区建筑业总产值排序

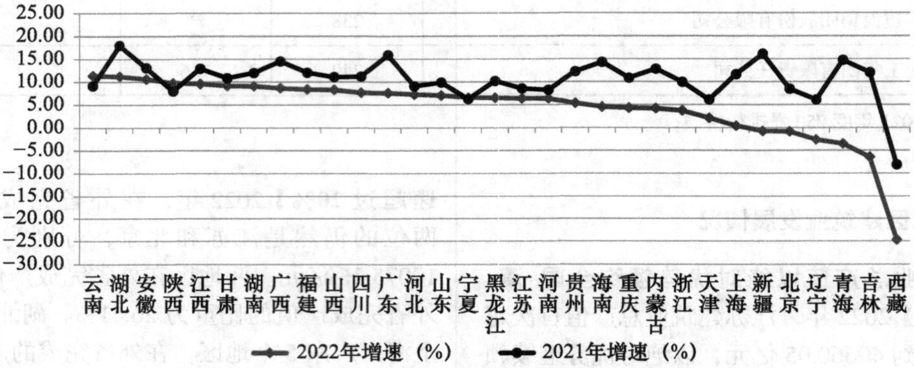

图 21　2021—2022 年各地区建筑业总产值增速

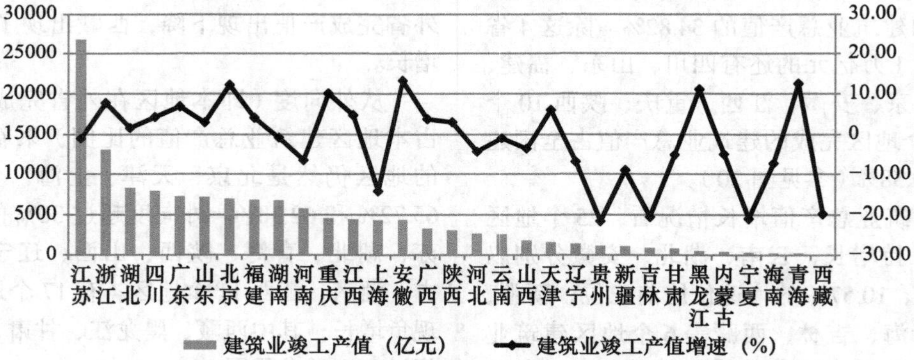

图 22　2022 年各地区建筑业竣工产值及增速

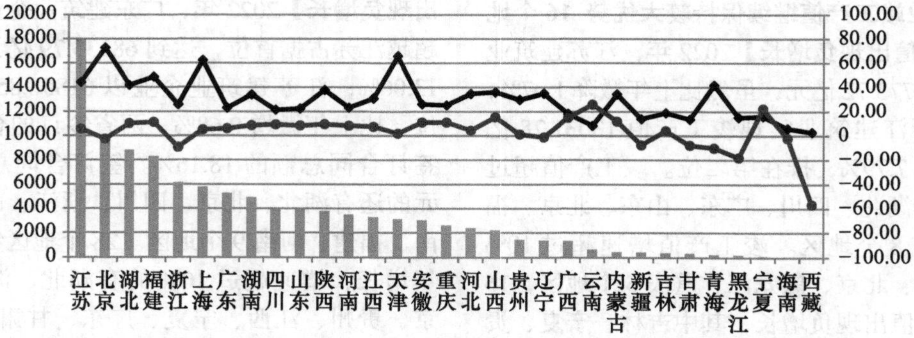

图 23　2022 年各地区跨省完成的建筑业总产值及外向度

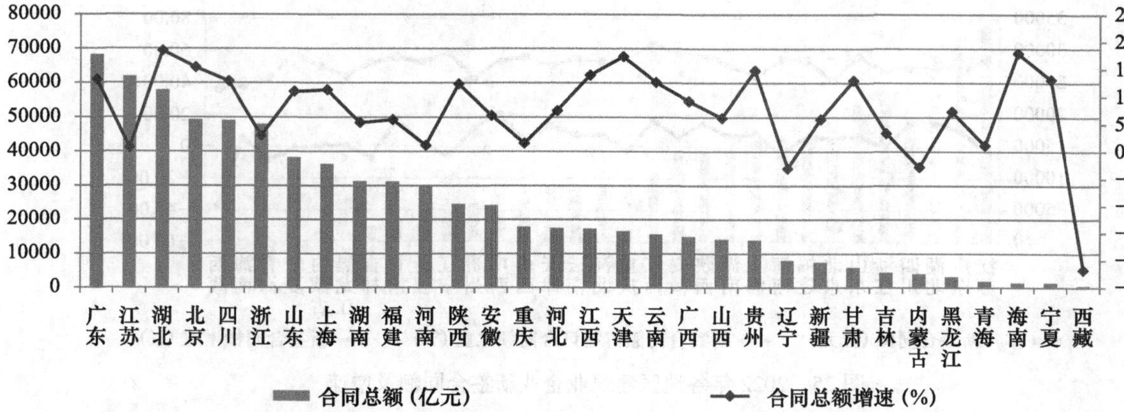

图 24　2022 年各地区建筑业企业签订合同额及增速

【苏、粤新签合同额超过 3 万亿元　桂、甘、赣增速较快】2022 年，江苏、广东建筑业企业新签合同额均超过 3 万亿元，分别达到 34033.35 亿元和 32412.69 亿元。新签合同额超过 1 万亿元的还有湖北、四川、浙江、山东、北京、福建、河南、上海、湖南、陕西、安徽、江西 12 个地区。新签合同额增速超过 10% 的有广西、甘肃、江西、湖北、四川、陕西、天津、贵州 8 个地区，西藏、青海、吉林、辽宁、河南、重庆、江苏、宁夏、浙江 9 个地区新签合同额出现负增长（参见图 25）。

【苏、鲁建筑业企业数量超过 1 万家　晋、辽、沪出现负增长】2022 年，江苏、山东建筑业企业数量均超过 1 万家，分别达到 13040 家和 10643 家。企业数量超过 5000 家的还有浙江、河南、广东、四川、福建、安徽、湖北、江西、辽宁 9 个地区。企业数量增速超过 15% 的有江西、安徽、海南、广西、湖北。

山西、辽宁、上海 3 个地区企业数量出现负增长，西藏企业数量与上年持平（参见图 26）。

【23 个地区从业人数减少　21 个地区劳动生产率有所提高】2022 年，全国建筑业从业人数超过百万的地区仍然是 15 个。江苏从业人数位居首位，达到 877.23 万人。浙江、福建、四川、广东、河南、山东、湖南、湖北、安徽 9 个地区从业人数均超过 200 万人。

与上年相比，8 个地区的从业人数增加，其中，安徽增加人数超过 15 万人，宁夏增加人数超过 13 万人；23 个地区的从业人数减少，其中，浙江减少 44.04 万人、湖南减少 17.48 万人、广东减少 10.13 万人。宁夏以 122.27% 的从业人数增速排在第一位；西藏、辽宁、内蒙古 3 个地区的从业人数降幅均超过 10%（参见图 27）。

2022 年，按建筑业总产值计算的劳动生产率排序前三位的地区仍然是湖北、上海和青海。湖北为 799201 元 / 人，比上年增长 4.97%；上海为 724666 元 / 人，比上年降低 4.73%；青海为 665033 元 / 人，比上年降低 6.78%。21 个地区劳动生产率有所提高，增速超过 10% 的有宁夏、天津两个地区；10 个地区劳动生产率有所降低，海南、西藏、黑龙江 3 个地区的降幅均超过 10%（参见图 28）。

【17 个地区房屋建筑施工面积下降　19 个地区房屋建筑竣工面积下降】2022 年，江苏、浙江、广东建筑业企业分别以 27.51 亿平方米、17.17 亿平方米和 10.74 亿平方米位居房屋施工面积前三位，分别比上年提高 0.61%、降低 5.66% 和提高 1.31%。山东、湖北、北京、福建、四川、湖南、河南、上海 8 个地区的房屋建筑施工面积超过了 5 亿平方米。14 个地区的房屋建筑施工面积比上年增长，陕西以 10.09% 的增速位居第一；17 个地区的房屋建筑施工面积比上年降低，其中西藏、辽宁、吉林分别出现了 38.30%、26.48% 和 19.35% 的降幅（参见图 29）。

2022 年，江苏、浙江、湖北建筑业企业分别以 7.63 亿平方米、4.49 亿平方米和 3.33 亿平方米位居房屋建筑竣工面积前三位，分别比上年提高 1.77%、3.72% 和 0.45%。广东、湖南、山东、四川、福建、河南、安徽、江西、北京、重庆 10 个地区的房屋建筑施工面积超过了 1 亿平方米。12 个地区的房屋竣工面积比上年增长，黑龙江以 34.32% 的增速位居第一；19 个地区的房屋建筑竣工面积比上年减少，其中西藏、吉林、青海、宁夏均出现了超过 30% 的降幅（参见图 30）。

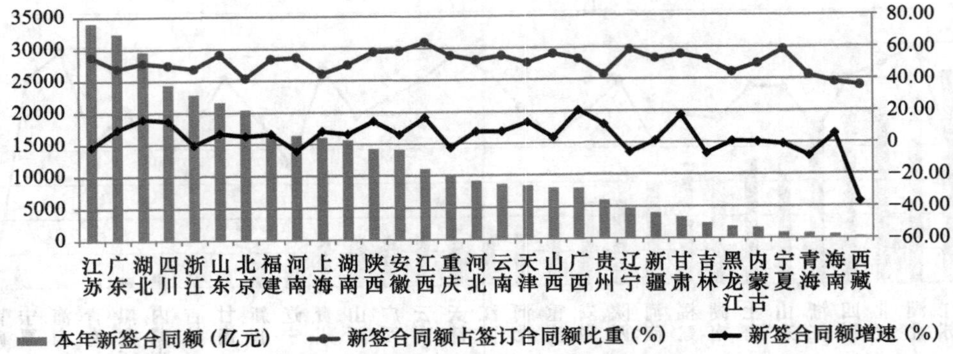

图 25　2022 年各地区建筑业企业新签合同额及增速

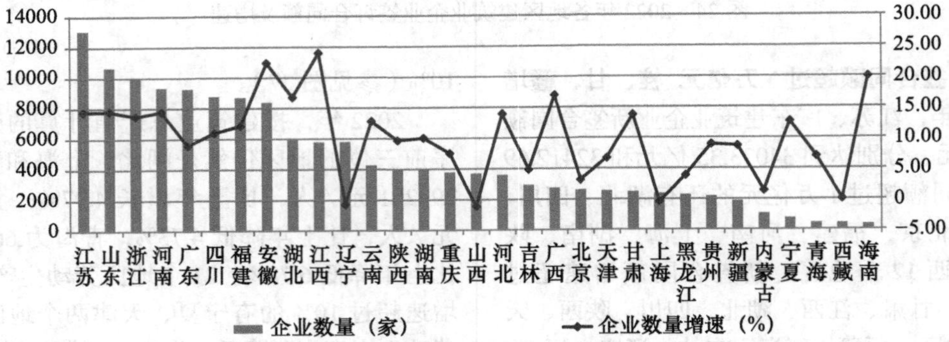

图 26　2022 年各地区建筑业企业数量及增速

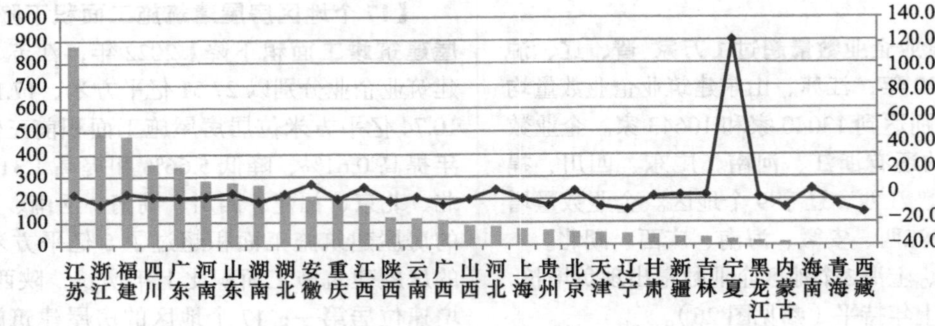

图 27　2022 年各地区建筑业从业人数及其增长情况

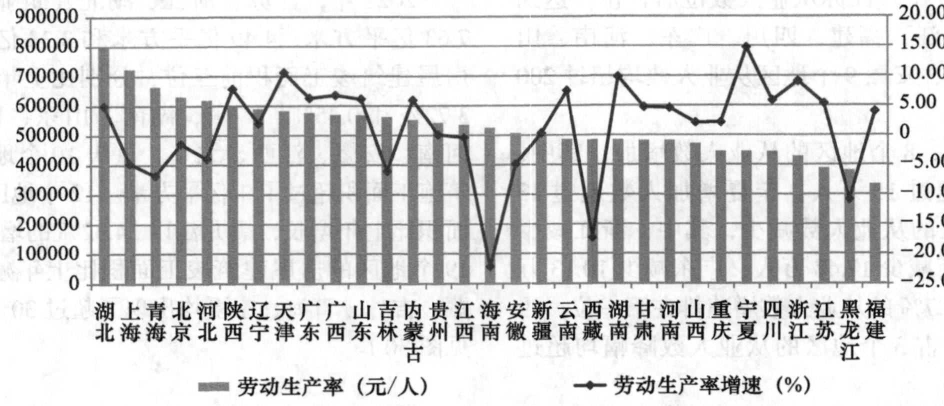

图 28　2022 年各地区建筑业劳动生产率及增长情况

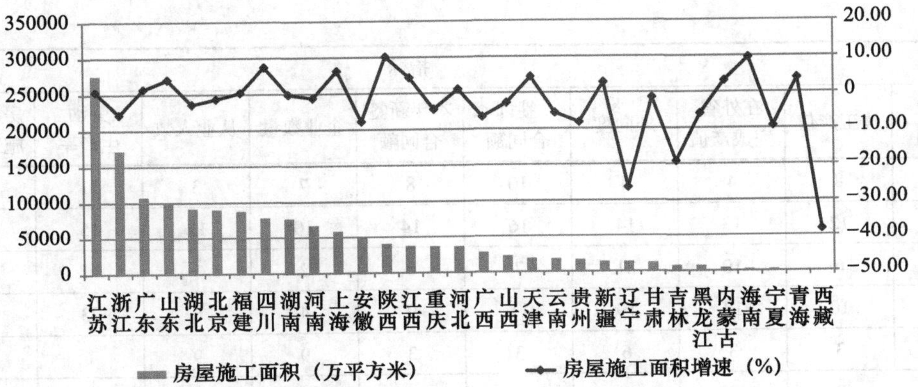

图 29　2022 年各地区建筑业企业房屋建筑施工面积及增长情况

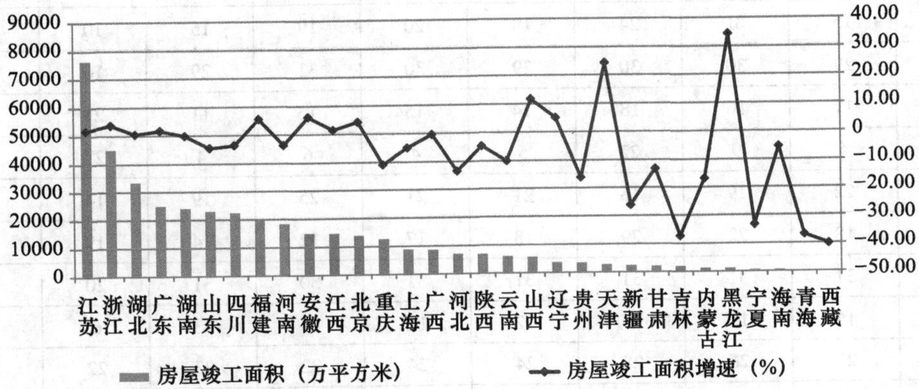

图 30　2022 年各地区建筑业企业房屋建筑竣工面积及增长情况

【各地区建筑业主要指标总量及增速在全国的位次】2022 年，各地区建筑业主要指标总量及增速在全国的位次分别如表 24、表 25 所示。

2022 年各地区建筑业主要指标总量在全国的位次　　**表 24**

地区	指标										
	建筑业总产值	竣工产值	在外省完成产值	外向度	签订合同额	本年新签合同额	企业数量	从业人数	劳动生产率	房屋建筑施工面积	房屋建筑竣工面积
北京	10	7	2	1	4	7	20	20	4	6	12
天津	21	20	14	2	17	18	21	21	8	19	22
河北	18	17	17	11	15	16	17	17	5	16	16
山西	19	19	18	9	20	19	16	16	24	18	19
内蒙古	27	27	23	12	26	26	27	28	13	26	26
辽宁	22	21	20	10	22	22	11	22	7	23	20
吉林	25	24	25	23	25	25	18	25	12	25	25
黑龙江	26	26	28	26	27	27	24	27	30	27	27
上海	15	13	6	3	8	10	23	18	2	11	14
江苏	1	1	1	5	2	1	1	1	29	1	1
浙江	2	2	5	17	6	5	3	2	28	2	2
安徽	11	14	15	16	13	13	8	10	17	12	10

续表

地区	指标										
	建筑业总产值	竣工产值	在外省完成产值	外向度	签订合同额	本年新签合同额	企业数量	从业人数	劳动生产率	房屋建筑施工面积	房屋建筑竣工面积
福建	7	8	4	4	10	8	7	3	31	7	8
江西	12	12	13	14	16	14	10	12	15	14	11
山东	6	6	10	21	7	6	2	7	11	4	6
河南	8	10	12	19	11	9	4	6	23	10	9
湖北	4	3	3	6	3	3	9	9	1	5	3
湖南	9	9	8	13	9	11	14	8	21	9	5
广东	3	5	7	20	1	2	5	5	9	3	4
广西	17	15	21	24	19	20	19	15	10	17	15
海南	30	29	30	30	29	30	31	29	16	28	29
重庆	13	11	16	18	14	15	15	11	25	15	13
四川	5	4	9	22	5	4	6	4	27	8	7
贵州	20	22	19	15	21	21	25	19	14	21	21
云南	16	18	22	29	18	17	12	14	19	20	18
西藏	31	31	31	31	31	31	30	31	20	31	31
陕西	14	16	11	8	12	12	13	13	6	13	17
甘肃	24	25	26	28	24	24	22	23	22	24	24
青海	29	30	27	7	28	29	29	30	3	30	30
宁夏	28	28	29	25	30	28	28	26	26	29	28
新疆	23	23	24	27	23	23	26	24	18	22	23

2022年各地区建筑业主要指标增速在全国的位次

表25

地区	指标										
	建筑业总产值	竣工产值	在外省完成产值	外向度	签订合同额	本年新签合同额	企业数量	从业人数	劳动生产率	房屋建筑施工面积	房屋建筑竣工面积
北京	27	3	25	21	4	20	20	6	23	17	7
天津	24	8	21	16	3	28	13	28	2	5	2
河北	13	20	19	23	16	14	22	5	24	12	24
山西	10	19	3	5	19	17	10	20	18	19	3
内蒙古	22	21	5	4	29	23	17	29	10	24	26
辽宁	28	24	23	12	30	27	28	30	19	30	6
吉林	30	29	20	3	23	2	12	11	27	29	30
黑龙江	16	4	30	30	17	24	19	14	29	9	1
上海	25	27	18	8	13	19	15	19	25	4	19
江苏	17	18	17	18	28	9	21	10	12	13	9
浙江	23	6	28	28	24	25	3	25	4	23	8
安徽	3	1	8	14	18	3	4	2	26	26	4

续表

地区	指标										
	建筑业总产值	竣工产值	在外省完成产值	外向度	签订合同额	本年新签合同额	企业数量	从业人数	劳动生产率	房屋建筑施工面积	房屋建筑竣工面积
福建	9	11	6	9	21	15	18	8	16	14	5
江西	5	9	15	22	6	13	16	3	22	6	11
山东	14	14	13	13	14	18	5	7	9	7	17
河南	18	23	14	10	27	12	8	16	15	16	16
湖北	2	15	9	19	1	21	6	9	13	20	12
湖南	7	16	12	17	22	1	1	23	3	15	13
广东	12	7	16	20	8	4	14	18	8	11	10
广西	8	12	4	7	15	31	2	26	7	25	14
海南	20	25	24	25	2	5	11	4	31	2	20
重庆	21	5	7	6	25	8	7	21	17	21	22
四川	11	10	11	11	10	11	29	15	11	3	15
贵州	19	31	22	24	5	30	25	27	21	27	25
云南	1	17	1	2	11	10	24	17	6	22	21
西藏	31	28	31	31	31	22	30	31	30	31	31
陕西	4	13	10	15	12	16	27	22	5	1	18
甘肃	6	22	27	29	9	6	31	13	14	18	23
青海	29	2	29	26	26	7	9	24	28	8	29
宁夏	15	30	2	1	7	29	23	1	1	28	28
新疆	26	26	26	27	20	26	26	12	20	10	27

（中国建筑业协会　哈尔滨工业大学　赵峰　王要武　金玲　李晓东）

2022 年建设工程监理行业基本情况

【建设工程监理企业总体情况】 2022 年，全国共有 16270 个建设工程监理企业参加了统计，与上年相比增长 31.1%。其中，综合资质企业 293 个，增长 3.5%；甲级资质企业 5149 个，增长 5.6%；乙级资质企业 9662 个，增长 63.4%；丙级资质企业 1165 个，减少 12.7%；事务所资质企业 1 个，无增减。具体分布见表 26～表 28。

2022 年全国建设工程监理企业按地区分布情况　表 26

地区名称	北京	天津	河北	山西	内蒙古	辽宁	吉林	黑龙江	上海	江苏	浙江	安徽	福建	江西	山东	河南
企业个数（个）	411	152	532	317	106	317	274	184	273	1307	1440	1356	1466	515	897	558
地区名称	湖北	湖南	广东	广西	海南	重庆	四川	贵州	云南	西藏	陕西	甘肃	青海	宁夏	新疆及新疆生产建设兵团	
企业个数（个）	577	452	1184	392	110	375	730	262	378	97	869	249	203	117	170	

2022 年全国建设工程监理企业按工商登记类型分布情况　表 27

工商登记类型	国有企业	集体企业	股份合作	有限责任	股份有限	私营企业	其他类型
企业个数（个）	785	45	53	6316	963	7717	391

2022 年全国建设工程监理企业按专业工程类别分布情况 **表 28**

资质类别	综合资质	房屋建筑工程	冶炼工程	矿山工程	化工石油工程	水利水电工程	电力工程	农林工程
企业个数（个）	293	12102	22	69	164	129	573	17
资质类别	铁路工程	公路工程	港口与航道工程	航天航空工程	通信工程	市政公用工程	机电安装工程	事务所资质
企业个数（个）	60	62	15	12	68	2659	24	1

注：本统计涉及专业资质工程类别的统计数据，均按主营业务划分。

【建设工程监理企业从业人员情况】2022 年，工程监理企业年末从业人员 193.1 万人，与上年相比增长 15.7%。其中，正式聘用人员 116.5 万人，占 60.4%；临时聘用人员 76.6 万人，占 39.6%；工程监理人员为 86.4 万人，占 44.8%。

年末专业技术人员 117.8 万人，占年末从业人员总数的 61.0%，与上年相比增长 5.7%。其中，高级职称人员 20.9 万人，中级职称人员 48.8 万人，初级职称人员 26.0 万人，其他人员 22.0 万人。

年末注册执业人员为 60.0 万人，与上年相比增长 17.7%。其中，注册监理工程师为 28.8 万人，占 48.0%，与上年相比增长 12.7%；其他注册执业人员为 31.2 万人，占 52.0%，与上年相比增长 22.6%。

【建设工程监理企业业务情况】2022 年，工程监理企业承揽合同额 18108.3 亿元，与上年相比增长 45.0%。其中，工程监理合同额 2056.7 亿元，占 11.4%，与上年相比减少 2.3%；工程勘察设计、工程招标代理、工程造价咨询、工程项目管理与咨询服务、全过程工程咨询、工程施工及其他业务合同额 16051.6 亿元，占 88.6%，与上年相比增长 54.5%。

【建设工程监理企业财务情况】2022 年，工程监理企业全年营业收入 12809.6 亿元，与上年相比增长 35.2%。其中，工程监理收入 1677.5 亿元，占 13.1%，与上年相比减少 2.5%；工程勘察设计、工程招标代理、工程造价咨询、工程项目管理与咨询服务、全过程工程咨询、工程施工及其他业务收入 11132.1 亿元，占 86.9%，与上年相比增长 43.6%。其中，40 个企业工程监理收入超过 3 亿元，97 个企业工程监理收入超过 2 亿元，288 个企业工程监理收入超过 1 亿元，工程监理收入超过 1 亿元的企业个数与上年相比减少 2.4%。

（住房和城乡建设部建筑市场监管司）

2022 年工程造价咨询企业基本情况

【工程造价咨询企业的分布情况】2022 年年末，全国共有 14069 家开展工程造价咨询业务的企业参加了统计。具体分布如表 29 所示。

2022 年全国工程造价咨询企业分布情况 **表 29**

地区名称	北京	天津	河北	山西	内蒙古	辽宁	吉林	黑龙江	上海	江苏	浙江	安徽	福建	江西	山东	河南	湖北
企业个数（个）	427	153	548	479	359	497	213	262	290	1216	843	909	333	955	1185	520	461
地区名称	湖南	广东	广西	海南	重庆	四川	贵州	云南	西藏	陕西	甘肃	青海	宁夏	新疆	新疆生产建设兵团	行业归口	合计
企业个数（个）	435	674	264	299	350	674	239	185	3	315	191	89	160	320	7	214	14069

【工程造价咨询企业从业人员情况】2022 年年末，开展工程造价咨询业务的企业共有从业人员 1144875 人。其中，工程造价咨询人员 310224 人，占比 27.1%。

共有注册造价工程师 147597 人，占全部从业人员的 12.9%。其中，一级注册造价工程师 116960 人，占比 79.2%；二级注册造价工程师 30637 人，占比 20.8%。

共有专业技术人员 701514 人，占全部从业人员的 61.3%。其中，高级职称人员 189433 人，占比 27.0%；中级职称人员 323746 人，占比 46.1%；初级职称人员 188335 人，占比 26.9%。

新吸纳就业人员 68981 人，占全部从业人员的 6.0%。其中，应届高校毕业生 32267 人，占比 46.8%；退役军人 732 人，占比 1.1%；农民工 3004 人，占比 4.4%；脱贫人口 424 人，占比 0.6%；其他 32554 人，占比 47.1%。

【工程造价咨询企业业务情况】2022 年，开展工程造价咨询业务的企业营业收入合计15298.17亿元。其中，工程造价咨询业务收入1144.98亿元，占比7.5%；招标代理业务收入326.10亿元，占比2.1%；项目管理业务收入623.23亿元，占比4.1%；工程咨询业务收入236.51亿元，占比1.5%；工程监理业务收入858.12亿元，占比5.6%；勘察设计业务收入2373.89亿元，占比15.5%；全过程工程咨询业务收入200.45亿元，占比1.3%；会计审计业务收入8.43亿元，占比0.1%；银行金融业务收入3816.18亿元，占比24.9%；其他类型业务收入5710.28亿元，占比37.4%。

上述工程造价咨询业务收入按专业分类：房屋建筑工程专业收入670.50亿元，占比58.6%；市政工程专业收入196.34亿元，占比17.1%；公路工程专业收入55.67亿元，占比4.9%；城市轨道交通工程专业收入21.08亿元，占比1.8%；火电工程专业收入27.01亿元，占比2.4%；水电工程专业收入18.02亿元，占比1.6%；新能源工程专业收入11.46亿元，占比1.0%；水利工程专业收入30.40亿元，占比2.7%；其他工程专业收入114.50亿元，占比9.9%。

上述工程造价咨询业务收入按业务范围分类：前期决策阶段咨询业务收入98.40亿元，占比8.6%；实施阶段咨询业务收入229.39亿元，占比20.0%；竣工结（决）算阶段咨询业务收入377.45亿元，占比33.0%；全过程工程造价咨询业务收入375.90亿元，占比32.8%；工程造价经济纠纷的鉴定和仲裁的咨询业务收入35.78亿元，占比3.1%；其他业务范围业务收入28.06亿元，占比2.5%。

【工程造价咨询企业财务情况】2022年，开展工程造价咨询业务的企业实现营业利润2257.39亿元，应交所得税合计465.96亿元。

（住房和城乡建设部建筑市场监管司）

2022年工程勘察设计企业基本情况

【工程勘察设计企业总体情况】2022年，全国共有27611个工程勘察设计企业参加了统计。其中，工程勘察企业2885个，占10.4%；工程设计企业24726个，占89.6%。

【工程勘察设计企业从业人员情况】2022年，工程勘察设计企业年末从业人员488万人。其中，从事勘察的人员16.2万人，与上年相比减少1.0%；从事设计的人员108.6万人，与上年相比减少0.5%。

年末专业技术人员235.5万人。其中，具有高级职称人员53.4万人，与上年相比增长7.1%；具有中级职称人员84.5万人，与上年相比增长4.7%。

【工程勘察设计企业业务情况】2022年，勘察设计企业工程勘察新签合同额合计1489.6亿元，与上年相比增长5.6%。

工程设计新签合同额合计7277.6亿元，与上年相比减少0.9%。其中，房屋建筑工程设计新签合同额2142.7亿元，市政工程设计新签合同额1078.6亿元。

工程总承包新签合同额合计65780.7亿元，与上年相比增长13.6%。其中，房屋建筑工程总承包新签合同额25575.5亿元，市政工程总承包新签合同额8266.9亿元。

其他工程咨询业务新签合同额合计1354.5亿元，与上年相比增长5.1%。

其他工程咨询业务新签合同额合计1289.3亿元，与上年相比增长16.3%。

【工程勘察设计企业财务情况】2022年，勘察设计企业营业收入总计89148.3亿元，净利润2794.3亿元。其中，工程勘察收入1077.7亿元，与上年相比减少2.3%；工程设计收入5629.3亿元，与上年相比减少2.0%；工程总承包收入45077.6亿元，与上年相比增长12.6%；其他工程咨询业务收入1014.5亿元，与上年相比增长5.2%。

【工程勘察设计企业科技活动状况】2022年，工程勘察设计企业科技活动费用支出总额为2594.2亿元，与上年相比增长2.1%；企业累计拥有专利47.3万项，与上年相比增长23.8%；企业累计拥有专有技术8.6万项，与上年相比增长13.2%。

（住房和城乡建设部建筑市场监管司）

2022年房屋市政工程生产安全事故情况

【总体情况】根据全国工程质量安全监管信息平台提供的信息，2022年，全国共发生房屋市政工程生产安全事故557起、死亡631人，比2021年事故起数减少177起、死亡人数减少191人，分别降低24.11%和23.24%。

全国31个省（区、市）和新疆生产建设兵团均有房屋市政工程生产安全事故发生，10个省（区、市）和新疆生产建设兵团事故起数同比上升，20个省（区、市）事故起数同比下降，2个省（区、市）事故起数持平（参见图31）。全国31个省（区、市）和新疆生产建设兵团发生的房屋市政工程生产安全事故中均有人员死亡，10个省（区、市）和新疆生产建设兵团死亡人数同比上升，21个省（区、市）死亡人数同比下降，1个省（区、市）死亡人数持平（参见图32）。

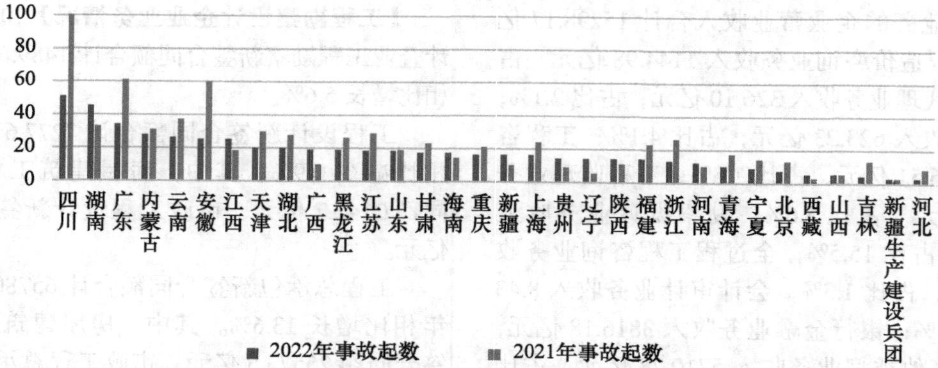

图 31　2021—2022 年房屋市政工程生产安全事故起数情况

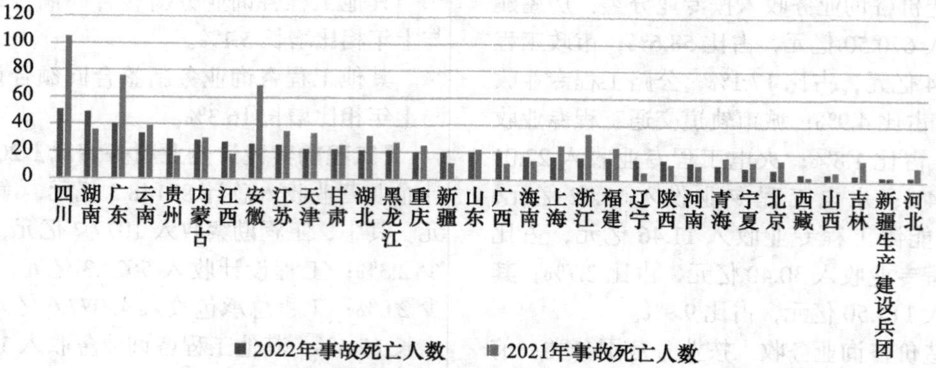

图 32　2021—2022 年房屋市政工程生产安全事故死亡人数情况

【较大及以上事故情况】2022 年，全国共发生房屋市政工程生产安全较大及以上事故 11 起、死亡 49 人，比 2021 年事故起数减少 5 起、死亡人数减少 19 人，分别降低 31.25% 和 27.94%。

全国有 8 个省（区、市）发生房屋市政工程生产安全较大及以上事故。其中，江苏、重庆、广东分别发生 2 起、死亡 8 人、6 人、6 人；贵州、新疆、云南、天津、甘肃各发生 1 起，分别死亡 14 人、5 人、4 人、3 人、3 人。

（哈尔滨工业大学）

2022 年全国房地产市场运行分析

2022 年全国房地产开发情况

根据国家统计局发布的有关数据，2022 年我国房地产市场开发情况如下：

【房地产开发投资完成情况】2022 年，全国房地产开发投资 132895 亿元，比上年下降 10.0%；其中，住宅投资 100646 亿元，下降 9.5%。2022 年全国房地产开发投资增速情况如图 33 所示。

2022 年，东部地区房地产开发投资 77695 亿元，比上年降低 10.0%；中部地区投资 28931 亿元，降低 6.7%；西部地区投资 27481 亿元，降低 7.2%；东北地区投资 4005 亿元，下降 25.5%。具体如表 30 所示。

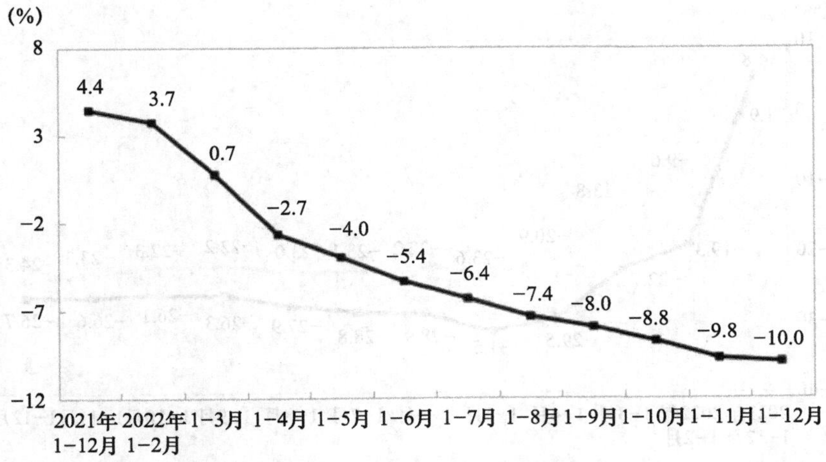

图 33　2022 年全国房地产开发投资增速

2022 年东中西部和东北地区房地产开发投资情况　　表 30

地区	投资额（亿元）	住宅	比上年增长（%）	住宅
全国总计	132895	100646	−10.0	−9.5
东部地区	72478	53066	−6.7	−6.3
中部地区	28931	23462	−7.2	−7.1
西部地区	27481	20911	−17.6	−16.9
东北地区	4005	3207	−25.5	−22.5

数据来源：国家统计局

注：东部地区包括北京、天津、河北、上海、江苏、浙江、福建、山东、广东、海南 10 个省（市）；中部地区包括山西、安徽、江西、河南、湖北、湖南 6 个省；西部地区包括内蒙古、广西、重庆、四川、贵州、云南、西藏、陕西、甘肃、青海、宁夏、新疆 12 个省（市、自治区）；东北地区包括辽宁、吉林、黑龙江 3 个省。

【房屋供给情况】2022 年，房地产开发企业房屋施工面积 904999 万平方米，比上年下降 7.2%。其中，住宅施工面积 639696 万平方米，下降 7.3%。房屋新开工面积 120587 万平方米，下降 39.4%。其中，住宅新开工面积 88135 万平方米，下降 39.8%。房屋竣工面积 86222 万平方米，下降 15.0%。其中，住宅竣工面积 62539 万平方米，下降 14.3%。

2022 年商品房销售和待售情况

2022 年，商品房销售面积 135837 万平方米，比上年下降 24.3%，其中住宅销售面积下降 26.8%。商品房销售额 133308 亿元，下降 26.7%，其中住宅销售额下降 28.3%。2022 年全国商品房销售面积及销售额增速，如图 34 所示。

2022 年，东部地区商品房销售面积 56388 万平方米，比上年下降 23.0%；销售额 77413 亿元，下降 25.1%。中部地区商品房销售面积 40750 万平方米，下降 21.3%；销售额 28358 亿元，下降 25.7%。西部地区商品房销售面积 34590 万平方米，下降 27.7%；销售额 24456 亿元，下降 30.6%。东北地区商品房销售面积 4109 万平方米，下降 37.9%；销售额 3080 亿元，下降 40.9%。具体如表 31 所示。

截至 2022 年年末，商品房待售面积 56366 万平方米，比上年增长 10.5%。其中，住宅待售面积增长 18.4%。

2022 年 1—12 月份全国房地产开发和销售情况详见表 32。

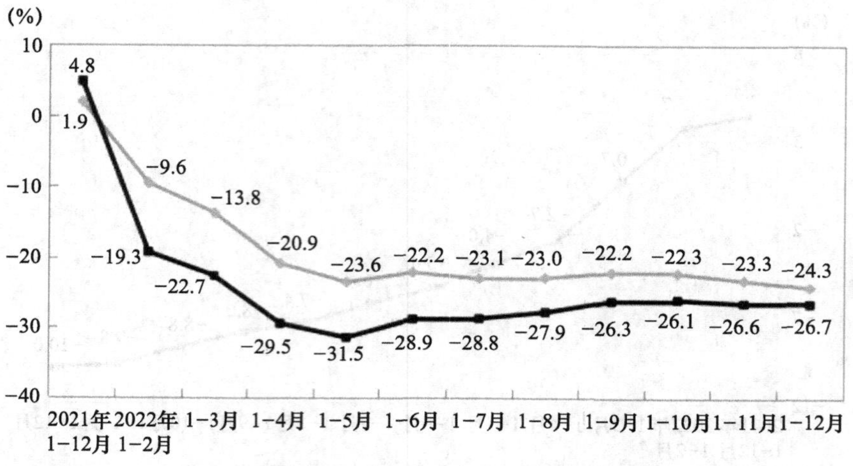

图34　2022年全国商品房销售面积及销售额增速

2022年1—12月份东中西部和东北地区房地产销售情况　表31

地区	商品房销售面积		商品房销售额	
	绝对数（万平方米）	比上年增长（%）	绝对数（亿元）	比上年增长（%）
全国总计	135837	-24.3	133308	-26.7
东部地区	56388	-23.0	77413	-25.1
中部地区	40750	-21.3	28358	-25.7
西部地区	34590	-27.7	24456	-30.6
东北地区	4109	-37.9	3080	-40.9

数据来源：国家统计局。

2022年1—12月份全国房地产开发和销售情况　表32

指标	绝对量	比上年增长（%）
房地产开发投资（亿元）	132895	-10.0
其中：住宅	100646	-9.5
办公楼	5291	-11.4
商业营业用房	10647	-14.4
房屋施工面积（万平方米）	904999	-7.2
其中：住宅	639696	-7.3
办公楼	34917	-7.5
商业营业用房	79966	-11.8
房屋新开工面积（万平方米）	120587	-39.4
其中：住宅	88135	-39.8
办公楼	3180	-39.1
商业营业用房	8195	-41.9

续表

指标	绝对量	比上年增长（%）
房屋竣工面积（万平方米）	86222	-15.0
其中：住宅	62539	-14.3
办公楼	2612	-22.6
商业营业用房	6800	-22.0
土地购置面积（万平方米）	10052	-53.4
土地成交价款（亿元）	9166	-48.4
商品房销售面积（万平方米）	135837	-24.3
其中：住宅	114631	-26.8
办公楼	3264	-3.3
商业营业用房	8239	-8.9
商品房销售额（亿元）	133308	-26.7
其中：住宅	116747	-28.3
办公楼	4528	-3.7
商业营业用房	8127	-16.1
商品房待售面积（万平方米）	56366	10.5
其中：住宅	26947	18.4
办公楼	4073	7.3
商业营业用房	12558	-1.6
房地产开发企业到位资金（亿元）	148979	-25.9
其中：国内贷款	17388	-25.4
利用外资	78	-27.4
自筹资金	52940	-19.1
定金及预收款	49289	-33.3
个人按揭贷款	23815	-26.5

数据来源：国家统计局。

2022 年全国房地产开发企业到位资金情况

2022 年，房地产开发企业到位资金 148979 亿元，比上年下降 25.9%。其中，国内贷款 17388 亿元，下降 25.4%；利用外资 78 亿元，下降 27.4%；自筹资金 52940 亿元，下降 19.1%；定金及预收款 49289 亿元，下降 33.3%；个人按揭贷款 23815 亿元，下降 26.5%。2022 年全国房地产开发企业本年到位资金增速，如图 35 所示。

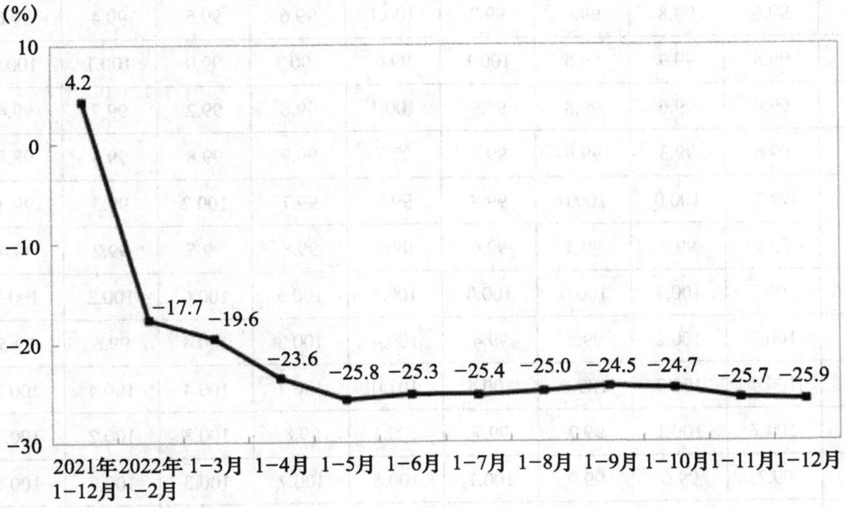

图 35　2022 年全国房地产开发企业本年到位资金增速

2022 年全国房地产开发景气指数

2022 年全国房地产开发景气指数如图 36 所示。

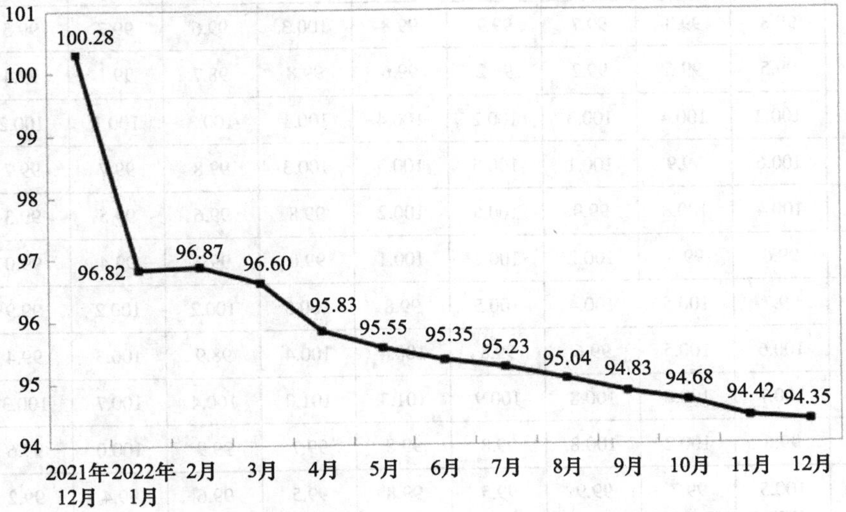

图 36　2022 年全国房地产开发景气指数

70 个大中城市商品住宅销售价格变动情况

【新建商品住宅销售价格情况】根据国家统计局公布的月度数据，2022 年全国 70 个大中城市的新建商品住宅销售价格指数情况分别如表 33～表 35 所列。

2022 年 70 个大中城市新建商品住宅销售价格指数环比数据 **表 33**

城市	1月	2月	3月	4月	5月	6月	7月	8月	9月	10月	11月	12月
北京	101.0	100.6	100.4	100.7	100.4	100.8	100.5	100.4	100.2	100.4	100.1	100.2
天津	99.3	100.1	100.2	99.9	99.5	99.8	99.4	99.6	99.8	99.7	99.4	99.3
石家庄	99.6	100.0	100.3	100.2	99.7	99.8	99.7	99.5	99.7	99.3	99.8	99.4
太原	99.9	99.6	99.8	99.4	99.7	100.1	99.6	99.5	99.4	99.6	99.3	99.4
呼和浩特	99.9	99.8	99.9	99.5	100.1	99.6	100.3	99.0	100.1	100.0	100.0	98.6
沈阳	99.4	99.4	99.6	99.8	99.9	100.1	99.6	99.2	99.7	99.4	99.3	99.4
大连	99.8	99.6	99.3	99.9	99.8	99.7	99.9	99.8	99.5	98.8	99.5	99.6
长春	100.2	99.7	100.0	100.0	99.8	99.3	99.7	100.2	99.3	99.3	99.2	98.9
哈尔滨	98.8	99.1	99.3	99.3	99.6	99.4	99.8	99.5	99.2	99.4	99.1	99.6
上海	100.6	100.5	100.3	100.0	100.0	100.5	100.5	100.6	100.2	100.3	100.3	100.4
南京	100.1	100.7	100.2	99.5	99.4	100.4	100.3	100.4	99.6	99.5	100.3	99.9
杭州	100.3	100.4	100.7	100.6	100.4	101.0	100.7	100.4	100.4	100.3	100.7	100.3
宁波	100.4	100.7	100.1	99.7	99.7	100.1	99.8	100.3	100.2	100.4	100.1	100.2
合肥	99.9	99.3	99.6	99.9	100.1	100.5	100.7	100.3	100.7	100.6	100.1	99.9
福州	100.4	100.3	99.4	99.4	99.8	100.3	100.4	99.5	99.3	99.5	99.7	99.8
厦门	99.6	99.5	99.7	99.5	99.6	100.5	99.6	99.4	99.7	99.3	99.8	99.9
南昌	100.3	100.4	100.4	100.5	100.1	99.4	100.8	100.1	100.3	99.9	99.9	99.7
济南	100.1	100.1	100.3	99.8	100.5	100.3	100.4	100.2	100.3	100.1	99.9	99.9
青岛	99.6	100.0	100.4	100.1	100.2	100.6	99.8	100.3	99.9	99.8	99.8	100.3
郑州	99.8	99.8	99.3	99.7	99.9	99.8	100.3	99.6	99.7	99.5	99.6	99.4
武汉	100.3	99.5	99.6	99.2	99.2	99.6	99.8	98.7	99.1	99.4	99.8	99.9
长沙	100.1	100.2	100.4	100.3	100.2	100.4	100.1	100.3	100.1	100.2	100.5	100.5
广州	100.5	100.6	99.9	100.1	100.5	100.3	100.3	99.8	99.7	99.7	99.5	99.6
深圳	100.5	100.4	100.8	99.9	100.5	100.2	99.8	99.6	99.5	99.3	99.5	99.7
南宁	100.4	99.6	99.9	100.2	100.2	100.1	99.0	99.3	99.4	99.0	99.4	99.8
海口	99.9	99.7	100.5	100.4	100.5	99.8	100.3	100.2	100.2	99.9	99.8	99.8
重庆	100.9	100.6	100.5	99.6	99.8	100.4	100.4	98.9	100.3	99.4	99.7	99.5
成都	101.0	100.7	100.8	100.8	100.9	101.3	101.0	100.4	100.7	100.3	100.5	100.5
贵阳	100.3	99.6	100.2	100.8	99.8	99.8	99.7	99.9	100.0	99.6	99.2	99.8
昆明	100.4	100.5	99.7	99.9	99.5	99.8	99.5	99.6	99.4	99.2	100.2	99.3
西安	100.0	101.0	100.4	100.2	100.3	100.3	100.6	100.1	99.5	99.7	99.7	100.1
兰州	99.8	99.7	99.6	99.3	99.7	99.5	99.4	99.0	99.1	99.6	99.9	99.5
西宁	99.7	99.2	99.7	100.0	98.9	100.4	100.1	99.6	99.7	99.4	100.0	99.7
银川	101.5	99.9	100.4	100.1	100.2	100.1	100.5	100.4	99.9	99.8	99.3	100.1
乌鲁木齐	100.2	100.7	101.0	100.6	100.7	99.8	99.8	99.9	99.7	99.8	100.0	99.7

续表

城市	1月	2月	3月	4月	5月	6月	7月	8月	9月	10月	11月	12月
唐山	100.7	100.0	100.0	100.1	100.2	99.3	100.2	99.4	99.6	99.8	99.3	99.4
秦皇岛	99.5	99.8	99.2	99.7	100.2	99.0	99.4	99.5	99.3	99.3	99.7	99.5
包头	99.8	99.7	99.4	99.3	99.5	99.6	99.9	99.4	99.3	100.0	99.7	99.6
丹东	99.3	99.6	99.2	99.1	100.0	100.0	99.2	99.6	99.5	99.9	99.9	99.8
锦州	99.8	99.4	100.4	98.5	100.4	100.2	99.8	99.7	99.7	99.1	99.8	99.6
吉林	100.1	100.2	100.0	100.0	99.4	100.1	99.0	99.3	99.4	99.7	99.5	99.5
牡丹江	99.6	99.4	99.7	100.0	100.3	100.3	100.2	100.1	99.9	98.9	99.0	99.5
无锡	100.3	100.5	100.2	99.9	99.8	100.2	99.6	100.4	99.6	99.2	99.7	100.4
徐州	100.8	99.9	99.8	99.5	100.2	100.5	100.1	99.6	99.9	99.5	99.5	99.7
扬州	99.5	99.6	99.7	99.0	99.3	99.7	100.8	99.7	99.5	99.6	99.8	100.6
温州	100.7	99.2	99.3	99.2	99.5	99.4	99.3	99.6	99.1	99.3	99.2	99.8
金华	100.0	100.1	100.4	100.3	99.9	99.7	99.6	99.6	99.4	99.4	99.5	99.7
蚌埠	100.0	100.1	100.2	98.8	99.6	100.2	99.5	99.9	99.8	99.9	99.4	99.9
安庆	99.7	99.4	99.4	99.5	99.5	99.6	99.0	99.6	99.5	100.1	99.9	99.7
泉州	100.1	100.4	99.6	99.8	99.3	99.4	99.5	99.0	99.3	99.4	100.5	100.7
九江	99.4	99.6	99.9	99.8	99.7	99.6	100.4	99.8	99.9	99.6	99.7	100.2
赣州	100.1	100.3	100.2	100.1	100.2	100.4	100.1	99.6	100.2	99.4	99.6	99.7
烟台	99.6	100.1	99.8	99.6	99.4	100.2	99.6	100.1	99.7	99.8	100.3	99.8
济宁	99.5	99.4	99.6	100.2	100.1	99.6	99.7	99.2	99.9	99.4	98.9	99.7
洛阳	99.7	99.6	99.5	99.3	99.3	99.7	100.1	99.7	99.6	99.3	99.6	99.5
平顶山	99.8	99.3	99.7	99.9	99.8	99.9	100.1	99.6	99.8	99.7	99.8	100.2
宜昌	99.8	99.6	99.9	99.8	100.1	98.5	99.6	99.8	99.3	99.1	99.8	99.8
襄阳	99.2	99.5	100.2	98.8	99.5	99.8	99.9	99.6	99.8	99.9	99.5	99.9
岳阳	99.9	99.2	99.2	98.7	99.5	98.4	99.5	99.5	99.3	99.2	99.6	99.4
常德	99.4	99.3	100.1	99.0	99.4	99.8	99.2	99.4	99.6	99.5	99.7	99.6
韶关	99.3	99.7	100.6	99.0	100.1	99.5	100.2	100.2	99.6	99.7	99.3	99.4
湛江	99.2	100.4	99.1	98.8	98.7	99.3	99.4	98.8	99.1	99.4	99.5	99.5
惠州	99.8	100.4	99.5	99.6	99.7	100.2	100.2	99.8	99.7	99.3	99.8	99.3
桂林	99.9	99.8	99.4	99.5	99.9	99.9	99.5	99.3	99.6	99.7	99.2	99.4
北海	99.8	97.9	99.5	98.4	99.2	99.0	98.7	98.6	99.4	99.3	99.6	99.6
三亚	100.7	99.8	99.9	99.6	99.8	99.6	100.3	100.0	99.7	99.9	100.2	99.8
泸州	99.5	99.5	99.6	99.3	99.2	99.5	99.8	99.5	99.9	99.7	100.4	99.6
南充	99.4	99.1	100.1	99.2	98.8	99.8	100.2	99.4	99.5	101.0	100.5	100.1
遵义	99.4	100.3	100.4	99.8	99.5	100.5	99.7	99.7	100.2	99.4	100.3	99.5
大理	99.5	99.4	99.6	99.3	99.7	99.0	99.2	99.9	100.4	99.5	100.1	99.7

数据来源：国家统计局。

2022 年 70 个大中城市新建商品住宅销售价格指数同比数据 **表 34**

城市	1月	2月	3月	4月	5月	6月	7月	8月	9月	10月	11月	12月
北京	105.5	105.5	105.7	105.8	105.9	105.8	105.5	105.8	106.1	105.9	105.7	105.8
天津	101.3	101.0	100.5	99.7	98.6	97.6	96.5	95.8	95.7	95.9	96.0	96.0
石家庄	98.0	98.3	98.0	97.8	97.1	96.9	96.4	96.3	95.6	95.9	96.8	97.1
太原	97.4	97.1	97.1	96.3	95.7	96.0	95.7	95.5	95.5	95.3	95.1	95.4
呼和浩特	98.9	98.9	99.1	98.6	98.3	97.7	98.0	96.8	97.3	97.7	98.2	96.9
沈阳	101.2	100.6	100.0	99.2	98.2	97.6	96.8	95.8	95.5	95.2	94.9	94.8
大连	104.3	103.6	102.0	101.2	99.8	98.5	97.8	97.0	96.3	95.4	95.1	95.1
长春	100.9	100.8	100.9	100.6	100.1	99.3	98.8	98.7	97.7	96.9	96.5	95.7
哈尔滨	97.5	96.2	95.2	94.4	93.6	93.2	93.0	92.8	92.5	92.2	92.0	92.4
上海	104.2	104.1	104.1	103.8	103.4	103.4	103.5	103.7	103.8	104.0	104.0	104.1
南京	104.0	104.1	103.6	102.4	101.0	100.6	100.6	100.9	100.3	99.9	100.6	100.3
杭州	105.8	106.0	106.2	106.3	106.1	106.3	106.6	106.5	106.5	106.4	106.6	106.4
宁波	103.3	103.5	102.8	102.0	101.3	100.8	100.3	100.3	100.4	100.9	101.2	101.8
合肥	102.5	101.2	100.1	99.5	99.4	99.7	100.3	100.4	100.7	101.5	101.9	101.6
福州	103.2	103.1	101.6	100.4	99.7	99.6	99.7	99.0	98.2	97.9	98.0	97.7
厦门	103.3	102.3	101.7	101.0	99.7	99.4	98.6	97.6	97.0	96.1	96.4	96.1
南昌	100.5	100.8	100.8	100.7	100.9	100.3	100.9	100.8	101.2	101.5	101.9	101.8
济南	105.0	104.8	104.5	103.5	102.9	101.7	101.4	101.0	100.9	101.5	102.0	101.9
青岛	103.7	103.4	103.3	102.6	102.0	101.9	100.8	100.3	100.1	100.1	100.2	100.6
郑州	101.5	100.8	99.4	98.4	97.5	96.6	96.4	96.2	96.2	96.2	96.4	96.6
武汉	103.2	102.4	101.5	99.7	98.2	97.1	96.3	94.7	93.9	93.6	94.2	94.4
长沙	106.9	106.0	105.9	105.5	104.8	103.9	103.2	103.0	102.7	102.7	103.0	103.2
广州	104.5	104.2	103.0	102.0	101.0	100.3	100.4	100.3	100.1	100.2	100.2	100.4
深圳	103.5	103.8	104.5	103.9	103.9	103.6	103.0	101.6	100.9	100.5	100.0	99.8
南宁	101.8	100.9	100.2	99.9	99.6	99.2	98.0	97.7	97.5	97.0	96.5	96.6
海口	103.7	102.8	103.0	102.3	102.4	101.5	100.8	100.7	100.6	100.5	100.8	101.0
重庆	108.3	108.5	108.1	106.1	103.9	103.4	103.1	101.2	101.4	100.8	100.7	100.0
成都	102.5	102.5	102.7	102.9	103.4	104.5	105.1	105.3	106.2	107.2	108.0	109.0
贵阳	100.3	99.5	99.3	99.2	98.7	98.7	97.9	97.8	98.0	98.0	98.4	98.6
昆明	99.4	99.2	98.1	97.1	96.6	97.1	97.2	97.2	97.3	97.3	97.5	97.0
西安	105.9	106.1	105.6	105.2	104.9	104.2	104.1	103.6	102.5	101.8	101.4	102.0
兰州	101.6	100.6	99.7	98.4	97.7	96.7	95.8	95.0	94.5	94.2	94.5	94.4
西宁	102.7	101.2	100.4	99.8	98.0	97.5	96.9	96.0	95.5	95.3	95.7	96.4
银川	107.7	106.8	106.6	106.2	105.4	104.7	104.2	104.3	103.5	102.7	101.8	102.3
乌鲁木齐	102.6	102.3	102.9	103.2	103.2	102.9	102.3	101.4	101.1	101.2	101.7	101.7

续表

城市	1月	2月	3月	4月	5月	6月	7月	8月	9月	10月	11月	12月
唐山	99.0	99.2	99.0	98.8	98.8	97.7	98.2	98.3	98.6	99.2	98.7	97.9
秦皇岛	96.1	96.0	94.8	94.5	94.7	94.0	93.6	93.6	93.5	93.6	93.7	94.1
包头	99.8	99.8	98.7	97.7	96.6	96.3	96.0	95.3	94.9	95.2	95.3	95.4
丹东	100.8	99.9	99.0	97.9	97.7	97.6	96.5	95.9	95.2	95.0	95.1	95.2
锦州	102.5	101.3	101.7	100.0	99.7	99.4	98.9	98.4	97.6	96.4	96.7	96.5
吉林	102.5	102.0	101.7	100.9	100.0	99.6	98.1	97.2	96.8	96.8	96.7	96.2
牡丹江	98.2	97.8	97.4	97.0	97.0	97.1	97.4	97.1	97.7	97.1	96.7	96.8
无锡	104.5	104.9	104.4	103.6	102.6	101.6	100.4	100.5	99.6	98.8	98.8	99.7
徐州	104.0	102.6	102.1	100.7	100.2	100.0	99.8	99.3	99.5	99.2	98.9	99.0
扬州	102.7	101.7	100.7	98.7	97.2	95.8	96.0	95.7	95.6	95.6	96.1	96.7
温州	104.3	103.3	102.5	101.1	99.8	98.7	97.5	96.9	95.6	94.9	94.2	93.7
金华	103.0	102.7	102.4	102.3	101.7	100.8	100.1	99.4	98.7	98.3	98.1	97.9
蚌埠	100.5	100.4	100.3	99.3	99.2	98.9	98.0	97.5	97.4	97.5	97.2	97.3
安庆	98.2	98.1	97.9	97.7	97.5	97.3	96.4	96.0	95.1	95.3	95.4	95.1
泉州	103.0	102.6	101.4	100.5	99.2	98.1	97.0	95.8	95.0	94.6	95.5	96.9
九江	101.0	99.8	99.3	98.7	98.1	97.3	97.2	96.8	96.9	96.8	96.9	97.5
赣州	101.9	101.6	101.5	101.4	101.1	101.1	101.3	101.0	101.2	100.9	100.6	99.9
烟台	100.8	100.6	99.9	99.0	98.1	97.9	97.0	97.2	97.1	97.3	97.9	98.0
济宁	103.7	102.4	101.2	100.7	99.7	98.6	97.6	96.8	96.3	95.8	95.1	95.3
洛阳	102.3	101.9	101.3	99.9	98.5	97.8	97.4	96.6	96.0	95.2	95.0	95.2
平顶山	101.3	100.3	99.7	99.4	98.9	98.7	98.9	98.1	97.6	97.0	97.1	97.4
宜昌	102.1	101.2	100.5	99.5	99.0	97.0	96.0	95.9	95.5	94.9	94.9	95.0
襄阳	100.1	99.5	99.3	97.4	96.6	96.0	95.5	94.7	94.5	94.6	94.7	95.6
岳阳	97.8	96.7	96.3	95.0	94.1	92.9	93.0	92.9	92.7	92.6	92.0	91.8
常德	96.9	96.0	95.8	94.8	94.6	94.9	94.3	94.0	94.3	94.4	94.3	94.3
韶关	99.7	98.8	98.9	97.4	97.1	95.8	96.4	96.2	96.3	97.0	96.5	96.5
湛江	98.6	98.2	97.1	95.3	93.5	93.0	92.0	91.1	91.2	91.3	91.2	91.7
惠州	100.4	100.6	99.9	99.1	98.1	97.7	97.9	98.0	98.0	97.9	97.6	97.2
桂林	99.9	99.2	98.2	97.3	96.7	96.4	96.2	95.9	96.1	96.5	96.2	95.3
北海	98.5	96.7	96.3	95.0	93.7	92.6	91.2	89.9	89.7	89.3	89.4	89.7
三亚	105.4	105.0	104.1	103.4	102.8	101.8	101.6	101.4	101.0	100.1	99.5	99.2
泸州	96.9	96.8	95.6	95.3	94.0	93.7	93.7	93.4	94.3	94.9	96.0	95.7
南充	97.6	95.9	95.5	94.4	93.5	93.7	94.2	94.2	93.8	95.3	96.4	97.2
遵义	99.4	99.1	99.3	98.8	97.7	98.0	98.3	98.1	98.6	98.5	99.3	98.7
大理	95.5	95.1	94.4	93.9	94.0	93.7	93.4	93.1	94.0	94.3	95.3	95.4

数据来源：国家统计局。

2022年70个大中城市新建商品住宅销售价格指数定基数据 **表35**

城市	1月	2月	3月	4月	5月	6月	7月	8月	9月	10月	11月	12月
北京	107.5	108.2	108.5	109.3	109.7	110.6	111.2	111.7	111.9	112.4	112.5	112.7
天津	102.2	102.3	102.5	102.4	101.9	101.7	101.1	100.7	100.4	100.2	99.6	98.9
石家庄	99.4	99.5	99.8	100.0	99.7	99.5	99.2	98.8	98.4	97.7	97.5	97.0
太原	96.2	95.9	95.7	95.2	94.8	94.9	94.6	94.1	93.5	93.1	92.5	91.9
呼和浩特	101.4	101.2	101.1	100.6	100.7	100.3	100.6	99.6	99.7	99.7	99.7	98.3
沈阳	103.5	102.9	102.5	102.4	102.2	102.3	101.9	101.1	100.8	100.1	99.4	98.8
大连	106.5	106.1	105.3	105.2	104.9	104.6	104.4	104.2	103.6	102.4	101.9	101.5
长春	101.9	101.5	101.5	101.5	101.3	100.6	100.3	100.4	99.8	99.1	98.3	97.2
哈尔滨	96.6	95.7	95.0	94.3	94.0	93.4	93.2	92.8	92.0	91.4	90.6	90.3
上海	106.7	107.2	107.5	107.5	107.5	108.0	108.5	109.1	109.4	109.7	110.0	110.4
南京	106.0	106.8	107.0	106.4	105.8	106.2	106.6	107.0	106.5	106.0	106.3	106.2
杭州	106.8	107.3	108.0	108.7	109.1	110.2	111.0	111.5	112.0	112.3	113.0	113.4
宁波	105.4	106.1	106.2	105.9	105.7	105.8	105.6	105.9	106.1	106.5	106.6	106.8
合肥	106.1	105.3	104.9	104.8	104.8	105.3	106.1	106.4	107.1	107.8	107.9	107.8
福州	106.2	106.5	105.9	105.3	105.1	105.4	105.8	105.2	104.5	103.9	103.6	103.4
厦门	106.2	105.7	105.4	104.9	104.4	104.9	104.4	103.8	103.5	102.8	102.5	102.4
南昌	100.9	101.2	101.7	102.2	102.3	101.7	102.5	102.5	102.8	102.7	102.7	102.4
济南	104.8	104.9	105.2	105.0	105.5	105.8	106.2	106.4	106.7	106.8	106.8	106.7
青岛	105.5	105.5	105.9	105.9	106.1	106.7	106.6	106.8	106.7	106.5	106.2	106.6
郑州	101.2	101.0	100.3	100.0	99.9	99.7	100.0	99.6	99.3	98.8	98.4	97.9
武汉	106.2	105.7	105.3	104.5	103.7	103.3	103.0	101.8	100.9	100.2	100.0	100.0
长沙	109.4	109.6	110.1	110.5	110.6	111.1	111.2	111.5	111.6	111.9	112.4	112.9
广州	109.2	109.9	109.7	109.8	110.3	110.6	111.0	110.7	110.4	110.1	109.5	109.1
深圳	105.3	105.7	106.5	106.4	107.0	107.3	107.1	106.6	106.1	105.4	104.9	104.5
南宁	104.4	103.9	103.8	104.0	104.2	104.4	103.4	102.7	102.1	101.1	100.5	100.3
海口	105.7	105.4	105.9	106.3	106.8	106.7	107.0	107.2	107.4	107.2	107.0	106.8
重庆	111.0	111.7	112.2	111.7	111.5	112.0	112.4	111.2	111.5	110.9	110.6	110.1
成都	105.5	106.2	107.0	107.8	108.7	110.2	111.2	111.6	112.4	112.8	113.4	113.9
贵阳	102.5	102.1	102.3	103.1	102.8	102.6	102.3	102.2	102.2	101.8	101.0	100.8
昆明	102.4	102.9	102.6	102.5	102.0	101.8	101.3	100.9	100.3	99.5	99.7	99.0
西安	109.7	110.8	111.2	111.5	111.8	112.1	112.8	112.9	112.4	112.1	111.7	111.9
兰州	105.0	104.7	104.3	103.6	103.3	102.8	102.2	101.2	100.3	99.9	99.8	99.3
西宁	107.2	106.3	106.0	106.0	104.9	105.3	105.4	105.0	104.7	104.1	104.1	103.7
银川	114.9	114.8	115.2	115.3	115.6	115.7	116.3	116.8	116.7	116.4	115.6	115.7
乌鲁木齐	104.2	104.9	106.0	106.6	107.3	107.1	106.8	106.7	106.4	106.1	106.1	105.8

续表

城市	1月	2月	3月	4月	5月	6月	7月	8月	9月	10月	11月	12月
唐山	102.9	102.9	102.9	103.0	103.2	102.5	102.6	102.1	101.6	101.5	100.7	100.1
秦皇岛	97.1	96.9	96.1	95.8	96.0	95.0	94.4	93.9	93.3	92.6	92.3	91.9
包头	101.3	101.0	100.4	99.7	99.3	98.9	98.8	98.2	97.6	97.6	97.3	96.9
丹东	104.2	103.8	103.0	102.1	102.1	102.1	101.4	101.0	100.4	100.3	100.2	100.0
锦州	105.8	105.2	105.6	104.0	104.4	104.6	104.4	104.1	103.7	102.8	102.6	102.3
吉林	103.2	103.4	103.4	103.4	102.8	102.8	101.8	101.1	100.5	100.2	99.7	99.3
牡丹江	96.8	96.3	95.9	95.9	96.3	96.5	96.7	96.8	96.7	95.6	94.6	94.2
无锡	106.7	107.3	107.5	107.4	107.1	107.3	106.9	107.3	106.9	106.0	105.6	106.1
徐州	108.7	108.6	108.4	107.8	108.1	108.6	108.8	108.4	108.2	107.6	107.1	106.8
扬州	107.0	106.6	106.3	105.2	104.5	104.2	104.9	104.6	104.1	103.7	103.5	104.0
温州	106.7	105.8	105.1	104.3	103.7	103.1	102.4	102.0	101.0	100.3	99.5	99.2
金华	106.6	106.7	107.2	107.5	107.4	107.0	106.7	106.3	105.6	105.0	104.5	104.3
蚌埠	103.5	103.7	103.9	102.6	102.2	102.4	101.9	101.8	101.6	101.5	100.9	100.8
安庆	98.5	98.0	97.4	96.9	96.4	96.0	95.1	94.7	94.2	94.3	94.3	94.0
泉州	106.6	107.0	106.6	106.3	105.6	104.9	104.4	103.4	102.7	102.0	102.5	103.2
九江	102.4	102.0	101.9	101.6	101.4	100.9	101.3	101.1	101.0	100.6	100.2	100.4
赣州	104.7	105.1	105.3	105.4	105.6	106.0	106.1	105.7	105.9	105.3	104.8	104.5
烟台	103.0	103.1	102.9	102.5	101.9	102.1	101.7	101.8	101.5	101.2	101.5	101.3
济宁	109.1	108.4	108.0	108.2	108.3	107.9	107.5	106.7	106.6	105.9	104.8	104.5
洛阳	103.6	103.2	102.7	102.0	101.3	101.0	101.1	100.8	100.4	99.7	99.3	98.9
平顶山	103.3	102.6	102.3	102.1	101.9	101.8	101.9	101.5	101.2	100.9	100.7	100.8
宜昌	103.7	103.3	103.2	102.9	103.0	101.4	101.0	100.8	100.1	99.2	99.0	98.8
襄阳	102.4	102.0	102.1	100.9	100.5	100.2	100.1	99.7	99.5	99.3	98.8	98.6
岳阳	97.9	97.1	96.4	95.1	94.7	93.1	92.6	92.2	91.6	90.8	90.5	89.9
常德	95.7	95.0	95.2	94.2	93.7	93.5	92.7	92.2	91.9	91.4	91.1	90.8
韶关	100.1	99.8	100.4	99.4	99.5	98.9	99.1	99.3	98.9	98.5	97.8	97.3
湛江	99.9	100.3	99.5	98.3	97.1	96.4	95.9	94.7	93.9	93.3	92.9	92.4
惠州	104.0	104.4	103.9	103.5	103.1	103.3	103.5	103.3	103.0	102.2	102.0	101.3
桂林	100.2	99.9	99.4	98.8	98.7	98.7	98.2	97.5	97.2	96.9	96.1	95.6
北海	95.9	93.9	93.5	92.0	91.2	90.4	89.2	88.0	87.5	86.8	86.5	86.2
三亚	109.0	108.8	108.6	108.2	107.9	107.5	107.8	107.8	107.5	107.3	107.5	107.3
泸州	96.5	96.0	95.6	95.0	94.2	93.7	93.5	93.1	93.1	92.8	93.2	92.8
南充	96.4	95.5	95.6	94.9	93.8	93.7	93.8	93.3	92.8	93.8	94.2	94.3
遵义	99.9	100.2	100.7	100.4	99.9	100.5	100.2	99.9	100.1	99.5	99.7	99.2
大理	95.5	95.0	94.5	93.9	93.6	92.7	92.0	91.8	92.2	91.8	91.8	91.6

数据来源：国家统计局。

【二手住宅销售价格情况】根据国家统计局公布的月度数据，2022 年全国 70 个大中城市的二手住宅销售价格指数情况分别如表 36～表 38 所列。

2022 年 70 个大中城市二手住宅销售价格指数环比数据 **表 36**

城市	1月	2月	3月	4月	5月	6月	7月	8月	9月	10月	11月	12月
北京	100.5	100.7	101.2	100.6	99.9	100.5	100.2	100.2	100.4	100.1	99.8	99.6
天津	99.3	100.2	99.7	99.5	99.1	99.6	99.2	99.3	99.1	99.4	99.6	99.3
石家庄	99.5	99.7	99.6	99.8	100.1	99.5	100.1	99.6	99.8	99.5	99.3	99.9
太原	99.7	99.5	99.3	98.4	100.6	100.5	99.7	99.6	99.5	99.4	99.7	99.3
呼和浩特	99.9	99.5	99.7	99.8	99.5	99.3	99.5	99.3	99.5	100.0	100.0	98.8
沈阳	99.3	99.0	99.3	99.6	99.9	99.7	99.4	99.2	99.6	99.5	99.2	99.2
大连	99.5	99.8	99.5	99.0	99.5	100.2	99.8	99.7	99.3	99.3	99.4	99.7
长春	99.4	99.4	100.0	100.0	98.4	99.2	99.4	99.7	99.7	99.5	99.5	99.2
哈尔滨	99.3	99.0	99.2	98.9	99.1	99.0	99.6	99.1	99.4	99.2	99.2	99.4
上海	100.6	100.9	100.4	100.0	100.0	100.2	100.8	100.6	100.5	99.6	99.5	99.5
南京	99.4	99.2	99.9	99.4	99.1	99.6	100.2	100.7	100.1	99.4	99.7	99.5
杭州	100.4	100.2	100.3	100.1	99.8	100.6	99.7	99.6	99.4	99.2	99.8	99.9
宁波	99.5	100.5	100.2	99.9	99.6	100.4	100.1	99.4	99.7	99.5	99.6	100.1
合肥	99.6	99.7	99.8	99.2	99.5	100.6	100.7	100.2	100.2	99.9	99.6	99.7
福州	99.5	99.6	99.7	100.3	100.2	99.8	99.9	99.7	99.7	99.4	99.5	99.7
厦门	100.2	99.9	100.1	100.2	100.5	100.3	99.5	99.3	99.5	99.6	99.7	99.5
南昌	100.0	99.9	100.2	99.5	99.3	99.7	100.5	100.1	99.8	99.9	99.6	99.6
济南	99.7	99.8	99.9	99.2	99.6	99.9	99.8	99.6	99.9	99.7	99.5	99.8
青岛	99.8	99.9	100.2	99.3	99.8	100.5	99.7	99.6	99.5	99.4	99.3	99.5
郑州	99.8	99.6	99.8	99.5	99.7	99.3	99.5	99.2	99.6	99.5	99.2	99.4
武汉	99.7	99.3	99.4	99.6	99.5	99.3	99.9	99.4	99.2	99.5	99.3	99.6
长沙	99.9	99.8	100.0	99.5	99.8	100.1	100.3	100.2	100.2	99.9	100.1	100.2
广州	99.8	100.6	100.3	100.5	100.2	100.5	100.1	99.9	99.4	99.3	99.4	99.4
深圳	99.5	99.8	99.7	100.5	100.1	99.0	99.5	99.5	99.6	99.8	99.7	99.5
南宁	99.8	99.7	99.3	99.6	99.4	99.5	99.6	99.2	99.6	99.2	99.5	99.3
海口	100.4	100.0	100.6	100.1	99.9	100.3	99.7	99.8	99.3	99.3	99.7	99.5
重庆	100.6	99.9	100.1	99.5	99.7	100.5	100.3	99.6	99.5	99.3	99.4	99.6
成都	100.8	100.6	100.6	100.7	100.9	102.0	101.3	100.6	100.3	100.4	100.3	100.2
贵阳	99.6	100.1	99.1	99.8	99.2	99.3	99.5	100.3	99.9	99.4	99.6	100.1
昆明	100.8	99.6	100.4	100.6	100.2	100.1	99.3	100.4	100.3	99.4	100.5	100.3
西安	100.0	99.7	100.1	99.9	99.6	100.1	100.3	99.5	99.6	99.8	99.3	99.7
兰州	99.6	99.5	99.8	99.8	98.8	99.6	99.4	99.7	99.6	99.5	100.0	99.5
西宁	99.4	99.3	100.2	100.3	99.8	99.4	99.9	100.1	99.7	99.2	99.7	99.8
银川	99.5	99.7	99.8	99.5	99.6	99.9	99.7	99.8	99.6	99.8	99.5	99.9

续表

城市	1月	2月	3月	4月	5月	6月	7月	8月	9月	10月	11月	12月
乌鲁木齐	99.8	99.6	100.3	99.9	99.9	99.2	99.6	99.9	100.0	100.0	100.0	99.4
唐山	100.0	99.9	100.0	99.6	98.8	99.1	99.2	99.6	99.3	99.5	99.5	99.5
秦皇岛	99.7	99.8	99.5	99.9	100.1	99.5	99.6	99.3	99.5	99.3	99.6	99.7
包头	99.8	99.7	99.5	99.4	99.9	99.7	99.6	99.6	99.2	100.0	99.6	99.4
丹东	99.2	99.1	99.4	99.6	100.0	100.0	99.2	99.3	99.1	99.4	99.5	99.0
锦州	99.8	99.3	99.9	99.2	99.4	99.6	99.9	99.6	99.4	98.9	99.6	99.6
吉林	99.5	99.4	100.0	100.0	98.2	98.9	99.1	99.1	99.3	99.0	99.2	99.3
牡丹江	98.7	98.5	97.9	100.0	98.7	99.5	99.3	99.3	98.9	99.1	98.8	99.0
无锡	100.3	99.8	100.5	99.8	100.8	100.5	100.1	100.2	99.7	99.5	99.7	99.4
徐州	99.8	99.6	99.3	100.4	100.3	99.4	99.6	99.2	99.7	100.1	100.2	100.2
扬州	99.7	99.4	100.4	98.8	99.7	99.9	100.5	99.9	99.6	99.9	99.7	99.7
温州	100.0	99.7	99.5	99.5	99.4	99.3	99.6	99.4	99.8	99.5	99.3	99.9
金华	99.7	99.3	99.3	99.6	99.0	99.5	99.5	99.7	99.5	99.6	99.5	99.8
蚌埠	99.8	99.9	99.7	99.8	99.1	99.9	99.7	99.4	99.7	99.6	100.4	99.8
安庆	99.3	99.5	99.2	99.7	99.4	99.2	99.6	99.5	99.4	99.5	99.1	99.6
泉州	99.5	99.8	99.6	99.4	99.5	99.5	99.4	99.1	99.4	99.4	99.3	99.6
九江	99.8	100.0	99.7	100.1	99.9	99.9	99.8	99.4	99.8	99.1	99.6	99.7
赣州	99.5	99.7	100.2	100.3	100.3	100.2	99.6	99.7	99.7	99.9	99.8	99.9
烟台	99.5	99.4	99.7	99.3	99.2	100.1	100.9	99.8	99.6	100.2	99.6	99.9
济宁	99.4	99.6	99.8	99.5	99.3	99.5	99.8	99.2	99.2	99.1	99.0	99.3
洛阳	99.4	99.2	99.6	99.1	99.2	99.3	99.6	99.4	99.4	99.2	99.3	99.3
平顶山	99.8	99.8	99.6	99.7	99.7	99.8	99.4	99.7	99.5	99.6	99.6	99.7
宜昌	99.6	99.5	99.7	99.9	99.2	98.9	99.7	98.7	99.4	99.3	99.7	99.4
襄阳	99.5	99.7	99.9	99.4	99.1	99.4	99.5	99.3	99.3	99.5	99.6	99.8
岳阳	100.0	99.7	100.1	100.2	99.0	98.9	99.5	100.1	99.2	99.4	99.6	99.5
常德	99.2	99.4	99.6	99.5	99.3	99.7	99.2	99.5	99.8	99.2	99.4	99.3
韶关	99.6	99.4	99.8	99.3	100.2	99.7	99.5	99.8	99.5	99.7	99.5	99.6
湛江	99.1	99.9	99.6	99.8	98.8	99.9	99.7	99.0	99.2	99.5	99.1	99.6
惠州	100.4	100.6	99.7	99.7	99.6	99.6	100.2	99.8	99.7	99.6	99.8	99.7
桂林	99.8	99.6	100.2	99.6	100.3	99.7	99.4	99.6	99.5	99.6	99.3	99.5
北海	98.8	99.5	99.6	99.7	99.0	99.8	99.2	99.0	98.9	99.1	99.5	98.8
三亚	99.6	100.0	100.2	100.0	99.7	99.9	99.8	100.0	99.9	99.4	99.7	99.8
泸州	99.3	99.9	99.5	99.8	99.8	99.6	100.3	99.9	100.2	99.3	99.1	100.1
南充	99.8	100.3	99.9	100.4	100.6	101.0	100.6	99.7	99.7	100.3	99.4	99.6
遵义	99.5	99.7	99.4	99.7	99.2	99.5	100.4	99.7	99.5	99.5	99.8	99.0
大理	99.9	99.3	99.5	99.1	99.4	100.4	99.6	100.3	99.9	99.7	99.2	99.5

数据来源：国家统计局。

2022 年 70 个大中城市二手住宅销售价格指数同比数据 表 37

城市	1月	2月	3月	4月	5月	6月	7月	8月	9月	10月	11月	12月
北京	108.0	107.4	107.2	106.5	105.3	104.5	104.1	103.9	104.6	105.2	105.2	103.9
天津	100.7	100.8	100.1	99.3	98.0	97.4	96.5	95.8	94.4	93.9	93.8	93.6
石家庄	96.1	95.9	95.5	95.1	95.1	95.0	95.3	95.5	95.6	95.6	95.7	96.6
太原	96.0	95.6	95.1	93.8	94.7	95.2	94.5	94.5	94.5	94.3	94.8	95.3
呼和浩特	98.2	97.6	97.1	97.0	96.6	96.0	96.0	94.9	95.0	95.5	95.9	94.9
沈阳	101.1	99.7	98.5	97.6	97.0	96.3	95.4	94.5	94.1	93.8	93.4	93.1
大连	103.2	102.4	101.3	99.7	98.6	98.2	97.8	97.1	96.2	95.4	95.0	94.9
长春	99.2	99.0	99.2	99.4	97.4	96.3	95.5	94.9	94.5	94.1	94.0	93.6
哈尔滨	97.9	96.6	95.5	94.0	92.8	91.6	91.1	90.5	90.5	90.3	90.5	90.9
上海	105.8	105.3	104.6	103.7	103.0	102.3	102.4	102.8	103.9	103.9	103.5	102.6
南京	102.7	101.3	100.3	99.1	97.6	96.5	96.3	96.6	96.6	96.2	96.4	96.3
杭州	104.8	104.6	103.6	102.7	101.6	101.4	100.6	100.0	99.8	99.5	99.4	99.1
宁波	101.8	101.5	100.9	100.1	99.4	99.2	99.1	98.6	98.5	98.3	98.2	98.4
合肥	101.5	100.5	99.5	98.2	97.3	97.6	98.1	98.4	98.8	98.8	98.5	98.6
福州	101.8	100.8	99.8	99.3	98.9	98.1	97.8	97.7	97.6	97.4	97.0	96.9
厦门	101.0	100.4	100.1	100.0	100.4	100.4	99.6	99.0	98.7	98.6	98.5	98.4
南昌	99.0	99.0	99.2	98.6	98.2	98.0	98.5	98.6	98.4	98.6	98.4	98.3
济南	100.7	100.8	100.5	99.1	98.2	97.6	97.0	96.4	96.7	96.6	96.6	96.5
青岛	101.1	100.8	100.5	99.4	98.7	99.0	98.4	97.9	97.5	97.0	96.8	96.6
郑州	100.5	99.8	99.2	98.2	97.3	96.2	95.4	94.9	94.7	94.7	94.5	94.3
武汉	101.3	100.1	99.1	98.1	97.3	95.9	95.4	94.9	94.4	94.2	93.8	93.9
长沙	104.4	103.7	102.9	101.9	101.4	100.7	99.9	99.6	99.6	99.9	99.9	99.9
广州	104.1	103.8	102.7	102.0	101.3	101.2	100.6	100.0	99.8	99.8	99.7	99.5
深圳	98.5	97.4	96.7	97.2	97.4	96.6	96.5	96.4	96.5	96.5	96.4	96.3
南宁	97.7	97.3	96.8	96.6	96.1	95.4	95.1	94.6	94.5	94.0	94.2	93.9
海口	107.2	106.6	106.6	105.8	105.1	104.7	103.1	102.1	100.8	99.9	99.3	98.7
重庆	104.7	104.4	103.7	101.9	100.5	100.1	100.2	99.8	99.1	98.5	97.9	97.9
成都	103.6	103.3	103.2	103.6	103.8	105.4	106.7	106.8	107.0	107.5	108.5	109.1
贵阳	97.8	97.7	96.6	96.0	95.0	94.6	94.1	94.8	95.3	95.0	95.3	96.0
昆明	100.6	99.4	99.5	99.5	99.5	100.1	99.8	100.8	101.5	101.2	102.1	101.9
西安	104.5	103.2	102.7	101.8	100.4	99.6	99.3	98.5	97.9	97.9	97.7	97.7
兰州	100.4	99.4	98.7	97.9	96.4	96.0	95.2	95.0	94.9	94.8	95.1	94.9
西宁	100.7	99.6	99.4	99.3	98.7	97.5	97.0	96.8	96.5	96.3	96.6	96.8
银川	101.9	101.1	100.2	99.1	97.8	97.3	96.8	96.8	96.5	96.5	96.3	96.4
乌鲁木齐	98.0	97.0	97.4	96.9	97.0	96.5	96.4	96.6	97.1	97.6	98.0	97.7

续表

城市	1月	2月	3月	4月	5月	6月	7月	8月	9月	10月	11月	12月
唐山	98.3	97.7	97.6	97.5	96.9	95.8	95.5	95.4	95.3	95.0	94.3	94.2
秦皇岛	96.8	96.9	96.2	96.3	96.6	96.5	96.6	96.1	95.9	95.5	95.3	95.5
包头	100.0	99.6	98.8	97.7	97.0	96.5	96.4	96.1	95.6	95.7	95.6	95.5
丹东	99.5	98.4	97.6	97.0	96.6	96.5	95.6	95.0	94.0	93.5	93.3	93.0
锦州	97.5	96.7	96.4	96.1	95.7	95.5	95.5	94.9	94.7	94.1	94.4	94.4
吉林	98.8	98.1	97.8	97.6	95.9	94.9	93.9	93.2	92.9	92.3	91.6	91.4
牡丹江	93.4	92.2	90.3	90.4	89.5	89.6	89.5	89.3	89.0	88.9	88.2	88.4
无锡	103.0	102.5	102.1	101.1	101.5	101.0	100.7	100.7	100.3	100.2	100.3	100.4
徐州	102.0	101.2	99.3	98.3	97.5	96.5	96.3	95.8	95.8	96.3	97.0	97.7
扬州	101.7	100.7	100.2	98.1	97.1	96.4	96.6	96.5	96.3	96.6	96.8	97.2
温州	102.5	101.5	100.4	99.1	97.8	96.5	95.9	95.3	95.4	95.5	95.0	95.2
金华	101.5	100.4	99.2	98.4	96.8	95.4	94.6	94.5	94.2	94.1	93.9	93.9
蚌埠	101.2	100.7	99.9	99.4	98.2	97.4	96.8	96.1	95.9	95.9	96.7	96.9
安庆	95.6	95.5	94.8	94.7	94.5	94.0	94.0	93.8	93.6	93.6	93.3	93.3
泉州	102.2	101.2	100.0	98.5	97.3	96.3	95.4	94.3	93.9	93.7	93.7	93.8
九江	100.5	100.0	99.2	99.0	98.7	98.2	97.8	97.4	97.4	96.8	96.9	97.0
赣州	100.4	99.8	100.0	100.4	100.9	100.9	100.7	100.5	100.1	99.5	98.9	98.8
烟台	101.5	100.6	99.8	98.5	97.5	97.2	97.5	97.3	97.0	97.4	97.2	97.2
济宁	100.7	99.7	99.2	98.4	97.1	96.1	96.1	95.5	94.5	93.8	92.9	92.9
洛阳	100.6	99.9	99.1	97.3	96.0	95.0	94.3	93.6	93.0	92.3	92.5	92.4
平顶山	99.8	99.2	98.6	98.1	97.7	97.5	97.1	96.7	96.4	96.1	96.0	95.8
宜昌	97.4	97.1	96.6	96.6	96.0	94.9	94.8	93.8	93.5	93.1	93.3	93.2
襄阳	99.0	98.9	98.5	97.6	96.5	95.7	95.4	94.9	94.3	94.3	94.1	94.3
岳阳	97.0	97.0	97.4	97.8	97.1	96.2	96.2	96.2	95.7	95.4	95.2	95.2
常德	97.1	96.6	96.2	95.7	95.2	94.9	94.6	94.4	94.4	93.8	93.5	93.4
韶关	99.3	98.5	97.9	96.7	96.5	96.5	96.1	95.6	95.3	95.8	95.8	95.7
湛江	99.2	98.8	97.9	97.1	96.0	95.6	95.3	94.6	94.2	94.2	93.4	93.5
惠州	100.3	100.4	99.7	99.2	98.6	97.8	98.1	98.2	98.2	98.3	98.4	98.4
桂林	98.3	97.8	97.9	97.7	97.9	97.4	96.5	96.4	96.2	96.5	96.4	96.1
北海	97.2	96.9	96.7	96.7	95.8	95.1	94.3	93.5	92.7	92.1	91.9	91.4
三亚	103.7	103.0	102.4	101.6	100.5	100.0	99.4	99.2	98.9	97.9	97.6	98.1
泸州	99.1	98.6	98.4	97.8	97.2	96.8	97.0	96.4	96.5	96.5	96.6	96.9
南充	94.8	95.3	95.6	95.7	96.6	98.1	99.4	99.7	99.9	101.1	101.4	101.4
遵义	97.7	97.2	96.3	96.1	95.8	95.3	95.8	95.8	95.6	95.6	95.6	95.0
大理	97.3	96.0	95.3	94.3	93.6	94.0	94.2	94.7	95.0	95.5	95.6	95.9

数据来源：国家统计局。

2022年70个大中城市二手住宅销售价格指数定基数据 **表38**

城市	1月	2月	3月	4月	5月	6月	7月	8月	9月	10月	11月	12月
北京	112.1	112.9	114.3	115.0	114.9	115.5	115.8	116.0	116.5	116.7	116.5	116.0
天津	99.2	99.4	99.0	98.6	97.7	97.3	96.6	95.9	95.0	94.4	94.0	93.4
石家庄	94.9	94.6	94.2	94.1	94.2	93.8	93.9	93.5	93.4	92.9	92.2	92.2
太原	94.4	93.9	93.3	91.7	92.3	92.8	92.5	92.2	91.7	91.2	90.9	90.2
呼和浩特	97.7	97.3	97.0	96.8	96.3	95.6	95.1	94.4	94.0	94.0	94.0	92.9
沈阳	104.3	103.2	102.6	102.2	102.1	101.7	101.1	100.2	99.8	99.3	98.6	97.8
大连	106.5	106.3	105.8	104.8	104.3	104.5	104.3	104.0	103.2	102.5	101.9	101.7
长春	97.5	97.0	97.0	97.0	95.4	94.7	94.2	93.9	93.6	93.1	92.6	91.8
哈尔滨	95.0	94.1	93.4	92.4	91.5	90.6	90.2	89.4	88.9	88.2	87.5	87.0
上海	110.5	111.5	111.9	111.9	111.9	112.2	113.0	113.6	114.2	113.7	113.2	112.7
南京	105.4	104.6	104.5	103.9	103.0	102.6	102.7	103.4	103.6	102.9	102.6	102.1
杭州	108.8	109.1	109.4	109.5	109.3	110.0	109.6	109.2	108.6	107.7	107.5	107.4
宁波	107.0	107.5	107.7	107.6	107.2	107.6	107.7	107.1	106.8	106.3	105.8	105.8
合肥	104.7	104.4	104.2	103.3	102.8	103.4	104.0	104.3	104.5	104.4	104.0	103.6
福州	104.2	103.8	103.4	103.7	103.9	103.7	103.5	103.2	102.9	102.3	101.8	101.5
厦门	104.1	103.9	104.1	104.3	104.8	105.2	104.7	104.0	103.4	103.0	102.6	102.1
南昌	99.8	99.7	99.9	99.5	98.8	98.5	99.0	99.2	98.9	98.9	98.4	98.0
济南	99.5	99.3	99.2	98.4	98.0	97.9	97.7	97.3	97.3	96.9	96.5	96.3
青岛	100.1	100.1	100.3	99.6	99.4	99.9	99.6	99.1	98.7	98.1	97.4	96.9
郑州	99.3	98.9	98.7	98.3	98.0	97.4	96.8	96.1	95.7	95.2	94.4	93.8
武汉	102.2	101.4	100.8	100.4	99.9	99.2	99.1	98.5	97.7	97.3	96.6	96.2
长沙	106.3	106.1	106.1	105.6	105.3	105.4	105.7	105.9	106.1	106.0	106.1	106.2
广州	110.3	111.0	111.3	111.9	112.0	112.6	112.8	112.7	112.0	111.2	110.6	109.9
深圳	106.0	105.8	105.5	106.0	106.1	105.1	104.6	104.0	103.6	103.4	103.1	102.6
南宁	99.6	99.3	98.7	98.3	97.7	97.2	96.8	96.0	95.6	94.9	94.4	93.8
海口	109.8	109.8	110.5	110.6	110.4	110.8	110.5	110.3	109.5	108.7	108.5	107.9
重庆	105.5	105.4	105.5	104.9	104.6	105.1	105.4	105.0	104.5	103.7	103.1	102.6
成都	107.5	108.2	108.8	109.6	110.5	112.8	114.2	114.9	115.2	115.7	116.1	116.3
贵阳	95.9	96.0	95.1	94.9	94.2	93.5	93.0	93.4	93.3	92.7	92.3	92.4
昆明	102.7	102.3	102.7	103.3	103.4	103.5	102.8	103.1	103.4	102.8	103.4	103.7
西安	107.3	106.9	107.1	107.0	106.6	106.7	107.0	106.5	106.1	105.8	105.1	104.8
兰州	102.9	102.4	102.1	101.9	100.7	100.4	99.8	99.5	99.0	98.5	98.5	98.0
西宁	105.2	104.5	104.7	105.0	104.8	104.2	104.0	104.2	103.9	103.0	102.7	102.5
银川	106.9	106.5	106.3	105.8	105.3	105.2	104.9	104.7	104.3	104.1	103.6	103.4
乌鲁木齐	101.2	100.8	101.1	101.0	100.9	100.1	99.7	99.6	99.6	99.6	99.6	99.1
唐山	101.7	101.6	101.6	101.2	100.0	99.1	98.3	97.9	97.2	96.8	96.3	95.8

续表

城市	1月	2月	3月	4月	5月	6月	7月	8月	9月	10月	11月	12月
秦皇岛	98.4	98.2	97.8	97.7	97.8	97.3	96.9	96.2	95.7	95.0	94.6	94.3
包头	101.2	100.9	100.5	99.9	99.7	99.4	99.0	98.6	97.8	97.8	97.4	96.8
丹东	102.3	101.3	100.7	100.3	100.3	100.3	99.6	98.9	98.0	97.4	96.9	95.9
锦州	97.1	96.4	96.3	95.6	95.0	94.6	94.5	94.1	93.5	92.5	92.1	91.8
吉林	97.6	97.0	97.0	97.0	95.2	94.2	93.3	92.5	91.9	91.0	90.2	89.6
牡丹江	88.8	87.5	85.7	85.7	84.6	84.2	83.5	83.0	82.0	81.3	80.3	79.5
无锡	107.0	106.8	107.3	107.1	107.9	108.4	108.6	108.7	108.4	107.9	107.6	107.0
徐州	107.1	106.6	105.9	106.3	106.6	106.0	105.5	104.7	104.3	104.4	104.6	104.8
扬州	105.1	104.5	104.9	103.6	103.3	103.2	103.7	103.6	103.2	103.1	102.8	102.4
温州	105.7	105.4	104.9	104.5	103.8	103.1	102.7	102.1	101.9	101.5	100.7	100.6
金华	106.0	105.2	104.5	104.0	103.0	102.5	102.0	101.6	101.1	100.6	100.1	99.8
蚌埠	103.6	103.5	103.2	103.0	102.2	102.1	101.7	101.2	100.8	100.4	100.9	100.7
安庆	94.5	94.0	93.2	93.0	92.5	91.8	91.4	90.9	90.4	90.0	89.2	88.8
泉州	105.9	105.7	105.3	104.7	104.2	103.7	103.1	102.2	101.6	100.9	100.2	99.8
九江	101.9	102.0	101.7	101.7	101.7	101.6	101.4	100.8	100.7	99.7	99.4	99.1
赣州	101.7	101.4	101.6	101.9	102.2	102.4	102.0	101.7	101.4	101.3	101.2	101.0
烟台	102.3	101.7	101.4	100.7	99.9	99.9	100.9	100.7	100.3	100.4	100.0	99.9
济宁	104.2	103.7	103.5	103.0	102.4	101.8	101.6	100.8	100.0	99.0	98.0	97.4
洛阳	102.1	101.3	100.9	100.1	99.3	98.6	98.2	97.6	97.0	96.3	95.6	95.0
平顶山	101.6	101.4	101.0	100.6	100.4	100.1	99.6	99.3	98.7	98.3	97.9	97.5
宜昌	97.1	96.6	96.3	96.1	95.4	94.3	94.0	92.8	92.2	91.6	91.4	90.9
襄阳	98.4	98.1	98.0	97.4	96.5	96.0	95.5	94.8	94.2	93.8	93.4	93.2
岳阳	97.4	97.0	97.1	97.3	96.4	95.3	94.8	94.9	94.1	93.5	93.1	92.7
常德	96.6	96.0	95.7	95.2	94.6	94.3	93.6	93.1	92.9	92.1	91.6	90.9
韶关	99.6	98.9	98.7	98.0	98.2	97.9	97.4	97.2	96.7	96.5	96.0	95.6
湛江	98.8	98.7	98.4	98.1	97.0	96.9	96.6	95.6	94.9	94.5	93.6	93.2
惠州	103.1	103.7	103.4	103.1	102.7	102.3	102.4	102.2	101.9	101.5	101.3	101.0
桂林	99.7	99.3	99.5	99.1	99.4	99.1	98.5	98.1	97.6	97.2	96.5	96.0
北海	95.6	95.1	94.7	94.4	93.5	93.4	92.6	91.7	90.7	89.9	89.5	88.4
三亚	105.0	105.0	105.2	105.2	104.9	104.8	104.6	104.6	104.5	103.9	103.6	103.4
泸州	98.3	98.2	97.7	97.5	97.3	96.9	97.2	97.2	97.4	96.6	95.8	95.9
南充	91.9	92.2	92.1	92.5	93.0	94.0	94.6	94.3	94.0	94.3	93.7	93.3
遵义	98.2	97.9	97.2	96.9	96.1	95.6	96.0	95.8	95.3	94.8	94.7	93.8
大理	98.2	97.5	97.0	96.1	95.5	95.8	95.5	95.8	95.8	95.5	94.7	94.2

数据来源：国家统计局。

（哈尔滨工业大学　王要武　李晓东）

部属单位、团体

全国市长研修学院（住房和城乡建设部干部学院）

2022年是党和国家发展史上极为重要的一年，党的二十大胜利召开，全国市长研修学院（住房和城乡建设部干部学院）（以下简称：学院）在部党组和倪虹部长的坚强领导下，以习近平新时代中国特色社会主义思想为指导，深入学习贯彻习近平总书记关于住房和城乡建设工作的重要指示批示精神，按照全国住房和城乡建设工作会议部署，全院教职工齐心协力、攻坚克难、真抓实干，全力做好保生产、保安全、保运转，圆满完成了部党组交给的各项工作任务。

【深入学习贯彻党的二十大精神，持之以恒落实全面从严治党要求】突出学习贯彻党的二十大精神主线，全面部署学习宣传贯彻措施，坚持以党的政治建设为统领，持续强化理论武装，学深悟透习近平新时代中国特色社会主义思想，深刻领悟“两个确立”的决定性意义，增强“四个意识”，坚定“四个自信”，做到“两个维护”，认真贯彻落实党中央决策部署及部党组指示要求，深入推进党风廉政建设，党史学习教育取得实实在在的成效。

党的二十大代表，住房和城乡建设部副部长姜万荣在学院主持开展党的二十大精神“大调研、大宣讲”活动，全面宣讲党的二十大精神，并围绕学院如何落实党的二十大精神，与干部职工座谈交流。强调要把学习宣传贯彻党的二十大精神作为当前和今后一个时期首要政治任务，在全面学习、全面把握、全面落实上下功夫，深刻领会“两个结合”，牢牢把握“六个必须坚持”，知行合一、笃信笃行，内化于心、外化于行，推动党的二十大精神在住房和城乡建设领域落地生根。学院充分发挥党委理论学习中心组引领和示范带动作用，运用党支部学习、青年理论学习小组学习狠抓党员和青年干部的理论武装，切实把党员干部的思想和行动统一到党的二十大精神上来，统一到贯彻落实党的二十大确定的目标任务上来。开展党员先锋岗创建，6个党支部如期改选，第3党支部被中央和国家机关命名为“四强”党支部。

【贯彻落实部党组重大决策部署，扎实做好市长、系统领导干部、党校、行业专业技术人员培训工作】以学习贯彻习近平总书记关于住房和城乡建设工作的重要论述和指示批示精神、中央城市工作会议精神为主线，按照全国住房和城乡建设工作会议提出的要求，聚焦让群众住上更好的房子、打造宜居韧性智慧城市、建设宜居宜业和美乡村、推动建筑业由大到强、筑牢安全发展底线等重点任务开展培训，共举办面授及网络培训班88期，培训学员189万余人次，其中面授培训班19期，培训学员1776人次。举办了市长研究面授班1期，培训学员33人次；党校处级干部进修面授班1期，培训学员22人次；住房和城乡建设系统领导干部培训班39期，培训学员187万余人次；“十四五”万名总师培训班4期，培训学员1054人次；地方委托培训班43期，培训学员2万人次。

住房和城乡建设部部长倪虹亲自对学院培训工作作出指示，对新形势下市长培训工作提出新要求。姜万荣担任部国家级专业技术人员继续教育基地建设工作领导小组组长，出席市长研究班、住房和城乡建设部直属机关党校处级干部进修班学员座谈会并讲话。相关司局在教学计划制定、培训师资推荐、培训班授课、教学考察点选择、推荐地方典型经验等方面给予了大量技术和人力支持。

【紧扣部中心工作开展培训，教学安排丰富务实】学院在年度计划制定过程中，充分征求有关司局意见，结合有关司局重点工作设置培训主题。各类培训班教学计划、师资安排请有关司局把关，确保正确宣贯部的政策措施、推广地方典型经验做法。如举办的唯一一期“发展保障性租赁住房市长专题研究班”，贯彻落实《关于加快发展保障性租赁住房的意见》，聚焦当前房地产形势和发展保障性租赁住房，促进解决好城市住房突出问题等开展学习研讨，培训学员在中共中央组织部办班系统中，对该班总体评分为4.98分（满分5）。

【线上线下相结合，克服线下培训局限性】有效应对疫情反复冲击，学院多期培训班采取了线上线下相结合的方式举办，解决了一些名师不能亲临培训现场教学的遗憾。搭建临时录播室，调动全院力量进行课程拍摄制作，78.4%的班次通过线上方式来完成，网络平台为大规模开展培训提供了坚实保障。服务部各司局，完成委托培训班 17 期，其中线上培训占 53%，培训学员 180 万余人次，工程质量管理网络培训班单个班次培训人次突破百万人。首次举办了 4 期线上免费总师培训班，优质课程得到了学员的高度认可，充分发挥国家级专业技术人员继续教育基地在住房和城乡建设领域专业技术人员知识更新中的重要作用，为部重点工作提供人才支撑。

【紧扣主业主课，不断提高党校班教学质量】按照“强化理论教育党性教育主业主课”的要求，以“习近平新时代中国特色社会主义思想”“党性教育”为核心，开设了马克思主义哲学、习近平新时代中国特色社会主义思想、党史、党建、国家安全观、廉洁从政法律风险防范等多方面的课程，其中安排面授 62 次，面授率历史性达到 94%。开设了习近平新时代中国特色社会主义经济思想专题课程，开设了 13 门住房和城乡建设领域特色课，还邀请了罗援、杨振、褚有奇等知名专家学者作专题辅导报告。

【扎实推进网络培训，有效推动工程建设领域注册执业人员知识更新】更新继续教育网络课程。围绕“十四五”时期住房和城乡建设重点工作，精心设计 2022 版注册建筑师、注册结构工程师、一级注册建造师（建筑工程、市政工程、机电工程）等注册执业人员继续教育网络课程，在学院“全国住建系统专业技术人员在线学习平台”更新上线，平均更新率达 43%，现有 360 余门网络课程供注册执业人员学习。

【致力于为注册执业人员学习服务】为使工程建设领域注册执业人员更好地学习领会贯彻中央及部委政策文件精神，2022 版继续教育网络课程有 24 门政策解读课程全部免费向社会开放，其中包括城乡建设绿色发展、“十四五”工程勘察设计行业发展规划、“十四五”建筑业发展规划、加强城乡历史文化保护传承工作、智能建造与建筑工业化协同发展、工程建设标准化改革等内容。为促进强制性工程建设规范的宣传贯彻，2022 版继续教育网络课程增设了 13 项强制性工程建设规范详细解读，包括《工程勘察通用规范》《建筑与市政地基基础通用规范》《工程结构通用规范》《建筑节能与可再生能源利用通用规范》等内容。2022 版继续教育网络课程围绕城乡建设绿色低碳发展、城市更新行动、建筑业转型升级等重点工作，增加北京冬奥工程绿色建造创新实践、实施城市更新行动推动城市高质量发展、智能建造与建筑工业化应用、企业数字化转型等重点课程。还推出了一级注册建造工程师（公路工程、矿业工程）、注册土木工程师（岩土）专业继续教育网络课程。各类注册执业人员 1.2 万人参加学习，人数逐年稳步提升。

【积极为地方省厅干部培训服务】举办山东省注册建筑师继续教育培训班，江西省注册建筑师、注册结构工程师、注册土木工程师（岩土）继续教育培训班，贵州省注册建筑师、注册结构工程师继续教育培训班，共培训学员 1800 人次。

【建设新型智库，努力推动学院转型发展】深入地方开展调研。姜万荣在学院领导班子成员调研报告上批示：“开展深入调研是发现问题、解决问题的重要环节。要加大调研成果的转化力度，为推动住房城乡建设高质量发展做出更大贡献。相关研究报告可送业务司局参考”。学院认真落实批示精神，在暑期开展大调研活动，31 名处级干部、具有高级职称同志围绕部重点工作、学院中心工作、自身实际工作撰写了调研报告，更好地推进本职工作。紧紧围绕“中国式现代化”这个主题，深入开展“大调研、大讨论”活动，组织干部职工认真思考和谋划新时代推动住房和城乡建设事业高质量发展的创新思路和具体举措。

【围绕部中心工作开展课题研究】成立市长智库工作组，形成《关于城市开发建设方式转型期创新投融资方式的思考》《元宇宙及其在住房和城乡建设领域的应用》《“广州国际城市奖”10 年经验对“全球可持续发展城市奖（上海奖）”的启示》等多篇智库信息，得到了部领导关注。学院在研的部级、院级各类课题 24 项，完成了部有关司局及地方政府委托的“城市奖项统筹策略研究”“城市市政基础设施绿色发展对策—市政基础设施落实碳达峰碳中和要求的路径与措施”“辽宁省社会治理理念下老旧小区改造模式”等多项课题。承担上海市决策咨询委的“城市联盟在全球城市参与国际合作与竞争中的机制研究”重大课题。

【抓好教材编写】在已出版的“致力于绿色发展的城乡建设”系列培训教材 10 本的基础上，增编的《城市体检：推动城市健康发展》已出版，教材受到地方、广大学员的高度好评。组织编写《全国城管执法队伍培训大纲》《城市管理行政执法文书示范文本 2022 版》等。

【加强学院自身建设，不断提高干部队伍素质】大力推进网络平台建设。对“全国住建系统领导干部在线学习平台”完成多项功能升级和课程更新，3.4 万人注册学习。完成了新版“全国住建系统专业技术人员在线学习平台”开发上线，美化了平台界面，优化了用户操作，精简了选课流程，增加手机 APP、智能客服、在线开票等功能，在线学习 10 万余人。新开发建设“住房和城乡建设部直属机关干部在线学习平台”，保证部机关和直属单位领导干部网络学习需求。

【干部队伍建设逐步形成梯队】坚持严管与厚爱相结合，认真落实学院《2020—2024 年人才发展规划》《推动教师上讲台实施方案》《促进学院专业技术人员成长实施办法》等人才培养方案，完成首次副处级组织员选拔聘任工作，开展了教师上讲台试讲工作，选派 10 余名干部到部、海南挂职或协助工作，15 名干部进行了内部轮岗交流，4 名同志获评高级职称，公开招聘了 7 名应届毕业生，开展新入职教职工的学习培训。

【学院规章制度不断健全】在已出台 120 余项规章制度的基础上，又新订 22 规章制度，涉及党务建设、院务管理、教学培训、人事管理、后勤保障。重视离退休干部工作，制定了《离退休干部党支部工作办法》，明确了党支部落实“三会一课”、分工联系党员、设置支部干事、加强党员教育管理等具体要求。印发多项安全方面规章制度，确保了北京冬奥会、两会、党的二十大期间学院安全稳定。

【加大现场教学基地建设及积极改善办学条件】在福建省连城县委党校设立“住房和城乡建设部直属机关党校”现场教学基地。住房和城乡建设部直属机关 2022 年春季学期党校处级干部进修班学员参加揭牌仪式。完成了天建大厦教学楼消防改造工作。启动了录播室建设工作。积极推进学院培训疗养机构改革工作。

【学院文化建设取得新突破】连续 6 年评选出炉学院年度十件大事，十件大事评选已经成为学院文化名片。连续 5 年举办教职工能力素养提升内训，不断提高干部职工履职能力。继续推动为教职工办实事办好事活动，开展女性健康知识讲座、为新入职干部提供宿舍等 10 件实事好事，不断增强干部职工的获得感、幸福感。学院工会、妇女委员会、青年理论学习小组等群众组织发挥了积极作用。

2022 年疫情对学院影响是最大的一年，线下培训的窗口期非常短，线下培训随时被叫停，能取得上述成绩实属不易。这些成绩的取得，是习近平新时代中国特色社会主义思想科学指引的结果，是部党组坚强领导的结果，是全体教职工团结一心、勇于担当、接续奋斗的结果。

［全国市长研修学院（住房和城乡建设部干部学院）］

住房和城乡建设部人力资源开发中心

【参与编制行业人才发展规划（意见）】住房城乡建设部人事司会同住房和城乡建设部人力资源开发中心（以下简称：中心）和各司局编制住房和城乡建设部《行业人才发展规划（意见）》。实地对山东、浙江、青海住房城乡建设厅人事主管部门及水利部等部委进行调研，收集梳理住房和城乡建设部十四五相关规划中的人才工作内容、其他兄弟部委及部分省级住房城乡建设主管部门的十四五人才规划文件，结合行业未来发展目标和需求，草拟初稿并及时将相关进展报部人事司。

【课题研究工作】受部人事司、建筑技能与科技司、村镇建设司委托，开展行业人才发展研究、建设工程消防审验技术服务人员培训制度及内容研究、乡村建设工匠职业技能标准研究，所有课题均已完成并通过专家评审。

【2022 年专业技术职务任职资格评审工作】在部人事司的指导下，完成 2022 年住房城乡建设领域专业技术职务任职资格评审工作，共组织召开 29 次评审会，提交到职称评审委员会并上会评审的申报人员共计 3344 人，评审通过 2596 人。积极推进部称职称评审管理办法的出台工作，形成办法初稿。召开职称评审标准修订启动会，组织专家对现行标准需修订内容进行讨论并分组修订。

【行业职业技能标准编写（编制）工作】组织开展行业职业技能标准编制工作，《智能楼宇管理员职业技能标准》《城镇排水行业职业技能标准》已出版；《装配式建筑职业技能标准》《装配式建筑专业人员职业技能标准》已完成审查报批；《机械清扫工职业技能标准》《保洁员职业技能标准》《垃圾处理工职业技能标准》《垃圾清运工职业技能标准》《燃气行业职业技能标准》完成上网征求意见；《市政行业职业技能标准》《建设安装职业技能标准》待上网征求意见。

【提升行业从业人员的管理能力和业务水平工作】为进一步提高统计培训质量，加强培训内容的系统性和规范性，对《2017版城乡建设统计培训教材》进行修编并举办城乡建设统计培训班。

【全国住房和城乡建设职业教育教学指导委员会秘书处工作】在部人事司指导下，完成《住房城乡建设行指委章程》《印章使用管理办法》《经费管理办法》等制度文件报批稿拟定工作；对接行业新业态，对应新职业完成第一批土木建筑大类63个专业简介和34个专业教学标准的修制订工作，同时启动第二批土木建筑大类7个专业教学标准的制订工作；开展职业院校土木建筑大类专业教材监测工作；开展土木建筑大类《职业教育教师企业实践项目标准》研制工作；完成2022年职业教育国家在线精品课程、2022年职业教育国家级教学成果奖和第二批全国职业教育教师企业实践基地推荐工作；加强行业产业发展与需求研究能力，完成住房和城乡建设领域产教融合、校企合作典型案例征集工作。

【行业企事业单位人力资源服务工作】筹划举办劳动关系与劳动争议处理等人力资源管理系列沙龙活动，为部属、行业企业提供岗位体系设计、薪酬绩效等方面的人力资源管理问题解决方案，提升其人力资源管理效能，助力其创新发展。积极发挥人事档案管理专业优势，为6家部属、行业企事业单位提供1014卷人事档案专项审查服务。推进人事档案信息化建设，为4家部属、行业企事业单位，提供2900卷人事档案数字化加工服务。

（住房和城乡建设部人力资源开发中心）

住房和城乡建设部执业资格注册中心

【执业资格考试情况】2022年度，全国共有约528.29万人报名参加一级注册建筑师、一级注册结构工程师、注册土木工程师（岩土）、注册土木工程师（港口与航道工程）、注册土木工程师（水利水电工程）、注册土木工程师（道路工程）、注册公用设备工程师、注册电气工程师、注册化工工程师、注册环保工程师、注册安全工程师（建筑施工安全专业类别）、一级建造师、二级注册建筑师、二级注册结构工程师和二级建造师等执业资格全国统一考试，具体报考情况见表1。

2022年部分地区和专业受疫情影响停考或补考。其中，注册建筑师各地区均在2023年组织并完成了补考；勘察设计工程师共有河北省、山西省、内蒙古自治区、黑龙江省、福建省、山东省、河南省、湖北省、湖南省、云南省、西藏自治区、甘肃省、青海省、宁夏回族自治区、新疆维吾尔自治区、新疆生产建设兵团16个地区组织了补考；一级建造师共有新疆维吾尔自治区、新疆生产建设兵团、西藏自治区、山西省、河南省、内蒙古自治区、河北省、青海省、重庆市、甘肃省、山东省、广东省、黑龙江省、湖南省、江苏省、陕西省、四川省17个地区组织了补考；注册安全工程师（建筑施工安全专业类别）共有内蒙古自治区、黑龙江省、江苏省、福建省、山东省、河南省、湖北省、湖南省、广东省、四川省10个地区组织了补考。

2022年度各专业执业资格考试报考情况统计表

表1

专业		报考人数（人）
一级注册建筑师		63772
二级注册建筑师		21857
勘察设计注册工程师	一级注册结构工程师	13655
	二级注册结构工程师	7632
	注册土木工程师（岩土）	11134
	注册土木工程师（港口与航道工程）	273
	注册土木工程师（水利水电工程）	916
	注册土木工程师（道路工程）	3078
	注册公用设备工程师	12476
	注册电气工程师	9394
	注册化工工程师	705
	注册环保工程师	1023
注册安全工程师（建筑施工安全专业类别）		123452
一级建造师		2013557
二级建造师		约300万
合计		约528.29万

备注：勘察设计注册工程师为2022年正考人数（截至目前，仍未得到人事考试部门提供的补考数据），其余数据均为2022年正考人数加2023年补考人数。

【考试管理工作】研究制定考试应急预案和防疫指南，严格遵守集中工作防疫要求，加强与命题专家沟通，根据实际情况及时调整专家，确保按时完成各项命审题工作。紧盯疫情发展形势变化，充分利用“窗口期”快速响应，及时调整命题阅卷计划，保证考试工作各环节不因疫情停滞。继续加强考试保密工作和试题质量的管控，未发生失泄密事件和质量事故。推进考试改革，一级建筑师、勘察设计工程师考试全部实现无纸化网络阅卷。开展勘察设计工程师基础考试相关专业科目合并和专业考试体系调整的可行性研究。

【注册管理工作】继续开展一级注册建筑师、勘察设计注册工程师、注册监理工程师、一级建造师、注册安全工程师（建筑施工安全专业）等执业资格注册管理相关工作，2022 年共完成近 133.2 万人次的各类注册工作。据统计，截至 2022 年年底各专业（除二级建造师）有效注册人数近 146.34 万人，具体情况见表 2。

2022 年度各专业执业资格有效注册情况统计表　表 2

专业		至 2022 年年底有效注册人数（人）
一级注册建筑师		40625
勘察设计注册工程师	一级注册结构工程师	45306
	注册土木工程师（岩土）	23004
	注册公用设备工程师	38522
	注册电气工程师	24652
	注册化工工程师	6212
一级建造师		884419
注册安全工程师（建筑施工安全专业）		79008
注册监理工程师		321700
合计		1463448

执业资格注册管理中，3 月，启动“全国一级注册建筑师、注册工程师注册管理信息系统”重构工作。重构系统于 2022 年 12 月 1 日正式上线。聚焦人民群众“关键小事”，推动实现一级注册建筑师和一级建造师在手机移动端的注册业务“掌上办”功能，2022 年 12 月上线运行。进一步简化一级注册建筑师、勘察设计注册工程师执业资格认定申报材料，不再要求提供身份证明、与聘用单位签订的劳动合同等复印件。持续推进“我为群众办实事”实践活动，一级建筑师电子证照领取量 37993 张，领取占比 96.7%；一级建造师电子证照领取量 766136 张，领取占比 87.7%。不断加强注册咨询服务，进一步完善“中国建造师网”微信公众号及“智能客服助手”中各项功能，严格按照时效规定回复对外咨询服务邮箱中的来件，不断提高注册咨询服务能力。加强事中事后监管力度，修订《一级注册建筑师注册举报件处理操作规程》，认真受理投诉举报案件，主动开展调查核实。

【建设行业职业技能鉴定工作】圆满完成《中华人民共和国职业分类大典（2015 年版）》修订工作，会同有关部门推动住房和城乡建设领域新兴职业发展。开展《建筑产业工人技能培训体系建设》课题研究，为建筑业技能人才工作相关制度的制定提供技术支撑。积极落实住房城乡建设部定点帮扶工作部署，组织对青海省西宁市湟中区开展建筑产业工人技能培训，进一步提升该地区建筑产业工人理论水平和业务技能。与建筑杂志社开展战略合作，在注册中心网站增设“技能提升”专栏，大力弘扬住房和城乡建设领域劳模精神、劳动精神、工匠精神。

【国际交流与继续教育工作】11 月 16 日，住房和城乡建设部执业资格注册中心与俄罗斯建筑商协会正式签署了合作协议，为不断推动中俄建筑师资格互认稳步发展不懈努力。根据中日韩三方约定和疫情发展情况，决定推迟一年进行交流活动，并与日本、韩国的建筑师组织就相关问题达成一致意见，保持良好的沟通联络通道。为规范全国注册土木工程师（岩土）继续教育工作专家委员会运行和管理，落实部主管司局推动继续教育制度建设的要求，制定并印发了《全国注册土木工程师（岩土）继续教育工作专家委员会工作规则》。配合注册建筑师管理委员会开展新注册周期注册建筑师继续教育必修课选题及编写工作，确定了新注册周期必修课教材选题，协调出版社和编写工作组推进教材编写工作。从注册建筑师继续教育工作长远发展的角度出发，思考注册建筑师继续教育工作发展思路，总结分析注册建筑师继续教育工作在改革创新中的经验和不足，协调教育工作组推进注册建筑师继续教育必修课教育方式改革研究工作。

【其他工作】在主管司局的指导下完成《全国二级注册建筑师资格考试大纲》（2022 年版）的修订工作。新大纲于 2022 年 2 月 11 日正式发布，同一级考试大纲在 2023 年同步实施。与人力资源和社会保障部考试中心签订了《注册建筑师考试考务工作备忘录》和《勘察设计注册工程师考试考务工作备忘录》。建立实施网络安全责任制，开展网络和注册信息系统等级保护测评和备案工作。编制发布《注册中心文件材料归档范围和文书档案保管期限表》。配合全国注册建筑师管委会继续教育工作组和办公室，向部建筑市场监管司提交了《注册建筑师继续教育管理办法》。根据部建筑市场监管司的反馈意见，将《注册建造师继续教育管理办法》修订为《注册建筑师继续教育标准》，6月正式向社会发布。

（住房和城乡建设部执业资格注册中心）

中国建筑出版传媒有限公司（中国城市出版社有限公司）

【深入学习贯彻党的二十大精神，立足出版主责主业，服务住房城乡建设事业高质量发展】2022年，中国建筑出版传媒有限公司（中国城市出版社有限公司）（以下简称“公司”）坚持以习近平新时代中国特色社会主义思想为指导，深入学习贯彻党的二十大精神，贯彻落实中央经济工作会议以及全国住房和城乡建设工作会议精神，在住房和城乡建设部党组的坚强领导下，统筹疫情防控和生产经营，克服疫情带来的不利影响，保持生产经营和职工队伍总体稳定，稳步实施“十四五”规划，扎实推进各项工作，较好地完成了年度目标任务。

【基本建立党建促业务工作机制】深入学习宣传贯彻党的二十大精神，深刻领悟“两个确立”的决定性意义，坚决做到“两个维护”，转化为高质量做好住房城乡建设出版工作的实际行动。全力做好住房和城乡建设部党组巡视“回头看”和审计整改工作，强化成果运用。人力资源和社会保障部、审计署专项审计提出问题的整改取得标志性成果。落实“两委”换届。中国建筑出版传媒有限公司第一次党员代表大会胜利召开，选举产生了新一届党委、纪委，凝聚了推动发展的正能量。强化基层党建。房地产与管理图书中心党支部、图书出版中心党支部被评为“中央和国家机关‘四强’党支部”，开展创建“党员先锋岗”活动，激发干事创业热情。在中国建筑书店、华南分社单独设立党支部。支持工青妇组织发挥桥梁纽带作用。加强党风廉政建设。落实“两个责任”，压实“一岗双责”，加强权力运行制约监督。依纪依规核查有关问题线索，推动形成风清气正干事创业环境。常态化开展“我为群众办实事”。改造办公楼一层和后院设施，实施暖气更新改造，营造温馨办公环境。

【初步形成编辑业务板块协调机制】提高服务住房和城乡建设部中心工作的能力和水平。上半年完成住房和城乡建设部领导交办的专项研究，报经住房和城乡建设部党组会议审议通过；下半年完成住房和城乡建设部党组重点图书《大美城乡 安居中国》编辑出版工作。提升选题策划和出版落实能力。《中国国土景观研究书系》等8个项目入选“十四五”国家重点出版物出版规划，《中国古代园林史纲要》等7种图书获批国家出版基金。《梁思成与林徽因：我的父亲母亲》荣获“2021年向全国老年人推荐优秀出版物”“《中国新闻出版广电报》年度好书”，《村镇低碳社区要素解析与营建导控》获评第十二届钱学森城市学（环境）“金奖提名奖”。强化编辑业务和内容质量管理。根据专业性质，划分编辑业务板块，提升统筹效率。探索中国城市出版社有限公司发展壮大机制，融合以来首次增补了书号。调整优化教材分社各编辑室业务。制定编辑管理细则，规范地图、出版物放置外部链接等；坚持正确的政治方向、出版导向、价值取向，对导向有问题的选题及书稿一票否决。

【推动市场服务创新和现代营销体系构建】坚持读者至上，做实营销服务。初步建立以微信、微博、抖音、快手等为纽带的互联互通立体营销矩阵，全年直播400多场，目前新媒体粉丝450万，年累计阅读观看量超1亿人次，服务触达更多更广泛的读者。调整主打产品经营策略，发挥经营小组作用，由分管领导牵头，统筹生产、营销、打盗维权与市场服务。调整营销考核机制，营销中心提高一般图书权重。做实做细馆配业务。建筑书店实施业务转型，全力提升旗舰店自营业务运营能力，自营业务销售同比增长37%。

【强化图书出版质量和周期管理】充实加强质检力量，修订《书稿著译编校工作手册》。制定《关于统筹疫情防控与编辑工作的几项措施》《关于统筹疫情防控与生产10项保障措施》，应对疫情和突发状况给人员调度、生产安排造成的影响，保障重点项目生产安全。如期保质完成主打产品和“十四五”国家重点出版物等重点出版任务。《大舍2001—2020》获评2022年度“最美的书”，并代表中国参加“世界最美的书”评选。

【努力推动“两个转型”】协作推进从纸书向纸数融合转型。深化与住房和城乡建设部有关司局和学协会合作，启动法规标准服务平台等数字项目。改进“建工社微课程”合作模式，开发“城市社微课程”APP，启动“建标知网”推广工作。公司被国家新闻出版署评为2022年“出版业科技与标准创新示范项目”科技应用示范单位，也是全国唯一一家科技和标准双示范单位。统筹推动从书库向智库转变。《中国城市近现代工业遗产保护体系研究》（5卷）荣获CTTI（中国智库索引）2022年度智库成果特等奖。承接住房和城乡建设部有关单位重点课题。上报智库专报21期，《健全房屋使用安全制度，实现人民群众“住有安居”》得到倪虹部长批示，《关于居住建筑提升防疫性能的建议》等4篇文章经住房和城乡建设部办公厅选报送至中共中央办公厅、国务院办公厅。

【更加注重履行社会责任和提升社会效益】持续推动图书“走出去”，输出版权18种，再次入选“2022中国图书海外馆藏影响力出版100强”和“2022年度中国大陆出版机构英文品种排行榜”。建工印刷厂响应国家政策，积极探索利用存量房屋参与保障性租赁住房建设，已列入北京市2023年保障性住房建设计划。做好乡村振兴定点帮扶，向青海、西藏的3个区县投入帮扶资金300万元。公司主要领导带队赴青海湟中落实帮扶计划，教材、建知两个党支部与湟中区两个村党支部深化结对共建，持续向村爱心超市捐赠活动物资。服务部机关工作。与住房和城乡建设部办公厅和离退休干部局共同完成《住房和城乡建设部简史》的编写整理、《口述住建历史》的摄制剪辑、文稿编辑工作。遴选青年业务骨干到部有关司局跟班学习，培养锻炼青年人才。

【推进工作机制改进和管理效能提升】加强现代企业制度建设。制修订党委会、董事会、总经理办公会、监事会工作制度，依章程成立董事会编辑委员会，促进科学决策。修订实施《中层干部选用办法》，调整岗位系数、优化效益考核制度，激励干部职工特别是年轻同志担当作为。以深化改革促重点突破。完善生产经营形势分析会机制，解决实际问题；改进图书分类，便于读者选书；推进考核评优机制改革试点，简化程序求实效；建立党委会、总经理办公会议定事项落实情况报告机制，提升执行力。强化版权管理和维护。修订图书出版合同。组织查处盗印公司图书的非法印刷厂1家，查获较大规模盗版库房5个，查缴各类盗版图书17万余册、码洋900余万元。对5套侵权图书开展维权工作，获得侵权赔偿280余万元。

[中国建筑出版传媒有限公司（中国城市出版社有限公司）]

中国城市规划设计研究院

国内规划行业科技创新进展

【国内规划行业科技创新进展与新趋势】中国城镇化已经进入由“增量扩张”到“存量更新”的转型期，城镇建设既要应对资源环境约束的现实，也要满足人民对美好生活（安全、品质、特色）的需求，关注的重点是建成环境完善和风险应对。

党的二十大提出全面推动科技创新战略。要求以国家战略需求为导向，集聚力量进行原创性引领性科技攻关，加快实施一批具有战略性、全局性、前瞻性的国家科技重大项目，为全社会增强自主创新能力、促进国家创新发展提供重要政策支撑。从规划行业的科技创新工作看，一方面，需要落实国家新时期对城市发展的新要求和新理念；另一方面，需要从理论和方法上提高规划领域研究的规范性，解决长期存在的过于重视经验、但科学性不足的问题。因此，有4个方向值得长期研究：

将建设没有“城市病”的城市作为长期的研发方向。如针对“城市——功能区——街区——社区”不同层面的城市问题，加强系统性、整体性的技术装备支撑的重点攻关研究；建立各项功能空间、基础设施的全生命周期的评估及监测技术；形成应对适老化、全龄友好要求下的城市更新与品质提升技术。

基于“双碳”目标，加强对城市整体的碳排放监测与计量技术集成。如在生产、建造、交通和市政设施各方面加强低碳技术包的集成，针对不同类型城市，进行低碳、资源循环利用的技术创新研发及应用示范。

聚焦安全韧性城市的研究领域，提高应对全球气候变化的能力，增强城市各项功能空间、设施、建筑应对各类突发事件的适应性。加强信息化、智能化在韧性城市规划建设及安全评估方面的集成应用示范。

强化历史文化保护传承研究。应从全局系统角度整合资源，建立全面普查的数字化技术装备，加强保护安全的特殊材料研发和监测装备研发。

因此，“十四五”国家重点研发计划中布局了上述领域若干重点专项，包括城镇可持续发展关键技术与装备、重大自然灾害防控与公共安全、绿色宜居村镇技术创新、交通基础设施、典型脆弱生态系统保护与修复、长江黄河等重点流域水资源与水环境综合治理、物联网与智慧城市关键技术及示范、文化科技与现代服务业、国家质量基础设施体系等，涵盖可持续、安全、绿色、交通、生态、智慧、文化等多个重点领域，力图构建一套覆盖宏观、中观、微观多角度的，从理论研究到技术创新再到装备研发、应用示范的系统性研究框架。

2022 年中国城市规划设计研究院主要工作

【紧扣部中心工作主动作为，提升为国家城乡建设事业服务能力】中国城市规划设计研究院（以下简称：中规院）紧扣部直属事业单位的定位，大力围绕住房和城乡建设部中心工作履职尽责，持续加强服务部中心工作的主动性自觉性。高度重视部领导交办的各项重大任务和各司局委托的研究工作，为部提供可靠全面的人力智力保障，切实把中规院工作放在国家城乡规划事业全局中来谋划和推进。

在推进住房供给侧结构性改革和住房规划研究方面，配合部有关司局完成《“十四五”城乡人居环境建设规划》《“十四五”国家城镇住房发展规划》报告；编制完成《保障性租赁住房规划编制及评价研究》，积极就中国式现代化住房框架、职住平衡等住房供给侧结构性改革领域的热点问题开展研究。

在实施城市更新行动方面，持续参与城市更新政策文件制订和体制机制研究工作。按部要求建设城市更新平台，认真总结各地开展城市更新试点工作的实践经验，协助部有关司局开展宣贯工作。加强省－市－区－项目不同层级城市更新工作体系构建，推动辽宁、新疆、西藏等省级层面城市更新工作的探索，在烟台、无锡、潍坊、景德镇等试点城市努力开展项目实践。

在实施乡村建设行动方面，配合部有关司局，积极开展《村庄规划编制与管理机制创新研究》《关于县域城镇化的路径举措建议》等研究。积极落实县城建设、乡村建设“营建要点”内容。继续深入开展传统村落保护发展评估工作和传统村落集中连片示范实践工作。持续推进红安县柏林寺村“美好环境与幸福生活共同缔造”工作，在湖北省乃至全国进行经验推广，不断打造乡村治理示范项目。

在落实“碳达峰”“碳中和”目标任务方面，协助部有关司局完成《城乡建设领域碳达峰实施方案》，开展《绿色城乡建设评估体系研究》。按照部要求，认真落实海南博鳌东屿岛零碳示范区的创建任务。根据部市《共建超大城市精细化建设和治理中国典范合作框架协议》要求，编制上海《新城绿色低碳试点区建设导则》，探索低碳总控的技术路线。

在实施城市体检方面，积极探索城市体检工作模式，配合有关司局完成 2022 年度城市体检评估相关工作，修订城市体检指标体系与标准、技术指南、信息平台建设指南，参编年度城市体检总报告。统筹部第三方技术团队加强地方自体检培训工作，组织第三方团队开展各省（区）调研，指导地方自体检并编写样本城市自体检综合报告。

在城乡历史文化保护传承方面，深入贯彻落实《关于在城乡建设中加强历史文化保护传承的意见》，加大力量配合部有关司局开展《全国城乡历史文化保护传承体系规划纲要》《城乡历史文化保护传承法》《历史文化名城保护规划标准》等保护体系建设的相关政策研究。牵头开展荆州、瑞金、遵义、徐州、开封、商丘、洛阳等国家名城的部级重点评估工作。扎实推进名城名镇名村、街区地段、历史建筑等不同尺度的遗产保护工作。

在城市供水、内涝治理、海绵城市建设和城市基础设施等方面，协助部有关司局起草《关于加强城市供水安全保障工作的通知》《关于进一步明确海绵城市建设工作有关要求的通知》《深入打好城市黑臭水体攻坚战实施方案》等 10 余个政策文件和解读，支撑政策落地。

在城市信息模型（CIM）基础平台建设方面，协助有关司局开展海南、四川等省级 CIM 平台建设指导和试点城市 CIM 平台建设跟踪。继续参与成都、苏州、商丘等城市的 CIM 建设实践，完善数据治理技术、平台架构研发、CIM+ 应用、配套政策制定等方面的成果。

在协助部履行消防审验职责方面，完成《中国城市规划设计研究院工程消防技术工作组 2023—2025 工作计划》，逐步建立全国工程消防技术支撑队伍。牵头完成部科技委建设工程消防技术专业委员会和建设工程消防标准化技术委员会成立的相关工作。

在扎实做好援疆、援藏、援青和定点帮扶工作方面，积极开展新疆城市更新、乌鲁木齐都市圈基础设施、四川泸定、云南德钦等规划设计工作。按照部统一部署，圆满完成2022年定点帮扶计划，制定、落实对红安、连城、康马的年度帮扶举措。

承担的科研课题和成果产出

【科研项目】

2022年中规院共有160余项科研项目立项，包括科学技术部国家重点研发计划项目；住房和城乡建设部科学技术计划项目、各部委委托研究项目、财政部基本科研业务费项目等各类具有基础性、前瞻性和实用性的科研项目。尤其围绕“探寻城市发展规律、转变城市发展模式、防范城市安全风险”三个方向，积极开展住房建设领域重大科技问题研究，攻关“卡脖子”技术。

截至2022年，中规院共牵头《城市群都市圈空间优化关键技术研究》《基于城市可持续发展的规划建设与治理理论和方法》《城市更新设计理论与方法》《历史文化街区保护更新方法与技术体系研究》《饮用水全流程新污染物NQI关键技术集成应用示范》《城市信息模型（CIM）时空数据结构化治理关键技术研究》《城市道路塌陷隐患诊断城市道路塌陷隐患诊断与风险预警关键技术及示范》《城市内涝风险防控与系统治理关键技术及示范》等“十四五”国家重点研发计划项目8项。

成功申报33项住房和城乡建设部科技计划项目，包括《城乡建设领域碳达峰理论、方法学与路径研究》《城市更新规划编制办法研究》《历史地段保护更新方法研究》《活力街区建设研究》《城市信息模型（CIM）基础平台建设评估方法研究》等软科学研究类和科研开发类项目，对部服务科研能力显著提升。

继续牵头国家标准、行业标准的制修订工作，在研主编的标准规范共计60项。2022年发布标准及相关标准化文件12项，其中主编8项，包括全文强制性规范《城市轨道交通工程项目规范》GB 55033—2022、国家标准《城市轨道交通客运服务规范》GB/T 22486—2022、团体标准3项及标准化文件3项。新启动多项标准研究项目，包括现行国行标实施评估5项，社区类标准研究2项，绿色智慧类标准研究2项，另有多项其他相关技术研究。

积极开展“住房和城乡建设部城市交通基础设施监测与治理实验室”建设和“城市智慧建设与更新国家重点实验室”“国家城市安全韧性评估工程创新中心”“国家城乡建设新型交通基础设施工程技术创新中心”等申报工作。

【成果产出】

在“中规智库”建设的引领下，《三亚两河四岸景观整治修复工程》荣获中国勘察设计协会2021年度优秀勘察设计奖一等奖；北京市海淀区绿地系统规划及大运河、西山永定河文化带（海淀段）专项研究和新疆阿克苏地区托万克库曲麦村和思源村乡村环境品质提升规划都获得了2022年中国风景园林学会科学技术奖（规划设计奖）一等奖；《天地之间——崇雍大街景观提升设计》荣获2022年IFLA AAPME传统文化卓越奖、SRC街景设计卓越奖一等奖。城市体检更新平台产品、城市CIM+应用产品、城市TOD平台产品、传统村落数字博物馆、智慧交通平台、高分产品管理、城市绿地服务能力评价产品等一大批优秀的“中规智绘”应用，为地方政府更好地开展新时代城市规划建设管理工作提供了集约高效的信息化支撑和服务。

共有9个项目荣获2022年度“华夏奖”一、二、三等奖，其中，中规院主持完成5项（一等奖1项，二等奖3项，三等奖1项）；1个项目荣获中国地理信息产业优秀工程金奖。中规院院长王凯分别获得“第十批全国工程勘察设计大师”“标准大师”称号，教授级高级工程师贾建中获得“标准领军人物”荣誉称号。

共推出《2022粤港澳观察蓝皮书》《上海大都市圈城市指数2022》等14份行业发展报告。出版《新发展阶段的城镇化新格局——现代化都市圈概念与划分标准》《低冲击、低消耗、低影响、低风险的城乡绿色发展路径》等13部学术专著，提交成果专报20余篇。

具有行业影响力的学术活动

1月14日上午，中规院国家智库建设交流暨“中规智库”2022年度学术活动发布会在北京成功召开。

4月28日，中国城市百人论坛联合中规院共同主办“中国城市百人论坛2022春季论坛”。中国城市百人论坛是由中国社会科学院、中国科学院和中国工程院三院共同支持的一个公益性和多学科交流的学术平台。论坛汇聚城市研究领域的知名专家学者，通过主题研讨的方式开展活动。

6月11日上午，城乡历史文化保护传承高峰论坛暨国家历史文化名城保护制度建立40周年学术会议盛大开幕。论坛包含开幕式及特邀报告、地方保护管理经验分享、青年创新案例分享、专家研讨等多个环节，报告与研讨主题涵盖城乡历史文化保护学术研究、专业实践、保护管理、社会宣传等若干方面。

6月15日，中规院2021年度学术交流会在线上线下同步召开。

6月24日，以“人民城市，人民规划”为主题的第二届三院联合技术交流会以线上线下相结合的方式成功举办。上海市城市规划设计研究院、上海同济城市规划设计研究院有限公司和中规院上海分院的12位规划师分享了最新成果与思考，来自全国的十位业界专家进行了妙语连珠的点评。

7月29日，《2022年度中国主要城市通勤监测报告》发布会在中规院召开。

10月28日，由中规院、联合国人类住区规划署在华信息办公室联合主办的“世界城市日全球主场大会配套活动——中规智库·城市更新与可持续发展学术研讨会”在京召开。

10月31日，“城市儿童友好空间建设”论坛在上海举办。本次“城市儿童友好空间建设”论坛作为2022世界城市日全球主场大会的配套活动之一，由中规院和联合国儿童基金会联合主办，由中国儿童中心、中国城市规划协会女规划师委员会协办。

11月2日，中规院上海分院举办了中规智库·世界城市日研讨会暨第十届城市创新发展论坛。

11月20日，中规院2022年度“中规智库”规划创新年会以线上线下相结合的形式成功举办。

12月29日，中规院在北京召开了“中国城市繁荣活力评估报告2022”线上发布会，本次发布会也是中规院信息中心成立40周年活动。

（中国城市规划设计研究院）

中国建筑学会

【服务创新型国家和社会建设】承担中国科协全国学会“百名科学家讲党课”项目，全年完成“大视野”云课堂暨全国学会“百名科学家讲党课”课程12期，完成全国学会举办“百名科学家讲党课”活动报送资料的收集、统计、整理工作，截至12月10日，共有43家学会提交各项活动217场，参与报告嘉宾203人。

根据住房和城乡建设部，中国科协工作部署，中国建筑学会（以下简称：学会）录制了工程能力提升7门专业授课视频，为中国科协培训和人才服务中心的全国学会国际化经验分享提供授课。

2022年度完成建筑设计理论及技术、建筑结构、建筑施工、绿建技术和建筑教育等多个领域6项科技成果鉴定。

2022年度发布学会团体标准13项，其中联合发布1项。

完成中国科协工程师国际能力互认项目中3门课4个课时的专业课程。

受重庆市涪陵区人民政府、重庆市规划和自然资源局委托，组织完成中国水文博物馆概念性建筑设计方案国际征集。

受开封市城乡一体化示范区管理委员会、开封经济技术开发区管理委员会、中国（河南）自由贸易试验区开封片区管理委员会、开封市综合保税区管理委员会委托，组织完成开封自贸试验区国际文化艺术品交易中心建筑设计方案国际征集工作。

受苏州市政府委托，组织完成第三期苏州古城保护建筑设计工作营工作。

受绍兴黄酒小镇管理委员会委托，协助组织完成“醉艺江南”中国·绍兴黄酒小镇雕塑作品全国征集工作。

受衢州市政府委托，组织完成衢江区姑蔑古国考古遗址公园博物馆概念性建筑方案国际征集工作。

【学会建设】学会完善会议制度、改革会议方式，规范召开理事会议、常务理事会议、监事会议、分支机构会议。进一步加强分支机构管理，修订了《中国建筑学会分支机构工作条例》。

学会共有分支机构61家，2022年度新成立分支机构3家。

共有个人会员74874人，团体会员2671家。

学会已建立包括网站、微信公众号、微博、今日头条等多样化的信息宣传平台，并整合上级单位、分支机构、合作媒体等60多家资源，形成中国建筑学会宣传媒体矩阵。

网站全年发文382篇，最高阅读量22万+，总阅读量突破1100万人次。

学会全年举办106场共200多小时的直播，观看人次突破400万＋人次。

2022年学会和承接科协项目全媒体访问突破3600万人次。

【青年人才托举工程】学会根据中国科协、人力资源和社会保障部、科学技术部、国务院国有资产监督管理委员会等部门的文件要求，向中国科协科技人才奖项评审专家100人和第七届中国科协优秀科技论文遴选专家14人；向住房和城乡建设部城市更新专业委员会推荐候选委员5人；向中国科协、国家文物局文化遗产研究院推荐文物遗产保护专家4人。

【主办期刊】2022年，学会及分支机构公开出版和内部发行的刊物16种，全年累计发行38万册。

《建筑学报》全年正刊12期，增刊2期，共刊发271篇论文，组织9个重点主题。

《建筑结构学报》全年正刊12期，增刊1期。

《建筑实践》2022年总计发表建筑评论52篇，案例介绍172篇，文章68篇。

《建筑学报》和《建筑结构学报》共同完成了中国科协课题“2021年度全国学会期刊出版能力提升计划”；《建筑结构学报》被收录于《科技期刊世界影响力指数(WJCI)报告(2022)》，并荣获“2022中国国际影响力优秀学术期刊”，优秀论文入选“领跑者5000”。

【学科发展工程】作为中国科协中国工程师联合体常务理事单位，协助联合体修订《工程能力评价通用规范》、编制《建筑工程类工程会员能力评价标准》，加强工程能力评价考官队伍建设、录制工程技术人员在线学习课程等工作，印发《关于开展2022年度建筑工程类工程会员能力评价工作的通知》，部署2022年度建筑工程类工程能力评价工作安排，开展2022年度建筑工程类室内设计专业资深工程会员能力评价工作。借助学会在相关国际组织中的平台作用，与有关国家(地区)的社团组织开展工程能力国际合作交流。

协助住房和城乡建设部人事司承担《堪培拉建筑教育互认协议》中方联络处工作，参与建筑学专业教育学历的互认，协助完成2021—2022年度自评报告、2022—2023年度申请报告的审阅工作，协助建筑学专业教学指导委员会编写《建筑学硕士专业学位论文基本要求》。

承担全国注册建筑师管委会办公室工作，编写印发《注册建筑师继续教育标准》、协助研究编写《继续教育教材库框架体系研究报告》、共同发布《注册建筑师职业道德与行为准则》。

【国际学术会议】2022年12月1日，第十三届亚洲建筑国际交流会以线上和线下相结合的方式成功召开，分别在武汉和北京设置线下主会场和分会场。在当天上午举行的大会开幕式上，中国建筑学会理事长修龙、日本建筑学会会长田边新一、韩国建筑学会会长崔彰植、中南建筑设计研究院有限公司董事长李霆分别致开幕词，湖北省住房和城乡建设厅厅长庄光明先生发表了视频讲话。

大会主题报告会由中国工程院院士、清华大学建筑设计研究院院长庄惟敏主持，并邀请中国工程院院士、深圳市建筑设计研究总院首席总建筑师孟建民，日本建筑学会会长、早稻田大学教授田边新一，韩国Space集团首席执行官李祥林，中南建筑设计院有限公司副总建筑师张颂民做主题报告。

当天下午的“健康建筑”“健康城市”专题报告会分别由全国建筑勘察设计大师、中南建筑设计院有限公司首席总建筑师桂学文，华中科大建筑规划设计研究院董事长、《新建筑》杂志社社长李保峰主持，中、日、韩学会的12位专家学者做学术报告。来自中、日、韩学会的近200位代表和学生参加了线上会议，约8000人通过网络视频直播观看了会议情况。

【国内主要学术会议】中国建筑学会2022学术年会暨郑州国际城市设计大会的会议主题是“人民情怀，时代担当”，计划于12月21日—22日在郑州举办，组织策划1场主旨报告和17场分论坛，并完成年会论文集编审和出版工作，由于疫情原因大会推迟至2023年举行。

以“坚守·传承”为主题，举办“首届ASC青年建筑师讲堂”，青年建筑师奖获得者回顾了自己获奖的情形和感想，直播在线近6万人次观看。

联合中共江苏省委宣传部、江苏省住房和城乡建设厅、中国勘察设计协会、中国风景园林学会共同举办的第九届紫金奖大赛，主题为“千年运河活力家园”。

联合北京建筑大学、中国建筑文化中心、北京市建筑设计研究院共同举办的第六届北京国际城市设计大会，主题为“城市更新与高质量发展”，于11月19日在北京召开，大会云集国内外知名城市设计专家与学者，对当下中国特别是北京实施城市更新行动，推进城市高质量发展，提出面向科技前沿的城市设计解决路径，有效助推我国城市设计领域的学术和实践创新。

2022年学会及分支机构共举办系列学术活动300多场，线上+线下总参会人数800多万人次。

【国际组织任职】国际建筑师协会续任情况：张利理事，张维副理事，李翔宁、张彤、唐孝祥为建筑教育委员会委员，董卫、刘刊为国际竞赛委员会委员，庄惟敏为职业实践委员会联席主任，张维、袁锋为职业实践委员会委员，张利、穆钧、王静为可持续发展目标委员会委员，王兴田、邵磊、黄向明任“所有人的建筑”工作组成员，袁野、徐桑任“建筑与儿童”工作组成员，刘小虎、潘曦、肖伟任“遗产与文化认同”工作组成员，韩洁任“社会人居”工作组成员，鲍莉、张蔚任“社区建筑”工作组成员，韩林飞任“中等城市：城市化与建筑师”工作组成员，刘玉龙、张远平、齐奕、龙灏任“公共卫生”工作组成员，钱锋、张军英、宗轩任“运动与休闲”工作组成员，褚冬竹、刘宇波、曹雨佳任“教育文化场所”工作组成员，张俊杰、张利、唐文胜、杨震、李华任“公共空间”工作组成员。

亚洲建协任职情况：9月7日，清华大学建筑设计研究院副总建筑师、建筑策划与设计分院院长张维当选亚洲建协职业实践委员会副主席；韩昀松任青年建筑师委员会委员，范悦任社会责任委员会委员，孔宇航任建筑教育委员会委员，贺静任绿色与可持续建筑委员会委员。

【国际交往】5月16至17日，以修龙理事长为团长的学会代表团线上出席了在西班牙马德里举行的国际建筑师协会特别代表大会。

邀请国际建筑师协会主席和秘书长出席2020梁思成建筑奖和2022梁思成建筑奖的评选工作评审会并致辞，协调国际建协推荐国际评委和观察员，联络墨西哥候选人SordoMadaleno提交候选资料。

协助和支持北京市申办2029世界建筑师大会和世界建筑之都。9月9日正式向国际建协发送了申办文件，并得到国际建协的确认。

3～4月，中方参加了堪培拉协议实施工作组系列工作会议，参与调查堪培拉协议在各成员的实施情况，并对2022年的调查结果、趋势和进展进行分析和研究。工作组成员分头完成了《实施工作组报告》的撰写，并形成了2022年调查问卷汇总表。

5月26日和27日，全国高等学校建筑学专业教育评估委员会主任庄惟敏院士、中国建筑学会副监事长赵琦组成中方代表团参加了堪培拉协议中期视频会议。

3～5月，学会组织中国建筑师参与2022年亚洲建筑师协会建筑奖评选活动，中方向亚洲建协提交的参赛作品达100余份。2022年9月6日晚，2022年亚洲建筑师协会建筑奖颁奖典礼在蒙古乌兰巴托举行。

4月23日，中方代表团参加了亚洲建筑师协会C区线上会议。亚洲建协区域会议由主管各区的副主席召集，旨在促进区域各成员间的交流和对话，推动本区域的跨国跨地区合作。

8月15至17日，李保峰教授作为堪培拉协议视察组中方专家对南非建筑学专业评估体系南非建筑行业理事会（SACAP）进行了周期性视察。本次视察通过线上形式进行，视察小组参加了SACAP对南非茨瓦尼科技大学（TUT）的建筑学专业评估。

9月5至9月9日，以伍江常务理事为团长的学会代表团赴蒙古乌兰巴托出席了亚洲建筑师协会第21届论坛暨第42届理事会。伍江教授代表学会汇报了2021年上海第19届亚洲建筑师大会（ACA19）总体办会情况，并作为亚洲建协英文官方杂志《亚洲建筑》（ArchitectureAsia）的主编向理事会汇报了杂志的办刊进展。2022年9月8日上午，伍江教授受邀在亚洲建协第21届论坛上发表题为《转型语境下的中国当代建筑实践》的主旨演讲。

根据住房城乡建设部的工作部署，学会作为中俄总理定期会晤委员会建设和城市发展分委会成员单位，于11月16日，在住房城乡建设部姜万荣副部长的见证下，由王翠坤副理事长代表学会与俄罗斯建筑师联盟签署中俄合作协议。

6月23日，由住房和城乡建设部和英国驻华使馆国际贸易部主办、学会支持的“中英携手创新，共拓低碳建筑未来研讨会”成功举办。住房和城乡建设部标准定额司副司长王玮出席开幕式并致辞。

【科普活动】截至2022年年底，学会累计认定科普教育基地105家，并于2022年集中开展了科普教育基地五年考核工作，其中5家未通过考核取消科普教育基地称号；7月，在被梁思成先生誉为“无上国宝”的千年古寺辽宁奉国寺举行了隆重的科普基地授牌仪式；全年共扶持11项科普公益项目，举办的中国建筑大家科普讲堂、中国建筑学会科普专项等品牌科普活动覆盖全国范围，涉及文化、乡村振兴、审美、科技等多领域，惠及行业内外20余万人。

助力中国科协，提升建筑科普的社会影响力，为提高全民科学素质服务。首次组织推荐建筑领域科学家精神教育基地，其中，中国院的院史陈列馆入选首批全国科学家精神教育基地；东南大学建筑学院入选首批江苏省科学家精神教育基地；继续组织开展中国科普工作最高荣誉“典赞·2022科普中国”建筑领域科普项目征集推选工作，其中学会与机械工业出版社联合策划的中国建筑学会科普书系《古建奇谈》最终荣获“典赞·2022科普中国”年度十大科普作品大奖，学会与东南大学等单位联合主办的《杨廷宝：一位建筑师和他的世纪》荣获“典赞·2022科普中国”年度十大科普作品提名奖。

【表彰举荐优秀科技工作者】2022 年度完成第十届和第十一届梁思成建筑奖的评选，最终评选出 4 位获奖者：矶崎新（日本）、李兴钢和张利、胡越。

组织开展 2019—2020 年建筑创作奖申报工作、2022 年亚洲建筑师协会建筑奖评选活动、2022 年度亚洲建协学生竞赛和毕业设计竞赛大陆地区的评审活动等，2022 年度亚洲建协建筑奖共设七大类十三个奖项，我会会员共摘取 6 项金奖和 9 项提名奖。

【党建强会】学会秘书处和所属期刊、分支机构的全体干部职工认真学习了党的二十大报告。党的二十大闭幕以来，学会党组织就把学习贯彻落实党的二十大精神作为当前工作的中心任务。10 月 24 日召开理事会党委扩大会议，10 月 25 日召开学会全体会议。学会所属 61 家分支机构，58 家已成立理事会（委员会）党支部，3 家正在筹备成立。学会党委认真履行保障学会发展正确政治方向的责任，前置审议学会“三重一大”事项，带领学会有序开展各项工作。

献礼党的二十大胜利召开，学会组织分支机构和理事单位积极开展百名科学家讲党课系列活动，全年共开展 13 期党课，线上参与人数近 160 余万人次。

【会员服务】逐步建立健全会员管理的组织体系，通过对部分分支机构、核心团体会员单位关于会员服务与发展的前期调研，草拟《中国建筑学会会员管理与服务草案》并不断研讨完善；成立“ASC 会员发展与服务工作组”，在完善和提升学会治理现代化水平同时、不断激发学会内生动力；逐步建立健全会员发展的成长体系，其中年度重点推动学生会员的发展、服务与管理工作，逐步打通“学生会员—专业会员—资深会员”成长渠道；整合学会体系资源优势，协同并支持秘书处相关部门、各分支机构开展会员服务与发展工作；协助中国科协完成学会会员入库建设，并荣获中国科协授予的 2022 年度全国学会会员入库优秀单位。

【2020（第十届）和 2022（第十一届）梁思成建筑奖获奖者揭晓】梁思成建筑奖由学会主办、国际建筑师协会支持和参与，是面向世界、引领国际建筑方向的专业大奖，是行业授予建筑师和建筑学者的最高荣誉。受疫情影响，2020（第十届）和 2022（第十一届）梁思成建筑奖的评选会合并进行，于 9 月 23 日在上海圆满结束。两届评选，共有 15 位建筑领域的顶尖专家和学者入围，经过多轮评选，日本建筑师矶崎新（ArataIsozaki）、中国建筑师李兴钢荣获 2020（第十届）梁思成建筑奖，中国建筑师张利和胡越荣获 2022（第十一届）梁思成建筑奖。

本次会议由学会修龙理事长主持，国际建筑师协会何塞·路易斯·卡尔特斯（JoséLuisCortés）主席、中国科协书记处王进展书记、住房和城乡建设部工程质量安全监管司陈波副司长分别代表国际建筑师协会和行业主管单位致辞，并分别派出此次评选会的观察员。国际建筑师协会陈佩英（TANPeiIng）秘书长也出席了本次活动。

评选委员会由 11 位专家组成，其中境外专家 3 位、境内专家 8 位，原建设部副部长、中国建筑学会原理事长宋春华担任评选委员会主席。

迄今为止，梁思成建筑奖已成功举办十一届，共 27 位中外建筑师获此殊荣。2022 年的评选，适逢梁思成先生逝世 50 周年，与会人员再忆梁思成先生筚路蓝缕开创之路，再颂梁思成先生励精图治传世之功，谈传承创新，话继往开来。本次评选活动得到了国际建筑师协会、中国科协、住房和城乡建设部等组织和部委的大力支持，也受到了国内外建筑业从业者的广泛关注。愿中外建筑师和建筑学者继续携手共进，共创和谐人居环境，共筑人类美好家园。

（中国建筑学会）

中国风景园林学会

【服务创新型国家和社会建设】成功申报中国科协服务国家社会治理品牌建设项目及中国风景园林学会（以下简称：学会）公共服务能力提升项目，在专项资金资助下，完善学会团体标准管理体系，优化组织机构和工作流程，提升编制和管理水平，推动团体标准与国家标准、行业标准协同发展。

成立了公园城市建设、城市科学绿化、风景名胜区保护、风景园林行业发展等 4 个决策咨询专家团队，为相关领域创新发展提供技术支撑。

根据中国科协部署，创新行业科技问题难题研判，征集发布风景园林领域相关重大科学问题、工程技术难题和产业技术问题，征集风景园林领域决策咨询重点选题，开展风景园林领域科技成果和瓶颈问题梳理。推荐北京市园林绿化科学研究院、上海市园林科学规划研究院入选中国科协“科创中国”创新基地。

【学会建设】截至12月31日，学会完成登记注册的个人会员数量达12890人，较2021年增加790人；单位会员数量达1720家，较2021年增加179家。

加强理事会建设，完成第六届理事会换届。2022年12月，在北京召开第七次全国会员代表大会，陈重作第六届理事会工作报告，高翅作第一届监事会工作报告，王磐岩作第六届理事会财务报告。会议选举产生第七届理事会及第二届监事会。会议同期召开了第七届理事会第一次会议，选举产生理事长、副理事长、常务理事，通过秘书长聘任。

加强分支机构活动管理，促进活动更加规范合规。修订完成《中国风景园林学会分支机构管理办法》。指导和监督分支机构按年度计划开展工作。开展并完成国土景观专业委员会、青年工作委员会筹备。

加大对外宣传和微信公众号建设。截至12月31日，微信公众号共推送286篇文章，点击量超92万人次，同比增长97%；阅读量近132万人次，公众号分享8.7万多次，收藏1.2万多人次。

【学术期刊】继续加强学刊《中国园林》学刊建设，坚持特色办刊，提升影响力。2022年，《中国园林》共编发论文370余篇，20余万字，正刊12期，增刊2期。继续入选“中文核心期刊”“中国科技核心期刊”和“RCCSE中国核心学术期刊”等。

《园林》学刊稳中求进，进而有为。全年正刊12期，共编发文章220余篇；增刊1期，编发文章30余篇。《园林》学刊知网影响因子（2022版）快速提升至0.861，其装帧设计成功入选第二届“方正电子”杯中国期刊艺术设计周。

【学科发展研究】延续深化学科发展研究项目。在中国科协立项的《中国风景园林学学科史》和《2020—2021风景园林学学科发展报告》完成出版。继续筹备“学科发展路线图课题研究”，展望学科未来发展方向，规划发展思路。继续推进风景园林学科发展七十年系列图书编撰。承担住房和城乡建设部“园林文化的应用推广路径研究”，指导园林文化应用推广的管理和实践，促进园林文化的保护、传承和发展。

继续推进学科基础性图书编写。基本完成全国科学技术名词审定委员会委托的“风景园林学名词审定”工作。持续推进《风景园林设计资料集》（第二版）、《中国风景园林史》等图书编写。

有序推进中国风景园林申报世界非物质文化遗产。完成《中国风景园林申报非物质文化遗产研究报告》总论初稿，着手开展地方风景园林非遗研究和国家级非遗申报工作。

【决策咨询】与咸宁市风景园林学会合作共建“咸宁科技协作站”，为当地风景园林科技水平提升和城乡高质量发展提供技术支撑。支持咸宁举办“科创中国”院士专家咸宁行—自然生态公园城市建设研讨会，发挥专家智库作用，为咸宁武汉都市圈自然生态公园城市建设提供思路和方法。

【国内主要学术会议（含与香港、澳门）】鉴于疫情防控，学会采取线上线下相结合的灵活办会方式，开展各类学术活动，营造学术氛围。积极筹备第十三届中国风景园林学会年会，主题为“美美与共的风景园林：人与天调和谐共生”。完成年会论文和大学生设计竞赛征集工作。组织10个主旨报告，5个分会场，9个专题论坛和9个特别论坛。

2022年9月，为加强园林文化内涵和价值研究研讨，促进园林文化保护、传承和应用，学会在苏州召开“园林文化传承应用论坛”，邀请园林文化研究领域知名专家作报告。2022年10月，为促进风景园林历史理论文化的学术交流、深化研究，继承和弘扬中华优秀传统文化，增强文化自信，学会联合《中国风景园林史》编委会共同主办风景园林历史与文化讲堂暨《中国风景园林史》学术研讨会，主题为“以史为鉴、守正创新”。2022年11月，为更好地继承和发扬《园冶》等中国传统造园文化精粹，促进风景园林学科历史和理论研究，学会与中国园林博物馆联合举办“哲匠营造——纪念计成诞辰440年学术研讨会”，助力中国风景园林理论研究和风景园林文化传承发展。同月，学会与中国公园协会在深圳共同主办“2022口袋公园与城市微更新论坛”，主题为“我们的公园，共同的家园”，交流各地在口袋公园为代表的小微绿地规划布局、设计建造到管理运营方面的经验和做法，为持续做好口袋公园建设和管理提供支撑。

支持分支机构召开学术年会、专题研讨会和论坛等，丰富学术活动内容。2022年3月，学会规划设计分会在北京举办城市更新背景下的风景园林学术交流会。2022年6月，学会城市绿化专业委员会举办青年专家论坛，2022年9月，在天津举办“第二届风景园林与前沿交叉领域”青年论坛暨天津大学博士生学术论坛。2022年10月，学会女风景园林师分会2022年会在上海以线上线下相结合的方式举办。2022年11月，学会园林生态保护专业委员会2022年会、理论与历史专业委员会2022年会在线上举办。

支持指导行业专题论坛。支持举办城乡历史文化保护传承高峰论坛暨国家历史文化名城保护制度建立40周年学术会议。指导支持“金陵瑰宝国之巨匠：吴良镛学术成就展”“昭昭文心——孟兆祯院士学术成就展”。

【国际交往】继续加强与IFLA的交流与合作。选派代表线上参加IFLA世界理事会及亚太区理事会。继续获批中国科协对学会在IFLA国际组织会费的全额资助。参与中国科协工程师能力评价工作，完成了《风景园林工程能力评价规范》编写。

【国际组织任职】推荐华中农业大学邵继中入选IFLA亚太区气候行动工作组成员，同济大学韩锋入选国际古迹遗址理事会成员。

【科普活动】制作并发布“风景园林月”活动标识，强化活动品牌，扩大活动影响。继续举办“风景园林月”系列学术科普活动，主题为“风景园林推动绿色低碳发展”。2022年4—5月，举办“2022青年风景园林师论坛暨风景园林月”说园沙龙活动，聚焦“碳中和与设计应对策略”，研讨交流风景园林师如何运用新科技、新理论、新方法。邀请4位科学传播专家分别以《身边的“自然”：建造一个生境花园》《城市植物多样性与公众生态审美感知》《“双碳”目标与风景园林应对思考》《城市绿色空间的低碳实施策略》为题开展了4场线上科普主题报告会。2022年10月，举办“2022在校大学生走进企业”线上沙龙，将高校和社会、学生与企业建立起联系，提升高校毕业生就业能力的同时也为企业培养和发现年轻人才提供便利，促进风景园林行业人才建设。

响应全国科普日活动安排，组织各科普教育基地、专业委员会、分会等单位，结合各单位工作特色举办了植物、绿色科技、园林文化、城市更新等风景园林相关方向10余场科普活动，活动受众累计达1万人次。中国风景园林学会科普日活动获得“2022年中国科协全国科普日优秀活动”。

修订《中国风景园林学会科普教育基地认定与管理办法》和《全国风景园林学科科学传播专家评审与管理办法》，先后命名“中国园林博物馆”等36个科普教育基地和刘秀晨等81名风景园林科学传播专家，建立了稳定的科普单位和专家队伍。

响应中国科协科学家精神教育基地建设部署，开展风景园林科学家精神教育基地征集，并支持北京林业大学园林学院和安宁楠园参评首批中国科学家精神教育基地。

继续加强官方微信公众号科普版块的建设，设公园城市建设、城市生物多样、城市微更新等专题版块，累计推送科普文章90余篇，访问量累计14万余次。

【表彰举荐优秀科技工作者】多渠道发现举荐优秀人才，推荐行业人才参评第十七届中国青年科技奖、第十八届中国青年女科学家奖、第十八届光华龙腾奖、中国青年女科学家奖、2021年度未来女科学家计划、2022最美科技工作者、典赞·2022科普中国等人物奖。

【学会创新发展】继续深入推进标准化工作。立项《城市绿地碳汇计量监测技术标准》等7个团体标准编制，新发布《海绵城市绿地建设管理技术标准》《儿童户外游憩场地设计导则》等7个团体标准。申请中国科协课题《中国风景园林学会团体标准创新管理体系构建》，研究建立完善的标准实施反馈机制，推动团体标准制修订工作良性循环。

持续开展科技评价工作。组织开展“生态与形态融合的数字景观规划设计创新与实践”“公园城市标准体系研究与实践应用”“基于全过程管控和绿色低碳的公园城市规划关键技术及建设应用”“乡村生态景观营造模式研究”四个项目的成果鉴定评审会。

【科技奖励】继续开展“中国风景园林学会科学技术奖”评选。继续完善评奖组织，优化评奖细则，并优化完善网上申报和评审平台。2022年度收到有效申报材料922份，评出获奖项目445项，其中科技进步奖78项、规划设计奖161项、园林工程奖206项。

做好推荐举荐工作。在学会科学技术奖评选基础上，择优推荐10个项目参评2022年华夏建设科学技术奖，其中3项荣获三等奖。

【党建强会】强化党组织对学会工作的领导和监督作用。学会加强理事会、秘书处两层党组织建设，积极探索分支机构党建途径，促进党建和业务工作深度融合。认真落实住房和城乡建设部社团党委的各项工作要求，定期召开党员民主生活会，组织党员学习上级党委有关文件及指示精神，结合学会具体工作找差距。

【会员服务】学会继续加强会员发展、管理和服务工作。截至2022年12月底，完成个人会员12890人，单位会员1720家。突出发展个人会员，完善分级分类的会员体系，强化对青年科技工作者、高校学生等的吸纳与联系。

【推动建立行业人才评价体系，服务行业高质量发展】为贯彻落实中共中央《关于深化人才发展体制机制改革的意见》、中央办公厅和国务院办公厅《关于分类推进人才评价机制改革的指导意见》等文件精神，科学高效地开展风景园林师人才评价工作，加强行业自律，促进风景园林规划设计专业技术人才队伍建设，提升风景园林规划设计水平，建立科学高效的风景园林师人才评价体系，学会编制完成《风景园林师人才评价标准》，对规划设计方向风景园林师人才的评价、职业发展及管理要求进行了明确。同时，为建立国际实质等效的风景园林工程能力评价体系，推动我国风景园林师队伍建设，实现风景园林工程能力国际互认，促进我国风景园林师参与国际交流合作，推动风景园林工程领域全球治理，经中国工程师联合体授权，学会承担风景园林工程能力评价工作。编制完成《风景园林工程能力评价规范》，明确了开展风景园林工程能力评价所涉及的申请条件、考核与注册管理、行为规范、持续职业发展、再注册管理和监督管理的要求。两项标准对推动建立完善的行业人才评价体系奠定了基础。

积极参与《中华人民共和国国家职业分类大典》修订，完善园林绿化工职业定义，增设造园工等工种，推动设立“森林园林康养师”新职业和园林康养师新工种，组织编制《园林康养师职业技能标准》。成功举办2022年“福菊杯”全国首届花卉园艺工执业技能竞赛。

【持续开展科技志愿服务，助力乡村地区发展】学会响应国家乡村振兴、科技下乡、精准扶贫等政策精神，按照住房和城乡建设部指示要求，针对乡村地区生态建设、环境提升、文化振兴等需求，发挥风景园林专业特点，持续推进“送设计下乡”工作，助力乡村地区发展。召开“送设计下乡”科技志愿服务工作座谈会，会议总结了2021年度工作情况，交流体会和进一步提升工作成效的建议，并对2022年工作进行了讨论和统筹安排。应阿克苏地区人大和组织部等部门邀请，学会送设计下乡科技志愿服务队对2020年服务对象阿克苏地区温宿县思源村和乌什县托万克库曲麦村进行了回访，了解规划方案落实情况，进一步听取了村民对村庄建设的意见和建议，并对规划实施进展和后续计划提出了优化建议。启动并顺利推进新疆库车市伊西哈拉镇艾日阿斯村和贵州三穗县八弓镇亚岭村、滚马乡白崇村“送设计下乡”工作。

成立“中国风景园林学会菊花产业科技志愿服务队”。面向乡村振兴需求，服务各地菊花产业需求，走进产业村镇、对接一线技术需求，发现产业技术瓶颈、研发与集成解决方案，开展技术服务和产业帮扶，搭建产学研平台，促进地区传统农业转型和菊花产业发展，带动美丽乡村建设。

推荐科技志愿者胡勇荣获中国科协2022年度科技志愿服务先进典型。

（中国风景园林学会）

中国房地产估价师与房地产经纪人学会

房地产估价、经纪及住房租赁行业发展概况

2022年，受复杂严峻国内外形势等影响，房地产估价、经纪和住房租赁行业面临一定压力，发展放缓。

新增房地产估价机构数量同比减少，业务规模普遍性缩减。截至2022年12月31日，全国共有房地产估价机构5762家，增长幅度由2021年3.3%下降至0.2%，注册房地产估价师7.01万人，继续稳定增长。从业绩情况来看，经调研估算，2022年全国房地产估价机构营业收入总额约308亿元、一级房地产估价机构平均营业收入约1600万元，同比分别减少5%、11.2%。

房地产经纪机构及从业人员数量有所下降。经调研估算，截至2022年12月31日，全国房地产经纪机构数量近30万家，同比下降10%；全国房地产经纪从业人员约184万人，较2021年减少约36万人。2022年，通过房地产经纪机构促成的房地产交易规模约8万亿元，佣金规模约1600亿元。

住房租赁行业企业数量持续增加，但增速放缓。截至12月31日，经营范围中涵盖“住房租赁”且营业状态为存续的企业数量为62.6万家，增速由2021年的118%下降至约45%。租赁住房供应规模稳定增长，克而瑞城市租售系统全国55城2022年新增个人出租房源较2021年增加了2.65%。从租金价格来看，根据建信住房百城住房租赁数据，2022年四季度一线、二线、三线城市月平均租金分别为92.08元/平方米、31.67元/平方米、19.18元/平方米。

承担的主要工作

【坚持党建引领，积极参与脱贫攻坚、乡村振兴等工作】深入学习贯彻党的二十大精神、习近平新时代中国特色社会主义思想，通过专题学习会、专题党课、专题读书会、参观专题展览、主题调研等方式，认真组织开展学习，扎实开展“我为群众办实事”实践活动，编制《群众租购住房指导手册》并通过多种渠道免费提供给群众使用，受到上级党组织的充分肯定和群众欢迎。积极参加新的社会阶层人士统战工作联席会议，认真落实统战工作要求，宣传行业统战工作成就。积极参与住房和城乡建设部定点帮扶县青海大通回族土族自治县脱贫攻坚与乡村振兴等工作。通过党支部共建，持续开展消费帮扶、文化帮扶、产业帮扶，2022 年捐助帮扶金额 56.5 万元，包括用于修缮村委会办公用房、古泉、支持村集体经济产业发展等，为帮扶团队订阅捐赠《中国建设报》《全国乡村振兴优秀案例》《乡村振兴探索创新典型案例》等。

【发挥桥梁纽带作用，做好有关部门参谋助手】向最高人民法院推荐 2022 年入选涉执财产处置司法评估机构名单库的机构 1061 家，有序开展专业技术评审工作，对地方行业组织专业技术评审工作进行指导与协调。积极参与《注册房地产估价师管理办法》修改工作。同时，根据住房和城乡建设部相关司局要求，配合做好立法材料整理、条文论证、开展调研等工作。受托完成《房地产基础信息数据标准》及全国一体化在线政务服务平台电子证照《房地产估价师职业资格证书》《房地产估价师注册证书》《房地产开发企业资质证书》标准的编制起草工作。

【落实职业资格制度，完善职业化人才评价体系】克服疫情等各种困难，成功举行 1 次房地产估价师职业资格考试、2 次房地产经纪专业人员职业资格考试。2022 年，房地产估价师职业资格考试参考人数 16586 人，合格人数 851 人；房地产经纪人考试报名人数 18353 人，合格人数 5819 人；房地产经纪人协理考试报名人数 10750 人，合格人数 3286 人。积极推广房地产经纪专业人员登记工作，优化申请材料流程，提升房地产经纪专业人员登记效率，截至 2022 年 12 月 31 日，全国已登记房地产经纪专业人员 13.2 万人。完善职业资格体系，研究起草《高级房地产经纪人职业资格评价方案》以及《高级房地产经纪人评价办法》。

【加强标准体系建设，推动行业发展】发布《做好客户个人信息保护 防范信息泄露的风险提示》。完成《电子证照规范 房地产经纪专业人员登记证书》团体标准、《房地产估价对象远程在线查勘指引（试行）》等的起草和向社会公开征求意见工作。修改完善《房地产经纪服务流程与服务标准》《房屋征收和城市更新改造中社会稳定风险评估规范》《房地产估价业务目录》《住房租赁经营模式》等，促进向团体标准转化。

【积极维护行业权益，反映行业诉求】对有关部门提出的《中华人民共和国资产评估法（修订征求意见稿）》修改意见，从有利于规范行业健康发展角度出发，提出增加虚假和有重大遗漏的评估报告的认定程序、标准等意见建议。针对地方房地产估价行业组织、房地产估价机构反映无法在部分房地产资产证券化领域顺畅开展评估业务的情况，从房地产估价制度、《中华人民共和国证券法》及中国证券监督管理委员会有关文件等方面论证房地产估价机构开展房地产资产证券化业务的合法性，撰写《关于推动落实房地产估价机构从事房地产资产证券化评估业务的请示》，提交有关部门。针对全国人大常委会公开征求对《中华人民共和国民事强制执行法（草案）》的意见，从行业组织在评估报告异议方面可发挥的作用及保护房地产估价机构利益角度研提修改意见。从发挥房地产相关行业组织作用、中介机构承担的反洗钱职责等角度，对《中华人民共和国反洗钱法（修订草案送审稿）》《中国洗钱和恐怖融资风险评估报告（2022 年）》《FATF 房地产行业风险为本指引》提出修改建议，代拟反洗钱国际评估整改进展情况的回函，并多次参加反洗钱工作会议。

【加强研究工作，夯实发展基础】采取公开遴选等方式对外委托课题 20 余项，其中包括《成本法中房地产价格构成及测算规范化标准化研究》《住房租金评估情形及评估技术要点和注意事项研究》等 12 项估价课题；《房地产交易中经纪机构应当依法披露的信息研究》《房地产经纪服务事项告知制度研究》《房地产经纪人员“红线”行为研究》等 5 项经纪课题；《境外住房租赁自律性组织及自律管理情况研究》《住房租赁从业人员分类、岗位能力要求及职业化研究》等 5 项住房租赁课题。结合房地产经纪和住房租赁行业的特点，研究起草房地产经纪机构、住房租赁企业公共信用评价办法，建立评价指标体系，为开展信用评价做好研究储备。

【做好行业宣传，彰显社会价值】举办两次“住房租赁企业战疫故事会”线上直播活动，彰显住房租赁企业社会价值，安歆集团、魔方生活服务集团、旭辉瓴寓、城投宽庭、首创芳草寓、百瑞纪集团、保利公寓、优客逸家、乐乎集团、碧家集团、自如等

11家住房租赁企业代表进行了经验分享。与中国社会科学院共同主编《中国房地产发展报告》，持续为《中国房地产发展报告》《中国经济年鉴》供稿，撰写2021年度房地产估价、经纪、住房租赁行业发展情况报告。编辑6期《中国房地产估价与经纪》杂志供会员专业交流。充分发挥网站、今日头条、微信公众号作用，及时宣传行业研究成果和重点政策等。

【坚持服务行业会员为本，持续提升服务水平】开展第二批资深会员评定工作，提升会员的社会声誉。坚持优化会员服务与减轻会员负担并重，为纾解疫情给企业造成的困难，减免407家单位会员会费，共335.5万元。坚持服务便捷高效为导向，对各业务系统进行整合优化、升级，建立统一的会员服务数字化平台。不断丰富会员服务内容，整理课题研究成果，供会员免费下载使用；形成政策汇编、讲座视频等材料全部共享至会员服务系统。截至12月31日，共有个人执业会员77544人，单位会员1396家。

承担的课题研究及开展的调研活动

【完成重点课题研究任务】受住房和城乡建设部房地产市场监管司委托，承担《整治房地产市场秩序成效评估》《数字房产平台建设研究》等课题研究；根据有关部门要求，完成军队专项研究任务并协助做好建模推演测算等工作。

【对房地产经纪服务收费进行深入研究】针对社会关注的房地产经纪行业服务收费问题，梳理了房地产经纪服务收费历史沿革和佣金收取现状，并对24个代表性城市的房地产经纪机构收费情况进行调研，在听取房地产经纪机构意见的基础上，向有关部门提出规范服务收费的书面建议，为相关部门科学制定有关政策提供参考。

【协助开展住房租赁有关情况调研】协助住房和城乡建设部住房公积金监管司了解北京市居住、租房、公积金缴存及使用等情况，配合开展“北京住房公积金调查问卷”，共收到有效调查问卷6192份。在对问卷进行深入分析的基础上，撰写相关分析报告，为完善相关政策，助力住房安居提供参考。

【统计调查行业吸纳就业情况】针对房地产估价、房地产经纪、住房租赁行业的特点，设计了调查、测算方案，并选取代表性房地产估价、经纪机构和住房租赁企业进行调研填写，完成3次吸纳就业情况统计。

加强专业交流，引领行业发展

【举办行业盛会，搭建交流合作平台】先后举办主题为“加快发展长租房市场，推进保障性住房建设”的2022中国住房租赁发展论坛、主题为“助力住房流通，满足住房需求”的2022中国房地产经纪年会、主题为“有效适应估价需求变化”的2022中国房地产估价年会。与韩国鉴定评估协会、日本不动产鉴定士协会联合会以线上方式共同举办主题为“可持续发展与估价服务”的第五届中韩日房地产估价论坛。举办2022年中国房地产学术年会暨第15届高校房地产学者专业研讨会，加强行业学术交流，进一步提升行业在高校中的影响力。同时，举办全国住房租赁中介机构“让租住生活更好”研讨会暨“守法经营、诚信服务”公开承诺活动等。

【立足业务需求，丰富继续教育内容】采取网络直播方式举办社会稳定风险评估继续教育专题培训班，174家机构的303名房地产估价师报名参加培训。采取面授方式举办《中华人民共和国个人信息保护法》专题公益讲座。新增网络教育课程23门，共计142学时。严格面授培训考核，做好非面授方式的继续教育工作，完成授课、发表文章、参加考试审题命题、参加教材修订等非面试培训的继续教育学时入库16批次。

（中国房地产估价师与房地产经纪人学会）

中国建筑业协会

2022年，中国建筑业协会（以下简称：中建协）以习近平新时代中国特色社会主义思想和党的二十大精神为指导，在中央和国家机关工委、住房和城乡建设部的指导下，在广大会员的大力支持下，全面贯彻新发展理念，坚持服务宗旨，认真履职尽责，全面提升服务水平，着力促进建筑业高质量发展。在疫情严峻复杂的形势下，中建协结合实际情况调整工作思路，创新服务模式，各项工作取得了较好成绩。

【召开七届三次会长会议】11月24日，中建协七届三次会长会议在南宁召开。会长齐骥主持会议，副会长吴慧娟、刘锦章、肖绪文、王彤宙、陈文健、孙洪水、徐征、杨斌、沈德法、张义光、罗涛、笪鸿鹄、韩平、陈建光（候选）及副会长代表马泽平、徐鹏程、李志琤、李久林等出席会议，监事会监事长朱正举，会长助理景万，副秘书长赵峰、王秀兰列席会议。

刘锦章向会议报告了中建协 2022 年工作情况及 2023 年工作设想。副秘书长赵峰汇报了 2022—2023 年度第一批鲁班奖的申报、初审、复查以及专家评审会评审工作的有关情况。会议审定了鲁班奖评审结果。

会长齐骥作总结讲话。他通报了近两年境外鲁班奖评选相关情况，并对中建协工作提出了两点意见：一是要求秘书处根据与会副会长对中建协工作的意见、建议，认真研究细化 2023 年工作计划；二是根据民政部对社团管理的新要求，做好第七届理事会常务理事的增补工作。

【2020—2021 年度鲁班奖颁奖暨行业技术创新大会】11 月 25 日，中建协在中国 – 东盟建筑业暨高品质人居环境博览会期间，于南宁召开 2020—2021 年度鲁班奖颁奖暨行业技术创新大会，隆重表彰 246 项鲁班奖工程，发布年度十大技术创新。

住房和城乡建设部部长倪虹、副部长张小宏、部办公厅主任李晓龙、人事司司长江小群、住房改革与发展司司长王胜军、建筑市场监管司司长曾宪新、工程质量安全监管司司长曲琦；广西壮族自治区党委副书记、自治区主席蓝天立，广西壮族自治区副主席许显辉，广西壮族自治区人民政府秘书长蒋家柏，广西壮族自治区住房城乡建设厅厅长唐标文；中国工程院院士肖绪文、丁烈云、徐建；中建协会长齐骥、副会长吴慧娟、副会长兼秘书长刘锦章、监事会监事长朱正举，中建协副会长王彤宙、陈文健、徐征、张义光、罗涛、杨斌、笪鸿鹄，以及住房和城乡建设部有关司局、广西壮族自治区有关部门、地区及行业协会等有关单位负责人出席会议。会议由中建协副会长兼秘书长刘锦章主持。

广西壮族自治区党委副书记、自治区主席蓝天立致欢迎辞。他对大会的成功举办表示热烈祝贺。他表示，精益求精、追求卓越的鲁班精神必将引领和激励广大建筑业企业继承中国建筑优秀传统，促进工程质量水平提升，打响“中国建造”品牌。

住房和城乡建设部部长倪虹发表讲话。他高度评价了鲁班奖在引导企业完善质量保证体系、加快科技进步、推进节能减排、打造企业品牌等方面发挥的重要作用。他希望，中建协能够秉持初心，坚持以推动我国建筑业高质量发展、为人民群众创造高品质生活为出发点和落脚点，公平公正、“优中选优”，做到“四个更加”，搞好“两个统筹”。一是在获奖项目上，更加面向住宅、市政公用设施等民生工程项目，更加面向科技创新工程项目，更加面向绿色低碳工程项目，更加面向彰显中国文化自信的工程项目。二是在获奖项目所在地域和所属企业上，统筹好经济发达地区和经济欠发达地区，统筹好大型建筑业企业和中小型建筑业企业。在新的征程上，以鲁班奖为示范和引领，推动我国涌现出更多让群众满意、让政府放心、经得起历史检验的优质工程。他还结合全面学习、把握、落实党的二十大精神，指出我国建筑业发展肩负的新任务。一是要以人民满意为目标。二是要以科技创新为引领。三是要以深化改革为动力。四是要以文化自信为根基。五是要以人才建设为支撑。六是要以全球市场为舞台。他号召，广大建筑业企业和工程建设者要以更高的标准、更严的要求、努力建设更多品质卓越、技术先进、节能环保的优质工程，为加快建设建造强国、推进中国式现代化、不断实现人民对美好生活的向往作出新的更大的贡献。

中建协会长齐骥做会议总结。他指出，进入新的发展阶段，建设工程质量有了新的内涵。鲁班奖将不断把新的发展理念融入评选工作中，推动行业向工业化、绿色化、智能化转型升级。同时，中建协将坚决贯彻落实党的二十大精神，充分发挥鲁班奖的示范引领作用，肩负起新时代的历史使命，坚定不移推动行业高质量发展。

中建协副会长吴慧娟宣读了表彰决定文件。大会特别邀请了中国工程院院士丁烈云、崔愷做专题讲座，并发布了新型装配式剪力墙结构高效建造技术等年度十大技术创新，以及代表建筑业年度技术发展和总体发展情况的《建筑业技术发展报告（2022）》《中国建筑业发展年度报告（2021）》。

【新基建下的数据中心高峰论坛暨项目观摩会】7 月 26 日，由中建协主办的新基建下的数据中心建造高峰论坛暨项目观摩会在呼和浩特举办。中国工程院院士、华中科技大学教授丁烈云，中国工程院院士、中建协副会长肖绪文，中建协副会长吴慧娟出席会议。全国各省市建筑业协会主要负责人，建筑行业专家、企业家约 300 人出席。论坛开幕式由中建协副秘书长王秀兰主持。

中建协副会长吴慧娟在会议致辞中表示：在新基建的助推下，建筑业发展面临着新的机遇和挑战，国家“十四五”规划从现代化、数字化、绿色化方面对新型基础设施建设提出了方针指引，党中央、国务院关于碳达峰、碳中和的战略决策对数字化和绿色化协同发展提出了更高要求，传统的建筑业迎来大规模的数字化转型和产业升级的科技革命。作为国民经济的支柱性产业，建筑业为我国经济发展做出了重大的贡献，但在高速发展的过程中，依然存在很多问题，与建筑业高质量发展的要求还有差距。为此，中建协开展了大量工作，提升工程质量和创新建造方式，并特别设置了中建协绿色建造与智能建筑分会，希望从多方面和多维度来促进建筑业高质量发展。

高峰论坛上，院士、大师和行业专家分别就“东数西算”国家战略和数据中心建设全生命周期如何实现绿色低碳发展发表演讲。

【深入开展调研】2022年，中建协开展有关建筑业数字化转型、绿色建造示范工程创建、建设工程质量检测行业发展、建筑供应链管理、山东省外建筑市场发展情况等调研工作。中建协专家委开展“专家行”活动。编写发布了2021年度、2022年上半年度建筑业发展统计分析及中国建筑业发展年度报告，向住房和城乡建设部、国家发展和改革委员会、财政部等有关部门报送行业发展情况。

【反映诉求】2022年，中建协针对房地产市场情况变化对建筑业企业带来的经营风险，向国务院发展研究中心、国务院研究室工交贸易研究司、全国人大财经委等部门反映建筑企业的困难，受到有关部门重视。向国家市场监督管理总局反映企业在外出施工中遇到的市场准入壁垒问题。对《建筑业企业资质标准》《职业教育资源与重大产业匹配建议》等政策法规的制订修订提出建议。

【促进工程质量安全水平提升】完成2022—2023年度第一批鲁班奖工程评选工作。2022年8月2～3日，在昆明举办提升工程质量创建精品工程经验交流会，来自全国各地、行业建筑业（建设）协会及建筑业企业代表1300余人参加会议。此外，开展“质量月”、QC小组、建筑安全生产“安康杯”竞赛等活动。

【推动行业科技创新】2022年，中建协完成第六届建设工程BIM大赛决赛，举办第七届BIM大赛，组织编辑《中国建筑业BIM应用分析报告（2022）》。开展列入住房和城乡建设部科学技术计划的4个项目的研究工作。加强中建协专家库建设，吸纳行业技术带头人和青年人才入库，充分发挥专家作用。组织遴选行业年度“十大技术创新”推广项目，编制发行《建筑业技术发展报告（2022）》。组织编制第六批团体标准，立项33项新标准（中建协主编8项），启动第七批团体标准申报工作。

【提供法律和信用评价服务】提供法律调解仲裁服务，化解建设领域纠纷，助力建筑业法治建设。完成2022年度建筑业AAA级信用企业评价工作，对之前通过评价的企业进行复审和动态管理，引导企业规范经营。

【行业培训】2022年，中建协共举办线上线下培训20余次，参培人员达7万人次，进一步提升了从业人员的专业技能和管理水平。协助住房和城乡建设部建筑市场监管司进行全国建筑工人管理服务信息平台管理，2022年年底平台登记在册建筑工人超过5000万人，基本实现了建筑工人实名制全国覆盖。完善建筑工人职业技能等级评价考评督导体系，开展建筑工人职业技能等级评价考评员、督导员培训工作。

【积极履行社会责任】2022年，作为住房和城乡建设部红安县帮扶组成员单位，中建协参加实地调研督导，共同研究推动脱贫攻坚成果巩固及乡村振兴工作，再次向红安县特殊教育学校捐款。组织专家参加青海湟中县建筑产业园规划论证会。继续在“六一”前向四川广元荣山镇第三小学捐款捐物。参加人力资源和社会保障部“2022年百日千万网络招聘专项行动”，为建筑业搭建公益性网络招聘平台。

【党建工作】2022年，中建协认真学习宣传贯彻党的二十大精神，组织党员职工学习《习近平谈治国理政》（第四卷）。以中央和国家机关工委开展的全国性行业协会商会党建工作质量攻坚行动为契机，根据行业协会特点和优势，着力破解党建业务“两张皮”问题，全面提升中建协党建工作质量。举办“支部建在项目上、党旗飘在工地上”系列党建活动、“党建引领发展”主题视频大赛等活动，把党建工作结合到会员服务上，推动中建协工作持续健康发展。配合第一联合党委完成换届工作。受中央和国家机关工委委托，为第一联合党委提供工作保障。

【自身建设与发展】2022年，中建协坚持合法合规开展协会工作，秘书处对业务活动逐项进行合规性审核，对涉企收费行为自查自纠。充分发挥监事会作用，对中建协重点工作进行监督检查。健全完善协会规章制度，起草《中国建筑业协会资产管理办法》《中国建筑业协会保密工作制度》等。组织职工参加民政部组织的社会组织评估工作等专题在线培训。对照民政部社团评估5A级标准，组织各部门、各分支机构对标对表查缺补漏，全面提升自身建设水平。加强分支机构管理，撤销中建协建筑史志与企业文化分会，对中建协古建园林与环境工程分会进行调整，对中建协中小企业分会、中建协建筑供应链与劳务管理分会进行合并重组。研究推进中建协兴国际工程咨询有限公司股改工作。

【**信息宣传工作**】2022 年，中建协编辑出版 12 期会刊《中国建筑业》，出版《中国建筑业年鉴（2021 卷）》。继续做好中建协微信公众号和网站管理工作，共发布中建协文件、重要通知、各类动态、消息等 1800 余条。

【**重要会议与活动**】2022 年 4 月 22 日上午，中建协召开中建协党建工作质量攻坚行动动员部署会议。会议传达第一联合党委关于质量攻坚行动的会议精神。同日下午，党总支书记、副会长兼秘书长刘锦章带领秘书处全体党员干部职工参观了中国共产党历史展览馆。

5 月 12 日，“工程项目管理公益大讲堂——探索民营建筑企业数字化转型之路”活动成功举办。

6 月 17 日下午，中建协在京召开《建筑业科技研发项目业财税全流程管理指引》课题开题会。

7 月 11 日，中建协第一届监事会第三次会议在重庆召开。会议讨论《2021 年监事会工作总结和 2022 年下半年工作安排》，检查、审议了《2021 年度协会财务报告》。

7 月 12 日，中建协监事会在重庆组织召开部分地方建筑业协会监事（长）座谈会。

7 月 22 日，以“专新·致质——科技创新·智慧建造”为主题的公益观摩会在重庆郭家沱长江大桥举行。

7 月 26 日，新基建下的数据中心建造高峰论坛暨项目观摩会在呼和浩特举办。

8 月 2 至 3 日，中建协在昆明举办提升工程质量创建精品工程经验交流会。

8 月 4 至 5 日，由中建协主办，中建协绿色建造与智能建筑分会、江苏省建筑行业协会、中建四局联合承办的第二届绿色建造与智能建筑创新大会暨项目观摩会在南京举办。

8 月 6 日下午，中建协与中建三局集团有限公司在中建三局一公司技术研发中心举办“支部建在项目上、党旗飘在工地上”——高质量党建引领高质量发展系列党建活动的首场活动。

8 月 22 日上午，中建协在北京召开 2022—2023 年度第一批中国建设工程鲁班奖（国家优质工程）复查工作启动会。

9 月 8 日，中建协会长、中建协专家委主任齐骥一行赴中建技术中心调研。

10 月 14 日上午，中建协党总支召开中心组专题学习会议。

10 月 16 日上午，中国共产党第二十次全国代表大会在北京人民大会堂隆重开幕，中建协党总支、秘书处党支部组织党员集中收看开幕盛况，认真聆听学习习近平总书记代表十九届中央委员会向大会作的报告。

10 月 19 日上午，中建协组织职工集体学习党的二十大报告。

10 月 27～28 日，中建协在珠海举办 2022 年全国建造师大会暨工程项目管理高峰论坛。

11 月 24 日，中建协七届三次会长会议在南宁召开。同日召开 2022 年度特别理事会和建筑业高质量发展研究院院长工作会。

11 月 25 日，中建协在中国－东盟建筑业暨高品质人居环境博览会期间，于南宁召开 2020—2021 年度鲁班奖颁奖暨行业技术创新大会，隆重表彰 246 项鲁班奖工程，发布年度十大技术创新。

（中国建筑业协会）

中国勘察设计协会

【**概况**】2022 年，是中国勘察设计协会（以下简称：中设协）第七届理事会开启新征程的一年。在中央和国家机关工委、民政部的领导下，在住房和城乡建设部的指导下，中设协按照《2022 工作重点》，克服疫情带来的不利影响，基本完成全年工作任务，继续推动行业高质量发展。

【**七届一次理事会**】3 月 30 日，中设协以线上方式召开了第七届一次理事会议暨第七届一次理事长工作会议。会议期间，朱长喜理事长对 2022 年度工作重点进行说明。会议审议通过了《中国勘察设计协会 2021 年工作总结报告》中国勘察设计协会 2022 年重点工作》《中国勘察设计协会财务管理办法》等文件。

【**七届二次理事会**】12 月 27 日，中设协以线上方式召开了七届二次理事会议暨七届二次常务理事会议。朱长喜理事长作中国勘察设计协会 2022 年工作总结报告。会议审议通过了《中国勘察设计协会2022年工作总结报告》《中国勘察设计协会第七届理事会发展规划》《中国勘察设计协会2023年重点工作》等文件，审议表决了《关于成立中国勘察设计协会全过程工程咨询分会的决议》《关于“岩土工程与工程测量分会”更名为“工程勘察分会”的决议》和《关于会员吸收、自动丧失资格和理事增补、变更的决议》等议案。

【政府委托课题】4月，中设协受住房和城乡建设部建筑市场监管司委托，开展《勘察设计监管制度和勘察设计注册工程师管理制度改革完善研究》。中设协成立由37位专家组成课题组，开展资料收集、重点问题分析、关键建议梳理、条款研讨等，统筹撰写形成了课题研究报告及《建设工程勘察设计管理条例》和《勘察设计注册工程师管理规定》修订建议稿。此外本年度，中设协还组织完成了2020年度完成立项的住房和城乡建设部科学技术计划项目《工程勘察设计咨询高质量发展研究》，课题组对影响行业、企业高质量发展的关键问题、政策导向、技术标准、企业内部运行机制等进行深入研究，不断提高对新时期勘察设计高质量发展的认识和理解。目前已完成课题研究报告并报审。同期完成的部科学技术项目还有《面向设计全过程咨询的项目智能管理平台系统及应用示范研究》。

【行业调研】2022年，中设协针对不同的主题组织开展了形式多样的调研，为课题研究、科学决策等提供了大量第一手资料。中设协民营企业分会针对疫情、地产暴雷等不利因素叠加影响，组织开展后疫情时代民营工程勘察设计企业的发展调研，全面了解企业面临的困难和变化，帮助企业思考未来发展之路；经营创新与体制改革工作委员会结合国家经济、社会发展形势以及行业创新实践案例分析，开展行业创新发展研究，提出创新发展对策与实施建议。

【行业发展研究报告2022】2022年，中设协对研究报告编制组织方式进行了调整，建立定向调研机制，搭建了300家代表性企业组成的调研群，自主完成年度管理、市场、业务和技术等专题问卷调研，对来自208家企业616份反馈问卷进行了分析，以问卷调研和统计数据分析为基础，深入开展行业发展研究，形成《工程勘察设计行业年度发展研究报告（2022）》，旨在为企业更好地提供数据对标和政策咨询服务。

【政府助手】2022年度，中设协持续为主管部门日常工作提供支持，完成相关业务主管司局委托的各类文件意见反馈、资料梳理等工作共15项，包括配合主管部门做好《“十四五”工程勘察设计发展规划》发布后的支持工作；召开《工程勘察／设计资质标准（征求意见稿）》专题座谈会议；校审工程勘察设计统计数据及统计公报（2021）；向相关设计企业征集冬奥场馆设计和方舱医院主设计专题资料；住房和城乡建设领域技术行业分类修改完善建议；建设工程消防设计审查验收技术服务管理办法的意见反馈等。中设协施工图审查分会协助甘肃省住房和城乡建设厅开展建筑工程设计质量安全检查。

【工程总承包业务】2022年度，中设协围绕工程总承包业务，开展了以下三大项工作：（1）发布工程总承包相关合同额排名。中设协建设项目管理与工程总承包分会继续组织开展2022年度勘察设计企业工程项目管理和工程总承包营业额排名活动，网上申报企业达205家，2022年9月正式发布了《关于公布勘察设计企业工程项目管理和工程总承包营业额二〇二二年排名的通知》，为行业持续提供工程总承包与项目管理业务的对标参考；（2）编制工程总承包发包指南。根据当前建筑、市政领域工程总承包模式应用实际，按照建筑市场司要求，组织建设项目管理和工程总承包分会成立课题组，调研市场供求关系，开展《建筑市政工程总承包发包指南》研编，完成《建筑市政工程总承包发包指南》征求意见稿，2023年度将以该文稿为基础面向行业上下游产业链，展开广泛研讨，探讨发布形式，以期引导建设单位选好、用好工程总承包模式，促进该模式的良性发展；（3）开展工程总承包典型项目案例征集与评审。2022年度中设协继续开展工程总承包、项目管理典型项目案例征集，征集了涉及14个细分行业的工程总承包案例85个，项目管理案例10个，并完成初审工作。与此同时，中设协协助住房和城乡建设部建筑市场监管司开展工程总承包典型项目案例征集与评审，对案例征集方式、内容和评审方案等进行梳理，对通过地方主管部门征集的140个案例进行基础性审查。受疫情影响，以上两项工作的终审和发布都将于2023年初完成。

【全过程工程咨询业务】本年度，中设协团体标准《全过程工程咨询服务规程》的编制进入收尾阶段。编制组对《全过程工程咨询服务规程》征求意见稿进行全面修改，2022年9～10月进行网上公开征求意见，在完成公开征求意见后的修改完善后，形成了送审稿，有望于2023年初召开终审会并正式发布。与此同时，中设协通过了成立中设协全过程工程咨询分会的决议。后续，中设协将以持续开展了多年的全过程工程咨询业务研究工作为基础，依托中设协全过程工程咨询分会及《全过程工程咨询服务规程》编制组，深入引导行业开展新业务模式的探索与实践。

【市政工程设计深度研究】受住房和城乡建设部工程质量安全监管司委托，中设协开展市政工程设计文件编制深度研究课题工作，对2003年版深度规定执行情况进行全面分析评估，形成《研究报告》。课题于2022年11月通过评审，目前正在基于研究报告，对现行《市政公用工程设计文件编制深度规定》（2003版）进行全面修订。

【工程勘察成本要素信息】为充分发挥市场在资源配置中的决定性作用，维护有序公平的竞争环境，强化岩土工程与工程测量专业技术服务质量，中设协工程勘察分会开展了工程勘察服务成本要素信息统计分析工作，组织全国部分行业骨干勘察单位和地方勘察设计同业协会，在对全国范围2014—2020年工程勘察服务成本要素信息进行专项调查的基础上，进行了统计、测算和分析，形成发布《工程勘察成本要素信息（2022版）》，并于2022年6月正式发布，这是继建筑、市政、园林行业后，中设协发布的第四个细分行业的成本要素信息。

【信息化工作指导意见】中设协会同信息化工作委员会组织专家团队，对"十三五"行业信息化建设情况进行了全面调研和总结评估，根据《"十四五"国家信息化规划》和有关部门规划，结合勘察设计行业实际，制定了《工程勘察设计行业"十四五"信息化工作指导意见》，并于2022年4月正式发布。《工程勘察设计行业"十四五"信息化工作指导意见》明确了行业"十四五"时期信息化工作目标、主要任务和措施。

【团体标准工作】2022年全年，中设协完成《公园绿地应急避难功能设计标准》等12部团体标准发布，完成《建筑结构抗震性能化设计标准》等14部团体标准送审稿审查，完成《高效沉淀池技术规程》等21部团标征求意见稿审查。同时，中设协还组织住房和城乡建设部课题《国际标准化工作规则及工程建设国际标准编写方式研究》，形成研究报告和《工程建设国际标准编写方式》。

【行业优评选】受疫情等因素影响，2021年度行业优秀勘察设计奖评选工作延续到本年度。2022年度，中设协完善了相关制度和评审系统，针对行业优秀勘察设计奖评选范围扩容至18个工业行业，修订了评选办法，制定了评选工作细则（工业奖）和工作机制，优化了民用项目评审系统功能，开发了工业项目申报和评审系统，健全了评选专家库，组织完成工业项目申报，并完成了全部评审工作。相关推荐获奖名单已于2022年12月上网公示。

【QC小组活动大赛】2022年，继续以开展QC小组活动大赛为抓手，强化企业质量安全工作。为规范大赛组织，中设协质量和职业健康安全环保工作委员会组织编制了《工程勘察设计质量管理小组活动成果大赛实施方案》，明确了工作要求，完善了大赛组织管理机制。大赛参赛项目的申报与评审工作已启动，全国共有651个QC小组活动成果参赛。

【技术交流】2022年度，各分支机构根据行业热点、技术发展趋势等组织开展了一系列交流活动，取得很好效果。中设协建筑分会举办数字化转型、双碳技术应用等公益直播，16000余人观看；中设协结构分会举办12期线上公益活动，累计观看人数超过10万；中设协水系统分会举办3期线上公益直播；中设协智能分会举办4期智能公益线上讲座；中设协电气分会举办2期技术沙龙；中设协传统建筑分会举办传统建筑设计机构作品巡回展长沙站活动暨第七届传统建筑传承与发展学术论坛；中设协高校分会举办2022年建筑电气与智能化论坛；中设协建筑环境与能源应用分会召开第九届全国建筑环境与能源应用技术交流大会。

【人员培训】2022年，在总结近几年培训实践基础上，根据《培训办班管理办法》等文件，制定了协会《培训办班管理规定》，对培训规划计划、组织实施、财务管理、监督管理等做了明确规定，规范了培训工作流程和合作机构管理，推进管理制度化。协会以线上举办培训班方式为主，针对标准规范、热点技术、数字化转型、绿色建筑设计、人防工程监理等年度重点题材开展了培训活动，全年开班30次，共培训近5000人次，进一步提升了企业和从业人员的技术能力。

【国际交流】2022年10月，中设协作为指导单位参与FIDIC合同用户（中国）大会。该会议是FIDIC于2022年10月17～18日以线上方式首次在中国召开的合同用户大会，朱长喜理事长在大会开幕式上致辞。

【分支机构管理】2022年，中设协加强了任期届满分支机构的换届推进工作，从发出通知进行换届工作部署，到建立分支机构换届工作群进行换届督导，工作力度逐渐加大。目前，中设协电气分会、中设协质量和职业健康安全环保工作委员会、中设协岩土工程与工程测量分会已完成了换届工作；中设协水系统分会换届筹备工作已完成，换届大会因受疫情影响而延期；中设协农业农村分会、中设协建筑分会、中设协结构分会、中设协建筑环境与能源应用分会、中设协信息化工作委员会、中设协标准化工作委员会和中设协传统建筑分会先后成立换届筹备工作组，换届工作正在有序推进。

【城市设计分会】为深入贯彻落实习近平总书记有关住房城乡建设工作的重要指示批示精神和中央城市工作会议要求，践行“人民城市”发展理念，在新型城镇化建设和城市更新行动中，更好地发挥行业协会的引领和服务职能，2022 年 8 月中设协正式成立城市设计分会，住房和城乡建设部有关司局领导出席并作指导。同时召开了“传承·创新·发展——新时代背景下城市更新与城市设计”主题学术论坛。

【党建共建】中设协于 9 月牵头组织南方片区同业协会开展联合党建活动，组织参访红军长征湘江战役纪念馆，接受爱国主义和革命英雄主义教育，重温入党誓词，并进行社会主义新农村建设主题考察，完成中设协党支部与广西勘察设计协会党支部联建共建签约。

（中国勘察设计协会）

中国市政工程协会

【协会概况】中国市政工程协会（以下简称：协会）成立于 1991 年 6 月，经建设部批准、民政部注册登记成立，2016 年 11 月脱钩后，由民政部重新核发协会的社会团体法人登记证书，是具有独立法人地位和广泛代表性、专业性的全国市政行业非营利性自律机构，是市政工程行业唯一的全国性行业协会。

协会贯彻落实创新、协调、绿色、开放、共享发展理念，履行行业代表、协调、服务和自律职能，服务政府、服务行业、服务会员、服务社会，为促进城市建设和市政公用建设事业高质量健康发展贡献力量。

协会业务活动涉及市政工程行业各领域，下设 18 个分支机构，并设有科学技术委员会、标准化管理委员会两个咨询服务机构。

截至 2022 年年底，协会现有会员单位 2036 家，理事 343 名，常务理事 50 名。

【突出党建引领】2022 年，协会主编的《城市建设基石——中国市政行业“百城百企”发展汇编》正式由中国城市出版社出版发行。该书通过讲故事的方式汇集全国各主要城市的市政企业发展历史及其取得的成就，讴歌我国市政企业在中国共产党的领导下“逢山开路 遇水架桥”艰苦创业的大无畏革命精神，展示全国各地市政建设企业不断满足人民美好生活需要的丰功伟绩。

2022 年 7 月 21 日，协会党支部组织全体党员和员工参观中国共产党历史展览馆。党支部书记卢英方、副书记刘春生、常务理事刘平星与大家一同走进展览馆，参观探寻中国共产党百年奋斗历程。

协会开展党的二十大精神主题系列宣传活动，先后组织开展了“喜迎二十大市政谱新篇”和“庆祝二十大、让党旗高高飘扬”系列征文活动。共收到投稿 107 篇，选取优秀文稿在公众号、网站发布，在杂志上刊登，引导广大会员聚焦“二十大”，学习“二十大”，推动党的二十大精神家喻户晓，深入人心。

10 月 16 日，中国共产党第二十次全国代表大会在北京人民大会堂隆重开幕。习近平代表第十九届中央委员会向大会作报告。协会党支部把组织全体党员一起收听收看二十大会议盛况作为一项重要政治任务，高度重视，全体党员干部聚精会神聆听学习党的二十大报告。

1 月 19 日，协会召开党支部 2021 年度党建工作述职评议会议。

3 月 29 日，协会 10 名党员参加了 2021 年度组织生活会暨民主评议党员大会。

协会党支部书记卢英方当选新一届中央和国家机关行业协会商会第一联合党委委员。

【强化协会组织建设】协会第七届理事会第二次会议以线上线下相结合的方式在北京召开，理事会成员应到会 332 人，实际到会 303 人。会议通过了《中国市政工程协会 2021 年度工作报告》《中国市政工程协会 2021 年度财务决算报告》《关于调整和增补中国市政工程协会第七届理事会理事的议案》《关于调整和增补中国市政工程协会第七届理事会常务理事的议案》《关于增补中国市政工程协会第七届理事会副会长的议案》《关于聘任中国市政工程协会第七届理事会名誉职务人选的议案》《关于调整中国市政工程协会分支机构的议案》。会议通报了协会《关于设立法律工作小组的说明》《关于“信用体系建设”工作的说明》《关于市政工程最高质量水平评价工作情况的说明》。

协会第七届常务理事会第三次会议以线上线下相结合的方式在北京召开。常务理事会成员应到会48人，实际到会47人。会议通过《中国市政工程协会第七届理事会第二次会议议程》《中国市政工程协会2021年度工作报告（草案）》《中国市政工程协会2021年度财务决算报告（草案）》。会议通报了《关于中国市政工程协会部分分支机构换届情况的报备说明》《关于调整中国市政工程协会第七届理事会理事单位代表的报备说明》。

【完善标准化制度，推进团标编制】召开协会标准化管理委员会2022年第二次全体会议。聘任陈梅雪等27名人员为协会标准化技术委员会第二批委员。

2022年，协会出台《团体标准涉及专利处置规则》等6项标准化工作制度，对协会标准涉及专利的处置、标准化文件的管理、标准的命名与编写、标准编制过程中标准化技术委员会的工作流程等方面进行了规定。

2022年，协会新批准立项标准29项，发布出台《工程废弃泥浆综合处理技术标准》等8项标准。

为普及标准化工作知识，宣贯协会团体标准编制工作的有关规定和要求，协会陆续开展四次标准化知识系列讲座。

【建立专家库】2022年，协会组织建立道路桥梁、规划设计、生态市政、数字市政、停车、经济管理六个专家库。

【协会30周年庆祝大会】8月4日，首届中国数字市政高峰论坛暨中国市政工程协会成立30周年庆祝大会在广州举行。协会会长卢英方、住房和城乡建设部城市建设司副司长刘李峰、广东省住房和城乡建设厅党组成员、副厅长刘耿辉、广东省社会组织管理局监管处处长陈炯生和广东省市政工程协会副会长唐建新出席会议并致辞。国际市政工程协会主席桑娜·希尔杰斯发来祝贺视频。协会副会长兼秘书长刘春生主持会议，来自全国各地近400名会员单位代表参加会议。

【首届市政工程建设产业博览会】12月27日—29日，由协会、湖南省住房和城乡建设厅、长沙市人民政府主办，国内首个聚焦市政工程全产业链的博览会——2022市政工程建设产业博览会在长沙国际会展中心隆重开幕。首届市政博览会以“新时代、新发展，新基建、新市政”为主题，汇聚国内近200家城市建投公司和市政投资建设服务商与集成商参会，集中展示市政工程领域科技创新、设施设备研发制造成果。

2022年12月27日，举行首届市政工程建设产业博览会开幕式暨市政工程产业发展峰会，邀请中国工程院院士、中山大学教授、郑州大学教授、博士生导师王复明，国际欧亚科学院院士、北京大学教授、博士生导师邬伦等众多重量级嘉宾出席并作主旨演讲。博览会同期举办多场不同专题的分论坛，共同探讨市政工程领域的创新与发展方向。协会、协会各分支机构及会员单位的专业技术人员、企业负责人、骨干力量近3000人参加了市政工程建设产业博览会。

【“市政杯”BIM应用技能大赛】1月12日，第三届“市政杯”BIM大赛成果发布会采取现场会议和线上直播相结合的方式进行，在线观看人数4000余人。

12月20日，第四届“市政杯”BIM应用技能大赛经过专家评审、答辩和比赛结果公示等规定环节，最终从参赛的553项成果中评选出248项成果分别获得一类成果、二类成果、三类成果、优秀成果。

【市政工程最高质量水平评价】2022年，协会首次组织开展了市政工程最高质量水平评价，该工作自2022年2月份启动以来，得到了省协、专家委员会，以及广大会员单位的大力支持。通过对209个申报工程的初评、现场复查、评审、公示、批准和公告等，共有114项工程通过最高质量水平评价。

【推荐国家优质工程奖】2022年，协会开展2022—2023年度第一批国家优质工程奖推荐工作。

向中国施工企业管理协会推荐的8个工程项目全部获得国家优质工程奖，其中1个获得国家优质工程金奖。

【全国市政工程建设质量管理小组活动成果交流会】2022年，协会分三批次召开全国市政工程建设质量管理小组活动成果交流会，共申报1494项成果，发布成果1361项。评审专家坚持了公平、公正、公开的原则认真进行评审，评选出2022年度全国市政工程建设优秀质量管理小组一等奖407个、二等奖407个、三等奖407个、优秀奖137个。

【组织培训】2022年，协会在官网开辟15期网络教育培训课程；完成三期“助行业·说设计”云端大讲堂系列直播；举办大型市政施工企业总工程师线上培训班：围绕市政行业新技术、新建造方式以及国家相关政策开展6期专题培训。

【课题研究】2022年，协会组织完成了住房和城乡建设部交办的《新时代市政工程行业高质量发展政策与措施研究》的课题；组织分支机构完成了《关于多功能灯杆现状情况调研报告》《市政工程行业民营企业生存现状调查报告》《关于打造“中国市政精品工程”的建议》《市政工程设施管理工作调研报告》《城市道路停车场发展问题研究报告》《市政建筑材料发展方向研究报告》6项课题研究。

【地下空间绿色发展高峰论坛】协会管廊及地下空间专业委员会在南京举办的“地下空间绿色发展高峰论坛暨第三届全国地下空间创新大赛优秀作品发布仪式”。

【成立信用建设领导小组，开展信用评价工作】2022年，协会决定在会员企业中开展信用建设工作，印发《关于设立信用建设领导小组的通知》，成立协会信用建设领导小组。

首批信用评价共报名注册企业319家，本着自愿、公开、公平、公正的原则，通过对市政工程企业经营管理、财务状况、公共信用信息、行业评价等方面的信用记录、信用建设和信用能力的全面评价，经过企业自主申报、协会初审及商业信用中心复审、专家研讨会等程序，最终确定了89家市政企业信用等级。

【成立协会法律工作小组】2022年，经理事会通过，会长办公会研究决定，设立协会法律工作小组。法律工作小组设主任1名，副主任3名，专家成员若干名。其中，主任：吴雨冰、副主任：蓝仑山、姜军、王竹霁。

【编撰《中国市政工程年鉴》(2021年卷)】2022年，协会启动市政行业《中国市政工程年鉴》的编制工作，得到了政府相关部门、科研单位、专家学者、会员单位、地方协会的大力支持。《中国市政工程年鉴》系统、准确、科学地记录市政行业发展的历程，展示了协会会员企业的先进管理经验、优秀作品及工程案例。

【助力乡村振兴】2022年8月1日，协会向会员单位发出助力乡村振兴的倡议书。

【国际交流活动】6月23日，国际市政工程协会（IFME）2022年上半年理事会在意大利罗马THE HIVE酒店召开。意大利华侨联合商会会长陈洲先生代表卢英方会长参会。

10月11日，国际市政工程协会线上视频理事会预备会召开。20多个国家代表出席会议，李颖代表卢英方会长、刘春生副会长作为理事代表出席会议。

【分支机构管理】4月17日，按照民政部《民政部关于开展全国性社会团体、国际性社会团体分支（代表）机构专项整治行动的通知》(民函〔2022〕19号）文件要求，协会成立专项整治工作小组，制定专项整治工作方案，两次召开专题会议，要求各分支机构认真查摆问题，深入开展自查自纠，对查摆出的问题积极进行整改。

整改完成后，专项整治工作小组认真梳理专项整治工作成效，形成《中国市政工程协会分支机构专项整治工作总结》，并上报民政部。

【成立数字市政专业委员会】6月28日，经协会第七届理事会第二次会议审议通过设立数字市政专业委员会，通过引导聚焦大数据、云计算、人工智能、区块链等前沿高端领域，助力数字市政工作全面健康发展，不断为行业构建信息技术应用、创新产业服务体系、优化数字产业发展路径提供服务帮助。

【信息推广】2022年，《中国市政》杂志进行全新改版，突破原有瓶颈，转变设计风格，增加专题专刊，使杂志的专业性和可读性全面提升。全年共出版综合刊7期，推出包含停车、管廊、生态市政、照明、获奖项目5期专刊。全年共出版12期，刊登各类文稿246篇。通过灵活的办刊方式，丰富了刊物内容，让更多会员单位全方位了解市政行业，同时，也宣传了协会的工作，加深对专委会各专业的了解。

调整公众号风格，让公众号的阅读观感更符合读者需求。网站上重大事项、紧急事项以及大图显示做到随时更新。全年共发布微信公众号44次，发布文稿194篇。各专委会也纷纷加强自媒体建设，及时宣传各领域行业动态、会员风采。

【内部建设】2022年，协会结合当前新形势要求和新的工作需要，修订《分支机构管理办法》《财务管理办法》，新增《人员考核办法》等内部管理制度，协会内部管理更加完善，各项工作做到有章可循、有规可依。

（中国市政工程协会）

中国安装协会

2022年，中国安装协会（以下简称：协会）坚持以习近平新时代中国特色社会主义思想为指导，深入学习贯彻落实党的二十大精神及党的十九届历次全会精神，突出党建引领，秉持服务宗旨，完整、准确、全面贯彻新发展理念，统筹疫情防控和协会工作，全面落实理事会工作部署，较好地完成了2022年初制定的各项目标任务，以实干实效促进行业高质量发展。

【坚持民主办会，依章治会】2022年，协会坚持民主办会，加强组织建设，执行民主决策制度，积极发挥理事会、常务理事会集体领导作用，群策群力做好协会工作。

7月，协会采取线上、线下相结合的方式召开第七届三次理事会议、第七届二次常务理事会议。会议审议通过了秘书处工作报告，审议通过了《关于增选第七届理事会理事的提案》《关于调整中国安装协会电气专业委员会主任的提案》。会议选举四川省工业设备安装集团有限公司党委书记、董事长徐进和山西省安装集团股份有限公司党委书记、董事长王利民为第七届理事会副会长，批准了部分企业的入会申请，并对2022年下半年协会工作进行安排部署。

【突出科技引领，扎实做好质量科技双创】2022年，协会在总结2021年评选工作经验的基础上，通过优化在线评审平台，采用线上、线下联动方式确保评选活动安全、高质、高效开展。

（1）组织开展2022年度中国安装工程优质奖（中国安装之星）评选活动。在线申报工程312项，经专家在线初审，297项工程符合申报条件，进入复查。2022年10月召开工程复查启动视频会议，启动复查工作。截至2022年12月1日，43个复查组陆续完成复查工作。2023年1月，协会在北京召开评审会，283项工程入选2021—2022年度第二批中国安装工程优质奖（中国安装之星）。

（2）开展2022年中国安装协会科学技术进步奖评选工作。在线申报科技成果460项，其中406项通过形式审查，进入专业审查。专业审查组向评审会推荐一、二、三等奖候选成果216项。2022年3月，协会通过视频在线召开评审会，最终216项成果入选2022年度中国安装协会科学技术进步奖，其中一等奖25项，二等奖73项，三等奖118项。

（3）编印《中国安装协会科学技术进步奖获奖成果精选（2022）》。2022年，协会组织编辑《中国安装协会科学技术进步奖获奖成果精选（2022）》，并于2022年7月在《安装》杂志专刊发行。《中国安装协会科学技术进步奖获奖成果精选（2022）》汇编了2022年中国安装协会科学技术进步奖获奖成果，为企业解决类似工程技术和管理难题提供借鉴。

（4）开展2023年中国安装协会科学技术进步奖评选活动。2022年9月，协会启动评选活动，在线申报403项成果，其中344项成果通过形式审查，进入专业审查。专业审查组向评审会推荐一、二、三等奖候选成果198项。

【深入会员企业调研，分析行业发展趋势】2022年，协会走访会员企业、征集优秀案例，围绕企业党建引领、转型升级等热点问题，推广具有企业特色的高质量发展经验。

（1）走访调研会员企业。1月，协会赴中建二局安装工程有限公司调研座谈，了解企业发展状况和特点，并就工程质量创优，机电领域国内外新工艺、新材料、新设备应用等座谈交流。8月，协会赴湖南省工业设备安装有限公司调研座谈，了解企业发展历程、企业文化、战略规划等情况，就人才培养和专业资质等进行了深入交流。9月，协会赴浙江省工业设备安装集团有限公司，与浙江省安装行业协会副会长单位代表座谈交流，了解浙江省安装行业现状及发展趋势、企业发展情况，收集对协会工作的意见建议。

（2）征集安装企业创新发展优秀案例。为总结交流安装企业创新方法和成功经验，发挥典型示范引领作用，7月，协会面向会员企业征集安装企业创新发展优秀案例，征集案例内容涉及企业管理模式、经营方式、生产方式、人才队伍建设等诸多方面。10月，协会推选出31个案例为安装企业创新发展优秀案例，并予以公布。

【组织技术交流，持续推进行业科技发展和管理创新】2022年，协会创新技术交流方式，组织大型在线观摩和云展会，搭建数字化线上交流平台，推广行业先进适用技术和优秀管理经验。

（1）组织行业技术交流活动。9月，协会召开机电工程总承包管理与数智建造研讨会暨现场观摩和云观摩会。会议采取现场观摩结合云观摩的形式，观摩了中建三局一公司承建的杭州阿里巴巴西溪五期项目总承包工程，在降低疫情风险前提下，满足了广大会员观摩学习的需求。会议邀请中国工程院院士、华中科技大学教授、国家数字建造技术创新中心首席科学家丁烈云在线作“建筑产业互联网”专题讲座。

（2）组织BIM技术应用线上公益讲座。5月，BIM应用与智慧建造分会举办了2022年机电工程BIM技术应用线上公益讲座，7000多人在线参加。讲座邀请专家作《机电装配式施工深化优化设计及解决方案》和《基于BIM的预制装配技术研究与应用》主题分享，并组织在线沟通答疑和线上测评。

（3）做好安装行业BIM技术应用成果评价工作。5月，协会BIM应用与智慧建造分会启动2022年安装行业BIM技术应用成果评价活动。10月召开成果评价初评视频会议，形成统一的初评推荐意见。12月召开成果评价终评视频会议，最终26项成果入选为2022年安装行业BIM技术应用国内领先（Ⅰ类）成果。

（4）编制团体标准，推进行业标准化工作。2022年，协会标准工作委员会完成了2项团体标准编制。12月出版发行《数据中心机电工程技术规程》。12月召开云发布会，发布《机电工程科技成果研发管理规程》。

【完成建造师相关工作，提高行业从业人员整体素质】（1）迎接住房和城乡建设部执业资格注册中心调研。3月，住房和城乡建设部执业资格注册中心建造师办公室领导到协会就建造师执业资格考试大纲修订、建造师继续教育等相关工作调研指导，现场宣读住房和城乡建设部办公厅给协会及选派专家单位的感谢信，向参加2021年度建造师考试入闱工作的专家颁发注册中心的荣誉证书。协会发出《关于对在建造师工作中作出突出贡献的专家予以表彰的决定》，对在建造师工作中作出突出贡献的专家予以表彰。

（2）做好建造师执业资格考试大纲修订工作。受住房和城乡建设部委托，2022年协会组织专家完成住房和城乡建设部布置的一、二级建造师执业资格考试大纲（机电工程）及考试用书《机电工程管理与实务》的修编工作。2022年8月，协会召开全国一、二级建造师（机电工程）考试大纲修订工作会议。会议传达了住房和城乡建设部建造师考试大纲修订工作会议精神，提出考试大纲（第六版）修订原则，明确基本修订思路，确定了具体分工、完成时间及要求。

（3）选派专家参加建造师执业资格考试命题工作。协会向住房和城乡建设部执业资格注册中心推荐一、二级建造师执业资格考试命题、阅卷专家，参与考试命题和阅卷工作。2022年9月，根据住房和城乡建设部执业资格注册中心要求，协会推荐7位专家为一级建造师执业资格考试命题专家，入闱参与考试命题工作。

（4）出版《机电工程安装工艺细部节点做法优选》。本书于2021年启动编写，适用于各类工业和民用、公用建筑的机电工程，对机电工程技术人员，尤其是对一线人员能起到有效的指导作用。4月，协会线上召开《机电工程安装工艺细部节点优选》书稿审定会，6月按期交至中国建筑工业出版社，定于2023年1月出版发行。

（5）征集优秀论文。该活动旨在总结交流安装企业先进管理经验和施工技术创新成果，共征集到论文700余篇。3月，经协会秘书处审阅，推选出优秀论文673篇、优秀组织单位32家。

【做好宣传工作，努力提高信息服务水平】2022年，协会加强信息宣传工作，提高信息服务水平，多渠道收集会员单位意见建议，工作联系更加快捷高效。

（1）加强《安装》杂志社建设。2022年，《安装》杂志社坚持正确的政治方向和价值取向，进一步明确科技期刊定位，报道最新行业形势和行业动态，注重专题策划，彰显行业科技引领。进一步加强和完善专家审稿制度，提高内容质量，提高提供优质内容的能力和潜力；加强编辑队伍建设，不断提高编辑部综合能力，整体办刊质量稳中有升；加大为行业、为会员单位服务力度，行业影响力和知名度不断提高。

（2）继续加强网站建设。协会网站是发布协会最新通知、宣传协会工作动态、奖项在线申报、专家动态管理的重要窗口，也是专家和会员单位展示自身风采的舞台。一年来，协会网站保持正常运营，网络服务稳定，信息、报道发布及时准确，各功能模块实现平稳运行。

（3）编制发出《协会简报》，发挥微信公众号和微信群作用，做好信息宣传，拓宽交流渠道。2022年，协会共发出6期简报，向副会长、常务理事、理事，省市安装协会（分会），有关省市建筑业协会，有关行业建设协会以及中国安装协会各地区联络组通报协会工作。发挥微信公众号和微信群、QQ群作用，及时通报协会各项活动信息和最新工作情况，倾听会员单位对协会工作的意见和建议，保持与会员之间的良性互动和紧密联系，吸引会员更多地参与到协会工作中来，提升会员管理水平和服务质量。

【突出党建引领，加强协会自身建设】2022 年，协会党支部注重将党的建设与业务工作紧密结合，着力加强协会自身建设，提升服务能力和水平。

（1）突出党建引领作用，学习宣传贯彻党的二十大精神。2022 年，协会党支部以习近平新时代中国特色社会主义思想、党的二十大精神及党的十九届历次全会精神为指导，深刻领悟“两个确立”的决定性意义，增强“四个意识”，坚定“四个自信”，做到“两个维护”。通过组织专题学习、开展专题研讨、支部书记讲授专题党课、撰写心得体会等举措，深刻理解党的二十大精神内涵，精确把握党的二十大精神外延，着力推动学习宣传贯彻党的二十大精神走深走实。引导秘书处工作人员学习领会党的二十大精神和贯彻落实工作要求，学以致用推进工作开展，在本职岗位上作出新的成绩。

（2）开展党建工作质量攻坚行动，提升党建工作质量，完成党支部换届工作。协会在中央和国家机关行业协会商会党委及第一联合党委的领导下，把党建工作作为首要政治任务，全面加强党的建设，深入部署开展党建工作质量攻坚行动，成立工作领导小组，制定攻坚行动推进计划，及时动员部署，扎实落实工作安排。2022 年 10 月，完成党支部换届工作，进一步强化党支部在协会工作中的领导地位，以党建工作质量提升引领业务工作稳步发展，实现党建和业务工作的融合共进，把协会党支部建设成为坚强战斗堡垒，为协会发展提供坚实可靠的政治保障。

（3）加强协会自身建设。2022 年，协会秘书处秉持服务宗旨，将做好会员服务作为一切工作的根本出发点。通过开展党建工作质量攻坚行动和学习宣传贯彻党的二十大精神，加强协会秘书处工作人员的理论学习和专业技能学习，进一步加深对协会工作规律的认识和把握，不断提高专业能力，努力做安装行业的行家里手。引领协会秘书处工作人员聚焦行业、履职为企，依法依规办事，抓好各项具体工作落实，以更加扎实、务实的工作为会员服务，为协会和行业发展作出更多贡献。

（中国安装协会）

中国建筑金属结构协会

【党建工作】2022 年，中国建筑金属结构协会（以下简称：协会）党支部按照中央和国家机关工委、第一联合党委的要求开展了一系列工作：制定了 2022 年工作计划；广泛征求意见，召开了民主生活会；及时制定了党建工作质量攻坚三年行动实施方案及实施推进计划安排；组织开展了协会党支部“优秀共产党员”评选；参与第一联合党委第一届党员代表大会换届筹备工作；组织全体党员认真学习领会党的二十大会议精神及相关报告；组织党员开展了学习《习近平谈治国理政（第四卷）》知识问答等活动。协会党支部积极探索党务工作新模式，以推动业务发展为出发点，密切关注行业发展方向，采用加强对外宣传与内在技能提升相结合的方式，将党务工作与业务工作相融合，促进共同进步、共同发展。

【深入调研　合理建议】2020 年 3 月，两会期间，协会新风与净水分会在征求行业专家和品牌企业意见和建议的基础上形成的提案，由郝际平会长在全国政协会议上提交。提案建议，为提升老旧小区居民生活幸福感，将新风、净水系统也纳入到老旧小区改造项目。提案受到社会各界广泛关注，让社会大众对新风、净水有了客观、科学的认知。

2020 年，郝际平会长曾向全国政协提交了“关于建议取消实木地板消费税”的提案，得到了国家财政部高度重视。财政部、国家税务总局联合下发《中华人民共和国消费税法（征求意见稿）》向社会公开征求意见。2022 年协会就取消实木地板消费税的有关问题向财政部和国家税务总局补充递交了《关于调整地板、地砖行业结构》的提案。

针对一些地方管理部门提出禁用限用塑料窗的非合理性规定，协会塑料门窗及建筑装饰制品分会第一时间与相关地方建设主管部门进行沟通，反映行业情况、企业诉求和专家意见，分别于 3 月 1 日向成都市住建局，7 月 29 日向湖州市住建局发出“关于修改文件不合理规定的建议函”，提出相关理由和建议。两份函件得到了以上地方主管部门的重视与回复。协会塑料门窗及建筑装饰制品分会进一步组织企业和专家与成都住建局及文件编写单位进行了会晤交流，力争尽早修改文件。

协会采暖散热器委员会邀请国家发展和改革委员会、住房和城乡建设领域专家参观相关企业，针对二氧化碳热泵产品和清洁供热系统开发提出科学合理的建议。

【行业年会】2022年协会铝门窗幕墙分会、协会自动门电动门分会、协会检测鉴定加固改造分会、协会清洁供热分会等分支机构分别组织召开了协会行业年会。受疫情的不确定性影响，2022年协会很多分支机构的年会均被迫延期或取消。

【行业展会】3月11日，由协会铝门窗幕墙分会创办的“全国铝门窗幕墙新产品博览会”——第28届大会，在广州保利世贸博览馆X南丰国际会展中心盛大开幕。

7月26～28日，第12届中国（永康）国际门业博览会，在永康国际会展中心开幕。展会吸引国内外734家参展，木门知名企业参展数量增加，最大展位面积770平方米，参展参会达82581人次。

【行业活动】3月11日，7月14日，8月11日，由协会舒适家居分会和辐射供暖供冷、协会采暖散热器委员会联合主办的芬尼杯·中国多能互补“热泵+”舒适家居万里行活动分别落地贵阳、济南、福州。

7月26日，以“品质、品牌、绿色、智能”为主题的“第五届中国门业创新发展论坛暨全国钢木门窗行业峰会”在浙江永康国际会展中心召开。

9月13日，由协会给水排水设备分会会同有关单位共同协办的白俄罗斯产业投资合作交流会暨中国（温州）国际泵阀展览会驻华使领馆二次宣推会在北京举行。

9月23日，由中国钢铁工业协会、中国房地产业协会、中国钢结构协会、中国建筑金属结构协会、中国建筑节能协会联合发起的钢结构建筑工业制造工作委员会成立大会在北京举行。

11月4日，由协会建筑钢结构分会主办的2022年全国建筑钢结构科技创新大会在北京隆重召开。

【标准规程】1月14日，协会由钢结构桥梁分会、江苏沪宁钢机股份有限公司会同有关单位完成了团体标准《城市钢结构桥梁制作及安装技术规程（送审稿）》，并在北京以线上线下相结合的形式召开了评审会。

1月21日，由协会清洁供热分会组织的《太阳能光热耦合清洁能源户用供暖系统》团体标准第二次讨论会在北京顺利召开。该标准创新提出了太阳能光热耦合清洁能源户用供暖系统的全年节能量、冬季采暖节能量以及系统碳减排计算方法，使节能减排贡献达到量化。

1月24日，由协会自动门电动门分会组织组织编制的团体标准《居住建筑智能门技术要求》发布。

3月18日，由协会建筑钢结构分会组织的《建筑金属围护系统抗风揭性能检测实验室评定标准》编制组第三次工作会议在北京顺利召开。会议采取线上和线下相结合的方式进行，会上对该标准各章节的内容进行了逐条讨论。

3月24日，由协会铝门窗幕墙分会和中国建筑标准设计研究院有限公司负责的国家标准《铝合金门窗》GB/T 8478—2020审查会以线上形式召开。

4月18日，由协会塑料门窗及建筑装饰制品分会负责编制的国家标准《建筑用节能门窗 第4部分：玻璃纤维增强复合材料门窗》编制启动会暨第一次工作会在北京召开。

4月27日，团体标准团标《建筑用电动快速门》《电动快速门开门机》线上启动会召开。

5月7日，由协会建筑钢结构分会会同有关单位编制的团体标准《钢结构装配式建筑楼承板生产企业评价标准》线上审查会在北京顺利召开。

5月10日，由协会钢结构桥梁分会组织召开的《城市钢桥设计标准》编制组第五次工作会议以线上会议方式召开。

6月2日，由协会铝门窗幕墙分会、中国建筑标准设计研究院有限公司共同主编的国家标准《铝合金门窗》GB/T 8478—2020送审图线上审查会召开。

6月21日，团体标准《给排水用全自锚柔性接口不锈钢复合管》启动会暨第一次工作会通过视频在线形式召开，编制组共有20余人参与，会议主要就标准内容及编制大纲进行详细的介绍。

6月23日，由协会铝门窗幕墙分会指导的2022年门窗行业绿色低碳发展交流会暨“绿色低碳产品评价要求近零能耗（被动式）建筑用铝合金门窗”团体标准启动会在华建铝业集团举行。

7月22日，由协会给水排水设备分会组织编制的国家标准《真空排水集成设备通用技术条件（送审稿）》审查会在北京召开。标准顺利通过审查。

7月27日，协会团体标准《居住建筑用装甲门》送审稿审查会在浙江省公安厅防盗门窗破拆突入技战术训练基地召开。

8月22日，由协会团体标准管理中心组织的《太阳能“光热+”清洁能源户用供暖系统（送审稿）》审查会在北京道荣新能源有限公司召开。

8月23日，由协会自动门电动门分会组织编制的团体标准《居住建筑用装甲门》发布。

9月3日，协会建筑钢结构分会在北京组织召开团体标准《钢结构装配式建筑墙板生产企业评价标准》编制启动会第一工作会议，会议采取线上线下相结合的方式进行。

9月6日，由协会检测认证分会主办的建筑门窗节能性能标识工作启动会在京举办。

9月7日，由协会塑料门窗及装饰制品分会会同有关单位共同编制团体标准《塑料门窗用增强型钢》编制组第二次工作会议以线上会议方式召开。

9月15日，由协会建筑钢结构分会会同有关单位共同编制的团体标准《建筑金属围护系统抗风揭性能实验室检测能力评定标准》审查会在京顺利召开，会议采取线上线下结合的方式进行。

9月16日，由协会塑料门窗及装饰制品分会负责编制的《建筑用节能门窗 第4部分：玻璃纤维增强复合材料门窗》国家标准编制组第二次工作会议在山东省泰安市召开。

10月12日，由协会钢结构桥梁分会会同有关单位编制的团体标准《钢结构桥梁加工制造企业评价标准》编制组第二次工作会议顺利召开。

10月20日，由协会铝门窗幕墙分会主编并会同有关单位共同编制的《铝合金门窗安装技术规程》编制组第三次工作会议顺利召开。

11月12日上午，协会团体标准《给水排水用双偏心金属硬密封蝶阀》审查会在温州召开，标准顺利通过审查。

11月13日，协会团体标准《智慧集成供水设备应用技术规程》启动会在温州召开。

11月18日，团体标准《不锈钢沟槽式管件》第一次工作会通过视频在线方式召开，编制组共31人参加了会议，会议主要就标准内容及编制大纲进行详细的介绍。

12月2日，由协会给水排水设备分会国家标准《排水泵站一体化设备》编制组启动会暨第一次工作会在北京以线上加线下的形式顺利召开。

2022年协会实际在编标准67项。新申报标准28项，获批26项。完成报批18项，批准颁发8项。

协会团体标准中心全年完成标准立项审查会（或函审）14次，标准启动会9次，标准审查会4次，标准公开定向征求意见10次，发布标准8部。

【交流研讨】1月11日，协会采暖散热器委员会主任工作会议暨推动行业高质量发展研讨会在北京顺利召开。会上发布了《中国采暖散热器行业“十四五”发展规划》，明确了行业发展方向，明晰了未来五年工作重点和重大举措，引导和规范行业健康有序发展。

4月7日起，为应对疫情带来的行业影响，协会新风与净水分会主办了“线上公益思享会”，分别就行业发展方向、痛难点解决方案、销售如何破局等话题，进行分享互动。

5月10日，由协会清洁供热分会主办的“2022清洁能源供暖技术交流会”在京举行，2000余名业内人士在线参加。

6月7日，由协会清洁供热分会组织的2022太阳能行业双碳战略转型技术交流会召开。

6月9日，在协会铝门窗幕墙分会的大力支持下，2022年全国铝型材链式集聚发展线上经验交流会在山东省惠民县顺利召开。会长郝际平参加会议并作了《2021—2022年度门窗幕墙行业分析》专题报告。

6月21日，由协会清洁供热分会组织召开的“2022太阳能耦合地源热泵技术交流会”以线上方式举行。

7月22～24日，由协会检测鉴定加固改造分会和合肥工业大学主办的“中国建筑金属结构协会检测鉴定加固改造分会第一届全国学术研讨与技术交流会（IERMC—2022）”在合肥召开。

7月26日，以“品质、品牌、绿色、智能”为主题的“第五届中国门业创新发展论坛暨全国钢木门窗行业峰会”在浙江永康国际会展中心召开。

8月20日，由协会建筑钢结构分会协会牵头的住房和城乡建设部科学计划项目“钢结构住宅构件标准化和建造智能化研究及应用”研讨会在唐山召开。

8月，协会联合中国木材与木制品流通协会主办的取消木地板消费税（地板双碳）座谈会在浙江德清成功举办。会议主要就《关于调整地板、地砖行业结构》提案的推进和地板行业双碳研究等话题进行了探讨和交流。

11月11日，由协会清洁供热分会、协会采暖散热器委员会联合举办的“2022清洁供热及储能技术交流会”举行。

11月24日，由协会清洁供热分会、协会采暖散热器委员会主办的“2022低温供热技术交流会”在线上举办。

【课题研究】4月，协会检测鉴定加固改造分会“住宅工程检测机构认证认可与管理准则及信用评估体系”课题启动暨实施方案论证会采取线上与线下相结合的方式召开。各课题负责人分别从研究目标、研究内容、任务分解、技术路线、工作进度、保障措施等方面进行了详细介绍。

为推进工程造价市场化改革，进一步加强钢结构工程造价管理，促进行业有序健康发展，建筑钢结构分会还特别设立课题，组织专家、企业共同编制了《钢结构工程计价编制指南》，并完成了住房和城乡建设部课题——《钢结构住宅构件标准化和智能化建造研究及应用》的研究工作。

协会建筑遮阳分会成立了“超低能耗建筑实施推广课题组”“光伏建筑一体化 BIPV 实施推广课题组”“工程项目 EPC 模式实施推广课题组”和“低碳装饰推广课题组”，以专业课题形式探索行业发展和会员服务新形式。

8 月，受嘉祥县人民政府委托，协会装配式建筑分会代表协会承担了《嘉祥县装配式建筑产业发展规划》的课题编制工作。助力地方政府依托国家建设主管部门、行业协会和权威专家资源，依托国家级装配式建筑产业园区优势，通过编制产业规划、培育研发平台，打造新型建筑工业化全产业链产业基地和国内领先、特色明显的国家级装配式建筑示范城市。

【科技成果评价】 2 月 15 日，协会建筑钢结构分会在北京组织召开了由北京市机械施工集团有限公司、北京建工集团有限责任公司、清华大学、北京建工海亚建设工程有限公司、中国农业大学联合完成的“北京大兴国际机场航站楼指廊工程钢结构施工关键技术研究与应用”的科技成果评价会。

2 月 17 日，协会建筑钢结构分会在京组织召开了由中通钢构股份有限公司、山东省建筑科学研究院有限公司、山东大学等单位完成的“钢结构数字化制造关键技术及工程应用”科技成果评价会。

2 月 19 日，协会钢结构桥梁分会在安徽合肥组织召开了由中铁四局集团有限公司、中铁四局集团钢结构建筑有限公司共同完成的“全焊桁架式梁拱组合体系钢结构渡槽施工关键技术研究”科技成果评价会。

2 月 19 日，协会钢结构桥梁分会在安徽合肥组织召开了由湖北辉创重型工程有限公司完成的“大跨径全焊接钢桁架拱桥施工技术及安全分析研究”科技成果评价会。

2 月 20 日，协会建筑钢结构分会在江苏溧阳组织召开了由中铁二十局集团第一工程有限公司、常州市港航事业发展中心共同完成的“大跨径系杆拱桥整体安装施工技术的研究与应用”科技成果评价会。

3 月 7 日，协会建筑钢结构分会在北京组织召开了由中国建筑第二工程局有限公司和中建二局安装工程有限公司等单位共同完成的“城市地下更新逆作法钢结构施工技术研究与应用”的科技成果评价会。

4 月 28 日，协会建筑钢结构分会以线上和线下相结合会议方式，组织召开了由中建科工集团有限公司和中国建筑西南设计研究院有限公司共同完成的“装配式钢结构医疗建筑成套技术集成与研究”科技成果评价会。

5 月 13 日，协会建筑钢结构分会以视频会议的方式，组织召开了由北京城建集团有限责任公司、浙江精工钢结构集团有限公司共同完成的“超高层建筑劲性桁架复杂节点设计与施工技术研究与应用”的科技成果评价会。

6 月 8 日，协会建筑钢结构分会组织召开了由中建二局安装工程有限公司牵头完成的“钢结构全周期智能建造技术研究与应用”的科技成果评价会，会议采取线上线下视频会议方式进行。

6 月 10 日，协会由建筑钢结构分会组织召开的《既有建筑金属屋面及墙面改建与拆除技术规程（送审稿）》审查会在北京顺利召开，会议采取线上线下相结合的方式进行。

7 月 21 日，建筑钢结构分会在西安主持召开了由中建钢构工程有限公司、中建科工集团有限公司等单位完成的“超长复杂悬吊钢结构建造关键技术”的科技成果评价会。

8 月 13 日，协会建筑钢结构分会在杭州组织召开了由浙江中天恒筑钢构有限公司完成的“仓储物流建筑围护系统设计与施工成套技术”的科技成果评价会。

11 月 5 日，协会建筑钢结构分会在北京组织召开了由中建三局第一建设工程有限责任公司完成的“垃圾焚烧电厂特大型钢结构罩棚施工关键技术”的科技成果评价会。

11 月 15 日，协会建筑钢结构分会组织召开了由中建五洲工程装备有限公司等单位完成的“新型消减残余应力抗疲劳钢桥面技术”的科技成果评价会，会议采取线上线下相结合的方式进行。

11 月 15 日，协会建筑钢结构分会组织召开了由中建安装集团有限公司和中建五洲工程装备有限公司共同完成的“淮安白马湖大桥关键建造技术”的科技成果评价会。

12 月 5 日，协会建筑钢结构分会组织召开了由北京建工集团有限责任公司、中国联合工程有限公司、北京市建筑工程研究院有限责任公司共同完成的“高落差自由曲面空间网格结构建造关键技术研究与应用”科技成果评价会。会议采取线上线下相结合的方式进行。

12 月 9 日，协会建筑钢结构分会在南京组织召开由中建科工集团有限公司、中建科工集团江苏有限公司、南京工业大学共同完成的“钢结构装配式建筑新型铝蜂窝复合墙板体系研发与应用”科技成果评价会。会议采取线上线下相结合的方式进行。

【行业自律】协会建筑门窗配套件委员会持续推进“行业自律推荐产品工作”，2022 年度，涉及 6 个类别的 23 个产品通过了最终检测，4 个产品通过了复检。

【示范基地 定点企业】2022 年，经协会自动门电动门分会申请，协会批准，授予永康市防盗门攻防技术中心为“全国门锁防盗防破坏性实验基地”；浙江新世纪机械制造有限公司为“全国钢质门加工设备生产示范基地”；继续授予无锡旭峰门业制造有限公司为“全国滑升门出口示范基地”，江苏丹特斯科技有限公司为“全国硬质快速卷门生产示范基地”。

协会建筑钢结构分会根据协会科技产业化基地建设管理办法，组织专家编制行业智能建造科技示范企业实施细则，并以细则为依据，由协会批准，授予唐山开元自动焊接装备公司“智能建造装备示范基地”称号。

协会集成房屋分会组织编辑集成房屋行业应急定点企业推广名录，截至 2022 年年底，共计 26 家企业为行业应急定点企业。

【论文专著】2022 年协会共编辑并公开出版论文集 3 部，论文 151 篇。

【发展报告】1 月 12 日，协会建筑钢结构分会在京组织召开《2021 年建筑钢结构行业发展报告》的研究与编制工作的启动会。

协会建筑钢结构分会通过调查问卷、调研走访等多种形式，了解掌握企业发展情况，逐步建立行业发展数据库，编写了《2022 钢结构建筑行业发展报告》，为政府机关决策提供了第一手数据支持。

协会钢木门窗委员会首次组织会员单位编写了《“十四五”中国钢木门窗行业发展规划》，通篇一万六千余字，项目于 3 月启动，12 月定稿印刷。

为促进“十四五”时期舒适家居行业高质量发展，舒适家居分会组建了由专人负责的六个编写小组，分工合作编纂了《舒适家居行业“十四五”发展规划》。《规划》初稿已完成。

协会清洁供热分会与协会采暖散热器专委会、友绿智库联合多位专家编制完成了《中国清洁供热发展报告 2021》。报告详细介绍了 2021 年中国清洁供热现状及存在问题，分析了政策、技术路线、安装设计及运行维护等问题，汇总各地推进清洁供暖规划及相关政策，并以数据为基础，分析了城镇和农村清洁供热市场潜力。

【数据统计】协会建筑门窗配套件委员会分别从销售额、创新投入、人员情况、知识产权情况等方面入手，对定点企业生产经营状况进行了数据统计分析。

协会管道委员会分别对不锈钢、钢塑管会员企业 2021 年销售情况进行了数据统计，这些数据均作为参考指标用于制定行业发展规划。

【官方媒体】2022 年，协会各分会机构在协会杂志和网站发表宣传报道共计 238 篇；委员会期刊和网站共计发表 2977 篇。

【中国专利奖推荐】协会 2022 年 7 月经中国专利奖评审委员会评审，由协会推荐的清华大学、国核电力规划设计研究院报送的专利项目——一种钢管混凝土叠合框架结构体系获得了第二十三届中国专利优秀奖，协会官网对获奖单位和个人进行了通报表扬。9 月协会信息部继续组织开展第二十四届专利奖申报工作，截至 10 月 10 日，共收到 11 家会员企业的正式申报材料。最终对 3 家创新性强、保护范围适中、稳定性高、社会经济效益突出的项目进行了推荐。

（中国建筑金属结构协会）

中国建筑装饰协会

2022 年，中国建筑装饰协会（以下简称：中装协）在习近平新时代中国特色社会主义思想指引下，深入学习党的十九大、十九届历次全会和二十大精神，认真贯彻党中央、国务院决策部署，严格落实中央和国家机关工委、民政部、住房和城乡建设部等相关部委工作要求，积极履行“提供服务、反映诉求、规范行为”的宗旨职能，扎实开展行业协会商会党建工作质量攻坚三年行动，进一步深化党对协会和行业全面领导，不断提升党建工作质量、激发协会内在活力，努力推动协会和行业各项工作高质量发展，圆满完成了理事会确定的全年工作任务，为推动行业发展作出了积极贡献。

【行业概况】2022年，建筑装饰行业坚持以习近平新时代中国特色社会主义思想为引领，积极学习贯彻落实党的二十大精神，在全行业的共同努力下，克服了各项不利因素的影响，行业产值规模保持了稳步增长。

据不完全统计，截至2022年年底，建筑装饰行业工程总产值达到6.03万亿元，占当年建筑业总产值31万亿元的19.5%。行业从业人数约1900万人，行业企业数约30万家，其中，建筑装修装饰工程专业承包一级企业26669家，建筑幕墙工程专业承包一级企业6866家，建筑装饰工程设计专项甲级企业2119家，建筑幕墙工程设计专项甲级企业1028家。根据企业信用网的数据，全国处于正常经营状态的家装企业约1.2万家。

在科技创新方面，行业成绩显著。截至2022年年底，全行业取得技术专利共计45741项，其中发明13315项。2019—2022年，建筑装饰行业科学技术奖共评选出建筑装饰业科技创新奖251项、科技创新成果然322项、设计创新奖53项、科技人才34名。在行业科技创新和科技成果转化应用的驱动下，行业精品工程建造数量逐年增加，工程质量大幅提升。

在转型升级方面，推动建筑装饰高质量发展的专业技术领域主要有装配式、数字化、绿色低碳、智慧建造、新技术新材料研发应用等。同时，行业企业更加注重核心竞争力提升，注重“专精特新”发展，城市更新、医疗养老、展览展示、古建筑文化保护、灯光演示等专业细分领域，已涌现出一些骨干龙头企业，并将为行业和企业未来发展提供新的市场增长空间。

【圆满召开换届会】9月16日，中装协第九届会员代表大会暨九届一次理事会、常务理事会在昆明召开，云南省住房和城乡建设厅党组书记、厅长尹勇出席会议并致辞，住房和城乡建设部建筑市场监管司副司长廖玉平出席会议并宣读住房和城乡建设部对大会的贺信。

大会圆满完成会议各项议程，王中奇当选第九届理事会会长，张京跃当选副会长兼秘书长，艾鹤鸣、单波等36人当选副会长；会议选举产生了第九届理事会监事长、副监事长人选，田思明当选监事长，王有党、周韩平当选副监事长。

第八届理事会会长、第九届理事会名誉会长刘晓一在讲话中总结并分享了自己在中装协15年的工作经验，希望新一届领导班子能够继续弘扬中装协的优良传统，并肩战斗、合力攻坚，一代接着一代干，在新征程上再创中装协工作新的辉煌。

第九届理事会会长王中奇表示，新一届理事会将继续发扬第八届理事会的优良传统，立足新时代、新使命、新要求，紧密依靠全体会员企业，进一步加强与兄弟协会、省市地方协会的工作交流与联动，努力做好第九届理事会的各项工作。一是进一步提高政治站位，加强党对行业的全面领导。二是主动担当作为，进一步为政府和会员企业做好服务。三是不断加强中装协自身建设，提高服务能力和水平。四是奋力推进行业高质量发展。与行业全体同仁携手同行、砥砺奋进，共同创造建筑装饰行业新的辉煌。

【推动行业高质量发展】扎实开展各项专业活动，加强了行业交流，为提升企业品牌影响力发挥了积极作用。

认真推进中国建筑工程装饰奖、行业信用评价、行业数据统计、建筑装饰行业科学技术奖工作。努力克服疫情不利影响，科学规划，倒排工作计划，按既定进度完成中国建筑工程装饰奖、建筑装饰行业科学技术奖的评审和复查，做好行业数据统计的申报、汇总和统计工作。以中国建筑工程装饰奖和建筑装饰行业科学技术奖评选为依托，抓取优质项目、提炼精品工程施工经验，通过线上线下交流会形式向全行业及时推广先进的施工经验，有效推动行业整体发展。

根据会员企业相关需求，开展了中国建筑工程装饰奖获奖工程项目经理证书和设计师证书的申报工作。在行业信用评价方面，中装协全年共完成信用评价1518家，与去年相比新申报增长246家。完善了CBDA标准建设，全年共批准标准立项9项，发布标准10项，通过专业技术领域的标准创新和引领，为行业高质量发展进行技术赋能。

为了提高对行业的技术指导、支撑，中装协征集中装协标准化智库专家，优化补充中装协专家库，增聘了设计类专家。

为探索前沿新技术，激发、引导、支持、推动企业增强企业技术创新能力，创建了建筑装饰行业工程技术创新中心和重点实验室平台，设立了中国建筑装饰行业低碳技术中心。

开展“学习贯彻二十大精神 促进行业高质量发展”专题调研，为企业转型升级、可持续健康发展提供切实有效的指引。

【自身发展】发挥党建引领作用，激发干事创业活力。把贯彻党的二十大精神作为当前首要政治任务，组织全体党员干部职工收听收看党的二十大会议，并通过各种形式确保会议精神落到实处。深入实施党建工作质量攻坚三年行动，优化中装协党组织设置，充分发挥党小组的职能作用，实现党组织对分支机构管理和教育的全覆盖。落实党建入章程工作，深化党组织在中装协中的政治核心作用，进一步加强党对中装协和行业的全面领导。开展廉政专题活动，切实抓好党员队伍教育管理，抓严抓实党风廉政建设。充分发挥党组织对群团的引领作用，完成了第二届中装协工会的换届工作，工会积极组织开展了一系列党群活动，增强中装协和谐健康的文化氛围，巩固党的建设群众基础。

加强组织建设，提升服务能力。系统梳理完善中装协现行各项规章制度，规范“三重一大”决策程序，强化中装协重大事项、重要干部任免、重大项目安排及大额资金使用方面的监督和管理，确保决策依法有据，决策行为和程序依法进行。建立秘书处工作例会制度，规范中装协请示汇报流程，切实提高工作效率。

加强分支机构管理。组织分支机构全体人员学习上级主管部门会议和文件精神，并围绕文件精神专门印发通知要求分支机构深入贯彻执行。如针对民政部、国家发展改革委、国家市场监督管理总局组织召开的“行业中装协商会乱委收费专项清理整治工作动员部署电视电话会议”“社会组织分支机构专项整治行动动员部署电视电话会议”，中装协组织召开中国建筑装饰协会落实分支机构专项整治行动工作部署会，下发了中装协专项整治通知，做好分支机构专项整治自查自纠，进一步提升分支机构规范运作能力。

强化教育培训，提升员工综合素质。邀请相关专家，进行题为“深入学习贯彻党的‘二十大’精神 着力夯实行业中装协高质量发展根基”的专题讲座，提高了中装协工作人员的政策意识、规矩意识和服务意识。

【重要会议与活动】1月24日，召开了第八届六次理事会线上会议，就《中国建筑装饰协会换届工作领导小组组成名单》和《中国建筑装饰协会负责人产生办法》提案进行了无记名投票表决。

3月2～3日，在上海召开了中装协幕墙工程分会第七届五次全体会员大会暨2022年全国幕墙分会（委员会）秘书长工作会议。

3月22～23日，在上海召开了第九届“设计面对面·东西方设计与交流高峰论坛”，激发了行业设计人才的创新活力，引领设计创意的新风向。

4月8～10日，在雄安举办了雄安新区建筑装饰趋势论坛暨雄安新区建设考察，为雄安新区建设提供建筑装饰设计、施工、材料等方面好建议。

7月11～12日，在济南举办了第十四届中国建筑幕墙行业领军企业家峰会。会议集合了行业领军人物，共同商讨双碳背景下的中国建筑幕墙行业可持续发展问题，并提出解决方案和对策建议。

8月21～23日，在海南召开2022绿色城市与绿色建筑发展论坛会及六场分论坛会议。同时，召开了湛江（大湾区）－海南（自贸港）产业协同共建对接会。

8月25～26日，在杭州召开了中国文化馆中装协设计与展陈委员会成立大会暨CBDA设计年度大会启幕会杭州设计论坛。

9月16日，在昆明召开了中装协第九届会员代表大会暨九届一次理事会、常务理事会。

10月30日，在北京召开2022建筑装饰BIM大会。

11月7～8日，在广州召开2021年度中国住宅产业年会和全国家装行业秘书长工作会。同时，举办第六届CBDA住宅产业（红鼎）创新大赛发布仪式。

11月15日，在深圳召开2022中国建筑装饰产业发展论坛暨第十二届中国国际空间设计大赛典礼。

12月23～24日，在海口举办“2022中国（海南）全装修产业与装配式内装修智造高峰论坛”。

12月28日，在北京召开中装协第九届二次常务理事会会议。会议审议了《中装协2022年度工作报告》《关于中装协九届理事会部分组成人员调整的提案》《关于中装协分支机构调整的提案》，通报了《中装协2022年度党建工作情况》。

12月29日～1月31日，召开了高质量建筑装饰工程线上经验交流会。会议深入交流了公装、幕墙优质工程的做法，及高难工程的技术经验、施工体会。

为推动行业专业领域业务能力提升，举办了第七届CBDA住宅产业（红鼎）创新大赛、2022年度CBDA人居空间“金铅笔”设计大赛、第四届CBDA建筑装饰BIM应用大赛、首届CBDA建筑幕墙设计“硅宝杯”大赛、第二届“优智杯”智慧建造应用大赛、第十四届CBDA照明应用设计大赛、2022年乡村公共文化空间设计展示活动、第八届“中装杯”全国大学生环境设计大赛、CBDA软装陈设艺术作品（饰界）大赛、第四届江西高校空间设计大赛及CBDA软装陈设艺术博览会。组织辅导行业内有优秀专利项目推荐参加第二十四届中国专利奖；开展建筑装饰行业专业技术人才能力提升暨行业创新工程技术分享会、2022年度家装行业企标“领跑者”评估活动。

【行业培训】4月28日，在线举办“企业定额时代的成本管理创新公益讲座”。该讲座重点从企业日常管理中的预算编制、合同管控、采购管理，到物资管理、劳务管理、现场管理、竣工管理、成本管理等板块剖析重点难点，为企业提升管理水平起到重要作用。

4月26日～5月10日，线上召开了建筑装饰行业专家、企业统计、质量管理负责人交流培训和统计工作会议。会议旨在促进提高行业重大项目论证、质量检查、企业综合数据统计等重点工作，提升建筑装饰行业施工质量、技术水平和建筑装饰科技进步。

4月25日～5月15日，线上召开了2022年建筑装饰行业科学技术奖经验交流及专家培训会。通过具体的案例分享，着力打造一批高水平的专家队伍，为企业提升科技创新能力提供有力依托。

9月23日，举办了第24届中国专利奖申报实务线上培训会，鼓励和引导建筑装饰行业企业开展科技创新，提升行业企业的创新能力。

为加强行业高技能人才队伍建设，提升专业技术人才的能力，线上开展了建筑装饰行业专业技术人才能力提升暨行业创新工程技术分享会。

【行业服务与公益活动】克服疫情不利影响，统筹做好行业疫情防控和复工复产工作。针对因家装工人造成的疫情传播案例，组织编制发布了《家装行业企业疫情防控指南》，指导家装企业加强人员健康管理和工地管理，保护消费者和企业人员健康安全。

为确保行业企业顺利复工复产，邀请幕墙行业资深法律专家，进行《疫情下建设工程合同履约风控指引》线上免费专题讲座，围绕企业关注的工期调整、造价变更、合同解除、封控解除后的复工指引等内容进行讲解授课，助力会员企业有效应对疫情对项目履约的持续影响。

中装协切实从企业的经济形势考虑，减免会员企业费用，纾解企业困难。2022年减免会费106.1万元、会议费142.2万元。

扎实推进“我为群众办实事”实践活动，中装协连续第三年与中国社会组织促进会携手合作，继续捐款5万元投入振兴乡村文化教育公益捐款项目。

组织“家装行业信用评价”星级企业，开展“共创健康家园 共建宜居社区星级装企进社区公益家装检修”，为社区居民提供家装检测检修、家装设计咨询、适老化改造咨询等公益服务。

【媒体宣传工作】2022年，《中华建筑报》全年编辑出版了45期报纸，深度阐述行业焦点话题，纵深剖析行业热点，信息传递有热度、内容报道有深度，正确把握建筑装饰行业主流舆论阵地。

2022年，《中国建筑装饰装修》杂志编辑出版了24期杂志及两期幕墙专刊，编印了《中国建筑装饰装修年鉴》，清晰的办刊理念，优质的选题研究，为行业理论探讨和学术交流打造了重要平台。

《中装新网》、中装协官方微信等媒体，积极开展各项宣传推介，配合中装协做好主要工作，向企业速递相关行业政策、重要文件、技术前沿热点、企业管理创新等重要信息，为加强行业交流、提升企业品牌影响力发挥了积极作用。

（中国建筑装饰协会）

中国建设监理协会

2022年，中国建设监理协会（以下简称：协会）在中央和国家机关行业协会商会第一联合党委和住房和城乡建设部的指导下，在行业专家及广大会员单位的大力支持下，坚持以习近平新时代中国特色社会主义思想为指导，深入学习宣传贯彻党的二十大精神，紧紧围绕行业发展和协会工作实际，坚持稳中求进、守正创新，如期完成年度各项工作。

【服务会员】为提升会员服务信息化水平，提高服务效率，协会升级了会员系统，单位会员实现网上缴纳会费并实行电子会员证书，会员信用自评估、鲁班奖及詹天佑奖通报工作实现网上填报。

为持续推进监理市场信用体系建设，引导会员诚信经营，维护监理市场良好秩序，2022年，协会继续开展单位会员自评估活动，信用评估参与率达80%。

为加强协会个人会员业务辅导活动管理，保证会员业务辅导活动质量，协会印发了《中国建设监理协会会员业务辅导活动管理办法》，提出以省（行业）为单位采取集中辅导方式开展业务辅导活动。

编写监理人员学习丛书。2022年，协会完成《全过程工程咨询服务》《建设施工安全生产管理监理工作》的编写出版工作。

免收2022年度乙级、丙级资质单位会员会费。为落实《民政部办公厅关于充分发挥行业协会商会作用 为全国稳住经济大盘积极贡献力量的通知》（民办函〔2022〕38号）要求，协会印发《中国建设监理协会关于推动监理行业稳步发展的通知》，并以实际行动助力监理行业稳增长稳市场保就业，缓解中小监理企业因疫情影响带来的经营压力，免收2022年度乙级、丙级资质单位会员会费。

发布《工程监理企业复工复产疫情防控操作指南》。为指导行业企业认真落实各项防控措施，尽量减少疫情对企业正常生产经营的影响，协会发布《工程监理企业复工复产疫情防控操作指南》。

【服务政府】配合业务指导部门工作。协会收集整理监理企业应对疫情有关情况，草拟关于疫情对监理企业影响的报告，报住房和城乡建设部建筑市场监管司。收集整理《关于组织申报和遴选确定投资建设数字化转型项目工作方案征求意见》的意见建议，经住房和城乡建设部建筑市场监管司同意，报送国家发展和改革委员会投资司。推荐企业申报投资建设数字化转型项目，协助进入投资建设数字化转型项目备选目录的企业做好后期申报工作。

做好政府部门委托的监理工程师考试相关工作。组织完成2022年全国监理工程师职业资格考试（含补考）基础科目一、基础科目二和土木建筑工程专业科目的相关工作。

【课题研究】2022年协会开展《工程监理行业发展研究》《工程监理职业技能竞赛指南》《监理人员自律规定》《监理工作信息化标准》《工程监理人员履职尽责管理规定》《工程监理企业复工复产疫情防控操作指南》《家装监理实施指南》七项课题研究。

《工程监理行业发展研究》课题由北京交通大学牵头开展研究，旨在通过分析工程监理行业发展情况，探究工程监理行业发展面临的机遇和挑战，提出促进工程监理行业发展的政策措施建议。

《工程监理职业技能竞赛指南》由安徽省建设监理协会牵头开展研究。课题旨在解决工程监理职业技能竞赛活动的高质量与规范性问题，为开展工程监理职业技能竞赛活动提供系统性和具有一定指导性的合规、通用的操作标准。

《监理人员自律规定》由河南省建设监理协会牵头开展研究。课题旨在加强监理人员从业规范和行业自律管理，规范监理人员的职业道德和服务意识。

《监理工作信息化标准》由陕西省建设监理协会牵头开展研究。课题旨在规范工程监理单位监理工作信息化系统建设、促进监理工作信息化的规范化标准化。

《工程监理人员履职尽责管理规定》由广东省建设监理协会牵头开展研究。课题聚焦监理人员在建设工程质量安全管理领域应履行的法定责任问题，从结合行业实际情况分析工程监理人员履职过程中应承担的责任和法律风险，制定工程监理从业人员依法履职尽责的行为标准和政府行政主管部门依法管理要求，探索研究工程监理人员按照法定条件和程序履职情况下，可免除法律责任或减轻责任追究的必要条件。

《工程监理企业复工复产疫情防控操作指南》由武汉市工程建设全过程咨询与监理协会牵头开展研究。课题旨在通过研究监理企业复工复产疫情防控的法律依据和政策规定，结合全国各地疫情防控形势和相关要求，在做好监理企业自身复工复产疫情防控的基础上，规范现场监理防疫工作行为，做好监理服务在疫情防控中的相关工作，规避疫情带来的监理风险，进而展示监理人的执业智慧、服务价值、行业担当，推动行业健康发展。

《家装监理实施指南》由北京市建设监理协会牵头开展研究。课题组通过研究，提出家装监理联盟模式和家装监理服务资源共享平台建设方案，为开展家装监理工作，探索了可实施路径。

【行业标准化建设】2月，协会发布《施工阶段项目管理服务标准（试行）》和《监理人员职业标准（试行）》两项标准，试行期一年。

2022年协会完成《城市道路工程监理工作标准》《市政工程监理资料管理标准》《城市轨道交通工程监理规程》《市政基础设施项目监理机构人员配置标准》等四项试行标准转团体标准研究工作。

2022年协会开展了《建筑工程监理资料管理标准》《建筑工程项目监理机构人员配置导则》《建筑工程监理工作标准》等团体标准发布审核工作。

【行业热点交流】组织召开监理企业诚信建设与质量安全风险防控经验交流会。8月23日，由协会主办、安徽省建设监理协会协办的“监理企业诚信建设与质量安全风险防控经验交流会”在合肥召开。会议主要围绕企业推进诚信建设和企业在工程项目质量安全风险防控方面的实践经验等展开交流。来自18个省、6个行业协会分会，共计100余人参加会议，20余个省市及行业协会积极设立线下分会场，组织监理人员观看，累计观看27434人（次）。

组织召开“巾帼建新功，共展新风貌”第二届女企业家座谈会。8月25日，由协会主办、安徽省建设监理协会协办、安徽省志成建设工程咨询股份有限公司承办的第二届女企业家座谈会在合肥召开。会议主要围绕企业管理、信息化应用、智慧监理、履行社会责任等方面的创新实践经验进行交流。来自全国12个省市的20余名女企业家参加会议。

组织召开中国－东盟工程监理创新发展论坛。11月26日，由协会、广西住房和城乡建设厅主办，广西建设监理协会承办的中国－东盟工程监理创新发展论坛在南宁成功举办。来自我国内地、港澳地区的建筑、监理、水利、交通等领域的专家、学者和代表以线上线下相结合的形式参加了本次论坛。本次论坛线下参会200余人，线上直播浏览量4万余人次。各位演讲嘉宾秉持创新、开放、共享的发展理念，围绕数字监理、创新转型升级、全过程工程咨询等内容，总结了我国内地、我国港澳、东盟部分典型工程的实际操作经验，分析中国与东盟工程监理行业现状，预判行业未来发展趋势，凝聚了推进行业发展的智慧与力量，加强了中国与东盟国家建筑企业之间的深入交流。

为推动我国内地与港澳地区监理社会组织工作和行业发展情况交流、相互借鉴成熟做法，共同促进内地与港澳地区监理行业健康发展，2022年11月25日，协会在南宁组织召开了我国内地与港澳地区同行业监理协会（学会）座谈会。住房和城乡建设部建筑市场监管司一级巡视员卫明、协会会长王早生、香港测量师学会建筑测量组主席张文滔、副主席李海达、澳门工程师学会理事长萧志泳、协会副会长兼秘书长王学军、协会副会长李明安、中国交通建设监理协会副理事长李明华、中国水利工程协会副会长兼秘书长周金辉、广西建设监理协会会长陈群毓等十余人参加了会议。

【行业宣传】利用协会网站、协会微信公众号及中国建设监理与咨询微信公众号实时推广行业有关制度、法规及相关政策；宣传报道协会和地方省市行业协会的行业活动。

完成《中国建设监理与咨询》刊物出版及改版工作。在刊物中介绍了行业活动，政策法规动态，工作经验交流和行业发展探索研究，助力行业和监理企业发展及监理人员技术水平的提高。全年累计刊登各类稿件150余篇，180余万字。

弘扬监理行业正能量。在地方和行业协会对参建鲁班奖、詹天佑奖工程项目的监理企业和总监理工程师统计的基础上，协会组织完成了对参建2020—2021年度中国建设工程鲁班奖（国家优质工程）工程项目、第十九届中国土木工程詹天佑奖工程项目的监理企业和总监理工程师的通报工作。

【协会自身建设】强化党建引领。协会党支部认真贯彻落实上级党委部署要求，坚持党对一切工作的领导，进一步增强“四个意识”、坚定“四个自信”、做到“两个维护”，努力推进党建工作与业务工作深度融合，全面加强党组织和党员队伍建设、党风廉政建设工作，以大力推进协会党建工作高质量发展为主线，以开展党史学习教育为推动力，充分调动党员干部的积极性、主动性和创造性，教育和引导党员干部树立为会员服务意识，发挥党组织战斗堡垒和党员先锋模范作用，为协会和行业高质量发展提供坚强的政治保障和组织保障。

组织召开理事会和常务理事会。1月、10月协会分别召开六届五次、六次（通联）理事会，审议通过了《中国建设监理协会2021年工作情况和2022年工作计划的报告》《关于中国建设监理协会发展单位会员的报告》《换届工作领导小组名单》等事项。3月、4月、6月、8月协会分别以通讯形式召开六届十一、十二、十三、十四次常务理事会，审议通过了《中国建设监理协会2022年度收支预算》《中国建设监理协会关于发展单位会员的情况报告》《中国建设监理协会关于免收乙级、丙级资质单位会员2022年度会费的报告》等事项。

组织召开专家委员会主任会议。研究确定2022年协会标准化建设课题计划，印发《中国建设监理协会专家委员会2021年工作总结和2022年工作安排》。

落实《民政部 国家发展改革委 市场监管总局关于组织开展2022年度全国性行业协会商会收费自查自纠工作的通知》（民发〔2022〕53号），协会按要求做好自查自纠工作。

加强分会管理。协会设立分会有关材料及证件的备案管理，及时传达有关文件要求。落实《民政部关于开展社会团体分支（代表）机构专项整治行动的通知》（民函〔2022〕18号），按要求组织分支机构开展自查自纠活动，做好民政部开展的分支机构专项整治行动相关工作。

做好换届筹备工作。根据中央和国家机关工委、民政部对全国性行业协会的有关管理要求和《中国建设监理协会章程》有关规定，经六届六次理事会审议通过，成立了由理事代表、监事代表、党组织代表和会员代表组成的换届工作领导小组。

积极开展工会活动。为提高职工的生活质量和倡导健康生活，协会工会举办多项活动，如组织开展团队建设活动，组织职工参加“中国梦·劳动美——永远跟党走 奋进新征程”全国职工线上运动会等，增强协会秘书处的凝聚力，促进协会秘书处工作人员爱岗敬业、团结协作，全力做好会员服务工作。同时，在疫情时期，工会坚持以人为本的理念，向在职及退休职工发放防疫物资，保障职工身体健康。

（中国建设监理协会）

中国建筑节能协会

【概况】在住房和城乡建设部、民政部、中央和国家机关工委等主管部门的关心和指导下，在广大会员的大力支持下，中国建筑节能协会（以下简称：协会）遵循协会章程，坚持党的领导，全面巩固和提升党建工作，不断加强建设学习型组织，更新修订章程，完善协会治理体系，积极响应党中央关于城乡建设领域绿色发展、国家“2030 年碳达峰”“2060 年碳中和”战略部署，积极推动城乡建设绿色低碳发展。

【开展双碳政策体系及路径研究】2022 年，协会积极开展《中华人民共和国建筑法》修订、《中华人民共和国节约能源法》修订等立法研究；组织完成了城乡建设领域碳达峰实施方案与路径研究，支持北京、重庆、青海、沈阳等地方开展“十四五”建筑节能与绿色建筑发展规划研究。受地方主管部门委托开展四川、青海、贵州等省，以及青岛市、攀枝花市等城市城乡建设领域碳达峰实施方案研究，为城乡建设领域实现碳达峰制定路线图和施工图。

为落实建筑领域双碳工作，协会邀请相关科研机构参与，开展建筑领域碳达峰和碳中和路线图及政策体系研究，为确保国家实现 2030 年前碳达峰目标，对建筑领域加速碳达峰情景进行研究，按照“1＋N”研究体系进行研究，提出建筑领域 2030 年甚至 2030 年前实现碳达峰的路线图及相应的政策建议。积极开展“零碳建筑评价与管理机制研究”“碳中和目标下面向 2035 和 2060 我国建筑领域行动方案研究”，提出建筑领域 2030 年碳达峰和我国长期碳中和目标下面向 2035 和 2060 碳中和实施方案；以青海省为研究主题，开展建筑领域的绿色低碳发展和双碳目标研究，并针对青海特色编制《青海省建筑领域碳达峰碳中和目标和行动方案》。以北京、青岛、南京为试点，促进绿色低碳建材发展、探索建筑行业降低隐含碳排放策略为重点方向，旨在推动城市加强建筑领域降低隐含碳排放方面的政策引导和行动实践，助力城市层级和建筑行业双维度的碳达峰与碳中和，为践行中国高质量发展和落实双碳目标贡献生动案例。

【开发低碳标准体系】2022 年，协会完成《建筑碳排放统计计量标准研究》，通过梳理国内外建筑碳排放相关标准，构建我国建筑碳排放统计计量标准体系，提出了政府当前应尽快编制的国标和行标清单与实施建议，完成《我国建筑节能低碳发展标准体系研究报告》，可为我国建筑领域实现双碳目标提供标准化支撑。协会发布行业数据研究成果，连续发布了 2016—2022 年中国建筑能耗研究报告，建立建筑能耗与碳排放数据库，2022 年发布的行业数据涵盖了建筑、污水、垃圾、建造等领域。开展青岛市绿色建材应用试点建设技术支撑服务，为青岛市绿色建材全面推广应用提供了实施建议。

2022 年，协会联合中国建筑科学研究院有限公司共同主编国家标准《零碳建筑技术标准》、参编国家标准《城乡建设领域碳计量核算标准》的基础上，积极开展零碳系列标准的开发，包括以《零碳社区评价标准》《零碳村庄评价标准》等为代表的区域层面双碳标准，以《零碳建筑评价标准》《零碳机场评价标准》《零碳医院评价标准》等为代表的建筑层面双碳标准，以《建筑节能低碳技术产品保温材料》《建筑节能低碳技术产品建筑门窗及配件》等为代表的产品层面双碳标准，以《房地产企业碳中和评价导则》等为代表的组织层双碳标准，以《建筑碳交易技术指南》等为代表的双碳市场服务标准，以及相关统计计量核算报告等基础性标准。进一步完善双碳标准供给，助力建筑领域双碳目标实现。协会持续推动华夏中国好建筑公益平台建设，2022 年参与项目包括：新建建筑新增项目 10 个，新增建筑面积约 89.3 万平方米，智能建筑项目 4 个，建筑面积约 54 万平方米，完成近零能耗建筑测评项目 154 个，建筑面积 173.3 万平方米。

【推进绿色服务供应链服务】协会通过企业调研、专家咨询等形式，完成了聚苯乙烯类保温材料绿名单评审规则及采购方案，征集并发布第一批绿名单，并完成了保温、涂料、岩棉、空气源热泵 4 个品类绿名单案例编制工作；完成了改性沥青防水卷材、预拌砂浆、中空玻璃三个品类的白、绿名单评审规则及采购方案的编制工作。

【基于会员需求推进行业自律】为响应会员企业诉求，协会积极开展建筑企业碳排放核算研究。开展施工业碳排放数据测算和核算研究，为施工企业建立碳排放管理、评价与考核目标提供依据，促进绿色建材行业自律。聚焦薄抹灰外墙外保温行业，涉及产业链相关的房地产企业、工程监理单位、施工企业、材料生产供应企业等，研究形成了《高层建筑外保温材料存在的消防隐患及对策建议》等政策建议。启动《建筑行业 HBCD 禁用与替代应用相关政策和标准体系完善研究》，梳理调研现有的与 EPS、XPS 板材及相应保温系统相关的国家标准、行业标准、地方标准和团体标准的基础上，完成了《建筑工程中保温材料六溴环十二烷（HBCD）检测方法标准》、《六溴环十二烷（HBCD）替代型保温材料外墙外保温系统应用技术导则》两部标准。在此基础上，拟定政策完善建议。

【开展新技术评估鉴定与推广】2022 年，针对协会的会员单位，协会完成了北京建筑大学建筑垃圾源头减量与高效处置关键技术研究及产业化应用研究、中国建筑科学研究院有限公司大型建筑群复合式热泵供热供冷技术研究及规模化应用研究、北京市建筑工程研究院寒冷地区被动房室内舒适度调节关键技术研究、清华大学大规模低成本跨季节储能关键技术及工程应用研究，以及上海朗绿建筑科技股份有限公司朗绿项目及设备碳排放核算的技术鉴定工作。

协会联合相关会员单位，申报了住房和城乡建设部 2022 年科技计划项目，获批 3 个项目，其中科研开发类 2 项，国际合作类 1 项。具体为：与江苏恒信诺金科技股份有限公司、西安交通大学、中国建筑设计研究院有限公司、中国建筑科学研究院有限公司、扬州大学等单位立项了《洗浴废热低碳集中供热水技术及应用研究》；与中建生态环境集团有限公司立项了《建筑企业碳排放核算和测算研究》；与深圳达实智能股份有限公司立项了《碳中和目标下面向 2035 和 2060 我国建筑领域行动路径研究》。

【组织行业活动拓展合作渠道】2022 年，协会邀请有关会员企业参加德国海外商会联盟·大中华区携手德国联邦经济和气候保护部举办中德能效建筑行业合作论坛及中德企业线上对接会 – 中国德国商会；组织有关会员参加 2022 北京 CBD 国际商务季“聚焦绿色建筑，打造绿色低碳商务区”专场活动；邀请相关会员单位线上参加欧洲外墙外保温体系协会组织的 2022 年第六届欧洲 ETICS 论坛（欧洲外墙外保温体系论坛）；与 RCEP 产业合作委员会建立联系，组织相关会员单位参加“RCEP 产业合作委员会第三次会议”和 RCEP 区域金融银行合作会议；组织相关会员单位参加国家节能中心举办的“中德重点行业能效与脱碳技术交流研讨活动”。

【为会员提供个性化服务】2022 年，协会针对宝业集团股份有限公司需求，调研国内外装配式建筑、绿色建筑、超低能耗建筑、近零能耗建筑等最新发展路线及现状，组织上海市建筑科学研究院有限公司等有关单位共同编写《夏热冬冷地区基于建筑实际能耗强度的节能技术导则》；协助腾讯云计算（北京）有限责任公司搭建智慧建筑标准产业生态圈，并助力企业举办数字孪生生态伙伴峰会（建筑专场）；协助凯盛科技集团有限公司建筑光伏一体化推广应用；协助美的楼宇科技研究不同业态场景的双碳目标和实施方案，给出企业产品和技术应用推广建议。

【推动双碳人才体系建设】2022 年，协会向人力资源和社会保障部申请设立了新职业“建筑节能减排咨询师”，并已列入《中华人民共和国职业分类大典》（2022 年版）。该职业设立及发布后，协会已牵头编制《建筑节能减排咨询师国家职业技能标准》。协会还筹划开发《建筑节能减排咨询师国家职业技能培训教材》及考核系统，为后续组织从业人员的培训、考试及职业能力评价等人才建设工作制定标准和基础。此外，协会还举办了“碳达峰、碳中和目标助力建筑业绿色发展”系列培训班（一共三期），邀请行业专家重点解读“碳达峰、碳中和”最新政策，讲授“双碳”前沿技术，分享绿色低碳经典案例，为城乡建设领域“双碳”人才的高质量发展提供坚实的保障。

【促进农村住宅可持续能源消费】为推动中国农房的清洁供暖和农房围护结构改造工作，提升农房舒适程度，同时完成减碳目标，以河南省和甘肃省作为先行试点，通过文献研究、走访调研、国际交流等方式，与利益相关方总结技术解决方案、商业模式、金融模式成果；开发面向农户、政府、企业的手机应用程序，辅助农户选择围护结构改造方案和用能系统设备；定期参加国际和国内交流会议，展示项目成果，将优秀经验分享给国内其他地区。

【扩大建筑能效提升和双碳宣传】2022 年，协会结合承担“中国公共建筑能效提升”项目中公共建筑能效提升推广任务，组织完成五场公建能效提升成果交流研讨会，通过线上直播及媒体大力宣传，累积吸引线上参会 23.9 万人。两会期间专访会员中的人大代表或政协委员的特色项目，建筑节能大咖谈专访项目以及“双碳之声”专访项目，重点反映城乡建设领域节能低碳、绿色发展的最新技术和相关事件。同时，与中国教育电视台合作，参加该台品牌栏目《职教中国》，邀请会员企业担任嘉宾，积极宣传城乡建设领域人才培养的重要成果。

6 月，协会组织召开“2022 中国建筑节能行业助力碳达峰碳中和推进大会暨节能周系列活动”。大会以“绿色节能低碳，建筑砥砺前行”为主题，多位行业主管领导、院士、行业专家、企业精英齐线上参与，对加大宣传建筑领域绿色节能低碳理念、加快促进城乡建设领域绿色低碳转型具有重要意义。累计线上参会人员近 30 万人，获得行业人士普遍高度赞誉和认可，行业反响热烈。

（中国建筑节能协会）

中国建设工程造价管理协会

2022 年，中国建设工程造价管理协会（以下简称：中价协）坚持以习近平新时代中国特色社会主义思想为指导，深入学习宣传贯彻党的二十大精神，在中央和国家机关工委、民政部的领导下，在住房和城乡建设部的指导下，统筹疫情防控和行业高质量发展，坚持以改革创新为根本动力，发挥了社会组织的重要作用，各项工作取得积极进展和成效。

【夯实党建基础】深入学习领会党的二十大精神。把学习宣传贯彻党的二十大精神作为重要的政治任务，研究制定学习宣传贯彻党的二十大精神工作方案，从高站位做好组织工作、高标准抓好学习培训、牢把正确导向等 9 个方面，设定学习任务目标，排定时间节点，形成进度计划表。开展多形式、分层次、全覆盖的学习教育，编印《中国共产党第二十次全国代表大会专题学习材料》，集中研读党的二十大报告、《中国共产党章程》，学习《党的二十大报告辅导读本》《党的二十大报告学习辅导百问》等辅导书籍，组织党员职工收看“学习党的二十大精神”专题辅导、党的二十大报告解读系列节目，深入领会党的二十大精神的道理学理哲理。

扎实开展党建工作。按照中央和国家机关工委《关于认真组织学习〈习近平谈治国理政（第四卷）〉的通知》要求，认真组织学习，深刻领会“两个确立”的决定性意义，增进对马克思主义中国化时代化的最新成果的认识和理解。实施党建质量攻坚三年行动，制定贯穿三年的推动计划和 15 项重点任务，努力实现“一年一个台阶、三年整体提升”的目标要求。支持并配合完成第五联合党委参观见学活动、工委协会党建质量攻坚行动调研活动。

【参与政策和制度建设】助力工程造价改革。完成住房和城乡建设部科技计划项目《工程造价市场化管理模式研究》，按照实现中国式现代化的论述，构建工程造价“数据对标”管理模式框架，提出了市场化改革的具体路径，为下一步深化改革提供了理论依据。参与住房和城乡建设部标准定额司组织的改革调研，赴上海陆家嘴集团有限公司，交流工程造价市场化改革思路及全过程工程造价管控措施，协助起草造价改革调研报告，为改革的持续推进提供可靠的实践经验。配合造价改革工作，继续推广造价咨询企业职业保险，投保和续保企业保持稳步增长；研究起草注册造价工程师职业责任保险条款并报银保监会备案，推进个人责任保险工作。

积极参与法规修订。持续推进《中华人民共和国建筑法》修订工作，根据建筑法工作讨论会及住房和城乡建设部标准定额司提出的有关意见，进一步完善了《中华人民共和国建筑法》工程造价条款。为协助做好《工程造价咨询企业管理办法》修订工作，组织召开工程造价管理工作视频会议，向业务主管部门客观、全面反映行业目前亟待解决的主要问题，以及加强监管的建议。

推动行业数字化发展。按照国家发展改革委有关要求，开展投资建设数字化转型项目征集工作，组织会员单位参与项目申报。承担国家发展改革委《投资建设数字化转型标准体系研究》课题，重点研究了标准体系的具体内容及各环节如何依托标准实现共享，提出了“1 ＋ 4 ＋ N”的投资建设数字化转型标准体系总体框架。

做好各项委托工作。开展 2021 年度工程造价咨询统计调查，并完成《中国工程造价咨询行业发展报告（2022 版）》的编写工作。按照住房和城乡建设部标准定额司有关要求，修订了《工程造价咨询统计调查制度》，更改了工程造价咨询企业资质相关表述，增加了人员业务情况、重点人群就业问题等统计指标，落实国家行政审批制度改革要求，更加符合当前社会环境及行业发展形势。开展 2022 年一级造价工程师职业资格考试有关工作，结合部分地区因疫情停考的情况，调整阅卷安排并配合做好补考工作计划。完成造价工程师电子注册证书样式和印章样式的设计，帮助修改完善全国一体化政务服务平台标准，制定基础数据标准，协调与住房和城乡建设部电子证书平台的对接，为推行造价工程师电子证书做好准备。

【推进信用体系建设】为适应工程造价咨询企业行政审批改革，发布新修订的信用评价办法，将评价指标分为静态指标和动态指标，建立了实地核查制度，增加评价有效期，优化相关指标比重，统一全国评价指标，使评价工作更为科学、合理。规范开展信用评价工作，与地方协会建立协同工作机制，共享评价信息，并接受社会公众监督，确保评价结果公平公正。全年共处理750余家企业申请，519家企业取得信用等级，其中首次申请企业217家，评价结果得到社会广泛认可。完成工程造价咨询行业自律管理办法、自律规则、注册造价工程师职业道德守则等自律制度课题的主要研究工作，为进一步开展行业自律工作奠定基础。

【完善人才培养机制】以针对性、时效性、实践性为原则，构建"菜单式"网教课程库，全年录制课件近70个，共计100多个学时，线上培训15万人，并发行继续教育教材《法律知识与项目管理》，全面提升课程数量和质量。为加强工程造价学科建设，提升实践教学质量，开展了国内外专业评估认证机制研究。各级协会和工作委员会积极搭建行业联合学院、专业培训基地、学徒制培养模式、教育联盟等，共同推进协同育人机制建设，提升在校人才培养质量。为全面了解各地人才培养工作现状、发展需求和方向，及时调查总结地方协会、工作委员会等机构工作动态，编制多期人才工作简报，推广典型工作经验。组织人才工作研讨会，各地积极商定发展规划、组织技能竞赛及校企合作等活动，扩大人才工作覆盖面和影响力。

【拓展造价指标服务】为适应工程造价新发展理念，组织编制《工程造价指标分类及编制指南》，研究工程造价指标的层级体系、项目特征、指标构成和计算规则，确定指标编制原则、编制方法、特征描述、归集范围和计算口径等，指导企业及从业人员编制造价指标，提升行业数字化应用能力。为响应行业和会员单位对指标数据的需求，按照共建、共管和共享的思路，研究搭建工程造价指标服务平台，选取北京、上海、广东和重庆等4个地区开展试点，引导工程造价行业积累数据，以点带面，逐步铺开。

【开展团体标准编制】为进一步规范团体标准管理，根据国家标准化管理委员会、民政部《团体标准管理规定》要求，修订中价协团体标准管理办法，使其更具可操作性，并在国家标准化管理委员会信息平台上公示、实施。为引领行业发展、推动技术进步、规范企业业务，开展了《建设工程总承包计价规范》《房屋工程总承包工程量计算规范》《市政工程总承包工程量计算规范》《城市轨道交通工程总承包工程量计算规范》《建设工程造价咨询服务工时标准（房屋建筑工程）》《建设工程造价咨询工期标准（房屋、市政及城市轨道交通工程）》《全过程工程咨询规程》《建设项目代建管理标准》《建设项目设计概算编审规范》9项团体标准的编制工作，其中4项已经编写完成并通过审批。

【加强国际交流合作】做好第25届国际PAQS理事会及年会联络工作，并按照要求向PAQS秘书处提交年度报告。编制3期国际工程造价行业动态简报，涉及世界主要国家和地区建筑行业及工程造价咨询行业发展动态、行业资讯及专业评论等共计105篇，为中国企业及时获取国际专业信息提供渠道。为方便会员使用国际造价相关标准，组织对英国造价标准NRM1、NRM2最新版进行全文翻译，促进工程造价企业走向国际市场。

【合力推动调解】配合住房和城乡建设部法规司推动建立住房城乡建设部与最高人民法院"总对总"诉调对接机制，多次接待住房和城乡建设部法规司对行业协会诉调对接制度的工作调研，会同住房和城乡建设部法规司赴最高人民法院参加"总对总"诉调对接工作座谈会，推动从制度上将工程造价纠纷调解纳入国家多元化纠纷解决体系。对北京、浙江、山东、广东等地成立的行业调解组织进行必要的技术指导，带动全行业纠纷调解工作发展。坚持依法处理争议，2022年调解委员会共处理造价纠纷案件14件，涉及工程造价近20亿元，通过跟踪回访，各方当事人履行调解协议效果良好，多个当事人送来锦旗表达谢意。为提高调解员业务能力，会同住房和城乡建设部干部学院联合举办了工程造价纠纷调解员线上培训班，加深了全行业对工程造价纠纷调解工作的认识。组织开展了《工程造价司法鉴定法律问题研究》《工程造价专家辅助人出庭作证指引》等课题研究，为广大工程造价咨询企业和注册造价工程师开展造价鉴定业务提供技术指引。

【提升会员服务水平】进一步规范会员服务。修订《会员管理及服务合作协议》，强调合作共赢的服务理念，谋求与各地方协会共同发展好服务好会员。坚持以会员需求为导向，完善《会员服务清单》，形成全协会的协调联动机制，避免重复服务和服务空白。在深入了解会员诉求的基础上，修订了《会员管理办法》《资深会员管理办法》等规章制度，进一步规范会员管理和服务。

帮助纾解企业困难。为全面落实党中央、国务院关于稳住宏观经济大盘的系列部署以及民政部提出的主动减免经营困难会员企业尤其是中小微企业会费等有关要求，2022 年中价协全年共减免会费约 980 万元，累计办理退费 586 家，合计退费 286 万元，因会费减免政策吸引约 250 家小微企业首次入会。

丰富会员服务内容。为促进中价协与会员之间的沟通联系，上线运行中国造价数字化服务平台，该平台集宣传展示、沟通协调、办事办公等于一体。截至 2022 年年底，中国造价数字化服务平台已在 7 个省完成测试，累计导入造价工程师数据约 40 万人，关联企业数据 2800 余家，上传纠纷调解案例、全过程咨询案例、教育培训课件等相关视频 100 多个。在统筹推进疫情防控和经济社会发展形势下，通过线上直播举办主题为“适应新形势、探索新模式、谋求新发展”的公益讲座，主要围绕当前行业关注的工程造价与数字化、全过程工程咨询、碳排放、纠纷调解及国际工程咨询等热点问题，与学员实时互动，受到广泛好评。受北京市住房和城乡建设委员会邀请，组织会员单位参加 2022 年中国国际服务贸易交易会“工程咨询与建筑服务”专题展，展示了工程前期策划和工程咨询过程中采用的新技术、新理念、新成果。及时将行业发展报告（2022 版）、司法鉴定典型案例（2022 年版）以及新编继续教育教材等最新出版的书籍赠送会员单位，帮助会员及时获取行业咨询和发展趋势。

【加强自身建设】规范内部管理。根据《民政部社会组织管理局关于进一步加强全国性社会团体分支机构、代表机构规范管理的通知》要求，对 17 家中价协专业工作委员会、1 家分支机构进行摸底调查，确保规范运作。进一步完善制度建设，修订《工会经费使用管理办法》《考勤管理办法》等办法。收集并印发全国造价管理协会工作总结、通信录，促进各方保持紧密联系、相互学习。

如期召开各项会议。2022 年 12 月 8～12 日，第七届六次理事会暨第九次常务理事会以线上形式召开，会议上通报了换届工作准备情况，审议了《第七届理事会工作报告（征求意见稿）》，明确了第八次会员代表大会的召开形式及主要内容。2022 年 12 月 26～30 日，第七届十次常务理事会以线上形式召开，会议征集了 2023 年中价协工作建议，助力国务院稳经济一揽子政策措施落地生效，做好 2023 年中价协要点工作安排。

抓好意识形态阵地管理。充分利用中价协所属网站、微信公众号、期刊、微信群等媒介，做好行业宣传，传递正能量。为喜迎二十大，《工程造价管理》期刊以“奋进新征程建功新时代”为主题配发编者按，向行业百名企业约稿，展示党领导下的成绩，激发行业内爱党爱国、干事创业精神。

（中国建设工程造价管理协会）

附　录

设计下乡可复制经验清单（第一批）

序号	政策措施	主要举措	具体做法
一	完善设计下乡政策机制	（一）建立驻村镇设计师、乡村建筑师制度	1. 浙江省建立“双师”制度。以县（市、区）为单位设立首席设计师，以乡镇（街道）为单位设立驻镇规划师，构建首席设计师负责重大技术决策、驻镇规划师负责全程指导实施、镇街城建办负责统筹协调推进的美丽城镇建设技术支撑机制。全省共聘请首席设计师 109 个、驻镇规划师 1099 个，全省已实现首席设计师和驻镇规划师全覆盖，实现镇镇有规划师、村村有设计图。 2. 福建省创新闽台合作驻村陪护机制。支持福建省青年建筑师协会 3000 多人参与两岸建筑师联合驻村计划，累计引进台湾建筑师和文创团队 102 支，台湾乡建乡创人才近 300 名，乡建乡创陪护式服务 246 个村庄，覆盖全省近 70% 县（市、区）。 3. 山东省、湖南省、广东省等地推行驻村镇设计师制度。山东省引导规划设计单位与镇、村共同探索建立驻场设计师制度，明确设计师每年拿出一定的驻村工作时间；湖南省以十八洞村为驻村规划师制度示范试点，探索全省“驻村设计服务”和“建设售后服务”相结合的陪伴式设计模式；广东省推行志愿服务与有偿服务相结合的驻村工作方式，鼓励各地建立驻村镇设计师制度。 4. 上海市建立乡村建筑师制度。经过专项培训考核遴选建立乡村建筑师名录。按照“一人一档”的管理原则，建立乡村建筑师档案，编制成册免费提供给基层。大力推动涉农镇政府与乡村建筑师签约，明确以政府采购服务的形式推动乡村建筑师下乡为农户建房、村庄设计、风貌管控等提供设计、咨询等服务。 5. 江苏省苏州市推行驻村设计师、工程师“一村两师”制度。启动驻村（镇）工程师试点工作。全市所有镇（涉农街道）积极选聘设计师、工程师（团队）开展“驻镇”服务，鼓励以单个村庄或若干村庄组团的形式选聘团队开展驻村服务，强化合同备案、台账记录、述职总结等工作制度。据统计，2021 年平均每个试点村庄驻村团队人数 7 人，团队年平均驻村约 35 次、280 小时
		（二）建立结对服务机制	1. 湖南省引导技术服务团队与共同缔造试点县（市）建立对口合作机制。浏阳市探索建立规划师、建筑师、工程师“三师下乡”乡村建设志愿服务制度，汝城县试点“1 个驻镇规划师＋ N 个驻村规划员＋ 1 个内业协作员”的全过程陪伴式咨询服务模式，宁远县形成了“设计师＋部门＋乡镇村”共同缔造驻点帮扶机制，凤凰县试点开展“一对一、点对点”技术帮扶，驻村设计师与村民“共议、共食、共担当”。 2. 贵州省建立专家库对口帮扶技术服务机制。建立乡村规划建设技术服务省级专家库，采取 1 个专家组对口帮扶 1 个市（州）的方式开展技术服务。专家组实行组长负责制，对口帮扶的市（州）分管负责同志担任副组长，每个县区配备 1 名质量安全专家和 1 名规划设计专家。 3. 北京市开展“百师进百村”活动。通过“百师”与“百村”双向选择，为 152 个“百村示范”村每村配备一名产业策划师、工程师、规划师等或团队，“一对一”对示范村进行问诊把脉和建言献策
二	强化人才队伍建设	（一）壮大设计下乡人才队伍	1. 重庆市多管齐下加强设计下乡人才队伍建设。一是广泛征集设计下乡人才。面向市内外大专院校、设计院所、施工企业等单位，征集规划、建筑、景观、艺术设计、文化策划、乡土新材料研究等方面的设计下乡人才 500 余名。二是组建设计下乡专家队伍。聘请重庆大学、四川美术学院、重庆市设计院等单位乡村规划、设计、建设等方面的专家 43 名，成立重庆市设计下乡专家组，指导全市设计下乡工作；还成立传统村落保护发展专家组，指导传统村落保护发展。三是建立设计下乡工作室。从设计下乡人才库中优选专家学者，在 37 个涉农区（县）均建立设计下乡工作室，为当地乡村项目建设提供陪伴式服务。四是组建设计下乡志愿者队伍。发动重庆交通大学、重庆市设计院等单位组建了 17 支设计下乡志愿者队伍，重点围绕农房设计建设开展设计下乡志愿服务活动。五是开展乡村设计建设人才培训。充分利用全国美好环境与幸福生活共同缔造渝北培训基地，分类分批开展设计下乡专题培训，累计培训村镇建设管理人员 600 余人次、设计下乡人才 1000 余人次。培训合格农村建筑工匠 13000 余人、巴渝传统建筑工匠 500 余名

续表

序号	政策措施	主要举措	具体做法
二	强化人才队伍建设	（一）壮大设计下乡人才队伍	2. 云南省充分调动省内高校、规划设计单位等技术力量。云南省住房和城乡建设厅会同云南省教育厅，组织云南大学、昆明理工大学、省设计院集团等7家院校及设计单位成立设计下乡团队，围绕“乡村美”建设目标，开展《云南省民居建筑特色设计导则》《云南省乡村风貌提升导则》等导则编制工作，指导各地推进乡村特色风貌保护提升。 3. 湖北省宜昌市远安县发挥乡土建设顾问作用。选聘县内外优秀设计人员、美丽乡村投资人、部分村书记作为县乡村振兴乡土建设顾问，从微设计、微建设到微管理多方位助力美丽乡村建设
		（二）邀请设计大师、知名专家指导	1. 江苏省邀请设计大师全程指导特色田园乡村建设。以特色田园乡村建设、农房改善、重点及特色镇发展示范项目等工作为抓手，邀请设计大师、专家学者和优秀设计团队全过程跟踪指导。首批45个省级特色田园乡村试点村庄由院士、全国勘察设计大师、江苏省设计大师亲自指导的有31个。 2. 山东省组建以设计大师为主导的专家团队指导乡村建设。选择300余名省内外大师、知名设计师，建立并公布名录供各地选聘。邀请设计大师开设讲堂，培训市县镇村相关工作人员和设计师1000余人次
		（三）加强本土乡村设计建设人才培养	1. 福建省编印简明图册，加强基层干部和技术人员培训。福建省编印了“六个一”：农村污水垃圾治理和农房整治“一张图”、农房施工质量安全“一张图”、农村危房鉴定加固“一张图”、危房简易鉴定“一张表”、农村危房改造政策技术“一本手册”、农户政策告知“一张卡”，作为各级培训内容并印发到镇到村到户。 2. 浙江省优化乡村建设工匠培训管理。浙江省成立省、市两级乡村建设工匠协会，负责组织开展乡村建设工匠学习培训，为工匠提供政策、法律、技术等方面的支持和服务
三	健全落实激励措施	（一）建立考核评价机制	1. 重庆市建立设计下乡服务评价和考核督查机制。一是指导设计下乡人才登录重庆市设计下乡服务平台记录下乡轨迹，填报设计下乡成果及优秀案例，并从设计下乡成果数量、下乡服务天数、参加教育培训等方面对设计下乡人员服务情况进行评价。将参加教育培训、打卡下乡轨迹、填报成果案例等情况列入设计下乡人才个人考评内容，年终按优秀、合格和不合格三个等次进行评价，对不合格的予以警示或退出。二是将设计下乡纳入乡村振兴考核和市政府督查，对设计下乡工作实行事项化、项目化和清单化管理，要求各区县“年初有计划、月月有调度、半年有督导、年底有成果”。 2. 广西壮族自治区南宁市建立“三师”考评推优机制。各县（市、区）及乡镇负责对规划师、建筑师、工程师“三师下乡”进行日常管理、定期考核等，每半年考核评比，确保“三师”管得好，真正发挥作用。评选出的优秀县（市、区）、优秀乡镇、优秀服务队和“三师”，由南宁市住房城乡建设局通报表扬、发放奖励证书，并协调有关部门兑现市级优秀“三师”激励政策，激励“三师”安心扎根基层
		（二）细化完善激励政策	1. 山东省完善对设计下乡服务单位和个人的激励措施。对积极响应号召、派出人才下乡提供服务的规划和建筑设计企业在企业诚信档案中予以加分。志愿者下乡开展技术支持与服务工作实践，志愿服务期间继续教育学时换算按有关部门专业技术人员继续教育学时管理办法执行。志愿者在村居支援工作取得的专业技术业绩，根据本地本部门实际作为参加职称评审、岗位竞聘、考核评优等的参考条件。适时对工作成效显著的设计单位和个人组织评选，予以表扬奖励。 2. 重庆市细化设计下乡人才职称评审、继续教育等倾斜政策。出台《重庆市设计下乡人才管理办法（试行）》，明确“专业人才参与设计下乡服务1年以上的，职称评审不作外语、计算机、论文和继续教育要求，可提前一年申报高一级职称；下乡时间计入规划师、建筑师等专业人员继续教育学时；在优秀设计下乡人才中开展“优秀青年建筑师、设计师评选”等政策
四	保障工作经费	（一）加大财政支持力度	1. 重庆市将设计下乡工作经费列入市、区（县）财政预算。出台《重庆市设计下乡市级补助资金管理办法》，一是对设置区（县）级和市级工作室的区（县）分别给予一次性补助15万元、25万元，对承担部级项目的区（县）一次性补助40万元；二是对举办市级及以上乡村设计大赛的区（县），一次性补助100万元；三是对开展传统建筑工匠培训的区（县）一次性补助20万元，有力保障了设计下乡工作顺利有序开展。

续表

序号	政策措施	主要举措	具体做法
四	保障工作经费	（一）加大财政支持力度	2. 福建省为闽台乡建乡创提供补助资金支持。2018 年起由省级财政每年支持台湾建筑师（文创）团队下乡参与乡村建设，2021 年起每年安排 5000 万元补助 100 个闽台乡建乡创合作项目，为乡村规划设计、农房建设、污水垃圾治理、集镇环境整治、历史文化保护利用、乡村文创和产业培育等多领域多方面设计下乡提供有力保障。 3. 广西壮族自治区南宁市邕宁区积极协调保障“三师”下乡工作经费。在“三师”驻镇期间，一是按照市级与县（区）以 1∶1 的比例保障“三师”工作经费（2500 元 / 人月）。二是以高标准落实“三师”驻镇期间的食宿、差旅及办公用品等支出（1462 元 / 人月），使设计下乡服务人员真正“过得来”、“稳得住”、“沉得下”
五	提升服务能力和水平	（一）创新线上服务	1. 重庆市强化服务平台建设，实现设计下乡网络化、数字化和便利化。开发应用“重庆市设计下乡网络服务平台”和移动应用程序 APP，开通专家风采、下乡成果、优秀案例、项目市场等栏目，推介设计下乡专家人才和优秀案例，发布乡村设计建设需求信息，推广农房和村庄建设先进技术和经验。共推介设计下乡专家 40 余名，展示下乡成果 500 余件，公布优秀案例 200 余个，项目需求 600 余个，促成“三师一家”与乡镇政府、农民群众合作项目近 200 个。 2. 湖北省开展设计下乡线上技术培训。设立了小城镇、农村房屋、美丽乡村、乡镇生活污水、传统村落专业委员会，通过开展设计下乡线上技术培训，以微课直播、微视频方式扩大培训覆盖面，为基层干部、技术人员、农民群众提供便捷服务
		（二）开展优秀设计评选	1. 江苏省通过优秀设计评选和品牌赛事推动设计下乡服务。一是在“省四优”、省城乡建设系统优秀勘察设计评选中设置村镇建筑、村镇规划两个类别，常态化开展评优，提高设计人员参与乡村规划设计的积极性，提升乡村规划设计水平。二是在“紫金奖·建筑及环境设计大赛”等品牌设计竞赛中聚焦乡村主题、设置相应奖项，引导广大设计人员和社会各界人士关注乡村设计创作，投身乡村建设实践。三是规定“江苏省设计大师（城乡规划、建筑、风景园林）”评选的要件之一是要有获奖的乡村设计作品，推动高层次设计人才持续关注乡村建设、深入乡村开展设计实践。 2. 山东省开展美丽村居建筑设计大赛和优秀项目推介。美丽村居建筑设计大赛纳入山东省优秀工程勘察设计成果评选内容，并择优出版作品集向全社会公布，供基层选择。组织开展工程项目类奖项评选，加强项目推介，鼓励激励设计人员参与乡村建设。 3. 上海市举办乡居建设项目优秀设计实践案例评选。上海市住房和城乡建设管委联合市规划资源局、市农业农村委，面向新、改建乡居项目，邀请长三角区域 9 位资深专家评委对征集的 39 个项目开展申报资料评议、实地踏勘，评选出 7 个优秀实践案例。评选结果报市政府并通报各涉农区政府，推动各区、镇管理部门及乡村建筑师对获奖项目对标学习
六	加强宣传推广	（一）宣传推广经验做法	1. 福建省采取多种形式宣传闽台乡建乡创合作经验做法。常态化组织沙龙、论坛、设计竞赛、项目对接会、成果展等活动，邀请两岸行业专家、知名高校、规划设计单位和文化创意团队通过线上线下方式宣传推介、交流互动。 2. 上海市、江苏省等地加大宣传报道，总结推广成功经验和做法。上海市住房和城乡建设管委通过官方微博推出“乡村建筑师实践系列专项报道”，广泛宣传设计下乡的典型案例和先进事迹。江苏省在“江苏乡村建设行动”公众号开设“设计师的乡愁”专栏，推广设计师投身乡村建设的优秀事迹

2022 年传统村落集中连片保护利用示范县（市、区）名单

1. 北京市门头沟区
2. 河北省石家庄市井陉县
3. 山西省阳泉市平定县
4. 山西省晋中市平遥县
5. 内蒙古自治区呼伦贝尔市额尔古纳市
6. 辽宁省朝阳市朝阳县
7. 吉林省白山市临江市
8. 江苏省苏州市吴中区
9. 浙江省金华市兰溪市
10. 浙江省丽水市松阳县

11. 安徽省宣城市绩溪县
12. 福建省福州市永泰县
13. 福建省龙岩市连城县
14. 江西省吉安市吉水县
15. 江西省赣州市瑞金市
16. 山东省济南市章丘区
17. 山东省威海市荣成市
18. 河南省平顶山市郏县
19. 河南省信阳市新县
20. 湖北省黄冈市麻城市
21. 湖北省咸宁市通山县
22. 湖南省郴州市汝城县
23. 湖南省怀化市溆浦县
24. 广东省梅州市梅县区
25. 广西壮族自治区桂林市灌阳县
26. 广西壮族自治区贺州市富川瑶族自治县
27. 海南省澄迈县
28. 重庆市秀山土家族苗族自治县
29. 重庆市酉阳土家族苗族自治县
30. 四川省泸州市合江县
31. 四川省广元市昭化区
32. 贵州省铜仁市石阡县
33. 贵州省黔南布依族苗族自治州荔波县
34. 云南省保山市腾冲市
35. 云南省红河哈尼族彝族自治州建水县
36. 陕西省延安市延川县
37. 陕西省安康市汉滨区
38. 甘肃省白银市景泰县
39. 青海省海东市循化撒拉族自治县
40. 新疆维吾尔自治区昌吉回族自治州木垒哈萨克自治县

城镇老旧小区改造可复制政策机制清单（第五批）

序号	政策机制	主要举措	具体做法
一	优化项目组织实施促开工	（一）线上征询群众意愿	重庆市云阳县开发专门APP，有效提高老旧小区改造协商议事决策效率。居民可通过APP全过程参与老旧小区改造工作前期规划、过程实施和后期管理，在线看公示、读政策、答问卷、作表决、作评价、提意见、收回复，较好地解决了传统院坝会到不了、到不齐、听不清、听不全的难题。该APP投入使用以后，居民对老旧小区改造的支持率由原来的40%提升至95%
		（二）精简优化审批	1. 山东省青岛市多环节优化改造项目审批。一是将2022年计划改造的318个小区打捆成120个项目，统一立项、设计和施工招标，压缩了50%以上工作量。二是各区（市）政府组织有关部门对改造方案进行联合审查。三是对专营单位参与投资的水电气热信等老旧管网改造工程，将核准制改为备案制，由企业单独立项，如莱西市老旧小区供气、供热设施改造立项审批时限由原来的35天减少为2天。 2. 湖南省推进全省统一简化优化城镇老旧小区改造项目审批。目前全省老旧小区改造项目全流程审批时长压缩至19个工作日，累计有3948个改造项目依托工程审批系统实现“一网通办”。一是分类办。针对改造项目特点，分3类制定审批流程。对不涉及新增用地、结构变动等方面的“承诺制直办类”项目，在设计单位、项目建设单位作出承诺后，可不进行施工图审查及备案，将立项用地规划许可阶段、工程建设许可阶段与施工许可阶段合并为一个阶段，直接办理；对不涉及规划调整，但涉及结构安全、消防安全等方面的“并联审批类”项目，免予办理建设工程规划许可证，由相关部门并联审批；对涉及历史建筑保护、古树名木保护、城市风貌管控、消防安全、结构安全等方面的“重点审批类”项目，按优化后的工程建设审批程序，逐个环节严格把关。二是并联办。明确由项目属地政府建立专门工作机制，加强部门联审，实现“一次申报、并联审批、依法发证”。三是简化办。工程规划许可、多图联审等审批时限相较于一般政府投资项目再压缩一半以上，市政设施审批等实行告知承诺制，不涉及结构变动的免于施工图审查。

续表

序号	政策机制	主要举措	具体做法
一	优化项目组织实施促开工	（二）精简优化审批	3. 浙江省温州市通过线上手段优化审批管理。温州市开发老旧小区改造智慧管理系统，推行从改造意愿征集、申请审批到改造竣工全流程闭环管理，实现在线申报、在线受理、在线审批、在线公示
		（三）提前开展前期工作	1. 河北省通过竞争性评审机制确定年度改造计划项目。各县（市、区）根据小区破损程度、基础设施缺失现状、居民改造意愿强烈比率和主动参与程度、资金自筹比例等指标，对拟改造小区进行量化评分，依据各小区得分排序确定下一年度改造项目，每年于当年6月底前做好下一年度改造计划申报准备工作。 2. 山东省青岛市提前启动改造项目前期工作。2021年4月起部署申报2022年改造项目，6月确定318个改造小区清单，9月部署开展征求居民意见、项目立项、招标等前期工作，12月底85%的小区完成了居民意愿征询、68%的小区完成了初步方案设计。截至2022年6月底，2022年改造计划项目已全部开工
二	着力服务“一老一小”惠民生	（一）推进相邻小区及周边地区联动连片改造	1. 湖南省湘潭市科学划分连片改造单元。湘潭市按照地理位置相邻、产业配套相关、文化脉络相联的原则，综合考虑行政区划、道路空间等因素，对标完整社区和“15分钟生活圈”，将城区分为29个“美好社区”、503个“改造实施单元”，以规模促效益，形成改造一个、更新一片、联片成区、带动全局的局面。 2. 河南省洛阳市、四川省成都市建立“体检查病、连片改造、系统施治”工作机制。以片区为单元，运用城市体检方法查找改造片区内设施和服务短板，按照城市及公共服务设施配套规划要求，整合区域内老旧小区、道路、公共空间、低效资源，推动小区内外和公共区域配套设施有机衔接、补齐短板。比如，河南省洛阳市将2022年计划改造的777个老旧小区划分成96个片区，偃师区祥和巷片区改造项目将14个小区划为1个片区实施，共拆除闲置煤房522间、违建92处、围墙8000多米，腾退空间超过1万平方米，增加养老等便民服务设施4个、健身广场5个、口袋公园4个、机动车停车位218个、电动自行车停车位478个、充电桩103个。成都市金牛区抚琴西南街连片改造项目，统筹区域内30个老旧小区连片实施改造，统一提升周边4个公园、2个社区公共配套中心，修复地下管网1340米，增加停车位200余个，释放1200平方米产业空间，新增绿化面积4000平方米。 3. 甘肃省张掖市、江西省安义县按照“组团连片、集散为整”思路连片改造。拆除片区内楼院分界围墙、小煤房、私人搭建车库、彩钢车棚、破旧库房等，打通居民就近前往教育、医疗、养老、托育等社区公共服务设施的通道，打破片区空间连通壁垒。将整合腾挪出的空间用于建设停车位、绿地、儿童游乐区、居民休闲座椅区、环小区游步道等设施，满足居民生活休闲等需求
		（二）完善“一老一小”服务设施	1. 浙江省温州市结合城镇老旧小区改造打造“5分钟便民生活服务圈”。温州市将非机动车库、闲置用房等空间，改造提升为面向全年龄段的复合型服务阵地，完善养老、托育、医疗、文娱等社区服务功能。比如，鹿城区新桥头住宅区改造中，将小区闲置用房、社区服务中心、原有活动空地等近1000平方米空间，打造集邻里食堂、睦邻客厅、集善亭、共享集市、儿童乐园、残疾人之家、城市书房等为一体的综合服务设施。 2. 云南省玉溪市聚焦“一老一小”需求，配建托育、老年活动、食堂等服务设施。红塔区利用拆围透绿的空间，因地制宜建设1000平方米养老服务中心，增加儿童游乐设施、趣味座椅、趣味铺砖等，打造适宜儿童娱乐的户外亲子活动空间。江川区结合改造整合民政部门300万元资金建设配套养老服务设施，新建儿童游乐区、社区服务中心、四点半课堂、社区大食堂等便民设施。 3. 甘肃省白银市统筹民政、教育等各部门政策和资金改造养老服务设施和幼儿园。白银区铝厂福利区小区投资365万元新建一座3层的社区活动中心，集爱心发屋、爱心书屋、爱心浴室、多功能室、康复理疗室、老年健身室、老年活动室、心理疏导室、日间休息室、爱心服务室等10个功能室于一体，为社区老年人提供养老服务；投资1200万元新建一所幼儿园，解决周边450名幼儿托幼问题

续表

序号	政策机制	主要举措	具体做法
二	着力服务“一老一小”惠民生	（三）加强闲置资源盘活利用	浙江省杭州市采取“整合、提供、共享、复合”的方法盘活存量空间资源。一是小区碎片化资源整合利用。利用小区内部空余用地或拆除原有建筑、设施腾出的空间，新建养老、托育等服务设施。比如，西湖区翠苑一区小区在改造中，将小区内东西两侧的服务用房打造为图书室、健身房等，新建4000多平方米的居家养老服务中心、老年食堂。二是周边国有存量资源提供使用。积极推动省市区行政事业单位、国有企业将104处、3.2万平方米存量房屋，提供给街道、社区用于养老托幼等配套服务。比如，浙江省文化厅提供原招待所辅助用房，改造为集老年食堂、儿童活动区、文化活动室等功能在内的邻里中心。三是片区公共资源共享使用。对于小区内可供开发利用存量资源较少的，通过挖掘周边资源潜力，配建公共服务设施。比如，上城区景芳东区将小区周边原先污水横流、环境脏乱的三新路“摊贩一条街”改造成“幸福养老一条街”，引进专业社会组织运营，提供医养、康护等服务。四是公共活动空间复合使用。通过复合利用社区已建成场地设施，增加服务功能，提升空间利用效率。比如，拱墅区环北新村社区改造项目腾挪社区现有用房，建设邻里中心，作为助餐、儿童娱乐及敬老活动场地
		（四）营造“一老一小”宜居环境	浙江省杭州市着力增加无障碍设施、打造适老化适儿化环境。一是改善出行环境。结合道路改造建设缘石坡道、轮椅坡道，平整人行道，对各类公共服务设施开展无障碍改造，构建“出行通畅、节点可达、配套便捷、环线可通”的无障碍通行环境。二是优化休闲环境。结合绿化景观建设绿道游步道、休闲亭苑、儿童游乐园等林下空间，为“一老一小”提供健身休闲活动空间。三是解决“上下楼”难题。结合老旧小区改造同步推进加装电梯，不具备加装电梯条件的，在楼道改造中增设休息座椅、爬楼器等，解决高龄老人上下楼难问题。比如，滨江区在老旧小区改造中推行“全域加梯”行动，全区范围内列入改造的老旧小区项目做到加装电梯全覆盖，共加装电梯521部
		（五）积极破解加装电梯难题	1. 广东省广州市发挥基层协商和社会力量作用化解加梯矛盾。广重社区充分发挥社区民主议事厅“1+N”协商议事作用，多次组织申请加装电梯的居民开展协商，耐心解释加装电梯的整套流程、注意事项，协助居民商议完善资金分摊补偿、施工设计等方案。将加装电梯时发现的共性困难问题、注意事项、建议等整理成册，向居民发放。建立加装电梯微信群，开展全覆盖宣传动员，广泛征求意见建议，营造沟通协商的良好氛围。借助法律顾问和社区律师力量，组建成功加装电梯“过来人”智囊团，为街坊们提供免费法律咨询。邀请电梯安装公司对居民提出的施工管理、维护保养等方面问题进行现场解答，消除居民疑惑。广重社区具备加装电梯条件的单元数共71个，截至2022年8月底，已加装电梯60部，正在加装电梯5部。 2. 上海市多举措防范加装电梯工程质量安全风险。一是对居民提出加装电梯意愿的小区，街道委托建筑设计等专业单位，对小区加装电梯的规划要求、建筑条件、消防安全、小区环境等进行可行性评估，初步明确该小区加装电梯整体设计要求，评估结果告知所在小区业主委员会，抄送区相关部门、管线单位。二是市住宅修缮工程质量检测中心通过组织专家或委托施工图审查机构进行技术论证的方式，对既有多层住宅加装电梯设计文件进行房屋安全性论证，按规定出具技术论证意见。三是要求加装电梯工程配置项目经理、监理工程师，做好项目施工管理。四是明确加装电梯工程质量安全监管中首次监督、过程监督、竣工验收等各环节技术要点，要求各监管单位按照当地技术标准及施工图设计文件，监督加梯工程实体质量安全和建设、施工、监理等的工程质量安全行为，施工过程阶段按首次监督、过程质量安全抽查实施监督，竣工阶段按规定参加综合竣工验收。 3. 湖北省兴山县推进多渠道筹措加装电梯资金。引导居民认识到“加装电梯是大家的事，不能等政府包办”，积极主动协商落实加装电梯分摊资金；政府采取连片推动、整体加装的思路大力推进，每部给予10万元的补助资金；动员管线单位、乡贤能人、原产权单位等支持电梯基坑开挖和管线设施迁移费用。比如，兴发小区共27栋房屋，同步加装了50部电梯，1000户居民圆了“加梯梦”

续表

序号	政策机制	主要举措	具体做法
三	多渠道筹措改造资金稳投资	（一）培育规模化实施运营主体	湖南省长沙市培育规模化实施运营主体以市场化方式参与城镇老旧小区改造。在市级层面，成立市更新公司、产投更新公司、长房更新公司，区县层面依托本级城投公司，实现老旧小区改造项目规划设计、资源集约、组织实施"三统筹"。比如，浏阳市城市更新投资建设运营有限公司是当地老旧小区改造规模化实施运营主体，浏阳市将改造范围内的闲置国有资产、零星边角用地、地下管网以及充电桩、弱电管网等特许经营权划至公司，由其统筹开展资产运营，产生的经营性收入用于平衡老旧小区改造投入
三	多渠道筹措改造资金稳投资	（二）积极发行地方政府专项债券	1．浙江省温州市打包项目申报地方政府专项债券。温州市将实施时序一致的老旧小区改造项目打包统一立项，挖掘服务设施、停车位、充电桩等项目运营收益，平衡其他改造内容支出，破解单个小区规模小、空间窄、收益低问题，满足专项债本息覆盖率要求。比如，瑞安市合计打包两批城镇老旧小区改造项目，发行地方政府专项债券5.6亿元。 2．湖北省恩施州利川市、宣恩县、鹤峰县挖掘改造项目收益发行地方政府专项债券。利用老旧小区及周边闲置地、边角地和拆违腾退土地资源，改造建设口袋公园、增设充电桩及广告牌，建设向社会开放的共享机动车泊位，增加改造项目收益。2022年上半年，恩施州共发行6.26亿元地方政府专项债券用于城镇老旧小区改造项目
三	多渠道筹措改造资金稳投资	（三）引导专业经营单位参与	1．湖南省常德市统筹推进供电、通信等设施改造。常德市明确电力、通信设施改造资金分摊标准及各部门单位工作职责，完善相关部门、专营单位、施工单位常态化联络机制，定期调度工作。国家电网常德供电公司优先安排资金用于年度城镇老旧小区改造计划涉及的电力改造，多次赴现场调研踏勘，进一步完善方案设计，积极配合改造项目实施，做到"计划同步、设计同步、施工同步、验收同步"，确保项目用电设施改造一步到位。 2．辽宁省鞍山市立山区以"线缆入地、多网合一、共建共享共维"方式改造通信设施。2021年立山区13个改造项目均实施了线缆入地，小区内光缆、线路管廊、集中分线箱等通信设施由各通信企业共同建设、共同使用、共同维护，既有效解决了线缆杂乱问题、减少了空间占用，又避免各通信企业重复投资
三	多渠道筹措改造资金稳投资	（四）吸引社会力量参与	1．重庆市住房和城乡建设委与建设银行联手打造"建融智合"老旧小区改造项目撮合平台。各区县项目实施主体通过平台发布项目信息和合作需求，接受市场参与方提交的合作意向，还可直接从注册企业中筛选、邀请，高效寻找合作企业；设计、施工、房地产、物业管理、电梯等各类企业可以通过平台发布企业特色及合作需求，定向寻找合作区县。截至2022年8月底，已有1140家企业进入平台，成功撮合项目450个，其中金融支持项目185个。 2．湖南省湘潭市整合优质资源撬动社会资本参与。在和平美好社区改造中，通过市场化运作，吸引社会资本投入2635万元，拆除和平社区中省建三公司闲置多年的老食堂、锅炉房及低矮工棚约1272平方米，新建1栋4层、建筑面积3058平方米，集社区综合服务用房、便民超市、休闲健身、餐饮娱乐等一体的便民邻里中心；同时投入470万元安装充电桩、快递柜等便民设施，实现闲置资产的盘活增值。 3．河北省石家庄市推动社会力量参与老旧小区停车设施建设运营。石家庄市组织停车设施建设单位与金融机构对接申请贷款，由银行向建设单位提供基于停车设施产权、使用权、收费权的抵押或质押融资，解决市场主体融资难题。2021年，石家庄市共引进8家企业，在老旧小区及周边建设立体停车场项目18个，建设停车位5875个，吸引社会投资1.3亿元。 4．山东省枣庄市吸引社会力量参与老旧小区充电设施建设运营。枣庄市在城镇老旧小区改造中，将区域内住宅小区作为整体，与社会资本签订协议，由其负责充电桩投资建设运营，增设充电桩向用户收取电费及服务费，经与居民协商，运营收益在一定年限内让渡给投资企业，供其回收投资。2022年，全市已结合老旧小区改造同步安装充电桩2551组，推动解决老旧小区充电设施不足、管理缺位等问题

续表

序号	政策机制	主要举措	具体做法
三	多渠道筹措改造资金稳投资	（五）争取金融支持	1. 河南省洛阳市、重庆市酉阳县对本地区城镇老旧小区改造项目通过统贷统还方式申请银行贷款。盘活全市（县）老旧小区及周边插花地、零星地、夹心地等土地资源以及未利用的公共空间，建设停车场及充电设施等经营性资产，将资产运营收益作为还款来源；同时统筹片区内政府所有经营性物业无偿给予实施主体运营使用，用于整体平衡项目贷款。比如，洛阳国晟集团牵头负责全市老旧小区改造项目融资，各区县分别与国晟集团下属公司成立项目公司，作为本区县老旧小区组团连片改造项目实施运营主体，负责统筹争取承接国家开发银行等银行贷款。截至 2022 年 8 月底，国家开发银行已批复一期项目贷款 19 亿元，已发放贷款 9 亿元。酉阳县政府将拟于"十四五"期间实施改造的城镇老旧小区作为整体，统筹谋划争取银行贷款支持。目前国家开发银行重庆市分行已整体授信 5.1 亿元，发放期限 20 年的贷款 3 亿元，整体解决"十四五"期间全县 57.59 万平方米城镇老旧小区改造资金不足问题。 2. 四川省江安县统筹小区内外设施运营收益争取银行贷款。江安县积极盘活小区内外停车设施等存量资产，以停车费、物业费、广告收入和企业综合收入等作为还款来源，争取银行贷款 8000 万元，支持改造老旧小区 71 个、惠及居民 2872 户。项目收入中，停车费占 50% 以上，包含改造后小区内部新增的 2000 个停车位和小区外新增的 6000 个停车位 2 部分运营收入。其中，小区内部新增的停车位 15 年经营权经业主大会同意，并由小区业主委员会出具会议纪要，归本项目规模化实施运营主体（借款人）所有；小区外新增停车位 15 年经营权由江安县国资部门划拨给借款人，由其负责后续运营。 3. 四川省组织市县积极申报基础设施投资基金。截至 2022 年 8 月底，全省已有 24 个城镇老旧小区改造项目获得基金支持。一是注重提前储备项目。印发《四川省城镇老旧小区改造专项规划编制纲要》，指导市县科学编制本地老旧小区改造规划，提前谋划储备项目。二是注重建立沟通协调机制。横向上，省住房和城乡建设厅与省发展改革委、国家开发银行四川分行、农业发展银行四川分行建立常态化协作机制，随时沟通申报政策、支持方向、时间节点、审查要点等工作信息，协调有关银行的市县分支机构提前参与项目策划和申报；在纵向上，加强对市县住房和城乡建设部门的指导，第一时间传达省级层面沟通掌握的有关信息，就申报项目的合规性开展有针对性地指导，提高申报成功率。三是注重片区打捆实施。针对单个老旧小区改造项目小而散、但金融工具支持项目要求投资 2 亿元以上的实际情况，指导市县在策划项目时，以城市更新理念进行片区改造，将相关老旧小区涉及的基础设施和公共服务设施等改造内容打捆申报
四	加大排查和监管力度保安全	（一）与城市燃气管道等老化更新改造、排水设施建设统筹实施	1. 江西省上饶市推进燃气等老旧管网统一改造。上饶市对燃气、供水、排水等老旧管网改造，实行统一规划设计、统一公示公告、统一施工作业时间，建设单位负责地下管道的开挖、土方回填，专业经营单位按照工程技术规范标准和生产安全要求积极配合安装铺设，完成改造的管网管线（计量器具前）等设施设备产权归专业经营单位所有，由其负责运营过程中的维修养护以及后续的更新改造。 2. 湖南省湘潭市出台老旧小区燃气改造奖补政策。老旧小区燃气改造采用单一来源进行政府采购，改造费用由燃气公司先行承担，各区政府按照经财政评审后改造费用的 30% 予以奖补，燃气户内改造应由居民出资的部分由燃气公司本着减轻老旧小区居民负担的原则按照改造成本收取费用。比如，新奥燃气公司仅在雨湖区车站路美好社区就投入 375 万元完成了片区内的燃气改造，雨湖区政府奖补 112 万元
		（二）实施精细化管理	北京市根据不同改造项目施工特点分别明确监管要求和程序，实施精细化管理。一是做好项目前期准备工作。坚持问需于民在前、凝聚共识在前、方案公示在前、拆除违法建设在前、物业管理在前、责任落实在前、风险排查在前，扎实做好改造项目前期准备。二是提高设计水平。发挥好责任规划师在老旧小区改造中的作用，组织设计单位认真开展入户调查，突出细节设计、回应合理个性化需求，做到"一小区一方案""一户一设计"。三是强化施工现场统筹。在施工前，实施单位与水电气热信等管线产权（管理）单位对接，摸清工程周边管线现况，统筹安排各类管线改造施工时序，做到"一次设计、一次施工"，避免道路反复开挖，减少对居民生活的影响。建设单位在施工现场公示老旧小区改造内容、选用的产品材料、主要施工工艺做法等，主动接受群众监督。严格落实日常监管责任，按照每个月监督抽查不少于一次的要求，开展改造工程质量安全监督工作。四是严格工程验收。加强施工过程追溯管理，确保隐蔽工程、防水工程、外墙保温工程施工质量可追溯。专有部分完工后，组织住户参与逐户验收

续表

序号	政策机制	主要举措	具体做法
四	加大排查和监管力度保安全	（三）动员居民参与监督	河北省保定市、江苏省常州市动员居民参与改造项目工程监督。保定市明确由社区负责同志担任“首席接诉即办师”，每周组织施工负责人员、设计负责人员、监理负责人员、住房和城乡建设部门监督员、街道监督联络员、社区监督员、党小组监督员、物业监督员、居民监督员等与居民面对面交流恳谈，总结周改造施工情况，解决存在问题，回应居民意见建议。常州市天宁区清凉二村社区组建“萤火虫”志愿夜巡队，组织社区青年党员每晚在老旧小区改造现场巡逻，确保施工现场有安全警示标志、施工人员安全施工、居民生活出行安全
		（四）开展改造项目工程质量回头看	浙江省宁波市开展城镇老旧小区改造项目工程质量回头看。宁波市鄞州区住房和城乡建设部门联合区文明办、属地街道等单位，对近年所有在建、完工的城镇老旧小区改造项目开展工程质量“回头看”专项行动。通过联合实地检查、向居民了解改造效果等方式，对所有改造项目质量安全监管、文明施工管理、施工进度等情况进行复查。建立问题发现处理闭环机制，对发现问题的，要求相关单位及时整改，存在相关责任主体未履职尽责、造成严重后果的，依法追究相关单位及人员责任，同时督促在建项目及时吸纳解决“回头看”中发现的问题，认真改进施工工艺和施工方案，确保改造工程质量和安全
五	完善长效管理促发展	（一）同步建立健全多方参与的联席会议机制	浙江省温州市建立小区党支部、业主委员会、物业公司三方联席协商机制。小区党支部、业主委员会、物业公司每月定期召开会议，商讨小区共建共治思路举措。小区物业公司、业主委员会每季度向小区党支部报告工作开展、经费收支、日常管护等情况，相关情况向全体居民公示。小区党支部、业主委员会每年组织小区居民对当年物业管理工作成效开展满意度测评，测评结果作为下一年改进物业管理的重要依据
		（二）建立老旧小区住宅专项维修资金归集、使用、续筹机制	湖南省长沙市长沙县建立老旧小区维修资金归集、使用、续筹机制。长沙县出台《城镇老旧小区改造项目物业专项维修资金管理办法》，要求实施改造的城镇老旧小区设立维修资金账户并明确归集标准。优化维修资金使用申请方式，将3万元以下维修资金使用审批服务前移至各街道。搭建智慧监管平台，实现线上缴存和资金申请使用线上表决，破解传统银行柜台缴存和使用签名程序耗时长的难题。截至2022年8月底，全县实施改造城镇老旧小区中，已归集维修资金的小区占比90%以上，共归集资金1800万元
		（三）引导居民协商确定改造后小区的管理模式、管理规约及业主议事规则	1．重庆市璧山区建立小区业主委员会实体化运行机制。将小区业主委员会注册为民办非企业单位，开通对公账户、申领税务发票，实现业主委员会合法化、实体化运行，解决自治执行主体“形而不实”的问题。通过制定管理规约和业主议事规则，定期召开议事会议，推动业主共同决定盘活小区停车、公共用房、公共场地广告位等各类资源，将公共收益用于保障小区物业管理维护。 2．湖南省宁乡市对不具备引进市场化物业管理条件的小区，因地制宜探索业主自治管理模式。宁磷小区结合改造成立小区联合党支部和业主委员会，组织小区内46户业主实行值日制度，每月制定一个值班表，每天安排1户轮流义务值班，主要负责小区内的环境卫生、车辆进出管理、治安维护等工作，若某户业主轮值日当天不能值日，按规定自觉出资100元/天请业主委员会安排其他业主替代值班。目前该小区的自治制度已坚持两年，小区内环境整洁、秩序井然。 3．河北省石家庄市结合城镇老旧小区改造解决“独楼独院”小区管理难题。市财政安排4000万元，结合城镇老旧小区改造开展“小院变大院”专项行动，采取“连片、并入、托管、合作”管理模式，减少“小、散、独”小区382个。“连片”是通过拆除小区间围墙，把“小散独”院落连成一片，让“小院”变“大院”；“并入”是把小院并到相邻大的小区，由物业公司一并管理；“托管”是将小院交由邻近的大型物业公司托管；“合作”是把物业管理与产权单位管理、居民自治管理结合起来，明确责任分工和收益分配，实现有效服务和管理

续表

序号	政策机制	主要举措	具体做法
六	加强宣传引导聚民心	持续加大对优秀项目、典型案例的宣传力度	1. 河北、湖北、广东等地开展多种形式宣传活动。河北省以“让百姓住的更舒心”为主题，举办“我为群众办实事”城镇老旧小区改造电视擂台赛，石家庄等6市区县代表队在擂台赛上交流展示工作经验做法和成效；开展城镇老旧小区改造省级优秀小区和优秀设计方案评选，先后选定省级优秀小区15个、优秀设计方案20个。湖北省开展“喜迎二十大——我身边的旧改故事”全媒体作品大赛，动员社会各界通过征文、短视频、摄影等形式讲述老旧小区改造带来的新变化。广东省广州市开展城镇老旧小区改造“大师作·大众创”活动，吸引居民141万人次参与改造项目方案投票。 2. 广东、陕西、湖北等地组织专题报道。广东省住房和城乡建设厅联合广东广播电视台在《珠江新闻眼》栏目推出“推进城镇老旧小区改造 办好群众身边实事——家门口的小康生活”特别策划，对广州、深圳、佛山、茂名、梅州、江门等6个城市改造工作开展专题报道。陕西省西安市住房和城乡建设局联合西安广播电视台通过《你好我的城》系列节目策划“老小区有了新管法、探索老旧小区长效管理机制、我们的小区自己管、我在社区度晚年、改到居民心坎上、改造小区我参与”等一系列创意节目，陕西省汉中市各县、区在市、县媒体广泛发布宣传视频，多角度报道改造工作。湖北省宜昌市联合三峡晚报开展“争创全国文明典范城市之老小区·新变化”系列报道，湖北省黄石市联合电视台、黄石日报社等市级媒体推出“老小区新网红”“城市更新让城市‘更’新”等系列栏目，通过鲜活案例展示老旧小区改造解决人民群众“急难愁盼”问题的生动实践。 3. 河北、湖北、陕西、广东等地依托新媒体强化宣传。河北省住房和城乡建设厅开设“河北老旧小区改造”微信公众号、“河北老旧小区改造空中课堂”，湖北省住房和城乡建设厅搭建“共同缔造|湖北住建”微信公众号，持续宣传改造政策、工作进展及优秀典型案例。陕西省住房和城乡建设厅通过“秦住建”官方微信公众号宣传城镇老旧小区改造优秀工作纪录片30余部。广东省广州市制作《党建引领，共同缔造，老旧小区换新颜》《老旧小区高质量改造，打造高品质生活空间》《社会力量参与改造，老旧小区颜值功能齐升级》3个视频宣传片，发布于市住房和城乡建设局官方微信公众号，直观展示老旧小区改造惠民成效

城镇老旧小区改造可复制政策机制清单（第六批）

序号	政策机制	主要举措	具体做法（北京市）
一	统筹协调机制	（一）建立政府统筹、条块协作工作机制	1. 建立政府统筹协调机制。各区建立健全政府统筹、条块协作、各部门齐抓共管的工作机制，住房和城乡建设部门牵头统筹，有关部门分工落实，街道（乡镇）具体组织。明确老旧小区改造工作改革方案任务清单，提出32项改革任务及具体措施，落实市住房和城乡建设委、市规划自然资源委、市发展改革委、市财政局、市国资委、市市场监管局、市消防救援总队等单位责任，切实形成工作合力，共同破解难题，扎实推进老旧小区改造工作。 2. 健全落实产权单位改造责任的政策措施。研究出台相关政策措施，推动落实产权单位在动员业主参与改造、建立物业管理长效机制、承担自有产权专业管线改造费用以及归集补建住宅专项维修资金等方面的责任。压实市、区属国有企业产权人责任，加快推动所属老旧小区改造，研究将其实施改造发生的相关费用计入企业成本的可行性。研究支持产权单位在完成老旧小区改造后退出小区管理的相关政策。研究出台支持鼓励产权单位将自有房屋设施改建为便民服务设施或作为小区物业管理用房的有关措施。制定支持产权单位使用房改售房款或依法使用住宅专项维修资金用于完善类和提升类改造的相关政策

续表

序号	政策机制	主要举措	具体做法（北京市）
一	统筹协调机制	（二）健全分区分类考核机制	3. 从老旧小区改造工作推进程度、资金筹措使用、廉政风险防控、长效管理机制建设、引入社会资本、居民满意度等方面，完善老旧小区改造考核机制，细化任务目标，优化评分标准。加强对市有关部门出台改革措施及落地情况的督查考评。出台市属国有企业投资参与老旧小区改造、承担老旧小区运营及物业管理的业绩考核及奖励办法，促进和鼓励其积极承担企业社会责任
二	项目生成机制	（一）建设老旧小区信息大数据平台	4. 进一步梳理完善全市老旧小区基础信息，将“十四五”期间需改造的老旧小区按照产权性质、改造需求等情况分类落图，加强市区统筹、部门协同，实现信息共享、政策集成、业务联动，逐步形成涵盖老旧小区治理、改造、管理三位一体的工作平台
		（二）加强老旧小区改造计划管理	5. 建立改造项目储备库。全面开展老旧小区体检，深入做好群众工作，力争在 2022 年底前将需改造的老旧小区全部纳入改造项目储备库。 6. 改造计划动态调整。各区结合体检结果、本区财力、群众工作情况和居民诉求等实际，对储备项目分批申报列入改造实施计划，并动态调整。 7. 合理安排实施计划和施工工期。减少雨季施工、冬期施工
		（三）分类细化老旧小区改造内容和标准	8. 明确基础类改造内容和底线要求。将楼本体节能改造和存在安全隐患的小区内供水、排水、供气等老旧管线改造作为重点优先列入改造菜单，严禁随意拆除老建筑、砍伐老树，守住现状绿化率不得降低等底线要求。 9. 细化完善类改造内容。将居民需求强烈的楼内上下水管线改造、加装电梯、安装电动自行车集中充电设施和消防设施等作为重点优先列入改造菜单，对符合消防安全要求的自行车棚预留充电桩安装条件。 10. 明晰提升类改造指引。立足小区及周边实际条件，利用拆违腾退的空地和低效空间吸引社会资本参与补建养老、托育、体育、助餐、卫生防疫、便利店等公共服务设施
		（四）实施老旧小区改造前综合治理	11. 坚持“先治理、后改造”，明确老旧小区内违法建设、地桩地锁、开墙打洞、群租房及地下空间违规使用等综合治理标准。依法拆除违法建设，影响改造工程的应在改造前拆除。通过“自拆、帮拆、劝拆”等形式，拆除影响改造工程的外窗护栏，保障节能改造工程质量。全面拆除地桩地锁，治理开墙打洞和地下空间违规使用，对群租房进行动态清零
三	资金共担机制	（一）提高政府资金使用绩效	12. 发挥财政资金撬动作用。健全财政资金绩效评价机制，积极吸引社会资本参与。完善财政补助资金拨付机制，对改造推进快、居民满意度高的区，适度早拨付。 13. 发行老旧小区改造专项债。通过合理打包改造项目，将配套设施收费、存量资产收益、服务设施运营收益等作为还款来源
		（二）加大金融支持力度	14. 拓宽融资渠道。争取政策性银行长期、低息贷款支持，创新商业银行支持老旧小区改造信贷途径，鼓励以设施经营权和物业服务协议作为质押获得贷款，以经营收入和物业费作为还款来源。 15. 建立引入社会资本贷款贴息机制。对符合条件的项目给予贴息率不超过 2%、最长不超过 5 年的贷款贴息支持
		（三）明确使用住房公积金支持老旧小区改造的操作办法	16. 允许提取本人及其配偶名下的住房公积金，用于楼本体改造、加装电梯和交存专项维修资金
		（四）健全住宅专项维修资金补建续筹政策制度	17. 推动在业主做出住宅专项维修资金补建、续筹承诺后，再将老旧小区纳入改造范围。落实专项维修资金余额不足首期应筹集金额 30% 的，小区公共收益的 50% 以上优先用于补充专项维修资金。研究不动产交易环节须补建、续筹专项维修资金的规定措施，提高业主补建、续筹主动性。市、区属国有企业为售后公房原产权单位的，研究将其补建专项维修资金情况纳入年度考核和审计监督的相关办法。研究结合老旧小区改造，试点引入专项维修资金保险机制

续表

序号	政策机制	主要举措	具体做法（北京市）
四	多元参与机制	（一）健全社会资本参与机制	18. 创新社会资本参与模式。鼓励市、区属国有企业通过“平台＋专业企业”模式统筹社会资本参与、存量资源利用、规模化改造、专业化运营、规范化物业，推动“治理＋改造＋运营”一体化实施。各区可将街区、社区内老旧小区打捆实施，推动项目“由小变大、由散变整”，由老旧小区改造向街区更新转变；推动项目“投资＋工程总承包＋运营”一体化招标，实现全链条实施；推动以“物业＋”的方式，引入社会资本投资改造运营低效空间和存量设施，同步提升运营水平和物业服务水平。 19. 完善风险评估机制。完善引入社会资本风险评估机制，规范退出程序
		（二）健全群众参与机制	20. 坚持党建引领，推广通州区“六组一队”、石景山区“三问于民”、大兴区“由一传百”等经验做法，创新群众工作方法，深入做好群众工作。鼓励改造项目相关各方成立临时党支部和工作组，建立多方参与、沟通顺畅的全过程协商共治机制。在街道（乡镇）、社区统一组织下，充分发动居民、党员干部、志愿者等，开展好意见征集、宣传动员、秩序引导、矛盾调处、文明施工、质量监督等工作，协调设计、施工、监理、物业等相关单位与居民做好沟通协商。拓宽征集民意渠道，通过“12345”市民服务热线以及“安居北京”公众号、北京业主决策平台等多种渠道，及时获取意见建议、回应居民诉求
		（三）完善责任规划师、建筑师参与机制	21. 加强责任规划师培训，指导责任规划师深度参与老旧小区改造。细化责任规划师提供项目规划咨询服务、协助开展公众参与、全程跟踪和服务项目实施、参与项目验收等全流程工作指南，完善责任规划师在改造项目生成和方案审查等节点出具意见的制度。健全改造项目建筑师负责制，发挥其专业技术优势，确保改造项目设计品质
五	存量资源整合利用机制	（一）完善存量资源整合利用机制	22. 进一步梳理老旧小区及周边市、区行政事业单位和国有企业产权的存量配套设施，建设便民服务设施。加强存量配套设施用途管控，推进将已挪作他用的配套设施恢复原规划用途，或按照居民实际需要使用，优先配建卫生防疫、养老和社区活动中心等公共服务和便民服务设施。探索存量资源统筹利用利益补偿机制，鼓励存量资源授权经营使用，加强授权经营使用期内的用途管控和使用监管
		（二）创新规划建设审批管理	23. 全市设立老旧小区新建改建配套设施规划指标“流量池”，对于老旧小区改造过程中实施市政基础设施改造、公共服务设施改造、公共安全设施改造的，增加的建筑规模计入各区建筑管控规模，可由各区单独备案统计，进行全区统筹。允许土地性质兼容和建筑功能混合。可利用现状使用的车棚、门房以及闲置的锅炉房、煤棚（场）等房屋设施，改建便民服务设施，依据规划自然资源部门出具的意见办理相关经营证照。出台老旧小区改造设计指引，制定楼本体、公共空间、配套设施等改造内容设计标准，提升改造项目设计质量
六	项目推进机制	（一）压减规划建设审批时限	24. 加快调整新建、改扩建配套设施规划审批。属于社会投资简易低风险工程范围的，按规定简化审批流程。不涉及新建、改建的政府投资改造项目，力争将审批手续压缩到100天内。研究优化施工许可审批流程。优化招标公示程序，完善招标计划提前发布制度。全面推行工程总承包模式，在责任规划师团队确定规划设计方案后，由招标人进行工程总承包招标。区总责任规划师和街道责任规划师对设计方案出具意见的时限原则上不超过5个工作日。进一步提高区发展改革部门项目审批、财政部门财政评审效率
		（二）健全工程组织实施和质量安全管理机制	25. 统筹做好老旧小区改造施工安全、消防安全、绿色施工、疫情防控等各项工作，开展质量安全风险分级管控和状况测评。制定老旧小区改造工程施工现场安全生产指引和标准化图集。对于无需办理施工许可的单项改造和环境整治提升改造项目，由属地相关部门按职责进行质量安全监管。支持各区将技术服务、察访核验和其他辅助性事项，按照政府购买服务方式，委托给具备相应条件的企业和其他社会力量承担，加强工程组织实施和质量安全监管。落实实施主体在质量保修期内的质量保修责任，鼓励实施主体投保工程质量潜在缺陷保险
		（三）加强科技创新和技术攻关	26. 鼓励科技创新，创建智慧工地。对居民诉求集中的屋面防水、外墙保温、楼内上下水管线改造等涉及的建筑材料、施工工艺问题，采取“揭榜挂帅”方式，鼓励企业和科研机构开展创新研究。支持施工单位采用新材料、新工艺、新技术、新机具，破解技术难题，提高改造效率

续表

序号	政策机制	主要举措	具体做法（北京市）
六	项目推进机制	（四）改革竣工验收备案制度	27. 项目竣工验收后，街道（乡镇）牵头组织社区居委会、业主委员会、物业服务企业、业主代表和参建单位，对改造效果提出意见和建议。对于不改变使用功能的改造工程，应执行现行国家工程建设消防技术标准，鼓励整体提升消防安全水平；确有困难的，可按不低于建成时的消防技术标准进行设计和验收备案。外窗更换、楼内上下水管线改造等老旧小区专有部分完工后，邀请住户参与分户验收。对于因住户不同意或其他客观因素导致内墙加固、外窗更换、管线改造等工程不能全部完成的，由实施主体获得住户签字、提交书面说明并依法完成设计变更后，组织工程竣工验收，依据验收结果办理备案手续
		（五）实施全过程跟踪审计	28. 鼓励各区通过第三方机构，对老旧小区改造项目进行开工前审计、跟踪审计和竣工决算审计。加快办理工程结算，将事后审查与事前、事中监督并举，强化全方位审计监督。完善老旧小区改造工程计价依据、标准、指标指数等，严格控制项目投资，严格监管补助资金使用
七	适老化改造	（一）健全老旧小区适老化改造和无障碍环境建设管控机制	29. 围绕适老化改造和无障碍环境建设专项设计方案，制定相应施工图审查和责任规划师出具意见的具体办法，明确改造要求，强化设计管理。健全专项验收工作机制，老旧小区改造项目竣工验收时，要严格按照相关专项设计方案进行专项验收，不通过不得进行竣工验收
		（二）积极探索“物业＋养老”服务模式	30. 物业服务企业提供社区养老服务的，养老服务营收实行单独核算。鼓励社会资本以“物业＋养老”服务的方式参与，提供物业服务，开展定制养老服务。支持物业服务企业搭建平台，吸引专业企业参与加装电梯、增补养老服务设施等工作，同步实施室内适老化改造。对特殊困难老年人家庭居家适老化改造予以支持。鼓励物业服务企业开展智慧居家社区服务，建设智慧养老信息平台，精准对接助餐、助浴、助洁、助行、助医等需求，丰富服务形式，创新产品供给
		（三）着力破解老楼加装电梯难题	31. 大力推动有条件的楼栋加装电梯。绘制全市老楼加装电梯地图，向社会公开，并进行动态管理。建立加装电梯诉求办理督导机制，完善项目启动工作流程。出台利益平衡指引，指导居民依法协商，促进达成共识。支持各区搭建加装电梯服务平台，提供一站式服务。 32. 对于不具备加装电梯条件的楼栋，鼓励安装爬楼代步设备等为老年人出行提供便利。鼓励租赁企业搭建平台，探索采取以租换租的方式解决老年人上下楼问题
八	市政专业管线改造	（一）统筹同步实施各类市政专业管线改造	33. 积极申请国家层面对市政专业管线改造的专项资金支持，加大市政府固定资产投资对市政专业管线改造支持力度。创新老旧小区红线内市政专业管线改造施工总承包模式，优化红线外市政专业管线改造审批流程，实现管线改造与综合整治同步实施。管线改造移交后，水电气热等市政服务延伸至产权分界点，特别是推动排水企业管理服务进小区，实现管理服务入楼入户。制定老楼加装电梯管线改移成本控制措施，统筹老旧小区管线改造和加装电梯管线改移，优化施工方案，降低改移费用。明确专业公司改造责任，研究制定相应措施保证其履行企业社会责任。鼓励由一家通信公司统筹负责改造项目内的架空线规整（入地），与公共区域环境整治提升同设计、同实施、同验收
		（二）细化楼内上下水管线改造措施	34. 落实改造申请制，利用好协商议事平台，充分开展民主协商，引导居民达成共识。细化施工方案，充分考虑居民正常生活需求，明确临时供水、排水措施，减少对居民日常生活的影响。提前公示改造计划，避免因居民新装修房屋等原因造成经济损失；明确改造申请截止时间，充分预留居民协商和申请时间。明确政府支持楼内上下水管线改造的标准，支持业主出资同步进行个性化装修改造
		（三）推动各类改造一次到位	35. 统筹用好各类改造资金、资源，实现以块统条，推进一张图作业、一本账管理。利用大数据平台实现与老旧小区相关的市政专业管线、道路、绿化、“海绵城市”、“雪亮工程”等各类改造信息共享，力争一次改到位
九	长效管理机制	（一）持续推进业委会组建	36. 依托住宅小区基础数据库和物业管理系统，对未组建业委会的老旧小区实行挂账督导、动态销账，2022 年底前力争实现改造范围内的老旧小区业委会全覆盖。出台业委会指导规则，引导业委会在老旧小区治理、改造和后期管理中充分发挥作用

续表

序号	政策机制	主要举措	具体做法（北京市）
九	长效管理机制	（二）完善通过“先买后补”方式引入专业化物业服务工作机制	37. 制定老旧小区物业服务指导意见，完善政府资金支持引导和有序退出机制，推动分类引入专业化物业服务，合理确定物业管理区域，实现规模效益。鼓励物业服务企业全程参与老旧小区改造，提供质价相符的物业服务；业主根据物业服务合同约定的付费方式和标准，按时足额交纳物业费；各区根据物业服务合同履行、投诉处理和日常检查等情况，结合居民物业服务缴费率对物业服务企业建立激励制度，并实施分类监管
		（三）开展物业服务“信托制”试点	38. 在具备条件的老旧小区试行物业服务信托制。由小区全体业主作为委托人，将物业费、公共收益等作为共有基金委托给业委会管理，实施开放式预算并接受业主监督，小区物业管理支出全部从基金账户中支取，由物业公司提供公开透明、质价相符的物业服务

实施城市更新行动可复制经验做法清单（第一批）

序号	政策机制	主要举措	具体做法
一	建立城市更新统筹谋划机制	（一）加强工作统筹和督查考核	1. 北京市党委、政府主要负责同志亲自推动。在市委城市工作委员会下设城市更新专项小组，市委书记亲自谋划，市委副书记、市长任组长，小组内设有推动实施、规划政策、资金支持3个工作专班，负责部署年度重点工作，协调支持政策，督促工作落实。各区政府成立城市更新专项工作小组，统筹协调实施城市更新。 2. 山东省潍坊市建立城市更新工作联席会议制度。市长为召集人，分管市长为副召集人，市发改、住建、工信、教育、财政、自资、文旅等19个市直部门单位和各区主要负责同志为成员，负责统筹推进城市更新工作，协调解决遇到的困难问题，形成上下协同、各司其职、统筹推进的工作机制。 3. 宁夏回族自治区银川市强化城市更新工作考核。制定《城市更新绩效考评细则（试行）》，将实施城市更新工作推进情况纳入各部门年度工作考核体系，城市更新三年行动工作指挥部办公室会同市委、市政府督查室，通过不定期现场抽检项目进度、核查资料，分半年、全年对各成员单位工作进行赋分，计入绩效考核得分，动态监测城市更新实施成效
		（二）建立城市更新制度机制	1. 辽宁省出台省级城市更新条例。《辽宁省城市更新条例》立足辽宁老工业基地城市特点，明确聚焦绿色低碳、便利宜居、保护传承、提升品质的目标要求，提出加强基础设施和公共设施建设、优化调整区域功能布局和空间格局、提升城市居住品质和人居环境、加强城市历史文化保护、增强城市安全韧性等主要任务，明确城市更新工作的组织机制、实施程序和底线要求。 2. 重庆市统筹谋划城市更新制度、机制和政策。出台《重庆市城市更新管理办法》，明确城市更新的工作原则、工作机制、规划计划编制、项目实施等制度要求，针对城市更新多渠道筹资、土地协议出让、产权转移、产业升级、项目一体化开发运营等细化提出相关支持政策。 3. 江苏省细化明确城市更新七大任务要求。印发《关于实施城市更新行动的指导意见》，聚焦当前城市发展中普遍存在的突出问题和短板，以化解“城市病”为导向，围绕七项重点工作任务推进城市更新，包括既有建筑安全隐患消除、市政基础设施补短板、老旧住区宜居改善、低效产业用地活力提升、历史文化保护传承、城市生态空间修复、城市数字化智慧化提升
		（三）将城市体检和城市更新紧密衔接	1. 上海市开展市、区两级城市体检评估。建立由“体系构建—数据采集—计算评价—诊断建议—行动落实”等5个环节构建的城市体检闭环流程，全面查找存在的不足和问题，提出统筹城市规划、建设、管理，整体推动城市结构优化、功能完善、品质提升的工作方案、行动计划和具体项目。

续表

序号	政策机制	主要举措	具体做法
一	建立城市更新统筹谋划机制	（三）将城市体检和城市更新紧密衔接	2．重庆市开展城市更新专项体检。在中心城区江北区开展专项体检试点，增加了更新片区人口密度、开发强度等10项城市更新专项体检指标，辅助城市更新片区策划和项目实施方案的编制，建立“摸家底、纳民意、找问题、促更新”的城市体检成果运用模式和“边检边改”的工作机制，推动老百姓关心的问题限时解决。 3．湖南省长沙市把城市体检作为片区更新前置要素。坚持“无体检不项目，无体检不更新”，采取“六步工作法”，开展城市体检、完善组织机制、编制规划计划、分类实施更新、实施动态监测、发布宜居指数，将城市体检作为城市更新项目实施的立项前置条件，对症下药治理“城市病”
		（四）建立城市更新规划编制和实施工作体系	1．北京市建立“总体规划—专项规划—街区控规—更新项目实施方案”的城市更新工作体系。印发《北京市城市更新专项规划》，将专项规划作为落实总体规划的重要手段和指导编制街区控规、更新项目实施方案的重要依据，突出减量发展要求，细化提出首都功能核心区、中心城区等城市不同圈层更新的目标方向，统筹空间资源与更新任务、统筹规划编审与行动计划、统筹项目实施与政策机制、统筹实施主体与管理部门。 2．江苏省南京市探索全链条城市更新项目实施体系。构建“单元规划—体检评估—城市设计—特色片区—计划储备—方案设计—项目实施—监督管理—常态运营”的实施体系，整体谋划、系统推进城市更新。注重城市设计引导，划定特色更新片区，围绕城市体检评估出的问题针对性开展实施阶段的城市设计及更新策划，探索“城市设计—可研方案—规划方案—初步设计—施工图设计”的联动管理机制。 3．江西省建立城市更新规划编制体系。印发《江西省城市更新规划编制指南（试行）》，提出城市更新规划、城市更新行动计划、城市更新项目实施方案等的编制组织程序、主要内容、技术要点和成果要求，规范城市更新规划计划的编制和实施工作
二	建立政府引导、市场运作、公众参与的可持续实施模式	（一）建立存量资源统筹协调机制	1．辽宁省沈阳市探索跨项目统筹运作模式。允许在行政区域范围内跨项目统筹、开发运营一体化的运作模式，实行统一规划、统一实施、统一运营。对改造任务重、经济无法平衡的，与储备地块组合进行综合平衡，按照土地管理权限报同级政府同意后，通过统筹、联动改造实现平衡。如，将和平区太原街地区划定为城市核心发展板块，将板块内125公顷历史文化街区保护、101万平方米老旧小区改造、31个口袋公园等民生公益项目，与6个储备地块、10处低效用房项目进行组合开发，通过协议搬迁、先租后出让、带产业条件出让等多种方式，统筹进行跨项目运作实现收益平衡。 2．安徽省合肥市探索片区更新“肥瘦搭配”模式。将公共服务设施配套承载力与片区开发强度进行匹配，对收益率高低不同的项目进行“肥瘦搭配”，反哺片区内安置房、学校、党群中心等公益性项目建设。比如，卫岗王卫片区充分利用市场化运作机制，指定区属国有企业为片区土地一级整理单位，将轨道TOD项目、片区安置房、公益性项目建设等作为土地上市条件，支持区属国有企业竞得二级土地开发权，确保片区更新改造后公共服务有提升、公共空间有增加、公共环境有改善
		（二）通过长效运营收入平衡改造投入	1．四川省成都市探索全过程一体化推进模式。猛追湾片区按照“政府主导、市场主体、商业化逻辑”原则，由政府收储、租赁、利用既有房屋，引入实力强、资源广、经验丰富的社会力量作为运营商，探索项目策划、规划、设计、建设、运营一体化的投资运营模式，对项目实施整体规划、分步实施、商业运作，并大力实施优质资源“收、租、引”，对收储资产实施资产管理、运营管理、项目招引、业态管控，通过经营性收益平衡改造投入。 2．重庆市探索“政府＋企业＋居民”共同实施模式。戴家巷老街区更新由政府出资通过“微改造”方式开展区域环境提升，建设崖壁步道，国企平台公司征收部分房屋进行改造，引入文化创意、餐饮酒店等业态，使周边物业价值大幅提升，带动居民自发开展临街房屋装修，形成各具特色的小店。在改造中完整保留戴家巷外立面风貌，拆除建筑规模仅占5.6%，容积率由2.94降为2.82，区域运营收入约6—7年可收回房屋改造成本。

续表

序号	政策机制	主要举措	具体做法
		（二）通过长效运营收入平衡改造投入	3．江苏省苏州市探索老菜场更新的“市集模式”。自2019年起，对38个城市老菜场进行改造，通过引入商业管理公司向产权人承租后，统一负责市集内部装修、设施设备维护、消防改造、软装设计、智慧系统和后期运营等工作，再以房屋租赁形式出租给经营户，通过业态提升收取租金及物业管理费保持收支平衡。改造后，老菜场成为环境优美的文创特色市集，增加书店、舞台、展览区、公共空间等设施，从以前的脏、乱、差华丽转身为具有烟火气的城市会客厅，成功探索老菜场文创化、生态化、网红化、智慧化发展路径
二	建立政府引导、市场运作、公众参与的可持续实施模式	（三）构建多元化资金保障机制	1．四川省成都市设立城市更新专项资金。对政府投资的城市更新项目，以直接投资方式予以支持，对城市发展需要且难以实现平衡的项目，经政府认定后采取资本金注入、投资补助、贷款贴息等方式给予支持。如，在天府文化公园等城市重大功能性片区更新中，由市级财政向市属国有企业注资作为资本金；在历史建筑保护修缮中，市、区（县）两级财政按照7：3的比例给予70%至80%的投资补助；在老旧小区改造中，对已投放政策性开发性金融贷款且开工建设的部分项目，分类别、分标准给予贷款贴息。 2．安徽省铜陵市积极争取开发性金融机构支持。铜陵市政府与国家开发银行安徽省分行签订战略合作协议，获得对6个城市更新片区项目的一次性授信46.18亿元基准利率下浮贷款，贷款资金已到位13.3亿元，用于支持老旧城区改造提升、市政基础设施建设、生态环境治理、公共服务设施配套完善、历史风貌保护和文化传承等多个重点领域。 3．上海市设立城市更新基金。为广泛吸引社会力量参与城市更新，上海地产集团联合招商蛇口、中交集团、万科集团、国寿投资、保利发展、中国太保、中保投资等多家房企和保险资金成立800亿元基金，定向投资城市更新项目，促进城市功能优化、民生保障、品质提升和风貌保护。 4．山东省潍坊市减免城市更新项目行政事业收费。对纳入城市更新重点项目库的项目，免征城市基础设施配套费等各类行政事业收费，对电力、通信、市政公用事业等企业适当降低经营性收费
		（四）建立多元主体协同参与机制	1．江苏省苏州市吸引社会力量参与城市更新。引入城市“合伙人”机制，通过赋予实施主体规划参与权、混合用地模式、给予适度奖励等手段，撬动市场主体参与积极性，构建政府引导、社会参与、市场运作、多方协同的工作机制。 2．重庆市九龙坡区开展“三师”进社区行动。以“党建引领、基层推动、群众点单、专业把关”为思路，统筹开展规划师、建筑师、工程师进社区行动，通过“居民提议—群众商议—社区复议—专业审议—最终决议”的工作机制确定城市更新方案，提升群众的参与度、支持率和获得感。 3．江苏省南京市推动城市更新共商共建共享。小西湖历史风貌区更新项目根据风貌区空间格局及产权关系，以院落和单栋建筑为单位，采用小尺度、渐进式和“一房一策”等方式微改造，在保留原有居住功能及院落形态的前提下，居民自主选择空间功能，全过程参与公共空间设计并合作建设，共商共建共享城市更新
三	创新与城市更新相配套的支持政策	（一）完善土地政策	1．上海市完善零星用地整合利用方式。同一街坊内的地块可以在相关利益人协商一致的前提下进行地块边界调整，如将城市更新地块与周边的边角地、夹心地、插花地等无法单独使用的土地合并，以及在保证公共要素的用地面积或建筑面积不减少的前提下，对规划各级公共服务设施、公共绿地和广场用地的位置进行调整。 2．重庆市鼓励用地指标弹性配置。给予增加公共服务功能的城市更新项目建筑规模奖励，有条件的可按不超过原计容建筑面积15%左右比例给予建筑面积支持。如，在沙坪坝区和坪山社区整治提升项目中，运用住房成套化改造的相关支持政策，对原有D级危险房屋进行拆除后增容扩建约1300平方米，增容面积用于完善房屋使用功能、新建底层社区配套服务用房等。 3．湖北省黄石市给予存量用地用途转换过渡期政策。鼓励利用存量土地资源和房产发展文化创意、医养结合、健康养老、科技创新等新产业、新业态，由相关行业主管部门提供证明文件，可享受按原用途、原权利类型使用土地的过渡期政策。过渡期以5年为限，5年期满或转让需办理用地手续的，可按新用途、新权利类型，以协议方式办理用地手续

续表

序号	政策机制	主要举措	具体做法
三	创新与城市更新相配套的支持政策	（二）优化审批流程	1. 北京市简化简易低风险工程建设项目审批要求。对于社会投资、符合低风险等级、地上建筑面积不大于10000平方米等条件的建设项目，纳入“一站通”系统，可“一表式”完成立项、建设工程规划许可申办等手续，精简审批事项、压缩审批时限，为社会主体参与更新改造提供便利。 2. 河北省唐山市分类制定简化审批流程方案。采取打包审批、联合审批、联合验收等方式简化房屋建筑、市政基础设施审批环节，针对更新单元中的新建工业项目和重点项目、特殊项目分类制定简化审批流程方案，逐步推进城市更新审批事项同级化。 3. 湖北省黄石市建立城市更新项目审批“绿色通道”。对于配建公共设施或房屋改造的项目，免于办理建设工程规划许可。建设项目按照“先建后验”的规定办理施工许可，相关部门同步介入工程质量、安全、消防监管

装配式建筑发展可复制推广经验清单（第一批）

序号	工作机制	主要举措	经验做法
一	政策引导	（一）完善顶层设计	1. 纳入立法保障。明确将装配式建筑有关要求纳入相关条例，为发展装配式建筑构建立法保障。如河北、山西、安徽、福建、湖南、宁夏、广东深圳在本地绿色建筑发展条例中明确装配式建筑发展要求，其中河北、福建要求绿色建筑专项规划中明确装配式建筑应用比例；山西要求县级以上人民政府应当支持新型建筑工业化全产业链协同发展，推广装配式建筑；安徽要求公共机构办公建筑和政府投资的其他公共建筑应当优先应用装配式建造等新型建筑工业化技术；湖南要求建筑面积3000平方米以上的政府投资或者以政府投资为主的公共建筑，以及其他建筑面积2万平方米以上的公共建筑，应当采用装配式建筑方式或者其他绿色建造方式；宁夏要求政府投资的新建建筑应当优先采用装配方式建造；深圳提出在建设用地规划条件中明确绿色建筑等级、装配式等新型建筑工业化建造方式的要求
			2. 强化政府推动。省级人民政府制定发展装配式建筑相关政策文件和规划，明确发展目标、重点任务和保障措施，成立省级主要领导任组长的装配式建筑工作领导小组，建立多部门共同推进的工作机制。如海南于2017年和2020年分别以省政府和省政府办公厅名义出台发展装配式建筑的政策文件，并将发展装配式建筑列入海南建设国家生态文明试验区的四大标志性工程之一，有力地推动了装配式建筑快速发展
		（二）强化政策激励	1. 土地保障。以土地源头控制为抓手，将装配式建筑的实施要求纳入供地方案，在土地出让公告中予以明确，并落实到土地使用合同中，确保装配式建筑项目落地。如天津、上海等地通过将装配式建筑建设要求写入土地出让合同，并纳入建管审批流程进行把关，实现装配式建筑实施比例和单体预制装配指标双控
			2. 财政奖励和金融支持。通过设立装配式建筑专项资金，对符合条件的项目、基地企业予以奖补，或将装配式建筑纳入绿色金融重点支持范围，有效激发市场积极性。如山东累计投入省级财政资金1.44亿元，对省级装配式建筑示范城市、示范工程、产业基地给予奖励；河南给予装配率达到50%的社会投资项目不超过20元/平方米的奖补，达到60%的给予不超过30元/平方米的奖补，单项奖补不超过300万元，已累计争取1.5亿元省级财政专项奖补资金；山西2021年争取5052万元财政专项资金，对近三年实施的8个高标准装配式居住建筑项目进行奖补；福建对试点项目，按照地上部分建筑面积，给予100～300元/平方米的造价补贴；安徽合肥对县区投资的装配式保障性住房（含农房）给予奖补，2021年以来发放奖补资金2.06亿元

续表

序号	工作机制	主要举措	经验做法
一	政策引导	（二）强化政策激励	3. 面积奖励和提前预售。对社会投资的商品房项目，采用装配式建造方式的，给予面积奖励和提前预售政策，有效提高房地产开发商积极性。如广东中山对符合条件的等级为基本级、A级、AA级、AAA级的装配式建筑项目，分别奖励项目总建筑面积2.7%、2.8%、2.9%、3.0%的不计容建筑面积；重庆、江苏南京等地对于达到装配率指标要求的开发项目，可在其进度出正负零且预制部品部件首件安装完成时，提前办理商品房预售许可
			4. 政府投资项目计入增量成本。针对政府投资项目，在立项阶段将实施装配式建筑要求造成的预算增量列入项目建设成本。如广东深圳明确将政府投资项目装配式增量成本计入项目建设成本，解决了建设单位投资核算依据问题
			5. 引导高标准建设。在供地环节明确高标准建设要求，引导开发商提高建筑品质。如北京在集中供地实施商品住宅"最低品质要求"和"竞高标准商品住宅建设方案"，"最低品质要求"包含达到绿色建筑二星级标准、实施装配式建筑且装配率达到60%、设置太阳能光伏或光热系统，并纳入《房屋售价承诺书》；"竞高标准商品住宅建设方案"包含提高装配式建筑实施要求，装配率应达到AA（BJ）或AAA（BJ）级标准以及全面实施装配式装修。北京市2021年共有46宗地约515万平方米实施最低品质建设，10宗地块约94万平方米实施高标准建设，取得了很好的引领效应
二	技术支撑	（一）明确技术路径	1. 因地制宜推进装配式建筑技术应用。根据装配式建筑不同结构体系优势，结合地域和项目特点，各地因地制宜推进装配式建筑应用，形成了区域特色。如青海在玉树州杂多县"10.17"地震灾后重建中，建设733套装配式冷弯薄壁型钢结构农房；内蒙古积极探索适宜农村牧区的装配式低层住宅体系；广西充分应用装配式房屋快装技术，将装配式房屋投入到应急建设中，10天快速建成农村解困房，15天建成广西首个装配式农房示范点；广东深圳在学校、酒店、方舱医院等30多个项目中大力推广模块化建筑，模块化建筑总建筑面积超过100万平方米
			2. 稳步推动"先水平"到"后竖向"提升。针对较低的装配率不利于发挥装配式建筑综合效率优势的现状，部分地区在已有水平构件应用的基础上稳步提升装配水平，进一步发挥效率优势。如江苏在新建建筑中推广应用"三板"（预制内外墙板、预制楼梯板、预制楼板）的基础上，逐步提高要求，向竖向构件的应用发展；重庆坚持"效率效益最大化、不为装配率而装配"，结合山地城市特点，形成了"先水平、后竖向，先填充、后承重"的技术路线
			3. 同步推进装配化装修。在发展装配式建筑的同时，积极推广装配化装修方式，实施主体施工与装配化装修施工穿插作业，进一步提升装配施工的效率和工程品质，提高老百姓获得感。如江苏明确装配化装修的重点实施领域和实施比例要求，并分解下达到所辖区域，2021年装配化装修建筑占同期新开工成品住房面积比例超过10%；北京明确要求逐步提高保障性住房、商品住房和公共建筑的装配化装修比例，鼓励既有建筑采用装配化装修，显著降低室内维保报修率
		（二）推动技术发展	1. 攻关装配式建筑关键技术。针对行业发展现状及当地实际，研究推动装配式建筑关键技术发展。如四川等地研究应用剪力墙竖向钢筋与边缘构件箍筋优化技术、现浇与预制转换部位装配式剪力墙安装定位技术等，降低连接装配施工难度，提高安装效率；北京、上海、江苏等地研发应用可靠的套筒灌浆饱满度监测技术，如套筒灌浆饱满度L型检测器、钻孔内窥镜法、X射线数字成像法等，实现快速无损监测灌浆质量，解决灌浆不密实问题；上海等地研发装配式建筑减隔震技术，提升抗震性能；浙江等地研发解决钢结构建筑防火、防腐、防渗等关键技术，提高钢结构建筑的耐久性和舒适度
			2. 推广成熟适用的技术产品。发布技术指南、技术公告、技术创新目录、适用技术推广目录和应用技术系列手册等，明确重点推广的成熟技术体系和新技术、新产品、新工艺。如北京发布绿色建筑和装配式建筑适用技术推广目录，推广预制混凝土夹芯保温外墙板、预制PCF板；上海发布装配式建筑技术创新目录，推广预制外墙、保温体系一体化等新材料、新工艺；山东发布《装配整体式混凝土结构体系推广应用技术公告》《山东省装配式钢结构体系推广应用技术目录》，推广应用预应力叠合板、钢框架－延性墙板（屈曲约束钢板剪力墙）等

续表

序号	工作机制	主要举措	经验做法
		（二）推动技术发展	3. 建立"产学研用"协同平台。组织当地科研院所和龙头企业，搭建协同平台，推动装配式建筑"产学研用"一体化发展。如安徽支持科研院所、高等院校和相关企业，建立产学研技术平台，开展专项技术研究；河南联合科研院所与开发、设计、生产、施工等企业，组建产业发展协会，共同开展技术交流，实现协同发展；浙江宁波推动外地先进企业与本地企业强强合作，成立装配式建筑产业联盟，促进各方形成"产学研用"合作共识，全面提升装配式建筑产业发展综合竞争力
二	技术支撑	（三）完善标准体系	1. 推行标准化设计、生产和施工。积极推进设计选型标准、尺寸指南的应用，将标准化理念落实为不同类型建筑的标准化单元，实现预制构件产品主要尺寸系列化。如广东湛江东盛路钢结构公租房项目将钢梁截面尺寸规格减少到4种，通过构件尺寸的标准化大幅提升了加工制作和现场施工效率；江苏南京出台装配式居住建筑预制构件标准化设计技术导则，明确规定混凝土叠合楼板、楼梯板、剪力墙三种预制构件的尺寸和配筋规格，有效引导了规模化生产和应用
			2. 因地制宜编制地方标准。结合地方实际发展情况，编制有针对性的标准，引领当地装配式建筑发展。如海南针对高温、高湿、高腐蚀的自然环境，以及高地震设防烈度、强台风等地质气候特点，编制了海南省装配式建筑标准化设计技术标准；京津冀地区协同实施《装配式混凝土结构工程施工与质量验收规程》《预制混凝土构件质量检验标准》；西藏制定高原装配式钢结构技术标准和工程预算定额
三	产业发展	（一）推动产业发展	1. 合理布局生产基地。按照合理的运输半径，科学布局部品部件生产企业，避免"一哄而上"，定期发布产品需求信息，引导生产企业合理安排工期。如北京积极协调部品部件企业京津冀合理布局，定期发布排产计划，保证部品部件供应；广东深圳每季度发布装配式建筑项目构件需求信息，以及预制构件、轻质墙板等关键部品部件生产工厂的生产情况、市场造价等信息
			2. 打造产业集群。培育和引进装配式建筑设计、生产、施工、装配化装修等全产业链企业，形成产业聚集区，成为区域产业亮点。如山东初步形成省会、胶东、鲁南3个相对集中的装配式建筑产业集聚区，培育国家级生产基地34个，省级生产基地121个；四川实施"1＋N"省级建筑产业园区建设，推荐9个装配式建筑产业园区纳入省"十四五"重大工程项目；重庆推动装配式建筑产业成为市领导定向联系的重点产业，关于现代建筑产业可打造成为千亿产业集群的调研报告获得市委主要负责同志批示；浙江积极培育钢结构建筑龙头企业，已投产钢结构装配式生产基地（30亩以上）68个
		（二）提升产业影响力	1. 拓展应用领域。部分地区积极推动装配式预制构件及建造技术在市政领域应用。如广东广州推动装配式技术在预制综合管廊和市政工程桥梁生产中应用，在综合成本基本不增加的前提下，能够明显提高综合管廊工程质量和施工环境；四川成都在城市综合管廊等市政项目中积极推广预制构件，市区20余座互通立交桥以及投资80亿元的综合管廊项目全部采用装配式；陕西加大预制综合管廊、预制地铁管片、预制排水构件等预制构件产品在市政工程中的应用，目前已应用预制地铁管片及配套构件约56万立方米，预制检查井890座，预制综合管廊830米，预制管沟约8000立方米
			2. 支持企业"走出去"。部分装配式建筑产业发展较好的地区，积极支持本地企业走出本省甚至走向全球。如广东以中建科技、中建科工、中集集团为代表的装配式建筑企业，在全国乃至全球输出经验做法，中集集团用模块化建筑向全球输出"中国建造"，目前在国外已完成100多个酒店和公寓项目建设
四	能力提升	（一）提升专业技能	1. 培育产业工人。为产业工人搭建交流学习平台，促进产业工人职业技能提升，推动农民工向产业工人转型。如上海、江苏、安徽、山东、广东、四川等地定期举办装配式建筑产业工人技能竞赛，为装配式建筑产业工人搭建交流学习平台，促进技能提升；广东广州编写《装配式建筑施工教程》，对构件装配工、灌浆工等工种进行实训，选拔装配式项目羊城建筑工匠90名；湖北、安徽合肥等地实行装配式建筑施工关键岗位培训持证上岗，提升产业工人技能
			2. 建设综合性实训基地。根据装配式建筑关键工种技能需要及技术发展方向，建设综合性实训基地，开展关键岗位作业人员培训。如山东创建18所省级装配式建筑体验教育基地，推动校企合作建设装配式建筑实训基地；福建支持9家骨干企业成立装配式建筑工人培训基地，累计培训产业工人超过5500人

续表

序号	工作机制	主要举措	经验做法
四	能力提升	（二）提升管理能力	1. 开展管理人员培训。针对装配式建造方式的新特点，加强组织管理人员的培训和知识更新。如北京通过组织装配式建筑公益讲座、全市装配式建筑管理干部培训班等，自2015年起，累计培训专业人员和政府部门管理人员超过3000人次；山东实施建筑工程技术管理人员知识更新工程，将装配式建筑纳入有关继续教育内容，先后举办5期装配式建筑技术培训班，培训人员达1000余人次
			2. 增设装配式建筑专业技术职称。推动装配式建筑全产业链技术人员职业职称发展，提升职业认同和荣誉感。广东深圳创造性地开展装配式建筑助理、中、高和正高级职称评审，增强装配式建筑行业对高端人才的吸引力。截至2021年，共590人获得装配式建筑专业技术职称，其中包括8名装配式建筑正高级工程师；浙江绍兴建立"分散培训、统一考核"装配式建筑产业工人技能培训考核评鉴模式，在全省率先增加装配式建筑设计、施工、生产中级职称系列
五	监督管理	（一）加强各环节质量管控	1. 严格把控设计质量。强化设计审查，加强设计引领，确保设计方案合理、合法、合规。北京、上海等地出台装配式混凝土建筑工程设计文件深度规定及审查要点，建立装配式建筑专家库，在设计阶段对装配式项目实施技术方案专家预评审论证，开展装配式建筑施工图专项审查，加强设计与施工有效衔接；山西太原对设计单位落实装配式建筑政策情况开展日常监督检查，对装配式建筑设计阶段指标落实情况及施工现场实施情况按照"双随机、一公开"进行监督检查
			2. 加强预制构件生产质量监管。明确对预制混凝土构件生产环节的质量监管措施，确保预制构件生产质量。北京、辽宁、上海、江苏、安徽、福建、广东、四川等地，实行预制混凝土构件生产企业登记备案或星级评价机制，明确落实驻厂监造制度；海南于2021年明确装配式预制构件生产、销售环节由市场监管部门进行监管，相关质量标准体系由住房和城乡建设、工业和信息化、市场监管等主管部门共同制定，项目建设过程中预制构件的现场安装及其工程质量由各市县建设工程质量监督机构进行监管；广东深圳将预制构件生产企业纳入建筑市场主体信用管理体系，并采取进厂抽检和飞行检查的方式进行监督检查
			3. 加强施工环节质量监管。重点加强对预制构件进场、节点连接密实度（特别是竖向受力构件与水平构件连接处）、预制外墙拼接缝、预留孔洞处细部防水和外墙保温等质量监管。如北京制定《关于明确装配式混凝土结构建筑工程施工现场质量监督工作要点》，细化了施工现场关键部位的质量监管措施，要求对灌浆操作全过程进行影像留存；辽宁沈阳、山东济南等地严格套筒灌浆施工过程管理，要求灌浆操作全过程应设有专职检验人员旁站监督，并及时形成施工检查记录、照片、影像资料等，确保灌浆质量可追溯
			4. 加大竣工验收环节把控力度。将装配式建筑项目纳入专项验收，或在竣工验收阶段强化对装配式建筑实施情况专项核实。如四川制定《四川省装配式建筑质量验收细则》，明确装配式建筑质量管控要点、验收标准和要求，强化装配率验收；广东深圳将装配式建筑纳入到绿色建筑和建筑节能专项验收，建设单位在竣工报告中应对装配式建筑进行专篇说明，验收不通过不予竣工备案；浙江衢州对51个（共计约280万平方米）装配式住宅项目实施装配式建筑项目"信息化＋事前承诺＋事中核实＋事后验收"的改革措施，"事前承诺"指减少项目审批环节、推进项目尽早实施，"事中核实"有效防范装配式项目方案不具体落实，"事后验收"设置装配式建筑专项验收，将装配式专项核实情况列入工程验收资料，"信息化监管"取消了专家核算论证等环节，以上措施取得了减环节、减时间、强落实的"两减一实"成效
		（二）加大监督考核	1. 建立分级监督考核机制。通过下达指标、加强过程监督和年终考核，强化责任落实。如浙江、江西、山东、海南、陕西、宁夏等地，建立健全省级抓总、市级统筹、县级负责的装配式建筑监督考核机制，每年向设区市下达装配式建筑指标任务，定期考核工作进度，通报考核结果，通过专项督查、督导约谈等方式，压紧压实各方主体责任，确保推动装配式建筑发展

续表

序号	工作机制	主要举措	经验做法
六	创新发展	（一）推动组织管理模式创新	1. 优化组织管理模式。在传统模式难以适应装配式建筑设计施工一体化特点的情况下，探索推进工程总承包（EPC）、全过程工程咨询、建筑师负责制等建设组织模式，解决碎片式、割裂式的管理问题。如广东深圳长圳公共住房项目率先采用“建筑师负责制＋工程总承包＋全过程工程咨询”模式，实现了建设项目高效率、高质量推进
		（二）提升数字化水平	1. 推进数字设计发展。建立基于 BIM 的标准化部品部件库，推进 BIM 技术在建筑全寿命期的一体化集成应用，推行“少规格、多组合”的标准化设计方法。如湖南推行 BIM 正向设计，加强了各专业间的协同，提高了设计效率，减少了设计冲突，节约设计工期近 15%
			2. 大力发展预制构件智能生产。提高预制构件智能化水平，有效提升预制构件生产品质。如江苏、广东等地鼓励生产企业建设钢构件智能生产线和预制混凝土构件智能生产线，推动生产企业构建以标准部品部件为基础的生产体系，实施溯源管理；湖北推动装配式 PC 生产线实现数字化生产与信息化管控，采用智能机器人设备驱动，可提供 2mm 精度的高品质预制构件，工厂设计产能提高约 3 倍，生产线人工减少 50%；广东佛山利用本地产业链优势，支持企业自主研发建设超高性能混凝土（UHPC）＋瓷砖反打一体成型集成卫浴部品部件智能生产线
			3. 搭建装配式建筑产业互联网平台。通过搭建公共服务平台，推动产业要素聚集，实现工程项目建造信息在建筑全生命期的高效传递、交互和使用，提升信息化管理能力。如湖南投入 1500 万元财政资金，建立全省统一的装配式建筑智能建造平台，企业可以利用该平台进行 BIM 正向设计，通过连接标准部品部件库及生产施工管理系统，初步实现标准化设计方案一键出图、设计数据一键导入工厂自动排产等功能，实现各种要素资源整合；湖北以工程金融为依托，以智能构件为核心，利用 BIM 技术、大数据、物联网、移动互联网、区块链等前沿信息技术，搭建建筑产业互联网平台，实现项目、参建方和产业三方的数据互通、信息共享和业务协作
		（三）构建一体化绿色发展模式	1. 推动装配式建造与绿色建材、绿色建筑融合发展。发挥绿色建筑引领作用，积极选用绿色建材，采用装配式建造方式，促进绿色技术集成应用，推进城乡建设绿色发展。如江苏南京，浙江杭州、绍兴、湖州，山东青岛，广东佛山以政府采购需求为引领，积极推动政府采购工程项目（含政府投资项目）强制采购符合标准的绿色建材、采用装配式建造方式、建设二星级以上绿色建筑，共完成 222 个试点项目，累计采购绿色建材约 53 亿元，逐步探索形成了“绿色采购＋绿色建材、绿色建造、绿色建筑”的“四绿模式”；安徽合肥装配式建筑项目全面推行“1＋5”建造模式，即“装配式建筑”＋“工程总承包（EPC）＋建筑信息模型（BIM）＋新型模板＋专业化队伍＋绿色建筑”，助力建筑业转型升级